Gesamtverzeichnis des deutschsprachigen Schrifttums (GV) 1700 – 1910

Bearbeitet unter der Leitung von
Hilmar Schmuck und Willi Gorzny

Bibliographische und redaktionelle Beratung:
Hans Popst und Rainer Schöller

118

Rif - Rok

K · G · Saur München · New York · London · Paris 1984

CIP-Kurztitelaufnahme der Deutschen Bibliothek

Gesamtverzeichnis des deutschsprachigen Schrifttums :
(GV). – München, New York, London, Paris : Saur.
Bd. 1 – 6 bearb. unter d. Leitung von Peter Geils
u. Willi Gorzny.
ISBN 3-598-30000-X

1700 – 1910 / bearb. unter d. Leitung von Hilmar
Schmuck u. Willi Gorzny. Bibliograph. u. red.
Beratung: Hans Popst u. Rainer Schöller

NE: Schmuck, Hilmar [Bearb.]

118. Rif – Rok. – 1984.

Techn. Realisierung und Druck: Norbert Gärtner, Mainz-Kastel
Binden: Karl Schaumann, Darmstadt
Printed in the Federal Republic of Germany
ISBN 3-598-30000-X (Gesamtwerk)

Rifari, L. A., neueste Auslese frapanter Scherzfragen, was f. e. Unterschied? Vexierfragen, Zungen-Exerzitien, Klassiker-Konfusionen, Schnadahüpfl etc. etc. 2. Aufl. (32 S.) 8. Leipzig (905). A. F. Schöffel. — 60

Rifaud, J. J., Gemälde v. Aegypten u. Nubien. Gewid. Jh. kgl. Hoh. der Frau Herzogin v. Berry. Nach d. Franz. frei bearb. v. Neurohr. M. 1 Karte d. Nilstroms. gr. 8. (11¼ B.) Wien 830, Adolph. (Leipzig, Cnobloch.) 16 Gr., Blnp.

—— Gemälde v. Egypten, Nubien u. den umlieg. Gegenden. A. d. Franz. v. G. A. Wimmer. M. 1 Charte d. Nillaufes. gr. 8. (18 B.) Wien 830, Gerold.

RIFEL, Josef: Stephan Tomaš, der König Bosniens und die bosnischen Patarener. Als Anhang: 1. Die Anfänge des Patarenismus in Bosnien. 2. Die Glaubenslehre des Patarenismus. — Um 1910. 27 S. Diss. Graz, Univ.

Rifesser, Jos., die Grödner Bahn. Eine wirtschaftlich-techn. Abhandlg. Mit mehrfachen Hinweisen auf die kulturgeschichtl. Entwicklg. der Gemeinde St. Ulrich während der letzten 50 Jahre. (68 S. m. 2 Taf.) kl. 8. Bozen 906. (A. Auer & Co.) n. — 80

Riff, A. [appr. Arzt]: Ueber einige Fälle von Syphilis im späteren Kindes- und Jugendalter .... Wien, Selbstverl. d. Verf., C. Ueberreuter'sche Buchdr. (M. Salzer), 1887; 36 S. 8°
Strassburg, Med. Fak., Inaug.-Diss. v. 1887

Riff, Fritz

Riff, Fr., 100 Aussprüche über die heilige Schrift. Straßburg 866. Treuttel & Würtz. 12. (42 S.) n. 4 ngr.

Riff, Fr., Aussprüche über die heilige Schrift, gesammelt. 3. und 4. verm. Aufl. 8. (88 S.) Straßburg 881,82, Treuttel und Würtz. *

—— drei Bilder aus dem Leben von Papa Oberlin, s. Schriften des protestantischen liberalen Vereins in Elsaß-Lothringen.

Riff, Fritz, der Hausgottesdienst, s.: Schriften d. protestantischen liberalen Vereins in Elsaß-Lothringen.

— ein Jahr im Elsaß. Bilder aus dem Land- u. Familienleben. 8. (95 S.) Straßburg 876. Schmidt. n. — 80

—— „Ich gehe nicht in die Kirche", s. Schriften des protestantischen liberalen Vereins in Elsaß-Lothringen.

—— der religiöse Liberalismus. Vortrag gehalten zu Straßburg in der Kirche St. Nicolai den 10. Jan. 1876. gr. 8. (48 S.) Zürich 877, Schmidt. *

— Luther im schwarzen Bären bei Jena. 12. (16 S.) Eberbach 883. (Straßburg, Treuttel & Würtz.) — 15

—— der Pfingstmontag. Ein Bild aus dem Elsaß. gr. 16. (40 S.) Straßburg 877, (Treuttel und Würtz.)

—— der verkaufte Rosenstock. gr. 16. (8 S.) (Ebendas.) 877.

— ein Selbstmörder, s.: Schriften d. protestantischen liberalen Vereins in Elsaß-Lothringen.

Riff, F., sind wir noch Christen u. sind wir schon Christen, s.: Schriften d. protestantischen liberalen Vereins in Elsaß-Lothrigen.

— der Sonntag, s.: Schriften d. protestantischen liberalen Vereins in Elsaß-Lothringen.

—— am Tage der Konfirmation. 12. (16 S.) Straßburg 882, (Treuttel und Würtz.)

—— das Vater Unser oder Dr. Blessig während der Schreckenszeit. 8. (155 S.) Straßburg 883, Schmidt's Universitäts-Buchh. cart. *

Riff, Fr., Was haben wir zu halten von dem Gesangbuch für Christen Augsburgischer Confession? [Straßburg 1866.] Kurzer freimüth. Bericht. gr. 8. (47 S.) Straßburg 868, (Treuttel und Würtz.)

— wie stehen wir Christen der freieren Richtung zur Mission? Vortrag gehalten in der Nicolaikirche, den 11. Janr. 1869. Straßburg 869. (Schmidt.) gr. 8. (46 S.) n. 5 ngr.

—— der Wunderdoktor. Eine Erzählung aus dem elsässer Volksleben. 8. (51 S.) Straßburg 877, Schmidt's Universitäts-Buchh. cart. *

Riff. Jean, bieje — awer nit breche!, s. a. Volksschriften, elsässische.

Bieje – awer nit breche! Charakterstück in eim Uffzug vun Jean Riff. Straßburg: Heitz [1902]. 32 S. 8°
(Elsässische Volksschriften. 47.) [10. 3494

Riff, Jean, Buewestreich. Lustspiel in aam Uffzug uf guet Straßburger Ditsch. Titelbild v. Westerhausen. 3. verb. Aufl. (42 S.) kl. 8. Straßburg (909). J. H. E. Heitz. — 50

Riff, Jean, d'r Erbunkel. Lustspiel in eim Uffzug. (24 S.) 8. Straßburg 908. (J. Singer.) n.n. — 50

— verboteni Lieb. Lustspiel in 1 Aufzug in Straßburger Mundart. (56 S.) 8. Straßburg 906. Schlesier & Schweikhardt. n. 1. —

— d'r Parisler. Elsässisches Volksstück m. Gesang u. Tanz in 1 Aufzug. Gesangseinlagen v. J. Heyberger u. Johs. Bache. (45, 21 u. 1 S. m. 1 Abb.) 8. Schiltigheim 904. (Bartl & Reimann.) n. 1. —

— d'r Vetter vum Land od'r e Kindtauf m. Hindernisse, s.: Volksschriften, elsässische. Nr. 52.

— Telegraphie ohni Droht, s. a. Volksschriften, elsässische.

Telegraphie ohni Droht. Original-Schwank in eim Uffzug vun Jean Riff. Straßburg: Heitz [1902]. 31 S. 8°
(Elsässische Volksschriften. 48.) [10. 3493

Riffart, Franz, Referendar aus Cöln a. Rh.: Die Schuldenhaftung bei der Errungenschaftsgemeinschaft. *Cöln 1902: J. P. Bachem.* (100 S.) 8°
Rostock, Jur. Diss. v. [10. Apr.] 1902

Riffart, Hermann [aus Köln a. Rh.]: Die Bedeutung und Fortentwicklung der belgischen Attentatsklausel im Völkerrecht ... Berlin, Druck v. C. Regenhardt, 1894; XII, 79 S. 8.
Jena, Jur. Fak., Inaug.-Diss. v. 1894

Riffart. Jean [pract. Arzt aus Cöln a/Rh.]: Ueber Schwangerschaftsnarben .... Würzburg, Paul Scheiner's Buchdr., 1886; 14 S. 8°.
Würzburg, Med. Fak., Inaug.-Diss. v. 1886.

Riffart, Joseph, aus Cöln a. Rh.: **Ueber Einwirkung von Aethylnitrit auf Amidoactylaceton.** *Heidelberg 1901: Moriell.* (52 S.) 8°
Heidelberg, Naturw.-math. Diss. v. 1901

Riffart, P., Das Grunddogma des Christentums, verteidigt gegen die Angriffe des Materialismus. Populär-philosophische Abhandlungen. Bonn, Hanstein, 1895. gr. 8°, 102 S., 1,50 Mk.

Riffarth's Mädchen-Bibliothek, s.: Bibliothek f. junge Mädchen.

Riffarth, Heinrich

Riffarth, H., Heliconiidae, s.: Stichel, H.

Riffarth, Heinr., die Gattung Heliconius Latr. Nach e. neuen System geordn. u. catalogisirt, nebst Beschreibgn. neuer Formen. I. u. II. Tl. gr. 8. (33 u. 159 S.) Berlin 900. R. Friedländer & Sohn. n. 8. —

Riffarth, Thdr., Pritsche, Pratsche, Hoppela. Eine Bubengeschicht' in Bild u. Gedicht. (30 farb. Bl. m. III S. Text.) Lex. 8. M. Gladbach 909. A. Riffarth. Kart. 2. 75

Riffault, neues vollstdd. Handbuch d. Färberei auf Wolle Seide, Baumwolle u. andere Stoffe rc. A. d. Franz. v. Leng 8. Ilmenau 826, Voigt.

Riffault, Vergnaud e Malepeyre, nuovo manuale completo del birrajo o l'arte di fare ogni sorta di birra. Triest 864. Coen. gr. 16. (306 S. mit 4 Steintaff. in qu. gr. Fol.) n. 20 *ngr.*

Riffdorf, das, od.: was Wenige thun können. Aus dem Engl. 16. (128 S.) Cleveland 871. (Philadelphia, Schäfer & Koradi.) geb. n. 1. 50

Riffel, s. a. Riefl.

Riffel, Alexander, Dr., pr. Arzt i. Karlsruhe: Über die anatomischen und physiologischen Eigenschaften der äussern Haut und deren Bedeutung für die Hygieine und Therapie. 1875. 36 S. 8°
Karlsruhe Te. H., Hab.-Schr. v. 1. 5. 1875

Riffel, Alex., über die anatomischen und physiologischen Eigenschaften der äussern Haut und deren Bedeutung für die Hygieine und Therapie. Habilitationsschrift. gr. 8. (36 S.) Tübingen 875, (Fues'sche Sortimentsh.) *

Riffel, A., die Erblichkeit der Schwindsucht u. tuberkulösen Prozesse, nachgewiesen durch zahlreiches statist. Material u. die prakt. Erfahrg. gr. 8. (VI, 112 S.) Karlsruhe 891. Gutsch. n. 3. —

Riffel, A., Gesundheitslehre für Schule u. Haus. 8. (64 S.) Stuttgart 900. A. Zimmer. Kart. n. — 50

— Mittheilungen üb. die Erblichkeit u. Infektiosität der Schwindsucht. gr. 8. (VIII, 183 S. m. 1 Plan.) Braunschweig 892. H. Bruhn. n. 5. —

Riffel, A., Schwindsucht u. Krebs im Lichte vergleichend-statistisch-genealogischer Forschung. 2 Tle. (VI, 80 u. 41 S.) Lex.-8. Karlsruhe 905. F. Gutsch. n. 5. —

— weitere pathogenetische Studien üb. Schwindsucht u. Krebs u. einige andere Krankheiten. Nach eigener Methode angestellt. Lex.-8. (VIII, 107 S. m. 35 Taf.) Frankfurt a/M. 901. J Alt. In Mappe n. 16. —

Riffel, Caspar, s. Riffel, Kaspar

RIFFEL, JOHANN: Geistlicher Wegweiser. Ein Lehr- und Gebetbuch für katholische Christen, insbesondere für die Jugend auf dem Lande, von Johann Riffel, weiland Pfarrer im Csanáder Bisthume. Zweite Aufl. mit einem Titelbild u. einem vermehrten Anhange von Meß- und Kirchengesängen, Litaneien u. einer Kreuzweg-Andacht mit Bildern. Groß-Becskerek. Im Verlage der Buch- u. Steindruckerei des Fr. P. Pleitz erschienen und zu haben. 328, 4 S. 1853

Riffel, Kaspar

Riffel, Dr. Caspar (bekannter Kanzelredner), die *Aufhebung des Jesuiten-Ordens.* Eine Beleuchtung der alten u. neuen Anklagen wider denselben. Mainz, bei Kirchheim, Schott u. Thielmann. 1845. Gr. 8°. Pandektenbd. (aus Roming's Bibl.).
VIII—336 S. (incl. 1 S. krit. Notizen über 3 andre Werke des ultramontanen Verf. der „christl. Kirchengeschichte der neuesten Zeit". Ebend. 1841—46. 8°. III.).

Riffel, Casp., die Aufhebung des Jesuiten-Ordens. Ein Beleuchtung der alten u. neuen Anklagen wider denselben. 2. Aufl. gr. 8. (VIII u. 335 S.) Mainz 848, Kirchheim & Schott. 26 *ngr*

Riffel, Casp., die Aufhebung des Jesuiten-Ordens. Eine Beleuchtung der alten und neuen Anklagen wider denselben. 3., verm. Aufl. gr. 8. (CXX und 340 S.) Mainz 855, Kirchheim.

Riffel, Casp., geschichtl. Darstellung d. Verhältnisses zwischen Kirche u. Staat. Von d. Gründung d. Christenthums bis auf d. neueste Zeit. 1. Thl. Bis auf Justinian I. gr. 8. (43 ½ B.) Mainz 836, Kirchheim. Schott u. Thielmann.

—— die Feier d. Grund- u. Denksteinlegung d. kathol. Kirche zu Gießen, am 1. Aug. 1838. gr. 8. (2 ¼ B.) Mainz 839, Kirchheim, Schott u. Thielmann.

—— Festpredigt bei Einweihung der Bildsäule des heil. Johannes des Täufers auf Johannisberg im Rheingau am 25. Juni 1854. 12. (22 S.) Mainz 854, Kirchheim.

—— der hohe Gefangene in Chillon, s. Gefangene.

—— christl. Kirchengeschichte d. neuesten Zeit, v. d. Anfange d. großen Glaubens- u. Kirchenspaltung d. 16. Jahrh. bis auf uns. Tage. 1. u. 2. Bd. gr. 8. Mainz, Kirchheim, Schott u. Thielmann.
Bd. 1. Ursprung, Fortgang u. Verbreitung d. großen Glaubens- u. Kirchenspaltung in Deutschland, von Luthers erstem Auftreten bis z. Ende d. Bauernkrieges. (34 ½ B.) 841. 2 Thlr.
Bd. 2. Fortgang u. Verbreitung d. großen Glaubens- u. Kirchenspaltung in Deutschland, vom Ende d. Bauernkrieges bis z. Religionsfrieden 1555. (49 B.) 842. 2 Thlr. 20 Gr.

—— christl. Kirchengeschichte der neuesten Zeit, von d. Anfange der großen Glaubens- u. Kirchenspaltung des 16. Jahrh. bis auf unsere Tage. 1. Bd.: Ursprung, Fortgang u. Verbreitung der großen Glaubens- u. Kirchenspaltung in Deutschland, von Luthers erstem Auftreten bis z. Ende des Bauernkrieges. 2., verb. u. verm. Aufl. gr. 8. (45 ½ B.) Mainz 844, Kirchheim, Schott u. Thielmann.

—— dass. Einleitung u. Nachträge zur 1. Aufl. des 1. Bds. Für die Besitzer der 1. Aufl. besond. abgedruckt. gr. 8. (5 ½ B.) Ebds. 841.

—— dass. 2. Bd.: Fortgang u. Verbreitung d. großen Glaubens- u. Kirchenspaltung in Deutschland, v. Ende des Bauernkrieges bis z. Religionsfrieden 1555. gr. 8. (49 B.) Ebds. 842.

— dass. 3. Bd. Ursprung, Fortgang u. Verbreitung der großen Glaubens- u. Kirchenspaltung außerhalb Deutschland. Insbesond. der Zwinglianismus in der Schweiz. gr. 8. (15½ B.) Ebd. 846.

— christliche Kirchengeschichte der neuesten Zeit v. dem Anfange der großen Glaubens- u. Kirchenspaltung des 16. Jahrh. bis auf unsere Tage. 3. Bd. Ursprung. Fortgang u. Verbreitung der großen Glaubens- u. Kirchenspaltung außerhalb Deutschland. Insbesond. der Zwinglianismus in der Schweiz. gr. 8. (XXIV u. 704 S.) Ebd. 847. 2⅔ ℛ (1—3: 8 ℛ) — 2. verb. u. verm. Aufl. 1. Lfg. gr. 8. (1. Bd. XXXII S. u. S. 1—128.) Ebd. 848. 18 ngr

— der Primat Petri u. seiner Nachfolger auf dem apostol. Stuhle zu Rom. Drei Predigten. gr. 8. (4 B.) Mainz 845, Kirchheim, Schott u. Thielmann.

— der Primat Petri u. seiner Nachfolger auf d. apostolischen Stuhle zu Rom. 3 Predigten, als Fortsetzung der über denselben Gegenstand im Jahre 1815 gehaltenen. gr. 8. (5 B.) Mainz 846, Kirchheim, Schott u. Thielmann.

— Predigten auf alle Sonn- u. Festtage d. Jahres. 2 Bde. gr. 8. Mainz, Kirchheim, Schott u. Thielmann. à 1¼ Thlr. Thlr.

Bd. 1. Vom ersten Sonntage d. Advents bis Ostern. (27 B.) 839.
" 2. Vom ersten Sonntage nach Ostern bis zum Schlusse d. Kirchenjahres. (31½ B.) 840.

— Predigten auf alle Sonn- u. Festtage des Jahres. 2 Bde. 2., revid. Aufl. gr. 8. (55½ B.) Mainz 843, Kirchheim, Schott u. Thielmann.

— Predigten auf alle Sonn- und Festtage des Jahres. 1—3. Bd. gr. 8. Mainz, Kirchheim.

Auch unter den Titeln:

Bd. 1. Predigten vom 1. Sonnt. des Advents bis Ostern. 3., verb. Aufl. (XVI und 376 S.) 854. 1 Thlr. 7½ Ngr.
" 2. Predigten vom 1. Sonnt. nach Ostern bis zum Schlusse des Kirchenjahres. 3., verb. Aufl. (XII und 444 S.) 854. 1 Thlr. 7½ Ngr.
" 3. Predigten auf verschied. Festtage, nebst einigen Fasten- und Gelegenheitsreden. (XVI und 493 S.) 853. 1 Thlr. 18 Ngr.

— Trauerrede auf Joh. Nep. Locherer, Doct. d. Theol. ɪc. zu Gießen, bei Gelegenheit der in d. kathol. Kirche gehalt. Exequien vorgetragen. gr. 8. (2⅛ B.) Mainz 837, Kirchheim, Schott u. Thielmann.

— die Verfolgung des Kreuzes in unserer Zeit. Predigt auf das Fest Kreuz-Erhöhung. gr. 8. (14 S.) Mainz 848, [Kirchheim.]

(—) die Würde des kathol. Priesters als Gesandten Gottes u. Stellvertreters Christi. Eine Primizpredigt. gr. 8. (1¼ B.) Mainz 845, Kirchheim, Schott u. Thielmann.

Riffel, Paul, approb. Arzt aus Lörrach: Über **Rückenmarksveränderungen** bei der akuten Alkohol-Neuritis. *Karlsruhe 1899: F. Gutsch.* (35 S.) 8°
Freiburg i. B., Med. Diss. v. 1899

Riffelsen, P., Beschreib. s. erfundenen Kraft- u. Hebemaschine. m. K. gr. 8. Hamb. Gundermann. 810.

Riffert, J., Hänschen, s. Bloch's, Ed., Theater-Correspondenz.

— s. Humoristen, deutsche, aus alter und neuer Zeit.

Riffert, Julius

Riffert, J., Alexander Borgia. Trauerspiel in 5 Akten. 8. (148 S.) Leipzig 889. Reißner. n. 2. —

Riffert, Jul., Alexander Borgia. Trauerspiel in 5 Akten. (Neue [Titel-]Ausg.) (148 S.) 8. Leipzig [889] (908). C. F. Amelang. 2. —

Riffert, Jul., Kaiser Heinrich der Vierte. Eine Trilogie. 3 Bde. 8. Leipzig 883. Reißner. à n. 2. —

1. Die Sachsen. Schauspiel in 5 Akten. Mit e. Vorspiel: Königswert. (153 S.)
2. König Heinrich u. Gregor. Schauspiel in 5 Akten. (114 S.)
3. Kaiser Heinrichs Tod. Trauerspiel in 5 Akten. (125 S.)

— Kaiser Heinrich IV. Eine Trilogie. 3 Abende. (Neue [Titel-]Ausg.) 8. Ebd. [883] (908). à 2. —

1. Die Sachsen. Schauspiel in 5 Akten. Mit e. Vorspiel: Königswert. (153 S.)
2. König Heinrich u. Gregor. Schauspiel in 5 Akten. (114 S.)
3. Kaiser Heinrichs Tod. Trauerspiel in 5 Akten. (125 S.)

— Landgraf, werde hart! Schauspiel in e. Aufzuge. 8. (28 S.) Ebd. 889. n. — 60

Riffert, J., Parzival. Wolfram v. Eschenbach's Heldengedicht, für die Jugend wieder erzählt. Mit zahlreichen Illustr. von F. W. Heine. 8. (IV, 171 S.) [Leipzig 883, Schloemp.] Rudolstadt, Klinghammer. geb. *.

— das Spiel vom Fürsten Bismarck od. Michels Erwachen, s. a. Meyer's Volksbücher.

Riffert, Jul., das Spiel vom Fürsten Bismarck od. Michels Erwachen. Festspiel. gr. 8. (208 S.) Leipzig 893. W. Fiedler. n. 1. —

Riffert, Jul., Huttens erste Tage. Schausp. gr. 8. (83 S.) Leipzig 896. (W. Fiedler.) n. 1. —

Huttens erste Tage. Luthers Abschied von d. Wartburg. Von Julius Riffert. Langensalza: F. G. L. Greßler 1905. (100 S.) 8° [F.] [illegible]

Riffert, Jul., Huttens erste Tage. (Dramatisches Gedicht in 1 Aufzuge.) Luthers Abschied v. der Wartburg. (Dramatisches Gedicht in 1 Aufzuge.) (100 S.) 8. Langensalza 906. Schulbuchh. n. 1. 20

— e. Trauerspiel im Heidelberger Schloß. Schauspiel in 5 Aufzügen. 8. (210 S.) Ebd. 892. n. 2. —

— Ein Trauerspiel im Heidelberger Schloß. Schauspiel in 5 Aufzügen. (Neue [Titel-]Ausg.) (210 S.) 8. Ebd. [892] (908). 2. —

— Vaterland. Schauspiel. gr. 8. (62 S.) Ebd. 894. n. 1. —

— Vaterland. Schauspiel. (Neue [Titel-]Ausg.) (62 S.) 8. Ebd. [894] (908). 1. —

Riflessioni d'un Italiano sopra la Chiesa in generale. 8. Lindau, Otto. 769.

Riflessioni d'un patrioto Austriaco sulla republica Francese ... tradotte d'all originale Tedesco da F. Ph. Sarchi. Vienna 1793. V: *Sonnenfels, Joseph von.* (Fidei-Comiss Bibliothek Wien 2/723) (BiblPort)

— politiche sopra il Prospetto attuale della città di Trieste dell' Ab. Giulioni. 8. Vien. Gräffer. 785.

Riforma, la. Editore e redattore: E. M. Vusio. Anno I. Marzo 1898—Febbrajo 1899. 24 Nrn. (à ca. 8 S.) Fol. Wien (IX, Strassnitzkygasse 7), Administration. 6. —

Rig, Jules

— Die positive Philosophie von Aug. Comte. Deutsche Bearbeitung von Kirchmann. 2 Bde. 8°. Heidelberg 1883.

Riga [Schlagwort]

— s. a.: **Europa**, Uebersichtskarte.

Riga. Plan der Stadt Riga u. deren Umgebung. 1: 37,800. 45×42 cm. Farbdr. Mit Strassenverzeichnis usw. (11 S.) schmal Fol. Riga 903. N. Kymmel's Sort. n. 1. 80

Riga, Kreis. Wegekarte des Rigaschen Kreises m. den Kirchspiels- u. Gutsgrenzen. Hrsg. vom livländ. Landeskultur-Bureau auf Grund der im Besitz der livl. Ritterschaft befindl. Kreis-Wegekarte. 1 : 210.000. 50.5×70.5 cm. Photolith. Riga 902. (Jonck & Poliewsky.) n. 2. —

Riga [Sachliches OW]

Riga u. seine Bauten. Hrsg. vom Rigaschen techn. Verein u. vom Rigaschen Architekten-Verein. (XXII, 458 S. m. Abbildgn.) gr. 4. Riga 903. (Jonck & Poliewsky.) Geb. in Halbfrz. n. 26. —

Riga und seine Bauten. Hrsg. v. Rigaschen techn. Ver. u. v. Rigaschen Architekten-Ver. *Riga: Rigaer Tageblatt 1903.* (XII, 458 S.) 4°

Rigas kommerzielle Bedeutung nach Eröffnung d. Riga-Öreler Eisenbahn. 4° Riga 1869

Riga's Handel u. Schiffahrt, s.: Beiträge z. Statistik d. Rigaschen Handels.

Riga, d. bestätigte Municipalverfassung. Fol. Lpz. Hartknoch. 783.

Riga, die bestätigte Municipal-Verfassung ... [Mitau 1783.] V: *Berens, Johann Christoph.* (R-N)

Riga [Verfasser]

Riga, Cyrill, christl. Buß-, Passions- und Fasten-Predigten. 4. Augsb. M. Rieger. 759.

— christl. Lehr- u. Sittenpredigten. 4. Augsb. 758. M. Rieger. 1 ℔ 8 gr.

— christl. Lehr- u. Sittenpredigten üb. den kathol. Katechismus. 6 Thle od. Jahrgg. 4. Augsb. 754. Veith. 8 ℔

— christl. Lob- u. Sittenpredigten von Gott u. seinen Heiligen. 2 Thle. 4. Augsb. 789. M. Rieger. 2 ℔ 8 gr.

Rigaer, der mitteleuropäische Bund. gr. 8. (32 S.) Berlin 861, Springer's Verlag. Thlr.

Rigal, Ldw. Max., an den kurpfälz. Landmann vom Seidenbaue. 8. ... 778.

Riga's ... s. Riga [Sachliches OW]

Rigaud's Hyacinth, Biographie u. Charakteristik, s.: Regnet, C. A.

Rigaud, J. Betrachtungen über den rheinischen Schiffahrtsverkehr und das preussische Eisenbahnnetz. Frankfurt 1848. 4.

Rigaud, J. Die Regulierung der Mainschiffahrts-Abgaben. 8°. Bamberg 1846.

Rigaud, J. J., Renseignements sur les Beaux-Arts à Genève. Nouvelle édition publiée à la demande de la classe des beaux-arts de Genève. XIV. 383 pp. in-8. avec portrait, Genève et Bâle, H. Georg. 1876 6. —

Rigaud, Ludwig (Nieder-Wesel)
Ueber den Milchzucker, Traubenzucker und Quercitronzucker in ihrem Verhalten zu alkalischer Kupfervitriollösung.
[In: Annalen d. Chemie u. Pharmacie Bd 90 (1854) 297.]
Dr. phil. Giessen 22.4.1854.

Rigaud, Moritz, aus Oberursel: Über β-substituierte **N-Methyl-Pyridone** und Dimethyl-N-Methyl-Chinolon. *Erlangen 1902: F. Junge.* (35 S.) 8°
Erlangen, Phil. Diss. v. 21. Mai 1901

RIGAUER, Thomas Xaver (München): Ueber den Keuchhusten.- München: Weiss 1851. 28 S.
6.8.1851 - Urk (Titel: De tussi convulsiva.); F 67
Diss. Ingolst.-Landsh.-Mchn.

Rigauer, Val., die Diphtherie und ihre Behandlung durch das kalte Nasenbad. gr. 8. (III, 98 S. mit 2 lithogr. Taf.) Leipzig 880, F. C. W. Vogel. *

RIGAUER, Valentin (München): Die innere Durchschneidung der Harnröhren-Stricturen von Vorne nach Hinten (Urethrotomie d'avant en arrière). Neueste Modifiction des Instrumentes von Maisonneuve.- München: Schurich 1861. 16 S.
27.7.1859 - Urk (Titel: De persecatione interna stricturarum urethrae ad partes posteriores vertente.); F 70
Diss. Ingolst.-Landsh.-Mchn.

Rigauer, Valent., Erfahrgn. u. Erkenntnisse e. prakt. Arztes während e. 50jähr. Praxis. Ein kurzer prakt. Ratgeber f. wicht. Fragen der Gesundheitspflege u. zur Verhütg. v. Magen- u. Darmkrankheiten (Blinddarmentzündg. etc.). (30 S.) 8. München 907. J. F. Lehmann's Verl. — 50

Rigault, Hippolyte, das Duell. Vorwort u. Uebersetzg. v. H. v. Samson-Himmelstjerna. (19 S.) gr. 8. Jurjew (Dorpat) 903. C. Glück. n. — 80

Rigaux, Henry, **Albert** u. Claise, Studie üb. d. Art d. Baues u. Betriebes d. belgischen Vicinalbahnen. (Auszug aus e. Journale der d. Autoren anvertrauten Mission.) [Aus: „Mitteilgn. d. Ver. f. d. Förderg. d. Local- u. Strassenbahnwesens".] gr. 8. (78 S. m. 1 Taf.) Wien 896. (Lehmann & Wentzel.) n. 2. –

Rigaux, Ludovicus (geb. am 6 Nov. 1810 in Jülich): De salis culinaris in corpus animale vi experimenta et observata quaedam ... Bonnae, typ. C. Georgii 1838. 3 Bl., 23 S., 1 Bl. 8.
Bonn, Med. Fak., Diss. v. 10 Aug. 1838

Rigby: Baltische Briefe. Th. 1 2 — Lpz: Brockhaus 1846 XIV, 279 S, VIII, 280 S.

Rigby, Edward.
Chemische Bemerkungen über den Zucker. Aus dem englischen mit Anmerkungen von Samuel Hahnemann. Dresden, 1791. 8vo.

Edward Rigby
1747 - 1821

Eduard Rigby [An Essay on the uterine haemorrhage. Deutsch:] Versuch über die Mutterblutflüsse, die vor der Entbindung von ausgetragenen Kindern hergehen: nebst vielen erl. Beobachtungen. Nach d.3. Ausg. aus d. Engl. übers. Leipzig: Weygand 1786. 184 S. 8°

Rigby, Edward. Versuch über den Ursprung der thierischen Wärme ... a. d. Engl. ... Altenburg 1790. Ü: *Diel, August Frdr. Adrian.* (EngM) (Ky)

— Versuch üb. den Ursprung der thier. Wärme, nebst ihrer Anwendung in der Heilart der Hautausschläge rc.; aus d. Engl. übers. mit Anmerkk. (v. F. F. A. Diel). gr. 8. Altenb. 790. Hennings in Gotha. 16 gr

— chem. Versuche üb. den Zucker; aus d. Engl. mit Anmerkk. v. S. Hahnemann. gr. 8. Dresd. 791. Richter. 6 gr

Rigel, Anton Pius von

v. Rigel, A. P., Beschreib. u. Abbild. e. neu erfund. Sparr-Dachstuhls. Mit 1 Kpf. 8. Wien 826. Verf. (Tendler). 6 gr

Rigel, Frz. Ldw., († 1801.) Versuch üb. das Verhältniß der durch das Wort Freiheit bezeichneten Vermögen u. Zustände u. zum Strafgesetze. 8. Nürnb. 795. Grattenauer. 16 gr

Rigel, Franz Xaver

Rigel, Fr. Xav. Zeitgemässe, von jedem Deutschen zu beherzigende Ansichten und Wünsche, aus dem politisch-militärischen Standpunkte betrachtet, oder was müssen die Deutschen thun, um gegen jeglichen äusseren Feind, namentlich gegen Frankreich stets gerüstet zu seyn? 8. Deutschland 1842.

Rigel: Zeitgemäße, von jedem Deutschen zu beherzigende Ansichten und Wünsche vom politischen u. militärischen Standpunkte aus. 7. Aufl. Mannheim 1852. 23 S.

Rigel, Franz Xav., Grossh.-Bad. Oberstlieut. Blokade, Belagerung und Eroberung von Tortosa durch das dritte französische Armee-Corps, im Jahre 1810/11, und Vertheidigung von Monzon durch die Franzosen im Jahre 1813/14. Aus den Memoiren des Marschall Suchet. Mit 2 Plänen. 8. Mannheim 1847.

v. Rigel, Frz. Xav., die Belagerung v. Valenzia durch die Franzosen, während des Befreiungskrieges der Spanier v. J. 1808—1814, nebst ausführl. Belagerungsplan. gr. 8. Karlsr. 824. Marx. 1 ₰ 3 gr Hbg. Pr. 20 gr Velinp. 1 ₰ 10 gr; (auch Heyer in Darmst.) 1 ₰ 96 Z.

— 2. Auflage 8. Mannheim 1843.

Rigel, F. X., Erinnerungen aus Spanien. gr. 8. (23 B. u. 8 Abbild.) Mannheim 839, Schwan- u. Götz'sche Hofbuchh. * 1⅓ Thlr., col.

— üb. d. Gebrauch der Tirailleurs bei d. Infanterie. 8. Darmst. 823. Heyer. 5 gr

— s. Gouvion St. Cyr, Tagebuch.

— der 7jähr. Kampf auf der pyrenäischen Halbinsel v. J. 1807—1814; besond. meine eigenen Erfahrr. in diesem Kriege rc. 3 Thle. Mit 8 Kpf. u. 3 Plän. gr. 8. Darmst. 819—822. (Heyer). 9 ₰ 14 gr

— Kampf um Tarragona während des Befreiungskrieges der Katalonier v. J. 1808—1814. Mit 1 Pl. Rastatt 1823. 79 S.

— der Kampf um Torragona während des Befreiungskrieges d. Katalonier v. J. 1808—14. Nebst Plan. gr. 8. Karlsr. 824. Marx. 20 gr; (a. Heyer in Darmst.) 1 ₰

Rigel, Jh. Nep.

— s. 1) Lebensgeschichte Frz. v. Hieronymo. 2) Liguori, d. Herrlichk. Mariä.

— Rede bei Gelegenheit öffentl. Betstunden für Se. päpstl. Heiligkeit Pius VI. 8. Augsb. 799. Doll. 3 gr

— dogmat.-moral. Reden v. dem Bekenntniß des Glaubens, zum Unterricht u. Stärkung der Gläubigen rc. 8. Augsb. 800. Rieger. 15 gr

— 5 Wallfahrtsreden. 8. Ebend. 796—99.

Rigel, Jh. Nep., († d. 21. Jan. 1813.) die beste Weise Messe zu hören; aus den Worten Jesu selbst genommen. 2 Thle. 8. Augsb. 798, 99. Ant. Rieger. 20 gr

— des heil. Meßopfers Zwecke, Eigenschaften u. Wirkung. 8. Augsb. 796. (A. Rieger). 7 gr

Rigel, L., Vers. üb. d. Verhältn. d. in Sprachgebr. d. d. Wort: Freyheit bezeichn. Vermögen u. Zust. des Menschen z. Verbrechen rc. 8. Nürnb. Grattenauer. 795.

Rigel, N. de, v. Riegel, N. de.

Rigert, Kaspar

[Rigert, Caspar.] Kurzgefasste Geschichte des Freystaates Gersau (sammt Nachtrag und Memoriale). 2. Aufl. 8. Zug 1817.

Rigert, Louis

Rigert, L. (Hrsg.), s.a. Bundesgesetz betr. d. Erwerbung d. Schweizer Bürgerrechtes ...

Rigert, L[ouis]. Bundesgesetz betreffend die Erwerbung des Schweizerbürgerrechtes und den Verzicht auf dasselbe ⟨Vom 25. Juni 1903⟩. Hrg. und mit geschichtlichen Notizen und Erläuterungen, unter besonderer Berücksichtigung der Praxis der Kantone und des Bundesgerichts bezüglich des Gesetzes vom 3. Juli 1876, versehen von L. R'.... 64 S. 8. Zürich, Schulthess & Co., 1905. [fr. 1.40]

Rigert, Placidus

Rigert, P. Placidus, Ueber die Lektüre. Sarnen 1889. Progr.

Rigert-Haas, L. Praktische Anleitung f. landwirthschaftliche Buchführung nach dem einfachen Systeme. Ein Handbuch zum Gebrauche an landwirthschaftl. Schulen, f. Lehrer u. zum Selbstgebrauche f. Landwirthe. gr. 8. (VIII, 176 S.) Aarau 889, Christen's Verlag. * 3 —

Rigetti, Pt., u. J. Erh. Pannich, histor. Nachr. von d. Errichtung d. Welschen (Italien.) Congregation unt. d. Titel Mariä Himmelfahrt u. des dazu gehörig. Hospitals B. V. Mariae ad S. Carol. Borromaeum. 4. Prag 773.

Riggauer, Hans, die Entwicklg. des baierischen Münzwesens unter den Wittelsbachern. gr. 8. (S. 173—192 m. 1 Abbildg.) München 900. (G. Franz' Verl.) n. —40
Sonderabdruck aus: „Sitzungsber. d. k. bayer. Akad. d. Wiss".

Ueber die Entwicklung der Numismatik und der numismatischen Sammlungen im 19. Jahrhundert. Festrede ... am 14. Nov. 1900 von Hans Riggauer. *München: K. bayr. Akad. (G. Franz in Komm.) 1900.* (24 S.) 4°
(ca. 7710 B

— über die Entwicklung der Numismatik u. der numismatischen Sammlgn. im 19. Jahrh. Festrede, geh. in der öffentl. Sitzg. der k. b. Akademie der Wissenschaften zu München am 14. XI. 1900. gr. 4. (24 S.) Ebd. 901. n. — 60

Riggauer. H. Eros auf Münzen. S.-A. 1880. 31 S.

Riggauer, Hans. Geschichte d. kgl. Münzcabinets in München, s.a. Bibliothek, bayerische.

Riggauer H. Geschichte des Königlichen Münzkabinets in München. (Bibliothek, Bayerische 6) Bamberg 1890

— Zur kleinasiatischen Münzkunde. Ak 1897. 11 S.

Riggeler, J., Anleitung zum Turnen mit dem Eisenstab, m. Abb., Zürich 1875, 68 S., 15 Taf., kl.-8°.

Riggeler, J., über die Vereinigung der militärischen Instruktion mit der Volkserziehung, Preisschr., Zürich 1863, 24 S., 8°.

Riggenbach, A., siehe: *Verhandlungen.*

Riggenbach, Alb., Beobachtungen üb. die Dämmerung, insbesondere üb. das Purpurlicht u. seine Beziehungen zum Bishop'schen Sonnenring. Habilitationsschrift. gr. 8. (105 S.) Basel 886. Georg. n. 2. —

Riggenbach, Alb., Collectanea der Basler Witterungsgeschichte. Progr. gr. 4. (31 S.) Basel 891. (A. Geering.) n. — 90

Riggenbach, A. Collectanea zur Basler Witterungsgeschichte. In-4°. 30 S. Basel, L. Reinhardt, Univ.-Buchdr. 1891
*** Wissenschaftliche Beilage zum Bericht über das Gymnasium, Schuljahr 1890–91.

Riggenbach, Albert. Die Erdbebenaufzeichnungen der astronomisch-meteorologischen Anstalt im Bernoullianum zu Basel 1888 —1903. VIII + 14 S. 8. Basel, Kreis, 1903.
(... Herrn Professor Dr Ed[uard] Hagenbach[-Bischoff] zum siebzigsten Geburtstage gewidmet.)

Riggenbach, Alb., Ergebnisse 7jähr. Niederschlags-Registrierungen in Basel. gr. 4. (18 S. m. 1 Taf.) Karlsruhe 898. G. Braun'sche Hofbuchdr. u. Verl. n. 1.50

Riggenbach, Albert. Zur Feier des fünfundzwanzigjährigen Bestehens der öffentlichen populären Vorträge in Basel. Basel 1889.

— Die bei Regenmessungen wunschbare und erreichbare Genauigkeit. (Separatabzug aus den Verhandl. der Naturforsch. Gesellsch. in Basel, Theil VIII, Heft 3, 1888.) [Basel 1888.]

Riggenbach, A. Die Geschichte der meteorologischen Beobachtungen in Basel. In-4°. 39 S. Basel, (Georg & Co.). (1892). — —
*** Wissensch. Beil. zum Bericht über das Gymnasium. Schulj. 1891/92.

Riggenbach, A., Die Instrumente zur Zeitbestimmung der astronomischen Anstalt in Bernoullianum. (Separat-Abdr. aus den Verhandl. der Naturf. Ges. in Basel. Theil VIII, Heft 3, 1888.) [Basel 1888.]

—— zum Klima der Goldküste. gr. 8. (VII, 42 S. mit 1 Taf.) Ebendas. 885. *
Aus: Verhandlungen der naturforschenden Gesellschaft in Basel, besonders abgedruckt.

Riggenbach, Alb. Die Niederschlags-Verhältnisse v. Basel. gr. 4. (VII, 82 S. u. Tab. 78 S. m. 2 Taf.) Zür. 891. (Basel, Georg u. Comp.) ** 10 —
Aus: Denkschr. d. schweiz. naturf. Gesellsch., besonders abgedruckt.

Riggenbach, Albert. Die Niederschlagsverhältnisse des Kantons Basel und ihre Beziehung zur Bodengestalt. Basel 1891.

Riggenbach, A[lbert]. Die tägliche Periode des Niederschlages in Basel. Sonder-Abdruck aus dem « Hann-Band der Meteorologischen Zeitschrift 1906 ». II S. + S. 276—279. 4. Braunschweig, Friedrich Vieweg & Sohn, 1906.

—— Resultate aus 112jährigen Gewitteraufzeichnungen in Basel. gr. 8. (19 S. m. Fig.) Basel 889, Georg u. Comp. * 1 —
Aus: Verhandlgn. d. naturforsch. Gesellsch. zu Basel, besonders abgedruckt.

Riggenbach, A. Historische Studie über die Entwicklung der Grundbegriffe der Wärmefortpflanzung. Wissenschaftliche Beilage zum Bericht über das Gymnasium Basel. Schuljahr 1883/84. In-4°, 39 S. Basel, Schultze. 1884.

Riggenbach, A[lbert]. Was man aus den täglichen Wetterkarten der schweizer. meteorologischen Centralanstalt ersieht. [Mit 1 Tafel.] SA. 8. Basel 1882.

Riggenbach, Albert. Die unperiodischen Witterungserscheinungen auf Grund 111jähriger Aufzeichnungen der Niederschlagstage. Basel 1890.

Riggenbach, Albert. Witterungsübersicht der Jahre 1881–82, 84–86, 88–93. Basel 1882–94.

— internat. Wolken-Atlas, s.: Hildebrandsson, H.

Riggenbach, Albert. Zur Wolkenphotographie. Basel 1891.

Riggenbach, Albert. Die mitteleuropäische Zeit und ihre Vorgeschichte. Basel 1893.

Riggenbach, A. (Hrsg.), s. Zwingli, H.: Der Hirt.

Riggenbach, August

Riggenbach, A., Freiübungen für Knaben u. Erwachsene. Mit 101 Abbildgn. (auf 16 Steintaf.). 2. (Titel-)Ausg. 16. (46 S.) Basel (1847) 877. Schweighauser. cart. n. 1.60

Riggenbach, Aug., die Freiübungen des Basler Turnvereins als Anleitung zur Einführung derselben in Turnvereinen von Jünglingen u. Erwachsenen. Mit Hinweisung auf das Geräthturnen. Mit 101 Abbildg. gr. 16. (50 S. m. 16 lith. Taf.) Basel 847, Schweighauser. ½ ₰

Riggenbach, Bernh., das Armenwesen der Reformation. Habilitations-Vorlesung. 8. (66 S.) Basel 883. Schneider. n. 1. —

Riggenbach, Bernhard. Die Barfüsserkirche als Geburtsstätte der Basler Reformation. [Mit 1 Porträtvignette. A.] 8. [Basel 1894.]

Riggenbach, Bernh., Johann Tobias Beck. Ein Schriftgelehrter zum Himmelreich gelehrt. Lebensbild, größtentheils nach ungedr. Quellen bearb. gr. 8. (VII, 472 S. mit Lichtdr.-Bild.) Basel 888, Detloff's Verlag. *
geb. **

Riggenbach, Bernh., der Diener d. göttlichen Worts als Diener der modernen Gemeinde. Eine pastoraltheolog. Skizze. [Aus: „Taschenbuch f. schweiz. reformirte Geistliche."] 16. (27 S.) Basel 876. Bahnmaier. n. — 60

— Johann Eberlin v. Günzburg u. sein Reformprogramm. Ein Beitrag zur Geschichte d. 16. Jahrh. gr. 8. (IV, 290 S.) Tübingen 874. Fues. n. 5. —

Riggenbach, Bernh[ard]. Zur Erinnerung an Frau Anna Elisabeth Hauser-Oser. Personalien und Leichengebet ... den 23. December 1879 ... vorgetragen ... [zu Basel]. 8. Basel 1880.

Riggenbach, B[ernhard]. Zur Erinnerung an Herrn Rudolf Hauser-Oser, geboren ... 1801; gestorben den 8. Jan. ... 1883. Lebensabriss und Leichenrede von B. R.-Oser. 8. Basel 1883.

Riggenbach, B., siehe: *Festbuch.*

—— Frauengestalten aus der Geschichte des Reiches Gottes. Sieben Vorträge. 8. (IV, 186 S.) Basel 884, Detloff's Verlag. *M 2,40.; geb. **
—— dass. — 2. Aufl. 8. (VII, 188 S.) Ebendas. 884. In Leinw. geb. *M 2,40.; geb. *

Riggenbach, Bernh., der internationale Gefängniß-kongreß in Rußland. Erlebnisse u. Eindrücke. [Aus: „Kirchenbl. f. die reformierte Schweiz".] gr. 8. (III, 69 S.) Basel 891. (Reich.) n. 1. —

Die Christliche Gemeindepastoration nach Schrift und Erfahrung. Vorlesgn üb. Pastoraltheologie v. D. Bernhard Riggenbach, . . Prof. . . . a. d. Univ. Basel. *Basel: R. Reich 1898.* (VIII, 276 S.) 1 Bd 8. 97-1906

— „Jesus nimmt die Sünder an". Predigten. 8. (198 S.) 889; 2. verm. Aufl. 12. (296 S.) Ebd. 890. geb. * 2 40

— Jesus nimmt die Sünder an. Predigten. 2., verm. Aufl. 12. (296 S.) Ebd. 891. n. 2.40

— s. Pellikan, Konr., das Chronikon.

Riggenbach, Bernhard. Bernhard Socin des Raths (1777–1854). [SA. Mit 1 Vignette.] 8. Basel 1889.

Riggenbach, B., s.a. Taschenbuch f. die schweizerischen reformierten Geistlichen.

Riggenbach, Dr. B., Taschenbuch für die schweiz. reformirten Geistlichen. 1876. In Leinwand gbdn. 2. —

Taschenbuch für die schweizerischen reformirten Geistlichen auf das Jahr 1880. V. Jahrg. Herausgeg. unter der Leitung von Dr. Bernhard Riggenbach, Pfarrer in Arisdorf. In-16°, 172 S. Basel, C. Detloff. Geb. 2 20

Riggenbach, Bernh. (Dr.). Taschenbuch für die schweizerischen reformirten Geistlichen auf das Jahr 1881. VI. Jahrg. Kl. in-8°, 189 S. Basel, Bahnmaier's Verlag. Geb. 2 20

Taschenbuch für die Schweiz. reform. Geistlichen auf das Jahr 1901. XXVI. Jahrg. Begründet von *B. Riggenbach*, fortgeführt v. *Arnold v. Salis.* Kl. 8°. 312 S. Basel, R. Reich. 2 20

—— untergegangene deutsche Universitäten. Vortrag, gehalten in der Aula der Universität Basel den 21. Dezbr. 1886. gr. 8. (26 S.) Ebendas. 886. *
Aus: Kirchenblatt für die reformirte Schweiz, besonders abgedruckt.

— untergegangene deutsche Universitäten. Vortrag. [Aus: „Kirchenbl. f. d. reform. Schweiz".] gr. 8. (26 S.) Ebd. 887. n. — 60

Riggenbach,
B. Die Wurzeln der Vergehen und Verbrechen im Familien- und Volksleben. Vortrag. In-8°. 30 S. Basel, C. Detloff's Buchhandl. 1890. — 50

— die Wurzeln der Vergehen u. Verbrechen im Familien- u. Volksleben. 2. Aufl. 8. (30 S.) Ebd. 890. n. — 40

Riggenbach, C., s. Riggenbach, Christoph Johannes

Riggenbach, Ch., s. Riggenbach, Christoph Johannes

Riggenbach, Chph. Joh., Amos und Hosea, s. Vorträge über die Propheten.

Riggenbach, Chr[istoph] Joh[annes]. Hieronymus Annoni (1697–1770). Ein Abriss seines Lebens sammt einer Auswahl seiner Lieder, bearb. durch Chr. Joh. R', Prof. 8. Basel 1870.
Ausg. A [Hrg. vom Verein zur Verbreitung] christlicher Schriften [Basel]
Ausg. B. ([Hrg. vom] V' zur V' chr' Schr' B'. [N°] 631.)

Riggenbach, Chr. Joh., Hieronymus Annoni. Ein Abriß seines Lebens sammt e. Auswahl seiner Lieder bearb. 8. (180 S.) Basel 870. Bahnmaier in Comm. n. 1. —

Riggenbach, Johs.: Zwei academische Antrittsreden, gehalten zu Basel im Mai 1851. s. Auberlen, Carl Aug.

— die Apostelgeschichte. Ein Versuch ihre Zuverlässigkeit nachzuweisen. gr. 8. (38 S.) Ebendas. 868.
Aus: Kirchenfreund, besonders abgedruckt.

Riggenbach, C. J., Augustus u. Christus. Predigt üb. Luk. 2, 1—14. 8. (14 S.) Basel 882. Detloff. — 30

—— und W. F. Geß, apologetische Beiträge, s. Geß, W. F.

— die gute Botschaft. Eine Auswahl von Predigten gehalten theils im Münster, theils zu St. Peter in Basel. Basel 861. Bahnmaier. gr. 8. (VII, 210 S.) n. 22 ngr

— der sogenannte Brief d. Barnabas. I. Uebersetzung. II. Bemerkungen. Ein Beitrag zum Verständniss d. Briefes. gr. 4. (47 S.) Ebend. 874. n. 1. 20

—— die beiden Briefe Pauli an die Thessalonicher, s. Auberlen, C. A.

—— die beiden Briefe Pauli an die Thessalonicher, s. Bibelwerk, theologisch-homiletisches.

Riggenbach, Ch., und L. A. Burckhardt, die Dominikaner Klosterkirche in Basel, s. Mittheilungen der Gesellschaft für vaterländ. Alterthümer in Basel.

— Elias und Christus. Zwei Predigten gehalten zu St. Peter in Basel, die erste am 4. Adventsonntag den 18. Christmonat 1859, die andere am 29. Januar 1860. Basel 860. Bahnmaier. gr. 8. (18 S.) n. 4 ngr

– Feldpredigt über Apostelgesch. 11, 15. 16. gehalten vor dem Bataillon 80 am Pfingstsonntag den 19. Mai 1861. Ebend. 861. gr. 8. (12 S.) n. 4 ngr

—— Nikolaus von Flüe und der Tag von Stans. gr. 8. (26 S.) Basel 882, [Bahnmaier's Buchh.] Detloff's Verlag. *

– Imman. Stockmeyer u. Herm. Prätorius, zur 100-jährigen Gedächtnißfeier der deutschen Christenthums-gesellschaft. Drei Reden, gehalten den 17. Oktbr. 1880. gr. 8. (47 S.) Basel 881. Spittler. n. — 35

Riggenbach, [Christoph] J[ohannes]. Gericht und Erbarmen Gottes. Predigt über Jesaj. 54. 8. 10. zum fünfhundertjährigen Gedächtniss des grossen Erdbebens vom Jahr 1356 gehalten ... den 18. October 1856 ... [zu Basel]. 8. Basel 1856.

Riggenbach, Chr. Joh., der apostolische Glaube nach Geschichte und Bedeutung. gr. 8. (80 S.) Basel 872, Bahnmaier's Buchh.

— s. Hauptversammlung, siebente, der evangel. Allianz.

– Jesus Christus, der Erfüller von Gesetz u. Propheten. Vortrag. [Aus: „Kirchenfreund".] gr. 8. (16 S.) Ebend. 878. n. — 50

—— ein Capitel aus dem Evangelium St. Matthäi, ausgelegt in Predigten. gr. 8. (70 S.) Basel 865, Bahnmaier's Verlag.

— C. J., siehe: *Kirchenfreund.*

—— der Kirchengesang in Basel seit der Reformation. Mit neuen Aufschlüssen über die Anfänge des französ. Psalmengesangs. gr. 8. (196 S.) Basel 870, Georg.

- u. C. Burckhardt, der Kirchenschatz des Münsters zu Basel, s. Mittheilungen der Gesellschaft für vaterländ. Alterthümer in Basel.

Riggenbach, Ch., und C. Burckhardt, die Klosterkirche Klingenthal in Basel, s. Mittheilungen der Gesellschaft für vaterländische Alterthümer in Basel.

Riggenbach, C[hristoph] J[ohannes, und] Gess, W[olfgang] F[riedrich]. Leichenrede, gehalten bei der Beerdigung von Herrn Carl August Auberlen, der Theologie Doctor und Professor, den 4. Mai 1864... [zu Basel] durch C. J. R'..., sammt einem Lebensabriss des Verstorbenen von W. F. G'... 8. Basel.

Riggenbach, Chr. Joh., Oster-Predigt üb. Lukas 24, Vers 1—12 geh. Sonntag d. 13. April 1873 zu St. Theodor. 8. (16 S.) Basel 873. Spittler. — 15

Riggenbach, J., Predigt gehalten zur Eröffnung der schweizerischen Predigergesellschaft in Frauenfeld den 3. Aug. 1852. gr. 8. (15 S.) Frauenfeld 852, Verlags-Comptoir. 3 ngr

Riggenbach, J., Predigt über 1. Cor. 15, 20. gehalten am heil. Osterfeste, den 27. März 1853. gr. 8. (16 S.) Basel 853, Bahnmaier's Buchh.

- zwei Predigten über Joh. 19, 19—24. u. Joh. 11, 25. 26. gehalten am Charfreitag den 6. April u. am h. Osterfeste den 8. April 1855. Basel 855. Bahnmaier. gr. 8. (29 S.) n. 5 ngr

- u. Rud. Löw, ausgewählte Psalmen in großentheils neuer Uebersetzung mit den Tonsätzen Claude Goudimels, nebst einem Anh. bearb. u. herdg. Basel 868. Schneider. 8. (XX, 96 S.) n. 10 ngr

— der heutige Rationalismus besonders in der deutschen Schweiz. Vortrag gehalten in der St. Peterskirche zu Genf den 11. September 1861. Ebend. 862. 8. (VII, 95 S.) n. 12 ngr

— eine Reise nach Palästina. 8. (236 S. Basel 873. Schneider. n. 2. 40

—— die Mosaische Stiftshütte. Academisches Programm. gr. 4. (59 S. mit 3 Stnt.) Basel 862, Bahnmaier's Verlag.

— die Mosaische Stiftshütte. 2., mit einem Anh. verm. Aufl. Ebend. 867. gr. 4. (63 S. mit 3 Steintaf.) n. 1 rℓ

Riggenbach, Chr. Joh., Jesu Tod als Lösegeld für Viele. Predigt über Matthäus 20, 17—28, gehalten den 9. Febr. 1879 zu St. Leonhard. 8. (15 S.) Basel 879, Schneider.

—— Ueberblick der Hauptfragen, das Leben Jesu betr. gr. 8. (44 S.) Basel 868, Bahnmaier's Verlag.
Aus: Kirchenfreund, besonders abgedruckt.

Riggenbach, Chr. Joh. s. : *Verhandlungen der VII. Hauptversammlung der evangel. Allianz in Basel.*

—— Vorlesungen über das Leben des Herrn Jesu. gr. 8. (XV und 724 S.) Basel 858, Bahnmaier's Verlagsh.

—K. R. Hagenbach, und J. Stockmeyer, Vorträge bei Einführung des neuen Gesangbuches gehalten. Basel 854. Bahnmaier. gr. 8. (36, 16, 12 S.) n. 8 ngr

—— Wachet! Predigt über Matth. 24, 42—51. gehalten am 14. Octbr 1860 zu St. Peter. gr. 8. (14 S.) Basel 860. Bahnmaier's Verlagsh.

R[iggenbach, Christoph] J[ohannes]. Johann von Wiclif, der englische Reformator vor der Reformation. [Mit Porträt-Tafel.] 8. Basel 1874.

—— die Zeugnisse für das Evangelium Johannis neu untersucht. Sammt einem Anh. über die mosaische Stiftshütte. gr. 8. (196 S.) Basel 867, Bahnmaier's Verlag.

Riggenbach, E., Bericht betr. Zürcher Strassenbahnen, s.: Brüstlein, John E.

Riggenbach, E. Birsig-Viaduct beim Steinenthor nach dem der Hohen Regierung eingereichten generellen Project. Mit 2 color. Plänen (gr. in-fol.) u. 3 Tafeln. In-4°. 14 S. Basel, Emil Birkhäuser. 1880

Riggenbach, Eduard, die Auferstehung Jesu, s.a Zeit- u. Streitfragen, biblische. I. 5.

Riggenbach, Eduard. Die Auferstehung Jesu. Von D. E' R', ... Basel. IV + 40 S. 8. Gr. Lichterfelde-Berlin, Edwin Runge, 1905. (M. —. 45)
Biblische Zeit- und Streitfragen (zur Aufklärung der Gebildeten). Hrg. von Lic. Dr. [Julius] Boehmer und Lic Dr. [Friedrich] Kropatscheck. (Serie I, Heft 5.)

Riggenbach, Eduard. Die Auferstehung Jesu. 2., verbesserte Aufl. 6.—10. Tausend. 39 S. 8. Gr. Lichterfelde-Berlin, Edwin Runge, 1908. (M. —. 45)
Biblische Zeit- und Streitfragen (zur Aufklärung der Gebildeten). Hrg. von Prof. D. (Friedrich) Kropatscheck. (Serie 1. Heft 5.)

— Der Begriff der διαθήκη im Hebräerbrief, s.a. Studien, theologische.

Riggenbach, Eduard. Der Begriff der ΔΙΑΘΗΚΗ im Hebräerbrief. Von D. E' R' ... in Basel. [Sep.-Abdr. aus: Theologische Studien. Theodor Zahn zum 10. Oct. 1908 dargebracht von Nathanael Bonwetsch, Wilhelm Caspari, ... E. R', ... Gustav Wohlenberg.] II + 28 S. 8. Leipzig, A. Deichert, 1908. [M. —. 70]

— Bibelglaube u. Bibelforschung. Vorträge u. Abhandlgn. (V, 147 S.) 8. Neukirchen (909). Buchh. des Erziehungsvereins. 2. —

— die religiöse u. sittliche Erziehung heidenchristlicher Gemeinden nach den Korintherbriefen, s.a Missions-Studien, Basler. 20. Hft.

Riggenbach, Eduard. Die religiöse und sittliche Erziehung heidenchristlicher Gemeinden nach den Korintherbriefen. (Vortrag ... am 25. September 1903 gehalten....) IV + 20 S. 8. Basel, Missionsbuchh., 1904. (fr. —. 50)
Basler Missions-Studien. Heft 20.

— unbeachtet gebliebene Fragmente des Pelagius-Kommentars zu den Paulin. Briefen, s.a Beiträge z. Förderg. christl. Theologie. IX. 1.

Unbeachtet gebliebene Fragmente des Pelagius-Kommentars zu den Paulinischen Briefen. Von D. E[duard] Riggenbach, Prof. Gütersloh: C. Bertelsmann 1905. (26 S.) 8° [F.]
= Beiträge z. Förderung christl. Theologie. Jg. 9, H. 1, [1.] 1-5. 1949

— Für od. wider Jesus! Predigt üb. Lukas 9, 50 u. 11, 23, geh. am 13. IX. 1908 in der Pauluskirche zu Basel. (15 S.) 8. Basel 908. Basler Missionsbuchh. — 16

Riggenbach, E., fürchtet euch nicht! Predigt, geh. in der Engelgasskapelle Ostern, den 1. Apr. 1888. 8. (14 S.) Basel 888. Spittler. n. — 20

— die heilsame Gnade Gottes. 8 Predigten. (VIII, 114 S.) 8. Basel 904. Basler Missionsbuchh. n. 1. 20

– Gottsucher u. Gottfinder. (Vortrag im Verein positiver Kirchgenossen in Neumünster-Zürich.) (34 S.) kl. 8. Basel 908. Kober. — 50

Die ältesten lateinischen Kommentare zum Hebräerbrief. Ein Beitrag z. Geschichte d. Exegese u. z. Literaturgesch. d. Mittelalters von D. Eduard **Riggenbach**, Prof. Leipzig: A. Deichert 1907. (X, 243 S.) 8°
= Riggenbach: Historische Studien z. Hebräerbrief. T. 1.
= **Forschungen** z. Geschichte d. neutest. Kanons u. d. altkirchl. Literatur. T. 8, H. 1. [07. 5575

– Die Lehre v. der Rechtfertigung aus dem Glauben im Kampfe der Gegenwart. Vortrag, geh. bei der 12. Tagung des reform. Bundes am 4. IX. 1907 in Odenkirchen. (16 S.) 8. Neukirchen (907). Buchh. d. Erziehungsvereins. — 25

– Matth. 28, 9 bei Origenes, s.: Beiträge zur Förderung christl. Theologie. VIII. 4.

Riggenbach, Ed., Pastoralbriefe rc., s.: Kübel, Rob.

Riggenbach, Ed., zwei Programme f. die Weihnachtsfeier der Sonntagsschule. (3. Serie.) 4. (12 S.) Zürich 901. Dépôt der ev. Gesellschaft. n.n. — 30
2. Serie, s.: Wetli, Karl, die hl. Weihnachts-Geschichte.

— d. Rechtfertigungslehre d. Apostels Paulus. Ein erweit. Vortrag. [Aus: „Ev. Kirchenbl. f. Württ."] 8. (27 S.) Stuttgart 897. D. Gundert. n. — 40

— Historische Studien zum Hebräerbrief, s.a. Forschungen zur Geschichte des neutestamentlichen Kanons. VIII, 1.

Riggenbach, Eduard. Historische Studien zum Hebräerbrief. Teil 1: Die ältesten lateinischen Kommentare zum H'. Ein Beitrag zur Geschichte der Exegese und zur Literaturgeschichte des Mittelalters von D. E' R',... Basel. X + 244 S. 8. Leipzig, A. Deichert Nachf., 1907. [M. 6. 80]
Forschungen zur Geschichte des neutestamentlichen Kanons und der altkirchlichen Literatur, hrg. von Theodor Zahn. Teil 8: Hist' St'zum Hebr'. Heft 1: Die ält' l' Komm'....

— der trinitarische Taufbefehl Matth. 28, 19 nach seiner ursprünglichen Textgestalt u. seiner Authentie untersucht, s.a. Beiträge zur Förderung christlicher Theologie. VII. 1.

Riggenbach, Eduard. Der Trinitarische Taufbefehl Matth. 28, 19 nach seiner ursprünglichen Textgestalt und seiner Authentie untersucht von Lic. Eduard Riggenbach, a. o. Professor ... in Basel. 103 S. 8. Gütersloh, C. Bertelsmann, 1903. (M. 1. 80)
Beiträge zur Förderung christlicher Theologie. Hrg. von D A[dolf] Schlatter ... und D. H[ermann] Cremer .... 7. Jahrg. 1903. Heft 1....

Der trinitarische Taufbefehl Matth. 28, 19 bei Origenes. Von Prof. lic. Ed[uard] Riggenbach. *(Gütersloh: C. Bertelsmann 1904.)* (S. 105 109.) 8° [δ.]
= **Beiträge** z. Förderung christl. Theologie. Jg. 8. H. 4, [4.] [04. 10448

— d. schweizer., revid. Uebersetzung d. Neuen Testaments u. d. Psalmen. E. erweit. Vortrag. gr. 8. (30 S.) Basel 896. R. Reich. n. — 80

Riggenbach, E., Vererbung u. Verantwortung, s.a Zeitfragen des christlichen Volkslebens. Hft. 237.

Riggenbach, E[duard]. Vererbung und Verantwortung. Von Pfarrer E. R' [in Gebenstorf]. 39 S. 8. Stuttgart, Chr. Belser, 1906. (M. —.60)
Zeitfragen des christlichen Volkslebens. Baud 31. Heft 5. (Nr. 237.)

Riggenbach, Ed., Versuch e. neuen Deutung des Namens Barkochba, s.a. Beiträge zur Förderung christlicher Theologie. V. 4.

Versuch einer neuen Deutung des Namens Barkochba. Von Eduard Riggenbach, Prof. in Basel. *(Gütersloh: C. Bertelsmann 1901.)* (S. 105 –107.) 8° [δ.]
= Beiträge z. Förderung christl. Theologie. Jg. 5. H. 4, [4.] [01. 7378

— d. christl. Vollkommenheit nach d. Schrift. Vortrag, geh. in d. evang. Kirche zu Unterbarmen am 11. VIII. 1898. gr. 8. (21 S.) Barmen 898. Wupperthaler Traktat-Gesellschaft. n. — 40

— was haben wir am vierten Evangelium? Vortrag, geh. in Bremen am 17. XI. 1902. (26 S.) gr. 8. Neukirchen 903. Buchh. des Erziehungsvereins. n. — 35

— das Zeugnis des Apostels Paulus v. der Auferstehung Jesu Christi. Vortrag, geh. bei der Hauptversammlung der Vereinigg. der Freunde des kirchl. Bekenntnisses in Rheinland u. Westfalen am 1. XI. 1899 zu Mühlheim a. d. Ruhr. gr. 8. (15 S.) Neukirchen 900. Buchh. des Erziehungsvereins. n. — 25

Riggenbach, Emanuel [aus Basel]: **Das Genus Ichthyotaenia.** Genève 1896. 114 S. 8°. 3 Tafeln. (Ausschnitt aus der „Revue Suisse de Zoologie". Bd. IV.)
Basel. Phil. Diss. 1896/97.

Riggenbach, Hanna, der Tante Märchenbuch, s.: Ronus, Susanne.

Riggenbach, Heinrich [Assistenzarzt an der Allgemeinen Poliklinik in Basel]: **Ueber den Keimgehalt accidenteller** Wunden. Leipzig 1897. 56 S. 8°.
Basel. Med. Diss. 1897/98.

Riggenbach, Joh. Jak., zur Verantwortung. Rede, gehalten beim Abschied v. der St. Leonhards-Gemeinde den 6. Septbr. 1874. 8. (23 S.) Basel 874. Spittler. n. — 20

Riggenbach, Johannes, s. Riggenbach, Christoph Johannes

Riggenbach, Lucas, aus Arisdorf ⟨Schweiz⟩: **Die Ehescheidungsgründe im schweizerischen Recht.** *Borna-Leipzig 1902: R. Noske.* (VII, 58 S.) 8°
Leipzig, Jur. Diss. v. 1902

Riggenbach, Nic. und Olivier Zschokke. Entwurf für Ueberschienung der Alpen mit Zahnradbetrieb. 1868.

Riggenbach u. **Zschokke**, Entwurf für Ueberschienung der Alpen mit Zahnradbetrieb. Mit 2 Tfln. Aarau 1869. 8°.

Riggenbach, N., s.a. Erinnerungen eines alten Mechanikers.

(Riggenbach, N[icolaus].) Erinnerungen eines alten Mechanikers. 8.
2. Aufl. St. Gallen, Basel 1887.
3. Aufl. [Mit Portrat-Tafel.] Basel 1890.

Riggenbach, N[icolaus]. Erinnerungen eines alten Mechanikers (in abgekürzter Form). [Mit Porträt-Tafel.] 8. Basel, Oktober 1893.
[Hrg. vom] Verein für Verbreitung guter Schriften [nach dem] Vorschlag der Sektion Olten No 19.

Riggenbach, Nic. Ueber Verwendung des Zahnstangen-Systems an der Gotthardbahn. Zürich 1876.

Riggenbach, Rudolf, aus Basel: **Der Maler und Zeichner** Wolfgang Huber **(ca. 1490 — nach 1542). Basel 1907.** VI + 84 + 2 S. 8°. [7. VI. 07.]
Basel. Phil. Diss. 1907/08.

Riggenbach-Burckhardt, A[lbert]. **Die Organisation der Erdbebenbeobachtungen in der Schweiz. Sonderdruck aus dem Bericht** [*d. i.* Verhandlungen] der I. Intern. seismologischen Konferenz. III S. + S. 164—169. 8. Leipzig, Wilhelm Engelmann, 1902.

Riggenbach-Stehlin, F[ritz]. Die Macrolepidoptern der Bechburg. ⟨Nach einem Vortrag, gehalten bei der Jahresversammlung der schweizer. entomologischen Gesellschaft am 20. August 1876 in Basel.⟩ [A.] 8. [Schaffhausen 1877.]

Rigger, s.a. Riegger.

Rigger, der mitteleuropäische Bund. Berlin 861. J. Springer. gr. 8. (32 S.) 6 ngr.

Riggert, Georg: Der syntaktische Gebrauch des Infinitivs in der altenglischen Poesie. Kiel 1909: Fiencke. 78 S. 8°
Kiel, Phil. Diss. v. 28. Okt. 1909, Ref. Holthausen
[Geb. 26. Sept. 86 Ülzen; Wohnort: Ülzen; Staatsangeh.: Preußen; Vorbildung: Realgymn. Ülzen Reife O. 05; Studium: Marburg 4, München 1, Kiel 4 S.; Rig. 12. Juni 09.] [U 10. 2524

Riggert, Wilhelm. Stunden d Dämmerung; Knospen deutsch-amerikanischer Lyrik. Reedsburg, 1879.

Riggs, Robert Baird

Riggs, R. B., Diäthylparatoluidin u. Salpetersäure. gr. 8. (33 S.) Göttingen 883. Deuerlich. n. — 60

Righetti, Camillo. Adjustierungsblätter des k. u. k. oesterr.-ungar. Heeres, der Kriegsmarine und der beiden Landwehren. Nach der Natur gezeichnet von Camillo Righetti. Leipzig. Verlagsbuchhandlung von Moritz Ruhl [1901]. [Umschlagtit.] 29 farb. Taf. 2°

Righetti, Camillo, Adjustierungs-Wandtafeln d. k. u. k. oesterr.-ungar. Armee u. Kriegsmarine. Nach der Natur gezeichnet. 8 Taf. m. 39 Fig. in lithogr. Farbendruck. 41×53 cm. Leipzig (907). M. Ruhl. 6.—; auf Pappe n 12. —

— dasselbe. Suppl.-Taf. m. 5 (farb.) Fig. in der neuen Adjustierg. 41×53 cm. Ebd. (907). —75; auf Pappe n 1.50

— dasselbe. II. Suppl. 2 (farb.) Taf. m. 10 Fig. in der neuen, feldmäss. Adjustierg. 40,5×53 cm. Ebd. (909). 1.50

— dasselbe. III. Suppl. 2 (farb.) Taf. m. 10 Fig. in der neuen, feldmäss. Adjustierg. 41×52,4 cm. Ebd. (910). 1.50

Righetti's, Jos., Betrachtungen auf alle Tage des Monats, besonders des Maimonats, f. Priester. Aus dem Italienischen. gr. 16. (439 S.) Sulzbach 850, v. Seidel (jetzt: Regensburg, Pustet). ⅔ ₰

Righi, Augusto, neuere Anschauungen über die Struktur in der Materie. Vortrag, geh. zu Parma am 25. X. 1907. Autoris. Übersetzg. v. Fel. Fraenckel. (54 S.) 8. Leipzig 908. J. A. Barth. Kart. 1.40

Die Bewegung der Ionen bei der elektrischen Entladung. Von Augusto Righi. Deutsch von Max Iklé. Mit 3 Taf. u. 12 Fig. Leipzig: J. A. Barth 1907. (70 S.) 8° [07. 16007

— Strahlende Materie a. magnetische Strahlen. Mit Zusätzen des Verf. f. die deutsche Ausg. Aus dem Ital. übers. v. Max Iklé. Mit 74 Fig. im Text u. auf Taf. (VIII, 391 S.) gr. 8. Ebd. 909. 6.40; geb. in Leinw. 7.20

Die Optik der elektrischen Schwingungen. Experim.-Untersuchgn üb. elektromagnet. Analoga zu d. wichtigsten Erscheingn d. Optik. Von A[ugusto] Righi, O. Prof. ... an d. Univ. Bologna. Nebst Zusätzen d. Vfs ins Deutsche übertr. v. B[ernardo] Dessau, Privatd. an d. Univ. Bologna. M. 40 Abb. *Leipzig: O. R. Reisland 1898.* (1 Bl., XI, 267 S.) 1 Bd 8. [98. 9906

— u. Bernh. Dessau, die Telegraphie ohne Draht. (XI, 481 S. m. Abbildg.) gr. 8. Braunschweig 903. F. Vieweg & Sohn. n. 12.—; geb. in Leinw. n. 18.—

— u. Bernh. Dessau, die Telegraphie ohne Draht. 2. vervollständigte Aufl. (XIV, 665 S. m. 312 Abbildgn.) gr. 8. Braunschweig 907. F. Vieweg & Sohn. 15.—; geb. 16.50

Righi, Aug., die moderne Theorie der physikal. Erscheinungen (Radioaktivität, Ionen, Elektronen). Aus dem Ital. übers. v. B. Dessau. (V, 152 S. m. 17 Abbildgn.) 8. Leipzig 905. J. A. Barth. Kart. n. 2.80

— Die moderne Theorie der physikalischen Erscheinungen (Radioaktivität, Ionen, Elektronen). Aus dem Ital. übers. v. B. Dessau. 2. Aufl. (V, 253 S. m. 21 Abbildgn.) 8. Ebd. 908. Kart. 4.80

Maurer-Gesang. Den Sehr Ehrw. vereinigten englischen Logen in Hamburg, am Neujahrstage 1799. gewidmet von **Righini.** [Hamburg 1799]: Meyn. 2 Bl. 8° [Umschlagtit.]
Kl. 1778. Ohne Noten: „Gesang verschönt das Leben, . . ."

Righini, Uebung, in d. Kunst d. Gesanges sich zu vervollkommnen od.: Exercices pour se perfectionner dans l'art du Chant. Leipz. Kuhnel.

Righini, ..., Uebung in der Kunst des Gesanges sich zu vervollkommnen, oder: Exercices pour se perfectionner dans l'art du chant. Leipz., (Peters). 1 ₰ 20 ₰

Righton, H., english stories or a help to english conversation. 16. (VIII und 128 S.) Bremen 856(57,) Kühtmann und Comp.

Rigi [Schlagwort]

Rigi, s.a. Schweiz. Atlas.

Rigi, s.a. Westentaschen-Sammlung.

Rigi. Becker, J., Karte vom Rigi. Hrsg. von den Directionen der Rigi-Bahn (Vitznau), der Arth-Rigi-Bahn (Goldau), u. der Scheidegg-Bahn u. den Besitzern der Hôtels Kulm, Staffel, Kaltbad, First u. Scheidegg. Mit Erlaubnis des eidg. topogr. Bureau's nach dessen Aufnahmen. 1 : 50,000. 32.5×43 cm. Farbdr. Winterthur (901). (Luzern, J. Eisenring.) n.n. — 90; auf Leinw. n.n. 1.30

Rigi-Scheideck, s.: Westentasche-Panorama-Collection.

Rigi [Sachliches OW]

Rigi. Geschichte der Rigi und ihrer Umgebung . . . Luzern 1871. V: *Scherer, Theod.* (BSchwLk III)

Rigi. Geschichte der Rigi und ihrer Umgebung seit den ältesten bis in die neuesten Zeiten von ihr selbst nach ungedr. Urkunden, Codices, Chroniken, seltsamen Schrift- und Druckwerken etc., in gereimter und ungereimter Sprache erzählt. Mit Abbild. der Rigi-Bahn. IV und 108 Stn. 8. Luzern. Gebr. Räber. cart. 1871 1.20

Rigi, Der. O. O. 1874. V: *Egli, Johann Jakob.* (zuwzür 13, 1909, I, S. 29)

Rigi. Der Rigi in der Schweiz und die zu demselben führenden Eisenbahnen via Zürich-Arth-Rigikulm (Arth-Rigi-Bahn und Staffelhöhe-Vitznau). (*Umschlag:* Rhein, Schwarzwald ..., Rigi ..., Rheinfall, Zürich, Luzern). [Mit Illustrationen und 1 Karte.] 4. Zürich *o. J.* [1875 80].

Rigi-Bahn, Luzern-Vitznau-Rigi-Kulm. Rigi-Kulm. Vitznau am Vierwaldstättersee. Luzern [1903]. V: *Türler, Emil Aug.* (BBullSchw 3, 1903.)

Rigi Bahn am Vierwaldstättersee. Zürich s.a. [Türler, Emil August].

Rigi-Bahn am Vierwaldstättersee. Luzern-Vitznau-Rigikulm; Rigikaltbad-Rigischeidegg-Bahn—Schweiz. Zürich [1910]. V: *Türler, Emil August.* (BBullschw 10, S. 267)

Rigi-Berg [Schlagwort]

Rigi-Berg — Panorama vom — Gezeichnet von Heinrich Keller. Zürich bey Keller et Füssli 1817. Von J. J. Scheurmann gest. Ohne M. 1 Bl.

Rigi-Berg — Panorama oder Zirkel-Aussicht vom — auf dem Kulm gezeichnet von Ludwig Pfyffer von Wyher. Radirt von A. Schmid. Luzern bey Xaver Meyer 1813. Ohne M. 1 Bl.

Rigi-Berg [Sachliches OW]

Rigiberg — Der — In Zeichnungen nach der Natur von Heinrich Fuessli und Heinrich Keller. Mit einer Beschreibung begleitet von J. Heinrich Meyer. Zürich 1807 bey Fuefsly et Comp. Ohne M. 21 Bl inclusive 1 Titlbl. und 6 Bl. Beschreibung.

Rigi-Blatt
① Zentral-Organ zur Hebung des Fremdenverkehrs nach der Rigi und ihren Umgebungen (Zürcher-, Zuger- und Vierwaldstätter-See) ⑤ 1899—? ⑥ 2° ⑦ jährlich 24 Nummern, in der Saison wöchentlich, im Winter monatlich ⑧ Zürich: Jean Frey ⑩ C. O. Knorr, Goldau ⑪ C. O. Knorr, Goldau ⑭ Be: L (1 Nummer).

Rigiführer = Guide du Righi. [Umschlag illustriert.] 8. Zürich = Zurich (*Umschlag*: Bern) 1881.

Rigiführer = Guide du Righi. [Illustriert.] 8. Zürich = Zurich (*Umschlag*: Bern) 1883.

Rigiführer: Der Rigi – Der Vierwaldstättersee – Die Gotthardbahn – Das Berner Oberland. [Mit Illustrationen und 3 Tafeln] = Guide du Righi: Le Righi – Le Lac des Quatre Cantons... – L'Oberland Bernois. 8. Zürich = Zurich (*Umschlag*: Bern) 1887.

Rigi-Kaltbad. Ein Sommerfrischebild.... Zürich 1898 s.a. [Heer, Jacob Christoph].

Rigi-Kaltbad. Ein Sommerfrischebild vom Rigi. Zürich 1898. V: *Heer, Jacob Chph.* (BSchwLk III, 2)

Rigi-Mont — Par Henry Keller. Zürich chez Fuefsly et Comp. à la Mésange 1822. Ohne M. 18 Bl.

Rigiviertel. Das R. in Zürich. Mit 12 Illustrationen von J[ohann] Weber [wovon 2 Tafeln] und einer Karte. (Europäische Wanderbilder. № 251.) 8. Zürich ([18]98).

Rigiviertel. Das Rigiviertel in Zürich. 2., verbesserte Aufl. Mit 13 Illustrationen [wovon 3 Tafeln] von J[ohann] Weber und einer Karte. IV + 27 S. 8. Zürich, Art. Institut Orell Füssli, [1902]. (fr. —.50)
(Europäische Wanderbilder. № 251.)

Rigi-Wintersport. [Reklame-Broschüre, hrg. vom] Hotel Bellevue, Jos. Dahinden-Pfyl, Propr., Rigi-Kaltbad. [Mit Illustrationen und 1 Panorama.] II + 23 S. 8. (Luzern, H. Keller, 1905.)

Rigler, Friedrich Edler von, (k. k. Schulrath ... gestorben am 24. Sept. 1867. Graz 1867. V: *Peinlich, Richard.* (EB)

Rigler, Carl Theodor Johannes,
s. Rigler, Karl Theodor Johannes

Rigler, F., s. Rigler, Fr. Anton

Rigler, F. P., s. **Riegler, F. P.**

Rigler, Fr. Anton

Rigler, F. A. — Annotationes max. part. crit. in poetar. lat., qui minores vocantur, lyrica. Appendix syllogen continens animadversionum in librum Manethonis apotelesm. II. 35 S. . . . .
Cleve, Progr. 1829

Rigler, F. A. — Annotat. max. part. crit. ad Taciti vitam Agricolae. 37 S. . . . .
Cleve, Progr. 1835

Rigler, F. A. — Annot. ad poetas latinos minores
Cleve, Progr. 1829

Rigler, F. A. — Annotationes ad Tibullum. Partic. I. (Eleg. I. 1—6.) 31 S. . . . .
Potsdam, Progr. 1839

Rigler, F. A. — Annotationes ad Tibullum. Part. II. 60 S. [Eleg. I, 7—fin. II, 1—3.]
Partic. III. 40 S. [II, 4. IV, 1. 2.] . .
Potsdam, Progr. 1842, 1844

— De Beroë Nonnica. Gel. 1860. 29 S. 4°.

(Rigler, F. A.) — Carmen, quo Friderico Guil. IV. regi gratulantur magistri. 15. Oktbr. Zur Huldigungsfeier. 7 S. . .
Potsdam, Progr. 1840

Rigler, F. A. — Collegae suo C. A. M. Axtio valedicit carmine latino. 2 S. fol. . . . .
Cleve, Progr. 1834

Rigler, F. A. — Festrede z. Andenken an die Einführung der Reformation in die Mark Brandenburg, 31. Okt. 14 S. . . . . .
Potsdam, Progr. 1839

Rigler, F. Gedanken über Gymnasial- und Realbildung. Potsdam, G., 1839. 26 S. 4. Progr.

Rigler, F. A. — De Hercule et Cercopibus. 16 S. . . . .
Aachen, Progr. 1826

Rigler, Fr. Ant., s. *Leontii* Carm.

– s. *Manethonis* librum etc.

Rigler, F. A. — De Manethone astrologo ejusque ἀποτελεσματικῶν lib. II. 26 S. . . . .
Cleve, Progr. 1828

(Rigler), Zu der öffentlichen Prüfung der Zöglinge des hiesigen Gymnasiums ladet ein der Direktor der Anstalt. — Meletemata Nonniana Partic. I. Potsdam ((C. Krämer)) 26. u. 27. III. 1850. XVI, 31 S. mit Namen. (3.50) 28885

Rigler, F. A. Meletemata Nonniana part. II. 24 S. part. III. 16 S. — part. IV. 18 S. — part. V. 24 S.
Potsdam, Progr. 1851, 1852, 1854, 1856

Rigler, Fr., zur beabsichtigten Reform des Schulwesens. gr. 8. (39 S.) Potsdam 848, Riegel'sche Buchhandlung. n. 6 ngr

Rigler, De antiquissimis civitatis Romanae temporibus. Pr. 1828. 28 S. 4°.

Rigler, F. A. Trauerrede. Zum Gedächtnisse des Königs Friedr. Wilhelm III. 21 S. 8. . . . .
Potsdam, Progr. 1840

Rigler, Hieronymus (Hrsg.), s. A n z e i g e n , Wöchentliche, von Künstlern u. Kunstsachen.

Rigler, Hier., Beschr. d. kais. kön. Bildergallerie ꝛc., s.a. Riegler, Hier.

Rigler, Hieron., Beschreib. d. k. k. Bildergallerie in Belvedere zu Wien, in e. raisonnirenden Verzeichnisse. 3 Hfte. 8. Wien 786, 87. ... 12 gr

– von den bildenden Künsten u. Gedanken über d. Schönheit; e. Monatsschrift. 4 Stcke. 8. Wien 782. Hartmann. 10 gr

RIGLER Hieronymus. Raisonirendes Verzeichnis von der k. k. Gemäldegallerie in Wien. Von –. Stahel, Wien 1786. 1 vol. 65 S.

Rigler, Joh., Bemerkungen üb. die Freigebung der ärztlichen Praxis. gr. 8. (31 S.) Berlin 872. Hirschwald. n. — 80

— das medicinische Berlin. 8. (IV, 432 S.) Berlin 873. Staude. n. 6. —

Rigler, Jh., Gedanken von d. ersten u. allgem. Unterweisung d. Jugend, zur Einrichtung der sogen. deutschen Schulen. 8. Wien 771.

Rigler, Johs., die im Eisenbahndienst vorkommende Berufskrankheit und Mittel zu ihrer Abhilfe. gr. 8. (52 S.) Berlin 880, G. Reimer.

—— über das Eisenbahn-Rettungswesen. gr. 8. (28 S.) Ebendas. 881. *

Rigler, Johs., über die Folgen der Verletzungen auf Eisenbahnen, insbesondere der Verletzungen des Rückenmarks. Mit Hinblick auf das Haftpflichtgesetz dargestellt. gr. 8. (VIII, 124 S.) Berlin 879, G. Reimer.

—— die Homöopathie und ihre Bedeutung für das öffentliche Wohl. gr. 8. (V, 154 S.) Berlin 882, Hirschwald. *

—— Bad Nenndorf. Denkschrift zum 100jähr. Bestehen des Bades. gr. 8. (VI, 64 S.) Berlin 887, Hirschwald. *

Rigler, Johs., Bad Nenndorf, seine Einrichtungen und seine medicinische Bedeutung. Für Kurgäste und Aerzte dargestellt. gr. 8. (IV, 101 S. nebst 1 Karte der Grafschaft Schaumburg und 1 Situationsplan des Bades.) Hannover 888, Schmorl und v. Seefeld. *

Rigler, Johs., Bad Nenndorf, seine Einrichtungen u. seine medicinische Bedeutung. Für Kurgäste u. Aerzte dargestellt. 12. (85 S. m. Plan u. Karte in Farbendr.) Hannover 893. Schmorl & v. Seefeld Nachf. n. – 60

Rigler, Karl Theodor Johann

Rigler, Car. Theod. Joan. (geb. Potsdam 3. 8. 1839): De calore vitali. Berolini (1862). (32 S.) 8°
Berlin, Med. Diss. v. 28. Juli 1862

Rigler, Lor., die Türkei u. deren Bewohner in ihren naturhistor., physiolog. u. patholog. Verhältnissen vom Standpunkte Constantinopel's geschildert. 2 Bde. gr. 8. (XXIV u. 998 S.) Wien 852, Gerold. 5⅔ ℛ

Rigler, Lor., über d. Wuthkrankheit d. Menschen. Inaug.-Dissert. gr. 8. (4 B.) Wien 838, (Tendler u. Comp.)

Nikolaus Rigler

Nicolai Rigler In Silesia Austriaca Constitutio epidemica annorum 1775.76.78.79. Adiectis nonnullis selectioribus casibus practicis. Vratislaviae 1780: Korn. VIII,158 S. 8°

Rigler, Otto, approb. Arzt aus Berlin: Die Aktinomykose in Thüringen. *Jena 1901: Frommann.* (34 S.) 8°
Jena, Med. Diss. v. (28. März) 1901

Rigler, Otto, therapeutischer Almanach, s.: Beck, G.

- s.: Jahresbericht über die Fortschritte der inneren Medizin im In- u. Auslande.

— s.: Therapie, die, der täglichen Praxis.

— s.: Zeitschrift f. Versicherungsmedizin.

Rigler, Petr. Paulus, praecepta pastoralis didacticae seu tradendae christianae doctrinae regula e summo pastorali principio fideliter deducta. Clericis Tridentinae dioecesis — adjecto catechismo dioecesano cum methodo catechetica S. Francisci Xaverii. Altera ed. Lex.-8. (XXXV, 611 S.) Bozen 874. Promberger. n. 7. —

Rignano, Eugenio, los v. der Erbschaft. Mit e. Vorwort v. Eduard Bernstein. Nach der franz. Ausg. des Adolphe Landry übers. v. Otto Südekum. (XIV, 100 S.) 8. Leipzig 906. Modernes Verlagsbureau. n. 1. —

Generationenfolge und Progression in der Erbschaftssteuer ⟨2. Aufl. von: 'Los von d. Erbschaft'⟩ [Un socialisme en harmonie avec la doctrine économique libérale, Ausz., deutsch] von Eugenio Rignano. Autor. Übers. von Otto Südekum. Mit e. Vorw. von Eduard Bernstein. Berlin-Leipzig: C. Wigand 1909. XIV, 3, 99 S. 8°
[10. 17579

Rignano, Eugenio, Generationenfolge u. Progression in der Erbschaftssteuer. (2. Aufl. v. „Los v. der Erbschaft".) Autoris. Übersetzg. v. Otto Südekum. Mit e. Vorwort v. Eduard Bernstein. (XIV, 100 S.) 8. Leipzig 909. Modernes Verlagsbureau. 1. —

— Über die Vererbung erworbener Eigenschaften. Hypothese e. Zentroepigenese. Teilweise Neubearbtg. u. Erweiterg. der französ. Ausg. (IV, 399 S. m. 2 Fig.) gr. 8. Leipzig 907. W. Engelmann. 5. —

RIGOLBOCHE, Mlle. — Memoiren der Rigolboche, ersten Tänzerin vom Theater Delassements-Comiques in Paris. Aus d. Französ. Berlin 1861. 12⁰. (8 Sgr. Scheible, vor 1875.)
Orig.: 6ème éd. Paris 1860. 12⁰. Avec photogr. (12 Sgr, Scheible; à présent plus cher!)

— — Dasselbe. 2. Aufl. Mit Portr. Ibid. eod. a. 12⁰. (1 Mk. 50 Pfg. O. Richter, Lpz., c. 1880; 5 Mk., unaufgeschn. im Orig.-Umschl., C. G. Börner, Lpz., 1907.)

Rigomer-Episode, Die Turiner. König Artu's und Lanselots Abenteuer in der Gaudine und in Quintefuelle. Greifswald 1905. V: *Jean.* H: *Stengel, Edmund.* (Berl)

Die Turiner Rigomer-Episode. (D'unne aventure du roy Artu.) König Artu's und Lanzelots Abenteuer in der Male Gaudine und in Quintefuelle. Zum ersten Mal hrsg. (Zur Feier 25jähr. Bestehens dem Ver. f. neuere Sprachen in Hannover ... u. dem Akad. Neuphilolog. Ver. in Marburg ... dargebracht von ihrem Greifswalder Freunde E[dmund] Stengel.) Greifswald: L. Bamberg 1905. (20 S.) 4° [5. 4035 3

RIGOTTI, Josephus: De scientia Dei. — (1889) 86 S. 4° (Handschr.) Diss. 416
Diss. Wien, Univ.

(Rigotti, Karl,) die Lehre vom dingl. Rechte d. Grundpfandes nach d. österreich. allgem. bürgerl. Gesetzbuche u. den mit erstem Mai 1817 u. in der Folge bis zum Ende d. J. 1835 f. Tirol in Wirksamkeit getret. Gesetzen u. Cirkularien. A. d. Ital. übers. u. mit d. bezügl. Verordnn. verm. v. J. Streiter. gr. 8. (11¾ B.) Innsbruck 839, Wagner'sche Buchh.

Rigoult de Rochefort, M., Reit-Lectionen auf Spazierritten, od. pratt. Unterr. in d. Reitkunst. 12. Ilmenau 827. Voigt. 8 ℊℊ
VIII, 76 S.

Rig's Sprüche [Rigs Mâl] u. das Hyndla-Lied [Hyndlu Liôd]. Zwei sozial-eth. Gedichte der Saemunds-Edda kritisch hergestellt, übers. u. erklärt v. Friedr. Wilh. Bergmann. 8. (XX, 188 S.) Strassburg 876. Trübner. n. 4. —

Nuovo dizionario italiano-tedesco e tedesco-italiano di Giuseppe **Rigutini** e Oscar Bulle. Vol. 1. 2. (In 18 Lfgn.) *Leipzig: B. Tauchnitz 18(95)–1900.* 2 Bde 4°(8°)
1. Italiano-tedesco. 18(95–)96. 2. Tedesco-italiano. (1896–)1900.
[Nebent.:] Neues italienisch-deutsches u. deutsch-italien. Wörterbuch von Bulle u. Rigutini. Bd 1. 2. [... 1289

Nuovo dizionario italiano-tedesco e tedesco-italiano di Giuseppe **Rigutini** e Oscar Bulle. 2: ed. ster. Vol. 1. 2. *Lipsia: B. Tauchnitz 1897–1900.* 2 Bde 4°(8°)
1. Italiano-tedesco. 1897. 2. Tedesco-italiano. 1900.
[Nebent.:] Neues italienisch-deutsches u. deutsch-italien. Wörterbuch von Bulle u. Rigutini. Bd 1. 2. [... 16, 11

Rigutini, Guiseppe, Pocket dictionary of the English and Italian languages, s.: Wessely, J. E.

Rigutini, Giuseppe, neues italienisch-deutsches u. deutsch-italienisches Wörterbuch, s. Bulle, Osk.

Rigutini, Giuseppe, u. Osk. Bulle, neues italienisch-deutsches u. deutsch-italienisches Wörterbuch. 1.—14. Lfg. Lex.-8. (1. Bd. Italienisch-Deutsch XII, 916 S. u. 2. Bd. Deutsch-Italienisch S. 1—480.) Leipzig 896—898. B. Tauchnitz. à Lfg. n. 1.—; (1. Bd. kplt. geb. in Leinw. n. 10.—; in Halbmarokko n. 11.50)

— u. Osk. **Bulle,** neues italienisch-deutsches u. deutsch-italienisches Wörterbuch. 15.—18. (Schluß-) Lfg. Lex.-8. (2. Bd. Deutsch-Italienisch. XII, u. S. 481—1040.) Leipzig 899. 900. B. Tauchnitz. à n. 1.— (à Bd. n. 9.—; geb. in Leinw. n. 10.—; in Halbmarokko n. 11.50)

Rigveda, die Hymnen des, s. Oldenberg, Herm.

Rigveda, Hymnen, s. Studien, indische.

Rigveda, s. Hymni, XXI. Dei Indrae dedicati, ed. C. de Noorden.

—— Wörterbuch zum, s. Grassmann, Herm.

Rig-Vedae Specimen. Edidit Fr. Rosen. 4maj. London 830. Black, Young et Young. 2 ℊ

Rig-Veda oder die heiligen Lieder der Brahmanen. Hrsg. von Max Müller. Mit einer Einleitung, Text und Uebersetzung des Prâtisâkhya oder der ältesten Phonetik und Grammatik enthaltend. 1. und 2. Lfg. gr. 4. (1 Thl. 15, CXXVIII und 200 S. Sanskrit-Text.) Leipzig 856, Brockhaus. à Lfg. Thlr.

Rig-Veda oder die heiligen Lieder der Brahmanen. Hrsg. von Max Müller. Mit einer Einleitung, Text und Uebersetzung der Prâtisâkhya oder der ältesten Phonetik und Grammatik enthaltend. 3. Lfg. gr. 4. (1. Thl. VII und 101 S. Sanskrit-Text.) Leipzig 857, Brockhaus.
Mit dieser Lieferung ist der erste Theil dieses Werks geschlossen.
1. und 2. Lfg. Ebendas. 1856,57. * 8 Thlr.

Rig-Veda oder die heiligen Lieder der Brahmanen hersg. von Max Müller. Mit einer Einleitung, Text u. Uebersetzung des Prâtisâkhya oder der ältesten Phonetik u. Grammatik enthltd. 4. (Schluss-)Liefg. Leipzig 869. Brockhaus. gr. 4. (1. Thl. CXXIX—CCCXCV.) n. 5 ℳ 10 ℊ

—— die Hymnen des, im Samhita- und Pada-Text hrsg. von Max Müller. Das erste Mandala zum Gebrauch für Vorlesungen. gr. 4. (VIII, 309 S.) Ebendas. 869.

—— Vorwort und Einleitung aus „Hymnen des Rig-Veda“ und „Rig-Veda-Prâtisâkhya“. Hrsg. von Max Müller. gr. 4. Ebendas. 869.

—— the Hymns of the, in the Pada and Samhita Text. Reprinted from the editio princeps by F. Max Müller. 2 vols. gr. 8. (VIII, 414; 414 S.) London 873. (Strassburg, Trübner.)

— s. a. Lieder, 70, d. Rigveda.

—— 70 Lieder des, übers. von Karl Geldner und Adf. Kaegi. Mit Beiträgen von R. Roth. gr. 8. (XIV, 176 S.) Tübingen 875, Laupp'sche Buchh.

Rig-Veda. Uebersetzt u. m. krit. u. erläut. Anmerkgn. versehen v. Hermann Grassmann. [In 2 Thln.] 1. Thl. Die Familien-Bücher d. Rig-Veda [2. bis 8. Buch]. 4 Lfgn. gr. 8. (VIII, 589 S.) Leipzig 876. Brockhaus. à Lfg. n. 3. —

—— der, oder die heiligen Hymnen der Brâhmana. Zum ersten Male vollständig ins Deutsche übers., mit Commentar und Einleitung von Alfr. Ludwig. 1. und 2. Bd. gr. 8. Prag 876, Tempsky. [1. Bd. (VIII, 476 S.) * ℳ 12.; 2. Bd. (XV, 688 S.) * ℳ 16.]

—— dass. — 3. Bd. A. u. d. T.: Die Mantralitteratur und das alte Indien, als Einleitung zur Uebersetzung des Rigveda. gr. 8. (XXXVI, 554 S.) Ebendas. 878.

—— die Hymnen des. Hrsg. von Thdr. Aufrecht. 2 Thle. 2. Aufl. gr. 8. (468 S.) Bonn 877, A. Marcus.
Inhalt:
Thl. 1. Mandala I—VI. (463 S.) * ℳ 8.
» 2. —— dass. — VII—X. Nebst Beigaben. (XLVIII, 638 S.) * ℳ 12.

Rig-Veda. Uebersetzt u. mit kritischen u. erläut. Anmerkungen versehen von Herm. Grassmann. [In 2 Thln.] 2. Thl. Sammelbücher des Rig-Veda [1., 9., 10. Buch]. gr. 8. (524 S.) Leipzig 877. Brockhaus. n. 12. — (cplt.: n. 24. —)

Rig-Veda, the Hymns of the, in the Samhita and Pada texts, reprinted from the editio princeps by F. Max Müller. 2d edit. With the two texts on parallel pages. 2 vols. gr. 8. (VIII, 860; 828 S.) London 877. (Strassburg, Trübner.)

Rigveda, der, oder die heiligen Hymnen der Brâhmana. Zum ersten Male vollständig ins Deutsche übers., mit Commentar und Einleit. von Alfr. Ludwig. 4. und 5. Bd. A. u. d. T.: Commentar zur Rigveda-Uebersetzung. 1. und 2. Tl. gr. 8. Prag, Tempsky. [1. Tl. (XXXVIII, 435 S.) 881. * ℳ 12.; 2. Tl. (V, 645 S.) 883. * ℳ 16.] *
1.—3. Bd. Ebendas. 1876—78. * ℳ 43.

Rigveda, der, od. die heiligen Hymnen der Brâhmana. Zum ersten Male vollständig ins Deutsche übers., m. Commentar u. Einleitg. v. A. Ludwig. 6. (Schluss-)Bd. gr. 8. Wien u. Prag 888. Tompsky. — Leipzig, Freytag. n. 9. — (cplt.: n. 80. —)
Register der Belegstellen, Verzeichnis der Conjecturen, Glossar, sachliches u. grammatisches Repertorium f. den Rigveda, f. die Übersetzung Bd. I. II., f. die Einleitg.: Die Mantralitteratur u. das alte Indien Bd. III., f. den Commentar Bd. IV. V. (XV, 265 S.)

Rigveda, der, in Auswahl, v. Karl F. Geldner. 1. Tl. Glossar. (VIII, 220 S.) Lex. 8. Stuttgart 907. W. Kohlhammer. n. 8. —

Rigveda, der, in Auswahl, v. Karl F. Geldner. 2. Tl. Kommentar. (V, 242 S.) Lex. 8. Stuttgart 909. W. Kohlhammer. 9. —
I. Tl. Ebd. 907. 8.—.

Rig-Veda-Pratisakhya, das älteste Lehrbuch der Vedischen Phonetik. Sanskrittext mit Uebersetzung u. Anmerkungen herag. von Max Müller. Leipzig 870. Brockhaus. gr. 4. (32, CCCXCV S.) n. 10 M

Riha, Ernst, Engelschön und Immertreu. — König Holzbein, s.a. Jugendbibliothek.

Riha, Ernst, Engelschön, Immertreu. König Holzbein. (Zwei Feenmärchen.) (Aus Rothaug's Jugendbibliothek.) I. Abthlg. kl. 8. (52 S. mit 4 Abbild.) Prag, F. Tempsky. In rothem Leinwandb. 40 kr.

Riha, E., zwei Feenmärchen, s.: Jugendbibliothek.

Riha, Ernst, böhmisches Lehr- u. Lesebuch f. deutsche Bürgerschulen. gr. 8. (II, 22? S. m. 149 Abb. u. 3 [eingedr.] Karten.) Wien 897. F. Tempsky. Geb. in Leinw. n. 1.80

Říha, Ernst, Böhmisches Lehr- und Lesebuch für deutsche Bürgerschulen. Mit 147 Abbildungen und 3 Karten. 2., verbesserte Auflage. Wien 1904. F. Tempsky. Preis, gebunden 1 K 80 h.

Říha, Ernst, Böhmisches Lehr- und Lesebuch für die Unterclassen deutscher Mittelschulen und für deutsche Lehrerbildungsanstalten. Prag 1898. F. Otto. Geb. 1.70

Říha Ernst, Böhmisches Lehr- und Lesebuch für deutsche Volksschulen. 2, geänderte Auflage. Bearbeitet von Karl Taubenek. Prag 1908. I. Otto. Ausgabe in einem Bande. Geb. K 1.80. Ausgabe in zwei Teilen. I. Teil: Unterstufe. Geb. K —.50. II. Teil: Oberstufe. Geb. K 1.50.

Riha, Ernst. Französisches Lehr- u. Lesebuch f. Bürgerschulen. 3 Stufen. gr. 8. Prag 892, Tempsky. — Lpz., Freytag. [1. Stufe. (78 S. m. 16 Abbildgn.) * — 60; geb. ** 90; 2. Stufe. (IV, 88 S. m. 29 Abbildgn.) * — 72; geb. ** 1 —; 3. Stufe. (114 S. m. 29 Abbildgn.) * — 96; geb. ** 1 28.] * 2 28; geb. ** 3 18

Riha, Ernst, französisches Lehr- u. Lesebuch f. Bürgerschulen. 3 Stufen. gr. 8. Wien u. Prag. F. Tempsky. — Leipzig, G. Freytag. Geb. n. 3.28
1. 2., verb Aufl. (IV, 82 S. m. 35 Abbildgn.) 893. n. 1.—
2. 2., verb. Aufl. (II, 80 S. m. 47 Abbildgn.) 894. n. 1.—
3. (114 S. m. 29 Abbildgn.) 892. n. 1.28

Riha, Ernst, Französisches Lehr- und Lesebuch für Bürgerschulen. 1. Stufe, mit 47 Abbildungen. 3. vereinfachte Auflage. Wien und Prag bei F. Tempsky. Leipzig bei G. Freytag. 1894. (Min.-Erl. v. 2. Jannar 1895, Z. 22591.)

— französisches Lehr- u. Lesebuch f. Bürgerschulen. 1. u. 3. Stufe. gr. 8. Wien, F. Tempsky. — Leipzig, G. Freytag. Geb. in Leinw. n. 2.30
1. Mit 47 Abbildgn. 4. Aufl. Unveränderter Abdruck der 3. Aufl. (IV, 59 S.) 897. n. —90
3. Mit 56 Abbildgn. u. 4 Karten. 2., verb. Aufl. (119 S.) 896. n. 1.40

Riha Franz, Französisches Lehr- und Lesebuch für Bürgerschulen. I. Stufe. Mit 47 Abbildungen. 5., verbesserte Auflage. Wien 1902. F. Tempsky. Preis, gebunden 1 K.

Riha, Ernst, französisches Lehr- u. Lesebuch f. Bürgerschulen. 3 Stufen. gr. 8. Wien 903. F. Tempsky. Geb. n. 3.40
I. 6. Aufl. Unveränderter Abdr. der 5. Aufl. (IV, 56 S. m. 47 Abbildgn.) 904. Geb. n. 1.—
II. Mit 47 Orig.-Abbildgn. v. A. Hartmann. 3., verb., Aufl. (IV, 75 S.) 903. Geb. n. 1.—
III. Mit 63 Orig.-Abbildgn. v. A. Hartmann u. 4 Karten. 3., verb. Aufl. (IV, 116 S.) 903. Geb. n. 1.40

— dasselbe. Einteilige Ausg. (VI, 164 S. m. 96 Abbildgn.) 8. Ebd. 904. Geb. n. 1.80

— dasselbe f. Bürgerschulen. Mit 96 Abbildgn. u. 1 (farb.) Münztab. Einteilige Ausg. 2., v. J. Ellinger umgearb. Aufl. (182 S.) 8. Wien 908. F. Tempsky. Geb. 2.—

— dasselbe. 3 Stufen. 8. Ebd. 908. Geb. 4.20
1. Mit 39 Abb. u. 1 (farb.) Münztaf. 7., v. J. Ellinger umgearb. Aufl. (67 S.) Geb. 1.20
2. Mit 32 Abb. u. 2 Karten. 5., v. J. Ellinger umgearb. Aufl. (76 S.) Geb. 1.20
3. Mit 49 Abb. u. 3 Karten. 5., v. J. Ellinger umgearb. Aufl. (119 S.) Geb. 1.80

Riha, Ernst, französisches Lehr- u. Lesebuch f. Mittelschulen. Mit 96 Abbildgn. u. 1 (farb.) Münztabelle. Einteilige Ausg. 2., v. J. Ellinger umgearb. Aufl. (182 S.) 8. Leipzig 910. G. Freytag. Geb. 1.80

Riha, Ernst, Lehrbuch der französischen Sprache f. Bürgerschulen in 4 Stufen. gr. 8. Prag 878. Tempsky. n. 3.60
1. [5. Classe.] 2. Aufl. (VII, 96 S.) n. 1. —. — 2. [6. Classe.] (VI, 39 S.) n. — 80. — 3. [7. Classe.] (VI, 80 S.) n. — 80. — 4. [8. Classe.] (VI, 113 S.) n. 1. —

Riha, Ernst, Lehrbuch der französischen Sprache für Bürgerschulen. In 4 Stufen. gr. 8. Prag 879, Tempsky.
Inhalt:
Stufe 1. [5. Classe.] 1. Aufl. (VIII, 60 S.) 878. * 60 Pf.; 2. Aufl. (VII, 96 S.) 879. * M 1.
„ 2. [6. Classe.] (VI, 79 S.) 879. * 80 Pf.
„ 3. [7. Classe.] (VI, 80 S.) 879. * 80 Pf.
„ 4. [8. Classe.] (VI, 113 S.) 879. * M 1.

—— Lehrbuch der französischen Sprache für Bürgerschulen. Ausg. in 3 Stufen. gr. 8. Prag 881, Tempsky. [1. Stufe. 3. verb. Aufl. (XII, 97 S.) * 80 Pf.; 2. und 3. Stufe. (IV, 133; IV, 123 S.) à * M 1.] *

—— dass. — Ausg. in 4 Stufen. gr. 8. Ebendas. [1. Stufe. (VIII, 60 S.) 878. * 60 Pf.; 2. Aufl. (103 S.) 880. * 96 Pf.; 3. verb. Aufl. (XII, 88 S.) 881. * 75 Pf.; geb. * 95 Pf. — 2. Stufe. (88 S.) 879; 2. verb. Aufl. (108 S.) 882. * 80 Pf.; geb. * M 1. — 3. Stufe. (88 S.) 879; 2. verb. Aufl. (81 S.) 884. * 80 Pf.; geb. * M 1. — 4. Stufe. (VI, 113 S.) 880. * 96 Pf.; geb. * M 1,16.] * M 3,31.; geb. *

Riha, Ernst, Lehrbuch der französischen Sprache für Bürgerschulen in 3 Stufen. gr. 8. Prag 885, Tempsky. [1. Stufe. 5. unveränd. Aufl. (III, 63 S.) * 60 Pf.; geb. * 80 Pf.; 2. Stufe. 3. umgearb. Aufl. (IV, 72 S.) * 60 Pf.; geb. * 80 Pf.; 3. Stufe. 3. umgearb. Aufl. (VI, 82 S.) * 80 Pf.; geb. M 1.—.] * M 2.—.; geb. **

— französisches Lesebuch f. Bürgerschulen. Mit e. vollständ. Wörterverzeichniß, grammat. Erläutergn. u. Questionnaires. gr. 8. (VI, 76 S.) Ebend. 884. n. — 80

Říha, Arnošt, Německá mluvnice a čitanka pro školy měšťanské. Prag und Wien 1896. F. Tempsky. (Min.-Erl. v. 19. November 1896, Z. 27415.) I. Stufe. Geb. —.50. II. Stufe. Geb. —.60. III. Stufe. Geb. 1896. —.70

Říha Ernst, Französisches Sprech- und Lesebuch für Bürgerschulen. I. Stufe. Mit 39 Abbildungen. 7., von J. Ellinger umgearbeitete Auflage. Wien 1908. F. Temsky. Geb. K 1.20.

Riha, Joh., d. Aufstellg. v. Projekten u. Kostenvoranschlägen f. elektrische Beleuchtungs- u. Kraftübertragungs-Anlagen. E. Leitfaden f. Studier. d. Elektrotechnik, städt. Verwaltungsbeamte, Architekten u. Fabrikdirektoren, sow. z. Selbststudium. gr. 8. (VIII, 438 S. m. 198 Fig.) Leipzig 897. Veit & Co. Geb. in Leinw. n. 8.—

Riha J.: Berichte der zur Beobachtung der totalen Sonnenfinsternis des Jahres 1868 nach Aden unternommenen österreichischen Expedition. 3. Bericht: Spektralbeobachtungen des k. k. Linienschiffsfähnrichs J. Říha während der Finsternis. (1., 5. und 7. Bericht siehe Weiß; 2., 4. und 6. Bericht siehe Oppolzer.) S. 58. II. 72 . . . . vgr.
Separatabdruck

Říha, [Johann]: Karel kníže z Oettingen-Wallersteinu, bývalý předseda kuratoria akademie hraběte Straky. — Karl Fürst zu Oettingen-Wallerstein, ehemaliger Präses des Kuratoriums der Graf Straka'schen Akademie. S. 4—7. 8.
Progr. Graf Straka'sche Akademie u. Privat-Gymn. *Prag* 1906.

Říha, Johann: † Msgr. Dr. František B. Krásl, biskup Eleutheropolitánský a světící biskup Pražký . . . — Msgr. Dr. Franz B. Krásl, Bischof von Eleutheropolis und Weihbischof von Prag . . . S. 4—9. 8. Graf Straka'sche Akademie u. Privat-Gymn. *Prag* 1908.
Progr.

Říha, Johann: P. Robert Christian Riedl, čestný opat řádu s. v. Benedikta . . ., c. k. dvorní rada a zemský školní inspektor v. v., bývalý člen a zástupce předsedy v kuratoriu akademie hraběte Straky. — P. R. Ch. R., Ehrenabt des Benediktiner-Ordens, . . . k. k. Hofrat und Landesschulinspektor i. R., ehem. Mitglied und Vertreter des Präsidenten des Kuratoriums der Graf Straka'schen Akademie. S. 4—11. 8. — Ph.-Dr. Jindřich Rotter, c. k. vládní rada a gymnasijní reditel v. v., člen kuratoria akademie hraběte Straky. — Ph.-Dr. Heinrich Rotter, k. k. Regierungsrat und Gymnasialdirektor i. R., Mitglied des Kuratoriums der Graf Straka'schen Akademie. S. 11—12. 8.
Progr. Graf Straka'sche Akademie u. Privat-Gymn. *Prag* 1910.

Riha, J., Spektralbeobachtungen, s. Berichte der österr. Expedition.

ŘIHA Josef : De Propertii studiis Alexandrinis
Prag, Phil. Diss., 1904/1905

RIHA, Martinus: De motivis honeste agendi. — (1869) 79 S. 4° (Handschr.)
Diss. **Wien, Univ.** Diss. 243

Rihar, Franc. Reši Dušo! Spomin na sv. misijon. V Celovcu, St. Hermagoras-Druck., 1897. 24 S. (V. auch: Reši dušo.)

Rihar, Franc. Marija v zarji slave. V Celovcu, St. Hermagoras-Druck., 1909. 288 S.

Rihl, Fr. Das Urteil des Horaz über Lucilius. XVIII S. 8.
Progr. *Villach* 1885.

Rihoschek. Imel und Sophia oder der Tag der Rache. Geschichtliche Novelle. Wien, Schmidbauer und Holzwarth 1852. 8.

Rihter, Eligius, Jean Bernard Muschi, s.: Schriftsteller, zeitgenössische deutsche.

Rihtmöller, O., Tabellen üb. Reichs- u. preußische Stempelabgaben, s.: Berkhoff, F.

Die quantitative Bestimmung des Trockenextraktes in Bier und Würze und das Verhältniss desselben zu dem spezifischen Gewichte. Von C. N. Riiber ... *Christiania: En comm. chez J. Dybwad; Impr. A. W. Brøgger 1897.* (82 S., 1 Tab.) 4.(8.)
= Skrifter udg. af Videnskabsselskabet i Christiania. 1897. I. Mathem.-naturw. Kl. No 5. [98. 9670

Riijdin, C. G., von Stein, Kalk u. Sand gegossene Häuser. Eine neue Bauart. Aus d. Schwed. Mit 2 Taf. Abbild. 8. Quedlinburg 846, Basse. ⅓ ℛ

Riimcher, uß dem Seejerland... 3. Aufl. Siegen 1891. V: *Schmick, Heinrich.* (Ky)

Riimcher uss d'm Seejerland va 'nm Seejerlänner (Schmid). 3. Offlaou. 8. (VIII, 118 S.) Siegen 891. H. Montanus. n. 1.—

Riimcher uss d'm Seejerland va' nm Seejerlänner. 5. Aufl. (VIII, 131 S.) 8. Siegen (909). H. Montanus. 1.—; geb. in Leinw. n 1.50

Riis, H. N., Elemente des Akwapim-Dialects der Odschi-Sprache enthltd. grammatische Grundzüge und Wörtersammlung nebst einer Sammlung von Sprüchwörtern der Eingebornen. Basel 853. Bahnmaier. gr. 8. (XVIII, 324 S.) n. 2 ℛ. 22½ ngr.

— grammatical outline and vocabulary of the Oji-language, with especial reference to the Akwapim-dialect, together with a collection of proverbs of the natives. Basel 854. Bahnmaier. gr. 8. (VIII, 276 S.) n. 3 ℛ. 5 ngr.

Riis, Jacob, Medizinalprakt.: Aus d. psychiatr. u. Nervenklinik zu Kiel. Beitrag zur Lehre von der Syringomyelie. Neumünster 1909: Hieronymus. 13 S. 8°
Kiel, Med. Diss. v. 28. Juni 1910, Ref. Siemerling
[Geb. 22. April 84 Höckeberg; Wohnort: Kiel; Staatsangeh.: Preußen; Vorbildung: Gymn. Hadersleben Reife O. 04; Studium: Kiel 2, Göttingen 1, Kiel 2, München 2, Kiel 3 S.; Coll. 11. Juni 09; Approb. 10. Juni 10.] [U 10. 2468

Riis, Oluf, appr. Arzt a. Hadersleben: Aus der chirurgischen Universitäts-Klinik zu Kiel. Erfolgreiche Strumektomie bei doppelseitiger Pneumonie. Kiel 1904: H. Fiencke. (16 S.) 8°
Kiel, Med. Fak., Ref. Helferich, Diss. v. 25. Aug. 1904
[Geb. 12. Mai 78 Pamhoel, Kr. Hadersleben; Wohnort: Hadersleben; Staatsangeh.: Preußen; Vorbildung: Gymn. Hadersleben Reife M. 98; Studium: Marburg 2, Kiel 4, Berlin 1, Kiel 2 S.; Coll. 19. Juli 04; Approb. 26. März 04.]

Riisbrigh, Börge, üb. d. Alter der Philosophie u. des Begr. von derselben, a. d. Dän., v. J. A. Markussen. 8. Kopenh. Schubothe. 803.

Dänemark. E. philatelistische Studie (a. d. Umschl.: Dänemark-Studie) v. O. V. Riise. *München: A. Larisch 1892* (a. d. Umschl.: *1893*). (50 S., 3 Taf.) 1 Bd 8. [97. 3744

Rikauer, M. v., u. A. v. Coulon. Geschichtliche Darstellung der Eroberung der zwei festen Plätze Scharnitz und Leutasch. Mit 1 Krt. u. 1 Abb. München 1806. 6 S.

Rikel, J., Der Monotheismus Israels in der vorexilischen Zeit. Beitrag zur alttestamentlichen Religionsgeschichte. Paderborn, Schöningh, 1893, gr. 8°, 60 S., 1 Mk.

Riken, Richard, a. Hamburg: Studien über Löslichkeitsbeeinflussungen. (Berlin 1907: E. Ebering.) (69 S.) 8°
Berlin, Phil. Fak., Ref. Nernst, Diss. v. 9. März 1907
[Geb. 18. Aug. 80 Hamburg; Wohnort: Hamburg; Staatsangeh.: Hamburg; Vorbildung: Oberrealsch. vor d. Holstentor Hamburg Reife O. 01; Studium: Marburg 5, Berlin 6 S.; Rig. 17. Dez. 06.]

Rikenmann s. Rickenmann.

Rikenmann, X., die Regesten der Stadt Raperswyl, s.: Regesten, die, der Archive der schweizer. Eidgenossenschaft.

Rikko, Lustsp. nach d. Franz. von Vulpius. gr. 8. Berlin, Sander. 793.

Rikli, Arnold, Abschiedsworte an meine verehrten Kollegen u. Gesinnungsgenossen! (12 S. m. 1 Bildnis.) gr. 8. Graz (904). (Leipzig, Th. Grieben.) n. — 25

Rikli, Arnold, Anleitung zur Behandlung der Cholerakranken. 8. (11 S.) Leipzig 892. (Th. Grieben.) n.n. — 10

Rikli, Arnold, Aufruf an die kranke Menschheit an Körper u. Geist, nach den Gesetzen der Natur-Heillehre zu genesen, od. leichtfaßl. Darstellg. der Natur-, resp. Wasser-Heilkunde, nach ihrem heut. Standpunkte. Nebst e. Stahlstich (in qu. 4.) m. der Ansicht v. Veldes. gr. 8. (IV, 100 S.) Laibach 857. (Berlin, Grieben.) n. 1. 20

Rikli, Arnold, Aufruf an die kranke Menschheit an Körper und Geist, nach den Gesetzen der Natur-Heillehre zu genesen, oder leichtfaßl. Darstellung der Natur-, resp. Wasser-Heilkunde, nach ihrem heut. Standpunkt. gr. 8. (IV, 100 S. nebst 1 Stahlst. in qu. 4. mit der Ansicht von Veldes.) Laibach 867. (Berlin, Grieben.) (*M 1,20.)

Rikli, A., Rikli's Bett-Dampfbad für Aerzte und Laien. Triest 861. (Schubart.) gr. 8. (16 S.) 6 ngr

- Bett- u. Partial-Dampfbäder. Mit e. lith. Taf. (in Fol.) 3. verb. Aufl. gr. 8. (44 S.) Berlin 872. Grieben. n. 1. 20

Rikli's, Arnold, Bett- u. Theil-Dampfbäder. 5. verb. Aufl. gr. 8. (40 S. m. 1 lith. Taf.) Leipzig 900. Th. Grieben. n. 1. 40

(B) Rikli, Arnold, Bett- u. Theil-Dampfbäder. 900. — Die Fieberkrankheiten. 900. — Die Grundlehren der Naturheilkunde. 895. (LBL W.) Jetzt: Oranienburg, Wilh. Möller.

Rikli's, Arnold, physico-hydriatic Establishment for the cure of chronic diseases, at Veldes, Oberkrain, Austria. Open from the middle of May to the middle of October. gr. 8. (97 S.) Trieste 881. (Leipzig, Grieben's Verlag.) *

— die Fieberkrankheiten. Volksthümliches Lehrbuch m. besond. Berücksicht. der Blattern. Speciell den schweizer. Cantonsräthen sowie dem gesammten Lehrerstande Deutschlands u. der Schweiz gewidmet. 2. Aufl. gr. 8. (V, 82 S. m. 1 Abbildg.) Ebd. 900. n. 2. —

— die Grundlehren der Naturheilkunde einschließlich die atmosphärische Cur „Es werde Licht". 8. umgearb. Aufl. gr. 8. (VI, 128 S. m. Bildnis u. 1 Taf.) Ebd. 895. n. 1.—

— die atmosphärische Cur od. das Lichtluftbad u. das Sonnenbad u. die Sonne der schärfste Diagnostiker u. Prognostiker. 4., verb. Aufl. gr. 8. (60 S. m. Bildnis.) Ebd. 894. n. 1. 50

— allgemeine Kur-Regeln speciell angepasst den Kurordinationsbüchern d. Wasserheil-Anstalten Mallnerbrunn am Veldeser See in Oberkrain u. in via Guardiella in Triest. 5. verb. Aufl. br. 8. 70 S. m. e. Steintaf. in hoch 4.) Ebend. 871. n. 1. 20

Rikli's, Arnold, allgemeine Kur-Regeln der Augenheilkunde. 6., verb. Aufl. gr. 8. (95 S. mit 1 Steintaf.) Leipzig 878. Grieben. n. 2. 40

—— allgemeine Kurregeln der Naturheilkunde. 6. Aufl. 8. Mit 1 Stnt. Ebendas. 874.

Rikli, Arnold, Lehrbuch der Naturheilkunde. 1. Thl.: Die Fieberkrankheiten, m. besond. Berücksicht. der Blattern. Volksverständliche Abhandlg., speziell den schweizer. Kantonsräthen, sowie dem gesammten Lehrerstande Deutschlands u. der Schweiz gewidmet. gr. 8. (IV, 119 S.) Leipzig 886. Th. Grieben. n. 2. —

— das Lichtluftbad, auf 12jähr. diätet. u. therapeut. Erfahrungen gegründet, theoretisch u. praktisch dargestellt. gr. 8. (28 S.) Ebend. 877. n. 1. —

— Naturheilkunde. 1. Hftchn. Die diätet. Katarrhalisirg. 8. (14 S.) Ebend. 875. — 30

— Naturheilkunde. Die diätetische Katarrhalisirung. 1. Hftchen. 2., verb. Aufl. gr. 8. (14 S.) Ebd. 892. n. — 40

Rikli, Arn., die Thermodiätetik oder das tägl. thermoelectr. Licht- u. Luftbad in Verbindung mit naturgemäßer Diät, als zukünftige Heilmethode, sowie als Fingerzeig für den Lehrer-, Turner- u. Soldatenstand in phys. wie moral. Beziehung theoretisch u. praktisch dargestellt. Mit einer Photogr. Wien 869. (Braumüller.) 8. (VIII, 128 S.) n. 22 ngr.

— süddeutsches Vegetarianer-Kochbuch m. Speisekarte f. das ganze Jahr. gr. 8. (XIII, 127 S.) Triest 872. (Berlin, Grieben.) n. 2. —

Rikli, Arnold, süddeutsches Vegotarianer-Kochbuch m. Speisekarte f. d. ganze Jahr. 2., umgearb. Aufl. gr. 8. (XIV, 99 S.) Graz 895. H. Wagner. n. 1. 20

Rikli, Joh. Carl, Fürbitte u. Heiligg. Referat f. die Konferenz christl. Freunde in Baden am 2. u. 3. V. 1899. 8. (88 S.) Basel 899. Kober. n. —. 80

Rikli, Karl, chronographischer Geschichts-Atlas f. Schule u. Haus. gr. 8. (VI, 130 S.) Leipzig 876. Brockhaus. n. 3. —: cart. n. 3. 40

Rikli, Karl. Chronographische Wandtabelle der Schweizergeschichte f. Schule u. Familie. Grösse 100 : 152 cm. Bern, J. Dalp. 1879. roh 5 — aufgezogen 11 —

Rikli, Karl, chronographische Wand-Tabelle der Weltgeschichte in 2 Abtheilungen für das allgemeine Bildungsbedürfniss. 14 Bl. color. qu. gr. Fol. Bern 882, [Dalp'sche Buchh.] Schmid, Francke und Comp. *
Auf Leinw. in Mappe *

—— dass. — Kleine Ausg. 2 color. Bl. gr. Fol. Mit Text. gr. 8. (4 S.) Ebendas. 882. *
Auf Leinw. *

Rikli, M. A. Die Zukunfts-Völkerstrassen durch den St. Gotthard u. Arlberg. Eine zwanglose handelspolitische Betrachtung. In-8°, 30 S. St. Gallen, Druck von Moosberger. 1880.

Rikli, M. A. Die Zukunftsvölkerstrassen durch den St. Gotthard und Arlberg. Eine zwanglose handelspolitische Betrachtung. 2. Aufl. In-8°, 30 S. St. Gallen, Druck von Moosberger. 1880.

Rikli. M[artin]. Die Arve in der Schweiz. Ein Beitrag zur Waldgeschichte und Waldwirtschaft der Schweizer Alpen. Mit einer Arvenkarte der Schweiz, einer Waldkarte von Davos, 19 Spezialkarten in Lithographie, 9 Tafeln in Lichtdruck [nebst Tafel-Erklärungen] und 51 Textbildern. (2 Teile.) 4. Zürich, ... gedruckt von Zürcher & Furrer; Basel, Genf und Lyon, Komm. Georg & Cie., 1909. [fr. 30. —]

(Teil 1: Text.) II + XL + 455 S. — (Teil 2: Tafeln und Karten.) IV [+ *Tafel-Erklärungen* 20] S. + 28 Tafeln [+ 2] Karten.

Neue Denkschriften der Schweizerischen Naturforschenden Gesellschaft.... Band 41....

Rikli, M. Beiträge zur vergl. Anatomie der Cyperaceen mit besonderer Berücksichtigung der innern Pnoensymscheide. Mit 2 col. Tfln. In-8°. 96 S. Basel. These. 1895.

Rikli, M[artin]. Beiträge zur Kenntnis von Natur und Pflanzenwelt Grönlands. Mit 7 Tafeln. Separatabdruck aus den Verhandlungen der Schweiz. Naturforschenden Gesellschaft. 92. Jahresversammlung, Lausanne 1909. Band 1. II + 31 S. 8. Basel, Emil Birkhäuser, 1909.

Rikli, M[artin]. Über die Engelwurz. ⟨Angelica Archangelica L.⟩ [Mit Figuren.] Separatabdruck aus der «Schweiz. Wochenschrift für Chemie und Pharmazie». 1901 [*d. i.* 1910], Nr. 4—7. 29 S. 8. Zürich, Orell Füssli.

Rikli, M., botanische Exkursionen im Bedretto-, Formazza- u. Bosco-Thal, s.: Schröter, C.

— Kultur- u. Naturbilder v. der spanischen Riviera, s. Neujahrsblatt, hrsg. v. der naturforschenden Gesellschaft in Zürich. 109.

Rikli, M[artin]. Kultur- und Naturbilder von der spanischen Riviera. Mit 6 Tafeln und 1 Textillustration. 46 S. 4. Zürich, Zürcher & Furrer, Komm. Fäsi & Beer, (1907). [fr. 3. 60]

Neujahrsblatt der Naturforschenden Gesellschaft in Zürich auf das Jahr 1907. Stück 109.

Rikli, M[artin]. An den Küsten von Disko in Nord-Grönland. Separatabdruck aus der Neuen Zürcher Zeitung. 112 S. 8. Zürich, Buchdr. der N' Z' Z', 1909.

— Das Lägerngebiet, s.a Mitteilungen aus dem botan. Museum des eidgen. Polytechnikums in Zürich. Nr. 9.

Rikli, M[artin]. Das Lägerngebiet. Phytogeographische Studie mit Ausblicken auf die Bewirtschaftungsgeschichte. Mit [Figuren,] einer Karte, einem Formationsprofil [Tafel] und 4 Autotypien. Separatabzug aus den Berichten der schweizerischen botanischen Gesellschaft Heft 17, 1907. II + 79 S. 8. Bern, K. J. Wyss, 1907. [fr. 2. —]
Mitteilungen aus dem botanischen Museum des eidgen. Polytechnikums in Zürich. Nr. 9.

Rikli, M[artin]. Botanische Reisestudien auf einer Frühlingsfahrt durch Korsika. Mit 29 Landschafts- und Vegetationsbildern [wovon 28 auf 16 Tafeln], grösstenteils nach photographischen Aufnahmen von Dr. G[ustav] Senn in Basel. (Separat-Abdruck aus der «Vierteljahrsschrift der naturforschenden Gesellschaft in Zürich». Jahrg. 47 (1902). Heft 3 u. 4.) XIV + 140 S. 8. Zürich, Fäsi & Beer, 1903. [fr. 5. —]

Botanische Reisestudien von der Spanischen Mittelmeerküste mit besond. Berücks. d. Litoralsteppe. Von Dr. M. Rikli. Mit 20 Landschafts- u. Vegetationsbild. u. 11 Textfig. Zürich: Fäsi & Beer 1907. (VIII, 155 S.) 4° (8°)
Aus: Vierteljahrsschrift d. naturf. Ges. in Zürich. 52. 1907.
= Arbeiten aus d. botan. Museum d. eidgen. Polytechn. in Zürich. 15. [illegible]

— der Säckinger-See u. seine Flora. gr. 8. (36 S. m. 1 Karte.) Bern 899. K. J. Wyss. n. — 60
Sonderabdruck aus: „Berichte d. schweiz. botan. Gesellsch."

— u. Arnold Heim, Sommerfahrten in Grönland. (X, 262 S. m. 37 Fig., 16 Taf., 2 Karten u. 1 geolog. Profil.) gr. 8. Frauenfeld 911. Huber & Co. Geb. in Leinw. 7. 50

Rikli, M[artin]. Spanien. (Von Dr.) M. R' (Dozent ... in Zürich). [Mit] Tafel 34—39. [IV + 10 S.] 4. Jena, Gustav Fischer, 1907. (M. 4. —)
Vegetationsbilder, hrg. von Dr. G[eorg] Karsten ... [und] Dr. H[einrich] Schenck.... Fünfte Reihe, Heft 6....

— Vegetationsbilder aus Dänisch-Westgrönland, s.a Vegetationsbilder. VII, 8.

Rikli, M[artin]. Vegetationsbilder aus Dänisch-Westgrönland. [Mit] Tafel 43—48. [IV + 16 S.] 4. Jena, Gustav Fischer, 1910. (M. 4. —)
Vegetationsbilder, hrg. von Dr. G[eorg] Karsten ... [und] Dr. H[einrich] Schenck.... Siebente Reihe, Heft 8....

— Vegetationsbilder aus Spanien, s.: Vegetationsbilder. V, 6.

Riklin, Franz. Hebung epileptischer Amnesien durch Hypnose. Diss. Med. Univ. Zürich. *Kopftitel*: Aus der psychiatrischen Klinik der Universität Zürich. — [Sep.-Abdr. aus: Zeitschrift für Psychologie und Neurologie, Jahrg. 1, Heft 5.] 30 S. gr.-8. Leipzig, Johann Ambrosius Barth, 1903.

Riklin, Frz., Wunscherfüllung u. Symbolik im Märchen, s.a. Schriften zur angewandten Seelenkunde. 2.

Riklin, Franz. Wunscherfüllung und Symbolik im Märchen, (Eine Studie) von Dr. F' R', Sekundararzt in Rheinau (Schweiz). 96 S. 8. Wien und Leipzig, Hugo Heller & Cie. (*Umschlag:* Leipzig und Wien, Franz Deuticke), 1908. (M. 3. —)
(Schriften zur angewandten Seelenkunde, hrg. von Prof. Dr. Sig-m[und] Freud in Wien. Heft 2.)

Riklin, Karl, Gedichte. 12. (212 S.) Luzern 899. (Räber & Co.) n. 2. —

Rikly, s. Rickly.

Rikly, Herb., Daniel u. Melanie od. Die bösen Negerlein u. andere lustige Geschichten in (farb.) Bildern u. Versen. (40 S.) 33×25 cm. München (908). Braun & Schneider. Kart. 4. —

Rikly, J. U., der prakt. Flachmaler, Wagenlakirer u. Vergolder. Gegründ. auf e. 20jähr. Erfahr. in Ausübung dies. Künste, sowohl im Auslande als in d. Schweiz. Nebst Grundzügen z. prakt. Lithochromie u. d. Wiederdruckes d. Kupferstiche auf Glas; mit Anweisungen z. Auflös. d. Copal-Gummi's, u. z. Verfertig. d. Alkoholfirnisses, nebst e. faßl. Anweis. zum Bronziren. gr. 8. (7 B.) Bern 831, [Jenni, Sohn.]
Vgl. Rickli.

Riko, A. J., Handbuch zur Ausübung des Magnetismus, des Hypnotismus, der Suggestion, der Biologie u. verwandter Fächer. Deutsche Uebersetzg. nach der 3. holländ. Orig.-Ausg. (III, 167 S.) gr. 8. Leipzig 904. M. Altmann. n. 2. —; geb. n. 2. 80

RIKOFF, ALFONS. Beiträge zur Kenntnis beizenziehender Farbstoffe, und einige neue Reaktionen des asymmetrischen Chloridinitrobenzol. (Bern) Wiesbaden, 1893.

Rikoff, A. Beiträge zur Kenntnis beizenziehender Farbstoffe und einige neue Reactionen des asym. Chlordinitrobenzol. In-8°. 60 S. Bern. These. 1895.

(Rikord): Bericht des Flott-Capitains Rikord von seiner Fahrt an den japanischen Kusten, in den Jahren 1812. und 1813. und von seinen Unterhandlungen mit den Japanern.
in: (Golownin): Begebenheiten des Capitains Golownin, in der Gefangenschaft bei den Japanern in den Jahren 1811. 1812 und 1813. . . . . Bd. 2. S. 155—268. Leipzig 1818. 114 S. 8°.

(Rikord): Erzählung des Russischen Flott-Capitains Rikord von seiner Fahrt nach den japanischen Küsten in den Jahren 1812 und 1813, und von seinen Unterhandlungen mit den Japanern. Gedruckt auf Allerhöchsten Befehl St Petersburg 1816. Aus dem Russischen übersetzt von Aug. von Kotzebue. Wien (o. J.). 179 S. 8°.

Rikord's, Kapit., Erzähll. von seiner Fahrt nach d. japanisch. Küsten in d. J. 1812 u. 13; u. von seinen Unterhandlungen mit d. Japanesern; aus d. Russ. übers. von Aug. v. Kotzebue. 8. St. Petersb. 816. (Leipz., Kummer). 21 gr.

Rikord's, Kapit., Erzählungen von seiner Fahrt nach den japanischen Küsten in den Jahren 1812 und 13. und von seinen Unterhandlungen mit den Japanesern. Aus dem Russ. übersetzt von Aug. von Kotzebue. 8. Leipzig, Kummer. 817. Rthlr.

Rikoschettafeln f. d. kgl. bayer. Batterie-Geschütze. München 1848. 29 S.

Riley, C. V.

--- Ders. und Ewald! H. Rübsaamen: Die Reblaus und ihre Lebensweise. Dargest. auf 17 Taf., nebst erkl. Texte. Berlin: Friedländer 1900. 31 S. -- LKRhld.•

Riley, C. V., über dem Weinstock schädliche Insekten. Die Rebenphylloxera. Phylloxera vastatrix Planchon. [Unterordnung Homoptera, Familie Aphididae.] Vom Verf. autoris. Uebertragung von Fr. Röder. gr. 8. (77 S. mit 2 Holzschntaf.) Heidelberg 878, C. Winter's Universitäts-Buchh.

Riley, Edgar, Karte zur Konstruktion v. Zahnformen f. Ingenieure, Techniker, Konstrukteure, Maschinen-, Mühlenbauer, Modellschreiner u. Thurmuhrmacher. Mit 2 (lith.) Taf. u. 3 Holzschn. Neu bearb. u. hrsg. v. Gust. Thdr. Crusius. gr. 8. (16 S.) Leipzig 884. (Baumgärtner.) n. 1. 60

Riley, James. Gefangenschaft und Reise in Afrika, veranlasst durch den Schiffbruch der amerikanischen Brigg Commerce ... a. d. Engl. ... Berlin 1817. Ü: *Pistorius, Chn B. H.* (MGT) (Ky)

Riley's, Jak., Gefangenschaft u. Reise in Afrika, nebst Nachrr. von Tombuctoo; aus d. Engl. (von Chr. W. H. Thorius). gr. 8. Berl. 817. Reimer. 1 ℛ 8 g𝔤

— Schicksale u. Reisen an d. Westküste u. im Innern v. Afrika in d. J. 1815 u. 16. Von ihm selbst beschrieben rc.; aus d. Engl. gr. 8. Jena 818. Schmid. 2 ℛ 12 g𝔤

Riljeff, K. T.

—— Думы. (Gedanken.) 8. (82 S.) Berlin 859, F. Schneider.

—— Сочиненія. (Werke.) gr. 8. (V und 179 S.) Berlin 860, F. Schneider.

—— полное собраніе сочиненій (sämmtliche Werke), s. Библіотека, русскихъ авторовъ.

—— Стихотворенія. (Gedichte.) 8. (44 S.) Berlin 857. F. Schneider.

Рылѣевъ, К. Ѳ., Стихотворенія. Съ его жизнеописаніемъ. (Riljeef, Gedichte.) Leipzig 862. Gerhard. 16. (230 S.) 1 ℛ; geb. mit Goldschn. 1 ℛ 10 ngr.

Рылѣевъ, К. Ѳ., Войнаровскій. Поэма. (Riljeff, K. T., Wojnarowski. Ein Gedicht.) 8. (55 S.) Berlin 857, F. Schneider.

—— dass. — 3. Изданіе. (3. Ausgabe.) 16. (67 S.) Ebendas. 861.

Rilievi, i, delle urne etrusche, pubblicati a nome dell' istituto di correspondenza archaeologica da Enrico Brunn. Vol. I. Ciclo troico. gr. 4. (VII, 132 S. m. 99 Taf.) Roma 870. (Berlin, G. Reimer.) n. 60. —

Rilievi, i, delle urne Etrusche. Vol. II. parte 1., pubblicata a nome dell' imperiale istituto archeologico germanico da Gustavo Körte. gr. 4. (VII, 141 S. m. 57 Taf.) Roma 890. (Berlin, G. Reimer.) n. 40. —

— dasselbe. Vol. II., parte II. Pubblicata a nomo dell' imperiale Istituto archaeologico germanico da Gust. Körte. gr. 4. (S. 141—269 m Taf. 57—119.) Ebd. 896. n. 40. — (I.—II., 2.: n. 140. —)

Riljeff, s. Rylieff.

Rilinger, Franz [prakt. Arzt aus Westpreussen]: Prophylaxis des Puerperalfiebers . . . . Greifswald, Druck v. Julius Abel, 1886: 25 S. 8°.
Greifswald, Med. Fak., Inaug.-Diss. v. 20. Mai 1886.

Rilinger, Franz, Prophylaxis des Puerperalfiebers. Diss. Greifswald 1886, Jul. Bindewald. 8°. 25 S.

Rilke, B., Abschieds-Predigt, gehalten bei seinem Scheiden von der lieben Diesfordter Gemeinde am 18. Jan. 1857. Berlin 857. Wohlgemuth. gr. 8. (14 S.) 2½ ngr.

Rilke, Otto [pr. Arzt aus d. Prov. Posen]: Ueber einen complicirten Fall von Torsions-Fractur des Unterschenkels. . . . Greifswald, Druck v. Julius Abel, 1880; 40 S. u. 1 Taf. 8°
Greifswald, Med. Fak., Inaug.-Diss. v. 14. Dez. 1880

Rilke, Phia, Ephemeriden. gr. 16. (58 S) Prag 900. (G. Neugebauer.) n. 1. —

Rilke, Rainer (René) Maria. Advent. (Gedichte.) 8. (88 S.) Leipzig 898. P. Friesenhahn. n. 1. —; geb. n. 2. —

Ⓑ Rilke, Rainer Maria, Advent. 898. (KBL 30.) Jetzt: Charlottenburg, A. Juncker Verl. 1.—; geb. 2. 50

— Die Aufzeichnungen des Malte Laurids Brigge. 2 Bdchn. (191 u. 186 S.) 8. Leipzig 910. Insel-Verlag. 4.50; geb. in Pappbd. 6.—; in Ldr. 10.—; Vorzugsausg., geb. in Ldr. 20. —

Rainer Maria Rilke. Das Buch der Bilder. *Berlin: A. Juncker [1902].* (45 Bl.) 8°

Rilke, Rainer Maria, das Buch der Bilder. 2. sehr verm. Ausg. (189 S.) kl. 8. Berlin (906). A. Juncker Verl. Kart. n. 4. 50
1. Aufl. (88 S.) 902. Geb. n. 3. 50.

— Das Buch der Bilder. 3. sehr verm. Ausg. (189 S.) 8. Berlin-Charlottenburg (909). A. Juncker Verl. Geb. 4. 50

— Die frühen Gedichte. (Des Buches „Mir zur Feier" 2. Aufl.) (144 S.) 8. Leipzig 909. Insel-Verlag. 4.50; geb. in Halbldr. 6. 50

— Neue Gedichte. (104 S.) 8. Ebd. 907. 4.50; geb. in Halbldr. 6. 50

— Der neuen Gedichte anderer Teil. (125 S.) 8. Ebd. 908. 4.50; geb. in Halbldr. 6. 50

— Geschichten vom lieben Gott. (Neue Ausg.) (VI, 168 S.) kl. 8. Leipzig 904. Insel-Verlag. n. 3. —; geb. n. 4. —

— Geschichten vom lieben Gott. 3. Aufl. (169 S.) kl. 8. Ebd. 908. 3.—; geb. in Leinw. 4. —

— zwei Prager Geschichten. 12. (VII, 165 S.) Stuttgart 899. A. Bonz & Co. n. 1. 80; geb. in Leinw. n. 2. 40

Vom lieben Gott und Anderes. An Grosse f. Kinder erzählt von Rainer Maria Rilke. Geschmückt von E. R. Weiss. *Berlin: Schuster & Loeffler 1900.* (119 S.) 8° [F.]

Rilke, Rainer Maria, vom lieben Gott u. Anderes. An Große f. Kinder erzählt. Geschmückt v. E. R. Weiß. 8. (VIII, 119 S.) Berlin 900. Leipzig, Insel-Verl. Kart. n. 4. 50

— s.: Kunst-Ausstellung, nordwestdeutsche, Oldenburg 1905.

Ⓑ — Laienopfer. 896. (KBL 30.) Jetzt: Leipzig, Rossberg'sche Verlagsh. Erh. Pr. 3. —

— Larenopfer. gr. 16. (III, 106 S.) Prag 896. H. Dominicus. n. 1. 50

— am Leben hin. Novellen u. Skizzen. 12. (III, 123 S.) Stuttgart 898. A. Bonz & Co. n. 1. 20; geb. in Leinw. n. 2. —

Ⓑ — Am Leben hin. 898. (KBL 30.) Jetzt: Leipzig, Insel-Verlag. Erh. Pr. 2.—; geb. 3. —

Rilke, René Maria, Leben u. Lieder. Bilder u. Tagebuchblätter. gr. 16. (90 S.) Strassburg 894. G. L. Kattentidt. n. 1. 60

— das tägliche Leben. Drama in 2 Akten. 8. (85 S.) München 902. A. Langen. n. 2. —; geb. n. 3. —

— die Letzten. Im Gespräch. Der Liebende. Die Letzten. 12. (75 S.) Berlin 902. Stuttgart, A. Juncker. Kart. n. 2. 50

— Mir zur Feier. Gedichte. gr. 8. (III. 119 S.) Berlin (900). G. H. Meyer. n. 4.—; geb. in Leinw. n. 5.—

(B) — Mir zur Feier. 900. (KBL 32.) Jetzt: Leipzig, Insel-Verlag.

— Requiem. (26 S.) 8. Leipzig 909. Insel-Verlag. Geb. in Pappbd. 3.50; in Seide 5.—

— Auguste Rodin, s. a. Kunst, die, 10. Bd.

Auguste Rodin. Von Rainer Maria Rilke. Mit 2 Photograv. u. 6 Vollbildern. *Berlin: J. Bard [1903].* (73 S.) 8°
— Kunst, Die. Bd 10.

Auguste Rodin von Rainer Maria Rilke. Mit 2 Photograv. u. 6 Vollbild. 2. unveränd. Aufl. Berlin: Bard [1904]. 73 S. 8°
(Die Kunst. Bd 10.)

Auguste Rodin von Rainer Maria Rilke. Mit 28 Vollbild. 2 T. (in 1 Bd). 3. Aufl. Berlin: Marquardt & Co. [1903]. 8°
— Kunst, Die. Bd 10 u. 10ᵃ.

— das Stunden-Buch, enth. die drei Bücher: Vom moenchi. Leben, v. der Pilgerschaft, v. der Armuth u. vom Tode. (Titel, Kopfleisten u. Anfangsinitial v. Walt. Tiemann unter Anlehng. an venetian. Holzschn.) (98 S.) kl. 8. Leipzig (905.) Insel-Verlag. Kart. n. 4.—

— Das Stunden-Buch, enth. die drei Bücher: Vom menschl. Leben, v. der Pilgerschaft, v. der Armuth u. vom Tode. (3. Aufl.) (Titel, Kopfleiste u. Anfangsinitial zeichnete Walt. Tiemann.) (104 S.) 8. Leipzig 909. Insel-Verlag. Kart. 3.50

— Traumgekrönt. Neue Gedichte. (I. Bd.) 12. (64 S.) Leipzig 897. P. Friesenhahn. n. 1.—

(B) — Traumgekrönt. 897. (KBL 30.) Jetzt: Charlottenburg, A. Juncker Verl. Erh. Pr. geb. 3.

— die Weise v. Liebe u. Tod des Cornets Christoph Rilke. Geschrieben 1899. (V, 27 S. m. 1 farb. Wappentaf.) kl. 8. Berlin (906.) A. Juncker Verl. Geb. n. 4.—

— Worpswede (Fritz Mackensen, Otto Modersohn, Fritz Overbeck, Hans vom Ende, Heinrich Vogeler), s. a. Künstler-Monographien.

Worpswede. Fritz Mackensen, Otto Modersohn, Fritz Overbeck, Hans am Ende, Heinrich Vogeler. Von Rainer Maria Rilke. Mit 122 Abb. *Bielefeld & Leipzig: Velhagen & Klasing 1903.* (124 S.) 4°(8°) [ℑ.]
— Künstler-Monographien. 64.

Worpswede. Fritz Mackensen, Otto Modersohn, Fritz Overbeck, Hans am Ende, Heinrich Vogeler. Von Rainer Maria Rilke. Mit 145 Abb. u. 1 Titelbild. 2. Aufl. Bielefeld & Leipzig: Velhagen & Klasing 1905. (140 S.) 4°(8°) [ℑ.]
— Künstler-Monographien. 64.

Worpswede. Fritz Mackensen. Otto Modersohn. Fritz Overbeck. Hans am Ende. Heinrich Vogel. Von Rainer Maria Rilke. Mit 5 Titelbild., 13 Einschaltbild. u. 136 Textabb. 3. Aufl. Bielefeld & Leipzig: Velhagen & Klasing 1910. 156 S. 4°(8°)
(Künstler-Monographien. 64.)

Rilke, Wenzel Friedrich

Rilke, W. F., Beschreib. u. Prüfung d. Fritz'schen Beinbruchschwebe, nebst Anleit. z. Anwendung ders. M. 1 Stnt. gr. 8. (3 B.) Prag 828, Enders.

Wenzel Friedrich Rilke

Beschreibung und Prüfung der Fritz'schen Beinbruchschwebe, nebst Anleitung zur Anwendung derselben. Von W[enzel] F[riedrich] Rilke. Prag 1828: Sommer. 46 S. 8°

Rill, Jean, a. Mainz: Beitrag zur Erkenntnis des Verhaltens von anorganischen Salzen in Methylacetat. Mainz 1907: K. Theyer. (54 S.) 8°
Gießen, Phil. Fak., Ref. Naumann, Diss. v. 15. Okt. 1907
[Geb. 10. Nov. 82 Mainz; Wohnort: Gernsheim a. Rh.; Staatsangeh.: Hessen; Vorbildung: Realgymn. Mainz Reife O. 02; Studium: Berlin 2, Gießen 5 S.; Rig. 28. Juni 07.]

Rille, A.: Der Auflösungsprocess der deutschen Romantik. 8 S. 4°.– Sternberg UR., Progr. 1872.

Rille, Albert

Rille Albert: Brünner Bauwerke im XVII. und XVIII. Jahrh. 18. Brünn R. 98.
Progr.

Rille, Alb., aus dem Bühnenleben Deutsch-Oesterreichs. Die Geschichte d. Brünner Stadttheaters [1734—1884]. gr. 8. (225 S.) Brünn 885. (Knauthe.) n. 2.—

Rille A.: Pädagogisch-kritische Gänge. 8ᵃ. Brünn St.-R. 76.
Progr.

Rille, Albert: D. Geschichte d. Brünner Stadttheaters. (1734—1884.) — Brünn: Burkart; Knauthe in Komm. 1885. 235 S. (Aus d. Bühnenleben Dt.-Oesterreichs.)

— St. R.: Katalog der Lehrerbibl. 98. v. Albert Rille. (185).
Progr. Brünn

Rille Albert: Nach Konstantinopel und zurück. 24. Brünn St. R. 99.
Progr.

Rille A.: Unter des Kaisers Claudius Regierung. 7ᵃ Brünn St.-R. 77.
Progr.

Rille, J. H., s.: Beiträge zur Dermatologie u. Syphilis.

— Lehrbuch der Haut- u. Geschlechtskrankheiten. 1. Abtlg. gr. 8. (IV, 176 S. m. 34 Abbildgn.) Jena 902. G. Fischer. Für vollständig n. 4.50

— über Leucoderma syphiliticum. gr. 8. (10 S.) München 900. Seitz & Schauer. n. 1.—
Sonderabdruck aus: „Deutsche Praxis".

(B) Rille, J. H., Leucoderma syphiliticum. 900. (KBL 32.) Jetzt: München, Verlag d. ärztl. Rundschau.

Rillenschienen-Profile der A.-G. Phoenix in Laar bei Ruhrort. (D. R. P. 10221) Berlin 1887

Rillias, siehe: *Jahresber. d. Naturf. Ges. Graubündens.*

Rilliet, A., Commentaire sur l'Epître de l'Apôtre Paul aux Philippiens, accomp. de recherches sur l'église de Philippes et sur les dispositions qui favorisaient chez les populations païennes d'Europe, l'accès de la prédication apostolique. gr. in-8. Genève; Leipzig 841, Hermann. n. 1⁵/₆ ℛ

Rilliet, Albert *I.* Lettre à M. Henri Bordier à propos de sa Défense de la tradition vulgaire sur les origines de la Confédération suisse. 8. Genève et Bâle 1869.

Rilliet, Albert, voir: *Mémoires.*

Rilliet, Alb. Notions de chimie, résumé du cours fait à l'école supérieure des jeunes filles de Genève. 3e éd., revue par *M. Gautier*. Avec 12 fig. In-8°. 110 p. Genève et Bâle, Georg & Co. 1895. cart. 2 50

Rilliet, Alb., les origines de la confédération suisse, histoire et légende. Basel 868. Georg. gr. 8. (VIII, 376 S.) n. 1 ₰ 18 ngr.

Rilliet, Albert Z. Les origines de la Confédération suisse, histoire et légende. 8. Genève et Bâle.
[1re éd.] 1868.
2de éd. revue et corrigée. (Avec une carte.) 1869.

Rilliet, Albert. Le rétablissement du catholicisme à Genève il y a deux siècles. In-8°, 260 p. Genève & Bâle, H. Georg. 1879. 5 —

Rilliet, Alb., der Ursprung der schweizerischen Eidgenossenschaft. Geschichte u. Sage. 2. durchgeseh. u. verb. Aufl. Aus dem Französ. in's Deutsche übertragen u. m. e. Nachworte begleitet v. Carl Brunner. Mit e. (chromolith.) Karte der Urkantone (in 4.) gr. 8. (VIII, 405 S.) Aarau 873. Sauerländer. n. 6. —

Rilliet, Frédéric

Rilliet, F. und E. Barthez, Handbuch der Kinderkrankheiten, s. Barthez.

Rilliet, (Frédéric): Handbuch der Kinderkrankheiten (Traité clinique et pratique des maladies des enfants. Dt.) von (F.) Rilliet und (Paul Joseph) Barthez. Übers. von G(ustav) Krupp. Th.1 - 3, gbd.

Leipzig: Kollmann 1844

JB 4.123

Rilliet u. Barthez, Kinderkrankheiten, s. Handbibliothek d. vorzügl. neuern Werke des Auslandes. üb. pract. Medizin. V.

Rilliet, L. E., à bâtons rompus. Heures de loisir pour les enfants. gr. 8. (120 S. m. Illustr.) Zürich 886. Orell Füssli & Co. Verl. geb. n. 4. —

Rilliet, Mlle. L. E., à bâtons rompus. Heures de loisir pour les enfants. 2. vol. gr. 8. (134 S. m. Illustr.) Zürich 887. Orell Füssli Verl. geb. n. 4. —
(1. 2.: n. 8. –)

Rilliet, Victor. Ein Erinnerung-blatt. Aus dem egyptischen Volksleben. SA. 8. Basel 1893.

Rilliet de Constant, Louis

Rilliet de Constant, L., Novembre et décembre 1847. Fribourg, Valais et la première division. Avec le plan des environs de Fribourg. gr. 8. (VIII und 255 S. mit 1 Stnt. in 4.) Berne 848. Zurich, Schulthess.

Rilling, Reinhold [approb. Arzt aus Besigheim (Württemberg)]: Ein Fall von Aneurysma verum aortae ascendentis .... München, Druck v. M. Ernst (vorm. G. Pollner), 1887; 34 S. 8°
München, Med. Fak., Inaug.-Diss. v. 1887

Римъ и Санктъ-Петербургъ, s. Библіотека русская.

Rimann, Eberhard, Dr., i. Dresden: Der geologische Bau des Isergebirges und seines nördlichen Vorlandes. Mit 1 Textfig. u. 1 geolog. Übersichtskt. 1910. S. 482—533, 1 Taf. 8° ¶ Aus: Jahrbuch d. Kgl. Preuß. Geolog. Landesanstalt f. 1910. Bd 31. 1911.
Dresden Te. H., Hab.-Schr. v. S.-S. 1910

Rimann, Eberhard, a. Hirschberg in Schlesien: Beitrag zur Kenntnis der Diabase des Fichtelgebirges, im besonderen des Leukophyrs Gümbel's. Stuttgart: E. Schweizerbart 1906. (42 S.) 8° ¶(Aus: Neues Jahrbuch für Mineralogie Beil.-Bd 23.)
Leipzig, Phil. Fak., Ref. Credner-Zirkel, Diss. v. 17. Dez. 1906
[Geb. 25. Aug. 83 Hirschberg i. Schl.; Wohnort: Dresden; Staatsangeh.: Preußen; Vorbildung: Gymn. Hirschberg Reife O. 02: Studium: Tübingen 1, Leipzig 6 S.; Rig. 26. Dez. 05.]

Rimann, Feodor. (Bald. Hugo) (geb. Gubrau 4. 8. 1834): De thrombosi venarum atque arteriarum. Berolini (1860). (31 S.) 8°
Berlin, Med. Diss. v. 11. Aug. 1860

Rimann, Hans, approb. Arzt aus Hirschberg i. Schl.: Aus d. gynaekol. Abt. d. Hrn Prof. Dr. Pfannenstiel am Krankenhause d. Elisabethinerinnen zu Breslau. Die Endotheliome des Utero-vaginal-Schlauches Erwachsener. *Breslau 1902: Th. Schatzky.* (61 S.) 8°
Breslau, Med. Diss. v. 7. Juni 1902

Rimarski, Walther, aus Bialla Ostpr.: Ueber Dichlorphtalylhydroxylamin. *Königsberg i. Pr. 1903: H. Jaeger.* (43 S.) 8°
Königsberg, Phil. Diss. v. 24. Dez. 1903

Rima-Szombat [Schlagwort]

Rima-Szombat, s.: Europa. Liebenow.

[Rimathé, Anton.] Das schweizerische Lokomotivpersonal. Ein Beitrag zur Frage der Besoldungsreform der S[chweizerischen] B[undes]-B[ahnen]. ([Hrg. vom] Zentralkomitee des Vereins schweiz. Lokomotivführer [und vom] Z' des V' schweiz. Lokomotivheizer.) II + 32 S. 8. Zürich, Buchdr. des Schweiz. Grütlivereins. 1909. [fr. —.50]

Rimathé, J., Wein, s.: Bericht üb. Gruppe 26 der schweizerischen Landesausstellung Zürich 1883.

Rimay G. kalligraphische Vorschriften deutscher, lateinischer u französischer Schrift. Nebst Anleit. zu einem zweckmässigen Schreibunterricht etc. (23 Bl 14 S) Breslau 1812

Rimbach, A., historia natural destinada á las escuelas y colegias. 2. ed., cuidosamente revisada y aumentada. 8. (X, 244 S. m. 142 Abbildgn.) Freiburg i/B. 902. Herder. Kart. n. 2. 28

Rimbach, A., historia natural destinadaa las escuelas y colegios. (Herder, biblioteca instructiva para la juventud.) 3. ed., cuidadosamente revisada. (X, 244 S. m. 142 Abbildgn.) 8. Freiburg i/B. 908. Herder.
2.—; kart. 2.28; geb. 2. 52

Rimbach, August [aus Jena]: Beitrag zur Kenntnis der Schutzscheide .... Weimar, Druck v. R. Wagner, 1887; 31 + 1 S. 8°
Jena, Phil. Fak., Inaug.-Diss. v. 1887

Rimbach, August, Beitrag zur Kenntniss der Schutzscheide. Diss. Jena 1887, G. Neuenhahn. 8°. 31 S.

Rimbach, Carl, s. Rimbach, Karl

Rimbach, Eberh., die Grundzüge der theoretischen Chemie, s.: Meyer, Loth.

Chemisches Praktikum für Mediziner von Prof. Dr. E[berhard] Rimbach, Bonn. *Bonn: F. Cohen 1903.* (90 S.) 8°

— Chemisches Praktikum f. Mediziner. 2. umgearb. Aufl. (VIII, 172 S. m. Fig.) 8. Bonn 910. F. Cohen. Geb. in Leinw. 4. —

Rimbach, Eberh., kleines physikalisch-chemisches Praktikum. Einführungsübungen f. den Gebrauch in chem. Unterrichtslaboratorium. (VIII, 152 S. m. 37 Fig.) gr. 8. Bonn 909. F. Cohen. 4. —

Rimbach, E., Uebungen in den wichtigeren physikalisch-chemischen Messmethoden. Für den Gebrauch im chem. Institut der Universität Bonn zusammengestellt. (III, 61 S.) gr. 8. Bonn 904. (F. Cohen.) n.n. 2. —

Rimbach, Frdr., 100 Recepte u. Mittel im Bereiche der häusl. Oekonomie, der Gewerbe u. Landwirthschaft, durch Erfahrung geprüft u. erprobt. 2. Aufl. 8. (51 S.) Aachen 849, (Leipzig) Wengler. ¼ ₰

Rimbach, Karl

Rimbach, Carl: Über die quantitative Bestimmung der Pentosen mittelst der Phloroglucinmethode und über das Vorkommen der Pentosane in Naturprodukten. *Göttingen 1898: E. A. Huth.* (47 S.) 8°
Göttingen, Phil. Diss. v. [20. Mai] 1898

Vorschriften betreffend die Festsetzung und Anweisung der einem Beschuldigten aus der Staatskasse zu erstattenden notwendigen Auslagen sowie der Gebühren der zu Verteidigern bestellten Rechtsanwälte. Für Gerichts- u. Staatsanwaltschaftsbeamte u. Rechtsanw. zsgest. von (L.) **Rimbach**, Staatsanwaltschaftsekr. in Cleve. (Cöln): Kölner Verl.-Anst. & Dr. 1908. 24 S. 8°
(Zeitschrift f. d. Deutsche Gerichtssekretariat. Beil.) [10. 1197a

Rimbach, Robert [app. Arzt aus Geisa]: Aus d. patholog. Institut zu Giessen. Zur Casuistik der Enterokystome ... Giessen, grossh. Hof- u. Univ.-Dr. C. v. Münchow, 1897; 43 S. 8.
Giessen, Med. Fak., Inaug.-Diss. v. 1897

Rimbaud, Arth., Leben u. Dichtung. Übertr. v. K. L. Ammer, eingeleitet v. Stef. Zweig. (233 S. m. Bildnis.) 8. Leipzig 907. Insel-Verlag. 6.—; geb. in Leinw. 7. —

RIMBERGER, Theodor (Kronach): De rhachitide.- Bonachii: Giessor 1834. 30 S.
18.3.1834 - Urk; P 61
Diss. Ingolst.-Landsh.-Mchn.

Rimbert's Leben, s.: Geschichtschreiber, die, der deutschen Vorzeit.

Vita **Anskarii** auctore Rimberto. Acc.: **Rimberti**. Rec. G[eorg] Waitz. — Hannoverae: Hahn 1884. 100 S. 8°
(Scriptores rerum Germanicarum in usum scholarum ex Monumentis Germaniae historicis recusi.)

Rime antiche ossia Poesie liriche Italiane de' secoli XIII, XIV e XV. Scelte ed illustrate da Luigi Selliers di Moranville. gr. 4. Vienna 815, Kaulfuss, Prandel e Co. n. $1^5/_6$ ₰ — In engl. Leinwandband n. $2^1/_2$ ₰

Rimek, Hermann Karl [pr. Arzt aus Willenberg '(Ostpr.)']: Über die Erfolge der operativen Pseudarthrosenbehandlung ... Königsberg i. Pr., Buch- u. Steindr. M. Liedtke, 1896; 1 Bl., 60 S., 1 Bl. 8.
Leipzig, Med. Fak., Inaug.-Diss. v. 13. Okt. 1896

Rimele, Eugen: Ueber die Einwirkung von Hydrazinhydrat auf Bisdiazoessigester und über die Salze der Bisdiazoessigsäure. Heidelberg 1909: Rössler & Herbert. 58 S. 8°
Heidelberg, Naturw.-math. Diss. v. 26. März 1909, Ref. Curtius
[Geb. 29. Juni 83 Aach, Amt Engen; Wohnort: Aach; Staatsangeh.: Baden; Vorbildung: Oberrealsch. Konstanz Reife Juli 03; Studium: Heidelberg 2, München 1, Heidelberg 6 S.; Rig. 4. Dez. 08.] [U 09. 2050

Rimely, Karl

Rimely, Carol., Historia collegii Pazmaniani, quam ex tabulariis conscripsit. Wien 865. Mechitharisten-Congregations-Buchh. gr. 8. (VII, 404 S. mit 1 Stahlst.) n. 1 ₰ 18 ngr.

RIMELY, Carolus: De seminariis cum speciali respectu quoad seminaria Hungariae. — (1852) 104 S. 4° (Handschr.) Diss. 110

Diss. Wien, Univ.

[**Rimensberger, Emil.**] Vorschläge zur Realisierung der Centralbankfrage. ⟨Aus Kantonalbankkreisen.⟩ Separatabzug aus den «Schweiz. Blättern für Wirtschafts- u. Socialpolitik». Heft 18, Jahrg. 10, 1902. II + 18 S. 8. Bern, C. Sturzenegger, 1902.

Rimesso, das Kreuz v. Savoyen, s.: Persiani, Baron.

Rimestad, C. W., zwei Weltbegebenheiten. Deutsch von Henrik Helms. 8. (III und 280 S.) Leipzig 862, [Hartknoch.]

Rimey, G., kalligraphische Vorschriften, deutsche, latein. u. franz., nach Pestalozzi's Lehrgrundsätzen; nebst einer Anweisung z. zweckmäßigern Unterricht im Schreiben f. Elementarschulen u. den ersten häusl. Unterricht; gestochen von Eckart. 8. Bresl. W. G. Korn. 812.

Rimey, R., s. Riemay.

Rimini, Baron v. (Griscelli), Monarchenschutz. Memoiren. Neue deutsche Ausg., besorgt von S. Jolowicz. Mit e. Vorwort v. L. S. gr. 8. (VIII, 168 S.) Berlin 902. [J. Jolowicz.] J. Gnadenfeld & Co. n. 1.50

Rimius, Heinrich

— — Oeffentliche Aufforderung an den Graf Zinzendorff, dass er auf alle wider die Herrnhuter vorgebrachte Beschuldigungen antworten solle. Ebd. 1757. Gr. 8°. 39 SS.

— Aufforderung an den Grafen Zinzendorf. 8. Cob. 756. Ahl.

Rimius, Heinr., Aufrichtige Erzehlung von dem Ursprung u. Fortgang der Herrnhuter. Nebst einer kurtzen .... Nachricht von ihren Lehren. Aus d. Englischen. Coburg, G. Otto, 1753. 16 Bll., 152 u. XXVIII SS. — Nachlese. Ebd., J. C. Findeisen, 1760. 22 Bll. u. 180 SS. (Beides in München.) (Nachlese apart 2 Mk. B. Liebisch, 1901.)

Rimius, Hnr., († ...) Gesch. des Hauses Braunschweig bis an das Ende d. Regier. Georgs I., nebst 8 genealog. Tabellen. 4. Coburg 753. (Riemann). 2 ₰ 8 ℳ

Rimius, Heinrich. Historie des Hauses Braunschweig ... a. d. Engl. ... Coburg 1753. Ü: *Happach, Johann Casimir.* (ML) BrMm)

— A candid Narrative etc., d. i. eine aufrichtige Nachricht v. dem Ursprung u. Anwuchs der Herrnhuter od. sogen. Mährischen Brüder rc. Mit e. Nachlese. gr. 8. Cob. 753—760. Ahl. 16 ℳ

Riml, Karl, freie Gedanken üb. Befestigungen, deren Angriff u. Verteidigung. (52 S. m. 5 Taf.) gr. 8. Wien 903. L. W. Seidel & Sohn. n. 1.80

Rimmele, A., Kursbuch der königl. württembergischen Verkehrs-Anstalten, nebst den Eisenbahn-Verbindungen in den süddeutschen Staaten und der Schweiz. Mit 1 (lithogr.) Eisenbahn- und Postrouten-Karte (in Fol.). Unter Benutzung amtl. Quellen bearb. (Jährlich zweimal.) qu. 4. (à ca. 60—70 S.) Stuttgart, Selbstverlag. à Nr.

Rimmele, A., Kurs-Buch der königl. württemb. Verkehrs-Anstalten. Halbjährliche Uebersicht über den Gang der Eisenbahnzüge, Posten und der Dampfschiffe mit den Anschlüssen in Hohenzollern und den angrenzenden Ländern, sowie über die Telegraphen-Verbindungen. Mit 1 (lith.) Eisenbahn- und Postenrouten-Karte (in gr. 4.). Unter Benützung amtlicher Quellen bearb. Nr. 1—3. Stuttgart 861—63. Lindemann. 16. Jede Nr. (à 80 S.) n. 7 ngr.

Rimmele, A., Kursbuch der königl. württembergischen Verkehrs-Anstalten, nebst den Eisenbahn-Verbindungen in den süddeutschen Staaten und der Schweiz. Mit einer (lithogr.) Eisenbahn- und Postrouten-Karte (in Fol.). Unter Benutzung amtl. Quellen bearb. Nr. 12—18. qu. 4. (à 60—64 S.) Stuttgart 868—71, Lindemann. à Nr. *

Rimmer Dr. Franz: Algen, Bacillarien und Pilze aus der Umgebung von St. Pölten. 20. St. Pölten Lehr. Sem. 92.
Progr.

Rimmer, Frz., über die Nutation und Wachsthumsrichtungen der Keimpflanzen. [Arbeiten des pflanzenphysiolog. Institutes der Wiener Universität.] Lex.-8. (30 S.) Wien 884, (Gerold's Sohn.) **
Aus: Sitzungsberichte der k. Akademie der Wissenschaften besonders abgedruckt.

Rimpau, Dietrich: Über die Strafbarkeit des Betruges nach geltendem Rechte beim Mangel der Identität des Getäuschten und des Geschädigten ... Tübingen, Druck v. H. Laupp jr., 1892; 38 S. 8.
Tübingen, Jur. Fak., Inaug.-Diss. v. 1892

Rimpau, H., s. Rimpau, T. H.

Rimpau, T. H.

H. Rimpau, Bericht des Rittergutsbesitzers Rimpau zu Cunrau in der Altmark über eine am 4. und 5. Oktober 1875 von ihm vorgenommenen Untersuchung im Donaumoos. München 1875

Rimpau, T. H., die Bewirtschaftung d. Rittergutes Cunrau, insbesondere d. Niederungsmoores durch Moordammkultur u. Kultur d. leichten Sandbodens. Mit 3 Textabbildgn. Lex.-8. (48 S.) Berlin 887. Parey. n. 1. 50

Rimpau, W., Beitrag zur aktiven Immunisierung des Menschen gegen Typhus, s.: Bassenge, R.

Frau von Branconi. Mit 24 Abb. u. 1 Stammtaf. Von Dr. W. Rimpau in Langenstein. *Wernigerode 1900: B. Angerstein.* (176 S.) 8° [F.]
= Zeitschrift d. Harz-Vereins f. Geschichte u. Altertumskunde. Jg. 33, Hälfte 1. [60. 4339]

Rimpau, W., Kreuzungsprodukte landwirthschaftlicher Kulturpflanzen. [Aus: „Landw. Jahrbb."] Lex.-8. (39 S. m. 14 Lichtdr.-Taf.) Berlin 891. P. Parey. Geb. in Leinw. n. 7. —

RIMPAU, Wilhelm (Braunschweig): Die bactericide Wirkung des Dünndarminhaltes. (Titel nach der Urkunde)
26.11.1901 - Urk; Chr 1901/02,24
Diss.Ingolst.-Landsh.-Mchn

Rimpel, Chaim, a. Brezing (Rußland): Synthese des $\Delta^{8(9)}$ p-Menthens und des optisch-aktiven $\Delta^{3\cdot8(9)}$ Menthadiens. (Berlin-Wilmersdorf: C. Arnold 1906.) (34 S.) 8°
Berlin, Phil. Fak., Ref. Fischer, Diss. v. 22. Dez. 1906
[Geb. 18. Febr. 85 Brezing bei Lodz; Wohnort: Berlin; Staatsangeh.: Rußland; Vorbildung: Höhere Gewerbesch. Lodz Reife M. 02; Studium: Berlin 8 S.; Rig. 6. Dez. 06.]

Rimpler, Aug., Sitten-Gemälde aus dem gewöhnlichen Leben zur nützl. Unterhaltung u. belehrenden Unterrichte f. Knaben u. Mädchen in schon mehr gereiftem Alter. Mit 1 lith. Kpfr. 12. (165 S.) Oels 850. (Breslau, Schulz & Co.) n. 1/2 ℛ

Rimpler, Aug. Reinhold, Predigt über Ev. Johannis Cap. 15 V. 5 gehalten. 8. (15 S.) London 850, Thimm in Comm. 6 ℛ

Rimpler, Ernst, Gesangschule f. höhere Knabenschulen. Methodisch bearb. u. hrsg. 2 Tle. gr. 8. Berlin 903. Weidmann. n. 1. 80
1. Sexta. (35 S.) n. — 60. — 2. Quinta u. Quarta. (65 S.) n. 1. 20

Rimpler, Felix, aus Hamburg: Die gesetzliche Haftung des Commissionärs. *Göttingen 1901: Dieterich.* (84 S.) 8°
Göttingen, Jur. Diss. v. [20. Dez.] 1901

Rimpler, Fel., die gesetzl. Haftung des Commissionärs. Diss. gr. 8. (VI, 84 S.) Göttingen 901. (Vandenhoeck & Ruprecht.) n. 2. —

Rimpler, Geo., befestigte Artillerie mit 3 Treffen. 12. Ulm, Barth. 719.

Rimpler, Georg, Ihro Römischen Kayserl. Majestät weiland gewesener Obrist-Lieutenant und Ober-Ingenieur. Sämmtliche Schriften von der Fortification, als: I. Der dreyfache Tractat von Festungen. II. Die befestigte Festung. III. Die an Major Scheitern abgefertigte Schrift. IV. Das Bedenken von Verstärkung der ehemahligen Fortification des Fischer-Thors in der Stadt Strassburg. Colligirt und mit Fleiss durchsehen, nebst einer Vorrede, denen darzugehörigen Rissen, einigen Anmerkungen zu derselben mehrern Erläuterung, und einem vollständigen Register. Welchen als ein Anhang beygefüget, das Diarium von der türkischen Belagerung der Festung Candia. Ein Extract eines Berichts von dem Fortifications-Bau der Stadt Strassburg. Herrn Suttingers Defension-Schrifft des Herrn Rimplers wider Herrn Werdmüllern. Monsieur Landsbergs Raisonnement von Attaquen. Herausgegeben von Ludwig Andreas Herlin, Sr. kön. Maj. in Polen u. Churfl. Durchl. zu Sachsen Ingenieur Capitain. (Mit 10 Taf. und 1 Titelbildg.) 4. Dresden und Leipzig 1724.

— sämmtl. Schriften v. d. Fortification, m. K. 4. Dresden, Walther. 724. 522 S.

Rimpler, H., Domänenpolitik u. Grundeigenthumsvertheilung vornehmlich in Preußen. gr. 8. (IX, 253 S.) Leipzig 888. Duncker & Humblot. n. 5. 40

Rimpler, H.: Ueber innere Kolonisationen und Kolonisationsversuche in Preußen .... Leipzig, Duncker & Humblot, 1887; 3 Bl. + 70 S. 8°
Leipzig, Phil. Fak., Inaug.-Diss. v. 16. Nov. 1887

Rimpler, H., über innere Kolonisationen und Kolonisationsversuche in Preußen. Diss. Leipzig 1887, Gustav Fock. 8°. 70 S.

Rimpler, O., die Berliner Bürgerwehr im J. 1848 von ihrer Organisation am 19. März bis zu ihrer Auflösung am 11. Novbr. Aus den hinterlassenen Papieren. Bearb. v. H. Schaffert. gr. 8. (97 S.) Brandenburg 883. Koch. n. 1. 50

Rimpler, Walter Schmidt-
s. Schmidt-Rimpler. [61. 13489]

Rimrich. Ant., s.: Theater-Almanach, Wiener.

Rimrod, Fr. Aug., († d. .. Jan. 1809.) Beitr. f. die Bildungsgeschichte d. Erdfläche, besond. f. die Urbildung d. Thäler u. Berge. gr. 8. Jena 800. Voigt. 10 gr.

— Unterhalt. üb. d. Erde u. d. Menschen. 1r Thl. 8. Wezl. Winkler. (W. Fleischer in Leipz.) 795.

Rimrod, Karl Gottfried

—, Beitr. zur Beantwort. d. Leipziger ökonom. Gesellsch. Frage von Vorbeugung d. Mißwachses. 8. Leipz. 773.

Rimrod, Karl Gf., Vorschlag zu Anlegung e. öffentl. Getreidemagazins zu jedermanns Vortheil; hrsgg. v. D. G. Schreber. 8. Leipz. 772. Breitkopf u. H. 4 gr.

Rimrod, Leonh., s.: Koch's Termin-Kalender f. Landgemeindebehörden usw. Bayerns.

Rimrott, F.

– v. **Borries, Abt** u. O. **Blum,** Fahrzeuge f. Schmalspur-, Förder- u. Strassenbahnen. Städtische Bahnanlagen, s.: Eisenbahn-Technik, die, der Gegenwart.

Rimrott, F., s.: Organ f. die Fortschritte des Eisenbahnwesens.

– Stadtbahnen, s.: Eisenbahn-Technik, die, d. Gegenwart. (Blum, O.)

Rimscha, Rob. v. Chemische Untersuchung e. falschen Chinarinde aus Brasilien. Diss. gr. 8. (50 S.) Dorpat 891, (Karow). * 1 —

Rimsky-Korsakow, Andreas, aus St. Petersburg: **Herbarts Ontologie.** Eine kritische Darstellung. *St. Petersburg 1903: C. Birkenfeld.* (76 S.) 8°
Straßburg, Phil. Diss. v. 1903

Praktisches Lehrbuch der Harmonie [Praktičeskij učebnik garmonii]. Von N[ikolaj Andreevič] Rimsky-Korsakow [**Rimskij**-Korsakov]. Nach d. 3. Aufl. d. russ. Orig.-Ausg. Deutsch von Hans Schmidt. Leipzig: M. P. Blaieff 1895. (XI, 135 S.) 8° [07. 1969]

— d. Mainacht. Oper in 3 Acten. Text nach e. Erzählg. v. Gogol. Deutsche Uebersetzg. v. Hans Schmidt. Musik v. R.-K. Textbuch. 12. (56 S.) Ebd. 895. — 50

Rimsky-Korssakow, Nikolai, das Märchen von Zar Saltan, seinem Sohne, dem berühmten u. mächtigen Helden Guidon u. der schönen Prinzessin Schwanhilde. Oper in 4 Aufzügen u. e. Vorspiel (in 7 Bildern). Russisches Buch v. W. J. Bjelski (nach A. Puschkin). Deutsch v. A. Bernhard. Musik v. R.-K. (Textbuch.) 8. (64 S.) St. Petersburg (901). (Leipzig, Breitkopf & Härtel.) n. 1. —

– Schneeflöckchen. (Ein Frühlingsmärchen.) Oper in 4 Aufzügen m. e. Vorspiel. Musik v. R.-K. Text vom Komponisten nach dem gleichnam. Stücke v. A. Ostrowski. Deutsche Übertragg. von A. Bernhard. (Textbuch.) 8. (69 S.) Ebd. (901). n. 1. —

Rina. Roman (v. Paul Brulat). Aus dem Franz. übers. v. Hugo Norden. (238 S.) 8. Leipzig u. Wien (907). Budapest, F. Sachs. 3. —
Im Deutschen Reich verboten.

Rinäcker, s. Rienäcker.

Rinäcker, J. A.

Rinäcker, J. A., Handbuch der Geschichte der griech. Literatur. Nebst einer Vorrede von Prof. Kiesewetter. gr. 8. Berlin 802 (Leipzig, Fr Fleischer.)

Rinäcker, J. A., Compend. d. griech. Literat. f. Schulen. gr. 8. Berlin, Lagarde, 802.

Rinal, Otto, zur Leitung der Strafverhandlungen. (Mit Bezug auf den jüngsten Erlaß d. Justiz-Ministeriums.) gr. 8. (24 S.) Wien 893. C. Konegen. n. — 60

Rinaldi-Bucci, Petr. Jos., de insignibus episcoporum commentaria. gr. 8. (III, 74 S.) Regensburg 891. Pustet. n. 1. 20

Rinaldini, Rinaldo

Rinaldo Rinaldini, der große Räuberhauptmann, s. Bibliothek von Ritter- rc. Geschichten, I. Suite. 6. Bd.

Rinaldini, Rinaldo, der große Räuberhauptmann, s. a. Sammlung interessant. Briganten-Romane.

Rinaldini, Rinaldo, der Räuberhauptmann. Leipzig 1797. 2. Aufl. Leipz. 1800 bis 1801. 1800. 1801. Neue Aufl. 1801. 1802. 4. Aufl. 1802. 5. Aufl. 1824 (4. [!] Aufl. Stuttg. 1845). 7. Aufl. 1856. 7. Aufl. 1857. 8. Aufl. 1858. V: *Vulpius, Chn. Aug.* (BGE VI³, 465/466)

Rinaldo Rinaldini, d. Räuberhauptmann, (v. Chr. A. Vulpius). 4 Thle. 8. Leipz. 798. 5e A. 824. Wienbrack. 4 ₰ Mit Kpf. 6 ₰

Rinaldo-Rinaldini, der Räuberhauptmann. Theil 1, Schauspiel in 4 Aufz. Theil 2, Schauspiel in 3 Aufz. Theil 3, Schauspiel in 4 Aufz. 1799. N. A. 1801. V: *Hensler (Henseler), Carl Frdr.* (GGr V, 329.) V: *Vulpius, Chn Aug.* (Ky)

Rinaldo Rinaldini, der Räuberhauptmann; e. romant. Gesch. unsers Jahrh. (v. C. A. Vulpius.) 4 Thle. 3te Aufl. welche die 6 Thle d. 1sten Aufl. in sich fassen, m. 18 K. 8. Lpz. Gräff. 800.
ohne Kupfer

— — desselben 4r 5r 6r Thl. od. 10s bis 18s Bdch. zu den beyden ersten Aufl. gehörig, m. 9 K. 8. Ebend. 800.

— — desselb. 4te Aufl. in 6 Bden, m. 18 K. u. Musik. (d. 4te 5te 6te Thl. h. a. d. Tit.: Ferrando Ferrandini, Fortsetz. d. Rinaldo Rinaldini. 3 Thle. mit didotschen Lettern.) 8. Ebend. 802.
ohne Kupfer mit Musik

— — dess. 4r 5r u. 6r Bd. apart; eine ganz anders bearbeitete Fortsetz. der 3 ersten Thle der vorigen Aufl. mit K. 8. Ebend. 802.
ohne Kupfer

Rinaldo Rinaldini; e. Schspl. in 5 Aufz. (v. Vulpius). 8. Rudolst. 800. (Hildebrandt in Arnst.) 12 gr. Hbg. Pr. 9 gr.

— Rinaldini. Schausp. in 5 A. v. Vulpius. 8. Rudolstadt, Klüger. 800.

— Rinaldini, der Räuberhauptmann. Schausp. in 4 Aufz. in 3 Thln. 8. Wien, Wallishäußer. 801.

Rinaldo Rinaldini, der Räuberhauptmann; romant. Geschichte. 5e ganz neu vom Verf. bearb. Aufl. 4 Thle. Mit 6 Kpfr. 8. Leipz. 824, Wienbrack. 6 Rthl. — Ohne Kpf.

Rinaldo Rinaldini der Räuberhauptmann. Romantische Geschichte. 6., unveränd. Ausg. 4 Thle. 8. (41¼ B. u. 18 Kpfr.) Leipzig 843, Wienbrack.

—— der große Räuberhauptmann. Neu bearb. von v. O***. 2. Aufl. 8. (12 B.) Leipzig 845, Schreck.

Rinaldo Rinaldini der Räuberhauptmann. Romantische Geschichte. 7., aufs neue durchges. u. verb. Aufl. 4 Thle. 857. n. 4 ₰. — 8. Aufl. Tangermünde 858. Doeger. (236; 237; 229; 244 S.) n. 2 ₰. 10 ngr.
4. Thl.: Nikanor, der Alte von Fronteja. Fortsetzung des Romans: Rinaldo Rinaldini. 2. u. 3. umgeänd. u. verb. Aufl. Einzeln n. 1 ₰.

Rinaldini, Rinaldo, der große italienische Räuberhauptmann. Sein merkw. Leben u. Ende. 8. (48 S.) Altötting 878. Lutzenberger. — 25

Rinaldini, Rinaldo, der größte Räuberhauptmann. Roman. 100 Hfte. gr. 8. (2408 S. m. je 1 Vollbild.) Berlin (899). Verlagshaus f. Volkslitteratur u. Kunst. à — 10

Rinaldo Rinaldini. Volksschauspiel in vier Akten für das Kindertheater. Wien [ca 1900]. V: *Neidl, Julius.* (EB)

Rinaldini, A. v., Beccaria. Biographische Skizze nach Cesare Cantù „Beccaria e il diritto penale." Wien 865. (Braumüller.) 8. (V, 123 S.) n. 10 ngr.

Rinaldini, Thdr. Frhr. v., Eisenbahn-Betriebsreglement m. Erläuterungen. Gültig ab 1. I. 1910. (XX, 335 S. m. 2 Formularen.) gr. 8. Wien 909. Manz. 6.—; geb. n 6.90

Rinaldini, Thdr. Frhr. v., Commentar zum Betriebsreglement f. die Eisenbahnen der im Reichsrathe vertretenen Königreiche u. Länder. (Unter Einbeziehg. der erlassenen 6 Nachträge.) Mit Berücksicht. des internat. Uebereinkommens über den Eisenbahnfrachtverkehr, des Betriebsreglements f. den Verkehr zwischen Deutschland, Oesterreich-Ungarn, Serbien, Bulgarien u. der Türkei (Orientverkehr), der einschläg. gesetzl. u. tarifar. Bestimmgn. sowie der Abfertigungs- u. Berechnungsvorschriften der Eisenbahnverwaltgn. (XVI, 444 S.) gr. 8. Wien 903. Manz. n. 12.—; geb. n. 13.60

Oratio, quam de Austriae gloria publice dixit Nobilis Theod. Rinaldini Patavinus priedie Kal.Aug.anni 1856. 5 S.– Wien Th., Progr. 1856.

Rinaldini, Thdr. Ritter v., d. Schadenersatzpflicht d. Eisenbahnen nach österr. Frachtrechte. gr. 8. (IV, 104 S.) Wien 895. Manz. n. 1.80

R i n a l d i n i - Lied, das altbekannte — (nach der bekannten Melodie.) Verlegt von Karl Barth in Wien 1856. Gedr. bei A. Pichlers Witwe & Sohn. (4 Bl. 8.)

R i n a l d o u. Alcina. Operette v. Baczko. 8. Königsberg, Unzer. 79⁴.

Rinaldo Marino, od. die Auferstehungs-Kirche zu Jerusalem. 8. Leipz. 802. Mittler. 1 ℳ 6 𝔤ℊ

Rinaldo Rinaldini, s. R i n a l d i n i , Rinaldo

Rinaldo di Sargiono oder die Geheimnisse der unterirdischen Burg… Leipzig 1805. N. A. 1813. V: *Kerndörffer, Heinrich August.* (MGT) (GGr) (Ky)

— di Sargino, od. Geheimnisse der unterird. Burg, (v. H. A. Kerndörfer). 8. Leipz. 805. Joachim. 20 𝔤ℊ N. A. 813. Taubert. 1 ℳ 4 𝔤ℊ

R i n a l d o di Sargino ꝛc. 8. Leipzig. 813. (Weygand.)

Rinaldo's Reisen durch Deutschland. Ein Unterhaltungsbuch f. d. Jugend, zur Beförder. d. Vaterlandskunde, (v. J. H. Meynier). 3 Bdchen. Mit 12 ill. Kpf. 8. Leipz. 822. 2e A. 826. Gnobloch. 4 ℳ

Rin-č'en-č'os-kyi-rgyal-po. Eine tibetische Lebensbeschreibung Çâkiamuni's, des Begründers des Buddhathums, im Auszuge deutsch mitgetheilt von Anton Schiefner. St. Petersburg **1849**. Aus den Mémoires des sav. étrang. T. VI. 231 ff. Fl 1585. 4°.

Rincheval, Ludwig [aus Lügde (Westfalen)]: Ein Fall von Haematometra und Haematokolpos unilateralis. . . . Dülmen, Druck v. Fr. Schnell, 1889; 39 S. 8°

Würzburg, Med. Fak., Inaug.-Diss. v. 1889

R i n c k — Bibliotheca Rinckiana. Lips. 747 8. 1 rthl. 8 gr.

R i n c k. A comparison of the lyrical poems of Thomas Moore and Lord Byron. Köln, Fr. Wilh.-G. u. R., 1871. 14 S. 4. Progr.

R i n c k, medicinische Geschichte des russisch-türkischen Krieges in den J. 1828 und 1829, s. G e s c h i c h t e.

Rinck, die Heilkräfte der Nordsee u. ihre Bedeutung f. Gesunde u. Kranke. 12. (V, 53 S.) Norden 890. Braams. cart. n. 1.—

Rinck. Am Sommer-Johannisfeste 1814. Dem Br. Rinck zu Ehren gesungen. O. [illegible] S. 2 Bl. — Fehlt bei Kloss.

Rinck, Arno, Gerichtsassessor aus Wenigenlupnitz: Der Kreditauftrag des § 778 B.G.B. Borna-Leipzig 1905: R. Noske. (IX, 50 S.) 8° [𝔉.]

Erlangen, Jur. Fak., Diss. v. 12. Dez. 1904

[Geb. Wenigenlupnitz; Staatsangeh.: Sachsen-Weimar; Rig. 12. Dez. 04.]

Rinck, Arthur, Apotheker aus Wenigenlupnitz: Einwirkung der Organomagnesiumverbindungen auf Alkylidenbasen. Erlangen 1905: Junge & Sohn. (69 S.) 8°

Erlangen, Phil. Fak., Ref. Fischer, Diss. v. 31. Mai 1905

[Geb. 10. März 76 Wenigenlupnitz (bei Eisenach); Staatsangeh.: Sachsen-Weimar-Eisenach; Vorbildung: Karl-Alexanders-Gymn. Eisenach Reife (f. Obersekunda) O. 94; Studium: Erlangen 10 S.; Rig. 31. Mai 05.]

Rinck, Bruno [aus Bergbrück-Rüdersdorf]: Weitere Untersuchungen über die Substitutionsvorgänge im Chinolin . . . Halle a. S., Buchdr. v. K. Pritschow, 1897; 37 S., 1 Bl. 8.

Freiburg i. B., Phil. Fak., Inaug.-Diss. v. 1897

R i n c k, C., über den Sinn und die richtige Anwendung des §. 3 der Vereinigungsurkunde der unirten Kirche der Pfalz. Synodal-Vortrag, gehalten vor der Diözesansynode zu Pirmasens im J. 1847. gr. 8. (32 S.) Neustadt a. d. Haardt 851, Gottschick's Buchh. *

Rinck, Christian Gottfried Lorenz

Rinck, Chr. Gottfr. Lor. Oratio docens animum Friderici Augusti in utraque fortuna magnum. fol. Altdorfi 1734.

Rinck, Chr. Gottfr. Lor. Oratio de Friderico Augusto, cum genealogia. fol. Altdorfi et Norimbergae 1733.

— Christian Gottfried Laurentius, De inclyta sede regali ad Rense vulgo Von dem Königs-Stuhl bey Rens. Diss. topograph.-histor. Altdorf (Meyer) Juni 1735. 30 S. (5.25) 28890

Mit sehr schönem ganzseitigen Stich des Königsstuhls.

Rink, Ch. G. L., auct. (sub praeside *J. D. Koeler*), dissertatio topogr.-hist. de inclyta sede regali ad Rense, vulgo von dem Königs-Stuhl bey Rens. Mit Titelkpf. Altorfii. Meyer, 1735. 4°. 30 pp. Cart., wie neu.

Rinck, Christian Heinrich

R i n k (auch Rinck), Joh. Chrstn. Heinr., theoret.-pract. A n l e i t u n g z. Orgelspielen. 1. u. 2. Lfg. 1. Thl. qu. gr. 4. (6 B.) Darmstadt 838, Diehl. Thlr.

R i n c k, Ch. H., theoretisch-pract. Anleitung zum Orgelspielen. 2., verb. u. verm. Aufl. 3 Thle. qu. gr. 4. (26 B.) Darmstadt 844, Diehl.

Rink, Ch. H., prakt. Ausweichungs-Schule in 2-, 3- u. 4stimm. Beispielen, zum Gebr. angeh. Organisten u. Componisten verfasst, u. dem Conservatorium d Musik in Paris gewid. qu. Fol. (14 B.) Mainz 831, Schott's Söhne. Thlr.

—— und Geo. Rink, musikal.-liturg. Blätter. 1. Hft. qu. gr. 4. (6 B.) Darmstadt 841, Diehl.

Rink, Ch. H., Choralbuch, s. Natorp, B. C. L.

— Choralbuch f. das Großherzogth. Hessen, vierstimm. ausgesetzt mit hier u. da eingestreuten leichten Zwischenspielen. qu. 4. Darmst. 815. Leske. 2 ℛ

— s. Choral-Buch für evangel. Kirchen.

—— dreißig Choräle mit Präludien u. Zwischenspielen. Ein Nachtr. zu d. Choralbuch f. d. evang. Kirchen v. Natorp, Keßler u. Rink. qu. gr. 4. (8½ B.) Essen 837, Bädeker.
Vgl. Choralbuch.

— der Choralfreund, oder Studien f. d. Choralspieler. 18—36 Hft. qu. kl. Fol. Mainz 832. Schott's Söhne. 12 gr.

Rinck, (eigentlich Rink) Ch. H., der Choralfreund, oder Studien für d. Choralspielen. 1r Jahrg. IV.—VI. Heft, 1 ℛ, u. 2r—6r Jahrg. à VI Hefte. (à 2 Bog.) qu. kl. Fol. Mainz, Paris u. Antwerp. 833—37. Schott's Söhne. (à J. 1 ℛ) 5 ℛ

Rinck, Chrn. Heinr., Choralvorspiele. 6. Aufl. Für den gottesdienstl. Gebrauch im Anschluß an das neue evangel. Gesangbuch f. Rheinland u. Westfalen ausgewählt u. bearb. v. Heinr. Rüter. qu. gr. 4. (VIII, 134 S.) Essen 899. G. D. Baedeker. Geb. in Leinw. n. 8. —

— 24 religiöse Chorgesänge v. ältern u. neuern Meistern f. Kirchen, Schulen u. Singvereine gesammelt. 16 Hft. qu. 4. Darmstadt, Heyer. 14 gr.

— leichte Gesänge für 1 Tenor u. 2 Baßstimmen. 8. Darmst. 830. (Heyer). 8 gr.

Rinck, Joh. Chrstn. Heinr., Leben, s. Selbstbiographie.

— 36 Nachspiele für die Orgel. qu. gr. 4. Ebd. 834. 1 ℛ

Rinck, Chrn. Heinr., 36 Nachspiele für die Orgel. 2. Aufl., besorgt durch W. Greef. Op. 107. Essen (857.) Bädeker. gr. 4. (78 S.) 1 ℛ. 7½ ngr.

Rinck, Chrn. Heinr., 36 Nachspiele für die Orgel. 3. Aufl., besorgt von Wilh. Greef. Op. 107. qu. gr. 4. (II, 71 S.) Essen 875, Bädeker.

— s. B. C. L. Natorp, Choralbuch.

— prakt. Orgelschule in 6 Theilen. Op. 55. Bonn, Simrock. 8 ℛ 3 gr.

— Practische Orgelschule. Op. 55. Neue .... Ausgabe von Dr. W. Volckmar. Braunschweig.

Rinck, Ch. H. Practische Orgelschule. Op. 55. I.—VI. Theil. Bonn (1818). [quer 8°.]

— leichte dreistimm. Orgelvorspiele durch alle Tonarten. gr. 4. Gießen 806. (Ferber). 1 ℛ

Rink, C. H., leichte 3stimmige Orgelvorspiele, durch alle 24 Tonarten. gr. 4. Gießen, Müller. 806.

Rinck's, Ch. H., Präludien. 2. Aufl. Wohlfeile Ausgabe der schönsten „Vorspiele zu den gebräuchlichsten Chorälen der evangelischen Kirche." Ausgewählt und neu herausg. von Wilh. Greef. 1—4. Heft. Essen 862—64. Bädeker. qu. 4. (S. 1—96.) Jedes Heft 12½ ngr.

Rinck's, Ch. H., Präludien. 2. Aufl. Wohlfeile Ausg. der schönsten „Vorspiele zu den gebräuchlichsten Chorälen der evangel. Kirche." Ausgewählt u. neu herg. von Wilh. Greef. 5. Heft. Essen 864. Bädeker. qu. gr. 4. (II u. S. 97—122.) 12½ ngr.

— Präludien. 3. Aufl. Ausgabe der schönsten „Vorspiele zu den gebräuchlichsten Chorälen der evangel. Kirche." Ausgewählt u. neu hrsg. v. Wilh. Greef. qu. 4. (IV, 120 S.) Ebend. 874. n. 7. —

— Samml. d. bekanntesten Kirchenmelodien für Sopran, Alt, Tenor u. Baß, vorzügl. zum Gebr. in öffentl. Singanstalten bearb. qu. 4. Darmst., Heyer. 16 gr.

—— Sammlung von Vor- und Nachspielen. 3. Aufl. 3 Hefte. qu. gr. 4. (96 S.) Darmstadt 868, Diehl. à Heft 18 Ngr.

— Sammlung von Vor- u. Nachspielen zum Gebrauche beim öffentl. Gottesdienste. 4. Aufl. 1—3. Heft. Darmstadt 870. Diehl. qu. 4. (S. 1—96.) Jedes Heft n. 9 ngr.

Rinck, Chr. Heinr., Sammlung v. Vor- u. Nachspielen zum Gebrauche beim öffentl. Gottesdienste componirt u. hrsg. 4. Aufl. 4. (Schluss-)Hft. qu. 4. (S. 97—130.) Darmstadt 870. Diehl's Verl. — 90

— dasselbe. 5. Aufl. qu. gr. 4. (1. Hft. 32 S.) Ebend. 875. n. 3. 60

— 30 leichte Schul-Lieder für 2 Diskant-Stimmen componirt. qu. gr. 8. Chur 831. Dalp. 10 gr.

Rinck's, Joh. Christ. Heinr., Großherzogl. Hess. Cantors, Hoforganisten, wie auch Kammer-Musici in Darmstadt, Selbstbiographie. Aus der Musikzeitschrift Eutonia besonders abgedruckt für die vielen Freunde dieses hochgeehrten Veteranen der Tonkunst u. seiner Compositionen. gr. 8. Breslau 833. Aderholz. n. 7 gr.

— Vorschule für angeh. Organisten. Op. 82. Bonn, Simrok. 2 ℛ 12 gr.

— Vorspiele zu den gebräuchl. Chorälen in d. evangel. Kirche. 4 Hfte. 4. Essen 832. Bädeker. 3 ℛ 8 gr.

—— Vorspiele zu d. gebräuchlichsten Chorälen d. evangel. Kirche. — A. u. d. T.: Vorspiele zu dem v. Natorp, Keßler u. Rink hrsg. „Choralbuch f. evangel. Kirchen." qu. gr. 4. (32¼ B.) Essen 833, Bädeker.

Rinck, Christoph Friedrich

Rinck, Cph. Fr., († d. 20. Juli 1821.) Auswahl v. Predigten üb. d. ganzen Jahrg. der im Baden evangel.-luther. Antheils vorgeschriebenen Texte. 2 Thle. 8. Rastadt 806. (Müller in Karlsr.) 2 ℛ 8 gr. (2r Thl. A. u. d. T.: Auswahl v. Predigten, 1r Thl.)

Rink, Ch. F., Auswahl v. Predigten etc. 2 Thle. 8. Rastadt. (Schwan u. G. in Mannh.) 806.

— s. Beruhigungsgründe wegen d. neuen Veränderungen d. Lehrbegriffs d. protestant. Kirche, u. setze hinzu: (v. Cph. Fr. Rinck).

— Predigt üb. die Milchblattern. 8. Karlsr. 802. Müller. 2 gr.

— s. Reden an Deutschlands Bürger.

[J.] Christoph Friedrich **Rinck**, Hof- u. Stadtvikarius zu Karlsruhe, Studienreise 1783 84, unternommen im Auftr. d. Markgrafen Karl Friedrich v. Baden. Nach d. Tageb. d. Vfs hrsg. v. Dr. Moritz Geyer, Prof. . . . zu Altenburg. *Altenburg: S. Geibel 1897.* (XIII, 257 S.) 1 Bd 8. (96.88)

(Rinck, E. G.): „De veteris numismatis potentia et qualitate lucubratio . . . . Accessit dissertatio juridica de numo unico, cum multis aliis cognitioni numorum conducentibus", Lipsiae et Francofurti 1701. — Vorh.: Bibl. des Oberlandesgerichts Celle — Tc. 368 — und Com. Bibl. Hamburg.

Rinck, Eucharius Gottlieb

— — u. **Jakob Gottlieb Linck**, Analecta historica de origine electorum. Disput. circulari. Altdorf (Kohle) 14. V. 1712. 32 S. (4.50) 28926

— — u. **Franziskus von Sum** (Hamburg), De carrociis ex jure militari medii aevi. Altdorf (Kohle) Juni 1700. 44 S. (4.75) 28927

Rink, Eucharius Gottlieb [Praes.], s. Gebauer, Georg Christian: De aqua calda, ...

Rink, Euchar. Gottl. (Präs.), s. Humbracht, Reinhart Friedrich: Theses ex jure publico et feudali.

— — (Altdorf), De imperatoribus primis perpetuis ac solis academiarum in Germania autoribus. Publ. defensa nunc ut multorum Desideriis satisfiat adcurate recusa. Leipzig (G. Trog) 1723. 1736. 48 S. (4.75) 28802

[**Rink, Eucharius Gottlieb**]. Das Königliche Böhmische Crönungs-Ceremoniel. In welchem Nebst Einer allgemeinen Abhandlung von dieser Cronung. Alle besondere Cronungs-Actus Derer Könige und Königinnen . Aus dem Ertz-Haus Oesterreich . . . enthalten. Mit . Kupffern . . . Franckfurt und Leipzig. Bey Christoph Riegel Anno 1723. Tit., 10 Bl., 284 S. (S. 111. 112 in der Zählung ausgelassen) m. 8 Abb. in Kupferst 9 Taf. in Kupferst 8°.

(**Rinck, Euch. Gottl.**) Josephs des Sieghaften Kaysers Leben und Thaten. 2 Bde. 8. Cöln 1712.

Leben, Wunderwürdiges, Ludwigs XIV, König in Franckreich, oder Steigen und Fall (von *Eucharius Gottlieb Rinck*). 2 Bde. Cöllen, o. J. (Nürnberg, Riegel, 1708). 8°.
§ * — — Dasselbe. Franckfurt und Leipzig 1708. 8°.
Weller, fing. Dr., nennt noch eine neue Aufl. von „1728".

[RINCK, EUCHAR. GOTTLIEB]. Leopolds des Grossen. Röm. Kaysers, wunderwürdiges Leben und Thaten. Aus geheimen Nachrichten eröffnet. Zwey Theile in einem Bde.] Leipzig. Th. Fritsch. 1708. 8°. 3 Bl. 248 S. und 1160 S. *Mit 10 Kupfern (davon 1 durch Photokopie ergänzt)*. Pgtbd. d. Z.
Pohler IV. 574 (mit dem Datum 1709). Nicht bei Annossi

— — De clypeorum ratione habenda in feudis alienandis. Daß man in Veräußerung der Lehngüter auf die Heerschilde zu sehen habe. Comment. jur. 1746. 46 S. (5.—) 28893

Rinck, F. W., die Kinder-Erweckung im städtischen Waisenhause zu Elberfeld zu Anfang des Jahres 1861 und ähnliche Erscheinungen, beleuchtet u. zusammengestellt. (Aus den Mittheilungen der evangel. Gesellsch. für Deutschland abgedr.) Barmen 861. (Elberfeld, Bädeker.) gr. 8. (33 S.) 3 ngr.

Rinck, Fr. Theodor

—s. Abulfedae tabulae.

— Ansichten aus Imm. Kants Leben. 8. Königsb. 805. Unzer. 14 gr.

— s. Aphorismen üb. Volkserziehung, u. setze hinzu: (v. F. Th. Rinck).

Rinck, Fr. Thdr., († d. 27. April 1821.) Beitrr. zum Staatsrechte des Herzogth. Kurland u. Semgallen. 8. Mitau 794.

— Biographie Im. Kant's. 1-2r Bd. *Dresd.*, Arnold. B. **804**. 8° m. K.'s Bildn. 2 ℔

— s. Brequigny, üb. Mahomet.

— **Diss. de linguarum orientalium cum graeca mira convenientia. 4. Königsb. 788.**

— Tiberius Hemsterhuys u. Dav. Ruhnken, biograph. Abriß ihres Lebens. gr. 8. Königsb. 801. Unzer. 1 ℔

— s. J. Kant, Pädagogik, — phys. Geographie, — kl. Schriften, — Pädagogie, — vermischte Schriften, — üb. d. Preisfr.: Welches x.

— arab., syr. u. chaldäisches Lesebuch, s. Lesebuch.

— Lesebuch, arab., syr. u. chaldäisches, s. J. S. Vater.

—s. Macrizi, hist. reg. Islamit.

—s. Mancherlei z. Geschichte x.

—s. Millins Mythologie d. Homer.

Rinck, Friedrich Theodor: Über Muhammed. Frankfurt am Mayn 1791.

—s. Muradgea d'Ohson, Geschichte.

— commentatio theologica de πνευματι ἁγιῳ. 8. Königsb. 800. Nicolovius. 4 gr.

— zwei Predigten. 8. Danzig 801. Troschel. 4 gr.

— s. S. de Sacy, Nachrr.

Rink, F. Th., Neue Samml. der Reisen nach dem Orient, in Auszügen und Übersetzungen. Königsb. 801. Th. I. 8. 18 gr.

— s. Samml. d. Reisen aus d. Orient.

— H. A. Schultens; eine Skizze. 8. Riga 795. Hartknoch in Leipz. 8 gr.

— commentarii in Hoseae vaticinia specimen, primum eorum caput complectens: Diss. exeget. 4. Königsb. 789.

Rinck, Fritz: Justus Mösers Geschichtsauffassung. Ein Beitrag zur Theorie der Geschichtsauffassung. Erfurt 1908: Ruebsam & Söhne. (33 S.) 8°
Göttingen, Phil. Fak., Ref. Brandi, Diss. v. 13. Juni 1908
[Geb. 7. Okt. 80 Itzehoe; Wohnort: Itzehoe; Staatsangeh.: Preußen; Vorbildung: Gymn. Erfurt Reife O. 02; Studium: Freiburg i. B. 4, Göttingen 7 S.; Rig. 11. Dez. 07.]

Rinck, Geo., geschichtliche Erinnerungen zur dritten Jubelfeier des Augsburger Religionsfriedens vom 25. Sept. 1555. Darmstadt 855. Jonghaus. gr. 8. (23 S.) 3 ngr.

Rinck, Geo., Erinnerungen an Philipp den Großmüthigen, Landgrafen von Hessen, insbesondere an dessen Verdienste auf dem Gebiete der Kirche. Eine historisch-kirchenrechtl. Abhandlung als Beitrag zur Feier des 3. Secularfestes des Passauer Vertrags. Mit dem Bildnisse Philipp's des Großmüthigen (in Stahlst.) gr. 8. (IV u. 72 S.) Darmstadt 852, Diehl. n. 6 ngr.

— Ludewig I., Großherzog von Hessen als Förderer kirchlicher Interessen. Zur 100jähr. Gedächtnißfeier Seiner Geburt. Darmstadt 853. Diehl. gr. 8. (II, 25 S.) n. 4 ngr.

Rinck, Heinr. Wilh., Bileam u. Elisa. Propheten-Gabe u. Propheten-Gestalt. Schrift-Betrachtungen. gr. 8. (VIII, 285 S.) Basel 880. Riehm. 3. —; geb. n. 4. —

Rinck, H. W., der erste Brief d. Apostels Johannes in Homilien ausgelegt. Für Freunde d. innern Lebens. 8. (VIII, 325 S.) Barmen 872. Klein. n. 3. —

— der Christ in der Anfechtung und sein Trost in derselben. Fünf Predigten, nebst drei Gedächtnißreden von Barner, Lichtenstein und Kirchstein. gr. 8. (76 S.) Elberfeld 881, Buchh. der Evangel. Gesellschaft. *

— Christus unter den goldenen Leuchtern. Die 3 ersten Kapitel der Offenbarg. Johannis in Homilien ausgelegt. 8. (XXXI, 215 S.) Basel 875. Riehm. n. 2. 40

Rinck, Heinr. Wilh., die christliche Glaubenslehre, schriftmäßig dargestellt und erläutert für Kirche, Schule u. Haus. Basel 854. Bahnmaier. 8. (2 Bl., 148 S.) n. 5 ngr

Rinck, Heinr. Wilh., der Prophet Haggai, zur Erweckung und Aufmunterung der Missions-Gemeine unserer Tage erklärt. gr. 8. (59 S.) Ludwigsburg 857, [Balmer und Riehm.] Thlr.

Rinck, Heinr. Wilh., der Brief Jacobi, in Homilien ausgelegt. Für Freunde des inneren Lebens. [Aus den „Mittheilungen der evangel. Gesellschaft."] Basel 870. Riehm. 8. (VIII, 357 S.) 24 ngr

— die Lehre der heiligen Schrift vom Antichrist, mit Berücksichtigung der Zeichen unserer Zeit. Ein Vortrag, gehalten zu Barmen am 11. Dezbr. 1866. Elberfeld 867. Langewiesche. br. 8. (58 S.) 7¼ ngr

[J.] Jacobi Rath für die Kranken oder Wie wir an Leib und Seele genesen. Von H. W. Rinck, weil. Pfarrer in Elberfeld. *Elberfeld: Buchh. d. Ev. Ges. [1896].* (16 S.) 1 Bd 8.

— die Schriftmäßigkeit der Lehre vom tausendjährigen Reich, gegen Herrn Prof. Dr. Hengstenberg vertheidigt und nachgewiesen. 8. (57 S.) Elberfeld 866, Langewiesche.

Rinck, Heinr. Wilh., die Zeichen der letzten Zeit u. die Wiederkunft Christi. Erklärung der Hauptabschnitte der Offenbarung Johannis für die auf ihren Herrn wartende Gemeinde. Basel 868. Riehm. gr. 8. (XII, 372 S.) 1 ℛ; geb. n. 1 ℛ 9 ngr

— die Zeichen der letzten Zeit und die Wiederkunft Christi. Erklärung der Haupt-Abschnitte der Offenbarung Johannis, für die auf ihren Herrn wartende Gemeinde. 2. erweit. und zum Theil umgearb. Aufl. gr. 8. (XVI, 432 S.) Basel 880, Riehm. *ℳ 4.; geb. *

— die Zukunft Israels mit Beziehung auf den gegenwärtigen orientalischen Krieg. Ein Vortrag. [Aus: „Mittheilungen der Ev. Gesellschaf."] gr. 8. (27 S.) Elberfeld 878. Buchh. der Evangel. Gesellschaft. n. — 40

Rinck, Heinr. Wilh., vom Zustande nach dem Tode. Biblische Untersuchungen mit Berücksichtigung der einschlägigen alten und neuen Literatur. Ludwigsburg 861. Riehm. (Basel, Balmer & Riehm.) gr. 8. (XVI, 327 S.) n. 1 ℛ

— vom Zustand nach dem Tode. Biblische Untersuchungen mit Berücksichtigung der einschläg. alten und neuen Literatur. 2., erweit. und zum Theil umgearb. Aufl. gr. 8. (XX und 382 S.) Basel 866, Riehm.

— vom Zustand nach dem Tode. Biblische Untersuchgn., mit Berücksicht. der einschläg. alten u. neuen Literatur. 3., neu durchgeseh. u. verm. Aufl. gr. 8. (XX, 410 S.) Basel 878. Riehm. n. 4. —; geb. n. 5. —

Rinck, Heinr. Wilh., vom Zustand nach dem Tode. Biblische Untersuchungen, mit Berücksicht. der einschläg. alten und neuen Litteratur. Neue wohlf. Volksausg. mit dem Bildnis und einer Lebensskizze des Verf. 8. (XXVIII, 263 S.) Basel 885, Riehm. *

Rinck, Henri, 150 Endspielstudien. Mit dem Bildnis des Verf. u. e. Vorwort v. J. Berger. (In deutscher u. französ. Sprache.) (XXXII, 302 S. m. Fig.) 8. Leipzig 900. Veit & Co. 7.50; geb. in Leinw. 8.50

— **Johann Christian (Langensalza/Sachsen), De usu forcipis in arte obstetricia. Diss. med.-chir. Präs. Christ. Gottfried Gruner. Jena (Goepferdt) 23. I. 1794. 56 S. (4.50) 28894**
Gew.: Johann Christian Stark, Jo. Christian Traug. Schlegel, Friedrich Christian Stoeller. — Widm. v.: Christ. Gottfried Gruner.

Rinck, Johann Christian Heinrich, s. Rinck, Christian Heinrich

Rinck, Karl Fr., üb. die Einheit d. mosaischen Schöpfungsgeschichte. 8. Heidelb. 822. Groos. 8 gr

— Erläuterungen d. evangel.-protestant. Kirchenvereinigungs-Urkunde d. Großherz. Baden. 8. Heidelb. 827. Mohr.

— über die evangel. Freiheit. 8. Karlsr. 821. Braun. 4 gr

Rinck, Ludwig. Enthält die Grundluft Ammoniak? Erlangen, 1880.

Rinck, Theobald, ein Aufruf an alle Bauern zur Verbesserung ihrer Wiesen durch die Bewässerung, mit Plänen und verschiedenen Fig. (auf 6 lith. Taf. in Fol.) begleitet, und ein Aufruf an die Herren Maires, Gemeinderäthe und insbesondere an diejenigen, welche den Fortschritt vom Ackerbau wünschen. Straßburg 859. (Noiriel.) gr. 8. (155 S.) n. 24 ngr

Rinck, W., die Rinderpest oder Löserdürre, ihre Entstehung, Kennzeichen u. sicherste bisher geheim gebliebene Heilart rc. Als Anh. eine von der K. Bayr. Regierung veröffentl. Belehrung über den Milzbrand. 8. (IV u. 27 S.) Blaubeuren 847, Mangold. ⅙ ℛ

Rinck, Walther, approb. Arzt aus Erfurt: **Aus d. med. Klinik d. Universität Jena. Über die Beziehungen der perniciösen Anämie zum Magenkrebs.** *Erfurt 1903: H. Bußjäger.* (29 S.) 8° Jena, Med. Diss. v. (30. März) 1903

Rinck, Wilhelm Friedrich

Rink, W. F., Beytrag z. Prüfung d. Luther. u. Reformirten Lehrbegriffs v. dem heil. Abendmahle u. d. Gnadenwahl. M. 1 Vorrede v. C. Daub. gr. 8. Heidelberg, Mohr u. W. 818.

Rinck, Wilh. Fr., Beitr. zur Prüfung d. luther. u. reformirten Lehrbegriffs von d. heil. Abendmahle u. d. Gnadenwahl. Mit e. Vorrede v. K. Daub. gr. 8. Heidelb. 818. Winter. 8 gr

Rinck, Wilh. Friedr., Verf. der: **Briefe über Fürstenerziehung**, siehe: **Briefe.**

Rinck, Wilh. Friedr., die angefochtenen Erzählungen in dem Leben Jesu, beleuchtet. gr. 12. (6½ B.) Freiburg 842, Wagner'sche Bh.
Aus: Badisches Kirchen- u. Schulblatt, besond. abgedruckt.

Rinck, Wilh. Friedr., apokalyptische Forschungen. Oder: Grundriß der Offenbarung Johannis und Anleitung zu ihrem Verständniß. Zürich 853. Meyer u. Zeller. 8. (77 S.) n. 12 ngr

Rinck, Wilh. Friedr., christl. Katechismus f. d. evangel.-protestant. Kirche d. Großh. Baden. Ein Versuch z. Verbesserung des im J. 1830 provisorisch erschien. u. eingeführten. gr. 8. (2½ B.) Freiburg 834, Wagner.

——, badisches Kirchenblatt, s. Kirchenblatt.

Rinck, Wilh. Friedr., badisches Kirchen- u. Schulblatt, s. Kirchen- u. Schulblatt.

— lettera sopra la inscrizione Graeca nel Seminario patriarcale di Venezia intorno agli Dèi grandi Cabiri. 8. Wien 820.

—— Lucubratio critica in acta Apostolorum, epistolas catholicas et Paulinas, in qua de classibus libror. manu scriptorum quaestio instituitur, descriptio et varia lectio VII Codd. Marcianorum exhibetur, atque observationes ad plurima loca cum apostoli tum evangeliorum dijudicanda et emend. proponuntur. 8maj. (22 B.) Basileae 830, Schneider. 1 Thlr. 18 Gr., (wohlf. Ausg.) Heidelbergae 833, Winter. Vgl. Rink.

—— Prolegomena ad Aemil. Probum de vero auctore vitarum excellent. Ducum exterarum gentium, quae vulgo Cornelio Nepoti tribuuntur. 8maj. (11 B.) Basiliae 841, libr. Schweighauser.

— die Religion der Hellenen, aus den Mythen, den Lehren der Philosophen und dem Kultus entwickelt und dargestellt. 2 Thle. Zürich 853—55. Meyer u. Zeller. gr. 8. n. 5 ₰. 4 ngr.
1. Thl.: Von Gott und dem Verhältniss der Welt und der Menschen zu Gott. (XXXII, 368 S.) n. 1 ₰. 24 ngr.
2. Thl. 1. Abth.: Der Gottesdienst u. die öffentlichen Feste der Hellenen. (XXIV, S. 1—328 u. 3 Tab. in Fol.) n. 1 ₰. 20 ngr.
2. Thl. 2. Abth.: Mysterienfeier, Orakel, Ewigkeit und Heiligung, nebst dem Register. (S. 329—588.) n. 1 ₰. 20 ngr.

— Saggio di un esame critico per restituire ad Emilio Probo il libro de Vita excellentium imperat., creduto communemente di Cornelio Nepote. 8. Venedig 819. (Götting., Dieterich). 9 gl.

Rinck, (Wilh. Fr.,) das Sendschreiben d. Korinther rc., s. Sendschreiben.

— Paulus Sendschreiben d. Corinther an d. Apost. Paulus u. d. 3e Sendschreib. Pauli an d. Corinther; aus e. Armenisch. Uebersetzung verdeutscht. gr. 8. Heidelb. 823. Winter. 1 ₰ 8 gl.

Rink, W. F., Versuch e. krit. Prüfung, um dem Aemilius Probus das allgemein f. e. Werk d. Corn. Nepos gehaltene Buch „de vitis excellentium imperatorum" wieder zuzustellen. 1819. 79 S. 1.—

— — Versuch einer kritischen Prüfung, um dem Aemilius Probus das allgemeine für ein Werk des Cornelius Nepos gehaltene Buch: De Vita Excellentium Imperatorum wieder herzustellen. Aus dem Ital. übers. von D. Hermann. gr. 8. Leipzig, Hartmann. 819.

— Versuch e. krit. Prüfung, um dem Aemilius Probus das allgemein für ein Werk des Cornelius Nepos gehaltene Buch: De vita excellent. imperator. wieder herzustellen; aus d. Italien. v. D. Hermann. gr. 8. Wien 819. (Bauer u. D.) 8 gl.

Rinck-, Fischer-, Mendelssohn-Bartholdy-Album. Ein Gedenkbuch. Mit Original-Beiträgen der verschiedenartigsten Orgel-Compositionen v. den kunstsinnigsten Organisten Deutschlands u. d. Auslandes. Als Bildungsmittel zur fleissigen Uebung empfohlen v. d. Hrsg. G. W. Körner. Vollständig in 4 Thln. 1. Thl., enth.: Vorspiele in den gangbarsten Dur- u. Moll-Tonarten. 2 Hfte. qu. gr. 4. (IV u. 64 S.) Erfurt 850, Körner. n. 1 ₰

Rinck-, Fischer-, Mendelssohn-Bartholdy-Album. Mit Original-Beiträgen der verschiedenartigsten Gattungen von Orgelmusik von den kunstsinnigsten Organisten Deutschlands u. des Auslandes. Herausg. von Gotth. Wilh. Körner. (In 4 Thln.) 2. Thl. Choralvorspiele und Chorale. Erfurt 863. Körner's Verlag. qu. 4. (2 Bl., 48 S.) n. 1 ₰

Rinckenberger, Alfred, aus Bischweiler (Els.): Ueber Nitroform. *Würzburg 1900: Becker.* (43 S.) 8°
Würzburg, Phil. Diss. v. 1900

Rinckhardt, M., der Eislebische Christliche Ritter, s.: Neudrucke deutscher Litteraturwerke d. XVI. u. XVII. Jahrh.

Rincklake, Glauben und Wissen. Meppen 1873, 4°. 21 S., Progr. des Gymnas.

Rincklake, Aug., die Bauverwaltung u. die Baukunst. Ein Beitrag zur Lösung der Frage der Reorganisation des Stadtbauwesens. gr. 8. (22 S.) Braunschweig 880. Vieweg & Sohn. n. 2. —

Rincklake, A., Erlösung aus socialer Not!! Durchführbares Lohngesetz! 1.—10. Tausf. gr. 8. (32 S.) Berlin 894. W. Homborg. n. — 50

Rincklake, A., Hebung d. Mittelstandes. 1. Blicke in d. Praxis. 2. Prakt. Vorschläge. gr. 8. (37 S.) Berlin 896. Carlshorst, H. Friedrich. n. — 50

Rincklake, A., neue Normal-Bahnhofs-Anlagen, m. besond. Berücksicht. der Vereinigg. der Bahninteressen u. der d. Staates, erfunden v. A. R. Mit 9 autogr. Taf. hoch 4. (13 S.) Berlin 883. Wasmuth. n. 5. —

— „Vorwärts!" Durchführbare neue Vorschläge. 8. (22 S.) Berlin 893. Germania. n. — 30

Rinckleben, Joh. Georg (Merseburg), De jure circa violentiam corpori alterius inferendam. Diss. jur. Präs. Heinrich Bodin. Halle/Magdeburg (J. J. Krebs) Sept. 1713. 32 S. (4.25) 28896

Rinckleben, P.: Über trockene Destillation der Melassen-Endlaugen mit besonderer Berücksichtigung der Melassenteere. Cöthen (Anhalt) 1908

Rincolini, Ernst Karl (Übers.):

s.: Frank, Ludwig: Abhandlung über den Handel mit Negern zu Cairo... (Mémoire sur le commerce des nègres au Caire... Dt.) Brünn u.Olmütz: 1817
in: Frank, L.: Sammlung kleiner Schriften medizinisch-praktischen Inhalts. (Collection d'opuscules de médecine pratique. Dt.) 1817
an: Samoilowitz, (Dmitrij): Abhandlung über die Pest...1771... (Mémoire sur la peste...en 1771... Dt.) 1785

JB 5.013

Rincolini, Ernst Karl (Übers.):

s.: Frank, Ludwig: Sammlung kleiner Schriften medizinisch-praktischen Inhalts. (Collection d'opuscules de médecine pratique. Dt.) Brünn u.Olmütz: 1817
an: Samoilowitz, (Dmitrij): Abhandlung über die Pest, welche 1771 das Russische Reich...verheerte. (Mémoire sur la peste, qui,en 1771, ravagea l'Empire de Russie... Dt.) 1785

JB 5.013

Rincolini, Ernst K(arl): Ueber Gefängnis-krankheiten. 86 S., gbd.

Brünn: Trassler 1827

JB 5.381

Rincolini, K(arl) Ernst

s.: Rincolini, Ernst Karl

Rindell, A., Register, s.: Forschungen auf dem Gebiete der Agrikultur-Physik.

Rindell, Arth., Untersuchungen über die Löslichkeit einiger Kalkphosphate. Diss. gr. 8. (V, 141 S.) Helsingfors 899. (G. W. Edlund). n. 1. 35

Rindelmann, August Heinrich

Rindelmann, A. H., Choralbuch in Ziffern, f. Volksschulen, nebst e. kurzen Anweis. z. Gesang mit Ziffern. 2e verb. Aufl. Hildesheim 827. Gerstenberg. 5 gr

Rindelmann, Aug. Heinr., Choralbuch in Ziffern für Volksschulen. Nach dem Böttnerschen Choralbuche bearb. 4. Aufl. Einbeck 855. Ehlers. gr. 8. (IV, 32 S.) n. 2½ ngr.

Rindenschwender, Anton, d. Buch von d. Leben, Schicksalen u. Thaten des armen aber glücklich geword. Sohnes Hans Rindenschwender. 8. Leipz., Fr. Fleischer. 12 gr

Rindenschwender, Anton, d. Buch v. d. Leb., Schicksal. u. Thaten rc. 8. Lpz. Solbrig.

Rinder

— **Christoph Adam** (Nürnberg), De diversitate lapidum finalium eorumque jure Von Unterschied der Grentz- und Marck-Steine und deren Befugnüs. Diss. jur. Präs. Heinrich Hildebrand. Altdorf (Kohle) Juni 1710. 44 S. (5.—) 28899
Widm. v.: Joh. Wilh. Widmann, Jakob Theophil Linck.

— — **Dasselbe.** Altdorf (J. W. Kohle) Juni 1710. Rec. 1721. 44 S. (5.—) 28900
Widm. v.: Joh. Wilh. Widmann, Jakob Theophil Linck.

— — Dasselbe. Altdorf (St. Graebner) Juni 1710. Rec. 1741. 44 S. (5.—) 28901
Widm. v.: Joh. Wilh. Widmann, Jakob Theophil Linck.

— — De privilegiis ad instar. Diss. jur. Altdorf (D. Meyer) 9. III. 1714. 40 S. (4.75) 28902
Widm. v.: Heinrich Hildebrand, And. Schwerdfeger, C. F. Praun (dtsch.), G. H. Linck (Oppon.), Christoff Gottlieb Scheurl (Oppon., dtsch.), A. W. Miller, G. C. Pez.

Rindermann, s. Zonentarif, Der.

Rindermann, Heinrich [app. Arzt aus Mengelrode '(Eichsfeld)']: Über Pankreashaemorrhagieen ... Heiligenstadt, Druck d. F. W. Cordier'schen Buchdr., 1890; 23 S. 8.
Würzburg, Med. Fak., Inaug.-Diss. v. 1893

Rinderpest, die. Zur Benutzung für den Landwirth bearb. von einem Landwirthe. Wiesbaden 870. Limbarth. gr. 8. (7 S.) n. 2 ngr.

Rinderpest, die. Enth. das Reichs-Gesetz, Maßregeln gegen die Rinderpest betr. vom 7. April 1869 u. die zur Ausführung u. Ergänzung desselben ergangenen Vorschriften, nebst einer Belehrung über die Kennzeichen der Rinderpest. 8. (24 S.) Querfurt 877. Rötscher. — 25

Rinderpest, Die, in Graubünden 1801. Chur 1867. V: *Kaiser*. (BSchwLk V, 9ab)

Rinder-Racen, s. Rinder-Rassen

Rinder-Rassen [Sachliches OW]

— d. österreichischen Alpenländer. 18 Phototyp. sammt Text (auf d. Rückseite) nach d. v. k. k. Ackerbau-Ministerium hrsg. Album. qu. 12. Wien 897. W. Frick. In Leinw.-Mappe n. 2. —

Rinder-Racen, die österreichischen. Hrsg. vom k. k. Ackerbau-Ministerium. 1. Bd. A. u. d. T.: Rinder der österreichischen Alpenländer. Von Ferd. Kaltenegger. Westliche Gruppe der gleichmässig einfärbigen Typen. 1. Heft: Oberinnthaler und Lechthaler Typus. Tyrol. Lex.-8. (VI, 171 S. mit 1 Karte.) Wien 879, [Faesy und Frick.] Frick.

Rinder-Racen, die österreichischen. Hrsg. vom k. k. Ackerbau-Ministerium. 1. Bd. A. u. d. T.: Rinder der österreich. Alpenländer. Von Ferd. Kaltenegger. Westliche Gruppe der gleichmässig einfärb. Typen. 2. und 3. Heft. gr. 8. Wien, Frick. *
Inhalt:
Heft 2. Montavoner Typus und Landvieh in Vorarlberg. (VI, 207 S. mit 1 lithogr. Karte.) 880. *ℳ 5,60.
» 3. Etschthaler und Wippthaler Typus in Tyrol. (VII, 119 S. mit 1 lithogr. Karte.) 884. *ℳ 3,20.
1. Heft. Wien 1879, [Faesy und Frick.] Frick. *ℳ 4,80.

—— dass. — 2. Bd. A. u. d. T.: Rinder des oberen Donauthales in Ober- und Nieder-Oesterreich. Von Frz. Zoepf. 1. und 2. Heft. gr. 8. Ebendas. *
Inhalt:
Heft 1. Ober-Oesterreich. (151 S. mit 1 Karte in Farbendr.) 881. *ℳ 4.
» 2. Nieder-Oesterreich. (184 S. mit 2 lithogr. Karten.) 884. *ℳ 6.

Rinder-Racen, die österreichischen. Hrsg. vom k. k. Ackerbau-Ministerium. 1. Bd. 3. Hft. u. 2. Bd. 2. Hft. gr. 8. Wien 884. Frick. n. 9. 20 (I, 1—3. u. II, 1 u. 2.: n. 23. 60)
I. 3. Rinder der österreichischen Alpenländer. Von Ferd. Kaltenegger. Westliche Gruppe der gleichmäss. einfärb. Typen. 3. Hft. Etschthaler u. Wippthaler Typus in Tyrol. Mit e. Karte. (VII, 119 S.) n. 3. 20
II. 2. Rinder d. oberen Donauthales in Ober- u. Niederösterreich v. Frz. Zoepf. 2. Hft. Nieder-Oesterreich. Mit 2 Karten. (184 S.) n. 6. —

Rinder-Racen, die österreichischen. Hrsg. vom k. k. Ackerbau-Ministerium. 1. Bd. Rinder der österreich. Alpenländer. Von F. Kaltenegger, unter Mitwirkg. von H. Adler. Westliche Gruppe der gleichmässig einfärb. Typen. 4. Hft. Grau- u. Braunvieh in Italienisch-Südtirol. Mit 1 Karte. Lex.-8. (VIII, 313 S. m. 5 Tab.) Wien 889. Frick. n. 8. — (I, 1—4. II, 1. u. 2.: n. 31. 60)

Rinder-Racen, die österreichischen. Hrsg. vom k. k. Ackerbau-Ministerium. 1. Bd. Rinder der österreich. Alpenländer. Von Ferd. Kaltenegger u. Heinr. Adler. Mittlere Gruppe der gefleckt farb. Typen. 5. Hft. Duxer, Zillerthaler, Pusterthaler u. Pinzgauer Typus in Tirol. Mit 1 Karte. Lex.-8. (VIII, 211 S. m. 3 Tab.) Wien 893. W. Frick. n. 6. — (I, 1—5. II, 1 u. 2.: n. 37. 60)

— dasselbe. 5. Bd. Rinder der Karst- u. Küstenländer. Von Frz. S. Povše. 1. Hft. Krain. Lex.-8. (VIII, 108 S. m. 1 Karte.) Ebd. 893. n. 3. 20

— dasselbe. 5. Bd. 2. Hft. Görz, Istrien u. Triest. Lex.-8. (VIII, 137 S. m. 1 Kärtchen.) Ebd. 894. n. 4. —

Rinder-Racen, d. österreichischen. Hrsg. v. k. k. Ackerbau-Ministerium. 1. Bd.: Rinder d. österreich. Alpenländer. Von Ferd. Kaltenegger. 6. Hft. Salzburg, Kärnten, Steiermark. I. (allgem.) Thl. Lex.-8. (VII, 131 S. m. 3 Tab. u. 1 Karte.) Wien 897. W. Frick. n. 4. 80; (I., 1.—6., I., II., 1. u. 2. u. V., 1. u. 2.: n. 49. 60)

Rinder-Racen, die österreichischen. Hrsg. vom k. k. Ackerbau-Ministerium. 3. Bd. 1.—3. Hft. Lex.-8. Wien, W. Frick. n. 27. 40

1. Die Rindviehzucht im Königr. Böhmen. Bearb. v. e. Sonder-Comité des Landes-Culturrathes f. das Königr. Böhmen. Red. v. Ferd. Lassmann. Mit 3 Karten. (V, 269 S.) 899. n. 8. —
2. Die Rindviehzucht in der Markgrafsch. Mähren. Bearb. v. Joh. Hoch, Karl Kolb, Emil Kořistka etc. Red. von Jos. Rudowsky. Mit 8 Karten. (VIII, 506 S.) 901. n. 15. —
3. Die Rindviehzucht im Herzogth. Schlesien. Bearb. von Emil Baier. Mit 1 Karte. (VIII, 141 S.) 900. n. 4. 40

I 1—6 I, II 1 u. 2 u. V 1 u. 2 Ebd. 879—897. n. 49. 60.

Rinder-Rassen, die österreichischen. Hrsg. vom k. k. Ackerbau-Ministerium. I. Bd. 6. Hft. Lex. 8. Wien 904. W. Frick. n. 8. —

Rinder der österreichischen Alpenländer. Von Ferd. Kaltenegger. 6. Heft. Salzburg, Kärnten, Steiermark. II. (spezieller) Tl. (IX, 298 S. m. 2 Tab.) 904. n. 8. —

Rinderrassen [Schlagwort]

Rinder-Racen d. österreich. Alpenländer, s.: Alpen, Kaltenegger.

Rinderspacher, L., das Ideal der Heilkunde. Die Ideal-Heil-Massage im Vergleich m. anderen Heilsystemen. gr. 8. (36 S.) Darmstadt 900. (Leipzig, H. Hartung & Sohn.) n. — 80

Rinder-, Kälber-, Milch-, Butter-, Eier-, Käse- u. Federvieh: Tabellen. Fol. Leipz. 802. Compt. f. Litt. 20 ℊ

Rindfleisch, Geo. Heinr. Eine biograph. Skizze. 8. (90 S. m. Lichtdr.-Portr.) Halle 884. Niemeyer. n. 1. 60

Rindfleisch: Walter von der Vogelweide in seiner Stellung zur Kirche und Papst. 13 S.– Marienburg, Progr. 1872.

Rindfleisch Ueber das Zusammenwirken der häusl. u. öffentl. Erziehung. 13 S. . . . . Progr. Bonn 1834

Rindfleisch, Am. Wlh., († d. 11. Oct. 1804.) kurzer Unterricht d. wesentl. Lehren d. Christenthums, f. zerstreute reformirte Glieder in Westpreußen. 8. Marienwerder 785.

Rindfleisch, August (Anhalt), Animadversiones criticae in Röschlaubii pathogeniam. Halle (J. C. Hendel) 17. V. 1799. 30 S. (4.25) 28904
Seinem Vater gewidmet.

Rindfleisch, Carl, s. Rindfleisch, Karl

Rindfleisch, Eduard von

Rindfleisch, G. E., die Bösartigkeit der Carcinome dargestellt als eine Folge ihrer örtlichen Destructivität, s. Festschrift zu dem 40jährigen Professoren-Jubiläum des Hrn. Frz. v. Rinecker.

Rindfleisch, Ed., die Elemente der Pathologie. Ein natürl. Grundriss der wissenschaftl. Medicin. gr. 8. (X, 372 S.) Leipzig 883. Engelmann. n. 7. 60

Die Elemente der Pathologie. Von Dr. Eduard v. **Rindfleisch,** Prof. in Würzburg. 3. Aufl. *Leipzig: W. Engelmann 1896.* (IX, 320 S.) 1 Bd 8.
[illegible]

Rindfleisch, Ed., Experimental-Studien über die Histologie des Blutes. gr. 8. (V und 46 S. mit 1 lithogr. und ill. Taf. in qu. gr. 4.) Leipzig 863, Engelmann.

— - über einen Fall von Melanose. gr. 8. (1 S.) Würzburg 885, Stahel'sche Universitäts-Buchh.
Aus: Sitzungsberichte der physikalisch-medicin. Gesellschaft in Würzburg, besonders abgedruckt.

Rindfleisch, (Georg.) Eduard. (geb. Cöthen in Anh. 15. 12. 1836): De vasorum genesi. Berolini (1859). (32 S.) 8°
Berlin, Med. Diss. v. 28. Apr. 1859

Rindfleisch, E., Handbuch der Krankheiten d. Respirations Apparates, s.: Handbuch der speciellen Pathologie u. Therapie.

Rindfleisch, v., die histologischen Heilungsprocesse tuberkulöser Schleimhautgeschwüre unter Koch'scher Behandlung. [Aus: „Sitzungsber. d. Würzb. phys.-med. Gesellsch."] gr. 8. (4 S.) Würzburg 891. Stahel. n. — 60

Rindfleisch, Eduardus: De inflammationibus tunicarum serosarum et de iis, quae sequuntur illas, metamorphosibus organicis. Vratislaviae (1861). (21 S.) 4°
Breslau, Med. Fak. Hab.-Schr. v. 26. Juli 1861

Rindfleisch, Ed., Lehrbuch der pathologischen Gewebelehre. Zur Einführung in das Studium der patholog. Anatomie verf. Leipzig 866—69. Engelmann. gr. 8. (XXI, 607 S. mit eingedr. Holzschn.) n. 3 ℛ 20 ngr.

— — 2. Aufl. Mit 208 (eingedr.) Holzschn. Ebend. 871. gr. 8. (XVI, 633 S.) n. 4 ℛ

— Lehrbuch der pathologischen Gewebelehre. Zur Einführg. in das Studium der patholog. Anatomie. 3. Aufl. Mit 219 (eingedr.) Holzschn. gr. 8. (XIV, 645 S.) Leipzig 873. Engelmann. n. 13. —

— dasselbe. 4. Aufl. Mit 230 (eingedr.) Holzschn. gr. 8. (XVIII, 626 S.) Ebend. 875. n. 14. –

— Lehrbuch der pathologischen Gewebelehre mit Einschluss einer patholog. Anatomie in kurzgefassten Krankheitsbildern. 5. Aufl. Mit 230 (eingedr.) Holzschn. gr. 8. (XII, 652 S.) Leipzig 878. Engelmann. n. 14. –

—— Lehrbuch der pathologischen Gewebelehre mit Einschluss der pathologischen Anatomie. 6. völlig umgearb. Aufl. gr. 8. (XII, 795 S. mit 306 Fig. in Holzschn. und 1 lithogr. Taf.) Leipzig 886, Engelmann. *
geb. **

—— über Perivasculitis specifica, s. Festschrift zur dritten Saecularfeier der Alma Julia Maximiliana.

Arztliche Philosophie. Festrede zur Feier des dreihundert und sechsten Stiftungstages der K. Julius-Maximilians-Universität gehalten am 2ten Januar 1888 von Dr. Georg Eduard Rindfleisch K. Hofrath, o. ö. Prof. d. pathol. Anat. . . . z. Z. Rector. Würzburg, k. Universitätsdr. v. H. Stürtz, 1888; 30 S. 4°

—— ärztliche Philosophie. Festrede, zur Feier des 306. Stiftungstages der königl. Julius-Maximilians-Universität gehalten am 2. Jan. 1888. gr. 4. (20 S.) Würzburg 888, (Hertz.) *

— Rede zur Einweihung des neuen pathologischen Institutes in Würzburg am 2. November 1878 geh. gr. 8. (16 S.) Würzburg 878. Staudinger. n. — 30

Scirrhus ventriculi diffusus. Von Prof. Dr. Eduard v. Rindfleisch. Mit 1 Taf. Würzburg: A. Stuber 1905. (13 S.) 8°
= Verhandlungen d. physikal.-medic. Gesellschaft zu Würzburg. N. F. Bd 37, No 8. 5. 7:31

Rindfleisch, Frz. Xav., die Requiemsmessen nach dem gegenwärtigen liturgischen Rechte. 1. u. 2. unveränd. Aufl. gr. 8. (à VIII, 72 S.) Regensburg 901. F. Pustet. — 80

Rindfleisch, G. E., s. Rindfleisch, Eduard von

Rindfleisch, G. H., s. Rindfleisch, Georg Heinrich

Rindfleisch, G. W. Ueber die Parallel-Linien. 16 S. . . . .
Liegnitz, G., Progr. 1830

Rindfleisch, Georg [cand. med. aus Dessau]: Über septische Impf-Keratitis. . . . (Aus: Verhandl. d. Würzb. Phys. med. Ges. N. F. XXII. Bd.) Würzburg, Druck u. Verl. d. Stahel'schen Univ.-Buch- u. Kunsth., 1888; 1 Bl. + 13 S. u. 1 Taf. 8°
Würzburg, Med. Fak., Inaug.-Diss. v. 1888

Rindfleisch, Geo. Ed., über septische Impf-Keratitis. gr. 8. (13 S. mit 1 lithogr. Taf.) Würzburg 888, Stahel'sche Universitäts-Buchh. *
Aus: Verhandlungen der physikalisch-medicin. Gesellschaft in Würzburg, besonders abgedruckt.

— d. naturgemäße Pflege d. Augen, s. a. Hausbücher f. Gesundheits-Pflege 9. Bd.

[F.] Die naturgemässe Pflege der Augen von der Kindheit bis zum Greisenalter. Populärer Vortr. v. Dr. [Georg] Rindfleisch, prakt. Augenarzt in Weimar. M. 5 Fig. . . . 3. Aufl. *Berlin: W. Möller [1898].* (28 S.) 1 Bd 8.
= Hausbücher f. Gesundheits-Pflege. Bd 9. [98. 9377

Rindfleisch, der Staar u. seine Behandlung, s. a. Licht — Luft — Wasser. 35. Hft.

Der Staar und seine Behandlung. Ein populärer Vortrag von Dr. [Georg] Rindfleisch, Augenarzt in Weimar. *Berlin: W. Möller [1899].* (28 S.) 8° [F.]
= Licht! Luft! Wasser! Bd 2, H. 35. [90. 10673

Rindfleisch, Georg *Karl* [Referendar in Geestemünde]: Die Verjährung der Strafvollstreckung ... Göttingen, Druck d. Univ.-Buchdr. v. E. A. Huth, 1892; 39 S. 8.
Göttingen, Jur. Fak., Inaug.-Diss. v. [23. Jan.] 1892

Rindfleisch, Geo., die Verjährung der Strafvollstreckung. Diss. gr. 8. (39 S.) Göttingen 892. (Vandenhoeck & Ruprecht.) n. — 80

Rindfleisch, Georg Eduard von, s. Rindfleisch, Eduard von

Rindfleisch, Georg Eduard, s. Rindfleisch, Georg

Rindfleisch, Georg Karl, s. Rindfleisch, Georg

Rindfleisch, Georg Heinrich

Rindfleisch, G. H., Feldbriefe. Hrsg. von E. Ornold. gr. 8. (XVI, 277 S. m. 4 Karten.) Halle 889. Niemeyer. n. 6. —

Rindfleisch, Geo. Heinr. Feldbriefe. Hrsg. v. Ed. Ornold. (XVI, 277 S. m. 4 Karten.); 2. Aufl. gr. 8. (XIX, 292 S. m. 4 Karten.) Halle 889, Niemeyer. * 6 —; geb. * * 7 —
3. Aufl. u. d. T.:
—— Feldbriefe 1870—71. Hrsg. v. Ed. Ornold. 3. Aufl. Mit e. Bildniß d. Verf. u. 5 Karten. gr. 8. (XVI, 236 S.) Gött. 891, Vandenhoeck u. Ruprecht. * 4 —; geb. * 5 —

— dasselbe. 4. unveränd. Aufl. gr. 8. (XVI, 236 S. m. Bildnis u. 5 Karten.) Ebd. 895. n. 3. 60; in Geschenkbd. n. 4. 60

Feldbriefe von (Georg) Heinrich Rindfleisch. 1870–71. Hrsg. von Eduard Ornold. 5. Aufl. Mit d. Bilde d. Verf. u. 1 Karte. Göttingen: Vandenhoeck & Ruprecht 1898. (XVI, 230 S.) 8° [F.] [07. 7135

Rindfleisch, Heinr., Feldbriefe 1870—71. Hrsg. v. Eduard Ornold. 6. verm. Aufl. Mit 1 Bilde des Verf. u. 1 Karte. (XVIII, 236 S.) 8. Göttingen 905. Vandenhoeck & Ruprecht. n. 3. —; geb. in Leinw. n. 4. —

Rindfleisch, George: Die Landschaft Haurân in römischer Zeit und in der Gegenwart. *Marburg 1898: (Breitkopf & Härtel in Leipzig).* (54 S. mit Kt.) 8°
Marburg, Phil. Diss. v. [4. Febr.] 1898

Rindfleisch, Heinrich, s. Rindfleisch, Georg Heinrich

Rindfleisch, Johs., Herzog Albrecht v. Hohenzollern, der letzte Hochmeister, und die Reformation in Preußen. Ein kirchenhistor. Zeitbild. gr. 8. (VIII, 151 S. mit photolithogr. Portr.) Danzig 880, (Anhuth.) *

Rindfleisch, Johs., Herzog Albrecht v. Hohenzollern und die Reformation in Preussen. Zum Andenken an den 360. Jahrestag der Reformation den 31. Oktbr. 1877. gr. 8. (32 S.) Königsberg i. Pr. 878. (Danzig, Saunier's Buchh.)

— Doctor Ludw. Ernst v. Borowsky, evangelischer Erzbischof von Preußen. Ein Lebensbild. gr. 8. (36 S.) Ebend. 878. n. — 50

— Circular an die Herren Arbeitgeber, wegen Verbannung des Branntweins von den Arbeitsstellen. Trutenau 1893. Mk. —.03.

Rindfleisch, J., Feierklänge in Liedern u. Gebeten, z. Teil aus d. Dän. u. Engl., hrsg. v. R. [Aus: „R., der Morgenstern".] Lex.-8. (28 S.) Danzig (888). L. G. Homann. n. 1. —

Rindfleisch, Johs., Markgraf Georg v. Hohenzollern, der Bekenner. (1484—1543.) Eine Denkschrift zum Andenken an den 350. Jahrestag seines Todes, den 17. Dezbr. 1543. gr. 8. (16 S.) Danzig 893. (Leipzig, Verlag der Akadem. Buchh. [W. Faber].) n. — 50

— Geschichte der Enthaltsamkeitsgesellschaft des Danziger Landkreises. Trutenau b. Danzig. Mk. — .50.

— Jubiläumsbericht des Centralverbandes der evang.-christl. Enthaltsamkeitsvereine in Deutschland. 1887.

— der Kampf wider den Branntwein. Eine histor. Skizze im Auftrage der Enthaltsamkeits-Gesellschaft d. Danziger Landkreises hrsg. bei der Gelegenheit der goldenen Hochzeitsfeier Sr. Maj. d. Kaisers Wilhelm I. u. Ihrer Maj. der Kaiserin Augusta am 11. Juni 1879. gr. 8. (46 S.) Ebend. 879. n. 1. 20

Rindfleisch, J., der Morgenstern. Ein Andachtsbuch in bibl. Betrachtgn. auf alle Tage d. Jahres, nebst Gebeten u. Liedern in Notendruck, v. denen 14 aus dem Engl. u. Dän. frei übersetzt sind. Lex.-8. (VII, 392 S.) Danzig 888. (Kafemann.) n. 5. —; geb. n. 6. —

— Quellwasser aus dem Brunnen d. ewigen Lebens. Ein Jahrg. Predigten üb. freie Texte. Lex.-8. (V, 244 S.) Ebd. 891. n. 6. —

— dasselbe. (Neue [Titel-]Ausg.) gr. 8. (V, 246 S.) Ebd. 898. n. 6. —

Rede zur Enthüllungs-Feier des v. Borowski-Denkmals in Königsberg i. Pr. am 23. Juni 1907, geh. von Pfarrer a. D. Dr. [Johannes] **Rindfleisch**-Zoppot. Danzig 1907: P. Springer. (8 S.) 8° [F.] 07. 27339 10

Rindfleisch: Überblick über die Zustände inbetreff der Trunksucht in Deutschland. Sonderabdruck aus Weber, Geschichte der sittlich-religiösen und sozialen Entwicklung Deutschlands. Gütersloh.

Rindfleisch, Jul., Aufgaben über die 4 Grundrechnungen mit gemeinen Brüchen für Volksschulen, Bürgerschulen und gewerbliche Fortbildungs-Anstalten. Mühlhausen 858. Danner. 8. (IV, 49 S.) n. 4 ngr.

— Auflösungen dazu. Ebend. 858. 8. (18 S.) n. 2 ngr.

Rindfleisch, Jul., die vier Grundrechnungen mit Decimalbrüchen, behandelt mit Rücksichtnahme auf den Unterricht an Bürgerschulen, gewerblichen Fortbildungs- und Seminar-Präparanden-Anstalten rc., sowie auch auf den Selbstunterricht und mit Uebungsaufgaben versehen. 8. (IV und 94 S.) Mühlhausen 860, Rode's Buchdruckerei.

—— Uebungsaufgaben dazu. Abdr. für die Hand der Schüler. 8. (28 S.) Ebendas. 860.

Rindfleisch, J., die vier Grundrechnungen mit Decimalbrüchen, behandelt mit besond. Rücksichtnahme auf das im deutschen Reiche zur Geltung gekommene metr. Maß und Gewicht und mit zahlreichen Uebungsaufgaben versehen. Für den Schulgebrauch und zum Selbstunterricht. 3. Aufl. gr. 8. (V, 148 S.) Mühlhausen 872, Foerster. *

Rindfleisch, Julius, Die Kapitulation v. Tauroggen, Dramat. Szene, Cöthen 1863, 23 S., 8°.

[F.] **Rindfleisch,** Julius [aus Bernburg]: Die rechtliche Stellung des konkursfreien Privatvermögens des Gesellschafters einer offenen Handelsgesellschaft vor und nach der Eröffnung des Konkurses über das Gesellschaftsvermögen ... Bernburg, Druck v. A. König, 1894; 48 S. 8.
Würzburg, Jur. Fak., Inaug.-Diss. v. 1894

Rindfleisch, Karl

Rindfleisch, Carl [aus Reichenberg i. B.]: Ueber Wochenbettserscheinungen und ihren ursächlichen Zusammenhang ... Leipzig, Druck v. B. G. Teubner, 1889; 31 S. 8.
Würzburg, Med. Fak., Inaug.-Diss. v. 1889

Rindfleisch, Otto, von d. Gerechtigkeit u. Rechtfertigung durch d. Glauben an Christum. Pred. üb. 1 Petr. 2, 21—25. gr. 8. (1½ B.) Bonn 835, Habicht.

Rindfleisch, W., Geschichte und Erklärung der gangbarsten evangelisch-deutschen Kirchenlieder, s. Liere, E.

Mit Genehmigung der med. Fak. der Albertus-Universität wird Montag den 6. März 1905 ... Herr Dr. med. Walter **Rindfleisch**, Arzt, ... seine öffentliche Antrittsvorlesung über „Die Bildung von Gallensteinen" halten. Zu diesem Akte ladet ein der Dekan der med. Fak. L[udwig] Lichtheim. Königsberg i. Pr. (1905): O. Kümmel. (1 Bl.) 4°

Rindfleisch, Walter: Aus der inneren Abteilung der städtischen Krankenanstalt und dem pathologisch-anatomischen Universitäts-Institut zu Königsberg i. Pr. Ein Fall von diffuser akuter Myokarditis. *Königsberg i. Pr. 1898: M. Liedtke.* (23 S.) 8°
Königsberg, Med. Diss. v. 4. Juni 1898

Rindfleisch, Walt., ein Fall v. diffuser akuter Myokarditis. Diss. gr. 8. (23 S.) Königsberg 898. (W. Koch.) n. — 60

Rindfleisch, Walter, de Pausaniae et Aelii Dionysii lexicis rhetoricis. Dissertatio inauguralis philologica. Königsberg 866. (Academische Buchh. von Schubert & Seidel.) gr. 8. (115 S.) n. 12½ ngr.

Rindfleisch, Walter [aus Würzburg]: Pericarditis carcinomatosa.... Würzburg, k. Universitätsdr. v. H. Stürtz, 1889; 21 S. u. 2 Taf. 8°
Würzburg, Med. Fak., Inaug.-Diss. v. 1889

Rindfleisch, Wilh., s.: Bibliographie, altpreussische.

Rindfleisch, Wilh., sieben Sagen aus der Umgegend v. Freienwalde a. O. gesammelt. 2. verm. u. verb. Aufl. gr. 8. (190 S.) Freienwalde a. O. 871. Fritze. n. 1. 50

— dasselbe. 3. Aufl. 8. (104 S.) Freienwalde a. O. 875. Draeseke. n. 1. —

Rindl, Max: Studien über Trinitrochlornaphtaline. [1909.] 53 S. 8°
Berlin, Dr.-Ing.-Diss. v. 11. 6. 1909

Rindle, J. M., der Zeit u. Mühe ersparende Getreiderechner nach d. k. bayer. Normalpreisen. Nebst Zinsberechnungstabellen. 16. (... B.) Augsburg 840, Wolffische Buchh.

Rindler, F., der prakt. Lehrmeister am Pianoforte. Ein nothwend. Anhang zu jeder Pianoforte-Schule; f. Lehrer u. Lernende. Prag 812. Berra. 8 gr.

Rindler, der prakt. Lehrmeister auf dem Pianofort, ein unentbehrl. Handbuch f. Lehrer u. Lernende. Querfol. Prag, Polt. 812.

Rindorff, E., s. Rindtorff, Emil

Rindskopf, Karl

Rindskopf, Carl [aus Steele a. d. Ruhr]: Aus d. med. Klinik zu Bonn. Über das Verhalten der Muskelfasern in Bezug auf Vacuolenbildung und Hypertrophie nach Nervendurchschneidung. ... Bonn, Univ.-Buchdr. v. Carl Georgi, 1890; 24 S. 8°
Bonn, Med. Fak., Inaug.-Diss. v. 5. März 1890

Rindskopf, Siegmund, aus Grosslangheim: Der sprachliche Ausdruck der Affekte in Lessings dramatischen Werken. *Dresden 1901: B. G. Teubner.* (44 S.) 8° [F.]
Würzburg, Phil. Diss. v. 1901

Rindt, Paul, Hamburger (Hühner) als Sport- u. Nutz-Rasse. — Spanier (Hühner), s.: Universal-Bibliothek f. Thierfreunde.

Rindtorff. Aemilius: * Ebraeorum cogitationes de rebus post mortem futuris Veteris Testamenti scriptis mandatas contulit. 49 S. 4° (2°)
Halle-Wittenberg, Phil. Diss. v. 5. Mai 1876
Geb. [Werben a. d. Elbe 28. 9. 1850]

Rindtorff, Emil Die Religion der Phönizier. 16 S. Rg. *Weimar* 1883.
Progr.

Rindtorff, *Emil* [Dr.]: Die Religion des Zarathuštra. Weimar, Druck d. Hof-Buchdr., 1897; 3—24 S. 4.
Weimar, RG, OP 1897 (705)

Rindvieh, das, nach d. Engl. v. E. Hering, s. Viehzucht, die englische.

Rindvieh, das, seine Zucht, Behandlung ꝛc., s.: Viehzucht, die englische.

Rindvieharzneibuch, sowohl vor die gewöhnlichsten Viehkrankheiten, als auch vor die sonstige Viehseuchen. Tübingen 1784. V: *Reuss, Christian Friedrich.* (BV) (MGT) (Ky) (Adel)

Rindvieh-Arzneybuch sowohl vor die gewöhnlichste Viehkrankheiten, als auch vor die sonstige Viehseuchen. Tübing. 1784. 250 S.
— — 2. verb. Aufl. Sst. 1804. 252 S.

Rindvieharzneibuch, sowohl f. die gewöhnl. Viehkrankheiten, als f. die sonstigen Viehseuchen, (v. Chr. Fr. Reuß). 8. Tübing. 784. 2e A. 801. (Osiander). 10 gr

Rindvieharzneybuch, sowohl f. d. gewöhnl. Viehkrankh. als a. f. d. sonstigen Viehseuchen. 8. Tubingen, Heerbrand. 803.

Auserlesenes *Rindvieh-Arzneybüchlein* od. Unterricht wie der Landmann bey einer Horn-Viehseuche ... sich zu verhalten habe. Neue ... verm. Ausg ... Wien 1773. 80 S.

Rindvieharzt, d. geschw. heilende, e. Hülfsbuch f. den Landmann ꝛc. 8. Halle, Dietlein. 805. Rthlr.

— **neuer**, od. selbstheilende **Thierarzt**. 8. Zeiz, Webel. 793.

Neuer **Rindvieh-Arzt** oder deutliche Anweisung wie d. Landmann d. Krankheiten seiner Ochsen, Kühe und Kälber heilen kann. Zeitz u. Naumburg **1794. 254 S.**
Aus: D. unterrichtende u. selbstheilende Thierarzt.

Rindvieharzt, der wohlerfahrene, ein berathender u. helfender Freund bei allen Krankheiten des Rindviehes. gr. 16. (3 B.) Grimma 844, Verlags-Comptoir.

Rindviehpest, üb. die, u. die Nothwendigkeit, durch frühzeit. Schlagen u. Absonder. den Fortgang derselben zu hemmen, (v. J. Halberstädter). 8. Würzb. 796. (Bamb., Lachmüller). 2 gr

Rindviehpest, die, deren Vorbeugung u. Heilung. 3. Aufl. 12. (3½ B.) Leipzig 845, Berger's Buchh.

— — Die, deren Vorbeugung u. Heilung. (III.) 12. (76 S.) Leipzig 45. M. Schaefer. M. 1.50

Die **Rindviehschläge** der Provinz Schleswig-Holstein. Kiel: L. Handorff 1905. (39 S.) 8° [fr.] [Es. 9907 3]

[Über **Rindviehseuche.** 1746—1801.] Sammelband.

Rindviehseuchen, üb. die Kennzeichen, Ursachen, Vorbeugungsmittel u. Behandl. derselben; hrsgg. v. d. großherzogl. Badn. Sanit.-Comiss. gr. 8. Karlsr. 814. Braun. 3 gr

Die **Rindviehzucht** im Königreiche Böhmen. Bearb. von e. Sonder-Comité d. Landes-Culturrathes f. d. Königr. Böhmen. Redigirt von Ferdinand Lassmann, Thierzuchtinsp. f. d. Königr. Böhmen. Mit 3 Karten. *Wien: F. Frick 1899.* (260 S.) 4°(8°)
— **Rinder-Racen**, Die Oesterreichischen. Bd 3, H. 1.

Rindviehzucht, die, u. deren Endzweck. Beschrieben zum Besten der Landwirthschaft. gr. 8. Carlsruhe 837. Gebr. Gutsch. ⅜ ℛ

Rindviehzucht, die, u. deren Endzweck. Beschrieben z. Besten d. Landwirthschaft. gr. 8. (11 B.) Carlsruhe 837, Artist. Institut.

Die **Rindviehzucht** in der Markgrafschaft Mähren. Bearb. von ... Red. von Josef Rudovsky, Brünn. Mit 6 Karten. *Wien: W. Frick 1901.* (VIII, 506 S.) 8°
— **Rinder-Racen**, Die Oesterreichischen. Bd 3, H. 2.

Rindviehzucht u. -Nutzung, s.: Bücherei, landwirtschaftliche.

Rindviehzucht, die, nach ihrem jetzigen rationellen Standpunkt. Mit zahlreichen in den Text gedr. Holzschn. und lithogr. Racebildern. 2 Bde. à 12 Lfgn. Lex.-8. Berlin 876, [Wiegandt, Hempel und Parey.] Parey.
à Lfg. * M 1,50.; à Bd. * M 18. * geb. à Bd. * M 20,50. und *

Inhalt:

Bd. 1. Fürstenberg-Leisering, Anatomie und Physiologie des Rindes. 2. Aufl., vollständig neu bearb. von C. F. Müller. (795 S. mit 373 eingedr. Holzschn.)
" 2. Rohde, O., Racen des Rindes. Milchwirthschaft, Züchtung und Fütterungslehre. 2. neu bearb. Aufl. (724 S. mit 21 lithogr. Racenbildern und 193 eingedr. Holzschn.)

Rindviehzucht, die, nach ihrem jetzigen rationellen Standpunkt. 2. Bd. gr. 8. Berlin 885. Parey. n. 18. — Rassen, Züchtung u. Ernährung d. Rindes u. Milchwirtschaft. Von O. Rohde. 3. Aufl., vollständig neu bearb. u. hrsg. v. C. J. Eisbeim. Mit 40 Rassebildern in Farbendr., 2 lith. Taf. u. 144 Textabbildgn. (VIII, 692 S.)

Rindviehzucht, die, in ihrem ganzen Umfange, od. deutl. Unterricht, diesen einträgl. Zweig d. Landwirthschaft auf die vortheilhafteste Art zu betreiben. gr. 8. Münch. 813. Fleischmann. 1 ℛ 8 gr

Rindvigius, des weyland hochwürd. Pastors, Leben u. Thaten, ans Licht gestellt v. Kasimir Renatus Denarée (v. K. Fr. Bahrdt.) m. K. 2 Thle. 8. Ochsenhausen, (Friedrich in Libau.) 798.

Rinecker, F., das Gotthard-Unternehmen. Eine Zusammenstellung der wichtigsten Projecte in technischer u. finanzieller Beziehung. Mit 1 (lith.) Uebersichtskarte. gr. 8. (III, 239 S.) München 878. Th. Ackermann. n. 5. —

— der logarithmische Rechenschieber u. seine practische Anwendung. Mit 1 Taf. in Aubeldr. gr. 8. (43 S.) Würzburg 879. Stuber's Verl. n. 2. —

Rinecker, Fr., s. Becquerel, A., Zeichenlehre d. Harnes ꝛc.

RINECKER, Franz (München): Die Entzündung der Gefäss-Nerven- und Glashaut des Auges und ihre Ausgänge.- Würzburg: Becker 1834. 56 S., Taf.
3.8.1832 - Urk (Titel: De internarum oculi membranarum inflammatione.); F 60
Diss. Ingolst.-Landsh.-Mchn.

Rinecker, über d. Krankheits-Constitution d. J. 1835. beobachtet im Julius-Hospitale zu Würzburg, mit Krankheitsgeschichten u. Tabellen. gr. 8. (4⅓ B.) Würzburg 836, Stahel'sche Buchh.

Rinecker, Frz. v., über Rückenmark und Syphilis, s. Festschrift zur dritten Saecularfeier der Alma Julia Maximilians.

Rinecker, Frz., medicin. Statistik der poliklin. Anstalt an der Julius-Maximilians-Universität zu Würzburg in ihrem 4. Decennium 1837 — 1847. gr. 4. (50 S. m. 1 lith. Taf.) Würzburg 848. (Halm.) 12 ngr

Rinecker, Franz Dr. „Ueber Substitutionsfunktionen modulo 11 und die analytische Darstellung der Permutationen von 5, 7, 11 Elementen". pg. 3—29. 8°. G. P. J. Bieling-Dietz.
Nürnberg, Progr. 1884/85

Rinecker, Franz [kgl. Reallehrer in Nürnberg]: Über Substitutionsfunktionen modulo 11 und die analytische Darstellung der Permutationen von 5, 7, 11 Elementen .... Regensburg, Verl. v. Alfred Coppenrath, 1886; 29 S. 8°.
Erlangen, Phil. Fak., Inaug.-Diss. v. 1886.

Rinecker, Franz [cand. med. aus München]: Zusammenstellung von fünfzig Fällen von Zutagebeförderung des nachfolgenden Schädels nach der Wigand-Martin'schen Methode ... *München,* G. Franz'sche h. b. Hofbuchdr., 1892; 1 Bl., 26 S. 8.
München, Med. Fak., Inaug.-Diss. v. 1893

Rinecker, Karl, s. Taparelli, Al., Versuch e. Naturrechts.

Rinecker, St., Gesetz vom 28. Mai 1850, die Kompetenz-Konflikte betr., erläutert, s. Gesetzgebung, die, des Königreichs Bayern.

Rinecker, St., Gesetz vom 10. November 1848, die Untersuchung und Aburtheilung der Aufschlags-Defraudationen betr., s. Gesetzgebung, die, des Königreichs Bayern.

Rinepusty ..., Versuch, wie ein Pachtanschlag, Inventur zu verfertigen sey. 4. Stendal 780. Franzen u. Gr. 6 gr

Rinesch, Romuald: Das Gravitationsproblem. Villach 1882. 40 S. 8°. Progr.
Jahresbericht des k. k. Gymnasiums Villach ... 1881/82.

Rinfrid vom Todtensteine, Stifter und Zerstörer des Todtenbundes. Leipzig 1804. V (nicht): *Spiess, Chn. Hch.* (GGr V/509, Nr. 9)

Rinfried vom Todtensteine, Stifter u. Zerstörer des Adlerbundes; Sage aus d. Zeiten d. Urväter. 2 Bde. 8. Leipzig, Joachim. 804.

Ring

— der, e. Schaudergemälde aus der wirkl. Welt. 8. Leipz. ... (Gnobloch). 12 gr

RING, Der. Eine Erzählung von G** (in trochäischen Tetrametern). O. O. u. J. (1754). 8°. 8 Bll.
Goedeke IV, 128, 2.

Ring, der, s. Müller, Joh. Gottwerth.

Ring, der, eine kom. Geschichte, (v. Jh. Gttwth. Müller). 8. Itzehoe 772. 2e Aufl. 788, Götting., Dieterich. 14 gr, Hbg. Pr. 4 gr

Ring, Der. Eine komische Geschichte nach d. Span. ... Itzehoe 1777. 2. A. Gött. 1788. V: *Müller, Joh. Gottwerth.* (JL) (AArk) (Collin, Anonymer. Kiobenh. 1869.) (Kordes, Schlesw.-holst. u. eutin. Schriftst. Schleswig 1797.) (GGr) (Ky)

Ring, Der, oder Geschichte der Lady Jemima Guzmon ... A. d. Engl. [Leipz. 1785.] Ü: *Müller, Joh. Gottwerth.* (EB)

— der, od. Gesch. der Lady Jennina Guzmann; ein Roman, v. einer jungen Lady, aus dem Engl. 8. Lpz. Schwickert. 785.

Ring, der,. Schausp. von Schröder. 8. Berlin, Rottmann. 786.

— der; od. die unvermuthete Entdeckung. Lustsp. von Heller. 8. Prag, Schönfeld. 787.

— der, 2r Theil, od. die unglückliche Ehe durch Delicatesse. Schausp. 8. Ebend. 789.

— der, eine komische Geschichte nach dem Spanischen, vom Verf. des Siegfried von Lindenberg, (J. G. Müller) zweyte Aufl. mit Kupf. 8. Göttingen, 788. Dieterich. 18 ggl.

— d., e. Schauergemälde a. d. wirkl. Welt, v. A. F. Maurer. 8. Lpz. Schicag. 799.

Ring, Der, oder die Macht der Vorsätze. Ein Schauspiel in 5 Aufzügen mit Liedern, für die Schuljugend. Innsbruck 1813. V: *Pöder, Franz.* (Margr)

Ring, der, oder die Macht der Vorsätze; Schspl. 8. Insbr. 813. Wagner. 3 gr

Ring, der, schauerl. Geschichte f. d. Jugend. 8. Regensb. 817. Daisenberger. 4 gr

Ring, der, schauerliche Geschichte f. d. Jugend. 8. Regensburg 817, Daisenberger.

Ring. Mitteilung der Vereinigung Ring, Düsseldorf. Schriftleitung: Christian Bayer. Oktbr. 1908—Septbr. 1909. 6 Hefte. (à ca. 36 S. m. Abbildgn.) 30,5×22,5 cm. Düsseldorf, E. Pieper. 10.—

RING, Der eiserne. Wahrheit und Dichtung aus dem Tagebuche des Mark-Real. Andernach 1801. (J. 9.) bey Lassaulx und Herkmann. 8°.
Zahmer Roman. 216 S. — Kayser hat irrig „1802".

— der eiserne, Wahrheit u. Dichtung, aus dem Tagebuche d. Mak. Real. 8. Andernach, Lassaulx u. H. 802.

Ring, der goldne, e. Erzähl. z. Gesch. d. Mäßigkeitssache. gr. 12. (½ B.) Hamburg 840. (Berlin, J. A. Wohlgemuth.)

— der halbe,. Originalschausp. von Thombrinck. 8. Münster, Theißing. 792.

RING, Der magische, oder die fürstliche Brautwahl. Ein Gemälde des Hoflebens. Nebst Bruchstücken aus dem Tagebuche einer Fürstin. Leipzig, Central-Compt. f. Lit., o. J. (c. 1805). Kl. 8°. (1 Mk. 20 Pfg., Leihbiblexpl., Lehmann & Lutz, c. 1884.)
Tit., 117 u. 52 S. — Zahm.

Ring, Der, des Nibelungen; ein Bühnenfestspiel. [Zürich 1853.] V: *Wagner, Richard.* (Cat. d. Stadtbibl. Zürich. Zürich 1864—97.)

— der theuere,. Lustsp. von Seefeld. 8. München, Strobl. (Graff in Leipz.) 783.

Ring, der verhängnißvolle, s.: Theater, kleines.

Ring, Der zerbrochene. Berlin 1797, s. Grosse, Karl.

— der zerbrochene, eine interess. Geschichte (v. Karl Große). 2 Thle. 8. Berl. 797. Maurers B. 1 ₰ 12 gr

Ring, Dr., kl. Aufsätze, Denksprüche u. Sentenzen f. edle Freunde u. Freundinnen. 8. Leipz. ... Centr.-Compt. 6 gr

– s. Auswahl a. älterer u. neuerer Gedichte.

(Ring, C. Ed.,) die monarch. Staatsverfass. Ludwigs XIV., s. Lemontey, P. Ed.

Ring, C. L., s. Ring, Karl Ludwig

Ring, D., vierzig Jahre v. Frankfurt a. M., s. Jahre.

—— Lebensphilosophie f. alle Menschen, od. d. Weisheit in e. Nuß. Eine kurz gefaßte Anleit. z. Bildung f. d. Leben. 32. (4 B.) Frankfurt a. M. 850, Döring.

(——) allgem. Räthselbuch 2c., s. Räthselbuch.

Ring, Ernst, die Versorgung der Großstädte m. Milch u. der Kampf um den Milchpreis. Vortrag, geh. in der ökonom. Gesellschaft im Königr. Sachsen, Dresden am 11. XI. 1904. (30 S.) gr. 8. Leipzig 905. Berlin, R. C. Schmidt & Co. n. — 60

(8) Ring, E., Versorgung d. Großstädte mit Milch. 905. (KBL 31.) Jetzt: Leipzig, Fritzsche & Schmidt.

Ring, E.: Welche Massnahmen empfehlen sich im Hinblick auf die jüngsten Vorgänge auf dem Gebiete der Fleischversorgung, um eine tunlichst gleichmässige und ausreichende Versorgung der Bevölkerung mit im Inlande erzeugtem Fleisch zu angemessenen Preisen sicherzustellen? Referat. Berlin 1906. 28 S.

Ring, F. M. de, Etablissemens celtiques dans la sud-ouest Allemagne. gr. in-8. (5½ B., 2 Stnt. u. 1 Karte.) Fribourg 842, Emmerling. Thlr.

de Ring, ..., Notices sur les tombes Celtiques de la Souabe et de l'Allemagnie. Extrait du Messager des sciences historiques de Belgique. Mit 3 Kpfrtaf. gr. in-8. Gand 840. (Bonn, Marcus.) n. ½ ₰

— s. Weber, B., le guide du Voyageur en Tirol.

Ring, Friedrich Dominikus

ALLERHAND für das Frauenzimmer; eine epistolische Abhandlung (von *Frdr. Dominikus Ring*, 1726—1809). Frankfurt u. Leipzig 1764. 8°.
Ueber R. s. Gradmann, S. 496—500.

— s. Briefe d. Grafen von ***.

— s. Connestogen.

DRAGON und Folette; ein wichtiger Rechtshandel vom Jahr 1779 (von *Frdr. Dominikus Ring*, 1726—1809). Chartres (Heidelberg, Pfähler) 1780. 8°.
Ueber R. siehe J. Gradmann, S. 496—500. — Weller, fing. Dr.

— s. Fragment e. Reise nach Domingo.

(Ring, Frdr. Dominik.) Kurzgefasste Geschichte der drei ersten Entdecker von Amerika. 8. Frankfurt 1781.

— s.a. Kindermord, über.

Ueber den Kindermord, hingeworfene Gedanken eines Nichtfakultisten *(Friedr. Dominikus Ring)*. Frankf. 1782. 8°.
Anon.-Lex. IV. p. 208 (nach Kayser u. Callisen).

— s. Literatur u. Kritik.

— s. Otto d. III.

— s. Paragraphen.

— commentatiuncula de matris Ciceronis circa rem familiarem providentia, qua lagenas etiam inanes obsignasse legitur. 8. Karlsr. 769.

— s. Reise des Genius Alaciel.

s.a. Reise Breytopfs.

Ueber die Reise des Zürcher Breytopfes nach Strasburg vom Jahr 1576. Bayreuth, bey J. A. Lübecks sel. Erben. 1787. 8°.
Verfasser Friedr. Dominikus Ring. Ex. auf Schreibpapier.

— s. Reise in das Land d. Liebe.

REISE in das Reich der Liebe (von *Frdr. Dominikus Ring*), nebst der Charte dieses Landes. Basel 1791. 8°. Rar!
Anon.-Lex. III. p. 359 (nach Kayser u. Hayn).

RINGE, Die, eine Abhandlung (von *Frdr. Dominikus Ring*, 1726—1809). Erlangen 1757. 8°. Selten!
Ueber R. s. Gradmann, S. 496—500.

— s. J. D. Schöpflini, Opera.

— Schutzrede f. die gute Sache der Gerechten. 8. Gotha 767.

s.a. Schutzschrift f. Cagliastro.

Friedrich Dominikus Ring: Schutzschrift für den Grafen Cagliostro. Kehl 1786.
Cit. bei Hayn.

— s. Thomas, Lobschrift auf Moritz v. Sachsen.

— s. Untersuchung üb. gift. Thiere.

— vita J. D. Schöpflini. 8. Karlsr. 764. Ed. II. aucta 768.

Ring, Frid. Herm., s. Ring, Hermann

Ring, Gottfried Weighard [Praes.], s. Benckendorff, Johann Friedr.: De acquisitione obligationis ex promissione alterius nomine nostro a tertio acceptata juri nat. contraria.

Ring, Gottfried Weighard [Praes.], s. Roeting, Christian Friedrich: De libertatis et servetutum natura, occasione. 1. 8. C. d. servit. et aq.

Ring, Gottfried Weighard [Praes.], s. Tieffenbrunn, Johann Joachim: De potestate legislatoris civilis ob utilitatem et necessitatem reipublicae circa recessionem a jure gentium primaevo.

Ring, Heinr., das Büchlein vom Pabst, oder Antwort auf 32 Aber. Vermehrt u. herausg. von Jos. Wick. Regensburg 862. Manz. 16. (74 S.) 5 ngr

Ring, (Frid.) Herm. (geb. Soldin 1817). De morbo Brightii. Berolini (1843). (38 S.) 8°
Berlin, Med. Diss. v. 24. Juli 1843

Ring, Johannes (Red.), s. Sprachblätter, Englische und französische, für den Selbstunterricht zur schnellen, sicheren und gründlichen Erlernung dieser genannten Weltsprachen . . .

RING, Johannes Peter (Schönau): De diagnosi morborum valvulae mitralis organicorum.- Monschil: wild 1842. 16 S.
14.8.1840 - Urk; F 65
Diss.Ingolst.-Landsh.-Mchn.

Ring, Jos., Glaubenslehre der katholischen Kirche. Für die reifere Jugend u. f. Erwachsene. (288 S. m. 2 [1 farb.] Taf.) gr. 8. Straubing 908. C. Attenkofer'sche Verl. Geb. 2. 50

— dasselbe. Für Kinder der ersten drei Schuljahre. (60 S. m. 2 [1 farb.] Taf.) gr. 8. Ebd. 908. Geb. — 60

Ring, Iwar, Ellen Fosshöj, s.: Bibliothek der fremden Zungen.

Ring, Karl Ldw., Denkmäler d. Römer im mittägl. Frankreich, mit Grund- u. Abrissen in Steindrücken. gr. 4. Karlsr. 812, (Frankf. a. M., Andreä). 12 ₰

Ring, C. L., Denkmäler d. Römer im mittägl. Frankreich. (Neue Ausg.) gr. 4. (5 B. u. 3 Stnt.) Karlsruhe 841, Macklot'sche Brlsbuchh.]

Ring, Karl Ludw., Kaiser Friedrich d. Erste im Kampfe geg. Papst Alexander d. Dritten. Ein histor. Versuch z. Aufklär. einiger bisher bezweifelten Thatumstände im Leben dieser beiden um die Weltherrschaft streit. Zeitgenossen. gr. 8. (7½ B.) Stuttgart 835, J. F. Steinkopf.

— s. Walling, Reise durch d. Lombardey u. Dess. Reise durch Savoyen.

Ring, M., le chateau de Tubingue. Avec II planches. gr. 8. Reutlingen 835. Mäcken jun. 1 ½ ₰

Ring. Marcus [illegible] De typho abdominali. Berolini 1840. [illegible]
Berlin, Med. Diss. v. [illegible] Aug. 1840

Ring, Max, ein moderner Abenteurer. Novelle. Bremen 862. Schünemann's Verlag. 8. (108 S.) 15 ngr

Ring, Max, am Abgrund, s. Bibliothek für Haus u. Reise.

Ring, Max, am Abgrund. Novelle. gr. 16. (102 S.) Berlin 879, Goldschmidt. *

—— der Ankläger von Straßburg. Historische Novelle. [Welt-Bibliothek.] 8. (126 S.) Berlin 869, R. Lesser. [Leipzig, Schulze und Comp.] *

Ring, Max. v., malerische Ansichten d. Ritterburgen Deutschlands, s. Ansichten.

Ring, Max, auferstanden. Erzählung. 8. (174 S.) Berlin 880. Janke. 1. 50

Ring, Max, die Auferstandenen, s.: Bibliothek f. Haus u. Reise.

Ring, Max, Berlin u. Breslau. 1847—1849. Roman. 2 Bde. 8. 1. Marie. (236 S.) 2. Wanda. (255 S.) Breslau 849, Kern. (à 1½ ₰) 2⅔ ₰

— die deutsche Kaiserstadt Berlin u. ihre Umgebung. Mit ca. 300 (Holzschn.-)Illustr. (In 30 Lfgn.) 1. Lfg. Fol. (12 S.) Leipzig 882. Schmidt & Günther. n. 1. —

— die deutsche Kaiserstadt Berlin u. ihre Umgebung. Mit ca. 300 (Holzschn.-)Illustr. 2—30. (Schluß-)Lfg. Fol. (1. Bd. VIII u. S. 13—182 u. 2. Bd. VIII, 176 S.) Leipzig 883. 84. Schmidt & Günther. à n. 1. —

Ring, M., das Buch der Hohenzollern. Mit 186 Illustr. 19 Lfgn. gr. 4. (VIII, 228 S.) Leipzig 888. 889. Schmidt & Günther. à n. — 50 (cplt.: geb. n. 12. —)

Ring, Max, Dichter und Wäscherin, s. Bloch's, E., Dilettanten-Bühne.

— Julie Eberhard. Novelle. 12. (104 S.) Berlin 887. Goldschmidt. n. — 50

Ring, Max, Julie Eberhard, s. a. Goldschmidt's Bibliothek.

Julie Eberhard. Novelle von Max Ring. 2. Aufl. *Berlin: A. Goldschmidt 1901.* (104 S.) 8° [F.]
— Bibliothek, Goldschmidts, f. Haus u. Reise. Bd 97. [01. 0334]

Ring, Max, Erinnerungen, s. a. Aus d. 19. Jahrhundert.

[F.] Erinnerungen v. Max Ring. Bd 1. 2. *Berlin: Concordia 1898.* 2 Bde 8.
1. (VIII S., 1 Bl., 272 S.) 2. (3 Bl., 248 S.)
— Jahrhundert, Aus d. Neunzehnten. Bd 2. 3. [97. 8378]

Ring, Max, Erinnerungen. Neue [Titel-]Ausg. 2 Tle. in 1 Bd. (272 u. 248 S.) 8. Berlin [898] 905. Concordia. n. 4. — ; geb. n. 5. —

Ring, Max [cand. med. aus Neunburg v. W.]: Ein Fall dreifacher Stenose des Ileum geheilt durch Ileo-ileostomie . . . München, Buchdr. v. M. Ernst, 1897; 27 S. 8.
München, Med. Fak., Inaug.-Diss. v. 1897

—— eine liebenswürdige Frau. Ein Lebensbild. 8. (136 S.) Berlin 885, Janke. *

— Frauenherzen, s.: Collection Spemann.

— Frauenherzen, s. a. Romane, mod., aller Nationen.

Max Ring. Frauenherzen. *Stuttgart, Berlin, Leipzig: Union [1900].* (195 S.) 8° [F.]
— Romane, Moderne, aller Nationen. 16. [01. 1,-85]

Ring, Max

Fürst und Musiker. Zeitroman. Berlin 1868.

In: Roman-Zeitung, Deutsche. Bd 3.4.

— Fürst u. Musiker. Zeitroman. 3 Bde. Berlin 869. Janke. 8. (III, 292; III, 324 u. III, 324 S.) 4 ₰ 15 ngr.

— Gedichte. 8. (VI, 148 S.) Berlin 896. H. Steinitz. n. 3. —

Ring, Max, (israelitische) Gedichte, s. Fränkel, Mor.

—— die Geheimnisse einer kleinen Stadt. Humorist. Novelle. [Welt-Bibliothek.] 8. (110 S.) Berlin 870, R. Lesser. [Leipzig, Schulze und Comp.]

— der Geheimrath, s. a. Hausbibliothek deutscher Novellen.

— der Geheimrath, s. a. Album. Bibliothek deutscher Originalromane.

Ring, Max
Der Geheimrath. Ein Lebensbild.
Prag, Leipzig: Kober 1857. 249 S. 8°
(Album. Bibliothek dt. Originalromane. Jg. 12, Bd 13.)

—— der Geheimrath. Ein Lebensbild. 16. (249 S.) Prag 857. [Wien, Markgraf.]

— die Genfer. Trauerspiel in 5 Akten. 8. (IV u. 140 S.) Breslau 850, Trewendt & Granier. 3/4 ₰

— vaterländische Geschichten. 2 Bde. Berlin 862. Janke. 16. (X, 399 S.) n. 1 ₰ 10 ngr

—— ein verlorenes Geschlecht. Roman. 6 Bde. 8. (1170 S.) Berlin 867, Janke. *

— ein verlorenes Geschlecht. Roman. 6 Bde. Berlin 870. Janke. 8. (1170 S.) n. 6 ₰ 22½ ngr

— Gift!, s. a. Kaufmann's mod. Zehnpfennig-Bibliothek.

— dasselbe, s. a. Bibliothek, naturalistische.

[F.] Gift! Kriminal-Geschichte v. Max Ring. *Berlin: H. Steinitz 1896.* (1 Bl., 108 S.) 1 Bd 8.
— Bibliothek, Naturalistische. Bd 21. (96. 5663)

[F.] Gift! Kriminal-Geschichte v. Max Ring. *Berlin: H. Steinitz 1896* (a. d. Umschl.: *1897).* (1 Bl., 198 S.) 1 Bd 8. (96. 7190)

—— Götter und Götzen. Roman. 4 Bde. 1. und 2. Aufl. gr. 8. (258; 238; 248; 262 S.) Berlin 870, Hausfreund-Exped. [Posen, Merzbach.] *

— Götter u. Götzen. Roman. 2. Aufl. 4 Bde. gr. 8. (258, 238, 248 u. 262 S.) Berlin 871. Posen, Merzbach. n. 16. —

—— Handwerk und Studium, s. Haus- und Familienschatz, neuer.

— Handwerk und Studium, s. Volks-Bibliothek, allgemeine deutsche.

—— Hanka. Eine Erzählung aus den Bergen. 8. (205 S.) Berlin 883, A. Goldschmidt.

— Hanka. Eine Erzählg. aus den Bergen. 12. (205 S.) Berlin 884. Goldschmidt. n. 1. —

— Hanka. E. Erzählg. aus d. Bergen. Roman-Beilage zur „Preßburger Zeitung". gr. 8. (140 S.) Preßburg 894. (G. Heckenast's Nachf.) 1. 20

—— das verkaufte Herz. 8. (366 S.) Ebendas. 878.

—— das verkaufte Herz. Roman. 12. (224 S.) Berlin 886, A. Goldschmidt. *

Ring, Max
Das Haus Hillel. Historischer Roman. Berlin 1879.
In: Roman-Zeitung, Deutsche. Bd 2.

— das Haus Hillel. Historischer Roman aus der Zeit der Zerstörung Jerusalems. 3 Bde. 8. (322, 302 u. 343 S.) Berlin 879. Janke. n. 12. —

— Irrwege. E. Staatsgeheimnis, s. a. Kürschner's Bücherschatz.

[F.] Irrwege. Novelle. E. Staatsgeheimniss. Roman. Von Max Ring. M. 22 Ill. v. W. Werner. *Berlin, Eisenach, Leipzig: H. Hillger [1897].* (127 S.) 1 Bd 8.
— Bücherschatz, Kürschners. No 39. (97. 6099)

— David Kalisch, der Vater d. Kladderadatsch u. Begründer der Berliner Posse. Ein Erinnerungs-Blatt. Mit dem Bildniß v. D. Kalisch (auf e. Holzschntaf.) gr. 8. (40 S.) Berlin 873. Staude. n. — 75

— goldene Ketten. Eine Hofgeschichte. 4 Bde. 8. (196, 229, 219 u. 186 S.) Breslau 881. Schottländer. n. 16. —; geb. n. 20. —

Ring, Max, das Kind. Ein falscher Name. Zwei Stadtgeschichten. 8. (214 S.) Berlin 886. Reinecke. n. 4. 50; geb. n. 5. 50

—— Berliner Kinder. Roman. 3 Bde. 8. (274; 274; 268 S.) Berlin 883, Janke.

— die Kinder Gottes. Roman in 3 Bdn. 8. (238, 262 u. 364 S.) Breslau 851, Kern. 3⅚ ₰

— der Kleinstädter in Berlin. Roman. 2 Bde. 8. (262 u. 235 S.) Berlin 873. Wedekind & Schwieger. 9. —

— Hinter den Coulissen. Humoristische Skizzen aus der Theaterwelt. Berlin 857. Hofmann u. Co. 8. (2 Bl., 95 S.) n. 10 ngr

— der große Krach. Roman. 4 Bde. 8. (215, 211, 195 u. 196 S.) Jena 875. Costenoble. n. 12. —

— der große Krach. Roman. 2. (Titel-)Aufl. 4 Bde. 8. (214, 211, 195 u. 196 S.) Jena (1875) 881. Costenoble. n. 6. —

— der große Kurfürst u. der Schöppenmeister, siehe: Lese-Zirkel. 1—3. Bd.

—— Berliner Leben. Kulturstudien und Sittenbilder. 8. (VII, 351 S.) Leipzig 882, [Schlicke.] Elischer. * geb. *

—— Lebensweisheit und Menschenkenntniß in Sprüchen von Rochefoucauld, Chamfort, Lichtenberg, Jean Paul und Börne gesammelt und hrsg. und mit biograph. Einleitungen versehen. 1. und 2. Aufl. gr. 16. (III, 214 S.) Berlin 871, Loewenstein. *ℳ 3.; geb. *

—— Lebensweisheit und Menschenkenntniß in Sprüchen. Gesammelt, hrsg. und mit biograph. Einleitungen versehen. 3. Aufl. 8. (214 S.) Berlin 873, Staude. [Dresden, Kaufmann.] geb. mit Goldschn. *

— Leuchte u. Kompaß. Lebensweisheit u. Menschenkenntniß in Sprüchen v. Rochefoucauld, Chamfort, Lichtenberg, Jean Paul u. Börne gesammelt sowie m. biograph. Einleitgn. versehen. 3. Aufl. 2. unveränd. Ausg. gr. 16. (214 S.) Dresden 874. Kaufmann. geb. m. Goldschn. n. 4. —

— Lieben u. Leben. Neue Erzählungen. 3 Bde. Berlin 869. Janke. 8. (231, 221 u. 223 S.) 4 ℛ

— Lorbeer u. Cypresse. Literaturbilder. 1. u. 2. Aufl. Berlin 869,70. R. Lesser. gr. 16. (III, 194 S.) In engl. Einb. mit Goldschn. 1 ℛ 10 ngr

— Lorbeer u. Cypresse. Literaturbilder. 3. Aufl. gr. 16. (194 S.) Berlin 873. Leipzig, Amelang. geb. m. Goldschn. 5. —

—— die Lügner. Roman aus der modernen Gesellschaft. 3 Bde. 8. (252; 254; 250 S.) Stuttgart 878, Hallberger. * geb. *

—— die Lügner. Roman aus der modernen Gesellschaft. 2. (Titel-)Aufl. 3 Bde. 8. (252; 254; 250 S.) Stuttgart 880, [Hallberger.] Deutsche Verlags-Anstalt. *

— eine neue Magdalena, s. Voth's, L. W., Bühnen-Repertoir.

— die liebe Mama. Humoristische Erzählg. 8. (76 S.) Berlin 885. Janke. n. — 50

— John Milton und seine Zeit, s. a. Bibliothek, deutsche.

Ring, Max
John Milton und seine Zeit. Hist. Roman.
Frankfurt a.M.: Meidinger 1857. 562 S. 8°
(Deutsche Bibliothek. Sammlung auserlesener Original-Romane. Bd 12.)

v. Ring, Max, Nachrichten über den heiligen Lambert, Bischof v. Tongern, Stadtpatron v. Freiburg. Aus dem Franz. übers. v. C. J. gr. 8. (11 S. m. 1 Lith.) Freiburg i. Br. 849, Wangler. 2 ngr

Ring, Max. Der Pferdtuner. Essen 1907. 68 S., kl. 8°.

— der Herr Professor, s. a. Kürschner's, Jos., Bücherschatz.

Der Herr Professor. Roman von Max Ring. Mit Ill. von A. v. Schrötter. Berlin, Eisenach, Leipzig: H. Hillger [1899] (128 S.) 8° [S.]
= Bücherschatz, Kürschner's. No 161. [illegible]

— Revolution. (Gedichte.) gr. 8. (16 S.) Breslau 848, Kohn. 1/6 ℛ

— ausgewählte Romane u. Novellen. 1--5. Bd. gr. 16. Leipzig 871. Dürr'sche Buchh. 11. —
1. Bd. Verirrt u. erlöst. Roman. 3 Bde. (144, 146 u. 130 S. m. 1 Stahlst.) 3. —
2. Bd. Aus dem Tagebuche e. Berliner Arztes. 2 Bde. (IV, 129 u. IV, 120 S.) 2. —
3. u. 4. Bd. John Milton u. seine Zeit. Historischer Roman. 4 Bde. (153, 148, 175 u. 168 S.) 4. —
5. Bd. Hinter den Coulissen. Erinnerungen u. Biographien aus der Theaterwelt. 2 Bde. (VIII, 120 u. IV, 92 S.) 2. —

—— Rosenkreuzer und Illuminaten. Historischer Roman aus dem 18. Jahrhundert. 4 Thle. 8. (XII und 1017 S.) Berlin 861, Janke.

Ring, Max
Carl Sand und seine Freunde. Roman. Berlin 1873.
In: Roman-Zeitung, Deutsche. Bd 1,2.

— Carl Sand u. seine Freunde. Roman aus der Zeit der alten Burschenschaft. 4 Bde. 8. (272, 284, 279 u. 263 S.) Berlin 873. Janke. 18. —

Ring, Max
Die Schützlinge des Großen Kürfürsten. Hist. Erzählung.
Berlin: Janke (1886). 187 S. 8°

— in der Schweiz. Reisebilder u. Novellen. 2 Bde. Ebend. 870. 8. (VI, 196 u. IV, 216 S.) 2 ℛ 7½ ngr

—— in der Schweiz. Reisebilder und Novellen. 2 Bde. 8. (VI, 196; IV, 216 S.) Leipzig 871, Dürr's Buchh.

— vor d. Schwurgericht u. A. Geschichten. 8. (194 S.) Berlin 896. H. Steinitz. n. 2. —

— vor dem Schwurgericht u. A., s. a. Bibliothek, naturalist.

[S.] Vor dem Schwurgericht u. A. Geschichten v. Max Ring. Berlin: H. Steinitz [1899]. (3 Bl., 194 S.) 1 Bd 8.
= Bibliothek, Naturalistische. Bd 30. [illegible]

— eine arme Seele, s. a. Album. Bibliothek deutscher Originalromane.

Ring, Max
Eine arme Seele. Roman. Bd 1-3.
Prag: Kober & Markgraf 1859. 8°
(Album. Bibliothek dt. Originalromane. Jg. 14, Bd 21-23.)

Ring, Max
Seelenfreunde. Roman. Berlin 1871.
In: Roman-Zeitung, Deutsche. Bd 2.3.

Ring, Max, Seelenfreunde. Roman. 3 Bde. 8. (268, 268 u. 266 S.) Berlin 871. Janke. 12. —

— Sieg der Liebe. Geschichtliche Erzählg. aus dem J. 1870. 8. (127 S.) Ebend. 886. n. 1. —

—— der Sohn Napoleons. (Herzog von Reichestadt.) Geschichtliches Lebensbild in 2 Bdn. br. 8. (V und 650 S.) Berlin 860, [Duaas.]

— der Sohn Napoleons. [Herzog v. Reichsstadt.] Geschichtliches Lebensbild in 2 Bdn. Berlin 860. Vogel. 8. (3 Bl., 650 S.) 3 ℛ

— die Spiritisten. Erzählung. 8. (131 S.) Ebend. 885. n. 1. —

— Stadtgeschichten. 4 Bde. 16. 1. Christkind-Agnes. (VI u. 286 S.) 2. Die Chambregarnisten. (290 S.) 3. An der Börse. (252 S.) 4. Feine Welt. (242 S.) Leipzig u. Berlin 852, Simion. (à 5/6 ℛ) 3⅓ ℛ

Ring, Max v., Stadtgeschichten. 4 Bde. 16. Leipzig 852, [Voigt und Günther.] à Bd. 25 Ngr. Thlr.
Inhalt:
Bd. 1. Christkind Agnes. (VI und 286 S.)
" 2. Die Chambregarnisten. (290 S.)
" 3. An der Börse. (252 S.)
" 4. Feine Welt. (242 S.)

—— neue Stadtgeschichten, s. a. Album. Bibliothek deutscher Originalromane.

Ring, Max

Neue Stadtgeschichten. Bd 1-3.
Prag, Leipzig: Kober 1858. 8°
(Album. Bibliothek dt. Originalromane. Jg. 13, Bd 14-16.)

1. Die Geschiedene.
2. Der Waisenknabe.
3. Die Erben.

— neue Stadtgeschichten. 2 Bde. Berlin 865. Janke. 8. (422 S.) 2 $ 7½ ngr.

—— neue Stadtgeschichten. 3 Bde. [Der Herr Professor. Auch ein Gründer. Durch Kampf zum Frieden.] 8. (221; 165; 186 S.) [Leipzig 876, C. J. Günther.] Berlin, Nicolai'sche Buchh. †

— Streber u. Kämpfer. Zeitroman. 2 Bde. 8. (243 u. 247 S.) Jena 888. Costenoble. n. 7. —

Ring, Max, Aus dem Tagebuche eines Berliner Arztes. Berlin 856. Hofmann u. Co. 8. (169 S.) 15 ngr.

— unterm Tannenbaum. Eine Weihnachtsgeschichte. 8. (203 S.) Berlin 885. A. Reinecke. n. 3. —; geb. n. 3. 80

— unterm Tannenbaum. Eine Weihnachtsgeschichte. Volksausg. 8. (203 S.) Berlin 889. A. Reinecke. n. 1. 50

— eine unversorgte Tochter. Roman. 2 Bde. 8. (192 u. 166 S.) Jena 876. Costenoble. 5. 25

— eine unversorgte Tochter. Roman. 2., wohlf. Ausg. 2 Thle. in 1 Bde. 8. (192 u. 166 S.) Jena (1876) 880. Costenoble. 3. —

—— Unfehlbar. Zeitroman. 4 Bde. 8. (216; 238; 216; 250 S.) Jena 874, Costenoble.

Ring, Max, Verirrt und Erlöst. Roman in 2 Bdn. 2 Thle. Gotha 855. Scheube. 8. (334; 329 S.) n. 3 $. 10 ngr.

—— lose Vögel. Humoristische Erzählungen, Kriminalgeschichten und Novellen. 2 Bde. br. 8. (à III, 288 S.) Berlin 872, Hausfreund-Exped. [Posen, Merzbach.] *

—— wahnsinnig auf Befehl. Erzählung. 8. (85 S.) Leipzig 885, [Denicke's Verlag.] Brehse. *
geb. *

— die Weltgeschichte ist das Weltgericht! Louis Napoleon Bonaparte. 1. u. 2. Aufl. Berlin 870. allgem. deutsche Verlagsanstalt. 8. (VII, 264 S.) n. 20 ngr.

Einfluss der Verdauung auf das Drehungsvermögen von Serumglobulinlösung, von Dr. M[aximilian] Ring, Ass.-Arzt. *Würzburg: A. Stuber 1902.* (13 S.) 8°
= Verhandlungen d. physikal.-medic. Gesellschaft zu Würzburg. N. F. Bd 35, No 1.

Ring, Mich., Bericht üb. die Curtius-Handschriften d. ungarischen Nationalmuseums. gr. 4. (19 S.) Budapest 873. Aigner. n. 1. 20

Ring, Mich., altlateinische Studien. [Das Arvallied u. die salischen Fragmente. — Zur Semasiologie der indogermanischen Stammbildung. — Beiträge zur Erklärung des Templum von Piacenza.] gr. 8. (234 S.) Pressburg 882. Steiner. n. 4. —

— zur Tropik Pindar's. gr. 8. (45 S.) Ebend. 873. n. 1. —

Ring, N., s. Ring, Viktor

Ring, N. O., Theosophie u. Anarchie. Offener Brief an Hrn. Ernst Ewald, s.: Schriften, theosophische.

Ring, Thomas Siegfried [Praes.], s. Düsing, Gerhard: De jure offerendi posterioribus hypothecariis contra priores competente.

Ring, Thomas Siegfried [Praes.], s. Grundmann, Gottfried Wilhelm: De inspectione alienarum literarum.

Ring, Vikt., s: Archiv f. bürgerl. Recht.

— das Handelsgesetzbuch, s.: Lehmann, K.

Ring, V., asiatische Handlungscompagnien Friedrich's d. Grossen. Ein Beitrag zur Geschichte d. preuss. Seehandels u. Aktienwesens. gr. 8. (VIII, 336 S.) Berlin 890. C. Heymann's Verl. n. 8. 50

— s.: Jahrbuch f. Entscheidgn. d. Kammergerichts.

Ring, V., deutsche Kolonialgesellschaften. Betrachtungen u. Vorschläge, nebst e. Anh., enth. d. Statuten d. Deutschen Kolonial-Gesellschaft f. Südwest-Afrika, d. Neu-Guinea-Compagnie u. der Deutsch-Afrikan. Gesellschaft. gr. 8. (144 S.) Berlin 887. C. Heymann's Verl. n. 3. —

— s.: Kommentar zum bürgerl. Gesetzbuche u. seinen Nebengesetzen.

Ring, Vikt., der Maklergesetz-Entwurf. Betrachtungen u. Vorschläge. gr. 8. (56 S.) Berlin 886. C. Heymann's Verl. n. 1. —

Ring, Vikt., das Reichsgesetz, betreffend die Kommanditgesellschaften auf Aktien und die Aktiengesellschaften, mit einer Einleitung und Erläuterungen hrsg. 4 Lfgn. gr. 8. (VIII, 624 S.) Berlin 884—86, C. Heymann's Verlag. *

—— Das Reichsgesetz betr. die Kommanditgesellschaften auf Aktien u. die Aktiengesellschaften. Vom 18. Juli 1884. Erläutert. 2. völlig umgearb. Aufl. 2 Hälften. gr. 8. Ebd. [1. Hälfte. (S. 1—336.) 892. * 8 —; 2. Hälfte. (VIII, S. 337—756.) 893. * 12 —.] * 20 —
geb. * 22 50

Ring, Ivar, s.: Meisternovellen nordischer Frauen.

Ring-Zobrów, Joó Fr. v., Enthüllungen zum Sternberg-Prozess u. der Oberstaatsanwalt. Die Staatsbürger-Zeitung bei der Arbeit. gr. 8. (15 S.) Berlin (900). H. Schildberger. n. — 50

Ringbüchlein. Abriss deutscher Weltansicht. (28 S.) 8. Weimar 904. Verlag der Iduna. n. — 50

Ringe, die drei Lessing'schen. 5., 6. und 7. Auftritt des 3. Aufzugs aus „Nathan der Weise." Ins Hebräische übers. von M. Berliner. gr. 8. (14 S.) Mannheim 856, (Bensheimer.) *

Ringe, D., zum Sprachgebrauch des Caesar I. [et, que, atque (ac).] gr. 4. (21 S.) Göttingen 880. (Vandenhoeck & Ruprecht.) n. 1. 20

Ringe, M., Wildbad u. seine Umgebungen in Wort u. Bild. Mit 50 Zeichngn., nach H. Drück, E. Kepler, W. Zweigle u. A. in Holzschn. ausgeführt. gr. 8. (88 S.) Stuttgart 884. (Wildbad, Ringe.) geb. m. Goldschn. n. 6. —

Ringe, Oskar, a. Hannover: 1. Über Wasserstoffsuperoxydbildung. 2. Über die Darstellung von Argon aus Luft mit Calciumcarbid. (Berlin 1908: G. Schade.) (51 S.) 8°
Berlin, Phil. Fak., Ref. Fischer, Diss. v. 4. Aug. 1908
[Geb. 24. Dez. 84 Hannover; Wohnort: Harzburg; Staatsangeh.: Preußen; Vorbildung: Oberrealsch. Hannover Reife O. 03; Studium: Heidelberg 4, Berlin 6 S.; Rig. 20. Juli 08.]

Ringe, Otto [pr. Arzt]: Über Schrumpfung und Insuffizienz der Aortaklappen bei Aortensklerose ... München, Druck v. F. Bickel, 1895; 28 S., 1 Bl. 8.
München, Med. Fak., Inaug.-Diss. v. 1895

Ringe, S., die Schule d. Witzes, od.: die Kunst in 45 Minuten witzig zu werden. Ein Werk, besteh. aus einigen guten Vorreden u. einigen übeln Nachreden. 8. (3 B.) Preßburg 835, (Schaiba.)

Ringe, S., die Schule des Witzes, od. die Kunst in 45 Minuten witzig zu werden. 2. Aufl. 16. (3 B.) Preßburg 845, (Schaiba.)

Ringeisen, Alfons [app. Arzt aus Erstein]: Über die Fractur des Oberarmhalses mit gleichzeitiger Luxation des Kopffragmentes. ... Strassburg i. E., Strassb. Druckerei u. Verlagsanst., 1890; 32 S. 8°
Strassburg, Med. Fak., Inaug.-Diss. v. 1890

Ringel, Carl August, s. Ringel, Karl August

Ringel's, (Frz.), Blitzrechner. Ein unentbehrl. Hilfsbuch f. jeden Lohnzahler, Gewerbetreibenden u. Beamten. (III S. u. 100 Sp.) schmal Lex.-8. Dresden (905) G. Kühtmann. n. 1. 80; geb. in Leinw. n. 2. 40

Ringel's Blitzrechner. Ein unentbehrl. Hilfsbuch f. Beamte, Geschäftsleute u. Gewerbetreibende, insbesond. f. jeden Lohnzahler. 2. Aufl. (III S., 100 Sp. u. 2 S.) Lex. 8. Dresden (910). G. Kühtmann. 1.80; geb. in Leinw. 2.40

Ringel, Fridericus: De natura et viribus herbae Ledi palustris seu Rorismarini silvestris. [Praeses:] Carolus Henricus Dzondi. Halae (1824): Grunert. 26 S. 8°
Halle-Wittenberg, Med. Diss. v. 31. Jan. 1824
Geb. Bochum (Westf.) [6. 10. 1798]. [V. in Dzondi's Progr., vgl. Nr. 716]
Verf. erlebte die Diplomerneuerung 1874 als Arzt in Barmen

Ringel, Karl August

Ringel, Carl August (Guben/Lausitz), **De jure testandi quod competit filiofamilias.** Diss. Präs. Ernst Gottfried Christian Kluegel. Wittenberg (Fr. I. Seibt) 5. IV. 1806. 32 S. (4.25) 28907

Ringel, T., Kriegserfahrungen aus d. südafrikanischen Kriege, s.: Flockemann, A.

Ringel, Tom [cand. med. aus Hamburg]: Ueber den Keimgehalt der Frauenmilch ... (Aus: Münch. Med. Wochenschr., 1893.) München, J. F. Lehmann, 1893; 16 S. 8.
München, Med. Fak., Inaug.-Diss. v. 1893

Ringelberger, Anselm, der christl. Besuch am Krankenbette, od.: „Selig sind die Friedfertigen, denn sie werden Kinder Gottes genannt werden." Ein lehrr., mit herzerheb. Beispielen u. christl. Ermahnungen ausgestatt. Lesebüchl. auf d. Krankenlager, f. Bürger, Landleute u. Feiertagsschüler. 8. (5¼ B.) Augsburg 834, v. Jenisch u. Stage'sche Buchh.

Ringelbrech, G. T., (praes. J. D. Kluge) de antiquissimorum hominum christ. precibus solemnibus pro mora finis. Tremon. 1744. 4.

Ringele, Martin

Ringele, der Hinterwälder Rindviehschlag. Beschrieben v. R. 8. (31 S.) Karlsruhe 886. (Berlin, Parey.) n. — 50

Ringele, Mart., Tafeln zur schnellen Bestimmg. der Points d. Hinderländer-Rindviehes bei Prämiierungen zum A. Lydtin'schen Meßverfahren. 12. (8 S.) Schopfheim 891. Uehlin. n. — 30

Ringelhan, Jo., Dogmata catholico-theologica de contritione, confessione et satisfactione partim per sacramentum poenitentiae partim per indulgentias a poenitente praestari solitae occasione anni iubilaei propositionibus erroneis Lutheri opposita ac probatione veritatis, animadversione falsitatis dilucidata. Breslau 1725. 8°.

Ringelhan, Io., Disquisitio de gradibus unitatis in ecclesia sive liquidationis controversiarum, quae cum ecclesia Romano-catholica Protestantibus intercedere videntur. Decas I. et II. ... Wratislaviae 1729. in fol.

Ringelhardt, Bernh., die Kunst, alle Arten Abgüsse u. Abdrücke v. Münzen, Medaillen, Cameen, Glaspasten, Käfern, Insekten &c. in Stanniol, Gyps, Schwefel, Wachs, Siegellack &c. &c. auf's sauberste u. vollkomm. zu verfertigen, nebst Anweis. zum Abklatschen u. Beschreib. d. neuest. französ. Stichirmaschinen. Mit Abbild. (1 lith. Bl. qu. Fol.) 8. (5 B.) Quedlinburg 834, Basse.

Ringelhardt, Robert

— zur Beurtheilung des Wassers als Heilmittel. Leipzig 856. Roßberg. gr. 8. (21 S.) 6 ngr.

Ringelhardt, Robert (Cöln), De diagnosi ulceris syphilitici primarii. Diss. med. Leipzig (Staritz) 20. XI. 1844. 20 S. (4.—) 28909
Gew.: Wilhelm Friedrich.

Ringelhardt, Rob., Mutterpflichten. Ein zuverlässiger Rathgeber vor, an und nach dem Wochenbett. Glauchau (856.) Moritz. 8. (XV, 144 S.) 10 ngr.
Neue Titel-Ausg. von „Der Rathgeber am Wochenbett". 845.

Ringelhardt, R., Mutterpflichten. 2. Ausg. 8. (144 S.) Glauchau 856, Moritz. *

Ringelhardt, Rob., der Rathgeber am Wochenbett. Zur Belehrung für Hausfrauen. gr. 8. (10 B.) Glauchau 845, Cramer.

Ringeling, Otto, Klage gegen den renitenten Pfarrer J. Wetzell in Kassel wegen der von ihm geschehenen Ausschließung von fünf Gliedern der renitenten Gemeinde daselbst u. Appellation an das geistliche Amt der renitenten hessischen Kirche auf Grund der hessischen Kirchenordnungen vom Jahre 1657. Zur unpartheiischen Beurtheilung hrsg. 8. (IV, 134 S.) Kassel 880. (Jungklaus.) n. 1. —

Ringeling, Otto, Klage gegen den renitenten Pfarrer J. Wetzell in Kassel wegen der von ihm geschehenen Ausschließung von fünf Gliedern der renitenten Gemeinde daselbst und Appellation an das geistliche Amt der renitenten hessischen Kirche auf Grund der hessischen Kirchenordnungen vom J. 1657. Zur unpartheiischen Beurtheilung hrsg. 8. (IV, 134 S.) Kassel 880. (Klaunig.) *

Ringeling, *Wilhelm: Ansprache bei der fünfzigjährigen Jubelfeier der Anstalt.* 4 (S. 11–19).
Progr. Großh. Rsch. *Schönberg* im Fürstent. Ratzeb. 1896

[Ant. u. F.] **Ringeling,** *Wilhelm* [Dir. Rat]: *Bericht über die Feier des 50jährigen Bestehens der Anstalt.* Schönberg, Buchdr. v. L. Bicker, 1896; 13–19 S. 4.
Schönberg im Fürstent. Ratzeb., grossh. R, OP 1896 (681)

Ringelmann, A. Fr.: Ueb. d. histor. Ausbild. u. rechtl. Natur d. Einkindschaft. Inauguralabhandl. *Würzburg*, Stahel. 826. gr. 8. (11 Gr.)

Ringelmann, Karl Joseph

— Abhandl. von rheumatischen Zahnweh. 8. Würzb. 800. (Besché in Frkf. a. M.) 3 gr

Ringelmann, C. J. v., Abhandlungen über das rheumatische Zahnweh. 8. Würzb. 800. Jetzt Göbhardt in Bamberg.

— über die Entzündung. 8. Würzb. 801.

Ringelmann, Karl Jos., de ossium morbis eorumque, in specie dentium, carie. 4. Rudolst. 825. Langbein. 6 gr

Ringelmann, K. Jos., de necrosi ossium. 4. Rudolst. Kluger. 805.

— der Organismus des Mundes, besond. der Zähne, deren Krankheiten u. Erziehungen f. Jedermann, insbesond. f. Aeltern, Erzieher u. Lehrer. 8. Nürnb. 824. Riegel u. W. 2 ℛ

— von rheumatischen Zahnweh. 8. Würzburg, Rienner. 800.

Ringel-Ringel-Reihe. Ein Leinwand-Bilderbuch für Kinder. 1. und 2. Aufl. Zwei Sorten. gr. 8. (6 Chromolithogr. mit eingedr. und 2 S. Text.) Wesel 883,84, Dümmler. geb. à Sorte

Ringel-Ringel-Reihe. (Ausgestanzt.) qu. 4. (14 S. m. z. Tl. farb. Bildern.) München 891. Nürnberg, Th. Stroefer. n. — 75

Ringel-Ringel-Reihe! 2 Sorten. qu. 4. (à 6 Farbdr. m. Verschen.) Stuttgart 897. G. Weise. à — 40; in 1 Bd. kart. — 75; unzerreißbar, auf Pappe geb. 1. 25; als Leporello-Album auf Pappe 1. 25

Ringel-Ringel-Reihe. gr. 8. (12 S. m. z. Tl. farb. Abb.) Konstanz (899). E. Hirsch. — 25

Wallner. — Ringelschwendtner, Maximus, Cooperator. — Anton ..... salzburgischer Schützenmajor im Jahre 1809. Ein Gedenkblatt. Mit 2 Bildern. — Siehe: „Mittheilungen der Gesellschaft für Salzburger Landeskunde." 40. Bd. Gruppe OIIIm. Salzburg 1901.

vgl. Ringlschwendter, M.

Ringeltaube, Carl, s. Ringeltaube, Karl

Ringeltaube, Ernst, Prof.: Zur Lehraufgabe des Deutschen in Obersekunda. Stargard i. Pomm. 1906: O. Straube. (56 S.) 4°
Stargard Pomm., k. G P 1906 (182)

Ringeltaube, Ernst Friedr., das Christenthum u. der Zeitgeist, oder Beleuchtung einiger Zeitfragen auf dem Gebiet der Kirche mit den Worten der heil. Schrift. gr. 8. (15½ B.) Berlin 845, J. A. Wohlgemuth, Berl. *

Ringeltaube, Ernst Friedr., die erste Gottes-Offenbarung oder die Erschaffung der Welt und des Menschen, als Grundlage der christlichen Jugend-Erziehung. Vorträge in einer Lehrer-Conferenz gehalten. Berlin 854. Hayn. gr. 8. (VI, 192 S.) 1 ℛ

Ringeltaube, Gli., († ...) s. 1) Bolluck, Predigten. 2) Glaube, Hoffnung, Liebe. 3) Psalmen.

* Ringeltaube, G., Uebersetzung d. Psalmen, mit beständiger Rücksicht auf ihre Einheit u. d. verwandten morgenländischen Sprachen. 1r Thl. gr. 8. Leipzig, Weidmann. 790.

Ringeltaube, Karl

Ringeltaube, Carl (Schlesien), De dysenteria. Präs. Philipp Friedrich Meckel. Halle (Fr. D. Franck) 28. III. 1801. 23 S. (4.25) 28910
Gew.: Johann Gottfried Morgenbosser.

Ringeltaube, Michael

— s. Beitr. von d. Wahrheit d. christl. Religion, u. setze hinzu: (v. Mch. Ringeltaube).

Ringeltaube, Mich., († d. 10. Febr. 1784.) Briefe an die Christen in der Welt. 2 Thle. gr. 8. Bresl. 757—58. (Gosohorsky). 1 ℛ

— v. d. Charakter e. Superintend. 4. Frankf. Strauß. 753.

— Nachr. v. polnisch. Bibeln, v. deren mancherl. Uebersetzungen rc. 8. Ebend. 744.

— die Religion der Engel. 2 Bdchen. 8. Bresl. 757, 58. (Gosohorsky). 2 ℛ 4 gr

— Religion d. Engel. 2 Bdch. 8. Ebend. 760—61. (1r 16 gr. 2r 12 gr.)

— d. Religionsspötter, in seiner Blöße dargestellt. 8. Bresl. 756. (Gosohorsky). 6 gr

— der Spötter, vernunftsinnlich entworfen. 8. Bresl. 755.

s.a. Zärtlichkeit, von der.

— Von der Zärtlichkeit (von *Michael Ringeltaube*). Breslau und Leipzig 1765. (In München 2 Expll.: Ph. sp. 721c; Ph. pr. 1281h; auch im British Museum.)
Anon.-Lex. IV. p. 348 (nach Hayn, Kayser u. d. Cat. d. genannt. Museums).

Ringeltaube, Sylv. W., Beytrag z. d. Augsb. Confess. Gesch. in Preuß. u. Polen. 8. Danzig. 746.

Ringeltauben, Jakob (Thorn/Preußen), De utilitatibus quas attulit philosophia ad jura et jurisprudentiam Romanam. Diss. acad. Präs. Martin Gottlieb Pauli. Leipzig (G. W. Pouillard) 5. IV. 1753. 23 S. (4.50) 28911

Ringen, Albr., vom Theater der Seele. (75 S.) 8. Stuttgart (908). Charlottenburg, A. Juncker Verl. 1. 50

Ringenbroig, Jh. Gph., s. 1) Chicoyneau, von der Pest. 2) *Rhazes*.

Ringenhayn, Kaspar Gottfried

Ringenhayn, Caspar Gottfried (Dresden), Diss. philol. qua diss. cuiusdam anonymi Germanica in Biblia Sacra U. T. sive Biblischer Untersuchungsschriften Erster Versuch. Präs. Christian Sigismund Georgi. Wittenberg (Scheffler) 2. V. 1738. 46 S. (5.25) 28912

Ringens, Joannes Christianus (geb. am 4 Juni 1810 in Aachen): De sudoris pedum et praesnteis [!] et suppressi pathologia ac therapia ... Bonnae, typ. F. Baadeni (1835). 24 S., 1 Bl. 4.
Bonn, Med. Fak., Diss. v. 12 Sept. 1835

Ringenthal, Amalie; od. Rache u. Eifersucht durch Briefe. Trauersp. von Preidha. 8. Prag, Schönfeld. 785.

Ringenwalde [Schlagwort]

Ringenwalde, s.: Geologische Karten (Preussen).

Ringenwalde, s.: Mark.

†**Ringer,** Ferd., [Herm. Pretzell], Gedichte. 8. (VII, 104 S.) Eichstätt 875, Krüll'sche Buchh. *
2. Sammlung s. Pretzell, Herm.

Ringer, Max, Ingo. Dramatisches Sittenbild aus deutscher Vergangenheit. Nach Gustav Freytags gleichnam. Roman bearb. (96 S.) 8. Wien (904.) Verlagsanstalt neuer Literatur u. Kunst. n. 2. 50

Ringer, P., **Katechismus** d. Obstgärtnerey. 8. Passau, (Mayr in Salzb.) 804.

Ringer's, Sydney, Handbuch der Therapeutik. Nach der 5. engl. Aufl. mit Bewilligung des Verfassers von deutschen Aerzten frei übersetzt. gr. 8. (IX, 672 S.) Stuttgart 877. Enke. n. 12. —

Ringer, W. E., fortgesetzte Strommessungsversuche in der Nordsee, s.: Publications de circonstance du conseil perman. internat. pour l'exploration de la mer. (Dalhuisen, A. F. H.)

Opferfeuer. Roman von Gabriele **Ringertz**. Einzig autor. Übers. aus d. Schwed. von Henny Bock-Neumann. (Vorr.: Ellen Key.) Berlin & Leipzig: Schuster & Loeffler 1907. (237 S.) 8° [F.] 07. 17960

Ringethal [Schlagwort]

Ringethal, s: Geringswalde.

Ringger, Georg. Gedenk-Blätter an die Einweihungs-Feier des neuen evang. Schulhauses zu Altstätten. Hrg. von G' R'... 8. Altstätten 1886.

Ringger, Georg. Die neue evangelische Kirche in Altstätten. Festschrift zur Erinnerung an den Bau und die Einweihung (*Umschlag:* Festschrift zur Er' an die Einw' der neuen evangelischen K' in A', 25. März 1906). Hrg. von G' R', Dekan. [Mit 1 Ansicht im Text, 11 Tafeln und 1 Beilage.] VIII + 189 [+ *Beilage* 4] S. 8. Altstätten, (A. Vetter), 1906. [fr. 3. 75]
Beilage: Programm der Einweihungsfeierlichkeiten (18. März — 1. April 1906).
S. 1—54: Zur Geschichte der evangel. Kirchgemeinde Altstätten.

Ringger, R[udolf]. 6 Federskizzen aus der Heimat [Ansichten] von R. Ringger, Küsnacht. 2 Serien: A *und* B. 12 Postkarten, *je 6 in 1 Couvert.* 8. [Zürich, J. J. Wagner & Cie., 1901.] [*per Serie* fr. —. 50]

Ringger, R., Taschenbuch für das farbige Ornament, s.: Häuselmann, J.

Ringger, R., petit traité d'ornements polychromes, s.: Haeuselmann, J.

Ringger, R., 12 Vorhängetafeln f. den Zeichenunterricht in höheren Lehranstalten, Seminarien, Mittelschulen, Volksschulen u. Fortbildungsschulen. Hrsg. vom Vereine deutscher Zeichenlehrer. 63×81 cm. Stade 890. (Pockwitz.) In Mappe. n. 3. —

Ringger R. 6 Wandtafeln für den Unterricht des Freihandzeichnens etc. Studienblätter des historischen Ornamentes. I. Abteilung. (m Text) Küssnacht-Zürich

Ringgli, Gotthart R'. [S.A.] a. R[ahn], J[ohann] R[udolf].

Ringgli, Ghart, ein Zürcher Maler des 16. und 17. Jhdts. [Zürich 1886.] V: *Rahn, Joh. Rud.* (Zuwachsverz. der Bibliotheken in Zürich 1898 ff.)

Ringhardtz, Hermann

Ringhardtz, *Karl Julius* Herrmann *Max Wilhelm* [app. Arzt aus Bochum]: Aus d. Laboratorium d. pharmakognost. Sammlung in Kiel. Beitrag zur Kenntnis der Wirkung des Metanicotin ... Kiel, Druck v. A. F. Jensen, 1895; 21 S., 1 Bl. 8.
Kiel, Med. Fak., Inaug.-Diss. v. [28. Juni] 1895

Ringhardtz, Karl Julius Hermann Max Wilhelm, s. Ringhardtz, Hermann

Ringhoffer, Carl, s. Ringhoffer, Karl

Ringhoffer, Eman., Lehre vom Hochbau. Ein Compendium für Vorlesungen u. zum Selbst-Unterricht. Mit 1 Atlas enth. 32 (lith.) Fig.-Taf. (in Fol.) Brünn 862. Buschak & Irrgang. 4. (VI, 281 S.) n. 5 ℛ 10 ngr.

Ringhoffer, Eman., Lehre vom Hochbau. Ein Kompendium für Lehranstalten u. zum Selbst-Unterrichte. Mit einem Atlas, enthaltend 32 (lith.) Figurentaf. 2. Aufl. [für das Metermass eingerichtet u. mit Ergänzungen versehen]. 4. (273 S.) Brünn 878. Buschak & Irrgang. n. 16. —

Ringhoffer, Karl (Hrsg.), s. Bernstorff, Albr. v.: Im Kampfe für Preussens Ehre.

[F.] Ein Dezennium preussischer Orientpolitik zur Zeit des Zaren Nikolaus (1821—1830)'. Beiträge z. Gesch. d. auswärt. Beziehgn Preussens unt. d. Ministerium d. Grafen Christian Günther v. Bernstorff. M. zahlr. Akten-Beil. a. d. K. Geh. Staats-Archiv zu Berlin. Von Karl **Ringhoffer,** Dr. phil. *Berlin & Leipzig: F. Luckhardt 1897.* (1 Bl., v, 443 S.) 1 Bd 8. 97. 2463

Ringhoffer, Carl, über die Flugschriften-Litteratur zu Beginn des spanischen Erbfolgekriegs. gr. 8. (V, 120 S.) Berlin 881. Mittler & Sohn. n. 2. 40

Ringhoffer, Karl, s.: Im Kampfe f. Preußens Ehre.

Ringholz, P. Odilo. Die Ausbreitung der Verehrung des hl. Meinrad. [Mit 1 Vignette und 1 Tabelle.] SA. 8. Zürich 1900.

Ringholz, Odilo. [1.] Die Ausgaben des Abtes Ludwig II. von Einsiedeln in den Jahren 1527 bis 1533. (Text [mit] Einleitung); [2.] Der Freiherrenberg bei Einsiedeln und Hans Jakob, Freiherr von Mörsperg und Beffort; [3.] Abt Gerold von Einsiedeln und Papst Pius II). Von P. O' Ringholz O. S. B. Sonderabdruck aus den «Mitteilungen des Historischen Vereins des Kantons Schwyz, Heft 14, 1904. 11 + 71 S. 8. (Schwyz, Emil Steiner, 1904.)

Ringholz, Odilo, der selige Markgraf Bernhard v. Baden in seinem Leben u. seiner Verehrung. gr. 8. (XIV, 200 S. m. 18 Abbildgn. u. 3 Farbentaf.) Freiburg i/B. 892. Herder. n. 4. 50; geb. n. 6. —

— dasselbe. Volks-Ausg. gr. 16. (VI, 98 S. m. 7 Abbildgn. u. farb. Titelbild.) Ebd. 894. n. — 50; kart. n. — 60

— Der selige Markgraf Bernhard v. Baden. Volksausg. 2. Aufl. (VIII, 98 S. m. 12 Abb. u. farb. Titelbild.) 16. Freiburg i/B. (908). Herder. — 60; kart. — 80; geb. in Leinw. 1. —

Ringholz, P. Odilo. Binzen — Geschichtliche Ortsnamen im Bezirke Einsiedeln. Sonder-Abdruck aus den «Mitteilungen des Historischen Vereins des Kantons Schwyz», Heft 17, 1907. II + 54 S. 8. [Schwyz, Emil Steiner.]

Ringholz, Odilo, O. S. B., Geschichte des Benediktinerinnenklosters zu Allen Heiligen in der Au bei Einsiedeln. (142 S. m. 51 Abbildgn.) kl. 8. Einsiedeln 909. Verlagsanstalt Benziger & Co. nn 1. —

Ringholz, P. Odilo, O. S. B. Geschichte des fürstl. Benediktinerstiftes U. L. Fr. zu Einsiedeln unter Abt Johannes I. von Schwanden. 1298—1327. Mit besonderer Berücksichtigung des schwyzerisch-einsiedeln'schen Marchenstreites (1114—1350). Mit urkundlichen und artistischen Beilagen. In-8°, VII u. 297 S., mit 1 Tafel in Chromolith. u. 1 Karte. Einsiedeln, Benziger & Cie. 1888. 5. —
, Sep.-Abdr. aus dem „Geschichtsfreund", Bd. 43.

Ringholz, Odilo, O. S. B., Geschichte des fürstl. Benediktinerstiftes U. L. F. v. Einsiedeln, seiner Wallfahrt, Propsteien, Pfarreien u. übrigen Besitzgn. Mit besond. Berücksicht. der Kulturgeschichte. I. Bd. (Vom hl. Meinrad bis zum J. 1526.) Mit ca. 130 Orig.-Illustr. im Text, e. großen Spezialkarte des Stiftsgebietes u. seiner Umgebg., verschiedenen and. kartograph. Beilagen, 1 Lichtdr. u. 4 mehrfarb. Einschaltbildern. (In 10 Lfgn.) 1. Lfg. gr. 4. (S. 1—64.) Einsiedeln 902. Verl.-Anstalt Benziger & Co. n. 2. 60

Ringholz, Odilo, O. S. B., Geschichte des fürstl. Benediktinerstiftes U. L. F. v. Einsiedeln, seiner Wallfahrt, Propsteien, Pfarreien u. übrigen Besitzungen. Mit besond. Berücksicht. der Kulturgeschichte. I. Bd. (Vom hl. Meinrad bis zum J. 1526.) Mit 171 Illustr. im Text, wovon ca. 140 Orig.-Illustr., e. großen Spezialkarte des Stiftsgebietes u. seiner Umgebg., 2 kartograph. Beilagen, 1 Heliograv., 2 Lichtdr., 4 mehrfarb. u. 2 einfarb. Einschaltbildern. 2.—10. Lfg. (XIII u. S. 65—755.) gr. 4. Einsiedeln 902—904. Verlagsanstalt Benziger & Co. n. 26. —; (vollst.) n. 28. 60; geb. in Leinw. n. 35. — ; in Ldr. n. 40. —)

Ringholz, P. Odilo. Geschichte der Pferdezucht im Stifte Einsiedeln. Sonderabdruck aus dem Landwirtschaftlichen Jahrbuch der Schweiz, Jahrg. 1902. [Mit 1 Vignette und 1 Stammtafel.] II + 76 S. 8. Bern, K. J. Wyss, 1902.

— Geschichte der Insel Ufnau im Zürichersee. (96 S. m. 43 Abb.) kl. 8. Einsiedeln (908). Verlagsanst. Benziger & Co. — 80

Ringholz, P. Odilo. Das Erlauchte Haus Hohenzollern und das Fürstliche Benediktinerstift U. L. Fr. zu Einsiedeln in ihren gegenseitigen Beziehungen dargestellt. S.A. 8. Sigmaringen 1899.

Ringholz, P. Odilo. Der heilige Märtyrer Meinrad, erster Bewohner und Patron von Einsiedeln. [Mit 1 Tafel.] 8. Einsiedeln ... und St. Ludwig (Elsass) 1900.

Ringholz, Odilo. Meinrads-Büchlein. Das Leben und die Verehrung des Märtyrers von Einsiedeln, samt den gewöhnlichen Andachten und Gebeten. Von P. O' Ringholz, O. S. B. ... Einsiedeln. [Mit Illustrationen und 2 Tafeln.] 302 S. 8. Einsiedeln *etc.*, Benziger & Co. A.-G., 1905. [geb. fr. 1. — u. 1. 90]

— der heilige Abt Odilo v. Cluny in seinem Leben u. Wirken. gr. 8. (VI, 126 u. Anmerkgn. 82 S.) Brünn 885. (Wien, Frick.) n.n. 3. —

Die Schindellegi im Kanton Schwyz weltlich u. kirchl. dargest. von P. Odilo Ringholz O.S.B. Mit 4 Einschaltbild. Schindellegi (Kanton Schwyz): Kirchenbau-Ver. 1906. (39 S.) 8° [J. u. Ant.] [06. 1390] B

—— des Benedictinerstiftes Einsiedeln Thätigkeit für die Reform deutscher Klöster vor dem Abte Wilhelm v. Hirschau. gr. 8. (V, 48 S.) Freiburg i. Br. 886, (Herder'sche Verlagsh.) *

Ringholz, Odilo, d. Benedictinerstiftes Einsiedeln Thätigkeit u. die Reform deutscher Klöster vor dem Abte Wilhelm v. Hirschau. [Aus: „Studien u. Mittheilgn. aus d. Benedictiner- u. Cistercienser-Orden".] gr. 8. (53 S.) Freiburg i/Br. 886. (Herder.) n. 1. —

(Ringholz, P. Odilo.) Kurze chronologische Uebersicht der Geschichte des fürstlichen Benediktinerstiftes Unserer Lieben Frau von Einsiedeln. Als Manuskript gedruckt. 8. Stift Einsiedeln 1900.

Ringholz, Odilo, O. S. B., Wallfahrtsgeschichte Unserer Lieben Frau v. Einsiedeln. Ein Beitrag zur Culturgeschichte. M. e. Titelbild in Lichtdr., 57 Abb. im Texte u. e. Karte. gr. 8. (XVI, 381 S.) Freiburg i/B. 896. Herder. n. 7. 50; geb. in Halbfrz. n. 10. —

Ringier. Zur Erinnerung an Paul Ringier, gewes. Pfarrer in Kirchdorf. Mit d. Portr. Gr. in-8°. 61 S. Bern, K. J. Wyss. 1898. 1 20

Ringier. Gesetzentwurf betr. Einführung der obligatorischen Viehversicherung mit Motivenbericht. Aarau 1893.

Ringier, A., siehe: *Distanzenkarte.*

Ringier, E., siehe: *Pozzi, S.*

Ringier, Ernst, Leiden u. Freuden e. Landarztes. Bilder, nach dem Leben gezeichnet. (VIII, 127 S.) 8. Frauenfeld 909. Huber & Co. 2. 40

Ringier, E[rnst]. Rätsel und Charaden. [Mit illustriertem Umschlag.] VIII + 124 [+ 42 leere] S. 8. Frauenfeld, Huber & Co., (1908). [geb. fr. 5. —]

— Reisebriefe v. der Orientfahrt im Juli 1910. (64 S.) 8. Münsingen 910. (Bern, A. Francke.) — 80

Ringier, Georg, prakt. Arzt aus Zofingen [Kt. Aargau]: Erfolge des therapeutischen Hypnotismus in der Landpraxis. München J. F. Lehmann 1891. 1 Bl., II. 204 S. 8°.
Zürich. Med. Diss. [v. 29. April 1891].

Ringier, Geo., Erfolge d. therapeutischen Hypnotismus in der Landpraxis. Mit e. Vorworte v. Aug. Forel. gr. 8. (VIII, 205 u. II S.) München 891. J. F. Lehmann's Verl. n. 5. —

Ringier, Hans, aarg. Fürsprech: Die nichterfüllbare Obligation im schweizerischen Obligationenrecht. Zofingen 1905. 88 S. 8°.
Bern. Jur. Diss. 1904 1905.

Ringier, Hans. Die Nichterfüllbare Obligation im Schweiz. Obligationenrecht. Diss. Jur. Bern. IV + 88 S. 8. Zofingen, Francke, Ringier & Cie., A.-G., 1905.

Ringier, Hieron., Eins ist noth! Ausgewählte Predigten aus dem Nachlasse. 1. und 2. Aufl. gr. 8. (VII, 272 S. mit lithogr. Portr.) Bern 881,82, Wyß. *

Ringier, H., eins ist noth! Ausgewählte Predigten aus dem Nachlasse. 3. Aufl. gr. 8. (VII, 272 S.) Bern 889. Wyß. n. 3. 20; geb. n. 4. 40

Ringier, H., menschliche u. göttliche Erziehung, s.: Volksschriften, Berner.

Ringier, Hieron., was suchet ihr? Neue Serie ausgew. Predigten aus d. Nachlasse. gr. 8. (V, 336 S.) Bern 897. K. J. Wyß. n. 3. 40

Ringier, J., 100 Denksprüche u. Liederverse zur Confirmation. Biel 866. Steinheil. gr. 8. (100 Bl.) In Couvert. n. 20 ngr

Ringier, Jérôme Ernst

Ringier, J. Ernst. von Bern und Zofingen: Der Abbé de Saint-Pierre. Ein Nationalökonom des 18. Jahrhunderts. Karlsruhe 1905. 135 S. 8°. [12. VII. 04.]
Bern. Phil. Diss 1904/1905.

Ringier, J[érôme] E[rnst]. Der Abbé (Charles-Irénée Castel) de Saint-Pierre. Ein Nationalökonom des XVIII. Jahrhunderts. 8. Karlsruhe, G. Braun, 1905.
Ausg. A: Diss. Phil. Bern von J. Ernst R' von Bern und Zofingen. II + 136 S.
Ausg. B: Von J. E. R', Dr. phil. 136 S. [M. 2. 80]

Ringier, J[ohann] J[acob]. Beschreibung der neulich in Zeit acht Tagen zu Fahrwangen und Dürrenäsch im untern Aergöw des Cantons Bern entstandenen zwey sehr förchterlichen Feuersbrünsten, samt einer daraufhin gehaltenen Brunst- und Steur-Predigt. 8. Bern 1782.

Ringier, Johann Rudolf

Ringier's, des Stadtschreibers J. R., aus Zofingen, Berichte aus der Abgeordneten-Versammlg. zu Bern vom 1. II. bis 16. III. 1798, hrsg. v. Frz. Zimmerlin, s.a. Neujahrsblatt des histor. Vereins v. Bern. 1899.

Die Berichte des Stadtschreibers J(oh). R(udolf) **Ringier** aus Zofingen aus der Abgeordneten-Versammlung zu Bern vom 1. Februar bis 16. März 1798. Hrsg. von Dr. Franz Zimmerlin. *Bern: K. J. Wyss 1898.* (44 S.) 4°
= **Neujahrsblatt** d. Historischen Vereins von Bern. 1899. [01. 6301]

Ringier, P., das Buch mit den sieben Siegeln. Ein Wort zum Verständniß der Offenbarung Johannis für denkende Christen. gr. 8. (72 S.) Bern 886, Huber und Comp. *

Ringier, P. Über Glauben und Wissen. Eine Orientierung in den wichtigsten Fragen der christlichen Dogmatik. Gr. in 8°. IX, 276 S. Bern, K. J. Wyss. 1896. 5 —

Ringier, P., Kanzelvortrag u. Hausbesuche. Praktische Erfahrgn. u. Winke aus dem Gebiete d. pastoralen Thätigkeit. gr. 8. (54 S.) Bern 888. Wyß. n. — 80

Ringier, Samuel

— des altchristl. Schweizerbotens Abfahrt, des Stillingsbotens 2r Gang. 8. Edd. 808.

Ringier, Samuel. Beantwortung verschiedener Einwürfe gegen den Wunsch die Anschliessung der Gemeinde Zofingen an Canton Bern betreffend, von S' R' allié Seelmatter. (Geschrieben in Zofingen, den 1sten Julii 1801.) 8. *o. O.* Heumonat 1801.

Ringier, S. allié Burkhardt, ehemals allié Seelmatter, (der Zusatz bei sm. Namen bezieht sich auf seine Ehe), mein Blick auf Jung-Stilling. 8. Basel 807.

— der Schweizerische Stillingsbote. 1r Gang. 8. Basel 807. ...

(Ringier, Samuel.) Vorstellungen und Bitten aus dem Argau. Der allgemeinen helvetischen Tagsatzung eingelegt den 21sten September, 1801. (Abgefasst, den Gesinnungen Vieler gemäss durch S' R', allié Seelmatter.) 8. Bern 1801.

Ringk, Carl Emil, s. Ringk, Karl Emil

Ringk, E. (Hrsg.), s. Zeitschrift, Schweizer, für Pharmacie.

Ringk, Karl Emil

Ringk, Carl Emil, medicinisch-pharmaceutische Statistik der Schweiz. Im Auftrage des schweizer. Apotheker-Vereins bearb. Schaffhausen 860. Brodtmann. gr. 8. (110 S. u. 2 Tab. in 4.) 12 ngr

Ringk, O., wie können wir Ansteckungskrankheiten als Diphtheritis, Scharlach, Stickhusten, Tuberkulose u. ihren Epidemien m. Erfolg entgegentreten? Eine wissenschaftl. Studie üb. Antibakterikon, e. Ozonpräparat, seine ärztlich erprobte Wirkg. u. seine hohe Bedeutg. f. d. öffentl. Gesundheitspflege. gr. 8. (96 S.) Berlin 890. Steinitz' Verl. n. 1. —

Ringk, Otto, mein dreijähriger Prozess gegen die „Victoria" zu Berlin. E. Mahnruf im öffentl. Interesse. gr. 8. (III, 122 S.) Berlin (sw., Toltowerstr. 22) 895. J. Rosenberg. n. 1. —

Ringkampf, der, s.a. Miniatur-Bibliothek.

Der Ringkampf, m. Abb. (Miniatur-Bibliothek, 765), Leipzig, 40 S., 16°. 1908.

Ringkanone, die 15cm. — C/72 und die eiserne 15cm. Ringrohr-Lafette C/72. Auf dienstliche Veranlassung gedruckt. Berlin 1875. 8.

Ringkjöbing [Schlagwort]

Ringkjöbing, s.: Europa. Liebenow.

Ringklib, Heinr., ausführliche Beschreibung des im Herbste 1843 in der Umgegend von Lüneburg stattgefundenen großen Uebungs-Lagers des 10. deutschen Bundes-Armee-Corps. Mit 1 Karte der Umgegend von Lüneburg, 1 Situationsplane des Lagers u. 2 Plänen rc. gr. 8. (6½ B.) Celle 844, Schulze'sche Buchh. *

Ringklib, H., statistisches Handbuch der Prov. Hannover. 1. Eintheilung der Prov. Hannover in Verwaltungs- und Gerichts-Bezirke. 2. Alphabetisches Ortschaftsverzeichniß, Angabe der Namen aller Ortschaften, ihrer Eigenschaft und der für jeden Ort zuständ. Verwaltungs- und Gerichts-Behörden, der Pfarre und der Postanstalt. 4. Ausg. gr. 4. (290 S.) Hannover 881, Klindworth. cart. **

Ringklib, H., statistisches Handbuch der Provinz Hannover. 1. Eintheilung der Provinz Hannover in Verwaltungs- und Gerichts-Bezirke. 2. Alphabetisches Ortschaftsverzeichniß, Angabe der Namen aller Ortschaften, ihrer Eigenschaft und der für jeden Ort zuständ. Verwaltungs- und Gerichts-Behörden, der Pfarre und der Postanstalt. 5. Ausg. gr. 4. (310 S.) Hannover 885, Klindworth. geb. **

Ringklib, H., statistisches Handbuch d. Prov. Hannover. 6. Ausg., neu bearb. v. J. J. Kettler. 4. (338 S.) Hannover 897. Klindworth. Geb. in Leinw. n.n. 10. —

—— statist.-topograph. Hand- u. Wörterbuch über den Landdrostei-Bezirk Lüneburg. Größtentheils nach amtl. Nachrichten bearb. gr. 4. (19½ B.) Celle 844, Schulze'sche Buchh. *

Ringklib, Heinr., statistische Uebersicht der Eintheilung des Königreichs Hannover nach Verwaltungs- und Gerichts-Bezirken in Folge der neuen Organisation der Verwaltung und Justiz. Nebst angehängtem statistischen Wörterbuche, welches in alphabetischer Ordnung die Namen aller Ortschaften und Gemeinden im Königreiche, deren Eigenschaft als Stadt, Vorstadt, Flecken, Dorf, rc., so wie die für jeden Ort zuständigen Behörden rc. nachweis't. Mit Genehmigung der Königl. Ministerien rc. nach den Ministerialacten bearb. 2. verb. u. verm. Aufl. Hannover 853. Schlüter. gr. 4. (XXVI, 222 S.) n. 1 ℛ𝓅.

Ringklib, Heinr., statistische Uebersicht der Eintheilung des Königreichs Hannover nach Verwaltungs- und Gerichts-Bezirken. Nebst alphabet. Ortschafts-Verzeichnisse, welches die Namen aller Ortschaften und Gemeinden im Königreich, deren Eigenschaft als Stadt, Vorstadt, Flecken ꝛc. nachweis't. Mit Genehmigung der königl. Ministerien des Innern und der Justiz nach den betreffenden königl. Verordnungen und den Ministerialacten bearb. 3., ganz neu bearb. Aufl. gr. 4. (XXIII und 228 S.) Hannover 859, (Meyer.) *

Ringkunst, die, des deutschen Mittelalters mit 119 Ringerpaaren (in eingedr. Holzschn.) von Albrecht Dürer. Aus den deutschen Fechthandschriften zum ersten Male hrsg. von Karl Wassmannsdorff. Leipzig 870. Priber. gr. 8. (XXIII, 203 S.) 2 ₰

Ringleb, A., Lehrbuch des Steinschnitts der Mauern, Bogen, Gewölbe u. Treppen. Zum Selbstunterr., sowie zum Gebrauch bei Vorträgen in Bau- u. Gewerbschulen. 4 Lfgn. Lex.-8. (23 B. u. 48 Stnt. in gr. Fol.) Berlin 844, Heymann. à 2 Thlr. 15 Ngr.

Ringleb, A., Lehrbuch d. Steinschnittes der Mauern, Bogen, Gewölbe u. Treppen. Zum Selbstunterricht, sowie zum Gebrauch bei Vorträgen an techn. Lehranstalten. 2. Aufl. Neu bearb. v. C. Riess. 4 Lfgn. Fol. (III, 62 S. m. eingedr. Fig. u. 48 Steintaf. in qu. gr. Fol.) Stuttgart 883. Wittwer. à n. 6. —

Ringleb, Alexander, Referendar: Die 'Begünstigung' im Sinne des § 346 R.St.G.B. Berlin 1909: Horn. 58 S. 8°
Erlangen, Jur. Diss. v. 22. Dez. 1909, Ref. Allfeld
[Geb. 20. Dez. 84 Berlin; Wohnort: Altlandsberg; Staatsangeh.: Preußen; Vorbildung: Kaiser-Wilhelms-Realgymn. Berlin Reife O. 05; Studium: Berlin 2, Freiburg i. B. 1, München 1, Berlin 2 S.; Rig. 29. Okt. 09.]
[U 10. 748

Ringleb, Heinrich, aus Bischhagen: Zur Diagnose einiger Magenerkrankungen aus dem Erbrochenen und Spülwasser. *Halle a. S. 1899: C. A. Kaemmerer & Co.* (16 S.) 8°
Halle, Med. Diss. v. 10. Juli 1899

Ringleb, Max, approb. Arzt aus Neheim a. d. Ruhr: Aus d. chirurg. Universitätsklinik zu Bonn. Ueber die Endresultate der operativen Behandlung der Halslymphome in der Bonner chirurgischen Klinik in den Jahren 1898, 1899 und 1900. *Bonn 1903: S. Foppen.* (40 S.) 8°
Bonn, Med. Diss. v. 22. Juli 1903

Das Kystoskop. Eine Studie s. opt. u. mechan. Einrichtung u. s. Geschichte. Lehrbuch f. Ärzte u. Studierende von Dr. Otto **Ringleb**. Mit 98 Textfig. Leipzig: W. Klinkhardt 1910. x, 194 S. 8° (10. 9107

Ringleb, Otto: Über ein neues Kystoskopsystem. Berlin 1909

Ringleb, Otto, prakt. Arzt aus Arneburg: Zur Operation fixirter Blasenscheidenfisteln mit Loslösung der Blase. *Halle a. S. 1902: C. A. Kaemmerer & Co.* (18 S.) 8°
Halle, Med. Diss. v. 29. März 1902

(**Ringlebus**, [Ioannes Andreas]): * Disputatio de recto usu parallelogrammi virium 6 Bl. 4° (2°)
Halle-Wittenberg, Phil. Diss. v. 14. Nov. 1831
Geb. [„Ditterode (Thür.)", vielmehr: Dittichenrode (Kr. Sangerhausen) 9. 3. 1808]

Ringler, A., Gedanken e. Laien üb. Elternpflicht, Sittlichkeit u. Frauenfrage. (20 S.) 8. Ludwigsburg 908. (J. Aigner.) — 40

Ringler, Alex., Gedichte. gr. 12. (6 B.) München 836, [Augsburg,] Jaquet.

Ringler, Alex., der wiedererstandene Kapuziner aus Wallensteins Lager und Napoleon III. Eine ebenso klare als rare Standrede an das deutsche Volk über den Krieg in Europa. Kempten 859. Dannheimer. 8. (16 S.) 2 ngr.

— prophetische Mahnung an Napoleon III., von selbst gegeben durch den wunderbaren fatalistischen Zusammenhang der Geschicke des Hauses Napoleon mit der Zerstörung Troja's; den alten Mythen vom Raub Europa's und von der weltverheerenden Chimära; ferner mit der Wegräumung dieses Ungeheuers durch Bellerophon ꝛc. Ein pythisch-mythisch-historisch-oratorisches Capriccio über ein zeitgemäßes Thema. 1—3. Aufl. München 859. Fleischmann. gr. 8. (13 S.) 2½ ngr.

Ringler, Alex., Philipp Palm. Ein vaterländisches Trauerspiel in 5 Aufzügen. (Den Bühnen gegenüber Mscr.) 8. (124 S.) Leipzig 860, Denicke. *

Ringler, Alex., Philipp Palm. Ein vaterländ. Trauerspiel in 5 Aufzügen. 2. Aufl. 8. (124 S.) Potsdam 874. Rentel. n. 1. —

— das Siegesfest der Todten. Ballade. München 864. Lentner. gr. 8. (11 S.) 2 ngr.

Ringler, Ant., deutsche Burgen u. Schlösser m. ihrer interess. Architektur. Aus alter Städte Vergangenheit. Gesammelt f.: Architekten, Baumeister, Maler u. Alterthumsfreunde, ebenso geeignet als Zeichnungsvorlagen. Nach d. Natur gezeichnet v. ersten Künstlern. (In 6 Hftn.) 1. Hft. gr. Fol. (6 Taf.) München (902). (Berlin, B. Hessling.) n. 5. —

Festgesänge zur Einweihung des neuen Logenhauses der g. u. v. St. Joh. □ Joseph zur Einigkeit und zu den drei Pfeilen in Nürnberg am 21. März 1886. Gedichtet von G[eorg] Arnold sen. Comp. von E[du.] **Ringler.** Vorgetragen von den musikalischen Brrn. Nürnberg [1886]: Bieling-Dietz. 4 Bl. 8° [Umschlagtit.]
Kantate, Hymne u. Kettenlied ohne Noten.

Taschen-**Liederbuch** für Freimaurer, bearb. und hrsg. von Edu. **Ringler.** Als Ms. f. Frmr und Logen. Nürnberg: Schrag [1900]. 162 S. 8°
Recens: Bh. 43 (1900) S. 335—336 (K. Oppel). Mit Noten.

Ringler, G., s. Ringler, Georg Johannes

Ringler, Georg Johannes

Ringler, G., Gedichte. Nürnberg 863. (v. Ebner.) 16. (2 Bl., 160 S.) n. 16 ngr.

Ringler, G., Gelegenheitsgedichte für Festtage in Schule u. Haus. Nürnberg 869. Korn. gr. 16. (VI, 80 S.) 7½ ngr.

—— praktischer Lehrgang des Sprach-Unterrichts in Unterklassen deutscher Schulen, mit besond. Berücksichtigung des Nürnberger Lehrplans für die Hand der Schüler bearb. 6. Aufl. 8. (48 S.) Nürnberg 867, Korn'sche Buchh. cart. **

—— praktischer Lehrgang des Sprach-Unterrichts in Unterklassen deutscher Schulen, mit besonderer Berücksichtigung des Nürnberger Lehrplans für die Hand des Schülers bearb. A. Kursus der Unterabtheilung. 7., völlig umgearb. Aufl. 8. (48 S.) Ebendas. 871. cart. **

—— dass. — B. Kursus der Oberabtheilung. 7., völlig umgearb. Aufl. 8. (64 S.) Ebendas. 871. geb. **

Ringler, Geo. Johs., deutsche Stylstücke und Uebungs-Aufgaben für das reifere Alter, insbesondere für Töchter aus gebildeten Ständen. Mit 1 (lith.) Titelbilde. Nürnberg 856. Bayer u. Raspe. gr. 8. (VI, 131 S.) 20 ngr

— **Lucas M.** (Cavalese/Tirol), Einfluss der Verabreichung von Kopra als Beifutter auf die Milchsekretion der Kühe. Diss. Bautzen (E. M. Monse) 1897. 68 S. u. Biogr. (2.—) 28920
Gew.: Karl Ringler (Vater.)

Ringlschwendtner, M.: Anton W a l l n e r und die Blutzeugen aus dem Iseltale. 3. Aufl. [Anno Neun. Bd. XXV u. XXVI.] 8°. (125 S.) Innsbruck: Vereinsbuchhandlung u. Buchdruckerei 1910.
vgl. Ringelschwendtner, Maximus

Ringmacher, Johann Elias (Ulm), Problema jur., continens casum theoret.-pract., ex materia substitutionis quasipupillaris sive exemplaris depromptum, singularique methodo, b. c. per succinctas annotationes, formatas quaestiones et Responsiones. itemque objectionum nonullarum Solutiones, elaboratum, atque subnexa in calce summaria casus decisione pariter et usu hodierno, Speciminis Loco exhibitum. Leipzig (Bauch) (12. VIII. 1720.) 42 S. (5.—) 28921
Widm. v.: Matthaeus Honold, Erhard Christoph Baur, Ernst Sebastian De Ahna.

Ringmann, Mathias (Philesius Vogesigena), Grammatica figurata, hrsg. v. Fr. R. v. Wieser, s. a. Drucke u. Holzschnitte des XV. u. XVI. Jahrh. XI.

Die grammatica figurata des Mathias **Ringmann** ⟨Philesius Vogesigena⟩ in Faksimiledr. hrsg. mit e. Einl. von Fr[anz] R. v. Wieser. Straßburg: J. H. E. Heitz 1905. (XVI, 93 S.) 8°
= **Drucke** u. Holzschnitte d. 15. u. 16. Jahrh. 11.

Ringmüller, Jos., Oden auf d. Jubiläum d. Universität Würzburg. 4. Würzb. 782. Stahel. ...

Ringmüller, Jos., (†...) allgem. Religions- u. Staatengeschichte v. d. Weltschöpfung an bis auf gegenwärt. Zeiten. 2 Bde. gr. 8. Würzb. 772, 73. Stahel. 2 ℔ Schrbp. 2 ℔ 12 ℛ

Ringofengase. Sind Ringofengase den Pflanzen schädlich? Bearb. von dem Chemischen Laboratorium für Tonindustrie H. Seger und E. Cramer. Berlin 1903

Ringold, Karl Joseph

Ringold, Carl Joseph. Lobrede auf den seligen Einsiedler Nikolaus von Flüe, gehalten zu Sachseln ... von ... Herrn K' J' R' ... den 21sten März 1781. 8. Luzern.

Ringold, Carl Joseph. Trauerrede auf Marianus [Müller] ..., Abt Des unmittelbaren Stifts U. L. Fr. zu Einsiedlen, zu Fahr, St. Gerold etc. etc. gehalten Bey Hochdesselben Leichbegängniß ... den 27. Wintermonaths. 1780. 4. Einsiedlen.

Rings um die Welt. 188?. V: *Wolf, Marianne, geb. Conrad.* (WBL)

Rings, Adolf ⟨geb. am 27 Sept. 1855 in Holzweiler Kr. Erkelenz⟩: Ein Fall von multiplen Echinococcen in der Bauchhöhle ... Bonn, Univ.-Buchdr. v. C. Georgi 1880. 41 S., 1 Bl. 8.
Bonn, Med. Fak., Diss. v. 15 Juli 1880

Rings, Mannes Maria, O. Praed., Erinnerungen an Ludwig Maria Graf zu Stolberg-Stolberg, Ord. Praed. Sein Leben u. sein Beten. Zusammengestellt u. hrsg. (187 S.) 8. Dülmen 905. A. Laumann. n. 1.50; geb. n. 2.25

Rings, Mannes M., O. P., das Werk des hl. Dominikus. (XV, 199 S.) gr. 8. Dülmen 910. A. Laumann. 2.—; geb. 2.80

Rings, Theodor, prakt. Arzt, Zell a. d. Mosel: Ueber Paraffinprothesen. *Bonn 1904: E. Eisele.* (32 S.) 8°
Bonn, Med. Diss. v. 18. Mai 1904

Ringsdorff, Christian (Montanus/Westfalen), De febre gastrica. Diss. med. Präs. August Friedrich Hecker. Erfurt (J. Chr. Goerling) 20. VIII. 1800. 16 S. (—.—) 28922

Ringsdorff, Friedr., die Taufe der Gläubigen durch die heil. Schrift gerechtfertigt. Hamburg 857. (Hagen, Buß.) 8. (41 S.) n. 4 ngr

Ringseis, Bettina, s.: G r i m m, Herm., u. Gisela G r i m m, Briefe.

Ringseis, Bettina, Leben der heiligen Birgitta v. Schweden, nebst einigen Nachrichten üb. die Birgittinenklöster, nach edirten u. unedirten Werken bearb. 8. (X, 327 S.) Regensburg 890. Habbel. 1.50

Ringseis, Bettina, drei Monate in Spanien. 8. (XII, 312 S.) Freiburg i/Br. 875. Herder. 3.—

Ringseis, Bettina, Dr. Joh. Nep. v. Ringseis, kgl. bayer. Geheimrat, Obermedizinalrat u. Universitätsprofessor. Ein Lebensbild. Mit mehreren Porträts u. Bildern. (III, 387 S.) 8. Regensburg 909. J. Habbel. 5.—; geb. in Leinw. 6.—

Ringseis, Emilie, E r i n n e r u n g s b l ä t t e r. M. Ergänzgn. v. Bettina Ringseis. gr. 8. (IV, 199 S. m. Bildn.) Freiburg i/B. 896. Herder. n. 2.—; geb. in Halbleinw. n. 3.—

Ringseis, Emilie, Gedichte. Freiburg im Br. 865. Herder'sche Verlagsh. 8. (VIII, 240 S.) n. 1 ℔ 10 ngr

— nachgelassene Gedichte. Hrsg. v. Bettina Ringseis. 8. (XIV, 229 S.) Ebd. 898. n. 2.80; geb. in Damast m. Goldschn. n. 4.—

Ringseis, Emilie, neue Gedichte u. kleine Dramen. gr. 16. (XII. 391 S.) Freiburg i. Br. 873. Herder. n. 4.80

Ringseis, Emilie, die Getreue. Märchenspiel in 5 Aufzügen nach dem Volksmärchen vom „Singenden springenden Löweneckerchen [Lerchlein]" in der Sammlung der Brüder Grimm. München 862. Literar.-artist. Anstalt. 8. (IV, 108 S.) n. 14 ngr

—— die Getreue. Märchenspiel in 5 Aufzügen nach dem Volksmärchen vom „Singenden springenden Löweneckerchen (Lerchlein)" in der Sammlung der Brüder Grimm. (Den Bühnen gegenüber Mscr.) 8. (IV und 108 S.) München 862. [Freiburg im Br., Herder'sche Verlagsh.] *

Ringseis, Emilie, der Königin Lied. Dichtung in drei Büchern. 1. Buch. Magnificat. gr. 8. (XIII, 239 S.) Freiburg i/Br. 890. Herder. n. 3.50

Ringseis, Emilie, der Königin Lied. Dichtung in 3 Büchern. 2. u. 3. Buch. 8. Freiburg i/B. 892. Herder. n. 6.50; geb. in Leinw. n. 9.50 (kplt.: n. 10.—; geb. n. 14.50)
2. Hosanna. (VIII, 267 S.) n. 3.50; geb. n. 5.—
3. Kreuz u. Halleluja. (IX, 314 S.) n. 3.—; geb. n. 4.50

Ringsöcis, Emilie, der Königin Lied. Dichtg. in 3 Büchern. 1. Buch: Magnificat. 2. Aufl. gr. 8. (XIV, 239 S.) Freiburg i/B. 901. Herder. n. 3.50; geb. in Leinw. n. 5.—

Ringseis, Emilie, Sebastian, s. Volksbühnenwerke.

— Sebastian. Martyrertragödie in 5 Aufzügen. (Den Bühnen gegenüber Mscr.) Freiburg im Br. 868. Herder'sche Verlagsh. 8. (XVI, 144 S.) 24 ngr.; in engl. Einb. mit Goldschn. n. 1 ℛ 6 ngr.

Ringseis, Emilie, die Sibylle von Tibur. Schauspiel in 3 Aufzügen. München 858. Literar.-artist. Anstalt. 8. (112 S.) n. 18 ngr.

— d. Sibylle v. Tibur. Schausp. in 3 Aufzgn., gedichtet u. neu bearb. 2. Aufl. 8. (V, 93 S.) Ebd. 896. n. 1. 40; kart. n. 1. 70

Ringseis, Emilie, Veronika, s. Veronika.

—— Veronika. Schauspiel in 3 Aufzügen. 3., neu bearb. Aufl. 8. (III und 100 S.) München 859, Literarisch-artistische Anstalt. *

— Veronika. Schausp. in 3 Aufzgn. 4., verb. Aufl. 8. (V, 92 S.) Ebd. 895. n. 1. 40

Ringseis, Johann Nepomuk

Ringseis, Jh. Nep., de doctrina Hippocratica et Browniana inter se consentiente et mutuo se explente tentamen; ed. et praef. est Andr. Roeschlaub. 8maj. Nürnb. 813. N. A. 820. Riegel u. W. 20 gr

Erinnerungen des Dr. Joh. Nep. v. Ringseis, gesammelt, ergänzt u. hrsg. von (s. Tochter) *Emilie Ringseis* (Dichterin, geb. d. 15. Novbr. 1831 in München) 2 Bde. Mit Portr. R's (nach e. Photogr. von *Fr. Hanfstängl*). Regensburg u. Amberg. J. Habbel, 1886. 8⁰. Eleg. Hfrzbde.
1: VIII–678 S. 2: 2 Bll., 360 S. Reicht bis zu König Ludwig's I. Regierungsantritt 1825. Erschien zuerst 1876–80 in den histor.-polit. Bll. Die Herausgeberin sagt im Vorwort: „Da die beiden Bde. Alles bringen, worin R. als Autobiograph erscheint, so bilden sie ein Ganzes, auch wenn kein 3. Bd. abschliessend folgen sollte."

Ringseis, Joh. Nepomuk v., Erinnerungen, gesammelt, ergänzt u. hrsg. v. Emilie Ringseis. 1. u. 2. Bd. Mit e. (Lichtdr.-)Portr. nach e. Photogr. v. Fr. Hanfstängl. gr. 8. (VII, 568 u. 360 S.) Amberg 886. Habbel. n. 8. —

Ringseis, J. N. v., Erinnerungen, gesammelt, ergänzt u. hrsg. v. Emilie Ringseis. 3. Bd. 8. (XII, 471 S.) Regensburg 889. Habbel. n. 4. 80 (1—3.: n. 12. 80)

Ringseis, Joh. Nepomuk v., Erinnerungen, gesammelt, ergänzt u. hrsg. v. Emilie Ringseis. 4. Bd. 8. (XII, 459 S.) Regensburg 892. J. Habbel. n. 4. 20; (kplt.: n. 17. —)

Ringseis, J. Nep., über d. revolutionären Geist auf d. deutschen Universitäten. Eine Antrittsrede, gehalt. am 18. Dec. 1833. 2. Aufl. gr. 8. (2½ B.) München 834, Literar.-Artist.-Anstalt.

Ringseis, J. Nep. v., über die Nothwendigkeit der Autorität in den höchsten Gebieten der Wissenschaft. Rede an die Studierenden der k. Ludw.-Maxim.-Universität in München, gehalten am 11. Decbr. 1855. 1. u. 2. Aufl. (VI, 26 S.) 7½ ngr. — 3., mit einem Vorw. verm. Aufl. München 856. Fleischmann. gr. 4. (XIV, 26 S.) n. 8 ngr.

v. Ringseis, Joh. Nep., Rede zum Andenken an Geh. R. u. Leibarzt Dr. Phil. Frz. v. Walther in der zur Feier des Allerhöchsten Geburtstages Sr. Maj. des Königs am 27. Novbr. 1850 abgehalt. öffentl. Sitzung der Königl. Bayer. Akademie der Wissenschaften vorgetragen. Ler. 8. (IV u. 36 S.) München 851, Kaiser. n. ¼ ℛ

Ringseis, (Joh. Nep.) v., die münchener barmherzigen Schwestern und ihre Schmäher. gr. 8. (15 S.) München 848, Kaiser. *

—— über d. wissenschaftl. Seite d. ärztl. Kunst. Eine Rede. gr. 8. (1 B.) München 830, Fleischmann.

Ringseis, Dr. Joh. Nep. v. (k. b. Ober-Medizinalrath etc., geb. den 16. Mai 1785 zu Schwarzhofen, Landger. Neunburg vorm Wald, Oberpfalz, seit 1826 Univers.-Prof. in München, trat 1870 in d. Ruhestand), *System der Medizin*. Ein Handbuch der allgem. u. speziellen Pathologie und Therapie, zugleich ein Versuch zur Reformation u. Restauration der medizin. Theorie u. Praxis. Regensburg, Manz, 1841. Gr. 8⁰. Ppb. m. Pgmt.-Ecken, wie neu.
XXX–564 S., 2 Tabell. — Mit eigenhänd. Widm. d. Verf. an Leibarzt u. geh. Ober-Medizinalrath Prof. Dr. v. Walther.

— Vorwort nebst 136 Thesen zu seinen Vorträgen über allgemeine Pathologie und Therapie (System der Medizin). Erlangen 853. Palm u. Enke in Comm. gr. 8. (31 S.) n. 4 ngr.

— üb. die Würde der Wissenschaft. gr. 8. Münch. 827. Fleischmann. 2 gr

RINGSEIS, Sebastian (Schwarzhofen): De morbi ortu atque natura.- Landishuti: Thomann 1812. 30 S.
1812 - Kal 1813
Diss. Ingolst.-Landsh.-Mchn.

Ringstrand, Nikolaus Peter (Ostgote), M. Tullii Ciceronis de Re publica Liber I. Präs. Ebbe Sam. Bring. Lund (C. F. Berling) 20. VI. 1838. V. S. 49—56. (3.75) 28923

Ringtheater-Process, der Wiener. Darstellung nach authentischen Quellen. I. 8. (16 S.) Leipzig 882. Milde. — 15

Ringulph

— s. Barde, der.

Ringulph, des Barden (K. Fr. Kretschmann) Gesang, als Varus geschlagen war. gr. 8. Leipz. 769. Dyck. 6 gr

— Klage bei d. Tode Hermanns. gr. 8. Leipz. 771. Dyck. 5 gr

Ringwald, Barth., s. Ringwaldt, Bartholomäus

Ringwald, M., Stimmungen, s.: Beuttenmüller, Herm.

Ringwald, W[ilhelm], aus Budapest (Ungarn): Beiträge zu einer kritischen Würdigung der Staatslehre des B. Josef v. Eötvös. Zürich 1908. 104 S. 8⁰. [13. III. 08.]
Zürich, Staatswiss. Diss. 1907/08.

Ringwald, W[ilhelm]. Beiträge zu einer kritischen Würdigung der Staatslehre des B[aron] Josef v. Eötvös. Diss. Staatsw. Univ. Zürich. 104 S. 8. Zürich, Gebr. Leemann & Co., 1908.

Ringwaldt, Bartholomäus

Ringwaldt, B., und Benjamin Schmolck. Ein Beitrag zur deutschen Literatur . . . Breslau 1833. V: *Hoffmann gen. von Fallersleben, August Heinrich.* (GGr)

Ringwaldt, Bartholomäus

Ringwaldt, Bartholomäus. Epithalamium . . . Leipzig 1797. H: *Eberhard, Christian Friedrich.* (Mn)

Ringwaldt, B., epithalamium, n. d. Orig. v. 1595. gr. 8. Leipz. Linke. 797.

EPITHALAMIVM durch Bartholomäum Ringwaldt, Pfarrherr in Langfeldt. Nach dem in Frankfurt an der Oder bey Nicolaum Voltzen im Jahr 1595 gedruckten Original. Leipzig, gedruckt bey J. G. H. Richter. 1797. 8⁰.

Ringwaldt's, Bartholem., geiſtliche Lieder, ſ. **Sänger**, geiſtliche.

— Die Teutsche Warheit In Poetischer Verkleidung, durch allerhand Sitten-Lehren vorstellende Wie ein Geist- und Weltlicher Kriegs-Mann seine Beruffs-Geschäffte wahrnehmen könne und solle, Nach Anleitung Hn. Bartholomaei Ringwalds ... denen Maul-Christen zur Warnung ... ausgefertiget ... durch JOHANN WILHELM BRODTKORBEN, Past. Langensalza. Joh. C. Bachmann, 1700. Kl.8°. *Titelkupfer*, 441 S. 11 Bl. Alter Papierumschlag.

G. II. 516, 12e. Maltzahn I. 135. Letzte Ausgabe dieses großen, vom „Enchiridion militis christiani" des Erasmus beeinflußten, lehrhaft-satirischen Sittengemäldes, das zu den wichtigsten Literaturdenkmälern d. ausgeh. 16. Jh. gehört.

Rinhart, R., ſ. a. **Zitelmann**, Katharina.

Rinhart, R. [Katharina Zitelmann], im Kampf um die Ueberzeugung. Roman. 8 Thle. 8. (188, 200 u. 200 S.) Dresden 889. Pierſon. n. 8. —

Rinhart, R., Novellen. 8. (347 S.) Berlin 884, Boßiſche Buchh.

†**Rinhart**, R. [Katharina Zitelmann], neue Novellen. 8. (322 S.) Dresden 888, Pierſon's Verlag. *M* 4.50.; geb.

—— ſ. **Zitelmann**, Kath., was wird ſie thun? [Novellenſchatz.]

Rinhuber, Laurent, relation du voyage en Russie fait en 1684. Publiée pour la première fois d'après les manuscrits originaux, qui se conservent à la bibliothèque ducale publique de Gotha. gr. 8. (XVI, 276 S.) Berlin 883. Alb. Cohn. n. 8. —

Rinia van Nauta, C. F. F., disputatio juridica inaug. de delictis adversus peregrinos, maxime adversus milites hostiles. 8maj. Leipz. 825. (Barth). 16 *gr.*

Riniker, Hans, üb. Baumform u. Bestandesmasse. Ein Beitrag zur forstl. Statik. Mit e. lith. Taf. (in qu. gr. Fol.) gr. 8. (IV, 77 S.) Aarau 872. Sauerlaender. n. 1. 50

Riniker, H., die Berufsbildung des Forstmannes unter specieller Berücksichtigung der Forstschule am eidgenössischen Polytechnikum in Zürich, s.a. Zeitfragen, schweizer.

RINIKER, Hans: Die Berufsbildung des Forstmannes unter specieller Berücksichtigung der Forstschule am eidgenössischen Polytechnikum in Zürich. - Zürich 1877. 33 S. - (Schweizer Zeitfragen H. 6)

RINIKER, H.: Das Forstwesen des Kantons Aargau für die Versammlung des schweizerischen Forstvereins, die Behörden und das Volk bearbeitet. - Aarau 1878. 47 S.

— die Hagelschläge u. ihre Abhängigkeit von Oberfläche u. Bewaldung des Bodens im Kanton Aargau, nach Beobachtungen des Forstpersonals u. amtlichen Quellen bearb. Mit 2 (color.) kartograph. Beilagen (in lith. Ueberdr.). gr. 8. (VIII, 152 S.) Berlin 881. Springer. cart. n. 6. —

Riniker, J., Nationalrath. Das gewerbliche Bildungswesen in Oesterreich, Würtemberg, Frankreich und der Schweiz. Gr. in-8°, 212 S. Aarau, Sauerländer. 1883.

Riniker, J., der Zuwachsgang in Fichten- und Buchenbeständen unter dem Einfluss von Lichtungshieben. Nach 10jähr. Erfahrungen auf 7 ständ. Probeflächen im Kanton Aargau. gr. 8. (66 S.) Davos 887, Richter. *

Riniker, Rud. [von Habsburg]: Die Preziosität der französischen Renaissancepoesie. Zürich 1898. 128 S. 8°.
Zürich. Phil. Diss. I. S. 1898/99.

Rink
— s. a. **Rinck.**

Rink, ..., ſ. **Moreau**, Naturgeſch. des Weibes.

Rink, ..., aktenmäß. Zurückweiſung der Inſinuation des Buchhändlers Vollmer. 8. .... 4 *gr*

Rink, C. H., s. Rinck, Christian Heinrich

Rinck, Ch. F., s. Rinck, Christoph Friedrich

Rink, Ch. G. L., s. Rinck, Christian Gottfried Laurentius

Rink, E. Th., s. Rinck, Fr. Theodor

Rink, Eucharius Gottlieb, s. Rinck

Rink, Ewald, Salz u. Laune, nicht nur für Gericht, ſond. f. jeden Leſezirkel unſerer Planetenwelt. 1e u. 2e Samml. 8. Danzig (802.) Brückner. 1 *rf* 16 *gr*

Rink, F. T., s. Rinck, Fr. Theodor

Rink, Franz, Thierarzt aus Eisenach: Die Furchen auf der äussern Fläche des Carnivorenhirns. Mit 2 Taf. *Jena: G. Fischer 1899.* (36 S.) 8° ¶(Aus: Zool. Jahrbücher, Abth. f. Anatomie u. Ontogenie d. Thiere, Bd 12.)
Tübingen, Naturw. Diss. v. 1899

Rink, G. Des böhmischen Veteranen Franz Berling's Leben und Kriegsfahrten in allen 5 Welttheilen. (30 B.) 8. Schweidnitz 1840. 4,50.

Rink, G. F., s. Rinck, Wilhelm Friedrich

Rink. H. Physikalisch-geographische Beschreibung von Nord-Grönland. 1852.

Rink, H., die Nikobariſchen Inſeln. Eine geograph. Skizze, mit ſpecieller Berückſichtigung der Geognoſie. 8. (196 S. m. eingedr. Holzſchn., 1 Lith. u. 1 color. Karte in Fol.) Copenhagen 847, Klein. n. $1^1/_3$ *ℳ*

Rink, H. W., s. Rinck, Heinrich Wilhelm

Rink, J., die wichtigſte Frage unſerer Zeit! Gibt es vor dem Forum d. exakten Naturwiſſenſchaften u. d. Medizin e. ſogen. animaliſchen Magnetismus? (Heilmagnetismus.) Eine phyſikal. Unterſuchg. (60 S.) gr. 8. Leipzig (907). (M. Altmann.) 1. —

Rink, J. A., Geſchichte u. Beſchreib. d. Reichsſtadt Schwäb. Gmünd. Gmünd, Ritter. 802.

Rink, J. Ferd., moderne kleine Wohnhäuser u. Villen. Eine Sammlg. gediegener Entwürfe, einfacher, jedoch geschmackvoller, eingebauter u. freisteh. Wohn- u. Geschäftshäuser, Villen, Arbeiterwohngn., Bauernhäuser etc. etc. in mustergilt. Ausführung u. allen Stylarten. Nach Entwürfen hervorrag. Architekten u. Baumeister aus Oesterreich u. Ungarn. 1. Serie. Ebenerdige, Hochparterre u. einstöck. eingebaute u. Eckhäuser in Façaden, Grundrissen u. Schnitten 1:100, m. Façaden-Details 1:25. 12 Hfte. gr. Fol. (à 8 Taf.) Budapest (899—901). Internationale Gewerbebuchh. à Hft. n. 6. 20

Rink, J. Ferd., moderne kleine Wohnhäuser u. Villen. Eine Sammlg. gediegener Entwürfe, einfacher, jedoch geschmackvoller, eingebauter u. freisteh. Wohn- u. Geschäftshäuser, Villen, Arbeiterwohngn., Bauernhäuser etc. etc. in mustergilt. Ausführung u. allen Stylarten. Nach Entwürfen hervorrag. Architekten u. Baumeister aus Oesterreich u. Ungarn. II. Serie. Ebenerdige, Hochparterre u. einstöck. Villen u. Familienhäuser in Façaden, Grundrissen u. Schnitten 1 : 100. 12 Hfte. gr. Fol. (à 8 Taf.) Budapest (900. 901). Internationale Gewerbebuchh. à Hft. n. 5. 20

Rink, Jh. Gbr., († d. 21. Oct. 1807.) s. Sulzer, gesamm. Schriften

Rink, Joh. Christian Heinrich, s. Rinck, Christian Heinrich

Rink, Joseph Alo.

— s. Andacht v. d. Leiden u. Sterben Jesu.

— s. Andachtsübungen üb. d. Vollkommenheiten Gottes, u. s. f. bei beiden hinzu: (von J. A. Rink).

— s. Betracht. üb. d. 50n Psalm.

Rink, Jos. Alo., Gesch. u. Beschreib. der Reichsstadt Schwäb. Gmünd. 8. Gmünd 802. Ritter. 8 gr. Schrbp. 9 gr.

— s. Geschichte d. Königr. Würtemberg.

— Lobrede auf den sel. Lorenz v. Brundus. 8. Augsb. 784.

— Rechnungsbüchlein zum Gebr. d. Reichsfreiherrl. Rechbergischen Landschulen. 8. Weißenstein 784.

— s. Religionsunterricht f. kl. Kinder.

— s. Unterricht üb. d. Aufhebung d. Buße

— s. Unterricht über d. Sacramente d. Buße, — der Firmung, — u. der Religionslehre.

Rink, Karl Fr. Aug., Anleit. f. die Großherzogl. Hess. Bürgermeister u. Beigeordneten in d. Provinzen Starkenberg u. Oberhessen zur Versehung ihres Dienstes bearb. gr. 4. Darmst. 827. (Heyer). ...

Rink, Otto, die Konjugation d. französ. Zeitwörter. E. nach Regeln u. Lautgesetzen geordn. übersichtl. Darstellg. aller Unregelmässigkeiten, nebst e. Anh. Konjugations-Tabellen. Zusammengest. zur leichten u. gründl. Erlerng. d. französ. Verben. gr. 8. (68 S.) Braunschweig (Poststr. 8) 896. Selbstverlag. Kart. n. 2. —

Rink, Signe, s. a. Kajakmänner.

[F.] Kajakmänner. Erzählgn grönländ. Seehundsfänger hrsg. v. Signe **Rink**. (Übs. a. d. grönl. Zeitschr. 'Atuagagdliutit.') *Berlin: S. Fischer 1897.* (214 S.) 1 Bd 8. (97. 3611

Rink, W. F., s. Rinck, Wilhelm Friedrich

Rinkart, Mart., Eislebisch-Mansfeldische Jubel-Comödie. [Indulgentiarius confusus.] Eisleben 1618. Mit Einleitg. u. Anmerkgn. hrsg. v. Heinr. Rembe. 8. (30 u. 195 S.) Eisleben 885. Winkler. n. 2.

— geistliche Lieder, nebst e. in Verbindg. m. Heinr. Rembe nach den Quellen bearb. Darstellg. d. Lebens u. der Werke d. Dichters hrsg. v. Johs. Linke. 12. (X, 440 S.) Gotha 886. F. A. Perthes. n. 4. —

Rinkart's, M., [d. Dichters v. „Nun danket alle Gott" ꝛc.] Lutherfestspiel vom J. 1617 [Eislebisch-Mansfeld. Jubel-Comödie], f. die Gegenwart verf. v. A. Trümpelmann. Mit e. Abhandlg. üb. die Geschichte, Bedeutg. u. Berechtigg. der Lutherspiele. 8. (XXVIII, 93 S.) Torgau 890. Jacob. n. 1. 50

Rinke, Carl, s. Rinke, Karl

Rinke, Carl Joseph, s. Rinke, Karl Joseph

Rinke, Jakob (Eichsfeld / Westfalen), Nonnulla de causa partus proxima. Diss. med. Berlin (Nietack) 23. IX. 1833. 34 S. u. Biogr. (M.: Faubel.) (3.25) 28928

Oppon.: C. Roth, A. Zimmermann, H. Gerhardy. — Gew.: Martin Rinke (Bruder.)

Rinke, Karl

Rinke, Carl [aus Ober-Glogau]: Ueber den Einfluss der Valutawerth-Schwankungen auf den auswärtigen Handel ... Jena, G. Neuenhahn Univ.-Buchdr., 1893; 36 S., 2 Taf. 8.
Jena, Phil. Fak., Inaug.-Diss. v. 1893

Rinke, Karl, Das Metallgewerbe in Jena. Schriften d. Vereins f. Socialpolitik, Bd. 70. gr. 8°. Leipzig 1897.

Rinke, Karl Joseph

Rinke, Carol. Joseph., de difficilioribus locis satirarum Horatianarum. Dissertatio philologica. gr. 8. (34 S.) Münster 874. (Mitsdörffer.) n.n. — 60

Rinke, Martin

Rinke, M. Ansicht über die Entstehung und Bildung der französischen Sprache. Heiligenstadt, G., 1832. 36 S. 4. Progr.

Rinke, M. Etymologie und linguistische Forschungen, bes. in Bezug auf die lateinische Sprache. 58 S. . . . .
Heiligenstadt, Progr. 1836

Rinke, Mart., Die Geschichte des hiesigen Gymnasiums [zu Heiligenstadt] von seiner Entstehung i. J. 1575 bis z. J. 1830. Heiligenstadt (1837). 8° (4°).
Heiligenstadt, Kgl. Gymnas., P 1837.

Rinke, M. Ursprung der französischen Sprache. [Fortsetzung des Programms von 1831]. 44 S. . . .
Heiligenstadt, Progr. 1850

Rinke, M. Die Zeitwörter der latein. dritten Conjug. in ihren Perfektformen. 26 S. . . . .
Heiligenstadt, Progr. 1838

Rinke, O. Vide: Kämpfer (Der).

Rinke, Viktor, appr. Arzt: Zur Differentialdiagnose der paraplegischen Formen der multiplen Sklerose. Berlin 1909: G. Schade. 39 S. 8°
Berlin, Med. Diss. v. 19. Juni 1909, Ref. Ziehen
[Geb. 1. Nov. 83 Tarnowitz Oberschles.; Wohnort: Osterode; Staatsangeh.: Preußen; Vorbildung: Realgymn. Tarnowitz Reife O. 03; Studium: Berlin K. W. A. 10 S.; Coll. 18. Juni 09; Approb. 15. Juni 09.] [U 09. 91

Rinke, Victor Eman. Thomas Aemil. (geb. Ober-Glogau 25. 2. 1842): De apoplexiae cerebri sanguineae pathogenesi. Berolini 1866. (32 S.) 8°
Berlin, Med. Diss.
nachgeliefert v. dem am 15. Juni 1866 auf Grund gedruckter Thesen promov. Verf.

Rinkel, Georg [aus Neisse]: Ueber die Diagnose der Poliomyelitis und Neuritis. . . . Breslau, Druck v. H. Proskauer jr. (1890); 58 + 1 S. + 2 Bl. 8°
Berlin, Med. Fak., Inaug.-Diss. v. 5. Febr. 1890

Rinkel, Herm., s.a. Denkschrift zur Eröffnung der Ziederthalbahn Landeshut-Albendorf.

Denkschrift zur Eröffnung der Ziederthalbahn, Landeshut-Albendorf. Im Herbst 1899. (Verf.: Hermann **Rinkel**, Fabr.Besitzer.) (Mit Fahrplan.) *([Warmbrunn: M. Leipelt in Komm.] 1901.)* (13 Bl.) quer-8° (09. 1809

Rinkel, (Rich.), Einführg. in die Elektrotechnik, s.a. Teubner's, B. G., Handbücher f. Handel u. Gewerbe.

Einführung in die Elektrotechnik. Physikal. Grundlagen u. techn. Ausführungen von R[ichard] **Rinkel**, Prof., Köln. Mit 445 Abb. Leipzig: B. G. Teubner 1908. (463 S.) 8°
(B. G. Teubner's Handbücher f. Handel u. Gewerbe.) (08. 7480

Rinkel, Rich., Die Schlosserei, Schmiederei, Kupferschmiederei in Berlin. (Schrift. d. Ver. f. Soz.-Pol., Bd. 65.) gr. 8°. Leipzig 1895.

Was kann die Elektrizität zur Entwicklung der kleinen und mittleren Städte beitragen? Vortrag, geh. im Rhein. Städtebund 1905 von R[ichard] **Rinkel**, Prof. in Cöln. Berlin: A. Seydel 1906. (44 S.) 8° (06. 13305

Rinkenberg, Der Freyherr von, wird gefangen. 1381. [Bern 1825.] V: *Stierlin, Eman.* (AARK) (Cat. d. Stadtbibl. Zürich. Zürich 1864—97.)

Rinker, Johs., prakt. Leitfaden f. d. Religions-Unterricht, s.: Maier-Bode, Fritz.

Rinkes, S. H., Disputatio de crimine ambitus et de sodaliciis apud Romanos tempore liberae reipublicae. 8maj. (XII und 208 S.) Lugduni-Bat. 854, Brill. **

—— Disputatio de oratione prima in Catilinam a Cicerone abjudicanda. Accedunt duae Catilinariae ineditae. 8maj. (LVIII und 66 S.) Lugduni-Bat. 856, Brill. *

Rinkhausen, Wilhelm (geb. am 21 Okt. 1852 in Köln): Ueber Kehlkopfs-Phthise ... Bonn, Univ.-Buchdr. v. C. Georgi 1878. 36 S., 1 Bl. 8.
Bonn, Med. Fak., Diss. v. 13 Apr. 1878

Rinkianae Catalogus Bibliothecae, siehe unter Catalogus.

Rinklake, Aug. Ioh. Ios. (geb. 1808 in Münster Westf.): De luminis et caloris radiantis identitate ... Bonnae, litt. C. Georgii 1845. 1 Bl., 22 S., 1 Bl. 8.
Bonn, Phil. Fak., Diss. v. 26 Juli 1845

Rinkleben, L. D.

—— Geschichte des alten Bundes, als Darstellung der göttl. Voranstalten f. das Christenthum. gr. 8. (9 B.) Innsbruck 845, Rauch. (Wagner'sche Buchh.)

Rinkleben, L. D., die Lehre vom gerechten waidmännischen Anstand ꝛc., s. Elrichs, M. F.

Rinkolini, E. C., s. Rinkolini, Er. Fr.

Rinkolini, Er. Fr.

— s. Ldw. Frank, Sammt u. Schriften.

— üb. die Gefängnißkrankheiten. 8. Brünn 827. Traßler. 14 gr.

Rinkolini, Er. Fr., das Provinzial-, Straf- u. Arbeitshaus in Brünn. Ein Beitr. zu Hopfauers Abhandl. üb. Strafhäuser. 8. Brünn 816. Gastl. 6 gr.

Rinkowken [Schlagwort]

Rinkowken, s.: Preussen. Messtischblätter.

Rinks, J. F.: Praktischer Weinbau am Neckar. Kiel 1805; Hamburg 1806. -- [Zit. nach Thienemann]
[Wahrscheinlich identisch mit: Rieb, Johann Friedrich: Practischer Weinbau .... 1805.1806.1807. -- s. Nr 1931.1932.1933.]

Rinman, Salomon, Massoth Schelome. Reisebericht über Indien, Birma und China. Schilderung der Cultur, Sitten und Gebräuche, unter besond. Berücksicht. der dort lebenden weissen und schwarzen Juden in Coochin u. d. s. g. Bne Israel in Bombay und Umgebung. Nebst einem Excurs über die Religion der Inder und der alten Perser aus den eigenen Reise-Erfahrungen des Hrsgbrs. (Orientreisenden Wilh. Schur). gr. 8. (204 S.) Wien 887, (Lippe.) *

Rinmann, Sven af

— Anleit. z. Kenntn. d. Eisen- u. Stahlveredlung. gr. 8. Wien, Wappler. (Beck) 790.

Rinman, S. von: „Bergwerks-Lexicon", 2 Delar, Stockholm 1788, 1789. Folio. — Desselben: „Allgemeines Bergwerks-Lexicon. Nach dem schwedischen Original bearbeitet und nach den neuesten Entdeckungen vermehrt von einer Gesellschaft deutscher Gelehrter und Mineralogen", 2 Teile, A—F (wurde nicht fortgesetzt). Leipzig 1808. — Alle vorh.: Com. Bibl. Hamburg.

Rinmann, Sven af. Allgemeines Bergwerks-Lexikon ... Leipz. 1809. Ü: *Blumhof, Joh. Gg Ludolph, Ernst Joh. Traugott Lehmann & Toussaint v. Charpentier.* (Ky)

v. **Rinmann**, Sven, allgem. Bergwerks-Lexicon; nach d. schwedisch. Original bearb. u. nach d. neuesten Entdeck. verm. von e. Gesellschaft deutscher Gelehrten (J. G. L. Blumhof, E. J. Tr. Lehmann u. T. Charpentier). 1r u. 2r Thl. Mit 5 Kpf. 8. Leipz. 809. W. Vogel. 8 rß

— theoret.-prakt. Darstell. d. Maschinenwesens, s. E. Nordwall.

Rinmann, Sven von, Geschichte des Eisens mit Anwendung f. Künstler u. Handwerker. Aus d. Schwed. mit Anmerk. u. Zusätzen von C. J. B. Karsten. 2 Bde. mit K. u. Bildniß des Verf. gr. 8. Liegnitz, Kuhlmey. (in Comm.) 814. (1r 2 Rthlr. 8 gr. 2r 2 Rthlr. 16 gr.)

— Geschichte des Eisens, mit Anwend. f. Künstler u. Handwerker; aus d. Schwed. mit Anmerkk. u. Zusätzen von C. J. B. Karsten. 2 Bde. Mit Kpf. u. Bildn. des Verf. gr. 8. Liegnitz 814. (Leonhard). 5 rß

Rinmann, S. Maschinenlehre. Deutsch von L. Blumhof. Berlin. 1806.

— Maschinenlehre, 2r Bd. s. E. Nordwall.

v. **Rinmann**, Sven, Versuch e. Geschichte des Eisens; aus d. Schwed. v. Jh. Gl. Georgi. 2 Bde. Mit Kpf. gr. 8. Berl. 784. Haude u. Sp. 2 rß 20 gr

— Verz. e. Geschichte des Eisens. 2 Bde. gr. 8. Berlin, Haude. 785.

Rinn, Friedrich. Geschichte des Alten Bundes als Darstellung der göttlichen Veranstalten für das Christentum. Ebendas., 1845, gr. 8°, 0,80 Mk.

Rinn, Friedr., katholische Religionslehre nach dem Katechismus des Petrus Canisius erklärt u. f. den Gebrauch in Grammatikalklassen einger. 1. Aufl. (18 B.) 815. u. 2. Aufl. (18½ B.) gr. 8. Innsbruck 846, Rauch. (Wagner'sche Buchh.) à —

Rinn, Friedr., die ewigen Wahrheiten der geistlichen Uebungen des heil. Ignatius von Loyola. Nach dem Tode des Verf. gesammelt und mit einem kurzen Berichte über dessen Leben hrsg. von Frz. Hattler. 2 Bde. Mit den (Stahlst.-)Bildnissen des Verstorbenen und Aloys Landes. 1. Aufl. gr. 8. (VIII, 528; IV, 338 S.) Wien 875, Sartori.
—— dass. — 2. Aufl. gr. 8. (VIII, 528; IV, 338 S.) Regensburg 878, Manz.

Rinn, Heinrich

— Melanchthons Beziehungen zu Hamburg. gr. 8. (25 S.) Hamburg 897. L. Gräfe & Sillem. n. — 60

Rinn, H., die Entstehung d. Augsburgischen Confession, s.: Schriften f. das deutsche Volk, hrsg. vom Verein f. Reformationsgeschichte.

—— zum Gedächtnis Johannes Bugenhagen's. Festschrift der Gelehrtenschule des Johanneums zur Feier des 400. Geburtstages Johannes Bugenhagen's am 24. Juni 1885. gr. 8. (VI, 62 S.) Hamburg 885, (Herold'sche Buchh.) **

Rinn, Heinr., zum Gedächtniss Johannes Bugenhagen's. Festschrift der Gelehrtenschule d. Johanneums zur Feier d. 400. Geburtstages Johannes Bugenhagen's am 24. Juni 1885. gr. 8. (VI, 62 S.) Hamburg 885. (Nolte.) n.n. 2. —

Rinn, Heinr., die Augsburgische Confession. Mit einer Einleitung u. erläut. Anmerkungen. 8. (IV, 200 S.) Gütersloh 879. Bertelsmann. n. 1. 75

Rinn, Heinr. Kulturgeschichtliches aus deutschen Predigten des Mittelalters. 38 S. **Progr.** Joh. Gel. *Hamburg* 1883

Rinn, Heinr., Kulturgeschichtliches aus deutschen Predigten des Mittelalters. gr. 4. (38 S.) Hamburg 883, (Nolte.) **

Rinn, Heinr., deutsches Lesebuch, s.: Schauenburg & Hoche.

Dogmengeschichtliches Lesebuch. In Verbindung mit Pfarrer Lic. Johannes Jüngst hrsg. von Prof. Dr. Heinrich **Rinn**. Tübingen: Mohr 1910. x, 511 S. 4°(8°) (10. 9684

— u. Johs. Jüngst, kirchengeschichtliches Lesebuch. Grosse Ausg. 2. verm. u. verb. Aufl. (XII, 340 S.) Lex.-8. Tübingen 906. J. C. B. Mohr. n. 3. 50; geb. n. 4. 50

— — dasselbe f. den Unterricht an höheren Lehranstalten. Schülerausg. (XI, 176 S.) gr. 8. Ebd. 905. n. 1. 50; geb. n.n. 2. —

— u. Johs. Jüngst, kirchengeschichtliches Lesebuch f. den Unterricht an höh. Lehranstalten. Schülerausg. 2. verm. Aufl. (XI, 208 S.) gr. 8. Ebd. (909). 2.—; geb. 2.60; Ergänzungsheft (32 S.) 907. — 40

Rinn, Heinr., Luther, e. Mann nach dem Herzen Gottes, s.: Schriften f. das deutsche Volk.

— vom evangel. Religionsunterricht an höheren Schulen, s.: Vollmer, Hans.

— Schleiermacher u. seine romantischen Freunde, s. Sammlung gemeinverständlicher wissenschaftlicher Vorträge.

Rinn H. Schleiermacher und seine romantischen Freunde. (Sammlung gemeinverständlicher wissenschaftlicher Vorträge Neue Folge 111) Hamburg 1890

— Vortrag, s.: Bugenhagen-Feier, die, d. hamburgischen Johanneums.

Rinn, Matth., praktisches Lehrbüchlein der Gesundheits- u. Krankenpflege. Für Haushaltungspensionate, sowie f. kluge u. wohlthät. Hausfrauen. 2. Aufl. 12. (84 S.) Münster 893. A. Russell. Kart. n. — 60

Rinna von Sarenbach, Ernst: Klinisches Jahrbuch des laufenden Jahrzehends oder Kurarten, Heilmittel, Operations-Methoden etc., welche in der neuesten Zeit angewendet oder empfohlen worden sind, mit Rückblicken auf die ältere und älteste Zeit. 391 S., gbd.

Güns: Reichard 1835

JB 2.506

Rinna v. Sarenbach, Ernst, Repertorium d. vorzüglichst. Kurarten, Heilmittel, Operationsmethoden rc., welche während d. letzten 4 Jahrzehende angewendet u. empfohlen worden sind. Für Aerzte u. Wundärzte als klin. Memorabilien aus d. Literatur jenes Zeitraums zusammengetr. u. alphabet. geord. 2 Bde. Lex.-8. Wien 833. [Güns, Reichard.] [1. A—J. (37½ B.), 2. K—Z. (... B.)]

Rinna v. Sarenbach, Ernst, Repertorium d. vorzüglichsten Kurarten, Heilmittel, Operationsmethoden rc., welche währ. d. letzten vier Jahrzehende angewendet u. empfohlen worden sind. 3. u. 4. (letzt.) Bd. — A. u. d. T.: Klinisches Jahrbuch d. lauf. Jahrzehnds rc. mit Rückblicken auf d. ältere u. älteste Zeit. 2 Abthln. mit vollständ. Registern. gr. 8. Güns, [Reichard u. Söhne.] [3. (26¾ B.) 835. 2 Thlr., 4. (27 B.) 836. 3 Thlr.]
1. u. 2. Bd. Ebendas. 1833, 34. 5 Thlr. 12 Gr.

Rinnagel, Jh., s. Anleit. zur Rechenkunst.

Rinne, August Wilhelm (Laucha bei Naumburg/Saale). De dysenteriae epidemia Halis aestate et auctumno anni 1859 observata. Diss. med. Halle (Orphanotroph.) 26. VI. 1860. 30 S. u. Biogr. (M.: A. Wolff.) (3.25) 28929
Adversar. part. suscep.: H. Dannell, L. Zuege. — Gew.: A. Mann.

Rinne, (E.) Vignetten. (Gedichte.) 8. Erfurt 826, Müller.

Rinne, Ernst, Assistenz-Arzt an der Prov. Heil- und Pflege-Anstalt Göttingen, a. Alfeld a. d. Leine: Ein Beitrag zur Geschichte des Jugendirreseins. Göttingen 1907: Dieterich. (38 S.) 8°
Göttingen, Med. Fak., Ref. Weber, Diss. v. 30. Sept. 1907
[Geb. 6. Aug. 78 Alfeld; Wohnort: Göttingen; Staatsangeh.: Preußen; Vorbildung: Gymn. Hameln Reife O. 98; Studium: Göttingen 6, München 2, Göttingen 2 S.; Coll. 27. Juli 07; Approb. 17. Juli 04.]

Rinne, F., üb. den Eiterungsprocess u. seine Metastasen. Chirurgische Betrachtgn., durch Experimente erläutert. [Aus dem patholog. Institut der Universität Greifswald.] [Aus: „v. Langenbeck's Archiv".] gr. 8. (IV, 135 S.) Berlin 889. Hirschwald. n. 3. 60

Rinne, chirurgisch-akiurgische Therapie. [Aus: „Lehrb. d. allg. Therapie".] gr. 8. (IV u. S. 241—464 m. Abb.) Wien 898. Urban & Schwarzenberg. n. 6. —

Rinne, Felix. Das vom pharmakologischen Standpunkt aus Wesentlichste aus Scribonii Largi „Compositiones". Diss. gr. 8. (126 S.) Dorpat 892, (Karow). * 3 —

Rinne, Ferd. Homers Ilias. In Stanzen übersetzt. 16 S.
Halberstadt, Progr. 1852

Rinne, Ferd. Homers Ilias. In Stanzen und in freien Nibelungenstrophen übersetzt. Sechster Gesang als Probe. 18 S.
Halberstadt, Progr. 1860

Rinne, Friedrich Heinrich: Die Vorderscheitellage, ihre Aetiologie, Mechanismus und Therapie. Halle (1874): Plötz. 33 S. 8°
Halle-Wittenberg, Med. Diss. v. 6. Aug. 1874
Geb. Eilsen (Schaumburg-Lippe) 2. 1. 1852. V.

Rinne, Fritz, Beitrag zur Petrographie der Minahassa in Nord-Celebes. gr. 8. (30 S. m. Abbildgn.) Berlin 900. (G. Reimer.) n. 1. —
Sonderabdruck aus: „Sitzungsber. d. preuss. Akad. d. Wiss."

Rinne, Fritz, zur chemisch-mineralog. Erforschg. der deutschen Kalisalzlagerstätten. Antrittsrede, geh. in der Aula der Universität am 20. XI. 1909. (32 S.) 8. Leipzig 910. Veit & Co. —80

— zwischen Filipinos und Amerikanern auf Luzon. Skizzen. gr. 8. (III, 81 S. m. Abbildgn.) Hannover 901. Gebr. Jänecke. n. 1. 50

Rinne, F., Praktische Gesteinskunde für Bauingenieure, Architekten und Bergingenieure, Studierende der Naturwissenschaft, der Forstkunde und Landwirtschaft. [1. Aufl.] Hannover, 1901. 286 S. mit 255 Abb. u. 1 Taf.
Dasselbe. 2. Aufl. Ebd., 1905. 285 S. mit 319 Abb. u. 3 Taf.
Dasselbe. 3. Aufl. Ebd., 1908. 326 S. mit 391 Abb. u. 2 Taf.

Praktische Gesteinskunde. Für Bauingenieure ... Von F[ritz] Rinne. 2. vollst. durchgearb. Aufl. Mit 3 Taf. u. 319 Abb. Hannover: M. Jänecke 1905. (IX, 285 S.) 4° [07. 3376 7

— Prakt. Gesteinskunde. Für Bauingenieure, Architekten u. Bergingenieure, Studierende der Naturwissenschaft, der Forstkunde u. Landwirtschaft. 3. vollst. durchgearb. Aufl. (VII, 319 S. m. 391 Abb. u. 2 Taf.) Lex. 8. Hannover 908. Dr. M. Jänecke. 12.—; geb. 13.—

— Gesteinskunde für Techniker, Bergingenieure u. Studierende der Naturwissenschaften. Lex.-8. (VII, 206 S. m. 236 Abbildgn. u. 4 Taf.) Ebd. 901. Geb. in Leinw. n. 9. 60

Kasana, Kamari. Eine Celebesfahrt von Fritz u. Else Rinne in Hannover. *Hannover & Leipzig: Hahn 1900.* (194 S.) 8° [00. 6187

Das Mikroskop im chemischen Laboratorium. Elementare Anleitung zu einfachen krystallogr.-optischen Untersuchungen von Prof. Dr. F[ritz] Rinne. *Hannover: Jänecke 1900.* (74 S.) 4° [01. 7977 7

RINNE, FRITZ. Krystallographische Untersuchung einiger organischen Verbindungen. Göttingen, 1883.

— die geologischen Verhältnisse der deutschen Kalisalzlagerstätten. Gemeinverständlich dargelegt. Vortrag in der hannoverschen Handelskammer. (24 S. m. 27 Abb.) gr. 8. Ebd. 906. n. —60

Rinne, H. A., Materialismus u. ethisches Bedürfniss in ihrem Verhältnisse zur Psychologie. Braunschweig 868. Vieweg & Sohn. gr. 8. (III, 90 S.) n. 15 ngr.

Rinne, Hermannus: * De Hesiodi Ἔργων καὶ Ἡμερῶν compositione et forma antiquissima. 200 S. 4° (2°)
Halle-Wittenberg, Phil. Diss. v. 3. Dez. 1870
Geb. [Halle a. d. S. 23. 4. 1845]
P. 2 cap. 1 § 8—13 = S. 124—144 ersch. mit neuem Anfang und Schluss u. d. T.: De mytho Hesiodeo de aetatibus hominum. Delitzsch 1875: Meyner. 19 S. 8° (4°) Höh. Bürgerschule, Progr.

Rinne, De mytho Hesiodeo de aetatibus hominum. Pr. 1875. 19 S. 4°.

Rinne, J. C., s. Rinne, Johann Karl Friedrich

Rinne, J. M., Etwas über Gesellschaftstheater. 8. Zwickau 800. Schumann. 4 gr.

Rinne, J. M., Klotar; Trspl. in 5 A. 8. Zwickau 801. Schumann. 9 gr.

— s. a. Merkwürdigkt. der Stadt Dahme.

Rinne, J. M., Merkwürdigkeiten d. Stadt Dahme. 4. Wittenb. Kühn. 804.

Rinne, Joh. Carl, s. Rinne, Joh. Karl

Rinne, Joh. Chrstph., Anleit. bei d. Vorbereitung auf d. höh. Staatsdienst, insbesond. den preuss., sowohl in Hinsicht auf d. Universitäts-Studium, als auf d. Staatsprüfungen u. auf d. Verhalten in d. Auskultatur, dem Referendariate u. d. Assessorate. gr. 8. (11 B.) Leipzig 834, Teubner.

Rinne, Joh. Chr., neue Beiträge zur weiteren Ausbildung der Nationalökonomie. Leipzig 853. Hartung. gr. 8. (38 S.) 10 ngr.

Rinne, Joh. Chrstph., Encyklopädie der Staatswissenschaften f. Deutsche. gr. 8. (7¾ B.) Breslau 846, Hirt's Verlag. *

Rinne, Joh. Chrstph., Handbuch d. preuß. innern Staatsverwaltung. In 3 Bdn. — 1. u. 2. Bd. 1. Hälfte od. 1—6. Lfg. gr. 8. (53¼ B. u. 2 B. Tab.) Liegnitz 837—42, Kuhlmey. [1. u. 2. Lfg. à * ⅔ Thlr., 3—6. à * ¾ Thlr.]. *

— Handbuch der preußischen innern Staatsverwaltung. In 3 Bdn. oder 8—10 Lfrgg. 1e Lfrg., enthalt. die Geschichte der Bildung des Staatsgebiets, der Verfassung u. der Regierung von Preußen, nebst einer Einleitung über die geschichtl. Entwickelung der Verfassung u. Regierung deutscher Länder überhaupt. (Mit Tabo.) gr. 8. Liegnitz 837. Kuhlmey. n. 2⅓ ß — 2e — 3e Lfrg., enthaltend eine Uebersicht der jetzigen preuß. Staatsverfassung u. Regierung im Allgem., nebst den Quellen und Hülfsmitteln des preuß. Staatsrechts. — Die preuß. Polizei-Gesetzgebung und Verwaltung. 1e — 3e Hälfte. (Mit 1 Tabelle.) gr. 8. Ebd. 838—40. 1—5: n. 2¹¹⁄₁₂ ß

Rinne, Joh. Chrph., die Nationalökonomie in neuer Auffassung u. Entwickelung. gr. 8. (X u. 180 S.) Leipzig 848, Hartung. 1 ß

— die Staatswissenschaften nach geschichtl. Ansicht neu entwickelt und begründet. Mit ersten, allgem. Entwürfen zu der Universalgeschichte des Rechts u. der Politik, Philosophie des Rechts u. der Politik, allgem. Staatslehre, europäisch-germanisch-gemeindeutschen Verfassungs- u. Verwaltungs-, Justiz-, innern oder Polizei-, Finanz- u. äußern Politik ꝛc. gr. 8. Berlin 835. (C. H. Jonas.) n. 1/2 ℛ

—— die Staatswissenschaften nach geschichtl. Ansicht neu entwickelt u. begründet. 1. Aufl. (6 3/4 B.) Berlin 835., 2. Ausg. gr. 8. (7 1/8 B.) Liegnitz 841, Kuhlmey.

Rinne, Joh. Karl

Rinne, Joh. Carl, Handbuch d. Wagners ꝛc., s. Schauplatz, neuer, der Künste, 65. Bd.

Rinne, Joh. Karl, s. M. Lebrün, Handbuch des Wagners ꝛc.

Rinne, Johann Karl Friedrich

Rinne, J. Karl Frdr., praktische Dispositionslehre in neuer Gestaltung und Begründung oder kurzgefaßte Anweisung zum Disponiren deutscher Aufsätze nebst zahlreichen Beispielen und Materialien zum Gebrauch für Lehrer und Schüler in den oberen Classen höherer Schulanstalten. Stuttgart 862. Becher. Lex.-8. (XVI, 167 S.) 27 ngr.

Rinne, J. Karl Frdr., praktische Dispositionslehre in neuer Gestaltung u. Begründung od. kurzgefaßte Anweisg. zum Disponiren deutscher Aufsätze nebst zahlreichen Beispielen u. Materialien zum Gebrauch f. Lehrer u. Schüler in den oberen Classen höherer Schulanstalten. 2. verb. u. m. Beispielen verm. Aufl. gr. 8. (XXII, 249 S.) Stuttgart 873. Bach & Kitzinger. n. 3. —

Rinne, J. Karl Friedr., praktische Dispositionslehre in neuer Gestaltung und Begründung oder kurzgefaßte Anweisung zum Disponieren deutscher Aufsätze, nebst zahlreichen Beispielen und Materialien zum Gebrauch für Lehrer und Schüler der oberen Klassen höherer Schulanstalten. 3. durchges. Aufl. gr. 8. (XXIV, 226 S.) Stuttgart 883, A. Koch. *

Rinne, J. K. F., praktische Dispositionslehre in neuer Gestaltung u. Begründung od. kurzgefaßte Anweisg. zum Disponieren deutscher Aufsätze, nebst zahlr. Beispielen u. Materialien, zum Gebrauch f. Lehrer u. Schüler der oberen Klassen höherer Schulanstalten. 4., durchgeseh. Aufl. gr. 8. (XXIV, 226 S.) Stuttgart 888. Alb. Koch. n. 3. 20; geb. n. 3. 65

Rinne, J. Karl Frdr, praktische Dispositionslehre in neuer Gestaltung u. Begründung, od. kurzgefaßte Anweisg. zum Disponieren deutscher Aufsätze, nebst zahlreichen Beispielen u. Materialien zum Gebrauch f. Lehrer u. Schüler der oberen Klassen höherer Lehreranstalten. 5. unveränd. Aufl. gr. 8. (XXIV, 226 S.) Stuttgart 891. A. Koch. n. 3. 20; geb. n. 3. 65

Rinne, J. Karl Frdr., praktische Dispositionslehre in neuer Gestaltung u. Begründung od. kurzgefaßte Anweisg. zum Disponieren deutscher Aufsätze nebst zahlreichen Beispielen u. Materialien zum Gebrauch f. Lehrer u. Schüler der oberen Klassen höherer Lehranstalten. 6. unveränd. Aufl. gr. 8. (XXIV, 226 S.) Stuttgart 902. E. Geiger. n. 3. 20; geb. in Halbldr. n. 3. 65

Rinne, K. Fr. Einleitung in die rhetorisch-stilistische Dispositionslehre in neuer Begründung und Gestaltung als heuristisch-dispositionale Compositionslehre. 34 S.
Zeitz, Progr. 1860

Rinne, Joh. Karl Friedr., die natürl. Entstehung d. Sprache, aus d. Gesichtspuncte d. histor. od. vergleich. Sprachwissenschaft. Eine Einleit. in d. deutsche Sprachlehre u. in den höh. deutsch. Sprachunterr. insbesond. 4. (12 B.) Erfurt 834, Otto.

Rinne, J. C. Friedr. Es hat keinen Sängerkrieg zu Wartburg gegeben. Eine ästhetisch-kritische Einleitung zur Erklärung und Beurtheilung der unter dieser Überschrift vorhandenen Gedichte. 26 S.
Zeitz, Progr. 1842

Rinne, Joh. Carl Friedr., Es hat keinen Sängerkrieg zu Wartburg gegeben. Eine ästhetisch-kritische Einleitung z. Erklärung u. Beurtheilung der unter dieser Ueberschrift vorhandenen Gedichte. gr. 8. (3 1/2 B.) Zeitz 842, Webel.

Rinne: Das Friedensfest am 11. Nov. 1866. Eine historisch-politische Betrachtung als Excurs zu dem Vortrage der preussischen Geschichte auf Gymnasien. 22 S.–Zeitz. Progr. 1867

—— innere Geschichte der Entwickelung der deutschen National-Litteratur. Ein method. Handbuch f. den Vortrag u. zum Selbststudium. 2 Thle. gr. 8. Leipzig, Hartung. [1. (16 B.) 842. 22 1/2 Ngr., 2. (40 1/2 B.) 43. 2 Thlr. 7 1/2 Ngr.]

Rinne. Das grammatische Geschlecht vom allgemein-vergleichenden sprachwissenschaftlichen Standpunkte aus dargestellt. 24 S.
Zeitz, Progr. 1857

Rinne, Karl Friedr., der orthodoxe Glaube und die orthodoxe Kirche im Hinblick auf das Evangelium vom Reiche. Oder die Versöhnung des Christenthums mit der Cultur des Geistes. Eine politisch-religiöse Abhandlung. gr. 8. (III, 108 S.) [Leipzig 875.] Rudolstadt, Hartung und Sohn. *

Rinne, Joh. Karl Friedr., die deutsche Grammatik nach den Grundsätzen der histor. oder vergleich. Grammatik, im Auszuge aus Grimm's deutscher u. Bopp's vergleich. Grammatik. Mit einer ausführl. Einleitung. 8. Stuttg. 836. Balz. 1 1/12 ℛ

Rinne, J. Karl Friedr., die deutsche Grammatik nach d. Grundsätzen d. histor. od. vergleich. Grammatik, im Auszuge aus Grimm's deutscher u. Bopp's vergleich. Grammatik. Mit e. ausführl. Einleit. Ein Handbuch f. Lehrer u. f. Alle, welche sich mit d. gegenwärt. Standpunkte dies. Wissenschaft vertraut machen wollen. 8. (39 3/4 B.) Stuttgart 836, [Becher's Verl.]

Rinne, J. Karl Frdr., theoretische deutsche Idealstillehre, philosophisch u. sprachlich neu entwickelt. Der Lehre vom deutschen Stil 2. Buch. 2. Ausg. gr. 8. (XII, 656 S.) Stuttgart 883 A. Koch. n. 4. 10

Rinne, Karl Frdr., Goethe's Iphigenia auf Tauris. Goethe u. das griech. Alterthum. Festgabe zur ersten Jubelfeier des Dichters. 8. (IV u. 91 S.) Leipzig 849, Hartung. 1/2 ℛ

— die Lehre vom deutschen Styl, philosophisch u. sprachlich neu entwickelt u. mit einer methodischen u. prakt. Anleitung zu demselben versehen. In 5 Lfrgg. Lex.-8. Stuttgart 837 – 840. Balz. (à 1/2 ℛ) 5/2 ℛ — 5e Lfrg. a. u. d. T.: Theoretische deutsche Styllehre überhaupt.

—— die Lehre v. deutsch. Stile philosoph. u. sprachl. neu entwickelt. 1. Thl. 1. Buch. (od. 1—5. Lfg.) — A. u. d. T.: Theoret. deutsche Stillehre überh. gr. 8. (8 B.) Stuttgart 837—40, [Becher's Verl.]

—— die Lehre v. deutschen Stile philosophisch u. sprachlich neu entwickelt. 1. Thl. 2. Buch. Theoretische deutsche Idealstillehre. gr. 8. (42 B.) Stuttgart 845, Becher's Verlag.

—— dass. 1. Thl. 3. Buch. Theoretische deutsche Realstillehre. gr. 8. (25½ B.) Stuttgart 846, Becher's Verlag.
1. Thl. 1. Buch. Ebendas. 1837—40. 27½ Ngr.

Rinne, J. Carl Friedr., Organismus der Stil- oder Aufsatzlehre. Ein Handbuch für den theoret. deutschen Stilunterricht zunächst auf Gymnasien sowie auf andern höheren Unterrichtsanstalten. gr. 8. (X und 277 S.) Stuttgart 856(57,) Becher's Verlag.

Rinne, J. Carl Friedr., Organismus der Stil- oder Aufsatzlehre. Ein Handbuch für den theoret. deutschen Stilunterricht zunächst auf Gymnasien so wie auf andern höhern Unterrichtsanstalten. 2. (Titel-)Ausg. gr. 8. (X und 277 S) Stuttgart (857)60, Becher's Verlag.

— Organismus der Stil- od. Aufsatzlehre. Ein Handbuch f. den theoret. deutschen Stilunterricht zunächst f. Gymnasien sowie auf anderen höheren Unterrichtsanstalten. 2. Ausg. (Neue wohlf. Ausg.) gr. 8. (X, 277 S.) Ebend. 883. n. 1. 80

— theoretische deutsche Realstillehre, philosophisch u. sprachlich neu entwickelt. Der Lehre vom deutschen Stil. 3. Buch. 2. Ausg. gr. 8. (X, 398 S.) Ebend. 883. n. 2. 60

Rinne. Rede gehalten am 15. October 1851 zur Geburtstagsfeier Sr. Majestät des Königs. 16 S.
Zeitz, Progr. 1852

— Speculation und Glauben. Die Faustsage nach ihrer Entstehung, Gestaltung und dichterischen Fortbildung insbesondere durch Goethe. Zeitz 859. Webel. 8. (VIII, 239 S.) n. 20 ngr.

—— methodisch-praktische Stil- oder Aufsatzlehre; eine methodisch geordnete Sammlung von Musterstücken und zahlreichen Aufgaben für alle Stufen des Gymnasialunterrichtes sowie für den Selbstgebrauch zur organischen Ausbildung in der schriftl. Darstellung nebst den dazu nöthigen kurzgefaßten Regeln und method. Erläuterungen. gr. 8. (X und 336 S.) Stuttgart 855, Becher's Verlag.

—— methodisch-praktische Stil- oder Aufsatzlehre; eine methodisch geordnete Sammlung von Musterstücken und zahlreichen Aufgaben für alle Stufen des Gymnasialunterrichts sowie für den Selbstgebrauch zur organischen Ausbildung der Fertigkeit in der schriftlichen Darstellung nebst den dazu nöthigen kurzgefaßten Regeln und methodischen Erläuterungen. 2. (Titel-)Ausg. gr. 8. (X und 336 S.) Stuttgart (855)60, Becher's Verlag.

—— methodisch-praktische Stil- oder Aufsatzlehre. Eine methodisch-geordnete Sammlung von Musterstücken und zahlreichen Aufgaben für alle Stufen des Gymnasialunterrichts sowie für den Schulgebrauch zur organ. Ausbildung der Fertigkeit in der schriftl. Darstellung, nebst den dazu nöthigen kurzgefaßten Regeln und method. Erläuterungen. 2. (Titel-)Ausg. (Neue wohlf. Ausg.) gr. 8. (X, 336 S.) Ebendas. 883. *

—— praktische Stillehre. Eine method. geordnete Sammlung von Aufgaben zu deutschen Aufsätzen, nebst Beispielen und stilist. Bemerkungen. 2. durchges. Aufl. gr. 8. (VIII, 286 S.) Ebendas. 884. *ℳ 3,20.; geb. *

Rinne, J. Karl Friedr. Praktische Stillehre. Eine methodisch geordnete Sammlg. v. Aufgaben zu deutschen Aufsätzen nebst Beispielen u. stilist. Bemerkgn. 3. unveränd. Aufl. gr. 8. (VIII, 286 S.) Stuttg. 891, A. Koch. * 3 20; geb. * 3 65

Rinne, Karl Friedrich, s. Rinne, Joh. Karl Friedrich

Rinne, W. K. Fd., s. Homer's Odyssee.

Rinne, Wilh., das goldene Büchlein der Wunder, od. nützliches Allerlei, enthält. 150 erprobte Geheimnisse, Mittel u. Recepte aus der Chemie, Medicin u. Oekonomie. 8. Heilbronn 843, Classische Buchh.

Rinne, Wilh., 20 Gedichte. (19 S.) kl. 8. Reval 906. Kluge & Ströhm. n. — 60

Rinneberg, A., skizzierendes Landschaftszeichnen u. Malen. Eine Anleitg. f. Anfänger. Mit zahlr. Illustr. u. Volltaf. (VIII, 84 S.) 8. Ravensburg (907). O. Maier. 1.50; geb. 2. —

Rinneberg, Anna, Tante Doktor!, s. a. Schneeflocken. 52. Hft.

Tante Doktor! Erzählung von A[nna] Rinneberg. Gütersloh: C. Bertelsmann [1906]. (16 S.) 8° [Umschlagt. J.]
— Schneeflocken. 52. [illegible]

Rinneberg, Anna, auf der Heide, s.: Geschichten u. Bilder der Frauenhilfe.

Das Kleeblatt von A(nna) Rinneberg. Gütersloh: C. Bertelsmann [1907]. (15 S.) 8° [Umschlagt. J.]
— Schneeflocken. 57. [illegible]

— o du fröhliche!, s. a. Schneeflocken. 42. Hft.

O du fröhliche! Erzählung von A[nna] Rinneberg. Gütersloh: C. Bertelsmann [1904]. (16 S.) 8° [Umschlagt. J.]
— Schneeflocken. 42. [illegible]

— warum?, s. a. Schneeflocken. 38. Hft.

Warum? Erzählung von A(nna) Rinneberg. Gütersloh: C. Bertelsmann [1903]. (16 S.) 8° [J.]
— Schneeflocken. 38. [illegible]

Rinneberg, Frz., Handbuch d. evang. Religionslehre, s.: Fauth, F.

Rinneberg, Johannes Andreas

Exercitatio Theologica De Pactis hominum Cum Diabolo Circa Abditos In Terra Thesauros Effodiendos Et Acquirendos, Ad Casum Illum Tragicum, Qui Anno Priori Exeunte In Vigilis Festi Nativitatis Christi In Agro Ienensi Contigit, Instituta ... Ad D. IV. Iulii 1716 ... Auctor Et Respondens Ioannes Andreas Rinneberg, Northusanus. Ienae, Apud Christoph. David. Wertherum.

Rino, oder die Liebe Täuschung, von Schulze. 8. Quedlinburg Basse. 819.

RINO Hartabello der verwandelte Räuberhauptmann. Eine romantische Geschichte. Seitenst. zu Rinaldo Rinaldini. 2 Thle. Mit 1 Titelkpfr. Cöln, Kauffmann, 1804. 8°. (2 Rthl.)
239 u. 240 SS. — Zahm.

Rino-Hartabello, der verwand. Räuberhauptmann. 2 Thle. 8. Cöln 805. Fabricius. 2 ✓

Rino-Hartabello, der verwandelte Räuberhauptmann; e. romant. Gesch. Seitenstück zu Rinaldo Rinaldini. 2 Thle. 8. Cöln, Kaufmann. 805.

Rino, H., Täuschung auf Täuschung, s. Jahrbuch deutscher Bühnenspiele.

Rino, H., Theodosia, s. Jahrbuch deutscher Bühnenspiele.

Rinold, der Mahler für menschliche Herzen. Wien 1796. V: *Gleich, Jos. Alois.* (MGT) (Ky) (WBL) (NN)

Rinold, der Maler f. menschl. Herzen, (v. Jos. Al. Gleich). 8. Wien 796. Doll. 16 gr

Rinscha, Rob. v., chemische Untersuchung e. falschen Chinarinde aus Brasilien. Diss. gr. 8. (50 S.) Jurjew (Dorpat) 891. (E. J. Karow.) n. 1. —

Rint, Otto: Über die Esterifizierung der α-β-γ-Pyridintrikarbonsäure. S. 106. Hb. 28 . . . vgr.
Separatabdruck

Rintel, C. G. N., s. Rintel, Karl Gustav Nikolaus

Rintel, C. Gust., s. Rintel, Karl Gustav Nikolaus

Rintel, Eduard. Ludov. Guil., s. Rintel, Wilhelm

Rintel, Karl Gustav Nikolaus

Rintel, Carl Gust. Nic., Beiträge z. Würdigung der französ. Jury. Eine Sammlung von Strafrechtsfällen aus den Jahren 1833 bis 1843. Mit e. Einleit. u. e. Anh. enthalt. 20 Strafrechtsfälle aus den verein. Königr. Grossbritannien u. Irland. gr. 8. (31 B.) Münster 845, Aschendorff'sche Buch.

Rintel, Carl Gust. Nicol., († d. 20. Jan. 1854), Beleuchtung der Denkschrift des Evang. Oberkirchenrathes betr. die Vermehrung der Dotation der Evang. Kirche in Preußen vom Standpunkte des Rechtes u. der Parität. Mit statist. Nachweisungen. gr. 8. (VIII u. 132 S.) Regensburg 852, Manz. ½ rf

— Denkschrift betreff. die der kathol. Kirche Schlesiens über die kathol. Schulen u. Schullehrer-Seminarien zustehenden Aufsichts- u. anderen Rechte. In amtl. Veranlassung verfaßt. gr. 8. (VI u. 52 S.) Breslau 849, G. P. Aderholz. 6 ngr

Rintel, Carl Gust. Nicol., über Errichtung einer deutschen Seemacht. gr. 8. (VIII u. 63 S.) Breslau 848, F. Aderholz. ¼ rf

Rintel, Carl Nicol. Gust., zum Gedächtniß des Wirkens Melchiors Freiherrn von Diepenbrock, weil. Cardinals und Fürstbischofes von Breslau, während Seines Episcopates. (Aus der „Sion" abgedr.) Augsburg 853. Kollmann. 8. (14 S.) 1½ ngr

— die kathol. Interessen u. die Deutsche Frage in Preußen. Zur Orientirung. gr. 8. (X u. 70 S.) Breslau 849, Max & Co. 5/12 rf

—— von der Jury. Ihre Nothwendigkeit u. Stellung im Strafverfahren; ihre Geschichte u. verschiedene Bedeutung in England u. Frankreich; ihre Einführung in Preußen. Eine Monographie. gr. 8. (31½ B.) Münster 844, Aschendorff'sche Buchh.

(Rintel, C. Gust.): Clemens August, Erzb. zu Cöln, gegen d. Anklagen d. Königl. Preuss. Regierung vertheidigt v. e. Protestanten. *Regensb.*, Manz. 838. g. 8. (8 Gr.)

Rintel, Nicol. Carl Gustav: Zur Orientirung über die deutsche Verfassungssache u. die auf dieselbe bezüglichen Fragen. Breslau, Korn 1850. 50 S. 8

— das Patent vom 3. Febr. 1847. — Das Programm der Radicalen f. den verein. Landtag. 4 Artikel. 12. (68 S.) Breslau 847. Fr. Aderholz. 6 ngr

—— der Protestantismus als politisches Princip von Dr. Friedrich Julius Stahl. In drei Sendschreiben vom Standpunkte der Wahrheit, des Rechtes und der Geschichte widerlegt. gr. 8. (VII und 160 S.) Breslau 853, Aderholz. •

—— O'Connell's Proceß. gr. 8. (7½ B.) Münster 845, Aschendorff'sche Buchh.

Rinteln, Carl Gust. Nicol., Rechtfertigung d. persönl. Handlungsweise d. Königs v. Preußen in d. Angelegenheit des Erzbischofs Clemens August v. Cöln. gr. 8. (4½ B.) Würzburg 840, Voigt u. Mocker. •

—— die Verfassungsfrage. gr. 8. (5 B.) Münster 845, Aschendorff'sche Buchh.

—— die Verluste der katholischen Pfarrseelsorge in den Provinzen Westpreußen, Posen und Schlesien, auch Lauenburg-Bütow seit der preuß. Besitznahme, resp. seit Ende des vorigen Jahrhunderts. 8. (X und 22 S.) Breslau 853, (Aderholz.) •

—— Vertheidigung d. Erzbischofes v. Gnesen u. Posen Martin v. Dunin. gr. 8. (16 B.) Würzburg 839, (Stahel'sche Buchh.) •

—— actenmäßige Widerlegung der in dem Buche, „Oeffentlicher Prozeß gegen das fürstbischöfl. General-Vicariat-Amt zu Breslau, von Maur. Müller-Jochmus" enthaltenen actenwidr. Darstellung. Auf amtl. Veranlassung verfaßt. gr. 8. (X und 332 S.) Breslau 848, Fr. Aderholz.

Rintel, Ludwig (Übers.):

s.: Corvisart, J(ean) N(icolas): Versuch über die Krankheiten und organischen Verletzungen des Herzens und der großen Gefäße. (Essai sur les maladies et les lésions organiques du coeur et des gros vaisseaux. Seconde édition. Dt.) Paris: 1814

JB 2.388

Rintel, Ludwig (Berlin), De tympanite diss. inaug. med. Göttingen (J. C. Baier) 25. V. 1808. 88 S. (4.25) 28930
Gew.: August Gottlieb Richter.

Rintel, L., de tympanite. 4. Götting. 808. Brose. 10 gr

Rintel, Mos., Versuch e. skizzirten Beschreib. v. Göttingen; nach sr. gegenwärt. Beschaffenheit. 8. Gotting. 794. Vandenhöck u. R. 14 gr

Rintel, N. C. G., s. Rintel, Karl Gustav Nikolaus

Rintel, Wilhelm

Rintel, (Eduard. Ludov. Guil. geb. Berlin 1818): De cephalotripsia ratione inprimis habita cephalotriptoris Baudelocquiani. Berolini (1840). (20 S.) 8°
Berlin, Med. Diss. v. 8. Aug. 1840

Rintel, Wilh., Carl Frdr. Zelter. Eine Lebensbeschreibung. Nach autobiographischem Mscr. bearb. Berlin 861. Janke. 8. (VIII, 304 S.) 1 rf 15 ngr

Rintelen, ..., s. Entscheidungen des K. Geh. Ober-Tribunals.

Rintelen jun., Ant., Berufungsgrund u. Berufungsantrag nach dem neuen österreichischen Civilprocessrecht. gr. 8. (X, 132 S.) Wien 901. Manz. n. 2. 80

Rintelen, Ant., Execution auf Sachen in fremder Gewahrsame u. auf Leistungsansprüche. (86 S.) gr. 8. Wien 903. Manz. n. 1. 80
Sonderabdruck aus: „Allg. öst. Gerichts-Zeitg."

Rintelen, Ant., das österreich. Konkursrecht. (VIII, 400 S.) gr. 8. Leipzig 910. Duncker & Humblot. 8.—; geb. in Leinw. n 9.—

Die Einstweilige Verfügung. Eine Untersuchung aus d. österr. Rechte von Dr. Anton **Rintelen**, Prof. Wien: Manz 1905. (VIII, 320 S.) 8° [05. 7887

Rintelen, Franz [aus Münster i. W.]: Über Esterbildung bei aromatischen Amidosäuren ... Rostock, C. Hinstorffs Buchdr., 1896; 53 S. 8.
Rostock, Phil. Fak., Inaug.-Diss. v. [29. Apr.] 1896

Die Rechtsprechung zu den preußischen Gesetzen über Gemeinheits-Teilungen (Servitut-Ablösungen, Grundstücks-Zusammenlegungen) mit Ausschluß d. Verfahrens-Vorschriften. Nach d. Zeitschrift f. Landeskultur-Gesetzgebung bearb. von F[riedrich] **Rintelen**. Berlin: P. Parey 1906. (XVI, 449 S.) 8° [F.] [05. 3740

Rintelen, Fritz: Leibnizens Beziehungen zur Scholastik. *Berlin 1903: G. Reimer.* (58 S.) 8°
München, Phil. Diss. v. 1903

Rintelen, Fritz [cand. med. aus Lübbecke]: Über Hodentuberculose mit Berücksichtigung des doppelseitigen Auftretens derselben. ... Paderborn, Junfermann'sche Buchdr., 1888; 88 S. 8°
Würzburg, Med. Fak., Inaug.-Diss. v. 1888

Rintelen, G. W. F.: Das Particular-Recht des Fürstenthums Siegen u. der Aemter Burbach u. Neukirchen (des freien u. Hickengrundes). Im Auftr. des Königl. Justiz-Minister. für die Gesetz-Revision bearb. Paderborn 1838.
Th. 1 Gesetzentwürfe.

Rintelen, G. W. F., das Provinzial-Recht d. Hrzgth. Westphalen u. d. Grafschaften Wittgenstein-Wittgenstein u. Wittgenstein-Berleburg. Im Auftr. d. k. Justiz-Ministeriums f. d. Gesetz-Revision bearb. 2 Thle. gr. 8. (24 B.) Paderborn 837, Crüwell. •

Rintelen, Godofr. Car. Eduard. (geb. Brilon 13. 10. 1833 (vielmehr 1843?))
De carcinomate ventriculi. Berolini (1865). (32 S.) 8°
Berlin, Med. Diss. v. 29. Juli 1865

Rintelen, Heinz: Das Inventar des Pachtgutes. (BGB. §§ 586—589.) Borna-Leipzig 1909: Noske. VI, 43 S. 8°
Heidelberg, Jur. Diss. v. 28. Febr. 1910, Ref. Heinsheimer
[Geb. 2. Sept. 85 Berlin; Wohnort: Heidelberg; Staatsangeh.: Preußen; Vorbildung: Kaiserin-Augusta-Gymn. Charlottenburg Reife O. 05; Studium: Kiel 1, Berlin 5 S.; Rig. 19 Febr. 09.] [U 10. 1986

Rintelen, K., De Theognide Megarensi poeta. Diss. 1863. 59 S.
Schul-/Univ.-Schrift Monast.

Rintelen, Kurt Otto, appr. Arzt a. Berlin. Assistenzarzt im Inf.-Reg. Prinz Moritz von Anhalt-Dessau (5. Pommerschen) Nr. 42: Der paravaginale Hülfsschnitt nach Schuchardt, nach den Erfahrungen der Königlichen Universitäts-Frauenklinik zu Greifswald. Greifswald 1906: J. Abel. (58 S.) 8°
Greifswald, Med. Fak., Ref. Martin, Diss. v. 16. Juni 1906
[Geb. 15. März 77 Berlin; Wohnort: Stralsund; Staatsangeh.: Preußen; Vorbildung: Gymn. Schwedt a. O. Reife M. 99; Studium: Berlin Univ. 2, Kaiser-Wilh.-Akad. 7, Charité 2 S.; Coll. 8. Mai 06; Approb. 30. Juni 05.]

Rintelen, Max: Der Gerichtsstab in den österreichischen Weistümern. Weimar 1910.
(in: Festschrift z. 70. Geburtstage f. Brunner.)

Schuldhaft und Einlager im Vollstreckungsverfahren des altniederländischen und sächsischen Rechtes. Von Dr. Max **Rintelen**, Privatd., Leipzig. Leipzig: Duncker & Humblot 1908. (XV, 237 S.) 8° [07. 18008

Rintelen, Paul, Staatl. geprüft. Nahrungsmittel-Chemiker: Die Proteinstoffe des Weizenklebers und seine Beziehungen zur Backfähigkeit des Weizenmehles. Münster, Westf. 1905: Westfäl. Vereinsdruckerei. (44 S.) 8°
Münster, Phil. Fak., Ref. König, Diss. v. 18. März 1905
[Geb. 24. Okt. 76 Gr.-Glogau; Wohnort: Münster i. W.; Staatsangeh.: Preußen; Vorbildung: Gymn. Münster Reife O. 99; Studium: Münster 9 S.; Rig. 22. Dez. 04.]

Rintelen, Victor

Rintelen, V., systematische Darstellung des gesammten neuen Prozeßrechts einschließlich des Gerichtsverfassungsrechts in seiner Gestaltung für die ordentlichen Gerichte des ganzen Preußischen Staats u. für das Reichsgericht auf Grund der Reichsgesetzgebung, der preuß. Landesgesetzgebung, sowie der Vorschriften der preuß. Landesjustizverwaltung. 1. Bd., enth. die Einleitung u. den allgemeinen Thl. gr. 8. (XXVIII, 688 S.) Breslau 881. Maruschke & Berendt. n. 10. —

— dasselbe. 2. Bd., enth. 15 Anlagen zum 1. Bde. gr. 8. (XI, 612 S.) Ebend. 881. n. 12. —

— dasselbe. 3. Bd., enth. den besond. Theil. 1. Abth. Das Verfahren im Civilprozeß u. im Subhastationsprozeß. gr. 8. (XIX, 586 S.) Ebend. 882. n. 12. —

Rintelen, V., systematische Darstellung d. gesammten neuen Prozeßrechts einschließlich d. Gerichtsverfassungsrechts in seiner Gestaltung f. die ordentlichen Gerichte d. ganzen preußischen Staats u. f. das Reichsgericht auf Grund der Reichsgesetzgebung, der preußischen Landesgesetzgebung, sowie der Vorschriften der preuß. Landesjustizverwaltung. 3. Bd., enth. den besond. Theil. 2. Abth. Das Konkursrecht. Das Verfahren im Strafprozeß. gr. 8. (XVI, 536 S.) Breslau 883. Maruschke & Berendt. n. 11. — (cplt.: n. 45. —)

Rintelen, V., über den Einfluß neuer Gesetze auf die zur Zeit ihrer Emanation bestehenden Rechtsverhältnisse [rückwirk. Kraft der Gesetze] nach römischem und preußischem Recht, insbesondere in Beziehung auf das Gesetz vom 5. Mai 1872 über den Eigenthumserwerb und die dingl. Belastung der Grundstücke 2c. nebst Grundbuch-Ordnung. gr. 8. (IV, 174 S.) Breslau 877, Maruschke und Berendt. *

— Gerichtsverfassung u. Justizverwaltung, systematisch bearb. f. die ordentl. Gerichte d. Preuß. Staates u. f. das Reichsgericht auf Grund der Reichsgesetzgebg., der preuß. Landesgesetzgebg., sowie der Vorschriften der preuß. Landesjustizverwaltg., nebst e. allgem. Einleitg. in die neue Reichsprozeßgesetzgebg. 2. Aufl. gr. 8. (XIV, 738 S.) Paderborn 889. F. Schöningh. n. 15. —

Rintelen, V., die kirchenpolitischen Gesetze Preußens und des Deutschen Reichs in ihrer Gestaltung nach dem Abänderungsgesetz vom 21. Mai 1886. 1.–5. Aufl. 8. (74 S.) Berlin 886, C. Heymanns Verlag. cart. *

—— die kirchenpolitischen Gesetze Preußens und des Deutschen Reichs in ihrer Gestaltung nach dem Abänderungsgesetz vom 29. April 1887. 1. und 2. Abdr. 8. (75 S.) Paderborn 887, F. Schöningh. cart. *

Die Kirchenpolitischen Gesetze Preußens und des Deutschen Reiches in ihrer gegenwärtigen Gestaltung ‹1903› von Dr. V[ictor] **Rintelen**, Geh. Ober-Justiz-R. *Paderborn: F. Schöningh 1903.* (VI, 82 S.) 8° [F.]
(o). 1900 2

Rintelen, Victor, Referendar: Die Grundsätze des heutigen Völkerrechts über die Auslieferung von Verbrechern. Borna-Leipzig 1909: Noske. IX, 69 S. 8°
Heidelberg, Jur. Diss. v. 1. Okt. 1909, Ref. Jellinek
[Geb. 17. Juni 87 Düsseldorf; Wohnort: Küstrin; Staatsangeh.: Preußen; Vorbildung: Gymn. Stralsund Reife O. 06; Studium: Freiburg i. B. 3, Straßburg 3 S.; Rig. 29. Juli 09.] [U 10. 1987

— das Konkursrecht, nebst Anh., betr. die Anfechtg. v. Rechtshandlgn. e. Schuldners außerhalb d. Konkursverfahrens, systematisch bearb. f. den preuß. Staat auf Grund der Reichsgesetzgebg. u. der preuß. Landesgesetzgebung. gr. 8. (XII, 196 S.) Berlin 890. Liebmann. n. 5. —; geb. n. 6. 80

Rintelen, V., das Konkursrecht, nebst Anh., betr. die Anfechtg. von Rechtshandlgn. e. Schuldners außerhalb des Konkursverfahrens. Systematischer Kommentar. 2. umgearb. Aufl. gr. 8. (XV, 356 S.) Halle 902. Buchh. d. Waisenhauses. n. 9. —; geb. n. 10. —

— der Strafprozeß, systematisch bearb. gr. 8. (XIX, 518 S.) Ebd. 891. n. 12. 50; geb. n. 13. 80

— das Verhältniß der Volksschule Preußens zu Staat u. Kirche. Quellenmäßige Darstellg. gr. 8. (XI, 217 S.) Paderborn 888. F. Schöningh. n. 2. 80

Die Volksschule Preußens in ihrem Verhältnis zu Staat und Kirche nach Erlaß des Volksschulunterhaltungsgesetzes v. 28. Juli 1906. Mit d. Text dieses Gesetzes u. d. hierzu erlass. Ausführungsanweisungen. Quellenmäß. Darstellung von V[iktor] **Rintelen**. Berlin: H. Bahr 1908. (XVI, 356 S.) 8° [F.]
(o8. 4069 3

— der Volksschulgesetzentwurf des Ministers Grafen v. Zedlitz-Trützschler u. die Verhandlungen üb. denselben im Plenum u. in der Volksschulgesetzkommission des preussischen Abgeordnetenhauses. Hrsg. durch den kathol. Juristenverein. gr. 8. (VIII, 479 S.) Frankfurt a/M. 893. A. Foesser Nachf. n. 5. —

Rintelen, V., der Civilprozeß. Systematisch bearb. für die ordentl. Gerichte d. preuß. Staates u. f. das Reichsgericht auf Grund der Reichsgesetzgebg. u. der preuß. Landesgesetzgebg., sowie der Vorschriften der preuß. Landesjustizverwaltg. (In etwa 9 Lfgn.) 1.—7. Lfg. gr. 8. (S. 1—560.) Berlin 890. Liebmann. à n. 2. -

Rintelen, V., der Civilprozeß. Systematisch bearb. f. die ordentl. Gerichte d. preuß. Staates u. f. das Reichsgericht auf Grund der Reichsgesetzgebg. u. der preuß. Landesgesetzgebg., sowie der Vorschriften der preuß. Landesjustizverwaltg. 8.—11. Lfg. gr. 8. (XXIV u. S. 561—946.) Berlin 891. O. Liebmann. à n. 2. — (kplt.: n. 22. —; geb. n. 23. 50)

— Zwangsversteigerung u. Zwangsverwaltung. [Gesetz vom 13. Juli 1883.] Systematisch dargestellt. gr. 8. (VIII, 169 S.) Ebd. 888. n. 2. 40; geb. n. 3. —

— dasselbe. 2., m. dem f. den Geltungsbereich d. Rhein. Rechts bearb. Nachtrage verseh. Ausg. gr. 8. (VIII, 173 S.) Ebd. 888. n. 2. 40

Rintelen, W., Geschichte des niederrheinischen Füsilier-Regiments Nr. 39 während der ersten 75 Jahre seines Bestehens 1818 bis 1893. Im Auftrage bearb. Mit Abbildgn., Karten u. Plänen. gr. 8. (XII, 536 u. 98 S.) Berlin 893. E. S. Mittler & Sohn. n. 12. 50

Rinteln [Schlagwort]

Rinteln, s.: Oeynhausen u. s. Indicationen.

Rinteln [Verfasser]

Rinteln, Carl Gustav Nikolaus, s. Rintel, Karl Gustav Nikolaus

Rinteln, Ernst v., König Saul. Die Tragödie der untergeh. Größe. (VII, 137 S.) 8. Straßburg 906. J. Singer. n. 2. 50

Rinteln, Sigfr. (geb. Detmold Mai 1816): De fasciis abdominalibus puerperarum. Berolini (1839). (32 S.) 8°
Berlin, Med. Diss. v. 30. Dez. 1839

Rinteln, Walter, Referendar: Präventivakkord und Bürgenverpflichtung. Borna-Leipzig 1909: Noske. X, 61 S. 8°
Göttingen, Jur. Diss. v. 20. Sept. 1909, Ref. Titze
[Geb. 28. Dez. 87 Bochum; Wohnort: Bochum; Staatsangeh.: Preußen; Vorbildung: Wilhelms-Gymn. Kassel Reife O. 06; Studium: Lausanne 2, München 2, Marburg 2 S.: Rig. 4. Aug. 09.] [U 10. 1350

Rintsch, J. G., Predigt zum Gedächtn. d. weil. verw. Frau Großh. v. Sachsen-Weimar-Eisenach 2c. Frauen Louise Kgl. Hoheit, geh. am Sonnt. Reminis. 1830 zu Neustadt a. d. O. 8. (1 B.) Neustadt a. d. O., Wagner.

Rintsch, J. G., Predigten üb. d. christl. Kirchenjahr, nach d. ersten Jahrgange d. neuen weimarischen Evangelienbuches. 1. u. 2. Abthl. gr. 8. Neustadt a. d. O., Wagner.
Abthl. 1. Die Weihnachtszeit umfass., v. 1. Advente b. Sonnt. Septuages. (13½ B.) 836. 18 Gr.
" 2. Die Osterzeit umfass., v. Sonnt. Estomihi b. z. Himmelfahrtsfeste. (20½ B.) 837. 1 Thlr.

Rintsch, J. G., Worte bei der feierlichen Einweihung der neuen Töchterschule zu Neustadt a. O. den 31. October. 1814 gesprochen. gr. 8. (1½ B.) Neustadt a. O., Wagner. Thlr.

Rio Grande do Sul [Schlagwort]

— s. a.: Brasilien.

Rio Grande do Sul, s. a. Santa Catharina.

Rio Grande do Sul. Jannasch, H., Karte d. Kolonien im Staate Rio Grande do Sul. Nach den neuesten Quellen bearb. 1:500.000. Ausg. Frühj. 1898. 55 × 78 cm. Lith. Berlin, Verlag d. Export. n.n. 3. —

Rio de Janeiro u. seine Umgebungen im J. 1824, in Briefen e. Rigaer's (Ernst Ebel). gr. 8. (8 B. u. 2 Pläne.) St. Petersburg 828. (Hamburg, Perthes-Besser u. Mauke.)

Rio de Janeiro u. seine Umgebungen im J. 1826, in Briefen e. Rigaers (Ernst Ebel). Mit 2 Plän. gr. 8. St. Petersb. 828. (Perthes u. B. in Hamb.) 1 ₰

Rio del Rey [Schlagwort]

Rio del Rey, s.: Seekarten.

Rio [Verfasser]

Rio, A. F., de l'art chrétien. 3 Tomes. Nouvelle édition entièrement refondue et considérablement augmentée. gr. 8. (LXXXIV und 1491 S.) Paris 861. Freiburg im B., Herder'sche Verlagsbuchh. *

Rio, A. F., de l'art chrétien. Tome 4. Nouvelle édit. entièrement refondue et considérablement augmentée. Paris 867. (Freiburg im Br., Herder'sche Verlagsh.) gr. 8. (563 S.) n. 2 ₰

—— Epilogue à l'art chrétien. 2 vol. gr. 8. (400; 476 S.) Freiburg i. Br. 870, Herder'sche Verlagsh. *
De l'art chrétien. Ebendas. 1861. *ℳ 18.

Rio, A. F., Philipp Howard Graf v. Arundel u. Marc-Anton v. Bragadino, s.: Sammlung historischer Bildnisse.

— l'idéal antique et l'idéal chrétien. [Extrait de l'art chrétien.] 8. (99 S.) Paris 873. Didot & Co. n. — 80

— die vier Märtyrer. Aus dem Französ. übersetzt von Placidus Plattner. Innsbruck 857. Rufschlager. 16. (VIII, 176 S.) 15 ngr.

Rio, die vier Märtyrer. Aus dem Französ. übers. von Placidus Plattner. gr. 16. (VIII und 176 S.) Innsbruck 857, Vereinsbuchh. und Buchdruckerei.

— die vier Martyrien, s. Leitsterne, neue, auf der Bahn des Heils.

—— Michel-Ange et Raphaël. Avec un supplément sur la décadence de l'école romaine. gr. 8. (268 S.) Paris 867. Freiburg im Br., Herder'sche Verlagsh. *

—— Shakespeare. Aus dem Französ. übers. von Karl Zell. 12. (XVI und 803 S.) Freiburg im Br. 864, Herder'sche Verlagsh.

Rio, J. E. de los, s. Rios, Juan Pablos de los

Rio, J. P. de los, s. Rios, Juan Pablos de los

Rio, Jan. d'Asso del, s. Asso.

Rio, Jgn. d'Asso del, von d. Heuschrecken u. ihren Vertilgungsmitt., a. d. Span. v. Tychsen. d. Rostock, Koppe. 787.

Rio, Martin del

Disquisitionum Magicarum Libri Sex. Quibus continetur Accurata Curiosarum Artium et Vanarum Superstitionum Confutatio ... Authore Martino Del-Rio ... Editio, in Germania, Sexta, prioribus auctior ... Coloniae Agrippinae, Sumptibus Joannis Josephi Huisch, Bibliopolae 1755.

Riodoro, od. Natur u. Liebe; e. Novelle v. Ernestine von Krosiak. 8. Lpz. Joachim. 805.

— — dasselbe; s. auch Novellen v. E. v. Krosiak.

Riola, Konradin

Riola, Conradin. Martyrologium magnum, oder Il cudesch grand dels martyrs. Il qual contegna, La Historia dellas Persecutions dalla Baselgia & dels Martyrs ... dal temp da Christi fin sin noss temps .... Part prima: Chi contegna la Historia della Baselgia & dels Martyrs, da Christo fin Anno. 1560. Primò stat tschantà in Frances dopo in Todaischk, & huossa ... in noss Romansch verti & contraet. Da Conradino Riolano .... 8. Strada in Engadina Bassa 1718.
Alles was erschienen.

Riolan, E.

Riolan (Pseud.): Die Erzeugung der Menschen und Heimlichkeiten der Frauenzimmer, wie auch von der Erzeugung der Söhne und Töchter. Th.1 – 3, gbd.

O.O.: 1788
angeb.: Essich, Johann Gottfried: Kurzer Unterricht für Landwundärzte. 1787

JB 950

Riolan, E., von d. Erzeugung des Menschen. 8. Freiberg 788. Reinhold. 12 ℛ

— besondere Geheimnisse des schönen Geschlechts. 8. Leipz. 796. Paul Vogel. 4 ℛ

Rion, (Alphonse). Guide du botaniste en Valais. Par (feu M.) le Chanoine R'. Publié sous les auspices de la section „Monte-Rosa" du C. A. S. Par R[aphael] Ritz et F[erdinand]-O[tto] Wolf. 8. Sion 1872.

Rion, Chanoine, guide du botaniste en Valais, publié par R. Ritz et F. O. Wolf. 8. (XXXII, 252 S.) Sion 872. (Basel, Georg.) n. 4. —

Rion, [Alphonse]. Note sur les tremblemens de terre ressentis en Valais en 1855, de juillet en novembre. 8. Sion 1855.

Rion, Edw., s. Van Keen, Jak., Reise.

Rion, J., Alberada, Erbgräfin von Banz, od. d. Macht d. Frauenwürde. Eine Gesch. d. fränk. Vorzeit f. Jugend u. Volk. Als Gegenstück z. heil. Kaiserpaar u. heil. Otto. 8. (5 B. u. Titlbild.) Bamberg 836, Lachmüller. [Literar.-artist. Institut.]

—— Blumensträußchen, od. moral. Erzähln. f. d. Jugend u. ihre Freunde. Neu hrsg. 8. (7 B.) Bamberg 837, Literar.-artist. Institut.

Rion, J., gemeinfaßl. Darstellung der Denklehre nebst Beispielen zur Uebung. Nach Krause's Elementar-Grundsätzen zusammengestellt f. höhere Bürger-, Real- u. untere Gymnasialschulen rc. 12. (3 B.) Reutlingen 844, Kalbfell-Kurtz.

—— die Gräfin Griseldis, e. Muster d. Demuth u. Geduld. Eine Gesch. d. Alterthums f. d. reif. Jugend. Neu erzählt. 12. (4 B.) Sulzbach 836, v. Seidel'sche Buchh.

——, Jephta u. seine Tochter. Eine Gesch. d. vorchristl. Alterthums f. d. Jugend u. Erwachsene. 12. ($3\frac{1}{2}$ B.) Sulzbach 836, v. Seidel'sche Buchh.

Rion, J., das heil. Kaiserpaar, od. Leben u. Thaten St. Heinrich's u. d. heil. Kunigundis. Neu erzählt f. Jugend u. Volk. M. 1 Stndr. 8. ($9\frac{1}{4}$ B.) Bamberg 833, Lachmüller.

Rion, J., die heil. Klotilde, Königin v. Frankreich. Eine Gesch. d. Alterthums f. d. christl. Jugend. 12. (3 B.) Sulzbach 836, v. Seidel'sche Buchh. Thlr.

—— Leben u. Thaten d. heil. Otto, Bischofs v. Bamberg u. Apostels der Pommern. Neu erzählt f. Jugend u. Volk. M. 3 Kpfr. (auf 2 Bl.). 8. ($11\frac{1}{2}$ B.) Bamberg 833, Lachmüller.

—— Leben u. Tod d. heil. Kilian, ersten Apostels der Franken u. sein. Gefährten Colonat u. Totnan. Neu erzählt f. Jugend u. Volk. M. 1 Abbild. gr. 12. ($4\frac{1}{2}$ B.) Aschaffenburg 834, Pergay. 4 Gr., Blnp.

—— Leben u. Wunderthaten d. heil. Severin. Eine Gesch. aus d. 5. christl. Jahrh. f. Junge u. Alte. gr. 12. (2 B.) Aschaffenburg 834, Pergay.

—— die fromme Magelone, od. d. drei Ringe. Eine Gesch. d. christl. Alterthums f. d. reif. Jugend. Neu erzählt. 12. (4 B.) Nürnberg 837, Bauer u. Raspe.

—— Kaiser Oktavianus, od. Gott fügt alles zum Besten. Eine lehrr., erbau. Gesch. d. Alterthums f. Jung u. Alt. gr. 12. ($5\frac{1}{2}$ B. u. 1 Kpfr.) Würzburg 836, Stahel'sche Buchh.

——, Saul u. David, die zwei ersten Könige Israels. Eine Gesch. aus d. alttestamentl. Vorzeit. Neu erzählt f. d. Jugend u. ihre Freunde. 12. (8 B.) Sulzbach 836, v. Seidel'sche Bh.

—— goldenes Schatz-Kästlein, od. lehrr. Sittensprüche auf alle Tage d. Jahres. Ein Geschenk f. d. liebe Jugend. 12. ($3\frac{1}{2}$ B.) Bamberg 834, Lachmüller.

—, Theodelinde, Prinzessin v. Baiern, nachher. Königin d. Longobarden. Eine merkwürd. u. lehrr. Gesch. aus d. 6. u. 7. christl. Jahrh. Neu erzählt f. d. Jugend u. ihre Freunde. 8. (9 B. u. Titkpfr.) Augsburg 834. (Regensburg, Manz.)

— die Weinlaube, od. der unbekannte Wohlthäter. Eine Erzähl. f. d. Jugend u. ihre Freunde. gr. 12. (4 B.) Aschaffenburg 834, Pergay.

Rions, Maxime, Erfinder-Los, s.: Arbeiterbühne. 30.

Rio-Post. Jahrgang 1, no. 1, July 14, 1886–1889.
Semi-weekly. Editor: Carlos Bolle. „Extra-Blatt der Rio-Post" published with Mar. 9, 1888.
Rio de Janeiro

de Rios, Madame, s. Los-Rios.

Rios, Mad. de Los-, Abrégé hist. de toutes les Sciences et des beaux arts. 12. Berne, Typ. 789.

— — le m. I. 8. Dresd. Walther. 785.

— Encyclopédie Enfantine, ou Magazin p. les petits Enfans. III Tomes. 8. ibid. 780–91. (I. 16 gr. II. 8 gr. III. 12 gr.)

— Hist. naturelle. 8. ibid. 787.

— Magazin des petits Enfans. 12. Basle, Schweighäuser. 774.

— — le même I. 12. Breslau, W. G. Korn. 786.

Rios, Juan Pablos de los, Ein hoher Beamter; s.: Lese-Cabinet, neuestes belletr.

Das Mädchen für Alles und andere junge Damen. (Neue Schönheitsgalerie.) Von Jean Riot. *(Berlin: Satyr-Verl. [1904].)* (31 S.) 8° [Kopft.] = Satyr-Bibliothek. Bd 19. [c4. 1587]

Riotte, C. H., Arithmetik, als Leitfaden bei d. ersten Unterr. 8. (3½ B.) Jena 832, Bran.

Riotte, F., Theodulf. Ein Sang aus alter Zeit. 12. (61 S.) Köln 888. Bachem. n. 1. 50; geb. m. Goldschn. n. 2. 50

Riotte, Feodora

— die schöne Griechin. Der Amateur-Photograph, s.: Marnet-Bibliothek. 56. Bd.

Riotte, F., Hermione, s. a. Dasbach's, Frdr., Novellenkranz.

[F.] Hermione. Roman v. F[ranziska] Riotte. *Trier: Paulinus-Dr. [1898].* (224 S.) 1 Bl 8.
= Novellenkranz, Dasbach's. Bd 32. [99. 7649]

— gesammelte Novellen. 3 Bde. (III, 184; III, 208 u. III, 192 S.) kl. 8. Mainz 905. Druckerei Lehrlingshaus. n. 3. —; in 1 Bd. geb. n. 3. 50

— Silvia, s. a. Braun's Novellen- u. Roman-Sammlung.

— Silvia. Novelle. Nach dem Engl. frei bearb. (297 S.) 8. Ebd. (891). n. 1. 60; geb. n. 2. —

Riotte, Feodora, die Sühne e. Königin, s.: Braun's Novellen- u. Roman-Sammlung. 16. Bd.

Riotte, Feodora, wie ich zu meiner Frau kam, s. a. Braun's Novellen- u. Roman-Sammlung.

Riotte, Feodora, wie ich zu meiner Frau kam. Novelle. (224 S.) 8. Leipzig (890). Regensburg, J. Habbel. n. 1. 60; geb. n. 2. —

Riotte, Herm., die neue Aera. Lustspiel in 5 Aufzügen m. Benutzg. des Schauspiels „Die neue Durchlaucht" v. Ewald Böcker. (103 S.) kl. 8. New York 904. The International News Compagny. n. 2. —

— der moderne Diogenes. Culturgeschichtlicher Roman in 3 Büchern. 2 Bde. 8. (230 u. 246 S.) Leipzig 874. E. J. Günther. n. 6. —

— im goldenen Dreieck. Orig.-Roman aus dem deutschen Volksleben. (300 S.) 8. Leipzig 906. Deutsch-amerikan. Verlag. n. 3. —; geb. n. 4. —

Riotte, Herm., des Dichters Erwachen. Eine Vision. Zum 150. Jahrestage d. Geburt Friedrich Schillers am 10. XI. 1909 seinen Verehrern gewidmet. (16 S.) gr. 8. Leipzig (909). P. Riotte. — 60

Riotte, Herm., die Frauentugend. Eine Novelle in Versen aus der Reformationszeit. 12. (V, 58 S.) Berlin 902. Deutscher Selbstverlag. — 90

Riotte, Herm., Germania, s.: Grosse, Jul.

Riotte, Herm., Gold für Eisen. Schauspiel in 5 Akten. gr. 8. (III, 121 S.) Münster i/Els. 877. Riotte. 1. 50

— die Herrin v. Rosta. Romantisches Drama in 5 Akten. gr. 8. (78 S.) Leipzig 902. Berlin, Deutscher Selbstverlag. 1. 50

Riotte, Herm., Vater Klaus. Eine Festtags-Idylle aus dem Leben e. deutschen Briefträgers. gr. 16. (47 S.) Leipzig 892. P. Ehrlich. n. 1. —; geb. 1. 50

Riotte, H., Michael Kohlhaas, s.: Bibliothek, neue, f. das deutsche Theater.

— Lebenswogen. Dichtungen aus 2 Welttheilen. 12. (VIII, 168 S.) Berlin 901. Deutscher Selbstverlag. n. 2. —; geb. n.n. 2. 50; m. Goldschn. n.n. 3. —

Riotte, Herm., Pseudonym, s.: Bibliothek, neue, f. das deutsche Theater.

— Rudolf v. Habsburg, der Erretter Deutschlands aus den Wirren d. Interregnums, sein Kampf um das Elsaß im Bunde m. den Bürgern der führ. Reichsstädte d. Elsasses Straßburg u. Colmar u. d. gesammten elsäss. Oberlandes gegen das Bisthum v. Straßburg, bis zu seiner Erwählg. zum deutschen König. In dramat. Form geschichtlich dargestellt. gr. 8. (285 S.) Ebd. 892. n. 6. —

— Soll u. Haben in Amerika. Selbstbekenntnisse e. Fälschers, dem Engl. nacherzählt. (VI, 351 S.) 8. Berlin 905. Leipzig, Deutsch-amerikan. Verlag. n. 4. —; geb. n. 5. —; Ausg. in 3 Bdn. 4. 50; geb. 6. —

Riotte, Herm., d. Bruders Vermächtniß. Novelle. 8. (144 S.) Leipzig 872. Seiler. 1. 50

— Warbeck. Ein Schauspiel in 5 Aufzügen. Mit Benutzg. Schillerscher Aufzeichngn. u. Fragmente. (126 S.) 8. Ebd. 910. 2. —

— der „Weiße-Hirsch-See". Ballade nach e. amerikan. Volkssage, nebst e. Vorbemerkg. u. e. Anh. 16. (40 S.) Leipzig 886. Vieweg. n. — 75; geb. n. 1. —

Riotte, Joh., kurze Predigten auf die Sonn- u. Festtage des Kirchenjahres. Regensburg 866. Manz. 8. (IV, 444 S.) 1 ₰ 7½ ngr.

Riotte, Joh., kurze Predigten auf die Sonn- und Festtage des Kirchenjahres. 2. Jahrg. A. u. d. T.: Neue kurze Predigten auf die Sonn- und Festtage des Kirchenjahres. 8. (XII, 437 S.) Regensburg 868, Manz.
1. Jahrg. Ebendas. 1866. ℳ 3,75.

Riotte, J., das Vater unser. Kurze Erwägungen über das Gebet des Herrn. Trier 864. Lintz. 8. (57 S.) 6 ngr

Riouw-Lingg-Archipel [Schlagwort]

Riouw-Lingg Archipel, s.: Sumatra.

Ripa, Cäsar, Iconologia, od. Bilderſprache, m. K. 4. Nürnberg. 732.

— — Des berühmten Italiän. Ritters *Caesaris Ripae* Sinnbilder und Gedanken, welchen jedesmahlen eine hierzu taugliche Historia oder Gleichnis beygefüget. 10 Theile. Mit 200 blattgrossen Kupfern nebst dazu gestoch. latein. u. deutschem Text, Eichler del., Wachsmuth sc., Hertel exc. Augspurg (ca. 1700). 4°. (25 Mk., schönes Expl., aber Tafel 103 fehlte, v. Zahn u. Jaensch, Dresden, 1909.)

Ripalda, R. P. Joan. Martinez de, de ente supernaturali disputationes theologicae. Ed. novissima pluribus mendis expurgata. 3 Tomi. (XXVIII, 630; XXXIV, 814 u. XXXIV, 814 S.) Fol. Parisiis 870. (Berlin, Calvary & Co.) 72. —

— tractatus theologici et scholastici de virtutibus fide spe et caritate opus postumum necessariis indicibus illustratum, quod quasi continuatio sit disputationum de ente supernaturali et tomum IV. constituat. Ed. II. pluribus mendis expurgata. Accedit ejusdem auctoris brevis espositio litterae magistri sententiarum cum quaestionibus, quae circa ipsam moveri possunt et authoribus, qui de illis disserunt juxta editionem Venetam anni 1737. Fol. (XV, 788 S.) Ebend. 872. 24. —

Ripartizione della rete telegrafica e telefonica svizzera. Bern 1909 s. Einteilung des schweizerischen Telegraphen- und Telephonnetzes. Bern 1909.

Ripault, Louis Madeleine

Ripault, ..., Beschreib. d. merkwürd. Denkmäler von Ober-Aegypten; aus d. Französ. (v. Fr. Chr. Matthiä). 8. Andernach 802. (Körner in Frkf. a. M.) 9 gr — Dief. aus d. Französ. mit Anmerkk. v. Schellenberg. gr. 8. Marb. 801. Krieger. 6 gr — Dief. aus d. Französ. mit Anmerkk. (von J. A. Bergk). gr. 8. Gera 801. Heinsius. 10 gr (Bildet auch den 3n Bd. von „ausgewählte Reisen.")

Ripault, Beschr. d. merkw. Denkmäler v. Ober-Egypten. 8. Andernach, Lassaulx. (Pauli u. Comp.) 802.

Ripault, Louis Madeleine.

Kurze Beschreibung der vornehmsten Denkmähler Oberägyptens; a. d. Franz.... Frankf. u. Leipz. 1801. Ü: *Matthiä, Friedrich Chn* oder: *Bergk, Johann Adam* [?]. (MGT) (NN) »Andernach 1802.« (KY)

Ripberger, G., der gemiethliche Sachse in volksthümlichen Redensarten u. Witzwörtern. 1. Lfg., enth. 500 im sächs. Volksmunde gebräuchliche, witzige Redensarten, mit einem Anh. von Kinderspiel- u. Abzählversen u. einigen Lieblingsausdrücken des sächsischen Volkes. Aus freiwilligen Beiträgen gesammelt. 8. (39 S.) Dresden 881. (Höckner.) n.n. — 50

Ripberger, G., der gemiethliche Sachse in volksthümlichen Redensarten u. Witzwörtern. 2. Hft., enth. üb. 750 im sächs. Volksmunde gebräuchl., witz. Redensarten u. Lieblingsausdrücke. Aus freiwilligen Beiträgen gesammelt. 4. Aufl. 8. (40 S.) Dresden 883. Höckner. n. — 50

Ripcke, L[eopold]: Schiller und Luther. Rede, bei d. Gedächtnisfeier d. Großen Stadtschule am 10. Nov. 1909. Rostock 1910: Boldt. 13 S. 4°
Rostock, G u. RG OP 1910 (900) [S 10. 358

Ripcke, Leop., der Schmid v. Ruhla, s.: Sammlung vaterländischer u. geschichtlicher Schauspiele zu Schüler-Aufführungen an Mittelschulen. 6. Hft.

Ripcke, W., ein Gespräch als Beitrag zur Wahrheitserkenntnis. (28 S.) kl. 8. Rostock 909. E. Iverges. — 50

Ripen [Schlagwort]

Ripen, s.: Deutschland. Kürschner-Peip.

Riper, Albert

— — De his, quae ex jure protestantium matrimoniali ad reliquivas sacramenti perperam referuntur. Diss. Präs. Mich. Heinrich Gribner. Wittenberg (S. Kreusig) April 1715. (4.50) 28935

— — De injusta in homicidas indulgentia. Disput. Präs. Augustin Leyser. Helmstedt (G.-W. Hamm) März 1714. 37 S. (4.25) 28934
Widm. v.: Augustin Leyser. — Angebdn.: Responsum ICtorum Vitembergensium super poena mariti, qui adulterum cum uxore deprehensum occidit (dtsch.)

Riper, Albert (Palaeogea-Bremen), Meditationum ad pandectas specimen III. De jure naturae et gentium. Präs. Augustin Leyser. Helmstedt (G.-W. Hamm) 29. VII. 1713. (4.—) 28931

— — Meditationum ad pandectas specimen X. De privilegiis. Präs. Augustin Leyser. Helmstedt (G.-W. Hamm) 23. IX. 1713. (4.—) 28932

— — Meditationum ad pandectas specimen XXI. De dissolutione patriae potestatis. Präs. Augustin Leyser. Helmstedt (G.-W. Hamm) 7. III. 1714. (4.—) 28933

Ripetitore, il, periodico d'esercizi, per coloro, che vogliono imparare praticamente l'italiano. Red.: Marchese R. Barbaro di San Giorgio. 1. Jahrg. Juli —Dezbr. 1892. 12 Nrn. ($^3/_4$ Bog.) gr. 8. Berlin, Rosenbaum & Hart. n. 2. —

— dasselbe. 2. u. 3. Jahrg. 1893. 1894. à 24 Nrn. ($^3/_4$ Bog.) gr. 8. Ebd. à Jahrg. n. 4. —

Ripetitore, il, periodico d'esercizi, per coloro, che vogliono imparare praticamente l'italiano. Red.: Marchese Ramiro Barbaro di San Giorgio. 4.—7. Jahrg. 1895 —1898. à 24 Nrn. (à 12 S.) gr. 8. Berlin, Rosenbaum & Hart. à Jahrg. n. 4. —
Kann auch vierteljährlich bezogen werden.

Ripetitore, il, periodico d'esercizi, per coloro, che vogliono imparare praticamente l'italiano. Red.: Marchese Ramiro Barbaro di San Giorgio. 8.—11. Jahrg. 1899 —1902. à 24 Nrn. gr. 8. (à ca. 8 u. 4 S.) Berlin, Rosenbaum & Hart. à Jahrg. n. 4. —

Ripetitore, il, periodico d'esercizi, per coloro, che vogliono imparare praticamente l'italiano. Red.: Marchese Ramiro Barbaro di San Giorgio. 12.—15. Jahrg. 1903—1906. à 24 Nrn. (à Jahrg. IV, 192 u. 48 S.) Lex.-8. Berlin, Rosenbaum & Hart. à Jhrg. n. 4. —;
Erscheint nicht mehr. geb. n. 5. 50

Ripka, Frz., Gödöllö. Aus d. Ung. übers. u. ergänzt v. Frdr. Rovara. gr. 4. (287 S. m. 100 Abb.) Wien 898. C. Gerold's Sohn. Geb. in Leinw. n. 12. —

Ripke, G., der praktische Maschinenbauer. Ein Hand- u. Lehrbuch f. die Praxis. Mit ca. 1000 Illustr. u. Taf. (In ca. 30 Lfgn.) 1.—18. Lfg. gr. 8. (III u. S. 1—432 m. Abb. u. 8 Taf.) Leipzig 902. J. J. Arnd. à — 60

Ripke, G., u. F. Liebetanz, der praktische Maschinenbauer. Ein Hand- u. Lehrbuch üb. den modernen Maschinenbau, sowie üb. das Wesen der Elektrizität u. ihre Anwendg. in der Industrie, insbesondere im Maschinenbau. Mit 1273 Illustr., 37 Taf. u. 7 Modellen. 19.—40. (Schluß-)Lfg. (XVI u. S. 433—947.) gr. 8. Leipzig, (903). J. J. Arnd. à n. — 60

Ripke, G., der prakt. Maschinenbauer. Ein Hand- u. Lehrbuch über den modernen Maschinenbau. 3. Aufl. Mit 1015 Illustr., 37 Taf. u. 6 neuen (zerlegb. farb.) Modellen (35×24 cm.) (XVI, 736 S.) Lex. 8. Leipzig 907. J. J. Arnd. Geb. in Leinw. u. in Mappe 25. —

Ripke, Just. Nic., die Einführung der Reformation in den Baltischen Provinzen u. Dr. Martin Luther's persönliche Beziehungen zu derselben. Zum Andenken an die vor 400 Jahren erfolgte Geburt d. großen Reformators. Mit e. Anh., enth. Schriften u. Briefe Luther's in 12 Beilagen. gr. 8. (III, 67 S.) Riga 883. (Reval, Wassermann.) n. 1. 20

Ripke, Leop., Balders Tod. Götterdrama in 5 Akten. gr. 8. (71 S.) Schwerin (902). E. Herberger. n. — 75

Ripke, Otto: Das Verhalten einiger Fungi imperfecti zu organischen Säuren. 1910. 64 S. 8⁰ ¶ Vgl. Hoppe-Seyler's Zeitschrift f. physiolog. Chemie. Bd 73. 1911. Karlsruhe, Dr.-Ing.-Diss. v. 17. 12. 1909

Ripking, G., s. Hand, die, d. Rache.

Riplaus, Geo., chymische Schr. 8. Wien. (Sommer in Leipz.) 756.

RIPLEY, GEORGE.
* Chymische Schrifften, darinnen von dem gebenedeyten Stein der Weisen und desselben kunstreichen Præparation gründlich gehandelt wird. Nach der lateinisch- und englischen Edition Herrn William Salmon ins teutsche übersetzt durch Benjamin Roth-Scholtzen. Zu finden bey Johann Paul Krauss, Buchhändler in Wienn, 1756. pp. 233, 16mo. Illustrated title-page.

Ripon Post: 1885?–1886?
Democratic weekly. Circulation: 1886, 500. Edited & published by William F. Weber.
Ripon, WI

Riposo in Dio. Libro di scelte preghiere dei cristiani cattolici. Tradotto dalla 6. ed. tedesca da Giov. Antonini. 16. (384 S. m. 2 Steintaf.) Einsiedeln 880. Benziger. — 60

Rippar, Joh. Carl, der mährische Dichter J. H. A. Galas. Nach d. Leben geschildert. 8. (2 B.) Olmütz 841. (Brünn, Winiker's Buchh.)

Rippar, Johann Karl —. Das Marienkirchlein bei Weißkirchen. Ein Beitrag zur Geschichte der mährischen Baudenkmale von — — Weißkirchen, 1855. Druck und Verlag von Amalia Skarnitzl. (19 S. 8.)

Rippart. Dr. Georg, drei Episteln des Q. Horatius Flaccus 6. 10. 16. Lateinisch u. Deutsch mit Commentar. gr. 8°. (64 S.) Prag. Neugebauer. fl. 1.20. 1887.

Rippel, Georg. Alterthumb, Ursprung, und Bedeutung, Aller Ceremonien, Gebräuchen, und Gewonheiten der Heil. Catholischen Kirchen, welche ... das Jahr hindurch ... üblich, Wann, von wem, und warumb sie eingesetzt worden; sowohl insgemein als insonderheit ... mit Auflösung vieler schwären, und raren Theologischen, Historischen, und Controversischen Difficultäten ... Zum vierdtenmahl in Druck gegeben, und vermehrt. Augsburg, F. J. Klugheimer für M. Wagner und Chr. Bartel, 1737. 8°. *Doppelseitiger Kupferstich (Ansicht von Schlettstadt, J. Amman sc.)*, doppelseitiger Titel, 16 Bl. 572 S. 10 Bl.

Rippel, G., Mysteria Iesu Christi. 4. Augsb. I. Wolf. 732.

Rippel, Greg., die Schönheit d. kathol. Kirche, dargest. in ihren äusseren Gebräuchen, in u. ausser d. Gottesdienste, f. d. Christenvolk. Neu bearb. u. hrsg. v. Heinr. Himioben. 1. u. 2. Aufl. gr. 8. (à 30 B.) Mainz 841, 42, Kirchheim, Schott u. Thielmann. à

Rippel, Gregor., die Schönheit der kathol. Kirche, dargestellt in ihren äußeren Gebräuchen in u. außer dem Gottesdienste f. das Christenvolk. Neu bearb. u. hrsg. von Heinr. Himioben. 4. Aufl. (30 B.) 844. 26¼ Ngr., fein Pap. 1 Thlr. 5 Ngr. u. 5. Aufl. gr. 8. (30½ B.) Mainz 846, Kirchheim, Schott u. Thielmann.

Rippel, Greg., die Schönheit der katholischen Kirche, dargestellt in ihren äußeren Gebräuchen in und außer dem Gottesdienste für das Christenvolk. Neu bearb. und hrsg. von Heinr. Himioben. 6. Aufl. Lex.-8. (VIII und 479 S. mit 1 Stahlst.) Mainz 851, [Kirchheim.]

Rippel, Greg., die Schönheit der katholischen Kirche, dargestellt in ihren äußeren Gebräuchen in und außer dem Gottesdienste für das Christenvolk. Neu bearb. und hrsg. von Heinr. Himioben. 8. Aufl. gr. 8. (VIII und 479 S. mit 1 Stahlst.) Mainz 854, Kirchheim.

Rippel, Gregor., die Schönheit der katholischen Kirche, dargestellt in ihren äußeren Gebräuchen in und außer dem Gottesdienste für das Christenvolk. Neu bearb. und hrsg. von Heinr. Himioben. 9. Aufl. 1858. und 10. Aufl. gr. 8. (VIII und 479 S. mit 1 Stahlst.) Mainz 859, Kirchheim.

Rippel, Gregor., die Schönheit der katholischen Kirche, dargestellt in ihren äußeren Gebräuchen in und außer dem Gottesdienste für das Christenvolk. Neu bearb. und hrsg. von Heinr. Himioben. 11. — 14. Aufl. gr. 8. (VIII und 479 S. mit 1 Stahlst.) Mainz 862—68, Kirchheim.

Rippel, Gregor, die Schönheit der katholischen Kirche dargestellt in ihren äußeren Gebräuchen in u. außer dem Gottesdienste f. das Christenvolk. Neu bearb. u. hrsg. v. Heinr. Himioben. 16. Aufl. gr. 8. (VIII, 479 S.) Mainz 873. Kirchheim. 2. 60

Rippel, Greg., die Schönheit der katholischen Kirche, dargestellt in ihren äußeren Gebräuchen in u. außer dem Gottesdienste f. das Christenvolk. Neu bearb. u. hrsg. v. Heinr. Himioben. 21. Aufl. gr. 8. (VIII, 479 S.) Mainz 885. Kirchheim. 2. 60

Rippel, Greg., die Schönheit der katholischen Kirche, dargestellt in ihren äußeren Gebräuchen in u. außer dem Gottesdienste f. das Christenvolk. Neu bearb. u. hrsg. v. Heinr. Himioben. Billige Volksausg. 8. (510 S.) Osnabrück 893. B. Wehberg. n. 1. —; geb. n. 1. 50

— dasselbe. Nach der Bearbeitg. des Himioben neu hrsg. u. verb. v. J. Rothert. Der bill. Volksausg. 2. Aufl. 8. (512 S.) Ebd. 895. n. 1. —; geb. n. 1. 50

— dasselbe. Nach der Bearbeitg. v. Himioben neu hrsg. u. verb. v. J. Rhotert. Der bill. Volksausg. 3. Aufl. 8. (512 S.) Osnabrück 898. B. Wehberg. Geb. in Leinw. n. 1. 50

Rippel, Gregor, die Schönheit der katholischen Kirche, dargest. in ihren äuß. Gebräuchen in u. außer d. Gottesdienste f. d. Christenvolk. Neubearb. u. hrsg. v. Heinr. Himioben. 23. Aufl. gr. 8. (VIII, 479 S.) Mainz 898. F. Kirchheim. n. 1. 30; geb. in Halbldr. n. 2. —

Rippel, Gregor, die Schönheit der katholischen Kirche in ihren hl. Ceremonien u. äußeren Gebräuchen während des Kirchenjahres. Unter Zugrundelegg. der Ausg. von H. Himioben neu bearb. von Jos. Wipfli. 12. (VIII, 471 S. m. Titelbild.) Einsiedeln 899. Verlagsanstalt Benziger & Co. Geb. in Leinw. n. 1. 50

Rippel, Gregor, die Schönheit der katholischen Kirche, dargestellt in ihren äußeren Gebräuchen in u. außer dem Gottesdienste f. das Christenvolk. Neu bearb. u. hrsg. v. Heinr. Himioben. 24. u. 25. Aufl. gr. 8. (à VIII, 479 S.) Mainz 899. 901. F. Kirchheim. n. 1. —; geb. n. 1. 25

Rippel, Gregor., die Schönheit der kathol. Kirche, dargestellt in ihren äußeren Gebräuchen in u. außer dem Gottesdienste f. das Christenvolk. Neu bearb. u. m. 16 Illustr. versehen. (IV, 420 S.) gr. 8. Mainz 902. Druckerei Lehrlingshaus. Geb. n. 2. —

— dasselbe. Nach der Bearbeitg. v. Himioben neu hrsg. u. verb. v. J. Rhotert. Der bill. Volksausg. 4. Aufl. (528 S.) 8. Osnabrück 903. B. Wehberg. Geb. in Leinw. n. 1. 50

— dasselbe. Neu bearb. u. hrsg. v. Heinr. Himioben. 27. Aufl. (VIII, 479 S.) gr. 8. Mainz 906. Kirchheim & Co. n. 1. —; geb. n. 1. 25; in Halbldr. n. 1. 50

Rippel, Gregor, die Schönheit d. kathol. Kirche, dargestellt in ihren äußeren Gebräuchen in u. außer dem Gottesdienste f. das Christenvolk. Neu bearb. u. hrsg. v. Heinr. Himioben. 28. Aufl. (VIII, 479 S.) gr. 8. Mainz 910. Kirchheim & Co. 1.—; geb. in Pappbd. n 1.25; in Halbldr. n 1.50

Rippel, J. K., über Löthrohrübungen im chem. Laboratorium der Realschulen. Progr. Neue [Umschlag-] Ausg. gr. 8. (39 S. m. Fig.) Wien (895) 898. C. Graeser. n. 1. —

Rippel J. K.: Das Mikroskop im Dienste des naturgeschichtlichen Unterrichtes an Mittelschulen. 27. Olmütz R. 91.
Progr.

Rippel, Joh., Grundlinien der Chemie f. Oberrealschulen. I. Tl.: Anorganische Chemie. Mit 72 Abb. u. 1 Spektraltaf. in Farbendr. (V, 266 S.) gr. 8. Wien 905. F. Deuticke. Geb. n. 3. —

Rippel, Joh., Grundlinien der Chemie f. Oberrealschulen. 2 Tle. gr. 8. Wien, F. Deuticke. Geb. 5.80
I. Anorganische Chemie. 2., verb. Aufl. Mit 78 Abb. u. 1 Spektraltaf. in Farbendr. (VI, 264 S.) 909. Geb. 3. — II. Organ. Chemie. (VI, 159 S. m. 39 Abb.) 907. Geb. 2. 80

Rippel, Joh., Grundzüge der Chemie u. Mineralogie f. die 4. Classe der Realschulen. gr. 8. (V, 176 S. m. 73 Abbildgn.) Wien 899. C. Graeser & Co. Geb. in Leinw. n.n. 2. 40

— Grundzüge der Chemie u. Mineralogie f. die 4. Klasse der Realschulen. 2. verb. Aufl. (VI, 184 S. m. Abbildgn.) gr. 8. Ebd. 906. Geb. n. 2. 20

— Grundzüge der Chemie u. Mineralogie f. die 4. Klasse der Realschulen. 8., nach dem neuen Lehrplane bearb. Aufl. (V, 186 S. m. 114 Abb.) gr. 8. Ebd. 910. Geb. in Leinw. 2.20

— Leitfaden der Chemie u. Mineralogie f. Mädchenlyzeen. (V, 166 S. m. 89 Abbildgn.) gr. 8. Wien 903. C. Graeser & Co. Geb. in Leinw. n. 2. 60

— Leitfaden der Chemie u. Mineralogie f. Mädchenlyzeen. 2., verb. Aufl. Mit 1 farb. Taf. u. 115 Abbild. in Schwarzdr. (V, 178 S.) gr. 8. Ebd. 908. Geb. 2.50

Rippel, Otto, u. Emil **Hartwig**, Rechtauskunftstellen u. Volksbureaus, s.a. Hefte der freien kirchlich-sozialen Konferenz. 30. Hft.

Rechtsauskunftstellen und Volksbureaus. Von Otto **Rippel** u. Emil Hartwig... Berlin: Berliner Stadtmission 1905. (21 S.) 8° [J.]
— **Hefte** d. freien kirchlich-sozialen Konferenz. H. 30, [1.]

Rippel von Weyerheim, Karl Joseph Ritter

—— Das Matthäusevangelium. Ein Beitrag zur Lösung der Matthäusfrage. Wien, Mayer und Co. in Komm., 1872, gr. 8°, VI und 162 S., 2 Mk.
Recens. Linzer Theol. Quartalschr. 1872, S. 479. Litteraturblätter der Sion 1872, Sept., Nro 1.

Rippell, Fr. Chr. C., Anweisung zur allgem. Hopfen-Pflege in den Herzogl. Fürstenthümern diesseits des Thüringer Waldes und den angrenzenden Ländern. 8. Hildburghausen, Kesselring. 821.

Rippelly, C., vier Aufsätze. (Der Cölibat. — Eine sociale Frage. — Finanzielles. — Visionen eines Scharfrichters.) gr. 8. Wien 877. Perles in Comm. n. 2. —

RIPPENKNACKER, August (ps.), Sonnenbrieder(!)-Gespräche. 1839.
Weller, Lex. Ps. p. 480.

Rippenschwach, Otto [Pseud.], s.a. Hopf, Albert [wirklicher Name]

Rippenschwach, Otto, [A. Hopf,] Ritter Otto, der zerschmetternde Rächer, od.: Mysterien des Frauen-Treu-Bundes. Romantisches Ritter-Schauspiel in 4 Farben. 8. (32 S.) Berlin 849, Hopf. — 2. Aufl. 8. (32 S.) Ebd. 849. — 3. Aufl. 8. (32 S.) Ebd. 849. 1/12 ℔

Ripper, Hans, Dr. med. Ferro od. Vincenz Prießnitz? (7 S.) 8. Freiwaldau (902). A. Blažek. — 15
Sonderabdr. aus: „Mährisch-schles. Presse".

Ripper, Hans, (Schwiegersohn des vorst. Vinz Priessnitz), zur Steuer der Wahrheit. Offenes Sendschreiben an Seb. Kneipp in Wörishofen (zum 4. Octbr. 1893). gr. 8. (8 S.) Freiwaldau 893. A. Blažek. n. — 24

Ripper, Hugo, 50 Jahre Gräfenberger Erinnergn. besonders an Priessnitz u. Schindler. (Mit Beiträgen zur Naturheilkunde.) Eingeleitet v. Chr. Diehl. (IV, XX, 183 S. m. 6 Taf.) 8. Leipzig (906). Krüger & Co. n. 3.—

Ripper, Hugo v., europ. Kriegsbrücken-Systeme. [Aus: „Mitteilgn. über Gegenstände d. Artillerie- u. Genie-Wesens".] gr. 8. (104 S. m. 3 Taf. u. 20 Tab.) Wien 895. (L. W. Seidel & Sohn.) n. 2. 40

Ripper, J., u. Adf. **Kettner**, Wegweiser f. Touristen im Vereinsgebiete d. mähr.-schles. Sudetengebirges. Unter Mitwirkg. der Sectionsleitgn. in Jauernig, Neustadt, Olmütz, Sternberg, Schönberg u. Zuckmantel zusammengestellt. 16. (32 S.) Freiwaldau 891. (Brünn, R. Knauthe.) n. — 25

Ripper, Joh., Gräfenberg, seine Entwicklung und neuesten Kämpfe. Im Einverständnisse mit den früheren Kur-Komité-Mitgliedern und Gesellschafts-Ausschüssen bearb. gr. 8. (79 S.) Teschen 876. (Freiwaldau, Blažek jun.) *

Ripper Maximilian: Eine allgemein anwendbare maßanalytische Bestimmung der Aldehyde. S. 160. Hb. 98 . . . . vgr.
Separatabdruck

Ripperda, des Herzog von, Erzählung seiner Begebenheiten. 2 Thle. 8. Frankf. u. Lpz. Zimmermann. 764 — 65.

v. **Ripperda** (Landrath), **Meyer** (Director) u. **Claessen** (Consist.-Rath). Die Weihe des Gymnasiums. (Drei Reden zur Einweihung des Gymnasiums und Einführung des Direktors.) 22 S. 8.
Düren, Progr. 1827

Neue actenmässige Beiträge zur Geschichte der Leiden des seines Amtes entsetzten schleswigschen Geistlichen Gustav Schumacher [v. F. Freiherrn von **Ripperda**.] 2. Aufl. sammt. Schumacher's Erwiderung. Berlin 1862. 8°

Herr Gustav Rasch und sein Bruderstamm. Vom Verfasser der actenmässigen Beiträge zur Geschichte der Leiden des seines Amtes entsetzten schleswigschen Geistlichen Gustav Schumacher [d. i. F. von **Ripperda**]. Berlin 1862. 8°

Ripperda, Friedr. v., zur Revision der Verfassung für die gemeinschaftlichen Angelegenheiten der dänischen Monarchie. Kopenhagen 858. Philipsen in Comm. gr. 8. (35 S.) nn. 9 *ngr.*

Ripperger, Adam

Ripperger, A., die Influenza. Ihre Geschichte, Epidemiologie, Aetiologie, Symptomatologie u. Therapie, sowie ihre Complicationen u. Nachkrankheiten. Mit 4 Taf. u. ausführl. Verzeichniss der einschläg. Literatur. gr. 8. (XII, 338 S.) München 892. J. F. Lehmann's Verl. n. 10. —

Ripperger, Adam [pr. Arzt in Sien, Reg.-Bez. Trier]: Die Influenza-Epidemie 1889/90 ... München, Druck v. Seitz & Schauer, 1893; 24 S. 8.
Würzburg, Med. Fak., Inaug.-Diss. v. 1893

Rippert, Paul

— u. Ernst **Langenbeck,** Ackerbau- u. Pflanzenbaulehre, s.a. Sammlung Göschen.

Ackerbau- und Pflanzenbaulehre von Dr. Paul **Rippert** u. Ernst Langenbeck. Leipzig: Göschen 1904. IV, 157 S. 8°
(Sammlung Göschen. 232.) [illegible]11

Rippert, Paul *Karl Theodor* [aus Forst N.-L.]: Der Einfluss des Säuregrades im Rahme auf die Butterausbeute ... Erfurt, Druck v. A. Stenger, 1896; 46 S., 1 Bl. 8.
Leipzig, Phil. Fak., Inaug.-Diss. v. [23. Mai] 1896

Rippert, Paul, allgemeine u. spezielle Tierzuchtlehre, s.a. Sammlung Göschen.

Allgemeine und spezielle Tierzuchtlehre von Dr. Paul **Rippert**. Leipzig: Göschen 1904. 140 S. 8°
(Sammlung Göschen. 228.) [illegible]11

Rippich, Gust., wie erhalte ich meine Stimme gesund? Ratschläge f. alle Berufsredner, vornehmlich f. Offiziere. (VI, 85 S.) gr. 8. Berlin 909. E. S. Mittler & Sohn. 1.75; geb. 2.75

Ripping, die Geistesstörungen der Schwangeren, Wöchnerinnen u. Säugenden. Monographisch bearb. gr. 8. (193 S.) Stuttgart 877. Enke. n. 3. 20

Rippl, Johann (Red.), s. Morgenblatt.

Rippl, Johann (Red.), s. Sonntagsblatt für Gewerbe, Industrie, Handel und geselliges Leben.

Rippl, W. Bericht an den Gemeinderath der Stadt Villach über die Wasser-Versorgung derselben. Villach, Muhr. (1893). 47 S.

Rippl, W., das englische Wasserversorgungs-System in hygienischer und technischer Beziehung auf Grundlage an Ort und Stelle vorgenommener Studien. Vortrag, gehalten in der österreich. Gesellschaft für Gesundheitspflege am 26. April 1882. gr. 8. (27 S.) Wien 882, (Spielhagen und Schurich.) *
Aus: Oesterreichisches ärztliches Vereinsblatt, besonders abgedruckt.

Rippler, Heinr., s.: Wochenblatt, deutsches.

Rippmann, D., Schulchan ha-Keriah. Zusammenstellung aller das Ritual für das Vorlesen der Thora, der Haftaroth, der „fünf Megilloth" etc. in den gottesdienstlichen Versammlungen betr. gesetzlichen Bestimmungen nach den recipirten Entscheidungen der autoritativen Revisoren aus ältester Zeit bis zur Gegenwart, mit Benutzung von Handschriften der königl. Bibliothek zu Berlin und Rom und seltener Druckwerke. 2. stark verm. und verb. Ausg. gr. 8. (VI, 312 S.) Berlin 882, [Gorzelanczyk und Comp.] Mampe. *
1. Aufl. erschien 1864 in Wilna im Selbstverlage des Verfassers.

Rippmann, Frdr., Führer durch die Reichs- u. Landesgesetzgebung. 8. (III, 156 S.) Stuttgart 901. W. Kohlhammer. n. 1. 60; geb. n. 2. —

Führer durch die Reichs- und Württembergische Landesgesetzgebung. Hrsg. von Friedrich **Rippmann**, Amtmann. 2., neubearb. Aufl. Stuttgart: W. Kohlhammer 1908. (160 S.) 4° [F.] [08. 15607

Rippmann, Theodor, von Rothenfluh, Canton Baselland: Ueber einen bisher nicht beobachteten Fall multipler Intrafoetation in- und ausserhalb der Schädelhöhle. Mit drei Abbildungen. Zür. D. Bürkli. D: 1865. 39 S., 3 Taf., 1 Bl. 8°.
Zürich, Med. Diss. v. 2. Aug. 1865.

Rippmann, Thdr., über einen bisher nicht beobachteten Fall multipler Intrafoetation in- u. ausserhalb der Schädelhöhle. Zürich 865. Meyer & Zeller's Verl. gr. 8. (39 S. mit 2 lith. Abbild.) n. 12 *ngr.*

Rippmann, Walter

Rippmann, W., Einführg. in den Gebrauch des deutsch. Leitfadens, s.: Alge, S.

Rippmann, W., Leçons de français, s.: Alge, S.

Rippmann, W., Leitfaden f. den ersten Unterricht im Deutschen, s.: Alge, S.

Rippmann, Walther, s. Leitfaden für den ersten Unterricht im Deutschen.

[Rippner, Benjamin]: •Emendationes quaedam ad difficiles nonnullos veteris testamenti inprimis Protojesajae locos proponuntur. 20 S. 4° (2°)
Halle-Wittenberg, Phil. Diss. v. 26. Juni 1869
Geb. [Polnisch-Lissa 17. 10. 1842]
Als nicht lateinisch blieben unberücksichtigt die ausserdem eingereichten Arbeiten (deren Ms. fehlen): 2. Der Patriarch R. Simon ben Gamaliel, sein Wesen und Wirken. 3. Über die Religionsphilosophischen Meinungen des Eliah del Medigo.

Predigten, Betrachtungen und ausgewählte Gebete von Dr. Benjamin **Rippner**, weil. Rabbiner, Glogau. Aus s. Nachlass zu e. Andachtsbuch ... zsgest. von Dr. B. Jacob, Rabbiner zu Göttingen. (Vorr.: Meta Rippner.) *Berlin: M. Zulzer & Co. 1901.* (XV, 671 S.) 4°(8°) [F.] [01. 9581

Der Einfluß des Verlegerkonkurses auf das Verlagsverhältnis. Von Max **Rippner**. Stuttgart: Enke (1910). S. 98–146. 8° [Umschlagt.]
Aus: Zeitschrift f. d. gesamte Handels- u. Konkursrecht. Bd 68, H. 1. 2. [11. 472

Rippoldsau [Schlagwort]

Rippoldsau, s.: Baden. Woerl, J. E.

Ripsraps, Marzipilla, Wanderungen, Stationen, Durchflüge, Kreuz- und Querzüge durch die Nomadenhorden des deutschen Theaters, von Giovanni Paestello. 2 Thle. 8. Hamburg, Vollmer. 802.

Ripstein, s. Ribstein.

Ripstein, J. F., üb. protestant. Kirchengüter überh. u. d. Unspr. d. evang. luther. Kirche in d. Unterpfalz. 4. Mannheim, Schwan. 799.

— — Anmerk. u. Bericht. des Nachdrucks dieser Schr. 8. Ebend. 802.

Riquer, A. de, Ex-libris. 1903. (64 Bl. m. XI S. Text in französ. Sprache.) Lex.-8. Leipzig 904. K. W. Hiersemann. Kart. n. 20. —

Vortrag, in einer allgemeinen Versammlung der Mitglieder von den vereinigten ger. und vollk. Logen zu den drey Schwerdtern und den wahren Freunden in Dresden am 17ten Dec. 1810 gehalten von Aug. Riquet. [Dresden] 1811. 32 S. 8°
Abgedr. in: Stuve, J.: Abhandlung üb. d. Einfluss geheim. Gesellschaften. 1811 S. 228 bis 263.
Kl. 1155. 2069, Tt. 2178. Verteidigung der Brr Mossdorf u. Krause, die infolge ihrer Veröffentlichungen exkludiert werden sollten.

Riquet, Frz. Aug., die Heiligkeit d. christl. Ehe. Predigt bei e. kirchl. Trauung. gr. 8. (1 B.) Stettin 834. (Berlin, Eichler.)

Riquet, Frz. Aug., die Heiligkeit der christlichen Ehe. Predigt. gr. 8. Stettin 834. Weiß. n. 1/12 ℛ

—— Jesus der Bräutigam. Predigt. gr. 8. (1½ B.) Stettin 832. (Berlin, Eichler.)

Riquet, Frz. Aug., Predigten. Aus dess. handschriftl. Nachlasse u. aus treuen Nachschriften, zugleich mit den schon einzeln gedr. Predigten hrsg. v. H. Hasper. gr. 8. (14¾ B.) Stettin 841, Weiß. *

—— die Schrift Gottes an der Wand im Pallaste zu Babel. Pred. gr. 8. (1¾ B.) Stettin 835, Weiß.

Ris, Carl Otto, s. Ris, Karl Otto

Ris, Christoph, [Friedrichs], [von] Glarus: Ueber Phenazine und tetrahydrirte Chinoxaline. — Ortho- und Para-Nitranilin aus den entsprechenden Nitrophenolen. Zür. o. Dr. 1887. 63 S. 8°.
Zürich. Phil. Diss. [v. 17. Nov. 1887].

Ris, Christoph. [Heinrichs], [von] Glarus: Beiträge zur Kenntniss des Beta-Dinaphtylamins. Zür. o. Dr. 1887. 54 S., 1 Bl. 8°.
Zürich, Phil. Diss. [v. 7. März 1887].

Ris, Cornelius, s. Ris, Kornelius

Ris, Elise

Ris, E., Detlev u. Geira, s.a. Bachem's Jugend-Erzählgn.

Detlev und Geira. Hist. Erzählung aus d. 12. Jahrh. Von E[lise] Ris. Mit 4 Bildern. *Köln: J. P. Bachem [1900].* (122 S.) 8° [J.]
= Jugend-Erzählungen, Bachems. 10.

Ris, Ferdinand, von Mannheim: Zur Anlegung des Gipsverbandes. Nach Beobachtungen auf der chirurgisch-klinischen Abtheilung am Kantonsspital Zürich. Zür. Zürcher u. Furrer Dr. 1865. 2 Bl., 78 S., 1 Bl., 1 Taf. [mit aufgeklebtem Bindenmuster].
Zürich, Med. Diss. [v. 9. Aug. 1865].

Ris, Friedrich s.a. Schoch, Gustav, und Ris, Friedrich.

Ris, Friedrich. med. pract. von Glarus: Klinischer Beitrag zur Nierenchirurgie nach Erfahrungen aus der chirurgischen Klinik zu Zürich, 1881—1890. Strassbg J. H. Ed. Heitz Dr. 1890. 91 S. 8°.
Zürich, Med. Diss. [v. 24. Juni 1890].

Ris, F[riedrich]. Beitrag zur Odonatenfauna von Argentina. [Mit Figuren. SA. aus:] Deutsch. Ent[omologische] Zeitschr[ift, Jahrg.] 1908. S. 518—531. 8. [Berlin, Nicolai.]

Ris F., Dr.: Ergebnisse der mit Subvention aus der Erbschaft Treitl unternommenen zoologischen Forschungsreise Dr. Franz Werners nach dem ägyptischen Sudan und Nord-Uganda. 18. Libellen (*Odonata*) (mit 10 Textfiguren) S. 121. 1. 149. . . .
Separatabdruck

Ris, F., zur Geschichte d. internationalen Mass- u. Gewichtsbureau's u. der neuen Prototype d. Meters u. d. Kilogramms. [Aus: „Mittheilgn. d. naturforsch. Gesellsch. in Bern".] gr. 8. (46 S.) Bern 890. Wyss. n. 1.—

Ris, Fr., neue schweizer. Gesetzesvorschriften üb. Maß u. Gewicht, s.a. Gewerbe-Bibliothek. Nr. 10.

Ris, Fr[iedrich]. Neue schweizerische Gesetzesvorschriften über Mass und Gewicht. (Auszüge aus dem Bundesgesetz über Mass und Gewicht vom 3. Juli 1875 und aus der Vollziehungsverordnung vom 24. Nov. 1899.) IV + 16 S. 8. Bern, Büchler & Co., 1901. fr. —. 30; von 10 Ex. an, à fr. —. 15
Gewerbe-Bibliothek. Nr. 10.

Ris, F[riedrich]. Abessinische Libellen, gesammelt von Dr. Eduard Rüppell. [Mit Figuren.] Sonderabdruck aus »Bericht der Senckenbergischen Naturforschenden Gesellschaft in Frankfurt a. M.« 1909. II S. + S. 21—27. 8. Frankfurt a. M., Gebrüder Knauer.

Ris, F., Mass u. Gewicht; Münzen, s.: Bibliographie der schweizerischen Landeskunde.

Ris, F[riedrich]. Odonata. (Nach den Sammlungen Leonhard Schultze's und Katalog der Odonaten von Südafrika.) Von Dr. F. Ris, Rheinau, Schweiz. Mit 17 Figuren im Text. Abdruck aus: L. Schultze, Forschungsreise im westlichen und zentralen Südafrika, ausgeführt in den Jahren 1903—1905. ⟨Denkschriften der medizinisch-naturwissenschaftlichen Gesellschaft, Bd. 13.⟩ II S. + S. 303—346. kl.-fol. Jena, Gustav Fischer, 1908.

— Odonata, s.a. Süsswasserfauna, die, Deutschlands. 9. Heft.

Ris, F[riedrich]. (Ordn.) Odonata (Fabricius. Libellen, Wasserjungfern). (Mit 79 Abbildungen im Text.) Separatabdruck aus: Die Süsswasserfauna Deutschlands. Hrg. von Prof. Dr. [August] Brauer ⟨Berlin⟩. Heft 9. IV + 67 S. 8. Jena, Gustav Fischer, 1909.

Ris, F., Odonata, s.a. Fauna, die, Südwest-Australiens.

Ris, F[riedrich]. Odonata. Mit 27 Abbildungen im Text. (Separatabdruck aus:) Die Fauna Südwest-Australiens. Ergebnisse der Hamburger s'-australischen Forschungsreise 1905, hrg. von Prof. Dr. W[ilhelm] Michaelsen und Dr. R[obert] Hartmeyer. Band 2, Liefg. 24. IV S. + S. 417—450. gr.-8. Jena, Gustav Fischer, 1910.

Ris, F., Odonaten, s.a. Ergebnisse der Hamburger Magalhaensischen Sammelreise. 7. Lfg.

Odonaten bearb. von Dr. F. Ris ⟨Rheinau in d. Schweiz⟩. Mit 14 Fig. Hamburg: L. Friederichsen & Co. 1904. (44 S.) 4°(8°)
= Ergebnisse d. Hamburger Magalhaens. Sammelreise. Lfg 7. 3.

Ris, F[riedrich]. Hamburger Magalhaensische Sammelreise: . Odonaten, bearb. von Dr. F. R' ⟨Rheinau in der Schweiz⟩. Mit 14 Figuren im Text. 44 S. 4. Hamburg, L. Friederichsen & Co., 1904.

Ris, G[ottlieb]. Bericht über das religiöse, kirchliche und sittliche Leben der bernischen Landeskirche in den Jahren 1898—1902. Im Namen des evangelisch-reformierten Synodalrates erstattet. Anhang: Verzeichnis der kirchlichen Behörden und kirchliche Statistik. IV + 216 S. 8. Bern, Stämpfli & Cie., 1902. [fr. 1. 50]

Ris, Karl Otto

Ris, C[arl] Otto. Contribution à l'étude de la catatonie tardive. Thèse Méd. Lausanne ... par Ch[arles] O' Ris.... [Avec 1 graphique.] *Kopftitel:* Travail de la clinique psychiatrique de l'Université de Lausanne, Prof. Dr. A[lbert] Mahaim. 52 p. 8. Berne, Fischer Frères, 1906.

Ris, Kornelius

Ris, Cornelius. Die Glaubenslehren der wahren Mennoniten oder Taufgesinnten ... [A. d. Holl. ...] Hamb. 1776. V: *Karsdorp, Gerrit.* (Ky) (schr) (MGT) (Kordes, Schlesw.-holst. u. eutin. Schriftst. Schleswig 1797.)

Ris, C., Glaubenslehre d. wahren Mennoniten. 4. Hamburg. 777.

Die Glaubenslehre der Mennoniten oder Taufgesinnten v. Cornelis **Ris.** In deutscher Uebersetzung v. Carl J. van der Smissen. ⟨Als Manuskript gedruckt.⟩ Horn b. Hamburg. 1850. 8°

Ris, Otto, d. Cevennenbauer Vignes u. s. Glaubensheilgn. 8. (48 S.) Stuttgart 896. J. F. Steinkopf. n. — 40

Ist der Freimaurer ein besserer Mensch, als er wäre, wenn er nicht der Loge angehörte? Von Rich. Ris. Döbeln 1885: Thallwitz. 20 S. 8° [Umschlagtit.] (MittFrbB. 38.)
Aus: L. 8 (1885) S. 33—35, 43—45.

Ris, W., der Amtsbezirk Tauberbischofsheim. Beschrieben f. die Volksschulen. Bearb. unter Mitwirkg. der freien Lehrer-Conferenzen Boxberg u. Tauberbischofsheim. gr. 8. (24 S. m. 2 lith. Karten in 4. u. qu. 4.) Tauberbischofsheim 874. Lang. n. — 20

Risa, Studie üb. die rituale Beschneidung vornehmlich im osmanischen Reiche, s.: Sammlung klinischer Vorträge. Nr. 435.

Risbeck, Caspar, s. Risbeck, Johann Kaspar

Risbeck, Johann Kaspar

Risbeck, Casp., Briefe, s. Briefe e. Franzosen über Deutschland.

— s. Briefe über d. Mönchswesen.

Risbeck: Erinnerungen über einige Briefe eines vorgebl. Franzosen ..., s. Ekkard, Friedrich

Risbeck, eigentl. Riesbeck, Jh. Kasp., († d. 9. Febr. 1786.) Geschichte d. Deutschen bis auf die Reformation, fortgef. v. Jos. Milbiller. 4 Bde. gr. 8. Zürich 787—790. Orell. 4 ℔ 12 gr. Nachtrag dazu, s. Milbiller.

Risbeck, Jh. Ksp., s. Swift Gullivers Reise u. dess. Mährchen v. d. Tonne.

Risberg, B., De nonnullis locis Agamemnonis Aeschyleae scribendis et interpretandis. Diss. 1891. 69 S. 1.25

Risberg, Bernh., Emendationes et explicationes Propertianae. gr. 8. (69 S.) Upsala 895. Lundequist. n.n. 2. —

Risch, Adf., die deutsche Bibel in ihrer geschichtlichen Entwickelung, s. a. Zeit- u. Streitfragen, biblische.

Die Deutsche Bibel in ihrer geschichtlichen Entwickelung. Von Adolf **Risch,** Pfarrer. Gr.Lichterfelde-Berlin: E. Runge 1907. (92 S.) 8° [J.]
— Zeit- u. Streitfragen, Biblische. Ser. 3. H. 3/4. (07. 11973)

Risch, Bernhard [aus Riga]: '(Med. Poliklinik zu Bonn.)' Acute Entstehung der Multiplen Sclerose des Gehirns und des Rückenmarks ... Bonn, Univ.-Buchdr. v. C. Georgi, 1892; 44 S., 1 Bl. 8.
Bonn, Med. Fak., Inaug.-Diss. v. [24.] Dez. 1892

Risch, C., s. Risch, Karl

Risch, Carl, s. Risch, Karl

Risch, Ferdinand Joseph Julius

Risch, F. J. J. Beiträge zur Charakteristik des Paul-Louis Courier. Stralsund, R., 1855. 11 S., 4. Progr.

Risch, Ferd[inandus] Jos[ephus] Julius: • De Aristophanis equitibus. 9 Bl. 4° (2°)
Halle-Wittenberg, Phil. Diss. v. 20. Sept. 1833
Geb. [Coswig (Anhalt-Bernburg) 9. 2. 1810]

Risch. Emile Souvestre's Leb. u. Verhältniss z. Heimath. Stralsund. 4. 19 p. 1864.
Schul-/Univ.-Schrift

Risch, Jul., Emilie Souvestre's Leben u. Verhältniß zur Heimath. Stralsund 865. (Berlin, van Muyden.) 4. (19 S.) n. 4 ngr.

Risch, Jul., kleines etymolog. Wörterbuch d. französ. Sprache. 8. (23¾ B.) Leipzig 840, [Brandstetter.]

Risch, Jul., kleines etymologisch. Wörterbuch der franz. Sprache. 8. Leipzig 840. Einhorn. 1½ ℔ (In Parthien nur n. 1 ℔)

Risch, Friedrich (Gaugrehweiler Bez.-Amt Kirchheimbolanden), Commentar des Izz-ed-Dîn AbuAbd-ullah über die Kunstausdrücke der Traditionswissenschaft nebst Erläuterungen. Diss. Leiden (E. J. Brill) (Aug.) 1885. VII, 14, 42 S. (3.75) 28937

Risch, Hans, Referendar a. Berlin: Entsteht eine Eigentümerhypothek, wenn eine Hypothek mangels dinglicher Einigung nicht entstanden ist? Berlin 1905: E. Ebering. (66 S.) 8°
Freiburg i. B., rechts- u. staatsw. Fak., Ref. Rosin, Diss. v. 1905
[Geb. 21. April 81 Berlin; Wohnort: Berlin; Staatsangeh.: Preußen; Vorbildung: Friedrich Wilhelms-Gymn. Berlin; Studium: Freiburg 4, Berlin 3 S.; Rig. 13. Febr. 04.]

Risch, J., Abschiedspredigt über Apostelgeschichte 20, 32. Geh. am 21. IV. 1907 in der Ringkirche zu Wiesbaden. (12 S.) 8. Wiesbaden 907. H. Roemer. — 30

Risch, Joseph, appr. Arzt: Aus d. Univ.-Frauenklinik zu Gießen. Traumatische Epithelcysten der Vagina. Mit 5 Abb. Stuttgart 1909: Union. 15 S. 8° ¶(Aus: Zeitschr. f. Geburtshülfe u. Gynäkol. Bd 64, H. 3.)
Gießen, Med. Diss. v. 10. Juni 1909, Ref. v. Franqué
[Geb. 9. Apr. 81 Flammersfeld; Wohnort: Gießen; Staatsangeh.: Preußen; Vorbildung: Gymn. Trier Reife O. 00; Studium: Bonn 4, Straßburg 1, Berlin 2, Bonn 2 S.; Coll. 15. März 09; Approb. 22. Juli 05.] [U 09. 1118

Risch, Julius, s. Risch, Ferdinand Joseph Julius

RISCH, Karl (Bockenhausen): Ueber den Begriff und die rechtliche Natur des Vergleichs.- Erlangen: Junge 1855. 1 Bl., 46 S.
8.12.1854 - Urk (Titel: De transactionibus notione et natura.); F 69
Diss. Ingolst.-Landsh.-Mchn.

Zur Frage der rechtlichen Konstruktion der Kriminal-Verjährung nach heutigem Rechte von K. v. Risch, Prof. d. Rechte in Würzburg. Festschrift zum fünfzigjährigen Doctorjubiläum des Geheimraths Prof. Dr. J. v. Held. Würzburg, k. Univ.-Druckerei v. H. Stürtz, 1888; 47 S. 8°

Risch, K. von, zur Frage der rechtlichen Konstruction der Kriminal-Verjährung nach heutigem Rechte. Festschrift zum fünfzigjährigen Doctorjubiläum des Geheimraths Prof. J. v. Held. Würzburg 1888, Stahel'sche Univ.-Buchh. 8°. 47 S.

Risch, C., das Gesetz, die Einführung des Strafgesetzbuches und des Polizeistrafgesetzbuches für das Königr. Bayern betr., s.a. Gesetzgebung, die, des Königr. Bayern.

Risch, Carl, das Gesetz. die Einfuhrung d. Strafgesetzbuches u. d. Polizeistrafgesetzbuches f. d. Kgr. Bayern betreffend, vom 10. Novbr. 1861, erläutert. (S.-A. aus *Dollmann's* Gesetzgeb. d. Kgrs. Bayern.) Erlangen 1862. Gr. 8°. Hfrzbd.
IV--482 S., 1 Bl. Err.

Risch, C., Kommentar zum Strafgesetzbuch für das Königr. Bayern, s. Gesetzgebung, die, des Königr. Bayern.

Risch, Carl, die Lehre vom Vergleiche mit Ausschluss des Eides und Compromisses. Nach gemeinem Civilrechte bearb. Von der Juristen-Facultät der Universität München gekrönte Preisschrift eingeleitet durch ein Vorwort des Hrn. Prof. Dr. L. Arndts. Erlangen 855. Enke. gr. 8. (VIII, 243 S.) n. 1 ₰. 6 ngr

Risch, C., das Strafgesetzbuch f. das Königr. Bayern, s.: Gesetzgebung, die, d. Königr. Bayern.

Risch, O. Th., s. Risch, Theodor

Risch, Paul, Abschied von d. Schule. Festspiel zur Schulentlassungsfeier. (32 S.) 8. Berlin 910. L. Düringshofen. p nn 1.—

Risch, Paul, Comenius in Lissa. Festspiel in 3 Aufzügen. Zur Feier d. 300jähr. Geburtstages gedichtet. Musik v. Rich. Schumacher. gr. 8. (31 S.) Berlin 892. (Leipzig, R. Streller.) n. —50

— auf der Ferienreise, s.: Vereins-Bühne.

Risch, Paul, Friedrich der Grosse, s.a. Kittel's, Paul, Künstler-Lichtbildervorführungen. I.

Friedrich der Grosse. 50 Bilder aus d. Leben d. Heldenkönigs von Paul Risch. Beschreibender Text zu d. farbigen Lichtbildern: Der alte Fritz nach d. Orig. des Bilderwerkes 'Der alte Fritz' von Prof. C. Röchling u. R. Knötel. *Berlin: P. Kittel 1901.* (68 S.) 8° [Ant. u. F.]
— Künstler-Lichtbildervorführungen, Paul Kittels. Ser. 1. [illegible]

Risch, Paul, Heiderauschen. Märkische Gedichte. Mit Illustr. v. Willy Obronski. (100 S. m. 6 farb. Taf.) Lex.-8. Berlin 906. L. Oehmigke's Verl.
Geb. in Leinw. n. 5.—

— Turnmeister Jahn 1811, s.a. Jugend- u. Volksbühne.

Risch, Paul, Turnmeister Jahn 1811, Ein Festsp. f. Turner, Leipzig. 24 S., 8°.

— 50 Jahre in Coepenick. Festspiel. Dem Seminar zum Jubelfeste am 15. X. 1901 gewidmet. gr. 8. (30 S.) Berlin (901). Hilfsverein deutscher Lehrer. —75

— Kornblumen. Festspiel zur Königin Luise-Feier 1910. (31 S.) 8. Ebd. 910. nn 1.—; 10 Rollenex. 3.—

— Am Kreuzweg des Lebens. Festspiel zur Amtsjubelfeier des Lehrers. (32 S.) 8. Ebd. 910. p nn 1.—

— Moltkes Kriegsabenteuer in Kurdistan. Erzählung aus den morgenländ. Lehr- u. Wanderjahren d. großen Schlachtendenkers. Für Jung u. Alt. Mit 4 Vollbildern nach Originalen v. A. Busch. gr. 8. (168 S.) Berlin 891. M. Breitkreuz. n. 2.50; geb in Leinw. n. 3.-

— König Mauserich, s.: Jugend- u. Volksbühne.

— am Müggelstrande. Dramatische Volksbilder aus dem märk. Heimatsleben. Wahrheit u. Dichtg. in 3 Aufzügen. (84 S.) gr. 8. Friedrichshagen-Berlin 903. M. C. Neve. n.n. —50

— Die Musterung, s.: Jugend- u. Volksbühne.

— Knecht Ruprecht und seine Heinzelmännchen. Ein Weihnachtsmärchen im Walde. (32 S.) 8. Berlin 911. L. Düringshofen. nn 1.—; 12 Rollenex. 3.60

Schiller-Gedenkbuch von Paul Risch. Mit e. Vorw. von Schulrat Dr. L[eopold] H[ermann] Fischer. Buchschmuck u. Ill. von Franz Stassen, Originalkomp. f. 3stimm. Chor von Max Wiedemann. In 2 T. T. 1. Schiller, s. Leben u. Wirken. 2. Unter d. Schiller-Linde, Festspiel z. Schiller-Feier. Berlin: P. Kittel 1905. (IV, 102 S.) 8° [F.]
[Umschlagt.:] Schiller-Gedenkbuch. Zum Andenken an d. 100. Wiederkehr von Schillers Todestag. 9. Mai 1905. [05. 13389]

— Sedan-Feier. Festspiel zum 2. Septbr. (32 S.) 8. Berlin 910. L. Düringshofen. p nn 1.—

— Auf der Turnfahrt, s.: Jugend- u. Volksbühne.

— Vom Matrosen zum Künstler, s.: Schröder.

Auf neuen Wegen. Eine Anleitung z. Unterricht in d. deutschen Sprachlehre bearb. von Richard Risch, Lehrer. Berlin: Gerdes & Hödel [1905]. (57 S.) 8° [F.] [07. 16008]

— Weihnachtspüppchen, s.: Bloch's, Ludw., Kinder-Theater.

Risch, Rob. Guil. (geb. Perleberg 18. 2. 1832): De salivatione mercuriali. Berolini (1855). (29 S.) 8°
Berlin, Med. Diss. v. 23. Aug. 1855

Risch, Thdr., Bericht über Markthallen in Deutschland, Belgien, Frankreich, England u. Italien. Im Auftrage des Magistrats der Haupt- u. Residenzstadt Berlin erstattet. Berlin 867. (Peiser's Verl.) gr. 8. (504 S. mit 1 Steintaf. in qu. Fol.) n. 1 ₰ 10 ngr

—— Bericht über Schlachthäuser und Viehmärkte in Deutschland, Frankreich, Belgien, Italien, England und der Schweiz. Im Auftrage des Magistrats der Haupt- und Residenzstadt Berlin erstattet. Lex.-8. (494 S. mit 1 Stnt. in qu. Fol.) Berlin 866, (Peiser's Verlag.) *

Risch, O. Th., Entwürfe zur Umgestaltung des Gewerbe- und Innungs-Wesens, s.a. Entwürfe.

Risch, Entwürfe z. zeitgemässen Umgestaltung d. Gewerbe- u. Innungswesens. Dessau 850.

Risch, O. Th., die allgemeine Gewerbe-Ordnung v. 17. Jan. 1845 u. deren prakt. Ausführung, namentl. mit Rücksicht auf die Innungs-Verhältnisse Berlin's dargestellt. gr. 8. ($17\frac{1}{2}$ B.) Berlin 846, Springer. *

Risch, Th., die Handwerks-Gesetzgebung Preußens und der größeren Staaten Deutschlands. Berlin 861. J. Springer. gr. 8. (186 S.) n. 22 ngr

—— die Innungen, wie sie sich gestalten müssen. Mit besond. Berücksicht. der Verhandlungen des Gewerbe-Congresses zu Frankfurt a. M. 1. Aufl. (95 S.) und 2., unveränd. Aufl. gr. 8. (IV und 92 S.) Berlin 849, Springer. *

—— nothwendige Rechtfertigung als Fortsetzung der Brochüre: Das kgl. preuß. Seehandlungs-Institut rc. gr. 8. ($9\frac{3}{4}$ B.) Berlin 845, Springer. *

—— Das kgl. preuß. Seehandlungs-Institut u. dessen Eingriffe in die bürgerl. Gewerbe dargestellt u. beleuchtet. 1. Aufl. ($7\frac{1}{4}$ B.) 844., 2. Aufl. u. 3., unveränd. Aufl. gr. 8. ($5\frac{1}{4}$ B.) Berlin 845, Springer. à *

Risch, (O.) Th., die Verordnung vom 9. Febr. 1849, betr. die Errichtung von Gewerberäthen, Gewerbegerichten und verschiedenen Abänderungen der allgemeinen Gewerbeordnung in Verbindung mit den darauf bezügl. obrigkeitl. Erlassen. Für den prakt. Gebrauch und mit Anmerkungen versehen. gr. 8. (IV und 248 S.) Berlin 853, [Springer's Verlag.] *

—— **Zünfte,** Gewerbefreiheit, gewerbliche Vereine, im Allgemeinen betrachtet u. vergleichsweise zusammengestellt. 1. Aufl. 843. * 17½ Ngr. u. 2., unveränd. Aufl. gr. 8. (à 7½ B.) Berlin 845, Springer. *

Risch, Wilh., Gedichte. Berlin 853. A. Duncker. 16. (2 Bl., 143 S.) 15 ngr.

Risch von Lebenheim. Vide: Entwurf zur Errichtung einer Industrie- und Handwerkerbank.

Rischawy, Gotthard, die Universitätsfrage in Hamburg u. die Volksschullehrer. (36 S.) 8. Hamburg 908. O. Meißner's Verl. —75

Rischbieter, Wilh., drei theoretische Abhandlungen über Modulation, Quartsextaccord und Orgelpunkt. gr. 8. (75 S.) Dresden 879, Ries. *

Rischbieter, Wilh., Aufgaben und Regeln für Harmonieschüler. 3.—5. unveränd. Aufl. gr. 8. (IV, 82 S.) Berlin 881—84, Ries und Erler.
Die 1. und 2. Aufl. erschienen 1877.

Rischbieter, W., Aufgaben u. Regeln für Harmonieschüler. 6., unveränd. Aufl. gr. 8. (IV, 82 S.) Berlin 888. Ries & Erler. 1. 50

Rischbieter, Wilh, Aufgaben u. Regeln f. Harmonieschüler. 7., verm. u. verb. Aufl. gr. 8. (IV, 82 S.) Berlin 890. Ries & Erler. 1. 50

— **Erläuterungen** u. Aufgaben zum Studium d. Contrapunkts. gr. 8. (48 S.) Ebend. 885. 1. 80

Rischbieter, Wilh., Erläuterungen u. Beispiele f. Harmonieschüler. (III, 72 S.) gr. 8. Berlin (903). Ries & Erler. n. 1. 50

— die **Gesetzmäßigkeit** in der Harmonik. gr. 8. (VIII, 169 S.) Regensburg 888. Coppenrath. n. 3. 50

Rischbieter, Wilh., der **Harmonieschüler.** 1. Tl. Aufgaben u. Regeln. 2. Tl. Erläuterungen u. Beispiele. 18. u. 19. Aufl. (Je II, 82 u. II, 72 S.) 8. Berlin (904. 905.) Ries & Erler. n. 2.—

Der Harmonieschüler. Von Wilh. **Rischbieter,** Prof. T. 1. Aufgaben u. Regeln. T. 2. Erl. u. Beispiele. 21. Aufl. Berlin: Ries & Erler [1907]. (82, 72 S.) 8° [F.] 07. 10026 II

—— die **verdeckten Quinten.** Eine theoret. Abhandlung. 8. (31 S.) Hildburghausen 882, Gadow und Sohn. *

Rischbieth, Paul [aus Neustadt a. Rbge.]: Ueber die Raffinose oder den sog. Pluszucker aus Melasse und aus Baumwollensamen .... Druck v. Hugo Vogt i. Neustadt a. Rbge. (1885); 38 S. + 1 Bl. 8°.
Göttingen, Phil. Fak., Inaug.-Diss. v. 1885.

Rischbieth, Paul, üb. die Raffinose od. den sog. Pluszucker aus Melasse u. aus Baumwollensamen. gr. 8. (38 S.) Göttingen 886. (Vandenhoeck & Ruprecht.) n. 1.—

Rische, A[lfred], (Prof.): Bemerkungen zu einzelnen Urkunden des Mecklenburgischen Urkundenbuches Band I—IV nebst chronologischer Einordnung der nachträglich gedruckten Urkunden. Ludwigslust 1905: C. Kober. (79 S.) 8°
Ludwigslust, großh. RG OP 1905 (795)

Rische, A., Bemerkungen zu einzelnen Urkunden des mecklenburg. Urkundenbuches. Bd. I—IV, nebst chronolog. Einordng. der nachträgl. gedruckten Urkunden. Progr. (79 S.) gr. 8. Ludwigslust 905. (Hinstorff.) n. 1.—

Rische, A., Friedrich Franz II., weil. Großherzog v. Mecklenburg-Schwerin. Lebensbild e. christl. Fürsten, volksthümlich dargestellt. 2. Aufl. Mit 6 Bildern. 8. (67 S.) Wismar 884. Hinstorff's Verl. n. — 50; cart. n. 1. —

Rische, Alfr., Geschichte Mecklenburgs vom Tode Heinrich Borwins I. bis zum Anfang des 16. Jahrh., s. a. **Geschichte,** mecklenburgische. 4. Hft.

Geschichte Mecklenburgs vom Tode Heinrich Borwins I. bis zum Anfang des 16. Jahrhunderts. Von Alfr. **Rische.** *Berlin: W. Süsserott 1901.* (138 S.) 8° [F.]
[Umschlagt.:] Rische, Zeit d. Hansa.
— **Geschichte, Mecklenburgische,** in Einzeldarstellungen. 4. [01. 11917]

Rische, *Alfred:* Geschichte der Grafschaft Schwerin bis zum Jahre 1358. E. Studie z. mecklenburg. Geschichte. 1. Ludwigslust, Buchdr. v. C. Kober, 1893; 2 Bl., 64 S. 8.
Ludwigslust, grossh. RG, OP 1893 (654)

Rische, A., Karl Jahn, weil. großherzogl. Oberhofprediger zu Schwerin. Ein Lebensbild, auf Wunsch vieler Freunde u. Verehrer d. Entschlafenen gezeichnet. 8. (142 S. m. Bildnis.) Schwerin i/M. 892. F. Bahn. n. 1. 80

Rische, A. Der Unterricht an den höheren Schulen Mecklenburgs im 16. und 17. Jahrhundert. 28 S. **Progr.** *Ludwigslust* 1884.

Rische, *Alfred* Der Unterricht an den höheren Schulen Mecklenburgs im 18. Jahrhundert. 1 (24 S.). Rg. *Ludwigslust* 1888 (617).
Progr.

Rische, A[lfred]: **Verzeichnis der Bischöfe und Domherren von Schwerin mit biographischen Bemerkungen.** *Ludwigslust (1900): C. Kober.* (32 S.) 8°
Ludwigslust, grossh. RG, OP 1900 (709)

Rische, August

Rische, A., einfache **Choralvorspiele** in figurirten Anfangszeilen der Melodieen mit Berücksichtigung des neuen mecklenburgischen Melodieenbuchs größtentheils nach ältern Meistern bearb. nebst der Abendmahlsliturgie mit obligater Orgelbegleitung nach dem Schweriner Cantionale rhythmisirt u. harmonisirt. Rostock 870. Stiller. qu. 4. (II, 31 S.) geb. n. 10 ngr.

— u. **H. Volkening,** s.: **Krieg u. Sieg.**

Rische, A., Leben König Alfred des Großen, von England, } s. **Sonntags-Bibliothek.**

Rische, Aug., Leben Joseph Allein's, s.: **Sonntags-Bibliothek.** 4. Bd. 2. Hft.

—— Leben Christian Gottfried Aßmann's, } s. **Sonntags-Bibliothek.**

Rische, A., Leben Johann Caspar Schade's, s. **Sonntags-Bibliothek.**

— s.: **Missionsharfe,** kleine.

[F.] Morgentau aus Gottes Wort. Kurze Morgenandachten f. alle Tage d. Jahres v. A. **Rische,** Pastor zu Schwinkendorf. *Gütersloh: C. Bertelsmann 1897.* (378 S., 1 Bl.) 1 Bd 8. 97. 3749

—— das geistliche Volkslied. Sammlung geistlicher Lieder für außergottesdienstl. Kreise im vierstimmigen Satze zugleich als Begleiterin der „Kleinen Missionsharfe." 1. Aufl. 1860. und 2., verb. und verm. Aufl. qu. gr. 8. (IV und 68 S.) Bielefeld 861, Velhagen und Klasing. *

— das geistliche Volkslied. Sammlung geistl. Lieder für außergottesdienstl. Kreise in vierstimm. Satze zugleich als Begleiterin der „kleinen Missionsharfe". 4., verm. u. verb. Aufl. Bielefeld 867. Velhagen & Klasing. qu. 4. (IV, 72 S.) cart. n. 10 ngr.

—— das geistliche Volkslied. Sammlung geistl. Lieder für außergottesdienstl. Kreise in 4stimm. Satze, zugleich als Begleiterin der „Kleinen Missionsharfe". 5. Aufl. (IV, 76 S.) 1870. *ℳ 1., und 6. verm. und verb. Aufl. qu. 4. (IV, 80 S.) Bielefeld 874, Velhagen und Klasing. cart. *

Rische, A., das geistliche Volkslied. Sammlung geistl. Lieder für außergottesdienstl. Kreise in vierstimm. Satze, zugleich als Begleiterin der „Kleinen Missionsharfe". 7. Aufl. qu. gr. 8. (IV, 80 S.) Bielefeld 878, Velhagen und Klasing. cart. *

—— das geistliche Volkslied. Sammlung geistl. Lieder für außergottesdienstl. Kreise in vierstimm. Satze, zugleich als Begleiterin der „Kleinen Missionsharfe". 8. Aufl. qu. gr. 8. (IV, 80 S.) Bielefeld 881, Velhagen und Klasing. cart. *

Rische, A., das geistliche Volkslied. Sammlung geistl. Lieder für außergottesdienstl. Kreise in vierstimm. Satze, zugleich als Begleiterin der „kleinen Missionsharfe". 9. Aufl. qu. 8. (IV, 92 S.) Bielefeld 886, Velhagen und Klasing. cart.

— das geistliche Volkslied. Sammlung geistl. Lieder f. außergottesdienstl. Kreise in vierstimm. Satze, zugleich als Begleiterin der „Kleinen Missionsharfe". 10., verm. Aufl. qu. gr. 8. (IV, 92 S.) Bielefeld 891. Velhagen & Klasing. Kart. n. 1. 20

Das geistliche Volkslied. Sammlung geistlicher Lieder für aussergottesdienstl. Kreise in vierstimm. Satze, zugl. als Begleiterin der 'Kleinen Missionsharfe' von A[ug.] Rische, Pastor zu Schwinkendorf. 11. Aufl. *Bielefeld & Leipzig: Velhagen & Klasing 1899.* (92 S.) quer-8° [J.] [60. 203

Rische, Bernhard

Rische, B., unser Hauptgottesdienst nach Anordnung u. Bedeutung, s.: Wort, Dein, ist die Wahrheit.

Rische, B., Krankentrost aus Gottes Wort. (VII, 122 S.) kl. 8. Wismar 906. H. Bartholdi. Geb. in Leinw. n. 1.—; in Ldr. m. Goldschn. n. 1. 60

— die Krone der Tage. Ein Zeugnis zur Wertschätzg. d. Sonntages. Vortrag im großen Saale der Herberge z. H. in Rostock am 9. Novbr. 1890. 8. (21 S.) Leipzig 891. E. Ungleich. n. — 30

— ein Neudruck unseres Landeskatechismus. Entwurf. (58 S.) 8. Schwerin 904. F. Bahn. n. — 60

Rische, Bernh., Die Sonntagsruhe und die Kirche. Eine Untersuchung auf Grund des Lebens, der Bibel u. der Geschichte. 8⁰. Leipzig, Böhme Nachf., 1890. (IV, 132 S.)

Rischelsky, Verfahren im Civilprozesse zusammengestellt nach den Verordnungen v. 1. Juni 1833 u. v. 21. Juli 1846. 8. (30 S.) Berlin 847, C. Heymann. 6 ngr.

Rischer, Alfr., das Glasieren der Ziegel. Bearb. auf Grund eigener langjähr. Erfahrgn. (44 S. m. Abbildgn.) 8. Berlin 904. Tonindustrie-Zeitg. n. 1. 50

Rischhieth, Paul, s. Rischbieth

Rischka, Ed., Sophora. Beiträge zur Lebensweisheit u. Kindererziehg. gr. 8. (31 S.) Wien 893. M. Breitenstein. n. — 75

Rischka, Robert

Rischka, R.: Beatrix Cenci. Eine Tragödie in 5 Aufz. v. J. Słowcki in Auswahl übers. u. mit einem Vorworte versehen. 62 S. – Jroslau, Progr. 1883.

Rischka, Rob. Verhältnis der polnischen Sage von „Walgierz Wdaly" zu den deutschen Sagen von „Walther von Aquitanien". 64 S. 8. Progr. *Brody* 1879.

Rischka, Rob., Verhältnis der polnischen Sage von „Walgierz Wdaly" zu den deutschen Sagen von „Walther von Aquitanien". gr. 8. (64 S.) Brody 880. Rosenheim. n. 1. —

Rischka R.: Lilla Weneda. Eine Tragödie von Julius Słow. aus dem Pol. übersetzt. 101. Jaroslau R. 81. Progr.

Rischmann, Hans, s.: Prophezeihungen.

Rischmüller, Heinr., über die Scharlachepidemie zu Göttingen im J. 1881/82. Inaugural-Dissertation. gr. 8. (37 S.) Göttingen 883, (Vandenhoeck und Ruprecht's Verlag.) *

RISCHNER, Leopold (Hammerau): Statistischer Beitrag zur Tuberkulose im Kindesalter.- München: Kastner & Callwey 1904. 22 S.
20.7.1894 - Chr 1894/95,19; U 12.6450
Diss. Ingolst.-Landsh.-Mchn.

Rischpler, August: Aus dem pathologischen Institut zu Marburg. Über drei Fälle von Eventration. M. 1 Taf. u. Fig. im Text. *Marburg 1898: (Breitkopf & Härtel in Leipzig).* (43 S. mit Taf.) 8° (Aus: Archiv für Entwickelungsmechanik, Bd 6 H. 4.)
Marburg, Med. Diss. v. 3. Mai 1898

Risdörffer ab Izdenczy, M. Franc., Tabulae memoriales seu conspectus tabellaris pharmacorum etc. — A. u. d. T.: Tabellar. Uebersicht d. Arzneimittel, nebst Angabe d. gebräuchl. Synonima, d. Anwendungsweise, Dosis u. Taxe ders., bearb. nach d. Arzneimittellehre d. rc. Carl D. Schroff, u. d. pharmacolog. System d. rc. Ph. Carl Hartmann. Mit e. Anh., enth. d. Ordinations-Norm d. Kranken-, Armen- u. Versorgungsanstalten, so wie üb. 500 Vorschriften d. bekannten u. gebräuchl. zusammengesetzten Arzneimittel. 16. (11 B.) Wien 811, [Tendler u. Comp.]

Risdörfer v. Izdenczy, Fr., tabellar. Uebersicht der Arzneimittel, nebst Angabe der gebräuchl. Synonyma, der Anwendungsweise, Dosis u. Taxe derselben; nach der Arzneimittellehre von C. D. Schroff u. d. pharmakolog. System v. Ph. C. Hartmann, bearbeitet. Mit e. Anh., enthalt.: Die Ordinations-Norm der Kranken-, Armen u. Versorgungs-Anstalten, sowie über 500 Vorschriften d. bekannteren u. gebräuchl. zusammengesetzten Arzneimittel. Lateinisch u. Deutsch. 12. Wien 840. Tendler u. Schafer. 3 1/4 ℳ

Risdörffer v. Izdenczy, Franc., tabellarische Uebersicht der Arzneimittel. Ein Hülfsbuch f. Studierende sowohl als prakt. Aerzte u. Wundärzte, durchgehends umgearb. u. bereichert m. übersichtl. Darstellungen der neueren Heilmittel, der besondern Heilmethoden etc. etc. Hrsg. v. Ant. Diegelmann. 2., verm. Aufl. 16. (19⅝ B.) Wien 846, [Tendler u. Comp.]

Rise, Chr. Ad., Berechnung des beschlagenen und runden Holzes in 73 Tabellen, nach dem zehntheiligen Cubik-Maaß. Zur Bequemlichkeit für Forstmänner, Zimmerleute, Maurer, Schreiner und sonstige Holz-Arbeiter. 3. Aufl. Reutlingen 858. Fleischhauer u. Spohn. 8. (2 Bl., 76 S.) 6 ngr.

Rise, Chr. Ad., fehlerfreier Faulenzer oder Schnellrechner. Ein verb. und verm. Hülfsbuch für Käufer u. Verkäufer mit 90 Tabellen. Stereot.-Ausg. 8. Reutlingen 844, Fleischhauer u. Spohn. 1/8 ℳ — N. Ausg. 846. 4 ngr.

Rise, Chr. Ad., fehlerfreier Faulenzer od. Schnellrechner. Ein Hülfsbuch f. Käufer u. Verkäufer mit mehr als 90 Tabellen. Stereotyp-Ausg. 8. (6½ B.) Reutlingen 846, Fleischhauer u. Spohn.

Rise, Chr. Ad., fehlerfreier Faulenzer od. Schnellrechner. Ein verb. u. verm. Hülfsbuch f. Käufer u. Verkäufer mit mehr als 90 Tabellen ꝛc. Ster.-Ausg. 8. (104 S.) Reutlingen (848) 850, Fleischhauer & Spohn. 4 ngr

Rise, Chr. Ad., fehlerfreier Faulenzer. Ein verbessertes und vermehrtes Hülfsbuch für Käufer und Verkäufer mit mehr als 90 Tabellen über: 1) 1 bis 1000 Pfunde, Stücke, Ellen und andere Sachen von 2 bis 59 Kreuzern. 2) Würtembergische Frucht-, Wein-, Bier-, Heu- und Holz-Rechnung. 3) Badische Frucht- und Wein-Rechnung ꝛc. ꝛc. Neue Ausg. 8. (104 S.) Reutlingen 857, Fleischhauer und Spohn.

Rise, Chr. Ad., neuer, vermehrter Faulenzer. Ein Hülfsbuch für Käufer u. Verkäufer mit 110 Tabb. Fehlerfreie Ster.-Ausg. Reutlingen 869. Fleischhauer & Spohn. 8. (112 S.) cart. 5 ngr

—— dass. — mit dem metrischen System. Ein Hülfsbuch für Jedermann, bearb. von Heubach. 8. (128 S.) Ebendas. 871. cart.

—— dass. — mit dem metr. System und einem Schnellrechner nach Mark und Pfennige. Ein Hülfsbuch für Jedermann. Bearb. von Heubach. gr. 16. (VIII, 136 S.) Ebendas. 874. cart.

Rise's, Chr. Ad., neuer, vermehrter, fehlerfreier Faulenzer nach Mark u. Pfennigen, nebst e. Anh. üb. das metr. System. Ein Hilfsbuch f. Jedermann. Bearb. v. Heubach. 8. (144 S.) Reutlingen 875. Fleischhauer & Spohn. — 60

Rise's, Chr. Ad., neuer, vermehrter, fehlerfreier Faulenzer nach Mark und Pfennig, nebst einem Anhang über das metr. System. Ein Hilfsbuch für Jedermann. Bearb. von Heubach. 8. (144 S.) Reutlingen 877, Fleischhauer und Spohn. cart.
geb. in Lederbrieftasche

—— dass. — (Neue Ausg.) gr. 16. (144 S.) Ebendas. 879. cart.
geb. in Lederbrieftasche mit weißem Pap. und Pergament

Rise's, Chr. Ad., neuer, vermehrter, fehlerfreier Faulenzer nach Mark und Pfennig, nebst einem Anhang über das metr. System. Ein Hilfsbuch für Jedermann. Bearb. von Heubach. (Neuer Abdr.) 8. (144 S.) Reutlingen 880,82, Fleischhauer und Spohn. cart.
geb. in Halbleinw.
In Lederbrieftasche

Rise's, Chr. Ad., neuer, vermehrter, fehlerfreier Faulenzer nach Mark u. Pfennig, nebst e. Anh. üb. das metr. System. Ein Hilfsbuch f. Jedermann. Bearb. v. Heubach. (Neue Aufl.) 8. (145 S.) Reutlingen 884. Fleischhauer & Spohn. cart. — 60

Rise's, Chr. Ad., neuer, vermehrter, fehlerfreier Faulenzer nach Mark u. Pfennig, nebst e. Anh. üb. das metr. System. Ein Hilfsbuch f. Jedermann. Bearb. v. Heubach. (Neue Ausg.) 12. (144 S.) Reutlingen 891. Fleischhauer & Spohn. cart. — 60; m. Leinw.-Rücken, weißem Pap., Pergamentblättern u. Bleistifthalter — 75; geb. in Ldr.-Brieftasche 1. 20

Rise's, Chr. Ad., neuer, vermehrter, fehlerfreier Faulenzer nach Mark u. Pfennig, nebst e. Anh. üb. das metr. System. Ein Hilfsbuch f. Jedermann. Bearb. v. Heubach. Ausg. 1894. 12. (144 S.) Reutlingen 894. Fleischhauer & Spohn. Kart. — 60; m. Leinw.-Rücken, weißem Pap., Pergamentblättern u. Bleistifthalter — 75; geb. in Ldr.-Brieftasche 1. 20

Rise's, Chr. Ad., neuer fehlerfreier Rechenknecht nach Mark und Pfennig, zur Preisberechnung aller im Handel vorkommenden Gegenstände, von 1 Stück bis zu 1000 Stück und von 1 Pfennig bis 100 Mark aufsteigend. Nebst ausführl. Münz-Umwandlungs- und Übersichts-Tabellen, Fruchtrechnung, Berechnung des Klafter- und Stammholzes und der Zinsen; Belehrung über das Metersystem, Anleitung zum Dezimalrechnen, sowie Vergleichungs- und Umwandlungstabellen der früheren Maße und Gewichte in das neue Metermaß. (Ausg. für Norddeutschland.) Bearb. von Fachmann. 1. und 2. Aufl. 8. (144 S.) Reutlingen 886,88, Fleischhauer und Spohn. cart.

— neuer fehlerfreier Rechenknecht nach Mark u. Pfennig, zur Preisberechng. aller im Handel vorkomm. Gegenstände, von 1 Stück bis zu 1000 Stück u. von 1 Pfennig bis zu 100 Mark aufsteigend. Nebst ausführl. Münz-Umwandlungs- u. Übersichts-Tabellen, Fruchtrechng., Berechng. d. Klafter- u. Stammholzes u. der Zinsen; Belehrg. üb. das Metersystem, Anleitg. zum Dezimalrechnen, sowie Vergleichungs- u. Umwandlungstabellen der früheren Maße u. Gewichte in das neue Metermaß. Bearb. v. Fachmann. 3. Aufl. 12. (144 S.) Ebd. 894. Kart. — 60

—— der schnelle Zinsrechner, oder: Vereinfachte Berechnung der Zinsfüße von 3, 3¼, 3½, 3¾, 4, 4¼, 4½, 4¾, 5¼, 5½, 5¾, 6 Procente durch Proportionalzahlen für alle Münzgattungen. 12. (VIII und 44 S. mit 1 Zeittafel.) Reutlingen 847, Fleischhauer und Spohn.

Risek, F A . Briefe aus der Abtei. Talloires. – Savoyen. [Umschlag illustriert.] 8. Paris, Neuchâtel. Genève (°*Umschlag:* Genf) 1879.

F. A. Risek = Anagr. von F. Kaiser?

Risel, Hans, approb. Arzt aus Halle a. S.: Über **Nierenhypoplasie.** *Freiburg i. B.: Speyer & Kaerner 1903.* (30 S.) 8°
Freiburg i. B., Med. Diss. v. 1903

Risel, Hans, über Nierenhypoplasie. Diss. (30 S.) gr. 8. Freiburg i/B. 903. Speyer & Kaerner. n. — 80

Die Gesundheitskommission. Beleuchtet vom ärztl. u. hygien. Standpunkte durch Geh. Med.Rat Dr. [Otto] **Risel,** Kgl. Kreisarzt, u. vom Standpunkte des Juristen u. Verwaltungsbeamten von Stadtrat [Bernhard] Schnackenburg, beide in Halle a. S. *Leipzig: F. Leineweber 1903.* (31 S.) 8° [J. u. Ant.] [o. 3314

Risel, Otto: De sectione mediana. Halis Saxonum (1864): Orphanotropheum. 30 S. 8°
Halle-Wittenberg, Med. Diss. v. 22. Juni 1864
Geb. Zappendorf (Seekr. Mansfeld) 17. 11. 1841. V.
Verf. erlebte die Diplomerneuerung 1914 als Geheimer Medizinalrat und Vorstand des Impfinstituts in Halle a. d. S., und 1924 ebda a. D. das 60jährige Dr.-Jubiläum.

Risel, Wilhelm [cand. med. aus Halle a./S.]: Ein Beitrag zur Casuistik des erworbenen Nystagmus ... München, Buchdr. v. M. Ernst, 1896; 34 S. 8.
München, Med. Fak., Inaug.-Diss. v. 1896

Risel, W., über das maligne Chorionepitheliom u. die analogen Wucherungen in Hodenteratomen, s. a. Arbeiten aus dem pathologischen Institute zu Leipzig. 1. Hft.

Über das maligne Chorionepitheliom und die analogen Wucherungen in Hodenteratomen. Von Dr. W[ilhelm] **Risel,** Assist. zu Leipzig. Mit 2 Abb. u. 3 Taf. *Leipzig: S. Hirzel 1903.* (VI, 170 S.) 4°(8°)
— **Arbeiten** aus d. pathologischen Institute zu Leipzig. H. 1. [o. 1190

Risi, Paul: Abhandlungen über einige Gegenstände des peinlichen Rechts. Eine Uebers. aus d. Franz. Mietau u. Leipzig 1771.

[Inhalt:]

1. Von den nothwendigen Beweisen, um in peinl. Sachen ein gegründetes Urtheil zu fällen.
2. Von dem Maaße der Strafen.
3. Von der Competenz der Gerichtshöfe.

Risi, Paul, Abhandl. üb. einige Gegenstände des peinl. Rechts. 8. Mitau 771. (W. Nauck in Leipz.) 5 gr.

Risi, Paul, Abhandlungen üb. einige Gegenst. des peinl. Rechts. 8. Mietau. (Sommer, Leipz.) 771.

— animadversiones ad jurisprudentiam criminal. pertin., juxta exemplar Mediolanense, ed. Jh. Chr. Fischer. 8. Jena 771. Ed. III. 790. Cröker. 6 gr.

Rising, Adolf [aus Stockholm]: Über Einwirkung von p-Toluolsulfinsäure auf Nitrosobenzol und auf β-Phenylhydroxylamin. Über Mesitylhydroxylamin. Basel 1900. 128 S. 8°.
Basel. Phil. Diss. 1900/1901.

Riskert, C. A. L., einige Bemerkungen zur Einleit. in d. Naturrecht. 8. (2 B.) Bremen 830, Kaiser.

Risler, A., Erklärungen u. Regeln zu Buchführung u. Kontokorrent etc., s.: Vortmann, W.

Risler, C. Bemerkungen zu Beckers Schulgrammatik. 15 S. . . .
Crefeld, Progr. 1838

Risler, C. Dss. Bei Einweihung des neuen Schulgebäudes. 4 S. .
Crefeld, Progr. 1829

Risler, C. Versuch einer neuen Gestaltung der Versmessung der germanischen Sprachen. Crefeld, R., 1845. Progr.

Risler, E., s.a. Risler, C.

Risler, Emil. Beiträge zur Kenntniss des Benzidin's. Freiburg im Breisgau, 1881.

Risler, Eugen

Risler, E., Etudes sur le sol arable. 30 pp. in-8. Genève et Bâle. H. Georg. 1876. 1. –
* * Extrait du Journal de la société d'agriculture de la Suisse romande.

Risler, Eug., Expériences sur l'emploi des engrais chimiques ou commerciaux, faites à Calèves de 1867 à 1870. 16 pp. in-8. Genève et Bâle, H. Georg. 1872 —. 80
Tiré des Archives des sciences de la Bibliothèque universelle.

Risler, Eug. und E. Colomb-Pradel, inwieweit vermag die chemische Bodenanalyse zur Bestimmung des Düngebedürfnisses des Bodens beizutragen? Uebers. und mit einem Vorwort versehen von Em. v. Proschkowetz jun. gr. 4. (31 S.) Wien 888, Frick. *

Risler, Eug., de l'utilité des cartes géologiques pour l'agriculture. 11 pp. in-8. Genève et Bâle, H. Georg. 1872. —. 60
Tiré des Archives des sciences de la Bibliothèque universelle Juillet 1872.

—— der Weizenbau, s. Thaer-Bibliothek, Bd. 66.

Risler, E., der Weizenbau. Übers. u. m. Anmerkgn. versehen unter Berücksicht. deutscher Verhältnisse von W. Rimpau. Mit 24 Textabbildgn. 8. (V, 203 S.) Berlin 888. Parey. geb. n. 2. 50

[Risler (J.).] Cat. malorum aurantium et limonium horti carolsruhani. [Locraci, 1747.] 8°.

[———] Index pl. horti carolsruhani tripartitus. [Locraci, 1747.] 8°.

Risler, Jérém., Abrégé historique des livres de l'ancien Test.; trad. de l'allemand par Z. J. Duvernoy. 8. Neuville. (Kummer, Leipz.)

Risler, Jerem., († d. 23. Aug. 1811.) histor. Auszug aus den Büchern des Alt. Testam. 3 Thle. 8. Leipz. 794, 99. Kummer. 1 ℳ 3 gr. 3e A. 814. Ebd. 1 ℳ

— Betracht. der Weisheit Gottes in d. Kreuzestode Jesu u. in der Eröffnung seiner Seite. 8. Leipz. 801. Kummer. 3 gr.

— la saine doctrine tirée des plus célèbres docteurs de l'Eglise réformée. 8. Basel 776.

— Erzähl. aus d. alten u. neuen Geschichte der Brüderkirche. 1r u. 2r Thl. 1r — 3r Abschn. 8. Barby 801—6. (Kummer in Leipz.) 1 ℳ

RISLER, Jeremias 1720 - 1811
Leben August Gottlieb Spangenbergs, Bischofs der evangelischen Brüderkirche, beschrieben von Jeremias Risler.
Barby: Brüdergemeine; Leipzig: Kummer. 1794. 20, 517 S. 8°.
Stadtbibliothek Wuppertal-Elberfeld
Sabin 71550. Baginsky 1233. Palmer.
August Gottlieb Spangenberg, 1704-1792

Risler, Wilh. Gotth. Soph., De epilepsia et nonnulla de radice Artemisiæ vulgaris. Diss. inaug. Kiliæ. 1825. 4. P.

Risner, G. H: Die ausgefertigte Artiglerie. Th. 1—3. (o. O.) 1700

Riso, A., Turnhalle zu Kempten in Bayern, Erbaut 1862, Ansicht und Plan, 1 Bl.

Das Recht der Eigenmacht nach dem Sächsischen und dem Deutschen Bürgerlichen Gesetzbuch. Von Dr. jur. Johannes P. Riso. *Leipzig: Dieterich 1900.* (60 S.) 8° [A.]

(Risold, Eduard.) Gedenkblatt an Major E. R. sel. von Bern ([1840-] 1891), gew. Cavallerieoffizier in k. k. österreichischen Diensten und nachheriger schweiz. Cavallerie-Instruktor . . . (Den zahlreichen Freunden des . . . E. R. . . . widmen die Hinterlassenen nachfolgende von ihm verfassten Erzählungen aus seinem Leben . . . .) 8. Bern 1891.

Risold, Jos. Rud., Beweise u. Gedanken f. die christl. Religion, s. B. L. Walthard.

— Esquisse d'un Dictionnaire théologique, moral et philosophique. 8. Bern 794.

— Réflexions quelconques en guise de supplément à l'esquisse du Dictionnaire théologique etc. 8. Bern 794.

Risop, Alfred, Dr.: Begriffsverwandtschaft und Sprachentwickelung (Beiträge zur Morphologie des Französischen). *Berlin: Weidmann 1903.* (39 S.) 4°
Berlin, Zweite städt. R., OP 1903 (128)

Risop, Alfr., Begriffsverwandtschaft u. Sprachentwickelung (Beiträge zur Morphologie des Französischen). Progr. (39 S.) gr. 4. Berlin 903. Weidmann. n. 1. —

Die romanische Philologie an der Berliner Universität. 1810–1910. Von Alfred Risop. Erlangen 1910: Junge. 118 S. 8°
Aus: Romanischer Jahresbericht. Bd 10.

Risop, Alfred [aus Berlin]: Studien zur Geschichte der französischen Konjugation auf -ir. . . . (Ersch. vollst. im Verl. v. M. Niemeyer in Halle.) Potsdam, gedr. bei J. Grossmann, 1890; 1 Bl., 31 S., 1 Bl. 8°
Berlin, Phil. Fak., Inaug.-Diss. v. 4. Okt. 1890

Risop, Alfr. **Studien zur Geschiche der französischen Konjugation auf ir. Diss. gr. 8. (31 S.) Potsd. 890. (Lpz., Fock.)** * 1 —

Risop, Alfr., Studien zur Geschichte der französischen Konjugation auf ir. gr. 8. (IV, 132 S.) Halle a/S. 891. M. Niemeyer. n. 2. 80

Risor, Demokritus, neueste Sammlung auserlesener scherzhafter Anekdoten, witziger Einfälle u. Lächerlichkeiten, zur Aufheiterung des Geistes u. angenehmer Unterhaltung &c. 8. Grätz 811. Kienreich. 1/2 ß

RISOR, Demokratius (ps.). Neueste Sammlung auserlesener (350) Anecdoten. Grätz 1811. 8°. (2 Mk. Taussig, Prag, 1906.)
Weller, Lex. Ps. p. 480.

Risor, Mark, der kleine Salomo, s.: Heidelmann's, A., Theaterbibliothek.

Risor, Th., Lehmvögelein. Geschichte e. glückl. Mädchens. 12. (106 S.) Frauenfeld 900. Huber & Co. Kart. n. 1.60

Rispart, Eugen, Familienbilder. 2 Thle. 8. (51 B.) Bunzlau 838, Appun's Buchh. à 1 1/4 Thlr.

Rispart, Eug. (Dr. *Frankolm*, Jude. geb. in Königsberg i. Pr., † 1848 in Breslau), die Juden u. die Kreuzfahrer in England unter Richard Löwenherz. (Auch m. d. Tit.: Schriften, hrsg. vom Institute zur Förderung d. israelit. Lit. Jahr 6.) Leipzig, Kollmann, 1861. 8°. Ppb.
1 Bll., 499 S. — Cfr. „Jüdisches Athenäum". Grimma u. Leipzig 1851. S. 54.

Rispart, Eug., Richard Löwenherz in Palästina. Histor. Roman. 3 Bde. 8. (53 B.) Leipzig 841, Kollmann.

Rispoli, L., neuntägige Andacht zu Ehren d. heil. Alfonsus, Bischofs, Kirchenlehrers u. Stifters d. Redemptoristenordens. Aus dem Ital. übers. v. F. Ratte. 32. (88 S. m. 1 Bild.) Dülmen 888. Laumann. — 30

Risposta della deputazione regnicolare croata all' eguale deputazione ungarica concernente la città di Fiume ed il suo territorio. Triest 867. (Dase.) gr. 8. (24 S.) n. 2 ngr.

Risposta di un Italiano ad un primo ministro, circa il problema politico in cui si domanda: se le communità religiose siano utile etc. 8. Lausanne, Putt. 768.

Riss [Sachliches OW]

Der beklagenswerte Riß [die sog. Reformation]. Paderborn, Bonif.-Druckerei, 1870. 12°. 10 Pf. (Bonif.-Broich. Jahrg. 1 Nr. 2.)

Der Riss von Duynkirchen, mit einigen Historischen Nachrichten dieser Stadt und ihres Hafens. 4. Berlin 1756.

Riss [Schlagwort]

Riss, s.: Hinter-Riss.

Riss [Verfasser]

Riss A, die permanente Lehrmittelausstellung der Stadt Wien. Ein Führer durch die 7 Ausstellungsräume. Wien 1889

Der leidende Christus. 6 Passionspredigten von Franz **Riss**, Pfarrer. Danzig: F. Bruening (1900). (46 S.) 8° [F.] [col. 4070]

Riß, Karl, das Glück auf dem Lande, s.: Merkblätter, landwirtschaftliche.

Riß, Louise, die Blumenbindekunst. Anordnung leb. Blumen zu Sträußen, Kränzen, Korbfüllgn. u. plast. Blumenbildern. gr. 8. (VIII, 276 S. m. 157 Abbildgn.) Berlin 893. P. Parey. Geb. in Leinw. n. 6. —

Riss, Martin

Risse, Martin, Histoire. Racontée par lui-même. 2 Vol. 12. (Mit 2 Lithogr.) Strassbourg 841, Ve. Levrault. 5/12 ß col. 1/2 ß

Quarnam est tum in nostris gymnasiis, tum in latinis scholis praeceptorum conditio? Scrips. Mart Riss, G. P. — 1838. Dilingae. Typis Aullugerianis. — S. 3—12.
Progr. Dillingen

Riss, Martin. Merkwürdige und lehrreiche Schicksale und Abenteuer des M' R' (geb. 1752). Von ihm selbst erzählt. Aus dem Französischen übersetzt. 8. Bern 1846.

Rissart, P., d. Grunddogma des Christentums, verteidigt gegen d. Angriffe d. Materialismus. Populär-philosoph. Abhandlgn. gr. 8. (102 S.) Bonn 895. P. Hanstein. n. 1. 50

Rissart, P., der Hypnotismus, seine Entwicklung u. seine Bedeutung in der Gegenwart. Eine naturwiss. Studie. gr. 8. (70 S.) Paderborn 901. Junfermann. n. 1.25

Rissdorf, Ludwig. Studien zum Meineid und dem Unternehmen der Verleitung zum M' nach dem deutschen Reichsstrafgesetzbuch. Diss. Jur. Bern. 106 S. 8. Bern, Rösch & Schatzmann, 1910.

Risse, C., De gestis S. Pompei. Diss. 1882. 54 S.

Risse, Felix: Über desmotrope Reaktionen des 1-Phenyl-3-Methyl-5-Anilino- und des 1-Phenyl-3-Methyl-5-Toluidino-pyrazols. Rostock 1909: Boldt. 71 S. 8°
Rostock, Phil. Diss. v. 22. Dez. 1909, Ref. Michaelis
[Geb. 26. Juli 85 Kl.-Mockritz; Wohnort: Rostock; Staatsangeh.: Sachsen; Vorbildung: Realgymn. Döbeln Reife O. 05; Studium: München Techn. Hochsch. 1, Leipzig 4, Rostock 4 S.; Rig. 16. Dez. 09.] [U 10. 3976

Rissé, Jos., Franz Schubert u. seine Lieder. Studien. I. u. II. 8. Hannover 872. 73. Rümpler. n. 2. 50
1. Müllerlieder. (90 S.) n. 1. —
2. Goethe Lieder. (IV, 113 S.) n. 1. 50

Risse, Jos., Zusammenstellg. d. sämmtl. f. den Stadtbezirk Arnsberg erlassenen Polizei-Verordnungen, sowie statutar. u. reglement. Bestimmgn., Gebühren u. Taxen, nebst e. Anh. sonst. gesetzl. Bestimmgn. &c., welche für Jedermann v. allgem. Interesse sind. Zusammengestellt auf Grund amtl. Materials. gr. 8. (VIII, 120 S.) Arnsberg 887. F. W. Becker. n. 1. 50

Risse, Martin, s. Riss, Martin

Rissenius, Leonh., Summa theologiae didacticae elenchticae. II Pts. 8. Frft. Gottschald, 731.

Rissling, Paul, prakt. Tierarzt: Aus d. Universitäts-Augenklinik zu Würzburg. Beiträge zur Biologie normaler Tiersera. Jena: G. Fischer 1907. (73 S.) 8° ¶|Aus: Centralblatt f. Bakteriologie Abt. 1 Bd 44.|

Leipzig, Phil. Fak., Ref. Eber-Kirchner, Diss. v. 9. Sept. 1907

[Geb. 15. Juli 77 Staßfurt; Wohnort: Bernburg a. S.; Staatsangeh.: Preußen; Vorbildung: Lat. Hauptsch. Halle Reife f. Prima M. 96; Studium: Tierärztl. Hochsch. Berlin 7, Hannover 3, Univ. Berlin 2, Leipzig 4 S.; Rig. 19. Dez. 07.]

Maurerische Bestrebungen im profanen Leben der Gegenwart. Ansprache von A[rnold] Rissmann. (Jahresschluss-Loge.) [Frankfurt a. M. 1909: Mahlau & Waldschmidt.] 14 S. 8° [Kopftit.]
Aus: Bh. 52 (1909) S. 10—22.
cf. Bh. 52 (1909) S. 69—70 (F. W. Toussaint).
Üb. die Aufgabe der Frmrei gegenüber verschiedenen Verirrungen der heutigen Gesellsch.

Rißmann, Arnold, Förmlichkeiten im schriftlichen Verkehr m. Behörden. 8. (VIII, 64 u. 23 S. m. 10 Beilagen.) Frankfurt a/M. 893. Gebr. Knauer. n. 2. 80; geb. n. 3.50

Rißmann, Arnold, Förmlichkeiten im schriftlichen Verkehr m. Behörden. 2. Aufl. unt. Berücksicht. d. Ministerialerlasses üb. die Vereinfachg. d. Geschäftsganges u. d. Verminderg. d. Schreibwerks. 8. (VIII, 64 u. 23 S. m. 10 Mustern.) Frankfurt a/M. 898. Gebr. Knauer. n. 1. 80; geb. in Leinw. n. 2. 50

Rißmann, Heinr. Volkm., die Armenordnung für das Königr. Sachsen vom 22. Octbr. 1840 u. die damit in Verbindung stehenden Gesetze u. Verordnungen. Mit Erläuterungen unter Bezugnahme auf Entscheidungen der obersten Behörden hrsg. Leipzig 865. Roßberg'sche Buchh. 8. (VIII, 127 S.) n. 10 ngr.

—— die im Königr. Sachsen geltenden heimathrechtlichen Bestimmungen, ingleichen die Vorschriften in §§ 39—48 der Armen-Ordnung, zusammengestellt und nach den neuesten Entscheidungen und Verordnungen erläutert. 1. Aufl. 1862. und 2., verm. Aufl. gr. 8. (XVI und 223 S.) Leipzig 863, B. Tauchnitz.

Rißmann, das königliche sächsische Gesetz, die Ausübung der Jagd betr., vom 1. Decbr. 1864, sowie die Bestrafg. der Jagdvergehen betr. Bestimmgn. d. Strafgesetzbuchs f. das deutsche Reich u. d. königl. sächs. Forststrafgesetzes vom 30. April 1873, nebst den bezügl. Verordngn. Mit Erläutergn. 8. (56 S.) Dresden 875. Meinhold & Söhne. — 75

— die Landgemeindeordnung für das Königr. Sachsen, sowie die dazu gehör. Gesetze, Nachträge u. Verordnungen zusammengestellt u. mit einem durchlaufenden Commentar versehen. Dresden 866. Meinhold & Söhne. 8. (III, 132 S.) n. 10 ngr.

—— die Landgemeindeordnung für das Königr. Sachsen, sowie die dazu gehör. Gesetze, Nachträge und Verordnungen zusammengestellt und mit einem durchlauf. Commentar versehen. 8. (III und 132 S.) Dresden 867, Meinhold und Söhne. *

— die Miethkündigung u. der Miethproceß nach königl. sächs. Rechte. 8. (28 S.) Ebend. 873. — 40

Rißmann, Heinr. Volkm., Vormundschaftsrecht. Die im Königr. Sachsen bezüglich der Vormundschaft u. der väterl. Gewalt gültigen Gesetze u. Bestimmungen. Mit Erläuterungen hrsg. Leipzig 870. Roßberg. 8. (VIII, 195 S.) n. 15 ngr.

—— das Wasserrecht nach gemeinem und königl. sächsischem Rechte. 1. Aufl. (VII, 84 S.), und 2. verb. und verm. Aufl. 8. (VII, 101 S.) Dresden 872, Meinhold und Söhne. *

Rissmann, Jo. Paul Friedrich (Dennewitz), Disceptationes juris. Präs. Georg Stephan Wiesand. Specimen IIII. Wittenberg (A. Chr. Charisius) 26. III. 1793. (4.—) 28940

Rissmann, Paul [cand. med. aus Hannover]: Einige Beiträge zu Sonn's neuer Darmnaht. . . . Würzburg, J. M. Richter's Buchdr., 1890; 26 S., 1 Bl. 8°
Würzburg, Med. Fak., Inaug.-Diss. v. 1890

Erläuterungen zu unseren Anträgen für die Maikonferenz 1907. [Von Paul Rissmann. Osnabrück 1907.] 8 S. 8° [Kopftit.]
Betr. Religions-, Gewissens- u. Geistesfreiheit im Bunde u. Einrichtung eines Abgeordnetenhauses der Frmr Deutschlands unter Fortfall des Grlogenbundes.

Rißmann, Paul, Lehrbuch f. Wochenbettpflegerinnen. gr. 8. (70 S. m. 9 Abbildgn.) Berlin 901. S. Karger. Durchschossen n. 1. 60

Rissmann, Paul, s.: Zeitschrift f. das gesamte dtsche., österreichische u. schweizerische Hebammenwesen.

Rissmann, [illegible] Eduard [illegible] [illegible] De [illegible] [illegible] Berolini 1857 [illegible]
Berlin, Med. Diss. [illegible]

Rissmann, Rob., die Beschlüsse der orthographischen Konferenz. Vom pädagog. Standpunkte aus besprochen. gr. 8. (65 S.) [Wittenberg 876, Herrosé's Verlag.] Berlin, Th. Hofmann. *

Rißmann, Rob., Geschichte des Arbeitsunterrichtes in Deutschland. gr. 8. (III, 91 S.) Gotha 882, Thienemann. *

Rissmann, Rob., Geschichte des deutschen Lehrervereins. (VII, 324 S.) gr. 8. Leipzig 908. J. Klinkhardt. 2.40; geb. 3. —

Rißmann, R., der Handarbeitsunterricht d. Knaben. Geschichte u. gegenwärt. Stand. [Aus: „Rein's encyklopäd. Handb. d. Pädagogik".] Lex.-8. (36 S.) Langensalza 896. H. Beyer & Söhne. n. 1. —

Rißmann, R. Wilh. Harnisch in seiner Bedeutung f. die Entwickelung der deutschen Volksschulpädagogik, s. Sammlung pädagogischer Vorträge.

Rissmann, R., Individualismus u. Sozialismus in der pädagogischen Entwickelung unseres Jahrhunderts, s. Zeit- u. Streitfragen, pädagogische.

Rissmann, R., Individualismus und Sozialismus in der pädagogischen Entwickelung unseres Jahrhundertes. (Pädagogische Zeitfragen, Heft 25.) gr. 8°. Gotha, E. Behrend, 1892.

— Deutsche Pädagogen des 19. Jahrh. (IV, 240 S. m. Bildnissen.) gr. 8. Ebd. 910. 2.60; geb. in Leinw. 3. —

— Pestalozzis Pädagogik, s. a. Sammlung pädagog. Vorträge.

Pestalozzi's Pädagogik. Von R[obert] Rissmann, Rektor in Berlin. *Bielefeld: A. Helmich [1896].* (45 S.) 8.
= Sammlung pädagogischer Vorträge. Bd VIII. H. 10. (97. 1506

— s.: Schule, die deutsche.

— das pädagogische System d. Comenius, s.: Sammlung pädagogischer Vorträge.

— Vorschläge zur Neugestaltung unserer Rechtschreibung, s.: Sammelmappe, pädagogische.

— Vortrag, s.: Götze, W., aus der Lehrerbildungsanstalt d. deutschen Vereins f. Knabenhandarbeit.

Rissmüller, H. Ludwig

Rissmueller (L.). Ueber die Stoffwanderung in der Pflanze. Goett. 1873. 8°.

RISSMÜLLER, H. Ludw.: Über die Stoffwanderung in der Pflanze. - Göttingen 1883. 31 S. - Diss.

Risso. Aperçu géologique sur les environs de Nice. (Aus den Act. Ac. Nat. Curios.) Breslau. 1820. 4.

Rissom, Carl, s. Rissom, Karl

Rissom, J.: Übersicht über die Turn- und Spielverhältnisse auf den deutschen Universitäten u. technischen Hochschulen im Sommerhalbjahr 1898. Leipzig 1899. 75 S. u. 1 Tab. Sonderdr. aus: Jahrbuch f. Volks- u. Jugendspiele. Jg. 8. 1899.

Rissom, Joh., Geschichte des chemischen Universitäts-Laboratoriums zu Heidelberg, s.: Curtius, Thdr.

Rissom, Johannes: Untersuchungen über den Stickstoffwasserstoff N$_3$H. *Bonn 1898: C. Georgi.* (2 Bl.) 8° ¶ [Nur Titelblatt, Vita und Thesen.]
Bonn, Phil. Diss. v. 12. März 1898
(Nicht für den Austausch)

Rissom, Johannes, aus Rendsburg: **Untersuchungen über den Stickstoffwasserstoff N$_3$H.** *Kiel 1898: A. F. Jensen.* (48 S.) 8° ¶ [Vgl. 1897/98 Bonn No 122.]
Bonn, Phil. Diss. v. 12. März 1898

Rissom, Karl

Rissom, C., s. Guttentag's Sammlung.

Rissom, Carl, die Militärgerichtsstrafordnung vom 1. XII. 1898, s.: Romen, A.

Rissom, Carl, Militärstrafrecht, Disziplinarstrafgewalt, Ehrengerichte im deutschen Heere. (III, 85 S.) gr. 8. Berlin (903). A. Schall. n. 1.65

— Notwehr u. Waffengebrauch des Militärs. (67 S.) gr. 8. Berlin 906. F. Vahlen. n. 1.40

Rissom, Otto *Mogens Bernhard* [aus Hadersleben [!]]: Ueber Erb'sche Schulter-Armlähmung ... Berlin, Druck v. E. Ebering, *1897;* 27 S., 1 Bl. 8.
Berlin, Med. Fak., Inaug.-Diss. v. 16. März 1897

Rist, Emil [aus München]: Constitution des sogenannten Meta-Toluchinaldins. . . . München, akad. Buchdr. v. F. Straub, 1889; 21 S. 8°
Erlangen, Phil. Fak., Inaug.-Diss. v. 1889

RIST, Friedrich (Reagen): De sudorrhoea urethrali.- Hoechli: Giessen 1837. 17 S. 10.4.1835 - Urk; f 62
Diss. Ingolst.-Landsh.-Mchn.

Rist, J., Abrégé méthod. de principes d'Anatomie et de Chirurgie. gr. fol. Strasb. Acad. (König) 767.

Rist, J. C. F., s. Rist, Johann Christoph Fr.

Rist, Johann: Die AllerEdelste Belustigung Kunst- und Tugendliebender Gemüther ...
— — [Dasselbe Werk in einer späteren Ausgabe:] Frankfurt am Mayn. 1703. 12°. 40 Bl. 299 S. (Titel in Rot und Schwarz). Hübscher HPgtbd. vom Ende des 19. Jh. im Stil der Barockzeit mit Rsch. und Rv.
Wohl die zweite Ausgabe. Exemplar der Sammlung Manheimer (Kat. 349).

Neüer Himlischer Lieder Sonderbahres Buch. In sich begreifend 1. Klag- und Buhss Lieder. 2. Lob- und Dank Lieder etc. etc Welche so wol auf bekante, und in unseren Evangelischen Kirchen gebräuchlichen Weisen, Alsz auf gantz Neüe . . . Melodien können gesungen und gespielet werden etc. Auszgefertiget und hervorgegeben v. Johann Rist. Lüneburg. 1651. 8°.
Kupfertitel: Johann Risten Neüer Himlischer Lieder Sonderbahres Buch.

Depositio cornuti. Das ist: Lust- oder Freuden-Spiel, Welches bey Annehmung und Bestättigung eines Jungen Gesellen, der die edle Kunst der Buchdrukkerei redlich hat aussgelernet, ohne einige Aergernisse kan fürgestellet . . . werden. Auff freundliches Ansuchen . . . abgefasset v. Johann Rist. (Lüneburg). 1655. (Neudruck. Lüneburg. 1886.) 8°. Bei: K. Th. Gaedertz, Gebrüder Stern und Ristens Depositionspiel. Lüneburg. 1886. 8°.

Das Friede wünschende Deutschland. Eine Comödia oder Gespräch-Spiel v. Johannes Rist, geschrieben zu Wedel an der Elbe im 1646. Jahre. Neu aufgelegt u. mit einer Vorrede versehen von einem Pfarrherrn im Holsteinischen. o. O. 1806. 8°

Rist, J. H., das Friede wünschende Deutschland. Eine Comedia od. Gespräch-Spiel. Neu aufgelegt u. mit e. Vorrede versehen von e. Pfarrherrn im Holsteinischen. 8. o. O. 806. (Berl., Duncker u. H.) 12 gr

Risten, Joh., das Friedewünschende Teutschland und das Friedejauchzende Teutschland. 2 Schauspiele [Singspiele]. Mit einer Einleitung neu herausg. von H. M. Schletterer. Mit Musik-Beilagen. Augsburg 864. Schlosser. Lex.-8. (LXXXII, 238 S.) 2 ₰

Rist, J., Dichtungen, s. a. Dichter, deutsche, d. 17. Jahrh.

* — — Dichtungen von *Johann Rist.* Hrsg. von K. Goedeke u. Edmund Goetze. Leipzig 1885. 8°. LIX u. 293 S. Unter den hier abgedr. „weltlichen Gedichten" nichts Erotisches.

Rist, Joh., das Elbschwanen-Büchlein. Zum Andenken an Johann Rist, kaiserl. Pfalzgrafen zu Wedel, geboren den 8. III. 1607. Mit Auszügen aus seinen Schriften. Von Alb. Rode. (96 S. m. 2 Taf.) 8. Hamburg 907. O. Kaven. n. 1.25

Des Daphnis aus Cimbrien [d. i.: Johann **Rist**] Galathee. Hamburg. [1642.] 8°.
Der allein vorhandene Kupfertitel ist beschädigt und ausgebessert.

— und Dan. Georg Morhof, Auserlesene Gedichte. Herausgeg. von Wilh. Müller. Lpz. 1826. (Wilh. Müller, Bibliothek deutscher Dichter des 17. Jahrh. VIII).

Rist, Johannes: Das AllerEdelste Nass der gantzen Welt / Vermittelst eines anmuthigen und erbaulichen Gespräches / Welches ist diser Ahrt die Erste / und zwahr Eine Jänners-Unterredung / Beschriben und fürgestellet von Dem Rüstigen [d.i. Johannes Rist]. Hamburg: Naumann 1663. 195 S. -- 1a*.122*
--- Dass. ... Vermittelst eines anmuthigen und erbaulichen Jenner-Gesprächs 1. Von dem Wein. ... Franckfurt am Mayn 1703. 168 S. -- 1a*

* — — Neüer Teütscher Parnass, auff welchem befindlich Ehr' und Lehr, Schertz und Schmertz, Leid- und Freuden-Gewächse, etc. gesamlet .... von *Johann Risten.* Mit Titelkpfr. u. Melodieen. Lüneburg, Gedruckt und verlegt durch J. u. H., denen Sternen, Gebrüdern. cIc IccLII. (1652.) 12°. (In Berlin: Yi 1206; auch in Göttingen: P. 2921.) (33 Mk. L. Rosenthal, 1906; 30 Mk. J. Halle, München, c. 1907:)
Vorstücke, 920 S. u. Reg. Sehr seltene erste Ausgabe! Goedeke: Der „Parnass" war ein schöner Hügel bei Wedel. Mit Musiknoten von J. Rist, M. Jacobi, Organist zu Kiel, H. Pape, Organist zu Altona. Goedeke III, 84 85 No. 38 a; Eitner V, 264. VII, 313. VIII, 248.

— — Dasselbe. Ebd. 1703. 12°. (In Zürich.)

Risten, J., Recreationsjahr. 12. Frankf. Andreä. 703.

Zweyer Weltberühmten Gelehrten Herrn Johann Risten, und Hn. Erasmi Francisci, Curieuses Recreations-Jahr, Wie alle 12. Monat desselbigen mit den erbaulichesten Discursen von denen schönsten Erfindungen und nutzlichsten Wissenschafften der Welt, von Geist- und Weltlich- Tugend und Kunstliebenden Gemüthern höchst-ergötzlich zuzubringen, um dardurch sich beliebt zu machen. Franckfurt und Augspurg, Bey Kroniger und Göbels seel. Erben, Buchhändlern, Anno 1703.

Rist, Johann Christoph Fr

Rist, Jh. Cph. Fr., († d. 11. April 1807.) Anweis. f. Schulmeister niederer Schulen, zur pflichtmäß. Führung ihres Amts. Zwei Preisschr., (von Jh. Fr. Goldbeck u. ... Köppen), umgearb. u. mit Zusätzen hrsgg. 8. Hamb. 782. 2e Ausg. Nachdruck. 8. Bamb. 787. 3e Ausg. 798. (Weschè in Frkf. a. M.) 16 gl; (a. Fr. Fleischer in Leipz.) 18 gl (Frommann in Jena). 20 gl

Rist, J. C. F., Anweis. f. Schulmeister niederer Schulen, z. pflichtmäß. Führung ihres Amts. 8. Hamb. Bohn. 798.

Rist, Joh. Geo., Lebenserinnerungen, s.a.**Hausbibliothek, hamburgische. 16. Bd.**

Johann Georg **Rists** Lebenserinnerungen. Hrgg. v. Gustav Poel. Tl. 1—2. Gotha. **1880.** 8°.
☉ —— Tl. 3. Nebst einem Anhang:
1. Einige Nachrichten von dem Leben des verstorbenen Etatsrats. Amtmann Compe:
2. Andeutungen u. Erinnerungen zu J. E. v. Bergers Leben:
3. Schönborn und seine Zeitgenossen
und zwölf Faksimiles. ebd. **1888.** 8°.

***Rist, Joh. Georg:* Joh. Georg Rists Lebenserinnerungen. Hrsg. von G. Poel. Th. 1—3. [Nebst] Anh. Gotha: Perthes 1880—1888. 8°**
1. XLIII, 463 S. 1880; 2. VIII, 499 S. 1880; 3. Nebst einem Anh. IV, 358 S. 5 Taf.
T. 1 S. 48—73 berichtet üb. Rists Zugehörigkeit zum Orden der schwarzen Brüder. *[Erman, W. u. E. Horn: Bibliogr. d. deutschen Universitäten. 1 (1904) Nr 1238.]* KB.

Rist's, Joh. Geo., Lebenserinnerungen. Hrsg. von G. Poel. 2 Tle. gr. 8. Gotha, F. A. Perthes. [1. Tl. (XLIII, 463 S.) 880; 2. verb. Aufl. (XLV, 477 S.) 884; 2. Tl. (VIII, 499 S.) 880.] à Tl. * M 8. *

Rist's, J. G., Lebenserinnerungen. Hrsg. v. G. Poel. 3. Tl. Nebst e. Anh.: I. Einige Nachrichten von dem Leben des verstorbenen Etatsrat, Amtmann Campe; II. Andeutungen u. Erinnergn. zu J. E. v. Berger's Leben; III. Schönborn u. seine Zeitgenossen u. 12 Fksms. gr. 8. (IV, 358 S.) Gotha 888. F. A. Perthes. n. 7. — (1—3.: n. 23. —)

Johann Georg Rist: Lebenserinnerungen. Hrgg. v. Gustav Poel. ⟨Gekürzt (v. A. Heskel).⟩ Bd. 1. 2. Hamburg. 1908. 8°

Rist, Joh. Georg, s.a.Schönborn und seine Zeitgenossen. 1836.

Schönborn und seine Zeitgenossen. Drei Briefe an ihn nebst einigen Zugaben aus seinem Nachlaß und einer biographischen Skizze als Einleitung hrgg. v. J. R. [d. i. Johann Georg Rist]. Hamburg. 1836. 8°
Aufgenommen in Rists Lebenserinnerungen. Bd. 3.

Ein Wort zu den Landsleuten in Holstein und Schleswig. v. J. R. [d. i.: Johann Georg **Rist**]. Schleswig. **1831**. **8°**

Rist, Johannes, s. Rist, Johann

Eisenbahn-Höhen-Karte. Bearb. von Jos. Rist in München. 1. Aug. 1862. 1 Bl.
— — im J. 1865. 1 Bl.

Rist, Markus, S. J., die deutschen Jesuiten auf den Schlachtfeldern u. in den Lazaretten 1866 u. 1870/71. Briefe u. Berichte. (XVIII, 324 S.) gr. 8. Freiburg i/B. 904. Herder. n. 4. 40; geb. in Leinw. n. 5. 60

Rist, Max, bacc. jur., **Ragaz, Kt. St. Gallen ⟨Schweiz⟩: Die Wechselbereicherungsklage ⟨Art. 83 D.W.O.⟩. St. Gallen** 1907: Zollikofer & Cie. (VIII, 38 S.) 8°
Leipzig, Jur. Fak., Diss. v. 11. Juni 1907
[Geb. 3. Mai 83 Ragaz; Wohnort: St. Gallen; Staatsangeh.: Schweiz; Vorbildung: Gymn. Sarnen Reife Juli 03; Studium: Lausanne 2, Berlin 2, Leipzig 3 S.; Rig. 27. Okt. 06.]

Rist, Peter Freder.

Rist, P. Fr., bei den leichten Dragonern in Itzehoe, s.a. Ottmann's Bücherschatz.

Bei den leichten Dragonern in Itzehoe v. P[eter] Frieder. **Rist.** Leipzig. o. J. 8°
Ottmanns Bücherschatz. Bibliothek zeitgenössischer Schriftsteller. Nr. 26—28.)

Charaktere u. Anekdoten vom schwedischen Hofe. Aus d. Engl. (des *A. Friedr. Ristel*) m. Anmerk. vom Prof. (Aug. Ferd.) Lueder in Braunschw. Braunschweig, in der Schulbuchhdlg. 1790. Gr. 8°. (In Fürstenstein, Reichsgräfl. v. Hochberg'sche Majoratsbibl.; auch in Schaffhausen.) (2/3 Rthl. Scheible, vor 1875; 8 Mk., unbeschn., Max Harrwitz, Berlin, c. 1903:)
4 Bll. u. 406 S. Schilderungen eines Augenzeugen der Begebenheiten von 1772—89. Enth. zahlreiche Biographieen von schwed. Grossen, von Hofdamen etc. Viel Hofklatsch.
Orig.: Characters and Anecdotes of the Court of Sweden. 2 vols. London 1790." 8°.
Anon.-Lex. VI. p. 123 (nach Bygdén, Svenskt anon. och pseud. lex. Upsala 188 ff. I, u. dem Cat. genannter Majorats-Bibl. VI, 246).

Ristelhuber, Paul. Colmar 1883. V: *Mossmann, Xaver.* (zuwzür 12, 1908, IV, S. 86)

Ristelhuber, N. T.

Ristelhubert, N. T., Manuel ou variétés amusantes et instructives à l'usage de la jeunesse allemande qui apprende le français. 8. Liegnitz, Auteur. (Jena, Frommann en Comm.) 813.

Ristelhuber, N. T., Manuel, ou variétés amusantes et instructives à l'usage des jeunes Allemands, qui ont déjà fait quelques progrès dans la langue françoise. 2te wohlfeilere Ausg. 8. Liegnitz, Kuhlmey. 819.

Ristelhuber, Paul

Ristelhuber, P., Bibliographie alsacienne 1870. Chronique de la guerre avec les documents officiels et autres. gr. 8. (VI, 206 S.) Strassburg 871, Noiriel. *

—— dass. — 1871. Chronique de l'état de siège. gr. 8. (180 S. mit 1 Stnt.) Ebendas. 872. *

—— dass. — 1872. 4e Série, contenant les réponses au conseil d'enquête des capitulations. gr. 8. (191 S.) Ebendas. 873. *

Ristelhuber, P., De Herus et Leandri historia heroica. 1868. 90 S.

Ristelhueber, J.

s.: Ristelhueber, M.A.Jean Baptiste

Ristelhueber, M. A. Jean Baptiste

Ristelhueber, J. B., histor.-statist. Beschreib. d. Land-Arbeitshauses zu Brauweiler. M. 5 Abbild. u. vielen Tabellen. gr. 8. (10½ B. incl. der Tab.) Köln 828, Bachem.

Ristelhueber, J. B., der Dienstbote wie er sein soll, oder Wilhelm Walters Leben u. Schicksale. In unterhaltenden Erzählungen zur Belehrung u. zum Nutzen f. Jedermann, besonders aber f. Dienstboten u. ihre Herrschaften. Nach dem parfait domestique des d'Exauvillez. 8. (20¼ B.) Mainz 813, Kupferberg.

— s. L. P. de Juillieu, Leben u. Schicksale zweier Staatsgefangenen.

Ristelhueber, J. B., über d. Nothwendigkeit d. Errichtung v. Arbeits- u. Erziehungs-Anstalten f. sittlichverwahrlos. Kinder, nebst Anleit., wie dergl. Institute zu errichten u. zu verwalten sind. gr. 4. (55 B., 8 Stnt. 4., u. 4 Fol.) Stuttgart 828, Cotta. Thlr.

Ristelhueber, (M.A.) J(ean Baptiste): Rapports et consultations de médecine légale. 172 S., gbd.

Paris: Béchet 1821

JB 5.326

—— die Straf- u. Besserungs-Anstalten nach den Bedürfnissen unserer Zeit. Prakt. Vorschläge zu e. neuen System der Behandlung der Gefangenen u. e. dem Zweck entsprechenden neuen Gefängnißbau nebst 1 Hft. mit 5 lith. Bauplänen (Roy.-Fol.) gr. 8. (13¾ B.) Mainz 843, Kupferberg.

Ristelhueber, (M.A.) J(ean) B(aptiste): Versuch über den Militair-Hospital-Dienst im Allgemeinen, nebst einem Entwurf zu einem Militair-Hospital-Reglement, mit angehängten Schema's und Modellen. 223 S., gbd., 22 Tab.

Cassel: Krieger 1814

JB 3.637

—Versuch üb. den Militär-Hospitaldienst; nebst e. Entwurf zu e. Militär-Hospitalreglement. Mit Schema's u. Tabb. gr. 8. Cassel u. Marb. 815. Krieger. 2 ₰

—— Wegweiser z. Literatur d. Waisenpflege, d. Volks-Erziehungswesens, d. Armenfürsorge, d. Bettlerwesens u. d. Gefängnisskunde. gr. 8. (15 B.) Cöln 831, P. Schmitz.

Ristelhueber, J. B., Wegweiser z. Literatur d. Waisenpflege, d. Volks-Erziehungswesens, d. Armenfürsorge, d. Bettelwesens u. d. Gefängnißkunde. 2. Bd. gr. 8. (22½ B.) Köln 840, Eisen. *
1. Bd. Ebendas. 1831. 18 Gr.

Ristelhubert, N. T., s. Ristelhuber

Risten, Joh., s. Rist

Ristenpart, Eugen [aus Frankfurt a. M.]: **Ueber die Einwirkung von Ammoniak und Alkylaminen auf Bromaethylphtalimid** ... Berlin, Buchdr. Pionier, 1896; 40 S., 1 Bl. 8.
Berlin, Phil. Fak., Inaug.-Diss. v. 8. Juli 1896

Ristenpart, Friedrich

Ristenpart, F., Fehlerverzeichnis zu den Sterncatologen des 18. u. 19. Jahrh., s. a. Abhandlungen, astronomische. No. 16.

Fehlerverzeichnis zu den Sterncatalogen des 18. und 19. Jahrhunderts von F[riedrich] Ristenpart. Veröffentlichung d. Comm. d. Kgl. Preuss. Akad. d. Wiss. f. d. Geschichte d. Fixsternhimmels. Kiel: Verl. d. Astronom. Nachrichten 1909. VIII, ⟨2⟩, 509 S. 4°
(Astronomische Abhandlungen. Nr 16.) 09. 10524

Ristenpart, Friedrich *Wilhelm* **[aus Frankfurt a. M.]: Untersuchungen über die Constante der Präcession und die Bewegung der Sonne im Fixsternsysteme ... Karlsruhe, Druck d. G. Braun'schen Hofbuchdr., 1892; 96 S., 1 Bl., 1 Taf. 4.**
Strassburg, Math.-naturw. Fak., Inaug.-Diss. v. 1892

Ristenpart, F., Verzeichniss von 336 Sterncatalogen. gr. 8. (41 S.) Breslau 901. Berlin, E. Trewendt. n. 2.—
Sonderabdruck aus: „Handwörterb. d. Astronomie".

Rister, Max [app. Arzt aus Ellwangen]: Über Bleilähmung und deren Behandlung ... Tübingen, Druck v. H. Laupp jr., 1891; 18 S., 1 Bl. 8.
Tübingen, Med. Fak., Inaug.-Diss. v. 1891

Ristić, Jovan, kurze Charakteristik des geistigen und sittl. Zustandes von Serbien. 8. (18 S.) Heidelberg 850, Rieger's Universitäts-Buchh. *

— die neuere Literatur d. Serben. 8. (47 S.) Berlin 852, Schneider & Co. n. ¼ ₰

Ristić, Kosta [aus Paratschin (Serbien)]: Ueber die Vertheilung der Wärme im Thierkörper. ... Würzburg, Paul Scheiner's Buchdr., 1888; 40 S. 8°
Würzburg, Med. Fak., Inaug.-Diss. v. 1888

Ristitsch: Über R. Joh. Lichtenfels Ansicht über Philosophie. 8 S. 8°.– Karlović, Progr. 1854.

Ristitsch, Swetomir, die indirekten Beweise des transzendentalen Idealismus, s.a. Kantstudien. 16. Erg.-Heft.

Ristitsch, Swetomir: Die indirekten Beweise des transzendentalen Idealismus. Ein krit. Beitr. z. Kantforschung. Berlin: Reuther & Reichard 1910. 100 S. 8° ¶ (Ersch. auch als: Kantstudien. Erg.H. 16.)

Leipzig, Phil. Diss. v. 17. Febr. 1910, Ref. Wundt, Barth

[Geb. 8. Juli 86 Belgrad; Wohnort: Belgrad; Staatsangeh.: Serbien; Vorbildung: I. Gymn. Belgrad Reife O. 04; Studium: Leipzig 8 S.; Rig. 16. Dez. 09.] [U 10. 3219

Ristlhueber, J. B., s. Ristelhueber, M. A. Jean Baptiste

Ristori, A., die glücklichen Eiferſüchtigen, ſ. Bloch's, E., Theater-Gartenlaube.

Riſtow, Anna Marie, Uebungsbuch zu W. Knörichs franzöſiſchem Leſe- u. Lehrbuch. 2 Tle. gr. 8. Hannover, C. Meyer. Kart. n. 1. 50
I. 1. Schulj. (IV, 82 S.) 903. n. — 50
II. 2. u. 3. Unterrichtsjahr. (IV, 85 S.) 904. n. 1. —

— daſſelbe. Lehrerheft. (32 S.) gr. 8. Ebd. 904.

Riſtow, G., Vivat Amerika! Satyriſche Reime zur Weltausſtellg. in Chicago. 1. Tl. 16. (31 S.) Leipzig 893. R. Claußner. n. — 80

Ristow, Gust., Ehren-Codex, s.a. Barbasetti.

Ristow, Gust., Ehrenkodex. (XXXVI, 238 S.) kl. 8. Wien 909. L. W. Seidel & Sohn. Geb. in Leinw. 5. —

— d. moderne Fechtkunst. Method. Anleitg. z. Unterricht im Fleuret- u. Säbelfechten, nebst e. Anh., enth. d. wichtigsten Duellregeln. gr. 8. (VIII, 341 S. m. 82 Taf.) Prag 896. J. G. Calve. n. 7. —

Riſtow, H., Situationsplan des Sitzungsſaales des deutſchen Reichstages mit Angabe der Namen der Mitglieder des Reichstages auf ihren betreff. Plätzen. Lithogr. gr. Fol. (1 Bl.) Berlin 871, Puttkammer und Mühlbrecht. *

Riſtow, H. Situationsplan d. Sitzungsſaales d. deutſchen Reichstages m. Angabe der Namen der Mitglieder d. Reichstages auf ihren betreff. Plätzen. 2. Legislatur-Periode od. Seſſion 1874. Lith. gr. Fol. Berlin 874. Puttkammer & Mühlbrecht. n. 1. —

Riſtow, H., Situationsplan des Sitzungsſaales des Deutſchen Reichstages mit Angabe der Namen der Mitglieder des Reichstages auf ihren betr. Plätzen. Buchdr. u. color. gr. Fol. Berlin 877. (Puttkammer & Mühlbrecht.) 1. 50

Riſtow, H., Situationsplan des Sitzungsſaales des deutſchen Reichstages mit Angabe der Namen der Mitglieder des Reichstages auf ihren betreffenden Plätzen. Color. Imp.-Fol. Berlin 881, (Puttkammer und Mühlbrecht.)

Riſtow, H., Situationsplan des Sitzungsſaales des Deutſchen Reichstages mit Angabe der Namen der Mitglieder des Reichstages auf ihren betreffenden Plätzen. Ausg. für die ſechſte Legislatur-Periode, erſte Seſſion. Novbr. 1884. Color. Imp.-Fol. Berlin 884, (Puttkammer und Mühlbrecht.) *

Riſtow, H., Situationsplan d. Sitzungsſaales d. Deutſchen Reichstages m. Angabe der Namen der Mitglieder d. Reichstages auf ihren betreff. Plätzen. Ausg. f. die VI. Legislatur-Periode, 1. Seſſion. Novbr. 1884. Color. Imp.-Fol. Berlin 885. (Puttkammer & Mühlbrecht.) n. 1. 50

Riſtow, H., Situationsplan d. Sitzungsſaales d. Deutſchen Reichstages m. Angabe der Namen der Mitglieder des Reichstages auf ihren betreffenden Plätzen. Farbige Tabelle. qu. gr. Fol. Berlin 887. (Puttkammer & Mühlbrecht.) 1. 50

Riſwgbasbi, Sam., Geſpr. v. Steine d. Weiſen. 8. Frankf. (Sommer in Leipz.) 747.

Risultati del [primo] censimento federale delle aziende agricole, industriali e commerciali del 9 agosto 1905. 1° Volume: Le aziende ed il numero delle persone attive in esse occupate. Fascicolo 6°: Cantone Ticino. Pubblicato dall' Ufficio di statistica del Dipartimento federale dell' Interno. XVIII + 125 p. 4. Berna, A. Francke, Libraio Editore, stamperia Neukomm & Zimmermann, 1907. [fr. 2. 50]
Statistica della Svizzera. 154ª Dispensa.
Nur italienisch ersch.; die übrigen Hefte nur deutsch-französisch, s. Ergebnisse der [ersten] eidg. Betriebszählung....

Risultati della triangolazione della Svizzera, s.a. Ergebnisse, die, der Triangulation der Schweiz.

Risultati della triangulazione della Svizzera. Pubblicazione dell'Ufficio topografico federale. 3ª dispensa: Cantone Ticino. 1897. Con 1 carta e molte fig. Gr. in-4°. 91 p. Berna (Basilea e Ginevra, Georg & Co.). 5 —

Riſuma, W., Wilhelm und Amalie, oder: Das Bündniß der Treue im Gräflich U.... ....ſchen Schloßgarten. Keine Novelle, ſondern eine wahre Geſchichte aus der neuern Zeit. 8. Nordhauſen 836. Fürſt. 1 ℛ

† Riſuma, W., (Aug. Marius Wölfer,) Wilhelm u. Amalie, od.: Das Bündniß d. Treue im gräfl. U........ſchen Schloßgarten. Keine Novelle, ſond. e. wahre Geſch. aus d. neuern Zeit. 8. (14 B.) Nordhauſen 836. [Leipzig, Literar. Muſeum.]

Risy, Ant., das Kometenkrügel. Ein Märchen aus den Sittersdorfer Weinbergen. 16. (48 S.) Klagenfurt 891. J. Heyn. n. — 80

Risy, Anton. Waldeszauber. Ein Sang aus Mittewald in Kärnten. Villach, Liegel, (1896). 31 S.

Rita, od. die geheimnißvolle Maske. Drama in 4 Abtheil. Frei nach dem Franz. des Desnoyer, Boulé u. Chabot von Bouin; von Ad. Steppes. gr. 12. (5½ B.) Darmſtadt 842, Pabſt. *

Rita, das Kirmeßkind. Aus dem Holl. überſ. v. D. H. 12. (51 S.) Elberfeld 901. Buchh. der ev. Geſellſch. n. — 25

Kommet her zu Mir alle! **Rita,** das Kirmesskind. Aus d. Holländ. Uebers. von D. H. 2., kaum veränd. Aufl. *Elberfeld: Ev. Gesellsch. 1901.* (51 S.) 8° [F.] [01. 3137 6

Rita, das Kirmeskind. Aus d. Holl. übers. von Dora Hagmann. 3. Aufl. *Elberfeld: Buchh. d. Ev. Gesellsch. f. Deutschl. [1903].* (46 S.) 8° [F.] [04. 11364

Rita [Pseud.], s.a. Humphreys, Eliza Margaret J.

Rita. An autobiography, s. Collection of British Authors.

Rita, Calvary, s.: Collection of British authors.

Rita: Prince Charming, s. Collection of British authors.

— The pointing finger, s.: Collection of British authors.

— The house called Hurrish, s.: Collection of British authors.

— The jesters, s. Collection of British authors.

— Queer Lady Judas, s. Collection of British authors.

— A man of no importance, s.: Collection of British authors.

— The masqueraders, s. Collection of British authors.

— The millionaire girl and other stories, s.: Collection of British authors.

– Souls, s. Collection of British authors.

– That is to say –, s.: Collection of British authors.

– Vanity! The confessions of a court modiste. 2. continental impression. (308 S.) 8. London u. Leipzig 903. T. F. Unwin. 1.50

Ritas, E., Mädchen f. Alles, f.: Meißner's Vereinsbühne.

Ritba al Rosch ha-schana, i. e. R. Jomtob b Abraham, novellae in tractatum talmudicum Rosch ha-schana [de novienniо] e codice manuscripto nunc primum ed. Zebi Hirsch Lapidoth. Berlin 859. Adolf & Co. 4. (VI, 102 S.) n. 1 ₰ 5 ngr

Ritchie, Mrs. R., s.a.Thackeray, Miss.

Ritchie, Anne Thackeray, chapters from some memoirs, s.a.Collection of British authors.

Chapters from some memoirs. By Anne Thackeray **Ritchie**. Copyright ed. Leipzig: Tauchnitz 1895. 255 S. 8°
(Collection of British authors. Tauchnitz Ed. Vol. 3046.)

Ritchie, Leitch, Aignan Lecomte, f. Abrantes, d. Engel v. St.-Jean.

Ritchie, Leitch. Irland. Aus dem Englischen von A. v. Treskow. 8. Quedlinburg und Leipzig 1837.

—— Irland. A. d. Engl. von A. v. Treskow. gr. 8. (15½ B. u. 4 Stnt.) Quedlinburg 837, Basse.

—— die Räuber am Rheine. A. d. Engl. übers. v. C. Reimbold. 8. (21 B.) Leipzig 835, [Beyer.]

– die Räuber am Rheine. Aus d. Engl. übersetzt v. C. Reimbold. 8. Leipzig 835. Kayser'sche Buchh. 1¼ ₰

Ritchie, Leitch. Reise nach St. Petersburg und Moskau, durch Kur- und Liefland. Aus dem Englischen von A. v. Treskow. Mit Abbildungen. 8. Quedlinburg und Leipzig 1836.

—— Reise nach St. Petersburg u. Moskau, durch Kur- u. Liefland. A. d. Engl. von A. v. Treskow. 8. (18 B. u. 13 Abbildn.) Quedlinburg 837, Basse.

Ritchie, Leitch, der Roman d. Geschichte v. Frankreich, in e. Reihe v. Novellen, verbund. durch histor. Uebersichten. (A. d. Engl.) Von R. O. Spazier. 3 Bde. 8. (57½ B.) Leipzig 833, Dyk.

Ritchie, M. H., A study of conditional and temporal clauses in Pliny the younger. Diss. 1903. 57 S. 3.50

Ritchie, Rob., Handbuch des Eisenbahnwesens, siehe: Schauplatz, neuer, der Künste u. Handwerke, 152. Bd.

Riter, Rob., ein Durchschnittsmensch. Drama in 3 Akten. (III, 48 S.) 8. Dresden 905. E. Pierson. n. 1.—

Ritgen. Bemerkungen über die Nachtheile der auf der Ausführung von Tabak ruhenden Ausgleichungsabgaben im Vergleiche zu einer Tabaksproduktionssteuer. 8°. Darmstadt 1835.

[F.] **Ritgen**, August [Prof.]: Untersuchungen über Ringschnitte. Strassburg, Univ.-Buchdr. v. J. H. E. Heitz, 1893; 66 S., 3 Taf. 4.
Schlettstadt, G, MP 1893 (510)

Ritgen, F., bürgerliches Gesetzbuch, f.: Achilles, A.

– dasselbe, f.: Planck, G.

Ritgen, Ferdinand August Max Franz von

Fd. A. **Ritgen**: d. höchsten Angelegenheiten d. Seele nach d. Gesetze d. Fortschritts betrachtet. *Darmst.*, Heil. 835. gr8° 20 gl

Ritgen, Ferd. Aug. Max. Fr. v., die höchsten Angelegenheiten d. Seele, nach d. Gesetze d. Fortschritts betrachtet. gr. 8. (11¼ B.) Darmstadt 835, [Pabst.]

Ritgen, Ferdinand August (Max Franz von): Die Anzeigen der mechanischen Hülfen bei Entbindungen, nebst Beschreibung einiger, in neuerer Zeit empfohlenen geburtshülflichen Operationen und einer verbesserten Geburtszange. 471 S., gbd., 1 Taf.

Gießen: Heyer 1820

JB 3.833

Ritgen, Ferd. Aug., über d. Aufeinanderfolge d. ersten Auftretens d. verschied. organ. Gestalten, f.a.Schriften d. Gesellsch. z. Beförderung d. gesammt. Naturwissenschn. zu Marburg, 2. Bd. 3. Hft.

Ueber die Aufeinanderfolge des ersten Auftretens der verschiedenen organischen Gestalten. Von Ferdinand August Ritgen. Marburg: Krieger 1828. 98 S. 8°
[(= Schriften der Gesellschaft zur Beförderung der gesammten Naturwissenschaften zu Marburg. Bd 2.H.3.)]

—— Baustücke e. Vorschule d. allgem. Krankheitslehre. 1. Zehnd. gr. 8. (7½ B.) Giessen 832, Heyer, Vater.

– Baustücke einer Vorschule d. allgem. Krankheitslehre. 1s Heft. gr. 8. Gießen 832. jetzt Ricker. 5/12 ₰

—— **Beiträge z. Aufhellung d. Verbind. d. menschl. Frucht mit d. Fruchthälter u. d. Ernährung ders. gr. Fol. (19½ B. u. 3 Taf.) Stuttgart 835. [Berlin, Bethge.]**

Ritgen, Ferd. Aug. Maria Fr. v., Betrachtung der Kometen als Sterne in früher Gestaltungszeit. Nebst Atlas m. 2 Steindrucktaf. (in 4. u. Fol.) Giessen 860. Ricker. Lex.-8. (XI, 212 S.) n. 2 ₰

Ritgen, Ferdinand August Maria Franz von (Wulfen)
De balneorum effectu et usu.
[lt. Promotionsakten nur handschriftlich eingereicht.]
Dr. med. Giessen 3.12.1808.

– natürl. Eintheilung d. Säugthiere. 8. Gieß. 824. Müller. 6 gl

—— Entwicklungsgeschichte d. menschl. Frucht, f. Schriften d. Gesellsch. z. Beförderung d. gesammt. Naturwissenschn. zu Marburg, 3. Bd.

Ritgen, Ferd. Aug. Maria Fr. v., das alterswidrig gebaute Frauenbecken nebst Vorschlag einer ständigen Buchstabenbezeichnung der Beckenmaasse. Giessen 853. Heyer. gr. 8. (XXVIII, 188, 32 S. u. 2 lith. Taf. in gr. Fol.) n. 2 ₰

Ritgen, Ferd. Aug. Max. Fr. v., Gegenbemerkungen auf die Bemerkungen des Hrn. Geh. Raths Dr. Schleiermacher über den Studienplan f. die großherz. hess. Landesuniversität zu Gießen. gr. 12. (2 B.) Gießen 844, Heyer Vater. (Leipzig, Mittler.)

Ritgen, (F. A.) Gemälde d. organ. Natur, f. Wilbrand.

Ritgen, Ferdinand August (Max Franz von): Handbuch der niederen Geburtshülfe. 570 S., gbd.

Giessen: Heyer 1824

JB 3.834

—Jahrbücher der Entbindungsanstalt zu Gießen. 1r u. 2r Bd. Mit Kpf. u. Tabb. Fol. Gießen 819. 2e A. 820—21. (Ferber). 3 ℛ

— — Jahrbücher der Entbindungsanstalt zu Giessen. 1r und 2r Bd. mit Kupf. und Tab. Fol. Giessen, Müller. 820 und 821. (1r Bd. 2 Rthlr. 2r Bd. 1 Rthlr.)

v. Ritgen, Ferd.Aug.Mar.Fr., Lehr- u. Handbuch d. Geburtshülfe für Hebammen. gr. 8. (VI u. 579 S.) Mainz 848, v. Zabern. 2 ℛ

— Lehrbücher der Entbindungs-Anstalt zu Gießen, 1r u. 2r Bd. Mit Zeichn. gr. Fol. Gießen 820 u. 822, Müller.

—— Leitfaden f. d. Erkenntniß u. Behandl. d. Persönlichkeitskrankheiten. 1. Bd. 1. Abthl. gr. 8. (28⅓ B.) Gießen 837, Ricker.

—— das Medicinalwesen d. Großh. Hessen in seinen gesetzl. Bestimmungen dargest. 1. u. 2. Bd. gr. 8. Darmstadt, Leske. [1. (46⅓ B.) 840., 2. (44⅞ B.) 842. à * 2½ Thlr.] *

—— Pathologie u. Therapie d. Afterbildungen. gr. 8. (16¾ B.) Berlin 828, Reimer.
Aus dem „Journal d. Chirurgie etc., hrsg. v. Gräfe u. Walther" besond. abgedruckt.

Ritgen, Ferdinand August (Max Franz von): Probefragment einer Physiologie des Menschen enthaltend die Entwicklungsgeschichte der menschlichen Frucht. 311 S., gbd.

Kassel, Marburg: 1832
(Schriften d.Ges.z.Beförderung d.ges.Nat.-wiss. zu Marburg. Bd 3.)

JB 6.201/3

— s. Schriften d. Gesellschaft zur Beförderung d. Naturwissenschaft.

— üb. die nächste Ursache der Bewegung der Himmelskörper. Ein Vortrag bei der Versammlung der Aerzte u. Naturforscher zu Wien in der 2ten allgem. Sitzung am 22. Sept. 1832 gehalten. gr. 8. Wien 832. Gerold. ⅙ ℛ

— über das Wesen und die Entstehung des Erkennens und über das hemmende Naturprincip. gr. 12. Stuttgart 835. Litteratur-Comptoir. 5/12 ℛ

Ritgen, Ferd. Aug. Mar. Fr. v., über d. Wesen u. d. Entstehung d. Erkennens u. üb. d. hemmende Naturprincip. Zwei Vorträge rc. gr. 12. (4 B.) Stuttgart 835, [Scheible, Rieger u. Sattler.] Thlr.

Ritgen, Ferdinand August (Max Franz von) (Hrsg.):

s.: Zeitschrift, Gemeinsame deutsche, für Geburtskunde. Bd 3-7. Weimar: 1828-32.

JB 6.132

Ritgen, Ferdinand August (Max Franz von) (Hrsg.):

s.: Zeitschrift, Neue, für Geburtskunde. Bd 1-25, 30-32. Berlin: 1834-52.

JB 6.133

Ritgen, H., s. Baucher, F., erläuternd. Wörterbuch d. Reitkunst.

Ritgen, [Joseph Maria] Hugo [von]
Beiträge zur Würdigung des Antheils der Lehre von den Constructionen in Holz und Eisen an der Ausbildung des Characters neuerer, zeitgemässer Baukunst.
Leipzig & Darmstadt: Leske 1835. XIV, 92 S. u. 2 Taf.
[Habil. phil. Giessen 1835.] vorh. 30.

Ritgen, H. v., der Führer auf der Wartburg, s. Weber's illustrirte Reisebibliothek.

Ritgen, H. v., der Führer auf der Wartburg. Ein Wegweiser für Fremde und ein Beitrag zur Kunde der Vorzeit. 2. Aufl. 1868, und 3. verm. und verb. Aufl. gr. 8. (XVI, 264 S. mit 62 Abbild. in eingedr. Holzschn. und auf 30 Holzschntaf.) Leipzig 875, Weber. *ℳ 2.; geb. *

Ritgen, Hugo v., der Führer auf der Wartburg. Ein Wegweiser f. Fremde u. e. Beitrag zur Kunde der Vorzeit. 3., verm. u. verb. Aufl. Mit 67 (Holzschn.-)Abbildgn. 8. (XX, 282 S.) Leipzig 876. Weber. n. 3. —; geb. n.n. 4. —

HUGO von RITGEN, Geschichte von Burg Gleiberg. Herausgegeben vom Oberhessischen Verein für Localgeschichte. Mit 2 lithographirten Tafeln. Giessen 1881. Druck von Wilhelm Keller. 8°.

Ritgen, Hugo v., Geschichte von Burg Gleiberg. Hrsg. vom oberhessischen Verein für Localgeschichte. Mit 2 lith. Taf. gr. 8. (32 S.) Gießen 881. (Roth.) n. — 80

—neues System f. Sekundär-Bahnen v. normaler Spur. Mit 3 Kpfrn. u. (eingedr.) Holzschn. Lex.-8. (IV, 75 S.) Berlin 876. Ernst & Korn. n. 4. —

Ritgen, H. v., einige Worte über die Geschichte der Kapelle auf der Wartburg. Eine Festgabe zu deren Wiedereinweihung am 7. Juni 1855. Darmstadt 855. (Gießen, Ricker.) gr. 8. (13 S.) 3¾ ngr.

Ritgen, O. v., Bau-Unterhaltung, s.: Hilgers, E.

— über die Feuersicherheit der Bauten. Vortrag, geh. im Architekten-Verein in Berlin am 14. I. 1901. gr. 8. (28 S.) Berlin 901. W. Ernst & Sohn. n. — 80
Sonderabdruck aus: „Centralbl. d. Bauverwaltg."

Ritgen O v, Plan, Ausführung u Veranschlagung der Blitzableiter. Wiesbaden 1887

— der Schutz d. Städte vor Schadenfeuer. gr. 8. (108 S. m. 36 Abbildgn.) Jena 902. G. Fischer. n. 3.50
Sonderabdruck aus: „Handb. der Hygiene. 2. Suppl.-Bd."

— dasselbe, s.a. Handbuch der Hygiene.

Ritgen, Werner, aus Wormeln: Das Waldecker Rind. *Jena 1903: A. Kämpfe.* (74 S.) 8°
Jena, Phil. Diss. v. (10. März) 1903

Ritgen, F. A.: Handb. für gerichtl. Aerzte u. Wundärzte bei gesetzmässigen Leichenöffn. Mit Beschreib. der hierb. nöthigen Instr. und Geräthschaften. *Giessen*, Heyer. 829. 8. (16 Gr.)

Ritgjördir tilheyrandi Snorraeddu, og Háttalykill Rögnvalds jarls. [Skólahodsrit.] gr. 8. (96 S.) Kjöbenhavn 849. (Gyldendal.) n. ⅔ ℛ

Ritibus, de praecipuis, ecclesiae, opuscul. 8. Vien. Aloys. Doll. (a. Schwaiger in Presburg) 786.

Ritleng, Alfr., u. Jul. Gruber, Handelsgesetzbuch f. das Deutsche Reich einschließlich Seerecht. Einführungsgesetz. Deutsche Ausg. m. französ. Uebersetzg. 12. (IX, 559 S.) Straßburg 899. Straßburger Druckerei u. Verlagsanst. n. 6. —; geb. in Halbfrz. n.n. 8. —

Ritleng, Geo., s.: Im Reich der Spitzköpfe.

Ritmaier, C. H., nomenclaturae mortis emphaticae. Helmst. 1710. 4.

Ritmeier, Christoph Heinrich

— — De armatura spirituali (Von der Geistl. Rüstung und Waffen) ex epist. ad Ephes. cap. VI. vers. X. et seq. Diss. theol. Präs. Jo. Andreas Schmidt. [Helmstedt] 15. XII. 1701. Rec. 1730. 54 S. (5.—)
28944

— — **Oratio de bono academiae In Sabbato Julio, sive Fundationis Academiae Juliae Festo, publice habita, cum Natalis ejus CXXVI. solenni ritu celebraretur.** Helmstedt (G.-W. Hamm) (15. X. 1701.) (4.50) 28943
Widm. v.: Hermann von der Hardt.

— — **ΠΕΡΙ ΝΗΣΤΕΙΑΣ ΛΟΓΟΣ sive de jejunio praelectio acad. B. D. Joachim Hildebrand quam nunc demum edidit, et cum praeloquio mentionem faciente quorundam ad academicum collegiale templum eiusque cathedram spectantium auditoribus suis dicavit.** Helmstedt (H. D. Hamm) (März) 1719. 24 S. (4.25) 28945
Gew.: Amicis et commilitonibus mit Namen.

— **Theodor Wilhelm** (Helmstedt), **De praecipuis errorum caussis in prima philosophia.** Helmstedt (P. D. Schnorr) 18. XII. 1727. 38 S. (4.50) 28946
Gew.: Gottl. Samuel Treuer.

Exercitatio Carolina, qua verum usum variosque abusus aliquot argumentorum pro praestantia religionis Christianae modeste pensitat eamdemque ... Caroli, ducis Brunsvicensis et Luneburgensis ... natali die primo Augusti ... dicatam p. p. **Theodorus Guilielmus Ritmeier,** superintendens Campensis et pastor Brunsvicensis ad aedem d. Andreae. (Dat. 1746 1. Aug.) 53 S. 8⁰

De salutari scholarum ex umbra claustri in lucem urbis evocatione sub ipsa Collegii Carolini Brunsvigae exsurgentis auspicia nonnulla disserit **Theodorus Guilielmus Ritmeier,** ad d. Andreae pastor et dioeceseos Campensis superintendens. (Dat. 7. Oct. 1745.) 24 S. 8⁰ *Br StB*

Ritmeier, Theodor Wilhelm [Praes.], s. W e d d e r k a m p , Heinrich Christoph: De variis veterum Graeciae sapientium modis tradendi sublimiorem scientiam.

R i t o r n e l l o , Tenore (ps.), F u n c k e l - n a g e l - n e u e s A l t v ä t e r i s c h e s L i e d von erschröcklichen freudenreichen Begebenheiten, und entsetzlichen trostreichen Exempeln, mit Moralien gezieret, auch ganz deutlich beschrieben, wohin die so genannte H e x e n - A s s a m b l é e zur Nachtzeit zu fahren pfleget, in einer besondern auferbaulichen Melodie vorgestellet, verfasset, und componiret von — (s. ob.), dem allerbesten Castraten auf dem Schweizergebürge (!) etc. Mit Abbildg. in Kupferstich u. Melodien. O. O. u. J. (1728). 4⁰. (In Nürnberg, Stadtbibl., und in Warmbrunn, Reichsgräfl. v. Schaffgotsch'sche Majoratsbibl.)
Die Jahrzahl nennt Weller's Lex. Ps. p. 481. — Höchst selten! (3 Mk. Osw. Weigel, 1883; jetzt theurer!)

R i t o r n o a Dio. gr. 12. (16⅔ B.) Innsbruck 843, Wagner'sche Buchh. *

Ritsch, Carl, s. R i t s c h , Karl

Ritsch, Frz. Der katholische Inspirationsbegriff. 9 S. *Jülich* 1880. Progr.

Ritsch, Karl, Geographie für Elementar-Schulen. 8 Aachen 842, Roschütz'sche Buchh. (P. Fagot.) n. 3 ngl — 2. verb. u. verm. Aufl. 12. Ebend. 844. 3 ngl

Ritsch, Karl, Lesebuch f. obere Elementar-Klassen. gr. 12. (14 B.) Aachen 841, Mayer.

—— Lesebuch nach der Leseschwierigkeit geordnet f. mittlere Elementar-Klassen. 3., verm. u. verb. Aufl. 12. (6½ B.) Aachen 844, Cremer'sche Buchh.

Ritsch, Karl, Lesebuch nach der Leseschwierigkeit geordnet für mittlere Elementar-Klassen. 4. Aufl. 12. (155 S.) Aachen 851, Cremer. 1/6 ℛ

R i t s c h , Carl, Lesebüchlein f. untere Elementar-Klassen. Mit beigedruckten Schreibschrift-Buchstaben. 2., verm. u. verb. Aufl. gr. 12. (1 B.) Aachen 843, [Fagot.] Thlr.

— **Lesebüchlein für untere Elementar-Klassen.** Mit beigedruckten Schreibschrift-Buchstaben. 2. verm. u. verb. Aufl gr. 12. Aachen 843, Roschütz'sche Buchh. 2 ngl — 3. verb u. verm. Aufl. 12. Ebend. 844, Cremer'sche Buchh. 1/6 ℛ

— Sammlung der Verordnungen ꝛc. in Bezug auf das Elementar-Unterrichtswesen ꝛc.

Ritsch, Karl, **Sammlung d. Verordnungen u. Bekanntmachungen in Bezug auf das Elementar-Unterrichtswesen für den Regier.-Bezirk Aachen.** Nebst e. alphabetisch geordnet. Inhalts-Verzeichniß. .. Aachen 836. Cremersche B. (Cazin.) n. 2/3 ℛ — Nachtrag. Ebd. 838. n. 5/12 ℛ

Ritsch, Karl, **die Grafen von Sternburg, oder wie Gott die Seinen lenkt.** Eine Erzählung. gr. 16. Aachen 841, Roschütz'sche Buchh. (P. Fagot.) 1/4 ℛ

Ritsch, W., De hepatis abscessibus a laesionibus capitis. 23 pp. Hal. 4°.
1 , 6 6

R i t s c h a r d , Gottlieb s. M i c h e l , Arnold, und R i t s c h a r d , Gottlieb.

Ritschel

— s. a. **Rietschel, Ritschl.**

Ritschel A.: Prof. Wenzel Němetz †. 3. Elbogen R. 83. **Progr.**

Ritschel, Albrecht, s. R i t s c h l , Albrecht

Ritschel Augustin: Über die interjectionalen Elemente der französischen Sprache. (25). Elbogen R. 95. **Progr.**

Ritschel, A., und Rypl, M., Methodisches Elementarbuch der böhmischen Sprache für die zwei ersten Jahrgänge der Mittelschulen mit deutscher Unterrichtssprache. K. k. Schulbücherverlag. Wien 1891. (Min.-Erl. 25. April 1891. Z. 7952.) In Leinwandeinband 1.—

Ritschel, Aug., und Rypl, Dr. Matthias, Methodisches Elementarbuch der böhmischen Sprache für die unteren Classen der Mittelschulen mit deutscher Unterrichtssprache 2. Aufl. Wien 1894. K. k. Schulbücherverlag. (Min. Erl. vom 20. Mai 1895. Z. 11299.) In Lnwd. geb. 1.—, brosch. —.90

Ritschel August und **Rypl, Dr. Matthias,** Methodisches Elementarbuch der böhmischen Sprache für die unteren Klassen der Mittelschulen mit deutscher Unterrichtssprache. 4., inhaltlich unveränderte, somit gemäß Min.-Erl. vom 16. November 1899, Z. 30888, allgemein zulässige Auflage. Prag 1907. Schulbücherverlag. In Leinwandeinband K 2.—, geh. K 1.80.

Ritschel, A. Remarque sur les épithètes dans la Chanson de Roland. Elbogen (Oesterr.), R., 1883. 20 S. **Progr.**

Ritschel, F., s. R i t s c h l , Friedrich

Ritschel, G. C. B.

— Predigt am Friedensfeste, d. 18. Jan. 1816 in d. St. Marienkirche gehalten. gr. 8. Berl., Mittler. 3 gr

R i t s c h l , G. C. B., Predigt am 14. Nov. 1844 zur Eröffnung der pommerschen Provinzial-Synode gehalten. gr. 8. (1 B.) Stettin, Weiß.

Ritschel, G. C. B., Predigt am 8n Sonnt. nach Trinitatis 1815, als am Dankfeste des siegreichen Einzuges d. Verbündeten in Paris, gehalten. gr. 8. Berl., Mittler. 3 gr

— Predigt am 21n Sonnt. nach Trinitatis 1813 in d. St. Marienkirche gehalten. gr. 8. Berl., Mittler. 3 gr

Ritschel, John, the Storm. Furious Contset of the combined Winds in the black forest. With on Lithogr. 8. Freiburg ... Waizenegger. 1/2 rℓ

Ritschel von Hartenbach, H. J.,
s. R i t s c h l von Hartenbach, H. J.

Ritscher, ..., (Superint.,) kurze Anweis. zur Verbesser. der Landwirthschaft im Hannöverschen. 8. Hannov. 802. Hahn. 8 gr 2e Aufl. 8. Lüneb. 824. Herold u. W. 4 gr

— der patriotische Prediger u. Schullehrer. 8. Hannov. 802. Hahn. 8 gr

Ritscher, E., die Kirche S. Andrea in Mantua. gr. Fol. (17 S. m. 2 Abbildgn. u. 7 z. Tl. farb. Taf.) Berlin 899. W. Ernst & Sohn. Kart. n. 12. —
Sonderabdruck aus: „Zeitschr. f. Bauwesen".

Ritscher, C. H. B., allgemeine Pathologie und Therapie besonders vom Standpunkte der Naturheilmethode aus entworfen. Hamburg 857. Hoffmann u. Campe. 8. (3 Bl., 269 S.) 1 rℓ.

R i t s c h e r , E. H. B., Thesen u. Reflexionen über medicamentose u. hydriatische Medicin. gr. 8. (8 B.) Osterode 842, Sorge'sche Buchh. *

Ritscher, Ernst, appr. Arzt: Über Darminvagination und ihre Therapie unter Berücksichtigung einiger Fälle der Hallenser Chirurgischen Universitätsklinik. Halle a. S. 1909: Kaemmerer. 54 S. 8°
Halle, Med. Diss. v. 6. Okt. 1909, Ref. v. Bramann
[Geb. 1. Jan. 83 Lauterberg a. H.; Wohnort: Lauterberg; Staatsangeh.: Preußen; Vorbildung: Gymn. Goslar O. 03; Studium: Göttingen 2, München 3, Halle 6 S.; Coll. 12. Aug. 09; Approb. 10. Sept. 09.] [U 10. 1698

Der Rathausneubau der Stadt Bielefeld, veröffentlicht zu dessen Einweihung am 12. Okt. 1904. (Verf.: Stadtbaurat [Ernst] Ritscher.) *Bielefeld & Leipzig: Velhagen & Klasing (1904).* (XII S., 30 Taf.) 4° [04.1600]

Ritscher, H. (geb. Lauterberg in Hann. 18. 4. 1848): Ueber Behandlung der Schultergelenkankylose durch gewaltsame Streckung (Brisement forcé). Berlin [o. J.] (35 S.) 8°
Berlin, Med. Diss.
nachgeliefert v. dem am 30. Juli 1870 auf Grund gedruckter Thesen promov. Verf.

Ritscher, Johannes, approb. Arzt aus Kiel: Aus d. chirurg. Klinik zu Kiel. Ueber Scharlachabscesse an der Hand eines Falles von Aneurysma arteriovenosum spurium carotidis communis et iugularis internae infolge eines solchen. *Kiel 1903: H. Fiencke.* (17 S.) 8°
Kiel, Med. Diss. v. [21. März] 1903

R i t s c h e r , Jul., Anleitung zur Pastell-Malerei und über die Stellung der Photographie zur Malerei. 8. (22 S.) Dresden 885. (Leipzig, Levien.) *

Ritscher, J., Anleitung zur Pastellmalerei. Neu bearb. von A. v. B r o e c k e r. 2. Aufl. 8. (64 S. m. Abbildgn.) Dresden 890. (Leipzig, Levien.) n. 1. —

Ritscher, Jul., Anleitung zur Pastellmalerei. Neu bearb. von A. v. Broecker. 3. Aufl. 8. (70 S.) Dresden 895. (Leipzig, G. Wolf.) n. 1. —

Ritscher, Jul., Anleitung zur Pastellmalerei. Neu bearb. v. A. v. Broecker. 4. Aufl. 8. (69 S. m. Abb.) Dresden (900). (Leipzig, G. Wolf.) n. 1. —

(S) Ritscher, Jul., Anleitung z. Pastellmalerei. 900.
Jetzt: Leipzig, Th. Thomas.

Ritscher, Sigm., Diphtheritis. Eine Belehrg. f. Eltern. 8. (15 S. m. 2 Fig.) Wien 894. M. Breitenstein. n. — 45

Ritschl

— s. a. Rietschel, Ritschel.

Ritschl, Albrecht

—— s. Worte der Erinnerung, gesprochen an seinem Sarge.

R i t s c h l , A., Turnen und Volkskraft unter besonderer Berücksichtigung des Frauenturnens, Pforzheim, 31 S., Kl.-8°.

Ritschl, Albrecht. Gesammelte Aufsätze. Freib. i. Br. und Leipz. 1893. H: *Ritschl, Otto.* (Berl)

Ritschl, Albr., gesammelte Aufsätze. gr. 8. (VII, 247 S.) Freiburg i/B. 893. J. C. B. Mohr. n. 6. —; geb. in Halbfrz. n.n. 8. —

[F.] Gesammelte Aufsätze v. A l b r e c h t Ritschl. Neue Folge. *Freiburg i. B. & Leipzig: J. C. B. Mohr 1896.* (4 Bl., 219 S.) 1 Bd 8. [96. 7194

Ritschl, Albr., die Entstehung der altkatholischen Kirche. Eine kirchen- u. dogmengeschichtl. Monographie. gr. 8. (VIII u. 622 S.) Bonn 850, Marcus. n. 3 rℓ

Ritschl, Albr., die Entstehung der altkatholischen Kirche. Eine kirchen- und dogmengeschichtliche Monographie. 2., durchgängig neu ausgearb. Aufl. Bonn 857. Marcus. gr. 8. (VIII, 605 S.) n. 2 rℓ. 20 ngr.

R i t s c h l , Alb., das Evangelium Marcions u. das kanonische Evangelium des Lucas. Eine kritische Untersuchung. gr. 8. (19½ B.) Tübingen 846, Osiander'sche Buchh.

Ritschl, Albertus: Expositio doctrinae Augustini de creatione mundi, peccato, gratia. Halis (1843): Hendel. 49 S. 8°
Halle-Wittenberg, Phil. Diss. v. 31. Mai 1843
Geb. [Berlin 25. 3. 1822]

Festrede im Namen der Georg-Augusts-Universität zur Feier ihres 150jährigen Bestehens am 8. August 1887 gehalten von Albrecht Ritschl d. z. Prorector. Nebst den von den vier Facultäten vollzogenen Ehrenpromotionen. Göttingen, Druck d. Dieterichschen Univ.-Buchdr. W. Fr. Kaestner, 1887; 27 S. 4°

Festrede im Namen der Georg-Augusts-Universität zur akademischen Preisvertheilung am VIII. Jun. 1887. Gehalten v. Albrecht Ritschl d. z. Prorector .... Göttingen, Druck d. Dieterichschen Univ.-Buchdr. W. Fr. Kaestner, 1887; 20 S. 4°.

Ritschl, Albr., fides implicita. Eine Untersuchung über Köhlerglauben, Wissen u. Glauben, Glauben u. Kirche. gr. 8. (V, 97 S.) Bonn 890. Marcus. n. 2. —

R i t s c h l , Albr., G e s c h i c h t e des Pietismus. 1. und 2. Bd. gr. 8. Bonn, A. Marcus. à Bd. * M 9,50. *
Inhalt:
Bd. 1. Geschichte des Pietismus in der reformirten Kirche. (VIII, 600 S.) 880.
" 2. Der Pietismus in der luther. Kirche des 17. und 18. Jahrh. 1. Abthl. (VIII, 590 S.) 884.

Ritschl, Albr., Geschichte des Pietismus. 3. Bd.: Der Pietismus in der luther. Kirche des 17. und 18. Jahrh. 2. Abthl. gr. 8. (IX, 469 S.) Bonn 886, A. Marcus. *
1. und 2. Bd. Ebendas. 1880,84. à * ℳ 9.50.

Ritschl, Albr., üb. das Gewissen. Ein Vortrag. gr. 8. (32 S.) Bonn 876. A. Marcus. n. — 75

Ad audiendam orationem de ratione, quae inter theologiam dogmaticam ethicenque theologicam intercedit pro aditu muneris prof. ord. in ordine theol. ev. universitatis Fridericiae Guilelmiae Rhenanae d. XII m. Nov. a. 1859 ... habendam ... invitat Albertus Ritschl ... — Inest commentatio de ira dei. Bonnae, form. C. Georgi 1859. 1 Bl., 24 S. 4. ¶ Erschien zugleich selbständig bei Marcus in Bonn.

Ritschl, Alb., de ira Dei. Bonn 859. Marcus. gr. 4. (24 S.) n. 10 ngr.

Ritschl, Albr., die christliche Lehre von der Rechtfertigung u. Versöhnung dargestellt. 1. Bd. Die Geschichte der Lehre. Bonn 870. A. Marcus. gr. 8. (X, 638 S.) n. 3 Thlr.

— die christliche Lehre von der Rechtfertigung u. Versöhnung. 2. u. 3. Bd. gr. 8. Ebend. 874. n. 15. — (cplt.: n. 24. —)
2. Der biblische Stoff der Lehre. (VI, 377 S.) n. 6. —
3. Die positive Entwickelung der Lehre. (VIII, 598 S.) n. 9. —

—— die christliche Lehre von der Rechtfertigung und Versöhnung. 2. verb. Aufl. 3 Bde. gr. 8. Ebendas. *
Inhalt:
Bd. 1. Die Geschichte der Lehre. (VIII, 656 S.) 882. * ℳ 10.
„ 2. Der bibl. Stoff der Lehre. (VI, 381 S.) 882. * ℳ 6.
„ 3. Die positive Entwickelung der Lehre. (VIII, 628 S.) 883. * ℳ 10.

— die christliche Lehre v. d. Rechtfertigung u. Versöhng. 3 Bde. gr. 8. Ebd. n. 26. —
1. Die Geschichte der Lehre. 3. Aufl. (VIII, 656 S.) 889. n. 10. —
2. Der bibl. Stoff der Lehre. 3. Aufl. (VI, 381 S.) 889. n. 6. —
3. Die positive Entwickelung der Lehre. (VIII, 638 S.) 888. n. 10. —

— die christl. Lehre v. d. Rechtfertigung u. Versöhng. 3. Bd. D. positive Entwickelg. d. Lehre. 4. Aufl. gr. 8. (VIII, 638 S.) Bonn 895. A. Marcus & E. Weber's Verl. n. 10. —

Ritschl, Albr., die christl. Lehre v. der Rechtfertigung u. Versöhnung dargestellt. 2. Bd. Der bibl. Stoff der Lehre. 4. Aufl. gr. 8. (VI, 381 S.) Bonn 900. A. Marcus & E. Weber. n. 6. —

Ritschl, Albr., die christliche Lehre v. der Rechtfertigung u. Versöhnung. 1. Bd. Die Geschichte der Lehre. 4. Aufl. (Anastatischer Druck.) (VIII, 656 S.) gr. 8. Bonn 903. A. Marcus u. E. Weber. n. 12. —

Ritschl, Albr., drei akademische Reden, am 4. Seculartage der Geburt Luthers 10. Novbr. 1883, zur Preisvertheilung 8. Juni 1887, zur Feier des 150jähr. Bestehens der Universität 8. Aug. 1887 im Namen der Universität Göttingen gehalten. gr. 8. (64 S.) Bonn 887, A. Marcus. *
Vgl.: Hertling, G. Frhr. v., zur Beantwortung der Göttinger Jubiläumsrede.

—— Schleiermachers Reden über die Religion und ihre Nachwirkungen auf die evangel. Kirche Deutschlands. gr. 8. (110 S.) Ebendas. 874. *

—— Zur Theologie A. R.'s, s. Frank. Fr. H. R.

— Theologie u. Metaphysik. Zur Verständigung u. Abwehr. gr. 8. (64 S.) Ebend. 881. n. 1. 20

— Theologie u. Metaphysik. Zur Verständigg. u. Abwehr. 2. Aufl. gr. 8. (68 S.) Ebd. 887. n. 1. 20

Ritschl, Albertus (geb. am 25 März 1822 in Berlin): Theses controversae ... ad obtinendum gradum licentiati SS. theologiae ... Bonnae, typ. C. Georgii 1846. 4 Bl. 8.
Bonn, Ev.-theol. Fak., Thes. v. 16 Mai 1846

— Unterricht in der christlichen Religion. gr. 8. (VII, 84 S.) Ebend. 875. n. 1. 20

—— Unterricht in der christlichen Religion. 2. verb. Aufl. gr. 8. (VIII, 87 S.) Ebendas. 881. *

—— Unterricht in der christlichen Religion. 3. verb. Aufl. gr. 8. (VIII, 87 S.) Ebendas. 886. *

— Unterricht in der christlichen Religion. 4. Aufl. gr. 8. (VIII, 87 S.) Ebd. 890. n. 1. 20

— Unterricht in der christlichen Religion. 5. Aufl. gr. 8. (VIII, 87 S.) Ebd. 895. n. 1. 20

Unterricht in der christlichen Religion. Von Albrecht Ritschl. 6. Aufl. Unveränd. Abdr. d. 3. Aufl. *Bonn: A. Marcus & E. Weber 1903.* (76 S.) 8° [F.] [03. 8465

— über das Verhältniß des Bekenntnisses zur Kirche. Ein Votum gegen die neulutherischen Doctrinen. Bonn 854. Marcus. gr. 8. (32 S.) n. 5 ngr

— die christliche Vollkommenheit. Ein Vortrag. gr. 8. (19 S.) Göttingen 874. Vandenhoeck u. Ruprecht. n. — 60

— die christliche Vollkommenheit. Ein Vortrag. 2., durchges. Aufl. gr. 8. (20 S.) Göttingen 889. Vandenhoeck & Ruprecht's Verl. n. — 60

— die christliche Vollkommenheit. Ein Vortrag. — Theologie u. Metaphysik. Zur Verständigg. u. Abwehr. 3. unveränd. Abdr. gr. 8. (95 S.) Göttingen 902. Vandenhoeck & Ruprecht. n. 1. 60

Ritschl, Alexander [approb. Arzt aus Göttingen]: Ueber die Heilung von Wunden des Magen-Darmkanals und Uterus mit besonderer Berücksichtigung des Verhaltens der glatten Muskeln .... Göttingen, Druck d. Univ.-Buchdr. v. W. Fr. Kästner, 1887; 50 S. 8°
Göttingen, Med. Fak., Inaug.-Diss. v. 9. Jul. 1887

Ritschl, F., die Eisenzölle, s.: Jahrbücher für Nationalökonomie u. Statistik.

Ritschl, Friedrich (Wilhelm)

Ritschl, Friedr., s. Acta societatis philolog. Lipsiensis.

Alberto ... dvci Saxoniae svo nvper civi ... nvptiarvm cvm Victoria ... Britanniae regina factarvm cavssa S. P. D. ex animi sententia gratvlabvnda litt. vniversitas Fridericia Gvilelmia Rhenana [interprete Friderico Ritschelio]. Bonnae, m. Febr. a. 1840. [Bonnae, typ. C. Georgii] (1840). 3 Bl. 2. ¶ Wieder abgedr. in des Verf. Opusc. philol. V 1879 S. 687 ff.

Vniversitatis litt. Fridericiae Gvilelmiae Rhenanae rector et senatvs commilitonibvs S. [interprete Friderico Ritschelio] ... Bonnae, VIIII Kal. Iul. a. 1840. [Bonnae, typ. C. Georgii 1840.] 1 Bl. 2. ¶ Wieder abgedr. in des Verf. Opusc. philol. V 1879 S. 695 f.
Anschlag der Universität beim Thronwechsel 1840

Rector et senatvs vniversitatis Fridericiae Gvilelmiae Rhenanae commilitonibvs S. [interprete Friderico Ritschelio] ... Datvm Bonnae Idib. Ian. a. 1861. [Bonnae, typ. C. Georgii 1861.] 1 Bl. 2. ¶ Wieder abgedr. in des Verf. Opusc. philol. V 1879 S. 696 f.
Anschlag der Universität beim Thronwechsel 1861

Ritschelius [**Ritschl**], Fridericus: De Dionysii Halicarnassensis antiquitatibus Romanis commentatio. Vratislaviae 1838. (28 S., 1 Taf.) 4° *[Buchausg. 1838 bei Aderholz in Breslau unt. d. T.: „Dionysii Halicarnassensis prooemium antiquitatum Romanarum (I, 1-8) ... em. ab F. Ritschelio"; vgl. Nr 2910. — Teilweise wiederabgedr. in d. Verf. Opusc. philol. Vol. 1. 1866. S. 472-490, 494-501.]*

Breslau, Progr. z. Geburtstage d. Königs am 3. Aug. 1838

Index scholarvm ... in litt. vniversitate Fridericia Gvilelmia Rhenana per m. hib. a. 1841 et 42 ... habendarvm. [Inest Friderici **Ritschelii** de argumento acrosticho Militis gloriosi prooemium.] Bonnae, typ. C. Georgii (1841). XII, 11 S., 3 Bl. 4. ¶ D. Abh. ist wieder abgedr. in des Verf. Opusc. philol. II 1868 S. 404 ff.

Sacram memoriam ... Friderici Gvilelmi III ... natali eivs III Non. Avg. ... ab litt. vniversitate Fridericia Gvilelmia Rhenana ... celebrandam indicit Fridericvs **Ritschelivs** ... — Praemissa est de aetate Plavti commentatio. Bonnae, litt. C. Georgianis 1841. 1 Bl., 21 S. 4. ¶ Wieder abgedr. in des Verf. Parerga I 1845 S. 45 ff.

— **Athetaseon Plautinarum.** Gel. 1844. 46 S. 4°.

— **Unsere heutige Aussprache des Latein.** S.-A. 1876. 12 S.

Ritschelius [**Ritschl**], Fridericus: De Plauti Bacchidibus. Vratislaviae (1836). (23 S.) 4° *[Wiederabgedr. in d. Verf. Parerga zu Plautus u. Terenz. 1. 1845. S. 391-427.]*

Breslau, Phil. Fak., Antr.-Progr. als ord. Prof. v. 22. Jan. 1836

Ritschl, F., Eine Berichtigung der republican. Consularfasten; zugleich als Beitrag z. Gesch. d. röm.-jüd. internationalen Beziehungen. S.-A. 1873. 30 S. 1.20

Immortali memoriae ... Liberi Baronis Caroli de Stein ab Altenstein, in regno Borvssico rervm ad religionis cvltvm, institvtionem pvblicam et artem medicam pertinentivm per XXIII annorvm spativm svmmi praesidis ... grati animi monvmentvm ... exstare volvit vniversitatis litt. Fridericiae Gvilelmiae Rhenanae pietas. — Inest Friderici **Ritschelii** ... corollarivm dispvtationis de bibliothecis Alexandrinis deqve Pisistrati cvris Homericis. Bonnae, form. C. Georgii 1840. X, 55 S. 4. ¶ D. Abh. ist 'cum auctario a. 1866' wieder abgedr. in des Verf. Opusc. philol. V 1879 S. 638 ff., I 1866 S. 123 ff. u. 829 f. — Sein Buch D. Alexandrinischen Bibliotheken war 1838 in Breslau erschienen; ein Suppl. zur vorliegenden Abh. s. im Ind. schol. a. 1840—41.

Ritschl, Friedr., die alexandrin. Bibliotheken unt. d. ersten Ptolemäern, u. d. Samml. d. Homerischen Gedichte durch Pisistratus, nach Anleit. e. Plautinischen Scholions. Nebst litterarhistor. Zugaben üb. d. Chronologie d. alexandrin. Bibliothekare, die Stichometrie d. Alten, u. die Grammatiker Heliodorus. gr. 8. (10 B.) Breslau 838, G. P. Aderholz.

Natalicia ... Friderici Gvilelmi IIII vniversitatis Fridericiae Gvilelmiae Rhenanae conservatoris ... ab eadem vniversitate d. XV m. Oct. a. 1848 ... concelebranda ... indicit Fridericvs **Ritschl**, eloq. Prof. P. O. — Insvnt cantica Trinvmmi Plavtinae. Bonnae, litt. C. Georgii (1848). 18 S. 4. ¶ Wieder abgedr. in des Verf. Proleg. Plaut. (in Plauti Comoed. Tom. I) 1848 S. CCCI ff. = Praef. Trin. ed. II 1871 S. XXXIV ff. *etc.*; Einl. in den Opusc. philol. V 1879 S. 760 f. — Vgl. des Verf. Abh. De cantico Trinummi Plautinae im Ind. schol. 1844—45.

Ritschl, Frid., de cantico Sophocleo Oedipi Colonei. Prooemium academicum. Imp.-4. (14 S.) Bonn 862. Marcus. gr. 4. (14 S.) n. 10 ngr

Index scholarvm ... in litt. vniversitate Fridericia Gvilelmia Rhenana per m. hib. a. 1844 et 45 ... habendarvm. [Inest Friderici **Ritschelii** de cantico Trinummi Plautinae (IV 1) prooemium.] Bonnae, form. C. Georgii (1844). XVI, 11 S., 3 Bl. 4. ¶ D. Abh. ist wieder abgedr. in des Verf. Parerga I 1845 S. 543 ff. — Vgl. d. Verf. Cantica Trinummi Plautinae im Königsgeb.-Progr. 1848.

Enth. zugleich d. Ergebnisse d. Preisbewerbung d. J. 1843—44 und d. Preisaufgaben f. d. J. 1844—45

Index scholarvm qvae ... in vniversitate litt. Fridericia Gvilelmia Rhenana per m. aest. a. 1851 ... habebvntvr. [Inest Canticum Menaechmorum Plautinae (IV 2, 1—36) cura Friderici **Ritschelii**.] Bonnae, form. C. Georgii (1851). VI, 11 S., 3 Bl. 4. ¶ D. Abh. ist wiederholt in des Verf. Ausg. d. Men. von 1851; d. Vorw. in den Opusc. philol. V 1879 S. 762.

Index scholarvm qvae ... in vniversitate litt. Fridericia Gvilelmia Rhenana per m. hib. a. 1851—1852 ... habebvntvr. [Inest Canticum Mostellariae Plautinae (I 2) cura Friderici **Ritschelii**.] Bonnae, form. C. Georgii (1851). 1 Bl., VIII, 11 S., 3 Bl. 4. ¶ D. Abh. ist wieder abgedr. in des Verf. Ausg. d. Most. von 1852; d. Vorw. in den Opusc. philol. V 1879 S. 762.

Index scholarvm qvae ... in vniversitate Fridericia Gvilelmia Rhenana per m. hib. a. 1858 et 9 ... habebvntvr. — Praecedit canticvm Poenvli Plavtinae emendatvm [a Friderico **Ritschelio**]. Bonnae, form. C. Georgii (1858). VIII, 10 S., 4 Bl. 4. ¶ D. Abh. ist wieder abgedr. in des Verf. Opusc. philol. V 1879 S. 552 ff.

Index scholarvm qvae ... in vniversitate litt. Fridericia Gvilelmia Rhenana per m. hib. a. 1850.1851 ... habebvntvr. [Inest Canticum Pseuduli Plautinae (V 1) emendatum a Friderico **Ritschelio**.] Bonnae, form. C. Georgii (1850). VIII, 11 S., 3 Bl. 4. ¶ D. Abh. ist wiederholt in des Verf. Ausg. d. Pseud. von 1850; d. Vorw. in den Opusc. philol. V 1879 S. 761.

Index scholarvm qvae ... in vniversitate Fridericia Gvilelmia Rhenana per m. aest. a. 1862 ... habebvntvr. — Prooemio canticvm Sophoclivm Oedipi Colonei tractatvr [a Friderico **Ritschelio**]. Bonnae, form. C. Georgi (1862). XIV, 10 S., 4 Bl. 4. ¶ D. Abh. erschien zugleich selbständig bei Marcus in Bonn. — Wieder abgedr. in de Verf. Opusc. philol. I 1866 S. 394 ff.

Natalicia ... Friderici Gvilelmi IIII vniversitatis Fridericiae Gvilelmiae Rhenanae conservatoris ... ab eadem vniversitate d. XV m. Oct. a. 1847 ... concelebranda ... indicit Fridericvs **Ritschl**, eloq. Prof. P. O. — Inest dispvtatio de codice Vrbinate Dionysii Halicarnassensis. Bonnae, litt. C. Georgii (1847). 25 S. 4. ¶ Wieder abgedr. in des Verf. Opusc. philol. I 1866 S. 516 ff.

Index scholarvm ... in litt. vniversitate Fridericia Gvilelmia Rhenana per m. aest. a. 1841 ... habendarvm. [Inest Friderici **Ritschelii** de Plauti cognomine 'Asinius' prooemium.] Bonnae, form. C. Georgii (1841). VI, 10 S., 4 Bl. 4. ¶ D. Abh. ist wieder abgedr. in des Verf. Parerga I 1845 S. 3 ff.

— **De columnis miliariis ad Rhenum repertis commentarius.** Pr. 1865. 20 S. u Taf. 4°.

Ritschelius [**Ritschl**], Fridericus: Meletii de natura hominis commentarius e codice Cracoviensi edi coeptus. Vratislaviae 1836. (32 S.) 4° *[Teilweise wiederabgedr. in d. Verf. Opusc. philol. Vol. 1. 1866. S. 693—701.]*

Breslau, Progr. z. Geburtstage d. Königs am 3. Aug. 1836

Index scholarvm ... in litt. vniversitate Fridericia Gvilelmia Rhenana per m. hib. a. 1842 a. [!] d. XXIV m. Oct. ... habendarvm. [Inest Friderici **Ritschelii** oratio de comparatione inter Fridericos Guilelmos III et IV instituenda habita d. III m. Aug. a. 1842.] Bonnae, form. C. Georgii (1842). X, 11 S., 3 Bl. 4. ¶ D. Rede ist wieder abgedr. in des Verf. Opusc. philol. V 1879 S. 644 ff.

Enth. zugleich d. Preisaufgaben f. d. J. 1842—43

Index scholarvm qvae ... in vniversitate litt. Fridericia Gvilelmia Rhenana per m. aest. a. 1853 ... habebvntvr. [Inest Anthologiae latinae corollarium epigraphicum auctore Friderico **Ritschelio**.] Bonnae, form. C. Georgii (1853). XII, 11 S., 3 Bl., 1 Bl. Παρόραμα. 4. ¶ D. Abh. erschien in dems. J. (*p. xiii:* adiectis curis secundis) selbständig bei Trautwein in Berlin. — Wieder abgedr. in des Verf. Opusc. philol. IV 1878 S. 238 ff.

Ritschl, Frid., Anthologiae latinae corollarium epigraphicum. 4maj. (14 S.) Berolini 853, Guttentag. *

Ritschl, Frid., anthologiae latinae corollarium epigraphicum. Berolini 853. Libr. Trautwein. gr. 4. (XIV S.) n. 10 ngr

— **prooemiorum Bonnensium decas. Inest tabula lith. (in Fol.) Berlin 861. Guttentag. gr. 4. (IV, 100 S.)** n. 3 ℳ

Natalicia ... Gvilelmi vniversitatis Fridericiae Gvilelmiae Rhenanae conservatoris ... ab eadem vniversitate d. XXII m. Mart. a. 1861 ... concelebranda ... indicit Fridericvs **Ritschl**, eloq. Prof. P. O. — Praecedit de declinatione qvadam latina reconditiore qvaestio epigraphica. Bonnae, litt. C. Georgi (1861). 1 Bl., 25 S. 4. ¶ Erschien zugleich selbständig bei Guttentag in Berlin. — Wieder abgedr. in des Verf. Opusc. philol. IV 1878 S. 446 ff. — Ein Nachtrag im Ind. schol. a. 1861—62.

Ritschl, Friedr., de declinatione quadam latina reconditiore quaestio epigraphica. gr. 4. (25 S.) Berlin 861, Guttentag. *

Index scholarvm qvae ... in vniversitate Fridericia Gvilelmia Rhenana per m. hib. a. 1861—62 ... habebvntvr. — Praecedit [Friderici **Ritschelii**] svpplementvm qvaestionis de declinatione qvadam latina reconditiore. Bonnae, form. C. Georgi (1861). IX, 10 S., 4 Bl. 4. ¶ D. Abh. erschien zugleich selbständig bei Guttentag in Berlin. — Wieder abgedr. in des Verf. Opusc. philol. IV 1878 S. 469 ff. — D. Hauptabh. im Königsgeb.-Progr. 1861.

—— Supplementum quaestionis de declinatione quadam latina reconditiore. gr. 4. (9 S.) Berlin 861, Guttentag. *

Vniversitatis Fridericiae Gvilelmiae Rhenanae rector et senatvs professoribvs doctoribvs civibvs S. [interprete Friderico Ritschelio] ... Bonnae, Id. Maiis a. 1862. [Bonnae, typ. C. Georgii] (1862). 1 Bl. qu.-4. ¶ Wieder abgedr. in des Verf. Opusc. philol. V 1879 S. 712 f.

Einladung zur Feier des 100 Geburtstages Joh. Gottl. Fichtes am 19 Mai 1862

Ritschl, F., Ueb. Tibulls Eleg. I, 4. Ak. 1866. 19 S.

Index scholarvm qvae ... in vniversitate Fridericia Gvilelmia Rhenana per m. aest. a. 1860 ... habebvntvr. — Praecedit elogivm L. Corneli Cn. F. Cn. N. Scipionis [cura Friderici **Ritschelii**]. Bonnae, form. C. Georgi (1860). VI, 10 S., 4 Bl., 1 Taf. 4. ¶ D. Abh. auch in des Verf. Prooem. Bonn. Decas 1861 No 10. — Wieder abgedr. in s. Priscae lat. monum. epigr. 1862 Enarr. Sp. 32, 34 ff. (tab. XLI) u. z. Th. in s. Opusc. philol. IV 1878 S. 734.

Ritschelius [**Ritschl**], Fridericus: De emendatione fabularum Terentianarum. (Vratislaviae 1838.) (S. 3—12) 4° *(Wieder-abgedr. in d. Verf. Opusc. philol. Vol. 3. 1877. S. 281-297.)*
Breslau, Ind. lect. WS 1838 39

Index scholarvm qvae ... in vniversitate litt. Fridericia Gvilelmia Rhenana per m. aest. a. 1854 ... habebvntvr. [Insunt Friderici **Ritschelii** emendationes Mercatoris Plautinae.] Bonnae, form. C. Georgii (1854). VIII, 11 S., 3 Bl. 4. ¶ D. Abh. auch in des Verf. Prooem. Bonn. Decas 1861 (No I). — Wieder abgedr. in s. Opusc. philol. II 1868 S. 395 ff.

Index scholarvm ... in litt. vniversitate Fridericia Gvilelmia Rhenana per m. hib. a. 1847 a d. XV m. Oct. ... habendarvm. [Inest Friderici **Ritschelii** de Pomponii Bassuli epigrammate prooemium. Cum tabula lith.] Bonnae, typ. C. Georgii (1847). XX, 11 S., 3 Bl., 1 Taf. 4. ¶ D. Abh. ist wieder abgedr. in des Verf. Opusc. philol. IV 1878 S. 16 ff.

Enth. zugleich d. Ergebnisse d. Preisbewerbung d. J. 1846—47 und d. Preisaufgaben f. d. J. 1847—48

Index scholarvm ... in vniversitate litt. Fridericia Gvilelmia Rhenana per m. hib. a. 1846.47 ... habendarvm. [Inest Etymologici Angelicani Part. I cura Friderici **Ritschelii**.] Bonnae, form. C. Georgii (1846). XIV, 11 S., 3 Bl. 4. ¶ D. Abh. ist z. Th. wieder abgedr. in des Verf. Opusc. philol. I 1866 S. 674 f.; 678—684. — Part. II im Ind. schol. a. 1847.

Enth. zugleich d. Ergebnisse d. Preisbewerbung d. J. 1845—46 und d. Preisaufgaben f. d. J. 1846—47

Index scholarvm ... in litt. vniversitate Fridericia Gvilelmia Rhenana per m. aest. a. 1847 ... habendarvm. [Inest Etymologici Angelicani Part. II cura Friderici **Ritschelii**.] Bonnae, form. C. Georgii (1847). XII, 11 S., 3 Bl. 4. ¶ D. Abh. ist z. Th. wieder abgedr. in des Verf. Opusc. philol. I 1866 S. 675—677; 684—685. — Part. I im Ind. schol. a. 1846—47.

Index scholarvm ... in litt. vniversitate Fridericia Gvilelmia Rhenana per m. aest. a. 1840 ... habendarvm. [Inest Friderici **Ritschelii** de gemino exitu Andriae Terentianae disputatio.] Bonnae, typ. C. Georgii (1840). XII, 10 S., 4 Bl. 4. ¶ D. Abh. ist wieder abgedr. in des Verf. Parerga I 1845 S. 581 ff.

Ritschl, Frdr., neue Plautinische Excurse. Sprachgeschichtliche Untersuchungen. 1. Hft.: Auslautendes D im alten Latein. Leipzig 869. Teubner. gr. 8. (III, 140 S.) n. 1 ℛ

Index scholarvm qvae ... in vniversitate litt. Fridericia Gvilelmia Rhenana per m. hib. a. 1855 et 56 ... habebvntvr. [Inest Friderici **Ritschelii** de idem isdem pronominis formis prooemium.] Bonnae, form. C. Georgii (1855). X, 11 S., 3 Bl. 4. ¶ D. Abh. auch in des Verf. Prooem. Bonn. Decas 1861 No IV. — Wieder abgedr. in s. Opusc. philol. IV 1878 S. 313 ff.

Ritschl, F., Zu Aristophanes Fröschen. S.-A. 1868. 10 S.

Ritschl, F., Ueber antike Gewichtsteine. S.-A. 1866. 18 S. und 1 Taf. 4°.

Index scholarvm ... in vniversitate litt. Fridericia Gvilelmia Rhenana per m. aest. a. 1846 ... habendarvm. [Inest Glossarium Plautinum cura Friderici **Ritschelii**.] Bonnae, form. C. Georgii (1846). X, 10 S., 4 Bl. 4. ¶ D. Abh. ist wieder abgedr. in des Verf. Opusc. philol. II 1868 S. 228 ff.

Index scholarvm ... in litt. vniversitate Fridericia Gvilelmia Rhenana per m. hib. a. 1839 et 40 ... habendarvm. [Praemittitur Gnomologium Vindobonense cura Friderici **Ritschelii**.] Bonnae, typ. C. Georgii (1839). XII, 10 S., 4 Bl. 4. ¶ D. Abh. ist 'cum auctario a. 1866' wieder abgedr. in des Verf. Opusc. philol. I 1866 S. 560 ff. u. 834 ff.

Enth. zugleich d. Preisaufgaben f. d. J. 1839—40

Ritschl, F., Grammatisches bei Quintilian. S-A. 1867. 17 S.

Index scholarvm qvae ... in litt. vniversitate Fridericia Gvilelmia Rhenana per m. hib. a. 1849—50 ... habebvntvr. [Inest Friderici **Ritschelii** prooemium de Hieronymi indice librorum ab Origene Marcoque Varrone compositorum. Cum tabula lith.] Bonnae, form. C. Georgii (1849). 15 S., 3 Bl., 1 Taf. 4. ¶ D. Abh. ist wieder abgedr. in des Verf. Opusc. philol. III 1877 S. 506 f.

— Ino Leukothea antike Bronze von Neuwied. S.-A. 1864. 84 S. u. 2 Taf. 4°.

— Ino Leukothea, zwei antike Bronzen von Neuwied u. München erklärt. Bonn 865. A. Marcus. gr. 4. (43 S. mit 2 Steintaff.) n. 1 ℛ 20 ngr

Ritschl, Friedrich, und Johannes Gildemeister: Dreisprachige Inschrift von Sardinien. Bonn 1864. [Festschrift zur Philologenversammlung. Aus dem Rhein. Museum f. Phil. XX, S. 1-14.]

Natalicia ... Friderici Gvilelmi IIII vniversitatis Fridericiae Gvilelmiae Rhenanae conservatoris ... ab eadem vniversitate d. XV m. Oct. a. 1852 ... concelebranda ... indicit Fridericvs **Ritschl** eloq. Prof. P. O. (Praemittitur Inscriptio qvae fertvr colvmnae rostratae Dvellianae ad fidem marmoris Capitolini exemplo lithographo expressa. [Comm. I.]) Bonnae, litt. C. Georgii (1852). 1 Bl., 24 S., 1 Bl., 1 Taf. 4. ¶ Erschien zugleich selbständig bei Trautwein in Berlin. — Wieder abgedr. in des Verf. Opusc. philol. IV 1878 S. 183 ff. Taf. VII. — Comm. II im Ind. schol. a. 1861.

—— Inscriptio quae fertur columnae rostratae Duellianae. Ad fidem marmoris Capitolini exemplo lithographo exprimendam curavit. Accedit commentarii pars I. 4maj. (24 S.) Berolini 852, Guttentag. *

—— de inscriptione columnae rostratae Duellianae commentatio II. gr. 4. (10 S. mit 1 Stnt. in qu. Fol.) Berlin 861, Guttentag. *
Commentatio I. Ebendas. 1852. * 22½ Ngr.

Index scholarvm qvae ... in litt. vniversitate Fridericia Gvilelmia Rhenana per m. aest. a. 1849 ... habebvntvr. [Inest Friderici **Ritschelii** de interpolatione Militis gloriosi Plautinae prooemium.] Bonnae, form. C. Georgii (1849). VIII, 11 S., 3 Bl. 4. ¶ D. Abh. ist wieder abgedr. in d. Praef. Mil. glor. 1849 S. XXV ff. *etc.*

Natalicia ... Friderici Gvilelmi IIII vniversitatis Fridericiae Gvilelmiae Rhenanae conservatoris ... ab eadem vniversitate d. XV m. Oct. ... concelebranda ... indicit Fridericvs Gvilelmvs **Ritschl** ... eloq. Prof. P. O. — Inest commentatio de interpolationibvs Trinvmmi Plavtinae. Bonnae, litt. C. Georgii 1844. 1 Bl., 46 S., 1 Bl. 4. ¶ Erschien zugleich selbständig mit einer Epist. ded. an G. Hermann als den Präs. d. Dresdner Philologen-Vers. *u. d. T.:* Athetescon Plautinarum liber I. — Wieder abgedr. in des Verf. Parerga I 1845 S. 509–543; 556 ff.

De veteribvs Plavti interpretibvs dispvtatio. Qva orationem loci in ... philosophorvm ordine vniversitatis Fridericiae Gvilelmiae Rhenanae ... obtinendi cavssa d. VII m. Sept. a. 1839 ... habendam indicit Fridericvs **Ritschelivs** ... Bonnae, typ. C. Georgii (1839). 16 S. 4. ¶ Wieder abgedr. in des Verf. Parerga I 1845 S. 357 ff.

Index scholarvm ... in litt. vniversitate Fridericia Gvilelmia Rhenana per m. hib. a. 1848–49 ... habendarvm. [Inest Friderici **Ritschelii** de lacunis Trinummi Plautinae prooemium.] Bonnae, form. C. Georgii (1848). XII, 11 S., 3 Bl. 4. ¶ D. Abh. ist wiederholt in des Verf. Proleg. Plaut. (in Plauti Comoed. Tom I) 1848 S. XIII–XXVII = Praef. Trin. ed. II 1871 S. XV ff. *etc.* u. (Anf. u. Schl.) in d. Opusc. philol. V 1879 S. 291 f.

Enth. zugleich d. **Preisaufgaben** f. d. J. 1848–49

—— Legis Rubriae pars superstes, s.a. Legis Rubriae pars etc.

Natalicia ... Friderici Gvilelmi IIII vniversitatis Fridericiae Gvilelmiae Rhenanae conservatoris ... ab eadem vniversitate d. XV m. Oct. a. 1851 ... concelebranda ... indicit Fridericvs **Ritschl**, eloq. Prof. P. O. (Inest Legis Rubriae pars superstes ad fidem aeris Parmensis exemplo lithographo expressa.) Bonnae, litt. C. Georgii (1851). 2 Bl., 14 S., 1 Bl., 1 Taf. 4. ¶ Erschien zugleich selbständig bei Trautwein in Berlin. — Wieder abgedr. in des Verf. Opusc. philol. IV 1878 S. 34 ff. Taf. I. II.

— De M. Terentii Varronis disciplinarum libris. Gol. 1845. 56 S. 4°.

Index scholarvm ... in vniversitate litt. Fridericia Gvilelmia Rhenana per m. hib. a. 1845 et 46 ... habendarvm. [Inest Friderici **Ritschelii** de M. Terentii Varronis logistoricis libris prooemium.] Bonnae, typ. C. Georgii (1845). XIV, 11 S., 3 Bl. 4. ¶ D. Abh. ist wieder abgedr. in des Verf. Opusc. philol. III 1877 S. 403 ff.

— M. Varronis libri qui inscrib. hebdomades vel de imaginibus Pr. 1857. 18 S. 4°.

Indices scholarvm qvae ... in vniversitate Fridericia Gvilelmia Rhenana per m. hib. a. 1856 et 57 ... habebvntvr. [Inest Friderici **Ritschelii** de M. Varronis Hebdomadum sive Imaginum libris prooemium.] Bonnae, form. C. Georgii (1856). XIII, 11 S., 3 Bl., 4. ¶ D. Abh. auch in des Verf. Prooem. Bonn. Decas 1861 No VI. — Wieder abgedr. in s. Opusc. philol. III 1877 S. 508 ff. — Ein Nachtrag im Ind. schol. a. 1858.

Index scholarvm qvae ... in vniversitate Fridericia Gvilelmia Rhenana per m. aest. a. 1858 ... habebvntvr. — Praecedit [Friderici **Ritschelii**] epimetrvm dispvtationis de M. Varronis Hebdomadvm sive Imaginvm libris. Bonnae, form. C. Georgii (1858). XVI, 11 S., 3 Bl. 4. ¶ D. Abh. auch in des Verf. Prooem. Bonn. Decas 1861 No VII. — Wieder abgedr. in s. Opusc. philol. III 1877 S. 544 ff. — D. Hauptabh. im Ind. schol. a. 1856–57.

Natalicia ... Friderici Gvilelmi IIII vniversitatis Fridericiae Gvilelmiae Rhenanae conservatoris ... ab eadem vniversitate d. XV m. Oct. a. 1853 ... concelebranda ... indicit Fridericvs **Ritschl**, eloq. Prof. P. O. — Praemissa est de fictilibvs litteratis Latinorvm antiqvissimis dispvtatio. Bonnae, litt. C. Georgii (1853). 30 S., 1 Bl., 1 Taf. 4. ¶ Erschien zugleich selbständig bei Trautwein in Berlin. — Wieder abgedr. in des Verf. Opusc. philol. IV 1878 S. 266 ff. Taf. IX.

—— de fictilibus litteratis Latinorum antiquissimis quaestiones grammaticae. 4maj. (30 S. mit 1 Stnt. in qu. Fol.) Berolini 853, Guttentag. •

Sacram memoriam ... Friderici Gvilelmi III ... natali eivs III Non. Avg. ... ab litt. vniversitate Fridericia Gvilelmia Rhenana ... celebrandam indicit Fridericvs **Ritschelivs** ... — Praemissvm est meletematvm Plavtinorvm specimen onomatologvm. Bonnae, litt. Georgianis 1842. 31 S., 1 Bl. 4. ¶ Wieder abgedr. in des Verf. Parerga I 1845 S. 9 ff.

Enth. zugleich auf einem nachträglich ausgegebenen Blatt (*Anf.:* Vniversitatis ... rector et senatvs commilitonibvs S. *Ende:* Bonnae Kal. Aug. a. 1842) d. **Preisaufgaben** f. d. J. 1842–43

Sacram memoriam ... Friderici Gvilelmi III vniversitatis Fridericiae Gvilelmiae Rhenanae conditoris ... ab eadem vniversitate d. III m. Avg. a. 1852 ... recolendam victorvmqve renvntiationem e litt. certaminibvs prodevntivm ... indicit Edvardvs Böcking ... ord. ivrecons. h. a. decanvs. (Praemittitur De miliario Popilliano deqve epigrammate Sorano commentarivs Friderici **Ritschelii**. Cum II tab. lith.) Bonnae, form. C. Georgii (1852). 1 Bl., 38 S., 2 Taf. 4. ¶ Wieder abgedr. in des Verf. Monumenta epigr. tria, Berol. 1852 u. in s. Opusc. philol. IV 1878 S. 115 ff. Taf. IV. V.

Ritschl, F., Miscellen. I. Zur Metrik. II. Mittheilungen aus Handschriften (Dichter Fragm.). III. Aristo der Peripatetiker bei Cicero de senect. § 3. S.-A. s.a 52 S. 1.50

Ritschl, Frid., Monumenta epigraphica tria. Ad archetyporum fidem exemplis lith. expressa commentariisque grammaticis inlustrata. 4maj. (56 S. mit 3 Stnt.) Berlin 852, [Guttentag.] Thlr. •

— monumenta epigraphica tria. Ad archetyporum fidem exemplis lith. expressa commentariisque grammaticis inlustrata. gr. 4. (56 S. m. 3 lith. Taf.) Berlin 852, Trautwein'sche Buchhandlung. n. 1½ ℳ

— priscae latinitatis monumenta epigraphica, s. Corpus inscriptionum latinarum.

Index scholarvm qvae ... in vniversitate Fridericia Gvilelmia Rhenana per m. hib. a. 1862 et 63 ... habebvntvr. — Praecedit [Friderici **Ritschelii**] priscae latinitatis epigraphicae Svppl. I. Bonnae, form. C. Georgi (1862). XVII, 10 S., 4 Bl., 1 Taf. 4. ¶ D. Abh. erschien zugleich selbständig bei Marcus in Bonn m. einer Epist. ded. des Verf. an d. jur. Fak. d. Univ. Königsberg zum Dank für die ihm am 22 Juli dess. J. verliehene jur. Doktorwürde. — Wieder abgedr. in s. Opusc. philol. IV 1878 S. 494 ff. Taf. XV. — Suppl. II–V in den 4 folgenden Ind. schol.

Index scholarvm qvae ... in vniversitate Fridericia Gvilelmia Rhenana per m. aest. a. 1863 ... habebvntvr. — Praecedit [Friderici **Ritschelii**] priscae latinitatis epigraphicae Svppl. II. Bonnae, form. C. Georgi (1863). XII, 10 S., 4 Bl., 1 Taf. 4. ¶ D. Abh. erschien zugleich selbständig bei Marcus in Bonn. — Wieder abgedr. in des Verf. Opusc. philol. IV 1878 S. 509 ff. Taf. XVI. — Suppl. I u. III–V in den Ind. schol. 1862–63 u. 1863–64, 1864, 1864–65.

Index scholarvm qvae ... in vniversitate Fridericia Gvilelmia Rhenana per m. hib. a. 1863 et 64 ... habebvntvr. — Praecedit [Friderici **Ritschelii**] priscae latinitatis epigraphicae Svppl. III. Bonnae, form. C. Georgi (1863). XXII, 10 S., 4 Bl., 1 Taf. 4. ¶ D. Abh. erschien zugleich selbständig bei Marcus in Bonn. — Wieder abgedr. in des Verf. Opusc. philol. IV 1878 S. 520 ff. Taf. XVII. — Suppl. I u. II, IV u. V in den Ind. schol. 1862–63 u. 1863, 1864 u. 1864–65.

Index scholarvm qvae ... in vniversitate Fridericia Gvilelmia Rhenana per m. aest. a. 1864 ... habebvntvr. — Praecedit [Friderici **Ritschelii**] priscae latinitatis epigraphicae Svppl. IV. Bonnae, form. C. Georgi (1864). XVIII, 10 S., 4 Bl., 1 Taf. 4. ¶ D. Abh. erschien zugleich selbständig bei Marcus in Bonn. — Wieder abgedr. in des Verf. Opusc. philol. IV 1878 S. 541 ff. Taf. XVIII. — Suppl. I–III u. V in den Ind. schol. 1862–63, 1863, 1863–64 u. 1864–65.

Index scholarvm qvae ... in vniversitate Fridericia Gvilelmia Rhenana per m. hib. a. 1864 et 65 ... habebvntvr. — Praecedit [Friderici **Ritschelii**] priscae latinitatis epigraphicae Svppl. V. Bonnae, form. C. Georgi (1864). XV, 10 S., 4 Bl. 4. ¶ D. Abh. erschien zugleich selbständig bei Marcus in Bonn; nur diesen für d. Handel bestimmten Exemplaren scheint d. zugehörige Taf. beigegeben zu sein. Vgl. d. Fussnote p. VI. — Wieder abgedr. in des Verf. Opusc. philol. IV 1878 S. 557 ff. Taf. XIX. — Suppl. I—IV in den 4 vorangehenden Ind. schol.

—— **priscae latinitatis epigraphicae suppl. I—V. Mit je 1 lithogr. Taf. Fol. Bonn 862—64, Marcus. [I. (16 S.) * 15 Ngr., II. (12 S.) * 15 Ngr., III. (22 S.) * 20 Ngr., IV. (18 S.) * 15 Ngr., V. (15 S.) * 20 Ngr.]** *

Ritschl, Friedr., rheinisches Museum f. Philologie, s. Museum.

Index scholarvm qvae ... in vniversitate Fridericia Gvilelmia Rhenana per m. hib. a. 1860 et 61 ... habebvntvr. — Praecedvnt [Friderici **Ritschelii**] in leges Viselliam Antoniam Corneliam observationes epigraphicae. Bonnae, form. C. Georgi (1860). XV, 10 S., 4 Bl., 2 Taf. 4. ¶ D. Abh. erschien zugleich selbständig bei Guttentag in Berlin. — Wieder abgedr. in des Verf. Opusc. philol. IV 1878 S. 427 ff. Taf. XIV.

—— **in leges Viselliam Antoniam Corneliam observationes epigraphicae. Cum exemplo lith. lapidis Tolosani. Imp.-4. (16 S. mit 1 Tab. in qu. gr. Fol.) Berlin 860, Guttentag.** *

— **opuscula philologica. Vol. 1.: Ad litteras graecas spectantia. A. u. d. T.: Kleine philologische Schriften. 1. Bd. Zur griechischen Litteratur. 2 Fascc. Leipzig Teubner. gr. 8. [Fasc. 1. (XII, S. 1—448) n. 2 ℛ 28 ngr, Fasc. 2 (II, S. 449—851 mit 5 Steintaff. in gr. u. qu. 4.) n. 2 ℛ 26 ngr] n. 5 ℛ 24 ngr.**

— — **Vol. II.: Ad Plautum et grammaticam latin. spectantia. A. u. d. T.: Kleine philologische Schriften. 2. Bd. Zu Plautus u. lateinischer Sprachkunde. Ebend. 868. gr. 8. (XXIII, 813 S.) n. 5 ℛ 24 ngr.**

Index scholarvm ... in litt. vniversitate Fridericia Gvilelmia Rhenana per m. aest. a. 1844 ... habendarvm. [Inest Friderici **Ritschelii** oratio celebrandae memoriae Guilelmi Humboldtii habita d. III m. Aug. a. 1843.] Bonnae, form. C. Georgii (1844). X, 11 S., 3 Bl. 4. ¶ D. Rede ist wieder abgedr. in des Verf. Opusc. philol. V 1879 S. 654 ff.

Natalicia ... Friderici Gvilelmi IIII vniversitatis Fridericiae Gvilelmiae Rhenanae conservatoris ... ab eadem vniversitate d. XV m. Oct. ... concelebranda ... indicit Fridericvs Gvilelmvs **Ritschl** ... — Praemissa est Commentatio de turbato scenarum ordine Mostellariae Plautinae. Bonnae, litt. C. Georgii 1843. 1 Bl., 50 S., 1 Bl., 1 Taf. 4. ¶ Wieder abgedr. in des Verf. Parerga I 1845 S. 431 ff.

Ritschl, Fridericus: De Oro et Orione commentatio: specimen historiae criticae grammaticorum Graecorum. Vratislaviae: A. Schulz & Soc. (1834). (84 S.) 8° *[Buchausg. ebenda; wiederabgedr. in d. Verf. Opusc. philol. Vol. 1. 1866, S. 582–673.]*
Breslau, Phil. Fak., Antr.-Progr. als außerord. Prof. v. 7. Febr. 1834

Ritschel, Frider., de Oro et Orione commentat. Specimen histor. crit. grammaticor. graecor. Accedit de Eudemo epimetrum. 8maj. (5½ B.) Vratislaviae 834, Schulz et Soc.

— Der Parallelismus der sieben Redenpaare in den Sieben gegen Theben des Aeschylus. S.-A. 1857. 41 S. 1.20

—— **Parergon Plautinorum Terentianorumque. Vol. I. — Parerga zu Plautus u. Terenz. 1. Bd. 8maj. (42⅓ B. u. 1 Stnt.) Lipsiae 845, libr. Weidmann.** *

— **s. Plauti Bacchides.**

Natalicia ... Friderici Gvilelmi IIII vniversitatis Fridericiae Gvilelmiae Rhenanae conservatoris ... ab eadem vniversitate d. XV m. Oct. a. 1854 ... concelebranda ... indicit Fridericvs **Ritschl**, eloq. Prof. P. O. (Praemittitur poesis Satvrniae Spicil. I [un.].) Bonnae, litt. C. Georgii (1854). 1 Bl., 15 S. 4. ¶ Erschien zugleich selbständig bei Trautwein in Berlin. — Wieder abgedr. in des Verf. Opusc. philol. IV 1878 S. 297 ff.

— **poesis Saturniae spicilegium I. Bonnae 854. (Berlin, Guttentag.) gr. 4. (15 S.) n. 14 ngr.**

Index scholarvm ... in litt. vniversitate Fridericia Gvilelmia Rhenana per m. aest. a. 1842 ... habendarvm. [Inest Friderici **Ritschelii** de porta Metia quae fertur urbis Romae prooemium.] Bonnae, typ. C. Georgii (1842). X, 10 S., 4 Bl. 4. ¶ D. Abh. ist wieder abgedr. in des Verf. Opusc. philol. II 1868 S. 375 ff.

Ritschelii, Fridr., Prolegomena de rationibus criticis grammaticis, prosodiacis, metricis emendationis Plautinae. Ex Fridr. Ritschelii opusculorum philologicorum vol. V seorsum expressa. gr. 8. (269 S.) Leipzig 880, Teubner. *

Ritschl, F., De idem, isdem pronomine. Pr. 1855. 10 S. 4°.

—— **Dionisii Halicarnass. Prooemium antiquitatum romanar. e codicibus Mss., de quorum indole et usu disputatur emendatum. Acced. exempla palaeographica lapidi inscripta. 4maj. (4 B.) Vratislaviae 838, G. P. Aderholz.**

Index scholarvm qvae ... in vniversitate litt. Fridericia Gvilelmia Rhenana per m. aest. a. 1856 ... habebvntvr. [Insunt Novae Friderici **Ritschelii** quaestiones onomatologicae Plautinae.] Bonnae, form. C. Georgii (1856). VIII, 11 S., 3 Bl. 4. ¶ D. Abh. auch in des Verf. Prooem. Bonn. Decas 1861 No V. — Wieder abgedr. in s. Opusc. philol. III 1877 S. 341 ff. — Die Quaestiones *etc.* im Ind. schol. a. 1843—44.

Index scholarvm ... in litt. vniversitate Fridericia Gvilelmia Rhenana per m. hib. a. 1843 a d. XXIII m. Oct. ... habendarvm. [Insunt Friderici **Ritschelii** quaestiones onomatologicae Plautinae.] Bonnae, typ. C. Georgii (1843). XIV, 10 S., 4 Bl. 4. ¶ D. Abh. ist wieder abgedr. in des Verf. Opusc. philol. III 1877 S. 333 ff. — Novae Quaestiones *etc.* im Ind. schol. a. 1856.

Enth. zugleich d. Ergebnisse d. Preisbewerbung d. J. 1842—43 und d. Preisaufgaben f. d. J. 1843—44

Natalicia ... Friderici Gvilelmi IIII vniversitatis Fridericiae Gvilelmiae Rhenanae conservatoris ... ab eadem vniversitate d. XV m. Oct. ... concelebranda ... indicit Fridericvs Gvilelmvs **Ritschl** ... — Insvnt qvaestiones Varronianae. Bonnae, litt. C. Georgii 1845. 1 Bl., 56 S. 4. ¶ Erschien zugleich selbständig [ohne Angabe d. Verlegers] *u. d. T.:* De M. Terentii Varronis disciplinarvm libris commentarivs. — Wieder abgedr. in des Verf. Opusc. philol. III 1877 S. 352 ff.

Index scholarvm ... in litt. vniversitate Fridericia Gvilelmia Rhenana per m. aest. a. 1848 ... habendarvm. [Inest Friderici **Ritschelii** oratio de emendanda ratione academiarum et universitatum habita d. XV m. Oct. a. 1847.] Bonnae, form. C. Georgii (1848). X, 11 S., 3 Bl. 4. ¶ D. Rede ist wieder abgedr. in des Verf. Opusc. philol. V 1879 S. 670 ff.

Ritschl, F., De emendenda ratione academiarum et universitatum. Pr. 1848. 10 S. 4°.

Index scholarvm qvae ... in litt. vniversitate Fridericia Gvilelmia Rhenana per m. aest. a. 1850 ... habebvntvr. [Inest Friderici **Ritschelii** de Stichi Plautinae vetere retractatione prooemium.] Bonnae, form. C. Georgii (1850). VI, 11 S., 3 Bl. 4. ¶ D. Abh. ist wieder abgedr. in des Verf. Ausg. d. Stichus 1850 S. IX ff.

Ritschelius [Ritschl], Fridericus: Scena Plautina (Militis gloriosi II, 4) emendata. (Vratislaviae 1839.) (S. 3—8) 4° *[Teilweise wiederabgedr. in d. Verf. Opusc. philol. Vol. 5. 1879, S. 552 f. Anm.]*
Breslau, Ind. lect. SS 1839

Ritschl, F., Scaena Plautina Poenuli act. II (v. 452—507). Pr. 1865. 8 S. 4°. 1.—

Index scholarvm qvae ... in vniversitate Fridericia Gvilelmia Rhenana per m. aest. a. 1865 ... habebvntvr. — Praecedit scaena Plavtina Poenvli Act. II [cura Friderici **Ritschelii**]. Bonnae, form. C. Georgi (1865). VIII, 10 S., 4 Bl. 4. ¶ D. Abh. ist wieder abgedr. in des Verf. Opusc. philol. V 1879 S. 560 ff.

— Friedrich Wilhelm (Vargula/Thüringen), Schedae criticae quas loco commentationis propediem edendae. Halle/Sachsen (Gebauer) 11. VII. 1829. 44 S. (4.—) 28951
Contra advers.: Anton Rein, Rudolph Hanovium, Gustav Kiessling.

—— kleine philolog. Schriften. 2. Bd.: Zu Plautus und lateinischer Sprachkunde. A. u. d. T.: Opuscula philologica vol. II.: Ad Plautum et grammaticam latin. spectantia. gr. 8. (XXIII, 813 S.) Ebendas. 868. *
1. Bd. Ebendas. 1866,67. *ℳ 17,40.

Ritschl's, Friedr., kleine philologische Schriften. 3. Bd.: Zur römischen Litteratur. A. u. d. T.: Opuscula philologica. Vol. III: Ad litteras latinas spectantia. gr. 8. (XIX, 856 S.) Leipzig 877, Teubner. *
—— dass. — 4. Bd.: Zur lateinischen Inschriften- und Sprachkunde. A. u. d. T.: Opuscula philologica. Vol. IV.: Ad epigraphicam et grammaticam latinam spectantia. gr. 8. (XVI, 799 S. mit 1 Atlas von 23 Stnt. in gr. 4., qu. Fol. und gr. Fol.) Ebendas. 878. *
—— dass. — 5. (Schluss-)Bd.: Vermischtes. A. u. d. T.: Opuscula philologica. Vol. V: Varia. gr. 8. (XII, 772 S.) Ebendas. 879. *
1. und 2. Bd. Ebendas. 1867,68. à *ℳ 17,40.

Ritschl, F., Die Schriftstellerei des M. Terentius Varro und die des Origenes. Nach d. ungedruckten Katalog des Hieronymus. Gel. 1847. 88 S.

[Ritschl, Fridericus: De Marsyis rerum scriptoribus.] (Vratislaviae 1836.) (S. 3—12) 4° [Wiederabgedr. in d. Verf. Opusc. philol. Vol. I. 1866. S. 449-470.]
Breslau, Ind. lect. SS 1836

— — S.-A. 1866. 22 S.

Index scholarvm qvae ... in vniversitate litt. Fridericia Gvilelmia Rhenana per m. hib. a. 1853 et 54 ... habebvntvr. [Inest Friderici **Ritschelii** de sepulcro Furiorum Tusculano prooemium. Cum tabula lith.] Bonnae, form. C. Georgi (1853). VIII, 11 S., 3 Bl., 1 Taf. 4. ¶ D. Abh. erschien zugleich selbständig bei Trautwein in Berlin. — Wieder abgedr. in des Verf. Opusc. philol. IV 1878 S. 257 ff. Taf. VIII.

—— de sepulcro Furiorum Tusculano disputatio grammatica. Accedit exemplum lith. (in qu. Fol.) 4maj. Berolini 853, Guttentag. *

— De Scipionum sepulcro. Fr 1858. 6 S u. 1 Taf. 4°.

Natalicia ... Friderici Gvilelmi IIII vniversitatis Fridericiae Gvilelmiae Rhenanae conservatoris ... ab eadem vniversitate d. XV m. Oct. ... concelebranda ... indicit Fridericvs Gvilelmvs **Ritschl** ... eloq. Prof. P. O. — Inest specimen Dionysii Halicarnassensis ex optimis codicibvs emendati. Bonnae, litt. C. Georgii 1846. 1 Bl., 41 S. 4. ¶ Erschien zugleich selbständig [ohne Angabe des Verlegers] u. d. T.: Dionysii Hal. Antiquitatum rom. libri I capita XXX priora ex optimis codicibus emendata. — Z. Th. wieder abgedr. in des Verf. Opusc. philol. I 1866 S. 490—515.

[Ritschl, Fridericus: Spicilegium epigraphicum.] (Vratislaviae 1838.) (S. 3—12) 4° [Wiederabgedr. in d. Verf. Opusc. philol. Vol. 4. 1878. S. 1-15.]
Breslau, Ind. lect. SS 1838

Index scholarvm ... in litt. vniversitate Fridericia Gvilelmia Rhenana per m. hib. a. 1840 et 41 ... habendarvm. [Inest Friderici **Ritschelii** disputationis de stichometria deque Heliodoro supplementum.] Bonnae, typ. C. Georgii (1840). X, 10 S., 4 Bl. 4. ¶ D. Abh. ist 'cum auctariis a. 1866' wieder abgedr. in des Verf. Opusc. philol. I 1866 S. 173 ff. — Sie ist ein Nachtrag zu s. Progr. für Altenstein von dems. J.: Corollarium disputationis de bibliothecis Alexandrinis.

[*Kopft.*] Celsissimo regiae domvs Borvssicae principi **Friderico Gvilelmo** commilitoni svo generosissimo S. P. D. regiae vniversitatis Fridericiae Gvilelmiae Rhenanae rector et senatvs [interprete Friderico Ritschelio]. (*Am Ende:* Bonnae Idibus Martiis a. 1852.) [Bonnae, typ. C. Georgii 1852.] 2 Bl. 2. ¶ Wieder abgedr. in des Verf. Opusc. philol. V 1879 S. 698 f.
Studienzeugnis f. d. Prinzen Friedrich Wilhelm bei seinem Abgang von der Universität

Index scholarvm ... in vniversitate litt. Fridericia Gvilelmia Rhenana per m. aest. 1845 ... habendarvm. [Inest Friderici **Ritschelii** de tabernis fori Romani prooemium.] Bonnae, typ. C. Georgii (1845). X, 11 S., 3 Bl. 4. ¶ D. Abh. ist wieder abgedr. in des Verf. Opusc. philol. II 1868 S. 385 ff.

Index scholarvm ... in litt. vniversitate Fridericia Gvilelmia Rhenana per m. aest. a. 1843 ... habendarvm. [Inest Friderici **Ritschelii** de actae Trinummi tempore prooemium.] Bonnae, typ. C. Georgii (1843). XII, 10 S., 4 Bl. 4. ¶ D. Abh. ist wieder abgedr. in des Verf. Parerga I 1845 S. 337 ff.

— die Tesserae gladiatoriae der Römer. [Aus: Abhandlungen der k. bayer. Akad. der Wiss.] München 864. (Franz'sche Buchh.) gr. 4. (66 S. mit 3 Steintaf. in gr. 4. u. Fol.) n. 1 ₰ 10 ngr.

Index scholarvm qvae ... in vniversitate Fridericia Gvilelmia Rhenana per m. hib. a. 1859 et 60 ... habebvntvr. — Praecedit [Friderici **Ritschelii**] dispvtatio de poetarvm testimoniis qvae svnt in vita Terentii Svetoniana. Bonnae, form. C. Georgi (1859). XVII, 10 S., 4 Bl. 4. ¶ Wiederholt in Suet. rel. ed. Reifferscheid 1860 u. in des Verf. Opusc. philol. III 1877; vgl. Wachsmuth ebenda V S. 738.

Ritschel, Fr., *s. Thomae magistri.*

Index scholarvm qvae ... in vniversitate litt. Fridericia Gvilelmia Rhenana per m. hib. a. 1852—53 ... habebvntvr. [Inest Friderici **Ritschelii** de titulo Aletrinati L. Betilieni Vari prooemium. Cum tab. una.] Bonnae, form. C. Georgii (1852). XVIII, 11 S., 3 Bl., 1 Taf. 4. ¶ D. Abh. ist wieder abgedr. in des Verf. Monumenta epigr. tria, Berol. 1852 u. in s. Opusc. philol. IV 1878 S. 163 ff. Taf. VI.

—— de titulo Aletrinate L. Betilieni Vari commentarius. 4. (18 S.) Berlin 852(61), Guttentag. *

Index scholarvm qvae ... in vniversitate Fridericia Gvilelmia Rhenana per m. aest. a. 1861 ... habebvntvr. — Praecedit [Friderici **Ritschelii**] de titvlo colvmnae rostratae commentatio altera. Bonnae, form. C. Georgi (1861). X, 11 S., 3 Bl., 1 Taf. 4. ¶ D. Abh. erschien zugleich selbständig bei Guttentag in Berlin. — Wieder abgedr. in des Verf. Priscae lat. monum. epigr. 1862 Enarr. Sp. 82 ff. (tab. XCV) u. in s. Opusc. philol. IV 1878 S. 204 ff. — Comm. I im Königsgeb.-Progr. 1852.

Index scholarvm qvae ... in vniversitate litt. Fridericia Gvilelmia Rhenana per m. aest. a. 1855 ... habebvntvr. [Inest Friderici **Ritschelii** de titulo metrico Lambaesitano prooemium.] Bonnae, form C. Georgii (1855). VI, 11 S., 3 Bl. 4. ¶ D. Abh. auch in des Verf. Prooem. Bonn. Decas 1861 No III. — Wieder abgedr. in s. Opusc. philol. IV 1878 S. 300 ff.

Index scholarvm qvae ... in vniversitate litt. Fridericia Gvilelmia Rhenana per m. aest. a. 1852 ... habebvntvr. [Inest Friderici **Ritschelii** de titulo Mummiano nunc Vaticano prooemium. Cum tabula lith.] Bonnae, form. C. Georgii (1852). 1 Bl., XVIII, 11 S., 3 Bl., 1 Taf. 4. ¶ D. Abh. erschien zugleich selbständig bei Trautwein in Berlin. — Wieder abgedr. in des Verf. Opusc. philol. IV 1878 S. 82 ff. Taf. III.

— Titulus Mummianus ad fidem lapidis Vaticani exemplo lithographo expressus atque enarratus. 4. (XVIII S. m. 1 lith. Taf.) Ebd. 852. n. ⅔ ₰

Index scholarvm qvae ... in vniversitate Fridericia Gvilelmia Rhenana per m. hib. a. 1857 et 58 ... habebvntvr. [Inest Friderici **Ritschelii** emendationum Catullianarum trias.] Bonnae, form. C. Georgii (1857). IX, 11 S., 3 Bl. 4. ¶ D. Abh. auch in des Verf. Prooem. Bonn. Decas 1861 No IX. — Wieder abgedr. in s. Opusc. philol. III 1877 S. 593 ff.

— Philologische Unverständlichkeiten. I. Anapästen bei Plautus. II. Die Plautin. Sprache u. Herr N. Madvig. S.-A. 1876. 28 S. 1.—

Ritschl, F., Vaso del Pelope. S-A. s. a. 29 S. m. 2 Taf. 4°.

— s. Verhandlungen der vierten Versammlung deutscher Philologen u. Schulmänner.

Index scholarvm qvae ... in vniversitate litt. Fridericia Gvilelmia Rhenana per m. hib. a. 1854 a d. XV m. Oct. ... habebvntvr. [Inest Friderici **Ritschelii** de verilloquiis quibusdam Plautinis prooemium.] Bonnae, form. C. Georgii (1854). XII, 11 S., 3 Bl. 4.
¶ D. Abh. auch in des Verf. Prooem. Bonn. Decas 1861 No II *u. d. T.:* Etymologiae latinae. — Wieder abgedr. in s. Opusc. philol. II 1868 S. 423 ff.

Ritschl, F., Disputatio de Aeschyli Septem adversus Thebas v. 254—261. • Pr. 1857. 12 S. 4°. —.75

Ritschl, Fridericus: Commentationis de Agathonis vita, arte et tragoediarum reliquiis particula. Halis Saxonum (1829): Gebauer. IV, 25 S. 8°
Halle-Wittenberg, Phil. Hab.-Schr. v. 15. Aug. 1829
Enthält nur Caput V—VII.
R. wurde das Colloquium erlassen.

Index scholarvm qvae ... in vniversitate Fridericia Gvilelmia Rhenana per m. aest. a. 1859 ... habebvntvr. — Praecedvnt Porcii Licini de vita Terentii versvs integritati restitvti [a Friderico **Ritschelio**]. Bonnae, form. C. Georgi (1859). XI, 10 S., 4 Bl. 4.
¶ D. Abh. ist wieder abgedr. in Suet. rel. ed. Reifferscheid 1860 S. 481 f., 490 ff. u. in des Verf. Opusc. philol. III 1877 S. 215 f., 225 ff.

Ritschl, G. C. B., s. Ritschel, G. C. B.

Ritschl, Georg

Ritschl.: Beitrag zur Flora von Posen. 24 S. u. Figt. – Progr. Posen Fr. W. 1857.

Ritschl, G.: Beiträge zur Flora des Großherzogthums Posen. 25 S. – Progr. Posen Fr. W. 1851.

Ritschl, Geo., Flora des Grossherzogth. Posen, im Auftrage des naturhist. Vereins zu Posen hrsg. gr. 8. (XXXII u. 291 S.) Berlin 850, Mittler & Sohn. n. 1⅓ ℳ

Ritschl, Geo., über einige wildwachsende Pflanzenbastarde. Ein Beitrag zur Flora von Posen. Posen 857. (Berlin, Mittler u. Sohn.) gr. 4. (24 S. u. 1 lith. Taf.) n. 15 ngr.

Ritschl, Otto, Cyprian v. Karthago und die Verfassung der Kirche. Eine kirchengeschichtl. und kirchenrechtl. Untersuchung. gr. 8. (VII, 250 S.) Göttingen 885, Vandenhoeck und Ruprecht's Verlag. *

Ritschl, Otto, Dogmengeschichte des Protestantismus. Grundlagen u. Grundzüge der theolog. Gedanken- u. Lehrbildg. in den protestant. Kirchen. 1. Bd. Prolegomena. Biblicismus u. Traditionalismus in der altprotestant. Theologie. (X, 410 S.) gr. 8. Leipzig 908. J. C. Hinrichs' Verl. 9.50; geb. in Leinw. 10.50

Wissenschaftliche Ethik und moralische Gesetzgebung. Grundgedanken e. Kritik d. gegenwärt. Ethik von Otto Ritschl. *Tübingen & Leipzig: J. C. B. Mohr 1903.* (43 S.) 8°

Ritschl, Otto, ord. theol. ev. h. a. decanus: Die **Causalbetrachtung** in den Geisteswissenschaften. *Bonnae (1901): C. Georgi.* (100 Sp.) 4°
Bonn, Progr. zur Gedächtnisfeier Friedrich Wilhelms III. 1901

Ritschl, Otto, die Causalbetrachtung in den Geisteswissenschaften. 8. (V, 138 S.) Bonn 901. A. Marcus u. E. Weber. n. 2. —

Ritschl, Otto, Albrecht Ritschls Leben. 1. Bd. 1822—1864. gr. 8. (VII, 456 S.) Freiburg i/B. 892. J. C. B. Mohr. n. 10. —; geb. n.n. 12. —

— Albrecht Ritschls Leben. 2. (Schluß-)Bd. 1864—1889. gr. 8. (VII, 544 S. m. Bildn.) Ebd. 896. n. 12. —; geb. n.n. 14. — (kplt.: n. 22. ; geb. n.n. 26. —)

Ritschl, O., das christliche Lebensideal in Luther's Auffassung. Vortrag. 8. (42 S.) Halle 889. Niemeyer. n. — 80

— die Sendung d. Bischofs Ritschl nach Petersburg im J. 1829. Offener Brief an Paul de Lagarde. gr. 8. (12 S.) Bonn 890. Marcus. n. — 25

— Schleiermacher's Stellung zum Christentum in seinen Reden über die Religion. Ein Beitrag zur Ehrenrettg. Schleiermacher's. gr. 8. (VII, 107 S.) Gotha 888. F. A. Perthes. n. 2. 40

— s.: Studien, theologische.

Ritschl, Otto: System und systematische Methode in der Geschichte des wissenschaftlichen Sprachgebrauchs und der philosophischen Methodologie. (Enthält zugleich: Bericht über die im Jahre 1906 eingegangenen Preisarbeiten und die neuen Preisaufgaben für das Jahr 1906/07.) Bonn (1900): C. Georgi. (95, X S.) 4°
Bonn, Progr. zur Gedächtnisfeier Friedrich Wilhelms III. 1900

System und systematische Methode in der Geschichte des wissenschaftlichen Sprachgebrauchs und der philosophischen Methodologie. Von Otto **Ritschl.** Bonn: A. Marcus & E. Weber 1906. (96 Sp., VII S.) 4°
Erschien zuerst als Univ.-Progr. z. Feier d. Gedächtn. Friedrich Wilhelms III., 3. Aug. 1906. [07. 1609

Ritschl, Otto: Schleiermachers Theorie von d. Frömmigkeit. *Göttingen 1897.*
in: Studien, Theologische, ... B. Weiss zu s. 70. Geburtst. dargebr. [07. 4105

Ritschl, Otto, Nietzsches Welt- u. Lebensanschauung in ihrer Entstehg. u. Entwicklg. dargest. u. beurtheilt. gr. 8. (VI, 58 S.) Freiburg i/B. 897. Tübingen, J. C. B. Mohr. n. 1. —

— Nietzsches Welt- u. Lebensanschauung in ihrer Entstehung u. Entwicklung dargestellt u. beurtheilt. 2. Aufl. 8. (III, 107 S.) Freiburg i/B. 899. Tübingen, J. C. B. Mohr. n. 1. 20

Ueber Werthurtheile. Von Otto Ritschl. Freiburg i/B. & Leipzig: Mohr 1895. VI, 35 S. 8° [05. 13206

— über Werthurtheile. gr. 8. (VII, 35 S.) Freiburg i/B. 895. Tübingen, J. C. B. Mohr. n. — 80

Die freie Wissenschaft und der Idealismus auf den deutschen Universitäten. Akad. Rede von Dr. theol. Otto **Ritschl,** Prof., Bonn. Bonn: A. Marcus & E. Weber 1904. (32 S.) 8° [05. 5113

— die freie Wissenschaft u. der Idealismus auf den deutschen Universitäten. Akademische Festrede. (32 S.) 8. Ebd. 905. n. — 60

Ritschl von Hartenbach, H. J.

— Dämmerung u. Morgenroth. Geschildert u. der erwachsener Jugend empfohlen. A. u. d. T.: poetische Versuche. 8. Erf. 821. (Müller). 12 gr.

Ritschel v. Hartenbach, H. J., der Buchdruckerkunst Erfindung. Nebst einigen Betrachtt. üb. den Nutzen u. die Nachtheile, welche seit ihrem Ursprunge aus ihrer verschied. Anwendung entstanden sind. 8. Sondersh. 820. Voigt in Ilmenau. 6 gr.

Ritschl v. Hartenbach, J., neues System geograph. Charten zugleich mit ihrem Colorit auf d. Buchdruckerpresse herzustellen. gr. 8. (6 B.) Leipzig 840, [Hartung.] *

Ritschl v. Hartenbach, Ritter J., neues System geographische Karten zugleich mit ihrem Colorit auf der Buchdruckerpresse herzustellen. gr. 8. Leipzig 840. Wunder. n. 1 ℳ

Ritschl's, Friedr., Biographie, s. Mueller, L.

Ritschl's, Friedr. Wilh., Biographie, s.: Ribbeck, O.

Ritsema, Jpo Christiaan, aus Haarlem: **Beiträge zur Kenntnis des Akridins.** *Freiburg i. B.: Speyer & Kaerner 1903.* (45 S.) 8°
Freiburg i. B., Phil. Diss. v. 1903

Ritsema, J. C., en J. **Sack:** Index phytochemicus. Systematische Übersicht aller Pflanzenkörper, nach dem Kohlenstoffgehalt geordnet. [Holländisch] Amsterdam 1905

Ritsert, Adolf Ludwig, Referendar in Straßburg i. E.: Der privatrechtliche Charakter der Schuldhinterlegung ⟨B.G.B. § 372 ff.⟩. Schiltigheim i. E. 1907: Bartl & Reimann. (122 S.) 8°
Straßburg, Rechts- u. staatsw. Fak., Ref. Kisch, Diss. v. 26. Juni 1907
[Geb. 7. Juli 81 Laubach, Großh. Hessen; Wohnort: Straßburg i. E.; Staatsangeh.: Hessen u. Elsaß-Lothringen; Vorbildung: Gymn. Laubach, Lyzeum Straßburg Reife 99; Studium: Straßburg 6, München 1 S.]

Ritsert, Carl, s. Ritsert, Karl

Ritsert, Eduard

Ritsert, Ed., Untersuchungen über das Ranzigwerden der Fette, s.a. Abhandlungen, allgemeinverständliche naturwissenschaftliche.

RITSERT, EDUARD. Untersuchungen über das Ranzigwerden der Fette. (Bern) Berlin, 1890.

Ritsert, *Ernst* Geometrisch-analytische Aufgaben. 8 (45 S.).
Progr. G. Fridericianum *Laubach* 1888 (595).

— Neue Gesichtspunkte in der Theorie der Kegelschnitte. 26 S. u. Taf. **Progr.** *Laubach* 1885.

— Die Kegelschnitte als geometrische Örter. 22 S. u. Taf. *Laubach* 1883. Progr.

Ritsert, Ernst Analytisch-geometrische Untersuchungen. 15 S. u. Taf. **Progr.** *Laubach* 1878.

Ritsert, Ernst Ludw., die Lehre vom deutschen Style oder Anleitung zum richtigen deutschen Gedankenausdrucke für Volksschulen u. einzelne Classen der Realanstalten u. Gymnasien rc. 3., verb. Aufl. gr. 8. (36 B.) Darmstadt 845, Diehl. *

Ritsert, Ernst Ludw., die Lehre vom deutschen Style oder Anleitung zum richtigen deutschen Gedankenausdrucke für Volksschulen u. einzelne Classen der Realanstalten u. Gymnasien, wie zum Privatgebrauche. 4. verb. Aufl. gr. 8. (VIII u. 568 S.) Darmstadt 848, Diehl. n. ¾ *ℛ* — 5. Aufl. gr. 8. (VIII u. 568 S.) Ebd. 852. n. 24 *ngr*

Ritsert, Ernst Ludw., die Lehre vom deutschen Style oder Anleitung zum richtigen deutschen Gedankenausdrucke für Volksschulen und einzelne Classen der Realanstalten und Gymnasien, wie zum Privatgebrauche. Neu bearb. von Fridolin Wagner. 6. Aufl. gr. 8. (VIII und 472 S.) Darmstadt 856, Diehl. *

Ritsert, Ernst Ludw., die Lehre vom deutschen Style, oder Anleitung zum richtigen deutschen Gedankenausdrucke für Volksschulen u. einzelne Classen der Realanstalten u. Gymnasien, wie zum Privatgebrauche. Neu bearb. von Fridolin Wagner. 7. Aufl. Darmstadt 861. Diehl. gr. 8. (VIII, 471 S.) n. 24 *ngr*

Ritsert, Ernst Ludw., die Lehre vom deutschen Style oder praktische Anleitung zum richtigen deutschen Gedankenausdrucke für die oberen Klassen der Volksschulen, höhere Mädchenschulen, Schullehrerseminarien u. einzelne Klassen der Realanstalten u. Gymnasien, wie zum Privatgebrauche. Neu bearb. von Fridolin Wagner. 8. Aufl. Darmstadt 865. Diehl. gr. 8. (XI, 468 S.) n. 24 *ngr*

— u. **Fridol. Wagner,** die Lehre vom deutschen Stil, oder praktische Anleitung zum richtigen deutschen Gedankenausdrucke für die oberen Klassen der Volksschulen, höhere Mädchenschulen, Schullehrerseminarien rc. 9. Aufl. Darmstadt 869. Diehl. gr. 8. (VII, 472 S.) n. 24 *ngr*

Ritsert, Ernst Ludw., die Lehre vom deutschen Styl oder praktische Anleitung zum richtigen deutschen Gedankenausdruck für die oberen Klassen der Volksschulen, höheren Mädchenschulen, Schullehrerseminarien und einzelne Klassen der Realanstalten und Gymnasien, wie zum Privatgebrauche. Neu bearb. von Fr. Wagner. 10. und 11. Aufl. gr. 8. (470 S.) Darmstadt 875,80, Diehl's Verlag. *

Ritsetr, Ernst Ludw., der Orden der Trappisten. gr. 8. (23¼ B.) Darmstadt 833, [Heyer'sche Briesbuchh.]

—— dichterischer Schul- und Hausschatz für Kinder. Eine Sammlung von Gebeten, Sprüchwörtern, Denk- und Sittensprüchen, Liedern, Bildern, Erzählungen rc. aus den Gebieten der Religion, der Natur und des Menschenlebens für Elementar- und Mittelschulen. gr. 8. (IV und 244 S.) Darmstadt 855, Jonghaus'sche Hofbuchh. *

—— kleiner dichterischer Schul- und Haus-Schatz für Kinder. Anhang zu des Elementarschülers erstem Lesebüchlein. Eine Sammlung von kindl. Gebeten, Sprüchwörtern, Denkreimen, Liedern, Bildern rc. für die evangel. Stadtschulen in Darmstadt. 8. (52 S.) Darmstadt 855, Jonghaus'sche Hofbuchh. *

Ritsert, Ernst Ludw., deutsche Sprachlehre mit zahlr. Uebungsaufgaben f. höh. u. nied. Volksschulen. 3 Abthln. gr. 8. Darmstadt, Diehl. *
Abthl. 1. Sprachlehre. 1. Aufl. (9⅓ B.) 839., 2., verm. u. verb. A. (9¾ B.) 841. à * 6 Gr.
: 2. Uebungsaufgaben. 1. Aufl. (9 B.) 839., 2., verm. u. verb. A. (10 B.) 841. à * 6 Gr.
: 3. Die Lehre vom deutschen Style, od. Anleit. z. richt. deutschen Gedankenausdrucke f. Volksschulen u. einzelne Classen d. Realanstalten u. Gymnasien, wie z. Privatgebr. 1. Aufl. (26⅛ B.) 839. * 18 Gr., 2., verm. u. verb. A. (36 B.) 841. * 12 Gr.

—— deutsche Sprachlehre mit zahlreichen Uebungsaufgaben für höhere u. niedere Volksschulen. 1. Abthl. 3., verm. u. verb. Aufl. (hrsg. v. Sell.) gr. 8. (10⅜ B.) Darmstadt 844, Diehl. *

Ritsert, Ernst Ludw., deutsche Sprachlehre mit zahlreichen Uebungsaufgaben für höhere und niedere Volksschulen. 4. Aufl. 1849. * 7½ Ngr. und 5. Aufl. gr. 8. (VI und 162 S.) Darmstadt 852, Diehl. Thlr. *

—— deutsche Sprachlehre mit zahlreichen Uebungsaufgaben für höhere und niedere Volksschulen. 6. Aufl. gr. 8. (VI und 162 S.) Darmstadt 855, Diehl. *

—— deutsche Sprachlehre mit zahlreichen Uebungsaufgaben für höhere und niedere Volksschulen. 7. Aufl. gr. 8. (VI und 162 S.) Darmstadt 857, Diehl. *

—— deutsche Sprachlehre mit zahlreichen Übungsaufgaben für höhere und niedere Volksschulen. 8.—10. Aufl. gr. 8. (IV und 164 S.) Darmstadt 862—64, Diehl. *

—— deutsche Sprachlehre mit zahlreichen Übungsaufgaben für höhere und niedere Volksschulen. 11. Aufl. (158 S.) 1868. * 80 Pf.; 12. Aufl. gr. 8. (158 S.) Ebendas. 873. *

Ritsert, Ernst Ludw., deutsche Sprachlehre m. zahlreichen Übungsaufgaben f. höhere u. niedere Volksschulen. Neu bearb. v. Fridolin Wagner. 13. Aufl. gr. 8. (VI, 150 S.) Darmstadt 881. Bergsträsser. n. 1. 5

— s. Stadt- u. Landbote, der Hessische.

— Uebungsaufgaben zur deutschen Sprachlehre für höhere und niedere Volksschulen. 4. verb. Aufl. Darmstadt 853. Diehl. gr. 8. (VI, 158 S.) n. 8 *ngr*

— Uebungsaufgaben zur deutschen Sprachlehre für höhere und niedere Volksschulen. 5. Aufl. gr. 8. (158 S.) Darmstadt 863. Diehl. *

Ritsert, F., Hartmut v. Kronberg, s.: Für die Feste und Freunde des Gustav-Adolf-Vereins.

Ritsert, Fr., u. H. Grotefend, die Familie v. Eschborn u. ihr Zusammenhang m. der Familie v. Cronberg. Mit e. (photolith.) Siegeltaf. gr. 4. (III, 13 S.) Frankfurt a/M. 884. Völcker. n. 1. —

Ritsert, Friedrich

—— und Karl Zimmermann, Altargebet und Predigt bei der 50jährigen Gedächtnißfeier des 18. Octobers in der Stadtkirche zu Darmstadt. gr. 8. (16 S.) Darmstadt 863, (Jernin.) Aus: Sonntagsfeier, besonders abgedruckt.

Ritsert, Friedr., verdeutschend. u. erklär. Fremdwörterbuch zum Schul- u. Hausgebr. besond. f. höh. Bürger- u. Töchterschulen. gr. 8. ($21^{1}/_{4}$ B.) Darmstadt 853, Leske.

Ritsert, Friedr., und Geo. Geyer, biblische Geschichten des alten und neuen Testamentes mit Sprüchen und Liederversen. gr. 8. (IV und 96 S.) Darmstadt 863, Jernin.

Ritsert, Frdr., u. Geo. Geyer, biblische Geschichten d. Alten u. Neuen Testamentes m. Sprüchen u Liederversen. 2. Aufl. gr. 8. (91 S.) Darmstadt 874. Jernin. n. — 80

Ritsert, Frdr., u. Geo. Geyer, biblische Geschichten des Alten u. Neuen Testamentes mit Sprüchen u. Liederversen. 2. Aufl. gr. 8. (IV, 91 S.) Darmstadt 881. Jernin. n. — 80

Ritsert, Friedr., und Geo. Geyer, biblische Geschichten des Alten und Neuen Testamentes mit Sprüchen und Liederversen. 3. Aufl. gr. 8. (IV, 91 S.) Darmstadt 881, Jernin.

Ritsert, Fr. (Bearb.), s.a. Register zu den 12 ersten Bänden des Archivs für Hessische Geschichte u. Alterthumskunde.

Ritsert, Friedr., Register zu den 12 ersten Bänden des Archivs für hessische Geschichte und Alterthumskunde, sowie zu den, von den verbundenen Geschichtsvereinen Cassel, Darmstadt, Mainz, Frankfurt und Wiesbaden in den J. 1852—1861 herausgegebenen „Period. Blättern" und den Quartalblättern des histor. Vereins für das Großherzogth. Hessen von den J. 1861—1870. gr. 8. (242 S.) Darmstadt 873, (Klingelhöffer.)

Ritsert, F., Register zu den hessischen Urkunden, s. Urkunden, hessische.

Ritsert, Friedr., dichterischer Schul- und Haus-Schatz für Kinder. Eine Sammlung von Gebeten, Sprüchwörtern, Denk- und Sittensprüchen, Liedern, Bildern, Erzählungen rc. aus den Gebieten der Religion, der Natur und des Menschenlebens für Elementar- und Mittelschulen herausg. Darmstadt 855. Jonghaus. 8. (IV, 244 S.) n. 8 ngr.

— kleiner dichterischer Schul- und Hausschatz für Kinder. Anhang zu des Elementarschülers erstem Lesebüchlein. Eine Sammlung von kindlichen Gebeten, Sprüchwörtern, Denkreimen, Liedern, Bildern rc. für evangel. Stadtschulen in Darmstadt. Ebend. 855. 8. (52 S.) n. 2 ngr.

Worte des Glaubens, der Liebe und der Hoffnung, gesprochen in der dem Andenken des in den ewigen O.·. vorangegangenen Friedr. Leop. Klipstein gewidmeten Trauer-Loge von Friedr. **Ritsert.** (Auf besonderes Verlangen mehrerer Br.·. Br.·. zum Dr. übergeben.) Darmstadt 1834: Will. 8 S. 8⁰ [Umschlagtit.]
Schildert den Tod e. wahren Frmrs.

Ritsert, (G. L.,) allgemeines Kochbuch f. Deutschland. 2 Bde. 2e wohlfeile Ausgabe. 8. Gießen 825. Heyer.

Ritsert, G. L., allgemeinnütz. Kochbuch f. Deutschland. Zum Selbstunterricht f. Anfänger u. Liebhaber d. edlen Kochkunst. Mit e. Anh. von d. Verfertigung des gebräuchl. Konditorei-Backwerks, des Gefrornen u. d. Einmachung des Obstes. 2 Bde. 8. Gießen 811. Heyer. 2 ₰ 12 gr 2e wohlf. Ausg. 824. Ebd. 1 ₰ 6 gr

Ritsert, Karl

Ritsert, Carl, der Harzer Canarienvogel. Ein praktischer Leitfaden für Liebhaber dieses gefiederten Sängers zu seiner Zucht u. Pflege. gr. 16. (16 S.) Heilbronn 878. Schmidt in Comm. n. — 40

Ritsert, Carl, der Harzer Canarienvogel. Ein prakt. Leitfaden für Liebhaber dieses gefiederten Sängers zu seiner Zucht und Pflege. 2. erweit. Aufl. 8. (62 S.) Heilbronn 883, (Becker.)

Ritsert, Thdr., Darmstädter Namenbüchlein. I. Straßen u. Plätze. — II. Aus der Umgebg. (166 S.) gr. 8. Darmstadt 905. H. L. Schlapp. n. 2. —; geb. n. 3. —

Ritt, Dem Br. Georg Martin, und Br. Friedrich Wilh. Beckendorf zum Johannisfeste herzlich gewidmet im Namen sämmtlicher Brüder. Hamburg, den 24. Juni 1859. Hamb. 1859. V: *Ney, Heinrich.* (wolfstieg I, 907)

Ritt, Dem Br. Georg Martin, und dem Br. Friedr. Wilh. Beckendorff zum Johannesfeste herzlich gewidmet im Namen sämtlicher Brüder. »Den Meistern, die so lange uns geführet ...« Hamb., den 24. Juni 1862. Hamb. 1862. V: *Ney, Heinrich.* (wolfstieg II, 1025)

Ritt, Dem Br. Georg Martin, und dem Br. Friedrich Wilhelm Beckendorff zum Johannesfest herzlich gewidmet im Namen sämtlicher Brüder. »Den Meistern, Heil! die uns so lange geführet ...« Hamburg, den 24. Juni 1865. Hamb. [1865]. V: *Ney, Heinrich.* (wolfstieg II, 1025)

Ritt, Dem Br. Georg Martin und dem Br. Friedr. Wilh. Beckendorff zum Johannesfest herzlich gewidmet von sämmtlichen Brüdern. »Begrüsset laut an dieser Tafelrunde ...« Hamburg, den 24ten Juni 1867. Hamb. 1867. V: *Ney, Heinrich.* (wolfstieg II, 1025)

Ritt, e., ums Leben, s.: Volks-Erzählungen, kleine.

Ritt, Des Pfarrers von Aichholde, von 10 Meilen, oder Scenen aus dem Leben weiser Menschen und Narren... Tübingen 1792—93. V: *Duttenhofer, Jac. Heinrich.* (MGT)

Ritt, der, von 10 Meilen des Pfarrers zu Aichhalde, od. Scenen aus d. Leben weiser Menschen u. Narren, v. G. Löffer. 3 Thle. 8. Tübing. Cotta. 792—93. (I. II. 2 Rthlr. III. 1 Rthlr. 4 gr.)

Ritt, Jos. Das Auge und seine Verrichtung. 26 S. Figt. . Gleiwitz, Progr. 1849

Ritt, M., Aufgaben aus der Geometrie u. Trigonometrie, nebst der bei der Auflösung der geometr. Aufgaben zu befolgenden Methode u. die Auflösungen. Nach der 3. Aufl. ins Deutsche übertr. v. H. K. Kißling. 8. (VIII u. 304 S. m. eingedr. Holzschn.) Stuttgart 851, Rieger. 1 ₰

Rittau, Bj. (G. Trautmann), Bilder aus der brandenb.-preuß. Geschichte in schulgemäßer Form. 2., verb. Aufl. (56 S.) gr. 8. Berlin (906). Gerdes & Hödel. n. — 30

Katholisches Kirchen-Gesangbuch. Eine Sammlung von 113 der gebräuchlichsten Kirchengesänge nebst e. Anh. von Litaneien von Bj. **Rittau**. B. Ausg. mit Noten. Königshütte: A. Gaertner [1901]. (176 S.) 8° [F.] (06. 3160

Rittau, Bj., kathol. Kirchen-Gesangbuch. Eine Sammlung der gebräuchl. Kirchengesänge nebst Litaneien u. d. Kreuzwegandacht. 3. erw. Aufl. A. Ausg. ohne Noten. (VIII, 168 S.) kl. 8. Königshütte 906. A. Gaertner. Geb. — 35

— dasselbe. Eine Sammlg. v. 113 der gebräuchl. Kirchengesänge, nebst e. Anh. v. Litaneien. B. Ausg. m. Noten. (VIII, 179 S.) kl. 8. Ebd. 907. Geb. — 75

Legende und Kirchengeschichte in Einzelbildern. Für kath. Volksschulen bearb. u. hrsg. von Bj. **Rittau**. [Nebst] Das Kirchenjahr. Königshütte: A. Gaertner 1903. (44, 8 S.) 8° [F.] (08. 6066

— Deutsches Schul-Liederbuch. Eine methodisch geordnete Sammlg. d. schönsten u. besten Schul- u. Volkslieder nebst e. Anh. v. Bergmannsliedern. 4., verm. Aufl. A. Ausg. ohne Noten. (80 S.) kl. 8. Ebd. 905. — 15

— Weihnachts-Album. Eine Sammlg. der schönsten Weihnachtslieder f. den Familienkreis. In 2- u. 3 stimm. Satze bearb. u. hrsg. (16 S.) gr. 8. Ebd. 905. — 50

Weihnachts-Album. Eine Sammlung d. schönsten Weihnachtslieder… In zwei- u. dreistimm. Satze bearb. u. hrsg. von Bj. **Rittau**. Königshütte: A. Gaertner [um 1907]. (16 S.) 8° [F.] (08. 1368

Rittau, Johs. Johann Reinhold Forsters Bemerkungen auf seiner Reise um die Welt. 34 S. **Progr.** G Hanau 1881

Rittau, Johannes: Johann Reinhold Forsters Bemerkungen, auf seiner Reise um die Welt gesammelt. Ein Beitrag zur Geschichte der Geographie. Th. 1. (Inaugural-Dissertation. Marburg.) Marburg 1881. 34 S. 8°.

Rittau, Johannes, Dr.: Das **Entwerfen** von Kartenskizzen im Unterricht. Ein Beitrag zur Methode d. erdkundl. **Unterrichts** nach d. Lehrplänen von 1892. *Rawitsch 1899: R. F. Frank.* (18 S.) 4°
Rawitsch, k. G, OP 1899 (181)

Rittberg, H. v., die Erbin vom fahrenden Volk, s.: Weber's moderne Bibliothek.

Rittberg, Hedw. Gräfin, Erinnerungen aus 3 Jahrzehnten meines Berufslebens, nebst Selbstbiographie. 8. (IV, 74 S. m. Bildn.) Berlin 896. H. Spamer. Kart. n. 1. 50; geb. in Leinw. n. 2. 50

Rittberg, Hedwig Gräfin v., Fügungen, s. a. Gumpert's, Thekla v., Bücherschatz f. Deutschlands Töchter.

Rittberg, Hedw. Gräfin v., Fügungen. (Erzählungen f. junge Mädchen.) 2. Aufl. 8. (VII, 176 S.) Glogau 901. C. Flemming. Geb. in Leinw. n. 2. —

Rittberg, Hedw. v., Prinzeßchen Goldhaar. Zwei Erzählgn. für junge Mädchen. Mit Titelbild. (205 S.) 8. Berlin (909). Verlag Jugendhort. Geb. 4. —

Rittberg, Hugo, über den Aberglauben. Schutz- u. Trutzschrift für Alle, welche heimlich oder offen dem schrecklichen Moloch Aberglauben huldigen, mithin für die ganze gebildete Welt. Berlin 867. Grothe. gr. 16. (16 S.) n. 2½ ngr.

Rittberg, Hugo v., Ehemannsleid und Junggesellenweh. Humoristische Skizzen und Erzählungen aus der Wirklichkeit. gr. 16. (127 S.) Berlin 869, Grothe. *

—— über die Frauen. Erfahrungen eines Lebemannes, der die lieben Weiblein durch eine ungetrübte Brille betrachtet hat. gr. 16. (15 S.) Berlin 866, Grothe.
Aus: Rittberg's epikureischen Gedankenholzspänen, besonders abgedruckt.

—— Späne aus epikureischem Gedankenholze. Ein Buch für Alle, die weder das Leben für eine Hölle, noch die Erde für ein Jammerthal ansehen. gr. 16. (V und 135 S.) Berlin 866, Grothe.

Rittberg, Karl G. H. B. Graf v., e. Beitrag zu 1813. Die Belagerg. der Festg. Spandau u. damit in Zusammenhang steh. krieger. Ereignisse im Königr. Preussen, vornehmlich in der Kurmark bis gegen Ende 1813. Mit Plänen u. Beilagen versehen u. nach Archiven u. geschichtl. Belegen bearb. gr. 8. (VIII, 343 S.) Graudenz 891. J. Gaebel. n. 9. 50

Ritte, Thdr., die Gouvernante, s.: Körner, Th.

— ein Märchen, s.: Lehnbacher.

Rittel, Theobald. Ein evangel. Lebensbild aus der letzten Hälfte d. 18. Jahrh. v. L. E. gr. 8. (98 S.) Weißenburg 871. (Straßburg, Schmidt.) n. 1. 20

Rittelmeyer, Friedrich

Tolstois religiöse Botschaft, dargest. u. beurteilt in 4 Vorträgen von Dr. Fr[iedrich] **Rittelmeyer**, Pfarrer. Ulm: H. Kerler 1905. (II, 148 S.) 8° [F.] (05. 14773

Rittelmeyer, Frdr., Buddha od. Christus?, s. a. Sammlung gemeinverständlicher Vorträge u. Schriften aus dem Gebiet der Theologie u. Religionsgeschichte.

Buddha oder Christus? Von Pfarrer Lic. Dr. [Friedrich] **Rittelmeyer**. Tübingen: Mohr 1909. 35 S. 8°
(Sammlung gemeinverständlicher Vorträge u. Schriften aus d. Geb. d. Theologie u. Religionsgeschichte. 57.) (09. 3411

– Freiheit, Friede, Freude! Festpredigt, am Jahresfest des evangel. Bundes (9. IX. 1907) geh. (11 S.) gr. 8. Schweinfurt 907. E. Stoer. — 20

Rittelmeyer, Frdr., Friede u. Kraft. 7 Predigten, der Würzburger evangel. Gemeinde als Abschiedsgabe gewidmet. gr. 8. (75 S.) Würzburg 902. A. Herzer. n. 1. —

Rittelmeyer, Fr., Gott u. die Seele, s.: Geyer.

– Wahre Jesusliebe, s.: Geyer, Christian.

— Leben aus Gott, s.: Geyer, Christian.

Rittelmeyer, Friedrich, aus Dillingen: Fr. Nietzsche und das Erkenntnisproblem. *Leipzig: W. Engelmann 1903.* (IV, 109 S.) 8°
Würzburg, Phil. Diss. v. 1903

— Friedrich Nietzsche u. die Religion. 4 Vorträge. 1. u. 2. Taus. (IV, 95 S.) gr. 8. Ulm 904. H. Kerler. n. 1. 80

— Der Pfarrer. Erlebtes u. Erstrebtes. (VIII, 121 S.) 8. Ulm 909. H. Kerler. 1.75

— Predigt, geh. am 25. Jubiläum des allgem. evang.-protest. Missionsvereins zu Berlin am 20. IV. 1909. (11 S.) gr.8. Heidelberg (909). Ev. Verlag. — 15

— Was will Johannes Müller? Kurze Darstellung und Würdigg. (Umschlag: Ein Wort zu seiner Würdigg.) 2. durchgearb. Aufl. (41 S.) 8. München 911. C.H.Beck. —80

— s.: Werde Licht!

Rittelmeyer, G. H. A., die evangelischen Kirchenliederdichter des Elsasses. Entwurf des ersten Buches einer Geschichte des evangelischen Kirchenliedes u. Kirchengesanges im Elsass. (Aus „Beiträge zu den theolog. Wissenschaften von Reuss und Cunitz" abgedr.) Jena 855. Mauke. gr.8. (2 Bl., 84 S.) 15 ngr

Rittelmeyer, Heinr., „Fürwahr, Du bist e. verborgener Gott!" Predigt üb. Jes. 45, V. 15, bei dem Trauergottesdienste f. weil. Se. Maj. König Ludwig II. v. Bayern, Freitag, den 25. Juni 1886 in der St. Johanniskirche zu Schweinfurt geh. gr. 8. (10 S.) Schweinfurt 886. Giegler. n. — 20

Rittelmeyer, H., am 90. Geburtsfest Kaiser Wilhelm I. Predigt üb. Psalm 21, Vers 2—8 bei dem Festgottesdienste der evangel. Gemeinde zu Schweinfurt, den 22. März 1887 geh. gr. 8. (13 S.) Schweinfurt 887. Giegler. n.n. — 20

Rittelmeyer, Heinr., so sei nun fleißig u. thue Buße. Predigt, am Sonntage Invocavit, als am jährlichen Buß- u. Bettage, den 26. Febr. 1882 in der Kirche zu St. Salvator in Schweinfurt über Offenbarung St. Johannis 3, 14—22 geh. gr.8. (14 S.) Schweinfurt 882. Giegler in Comm. n. — 20

Rittenberg, Samuel (Dav.) (geb. Wilkowischki in Russl. 1. 7. 1858): Ueber Muskelatrophie im Gefolge motorischer Lähmungen. Berlin (1884). (38 S.) 8°

Berlin, Med. Diss. v. 8. März 1884

Rittener, Auguste, Chateau d'Oex und Vevey: Action de l'acide carbonique sur les sulfures de sodium et de calcium et de l'acide sulfhydrique sur le carbonate de sodium. Zürich 1906. 50 S. 8°. [11. VIII. 06.]

Zürich. Phil. Diss. II. S. 1905/1906.

Rittener, Auguste. Action de l'acide carbonique sur les sulfures de sodium et de calcium et de l'acide sulfhydrique sur le carbonate de sodium. Diss. Phil. [II.] Univ. Zürich. [Avec des figures.] 49 p. 8. Zürich, Gebrüder Leemann & Co., 1906.

Rittener, Th., Étude géologique de la Côte-Aux-Fées et des environs de Ste-Croix et Baulmes, s.a Matériaux pour la carte géologique de la Suisse. 13. livr.

Rittener, Th[éophile]. Étude géologique de la Côte-aux-Fées et des environs de Ste-Croix et Baulmes. Avec carte au 1:25,000. (4 planches [et des illustrations]:) profils et croquis. VI + 116 p. 4. Berne, Comm. Schmid & Francke, 1902. (fr. 15. — ; La carte seule fr. 6. —)

Matériaux pour la Carte géologique de la Suisse.... Nouvelle Série: 13e Livr. (Des ganzen Werkes Liefg. 43.)

Ritter, die, vom Adlerbunde. 2 Thle. 8. Lpz. Joachim. 802.

RITTER, Die, vom Adlerbunde. 2 Bde. Leipzig, Joachim, 1808. 8°. (½ Rthl.)

Ritter, die, v. Adlerstein, s.: Saat u. Ernte. 20. Bd.

— Angus; nach d. Engl. (v. H. Müller VI.) 2 Thle. 8. Quedlinb. 824. Basse. 2 ß 8 gr

„Ritter, die, der Arbeit" und das Votum der Cardinäle Gibbons u. Manning. Ein Wendepunkt für die richtige Stellungnahme zu den Arbeiter-Organisationen auch auf Seite der deutschen Katholiken. 8. (48 S.) Augsburg 887. Literar. Institut v. Dr. M. Huttler. n. — 20

— arme! Roman v. Marie Madeleine. 2. Taus. (225 S.) 8. Berlin (904). Verlag Continent. n. 3. 50; geb. n. 5.—

Ritter, die, u. die Bauern, s. Schauspiele, vaterländ. v. Bar. Fouque.

Ritter, die beiden, Andreas von Sonnenberg u. Felix von Werdenberg oder: die Wahrsagerin auf dem Bussen in Oberschwaben. Eine Geschichte rc. aus der Zeit des schwäb. Bauernkriegs. 8. (4½ B. u. Ttlkpfr.) Ulm 845. [Adorf, Müller's Bh.]

Ritter, die beiden, Andreas von Sonnenberg und Felix von Werdenberg oder: die Wahrsagerin auf dem Bussen in Oberschwaben. Eine Geschichte rc. aus der Zeit des schwäbischen Bauernkriegs. Mit Titelkpfr. 8. Ulm 845, Seitz. ⅓ ß

Der belgische Ritter zur Zeit der Bilderstürmer. 1829

s. Moke, Henri Guillaume Philippe [Verf.]

Ritter, der, von Biederborn; e. Ballade, (von A. Eph. Meinecke). 2 Stcke. 8. Magdeb. 783, 84.

Ritter, Die, von der goldenen Binde. Quedl. 1827. V: *Aniello, Seb.* (GGr)

Ritter Busso v. Falkenstein, od. die Geheimnisse der Todtengruft, ein schauderhaftes Gemälde aus d. Ritterz. 8. Quedlinb. Basse. 813.

—— Busso v. Falkenstein, od. die Geheimnisse d. Todtengruft. Ein Schaudergemälde aus d. Ritterzeiten. 2. Aufl. 8. (11½ B.) Quedlinburg 828, Basse.

RITTER, Der, von Charleville oder Der unglückliche Mädchenfreund. Frankfurt und Leipzig (Nürnberg) 1780. 8°. Selten! (6 Kr. Halm & Goldmann. 1907.)

Ritter, Die teutschen, in Accon. Wien 1796. V: *Kalchberg, Joh. Nep. von.* (Bespr. Allgem. Europaeisches Journal. Brünn 1795. Bd. 6, S. 207—208) (Chronologisches Verzeichniss aller Schauspiele. Wien 1807. S. 61) (BIBLPORT)

— die deutschen, in Accon. Ein dramat. Gedicht, v. J. von Kalchberg. gr. 8. Wien. (Kilian in Pest.) 796.

Ritter, Drei. Wien 1861. V: *Schwarzenberg, Friedrich Fürst.* (Mitth. Dr. Ign. Schwarz.)

— die eisernen, od. die Räuberhöhle zu Grollenstein. 8. Wien, K. Haas. 12 gr

—— Emmerich v. Wolfsthal, od.: das tobende Gespenst in den Schloß-Ruinen zu Preßburg. Eine Ritter- u. Geister-Geschichte aus den Zeiten Mathias Korvinus, Königs von Ungarn. 3. Ausg. 8. (8 B. u. Ttlkpfr.) Preßburg 842. (Leipzig, Kummer.)

Ritter, Der entlarffte, im Nonnen-Kloster durch artige Begebenheiten und seltsame Liebes-Intriguen vorgestellet. Leipzig 1711. V: *Chavigny, Jean Aymé de.* (BGE) (Barbier)

— der, von Felsenburg, der Geistererlöser, od. die Abentheuer dreier Nächte. 8. Prag 800. Barth. 10 gr.

— die, v. Festenberg; e. Geschichte aus d. Zeiten des heiml. Gerichts u. d. Ritterbunde. 8. Leipz. 792.

— die, v. Festenberg; e. Gesch. a. d. Zeiten d. heimlichen Gerichte und d. Ritterbünde. 8. Lpz. Junius. (Gleditsch.) 795.

Ritter, die, v. Festenberg. Eine Geschichte aus den Zeiten des heimlichen Gerichts u. der Ritterbunde. 8. Wartenstein, Firdorff. u. K. 812.

RITTER, Die, von Festenberg. Eine Geschichte aus den Zeiten des heimlichen Gerichts u. der Ritterbunde. Zweyte verbess. Auflage. Leipzig, bei Joh. Friedr. Gleditsch. 1823. 8°.
200 S. (incl. Tit.). — Zahm. (Brockhaus)

Ritter, Der finstre, oder die Belagerung Kopenhagens unter Friedrich III. Ein historisches Phantasiestück ... Aus dem Dänischen. Kiel 1834. V: *Nielsen, J. M. G. H.* (Kat. d. Schlesw. Landes-Bibl. 1907, S. 1622) (Zeitschr. f. Büch. N. F. 15, 1923, S. 120)

Ritter, der finstre, od. d. Belagerung Kopenhagen's unt. Friedrich dem Dritten. Ein histor. Phantasiestück a. d. letzt. Hälfte d. 17. Jahrh. A. d. Dän. 2 Thle. 8. (33½ B.) Kiel 835, Universität-Buchh.

RITTER, Die, vom Fleisch. Romanbilder aus der Gegenwart. (Muckerromantik.) 1861. 8°.
Schmidt's ehemal. Dredner Leihbibl. no. 12, 933.

Der fliegende **Ritter**. Eine Wochenschrift. St. 1–12. Bunzlau: Waisenhaus 1801, s.a Klawitter.
Hrsg.: Peter Frdr. Kanngießer.

Ritter, Frauen u. Ärzte. gr. 8. (VII, 141 S.) Berlin 893. H. Steinitz' Verl. n. 2. —

— Brendt's Geist, od. d. Zauberschwerdt. N. A. 8. Wien 817. K. Haas. 20 gr.

— Golo der Grausame, od. die Büßende in d. Felsengruft, vom Verfass. „Alberts v. Reinstein". 3 Thle. 8. Quedlinb. 821. Basse. 3 rthlr 12 gr.

— Götz von Berlichingen mit der eisernen Hand. Eine gar unterhaltende, aber doch wahrhaftige Historie. Mit schönen Figuren. Auf's Neue f. das Volk erzählt nach des Ritters eigener Lebensbeschreibung, sowie andern glaubhaften Nachrichten von Ottmar F. H. Schönhuth. 12. (7 B.) Reutlingen 844, Fleischhauer u. Spohn.

Ritter, Der graue, oder des Kriegers Abentheuer u. Irrfahrten ... Leipz. 1814. V: *Lindau, Wilh. Adolph.* (NN) (Ky) (EE)

— der graue, od. des Kriegers Abentheuer u. Irrfahrt, (v. W. A. Lindau). 4 Bde. 8. Leipz. 814. Hinrichs. 1 rthlr 18 gr

Ritter, Hager. Erzählung aus dem 16. Jahrh. in Form e. Selbstbiographie. Nach Dr. Meinhold's: „Der getreue Ritter" neu bearb. v. e. Freunde d. christl. Volkes. 2. (Titel-)Aufl. 8. (IV, 124 S.) Werl 872. Stein. — 60

— Hans v. Bleileben 2c., Ritter-Roman, s. Bibliothek von Ritter- 2c. Geschichten, I. Suite 2. Bd.

— Harras, der kühne Springer, s. Bibliothek von Ritter- 2c. Geschichten, I. Suite 5. Bd.

— die, des Harzes oder die Zerstörung der Dasenburg, hist.-romant. Gemälde der Vorzeit vom Verfass. d. Ruinen der Teufelsburg 2c. 8. Nordh. 823, Fürst.

Ritter, Die, des Harzes oder die Zerstörung der Dasenburg. Historisch-romantisches Gemälde der Vorzeit. Vom Verf. der Ruinen der Teufelsburg, des Eduards, der Rosto u. a. m. Nordhausen 1828. V: *Schöpfer, Georg Carl Ludwig.* (BGE VI[a], 479)

Die Ritter des Harzes oder die Zerstörung der Dasenburg. Historisch-romantisches Gemälde der Vorzeit. Vom Verf. der Ruinen der Teufelsburg, der Eisen-Ritter, des Augustiner-Klosters. 2. wohlf. Aufl. 1832
s.a. Fröhlich, C F [Verf.]

— v. Hasenburg u. A. v. Lechfeld. 8. Prag 793. Calve. 14 gr.

Ritter, Prof. Hermann, u. seine Viola alta. Wichtig f. alle Interessenten der Altgeige. 2. Aufl. gr. 8. (34 S. m. Bildnis.) Würzburg 894. A. Stuber's Verl. n. 1. —

Ritter, Die, mit dem güldenen Horn. 2 Bde. Berlin 1799. Berlin 1803. Hamb. u. Leipz. 1805. V (Bd. 1): *Spiess, Chn. Hch.* (GGr V/508, Nr. 9/32) (BGE VII[a]/397) (Bibl Port)

— die, mit dem güldnen Horn, v. Chn. Hch. Spieß. 1r Thl. 8. Lpz. Leo. 799.

Ritter, der, mit dem güldenen Horn, von Spies. 2r Thl. 8. Berlin, Lange. 803. (Reimer.)

— — desselb. 2r Thl. 8. Berlin, Lange, (a. Späthen.) 803.

— Hugo v. Schauerthal, s. Schauerthal.

— Hyneck v. Schafgotsch, od. Heldenmuth u. Edelsinn. Eine Erzähl. a. d. Zeiten Kaiser Karl V., Königs v. Böhmen. 2 Thle. 8. (25 B.) Meißen 836, Klinkicht u. Sohn.

Ritter, Die, der Industrie. Ein anonymer Roman in 6 Bdn. Leipzig 1858. V: *Klencke, Friedr. Hermann von.* (Brü II[5], 298)

Ritter, die, der Industrie. Ein anonymer Roman in 6 Bdn. Leipzig 858. Kollmann. 8. (288; 319; 339; 346; 316; 341 S.) 6 rthlr.

Ritter, die, der Industrie. Ein anonymer Roman in 6 Bdn. 2. (Titel-)Aufl. Leipzig 858. 867. Kollmann. 8. (1948 S.) n. 6 rthlr

Ritter, Carl, Biographie, s.: Kramer, G.

Ritter, der kleine. Elementar-Geographie, s. Hahn, L.

Ritter, Der kleine. Hamburg 1799. V: *Wallenrodt, Johanna Isabella Eleonore von.* (Ky)

— der kleine, (v. Jh. Isab., El. v. Wallenrodt). 2 Bde. 8. Hamb. 799. (Herold jun.) 1 ₰ 18 gr.

Ritter, der kleine, Geister-, Hexen- u. Zaubergesch. a. d. grauesten Zeiten d. Alterthums. 2 Bde. 8. Hamburg, Vollmer. 799. Rthlr.

Ritter. Die R' und Knappen von Winterthur. Auserlesener Blüthenkranz von Büreau- und Aristokraten mit Zubehör, besungen von mir. [Gedichte.] 8. *o. O.* Gedruckt im Jahr der Revision [ca. 1869].

— Kunz v. Lobdaburg; e. Ritter- u. Geistergeschichte. 8. Eisenach 821. Bärecke. 21 gr.

Ritter, Der, von Maltha, eine Geschichte a. d. Engl. . . . [Bayreuth 1791.] V: *Gumpelzhaimer, Chn Glieb.* (MGT)

Ritter, die, d. königl. Preußischen Hohen Ordens vom Schwarzen Adler u. ihre Wappen. Imp.-4. (IV, 67 S. m. 75 Chromolith.) Berlin 881. Moeser. n. 60.—; geb. u.n. 65. —

Ritter, Die, des Königlich Preussischen Hohen Ordens vom Schwarzen Adler und ihre Wappen. (1701—1901.) 3. Ausg. Berlin 1901. V: *Stillfried-Alcántara, Rudolph Graf.* H: *Kanitz, Georg Graf.* (Berl)

Ritter, die, des königl. preußischen Hohen Ordens vom Schwarzen Adler u. ihre Wappen. (1701—1901.) (Neue Aufl.) (Nach dem Stande vom 1. I. 1901.) Fol. (IV, 86 S. m. 90 farb. Taf.) Berlin 901. W. Moeser. 60.—

Ritter von Osten und Jerusalem. 6. [Rudolstadt ca. 1804—1806.] H: *Schröder, Friedrich Ludwig.* (TT 1385) (wolfstieg II, 546)

Ritter von O s t e n u. Jerusalem. 6. (Rudolstadt, Geheimdruckerei ca. 1805.) 32 S. 8⁰
Fehlt bei Kloss. – Nr. 11 A der Schröder'schen Ritualsammlung nur für die Geheimacten des Engbundes gedruckt.

— Pfaffen, Geister, in Erzähl. gesammelt v. H. Lenz. 8. Lpz. Barth. 793.

— Poldchen v. Ortberg; e. Rittergeschichte d. neuesten Zeiten, (v. K. A. Ragotzky). 8. Stendal 797. Franzen u. Gr. 6 gr.

— Pontus u. Sidonia. Eine vortreffliche u. nützl. Historie. Mit hübschen Figuren geziert. Neu erzählt von Ottmar F. H. Schönhuth. 12. (7½ B.) Reutlingen 845, Fleischhauer u. Spohn.

Ritter Raimunds Fahrten, Abenteuer u. Schicksale, oder d. hell. Bund im Felsthale. Eine Rittergeschichte aus d. Zeiten König Artus u. die Tafelrunde. 8. Mannheim 824, Löffler. Rthlr.

Ritter und Riesen, Die, ein Rittergesang. Braunschw. 1756. V: *Schrader, Paul August.* (Mn) (EK) (Ky) (ML) (Kat. d. Bibl. Frz. Schnitzer. Münch. 1902. S. 66.)

— die, u. Riesen, e. Rittergesang. 8. Braunschw. 756. Schulbuchhandl. 9 gr.

RITTER, Der, de la Rose. Ein schreckliches Beyspiel menschlicher Leidenschaften. 2 Bde. Leipzig, Joachim, o. J. (c. 1805). 8⁰. Zahm.

Ritter, Die, der rothen Rose; aus dem Englischen. Meissen 18?? V: *Wrest, Mrs.* Ü: *Gersdorf, Wilh. v.* (GGr X, 41, 37) (Zeitschr. f. Büch. N. F. 15, 1923, S. 120)

Ritter, Die, der rothen Rose; a. d. Engl. Meissen 1821. Ü: *Gersdorf, Charl. Eleon. Wilhelmine von.* (Ky)

— die, der rothen Rose, oder Geschichte des Hauses Lancaster. Ein histor. Roman nach dem Engl. bearb. v. Wilhelm. v. Gersdorf. 2 Thle. 8. Meißen, Gödsche. 821.

— der, v. Santjago. Kriegsabenteuer aus Spanien, v. Jul. Päan, m. K. u. Vign. 8. Ebend. 811. Bellnp.

Ritter, Der schwarze, oder die drey Waisen. Krems 1797. 4 A. Wien 1810. V: *Gleich, Joseph Alois.* (Ky) (MGT) (NN) (WBL) (GGr)

Ritter, der schwarze, od. die 3 Waisen, (v. Jos. Al. Gleich). 8. Krems 797. Wien, (Bauer u. D.) 20 gr.

— d. schwarze, od. die 3 Waisen. 8. Krems, (Schaumburg in Comm.) 797.

— der schwarze, ꝛc. 8. Wien, Ant. Doll. 810.

Ritter, der schwarze, oder das Tournier auf der Wetterburg, Schauspiel in 5 Aufzügen. 8. Ulm, Ebner. 820.

Die **Ritter** vom Siebengebürge. Bd 1. 2. Weissenfels: Severin [richtig: Leipzig: Baumgärtner] 1797—1798. 8⁰
1. 400 S.; 2. 464 S.
cf. ⁰Müller-Fraureuth: Ritter- u. Räuberromane. 1894 S. 71.
TB. 128.

RITTER, Die, vom Siebengebürge (!). 2 Thle. Mit 1 TKpf. (von Thoenert). Weißenfels und Leipzig, bey Friedrich Severin. 1797—98. 8⁰. (2 Rthl.)
Anstößiger Roman. 1: 2 Bll., 400 S. 2: 364 S.

— die starken, von Pilsen, od. d. Lohn d. Tapferkeit; eine Geister- u. Rittergesch. der Vorzeit, m. K. u. Vign. 8. Prag, Barth. 799.

Ritter, der, v. Stauffenberg ꝛc., s. Engelhardt.

Ritter, der, mit dem schwarzen Sterne, oder die mächtigen Töchter Metros auf dem Walliser Gebirge; Zaubergeschichte. 2 Thle. 8. Leipz. 824, Centr.-Cpt.

Ritter, Die, des Tempels zu Jerusalem ... Leipzig 1790. V: *Jeune, Mansuet.* (EB)

Ritter, die, des Tempels zu Jerusalem, od. Gesch. u. Vertheidigung des Tempelherrnordens. Mit Kpf. 2 Thle. 8. Leipz. 790. Weygand. 1 ℔ 15 ℊ

Ritter vom Thurn, der, s.a. Volksromane.

Ritter, Der, vom Thurn. Ein Spiegel der Tugend und Ehrsamkeit der Weiber und Jungfrauen. Leipz. 1850. V: *La Tour Landry, Geoffroy de.* Ü: *Stein, Marquard von.* H: *Wolff, Osc. Ludwig Bernhard.* (BGE VI³, 478)

— der, von Todtenruf, oder der Wächterthurm. Geistergeschichte. 8. Wien. (Leipzig, Central-Comt.) 817.

STUART, Carl Eduard, Graf v. Albany (engl. Kron-Prätendent, geb. 1720, † 1788). — Der Traurige Ritter in schwartzer Gestalt, in den Gebürgen Schottlands oder die Historie des unglücklichen Printzens Carl Stuarts, des Englischen Prätendentens. In einer Comödie vorgestellet zum Gebrauch der Prätendentischen Hof-Acteurs in Rom. Aus dem Frantzösischen ins Teutsche übersetzt von K. P. L. Auf Kosten des Verlegers und in Kommission guter Freunde. 1745. Quae, qualis, quanta. 4⁰. 4 Bll. u. 55 S. (15 Mk. Max Jaeckel, Potsdam, c. 1908.)

— — Dasselbe. Cölln am Rhein. Verlegts Pierre Marteau, Buchhändler. 1746. 4⁰. 4 Bll. u. 55 S. (12 Mk. Adolf Weigel, 1908.)
Rare polit.-satirische Komödie.

Ritter, Die umschweiffende und abentheuerliche. Magdeburg 1727. V: *Berneville Comtesse d'Aulnoy, Marie Catherine Jumelle de.* (BGE VI³, 479)

Ritter, Der verkappte, vom Winneberge oder die wandelnde Jungfrau. Pirna 1807. V: *Kerndörffer, Hnr. August.* (NN) (Ky) (GGr)

— der verkappte, v. Winneberge, (von H. A. Kerndörfer). 8. Pirna 807. Wohlf. Ausg. 817. Friese. 18 ℊ

— d. verkappte, vom Winneberge, od. d. wandelnde Jungfrau; e. vaterl. Volkssage a. d. Mittelalter, v. Verf. des Lorenzo. 8. Pirna, Friese. 810.

— der, mit d. schwarzen Waffen, od. die Burg der Abgründe; Ritter- u. Räubergeschichte aus d. Zeiten d. Kreuzzüge. 2 Bde. 8. Dessau 822. Ackermann. 2 ℔

— d. Wahrheit, v. Langbein. 2 Bde. m. K. 8. Berlin, Schüppel. 805.

— der weiße, Schauspiel in 6 Aufz., nach einer engl. Erzählung von Th. Hell. Mit 1 Kupf. 8. Augsburg, Jenisch-Stage. 820.

Ritter, Die, von Windeck. Ein Führer beim Besuche der Stadt Bühl und deren Umgebung ... Rastatt 1857. V: *Beust, Carl Freih. von.* (EngG) (Ky)

— die, von Windeck. Ein Führer beim Besuche der Stadt Bühl und deren Umgebung, der Burg Altwindeck, des Bühlerthales und der s. g. Ruine Bärenstein, verbunden mit einer geschichtlichen Darstellung des Geschlechtes v. Windeck und dessen Fehden mit der Stadt Straßburg. (Von K. v. Beust.) Rastatt 857. Hanemann. gr. 8. (VIII, 83 S.) n. 10 ngr.

Ritter, Die zwei, und zwey Säcke. [Braunschweig 1791.] V: *Lucanus, Joh. Hnr.* (MGT)

Ritter: Ueber den Begriff des Horizontes. Marburg 1857

Ritter, ein Beitrag zu der Lehre vom Todschlage nach preuß. Rechte. Die nothwendige Rechtfertigung eines Erkenntnisses des Schwurgerichtshofes zu Cottbus. 8. (15 S.) Cottbus 850, Meyer.

Ritter, unser Fibelunterricht. Berlin.
Schul-/Univ.-Schrift

Ritter, s.: Blätter f. höheres Schulwesen.

(Ritter.) Die leitenden Grundsätze bei Abfassung eines neuen Gesangbuches für die Kantone St. Gallen, Graubünden, Thurgau und Glarus. Referat des Herrn Pfarrer Ritter von Schwanden an der am 1. Juli 1858 zu St. Gallen gehaltenen Konferenz, nebst einem Auszug aus dem Protocoll der Verhandlungen. St. Gallen 858. Huber u. Co. 8. (VIII, 64 S.) n. 10 ngr.

Ritter, das Hospitalwesen des Herzogthums Oldenburg im Jahre 1881. Beitrag zur Ausstellung für Hygiene u. Rettungswesen zu Berlin. gr. 8. (26 S.) Oldenburg 882. Bültmann & Gerriets. n. — 60

Ritter, s.: Missions-Vorträge, acht.

Ritter, über Nachdruck nach preuß. Recht. gr. 8. (6 B.) Berlin 845, [Mittler u. Sohn.]

Ritter. Nationalität u. Humanität. 1. u. 2. Aufl. gr. 8. (59 S.) Dessau 891,92, Kahle. * 1 20

Ritter. Plan von Carlsruh. 1793. 1 Bl. Nachbildung in Lichtdruck.

—— nähere Prüfung des preuß. Ehescheidungsrechts u. der bekannt gewordenen Entwürfe eines neuen Ehescheidungsgesetzes. 8. (21¼ B.) Cottbus 813, Meyer.

Ritter, (Land- u. Stadtgerichts-Rath,) nähere Prüfung des preuß. Ehescheidungsrechts u. der bekannt gewordenen Entwürfe eines neuen Ehescheidungsgesetzes. 8. Cottbus 841, Meyer. 1¼ ℔

— das deutsche Reich als Staat. Eine geschichts-philosophisch-polit. Studie. 1. Tl. Entstehung bis 1871/91. 1. u. 2. [Titel-]Aufl. gr. 8. (232 S.) Ebd. 891. 894. n. 4. —

[Ritter]: Skizzen üb. Pferdezucht u. Pferderennen. Gesammelt auf einer Reise in England u. Frankreich im Jahre 1852. Wien 1853. 68 S. P.

Ritter, Spruchsammlung zum hessischen Landeskatechismus f. den Gebrauch beim Konfirmanden-Unterricht u. der kirchlichen Katechisation. 2. Aufl. (31 S.) 8. Cassel (908). F. Lometsch. — 20

Ritter, A., s.a. *Caird, J.*

Ritter, A., Gesetz- u. Verordnungs-Sammlung f. Polizei- u. Gemeindebehörden, Gerichte, Rechtsanwälte u. Bürger rc. d. Königr. Bayern unter besond. Berücksicht. der f. die k. Haupt- u. Residenzstadt München geltenden ortspolizeil. Vorschriften. Mit vielen Anmerkgn. u. oberstrichterl. Entscheidgn. gr. 8. (XVI, 723 S.) München 893. R. Oldenbourg. n. 6. —; geb. n. 6. 50

Ritter, A., eine gefährliche Hand, s.: Reiselectüre.

Ritter, A.: Über das Princip des kleinsten Zwanges. 1853. 8°
Diss. Göttingen

Ritter, A., juristischer Rathgeber für den Geschäftsmann in Amerika, ein Handbuch für Alle, die sich mit denjenigen gesetzlichen Bestimmungen bekannt machen wollen, welche beim Betrieb eines Geschäftes, sowie im täglichen Leben zu wissen nothwendig sind. Nebst einer Anweisung zur Anfertigung gerichtlicher sowie außergerichtlicher Dokumente, in deutscher u. englischer Sprache, u. einer ausführlichen Anleitung zum Buchhalten. gr. 8. (725 S.) New-York 879. (Philadelphia, Schäfer & Koradi.) geb. n. 8. —

Ritter, A., de vestibus sacris, certis literis notatis. Lips. 1703. 4.

Ritter, A., Wesenheit u. Dasein in den Geschöpfen nach der Lehre des hl. Thomas von Aquin. gr. 8. (119 S.) Regensburg 887. (Wunderling.) n. 1. 60

Ritter, A. G.

—— Choral-Buch zu dem jülich-cleve-berg'schen und ravensberg'schen Gesangbuche, unter Aufnahme der im Rinck'schen Choralbuche enthaltenen Melodien. Zum Kirchen-, Schul- und Hausgebrauche und nach den Bedürfnissen der Gegenwart vierstimmig mit Zwischenspielen bearb. Op. 32. qu. gr. 4. (XVIII und 130 S.) Erfurt 856, Körner's Verlag.

Ritter, A. G., Choral-Buch zu den in der Provinz Brandenburg gebräuchlichen Gesangbüchern. Nach den von einem hochwürdigen Consistorio vorgezeichneten Grundzügen unter sorgfältiger Berücksichtigung der Quellen für die Orgel vierstimmig bearb. Op. 36. Erfurt 859. Körner's Verlag. qu. 4. (XIV, 231 S.) n. 4 ℛ︀

Ritter, A. G., Choral-Buch für die Provinz Preussen. Unter Aufnahme der gangbarsten Varianten u. unter Rückweisung auf die Urgestalt für die Orgel ausgesetzt u. mit Zwischenspielen versehen. Op. 34. Erfurt (857.) Körner's Verlag. qu. 4. (XXIV, 131 S.) n. 2 ℛ︀. 20 ngr.

Ritter, A. G., vollständiges Choralbuch zum Halberstädter und Magdeburger Kirchen- und Hausgesangbuch unter Mitberücksichtigung des Berliner- Porst'schen und Dresdner Gesangbuchs, für Orgel- u. Clavierspieler. In Gemeinschaft mit C. H. Göroldt bearb. u. herausg. 28. Werk. Erfurt (856.) Körner's Verlag. qu. 4. (XX, 137 S.) 5 ℛ︀.

— vollständiges Choralbuch für das halberstädter, magdeburger, merseburger, altmärkisch-priegnitz'sche, dresdner und porst'sche Gesangbuch. In Gemeinschaft mit C. Heinr. Göroldt bearb. und hrsg. Op. 28. Nachtrag. qu. gr. 4. (V und S. 138—172.) Erfurt 858, Körner's Verlag. * —
Das Hauptwerk op. 28. Ebendas. 1856. 5 Thlr.

Ritter, A. G., vollständiges Choralbuch zum Halberstädter und Magdeburger Kirchen- und Hausgesangbuch, unter Berücksichtigung des Berliner-Porst'schen, Altmärkisch-Priegnitz'schen, Merseburger und Dresdner Gesangbuchs, für Orgel- und Clavierspieler. In Gemeinschaft mit Carl Heinr. Göroldt bearb. und hrsg. 6. Aufl. qu. gr. 4. (VII und 135 S.) Erfurt 863, Körner's Verlag.
Mit Nachtrag (X und 37 S.)

Ritter, A. G., rhytmischer Choralgesang und Orgelspiel, eine Abhandlung; die gebräuchlichsten Choräle in melodischer und rhytmischer Urform für die Orgel, ein Nachtrag zu jedem Choralbuche. 33. Werk. qu. gr. 4. (XVI und 23 S. Musikbeilagen.) Erfurt 856(57,) Körner's Verlag. Thlr.

Ritter, A. G., und G. Rebling, Choral-Melodien, s. Rebling.

—— die Erhaltung und Stimmung der Orgel durch den Organisten. gr. 8. (38 S. mit Abbildungen auf 4 Steint.) Erfurt 861, Körner's Verlag.

Ritter, A. G., zur Geschichte d. Orgelspiels im 14. bis 18. Jahrh. 2 Bde. Lex.-8. (IV, 225 u. 230 S.) Leipzig 884. M. Hesse. n. 20. —

—— Handbuch für den Unterricht in der Harmonielehre auf Seminarien und Präparanden-Schulen als Vorbereitung zu dem gottesdienstlichen Orgelspiel. gr. 8. (VIII und 99 S.) Erfurt 860, Körner's Verlag.

—— u. Gotth. Wilh. Körner, die Kunst des Orgel-Spiels. Theoretisch-prakt. Anweisung für alle vorkommende Fälle im Orgelspiele auf ihrem heutigen Standpunkte, mit durchgängiger Pedal-Applicatur u. Angabe der Registerzüge. Ein Lehrbuch f. sich bildende Orgelspieler, zunächst f. den Unterricht in Seminarien u. Präparanden-Schulen. 1. Lfg. qu. gr. 4. (1 ½ B.) Erfurt 845, Körner. Subscr.-Preis pro complet

Ritter, A. G., die Kunst des Orgel-Spiels. Ein Lehr- u. Handbuch zunächst f. d. Unterricht in Seminarien u. Präparanden-Schulen. 3., verb. Aufl. qu. 4. (14¾ B.) Erfurt 846, Körner.

— **Kunst des Orgelspiels. Ein unentbehrl. Lehr- und Lernbuch für die ersten Anfänger bis zum vollendeten Orgelspieler, insbesondere für den Orgelunterricht in Schullehrer-Seminarien und Präparandenschulen. (In 3 Thln.) I. Thl. (Op. 10:) Theoretisch-pract. Anweisung im Orgelspiele. 4., verb. Aufl. qu. gr. 4. (XV und 114 lithogr. S.) Erfurt 856, Körner's Verlag.**

Ritter, A. G., die Kunst des Orgelspiels, ein Lehr-, Lern- u. Lesebuch für angeh. u. fortgeschrittene Orgelspieler, zum Gebrauch in Unterrichts-Anstalten, wie zum Selbst-Unterricht. 3 Thle. 8., umgearb. Aufl. Mit (eingedr. Holzschn.-)Abbildungen. qu. gr. 4. (VIII, 66; IV, 119 u. 184 S.) Leipzig 877. G. W. Körner. n. 20. —

— practischer Lehr-Cursus im Orgelspiel, „der Kunst des Orgelspiels" 2. Thl. Ein unentbehrl. Lehr- u. Lernbuch für den ersten Anfänger bis zum vollendeten Orgelspieler etc. Op. 25. 1—9. Heft. Ebend. (855.) qu. 4. (S. 1—72.) Jedes Heft Subscr.-Pr. n. 5 ngr.; Ladenpr. 10 ngr.

— Die Orgel und das Orgelspiel. 8. Auflage. Leipzig. [quer 8°.]

Ritter, A. G., u. G. W. **Körner,** Praludien-Buch, siehe: Körner, G. W.

— s. Urania.

Ritter, Adf., Abschiedspredigt üb. Apg. 20, 32, geh. in der Kirche Neumünster am 22. V. 1898. 8. (16 S.) Zürich 898. Fäsi & Beer. n. — 30

Ritter, Adf., Abschiedspredigt, gehalten in Unterstraß, Sonntag den 22. Septbr. 1878 über Apostelgeschichte 20, 32. gr. 8. (15 S.) Zürich 878. Schultheß. n. — 40

— Ansprache, s.: Rüesch, Alex., zur Erinnerung an das 400jähr. Jubiläum d. Kirche zu Zollikon.

— Antrittspredigt über 1. Cor. 2, 1 u. 2, geh. am 19. VI. 1898 in Fraumünster. 8. (16 S.) Zürich 898. Fäsi & Beer. n. — 30

— die Auferstehung Jesu Christi. Vortrag, geh. in Fraumünster d. 6. Dezember 1895. 8. (49 S.) Zürich 895. Dépôt d. Evang. Gesellschaft. n. — 50

— Die Auferstehung Jesu Christi. Vortrag. (47 S.) 8. Zürich (907). Buchh. der ev. Gesellschaft. — 50

Ritter, A., unsere Aufgabe in der Gegenwart. Predigt üb. 1. Cor. 15, 58, geh. in der St. Johannkirche in Schaffhausen den 16. Aug. 1887. gr. 8. (12 S.) Schaffhausen 887. Kober. n. — 20

Ritter, Ad., s.a. Bericht üb. die Verhältnisse u. Zustände der evangel.-reform. Kirche des Kantons Zürich.

Ritter, Ad. Bericht über die Verhältnisse u. Zustände der evangelisch-reformierten Kirche des Kantons Zürich in den Jahren 1892-97. 2. Aufl. 8°. 96 S. Zürich. Zürcher & Furrer. 1899 — 40

Ritter, A., Bettags-Predigt 1905 üb. Matthäus 16, 26 (14 S.) 8. Zürich 905. Fäsi & Beer. n. — 30

Ritter, Alb., Christus der Erlöser. (VII, 303 S.) gr. 8. Linz 903. Wien, A. Jedeck. 7. 50; erm. Pr. n. 4. 50

Ritter, A., Christus der Erlöser. Lex.-8°. (308 S.) Linz: Österreichische Verlagsanstalt 1903.

Ritter, Alb., Christus der Erlöser. Erh. Pr. n. 6. —; geb. n. 7. 50. — Jones Very. Geb. n. 3. —. Jetzt: Schlachtensee, Volkserzieher-Verlag.

(Ritter, [Adolf].) Zur Erinnerung an Friedrich Kölle, Direktor der Schweiz. Anstalt für Epileptische in Zürich (geboren den 30. Oktober 1842, gestorben den 9. März ... 1905. Rede des Herrn Kirchenrat Pfarrer Ritter ...). 20 S. 8. Zürich, Orell Füssli, 1905.

(Ritter, A[dolf].) Zur Erinnerung an Heinrich Pfenninger, von Stäfa. geboren ... 1870, gestorben den 5. April 1897. Ein Blatt auf Freundesgrab! (Leichenrede gehalten ... den 8. April 1897 ... [zu Zürich].) [Mit Porträt-Tafel.] 8. (Zürich.)

Ritter, [Adolf]. Zur Erinnerung an Frau B. Steinmetz-Meyer sel., gest. den 4. Sept. 1894. Grabrede. 8. Zürich 1894.

Ritter, Adf., Festrede, geh. bei d. Einweihung d. evang. Vereinshauses Neumünster, d. 21. Oktbr. 1894 üb. Römer 1, 16. gr. 8. (15 S.) Zürich 894. Fäsi & Beer. n. — 40

Ritter, A., das Gleichniß von den anvertrauten Talenten. In 8 Predigten. gr. 8. (88 S.) Zürich 892. Fäsi & Beer. n. 1. —; geb. m. Goldschn. n.n. 2. —

— dasselbe. 2., verb. Aufl. gr. 8. (88 S.) Ebd. 893. n. 1. —

Ritter, Adf., in Allem Christus. Predigten. gr. 8. (VII, 264 S.) Zürich 882, Höhr.

Ritter, Adolf. In Allem Christus. Predigten. 2. Aufl. Gr. in-8°, 208 S. Zürich, S. Höhr. 1885 2 40

— in Allem Christus. Predigten. 3. Aufl. gr. 8. (208 S.) Zürich 900. Fäsi & Beer. n. 3. —; geb. in Leinw. n. 3. 80

Ritter, Adf., in allem Christus. Neue Folge. Predigten. Mit e. Portr. des Verstorbenen. (X, 400 S.) 8. Zürich 907. Beer & Co. 4. —; geb. 4. 80

Ritter, Adf., Karlsbad. Klinische Studie üb. Wirkungsweise, Indikationen u. Heilwert seiner Mineralquellen. Preisgekrönte Abhandlg. (VI, 112 S.) 8. München 908. (Karlsbad, R. Hengstenberg.) 2. —

— Kirchweih-Predigt über Psalm 84, 2 u. 3, geh. den 10. Aug. 1879. 8. (18 S.) Zürich 879. Schultheß. n. — 40

— Friedrich Kölle, Direktor der schweizerischen Anstalt f. Epileptische in Zürich, s.a. Neujahrsblatt, 107., der zürcherischen Hülfsgesellschaft.

Ritter, Adolf. Friedrich Kölle (1842 – 1905), Direktor der Schweizerischen Anstalt für Epileptische in Zürich, im Auftrage der Zürcherischen Hülfsgesellschaft verfasst von A' R' †, Pfarrer ...; mit einer Einleitung: Epilepsie und Fürsorge für Epileptische von Dr. A[lfred] Ulrich. [Mit 3 Tafeln.] 55 S. kl.-4. Zürich, Schulthess & Co. (Komm. Fäsi & Beer, 1907). [fr. 2. 50]

107. Neujahrsblatt der Zürcherischen Hülfsgesellschaft auf das Jahr 1907.

[Ritter, Adolf.] Handschriftlicher und anderer Nachlass von Sebastian Gäuggeli. Harmlose Betrachtungen eines alt Cordonnier. Hrg. von Jeremias Burligiger. 8. Zürich, Albert Müller, 1904.

1. Aufl. 120 S. 1904. [fr. 2. —]
2. Aufl. II + 120 S. 1904. [fr. 2. —]

[Ritter, Adolf.] Handschriftlicher und anderer Nachlass von Sebastian Gäuggeli. Harmlose Betrachtungen eines alt Cordonnier. Hrg. von Jeremias Burligiger. 8. Zürich, Albert Müller.

3. Aufl. IV + 120 S. 1904. [fr. 2. —]
4. Aufl. IV + 120 S. 1905. [fr. 2. —]

— Neujahrspredigt d. 1. Jan. 1891 üb. Judae 2: Gott gebe euch viel Barmherzigkeit, Liebe u. Frieden! gr. 8. (11 S.) Ebd. 891. n. — 30

Ritter, Adolf s. Nüesch, Alex[ander]. „Wie heilig ist diese Stätte!" Zürich 1898.

Ritter, A. Predigt am eidg. Bettag 1891 über Psalm 29, 11. gehalten in Neumünster. In-8°. 15 S. Zürich, S. Höhr. 1891 — 40

— Predigt, geh. bei der Confirmation der Knaben am Charfreitag-Nachmittag. gr. 8. (15 S.) Zürich 879. Höhr. n. — 30

— Predigt üb. 1. Korinther 15, 34, geh. am Bettag 1904 (15 S.) 8. Ebd. 904. n. — 30

Ritter, A. (Pfarrer). Predigt gehalten bei der Orgel- und Kanzelweihe in Neumünster den 30. Januar 1881. Gr. in-8°, 22 S. Zürich, S. Höhr. 1881

— Predigt, geh. bei Anlaß der Pestalozzi-Feier am 12. Jan. 1896 in Neumünster. 8. (15 S.) Ebd. 896. n. — 30

— 8 Predigten üb. Röm. 8, 28: „Wir wissen aber, daß denen, die Gott lieben, alle Dinge z. Guten mitwirken", geh. in Neumünster. gr. 8. (34 S.) Ebd. 890. n. — 80

Ritter, A., Jones Very, der Dichter des Christentums. Gr.-8°. (96 S.) Linz: Österreichische Verlagsanstalt 1903.

Ritter, Adolphus *(geb. Ratibor 15. 3. 1824)*: De mercurii vivi in organismum vi mechanica. Vratislaviae (1846). (38 S.) 8°

Breslau, Med. Diss. v. 15. Juli 1846

— Weiherede, s.: Werk, das, e. Evangelisten.

— drei Weihnachts-Programme für Kinder. Zusammengestellt f. d. Sonntagsschule Neumünster. 4. (14 S.) Zürich 899. Dépôt der Evang. Gesellschaft. n.n. — 30; einz. à — 10

Ritter, A[dolf]. Worte der Erinnerung an Joh[annes] Baur, Baumeister, von Berg a. I. und Zürich, geboren ... 1831, gestorben den 5. Januar 1900; gehalten von Herrn Pfarrer A. R' am 8. Januar 1900 ... 8. Zürich 1900.

Ritter, Adolf. Worte der Erinnerung an Herrn a. Stadtrichter Hans Conrad Esslinger-Oehslin von Zürich. Geb. ... 1819. gest. 21. Febr. 1892, am Sarge gesprochen den 24. Februar. 8. Zürich 1892.

Ritter, [Adolf]. Worte der Erinnerung an die sel. verstorbene Frau Dr. Albertine Hegar-Volkart, gesprochen von Herrn Pfarrer R'... [zu Zürich]. 1. März 1891. 8. Zürich 1891.

Ritter, [Adolf]. Worte der Erinnerung an den sel. verstorbenen Hrn. Salomon Heidegger von Zürich (geboren ... 1812, gestorben den 28. Juli 1882), gesprochen durch Hrn. Pfarrer R'... [zu Zürich]. 8. (Zürich.)

Ritter, (Ad[olf]), und Nägeli, (H[ans]). Worte der Erinnerung an den sel. Pfarrer Gottfried Hiestand, gesprochen von den Herren Pfarrer R' und Pfarrverweser N' am Beerdigungstage den 6. Dezember 1890. 8. [Zürich.]

Ritter, [Adolf]. Worte der Erinnerung an Martin Koch-Schweitzer, gesprochen am Tage seiner Bestattung den 25. Februar 1895. 8. Zürich 1895.

Ritter, [Adolf]. Worte der Erinnerung an den sel. verstorbenen Herrn Adolf Nabholz-Baur. (+ den 18. Oktober 1891), gesprochen von Herrn R'... 8. Zürich 1891.

Ritter, [Adolf]. Worte der Erinnerung an Frau Elise Obermann-Oschwald. Gesprochen bei der Beerdigung ... den 14. Juni 1896. 8. Zürich 1896.

RITTER, ADOLF. Ueber das Wurmsamenöl. Ein Beitrag zur Kenntniss der Terpene. (Bern) Stuttgart, 1885.

Ritter, Agnes, Ernstes u. Heiteres. Reise-Erzählungen u. Novellen. 1. Bd. (IV, 206 S. m. Bildnis.) 8. Wien (909). J. Lenobel. 2.50; geb. 3. 75

Ritter, Albert

— De alabastris Hohnsteinensibus. Lucubraticencula I. 1731. 4.

— De alabastris Schwartzburgicis Lucubraticencula II.

Ritter, Alb., Alarmiert, s.: Vereins-Bühne.

— die Anarchisten od.: Blinder Eifer schadet nur, s. Vereinstheater.

– Apotheker leiden od.: Der 1. April, s. Vereinstheater

— Beschreibung des Arend-See in der Altmark. 1744.

Ritter, Alb., der Bräutigam ohne Braut, s.a. **Danner's, G., Herren-Bühne.**

Der Bräutigam ohne Braut. Ein Studentenstreich in 1 Akt von Albert **Ritter.** *Mühlhausen i. Thür.: G. Danner [1896].* (27 S.) 8° [F.]
= **Herrenbühne,** G. Danners. No 13. (90. 8451

– Oberst Brumm, s. Vereinstheater.

— des deutschen Kaiserreichs Entstehen. Patriotisches Festspiel m. leb. Bildern u. Gesang. 8. (48 S.) Mühlhausen i/Th. 892. G. Danner. n. 2. —

— dasselbe, s.a. Thalia.

Ritter, Festrede zur Vorfeier des Sedantages, s.: Vor 25 Jahren!

— „unser Fritz" als Heirathsvermittler. Lustspiel m. Gesang in 1 Akt. 8. (19 S.) Mühlhausen i/Th. 891. G. Danner. 1. —

— dasselbe, s.a. Vereinstheater.

— Germania. Festspiel in 4 Aufzügen m. Gesang. Mit 1 bildl. Darstellg. der Schlußgruppe. gr. 8. (38 S.) Hof 892. R. Lion. n. 1. 20

Ritter, Alb., auf geheimnisvollem Grunde. Ein poet. Blumenstrauss. 8. (159 S. m. Bildnis.) Dresden 900. E. Pierson. n. 2. —; geb. n. 3. —

— der Hofmeisterthaler, s.: Vereinstheater.

Ritter, Alb., Incognito. Lustspiel in 1 Akt. 8. (26 S.) Mühlhausen i/Th. 893. G. Danner. n. 1. —

— dasselbe, s.a. Vereinstheater.

— Irren ist menschlich. Lustspiel in 1 Akt. 8. (31 S.) Mühlhausen i/Th. 891. G. Danner. n. 1. —

— Irren ist menschlich. Lustspiel in 1 Akt. 8. (31 S.) Mühlh. i. Th. 892, Danner. * 1 —

— dasselbe, s.a. Vereinstheater.

— Don Juan auf dem Turnfest. Lustspiel in 2 Akten. 8. (31 S.) Mühlhausen i/Th. 891. G. Danner. n. 1. —

Ritter, A.: Don Juan auf dem Turnfest. Lustspiel mit Gesang u. turnerischen Vorführungen in 2 Akten. 2. Aufl. Mühlhausen i. Th. 1893. 31 S.

— — s.a. Vereinstheater.

Ritter, Alb., die Kaisersgeburtstags-Bowle, s.a. **Festspiele zu Kaisers Geburtstag. Nr. 12.**

Die Kaisergeburtstags-Bowle. Lustspiel in 1 Akt von Albert **Ritter.** Mühlhausen i. Th.: G. Danner [1905]. (40 S.) 8° [F.]
= **Festspiele** zu Kaisers Geburtstag. No 12. [16. 1779 8

– Kaisergeburtstags - Ueberraschungen, s. Vereinstheater.

– In der Klemme, s.a. Vereinstheater.

— kurirt, s.: Vereinstheater.

Ritter, Alb., altschwäbische Liebesbriefe, s.a. **Studien, Grazer, zur deutschen Philologie.**

Altschwäbische Liebesbriefe. E. Studie z. Gesch. d. Liebespoesie. Von Dr. phil. Albert **Ritter.** *(Graz: Styria 1897.)* (4 Bl., 118 S.) 8.
= **Studien,** Grazer, z. deutschen Philologie. H. V. [97. 5103

Ritter, A., Altschwäbische Liebesbriefe. Eine Studie zur Geschichte der Liebespoesie. Graz 1898. Gr. 8°. 4 Bl. u. 118 S. (Mk. 3,30.) (1 Mk. 50 Pfg. J. E. Mueller, Halle, 1907; 2 Mk., br. im Orig.-Umschl., E. Frensdorff, 1907.)

— Liederbuch f. Militär-Vereine, enth. 300 Soldaten-, Studenten- u. Gesellschaftslieder. gr. 16. (231 S.) Mühlhausen i/Th. (901). G. Danner. n. — 40

Ritter, Albert, Historische Nachricht von einer doppelten Reise nach dem Blocksberg. Aus d. Lat. Magdeburg, G. Vetter, 1744. 8°. 112 S. (5 Mk. L. Rosenthal 1893.)
Das lat. Orig. „Relatio historico-curiosa de iterato itinere in Hercyniae montem famosissimum Bructerum" auch sub Blocksberg, Brückmann, F. E., erwähnt.

— De nucibus margaceis.

— Oryctographiae Calenbergicae Spec. I und II. Sondershusae 1741 und 1743.

Ritter, Albert (Ilfeld), Orycto graphiae Calenbergicae sive rerum fossilium quae sub adpellatione rerum naturalium plerumque veniunt et in ducatu electorali Brunsvico-Luneburgico Calenberg eruuntur historico-physicae delineationis. Specimen I. Cum figuris aëri incisis lapidum quorumdam figuratorum rariorum. Sondershausen 1741. 20 S., 1 Taf., gest. v. T. F. Kauffmann. (4.25) 28952
Gew.: Gerhard Andreas von Reiche.

— epistolica hist.-physica oryctographia Goslariens. c. fig. 4. ibid. 738.

— Oryctographia Goslariensis. Edit. II. Sondershusae 1738.

— Doctor Puppke. Lustspiel in 1 Akt. 8. (24 S.) Mühlhausen i/Th. 898. G. Danner. n. 1. —

— dasselbe, s. a. Vereinstheater.

— der Raubmörder, s. a. Vereinstheater.

Der Raubmörder. Posse in 1 Akt von Albert Ritter. *Mühlhausen i. Th.: G. Danner [1901].* (30 S.) 8° [F.]
— Vereinstheater. 98.

— im Reiche d. Prinzen Carneval, s. a. Carnevals-Bühne.

Im Reiche des Prinzen Carneval. Festspiel in 1 Akt von Albert Ritter. *Mühlhausen i. Th.: G. Danner [1901].* (24 S.) 8° [F.]
— Karnevals-Bühne. No 6.

Ritter, Albr., relatio de iterato itinere in Hercyniae montem famosissimum Bructer. c. fig. 4. Helmst. 740.

— Schutzgeister. Lustspiel in 1 Akt. 8. (35 S.) Mühlhausen i/Th. 892. G. Danner. n. 1. —

— dasselbe, s. a. Vereinstheater.

— Das Sedanfest, s. Vereinstheater.

— durch die Stenographie. Lustspiel in 1 Akt. gr. 8. (14 S.) Berlin (889). M. Böhm. 1. 60

Alberti Ritter Supplementa scriptorum suorum historico-physicorum successu temporis particulatim in lucem editorum una cum syllabo fossilium Carlshüttensium, curiosis...Helmstadii 1748: Leuckart. 120 S. 8°

— D. Todeskandidat, s.a. Vereinstheater.

Der Todeskandidat. Lustspiel in 1 Akt von Albert Ritter. *Mühlhausen i. Th.: G. Danner [1898].* (32 S.) 8° [F.]
— Vereinstheater. 77.

— überlistet. Turnerisches Lustspiel in 1 Akt. 8. (30 S.) Mühlhausen i/Th. 891. G. Danner. n. 1. —

— dass. — Militair. Lustspiel in 1 Akt. 8. (30 S.) Ebd. 892.

— dasselbe. Lustspiel in 1 Akt. 8. (24 S.) Ebd. 894. n. 1. —

— dasselbe, s. a. Vereinstheater.

— E. Verschwörg. aus Liebe, s. Vereinstheater.

Waldlieschen. Lustspiel in 1 Akt von Albert Ritter. *Mühlhausen i. Th.: G. Danner [1901].* (30 S.) 8° [F.]
— Vereinstheater. 101.

— dasselbe, s. a. Thalia.

— Zeit ist Geld. Radfahrer-Posse m. Gesang in 2 Akten. 8. (41 S.) Mühlhausen i/Th. 893. G. Danner. n. 2. —

Ritter, Alb. Commentatio de Zoolitho-Dendroidis in genere, et in specie de Schwarzburgico-Sondershusanis. Sonderhusae. 1736. 4.

Ritter, Albrecht

Ravenstein's Markirungskarte für den Pfälzer Wald (mit Verzeichnis von 101 beliebten Wanderungen ... Colorit f. Weinbaugelände, Laub- u. Nadelwald). Bearb. von Oberforstrat [Albrecht] v. Ritter in Speyer (Maßst. 1:170.000. Gez. von H. Ravenstein. 3. Aufl. Frankfurt a/M.: L. Ravenstein [1907].) (1 Kartenbl. 52×59 cm.) [Kopft. lith.]

Historisch- physikalisches Send- Schreiben von dem in der Marck-Brandenburg belegenen merck- und wunderns- würdigen Arend- See... von Albrecht Ritter. Sondershausen 1744. 24 S. 8°

Ritter, Alex., Gesetzartikel XXXVIII vom Jahre 1868 in Angelegenheit des Volksschulunterrichtes u. der hierauf bezüglichen Cultus-Ministerial-Instructionen für die Gemeinden u. deren Schulkommissionen, mit einem alphabet. Register. 2 Hfte. Pest 870. Lauffer's Verlag. 16. (1. Hft. XXI, 41 S.) n. 3 ngr. 2. Hft. (XXXVI, 73 S.) n. 5 ngr.) n. 8 ngr.

Ritter, Alex., Gesetzartikel XXXVIII v. J. 1868 in Angelegenheit d. Volksschulunterrichts u. der hierauf bezügl. Cultus-Ministerial-Instruktionen f. die Gemeinden u. deren Schulkommissionen, m. e. alphabet. Register. 3. Hft. Unterrichtsplan f. die Volksschulen. Nach der amtl. Ausg. 16. (51 S. m. 4 Tabellen in qu. Fol.) Budapest 871. Lauffer. n. — 50 (1-3.: n. 1. 30)

— allerhöchst genehmigtes Organisations-Statut f. die israelit. Religions-Gemeinden in Ungarn u. Siebenbürgen m. e. alphabet. Register. 3. Hft. 16. (XL, 78 S.) Ebend. 870. n. — 60

Ritter, Alex., Verfall u. Reform. Eine Schilderung deutscher Theater-Zustände nebst einem Vorschlage zur Reorganisation der Provinzial-Bühnen. Würzburg 864. Stuber. gr. 8. (20 S.) 4 ngr.

Ritter, Alex., eine Vorlesung über Programm-Musik von C. Koßmaly beleuchtet. Auszug a. d. „Neuen Zeitschrift für Musik." Stettin 858. Cartellieri. 8. (14 S.) 3 ngr.

Ritter, A., s. a. Wechsel-, Handels- und Concurs-Gesetzbuch für Ungarn.

Ritter, Alex., Wechsel-, Handels- und Concurs-Gesetzbuch für Ungarn, nach den neuen allerhöchsten Verordnungen u. nach den in Kraft gelassenen Gesetz-Artikeln XV—XX, vom Jahre 1840, und nach den Gesetz-Artikeln VI u. VII: 1844. Pest 852. Heckenast. gr. 8. (215 S.) 1 rthl.

Ritter, Alex., Wechsel- u. Handels-Gesetzbuch für Ungarn. Nach der Judexcurial-Verordnung u. nach den neuerdings in Kraft gesetzten Gesetz-Art. 15—20 vom Jahre 1840; u. nach dem Gesetz-Art. 6: 1844 zusammengestellt. Pesth 861. Gebr. Lauffer. gr. 8. (126 S.) n. 20 ngr; mit Anh.: Concurs-Gesetze für Ungarn (189 S.) 25 ngr; Concurs-Gesetze einzeln (63 S.) n. 10 ngr

Ritter, Alfr., aus der Gymnasialzeit. Humoresken. Mit Illustr. v. E. Horstig. 8. (74 S.) Berlin 884. Eckstein Nachf. n. 1. —

Ritter, Alfred, aus der Gymnasialzeit. Humoresken. 2. Aufl. 8. (74 S. mit 4 Illustr. von E. Horstig.) Berlin 886, Eckstein Nachf. *

RITTER, Alfred

(F) Umsturz. Culturdrama in 3 Aufzügen von Alfred Ritter. Wien und Leipzig. 1902. [In Comm.] Braumüller. 8°. 91 S. K 2.40

Ritter, Alfred, aus Frankfurt a. M.: Die Verteilung der ch- und k-formen im Mittelenglischen. *Marburg 1904: R. Friedrich.* (81 S.) 8°
Marburg, Phil. Diss. v. [21. März] 1904

Ritter, Aloys, die geheimen Krankheiten. Ihre Erkennung, Bedeutung, Begegnung und Vorbeugung. In allgemeinverständlicher Darstellung und nach den neuesten Grundsätzen und Erfahrungen der Wissenschaft zum Nutzen und zur Aufklärung seiner Mitmenschen verfaßt. 2. wohlf. Aufl. Frankfurt a. M. 856. Küchler. 16. (XIII, 97 S.) 10½ ngr

Ritter, Andreas

— — De corporis eloquentia in suggestu sacro, speciatim de actione oratoris sacri. Disput. posterior. Präs. Leonhard Gebauer. Wittenberg (Chr. Schrödter) 5. IX. 1703. (4.50) 28959

— — (Strehlen/Schlesien), De corporis eloquentia, in suggestu sacro, speciatim de pronunciatione oratoris sacri. Disput. prior. Präs. Leonhard Gebauer. Wittenberg (Chr. Schrödter) 8. VIII. 1703. (4.50) 28958

— **Andreas**, De principum in Cartesium favore paucis disserit, et commilitones ad praelectiones, quibus vitam Cartesii enarrabit, humaniter ac officiosè invitat. Greifswald (G. H. Adolph) (19. VII. 1705.) (3.50) 28953

— — De fide Christi, Sive Utrum Christus fidem habuerit? Präs. Joh. Fried. Mayer. Greifswald (G. H. Adolph) 29. VIII. 1704. 32 S. (4.25) 28955

— — Dasselbe. Greifswald (G. H. Adolph) 29. VIII. 1704. 32 S. (4.25) 28956
Mit Widmung.

— — (Präs.) u. (Respond.) **Johann Tobias Hayner** (Cross.-Zeitz), De juramentis, quae falso habentur non obligantia. Exercit. Moralis. Leipzig (I. Titius) 26. II. 1701. (4.50) 28957
Gew.: Achill Daniel Leopold, Georg Ritter (Vater), Franziskus Balemann, Johann Hess, Adolph Matthaeus Rodd, Gerhard Ritter. — Widm. v.: Thomas Ittig, Johann Dornfeld, Joh. Fleeg.

— — (Lübeck), De vestibus sacris certis literis notatis. Leipzig (I. Titius) 11. IV. 1703. (4.50) 28954
Widm. v.: Andr. Lange, Joh. Ritter (Bruder.)

Ritter, Anna, Befreiung. Neue Gedichte. 3.—7. Aufl. gr. 16. (à XI, 273 S.) Stuttgart 900. 901. J. G. Cotta Nachf. Geb. in Leinw. m. Goldschn. n. 3. 50

Ritter, Anna, Befreiung. Neue Gedichte. 8.—12. Aufl. (à XI, 273 S.) kl. 8. Stuttgart 901—906. J. G. Cotta Nachf. Geb. in Leinw. m. Goldschn. n. 3. 50

Ritter, Anna, Befreiung. Neue Gedichte. 13. u. 14. Aufl. (XI, 273 S.) kl. 8. Stuttgart 910. J. G. Cotta Nachf. Geb. in Leinw. m. Goldschn. 3. 50

Ritter, Anna, Gedichte. 12. (VII, 229 S.) Leipzig 898. Stuttgart, J. G. Cotta Nachf. Geb. in Leinw. m. Goldschn. n. 3. —

— Gedichte. 3.—15. Aufl. 12. (à VII, 229 S. m. Bildnis.) Ebd. 899—902. Geb. in Leinw. m. Goldschn. n. 3. —

— Gedichte. 16.—23. Aufl. (à VII, 229 S. m. Bildnis.) kl. 8. Ebd. 903—906. Geb. in Leinw. m. Goldschn. n. 3. —

Gedichte von Anna **Ritter**. 24.—26. Aufl. Mit d. Bildn. d. Dichterin. Stuttgart & Berlin: J. G. Cotta Nachf. 1907. (VII, 229 S.) 8° [F.] Geb. 11

— Margherita. Novelle. Illustriert v. Rich. Mahn. gr. 8. (110 S.) Leipzig (902). E. Keils Nachf. 1. —; geb. in Leinw. 2. —

Ritter, Armin, Lieder der Liebe. Gedichte. (X, 245 S.) kl. 8. Dresden (908). E. Pierson. 3. —; geb. n 4. —

— Ein schwarzer Strumpf. Novelette. (51 S. m. Titelbild.) 8. Chemnitz (908). (C. Winter.) Geb. in Leinw. 1. —

Ritter, Arno, approb. Arzt aus Halle a. S.: Erfahrungen über Zangengeburten der Halleschen Universitäts-Frauenklinik u. Poliklinik vom 1. April 1894 — 31. März 1901. *Halle a. S. 1901: C. A. Kaemmerer & Co.* (37 S.) 8°
Halle, Med. Diss. v. 29. Nov. 1901

Ritter, Arnold, der Postreferendar, s.: Liebhaber-Theater.

Ritter, Aug., Anwendungen der mechanischen Wärmetheorie auf kosmologische Probleme. Sechs Abhandlungen enth. Untersuchungen über die Constitution gasförmiger Weltkörper. gr. 8. (VI, 74 S.) Hannover 879. Leipzig, Baumgärtner. n. 2. —

Ritter, A., über die Berechnung eiserner Dach- u. Brücken-Constructionen, s.: Meyer, Gust., die Wölbung der Gerbaubrücke bei Uelzen.

Ritter, A. Lehrbuch der Ingenieur-Mechanik. Hannover. 1871—1876.
dgl. 2. Auflage. Ebend.. 1885.

Ritter, A. Lehrbuch der Ingenieur-Mechanik. 3. Aufl. Hannover 1899.

Ritter, Aug., Lehrbuch der analytischen Mechanik. 2. Aufl. Mit 193 Holzschn. gr. 8. (X, 285 S.) Leipzig 883. Baumgärtner. n. 8. —; geb. n.n. 11. —

Ritter, Aug., Lehrbuch der höheren Mechanik. 1. und 2. Thl. 1. Hälfte. gr. 8. Hannover, Rümpler. *
Inhalt:
Thl. 1. Lehrbuch der analyt. Mechanik. (XI, 271 S. mit 177 eingedr. Holzschn.) 873. *M. 8.
» 2. 1. Hälfte. Lehrbuch der Ingenieur-Mechanik. (224 S. mit 309 eingedr. Holzschn.) 874. *M. 6.

—— Lehrbuch der höheren Mechanik. 2. (Schluss-)Thl. 2. Hälfte. A. u. d. T.: Lehrbuch der Ingenieur-Mechanik. 2. Hälfte. gr. 8. (X, S. 225—507 mit 229 eingedr. Holzschn.) Ebendas. 876.

1. Thl. und 2. Thl. 1. Hälfte. Ebendas. 1873,74. ℳ 14.

Ritter, Aug., Lehrbuch der höheren Mechanik. 2. Aufl. 2. Thl. A. u. d. T.: Lehrbuch der Ingenieur-Mechanik. gr. 8. (XIII, 632 S. mit 592 Holzschn.) Leipzig 885, Baumgärtner's Buchh. *

1. Thl. u. d. T.: Lehrbuch der analytischen Mechanik. 2. Aufl. Ebendas. 1893. *ℳ 8.—.

Ritter, Aug., Lehrbuch d. höheren Mechanik. 3. Aufl. 2 Thle. gr. 8. Leipzig 899. Baumgärtner. n. 24.—; Einbde. in Halbfrz. à n.n.n. 2.—

1. Analyt. Mechanik. (XIV, 314 S. m. 224 Textfig.) n. 8.—
2. Ingenieur-Mechanik. (XV, 653 S. m. 612 Textfig.) n. 16.—

Ritter, Aug., Lehrbuch der technischen Mechanik. 3 Hefte. Lex.-8. (X und 722 S. mit eingedr. Holzschn.) Hannover 864,65, Rümpler. [1. und 2. Heft à * 1 Thlr. 15 Ngr., 3. Heft * 1 Thlr. 20 Ngr.]

—— Lehrbuch der technischen Mechanik. 2. Aufl. 1870. *ℳ 14., und 3. Aufl. gr. 8. (X, 742 S. mit 750 eingedr. Holzschn.) Ebendas. 874. *

— Lehrbuch der technischen Mechanik. 4. Aufl. Mit 750 (eingedr.) Holzschn. Lex.-8. (X, 742 S.) Ebend. 877. n. 16. —

— Lehrbuch der technischen Mechanik. Mit 782 Holzschn. 5. Aufl. Lex.-8. (XIV, 754 S.) Ebend. 884. n. 16. —; geb. n.n. 18. —

Ritter, Aug., Lehrbuch der technischen Mechanik. 6. Aufl. gr. 8. (XV, 784 S. m. 828 Holzschn.) Leipzig 892. Baumgärtner. n. 18.—; geb. in Halbfrz. n.n. 20.—

— Lehrbuch der technischen Mechanik. 7. Aufl. gr. 8. (XV, 793 S. m. 861 Fig.) Ebd. 896. n. 18. —; geb. in Halbfrz. n.n. 20. —

Ritter, Aug., Lehrbuch der technischen Mechanik. 8. Aufl. gr. 8. (XV, 801 S. m. 873 Textfig.) Leipzig 900. Baumgärtner. n. 20.—; geb. in Halbfrz. n.n. 22. —

— elementare Theorie u. Berechnung eiserner Dach- u. Brücken-Constructionen. Mit 305 Holzschn. Ebend. 863. Lex.-8. (IX, 253 S.) n. 2 ℛ 10 ngr.

Ritter, Aug. Elementare Theorie und Berechnung eiserner Dach- und Brückenkonstruktionen. Hannover 1863.

— elementare Theorie u. Berechnung eiserner Dach- u. Brücken-Constructionen. 2. umgearb. Aufl. 2 Abthlgn. Ebend. 670. gr. 8. n. 3 ℛ

1. Berechnung der Spannungszahlen. Mit 357 (eingedr.) Holzschn. (V, 266 S.) n. 2 ℛ
2. Bestimmung der erforderlichen Querschnittsdimensionen nebst Untersuchungen über die Elasticitätswiderstände belasteter Träger. Mit 138 (eingedr.) Holzschn. (XII u. S. 267—384.) n. 1 ℛ

— elementare Theorie u. Berechnung eiserner Dach- u. Brücken-Constructionen. 3. Aufl. Mit 495 (eingedr.) Holzschn. gr. 8. (XIV, 384 S.) Ebend. 873. n. 9. —

Ritter, Aug. Elementare Theorie und Berechnung eiserner Dach- und Brückenkonstruktionen. 3. A. Hannover 1873.

—— elementare Theorie und Berechnung eiserner Dach- und Brücken-Constructionen. 4. Aufl. gr. 8. (XIV, 384 S. mit 495 eingedr. Holzschn.) [Hannover 880. Rümpler.] Leipzig, Baumgärtner's Buchh.

Ritter, August, Dr. phil., Geh. Reg.-Rath, auch Prof. an der königl. technischen Hochschule zu Aachen. Elementare Theorie und Berechnung eiserner Dach- und Brücken-Constructionen. Mit 495 Holzschn. Fünfte unveränderte Auflage. 8. Leipzig 1894.

Ritter, Aug., elementare Theorie u. Berechnung eiserner Dach- u. Brücken-Konstruktionen. 6. Aufl. (XIV 388 S. m. 495 Abbildgn.) gr. 8. Leipzig 904. A Kröner. n. 10. —; geb. in Halbfrz. n.n. 12. —

— August Gottlieb (Zschopau/Hermund.), Selectiora juris principia ad ordinem digestorum exposita libri XI. specimen I. continens. Disput. jur. decima sexta. Präs. Jo. Tobia Richter. Leipzig (Langenheim) 30. IX. 1750. 16 S. (4.25) 28960

Ritter, August Heinrich, s. Ritter, Heinrich

Die alte Freimaurerei und ihre modernen Aufgaben. Rede zum Feste der Lichteinbringung in die Loge Friedrich zur ernsten Arbeit im Or. von Jena am 27. Apr. 1890 gehalten von B. Ritter. Leipzig: Findel 1890. 31 S. 8°
Auszug in holländ. Übers. in: MW. Ser. 5 Jg. 1 (1891) S. 231—237, 241—245.
Recens: FZ. 44 (1890) S. 333—334; Z. 20 (1890) S. 56 (M. Amster), abgedr. in: Bh. 33 (1890) S. 255.
cf. Bh. 33 (1890) S. 196—197; L. 18 (1890) S. 147—150 (B. Cramer); Smitt, W.: Einschau u. Ausschau. 1895 S. 32—34.

— B. Georg, Prof. olim Altorphini in Aug. confess. disput. XXIII. Iterum editae et ventilatae. Präs. Joh. Balthasar Bernhold cuius accessit prologus de euphemia confessorum fidei itemque oratio auspicalis de combinato in ecclesia pastorum et doctorum ordine. Altdorf (D. Meyer) (Prid. Dom. XVIII. p. Trinit. 1725.) Disput. I—XI. 56 S. (5.—) 28961

Ritter, Benj., geographisch-statistisches Comptoir- u. Zeitungs-Lexikon. In alphabet. Ordnung. Ein Supplement zu jedem Conversations-Lexikon. In Einem Bande. 12 Lfrgg. schmal gr.4. Leipzig 835. Otto Wigand's Verlags-Exped. Pränum.-Pr. (à 1/3 ℛ, 4 ℛ — 2r, wohlf. Ausg. gr.4. Ebd. 838. 1 1/2 ℛ

Ritter, Dr. Benjam. Geographisch-statistisches Comptoir und Zeitungs-Lexikon oder Beschreibung aller bekannten Länder, Meere, Seen, Flüsse, Inseln, Gebirge, Reiche, Provinzen, Städte, der wichtigsten Flecken, Dörfer, Fabriksanlagen, Bäder etc. in alphabetischer Ordnung. 2. Ausgabe. 4. Leipzig und Dresden 1838.

Ritter, Benj., geograph.-statist. Comptoir- u. Zeitungs-Lexikon. In alphabet. Ordn. Ein Suppl. zu jedem Conversations-Lexikon. (12 Lfgn.) 1. Aufl. 835. 4 Thlr., 2. A. Schmal gr. 4. (à 140 1/4 B.) Leipzig 838, Otto Wigand.

Ritter, Benj., geographisch-statistisches Lexicon über die Erdtheile, Länder, Meere, Buchten, Häfen, Seen, Flüsse, Inseln, Gebirge, Staaten, Städte, Flecken, Dörfer rc. 3., umgearb., verm. u. verb. Aufl. Mit e. Uebersicht aller Eisenbahnen, deren Länge, Kosten, Ertrag u. Eigenthümlichkeiten. Von W. Hoffmann. 5 Lfgn. Lex.-8. (85 B.) Leipzig 845, 46, Otto Wigand.

Ritter's geographisch-statistisches Lexikon über die Erdtheile, Länder, Meere, Buchten, Häfen, Seen, Flüsse, Inseln, Gebirge, Staaten, Städte, Flecken, Dörfer, Weiler, Bäder, Bergwerke, Kanäle rc. Für Post-Bureaux, Comptoirs, Kaufleute rc. 4. umgearb., stark verm. u. verb. Aufl. Von W. Hoffmann, C. Winderlich u. E. Cramer. Leipzig 855. O. Wigand. 4. (1458 S.) n. 6 ℛ.

Ritter's geographisch-statistisches Lexikon über die Erdtheile, Länder, Meere, Buchten, Häfen, Seen, Flüsse, Inseln, Gebirge, Staaten, Städte, Flecken, Dörfer, Weiler, Bäder, Bergwerke, Kanäle, etc. Für Post-Bureaux, Comptoirs, Kaufleute, Fabrikanten, Zeitungsleser, Reisende, Real-, Industrie- und Handelsschulen. 5., gänzlich umgearb., stark verm. und verb. Aufl. Unter Redact. von A. Stark. 2 Bde. in 15 Lfgn. hoch 4. (VI und 828 S., 907 S. und Ergänzungen 30 S.) Leipzig 864,65, O. Wigand. à Lfg. 15 Ngr. geb. in Leinen * 8 Thlr. 10 Ngr.; geb. in Halbfrz.

Ritter's geographisch-statistisches Lexicon über die Erdtheile, Länder, Meere, Buchten, Häfen, Seen, Flüsse, Inseln, Gebirge, Staaten, Städte, Flecken, Dörfer, Weiler, Bäder, Bergwerke und Kanäle etc. Für Post-Bureaux, Comptoirs, Kaufleute, Fabrikanten, Zeitungsleser, Reisende, Real-, Industrie- und Handelsschulen. 6. gänzlich umgearb., stark verm. und verb. Aufl. Mit Angabe sämmtl. Post-, Eisenbahnen- und Telegraphen-Stationen der wichtigeren Länder. Unter Redact. von Otto Henne-Am Rhyn. 2 Bde. à 9 Lfgn. gr. 8. (VI, 828; 907 S.) Leipzig 874, O. Wigand. à Lfg. M 1,50. geb.

Ritter's geographisch-statistisches Lexikon über die Erdtheile, Länder, Meere, Buchten, Häfen, Seen, Flüsse, Inseln, Gebirge, Staaten, Flecken, Dörfer, Weiler, Bäder, Bergwerke, Kanäle, Eisenbahnen etc. für Post-Bureaux, Behörden, Gerichtsämter etc. 7. durchaus umgearb., verm. und verb. Aufl. Unter der Redact. von Heinr. Lagai. 30 Lfgn. oder 2 Bde. Lex.-8. Leipzig 882,83, O. Wigand. [1. Bd. 14 Lfgn. (910 S.); 2. Bd. 16 Lfgn. (VI, 992 S.)] à Lfg. *M 1. geb.

Ritter's geographisch-statistisches Lexikon üb. die Erdteile, Länder, Meere, Buchten, Häfen, Seeen, Flüsse, Inseln, Gebirge, Staaten, Städte, Flecken, Dörfer, Weiler, Bäder, Bergwerke, Kanäle etc. Ein Nachschlagewerk üb. jeden geograph. Namen der Erde v. irgend welcher Bedeutg. f. den Weltverkehr. 8., vollständig umgearb., verm. u. verb. Aufl. Unter der Red. von Johs. Penzler. 1. Bd. 1.—13. Lfg. Lex.-8. (S. 1—832.) Leipzig 894. O. Wigand. à n. 1.—

Ritter's geographisch-statistisches Lexikon üb. die Erdteile, Länder, Meere, Buchten, Häfen, Seeen, Flüsse, Inseln, Gebirge, Staaten, Städte, Flecken, Dörfer, Weiler, Bäder, Bergwerke, Kanäle etc Ein Nachschlagewerk üb. jeden geograph. Namen d. Erde v. irgend welcher Bedeutung f. d. Weltverkehr. 8., vollst. umgearb., verm. u. verb. Aufl. Unter d. Red. v. Johs. Penzler. 1. Bd. 14.—17. Lfg. u. 2. Bd. 19 Lfgn. Lex.-8. (1. Bd. VII u. S. 833—1064 u. 2. Bd. IV, 1202 S.) Leipzig 895. O. Wigand. à Lfg. n. 1.— (1. Bd. kart. n. 17.—; geb. n. 19.50; 2. Bd. kart. n. 19.—; geb. n. 21.50)

Ritter's geographisch-statistisches Lexikon üb. die Erdteile, Länder, Meere, Häfen, Seen, Flüsse, Inseln, Gebirge, Staaten, Städte, Flecken, Dörfer, Bäder, Kanäle, Eisenbahnen, Post- u. Telegraphenämter u. s. w. Ein Nachschlagewerk üb. jeden geograph. Namen der Erde v. irgendwelcher Bedeutg. für den Weltverkehr. 9., vollständig umgearb, sehr stark verm. u. verb. Aufl. Unter der Red. v. Johs. Penzler. 2 Bde. (IV, 1248 u. VIII, 1359 S.) Lex.-8. Leipzig 904—906. O. Wigand n. 47.—; geb. n. 53.—
Erschien auch in 47 Lfgn. à n. 1.—.

Ritter's geographisch-statist. Lexikon üb. die Erdteile, Länder, Meere, Häfen, Seen, Flüsse, Inseln, Gebirge, Staaten, Städte, Flecke, Dörfer, Bäder, Kanäle, Eisenbahnen, Post- u. Telegraphenämter usw. Ein Nachschlagewerk üb. jeden geograph. Namen der Erde v. irgendwelcher Bedeutg. f. den Weltverkehr. 9. rev. Aufl. 2 Bde. (VII, 1248 u. IV, 1339 S.) Lex. 8. Leipzig 910. O. Wigand. Geb. in Halbfrz. 50 —

Ritter's geograph.-statist. Lexikon. 9. Aufl. 2 Bde. Jetzt: Leipzig, Bibliograph. Institut.

Ritter, Bernh., Anweisung z. gründl. Heilung d. Unvermögens, d. Harn im Schlafe zu halten, z. allgem. Belehr. f. Aerzte u. Nichtärzte. 8. (9½ B.) Tübingen 837, Fues.

Ritter, Bernhard (Übers.):

s.: Celsus, A(ulus) C(ornelius): Acht Bücher von der Arzneikunde. (De medicina libri octo. Dt.) Stuttgart: 1840

JB 402

Ritter, Bernh., über die Ermittelung von Blut-, Samen- und Exkrementenflecken in Kriminalfällen. Ein spezieller Beitrag zur gerichtlichen Arzneikunde. Eine gekrönte Preisschrift. Mit Abbildgn. (auf 1 lith. Taf.) 2., durchweg verb. Aufl. Würzburg 854. Stahel. gr. 8. (XIV, 270 S.) n. 1 ℳ. 10 ngr

Ritter, B., Erziehungs- u. Unterrichtslehre f. höh. Mädchenschulen. gr. 8. (IX, 490 S.) Weimar 897. H. Böhlau's Nachf. n. 10.—

Ritter, Bernh., Führer durch Jena und Umgegend. 8. (XIV, 61 S. mit 1 chromolithogr. Stadtplan und 1 lithogr. Karte der Umgegend.) Jena 885, [Behrend.] Frommann'sche Buchh. geb. **

Ritter's Führer durch Jena u. Umgegend. 2., bericht. u. bereich. Aufl. v. Ernst Piltz. Mit 1 Stadtplane, 1 Umgebungskarte, 1 geolog. Profile u. 1 Höhentaf. 12. (100 S.) Jena 892. Frommann'sche Buchh. Kart. n. 1.—

Ritter's Führer durch Jena u. Umgegend. 3., vollst. neubearb. u. verm. Aufl. v. Ernst Piltz. M. 1 Stadtplane, 1 Umgebungs-, 1 Thal- u. 1 Eisenbahnkarte. 1 geolog. Profile u. 1 Höhentaf. 8. (114 S.) Jena 895. Frommann'sche Hofbuchh. Kart. n. 1.—

Ritter's Führer durch Jena u. Umgegend. 4., neubearb. u. verm. Aufl. v. Ernst Piltz. Mit 1 Stadtplane, 1 Umgebungskarte, 1 Thalkärtchen, 1 geolog. Profile u. 1 Höhentaf. 8. (VIII, 106 S.) Jena (901). Frommann'sche Hofbuchh. n. — 80; geb. n. 1.—

Ritter's Führer durch Jena. 5. Aufl, s.: Piltz, Ernst.

Ritter B, Geschichte der Kur- u Badeanstalt Imnau, von 1694 bis 1870. Imnau 1869

Ritter, Bernh., die Grundprincipien der aristotelischen Seelenlehre. Inaugural-Dissertation. gr. 4. (32 S.) Jena 880. (Deistung.) n. — 60

— die gesetzl. Hauptmängel d. Hausthiere im Königr. Württemberg u. d. angrenz. Staaten, in polizeil. u. gerichtl. Bezieh. z. allgem. Belehr. f. Rechtsgelehrte, Aerzte u. Landwirthe, wissenschaftl. dargest. gr. 8. (38¼ B.) Rottenburg a. N. 835, Bäuerle'sche Buchh.

— die Kur- und Badeanstalt Imnau, vormals und izt. In Wort und Bild. 8. (X, 81 S. mit 3 Ansichten in Golddr.) Rottenburg 880, Bader.

Ritter, Bernh., das Leben u. Wirken des Hrn. Domdekans v. Jaumann. Nach dessen Tode zusammengestellt. Schw. Gmünd 862. Schmid. gr. 8. (23 S.) 3 ngr

Ritter, B[ernhard]: Der deutsche Lehrplan der höheren Mädchenschule. — Leipzig: Teubner 1900. 17 S. 8°

Aus: Zeitschrift für d. deutschen Unterricht. Jg. 13.

Ritter, B[ernhard], Hofrat Direktor Prof. Dr.: Die höhere Mädchenbildung in der Gegenwart. Weimar 1905: Hof-Buchdruckerei. (S. 5—16.) 4°
Weimar, Sophienstift OP 1905 [238]

—— Niedernau u. seine Mineral-Quellen, worunter auch d. Karls- u. Römer-Quelle. 8. (9 B. u. 2 Stnt.) Rottenburg a. N. 838, Sack.

Ritter, Bernh., Niedernau, Kur- u. Badeanstalt im Königr. Württemberg. Mit einer (lith.) Abbildg. Rottenburg 869. Bader. gr. 16. (55 S.) 7½ ngr.

Ritter, Bernhard: Philo und die Halacha. Eine vergleichende Studie unter steter Berücksichtigung des Josephus. Halle a. d. S. 1879: Hundertstund & Pries in Leipzig. 32 S. 8°
Halle-Wittenberg, Phil. Diss. v. [14. Mai] 1879
Geb. Reinersdorf (Kr. Kreuzburg; Oberschles.) 5. 3. 1855. V.
Ersch. vollst. im Buchhandel Leipzig: Hinrichs 1879. XI, 139 S.

Ritter, Bernh., Philo u. die Halacha. Eine vergleichende Studie unter steter Berücksichtigung des Josephus. gr. 8. (XI, 139 S.) Leipzig 879. Hinrichs' Verl. n. 6. 80

—— der Priester als Arzt am Krankenbette. Eine systemat. Zusammenstell. wissenschaftl. Grundsätze nach denen b. Krankheiten des Menschen, in Abwesenheit od. Ermangelung d. Arztes, zu beurtheilen u. zu behandeln sind. Zur allgem. Belehr. f. denk. Leser aus allen Ständen. gr. 8. (45¾ B.) Rottenburg a. N. 837, (Sack.)

— der Priester als Arzt am Krankenbette. Eine systematische Zusammenstellung wissenschaftlicher Grundsätze, nach denen die Krankheiten der Menschen in Abwesenheit oder Ermangelung des Arztes zu beurtheilen u. zu behandeln sind, namentlich für Geistliche auf dem Lande. Auf's Neue bearb. u. herausg. von einem kathol. Geistlichen. 2., sehr verm. u. verb. Aufl. Regensburg 860. Manz. gr. 8. (VIII, 291 S.) 24 ngr.

Ritter, Bernh., die Schafraude in patholog., therapeut., polizeil. u. gerichtl. Bezieh. Nach d. seither. bewährt. Beobachtn. u. Erfahrn. wissenschaftl. dargest. gr. 8. (13½ B. u. Abbild.) Stuttgart 841, J. F. Steinkopf. Thlr.

Ultramontanismus und Freimaurertum. Ein maurerischer Festvortrag von B[ernh.] R[itter]. Jena: Selbstverl. d. Loge Karl August zu den drei Rosen 1885. 20 S. 8° [Umschlagtit.]
Recens: BrL. 4 (1885—1886) S. 63; FZ. 40 (1886) S. 59—60; L. 9 (1886) S. 32 (B. Cramer). Nachweis der unversöhnlichen Gegensätzlichkeit beider.

Der deutsche Unterricht in der höheren Mädchenschule. Lehrstoffe. Lehrgänge u. Lehrmethode. Von Hofrat Prof. Dr. B[ernhard] Ritter Dir. in Weimar. Bd 1. 2. *Leipzig & Berlin: B. G. Teubner 1900—02.* 2 Bde 8° [G.]
1. A. Didaktik d. deutschen Unterr. B. Lehrstoffe. Lehrgänge u. Lehrbeispiele f. d. 1. bis 3. Schuljahr.
2. Lehrstoffe, Lehrgänge u. Lehrbeispiele f. d. 4. bis 0. Schuljahr.

Ritter [Bernhard]. Ziele u. Wege der höheren Mädchenbildung. Beiträge zu e. Erziehungs- u. Unterrichtslehre. gr. 8. (XI, 177 S.) Weimar 892, Böhlau. * 2 40

Ritter, C., s. a. Ritter, Karl

Ritter, C., offener Brief an den Cand. theol. C. Sellin zu Schwerin. gr. 8. (8 S.) Leipzig 860. [Hennings'sche Buchh.]

Ritter, C., offener Brief an den Cand. theol. C. Sellin zu Schwerin. Leipzig 860. Lehmann. (Wolf.) gr. 8. (8 S.) 2 ngr.

Ritter, C., Aus dem Briefwechsel J. C. Zellwegers mit Freiherrn Joseph von Lassberg. Trogen 1889.
Progr.

Ritter, C., d. ges. Kunst-Schmiede- u. Schlosser-Arbeit in dekorativ-prakt. Beispielen u. Motiven, dargestellt f. alle Bau- u. Gebrauchszwecke u. des modernen Kunstgewerbes. E. Muster- u. Nachschlagebuch f. Schlosser u. Baumeister etc. zum prakt. Gebrauch m. Vorführgn. von d. einfachsten Geländern u. Gittern, Schildern, Stützen etc. bis zu d. reicheren Beschlägen u. Gitterthoren etc. in ganzen Arrangements, sow. Details u. in allen Stilarten, m. Angabe d. gebräuchl. Maasse f. prakt. Ausführg. 25 Taf. m. über 300 Abb. gr. 8. (15 S. Text.) Weimar 897. Leipzig, B. F. Voigt. In Mappe 3. 75

Ritter, C., die gesamte Kunstschmiede- u. Schlosser-Arbeit. Ein Muster- u. Nachschlagebuch zum prakt. Gebrauch f. Schlosser u. Baumeister, enth.: Türen u. Tore, Geländer u. Gitter aller Art, Bekröngn. u. Füllgn., Bänder u. Beschläge, Türschilder, Wandarme, Turmkreuze, Zieranker, Beleuchtungsgegenstände u. dergl. in einfacher u. reicherer Ausführg. m. Angabe der gebräuchl. Masse. 2., verb. u. verm. Aufl. 26 Taf. m. 321 Abbildgn. u. erklär. Text. (16 S.) gr. 8. Leipzig 905. B. F. Voigt. In Mappe 4. 50

Ritter, C., Richard Wagner's Parsifal. 9 Scenenbilder. Mit e. Vorwort von Hans v. Wolzogen. In Lichtdr. ausgeführt v. Jos. Albert. 12. (2 S. Text.) Bayreuth 894. H. Heuschmann jun. In Leinw.-Mappe. n. 6. —

Ritter, C. A., über das Postwesen m. besonderer Berücksichtigung der österr. Postzustände. gr. 8. (IV u. 89 S.) Wien 850. (Leipzig, Hübner.) n. ½ ℳ

— Tagebuch d. letzten Oktober- u. ersten November-Tage Wiens. 2 Hfte. 8. (87 S.) Linz 848. (Fink.) (à n 3 ngr) n. 6 ngr

Ritter, C. G., Bondelmonte. Trauerspiel. 16. (148 S.) Leipzig 881. C. G. Naumann. 3. —

Ritter, C. G., Longinus. Trauerspiel. 12. (XI, 170 S.) Leipzig 892. C. G. Naumann. n. 3. —

Ritter, C. G., der Raub der Sabinerinnen. Trauerspiel. 8. (XVI, 164 S.) Leipzig 886. C. G. Naumann. n. 3. —

Ritter, C. G., König Roderich. Trauerspiel. gr. 16. (VIII, 163 S.) Leipzig 878. C. G. Naumann

— Theorie des deutschen Trauerspiels. 12. (159 S.) Ebend. 880. 3. —

— Virginia. Trauerspiel. gr. 16. (VIII, 120 S.) Ebend. 878. n. 2. —

—— der milde Welf. Trauerspiel. 1. und 2. durchges. Ausg. 16. (IV, 152 S.) Ebendas. 877,80.

Mittelstädt's Broschüre: „Gegen die Freiheitsstrafen". Randbemerkungen dazu v. **C. H. Rittner.** Hamburg. 1880. 8°.

Ritter, C. M., Leben u. denkwürd. Schicksale d. Frhrn. v. d. Trenck. Für Leser jeden Standes bearb. Neue Ausg. 8. (14¾ B. u. Titlbild.) Quedlinburg 840, Ernst'sche Buchh.

Ritter, Carl, s. Ritter, Karl

Ritter, Carl August, s. Ritter, Karl August

Ritter, Carl Eugen, s. Ritter, Karl Eugen

Ritter, Charles

Ritter, Ch., s. a. *Eliot.*

(Ritter, C[harles].) Littérature de la Suisse française: I. Juste Olivier (1807–1876). [E.] 8. [Oppeln und Leipzig 1879.]

[S.] Karl der Grosse und die Sachsen. Von Prof. Dr. (Christian) Ritter (zu Luckenwalde). Abth. 1. 2. *Dessau & Leipzig: R. Kahle 1894/95.* 2 Bde 8.
1. Die Kriege m. d. Sachsen. (1894). (2 Bl., 73 S.)
2. Die Gesetze für Sachsen. 1895. (113 S., 1 Bl.)

Ritter, Christian: Kant und Hume. Halle 1878: (Gutdeutsch in Luckenwalde). 55 S. 8°
Halle-Wittenberg, Phil. Diss. v. [14. Aug.] 1878
Geb. [Badeborn (Anhalt) 1. 11. 1844].

Ritter, Chr., d. Recht an Strassen nach Entscheidgn. des Reichsgerichts. Nebst e. Anh.: Nochmals Diebstahl an Elektrizität. Zwei Besprechgn. gr. 8. (61 S.) Dessau 897. Anhalt. Verlagsanstalt. n. 1.—

... Das Recht an den Strassen nach Entscheidungen des Reichsgerichts. Nebst e. Anh.: Nochmals Diebstahl an Elektrizität. 2 Besprechgn v. Dr. phil. Chr[istian] Ritter, Prof. *Dessau: R. Kahle (1897).* (3—61 S.) 1 Bd 8.

Ritter, Chrstn., die Wasserkur f. geschwächte Männer u. Jünglinge, od. d. Brunnenwasser u. kalte Flußbad als Heil- u. Stärkungsmittel geschwächter Manneskraft u. daraus entstehend. Krankheiten u. Uebel. Als Anh. d. gründl. Heilung d. gold. Ader mit kaltem Wasser. 1. u. 2. Aufl. gr. 12. (à 3⅙ B.) Pesth 836, Heckenast.

— d. Weltzug d. Kultur, s. a. Fragen d. öffentl. Lebens.

Der Weltzug der Kultur. Von Dr. Ritter, Prof. (4. Taus.) Berlin: Kritik-Verl. 1897. (24 S.) 8°
= Fragen d. öffentlichen Lebens. Jg. II. H. 9.

—— die Wunder d. kalten Wassers in seiner Heilkraft bei vielen Krankheiten. Eine Schrift f. Nichtärzte. 2. u. 3., verm. u. verb. Aufl. gr. 12. (à 5⅙ B.) Pesth 836, Heckenast.

Ritter, Christian Wilhelm

Ritter, Ch. W., Beschreibung merkwürd. Berge u. Felsen. Ein Beitrag zur physical. Geschichte der Erde. 2. wohlf. (Titel-) Ausg., ohne Kpfr. gr. 8. (XXXVI u. 340 S.) Waldenburg u. Breslau (806) 850, Kühn. 1 ℛ

– Beschreib. der größten u. merkwürd. Höhlen des Erdbodens. 3 Thle. 8. Hamb. 801, 2 u. 6. Kratzsch. 1 ℛ (bei Schnupphase in Altenb.) 16 gℊ bei Heyse in Brem. 8 gℊ

—— Beschreibung merkwürdiger Vulkane. Ein Beitrag zur physikal. Geschichte der Erde. Neue, wohlf. Ausg. ohne Kpfr. gr. 8. (270 S.) Breslau 847, Kühn'sche Buchh.

Ritter, Chr. Wlh., Blicke in das Eingeweide d. Erde. 8. Hamb. 808. Wittach. 8 gℊ

– de fluido nerveo, Diss. 8maj. Hamb. 802. Kratzsch. 3 gℊ

– über Selbstentzündungen in organ. u. leblosen Körpern. Ein Nachtrag zu Pierre-Aimelairs Schrift: Versuch üb. die Verbrennung menschl. Körper &c. 8. Hamb. 804. (Hammerich in Altona); (a. Schnuphase in Altenb.) 5 gℊ

Ueber Selbstentzündungen in organisirten und leblosen Körpern. Hrsg. von Christian Wilhelm Ritter. Ein Nachtr. zu Pierre-Aimé Lair's Schrift: Versuch über das Verbrennen menschlicher Körper nach e. langen Mißbrauche geistiger Getränke. Hamburg: Kratzsch & Wettach 1804. 64 S. 8°

Ritter C. W.: Versuch einer Beschreibung d. in den Herzogthümern Schleswig u. Holstein u. auf den angräntzenden Gebieten ... wildwachsenden Pflanzen mit sichtbarer Blüthe ... Tondern 1816 (16, 62) 389 S.
— — Nachtrag. U. St. o. A. 17 S.
(Indb. m. foreg.).
— — Anhang: ... Pflanzen aus d. 24. Klasse (Cryptogamen) Augustenb. 1817. 68 S.
(Indb. m. foreg.).

Ritter, Chrn. Wilh., Versuch einer Beschreibung, der in den Herzogthümern Schleswig und Holstein, und auf den angrenzenden Gebieten wild wachsenden Pflanzen aus der 24n Classe (Cryptogamen) deren Nutzen und Schaden bekannt ist, ein Anhang zu meiner Schlesw. Holst. Flora. 8. Augustenburg. (Steinacker und Wagner in Leipzig.) 817.

– Versuch e. Beschreib. der in den Herzogth. Schleswig u. Holstein u. auf den angränz. Gebieten wild wachsenden Pflanzen, aus der 24n Klasse (Cryptogamen), deren Nutzen u. Schaden bekannt ist, e. Anhang zu meiner Schlesw.-Holstein. Flora. 8. Augustenb. 817. (Leipz., Kaysers B.) 8 gℊ

Versuch eines Verzeichnisses der in dem Herzogthume Hollstein und dem angrenzenden Herzogthume Schleswig wildwachsenden Pflanzen. Von Christian Wilhelm Ritter. Ausschnitt aus: Botanisches Taschenbuch ... auf das Jahr 1803. Hrgg. v. David Heinrich Hoppe. Regensburg. o. J. 8°.

Verzeichnis der seltnern, in den Herzogthümern Schleswig und Holstein wildwachsenden Pflanzen, nebst Bestimmung ihres Wohnorts. v. Christian Wilhelm Ritter. Ausschnitt aus: Neues Botanisches Taschenbuch ... auf das Jahr 1808. Hrgg. v. David Heinrich Hoppe. Nürnberg und Altdorf. 1808. 8°.

Ritter, C. W., Wand-Charte der allgemeinen Weltgeschichte. 1 Bog. in Imp. Fol. Königsberg 851, Samter. n. ⅙ ℛ

Ritter, Cph. Ghrd. Wlh., Briefe e. Lehrers an seinen ehemal. Zögling, üb. die wichtigst. Kunsterfindd. &c., s. Briefe über Kunsterfindd., u. setze hinzu: (v. Cph. G. W. Ritter).

– die Erfindungen; e. Lesebuch f. Bürger- u. Landschulen. 8. Berl. 804. Reimer. 10 gℊ

– Lesestunden; Erzähll. f. Kinder zur Beförder. guter Gesinnungen u. zur Schärfung des Verstandes. 8. Berl. 823. Nauck. 12 gℊ Fein Pap. 18 gℊ

Ritter, Constantin, s. Ritter, Konstantin

RITTER, Daniel (Seebach): Ein Fall von chronischer Ileocoecalinvagination mit Prolapsus der Bauhin'schen Klappe. Mit 1 Taf.- München: Wolf 1885. 1 Taf.,21 S.,1 Bl.
4.5.1885 - Urk (Titel: De invaginatione ileocoecali chronica cum prolapsu valvulae Bauhini coniuncta.); Chr 1882/83,18
Diss. Ingolst.-Landsh.-Mchn.

Ritter, E., Charactere, s. Album. Bibliothek deutscher Originalromane &c.

Ritter, E., die Entstehung der Erde. Eine für Jedermann faßliche Zusammenstellung der bemerkenswerthesten Meinungen aus älterer u. neuerer Zeit über die Entstehung der Erde u. die Ausbildung ihrer Oberfläche. 12. (4⅚ B.) Nordhausen 845, Fürst.

Ritter, E., die deutsch-nationale Turnfehde. E. Beitrag zur deutschen Turngeschichte. [Aus: „Akadem. Turnbundsblätter".] gr. 8. (16 S.) Berlin 896. (Leipzig, H. Beyer.) n. —40

Ritter, E. R., s.: Annalen der Elektrotechnik.

Ritter, E. R., vollständige Berechnung des Leitungsnetzes f. die Licht- u. Kraftanschlüsse, s.: Hoppe, Fritz.

[J.] Gedichte v. Eduard Eugen Ritter. *Hannover: A. Sponholtz [1897].* (38 S.) 1 Bd 8.

Ritter, Ed. Eug., Frau Marie. Bürgerl. Trauerspiel in 3 Akten. 8. (79 S.) Hannover 899. A. Sponholtz. n. 2.—

Unsere nächsten Aufgaben. Zur Diskussion über kathol. Presse u. Verwandtes von Emil **Ritter**. 2. Aufl. Elberfeld: Wuppertal. Aktien-Dr. 1907. (36 S.) 8° [J.]

Ritter, Emil, die Dilettantenbühne. Praktische Winke f. die Leiter u. Spieler des Dilettantentheaters. (III, 56 S.) kl. 8. Paderborn (904). F. Schöningh. n. — 60

Ritter, Emil, Jesus Messias, s.: Dilettantenbühne, katholische.

Ritter, Aemil (Hrsg.), s. Vereinsblatt, Landwirtschaftliches, für die kleineren Landwirte Mecklenburgs.

Ritter, Erasm., († d. 1. Juli 1805.) Abhandl. üb. die Stubenöfen, französ. u. deutsch. 12. Bern 770.

— construction des poêles et foyers. ibid.

— Economie du bois, av. fig. gr. 8. ibid.

— mémoire abrégé et Récueil de quelques Antiquités de la Suisse, avec les Dessins levés sur les lieux depuis 1783. gr. 4. Bern 788. Haller. 1 ℛ 14 ℊ

RITTER: Preisschrift über 1768 von der ökonomischen Gesellschaft in Bern aufgegebene Frage: Welches ist die beste Theorie der Küchenheerde und Stubenöfen zu Ersparung des Holzes und anderer Feuerungsmittel. - Bern 1771. 3 Bg., 6 Taf.

— Theorie des Foyers de cuisine et des portes. av. fig. 8. ibid. 789.

— Erdmann Friedrich (Zschopau/Hermund.), Selectiora juris principia ad ordinem digestorum exposita libri III. specimen I. continens. Disput. jur. sexta. Präs. Jo. Tobias Richter. Leipzig (Langenheim) 21. VIII. 1748. 16 S. (4.25)

Ritter, Elias, s. Ritter, Karl

Ritter, Ernst, s.: Binzer, Emilie v.

Ritter, Ernst [dipl. Chemiker, von Cham, Kt. Zug]: Beiträge zur Kenntniss der Cholesterine und der Methoden, die zu ihrer Abscheidung aus den Fetten und zu ihrer quantitativen Bestimmung verwendbar sind. Strassburg 1902. 51 S. 8°.
Zürich. Phil. Diss. II. 8. 1901/1902.

Ritter, Ernst. Beiträge zur Kenntniss der Cholesterine und der Methoden, die zu ihrer Abscheidung aus den Fetten und zu ihrer quantitativen Bestimmung verwendbar sind. Diss. Phil. [II.] Univ. Zürich. IV + 51 S. 8. Strassburg, Karl J. Trübner. 1902.

RITTER, E. Beiträge zur Kenntniss der Cholesterine und der Methoden, die zu ihrer Abscheidung aus den Fetten und zu ihrer quantitativen Bestimmung verwendbar sind. Zürich, 1902.

Ritter, Ernst, Erzählungen. 2 Bde. gr. 12. (VIII u. 419 S.) Pesth 850, Heckenast. Leipzig, G. Wigand. n. 2 ℛ

Ritter, *Johann Friedrich Carl* Ernst [aus Waltershausen]: Die eindeutigen automorphen Formen vom Geschlechte Null, e. Revision u. Erweiterg d. Poincaré'schen Sätze ... (Aus: Mathem. Annalen. XLI.) Leipzig, Druck v. B. G. Teubner, 1892; 2 Bl., 82 S., 1 Bl. 8.
Göttingen, Phil. Fak., Inaug.-Diss. v. [27. Juni] 1892

Ritter, Ernst, neues Komplimentierbuch. Regeln d. Anstandes u. der feinen Lebensart. 16. (48 S.) Styrum 891. A. Sparmann. — 20

Ritter, Ernst, a. Bremervörde (Hann.): **Methodisches zur Harnsäurebestimmung in Organauszügen.** Göttingen 1905: W. F. Kaestner. (31 S.) 8°
Göttingen, Med. Fak., Ref. Schittenhelm, Ebstein, Diss. v. 21. Aug. 1905
[Geb. 23. April 81 Bremervörde; Wohnort: Göttingen; Staatsangeh.: Preußen; Vorbildung: Gymn. Stade Reife O. 00; Studium: Tübingen 4, München 1, Göttingen 5 S.; Coll. 11. März 05; Approb. 1. Aug. 05.]

RITTER, Ernst, Mohnkörner. Gesammelte (5) Erzählungen. 2 Bde. Mit 1 Kupfer. Pesth 1846. 8°. (1 Mk. 80 Pfg. M. Edelmann, Nürnb., 1907.)
Inh.: Schloß Wartburg. — Gerhardine. — Die Verlobung. — Olysses (!). — Herbstwochen am See. (Dr. Franz Schnitzer's Bibl. München 1902, no. 1245.) Die originelle Vorrede charakterisiert das Buch folgendermassen: „Die Novellen, die ein alter Müssiggänger hier gesammelt dem Publikum übergiebt, erzählen die einfachsten Dinge mit den einfachsten Worten. In ihnen geschieht durchaus nichts Ausserordentliches, ja in den „Herbstwochen am See" geschieht eigentlich gar nichts! Dessen ungeachtet hoffen wir, dass unser Buch nicht ohne Inhalt u. auch wohl nicht gänzlich ohne Gehalt sein werde! Es ist, wie schon sein Titel andeutet, bestimmt, den Leser sanft in einen ruhigen Schlummer zu lullen!"

Ritter, Ernst, Mohnkörner. Gesammelte Erzählungen. 2 Bde. gr. 12. (21 B.) Pesth 846, Heckenast. (Leipzig, Geo. Wigand.)

Ritter, Ernst, wie komme ich zu meinem Geld bei säumigen u. böswilligen Schuldnern? Leichtfaßl. Anleitg. zur Geltendmachg. u. Einziehg. v. Geldforderg. auf gütl. Wege sowie unter Anwendg. v. gerichtl. u. außergerichtl. Zwangsmitteln, m. zahlr. Formularen u. Mustern. (XV, 144 S.) gr. 8. Berlin 904. Bruer & Co. Kart. n. 1. 80

Ritter, Erwin, Rechtspraktikant aus Müllheim: **Die Entschaedigung** der im Wiederaufnahmeverfahren freigesprochenen Personen. Systemat. Darstellung d. Reichsgesetzes vom 20. Mai 1898 unter Berücks. d. österr. u. französ. Gesetzgebung. *Freiburg i. B. 1900: Ch. Lehmann's Nachf.* (77 S.) 8°
Freiburg i. B., Rechts- u. staatswiss. Diss. v. 1900

Ritter, Eug., prof. à l'Université. Le centenaire de Diez. Discours prononcé à la séance annuelle de l'Institut genevois, suivi de lettres adressées à Vict. Duret par Roumanille. In-8°. 117 p. Genève et Bâle, Georg & Co. 1894. 2 —
*** Centenaire du philologue Fréd Diez. Les lettres de J. Roumanille, poète et libraire provençal sont au nombre de 37. — Tirage à part sur grand papier du Bulletin de l'Institut.

Ritter, Eugène. Le Centenaire de Sainte-Beuve. Extrait du tome 28 de la Zeitschrift für französische Sprache und Litteratur. II + 31 p. 8. Schöneberg-Berlin, Gebbardt, Jahn & Landt, 1905.

Ritter, Eugène. Correspondance de [Charles-Augustin] Sainte-Beuve avec Hermann Reuchlin, publiée par E. R.... E. 8. Oppeln et Leipzig 1891.

Ritter, Eugène. Notes sur Madame de Staël, ses ancêtres et sa famille, sa vie et sa correspondence. In-8°. 110 p. Bâle et Genève, Georg & Co. [illegible] 1 50

Ritter, Eugène. Poésies des XIVe et XVe siècles publiées d'après le manuscrit de la Bibliothèque de Genève. In-8°, 71 p. Genève et Bâle, H. Georg. 1880. 3 —

Ritter, Eug., nouvelles recherches sur les Confessions et la Correspondance de Jean-Jacques Rousseau. [Aus: „Ztschr. f. neufranzös. Sprache u. Lit."] gr. 8. (40 S.) Oppeln 880. Franck. 1. 50

Ritter, Eugène. (Prof. à l'Université à Genève.) Recueil de morceaux choisis en vieux français (9me au 13me siècles). In-12°, 116 p. Genève et Bâle, Georg. 1878.

*** Contenu: 1 Serments de Strasbourg. Sainte-Eulalie. St-Léger. — 2. Prose, 4 morceaux. — 3. Poésie, 9 morceaux.

Ritter, Eug. La République de Genève en 1613 et 1637 par Pierre Davity avec une introduction et des notes. In-8°. 31 p. Genève, Georg & Co. Tirage à part du Bulletin de l'Institut. 1 — 1895.

Ritter, Eug., s.: Rousseau, Jean-Jacques, correspondance avec Léonard Usteri.

Ritter, Eug., der Schutzgeist der hl. Adelheid, s.: Heidelmann's, A., Theaterbibliothek.

Ritter, F., die Abschätzung der Unfallbeschädigungen in Beispielen zusammengestellt f. Aerzte u. Versicherungsbeamte. gr. 8. (69 S.) Jena 894. G. Fischer. n. 2. —

Ritter, F., Felicitas, die Fischerin, s.: Volks-Bibliothek, neue.

Ritter, F., neues Leselehrbuch z. möglichst. Erleichterung d. Lesenlernens. 8. (3 B. u. 4 Taf. ill. Abbild.) Leipzig 829, (Weygand'sche Buchh. L. Gebhardt.)
Ohne Abbildungen, 2 Gr.

Ritter, F. A., die Klosterkirche auf dem Petersberge bei Halle und ihre Restauration in den Jahren 1853 bis 1857. Mit 5 Kpfrtaf. Berlin (857.) Ernst u. Korn. gr. Fol. (16 S. m. Holzschn. im Text.) n. 4 ₰.

Ritter, F.A.C.: Das Buch der Gesundheit, s. Bernhardt, M.

Ritter, F. A. C., populäre Heilkunde. Eine gemeinnützige Belehrung über alle Krankheiten des Menschen sowie über die Eigenschaften und Wirkungen der bewährtesten und erfolgreichsten Heilmittel. 12 Lfgn. gr. 8. (XXIII und 600 S.) Berlin 858,59, Hollstein. à Lfg. * 5 Ngr.

Ritter, Fr., s. v. Campan, Anekdotenbuch.

— Hildesheimer Domführer, s.: Cassel, H.

Ritter, Fr., Entwicklung Hildesheims bis zum Ende d. XII. Jahrh. Ein Beitrag zur Geschichte der Heimat. (22 S. m. 2 farb. Karten.) gr. 8. Hildesheim 908. H. Helmke. — 80

— Die Irmensäule im Dom zu Hildesheim. (12 S. m. 1 Taf.) 8. Hildesheim (908). H. Helmke. — 25

Ritter, Frz.: Anleitung z. Abfass. aller Arten öffentl. Anzeigen aus dem bürgerl. Geschäftsleben. Wien, Wallishauser. 807. 8.

Ritter, Frz., s. Aristoteles Poetica.

Ritter, Frz. v., Beiträge zur Regierungs-Geschichte König Ludwig I. von Bayern. 1. und 2. Bd. gr. 8. München, Rieger'sche Buchh. [I. (VIII und 176 S.) 853., 2. (VIII und 148 S.) 855. à 21 Ngr.] Thlr.

Ritter, F., s. A. Corn. Celsus Medicina.

Ritter, Frz., s. Didymi Chalcenteri opuscula.

Ritter, Frz., elementorum grammaticae latinae libri d. 8maj. Berl. 831. Nicolai. 20 ℊ

Ritter, Frz., Entstehung der drei ältesten Städte am Rhein oder Urgeschichte von Mainz, Bonn u. Köln. Eine historisch-philolog. Untersuchung. [Aus den Jahrbüchern des Vereins v. Alterthumsfreunden im Rheinlande abgedr.] gr. 8. (IV u. 52 S.) Bonn 851, Marcus. n. 1/3 ₰

Ritter, Franz, a. Stolp i. Pom.: Ueber das Funkenpotential. (Berlin 1905: E. Ebering.) (36 S.) 8°
Berlin, Phil. Fak., Ref. Warburg, Planck, Diss. v. 4. Febr. 1905
[Geb. 17. Apr. 74 Stolp in Pommern; Heimatsort: Charlottenburg; Staatsangeh.: Preußen; Vorbildung: Gymn. Stolp Reife O. 93; Studium: Berlin 13 S.; Rig. 21. Juli 04.]

Ritter, Frz., Heimat- u. Jugend-Klänge. Erinnerungen an Geispolsheim u. an das Elsaß. Weltliche Gedichte und Sonette, geistl. Gedichte u. Legenden. (IV, 124 S.) kl. 8. Straßburg 908. C. Bongard. 2. —

Ritter, F., illustrirter Katalog der Ornamentstichsammlung d. k. k. österreich. Museums f. Kunst u. Industrie. Erwerbungen seit dem J. 1871. Im Auftrage der Museumsdirection bearb. Mit 130 Illustr. gr. 8. (XVI, 271 S.) Wien 889. v. Waldheim. 7. 20

Ritter, Frz., Katalog d. Werke üb. Geschichte u. Landeskunde d. Rheinprovinz, s. Veröffentlichungen d. Stadtbibliothek in Köln.

Ritschl, F., De fictilibus litteratis Latinorum antiquissimis. Gel. 1858. 80 S. u. 1 Taf. 4°. 1.50

Ritter, Franz (geb. Wildberg in d. Mark 2. 7. 1849): Ueber den Milzbrand. Berlin (1872). (32 S.) 8°
Berlin, Med. Diss. v. 8. Aug. 1872

Ritter, Franc., Octavia praetexta, s. Octavia.

Ritter, F., Octavia praetexta. Curiatio Materno vindicatam, recogn. et adnotatione instr. ed. 1843. 58 S. 1.20

Ritter, Franciscus (geb. am 15 Febr. 1803 in Medebach Westf): De Aristophanis Pluto ... Bonnae ad Rh., Habicht 1828. 4 Bl., 78 S., 1 Bl. 8.
Bonn, Phil. Fak., Diss. v. [23 Aug.] 1828

— s. **Tacitus Opera**;
— ejusd. vita J. Agricolae; — ejusd. de situ, moribus et populis Germaniae; — ejusd. de oratoribus dialogus.

Ritter, Franciscus (geb. am 15 Februar 1803 [nicht 1804] in Medebach Westf.): Theses controversae quas una cum dissertatioe [!] sua De Aristophanis Pluto ... defendet ... (Bonn, gedr. bei C. F. Baaden 1823). 4 Bl. 8.
Bonn, Phil. Fak, Thes. v 23 Aug. 1828

— **Franziskus Albert (Zerbst/Anhalt), Morbi hydrocephalici praesertim superfusionibus frigidis sanati historia, adiecto libello de superfusionum frigidarum usu. Diss. med. Berlin (Brüschcke) 20. XII. 1824. 24 S. mit Biogr. (M.: S. H. Oelschlaeger.) (3.25)** 28969
Oppon.: Friedheim, L. Henning, F. Schmidt. — Gew.: Carl Sundelin.

Ritter, Friederike

—— deutsches illustrirtes Kochbuch für alle Stände, oder zuverlässige Anweisung, alle Arten der in Deutschland gebräuchlichen Speisen billig und schmackhaft herzustellen. 3., verb. und verm. Aufl. gr. 8. (XX und 603 S. mit 80 Abbild. in eingedr. Holzschn. und 1 lithogr. Titelbilde.) Berlin 857, Schotte und Comp. 1 Thlr.; geb.

Ritter, Friederike, illustrirtes praktisches Kochbuch f. Alle, welche kochen, od. es erlernen wollen. Eine gründl. u. zuverläss. Anweisg., nach ca. 1700 selbst erprobten Rezepten alle Speisen ebenso schmackhaft, als billig herzustellen. Mit 100 Abbildgn. 20. Aufl. 2. Neudr. 12 Lign. 8. (XXXII, 560 S.) Dresden 883. Kaufmann's Verl. à n. — 25

Ritter, Friederike, illustrirtes Kochbuch für alle Stände oder zuverlässige Anweisung alle Arten der in Deutschland gebräuchlichen Speisen billig u. schmackhaft herzustellen. Ein unentbehrliches Handbuch für Alle, welche kochen oder es lernen wollen. Mit 80 Abbildungen (in Holzschn.). u. 1 Titelbild (in Stahlst.) 4—9. Aufl. Berlin 859—64. Schotte & Co. gr. 8. (XX, 590 S.) 1 ℛ︁

Ritter, Friederike, illustrirtes Kochbuch für alle Stände oder zuverlässige Anweisung alle Arten der in Deutschland gebräuchlichen Speisen billig und schmackhaft herzustellen. Ein **unentbehrliches Handbuch für Alle, welche kochen oder es lernen wollen. 10—13. Aufl. Berlin 865—67. Schotte & Co. gr. 8. (XX, 564 S. mit 80 Abbildgn. in eingedr. Holzschn. u. 1 lith. Titelbilde.)** 1 ℛ︁; geb. 1 ℛ︁ 7½ ngr.

— — **14., verm. u. verb. Aufl. Ebend. 868. gr. 8. (XX, 560 S. mit 100 Abbild. u. 1 Titelbilde in Holzschn.) 1 ℛ︁;** geb. 1 ℛ︁ 7½ ngr.

Ritter, Friederike, illustrirtes Kochbuch f. alle Stände. Zuverlässige Anweisg. alle Speisen billig u. schmackhaft herzustellen. Ein unentbehrl. Handbuch f. Alle, welche kochen od. es erlernen wollen. Mit 100 Abbildgn. (in eingedr. Holzschn.) u. e. Titelbild (Kpfrst.) 18. verm. u. verb. Aufl. **Mit den neuen Maaßen u. Gewichten. gr. 8.** (XX, 560 S.) Berlin 874. Bremen, Riemschneider. 3. —; geb. n. 4. 75

Ritter, Friederike, illustrirtes Kochbuch für alle Stände. Zuverlässige Anweisung alle Speisen billig und schmackhaft herzustellen. Ein unentbehrl. Handbuch für Alle, welche kochen oder es erlernen wollen. 18. verm. und verb. Aufl. Mit den neuen Maaßen und Gewichten. gr. 8. (XX, 560 S. mit 100 Abbild. in eingedr. Holzschn. und 1 Titelbild in Kpfrst.) Berlin 874, Voigt. ℳ 3.; geb. *

Ritter, Friederike, illustrirtes Kochbuch für alle Stände. Zuverlässige Anweisung, alle Speisen billig und schmackhaft herzustellen. Ein unentbehrl. Handbuch für Alle, welche kochen oder es lernen wollen. 19. verb. und durch Hinzufügung von 20 Recepten für Zubereitung der Kaninchen [Lapins] verm. Aufl. Mit den neuen Maaßen und Gewichten. gr. 8. (XXXII, 560 S. mit 100 eingedr. Holzschn. und 1 Titelbild in Stahlst.) [Bremen 877, Riemschneider.] Bremerhaven, v. Vangerow. geb.

Ritter, Friederike, illustrirtes Koch- u. Wirthschaftsbuch für Alle, welche kochen, od. es erlernen wollen. Eine gründl. u. zuverlässige Anweisung, nach fast 1700 selbst erprobten Rezepten alle Speisen ebenso schmackhaft als billig herzustellen. 20., verb. Aufl. m. 100 (eingedr. Holzschn.-) Abbildgn. 8. (XXXII, 560 S.) Dresden 881. Kaufmann's Verl. geb. 4. —

Ritter, Friederike (verw. Hehn), vollständiges Deutsches Kochbuch für alle Stände, oder zuverlässige Anweisung, alle Arten der in Deutschland gebräuchlichen Speisen billig und schmackhaft herzustellen. Ein unentbehrliches Handbuch. Mit 66 Illustr. (Holzschn. im Text.) 1. u. 2. Aufl. Berlin 856. Schotte u. Co. 8. (XVI, 583 S.) 1 ℛ︁.

Ritter, Frdr., de adjectivis et substantivis apud Nicandrum homericis. Dissertatio inauguralis. gr. 8. (76 S.) Göttingen 880. Vandenhoeck & Ruprecht.) n. 2. —

Ritter, Friedrich. Ueber die Druckfestigkeit stabförmiger Körper. 1884. 4.

Ritter, Frdr., gehört die Sprachwissenschaft zu den historischen od. zu den Naturwissenschaften? gr. 8. (14 S.) Tauberbischofsheim 876. Lang in Comm. n. — 20

Fridericus Ritter. De Apollinarii Laodiceni legibus metricis. 38 S. Tauberbischofsheim, P 1877

Ritter, Friedrich.
Wasser und Eis. Eine Darstellung der Eigenschaften, Anwendung und Reinigung des Wassers für industrielle und häusliche Zwecke und der Aufbewahrung, Benützung und künstlichen Darstellung des Eises. Für Praktiker bearbeitet. Wien, Pest, Leipzig, 1879. Ill.

Ritter, Frdr., Wasser u. Eis. Eine Darstellung der Eigenschaften, Anwendung u. Reinigung des Wassers für industrielle u. häusliche Zwecke u. der Aufbewahrung, Benützung u. künstlichen Darstellung des Eises. Für Praktiker bearb. Mit 35 (eingedr. Holzschn.-)Abbildungen. 8. (IV, 310 S.) Wien 879. Hartleben. 4. —

Ritter, Friedrich Christian

— s. a. f. Anekdoten, Schwedische.

SCHWEDEN. — Anekdoten. Schwedische, nebst der Reise der Schwedischen Königin im Grundriss (von *Friedr. Christian Ritter*). Hamburg 1773.
Anon.-Lex. I. p. 58 (nach Meusel, Schröder, Kayser), wo „Könige" (?).

Ritter, Fr. Chr., **kurze Gesch. von Hamburg. 8. Hamb. 768.**

Ritter, Friedrich Karl Reinhard

Ritter, **Frider. Car. Reinh., Specimen annotationum in A. Persii Flacci satiram primam. Dissertat. inaug. 8maj. (6 B.) Marburgi 833, (Garthe.)**

Ritter, Friedr. Carl Reinh., Erdbeschreibung für Gymnasien. Mit 1 lith. Taf. (in gr. 4.) 8. (XIV u. 318 S.) Frankfurt a. M. 847, Brönner. n. ⅔ ℛ︁

Ritter, Fr. C. R., Erdbeschreibung für Gymnasien und ähnliche höhere Lehranstalten. Mit 14 in den Text gedr. Holzschn. 2. umgearb. u. verm. Aufl. Frankfurt a. M. 856. Brönner. 8. (XVIII, 361 S.) n. 20 ngr.

Ritter, Fr. C. R., Erdbeschreibung für Gymnasien u. ähnliche höhere Lehranstalten. Mit 7 in den Text gedr. Holzschn. 3., umgearb. u. verm. Aufl. Leipzig 869. Klinkhardt. gr. 8. (XI, 323 S.) n. 16 ngr.

Ritter, Fr. C. R., Erdbeschreibung für Gymnasien, Realschulen, Seminare u. ähnliche höhere Lehranstalten, sowie zum Selbstunterrichte. Mit 7 in den Text gedr. Holzschn. 4., verb., die neuesten Staatenveränderungen berücksichtigende Aufl. gr. 8. (XI, 324 S.) Bremen 880. Heinsius. n. 2. 40; cart. n. 2. 80

Ritter: Erklärung einiger Stellen in Caesar de b. G. (VII, 19, 1.2.–II. 7,3.4.–VII. 74, 1.) 17 S. – Marburg i/H., Progr. 1869.

Ritter, Fr. Carl Reinh., Erklärung einiger Stellen in Caesars Denkwürdigkeiten d. gallischen Krieges. gr. 8. (28 S.) Marburg 872. Elwert. — 60

— Grundlage zum Entwurf von Tabellen, welche den auf d. Normaltemperatur v. 0° C reducirten Barometerstand enthalten. 4. (23 S.) Marburg 847, Elwert. n. 1/3 ℔

—— wozu ist die Naturbeschreibung auf Deutschlands Gelehrtenschulen nütze? Ein Versuch zur Beantwortung dieser Frage. gr. 8. (55 S.) Marburg 850, Elwert'sche Universitäts-Buchh.

Ritter, Friedr. Ludw., der Mensch u. die Thiere, in einer Unterhaltung e. Vaters mit seinen Söhnen dargestellt. 2. Volksschrift. 8. (2¼ B.) Darmstadt 842, Pabst.

—— Winterabend-Unterhaltungen in einem Odenwälder Pfarrhause über einige, f. das Volksleben gemeinnützige Gegenstände. 4. Volksschrift. 8. (3 B.) Darmstadt 843, Pabst.

Ritter, Fritz: W a s muß der zukünftige Opernsänger wissen? Ein Wegweiser f. alle Opern-Studierenden unter spez. Berücks. d. Berliner Studien-Verhältnisse. Von Fritz Ritter, Kapellm. Straßburg i. E.: Bongard 1909. 62 S. 8°

(Ritter, G.,) Bericht der Reise d. Königs u. d. Königin v. Bayern im Rheinkreise, s. Bericht.

Ritter, G., Grund- u. Aufrisse, s. Lerch.

– erster Jahresbericht der königl. böhmischen Landes-Findelanstalt in Prag 1865. [Aus der Vierteljahrschrift für prakt. Heilkunde.] Prag 866. (Leipzig, Hirschfeld.) gr. 8. (85 S.) 15 ngr

Ritter, G., neue Liebe, s. Universal-Bibliothek Nr. 967.

— an einer Wiege, s.: Theater-Repertoir, Wiener.

Ritter, G. A., Philipp Melanchthon, der große Mitarbeiter am Werke der Reformation. Zur Erinnerung an seinen 300jähr. Todestag, am 19. April 1860, für die Jugend. 8. (32 S. mit dem Portr. Melanchthon's in Holzschn.) Berlin 860, [Kastner und Comp.]

Ritter, G. A., Philipp Melanchthon, der große Mitarbeiter am Werke der Reformation. Zur Erinnerung an seinen 300jährigen Todestag, am 19. April 1860, für die Jugend. Mit dem Portrait Melanchthon's (in Holzschn.) Berlin 860. Mohr & Co. 8. (32 S.) 3 ngr

– kleine Naturgeschichte für die Schüler der Volksschule. 2. Abschnitt. Botanik. 1. Cursus. Ebend. 858. 8. (40 S.) n. 2⅓ ngr

1. Abschnitt ist noch nicht erschienen.

— kleine Naturgeschichte für die Schüler der Volksschule. 1. Abschn. Zoologie. 1. Cursus. 8. (48 S.) Berlin 859. G. Reimer. 8. (48 S.) 3 ngr

— — 2. Cursus. Ebend. 859. 8. (80 S. u. 1 Tab. in 4.) n. 5 ngr

—— die Naturgeschichte in der Volksschule und in den mittleren Klassen der Real- und höheren Bürgerschulen, zur Benutzung für Lehrer und Schüler, so wie für Freunde der Natur. 1. Cursus: Unsere Hausthiere in Biographien. gr. 8. (VIII und 136 S.) Berlin 857, G. Reimer.

—— dass. — 1. Abschnitt: Zoologie. 2. Cursus: Die Säugethiere und Vögel der Heimath nebst den ausländischen Hausthieren in Biographien. gr. 8. (VI und 282 S.) Ebendas. 858.

—— dass. — 2. Abschnitt: Botanik. 1. Cursus: Unsere Kulturpflanzen in Biographien. gr. 8. (VI und 210 S.) Ebendas. 858.

— Thiergeschichten. Für die reifere Jugend von 11 bis 15 Jahren. Mit (8 lith.) u. color. Bildern. Stuttgart 865. Chelius. 8. (VII, 152 S.) 1 ℔

Ritter, G. A., Thiergeschichten. Für die reifere Jugend von 11—15 Jahren. 2. verm. Aufl. Mit (8 lith.) u. color. Bildern. 8. (167 S.) Leipzig 877. Berndt. 3. —

Ritter, G. L., Handbuch zur Kenntniß der in der Sammlung der althessischen Landes-Ordnungen ꝛc. bis zum Ende Oktobers 1806, sowie in der Sammlung von Gesetzen ꝛc. für Kurhessen bis zum Jahre 1841 einschließlich enthaltenen, jetzt noch gültigen Civil-Strafbestimmungen. 2., umgearb. Aufl. gr. 8. (28 B.) Cassel 842, Fischer.

Ritter, G. L. v. Neueste Specialkarte von Krain. Laibach. 1831. Folio.

Ritter, G. S., die Lehre v. den Bienen, nach d. Theorie u. Praxis, natur- u. zeitgemäß prüfend entwickelt. 8. (13½ B.) Leipzig 831, Baumgärtner.

Aus der „Allgem. Encyklopädie d. ges. Land- u. Hauswirthsch. ꝛc., hrsg. v. Putsche" besond. abgedruckt.

Ritter, G. W. T., Festpredigt am 18. October 1846 gehalten. 2. Aufl. Lex.-8. (1 B.) Hamburg 846, Kittler.

Ritter, Georg, a. Greiz: **Beiträge zur Anatomie der Früchte** und **Samen von choripetalen Alpenpflanzen. Göttingen 1908:** (Trommer, Greiz). IX, 64 S. 8°

Göttingen, Phil. Diss. v. 20. Nov. 1908, Ref. Peter

[Geb. 4. Febr. 86 Reichenbach i. V.; Wohnort: Göttingen; Staatsangeh.: Sachsen; Vorbildung: Gymn. Greiz Reife O. 05; Studium: Göttingen 2, Leipzig 2, Göttingen 2 S.; Rig. 15. Juli 08.] [U 09. 1396

Ritter, Georg [aus Leimbach bei Ziegenhain]: Aus d. patholog. Institut zu Marburg. **Über einen Fall von Xiphopagie** . . . Marburg, Univ.-Buchdr. '(R. Friedrich)', 1896; 43 S. 8.
Marburg, Med. Fak., Inaug.-Diss. v. 16. Okt. 1896

Ritter, Georg [Praes.], s. S c h r a e t z e n m a i r, Johann: Hierogymnasma catecheticum primum de definitione sacramenti altaris.

Untersuchungen zu dem allobrogischen Krieg. — Von Georg Ritter, Stdl. — 1885, Hof, Mintzel (H. Hörmann). — S. 3—17.

Progr. Hof, K. Gymn.

Ritter, Georg Christian: De Potamonis Alex. P h i l o s o p h i a . . ., s. G l ö c k n e r , Hieronymus Georg

Ritter, Geo. Hnr., († . . .) Abhandl. v. den Ursachen ansteckender Krankheiten u. den phys. u. chem. Mitteln, um ihrer Entstehung vorzügl. in belagerten Städten vorzubeugen, od. ihre Verbreitung zu hindern. Eine gekr. Preisschrift. gr. 8. Leipz. 819. (Brockhaus). 21 Gr

Ritter, G. H., Abhandlung von den Ursachen ansteckender Krankheiten u. d. phys. und chem. Mitteln um ihrer Entstehung vorzügl. in belagerten Städten vorzubeugen, oder ihre Verbreitung zu hindern. Eine gekrönte Preisschrift. gr. 8. Leipzig, Gleditsch. 819.

— Darstell. d. scheinbaren Aehnlichkeit u. wesentl. Verschiedenheit, welche zwischen Schanker- u. Tripperseuche wahrgenommen wird. Ein Versuch, der sich auf 20jähr. Erfahrung u. Beobachtt. stützt 2c. gr. 8. Leipz. 819. (Brockhaus). 2 ₰

— Denkwürdigkk. d. Stadt Wiesbaden u. der benachbarten Gegend. 1r Thl. Mit 3 Kpf. gr. 8. Frkf. a. M. 799. Körner. 2 ₰

Ritter, (Georg Heinrich) (Hrsg.):

s.: Journal, Neues, der ausländischen medizinisch-chirurgischen Literatur. Bd 4–10 Nürnberg, Sulzbach, Erlangen: 1805–10.

JB 6.057

Ritter, G. H., von d. wahren Mitteln u. dem einzig., sichern Wege die meisten Krankheiten zu verhüten, sie in d. Geburt zu ersticken, u. der Verkürzung d. Lebens auszuweichen. Ein Buch zunächst f. deutsche Aerzte u. Laien. Hrsg. v. H. A. Peez. gr. 12. (16¾ B.) Mainz 834, Kupferberg.

Ritter, Geo. Heinr., von d. wahren Mitteln u. dem einzigen, sichern Wege, die meisten Krankheiten zu verhüten, sie in d. Geburt zu ersticken, u. d. Verkürz. d. Lebens auszuweichen. Ein Buch zunächst f. deutsche Aerzte u. Laien. Hrsg. v. H. A. Peez. 2. Aufl. gr. 12. (13 B.) Mainz 837, Kupferberg.

— Diss. inaug. Haemorrhagiarum Pathologia, Semiologia nec non Therapia in genere. 4. Marb. 785.

Ritter, G. H., die Rechtssubjectivität d. hamburgischen Testaments u. die Zuschreibung auf Testamentsnamen. Ein Votum. 8. (125 S.) Hamburg 888. O. Meissner's Verl. n. 2. —

— vom Verkaufe u. Kaufe der nützlichst. Hausthiere, mit Vorschlägen zu einer bessern Gesetzgebung, auf die Kenntniß des thierisch. Organismus gegründet 2c. gr. 8. Manh. 821. 1 ₰ Dieterich in Götting. Hbg. Pr. 14 gl, Velinp. 18 gl

— vom Verkaufe und Kaufe d. nützlichsten Hausthiere mit Vorschlägen zu einer bessern Gesetzgebung, auf die Kenntniß des thierischen Organismus gegründet 2c. gr. 8. Mannheim, Schwan und G. in Comm.) 821.

— die Weinlere, (sic) od. Grundzüge d. Weinbaues, der Veredlung der Reben, ihre Krankheiten u. Heilart 2c. Zugleich mit einer Würdigung der Schrift: Ueber d. Wein, v. Prof. Löbenstein Löbel. 8. Mainz 817. Verfass. 1 ₰ 16 gl (Dieterich in Götting.) Hbg. Pr. 20 gl

Ritter, Georg [Heinrich]: Die Weinlere, oder Grundzüge des Weinbau's, der Veredlung der Reben, ihrer Krankheiten und Heilart; der Gärung, Weinbereitung, der Analyse des Mosts und des Weins, seiner Pflege und Krankheiten; der Eigenschaften aller in Deutschland gebräuchlichen Weine; ihrer Anwendung als Genussmittel und Heilmittel; der Krankheiten durch ihren Misbrauch erzeugt; der Fabrikate und Edukte aus dem Weine; seiner Verfälschung; der Weinsurrogate aus Obst bereitet. Zugleich mit einer Würdigung der Schrift: 'Über den Wein', vom Herrn M. R. und Professor Löbenstein Löbel. [Mainz:] von Zabern 1817. 220 S. -- 17.21*. 36.43.121*. Frei 100*

Ritter, Ghard., Albumblätter und Gedichte aus dem poetischen Nachlasse. 8. (220 S.) Hamburg 881, [Lessing.] Hoffmann und Campe. *M 3.; geb.

Ritter, Gfr., das Gleichnis v. der sprießenden Saat. Eine pastoral-theolog. Betrachtg. Vortrag. 8. (24 S.) Gütersloh 900. C. Bertelsmann. n. — 40

Ritter, Gottfried, s.a. Ritter von Rittershain, Gottfried

Ritter, Gust., Antrittspredigt über Römer I. 16—17, am 11. Octbr. 1864 gehalten. Hamburg, Nolte. gr. 8. (21 S.) n. 3 ngr.

Ritter, Gust., fünf Jahre alter kirchlicher Ordnung — zehn Jahre Zivilstandsamt — zehn Jahre Standesamt in Hamburg. Zugleich als 22. Jahrg. [1886] der kirchlich-statist. Zusammenstellungen über die Gemeinden der evangelisch-luther. Kirche im Hamburgischen Staate. gr. 8. (57 S.) Hamburg 887, Gräfe.

Ritter, Gust., 10 Jahre Civilstands-Amt in Hamburg, zugleich als 11. Jahrg. [1875] der kirchlich-statist. Zusammenstellgn. aus den christl. Stadt- u. Land-Gemeinden Hamburgs. Lex.-8. (28 S.) Hamburg 876. Gräfe. n. 1. 20

Ritter, Gust., s. Psalmen, drei.

Ritter, Gust., der Rathgeber für alle Post-Examinanden in zwei Abthlgn. über mündliche u. schriftliche Prüfung Trier 870. (Lintz' Verlag.) gr. 8. (VII, 440 S.) n. 1 ₰ 10 ngr

Ritter, Gust., der Rathgeber f. alle Post-Examinanden. 2. Thl. gr. 8. (483 S.) Trier 870. Lintz in Comm. n. 3. - (1. 2.: n. 7. —)

Ritter, Gustav, prakt. Arzt aus Berlin: Über die pathologischen Torsionen und die unechten Cysten der Nabelschnur. *Berlin (1901): G. Schade.* (37 S.) 8°
Berlin, Med. Diss. v. 9. Juli 1901

Ritter, Gust. Ad., das Buch der Entdeckungen. Populäre Schilderg. der Erschließg. des Erdballs von den ältesten Zeiten bis zur Gegenwart. Allgemein faßlich dargestellt. Mit mehreren 100 Abbildgn., Karten, Porträts etc. 24., verb. u. verm. Aufl. (VII, 1008 S.) gr. 8. Berlin 906. W. Herlet. Geb. in Leinw. 4. —

Das Buch der Entdeckungen. Populäre Schilderung d. Erschließung d. Erdballs von d. ältesten Zeiten bis z. Gegenwart. Allgemein faßl. dargest. von Gustav A. **Ritter**. Mit mehreren hundert Abb., Karten, Portr. etc. 30. verb. u. verm. Aufl. Berlin: W. Herlet 1907. (X, 1007 S.) 8° [ñ.]
(Illustrierte Haus- u. Weltbibliothek Merkur.) 07. 13796

Ritter, Gustav A.: Das Buch der Entdeckungen. Populäre Schilderung der Erschließung d. Erdballs von d. ältesten Zeiten bis z. Gegenwart. Allgem. faßl. dargest. von –. Mit mehreren hundert Abb., Kt., Portr. etc. 35. verb. u. verm. Aufl. Berlin: Herlet 1909. X, 1008 S. 8°
(Illustrierte Haus- u. Weltbibliothek Merkur.)

— illustrierte Länder- u. Völkerkunde. Populäre Schilderg. aller Länder u. Völker der Erde unter besond. Berücksicht. der neuesten Entdeckungsreisen v. Nansen, Nordenskjöld, Kane, Mac Clintock, Schlagintweit, Hedin, Barth, Livingstone, Stanley, Schweinfurth, Nachtigal, Stuart, Leichardt u. a. Mit vielen schwarzen u. farb. Orig.-Illustr. (XII, 676 S.) gr. 8. Ebd. 904. Geb. in Leinw. 4. —

Ritter, Gustav A.: Illustrierte Länder- und Völkerkunde. Populäre Schilderung aller Länder u. Völker d. Erde, unter bes. Berücks. d. neuesten Entdeckungsreisen von ... Hrsg. von –. Mit vielen Orig.-Ill. 26. Aufl. Berlin: Herlet 1909. XII, 676 S. 8°
(Illustrierte Haus- u. Weltbibliothek Merkur.)

— deutsche Sagen. Nach Brüder Wilh. u. Jak. Grimm, K. Simrock, G. Schwab, L. Bechstein, W. O. v. Horn u. A. gesammelt u. bearb. Mit Illustr. u. farb. Kunstblättern v. Ed. Brüning u. H. Tischler. Neue verb. Aufl. (65. Tausd.) (XII, 678 S.) gr. 8. Ebd. (905). Geb. 4. —

Deutsche Sagen. Nach Brüder Wilh. u. Jak. Grimm … Gesammelt u. bearb. von Gustav A. **Ritter**. Mit Ill. u. Kunstblättern von Ed. Brüning u. H. Tischler. Neue verb. Aufl. Berlin: W. Herlet [1905]. (XII, 676 S.) 8° [F.] [07. 16009]

Ritter, Gust. A., die Wunder der Urwelt u. die Entwicklungsgeschichte der Erde. Eine populäre Darstellg. des Weltgebäudes u. der Schöpfungsperioden unseres Erdballs von der Urzeit bis zur Gegenwart, umfassend die Entstehg. v. Land u. Meer, der Pflanzen- u. Tierwelt, sowie Abstammg., Alter u. Entwicklg. der Menschheit. Nach den Ergebnissen der neuesten Forschgn. bearb. u. hrsg. Mit 525 Orig.-Illustr. 46. Aufl. (VIII, 688 S.) gr. 8. Berlin (909). W. Herlet. Geb. in Leinw. 3. —

— **Deutschlands Wunderhorn. Geschichten, Legenden u. Historien aus alten Ritterburgen, Schlössern, Klöstern, Städten, ferner Volkssitten, Volksgebräuche, Volksfeste, Hexen-, Teufels-, Gespenstergeschichten, Ränke, Schwänke u. Überglauben aus alten Zeiten. Gesammelt u. hrsg. Mit vielen farb. u. schwarzen Illustr. v. Herm. Tischler. (XII. 676 S.) gr. 8. Ebd. (905). Geb. in Leinw. 4. —**

Deutschlands Wunderhorn. Geschichten, Legenden u. Historien aus alten Ritterburgen, Schlössern, Klöstern, Städten, ferner Volkssitten … aus alten Zeiten. Gesammelt u. hrsg. von Gustav A. **Ritter**. Mit vielen Ill. von Hermann Tischler. Berlin: W. Herlet [1905]. (XII, 676 S.) 8° [F.] [07. 16473]

Ritter, H. (I.), Façoneisen, s. Lauter, W. H.

Ritter, H., Fest-Predigt zum 150jährigen Jubiläum der Heiligengeist-Kirche in Potsdam, geh. am 12. Novbr. 1876. Ein Gedenkblatt für die beiden Heiligengeist-Gemeinden. gr. 8. (15 S.) Potsdam 876. Link. n. — 30

Ritter, H., Gedanken üb. d. sprachliche Schreiben in d. einfachen Volksschule, nebst angehängten Schüleraufsätzen. gr. 8. (III, 121 S.) Harburg 896. G. Elkan. n. 1. 20

Ritter, Gedächtniß-Predigt für Dr. Heinr. Eltester, Prediger an der Heiligengeist-Kirche zu Potsdam, gehalten am 17. Januar 1869. Potsdam 869. (Gropius.) gr. 8. (14 S.) n. 3 ngr

Ritter, H., zur Geschichte von Düsseldorf. Ueberſicht der Entstehungsgeschichte und spezielle Darstellung der kriegerischen Vorgänge dieser Stadt seit ihrer Gründung bis zur Schleifung ihrer Festungswerke als Bedingung des Lüneviller Friedens. Nebst Beschreibung der Belagerung u. Zerstörung von Kaiserswerth im span. Erbfolgekriege. Nach zahlreichen Geschichtswerken, Urkunden ꝛc. bearb. Mit 1 (lith.) Plane u. 1 (lith.) perspect. Ansicht der Festung (in Fol.). Düsseldorf 855. Kaulen. 8. (IV, 76 S.) n. 10 ngr

Ritter, H., s.: Gmelin Kraut's Handbuch der Chemie.

— Hülfsbuch f. den deutschen Sprachunterricht in der ein- bis dreiklass. Volksschule. E. einheitl. Lehrgang f. d. orthograph., grammat. u. stilist. Schreiben. 4 Hfte. gr. 8. Ebd. n.n. 1. 20
1. F. d. Mittelstufe. (III, 36 S.) 896. n.n. — 25
2. F. d. Oberstufe. (III, 46 S.) 896. n. — 30
3. F. d. oberste Abteilung d. dreiklass. Schule. (II, 64 S.) 896. n. — 40
4. Leitfaden f. d. Anfertigen v. Briefen u. Geschäftsaufsätzen in d. ländl. Volks- u. Fortbildungsschule. (36 S.) 898. n.n. — 25

Ritter, H., dreißig Jahre protestantischer Mission in Japan. Mit 2 Lichtdr.-Bildern u. e. Missionskarte v. B. Hassenstein. gr. 8. (XII, 126 S.) Berlin 890. Haack. n. 2. —

Mit Meissel und Pinsel. Erzählungen aus d. Leben bedeutender Künstler. Für d. reifere Jugend. Von H. **Ritter**. Mit 4 Farbendr.-Bild. u. Einbandzeichn. von H. W. Brockmann. *Köln: J. P. Bachem [1903].* (182 S.) 8° [F.]
— **Jugendschriften**, Bachems neue illustrierte. Bd 25. [04. 9931 6]

Ritter, H. (II.), Naturgeschichte für Stadt- und Landschulen. Charakterbilder aus den drei Reichen der Natur. Zusammengestellt und bearb. 1. Tl. für Mittelklassen. Ausg. für Lehrer mit einer method. Einleitung und einem Anhang betr. die Methode nach Fr. Junge. gr. 8. (IV, XXIV, 100 S.) Breslau 886, Goerlich.
Schüler-Ausg. (IV, 100 S.)

— dass. — Unter teilweiser Berücksicht. der von Fr. Junge aufgestellten Methode bearb. 2. Tl. für Oberklassen. Ausg. für Lehrer und Schüler. gr. 8. (IV, 168 S. mit 10 anatom. Abbild.) Ebendas. 886.

Ritter, H., das Personenstands-Gesetz u. die evangelische Kirche. 1. Die Bedeutg. d. Personenstands-Gesetzes f. die evangel. Kirche im Allgemeinen. 2. Das Personenstands-Gesetz u. die christl. Taufe u. Confirmation. 3. Die kirchl. Traug. u. die bürgerl. Eheschließg. Drei Predigten. gr. 8. (48 S.) Berlin 875. Denicke. n. — 75

Ritter, H., der Polenflüchtling. Die Kinder des Malers. Steppenblume, s. a. Bachem's Jugend-Erzählungen. 15.

Der Polenflüchtling. Die Kinder d. Malers. Steppenblume. 3 Erzählungen von H. **Ritter**. Mit 4 Bild. von Wilh. Rohm. Köln: J. P. Bachem [1901]. (153 S.) 8°
— **Jugend-Erzählungen**, Bachem's. Bd 15. [01. 3603 8]

— Predigt üb. die bevorstehenden kirchlichen Wahlen geh. am 1. Advents-Sonntage 1873. gr. 8. (16 S.) Potsdam 873. Riegel. n. — 25

Ritter, H., Sammlg. v. freigew. Uebungsgruppen aus dem Sektionswetturnen. Programme deutschschweizer. Vereine. Nebst e. Anh.: Obligator. Sektionsübgn. von 1882 an u. Turnspiele. Im Auftr. d. eidgen. Turnvereins zusammengest. u. turnsprachlich bearb. Hrsg. m. Unterstützung d. Bundes. gr. 8. (XLI, 214 S.) Zürich 895. (Hof, R. Lion.) Geb. in Leinw. n.n. 2. 40

Ritter, H., die Schiffsjungen-Compagnien der königl. preuß. Marine. Sammlung der Bestimmungen über die Anmeldung u. Aufnahme der Schiffsjungen u. Mittheilungen über dieses Institut. Berlin 865. Mittler & Sohn. gr. 8. (15 S.) 3 ngr

Ritter, H., nichtmetallische einfache Stoffe u. ihre Verbindungen unter einander, s.: Gmelin-Kraut's Handbuch der Chemie.

Ritter, H., über das Ultramarin. Inaugural-Dissertation. gr. 8. (56 S.) Göttingen 860, (Vandenhoeck und Ruprecht's Verlagsh.)

Ritter, H., Stolberg's Vergangenheit. 12. (47 S.) Stolberg (Rh.) (889). (G. A. Bomnliter.) Geb. n.n. — 75

— deutsche Wacht wider Rom. Ein geschichtl. Gesammtbild d. Culturkampfes von 1870 bis 1875. 4 Vorträge. gr. 8. (77 S.) Potsdam 876. Link. n. 1. 25

Ritter, H. W. L., Betrachtungen, veranlaßt durch das Kiß'sche Bildwerk: „Die Siegerinn!" (Amazone.) gr. 8. (4 B.) Berlin 840, Oehmigke's Buchh.

Ritter, H. W. L., Betrachtungen, veranlaßt durch das Rieß'sche Bildwerk „Der Singeverein!" gr. 8. Berlin 840. Oehmigke's Buchh. (Bülow.) 5/12 ngr (Ist ohne d. Verf. Namen erschien.)

Ritter, Hans, appr. Arzt: Das Herz bei Mitralstenose. Halle a. S. 1909: Hohmann. 48 S. 8°
Halle, Med. Diss. v. 12. Jan. 1909, Ref. Eberth
[Geb. 11. Juni 84 Halle a. S.; Wohnort: Halle; Staatsangeh.: Preußen; Vorbildung: Latina Halle Reife M. 02; Studium: Halle 10 S.; Coll. 3. Juli 08; Approb. 1. Jan. 09.] [U 09. 1616

Ritter, Hans Ulrich *Alwin* [aus Waldenburg]: Aus d. chirurg. Univ. Klinik zu Greifswald. Über Invagination des Darmes in Folge von malignen Tumoren, m. bes. Berücks. e. Falles v. Carcinoma und Invaginatio recti ... Greifswald, Druck v. J. Abel, 1895; 34 S., 1 Taf. 8.
Greifswald, Med. Fak., Inaug.-Diss. v. 1. Febr. 1895

Ritter, (Heinr.,) Abriß der philosophischen Logik. 8. Berlin 824, Trautwein.

Ritter, Heinr., Abriß d. philosoph. Logik. Für Vorlesn. 2., gänzl. umgearb. Aufl. gr. 8. (11¼ B.) Berlin 829, Trautwein.

(— Heinrich) (Göttingen), Index scholarum publice **et privatim in Acad. Georgia Augusta** per semestre **aestivum 1846 habendarum D. 27. IV.** incipiendarum **per dies a 14. usque ad 19. IX.** finiendarum. **— Praemissa sunt analecta de aetate** et usu scholiorum **Persianorum. Göttingen** (Dieterich) 1846. **29 S. mit Namen. (4.—)** 28974

Ritter, H[einrich]. Bedürfnis und Auswahl der Körperübungen für das reifere Mannesalter. Vortrag, gehalten am 4. eidgen. Männerturnkurs in Zofingen ⟨22./23. September 1900⟩. Separat-Abdruck aus der «Schweizerischen Turnzeitung», Jahrg. 44 1901 [Nummer 2—4]. 8 S. 4. [Zürich, Zürcher & Furrer.]

Ritter, H., Erklärende Bemerkungen zu einigen Stellen des Sophokles u. Cicero. Pr. 1861. 14 S. 4°.

Ritter, Heinr., über das Böse. In Bezieh. auf Jul. Müller's Schrift: „Vom Wesen u. Grunde d. Sünde." gr. 8. (5 B.) Kiel 839, Universität-Buchh.
Aus: E. Pelt's theolog. Mitarbeiten, 2. Bd. 4. Hft., besond. abgedruckt.

Ritter, Heinr., über das Böse u. seine Folgen. Gotha 869. F. A. Perthes. gr. 8. (XXXVI, 363 S.) n. 2 ₰

Ritter, Heinr., über das Böse u. seine Folgen. Hrsg. v. D. Peipers. 2. (Titel-)Ausg. gr. 8. (XXXV, 363 S.) Leipzig (1869) 877. Siegismund & Volkening. 6. —

Ritter, Heinr., über die Emanationslehre im Uebergange aus der alterthüml. in die christl. Denkweise. gr. 4. (40 S.) Göttingen 847, Dieterich. n. 12 ngr

Ritter, Heinr., Encyklopädie der philosophischen Wissenschaften. 3 Bde. gr. 8. Göttingen 862—64, Dieterich'sche Buchh. [1. Bd. (XVII und 431 S.) * 2 Thlr., 2. Bd. (XVI und 577 S.) * 2 Thlr. 24 Ngr., 3. Bd. (XVI und 676 S.) * 3 Thlr.]

—— über d. Erkenntniß Gottes in d. Welt. gr. 8. (39 B.) Hamburg 836, Fr. Perthes.

— Geschichte der Philosophie, s. a. Fr. Schleiermacher, sämmtl. Werke 3e Abthl.

—— Geschichte der Philosophie. 1—4. Thl. — A. u. d. T.: Gesch. d. Philosophie alter Zeit. 1—4. Thl. gr. 8. Hamburg, Fr. Perthes. [1. (40 B.) 829. 3 Thlr., 2. (31 B.) 830. 2 Thlr. 18 Gr., 3. (46 B.) 831. 3 Thlr. 12 Gr., 4. (45½ B.) 834. 3 Thlr. 8 Gr.]

Ritter, Heinr., Geschichte d. Philosophie. 1—3., 5. u. 6. Thl. gr. 8. Hamburg, Fr. Perthes. Thlr. *
A. u. d. Titln.:
Thl. 1—3. Geschichte d. Philosophie alter Zeit. 1—3. Thl. 2., verb. Aufl. [1. (43⅛ B.) 836. * 3 Thlr., 2. (35 B.) * 2 Thlr. 18 Gr., 3. (47 B.) 837. * 3 Thlr. 12 Gr.] * 9 Thlr. 6 Gr.
5. u. 6. Geschichte d. christl. Philosophie. 1. u. 2. Thl. [5. (36⅛ B.) * 2 Thlr. 8 Gr., 6. (40½ B.) 841. * 2 Thlr. 16 Gr.] * 5 Thlr.
4. Thl. Ebendas. 1834. * 3 Thlr. 18 Gr.

—— dass. — Zusätze u. Verbesserungen zu d. vier ersten Thln. d. Geschichte d. Philosophie. 1. Ausg. gr. 8. (9½ B.) Ebds. 838.

Ritter, Heinr., Geschichte der Philosophie. 7. u. 8. Thl. A. u. d. Tit.: Geschichte der christl. Philosophie. 3. u. 4. Thl. gr. 8. Hamburg, Fr. Perthes. [7. (49 B.) 844. * 3 Thlr. 10 Ngr., 8. (47 B.) 45. * 3 Thlr. 6 Ngr.]
1—6. Thl. Ebendas. 1834—41. * 18 Thlr.

—— Geschichte der Philosophie. 9—11. Thl. A. u. d. T.: Geschichte der christlichen Philosophie. 5—7. Thl. und: Geschichte der neuern Philosophie. 1—3. Thl. gr. 8. Hamburg, Fr. Perthes. [9. (XX und 748 S.) 850. * 3 Thlr. 10 Ngr., 10. (XV und 571 S.) 851. * 2 Thlr. 24 Ngr., 11. (XV und 588 S.) 852. * 2 Thlr. 28 Ngr.]
1—8. Thl. Ebendas. 1834—45. * 28 Thlr. 16 Ngr.

Ritter, Heinr., Geschichte der Philosophie. 12. Thl. A. u. d. Titeln: Geschichte der christlichen Philosophie. 8. Thl. und Geschichte der neuern Philosophie. 4. Thl. (Schluß.) gr. 8. (XIX und 652 S.) Hamburg 853. [Gotha, F. A. Perthes.]
Der Ladenpreis der 12 Bde. compl. ist * 36 Thlr. 24 Ngr.

— Geschichte d. Jonischen Philosophie. gr. 8. Berl. 821. Trautwein. 1 ₰ 12 gr

— Geschichte d. Pythagorischen Philosophie. gr. 8. Hamb. 826. Fr. Perthes. 1 ₰ 10 gr

– über Lessing's philosoph. u. religiöse Grundsätze. [Abgedr. aus d. Göttinger Studien. 1847.] gr. 8. (73 S.) Göttingen 848, Vandenhoeck & Ruprecht. 5/12 ₰

H. **Ritter**: d. Halb-Kantianer u. d. Pantheismus; e. Streitschr. veranlasst durch Meinungen d. Zeit u. b. Gelegenh. v. *Jäsche's* Schrift üb. d. Panth. *Berl.*, Trautwein. 827. gr 8° 10 gr

Ritter, H. (I.) et L. Preller, historia philosophiae graecae. Testimonia auctorum conlegerunt notisque instruxerunt H. R. et L. P. Pars I et II septimum edita. Physicorum doctrinae recognitae a Fr. Schultess. gr. 8. Gotha, F. A. Perthes. [Pars I. (VII, S. 1—180.) 886. * M 3.60.; Pars II. (S. 181—598.) 886. * M 6.40.]

Ritter, H., et L. **Preller,** historia philosophiae graecae. Testimonia auctorum conlegerunt notisque instruxerunt H. R. et L. P. Pars II septimum edita. Physicorum doctrinae recognitae a Fr. Schultess. gr. 8. (VI u. S. 181—598.) Gotha 888. F. A. Perthes. n. 6. 40 (cplt.: n. 10. —)

Ritter, H., et L. **Preller,** historia philosophiae graecae. Testimonia auctorum conlegerunt notisque instruxerunt R. et P. Ed. VIII. quam curavit Ed. Wellmann. gr. 8. (V, 598 S.) Gotha 898. F. A. Perthes. n. 10. —

—— et L. Preller, Historia philosophiae graecae et romanae ex fontium locis contexta. Locos collegerunt, disposuerunt, notis auxerunt. Editio II. recognovit et auxit L. Preller. 8maj. (XII und 656 S.) Gothae 856(57,) F. A. Perthes.

— et L. **Preller,** historia philosophiae graecae et romanae ex fontium locis contexta. Locos collegerunt, disposuerunt, notis auxerunt autores. Recognovit et auxit L. Preller. Editio III. Gotha 864. F. A. Perthes. gr. 8. (X, 549 S.) n. 2 ℛ 20 ngr.

— et L. **Preller,** historia philosophiae graecae et romanae ex fontium locis contexta. Editio 4. Gotha 869. F. A. Perthes. gr. 8. (XII, 546 S.) n. 2 ℛ 20 ngr.

Ritter, H., et L. **Preller,** historia philosophiae graecae et romanae ex fontium locis contexta. Locos collegerunt, disposuerunt, notis auxerunt. Ed. V. cur. G. Teichmüller. gr. 8. (XIX, 548 S.) Gotha 875. F. A. Perthes. n. 8. —

Ritter, H., et L. **Preller,** historia philosophiae graecae et romanae ex fontium locis contexta. Locos collegerunt, disposuerunt, notis auxerunt. Ed. VI. Curavit G. Teichmueller. gr. 8. (XIX, 548 S.) Gotha 878. F. A. Perthes. n. 8. —

—— et L. Preller, Historia philosophiae Graeco-Romanae ex fontium locis contexta. Locos collegerunt, disposuerunt, notis auxerunt. Ed. Preller. 8maj. ($38\frac{3}{4}$ B.) Hamburgi 838, Fr. Perthes. * $2\frac{1}{2}$ Thlr., Vlnp. *

Ritter, Augustus Henricus: * De inscitia humana. 20 Bl. 8° (4°) Halle-Wittenberg, Phil. Diss. v. 9. Juli 1817
Geb. [Zerbst 21. 11. 1791]
Verf. erlebte die Diplomerneuerung 1867 als D. theol., Geheimer Hofrat und ordentlicher Professor der Philosophie in Göttingen.

—— **über unsere Kenntniss der arabischen Philosophie u. besonders über die Philosophie der orthodoxen arabischen Dogmatiker. Gelesen in der kgl. Societät der Wissenschaften zu Göttingen. gr. 4. ($5\frac{1}{4}$ B.) Göttingen 844, Dieterich'sche Buchh.**

Ritter, H[einrich]. Das Luft- und Sonnenbad des Naturheilvereins Zürich an der Tobelhofstrasse. [Illustriert.] Separatabdruck aus der Festschrift «Die Gesundheits- und Wohlfahrtspflege der Stadt Zürich», 1909. 7 S. 8. (Zürich, Berichthaus.)

Ritter, Heinr., ob Gott ist? Beiträge e. Suchenden auf d. wichtigste Frage der Menschheit. 2. Aufl. gr. 8. (VI, 241 S.) Berlin 896. G. Reimer. n. 2. 40

— **philosophische Paradoxa.** Leipzig 867. Brockhaus. gr. 8. (XII, 378 S.) n. 2 ℛ

— **die christliche Philosophie nach ihrem Begriff, ihren äußern Verhältnissen u. in ihrer Geschichte bis auf die neuesten Zeiten. 1. Bd. Göttingen 858. Dieterich. gr. 8. (XVI, 767 S.)** n. 3 ℛ. 10 ngr.

— die christliche Philosophie nach ihrem Begriff, ihren äußern Verhältnissen u. in ihrer Geschichte bis auf die neuesten Zeiten. 2. Bd. Ebend. 859. gr. 8. (XII, 879 S.) n. 3 ℛ 20 ngr.

RITTER, [AUG.] HEINR., Ueber die Principien der Aesthetik. Kiel. 1840. (O. m. T. Kleine philosophische Schriften. 2. Bd.). [1. Bd. Ueber die Princ. d. Rechtsphilosophie. 1839 mglr. i K. B.].

Ritter, H., an Leopold von Ranke über deutsche Geschichtsschreibung. Leipz. Schul-/Univ.-Schrift 186?.

— **an Leopold v. Ranke über deutsche Geschichtschreibung. Ein offener Brief. Leipzig 867, Fues' Verlag. gr. 8. (77 S.)** n. 15 ngr.

— Ernest **Renan,** über die Naturwissenschaften u. die Geschichte, mit den Randbemerkungen eines deutschen Philosophen. Gotha 865. F. A. Perthes. gr. 8. (126 S.) n. 15 ngr.

— u. W. **Camphausen,** Schattenseiten der Düsseldorfer Maler, nebst verkürzten Ansichten ihrer letzten Leistungen. (In 6 Heften.) 1.—5. Hft. gr. Fol. (20 lith. Taf.) Düsseldorf 845, 46, Buddeus. n. 7 ℛ $24\frac{1}{2}$ ngr.

— kleine philosoph. Schriften. 1—3. Bdchn. gr. 8. Kiel, Universität-Buchh.
A. u. d. Ttln.:
Bdchn. 1. Ueber d. Principien d. Rechtsphilosophie od. d. Politik. (20 B.) 839. 1 Thlr. 16 Gr.
2. Ueber d. Principien d. Aesthetik. ($19\frac{1}{4}$ B.) 840. 1 Thlr. 16 Gr.
3. Psycholog. Abhandlungen. I. Ueber d. Begriff d. Ich u. seine Erkenntniß. II. Vernunft u. Sinnlichkeit. ($18\frac{1}{4}$ B.) 840. 1 Thlr. 12 Gr.

— **System der Logik und der Metaphysik.** 2 Bde. Göttingen 856. Dieterich. gr. 8. (XV, 335; 2 Bl., 592 S.) n. 4 ℛ. 20 ngr.

—— Unsterblichkeit, s. Belehrungen, unterhaltende.

Ritter, Heinr., **Unsterblichkeit.** 2., umgearb. u. verm. Aufl. Leipzig 866. Brockhaus. 8. (VIII, 271 S.) n. 1 ℛ 10 ngr.

— über das Verhältniß der Philosophie zum wissenschaftl. Leben überhaupt. Eine in der K. Acad. d. W. am 2. Mai 1833 geles. Abhandlung. gr. 4. Berlin 835. Dümmler. n. $\frac{1}{4}$ ℛ

—— **Versuch zur Verständigung über die neueste deutsche Philosophie seit Kant.** 1. und 2., unveränd. Aufl. gr. 8. (136 S.) Braunschweig 853, Schwetschke und Sohn. —
Aus: Allgemeine Monatsschrift für Wissenschaft und Literatur. besonders abgedruckt.

Ritter, Heinrich [prakt. Arzt, aus Cham, Kt. Zug]: Aus dem patholog. Institut der Universität Zürich]: Ueber das gleichzeitige Vorkommen von Carcinom und Sarcom im Uterus. (Mit 1 Tafel.) Zürich 1902. 24 S. 8°.
Zürich, Med. Diss. 1901/1902.

Ritter, Heinrich. Über das gleichzeitige Vorkommen von Carcinom und Sarcom im Uterus. Diss. Med. Univ. Zürich. *Kopftitel:* Aus dem pathologischen Institut der Universität Zürich. — [Mit 2 Tafeln.] 24 S. 8. Zürich, Polygraphisches Institut A. G., 1902.

— Vorlesungen zur Einleitung in die Logik. gr. 8. Berl. 823. Trautwein. 6 ℊ

Ritter, Heinr., welchen Einfluß hat die Philosophie des Cartesius auf die Ausbildung der des Spinoza gehabt, und welche Berührungspunkte haben beyde Philosophien mit einander gemein? Nebst einer Zugabe, über die Bildung des Philosophen durch die Geschichte der Philosophie. gr. 8. Leipzig, Brockhaus. 817.

Eb. Zusätze u. Verbesserungen zu d. vier ersten Theilen d. Gesch. d. Philosophie. 1e Ausg. *Eb.* 838. gr. 8° 18 ℊ

Ritter, Hnr. Edw., Possen u. Lustspiele, für d. deutsche Bühne. (Meine Stiefkinder). 16 Bdchen. 8. Coblenz 818. Hölscher. 18 ℊ

Ritter, Hnr. Edw., Sieg der Wahrheit, Töne bei d. Feier des 3n Jubelfestes der Reformation, mit Clavier- od. Orgelbegleitung. gr. 4. Worms 819. (Löffler in Manh.) 6 ℊ

Ritter, (Henriette,) kurzgefaßtes, aber deutliches u. vollständ. Kochbuch. Den Jungfrauen, Hausfrauen, so wie allen denen gewidm., welche die feinsten u. delikatesten Speisen d. nördl. u. südl. Deutschlands rc. herstellen wollen. Mit Einleitung u. Anhang. 8. Berlin 826, Riemann.

Ritter, Henriette, kurzgefaßtes, deutliches u. vollständ. Kochbuch. 2., wohlf. Ausg. 8. (16 B.) Berlin 838, Fernbach jun.

Ritter, Henry. († d. 21. Dec. 1853), der politische Struwwelpeter. Ein Versuch zu Deutschlands Einigung. 1. Thl. Mit 12 schön (lith. u.) col. Taf. u. verständl. Text für deutsche Kinder unter u. über 6 Jahre. Dem deutschen Michel gewidmet. gr. 4. Düsseldorf 849, Buddeus. n. 1 1/2 ℛ

RITTER, Heribert (Dunglstetten): Zur Contagiosität der Tuberkulose des Menschen.- München: Wolf 1881. 12 S.
5.7.1881 - Urk (Titel: De tuberculosis infectione inficiendi imprimis modi ratione habita.); Chr 1881/82,7
Diss.Ingolst.-Landsh.-Mchn.

Ritter, Herm., Allgemeines üb. Streichinstrumente sowie Ideen üb. e. neues Streichquartett: Sopran-geige (Violine), Altgeige (Viola alta), Tenorgeige (Viola tenore), Bassgeige (Viola bassa od. Violoncello) nach den Intentionen u. dem Modell v. Professor Hermann Ritter. 2 Aufsätze. (14 S.) gr. 8. Leipzig 905. B. Senff. — 20
Sonderabdruck aus: „Signale f. die musikal. Welt".

— im Alpenglühen. Gebirgsstück m. Gesang u. Tanz in 1 Akt. (47 S.) 8. Bamberg (903). Handelsdruckerei u. Verlagsh. n. 1. —; Klavier-Auszug. (24 S.) gr. 4. 1. 50

Ritter, Herm., Alpengrüsse. Dichterworte üb. die Hochgebirgs-Natur, gesammelt. 8. (XXXIX, 175 S.) Würzburg 886. Stahel. cart. n. 1. 80

Ritter, Herm., die fünfsaitige Altgeige (Viola alta) u. d. sich daran knüpf. event. Weiterentwickelg. d. Streich-Instrumente. gr. 8. (26 S. m. 2 Taf. u. Musikbeispiele 1 S. in gr. 4.) Bamberg 898. Handelsdruckerei u. Verlagsh. n. 1. —

— die Aesthetik der Tonkunst in ihren wichtigsten Grundzügen. 8. (96 S.) Ebend. 886. n. — 80

Ritter, H.: Über die hygienische Bedeutung der Kleinkinderschulen. Berlin 1881. S. 321—329. Sonderdr. aus: Eulenbergs Vierteljahrsschr. f. gerichtl. Med. N. F. 36.

Ritter, Herm., e. Beitrag zur Förderung der Mässigkeit. gr. 8. (38 S.) Bamberg 894. Handels-Druckerei. n. 1. —

Ritter, Herm., Berg u. Thal. Eifeler Skizzen u. Erzählgn. 2. Bd. (III, 224 S.) 8. Dresden 904. E. Pierson. n. 2. 50; geb. n. 3. 50

— Bergfahrten. Erinnerungen an die Hochalpen. schmal 8. (201 S. m. Vignetten.) Ebd. 896. Geb. 1. —

Ritter, Herm., der Bien u. ich. Allerlei Neuigkeiten aus dem Honigreiche f. Imker u. Freunde der Naturwissenschaft. Ernst u. Scherz in Prosa u. Poesie. (Illustriert nach Zeichngn. vom Verf.) (VII, 96 S. m. 16 Abbildgn.) gr. 8. Leipzig 903. [R. C. Schmidt & Co.] C. F. W. Fest. n. 1. 60

Ritter, Herm., Bilder aus Köln. Skizzen. (114 S. m. Bildnis.) 8. Bonn 910. C. Georgi. 1. 50

Zwei Bruderlieder für Bariton. (Nr. 2 mit Chor) mit Klavier-, Harmonium- oder Orgelbegleitung. Worte und Vertonung von Herm. Ritter. (Op. 67.) Würzburg: Verl. d. Loge Zu den zwei Säulen am Stein. [ca 1902?].

2 Bruderlieder. No. 1. für Bariton, No. 2. für Bariton u. Chor, mit Klavier-, Harmonium- oder Orgelbegleitung. Worte und Vertonung von Hermann Ritter. Op. 67. Würzburg: Verlag der Loge zu den 2 Säulen am Stein [um 1902]. 3 S. 4°. [Umschlagtit.]
Mit Noten.
W. 41 370 ist dementsprechend zu ergänzen.

[Dasselbe.] 2. Aufl. Ebendas. [ca 1904?].
Recens: Bh. 45 (1902) S. 330 (Ch. Gotthold).
cf. f. 2. Aufl.: Z. 35 (1904—1905) S. 232 (H. Glücksmann).
[A. (NF.) 26 (1907) S 266.]

— das goldene Buch der Lebensweisheit. Ein Universalhausschatz menschl. Geisteslebens. Ein Lebensspiegel. Eine Fundgrube v. Gedanken aus dem Bereiche der Natur, des Lebens u. der Kunst. Eine Quelle der Anregg. f. Geist u. Gemüt. Gedanken, Anschaugn. u. Betrachtgn. üb. Natur u. Leben, üb. Kunst u. Wissenschaft in Aussprüchen v. Dichtern, Philosophen, Künstlern, Schriftstellern u. aus dem Volksmunde, als Beiträge zu e. Lebenslehre. 2 Bde. (684 u. IV, 632 S. m. Abbildgn. u. 30 Taf.) Lex.-8. Leipzig (904. 905.) M. Schmitz.
Erschien auch in 19 Lfgn. à 1. —. Geb. in Leinw. 24. —

— Zwischen Dhün u. Sülz. Wanderungen im Gebiet der Cölner Vorortbahnen. Mit zahlreichen Abbildgn., Wegeskizzen u. 1 (farb.) Karte des Wandergebietes. (82 S.) kl. 8. Ebd. 910. — 50

Durch Erkenntnis zum Seelenfrieden. Aus dem Leben für das Leben von Herm. Ritter. Oranienburg: Orania [1907]. 120 S. 8°
Üb. Natur-, Welt- u. Lebensanschauungen zur Erziehung von Geist u. Gemüt auf Grundlage des Verlangens nach Weisheit, Schönheit u. Stärke.

Ritter, Herm., durch Erkenntnis zum Seelenfrieden. Aus dem Leben f. das Leben. (120 S.) 8. Oranienburg (908). [Orania-Verlag.] F. Koslowsky. 2.—; geb. n 3. —

Ritter, Herm., durch Erkenntnis zum Seelenfrieden. Jetzt: Berlin, F. Wunder. Erm. Pr. 1.50; geb. 2.—.

— durch Nacht z. Licht! Schausp. in 4 Akten. 8. (IV, 98 S.) Bamberg 895. Handelsdruckerei u. Verlagsh. Geb. n. 1. —

Ritter, Prof. Herm., Ueber die Ehe, sowie über die Stellung der Frau im heutigen Leben. Studie zur Frauenfrage. gr. 8°. Würzburg, A. Stuber's Verl., 1894.

– Einiges üb. das Theaterwesen. Mit besond. Berücksicht. der Provinzbühnen. gr. 8. (16 S.) Ebd. 894. n. — 50

Ritter, Herm., Einiges zum Verständniss v. Berlioz' Haroldsinfonie u. Berlioz' künstlerischer Bedeutung. Hektor Berlioz, geb. 11. XII. 1803 zu La Côte St. Andrée, gest. 3. III. 1869 zu Paris. 2 Vorlesungen, geh. an der königl. Musikschule zu Würzburg. gr. 8. (60 S.) Oppeln 899. G. Maske. n. — 60

— populäre Elementartheorie der Musik f. gebildete Musikfreunde. 8. (120 S.) Leipzig 885. M. Hesse. 1. —; geb. n. 1. 30

— allgemeine illustrierte Encyklopädie der Musikgeschichte. 6 Bde. gr. 8. (131; III, 178; III, 187; III, 223; 218 u. III, 240 u. 16 S.) Leipzig (901. 902). M. Schmitz. Geb. in Leinw. à n. 4. 50

– üb. musikalische Erziehung. Ein Mahnwort an Eltern, Vormünder u. Erzieher. 1. u. 2. (Titel-)Aufl. gr. 8. (32 S.) Dresden 891. 894. O. Damm. n. — 80

Ritter: Frauen und Ärzte. — Berlin: Steinitz 1893. VII, 141 S. 8°

— aus Rheinlands Gauen. Trierer Bilder u. Skizzen. (V, 160 S.) 8. Trier 906. F. Lintz. n. 2.25; geb. in Leinw. n. 3. —

— Liberale Gedanken, s. a. Volks-Schriften des Nationalvereins f. das liberale Deutschland. 9. Heft.

Ritter, Herm., Liberale Gedanken. München 1909. 8°. *[Umschlagtit.]*

Ritter, Hermann, Zwei Geländespiele, 8°.

Ritter, Herm., die Geschichte der Viola alta u. die Grundsätze ihres Baues. 2., verm. u. verb. Aufl. Mit 5 in den Text gedr. u. 2 (lith.) Taf. Abbildungen. gr. 8. (VII, 64 S. m. 1 Holzschntaf.) Leipzig 877. Weber. n. 2. 50

— Godelind v. Reifferscheid. Eine Eifeler Geschichte aus dem 14. Jahrh. 8. (139 S.) Hellenthal (901). (Trier, H. Stephanus.) n. 2. —

— aus der Harmonielehre meines Lebens. Kleine Skizzen u. Aphorismen. 8. (88 S.) Würzburg 883. Stahel. n. — 60

– Haydn, Mozart, Beethoven. Ein Dreigestirn am Himmel deutscher Tonkunst. gr. 8. (80 S.) Ebd. 897 n. 1. —

Ritter, Herm., Elis Heimkehr. E. Erzählg aus dem J. 1642. 8. (119 S.) Aachen 897. O. Müller. n. 1. 50

— Andreas Hofer u. der Freiheitskampf Tirols im Jahre 1809. Im Jahre der Jahrhundertfeier Deutschlands Jugend u. Volk geschildert. (128 S. m. 4 Taf.) kl. 8. Gütersloh 909. C. Bertelsmann, Sep.-Kto. — 60; kart. — 70; geb. in Bibliotheksbd. — 80; in Leinw. — 90

Ritter, Herm., von der Höhe. Eifeler Skizzen u. Erzählgn. 8. (III, 207 S.) Dresden 903. E. Pierson. n. 3. —; geb. n. 4. —

B — Von der Höhe. 903. — Godelind v. Reifferscheid. 901. Jetzt: Berlin, Verlag Berlin-Wien.

Ritter, H. (II.), Jugend- und Turnspiele. Nach den ministeriellen Bestimmungen ausgewählt, bearb. und mit method. Vorbemerkungen versehen. 8. (78 S. mit 21 eingedr. Fig. in Holzschn.) Breslau 883, Goerlich's Verlag. *
—— dass. — 2. unveränd. Aufl. 8. (80 S. mit 21 eingedr. Fig. in Holzschn.) Ebendas. 883. *

Ritter, H., Jugend- u. Turnspiele. Nach den ministeriellen Bestimmgn. ausgewählt, bearb. u. m. Vorbemerkgn. versehen. 3., verm. Aufl. 8. (88 S. m. 19 Fig.) Breslau (901). F. Goerlich. — 60; kart. n. — 75

—— Katechismus der Musik-Aesthetik. Ein Hülfsbuch f. den Musikunterricht in Schule u. Haus. 12. (VII, 91 S.) [Würzb. 890.] Dresd., Hertz. geb. * 1 50

— Katechismus der Musik-Aesthetik. Zugleich e. Hilfsbuch f. den Musikunterricht in Schule u. Haus. 2. Aufl., verm. durch e. Einleitg., behandelnd das Wesen unserer Tonkunst. 12. (XXIV, 91 S.) Dresden 894. G. Hertz. Geb. in Leinw. n. 1. 50

— Katechismus der Musikinstrumente. Mit besond. Berücksicht. der Geschichte sowie der physikal. Natur derselben. Ein Hülfsbuch beim Musikunterricht f. Musikschüler u. gebildete Musikfreunde. 12. (IV, 78 S.) Ebd. 894. Geb. in Leinw. n. 1. 50

– die höchste Kunst. Lebensbetrachtungen. gr. 8. (XIV, 130 S.) Bamberg 894. Handels-Druckerei. n. 2. —

— über die materielle u. soziale Lage des Orchestermusikers. Ein Mahnruf an Eltern, Vormünder, Erzieher. gr. 8. (39 S.) München 901. M. Poessl. — 60

Ritter, H., Leitfaden für den theoretischen Turnunterricht. Für Elementarlehrer u. Seminaristen zusammengestellt u. bearb. Mit vielen (in den Text gedr. Holzschn.-) Abbildgn. 8. (78 S.) Breslau 878. Goerlich. n. — 80

— Leitfaden f. den theoretischen Turnunterricht. Für Elementarlehrer u. Seminaristen zusammengestellt u. bearb. Mit vielen Abbildgn. 2. Aufl. 8. (119 S.) Ebend. 884. n. — 30

Ritter, H., Leitfaden f. den theoretischen Turnunterricht. 3., verm. Aufl. 8. (IV, 116 S. m. Abbildgn.) Breslau 893. F. Goerlich. n. 1. —

Leitfaden für den theoretischen Turnunterricht. Zsgst. u. bearb. von H. **Ritter,** Kgl. Kreis-Schulinsp. (in Schöneck, Westpr.). Mit vielen Abb. 4., verm. Aufl. *Breslau: F. Goerlich [1900].* (123 S.) 8° [F.] (et. 3709

Mahnung (Armenlied). Dichtung von Ludw. Lesser. Komp. von Herm. Ritter. Für eine Singstimme mit Klavierbegleitung. (Op. 68.) [Nebst Beil.] Einbeck: Altersheim [1904]. 4 S. 2° [Lithogr.] [Umschlagtit.]
cf. Z. 34 (1903—1904) S. 496 (H. Glücksmann); L. 27 (1904) S. 104 (P. Fischer). Mit Noten: „Geh' nicht kalt vorüber, ..."

Das romantische Moseltal. Ein Moselführer, hrsg. vom Allg. Moselverein. Mit einl. Text von Hermann **Ritter** u. 1 Titelbild von B. Gauer. Bonn: Georgi 1910. 130 S. 8° [11. 125]

— etwas weniger Musik, s.: Volksschriften zur Umwälzg. d. Geister.

— der dreifüssige od. Normal-Geigensteg, erfunden u. begründet v. H. R. Mit 60 Modell-Abbildgn. gr. 8. (12 S.) 889. Würzburg — 75

Ritter, Herm., Perspectograph. Apparat zur mechan. Herstellg. der Perspective aus geometr. Figuren, sowie umgekehrt der Originalfiguren aus perspectiv. Bildern. 2. Aufl. Lex.-8. (15 S. m. 1 autogr. u. 5 Lichtdr.-Taf.) Frankfurt a/M. 884. (Alt.) n. 2. 40

Reisebilder aus der Eifel und den Ardennen. Von Hermann **Ritter**. Ill. von B. Gauer. Trier: Schaar & Dathe [1907]. (119 S.) 8° [F.] 108. 9618

— Reisebilder aus der Eifel u. den Ardennen. Illustr. v. B. Gauer. (119 S.) 8. Trier (908). Kunst- u. Verlagsanstalt Schaar & Dathe. 2. —

— Repetitorium der Musikgeschichte, nach Epochen übersichtlich dargelegt, nebst einem Verzeichnisse der hauptsächlichsten wissenschaftlichen Musikliteratur. gr. 8. (278 S.) Würzburg 881. Stuber's Verl. n. 3. —

— Franz Schubert. (Geb. 31. Jan. 1797.) Gedenkschrift zur 100. Geburtstagsfeier. gr. 8. (47 S. m 1 Bildn.) Ebd. 896. n. — 60

Ritter: Zur Schulgesundheitspflege. Berlin 1876. 16, 20 S. Sonderdr. aus: Eulenbergs Vierteljahrsschr. f. gerichtl. Med. N. F. 24. u. 25.

Ritter, Herm., ein Stein des Anstoßes. Abenteuer in 1 Akt. 12. (34 S.) Würzburg 895. A. Stuber's Verl. - 75

— Studien u. Skizzen aus Musik- u. Kulturgeschichte, sowie Musikästhetik. 1. u. 2. Aufl. gr. 8. (186 S.) Dresd.-N. 892, Damm. * 3 —

— ein kritischer Tag. Familienscene in 1 Akt. 12. (38 S.) Würzburg. 894. A. Stuber's Verl. — 75

Ritter, H., Turnen, s.: Vorbereitungen u. Entwürfe aus dem gesamten Unterrichtsgebiete der deutschen Volksschule.

Ritter, Hermann, Volkstümliches Turnen, Mühlhausen, 15 S., 8°.

Ritter, Hermann, Turnspiele, Volkstümliches Turnen, Geländespiele, m. Abb., Mühlhausen, 33 S., 8°.

Ritter, H., u. Spühler, J., Die eidgenössischen Turnvereine an der Schweizerischen Landesausstellung in Genf 1896, Zürich 1896, 16 S., 4°.

Ritter, H., Übungsstoff für das Männerturnen d. Eidgenössischen T. V., Zürich 1897, 36 S., 8°.

Ritter, Herm., die Viola alta. Ihre Geschichte, ihre Bedeutg. u. die Principien ihres Baues. gr. 4. (28 S.) Heidelberg 876. Weiss. n. 1. 40

— die Viola alta od. Altgeige. Ihr Name, ihre Geschichte, die Grundsätze ihres Baues, ihr Wesen u. ihre Bedeutg. als musikal. Ausdrucksmittel. Als Anh.: Brief R. Wagner's an den Verf. Aphorismen üb. die Viola alta. Die Bagatella'schen Geigenbauregeln. Hauptsächlichste Musik-Litteratur f. die Viola alta. 3. Aufl. gr. 8. (IV, 74 S. m. Holzschn. u. 2 Steintaf.) Leipzig 885. Merseburger. n. 2. —

— Volksgesang in alter u. neuer Zeit, s.: Volksschriften zur Umwälzung der Geister.

Ritter, H.: Ueber Vorsichtsmaßregeln beim Turnunterricht der weiblichen Schuljugend. Berlin 1884. S. 101--110. Sonderdr. aus: Eulenbergs Vierteljahrsschr. f. gerichtl. Medizin. N. F. 39. 1884.

— Richard Wagner als Erzieher. Ein Volksbuch u. zugleich Begleiter zu den Bayreuther Festspielen. gr. 8. (IV, 81 S.) Würzburg 891. Stahel. Kart. n. 1. 50

Ritter, Herm., „Deutscher Wein". Bilder aus der Heimat u. der Geschichte des deutschen Weines. (III, 131 S.) 8. Trier (907). J. Lintz. 2. —

— Wellenschläge der menschlichen Kulturentwicklung u. unser Kulturideal. Kulturgeschichtliche u. eth. Betrachtgn. gr. 8. (X, 37 S.) Bamberg 894. Handels-Druckerei. n. 1. —

— Zwiegespräche. (1. Eine Episode aus uns. modernen sogen. musikal. Gesellschaft. 2. Sie fahren Rad, gnädige Frau? 3. Um's J. 4880. 4. Sie sind also ein „Moderner"?) schmal 8. (167 S.) Bamberg 895. Handelsdruckerei u Verlagsh. — 75; kart. 1. —

Ritter, Hildegard, aus St. Petersburg: **Beitrag zur** Y-Gastro-Enterostomie. Bern 1909. 52 S. 8°. [17. II. 09.]
Bern. Med. Diss. 1909/10.

Ritter, Hildegard. Beitrag zur Y-Gastro-Enterostomie. Diss. Med. Bern. [Mit 1 Figur.] 52 S. 8. Bern, R. Suter & Cie., 1909.

Ritter, J., kurze Anweisung wie jeder mit den von Guénon aufgestellten äußeren Kennzeichen der Milchergiebigkeit d. Kühe sich leicht bekannt machen kann. 8.° (½ B. u. 1 Stnt.) Parchim 846, Hinstorff'sche Buchh.

Ritter, J. H., (Baccal. d. Theologie,) s. Chrysostomus, 6 Bücher vom Priesterthume.

Ritter, J., hygienische Gesichtspunkte beim Bau e. Landhauses. Vortrag, geh. am 4. XI. 1906. (Veröffentlichung des Vereins f. Vierländer Kunst u. Heimatkunde.) (Mit Vignetten v. Hans Förster.) (82 S.) 8. Hamburg 907. (Boysen & Maasch.) — 60

Ritter, J., der sparsame Heizbetrieb u. seine Kontrolle bei Warmwasser- u. Niederdruck-Dampfheizungen f. Wohnhäuser, nebst e. kurzgefassten Darstellg. dieser Systeme u. ihrer Betriebshandhabg. m. Brennmaterial-Verbrauchstabelle. Für Besitzer v. Zentralheizungsanlagen zum prakt. Gebrauch bestimmt. (23 S.) 8. Hannover 910. (Th. Schulze.) — 60

Ritter, J., das Leben u. die Ernährung der Pflanzen, besonders der Culturpflanzen. Für praktische Landwirthe bearb. Frankfurt a. M. 863. Sauerländer's Verlag. 8. (2 Bl., 108 S.) 12 ngr.

Ritter, J. G., Beiträge zur Erklärung d. Macbeth v. Shakspeare. 1. u. 2. Thl. gr. 4. (24 u. 19 S.) Leer 871. (Securius.) à n. — 40

Ritter, J. G. Einiges zur Erklärung des Macbeth. Leer, R., 1870. 22 S. 4. Fortsetzung. Ebd., 1871. 19 S. 4. Progr.

Ritter, J. G., Nicht für die Schule, für das Leben sollen wir lernen. Schulrede gehalten am 17. Octbr. 1859. Leer 859. (Dresden,) Bock. 8. (16 S.) 2⅓ ngr.

Ritter, J. G. A., Taschenbuch f. den Dreher u. Schlosser d. Maschinenbaues, m. e. ausführl. Anleitg. zum Berechnen der Wechselräder beim Gewindeschneiden, der Räder- u. Scheiben-Uebersetzungen u. d. Gewichts der Körper durch Messen, sowie viele nützl. Lehren u. Tabellen. 2., verb. Aufl. 12. (VIII, 144 S.) Landeshut i/Schl. 891. (Selbmann.) n. 2. —

Ritter, J. G. A., Taschenbuch f. d. Dreher u. Schlosser d. Maschinenbaues, m. e. ausführl. Anleitg. z. Berechnen d. Wechselräder b. Gewindeschneiden, sow. vielen Tabellen. 4. Aufl. 12. (VIII, 200 S.) Landeshut i/Schl. 897. (P. Schultze.) Geb. in Leinw. n. 2. 60

Ritter, J. G. Adf., Taschenbuch f. den Dreher u. Schlosser des Maschinenbaues, m. e. ausführl. Anleitg. zum Berechnen der Wechselräder beim Gewindeschneiden, sowie vielen Tabellen. 7. verm. u. verb. Aufl. m. üb. 100 beigedr. Zeichngn. 12. (VIII, 224 S.) Landeshut i/Schl. 902. P. Schultze. Geb. in Leinw. n. 2. 80
5. Aufl. (VIII, 216 S.) 900. Geb. n. 2. 60.

Ritter, J. G. Adf., Taschenbuch f. den Dreher u. Schlosser des Maschinenbaues, m. e. ausführl. Anleitg. zum Berechnen der Wechselräder beim Gewindeschneiden, sowie üb. das Fräsen, nebst vielen Tabellen. 9. verm. u. verb. Aufl. m. üb. 100 beigedr. Zeichngn. (VIII, 248 S.) kl. 8. Landeshut i/Schl. (909). P. Schultze. Geb. in Leinw. 2.80

Ritter, J. G. C., Grammatik d. mecklenburg.-plattdeutschen Mundart. gr. 8. (9 B.) Rostock 832, Stiller. Thlr.

Ritter, J. H., ... W... über unsere Prüfungen. Berlin.
Schul-/Univ.-Schrift 1867.

Ritter, J. J.

-- De mutata ratione centuriotorum comitorum a Servio Tullio rege institutorum. Diss. 1835. 22 S. 4°. 1.—

Ritter, J. I., vita Mariae Annae Portug. et Algarb. reginae. Smaj. Wien 756. Trattner. 16 ℔

Ritter, Jacob, practischer Arzt in Uster [Kt. Zürich]: Ein Beitrag zur Frage des Pneumotyphus (eine Hausepidemie in Uster betreffend). [S. A. aus:] Deutsches Archiv für klin. Medicin. Bd XXV [S. 53—96]. Leipz. J. B. Hirschfeld Dr. 1879. 48 S., Tafel II. 8°.
Zürich, Med. Diss. [v. 15. Aug. 1879].

Ritter Jakob: William Shenstones Leben und Werke.
H. 1903 PN 1650 Diss. Wien Univ. . 1954

Ritter, Jak., lucubrationes, quibus totum jus feudale accurata methodo delineat. 8. Leipz., (List in Berl.) 8 ℔

Ritter, Iac., Lucubrationes, quib. totum jus feudale accurata methodo delineat. 8. Lips. Sommer.

Ritter, J[akob], med. pract. Altstätten (Ct. St. Gallen): Ueber die durch Tumoren bedingte Resection der Clavicula. Zür.-Aussersihl Fritschi-Zinggeler Dr. 1885. 81 S. 8°.
Zürich. Med. Diss. [v. 21. April 1885].

Ritter, Ignaz, s.a. R i t t e r , Josef Ignaz

Ritter, Ign., s.: B a u t e n, moderne kleine. f. Stadt u. Land.

Ritter, Ign., s.: M u s t e r b u c h einfacher moderner Schlosserarbeiten.

Ritter, Stein- u. Kunstbauten, s.: U n t e r r i c h t s b r i e f e. Methode Hittenkofer. (Knauer, H.)

Ritter, Immanuelus Henricus *(geb. Ratibor 13. 3. 1825)*: De Stoicorum doctrina, praesertim de eorum logica. Vratislaviae (1849). (44 S.) 8° *[Erste Promotion eines Juden in d. phil. Fak.]*
Breslau, Phil. Diss. v. 15. Mai 1849

David Friedländer. Sein Leben u. s. Wirken im Zusammenhange mit d. gleichzeitigen Culturverhältnissen u. Reformbestrebungen im Judenthum dargest. von Dr. I m m a n u e l H e i n r i c h Ritter. *Berlin: W. J. Peiser 1861.* (174 S.) 8° [F.]
— Ritter: Geschichte d. jüdischen Reformation. T. 2. (o). 8/48

Ritter, Imman. Heinr., Geschichte der jüdischen Reformation. 1. Thl. A. u. d. T.: Mendelssohn u. Lessing als Begründer der Reformation im Judenthum dargestellt. Berlin 858. Jonas' Sortbdlg. gr. 8. (104 S.) n. 16 ngr

Ritter, Imm. Heinr., Geschichte der jüdischen Reformation. (In 8 Thln.) 1. Thl.: Mendelssohn und Lessing als Begründer der Reformation im Judenthum dargestellt. gr. 8. (104 S.) Berlin 858, [Steinthal.]

Ritter, Imm. Heinr., Geschichte der jüdischen Reformation. 2. Thl. A. u. d. T.: David Friedländer. Sein Leben u. sein Wirken im Zusammenhange mit den gleichzeitigen Culturverhältnissen u. Reformbestrebungen im Judenthum dargestellt. Berlin 861. Peiser. gr. 8. (VIII, 174 S.) n. 24 ngr

Ritter, Imm. Heinr., Geschichte der jüdischen Reformation. 3. Thl.: Samuel Holdheim. Sein Leben und seine Werke. Ein Beitrag zu den neuesten Reformbestrebungen im Judenthume. gr. 8. (VIII und 308 S.) Berlin 865, Peiser's Verlag.
1. und 2. Thl. Ebendas. 1858,61. * 1 Thlr. 10 Ngr.

Ritter, Imman. Heinr., Geschichte der jüdischen Reformation. 4. (Schluß-)Tl. Die jüd. Reformgemeinde zu Berlin u. die Verwirklichung der jüd. Reformideen innerhalb derselben. Mit 2 Anhängen. Auf Veranlassg. der Familie aus dem Nachlaß hrsg. u. m. biograph. Einleitg. versehen v. S. Samuel. gr. 8. (IV, 108 S.) Berlin 902. E. Apolant. n. 2. 50

—— und L. Morgenstern, Glaube, Andacht und Pflicht, s. Morgenstern, L.

Ritter, Imman. Heinr., Glaube und Versöhnung. Zwei religiöse Reden. gr. 8. (16 S.) Berlin 887, S. Gerstmann's Verlag.

Ritter, Imman. Heinr., Glaube u. Versöhnung. Zwei religiöse Reden. gr. 8. (16 S.) Berlin 887. Stuhr. n. — 50

Ritter, Imman. Heinr., wir Juden. Rede am Neujahrstage. gr. 8. (16 S.) Berlin 881. Stuhr. n. — 50

— Kanzelvorträge aus dem Gotteshaus der jüdischen Reformgemeinde. Berlin 856. (Adolf u. Co.) gr. 8. (2 Bl., 103 S.) n. 18 ngr

Samuel Holdheim. Sein Leben u. s. Werke. Ein Beitrag zu d. neuesten Reformbestrebungen im Judenthume von Dr. Immanuel Heinrich Ritter. *Berlin: W. J. Peiser 1865.* (VIII, 307 S.) 8° [F.]
— Ritter: Geschichte d. jüdischen Reformation. T. 3. (03. 8469

Mendelssohn und Lessing als Begründer der Reformation im Judenthum dargest. von Dr. Immanuel Heinrich Ritter. *Berlin: L. Steinthal 1858.* (104 S.) 8° [F.]
— Ritter: Geschichte d. jüdischen Reformation. T. 1. (03. 8468

—— Mendelssohn und Lessing. 2. Aufl. Nebst einer Gedächtnißrede auf Moses Mendelssohn zu dessen 100jähr. Todestage, gehalten im akadem. Vereine für jüd. Geschichte und Litteratur. gr. 8. (120 S.) Berlin 886, Steinthal.

Die jüdische Reformgemeinde zu Berlin und die Verwirklichung der jüdischen Reformideen innerhalb derselben von Dr. Immanuel Heinrich Ritter. Mit 2 Anh. Auf Veranlassung d. Familie aus d. Nachlaß hrsg. u. mit biogr. Einl. vers. von Dr. S. Samuel, Rabbiner, Essen. *Berlin: E. Apolant 1902.* (IV, 107 S.) 8° [F.]
— Ritter: Geschichte d. jüdischen Reformation. T. 4. (03. 8470

Ritter, Imman. Heinr., Religions-Lehrbuch nach den Grundsätzen d. jüdischen Reformgemeinde zu Berlin. 8. (III, 67 S.) Berlin 889. Rosenthal & Co. Geb. u. 1. –

—— das Urbild religiösen Neides und Hasses. Homilie über 1. Buch Mose, Kap. 4, V. 1—10, gehalten am 19. Octbr. 1879. gr. 8. (8 S.) Berlin 880, Peiser's Sortiment.

— zum Verständniß d. Judenthums. 2 Vorträge üb. seinen Charakter u. seine Priesterlehre. gr. 8. (20 S.) Berlin 885. Speyer & Peters. n. 1. —

Ritter, Imman. Heinr., Weihereden u. Predigten. Den Bekennern aller Religionen zur Kenntniß d. Judenthums gewidmet. gr. 8. (II, 176 S.) Berlin 875. Peiser's Sort. n. 3. —

— ein Wort an Juden u. Christen. Rede am Neujahrstage. gr. 8. (13 S.) Berlin 883. Stuhr. n. — 50

— Jo. Detlef, De vero atque certo fundamento jurium ac speciatim sanctitatis legatorum. Diss. jur. gentium. Präs. Jo. Jakob Lehmann. Jena (Werther) Sept. 1718. 44 S. (4.50) 28089

Ritter, Joh., Stellung u. Aufgaben des Arztes in den Volksheilstätten f. Lungenkranke. (V, 66 S.) Lex.-8. Jena 904. G. Fischer. n. 2. —
Sonderabdruck aus: „Hdb. d. soz. Med."

— dasselbe, s. a. Handbuch der sozialen Medizin. 4. Bd.

Ritter, Johann Albert

Ritter, Joh. Alb., allgem. deutsches Gartenbuch. Ein vollständ. Handb. zum Selbstunterr. in allen Theilen d. Gartenkunde ꝛc. Nebst Belehr. üb. d. systemat. Eintheilung d. Pflanzen, üb. d. Anleg., Erhalt. u. Verschönerung v. Lustgärten u. Parks, ein. vollständ. Gartenkalender u. a. m. In alphabet. Ordn. 2., umgearb. u. verb. Aufl. (39½ B. u. 4 Stnt. gr. 4.) 832., 3., verm. u. verb. A. (37¼ B. u. 5 Stnt. gr. 4.) 8. Quedlinburg 835, Basse.

Ritter, Joh. Albr., allgem. deutsches Gartenbuch. Ein vollständ. Handb. z. Selbstunterr. In alphabet. Ordn. Neu bearb. v. Karl Bosse. 4., verm. u. verb. Aufl. 8. (35 B. u. 4 Stnt.) Quedlinburg 839, Basse.

Ritter's, Jh. Alb., allgemeines deutsches Gartenbuch. Ein vollständiges Handbuch zum Selbstunterricht. In alphabet. Ordnung. Für Gartenbesitzer, Blumenfreunde u. angehende Gärtner. Neu bearb. von Karl Bosse. 5. verm. u. verb. Aufl. Mit 4 Taf. Abbild. 8. Quedlinburg 842, Basse. 1⅚ ℛ —
6. verm. u. verb. Aufl. v. K. Besse u. Ldw. Krause. Mit 4 Taf. Abbild. gr. 8. Ebend. 846. 1⅚ ℛ

Ritter's, Joh. Albert, allgemeines deutsches Gartenbuch. Ein vollständ. Handbuch zum Selbstunterrichte in allen Theilen der Gartenkunde. In alphabet. Ordnung. Für Gartenbesitzer, Blumenfreunde u. Gärtner. Neu bearb. v. Karl Bosse u. Ludw. Krause. 7. verm. u. verb. Aufl. Mit 4 (lith.) Taf. Abbildgn. 8. (IV u. 582 S.) Quedlinburg 850, Basse. 1⅚ ℛ

Ritter, Johann Balthasar

— evang. [illegible] d. Stadt Frankf. a. M., od. Ber. v. d. Kirchenreformat. das. 4. Frankf. Hermann. 726.

Joh. Balth. Ritter: M. Matth. Flacii Illyrici Leben und Tod. 2., verm. und verb. Aufl. Frankfurt & Leipzig 1725. 398 S.

Ritter, J. Balth., [illegible] u. Schr. Matth. Flacius Illyricus. 8. Frankf. 725.

Ritter, Joh. Baptist —. Percentual-Gebühren-Schlüssel der gebräuchlichsten landesfürstlichen Steuern nach dem Gebührengesetze vom 9. Februar und 2. Aug. 1850 und der entfallenden Interessen von Kapitalien, anwendbar für k. k. Beamte, welche Gebühren zu bemessen und Steuern zu berechnen, so wie für Private, welche solche zu berichtigen haben, nebst einer kurzen, für Jedermann leicht faßlichen Belehrung bearbeitet von — — und revidirt von dem Rechnungs-Departement der k. k. Finanz-Landes-Direktion für Böhmen. Prag. 1855. Druck von Friedr. Rohlicek. (36 S. gr. 4.)

Ritter, Joh., Bapt., *k. k. Finanz-Assistent.* Reduktions-Schlüssel der Conventions-Münze, in österr. Währung, und dieser in die Conventions-, Krakauer-, Lombardisch-venetianische u. Wiener-Währungs-Münze, nebst 30 dieser Rechnungsmünzen umgewandelt in die gleichbedeutenden Werthe der europäischen Staaten. Mit 12 Abbildungen der österr. Vereinsmünzen sammt Erläuterungen. *Prag* 1858. Druck v. *Friedr. Rohliček.* 5 S., 1 Bl. 4°.

Ritter, Jh. Chr., († d. 19. Mai 1786.) fünfmal 50jähr. Dankrede üb. die Reformation d. Christenheit. 8. Leipz. 768.

— Gott im Kriege, od. Predigten üb. Evangelien, nebst Anleit. des Kriegsgebets. 4. Naumb. 763. Prüffer. 2 ℛ 16 ℊ

— Gott im Religionsfrieden, in drei Predigten. 8. Leipz. 756. Junius. 3 ℊ

Ritter, J., s. Gottesdienst, der protestantische.

— Gotteskraft in d. natürl. Heilungsmitteln auch wider d. Blatternkrankheit. 8. Leipz. 772.

Ritter, Jo. Chr.: Commentatio de iureiurando dolose elicito non servando ad Jos. IX, 3—27. Oder: ob ein mit List abgelockter Eydschwur zu halten sey? Jenae 1742.

— der lebende Luther in seinen kleinen Katechismus, nebst Beitr. üb. dessen kl. Katechismus. 8. Wittenb. 785. Charisius. 10 gl

— Trostschreiben an Betrübte u. Angefochtene wegen begangener Sünde wider d. heil. Geist. 8. Leipz. 765.

— zur Zeit der Theuerung u. des Brodmangels, 3 Predigten. 8. Naumb. 772.

— **Johann Christoph** (Wurzen/Meißen), De aqua ex Christi latere profluente. Ex Joh. XIX, 34. Diss. theol. Präs. Joh. Andr. Ovenstedt. Wittenberg (J. M. Goderitsch) 27. I. 1687. (5.50) 28979

— — Dasselbe. Wittenberg (Fincel) Editio tertia 1702. (5.50) 28980

Ritter, Johann Daniel [Praes.], s. Acoluth, Carl Benjamin: De electione Henrici VII in regem Romanorum.

— — De bellis a Carolo Gustavo Suecorum rege in Polonia et Dania gestis disserit et solemnia magistrorum philos. et bonarum artium creandorum inaug. indicit. Wittenberg (Tzschidrich) 1757. 20 S. (4.25) 28985

— **Johann Daniel**, De cognitoribus disserit et orationem sub auspicium publ. muneris acad. publ. recitandam intimat. Leipzig (J. G. Schniebes) 28. XII. 1735. 12 S. (4.—) 28981

— comment. de electione Henrici VII., ejusq. regia potestate, 4. Vitt. Zimmermann. 752.

— comment. de electione Henrici VII. in regem Romanorum. Acced. Sigilla Henrici Monogrammata. Cum tab. aen. 4. Wittenb. 753. Zimmermann. 4 gl

— — Diss. qua errores circa captivitates Wenceslai Romanorum Bohemiaeque Regis ab historicis admissi diplomatum fide atque tabularum publicarum auctoritate expenduntur. Wittenberg (E. G. Eichsfeld) 1763. 34 S. (4.75) 28986

— — Diss. qua errores circa captivitates Wenceslai Romanorum Bohemiaeque Regis ab historicis admissi diplomatum fide atque tabularum publicarum auctoritate expenduntur in lucem edita cum solemnia creandorum magistrorum bonarum artium indiceret. (Wittenberg (E. G. Eichsfeld) 2. VII. 1763.) 34 S. (4.75) 28987

Ritter, Johann Daniel: De fetialibus populi Romani, s. a. Luz, Johann

— — (Breslau/Schlesien) u. **Johann Luz** (Lindau / Bodensee), De fetialibus populi Romani. Leipzig (Breitkopf) 24. IX. 1732. 36 S. (4.50) 28988
Mit schöner Zeichnung auf Titelblatt: Ex Gabriells Symeonis Florentini observation. illustres antiques pag. 112.

Ritter, Jh. Dn., († d. 15. Mai 1775.) älteste Meißnische Geschichte bis auf Heinrich d. Erlauchten; herausgg. von J. M. Schröckh. gr. 8. Leipz. 780. Weidmann. 1 rf

Ritter, Johann Daniel [Praes.], s. Geyser, Sam. Gottfr.: De usu scriptorum veteris ecclesiae.

— s. J. G. Heineccii, historia juris.

Ritter, Johann Daniel [Praes.], s. Heyne, Johann Gottlob: De Ethnarcha Aretae Arabum regis Paullo apostolo insidiante.

— — (Wittenberg), Historia praefecturae praetorianae ab origine dignitatis ad Constantinum M. Wittenberg (E. G. Eichsfeld) 6. I. 1745. 28 S. (4.50) 28983

— — Observationes historicae praemissae orationi aditiali. Wittenberg (E. G. Eichsfeld) 17. V. 1742. 30 S. (4.50) 28982

— — De pago Steding et Stedingis seculi XIII haereticis in lucem edita cum solemnia creandorum magistrorum bonarum artium indiceret. Diss. Wittenberg (Tzschiedrich) (4. I. 1751.) 50 S. (4.75) 28984

— s. Weltgeschichte, allgem., von Guthrie rc. 5r Thl.

Ritter, Johann Daniel [Praes.], s. Zeibich, Heinrich August: De Cerycibus mysticis.

Ritter, Johann Friedrich

Ritter, Joan. Frid. (geb. Soest 22. 6. 1817): De osteosarcosi. Berolini (1842). (29 S.) 8°
Berlin, Med. Diss. v. 9. Aug. 1842

Ritter, Johann Friedrich Wilhelm

Ritter, J. F. W., medic. chir. Handbuch. 8. Altona, Bechtold. (Kratsch in Hamb.) 798.

Ritter, Jh. Fr. Wlh., medizin.-chirurg. Handbuch, oder prakt. Anweis. f. diejenig., die in Ermangelung e. Arztes ihr eigener od. anderer Aerzte seyn müssen. 8. Altona 798. Bechtold. 2e Aufl. 8. Hamb. 801. (Kratzsch). 1 rf

Ritter, Jon. Friedr. Wilh., Merkwürdige Krankengeschichte eines Mannes, der verschiedene fremde Körper, nemlich: ein Scheerblatt, ein Messer und einen Hammer verschlungen und während einer Reihe von Jahren bey sich behalten hat, und unter den schwersten Zufällen erhalten worden ist. Hamburg (Altona). 1803.

— merkwürd. Krankengeschichte e. Mannes, der verschied. fremde Körper, näml. ein Scheerblatt, e. Messer u. einen Hammer verschlungen, u. während einer Reihe v. Jahren bei sich behalten hat rc. 8. Hamb. 803. Kratzsch. 16 gl

— Leben des Frhrn. Jh. v. Watteville, evangel. Bischofs, u. dessen Gemahlin, Henr. Benigna Justine, geb. Gräfin v. Zinzendorf. 8. Altona 800. (Hamb., Kratzsch). 1 rf

Ritter, Johann Georg. Bedenklichkeiten über d Plan z Vereinigung d Dt Ev-Luth Gemeinen in und bei Phila. Phila, 1825.

Ritter, Johann Georg [Praes.], s. O e s t e r r e i c h e r, Johann Adam Ignatius: De retractu feudali et gentilitio variisque circa cum controversiis in genere, et in specie num is feudo et sub hasta vendito locum obtineat.

Ritter, Johann Georg [Praes.], s. R o s s h i r t, Adam Franz: De dotalitio et vidualitio nobilium.

Ritter, Johann Georg [Praes.], s. Z i e g l e r, Johann Peter: De eventualiter investito, alienationem feudi a vasallo possessore cum consensu domini factam nec impediente, nec revocante.

Ritter, Johann Jakob

— enumerat. morborum spontaneor. II Ptes. 4. Nürnb. 773, 777. Stein. 20 gr.

Taciti, Alethophili (d. i. *Joh. Jac. Ritter*), Gedanken Ueber die viele (!), Die Herrnhutische, eigentlich aber zu reden Die Evangelische Brüder Mähr. Unität betreff. Streit-Schrifften. Leipzig und Görlitz 1749. 8°. (4 Mk., unbeschn. Expl., Max Jaeckel, Potsdam, 1907.) Rar!

Ritter, Jo. Jac., De impossibilitate et possibilitate abstinentiae longae a cibo et potu; occasione puellae inediam longam fingentis. Bat. 4°.
1736

Ritter, Joh. Jak. Oratio de usu matheseos in vita humana. Bernae 1735. 4.

Ritter, Jh. Jak., († d. 23. Nov. 1784.) Preisschrift, welches die beste Theorie der Heerde u. Oefen sey? Mit Kpf. 8. Bern 771. Typograph. Soc. 6 gr.

— Zweifel üb. e. in d. ausübenden Arzneikunst im nördl. Deutschland bemerkte Gegenstände, Lehrsätze, Moden. 8. Bunzlau 772.

Ritter, Johann Ludwig

Ritter, Jh. Ldw., Anordnung d. Feierlichkeiten am Reformat.-Jubelfeste in Rötha. 8. Leipz. 817.

Ritter, Joh. Ludw., Erfahrungen währ. meiner fast 47jähr. Amtsführung. Ein kleiner Beitr. z. Pastoralklugheit. 8. (10 B.) Leipzig 836, Vogel.

— Etwas zur Feier des ersten Jubiläums d. beiden Silbermann-schen Orgeln in Rötha. 8. Leipz. 823. (Weygand). 3 gr.

Ritter, Feyer des dritten Jubelfestes der Reformation, welche den 2. Novbr. 1817 in Zöllsdorf, einem Vorwerke, das einst dem unsterblichen Dr. M. Luther eigenthümlich gehörte, statt fand, nebst den dabey gehaltenen Reden. gr. 8. Leipzig, W. Vogel (in Comm.) 817.

— Feier des 3n Jubelfestes d. Reformation, welche d. 2. Nov. 1817 in Zöllsdorf, welches einst Dr. M. Luther gehörte, statt fand, nebst d. dabei gehaltenen Reden. gr. 8. Leipz. 818. (W. Vogel). 6 gr.

— s. Gesch. meiner Bildung.

—— Jubelpredigt am Feste d. Himmelfahrt Jesu 1840. 2. Aufl. gr. 8. (1¼ B.) Leipzig 840, Vogel.

Ritter, J. L., Sammlung fast aller von Reinhard in Predigten abgehandelten Hauptsätze, nach den Sonn- und Festtagen geordnet. in 2 Abtheil. 8. Leipz. Bruder u. Hoffmann. (in Comm.) 813.

Ritter, J. L., Sammlung fast aller von Reinhard in Predigten abgehandelten Hauptsätze rc. 2 Abtheil. 8. Leipzig, 813. Jetzt Büschler in Elberfeld.

— Samml. fast aller von Reinhard in Predigten abgehandelten Hauptsätze, nach d. Sonn- u. Festtagen geordnet. 2 Abtheil. 8. Leipz. 813. (Schenian in Elberf.) 1 Thlr. 2e verb. u. verm. Aufl. 2 Abtheill. gr. 8. Leipz. 830. Teubner. 18 gr.

v. **Ritter**, Jh. Ulr., über Fleischtaxen in Städten u. die sichersten Mittel, die billigsten Fleischpreise zu bewirken; e. Beitr. zur Berichtigung d. Volksbegriffe üb. e. wichtig. Gegenstand d. Polizei. 8. Augsb. 798.

— histor.-statist. Taschenkalender auf d. J. 1791. kl. 8. Augsburg 790.

Ritter, Joh. Wilh. (Hrsg.), s.a. A b h a n d l u n g e n, Physisch-chemische...

Ritter, Jh. Wlh., († d. 23. Jan. 1810.) physisch-chem. Abhandl., mit Hinsicht auf den Galvanismus. In chronolog. Ordnung. 3 Bde. Mit Kpf. gr. 8. Leipz. 806. Reclam. 7 Thlr.

— s. ferner: K. A m o r e t t i, Untersuchungen.

— Beitr. zur nähern Kenntniß des Galvanismus u. der Resultate seiner Untersuchung. 2 Bde à 4 Stcke. Mit Kpf. gr. 8. Jena 800—5. Frommann. 4 Thlr. 20 gr.

Ritter, Johann Wilhelm: Beweis, dass ein beständiger Galvanismus den Lebensprocess in dem Thierreich begleite. Nebst neuen Versuchen und Bemerkungen über den Galvanismus. 174 S., gbd., 2 Taf.

Weimar: Industrie-Comptoir 1798

JB 2.668

— Darstell. der neuern Untersuchung üb. das Leuchten des Phosphors im Stickstoffgas. Nebst Spallazani's Versuchen üb. diesen Gegenstand. 1s Stck. gr. 8. Jena 800. Frommann. 16 gr.

— J. W., Einiges uber Nordlichter und deren Periode und uber den Zusammenhang des Nordlichtes mit dem Magnetismus; und des Magnetismus mit den Feuerkugeln, dem Blitze und der Elektricitat. 1803.

— Fragmente a. d. Nachlasse e. jungen Physikers, ein Taschenb. rc. 2 Bdchen. 8. Heidelberg, Mohr u. Z. 809.
Penp.
Velinp.

— Fragmente aus d. Nachlasse e. jungen Physikers, e. Taschenbuch f. Freunde d. Natur. 2 Bdchen. 8. Heidelb. 810. Mohr. 2 Thlr. 20 gr. Postp. 3 Thlr. 12 gr. Velinp. 4 Thlr.

Ritter, J. W., Ideen uber Feuerkugeln und Meteorsteine, die Perioden ihrer Erscheinung, und die Uebereinstimmung mit denen der Nordlichter und Gewitter, und uber den daraus hervorgehenden tellurischen Ursprung der gefallenen Stein- und Eisenmassen. (Annal. der Physik, Bd. 16, St. 2, J. 1804, St. 21.,

s. Journal f. d. Chemie, Physik u. Mineralogie.

— die Physik als Kunst; e. Versuch, die Tendenz der Physik aus ihrer Geschichte zu deuten. Akadem. Rede. 8. Münch. 806. Lindauer. 4 gr.; bei Franz. 5 gr.

– der Siderismus, oder neue Beitr. zur nähern Kenntniß des Galvanismus ꝛc. 1r Bd. 1s Stck. gr. 8. Tüb. 808. v. Cotta. 1 ꝑ

— das elektrische System der Körper. Ein Versuch. gr. 8. Leipz. 805. Reclam. 2 ꝑ

— Versuche u. Bemerkk. ꝛc. über die Darstell. metallähnl. Produkte aus Kali u. Natron durch den negativen Pol der voltaischen Säule; eine phys. Abhandl. gr. 4. Münch. 809. (G. Franz). 20 gr (Auch in d. Denkschriften d. Akad. d. W.)

– elektrische Versuche an der Mimosa pudica L. in Parallele mit gleichen Versuchen an Fröschen. gr. 4. Münch. 811. (G. Franz). 18 gr (Auch in d. Denkschriften d. Akad. d. W.)

— neue Versuche üb. den Einfluß des Galvanismus auf die Erregbarkeit thier. Nerven; e. Abhandl. gr. 4. Münch. 809. (G. Franz). 8 gr (Auch in d. Denkschriften d. Akad. d. W.)

Ritter, J. W., Versuche mit einer Voltaischen Zink-Kupfer-Batterie von 600 Lagen. (Aus: Annal. der Physik, B. 13, St. 1, J. 1803, St. 1.)
— Dieselben. (Aus: Ann. der Physik, B. 13, St. 3, J. 1803, St. 3.)

Ritter, Johann Leonhard (Regensburg) Phl. I, 68/7

Exercitationum philologicarum de geniis II. describens naturam geniorum ex mente Platonicorum.
Präs. Georg Wonna.
In: Berniz, Karl: Fasciculus dissertationum philologicarum II. Rotterdamm (Ruynen) 1710. S. 47-98.

Diss. Jena 2. VI. 1660. 28992

Ritter, Johann Matthias (Frankfurt/M.) A. S. 1369/41

De desiderio hominis infinito dissertatio.
Präs. Jo. Jakob Syrbius.
Jena (Müller) IX. 1726. 30 S.

W. v.: Jo. Franz Budde. 28993

Ritter, Johannes [app. Arzt aus Hamburg]: Ueber Erysipel mit Ausgang in Sclerem ... Heidelberg, Univ.-Buchdr. v. J. Hörning, 1895; 10 S. 8.
Heidelberg, Med. Fak., Inaug.-Diss. v. [31. Okt.] 1895

Ritter, Johs., über Erysipel m. Ausgang in Sclerem. Diss. gr. 8. (20 S.) Heidelberg 895. (J. Hörning.) n. — 80

Ritter, J[ohannes]. Johann Caspar Lavater als Menschen- und Vaterlandsfreund geschildert. [Mit Porträt-Tafel.] 8. Basel.
[1. Aufl. 1872.] — 2. Aufl. 1883.

Ritter, J., Johann Caspar Lavater als Menschen- u. Vaterlandsfreund geschildert. 8. (88 S. m. 1 Photogr.) Basel 872. (Bahnmaier.) n.n. — 65

Ritter, J., Gellert's Leben u. Wirken. Vortrag zur Feier des 100jähr. Todestages Gellert's, gehalten am 15. Decbr. 1869. Glarus 870. Senn & Stricker. 8. (45 S.) 7 ngr

Ritter, Joseph Analyse und Kritik der von Plato in seiner Schrift vom Staate aufgestellten Erziehungslehre. 14 S. *Brühl* 1881.
Progr.

RITTER, Josef (Oberköblitz; Ostermünchen): De dominio bonorum ecclesiasticorum secundum ius canonicum commune. (Titel nach der Urkunde)
23.1.1877 - Urk; Chr 1876/77,9
Diss. Ingolst.-Landsh.-Mchn.

Ritter, Josef Ignaz

Ritter, Jos. Ign., u. Baltzer, J. B., Abdruck eines dogmatischen Gutachtens über die ersten 16 Sätze, welche in der Erzdiöcese Köln dem Klerus zur Unterschrift vorgelegt worden. Nebst einem Nachtrage. Ebendas. 1837. gr. 8°.

—— und Baltzer, Andenken an Dr. Domin. Unterholzner, ord. Prof. d. Rechte an d. k. Universität zu Breslau. Lex.-8. (1½ B.) Breslau 838, [Hirt's Verl.]

Ritter, Josephus Ignatius: Animadversiones in primam S. Justini M. apologiam. Vratislaviae 1836. (20 S.) 4°
Breslau, Progr. z. Rektoratswechsel am 24. Okt. 1836

Ritter, Jos. Ign., Antwort auf den gegen „meine Vorlesung" in der schles. Zeitung No. 207 gerichteten Artikel. 8. (1 B.) Breslau 845, G. Ph. Aderholz.

Ritter, Jos. Ign., Beleuchtung dreier Zeitungs-Artikel üb. d. Irenikon. gr. 8. (4¼ B.) Leipzig 840, Mittler.

Ritter, Jos. Ign., offene Briefe an den Königl. Superintendenten zu Raudten R./S. Hrn. Eichler gegen seine Schrift: Kein wohlgeordneter Staat kann die röm.-kathol. Kirche frei nach ihren Gesetzen leben lassen! Aus 107 päpstl. Gesetzen nachgewiesen. Breslau 855. Aderholz. gr. 8. (69 S.) 8 ngr

— die beiden Dioskuren der protestant. Kirche in Deutschland: Dr. Bunsen und Dr. Stahl. Breslau 856. Max u. Co. 8. (2 Bl., 122 S.) 15 ngr

Ritter, Ign., Eusebii Caesareensis de divinitate Christi placita. Dissertatio, qua ad audiendam orationem de Liberio pontifice pro aditu professoris muneris ordinarii . . . invitat. Bonn, Marcus, 1823.
Recens. Katholik 1824, Bd. 13 S. 125–6.

Ritter, Jos. Ign., Geschichte der Diöcese Breslau. 1. Thl. Von der Pflanzung des Christenthums in Schlesien bis zum J. 1290. gr. 8. (16 B.) Breslau 845, G. Ph. Aderholz. Thlr.

Ritter, Jos. Ign., Geschichte der Kirche von der französ. Revolution bis auf die Gegenwart. [Abdr. aus des Verf. Handbuch der Kirchengeschichte. 4. Aufl.] gr. 8. (VI u. 154 S.) Bonn 851, Marcus. n. ⅔ ꝑ

— s. Gother, Jh., der verkannte u. der wahre Katholik.

Ritter, (Jos Jan.,) Handbuch d. Kirchengeschichte. 1r Bd. gr. 8. Elberfeld 826, Büschler.

Ritter, Jos. Ign., Handbuch d. Kirchengeschichte. 3 Bde. (od. 5 Abthln.) gr. 8. Bonn, Marcus. [1. (23½ B.) 826. 1 Thlr. 12 Gr., 2. 1. (15½ B.) 828. 20 Gr., 2. (24 B.) 830. 1 Thlr. 14 Gr., 3. 1. (12 B.) 833. 20 Gr., 2. (18 B.) 835. 1 Thlr. 4 Gr.]
Des 2. Bd. 2. Abthl. a. u. d. T.: Geschichte d. christl. Kirche, v. Gregor VII. bis z. Kirchenspaltung im 16. Jahrh.

—— Handbuch d. Kirchengeschichte. 1. u. 2. Bd. 2., verb. u. verm. Aufl. gr. 8. Bonn 830, Marcus. [1. (32 B.), 2. (38 B.) à 2 Thlr.]
3. Bd. Ebendas. 1833, 35. 2 Thlr.

— Handbuch der Kirchengeschichte. 1. Bd. 3. verb. u. verm. Aufl. gr. 8. Bonn 846, Marcus. n. 1½ ꝑ

— Handbuch der Kirchengeschichte. 2. Bd. 3. verb. u. verm. Aufl. gr. 8. (XVI u. 772 S.) Ebd. 847. n. 2 ꝑ (2 Bde. n. 3½ ꝑ) — 2 Bde. 4. verb. u. verm. Aufl. gr. 8. Ebd. 851. n. 3½ ꝑ

—— Handbuch der Kirchengeschichte. 2 Bde. 4., verb. und verm. Aufl. gr. 8. (1. Bd. und 2. Bd. 1. Hälfte. XVI und 950 S.) Bonn 851, Marcus.

— Handbuch der Kirchengeschichte. 2 Bde. 5. verb. u. verm. Aufl. Bonn 854. Marcus. gr. 8. (XX, 633; XII, 683 S.) n. 3 ß. 15 ngr

Ritter, Jos. Ign., Handbuch der Kirchengeschichte. 2 Bde. 6. Aufl. Durchgesehen u. herausg. von Ennen. Bonn 862. Marcus. gr. 8. (XXXVIII, 1322 S.) n. 3 ß 15 ngr

— „hütet euch vor den falschen Propheten!" Predigt am 24. Sonnt. nach Pfingsten gehalten zu Breslau. gr. 8. (14 S.) Paderborn 849, Schöningh. 1/12 ß

—— Jahrbücher d. Gesellschaft z. Verbreitung d. Glaubens ꝛc. } s. Jahrbücher.
—— Jahrbücher d. Verbreitung d. Glaubens ꝛc. } s. Jahrbücher.

— Irenikon od. Briefe z. Förderung d. Friedens u. d. Eintracht zwischen Kirche u. Staat. gr. 8. (6 B.) Leipzig 840, Mittler.

—— der Kapitular-Vicar. Eine canonistische Abhandlung. gr. 8. (4½ B.) Münster 842, Aschendorff'sche Buchh.

— d. Katholik, s. Gother, Joh.

— über die deutsche Kirchenfreiheit, Sendschreiben an den Hrn. Prof. Dr. Otto Mejer in Königsberg, zur Beleuchtung seiner Schrift: Die deutsche Kirchenfreiheit u. die künftige kathol. Partei. gr. 8. (34 S.) Breslau 848, G. P. Aderholz. 1/6 ß

Oratio quam natali . . . Friderici Guilelmi III celebrando d. III Aug. 1827 in academia Borussica Rhenana publice habuit Ign. Ios. **Ritter** . . . [De meritis regis in administrandis rebus civilibus.] Bonnae, ex off. Thormanniana (1827). 13 S. 4.

— s. Tertullian, Apologeticus.

Ritter, J. J., Über die Verehrung der Reliquien u. besonders des heil. Rockes zu Trier. Eine Vorlesung, veranlaßt durch ein Schreiben des Herrn Joh. Ronge. Breslau, Aderholz, 1845, 8°, 2. Aufl., 25 Pf.

— populäre Vorlesungen über die Kirchengeschichte der ersten vier Jahrhunderte, gehalten im Winter des J. 1847/48. gr. 8. (XXIV u. 198 S.) Paderborn 849, Schöningh. 24 ngr

— s. Zeitschrift f. kathol. Theologie.

Ritter, Jul., de Euripidis Alcestide. Dissertatio inauguralis. gr. 8. (39 S.) Jena 875. (Deistung.) n. -- 40

Ritter, Julius [Schulr. Dr., Dir.]: Die taciteische Charakterzeichnung des Tiberius. Rudolstadt, Druck d. Fürstl. priv. Hofbuchdr. F. Mitzlaff, 1895; 64 S. 4.
Rudolstadt, fürstl. G u. RPG, OP 1895 (743)

Ritter, Jul., de compositione titulorum christianorum sepulcralium in corpore inscriptionum graecarum editorum. gr. 8. (44 S.) Berlin 877. Calvary & Co. n. 2. —

Ritter, Jul. De compositione titulorum sepulcralium christianorum in c. i. g. editorum. 41 S. **Progr.** Joach. *Berlin* 1877.

Ritter, Julius [Schulr. Dr., Dir.]: *Das neue Gebäude des Fürstlichen Gymnasiums und die Feier seiner Einweihung.* Rudolstadt, Druck d. Fürstl. priv. Hofbuchdr. F. Mitzlaff, 1895; 17—24 S. 4.
Rudolstadt, fürstl. G u. RPG, OP 1895 (743)

Ritter, Julius [Schulr. Dr., Dir.]: *Geheimer Schulrath Prof. Dr. Ernst Klussmann, gest. am 27. Juni 1894.* Rudolstadt, Druck d. Fürstl. priv. Hofbuchdr. F. Mitzlaff, 1895; 15—16 S. 4.
Rudolstadt, fürstl. G u. RPG, OP 1895 (743)

Ritter, Jul., Croup u. Diphtherie, s.: Klinik, Berliner.

Ritter, Jul., die Lüge nach ihrem Wesen u. ihrer pädagogischen Behandlung. Eine Abhandlg. Gekrönte Preisschrift. Leer 863. Meyer. gr. 8. (IV, 75 S.) 12½ ngr

Ritter, Julius [aus Berlin]: Über das Myosarkom des Uterus . . . . Berlin, Buchdr. v. Gustav Schade (Otto Francke) (1887); 46 S. + 1 Bl. 8°.
Berlin, Med. Fak., Inaug.-Diss. v. 25. Mai 1887.

Ritter, Julius [Prof. Dr., Dir.]: Buchhändler Bernhard Müller'sche Stiftung *des Fürstlichen Gymnasiums in Rudolstadt.* Rudolstadt, Druck d. Fürstl. priv. Hofbuchdr. F. Mitzlaff, 1891; S. 14. 4.
Rudolstadt, fürstl. G u. RPG, OP 1891 (721)

Ritter, Jul., Tierdiphtherie u. ansteckende Halsbräune. [Aus: „Allg. med. Central-Zeitg."] gr. 8. (8 S.) Berlin 895. O. Coblentz. n. 1. —

Ritter, Jul., de titulis graecis christianis commentatio II. gr. 8. (26 S.) Berlin 880, (Calvary und Comp.) *
Aus: Symbolae Joachimicae, besonders abgedruckt.

Ritter, K. A., s. Scribe, die weiße Frau.

Ritter, Karl

Ritter, Carl: Abhandlung über einige verschiedenartige characteristische Denkmale des nördlichen Syriens. Nebst dem Stadtplane von Seleucia Pieria und der Skizze eines Wasser-t-di-ns in Palmyra. Vorgetragen in der Königl. Akademie der Wissenschaften am 11. Mai 1854. Berlin 1855. 31 S., 2 Tf. 4°.

Ritter, Carl. Abhandlungen geographischen Inhalts:
1) Land der Zeugmas.
2) Heuschreckenplage.
3) Purpurmuschel.
4) Seidenzucht in Asien.
5) Maulbeerbaum in Syrien.
6) Cederubaum.
7) Ju-Stein oder Jaspis.
[o. O. u. J.]

Ritter, Carl (II.), Anleitung z. Verschönerung d. Landgüter u. Landschaften, nebst d. Bepflanzungsmethode d. Felder, Aecker u. Wiesen nach engl. Art. Das Nützliche mit d. Schönen vereinigend. gr. 8. (5¾ B. u. 7 Orig.-Kpfrt.) Wien 839, [Tendler u. Comp.] 1½ Thlr., ill.

Ritter, Carl, über räumliche Anordnungen auf der Aussenseite des Erdballs, und ihre Functionen im Entwickelungsgange der Geschichten. Vorgetr. in der Akad. der Wissensch. am 1. April und in der öffentl. Sitzung zur Feier des Leibnizischen Jahrestages. gr. 4. (36 S.) Berlin 850, Dümmler's Vrlgsh.

—— und F. A. O'Etzel, Atlas v. Asien, s. Atlas.

— — Atlas von Asien in 20 Blättern zu C. Ritter's Werke. 1. und 2. Lief. von Grimm und Mahlmann, 3. und 4. Lief. v. Kiepert. Berlin. 1833—1854. Fol.

Ritter, Carl (III.), topogr.-histor. Atlas von Hellas, s. Kiepert, H.

Ritter, Carl: Ueber die Ausbreitung der Seidenzucht in Asien (Sonderabdruck aus Ritter's Asien. Bd 8 S 679—710), Berlin 1838. 34 S
in: Ritter: [Zur Kunde Asiens] Sammelband. No. 5. 8°

— Auszug aus einem Briefe des Missionar Krapf an den Rev. Venn aus Cairo vom 13. Mai 1850. [Berlin 1850—51.]

Ritter, C., [und] Gumprecht, T. E., Ueber Dr. H. Barth und Dr. Overwegs Begleitung der J. Richardsonschen Reiseexpedition zum [II: Untersuchungsreise nach dem] Tschad-See und in das innere Africa. Bericht I. II. o. O. u. J.

Ritter, (Carl), ein Beitrag zu der Lehre v. Todschlage nach Preuß. Rechte. Die nothwendige Rechtfertigung eines Erkenntnisses des Schwurgerichtshofes zu Cottbus. 8. (15 S.) Cottbus 850, Meyer. 1/12 ℛ

Ritter, Carl: Bemerkungen über Veranschaulichungsmittel räumlicher Verhältnisse bei graphischen Darstellungen durch Form und Zahl. ([S.-A.] Abhandlungen der Kgl. Akademie der Wissenschaften. 1828.) Berlin 1828. 20 S. 8°.

— geograph.-histor.-topograph. Beschreib. zu K. W. Kummers Stereorama od. Relief d. Montblanc-Gebirges u. dessen nächste Umgebung. gr. 8. Berl. 824. Reimer. 12 gr

Ritter, Carl (II.), ein Blick in das Nil-Quellland. Vortrag vom 16. März 1844, im Verein wissenschaftl. Mittheilungen. gr. 8. (1½ B. u. 1 Karte.) Berlin 844, G. Reimer. Thlr. -

— ein Blick auf Palästina u. seine christliche Bevölkerung. Ein Vortrag auf Veranstaltung des Evangel. Vereins f. christl. Zwecke am 19. Jan. 1852 gehalten. gr. 8. (37 S.) Berlin 852, W. Schultze in Comm. n. ¼ ℛ

– s. Blom, G. P., das Königr. Norwegen.

Ritter, C[arl] // [1856–1899]. Römische Briefe für appenzellische Leser. App' Analekten aus dem vatikan. Archive mitgeteilt von Dr. K. R. [S.A.] 8. Trogen 1899.

– s. Briefe über Zustände in der Türkei.

Ritter's, Carl, Briefwechsel mit Joh. Fried. Ludw. Hausmann. Zur Säcularfeier von C. Ritter's Geburtstag hrsg. von J. E. Wappäus. gr. 8. (V, 173 S.) Leipzig 879. Hinrichs' Verl. n. 3. 20

– s. Burton, Thom. F., der afrikan. Sclavenhandel.

Ritter Karl: [illegible] S. 13. [illegible] ... vgr. separat ... [illegible]

Deutscher Verein f. Internat. Seerecht. Denkschrift zu den Entwürfen des Comité maritime international von Verträgen über Ansegelung und Hilfeleistung in Seenot. Verf. von Dr. jur. Carl Ritter, Hamburg. Hamburg 1903: (J. H. Lührs). (77 S.) 8° [illegible]

Ritter, C., die Desinfektion v. Setzreben vermittelst Schwefelkohlenstoff, s.: Moritz, J.

Ritter, Carl: Die Diamantlager in Indien. (Sonderabdruck aus Ritter's Asien. Bd 6. S. 343–368.) Berlin 1836. 28 S.
in: Ritter: [Zur Kunde Asiens.] Sammelband. No. 12. 8°.

— Einleitung zur allgemeinen vergleichenden Geographie, u. Abhandlungen zur Begründung einer mehr wissenschaftlichen Behandlung der Erdkunde. gr. 8. (VIII u. 246 S.) Berlin 852, G. Reimer. 1 ℛ

Ritter, Carl (I.), über d. histor. Element in d. geograph. Wissenschaft. Eine in d. Kgl. Akad. d. Wissenschn. geles. Abhandl. gr. 4. (3¼ B.) Berlin 834, Dümmler.

Ritter, Carl: Der Elephant Indiens nach seiner Verbreitungssphäre und seinem Einfluss auf das Leben des Orients. (Sonderabdruck aus Ritter's Asien Bd. 5. S. 903–923.) Berlin 1835. 23 S.
in: Ritter: [Zur Kunde Asiens.] Sammelband. No. 2. 8°.

Ritter, (Carl): Die Entwicklungsgeschichte der Reblaus, deren Verbreitung und Bekämpfung. Berlin, Neuwied: Heuser 1889. 61 S., mit 11 Abb. -- 36.9..*.121
--- Dass. ..., verm. u. erw. Aufl. 1893. 85 S., mit 11 Abb. Ebd. 1893. -- 121*

—— Entwurf zu e. Karte vom ganzen Gebirgssysteme Himálaja nach d. Quellenangaben. Nebst e. Specialkarte d. hohen Himálaja in Gurwhal, Kemaoon, Almora; mit d. Quellen d. Ganges, Indus, Sutludsch. (Nach Hodgson, Webb, Herbert, A. u. P. Gerard, Moorcroft, Fraser, Traill etc. entworfen u. bearb. v. J. L. Grimm, lith. v. W. Scharrer u. E. Todt. Roy.-Fol.) Eine Abhandl. in d. Kgl. Akad. d. Wissenschn. vorgelegt 1828. gr. 4. (4 B. u. Titvign.) Berlin 832, (Dümmler.)

Ritter, Carl (III.), allgemeine Erdkunde. Vorlesungen an der Universität zu Berlin gehalten. Hrsg. von H. A. Daniel. gr. 8. (VI und 240 S.) Berlin 862, G. Reimer.

Ritter, Carl: Die Erdkunde von Asien. Bd. 1. Der Norden und Nord-Osten von Hoch-Asien. Bd. 2. Der Nord-Osten und der Süden von Hoch-Asien. Bd. 3. Der Süd-Osten von Hoch-Asien: dessen Wassersysteme und Gliederungen gegen Osten und Süden. Bd. 4. Die Indische Welt. Bd. 5. Westasien. Bd. 6. Iranische Welt. Bd. 7. Das Stufenland des Euphrat- und Tigrissystems. Bd. 8. Abth. 1. Die Halbinsel Arabien. Bd. 8. Abth. 2. Die Sinai-Halbinsel, Palästina und Syrien. (Die Erdkunde im Verhältniss zur Natur und zur Geschichte der Menschen, oder Allgemeine Vergleichende Geographie. ... Th. 2–17.) Berlin 1832–1858. 18 Bde. 8°.

Ritter, Karl, (mit C. u. Elias identisch,) die Erdkunde, im Verhältniß zur Natur u. zur Geschichte des Menschen, oder allgem. vergleich. Geographie, als höhere Grundlage des Studium u. Unterrichts in phys. u. histor. Wissenschaft. 2 Thle. gr. 8. Berl. 817—18. Reimer. 7 ℛ 16 gr 2e Aufl. 822 u. 832. 9 ℛ 2 gr Fein P. 11 ℛ 4 gr Velinp. 14 ℛ 4 gr Karten u. Pläne dazu von Ritter u. F. A. O'Etzel. 16 u. 26 Hft. gr. Fol. Ebd. 825, 26. Lüderitz. 2 ℛ 12 gr 3e Hft. Fol. Ebd. 831. Reimer. 1 ℛ 8 gr Alle 3 Hfte. A. u. d. T.: Hand-Atlas v. Afrika, zur Erdkunde gehörig. Ebd. Reimer. 3 ℛ 20 gr

—— die Erdkunde im Verhältniß zur Natur u. z. Geschichte des Menschen, od. allgem. vergleich. Geographie, als sichere Grundlage d. Studiums u. Unterr. in physical. u. histor. Wissenschn. 2. Thl. 2. Buch. 2., verm. u. umgearb. Ausg. — A. u. d. T.: Die Erdkunde v. Asien. Bd. I. Der Norden u. Nord-Osten v. Hoch-Asien. gr. 8. (72½ B.) Berlin 832, Reimer.
4 Thlr. 20 Gr., f. Pap. 5 Thlr. 20 Gr., Vlnp.

—— dass. 3. Thl. 2. Buch. 2., verm. u. umgearb. Aufl. — A. u. d. T.: Die Erdkunde v. Asien. Bd. II. Der Nord-Osten u. d. Süden v. Hoch-Asien. gr. 8. (76¼ B.) Ebds. 833.
5 Thlr., f. Pap. 6 Thlr., Vlnp.

Ritter, Carl (I.), die Erdkunde im Verhältniß zur Natur u. z. Geschichte des Menschen rc. 4. Thl. 2. Buch. 2., verm. u. umgearb. Ausg. — A. u. d. T.: Die Erdkunde v. Asien. Bd. III. Der Süd-Osten v. Hochasien; dess. Wassersysteme u. Gliederungen geg. Osten u. Süden. gr. 8. (79 B.) Berlin 834, Reimer.
5 Thlr. 4 Gr., f. Pap. 6 Thlr. 4 Gr., Vlnp. Thlr.

—— dass. 5. Thl. 2. Buch. — A. u. d. T.: Die Erdkunde v. Asien. Bd. IV. 1. Abthl. Die Indische Welt. gr. 8. (86½ B.) Ebds. 835.
4 Thlr. 12 Gr., f. Pap. 5 Thlr. 12 Gr., Vlnp.
1. Thl. 1. Buch. 2. Aufl. Ebendas. 1821. 4 Thlr. 6 Gr., f. Pap. 4 Thlr. 16 Gr., Vlnp. 6 Thlr. 16 Gr.

—— die Erdkunde im Verhältniß z. Natur u. z. Gesch. d. Menschen, od. allgem. vergleich. Geographie, als sichere Grundlage d. Studiums u. Unterr. in physical. u. histor. Wissenschaften. 6—10. Thl. 2., stark verm. Ausg. — A. u. d. T.: Die Erdkunde von Asien. 4. Bd. 2. Abthl. — 7. Bd. 1. Abthl. gr. 8. Berlin, G. Reimer. 22 Thlr., f. Pap.
Thl. 6. od. 4. Bd. 2. Abthl. Ost-Asien. Die indische Welt. (79 B.) 836. 5 Thlr. 4 Gr., f. Pap. 6 Thlr. 4 Gr.
" 7. " 5. " Westasien. Uebergang von Ost- nach Westasien. (52½ B.) 837. 3 Thlr. 12 Gr., f. Pap. 4 Thlr. 6 Gr.
" 8. " 6. " 1. Abthl. Westasien. Iranische Welt. (59½ B.) 838. 4 Thlr., f. Pap. 4 Thlr. 20 Gr.
" 9. " —— 2. " Dasselbe. (67 B.) 840. 4 Thlr. 12 Gr., f. Pap. 5 Thlr. 12 Gr.
" 10. " 7. " 1. " Das Stufenland d. Euphrat- u. Tigrissystems. (73 B.) 843. 4 Thlr. 20 Gr., f. Pap. 5 Thlr. 20 Gr.
1—5. Thl. Ebendas. 1824—35. 23 Thlr. 18 Gr., f. Pap. 29 Thlr. 4 Gr.

—— dass. — Namen- u. Sachverzeichniß hierzu, s. Ideler, J. L.

Ritter, Karl, die Erdkunde im Verhältniß zur Natur u. zur Geschichte des Menschen ꝛc. 7r Thl. 3s Buch. West-Asien. 2e stark verm. u. umgearb. Ausg. A. u. d. T.: Die Erdkunde von Asien. Bd. V. 3s Buch. West-Asien. Uebergang von Ost- nach West-Asien. gr. 8. Berlin 837. Reimer. $3^1/_2$ ℛ, fein Papier $4^1/_4$ ℛ, Velinp. n. $4^2/_3$ ℛ

— dass. 8r u. 9r Thl. 2e stark verm. u. umgearb. Ausg. A. u. d. T.: Die Erdkunde von Asien. Bd. VI. 1e u. 2e Abthl. 3s u. 4s Buch. West-Asien. Iranische Welt. gr. 8. Ebd. 838, 839. $8^1/_2$ ℛ, weiß Pap. $10^1/_3$ ℛ, Velinp. n. $11^1/_3$ ℛ

—— die Erdkunde im Verhältniß zur Natur u. zur Geschichte des Menschen, oder allgem. vergleichende Geographie, als sichere Grundlage des Studiums u. Unterrichts in physical. u. histor. Wissenschaften. 11. Thl., West-Asien. 2., verm. u. umgearb. Ausg. — A. u. d. Ttl.: Die Erdkunde von Asien. Bd. [illegible]. 2. Abth. Das Stufenland des Euphrat- u. Tigrissystems. gr. 8. (68 B.) Berlin 844, G. Reimer. 4 Thlr. 15 Ngr., fein Pap.

—— dass. 12. Thl. West-Asien. 3., verm. u. umgearb. Ausg. — A. u. d. Ttl.: Die Erdkunde von Asien. Bd. 8. 1. Abthl. Die Halb-Insel Arabien. gr. 8. (67 B.) Ebds. 846. 4 Thl. 15 Ngr., fein Pap.

—— dass. 13. Thl. West-Asien. 2., verm. u. umgearb. Aufl. — A. u. d. Ttl.: Die Erdkunde von Asien. 8. Bd. 1. Abthl. Fortsetzung. Die Halbinsel Arabien. — A. u. d. Ttl.: Vergleichende Erdkunde von Arabien. 2. Bd. gr. 8. (67 B.) Ebds. 847.

1—10. Thl. (2., verm. Ausg.) Ebendas. 1824—43. 45 Thlr. $22^1/_2$ Ngr., fein Pap. 54 Thlr. $22^1/_2$ Ngr.

—— die Erdkunde im Verhältniß zur Natur und zur Geschichte des Menschen, oder allgem. vergleich. Geographie ꝛc. 14. Thl. 3. Buch: West-Asien. 2., verm. und umgearb. Aufl. A. u. d. T.: Die Erdkunde von Asien. Bd. VIII. 2. Abthl.: Die Sinai-Halbinsel, Palästina und Syrien. 1. Abschn.: Die Sinai-Halbinsel. gr. 8. (XVIII und 1141 S.) Berlin 848, G. Reimer.

Fein Pap.

—— dass. — 15. Thl. 1. und 2. Abthl. 3. Buch: West-Asien. 2., verm. und umgearb. Aufl. A. u. d. T.: Die Erdkunde von Asien. Bd. VIII. 2. Abthl.: Die Sinai-Halbinsel, Palästina und Syrien. 2. Abschn. 1. und 2. Abthl.: Palästina und Syrien. gr. 8. (XXX und 1502 S.) Ebds. 850—51.

Fein Pap.

—— dass. — 16. Thl. 1. Abthl. 3. Buch: Westasien. 2., verm. und umgearb. Ausg. A. u. d. T.: Die Erdkunde von Asien. Bd. VIII. 2. Abthl.: Die Sinai-Halbinsel, Palästina und Syrien. 2. Absch. 2. Abthl.: Palästina und Syrien. Fortsetzung. gr. 8. (XII und 834 S. mit 1 lithochrom. Plan von Jerusalem und 1 lithogr. Karte von Galiläa in Imp.-4.) Ebds. 852.

Fein Pap.

Vgl. 10. Bd. 2. Abthl. S. 171.

—— dass. — Namen- und Sach-Verzeichniß 2. Bd., s. Müller, G. F. H.

Ritter, Carl, die Erdkunde im Verhältniß zur Natur und zur Geschichte des Menschen, oder allgemeine vergleichende Geographie, als sichere Grundlage des Studiums u. Unterrichts in physicalischen und historischen Wissenschaften. 17. Thl. 1. u. 2. Abth. 3. Buch. West-Asien. 2. stark verm. u. umgearb. Ausg. Berlin 854. G. Reimer. gr. 8. 9 ℛ.; fein Pap. 10 ℛ. 25 ngr.

17. Thl. 1. u. 2. Abth.: Die Erdkunde von Asien. VIII. Bd. 2. Abth. Die Sinai-Halbinsel, Palästina u. Syrien. 3. Abschn. Syrien.

1. Abth.: Vergleichende Erdkunde der Sinai-Halbinsel, von Palästina u. Syrien. IV. Bd. 1. Abth. Phönicien, Libanon und gebirgiges Nordsyrien. (XXII, S. 1—995.) 4 ℛ. 5 ngr.; fein Pap. 5 ℛ.

2. Abth.: Das Stromsystem des Orontes u. das flache Land von Nordsyrien mit der Amanuskette. (XII, S. 995—2176.) 4 ℛ. 25 ngr.; fein Pap. 5 ℛ. 25 ngr.

— — 18. Thl. 3. Buch. West-Asien. Klein-Asien. Bd. I. 2. stark verm. ꝛc. Ausg. A. u. d. T.: Die Erdkunde von Asien. Bd. IX. Klein-Asien. Thl. 1. Mit 3 Kpfrtaf. (in 4.) A. u. d. T.: Vergleichende Erdkunde des Halbinsellandes Klein-Asien. 1. Thl. Berlin 858. G. Reimer. gr. 8. (XXIV, 1024 S.) 4 ℛ. 20 ngr; fein Pap. 5 ℛ. 20 ngr

Zu dem 1852 erschienenen Bande, welcher auf dem Titel als 16. Thl. 1. Abth. 3. Buch bezeichnet war, sind neue berichtigte Titel beigefügt, da es statt dessen 16. Thl. 3. Buch heißen muß.

2—16. Thl. Ebend. 832—52. 70 ℛ. 5 ngr.; fein Pap. 84 ℛ. $27^1/_2$ ngr. — 1. Thl. fehlt und ist in neuer Aufl. noch nicht wieder erschienen.

Ritter, Carl, die Erdkunde im Verhältniß zur Natur u. zur Geschichte des Menschen, oder allgemeine vergleichende Geographie. 19. Theil. 3. Buch: West-Asien. 2. stark verm. u. umgearb. Aufl. A. u. d. T.: Die Erdkunde von Asien. Bd. IX. Vergleichende Erdkunde des Halbinsellandes Klein-Asien. 2. Theil. Berlin 859. G. Reimer. gr. 8. (XVIII, 1200 S.) 5 ℛ; fein Pap. 6 ℛ

Friedrich von **Esmarch** [Nachruf v. Karl (Ritter)]. (Wiesbaden. 1910.) 8° Separat-Abdruck aus: Archiv f. Orthopädie, Mechanotherapie und Unfallchirurgie. Bd. 7, H. 1.

— Europa, e. geograph.-histor.-statist. Gemälde, f. Freunde u. Lehrer der Geographie, f. Jünglinge, die ihren Cursus vollendeten, bei jedem Lehrbuche zu gebrauchen. 2 Bde. 8. Frankf. a. M. 804, J. Hermann. 3 ℛ 12 ggr Hbg. Pr. 1811. 2 ℛ Dann hbg. Pr. 1 ℛ

—— Europa. Vorlesungen an der Universität zu Berlin gehalten. Hrsg. von H. A. Daniel. gr. 8. (VIII und 420 S.) Berlin 863, G. Reimer.

Ritter, Carl, 150 Exempel-Tafeln zum Kopfrechnen, in geordneter Stufenfolge f. Stadt- u. Landschulen. Gesammelt aus der Geographie, Naturgeschichte ꝛc. qu. 12. (IV u. 12 S. m. 150 Bl.) Hoyerswerda 852. (Erbe.) Cottbus, Meyer in Comm. n. $^1/_2$ ℛ

Ritter, Carl, 150 Exempel-Tafeln zum Kopfrechnen, in geordneter Stufenfolge für Stadt- und Landschulen. Gesammelt aus der Geographie, Naturgeschichte, Geschichte ꝛc. 2. (Titel-)Aufl. Hoyerswerda (852.) 854. Erbe in Comm. 12. (VI S., 150 Bl., 19 S.) 15 ngr.

Ritter, Carl: Der indische Feigenbaum, Asvattha: die Banjane (Ficus indica). Ihre Verbreitung um die Indischen Gestade von dem Sunda-Archipel bis Afrika. (Sonderabdruck aus Ritter's Asien. Bd. 6. S. 656—688.) Berlin 1836. 35 S. in: Ritter: [Zur Kunde Asiens.] Sammelband. N. 9. 8°.

Ritter, Carl: Ueber Alexander des Grossen Feldzug am Indischen Kaukasus. (Abhandlungen der Königlichen Akademie der Wissenschaften zu Berlin. Hist.-Philolog. Classe 1829. S. 137–174.) Berlin 1829. 38 S., 1 Krt. 8°.

Ritter, C., Ueb. Alexander des Grossen Feldzug am Indischen Kaukasus. Gel. 1882. S. u. 1 Kart. 4°. 1.20

Ritter, Karl, über die chronisch-deformirende Gelenkentzündung. Inaug.-Dissert. Göttingen 856. (Vandenhoeck u. Ruprecht.) gr. 8. (2 Bl., 41 S.) n. 8 ngr.

—— Geschichte der Erdkunde und der Entdeckungen. Vorlesungen an der Universität zu Berlin gehalten. Hrsg. von H. A. Daniel. gr. 8. (VI und 265 S. mit Carl Ritter's Bildniß in Stahlst.) Berlin 861, G. Reimer.

— Geschichte der Erdkunde u. der Entdeckungen. Vorlesungen, an der Universität zu Berlin geh. Hrsg. von H. A. Daniel. 2. Aufl. Mit Carl Ritter's Bildniß (in Stahlst.). gr. 8. (VI, 265 S.) Berlin 880. G. Reimer. 4. 50

— s. Geschichtsschreiber, die.

— s. Hamilton, W. J., Reisen in Kleinasien.

— — Handatlas v. Africa, s. Handatlas.

Ritter, Karl, das witzige Handbüchlein, s. Conversations- u. Gesellschafts-Bibliothek.

Ritter, C., Das Handelsgesetzbuch m. Ausschluss des Seerechts. Erläutert v. R. 1. Hälfte (§§ 1—337). (S. 1—416.) gr. 8. Berlin, H. W. Müller. S. — 1909.

Ritter, C., Das Handelsgesetzbuch m. Ausschluss des Seerechts. Erläutert v. R. 2. Hälfte (§§ 338—Schluss). (VIII u. S. 417—746.) gr. 8. Berlin, H. W. Müller. 1910. 8. —; vollständig: 16. —; in 1 Bd. geb. 17. 50.

— s.: Handelsgesetze, die, des Erdballs (Handels- u. Seerecht usw. v. Deutschland).

Ritter, Carl: Ueber die asiatische Heimat und die asiatische Verbreitungssphäre der Platane, des Olivenbaums, des Feigenbaums, der Granate, Pistacie und Cypresse. (Sonderabdruck aus Ritter's Asien. Bd. 11. S. 511—582.) Berlin 1844. 74 S.
in: Ritter: [Zur Kunde Asiens.] Sammelband. No. 13. 8°.

— s.: Jahrbücher, appenzellische.

—— der Jordan und die Beschiffung des todten Meeres. Ein Vortrag im wissenschaftl. Vereine zu Berlin. gr. 8. (38 S. mit 1 lithogr. Kartenskizze in 4.) Berlin 850, G. Reimer.

Ritter, Carl, Kaiser Joseph II. u. seine kirchlichen Reformen. Mit einer Beigabe: Pius VI. Reise nach Wien, ihre Ursachen u. Folgen. Aus dem Latein. Von Jul. Cäsar Cordara. Regensburg 867. Manz. gr. 8. (VIII, 419 S. mit den Bildnissen Pius' VI. u. Joseph II. in Stahlst.) 1 ₰ 21 ngr.

Ritter, C. Der Iu-(Yu-)Stein, d. i. Iu-chi der Chinesen, Kasch der Türken, Yescheb der Perser oder Jaspis der Alten; sein Fundort in Khotan, sein Verbrauch und Handel. Berlin. 1830. 8

— siehe: Karte uber die Verbreitung des Kameols.

Karten und Pläne zur allgemeinen Erdkunde; herausgegeben von C. Ritter und F. A. O'Etzel. Berlin, bey C. A. Lüderitz. 1825. Gedruckt im königl. Lithograph. Institut. I. Heft 6 Bl. 1825. II. Heft 4 Bl. 1826. Im Erscheinen.

Ritter, Karl. Sechs Karten von Europa mit erklarendem Texte. Fol. Schnepfenthal 1806.

Ritter, Elias, 6 Charten v. Europa m. erklärend. Text. Fol. Schnepfenthal, Erz. Anst.

— sechs Karten v. Europa mit erklär. Texte. Darstellend 1) die Verbreitung d. Kulturgewächse in Europa; 2) der wildwachsend. Bäume u. Sträucher; 3) der wildn u. zahmen Säugthiere; 4) die Hauptgebirgsketten; 5) die Gebirgshöhen, ihre Vegetationsgränzen; 6) Arealgröße, Volksmenge, Bevölkerung u. Verbreitung der Volksstämme in Europa. qu. Fol. Schnepfenthal 813. R. A. 820. Buchh. d. Erziehungs-Anst. 2 ₰ 12 gr

Ritter, Karl, a. Hohenelbe in Böhmen: Zur Kenntnis des Cinchonins. Jena 1906: A. Kämpfe. (36 S.) 8°
Jena, Phil. Fak., Ref. Knorr, Diss. v. 3. August 1906
[Geb. 14. Aug. 80 Hohenelbe, Böhmen; Wohnort: Hohenelbe; Staatsangeh.: Österreich; Vorbildung: Gymn. Arnau in Böhmen bis VI O. 00; Studium: Heidelberg 3, Jena 4 S.; Rig. 11. Juli 06.]

Ritter, Karl, die Colonisation von Neu-Seeland. Ein Vortrag im wissenschaftl. Vereine zu Berlin am 22. Januar 1842. (Hierbei eine Kartenskizze.) gr. 8. Berlin 842, Besser. n. $^1/_3$ ₰

Ritter, Carl (I.), Conversations- u. Gesellschafts-Bibliothek, } s. Conversations- u. Gesellschafts-Bibliothek.

Ritter, Carl: Die Cultur des Zuckerrohrs, Sacharum, in Asien. Geographische Verbreitung des Zuckerrohrs. (Sonderabdruck aus Ritter's Asien. Bd. 9. S. 230—291.) Berlin 1840. 64 S.
in: Ritter: [Zur Kunde Asiens.] Sammelband. No. 11. 8°.

Ritter, Carl: [Zur Kunde Asiens.] Sammelband von 16 kleineren Schriften zur Kunde Asiens, besonders zur Wirtschafts- und Kulturgeschichte. (Aus Ritter's „Erdkunde von Asien".) Berlin 1832—1858. 8°.

Ritter, Carl: Ueber das Land der Zeugma's am Euphrat von Samosata bis Thapsakus. ([S.-A.] Ritter's Asien. Bd. 10. S. 959—1003.) Berlin 1843. 45 S. 8°.

Ritter, Karl. Das Leben des heil. Mönches und Apostels der Noriker, Severin, beschrieben von seinem Schüler Eugippius. Aus dem Lateinischen übertragen mit einer Einleitung und Anmerkungen. 8. (176 S.) Linz, J. Wimmer, 1853.

Ritter, Carl, die allgemeinen Lehren des Handelsrechts, m. e. Anh. betr. das Recht der Inhaberschuldverschreibgn. Vorträge. gr. 8. (VIII, 208 S.) Berlin 900. F. Vahlen. n. 3. 50

— s. J. Lelewel, die Entdeckungen.

— geographisch-statistisches Lexicon über die Erdtheile, Länder, Meere, Buchten, Häfen, Seen, Flüsse, Inseln, Gebirge, Staaten, Städte, Flecken, Dörfer rc. 3. umgearb., verm. u. verb. Aufl. Mit einer Uebersicht aller Eisenbahnen, deren Länge, Kosten, Ertrag und Eigenthümlichkeiten. Von W. Hoffmann. 5 Liefg. Lex.-8. Leipz. 845, 46, O. Wigand. $5^1/_4$ ₰

Ritter's, Carl, geographisch-statistisches Lexikon üb. die Erdtheile, Länder, Meere etc. Mit Angabe sämmtl. Post-, Eisenbahnen- u. Telegraphen-Stationen der wichtigeren Länder f. Post-Bureaux, Comptoirs, Kaufleute etc. 6. gänzlich umgearb., stark verm. u. verb. Aufl. Unter Redaction v. Otto Henne-Am Rhyn. 2 Bde. Lex.-8. (VI, 828 u. 907 S.) Leipzig 874. O. Wigand. 27. —

— s. G. Liebusch, Skythika.

Ritter, Carl: Der Maulbeerbaum nach Herkommen und Einführung zur Seidenzucht in Syrien. ([S.-A.] Ritter's Erdkunde von Asien. Bd. 17. S. 481—499.) (Berlin 1852.) 20 S. 8°.

—— die Nigerexpedition u. ihre Bestimmung, s. Burton, Th. F.

Ritter, Carl: Die Nigerexpedition und ihre Bestimmung. [o. O. 1841.] 64 S. 8°.

— Nominal- und Sach-Verzeichniß zur Erdkunde von Asien. Bearb. von J. L. Ideler. 1. Bd. Ostasien. gr. 8. Ebend. 841. 2 ₰ fein Pap. $2^5/_{12}$ ₰

Ritter, Carl: Die Opiumcultur und die Mohnpflanze. (Sonderabdruck aus Ritter's Asien. Bd. 6. S. 773—800.) Berlin 1836. 30 S.
in: Ritter: [Zur Kunde Asiens.] Sammelband. No. 10. 8°.

Ritter, Karl, der selige Petrus Fourier, ein regulirter Chorherr des heil. Augustin. Dargestellt in seinem Leben und Wirken. Nebst einem Umrisse der Geschichte der regulirten Chorherren des heil. Augustin. Ein Beitrag zur Geschichte des kirchl. Lebens, besonders im Anfange des 17. Jahrh. Mit Beilagen. Linz 855. Ebenhöch. gr. 8. (XII, 417 S.) n. 2 ₰.

Ritter, Carl Rudolf [Referendar]: Die öffentlich-rechtlichen Pflichten des Schiffers vor Antritt der Reise m. bes. Berücks. d. hamburg. Partikularrechts (Artt. 480 u. 481 d. Allgem. deutschen Handelsgesetzbuches)' ... Ottensen, Druck v. G. v. Bostel, 1894; VIII, 108 S., 1 Bl. 8.
Greifswald, Jur. Fak., Inaug.-Diss. v. 1894

Ritter, Karl, die Philosophen. Lustspiel in 4 Akten. (43 S.) 8. Leipzig 906. Modernes Verlagsbureau. 1.—

Ritter, Karl, von Vogelsberg (Sachsen-Weimar): Die Politik Zürichs in der zweiten Hälfte des XIV. Jahrhunderts. Zür. Zürcher u. Furrer Dr. 1886. 2 Bl., 104 S., 1 Bl. 8°.
Zürich, Phil. Diss. I. S. [v. 31. Oct. 1885].

Ritter, K., die Politik Zürichs in der 2. Hälfte d. XIV. Jahrh. Ein Beitrag zur Entstehungsgeschichte der Schweizer. Eidgenossenschaft. gr. 8. (104 S.) Zürich 886. Höhr. n. 1. 60

Ritter, Carl: Die tyrische Purpurmuschel und die Purpurfärberei der Alten und im Mittelalter. (S.-A.) Ritter's Erdkunde von Asien. Bd. 17. S. 371—379.) (Berlin 1852.) 12 S. 8°.

Die Reblaus und ihre Lebensweise. Dargest. auf 17 Taf. nebst erklärendem Texte von C[arl] Ritter u. Ew. H. Rübsaamen, Engers-Berlin. *Berlin: R. Friedländer & Sohn 1900.* 1 Bd 8°; 1 Bd 4° (oo. 6188

Ritter, K.: Die Reblaus an der luxemburger Mosel. Vortrag. Grevenmacher: Braun 1908. 32 S. -- Bibliothèque Nationale de Luxembourg*

— Reden, gehalten am Sarge und am Grabe von —, 1. Oktober 1859, Berlin, von Dr. Strauss und Dr. Hoffmann.

— naturhistor. Reise nach d. westind. Insel Hayti rc. Ler.-8. (13 B. u. 3 Stnt.) Stuttgart 836, Hallberger'sche Vrlsh.

Ritter, (Gartendirector rc.) Karl, naturhistor. Reise nach der westindischen Insel Hayti, auf Kosten des Kaisers von Oesterreich. Mit (3) lithogr. Abbildd. Ler.-8. Stuttgart 837. Hallberger. 3½ ₰

Ritter, Karl, Reisebilder aus d. Orient. gr. 8. (II, 99 S. m. 6 Bild.) Herisau 896. (St. Gallen, Fehr.) n 2.—

– s. **A. von Roon, Grundzüge der Erd-, Völker- und Staatenkunde.**

— Schlüssel zur prakt. Gartenkunst, oder gemeinfaßl. Lehre von der Anlegung und Umgestaltung kleiner Hausgärten nach bestehenden Originalen. In 11 Plänen nebst genauer Beschreibung. 8. Stuttg. 836. Hoffmann's Verlags-Buchh. ¾ ₰

– s. **Schriften d. Akademie zu Ham.**

Ritter, Carl, Eine biographische Skizze. Berlin 1831.

Ritter, C., Skizze einer Reise des Naturforschers A. d'Elegorgue in das Innere Süd-Afrika's, nordwärts von Delagoa-Bai, von 1839—1844. [o. O. u. J.]

Ritter, Carl (I.), steh' früh auf! Ueber d. Nutzen d. Frühaufstehens f. d. Gesundheit u. d. Geschäfte. Nebst Mitteln, sich das frühe Aufstehen anzugewöhnen. 1. Aufl. gr. 12. (3 B.) 835., 2. A. (4 B.) 836., 3., verm. A. (5½ B.) 837. u. 4., verm. A. 8. (4½ B.) Quedlinburg 840, Basse.

— Steh' früh auf! Ueber den Nutzen des Frühaufstehens für die Gesundheit u. die Geschäfte. Nebst Mitteln sich das frühe Aufstehen anzugewöhnen. 5. Aufl. 8. (4½ B.) Quedlinburg 845, Basse.

Ritter, Karl. Ueber geographische Stellung und horizontale Ausbreitung der Erdtheile. 1826. 4.

Ritter, Carl (II.), die Structur der Retina dargestellt nach Untersuchungen über das Walfischauge. Lex.-8. (VII und 72 S. mit 2 Kpfrt.) Leipzig 864, Engelmann.

Ritter, Carolus, de Pindari studio nomina variandi, s. Dissertationes philologicae Argentoratenses selectae.

Ritter, Carolus [Hannoveranus]: **De Pindari studio nomina variandi .... Argentorati, apud C. J. Truebner, 1886; 54 S. 8°.**
Strassburg, Phil. Fak., Inaug.-Diss. v. 1885.

— die Stupa's (Topes), od. d. architecton. Denkmale an d. indo-baktrischen Königsstrasse, u. d. Colosse von Bamiyan. Eine Abhandl. z. Alterthumskunde d. Orients, vorgetr. in d. k. Akad. d. Wissensch. am 6. Febr. 1837. gr. 8. (17½ B., 1 Karte u. 8 Stnt.) Berlin 838, Nicolaische Bh.

Ritter, Carl, Tafel d. Culturgewächse in Europa, geographisch nach Climaten dargestellt. Gest. v. Ausfeld. Fol. Schnepfenthal, 1805. Bchh. d. Erz-Anst. (Stuttgart, Hoffmann.) — 10

– s. **Tams, G., die portugies. Besitzungen in Süd-West-Africa.**

Ritter, Karl, d. Teilung d. Landes Appenzell im J. 1597. Auf d. Tag d. 300jähr. Gedächtnisses hrsg. gr. 8. (80 u. Beilagen LIX S.) Trogen 897. (St. Gallen, Fehr.) n. 2.—

— elementare Theorie und Berechnung eiserner Dach- und Brücken-Constructionen. Lex.-8. (IX und 253 S. mit 305 eingedr. Holzschn.) Hannover 868, Rümpler.

— d. künstl. Treibereien d. Früchte, Gemüse u. Blumen z. ungewöhnl. Jahreszeit, nach 6jähr. eignen Erfahr., u. nach Nicol aus d. Engl. etc. Mit 2 Kpf., 2 Tab. u. 1 lith. Abb. d. neuen Warmwasserheitzungen. gr. 8. Wien, 1834. (Helf.) (1¼. —) — 12

Ritter, Carl (II.), die künstl. Treibereien d. Früchte, Gemüse, u. Blumen zu ungewöhnl. Jahreszeit, nach 6jähr. eignen Erfahrungen, u. nach Nicol a. d. Engl. mit vielen Bemerkn. verm. Ein Handb. f. Gärtner, Oekonomen u. Blumenfreunde. M. 2 Kpfrt. (qu. gr. Fol.), 2 (3) Tab. (gr. 4. u. qu. gr. Fol.) u. 1 lith. Abbild. d. neuen Warmwasserheitzungen. gr. 8. (11 B.) Wien 834, Tendler.

— erste jährl. Uebersicht d. Thätigkeit d. Gesellschaft f. Erdkunde in Berlin, nach d. ersten Lustrum d. Vereins vorgetr. am 3. Mai 1834. 4. (1 B.) Berlin, Schropp u. Comp.

— Erste und zweite jährliche Uebersicht der Thätigkeit der Gesellschaft für Erdkunde in Berlin, nach dem 1. Lustrum des Vereins für das Jahr 1833 (4. Mai) bis 1834 und 3. Mai 1834 bis 2. Mai 1835.
[o. O.] 1834, 35.

— Sechzehnte und achtzehnte jährliche Uebersicht der Thätigkeit der Gesellschaft für Erdkunde in Berlin vom 5. Mai 1849 bis 11. Mai 1850 und vom 31. Mai 1851 bis 8. Mai 1852. [Berlin 1850—51], 53.

Ritter, Carl [app. Arzt aus Kiel]: Aus d. patholog. Institute zu Kiel. Die feineren Veränderungen in den Luftwegen bei Krup und Difterie ... Kiel, Druck v. H. Fiencke, 1896; 30 S., 1 Bl. 8.
Kiel, Med. Fak., Inaug.-Diss. v. [31. März] 1896

Ritter, Carl: Ueber Verbreitung der Dattel- und Kokos-Palme in Indien. (Sonderabdruck aus Ritter's Asien. Bd. 5. S. 832—864.) Berlin 1835. 35 S. in: Ritter: [Zur Kunde Asiens.] Sammelband. N. 7. 8°.

— über die geographische Verbreitung der Baumwolle und ihr Verhältniss zur Industrie der Völker alter und neuer Zeit. 1. Abschn. Antiquarischer Theil. (Vorgetragen in der k. Akademie der Wissenschaften zu Berlin am 18. Juli 1850 und 10. Novbr. 1851.) gr. 4. (63 S.) Berlin 852, Dümmler's Verlag.

Ritter, Carl: Ueber die geographische Verbreitung des Zuckerrohrs. Eine in der Königlichen Akademie der Wissenschaften gelesene Abhandlung. Nebst einer Karte. Berlin 1840. 108 S. 4°.

Ritter, Carl: Ueber Verbreitung der Pfefferrebe. Banane und Mango in Indien. (Sonderabdruck aus Ritter's Asien. Bd. 5. S. 865–894.) Berlin 1835. 32 S.
in: Ritter: [Zur Kunde Asiens.] Sammelband. No. 6. 8°.

Ritter, Carl: Ueber Verbreitung von Teak. Sandel und Cardamomen. (Sonderabdruck aus Ritter's Asien. Bd 5. S. 803–827.) Berlin 1835. 27 S.
in: Ritter: [Zur Kunde Asiens.] Sammelband. No. 8. 8°.

— die Vorhalle europ. Völkergeschichten vor Herodotus, um den Kaukasus u. an d. Gestaden des Pontus, e. Abhandl. zur Alterthumskunde. 1r Thl. gr. 8. Berl. 820. Reimer. 2 ₰ 8 gr

— — Vorlesungen an der Universität zu Berlin gehalten. Herausgegeben von H. A. Daniel. Berlin. 1861. 8.

— Im Wahn. Schauspiel in 4 Aufzügen. (137 S.) 8. Dresden 910. E. Beutelspacher & Co. 2. —

Ritter, Carl: Der arabische Weihrauch. . . . . (Sonderabdruck aus Ritter's Asien. Bd. 12. S. 356–372.) Berlin 1846. 19 S.
in: Ritter: [Zur Kunde Asiens.] Sammelband. No. 14. 8°.

— — West-Persien und Mesopotamien zu C. Ritter's Erdkunde. Herausg. durch C. Ritter und T. A. O'Etzel Berlin. 1840–1843. Fol.

Ritter, Carl: Der Cedernbaum. Pinus Cedrus Linn., Cedrus Libanensis Juss., nach seinem Wuchs. Alter und seiner Verbreitung. (Sonderabdruck aus Ritter's Asien. Bd. 17. S. 637–649.) Berlin 1852. 15 S.
in: Ritter: [Zur Kunde Asiens.] Sammelband. No. 16. 8°.

Ritter, Carl, Der tellurische Zusammenhang der Natur und Geschichte in den Productionen der drei Naturreiche, oder: Ueber eine geographische Productenkunde. Berlin 1836.

Ritter, Karl August

— **Carl August (Leipzig), Specimen demonstrationis juridicae, qua nonnulli casus et jura notabiliora in materia subhastationum, ut et creditorum concursu obvenientia, magno DD. et ictorum nostri seculi dissensu hactenus plane ambigua, ex genuinis, certis et adaequatis principiis ratiocinando, terminantur. Leipzig (Takk) 1739. 35 S. (4.50) 28962**

— — **Assignationis et cambii trassati idea prima et genuina, curatius evoluta et e principiis evidentibus deducta, una cum practicis nonnullis adnotationibus. Leipzig (C. L. Jacobi) 1748. 32 S. (4.25) 28961**

— — **Regulae interpretationis juridicae praestantiores, ex adaequatis principiis demonstratae, et ad casus civiles applicatae; accedit exercitatio academica de indole et requisitis validae renunciationis. Leipzig (Takk) (1741.) 74 S. (4.75) 28963**

Ritter, Karl Eugen

Ritter, Carl Eug., neueste Kriegskarte der Rheinlande ausgedehnt bis Ulm, Würzburg und Paris. Mit besond. Berücksicht. der Gebirgszüge und Eisenbahnen. Fol. Würzburg 870, Stahel'sche Buchh.

Ritter, Konstantin

Ritter, Analyse und Kritik der von Plato in seiner Schrift vom Staate aufgestellten Erziehungslehre. Pr. 1881. 14 S. 4°. 4.50

Ritter, *Konst.* [Prof.]: Platos Politicus: Beiträge zu seiner Erklärung. Ellwangen, Druck v. L. Weil's Buchdr., 1896; 1–32 S. 4.
Ellwangen, k. G, P 1896 (597)

Ritter, Constantin, die Quintilianischen Declamationen. Untersuchung über Art u. Herkunft derselben. Mit 2 Fcsm.-Drucken in Holzschn. u. 4 Tab. gr. 8. (XIV, 275 S.) Freiburg i/Br. 881. Mohr. n. 8. —

Ritter, Const., Platons Dialoge. Inhaltsdarstellungen I. der Schriften des späteren Alters. (VI, 220 S.) gr. 8. Stuttgart 903. W. Kohlhammer. n. 4. 50

— Platons Dialoge. **Inhaltsdarstellungen II., der Schriften des reifen Mannesalters. I. Tl. Der Staat.** (216 S.) 8. Stuttgart 909. W. Kohlhammer. 4. 50

Platos Gesetze . . . v. Constantin **Ritter**. [Bd 1. 2.] *Leipzig: B.G. Teubner 1896.* 2 Bde 8.
[1.] Darstellg d. Inhalts. (IX, 102 S.)
[2.] Kommentar z. griech. Text . . . (IX, 415 S.) [gd. 7384

Ritter, Const., Platon. Sein Leben, seine Schriften, seine Lehre. (In 2 Bdn.) 1. Bd. (XV, 588 S.) 8. München 910. C. H. Beck. 8.—; geb. in Leinw. 9. —

— dasselbe. Kommentar zum griech. Text. 8. (IX, 415 S.) Ebd. 896. n. 10. —

Ritter, *Konst.* [Prof.]: Platos Politicus: Beiträge zu seiner Erklärung. Ellwangen, Druck v. L. Weil's Buchdr., 1896; 1–32 S. 4.
Ellwangen, k. G, P 1896 (597)

Platons Staat. Darstellung d. Inhalts von Constantin **Ritter**. Stuttgart: Kohlhammer 1909. IV, 216 S. 8°
(Ritter: Platons Dialoge. 2. T. 1.) [ep. 6670

— Neue Untersuchungen üb. Platon. (VIII, 424 S. m. 2 Tab.) gr. 8. München 910. C. H. Beck. 12. —; geb. in Halbfrz. n 14. —

Ritter, C., Untersuchungen üb. Plato. Die Echtheit u. Chronologie der Platonischen Schriften, nebst Anh.: Gedankengang u. Grundanschaugn. v. Plato's Theätet. gr. 8. (XI, 187 S.) Stuttgart 888. Kohlhammer. n. 2. 50

[Ritter, Konstant.:] Die Zurücksetzung des höheren Lehrerstandes in der Gehaltsvorlage, beleuchtet und auf ihre Gründe zurückgeführt. Stuttgart: Kohlhammer 1901.

Ritter, (L.) d. Vampyr, s. Vampyr.

Ritter, L.F. (Hrsg.), s. Abhandlungen. Neun, über ebenso wichtige als interesante Gegenstände a.d. Algebra u. niedern Analysis . . .

Ritter, L. F., 9 Abhandlungen über Gegenstände aus der Algebra, s. Lefébure de Fourcy.

Ritter, L. F. Neun Abhandlungen aus der Algebra von Lefébure, Vincent und Ritter. Stuttgart 1844.

— **Anleitung zur Auflös., Entwickelung u. Berechnung der wichtigsten Aufgaben, Formeln u. Tabellen der einfachen u. zusammenges. Zins- u. Zeitrenten-Rechnung. Ein Handbuch für Kameralisten, Forstmänner, Architekten sc. gr. 4. (18⅓ B., wovon 2 Bog. Tabellen.) Stuttgart 846, Schweizerbart'sche Bh.**

Ritter, L. F., theoret.-prakt. Lehrbuch d. Elementar-Arithmetik. Für Lehrer beim Unterr. in Gymnasien u. Realschulen, sowie f. d. erwachs. Jugend z. gründl. Selbststudium. gr. 8. (29¼ B.) Stuttgart 837, Beck u. Fränkel.

Ritter, L. F., Sammlung von systematisch geordneten Kopfrechnen-Aufgaben aus der prakt. Arithmetik u. Algebra. gr. 8. (52 S.) Stuttgart 850, Metzler. 3 ngr

— Auflösungen durch Raisonnement zu Obigem. gr. 8. (133 S.) Stuttgart 850, Metzlersche Buchh.

— zuverlässige Tafeln der zusammengesetzten Zins-, Zeitrenten- und Leibrenten-Rechnung. Nebst einer populären Anleitung zur Berechnung der zusammengesetzten Zinsen, Zeitrenten und Leibrenten. gr. 4. (VIII, 68 und LXXXVII S.) Stuttgart 848, Metzlersche Buchh.

— Volksrechnenbuch. Leichtfaßl. u. gründl. Anleitung z. Rechnen nach Raisonnement u. nach Formeln. Für Schulen u. z. Selbstunterr. 12. (9¼ B.) Stuttgart 839, Neff.

— allgemeines Volksrechenbuch. Anleitung zum Rechnen nach Schlüssen u. nach Regeln. Für Schulen u. zum Selbstunterricht. 3., verb. u. verm. Aufl. 8. (31½ B.) Stuttgart 846, Neff.

Ritter, L. F. Ein Vorschlag für das Aufheben des Überströmens der Rentenkapitalien in den Rentenversicherungs-Anstalten Deutschlands. Stuttgart 1842.

Ritter, Laur. Chp. (Heldburgo-Francus), auct. (sub praesidio Jac. Frid. *Ludovici*), dissertatio juridica de eo, quod justum est circa *pulchritudinem*. Vitembergae, recudebat Jo. Frid. Schlomachius. 1738. 4°. Cart. 33 + 1 S. — Ed. I. ibid. 1717.

Ritter, Leon (Osk. Linke), Tabubu. Altaegypt. Orig.-Roman in deutscher Bearbeitg. 12. (XVI, 104 S.) Großenhain 896. Baumert & Ronge. n. 1. —; geb. n. 2. —

Ritter, Lorenz

Ritter L., malerische Ansichten aus Nürnberg. Text von R Bergau. (4 Bl 18 T) fol Nürnberg 1871-73

Ritter, L., malerische Ansichten aus Nürnberg. Mit Text von Rob. Dohme. Fol. (12 S. m. eingedr. Holzschn. u. 25 Stahlst.) Berlin 876. Wasmuth. geb. m. Goldschn. 33. —

Ritter, Lorenz, malerische Ansichten aus Nürnberg. Mit Text von Rob. Dohme. 25 Radirungen. Fol. (12 S. Text mit eingedr. Holzschn.) Berlin 883, Wasmuth. geb.

Ritter, Lor., Nürnberg. Orig.-Radirgn. gr. 4. (10 Bl.) Nürnberg (900). J. A. Stein. In Leinw.-Mappe 25. —

Ritter, Lorenz Christoph (Heldburg) A. S. 850/38

Dissertatio de iurata specificatione, Von Der Anzeige derer Erb= und anderen Stücke, so vermittelst Eides geschehen muss.
Präs. Christian Friedrich Schröter. 2. ed.
Jena (Cröker) 1738. 54 S.

Diss. 10. X. 1715. 28994

Ritter, Louis

Ritter, L. und K. Holl, praktische Anleitung für den elementaren Unterricht im Körperzeichnen. Ein Führer für Lehrer an Seminarien, Real- und gewerbl. Fortbildungsschulen, sowie an Mittel-Volks- und höheren Töchterschulen. Zugleich zum Selbstunterricht bearb. 8. (VIII, 55 S. mit 8 Taf.) Stuttgart 886, J. Hoffmann. cart. *

Ritter, Louis, Lehrgänge f. das elementare Freihand-, geometrische u. Projektions-Zeichnen. 1. Tl.: Elementares Freihandzeichnen. 2. Tl.: Elementares, geometr. u. Projektionszeichnen. 21 Uebersichtstaf. m. erläut. Texte f. Baugewerkschulen, gewerbl. Fortbildungsschulen, Real-, Bürger- u. Volksschulen, sowie zum Selbstunterricht. gr. 4. (12 S. Text.) Stuttgart 900. J. Hoffmann. In Mappe n. 5. —

Ritter, L., der goldene Mittelweg in der Reform des elementaren Zeichenunterricht. (46 S.) gr. 8. Stuttgart (906). (H. Lindemann.) n.n. — 50

Ritter, L., u. Eug. Schön, Naturformen in Umriß u. Farbe als Vorschule f. den Unterricht im Freihandzeichnen. 24 Bl. in Farbendr. nebst Vorwort. 1. Serie m. 10 Bl. (1 Bl. Text.) 84,5×65,5 cm. Stuttgart (908). M. Seeger. In Mappe n. 16. —

Ritter, Louis, Universal-Musterschatz f. alle Branchen der Flächendecoration. 1. Serie. gr. 4. (20 Steintaf.) Plauen i/V. 892. Ch. Stoll. In Mappe. n. 18. —

Ritter, Ludwig: Die deutschen Krankenkassen unter besonderer Berücksichtigung ihrer Weiterentwickelung. Offenbach 1909: Seibold. VIII, 109 S. 8°
Kiel, Phil. Diss. v. 27. Dez. 1909, Ref. Harms
[Geb. 10. Nov. 77 Oberingelheim; Wohnort: Oberingelheim; Staatsangeh.: Hessen u. Preußen; Vorbildung: Ludwig-Georgs-Gymn. Darmstadt Reife 98; Studium: Gießen 7, München 1, Halle 2, Kiel 3 S.; Rig. 31. Juli 09.]
[U 10. 2525

Ritter, Ludw. Friedr., praktischer Unterricht im geometrischen Zeichnen mit Instrumenten für Mittel-, Handwerks- und Fortbildungs-Schulen, sowie für Gymnasien und Realschulen und zur Selbstbelehrung. hoch 4. (VIII und 52 S. mit 1 Atlas von 18 Taf. in Stndr. in Imp.-Fol.) Stuttgart 860, Ebner's Kunsth.

Ritter, M., die neuro-dynamische Therapeutik im Anschluss an Studien u. Erfahrungen üb. die photodynamische Wirkung u. Fluorescenz- u. Luminescenz-Stoffen auf Zellengebiete u. Nervenendigungen. (V, 59 S.) gr. 8. Leipzig 905. B. Konegen. n. 2. —

Ritter, M., Unterricht des Gesangs f. Sopran u. Alt. Regensb., Reitmayr. 6 gr

Ritter, Matthias (Gutenzell) A. S. 1368/1

Meditatio de variis excitandi ad virtutem modis.
Präs. Johann Tobias Wagner.
Halle (Krebs) IV. 1715. 38 S.

Gew.: Georg Nikolaus Kriegk. 28995

Ritter, Max, Beiträge zur Theorie u. Berechnung der vollwand. Bogenträger ohne Scheitelgelenk, s. a. Forscherarbeiten auf dem Gebiete des Eisenbetons. 11. Heft.

Ritter, Max: Beiträge zur Theorie und Berechnung der vollwandigen Bogenträger ohne Scheitelgelenk, insbesondere der Brückengewölbe und der im Eisenbetonbau üblichen biegungsfesten Rahmen. Berlin: Ernst 1909. 54 S. 4° ¶ Auch als: Forscherarbeiten auf d. Gebiete d. Eisenbetons. H. 11.
Dresden, Dr.-Ing.-Diss. v. 30. 7. 1909

Ritter, Max, 100 Verse a la Klapphorn. 8. (30 S.) Wien 885. Neidl. n. — 60

Ritter, Moritz

Ritter, Mauritius (geb. am 16 Jan. 1840 in Bonn): De Diocletiano novarum in re publica institutionum auctore. Pars I [un.] ... Bonnae, form. Carthausianis (1862). 1 Bl., 45 S., 1 Bl. 8. ¶ Erschien zugleich selbständig bei Cohen & Sohn in Bonn.
Bonn, Phil. Fak., Diss. v. 28 Mai 1862

Ritter, Mor., de Diocletiano novarum in re publica institutionum auctore commentatio. Pars I. Bonn 862. Cohen & Sohn. gr. 8. (45 S.) n. 10 ngr.

Ritter, Mor., der Jülicher Erbfolgekrieg, s. Briefe u. Acten zur Geschichte des dreissigjährigen Krieges in den Zeiten des vorwiegenden Einflusses der Wittelsbacher.

Ritter, Mor. Der Jülicher Erbfolge-Krieg. [Briefe u. Akten zur Geschichte des 30jährigen Krieges. III.] (561) 8. München 1877. 10,00.

Ritter, M., deutsche Geschichte im Zeitalter der Gegenreformation u. d. 30jährigen Krieges, s. a. Bibliothek deutscher Geschichte.

Ritter, Mor., deutsche Geschichte im Zeitalter d. Gegenreformation u. d. 30jähr. Krieges. (1555—1648.) 2. Bd. (1586—1618) (Bibliothek deutscher Geschichte.) gr. 8. (X, 482 S.) Stuttgart 895. J. G. Cotta Nachf. n. 6. — (1. u. 2.: n. 14. —)

Ritter, Mor., deutsche Geschichte im Zeitalter der Gegenreformation u. des 30jährigen Krieges (1555—1648). III. Bd. 1. Hälfte: Geschichte des 30jähr. Krieges. 1. Tl. (Bibliothek deutscher Geschichte.) Lex.-8. (320 S.) Stuttgart 901. J. G. Cotta Nachf. n. 4. —
Bd. I u. II. Ebd. 889. 895 n. 14. —; geb. n. 18. —.

Ritter, Mor., deutsche Geschichte im Zeitalter der Gegenreformation u. des 30jährigen Krieges (1555—1648). III. Bd. 2. Hälfte: Geschichte des 30jähr. Krieges, 2. Tl. (Bibliothek deutscher Geschichte.) (XV u. S. 321—648.) Lex. 8. Stuttgart 908. J. G. Cotta Nachf. 4. — (Vollst. 22.—; geb. in Halbfrz. 28. —)

Sacram memoriam ... Friderici Gvilelmi III universitatis Fridericiae Gvilelmiae Rhenanae conditoris ... ab eadem vniversitate d. III m. Avg. a. 1884 ... recolendam victorvmqve renvntiationem e litt. certaminibvs prodevntivm indicit Mavritivs **Ritter**, ord. phil. h. a. decanvs. — Inest eivsdem dissertatio: Zur Geschichte deutscher Finanzverwaltung im XVI Jahrhundert. Bonnae, form. C. Georgi (1884). 24 S., 1 Bl. 4.

MORIZ RITTER, Ueber Rheinische Geschichte und die Aufgaben der Rheinischen Geschichtsgesellschaft. Vortrag gehalten in der Jahresversammlung der Gesellschaft für Rheinische Geschichtskunde in Köln am 5. Januar 1885. Köln, 1885. Druck von M. DuMont-Schauberg. 8°.

Ritter, Mor., Geschichte der deutschen Union von den Vorbereitungen des Bundes bis zum Tode Kaiser Rudolphs II. (1598—1612). 1. Bd. Schaffhausen 867. Baader. gr. 8. (XII, 294 S.) n. 1 ₰ 15 ngr.

Ritter, Mor., Geschichte der deutschen Union von den Vorbereitungen des Bundes bis zum Tode Kaiser Rudolfs II. [1598—1612.] 2. Bd. gr. 8. (X, 271 S.) Schaffhausen 873, Baader.
1. Bd. [Ebendas.] 1867. *ℳ 4,60.

— die Gründung der Union 1588—1608, s.: Briefe u. Acten zur Geschichte d. dreissigjährigen Krieges.

— die Memoiren Sullys u. der grosse Plan Heinrichs IV. [Aus „Abhandlungen der k. bayer. Akad. d. W."] gr. 4. (53 S.) München 871. Franz in Comm. n. 2. —

— die deutsche Nation u. d. deutsche Kaiserreich. Rede, zur Feier d. 18. Jan. 1871 geh. in d. Aula d. rhein. Friedrich-Wilhelms-Universität. gr. 8. (30 S.) Bonn 896. Röhrscheid & Ebbecke. n. 1. —

— Politik u. Geschichte der Union zur Zeit des Ausganges Rudolfs II. u. der Anfänge des Kaisers Matthias. [Aus: „Abhandlgn. d. k. bayer. Akad. d. Wiss."] gr. 4. (88 S.) München 880. Franz in Comm. n.n. 2. 60

— Leopold v. Ranke. Seine Geistesentwickelg. u. seine Geschichtsschreibg. Rede, bei Antritt d. Rektorats der rhein. Friedrich-Wilhelms-Universität am 18. Oktbr. 1895 geh. gr. 8. (32 S.) Stuttgart 896. J. G. Cotta Nachf. n. 1. —

—— der Augsburger Religionsfrieden 1555, s. Taschenbuch, historisches.

— Sachsen u. der Jülicher Erbfolgestreit [1483—1610.] [Aus: „Abhandlungen d. k. bayer. Akad. der Wiss."] gr. 4. (80 S.) Ebend. 873. n. 2. 70

—— Sachsen und der Jülicher Erbfolgestreit [1483—1610]. gr. 4. (80 S.) München 873, (Franz'sche Buchh.)

— die Union u. Heinrich IV., s.: Briefe u. Akten zur Geschichte d. 30jährigen Krieges.

Ritter, O. De Roberti Greeni fabula Friar Bacon and Friar Bungay. Diss. Königsberg 1866. 35 S.

Ritter, Otto, Anleitung zur Abfassung v. englischen Briefen m. zahlreichen englischen Mustern u. deutschen Übungen. Für den Schul- u. Privat-Gebrauch. 2. Aufl. gr. 8. (X, 186 S.) Berlin 883. Simion. n. 1. 50; geb. n. 1. 70

Ritter, Otto, Anleitung zur Abfassung v. englischen Briefen m. zahlreichen englischen Mustern u. deutschen Übungen. Für den Schul- u. Privat-Gebrauch. 3., verb. Aufl. gr. 8. (X, 185 S.) Berlin 891. Simion. n. 1. 50; geb. n. 1. 70

Ritter, Otto, Anleitg. zur Abfassg. v. englischen Briefen m. zahlr. engl. Mustern u. deutschen Übgn. F. d. Schul- u. Privat-Gebrauch. 4., verb. Aufl. gr. 8. (VIII, 187 S.) Berlin 898. L. Simion. n. 1. 50; geb. n.n. 1. 70

Ritter, Otto, Anleitung zur Abfassung v. englischen Briefen, m. zahlreichen engl. Mustern u. deutschen Uebgn. Für den Schul- u. Privat-Gebrauch. 5., verb. Aufl. (VIII, 187 S.) gr. 8. Berlin 902. L. Simion Nf n. 1. 50; geb. n. 1. 80

—— Anleitung zur Abfassung von französischen Briefen mit zahlreichen französischen Mustern und deutschen Übungen. Für den Schul- und Privat-Gebrauch. 8. (IV, 188 S.) Berlin 880, Spaeth. *

Ritter, Otto. Anleitung zur Abfassung v. französischen Briefen, m. zahlreichen französ. Mustern u. deutschen Uebungen. 2. verm. u. verb. Aufl. (IV, 189 S.) 890. * 1 80; 3. verb. Aufl. 8. (X, 185 S.) Berl. 891, Spaeth. * 1 50; geb. * 1 70

Ritter, Otto, Anleitung zur Abfassung v. französischen Briefen, m. zahlreichen französ. Mustern u. deutschen Übgn. Für den Schul- u. Privat-Gebrauch. 8. Aufl. 8. (IV, 192 S.) Berlin 899. J. M. Spaeth. Geb. in Leinw. n. 2. 25; Schlüssel. (31 S.) 881. n. — 60

Ritter, Otto, Besoldungswesen der evang. Geistlichkeit Deutschlands. I—IV. Tabelle. gr. 8. Gerstungen 882. (Eisenach, Rasch & Coch.) n. 1.—
I. Die Gehälter der activen Pfarrer. (16 S.)
II. Ruhegehälter der evang. Geistlichen. (16 S.)
III. Pensionen der Wittwen u. Waisen der evang. Geistlichen. (16 S.)
IV. Nachträge. (8 S.)

Elementarbuch der Englischen Sprache von Prof. Dr. [Otto] **Ritter** u. F[erd.] Friedrich, Oberl. 3. verm. u. verb. Aufl. *Bielefeld & Leipzig: Velhagen & Klasing 1900.* (VI, 268 S.) 8° [F.]
= **Ritter**: Lehrbuch d. Engl. Sprache. T. 1.

Ritter, Otto: **Über Enchondrom der Lunge.** *Würzburg 1897: J. M. Richter.* (21 S.) 8°
Würzburg, Med. Diss. v. 1897

Ritter, Otto (I.), die Hauptregeln der englischen Formenlehre und Syntax. Repetitionsgrammatik. (68 S.); 2. verb. Aufl. gr. 8. (74 S.) Berlin 883, Simion. cart. *

—— Die Hauptregeln der engl. Formenlehre u. Syntax. 3. verb. Aufl. 8. (78 S.) [Berl. 889, Simion.] Bielefeld, Velhagen u. Klasing. cart. * — 60

— d. Hauptregeln d. englischen Formenlehre u. Syntax. 5., verb. Aufl. gr. 8. (IV, 86 S.) Bielefeld 896. Velhagen & Klasing. Geb. n. — 60

Ritter, Otto *Friedrich*: Geiler von Keisersberg und die Reformation in Strassburg. Döbeln, Druck v. J. W. Thallwitz, 1895; I—XXXVII S. 4.
Döbeln, k. RG u. Landwirtschafts-S, OP 1895 (553 [vielm. 503])

— u. F. Friedrich, Lehrbuch der englischen Sprache. 2 Tle. gr. 8. Bielefeld, Velhagen & Klasing. à n. 2.—; geb. n. 2. 40
1. Elementarbuch. 2., verm. u. verb. Aufl. (VIII, 261 S.) 893.
2. Kurzgefaßte Schulgrammatik der englischen Sprache v. Otto Ritter. (Umarbeitung der „Hauptregeln der engl. Formenlehre u. Syntax".) (VI, 288 S.) 894.

— u. F. Friedrich, Lehrbuch d. englischen Sprache. 2. Tl. Kurzgefaßte Schulgrammatik. v. R. 2. verm. u. verb. Aufl. gr. 8. (V, 298 S.) Bielefeld 899. Velhagen & Klasing. Geb. n. 2. 40

Lehrbuch der Englischen Sprache von Prof. Dr. [Otto] **Ritter**, Dir. zu Berlin, u. F[erd.] Friedrich, Oberl. (3. verm. u. verb. Aufl.) T. 1. *Bielefeld & Leipzig: Velhagen & Klasing 1900.* 8° [F.]

— u. F. Friedrich, Lehrbuch der englischen Sprache. 2. Tl. Kurzgefaßte Schulgrammatik der engl. Sprache v. R. 3., verm. u. verb. Aufl. (V, 302 S.) 8. Bielefeld 905. Velhagen & Klasing. Geb. n. 2. 50

— englisches Lesebuch f. höhere Lehranstalten. 4. verb. Aufl. 8. (VIII, 238 S.) Berlin 884. Haude & Spener. n. 1. 60; Einbd. n.n. — 20

— englisches Lesebuch f. höhere Lehranstalten. 5., m. e. Wörterbuch verseh. Aufl. gr. 8. (VII, 330 S.) Berlin 889. Haude & Spener. geb. n. 2. —

— englisches Lesebuch f. höhere Lehranstalten. 6., verm. Aufl. Mit Wörterbuch. gr. 8. (VIII, 339 S.) Berlin 893. Haude & Spener. Geb. in Leinw. n. 2. —

— englisches Lesebuch f. höh. Lehranst. 7. Aufl. M. Wörterbuch. 8. (VIII, 342 S.) Berlin 898. Haude & Spener. Geb. in Leinw. n. 2. 20

— englisches Lesebuch f. höhere Lehranstalten. 8. Aufl. Mit Wörterbuch. (VIII, 342 S.) 8. Berlin 906. Haude & Spener. Geb. n. 2. 40

Ritter, Otto, englisches Lesebuch f. Töchterschulen. 8. (VIII, 232 S.) Berlin 872. Haude & Spener. n. 1. 50

— dasselbe. 2. Aufl. 8. (VIII, 235 S.) Ebend. 877. n. 1. 60

— englisches Lesebuch für Töchterschulen. 3., verm. Aufl. 8. (VIII, 240 S.) Berlin 879. Haude & Spener. n. 1. 60

Ritter, Otto, Dr. phil.: **Neue Quellenfunde zu Robert Burns.** *Halle a. S. 1903: E. Karras.* (VIII, 29 S.) 8° ¶(Forts. d. 'Quellenstudien zu Rob. Burns.' Berlin 1901.)
Halle, Phil. Hab.-Schr. v. 31. Jan. 1903

Ritter, Otto, neue Quellenfunde zu Robert Burns. (VIII, 30 S.) gr. 8. Halle 903. M. Niemeyer. n. — 80

Ritter, Otto, aus Berlin: **Quellenstudien zu Robert Burns** für die Jahre 1773—1783. *Halle a. S. 1899: C. A. Kaemmerer & Co.* (50 S.) 8° ¶(Enthält nur einen Teil d. eingereichten, i. J. 1897 von d. Berliner Universität preisgekrönten Arbeit.)
Halle, Phil. Diss. v. 13. März 1899

Ritter, Otto, Quellenstudien zu Robert Burns, s. a. **Palaestra. XX.**

Quellenstudien zu Robert Burns 1773—1791. Von Otto Ritter, Dr. phil. *Berlin: Mayer & Müller 1901.* (VIII, 260 S.) 8°
= Palaestra. 20.

Ritter, O. [Oberl.]: *Rede zur Weihe der Schulfahne am 6. Juni 1889.* Döbeln, Druck v. J. W. Thallwitz, 1890; S. 2—3; 4°
Döbeln, k. RG u. Landwirtschafts-S, OP 1890

Ritter, P., Gedichte, s.: Aus der Günther-Stadt.

Ritter, P. H., pädagogische Fragmente. 2. Aufl. 8. (232 S.) Utrecht 888. J. L. Beijers. n.n. 3. —; Leinwbd. m. Goldschn. n.n. 5. —

Ritter, P. H. Pädagogische Fragmente. Nach der 3. holländ. Ausg. übers. v. D. Greeven. gr. 8. (III, 163 S.) Gotha 890, F. A. Perthes. * 3 —

Ritter, Paul: Aus d. med. Poliklinik d. Univ. Jena. Beitrag zur Bewertung der konjunktivalen und kutanen Tuberkulinreaktion. Jena 1909: Kämpfe. 37 S. 8°
Jena, Med. Diss. v. 10. Sept. 1909, Ref. Krause
[Geb. 21. Nov. 83 Erfurt; Wohnort: Erfurt; Staatsangeh.: Preußen; Vorbildung: Gymn. Erfurt Reife O. 04; Studium: Jena 2, Göttingen 1, Jena 2, München 2, Jena 3 S.; Coll. 31. Juli 09; Approb. 10. Mai 10.] [U 10. 2307

Ritter, *Max* Paul [app. Arzt aus Zeitz]: Ein Beitrag zu den Beziehungen zwischen akuter gelber Leberatrophie und Phosphorvergiftung. '(Aus d. patholog. Institut d. Univ. Leipzig.)' ... Leipzig, Druck v. F. Richter, 1897; 47 S. 8.
Leipzig, Med. Fak., Inaug.-Diss. v. [3. Mai] 1897

Ritter, Paul, pract. Zahnarzt zu Berlin: **Beiträge zur Kenntniss der Stacheln von Trygon und Acanthias.** *Berlin [1900]: M. Jedeck.* (56, VI S.) 8°
Rostock, Phil. Diss. v. [30. Jan.] 1900

Ritter, Paul, Beiträge zur Kenntniss der Stacheln v. Trygon u. Acanthias. Diss. gr. 8. (VII, 56 u. VI S. m. 7 Taf.) Berlin (900). (R. Friedländer & Sohn.) n. 6.—

Ritter, P., drei neue Briefe v. Leibniz. (S. 897—901.) Lex. 8. Berlin 909. G. Reimer. — 50
Sonderabdr. a.: „Sitzungsber. d. preuss. Akad. d. Wiss."

Ritter, Paul, die Entschädigungsforderungen aus dem Eisenbahnfrachtrecht. Ein Handbuch f. die verkehrstreib. Geschäftswelt. (XI, 90 S.) 8. Leipzig 906. Thüringische Verlags-Anstalt. Kart. n. 2. —

(Ritter, Paul von.) Der Fuss und seine Bekleidung. (Basel 1896.) 52 S., 11 Taf. 8°
S. auch Be 69 Frauberger, Antike und frühmittelalterliche Fussbekleidungen aus Achmim-Panopolis [1896].

Ritter, Paul: Über die Gleichung der Sättigungskurve und die durch dieselbe bestimmte maximale Arbeit. S. 111. Bd. 1908 . . . .
Separatabdruck

Ritter, Paul, über die Gleichung der Sättigungscurve u. die durch dieselbe bestimmte maximale Arbeit (7 S.) gr. 8. Wien 902. (A. Hölder.) n. — 20
Sonderabdruck aus: „Sitzungsber. d. k. Akad. d. Wiss."

Ritter, Paul: Kritischer Katalog der Leibniz-Handschriften. Zur Vorbereitung d. interakad. Leibniz-Ausgabe unternommen von d. Acad. des sciences zu Paris, d. Acad. des sciences morales et polit. zu Paris u. d. Kgl. Akad. d. Wiss. zu Berlin. Als Ms. vervielfältigt. (Im Verein mit Willy Kabitz, Albert Rivaud u. Jules Sire bearb. von Paul Ritter.) H. 1. Berlin 1908. 2° [Autogr.]

Ritter, Paul: Die **Konvention** von **Reichenbach** ⟨27. Juli 1790⟩. *Berlin (1898): A. Winser.* (34 S.) 8° ¶ (Enthält nur einen Theil der eingereichten Arbeit.)
Berlin, Phil. Diss. v. 6. Aug. 1898

Ritter, Paul, neue Leibniz-Funde. (47 S.) Lex.-8. Berlin 904. (G. Reimer.) n. 2. —
Sonderabdruck aus: „Abhandlgn. d. preuss. Akad. d. Wiss."

Der üble Mundgeruch, seine Ursachen u. s. Behandlung. Von Dr. [Paul] Rittor, Zahnarzt in Berlin. *Halle a. S.: C. Marhold 1902.* (12 S.) 8° [Umschlagt.] [os. 11160 3

Ritter, Paul, Rechte, Pflichten u. Kunstfehler in der Zahnheilkunde, zugleich e. Wegweiser f. die zahnärztl. Behandlg. bei öffentl. Anstalten, Krankenkassen u. s. w. gr. 8. (XIV, 578 S.) Berlin 903. Berlin. Verlagsanstalt. n. 9.—

Ritter, Paul (Hrsg.), s.a. Schulzahnpflege.

Schulzahnpflege. Monatsschrift d. Deutschen Zentralkomitees f. Zahnpflege in d. Schulen ... Dr. Konrad Cohn, Dr. Paul Ritter, Stadtverordneter, u. Dr. Erich Schmidt, Herausgeber. Jg. 1, Nr. 1. Berlin: Berl. Verlagsanst. 1910. 8° [oa. 12973

Ritter, Paul, aus Schliewe: **Die Sonderrechte der deutschen Staaten und die Reichsverfassung.** *Königsberg 1899: L. Krause & Ewerlien.* (68 S.) 8°
Erlangen, Jur. Diss. v. 14. Sept. 1898

(Ritter, Paul.) Trophaeum nobilissimae et antiquissimae domus Estorasianae, in tres divisum partes. fol. Viennae 1700.

Ritter, Paul, Zahn- u. Mund-Hygiene im Dienste der öffentl. Gesundheitspflege, s.a. Handbuch der Hygiene. II. Suppl.-Bd.

Zahn- und Mund-Hygiene im Dienste der öffentlichen Gesundheitsflege. Bearb. von Dr. Paul **Ritter,** prakt. Zahnarzt, Berlin. Mit 5 Abb. u. 2 Kurven im Text. *Jena: G. Fischer 1903.* (237 S.) 4°
— **Handbuch** d. **Hygiene.** Suppl.Bd 2, Lfg 4. [o3. 3632

Ritter, P., Zahn- u. Mundleiden m. Bezug auf Allgemein-Erkrankgn. Ein Wegweiser f. Aerzte u. Zahnärzte. 8. (XVI, 365 S. m. 24 Abb. auf 5 Taf.) Berlin 897. Fischer's medicin. Buchh. n. 5. —

— Zahn- u. Mundleiden m. Bezug auf Allgemein-Erkrankungen. Ein Wegweiser f. Aerzte u. Zahnärzte. 2. verb. u. verm. Aufl. 8. (XIX, 376 S. m. 20 Abb. u. 4 Taf.) Berlin 901. Fischer's medicin. Buchh. n. 6. 50; geb. n. 7. 50

Ritter, Paul Philipp (Crailsheim) A. S. 1391/4

De aera Hispanica. Präs. Johann Georg Model. (Wittenberg) (Kreusig) 25. VII. 1701. 8 Bl.

28996

Ritter, Peter [app. Arzt aus Hohenfurch]: **Ein Fall von Schilddrüsenkrebs.** . . . München, E. Mühlthaler, k. Hof-Buchdr., 1890; 17 S. 8°
München, Med. Fak., Inaug.-Diss. v. 1891

Das schleswig-holsteinische Gesinderecht ⟨mit Ausnahme des lauenburgischen Gesinderechts⟩. Dargestellt u. erl. v. **Peter Ritter.** Tondern. 1899. 8°

Ritter, Phil[ipp]. **Das Zeichnen nach Modellen auf der Stufe der Kunstgewerbeschule. Separat-Abdruck aus «Schweizerische Blätter für den Zeichen- und gewerblichen Berufs-Unterricht» 1907, [Jahrg. 32, Nro 11—14]. II + 28 S. 8. [St. Gallen, Honegger.]**

***Ritter*, Phil. Max., Diss. inaug. med. pauca de morbo scrophuloso complectens. 8. Gütting. 800. Dieterich, 2 ℊℊ**

Ritter, Richard, a. Frankfurt a. M.: Die Einleitungen der altdeutschen Epen. Bonn 1908: C. Georgi. (90 S.) 8°
Bonn, Phil. Fak., Ref. Wilmanns, Diss. v. 12. Febr. 1908
[Geb. 14. April 85 Frankfurt a. M.; Wohnort: Frankfurt a. M.; Staatsangeh.: Preußen; Vorbildung: Lessing-Gymn. Frankfurt a. M. Reife O. 03; Studium: Bonn 3, Berlin 1, Bonn 5 S.; Rig. 27. Nov. 07.]

Ritter, Richard: Die Entwicklung der Geschlechtsorgane und des Darmes bei Chironomus. . . . (Aus: Zeitschr. f. wiss. Zool. Bd. L. H. 3. M. 1 Taf.) Leipzig, W. Engelmann, 1890; 22 S. 8°
Freiburg i. B., Phil. Fak., Inaug.-Diss. v. 1890

Ritter, Robert [aus St. Petersburg]: Ueber die Reflexion des Lichtes an parallel zur optischen Achse geschliffenem Quarz . . . . Berlin, Buchdr. v. M. Niethe (1888); 62 S. u. 1 Taf. 8°
Berlin, Phil. Fak., Inaug.-Diss. v. 17. Mai 1888

Ritter, R., eine Schulfeier am Denkmale Friedrich Rückerts, s.a. Magazin, pädagogisches, 229. Heft.

Eine Schulfeier am Denkmale Friedrich Rückerts. Zugleich e. Beitrag z. Pflege e. gesunden Schullebens. Von Dr. R[ichard] Ritter, Rektor in Auma. *Langensalza: H. Beyer & Söhne 1901.* (14 S.) 8°
— **Magazin,** Pädagogisches. H. 229. [o1. 11514

Ritter, Rud., praktische Anleitung zur Durchführung e. besonderen Gemeinde-Grundsteuer nach d. gemeinen Werthe des Grundbesitzes, gemäß §§ 23, 24 des Communal-Abgaben-Gesetzes, nebst e. Anh. u. den gebräuchlichsten Formularen. gr. 8. (14 S. m. 13 Formularen.) Düsseldorf 902. L. Schwann. n. 1. —

Ritter, Rudolf, a. Gera: Beiträge zur Kenntnis der Wirkung der wichtigsten Nährstoffe auf das Wachstum der Futterrübe. Leipzig (1905): Hartmann & Wolf. (45 S.) 8° [F.]
Leipzig, Phil. Fak., Ref. Falke u. Pfeffer, Diss. v. 17. März 1905
[Geb. 18. Mai 78 Gera; Wohnort: Gera; Staatsangeh.: Reuß j. L.; Vorbildung: Realgymn. Döbeln Reife O. 02; Studium: Leipzig 8 S.; Rig. 20. Dez. 04.]

Ritter, Rudof [sic!] [aus Bremervoerde, app. Arzt]: **Ueber die Durchgängigkeit der Darmwand für Mikroorganismen bei künstlich dargestellten eingeklemmten Hernien.** . . . Göttingen, Druck d. Dieterichschen Univ.-Buchdr., 1890; 26 S. 8°
Göttingen, Med. Fak., Inaug.-Diss. v. [27. Okt.] 1890

Ritter, Rud., üb. die Durchgängigkeit der Darmwand f. Mikroorganismen bei künstlich dargestellten eingeklemmten Hernien. Diss. gr. 8. (25 S.) Göttingen 890. (Vandenhoeck & Ruprecht.) n. — 60

Zur Gemeindesteuer-Reform. Eine Sammlung von mustergültigen Steuer-Ordnungen jeder Art f. Stadt- u. Landgemeinden. (Verf.: **Ritter.**) Rheinberg-Rhld.: Sattler & Koß [1907]. (92 S.) 8° [F.] 107. 1109

Ritter, Rudolf: Die Quellen Vergils für die Darstellung der Irrfahrten des Aeneas. T. 1. Bemerkungen über das Werden der Aeneis. Nordhausen 1909: Eberhardt. 30 S. 4°
Nordhausen, k. G OP 1909 (335) [S 09. 386

Ritter, Rudolfus, Westeregelensis: De **Varrone Vergilii** in **narrandis** urbium populorumque Italiae originibus auctore. Quaestio 1: De Timaei fabulis per Varronem Vergilio traditis. *Halis Sax. 1901: E. Karras.* (42 S.) 8° ¶ (Erscheint vollst. in: Dissertationes Philolog. Halenses, vol. 14.)
Halle, Phil. Diss. v. 24. Mai 1901

Ritter, Rud., de Varrone Vergilii in narrandis urbium populorumque Italiae originibus auctore, s.a. Dissertationes philologicae Halenses. XIV. 4.

Ritter, Samuel [pract. Arzt]: **Beiträge zur quantitativen Eiweissbestimmung.** (Aus d. chem. Laboratorium d. med. Klinik d. Herrn Geheimrath Prof. Dr. Biermer.) ... Breslau, Buchdr. H. Proskauer jr. (1886); 64 S. + 1 Bl 8°.
Breslau, Med. Fak., Inaug.-Diss. v. 7. Sept. 1886.

Ritter, S., Beiträge zur quantitativen Eiweissbestimmg. Inaug.-Diss. gr. 8. (64 S.) Breslau 886. (Köhler.) n. 1. —

Ritter Sándor. A pesti müegylet évkönyve 1855-re Szerkesztė — —. Jahrbuch des Pesther Kunstvereines für 1855. Redigirt durch Alexander Ritter. Pesth, 1856. Druck von Landerer und Heckenast. (113 S. 8.) (Ungarisch und deutsch zugleich.)

Ritter, Sebastian, Der Druckverband bei Ophthalmoblennorrhoea neonatorum. Diss. Dorpat. 8°. 54 pp. 1860.

Ritter, Siegfried [aus Beuthen '(Oberschles.)']: Aus d. Dermatolog. Abteilg d. Allerheiligen-Hospitals in Breslau '(Primärarzt Dr. Jadassohn)'. Zur Kenntnis des Residualharns ... Würzburg, P. Scheiner's Buchdr., 1896; 25 S. 8.
Würzburg, Med. Fak., Inaug.-Diss. v. 1896

Ritter, Thdr., die Denkmäler. Erinnerungen aus dem Leben des Predigers Rolle und des Barons v. Kottwitz. gr. 16. (31 S.) Berlin 857, (W. Schultze.) *

Ritter,
U. Drei Predigten, Röm. 8. 28: „Wir wissen aber, dass denen, die Gott lieben, alle Dinge zum Guten mitwirken", gehalten in Neumünster. In-8°. 34 S. Zürich, S. Höhr. 1890. — 80

Ritter, U. Reise der IV. Klasse der Küssnachter Seminaristen vom 1.—9. Juli 1879. In-8°, 42 S. Mels, Buchdruckerei ? 1880.
*** Nicht im Buchhandel.

Ritter, Wilhelm

Ritter, W., Anwendung der graphischen Statik. Nach C. Culman bearb. 1. u. 2. Tl. gr. 8. Zürich, Meyer & Zeller. n. 17. —
1. Die im Inneren e. Balkens wirk. Kräfte. Mit 65 Textfig. u. 6 Taf. (XII, 184 S.) 888. n. 8. —
2. Das Fachwerk. Mit 119 Textfig. u. 6 Taf. (X, 229 S.) 890. n. 9. —

Ritter, W., Anwendungen der graphischen Statik. Nach C. Culmann bearb. 3. Tl. Der kontinuierl. Balken. gr. 8. (XII, 270 S. m. 184 Fig. u. 4 Taf.) Zürich 900. A. Raustein. n. 9. 60; geb. in Leinw. n. 10. 60
1. u. 2. Tl. jetzt Ebd. 888. 890. n. 17. —; geb. n. 19. —.

Ritter, W., Anwendungen der graphischen Statik. Nach C. Culmann bearb. 4. Tl. Der Bogen. (VII, 269 S. m. 120 Fig. u. 8 Taf.) gr. 8. Zürich 906. A. Raustein. n. 9.60; geb. in Leinw. n. 10. 60
1.–3. Tl. Ebd. 888—900. n. 26. 60; geb. n. 29. 60.

Ritter, Wilh. und L. Tetmajer. Bericht über die Mönchensteiner Brückenkatastrophe. Zürich 1891. 4.

Ritter, Wilh. Der Bogen mit festem Auflager. 1876. 4.

Ritter, W., der elastische Bogen, berechnet m. Hülfe der graph. Statik. Mit 20 Textfig. u. 2 lith. Taf. gr. 8. (IV, 64 S.) Zürich 886. Meyer & Zeller. n. 2. 60

Ritter, W., d. Brückenbau in d. Verein. Staaten Amerikas. Bericht d. schweizer. Delegierten üb. die Weltausstellg. in Chicago, 1893. gr. 8. (66 S. m. 60 Fig. u. 12 Taf.) Zürich 895. A. Raustein. n. 4. 60

Ritter, Wilh. Ein selbstregistrierender Festigkeitsapparat. 1878. 4.

Ritter, W., Fluth u. Ebbe, s.a. Vorträge, öffentliche, geh. in der Schweiz.

Ritter, W. Fluth u. Ebbe. In-8°. Basel, Schwabe. 1893. 1 —

Ritter, W., Handbuch f. den Zementwaren- u. Kunststein-Fabrikanten. (IX, 300 S. m. 275 Abb. n. 11 Taf.) gr. 8. Halle 909. C. Marhold. 5. —; geb. in Leinw. 6. —

Ritter, W. Die Bauweise Hennebique. (Aus „Schweizer Bauzeitung"). Fol. 4°. 9 S. m. 21 Fig. Zürich, Ed. Rascher. 1900. 1 40

— die Bauweise Hennebique. 3. Aufl. gr. 4. (9 S. m. Abbildgn.) Zürich 902. E. Rascher's Erben. n. 1. 40
Sonderabdruck aus: „Schweiz. Bauzeitg."

Ritter, W[ilhelm]. Die Bauweise Hennebique. 4. Aufl. Sonder-Abdruck aus der «Schweizerischen Bauzeitung» 1899, Band 33 Nr. 5, 6 und 7. (Mit 21 Textfiguren.) II + 10 S. 4. Zürich, Ed. Raschers Erben, 1904. (fr. 1. 70)

Ritter, W., die elastische Linie u. ihre Anwendung auf den continuirlichen Balken. Ein Beitrag zur graph. Statik. Mit (eingedr.) Holzschn. u. e. lith. Taf. (in qu. 4.) gr. 8. (31 S.) Zürich 871. Meyer & Zeller. n. — 80

Ritter, W. (H.), die elastische Linie und ihre Anwendung auf den continuirlichen Balken. Ein Beitrag zur graph. Statik. 2. gänzlich umgearb. und bedeutend erweit. Aufl. gr. 8. (IV, 51 S. mit 12 Textfig. und 1 lithogr. Taf.) Zürich 883, Meyer und Zeller. *

Ritter, Wilh., Nürnberg. 6 Aquarellen, m. begleit. Gedicht von Max v. Schenkendorf. (Erinnerung an Nürnberg.) 16. (1 S. Text.) Nürnberg 894. v. Ebner. 1.

Ritter, Wilh. Oberst Karl Pestalozzi. Zürich 1891.

Ritter, W[ilhelm]. Rede gehalten von Herrn Professor W. R. Director des eidg. Polytechnikums, bei der Trauerfeierlichkeit für Herrn Oberst Karl Pestalozzi, Professor am eidg. Polytechnikum, .. zu Zürich am 17. Januar 1891. Beilage zum 31. Bulletin der Gesellschaft ehemaliger Polytechniker. (S.A.) 8. [Zürich 1891.]

Ritter, Wilh., die Statik der Tunnelgewölbe. Mit 17 (eingedr.) Holzschn. u. 2 (lith.) Taf. (in qu. Fol.). gr. 8. (VIII, 68 S.) Berlin 879. Springer. n. 3. —

Ritter, Wilh., die Unkunde d. deutschen Volkskammern u. ihr unfruchtbares Wirken bezügl. d. staats- u. volkswirthschaftl. Gesammtwohls. — Die gegenwärt. oriental. Frage u. d. deutschen Handels- u. Gewerbsinteressen in näherer Beziehung. f. unser materielles Heil. Zwei in d. Volkswohl tief eingreif. Betrachtn., angedeutet. gr. 8. (4½ B.) Leipzig 841, Kummer.

Ritter, Wilh. Vorlesungen über graphische Statik. 1890. Autogr.

Ritter, William. L'art en Suisse. Edmond de Pury. In-8°. 102 p. (Genève et Bâle, Georg & Co.) 1895.

RITTER, William, Myrtis und Korinna. Deutsche Bearbeitung von M. v. Suttner. Illustr. von A. de Calbet. (190*.) Format 7×14,5. (Mk. 1,50.)
Aus d. Prospekt: „Ritter führt uns in seinem Buche in das Wunderland der Griechen. Er schildert die Liebe eines Centauren zu einer Menschentochter, sein edles Herz und Entsagung, mit welcher er seine Auserwählte ihrem Liebhaber überbringt. — Das Büchlein in Miniaturhochoctav bildet eine kunstvolle Reiselektüre. Die Illustrationen von Calbet sind kunstvoll und reizend."

Ritter, William, Eugène Grasset. (Aus dem Franz. übers. v. Mathilde Folnesics.) Mit 5 Taf. u. 23 Abbildgn. im Text. gr. Fol. (24 S.) Wien 899. Gesellschaft f. vervielfält. Kunst. n. 12. —

— Henri Rivière. Mit 3 Taf. u. 12 Abbildgn. im Texte. Fol. (S. 107—122.) Ebd. 900. n. 10. —
2 Sonderabdrucke aus: „Graph. Künste".

Ritter, Will., Giovanni Segantini. [Aus: „Graph. Künste".] Fol. (24 S. m. 16 Abb. u. 6 Taf.) Wien 897. Gesellschaft f. vervielfältig. Kunst. n. 12. —

Ritter, William, Storm van s'Gravesande. (Sonderabdr. aus den Graphischen Künsten.) 4. (16 S., mit 12 Abbildungen und 4 Kunstbeilagen [1 Photograv., 3 Original-Radirungen]) 5.—
Wien: Gesellschaft für vervielfältigende Kunst 1896.

Rittor, Willy [aus Oels '(Schles.)']: Histologische Studien über ein Peritheliom des Kleinhirns Würzburg, P. Scheiner's Buchdr., 1897; 20 S., 1 Bl. 8.
Würzburg, Med. Fak., Inaug.-Diss. v. 1897

Ritter, Wolfgang: Der Flugapparat von Musca vomitoria. Eine morphologische und physiologische Untersuchung.
Diss., Prag 1908/1909

Ritter-Friedrichshöhe, Aemil, Vorschlag zu e. Coalition der Versicherungs-Gesellschaften, welche auf Gegenseitigkeit beruhen. 8. (23 S.) Berlin 874. Lorentz. n. — 60

Ritter v. Rittersberg, J., Biographien d. ausgezeich. verstorb. u. lebend. Feldherren d. k. k. Oesterr. Armee etc., s. a. Biographien.

Ritter v. Rittersberg. Biographien der ausgezeichnetsten verstorbenen und lebenden Feldherrn der k. k. österreichischen Armee aus der Epoche der Feldzüge von 1788—1821. I. Teil. (12 Hefte.) Verstorbene Feldherrn. (64 B.) 8 Prag 1827—29. 25,50.

——, Abbé Joseph Dobrowsky. Biograph. Skizze. gr. 8. (2¼ B. u. D's. lith. Bildn.) Prag 829, Enders.

v. **Rittersberg,** J. Ritter. Geschichte des k. k. No. 47. erledigten Freyherr v. Kloppstein'schen Linien-Infanterie-Regim. seit dessen Errichtung i. J. 1682 bis auf die neueste Zeit. (112) 8. Prag 1827. Enders.

v. **Rittersberg,** J. Ritter. Historischer Militär-Almanach des 16., 17., 18. u. 19. Jahrhunderts, mit besonderer Rücksicht auf letzteres und den österreichischen Kaiserstaat. 8. Prag, Wien 1825. 8,00

Ritter v. Ritterberg, (J.,) histor. Militär-Almanach des 16., 17., 18. u. 19. Jahrhunderts. Mit besond. Hinsicht auf das letztere u. den österreich. Kaiserstaat. Mit 13 Portr. gr. 8. Prag 825, Enders. Schreibpap. 2 Rthl. 16 gr. Velinpap.

Ritter de Rittershain, Bertha, 50 poésies enfantines recueillies à l'usage des écoles et des familles pour les enfants de 6 à 10 ans. gr. 8. (46 S.) Prag 871. Kosmack & Neugebauer. n. — 60

Ritter v. Rittershain, Gfr., die exfoliative Dermatitis jüngerer Säuglinge. Eine klin. Skizze. [Aus: „Centralztg. f. Kinderheilkde."] Lex.-8. (22 S.) Leipzig 878. Denicke. n. — 80

Ritter v. Rittershain, Gfried., Geistesleben. Betrachtungen über die geist. Thätigkeit des menschl. Gehirns und ihre Entwicklung. gr. 8. (IX, 116 S. mit 2 eingedr. Holzschn.) Wien 871, Braumüller.

— die Gesundheitspflege des jüngeren Kindes. Hrsg. vom deutschen Vereine zur Verbreitung gemeinnütziger Kenntnisse zu Prag. 8. (V, 126 S. m. eingedr. Holzschn.) Prag 878. Deutscher Verein. n. 1. —

Ritter v. Rittershain, Gfried., die Heilkünstler des alten Roms und ihre bürgerliche Stellung, s. a. Sammlung gemeinverständl. wissenschaftl. Vorträge.

Ritter v. Rittershain G, die Heilkünstler des alten Rom und ihre bürgerliche Stellung. (Sammlg. gemeinverständl. wissenschaftlicher Vortr. 238) Berlin 1875

Ritter v. Rittershain G., Jahrbuch für Physiologie u. Pathologie des ersten Kindesalters, s. a. Jahrbuch.

Ritter von Rittershain, Gottfried: Jahrbuch für Physiologie und Pathologie des ersten Kindesalters. I. Jahrgang. Prag: Dominicus 1868. (272 S.) 8°

Rittershain, Dr. Gottfr. Ritter von. Erster Jahresbericht der königl. böhm. Landes-Findelanstalt in Prag 1865. gr. 8. (85 S.) Prag, Reichenecker. 1866 75 kr.

—— 2. Jahresbericht der königl. böhmischen Landes-Findelanstalt in Prag 1866. gr. 8. (102 S.) Prag 868, Reichenecker.
Vorstehende zwei Schriften des Verf. wurden aus: Vierteljahrschrift für praktische Heilkunde, besonders abgedruckt.

— das literarische Leben im alten Rom. gr. 8. (23 S.) Prag 878. Haerpfer in Comm. n. — 60

— statistische u. pädiatrische Mittheilungen aus der Prager Findelanstalt. gr. 8. (62 S.) Prag 878. Dominicus. n. 1. 20

—— die Pathologie und Therapie der Rachitis. gr. 8. (X und 317 S. mit 4 Stnt. Abbild., wovon 1 ill.) Berlin 863, A. Hirschwald.

— die Reichspost der römischen Kaiser, s.a. Sammlung gemeinverständlicher wissenschaftlicher Vorträge.

Ritter von Rittershain, G. Die Reichspost der römischen Kaiser. 8°. Berlin 1880.

Ritter v. Rittershain, Gottfried, *Dr. Med. Chir. Doc. d. prakt. Medicin u. Vorst. d. med. Poliklinik in Prag.* Der poliklinische Unterricht im Allgemeinen u. die medic. Poliklinik in Prag insbesondere. *Prag* 1857, bei *Alex. Storch.* Druck bei *Haase Söhne.* 2 Bl. 55 S. 8°.

— **der medicinische Wunderglaube u. die Incubation im Alterthume.** Eine ärztlich-archäolog. Studie. gr. 8. (111 S.) Leipzig 878. Denicke. n. 2. 50

Ritter von Rittinger, Peter, s. Rittinger, Peter Ritter von

Ritter-Waldenburg, Rede, s.: Bergarbeiter-Ausstand, der, d. J. 1889 im Abgeordnetenhause.

Ritter-Zahony, Karl

Ritter-Záhony, Carl v., Duell u. Liga. (31 S.) gr. 8. Wien (903). C. W. Stern. n. — 50

— **einmal nur die Rose! Schauspiel in 1 Aufzuge.** (62 S.) kl. 8. Ebd. 904. n. 2. —

Ritter-Záhony, Rud. v., Chaetognatha, s.: Fauna, die, Südwest-Australiens.

— Chätognathen. Ergebnisse der Expeditionen S. M. Schiff „Pola" in das Rote Meer 1895/96—1897/98 (mit 4 Textfiguren).
Siehe I. Abt. Berichte der Kommission für ozeanogr. Forschungen, 10. Reihe.
Separatabdruck

Ritter-Záhony Rudolf von, Dr.: Zoologische Ergebnisse der Expeditionen S. M. Schiff „Pola" in das östliche Mittelmeer 1890/94. 14. Chätognathen (mit 1 Taf.).
Siehe I. Abt. Berichte der Kommission für ozeanogr. Forschungen, 10. Reihe.
— — 16. Zur Anatomie des Chätognathenkopfes (mit 1 Taf.).
Siehe I. Abt. Berichte der Kommission für ozeanogr. Forschungen, 10. Reihe.
Separatabdruck

RITTER-ZAHONY, Rudolf v.: Landplanarien aus Java und Ceylon, gesammelt von Prof. K. Kraepelin 1904. — 1905. S. 164—200, 2 Taf.
Diss. Graz, Univ.

Ritter-Záhony, Rud. v., Landplanarien aus Java u. Ceylon, gesammelt v. K. Kraepelin 1904. (S. 161 bis 200 m. 5 Abbildgn. u. 2 Taf.) Lex.-8. Hamburg 905. (L. Gräfe & Sillem.) n. 1. 50
Sonderabdr. a.: „Mitteilgn. a. d. naturhist. Museum in Hambg."

— **Napoleon I. Die Besetzg. v. Görz durch die Franzosen im Frühj. 1797. Nach e. Mskr.** (86 S.) gr. 8. Leipzig 906. H. Schmidt & C. Günther. n. 2. —; geb. n. 3. —

— **die Sprachenfrage vom gross-österreich. Standpunkt.** (28 S.) 8. Wien 905. C. W. Stern. n. — 50

— Turbellarien: Polycladiden, s.: Ergebnisse der Hamburger Magalhaensischen Sammelreise. 8. Lfg.

Ritter-Academie, Die über . . . der Königin Carolina Mathilda glückliche Ankunfft frohlockende, zu Soröe. Soröe 1766. V: *Reitzenstein, Wolf Veit Chph v.* (Bruun, Bibl. Danica III, 550.)

Ritterbandt, Ludov. (geb. Grab in Pos. 1807). De lithotomia et quidem de sectione lateral. Berolini (1831). (40 S.) 8°
Berlin, Med. Diss. v. 18. Apr. 1831

Ritterbibliothekchen, compend., od. Verzeichniß einiger zum gemeinnütz. Unterr. junger Adeliger vorzügl. dienender Bücher. 8. Eisenach 780. (Ettinger in Gotha). 2 gr

RITTERBIBLIOTHEKCHEN, Kompendiöses. Gotha, 1781 bey Karl Wilh. Ettingern. 8°.
Magaz. d. Buch- u. Kunst-Handels. Jahrg. 1781. Lpz. gr. 8°. S. 681.

Die **Ritterbrüderschaft** der heiligen Jungfrau vom Berge bey Alt-Brandenburg. Quedlinburg bey Friedrich Joseph Ernst 1796.
126 S. 8°.
Deutsche Übersetzung von Koler: Dissertatio de sacra sodalitate B. M. Virginis in monte ad vetus Brandenburgum. Altorf 1723

Ritterbuch, das. Von Frdr. Koch. 1. Bd.: Hartmanns v. Aue Iwein u. der arme Heinrich. gr. 16. (352 S.) Halle 848, (Braunschweig) Schwetschke & Sohn. 1 1/3 ₰

Ritterbund. [Königsberg] 1792. V: *Schoppingk, Dietrich Ernst von.* (R-N)

Ritterbusch, Wilh., über uterus unicornis mit Mangel einer Niere. Inaugural-Dissertation. gr. 8. (31 S.) Göttingen 876. (Vandenhoeck & Ruprecht.) n. — 60

Ritterehr und Minnedienst, alte romant. Geschichten, von O. H. von Loeben. 8. Berlin, Christiani. 819.

Ritterempörung, Die. Eine wahre Begebenheit der Vorzeit. Graz 1792. Leipz. 1792. V: *Kalchberg, Johann Nepom. von.* (GGr)

Ritterempörung, die, eine wahre Begebenheit der Vorzeit, von J. Kalchberg, 8. Grätz, 792. Simon. 25 sgl.

Ritterempörung, die, eine wahre Begebenh. d. Vorzeit, v. Joh. v. Kalchberg. 8. Lpz. Reinicke. 792.

Ritterempörung, die, e. wahre Begebenheit d. Vorzeit. Mit 1 Kpf. 8. Grätz 825. Miller. 16 gr

Ritterfamilien, die vier, oder das verschönerte Bockerlspiel. Ein Gesellschaftsspiel fur 3 bis 8 Personen. Mit 40 sauber color. Kupfern. — Les quatre familles de chevaliers, ou Jeu de bouc embelli. Jeu de société pour 3 à 8 personnes. Avec 40 estampes (color.) (4 Blätter deutscher u. franz. Text.) 32. Wien 839. Muller. In einer Schachtel 1 5/6 ₰

Ritterfeld, Adeliches. . . . Frankf. 1721. V: *Schneider, Dan.* (Pütter, Litt. d. Teutsch. Staatsr. Gött. 1773—91. III, 793.)

Ritterfeld, Fel., die Cardinalfragen der Kosmologie u. Kant's Entstehung d. Weltalls. Eine populär-wissenschaftl. Abhandlg. gr. 8. (IV, 100 S.) Heidelberg 883. Weiss' Verl. n. 2. —

Ritterfeld, Fel., die Cardinalfragen der Kosmologie und Kant's Entstehung des Weltalls. Eine populär-wissenschaftl. Abhandlung. gr. 8. (IV, 100 S.) Wiesbaden 883, (Moritz und Münzel.) **

Ritterfeld-Confeld, Felix, die Massage. Populär-wissenschaftliche Darstellung dieses Heilverfahrens. Vortrag, geh. im Vereine volksverständl. Gesundheitspflege zu Wiesbaden am 7. April 1881. gr. 8. (IV, 23 S.) Wiesbaden 881. Ebbecke. n. — 60

Ritterfeldt, Ernst, Weihnachtsglocken, s.: Meißner's Weihnachtsbühne.

Rittergeschichten, zur belehrenden Unterhaltung für die Jugend. Mit 10 Kupfern. 2te Ausg. 8. Leipzig, Seeger. 819. illum. geb.
schwarz geb.

RITTERGESCHICHTEN, Altdeutsche (7 dramatisirte). Mit Titelvignette (Schnorr v. K.[arolsfeld] sc. Lipsiæ 1791). Leipzig, 1791. bei Siegfried Lebrecht Crusius. 8°.

4 Bll., 206 S., 1 weißes Bl. Vorber. unterz. *G. A. L.* — Inh.: 1. Die Bethfart (so!). (S. 1—138.) 2. Der schwarze Ritter. (S. 139—206). — Beides zahm (auch im folgenden).

— altdeutsche,. 8. Lpz. Crusius. (Vogel.) 791.

— Erzählungen u. Schwänke, von G. Wr. 2 Theile, 8. Eisenach, 794·95. Krumbhaar. 1 Rthl. 4 sgl.

Rittergeschichten, Erzähl. u. Schwänke v. G. Wr. 3 Thle. 8. Griesbach, Cassel. 794—99. (I. 8 gr. II. 20 gr. III. 1 Rthlr. 8 gr.)

Rittergeschichten. Erzählungen und Schwänke von G. Wr. Cassel 1794—1799. V: *Wiener*, G. (BGE VI[a], 480)

— Erzähll. u. Schwänke, v. G. Wr. 3 Thle. 8. Cassel 794—799. (Luckhardt). 2 ₰ 12 gl

— der Mauren v. Granada, v. Gines Parez de Hita, nebst Bemerk. üb. die Muhamedaner in Spanien, von W. Zimmermann. 2 Bde. 8. Bremen. Heyse. 810.

RITTER- u. Räubergeschichten. 1. Serie. 1.—10. Bd. Meerane 1857, dann Verlags-Contor in Leipzig. 8°. (à Bd. n. 12 Sgr.)

Inhalt: 1. Die Mord-Höhle od. Wild- u. Rheingraf Hubert, genannt Ritter Teufel v. Drachenburg u. Blanka v. Munchingen, genannt Haide-Roslein. Eine Räuber- u. Rittergeschichte aus den Zeiten der Kreuzzüge. Von *Veit Weber* (d. i. *Leonh. Wächter*). 1857. 2. u. 3. Banco Contarini, der Räuberhauptmann aus furstlichem Geblüte. Eine italienische Räubergeschichte voller wunderbarer Enthüllungen aus den höchsten Ständen. 2 Bde. 1857. 4.—6. Ritter Ruprecht der Furchtbare, Schutzheiliger und schrecklicher Rächer am Gottesgericht. Eine Reihe Greuelthaten aus der Barbarei der Vorzeit, wo noch Vehmgerichte und Räuberhorden herrschten. 3 Bde. 1857. 7.—10. Urach der Wilde. Roman a. d. Ritterzeiten. 4 Bde. 4. Aufl. 1857. u. 58. (Cat. Büchting.)

Ritter- und Räubergeschichten. 1. Serie. 1—10. Bd. Leipzig 857, 58. Verlags-Contor. (Matthes.) 8. Jeder Bd. n. 12 ngr.

1. Bd.: Die Mord-Höhle oder Wild- und Rhein-Graf Hubert, genannt Ritter Teufel v. Drachenburg u. Blanka von Münchingen, genannt Halde-Röslein. Eine echte deutsche Räuber- und Rittergeschichte aus den Zeiten der Kreuzzüge. Von Veit Weber. (212 S.)
2. 3. Bd.: Banco Contarini, der Räuberhauptmann aus fürstlichem Geblüte. Eine italien. Räubergeschichte voller wunderbarer Enthüllungen aus den höchsten Ständen. 2 Bde. (268 S.)
4—6. Bd.: Ritter Ruprecht der Furchtbare, Schutzheiliger und schrecklicher Rächer am Gottesgericht. Eine Reihe Gräuelthaten aus der Barbarei der Vorzeit, wo noch Vehmgerichte u. Räuberhorden herrschten. 3 Bde. (191; 192; 171 S.)
7—10. Bd.: Urach der Wilde. Roman aus den Ritterzeiten. 4. Bde. 4. Aufl. (à Bd. 192 S.)

1—10. Bd. jetzt u. d. T.: Romantische Lesebibliothek. 1—10. Bd.

RITTERGESCHICHTEN der Vorzeit. 2 Thle. Mit 2 (figurenreichen) Titelkpfrn. u. 2 Titelvign. (unsign.). Leipzig (o. Adresse). 1792. 8°. (1 Mk. 50 Pfg. Stuber. Würzb., vor vor 1885; jetzt theurer!)

I: 3 Bll., 250 S. 1. Die Bethfahrt (!). 2. Der schwarze Ritter. 3. Günther von der Aue (S. 141—183, stellenw. anstößig). 4. Gonzaga's Gerechtigkeit.
II: 4 Bll., 256 S. 1. Adelbert v. Wiesenthau (S. 1—148, mit verfängl. Stellen). 2. Otto u. Caba. 3. Uta u. Siegewald, oder des heiligen Emerams Seligsprechung.

— — Dasselbe. Neue Auflage. 2 Thle. Regensburg 1802. 8°.

Rittergut, Das. Organ für die Rechtsverhältnisse u. die Vermögensverwaltung des landwirtsch. Grossgrundbesitzes. Redakt. M. Diefke. 4. Jahrg. 1908. 12 Nrn gr. 8. Berlin, G. Löwenstein. 1908 Vierteljährlich

Rittergut, das. Organ für die Rechtsverhältnisse u. die wirtschaftl. Interessen des landwirtsch. Grossgrundbesitzes. Redakt. M. Diefke. 5. Jahrg. 1909. 12 Nrn. gr. 8. Berlin, G. Löwenstein. 1909. Vierteljährl. 1. —

Rittergüter, die, u. selbständigen Gutsbezirke in der Provinz Schlesien. Mit Angabe der nächsten Poststation, des Areals, des Grundsteuer-Reinertrages, des Besitzers resp. des Pächters u. Bevollmächtigten. Nach amtl. Quellen zusammengestellt. Breslau 870. Korn. gr. 8. (IV, 245 S.) n. 1 ₰ 10 ngr.

Ritterhaus, „Die Zeit will Männer, fest u. stark!" Gedicht, 2 S., 8°.

Ritterhaus, Emil, s. Rittershaus, Emil

Ritterhaus, Gust., Liebesgrüße, s. a. Liebesgrüße.

Ritterhaus, Gust., Liebesgrüße. Album für Deutschlands Frauen u. Töchter. Mit Gedichten von Ida Gräfin Hahn-Hahn, Eman. Geibel, Mor. Graf Strachwitz ꝛc. Auf's Neue herausg. 2. Aufl. Meppen 861. Müller. 16. (182 S.) 12⅓ ngr.

Ritterich, Friedrich Philipp

Ritterich, F. P., Anweisung zur Erhaltung des Sehvermögens an sich u. in die Ferne. Für höhere Schulen. gr. 8. (25 S.) Leipzig 847, Barth. 3 ngr — Anweisung zur Erhaltung des Sehvermögens u. zur Vermeidung u. Heilung der Kurzsichtigkeit. Im Auftrag eines K. Sächs. hohen Ministeriums des Cultus ꝛc. f. höhere Schulen verfaßt. 2., zu allgemeinerem Gebrauche gänzlich umgearb. Aufl. gr. 8. (30 S. m. eingedr. Holzschn.) Ebd. 852. n. 4 ngr

— das künstliche Auge. Mit 15 Abbildgn. auf 8 (lith.) Taf. gr. 8. (45 S.) Leipzig 850, O. Wigand. n. $^5/_6$ ₰

Ritterich, Fr. Phil., jährl. Beitrr. z. Vervollkommnung d. Augenheilkunst. 1r Bd. Mit 2 Kupft. gr. 8. Leipz. 827. Voß. 1 ₰ 12 gl

Ritterich, Friedr. Phil., weitere Beiträge zur Vervollkommnung der Augenheilkunst. hoch 4. (VII und 70 S. mit 7 ill. Stnt.) Leipzig 861, C. F. Winter'sche Verlagsh. *

Ritterich, F. P., die Heilanstalt für arme Augenkranke zu Leipzig zur Zeit ihres 25jährigen Bestehens, mit e. Rückblicke auf ihre Entstehung u. Fortbildung u. mit Bemerkgn. über Augenklinik. gr. 8. (3½ B. u. 4 Stnt.) Leipzig 845, (Vogel.) *

— die Hornhautbeere, Staphylom der Hornhaut. Mit 6 (lith.) Taf., 57 color. Origin.-Abbildgn., 4 Umrisse u. 5 Copieen enthaltend. Leipzig 859. Voss. gr. Fol. (2 Bl., 30 S.) n. 8 ℛ

Ritterich, Friedr. Phil., Lehre von den blutigen Augenoperationen am menschlichen Körper. In Abbildgn. mit erläuterndem Texte. Zum Gebrauche für Studirende und ausübende Aerzte. Mit 22 (lith.) Taf. Abbildgn. Leipzig 858. C. F. Winter. gr. 4. (VI, 68 S. u. 22 Bl. Erklär. d. Taf.) n. 4 ℛ.
Separat-Ausg. aus Günther's Lehre von den blutigen Operationen etc. 6. Abth.

—— Lehre von den blutigen Augenoperationen am menschlichen Körper. In Abbildungen mit erläuterndem Texte. Zum Gebrauche für Studirende und ausübende Aerzte. Imp.-4. (VI und 68 S. mit 22 Bl. Erklärungen und 22 Stnt. Abbildungen, wovon 3 ill.) Leipzig 859, C. F. Winter'sche Verlagsh.

—— dass. — s. Günther, G. B., Lehre von den blutigen Operationen.

— zur Lehre vom Schielen und über das Anpassungsvermögen der Augen. Leipzig 856. Voss. gr. 8. (IV, 109 S.) n. 20 ℊℊ

—— das Schielen u. seine Heilung. gr. 8. (9⅟₂ B. u. 1 Kpfrt.) Leipzig 843, Barth. —

Ritterkapelle, Die marianische. Templum s. sacellum Marianum Equestre in Hassfurt in ihrem gegenwärtigen Zustande und in ihrer Wiederherstellung ... Bamberg 1857. H: *Heideloff, Carl Ritter von.* (BMarsch 697)

Ritterkraft u. Rittertreue, od. Wiprecht v. Groitzsch, s. Bibliothek v. Ritter- rc. Geschichten, II. Suite 3. Bd

WIPRECHT von Groitzsch. — Ritterkraft u. Rittertreue od. Wiprecht von Groitzsch. Interessante Rittergeschichte. Leipzig 1841. 8⁰. (2 Mk. 50 Pfg. Julius Neumann, Magdeb., 1908.)

Ritterkraft u. Rittertreue, oder Wiprecht v. Groitzsch, histor.-romant. Rittergeschichte. 8. Leipzig 841, Schreck. 1 ℛ —

Ritter- und Dichterleben Basels im Mittelalter, s. Neujahrsblatt, XXXVI.

Ritterleben. Ritter- und Dichterleben Basels im Mittelalter. (Njbl.) s. [Wackernagel, Wilhelm].

Ritterling, Emil [aus Leipzig]: De legione Romanorum X gemina .... Lipsiae, 1885: 2 + 126 + 2 S. 8⁰.
Leipzig, Phil. Fak., Inaug.-Diss. v. 21. Dez. 1885.

Ritterling, Emil, de legione Romanorum X gemina. gr. 8. (127 S.) Leipzig 885. (Fock.) n. 2. —

Ritterling, Emil, das Kastell Wiesbaden. Nach älteren Untersuchgn. des nassauischen Altertumsvereins bearb. (140 S. m. Abb., 17 Taf. u. 1 Karte.) 32,5×24,5 cm. Heidelberg 909. O. Petters. 24. —
Sonderabdruck aus: „Der obergerm.-raet. Limes d. Roemerreiches".

Ritter-List od. Das Wasser-Duell, s.a. Vereins-Theater, katholisches.

Ritter-List oder Das Wasser-Duell. Schwank in 2 Akten von A. H., kath. Priester. (2. Aufl.) *Duisburg: J. Hoffmann 1894.* (26 S.) 8⁰ [F.]
— Vereins-Theater. Katholisches. Bdch. 43.

Rittermann, [Arthur], Assessor, a. Berlin: Das Recht der Ehefrau zur Klage wegen Störung des Besitzes am eingebrachten Gut. Greifswald 1905: J. Abel. (32 S.) 8⁰ [F.]
Greifswald, Jur. Fak., Ref. Frommhold, Diss. v. 18. Aug. 1905
[Geb. 17. Sept. 74 Finsterwalde, Niederlausitz; Wohnort: Berlin; Staatsangeh.: Preußen; Vorbildung: Gymn. Torgau Reife O. 93; Studium: Berlin 7 S.; Rig. 16. Febr. 05.]

Rittermann, C. Fr., Anweis., das Lesen nach d. Lautmethode zu lehren. 8. Bresl. 814. (Graß, B. u. C.) 3 ℊℊ

Rittermann, C. Fr., Anweisung das Lesen nach d. Lautmethode zu lehren. 8. Bresl. Holäufer. 814.

Rittermann, Jakob Heinrich (Rheinberg) A. S. 1368/37

Dissertatio philosophica de mineralogia territorii Erfurthensis. Präs. Jo. Wilhelm Baumer. Erfurt(Hering) 5. III. 1759. 40 S. 28998

Zwei altdeutsche Rittermären. Moritz v. Craon. Peter v. Stauffenberg. Neu hrsg. v. Edw. Schröder. Berlin 1894. G. 8⁰. (Mk. 3—.) (2 Mk. Conr. Skopnik, Berlin, 1909.)

Rittermaeren, zwei altdeutsche. Moriz v. Craon. Peter v. Staufenberg. Neu hrsg. v. Edward Schröder. gr. 8. (LII, 103 S.) Berlin 894. Weidmann. n. 3. —

Ritter-Orden und Ehrenzeichen, Chronik sämmtl. bekannten, s. Schulze, H.

Ritterorden, Der, vom goldnen Sporn. [Leipz. 1807.] V: *Vulpius, Chn August.* (MGT)

Ritterorden, über den, des heil. Wenzels im Königr. Böhmen. 8. Wien 807. Wallishauser. 9 ℊℊ Hdb. Pr. 6 ℊℊ

Ritter-Orden-Almanach auf das Jahr 1776. Wien. H: *Hell, Maximilian.* (Journal von und für Deutschland 1791, 9. Stück, (BiblPort)

Ritterordenalmanach, Oestreichischer, auf das J. 1780. Wien u. Presburg. H: *Klopstock, Ernst.* (Weber) (ML)

Ritterordnung der freien Reichsritterschaft des Fränk. Kreises. 4. Nürnb. 772. Bauer u. R. 1 ℛ

Ritterordnung d. freyen Reichsritterschaft des fränkischen Kreises. 4. Nürnb. Raspe. 772.

Ritter-Platz, Der Geöffnete, Worinnen die vornehmsten Ritterlichen Wissenschafften und Uebungen, Sonderlich, was bey der Fortification, Civil-Bau-Kunst, Schiff-Fahrt, Fechten, Reiten, Jagen, Antiquen so wol als Modernen Müntzen und Medaillen, Hauptsächliches und Merckwürdiges zu beobachten. Th. 1—3. Hamburg 1704—1705

„Des Geöffneten Ritter-Platzes Dritter Theil / worinnen die Ausführung der noch übrigen galanten Wissenschaften / Besonders was bey Raritäten- und Naturalien-Kammern / Berg-Wercken, Kauffmannschaft und Handlungen / Manufacturen, Künsten und Handwercken Hauptsächliches und Remarquables zu bemercken vorfället / welchem beygefügt Eine Curieuse Nachricht von Erfindungen und Erfindern der Wissenschafften / Künsten und Handwercken", Hamburg 1705 (Bey Benjamin Schillern).

Des Geoffneten **Ritter-Platzes** Dritter Theil / Worinnen die Ausführung der noch übrigen galanten Wissenschafften / Besonders was bey Raritäten- und Naturalien-Kammern / Berg-Wercken / Kauffmanschafft und Handlungen / Manufacturen. Künsten und Handwercken / Hauptsächliches und Remarquables zu bemercken vorfallet ... Hamburg. Bey Benjamin Schillern ... 1707.
Titelkupfer. 7 Bl., 178 + 248 – 204 – 310 + 167 S. 20 Taf. in Kupferst. 8°
Teil I Hamburg 1700. Graesse VI, 132.
S. auch Cl I **Florinus**. Oeconomus prudens et legalis 1750—51.

Ritterrecht, Lifländisches. Oder hochdeutsche Übersetzung der gemeinen Rechte des Stiftes von Riga ... [Riga 1794.] V: *Buddenbrock, Gustav Joh. v.* (R-N)

Ritter- und Landrechte, Des Herzogthum Esthen, 6 Bücher ... Dorpat 1821. H: *Ewers, Johann Phil. Gustav von.* (R-N) (MGT) *Crusius, Philipp & Casp. Meyer.* (Ky) (EngJ)

Ritter-Hof- und Pilger-Reise, Des böhmischen Herrn Leo v. Rozmital, durch die Abendlande 1465—67 ... Stuttg. 1844. V: *Šašek z Mezihoří & Gabriel Tetzel.* (EB)

Ritters, H., De conformationum usu Aeschyleo. Diss. 1882. 63 S.

Ritters, Hermann, Dr.: Etymologische **Streifzüge** auf dem Gebiete des Niederdeutschen unter besonderer Berücksichtigung der Dithmarscher Mundart. [T. 1.] *Hamburg 1899: Lütcke & Wulff.* (24 S.) 4°
Hamburg, R vor d. Lübeckerthore, P 1899 (782)

Ritters, Herm., etymologische Streifzüge auf dem Gebiete des Niederdeutschen unter besond. Berücksicht. der Dithmarscher Mundart. Progr. gr. 4. (24 S.) Hamburg 899. (Herold.) n.n. 1. 50

Der Rittersaal. Eine Geschichte des Ritterthums, seines Entstehens und Fortganges, seiner Gebräuche und Sitten; artistisch erläutert von T. v. Reibisch, historisch beleuchtet von F. Kottenkamp. Mit 62 Tfln. Stuttgart 1812. 5,00.

Rittersbacher, Julius Carol(us): De sensuum numero. Halae 1832: Orphanotropheum. 39 S. 8°
Halle-Wittenberg, Med. Diss., nachgeliefert von dem am 11. Juli 1831 auf Thesen promovierten Verf.
Geb. Weilburg (Nassau) 17. 4. 1810. V.

Rittersbacher, Julius Carolus: Theses ... loco dissertationis de sensuum numero mox edendae. Halae (1831): Baentsch. 2 Bl. 8°
Halle-Wittenberg, Med. Thesen v. 11. Juli 1831

v. Rittersberg, J., s. **Ritter v. Rittersberg.**

Chur- und Neumärkisches allergnädigst confirmirtes **Ritterschafts-Credit-Reglement.** [Dat.:] Berlin, den 15. Juny 1777.

Revidirt- und verbessertes auch allergnädigst confirmirtes **Ritterschafts-Credit-Reglement** für die Chur- und Neumark. Berlin, den 14. Julii 1782. Berlin (1782). fol.

Ritterschlag Ehrenwache Fahrten

Ritterschlag, Ehrenwache und Fahrten Arnulfs von Baar oder der Ahnengeist in der Aulenburg. Ritter- und Geistergeschichte aus den Zeiten der Kreuzzüge. Vom Verf. Adolphs von Bomsen, Ufos von Freysingen, Th. 1.2. 1825
s.a. Falckh, Josef Alois [Verf.]

Ritterschlag, Ehrenwache und Fahrten Arnulfs von Baar ... Mannheim 1825. V: *Falckh, J.* (GGr X, 506) (Zeitschr. f. Büch. N. F. 15, 1923, S. 120)

Ritterschlag, Ehrenwache u. Fahrten Arnulfs v. Baar, od. d. Ahnengeist in der Aulenburg. Ein Ritter- u. Geistergesang aus d. Zeiten d. Kreuzzüge, vom Verf. Adolphs v. Bomsen ꝛc. 2 Thle. 8. Manh. 825. Löffler. 2 ₰

Rittersdorf, Dn., die Uebereinstimmung der alten u. neuen Schöpfung. 4. Danzig 765. Knoch. 3 ₰

Rittershaus, Adeline: Die Ausdrücke für Gesichtsempfindungen in den altgermanischen Dialekten. I. Teil. Zürich 1899. XIV, 81 S. 8°.
Zürich. Phil. Diss. I. S. 1898/99.

Rittershaus, Adeline, die Ausdrücke f. Gesichtsempfindungen in d. altgerman. Dialekten, s.a. Abhandlungen, hrsg. v. der Gesellschaft f. deutsche Sprache in Zürich. III.

Rittershaus, Adeline: Die Ausdrücke für Gesichtsempfindungen in den altgermanischen Dialekten. E. Beitr. z. Bedeutgsgesch. Von –. Tl. I. Zürich: E. Speidel 1899. (XIV, 81 S.) 1Bd 8°
= Abhandlungen hrsg. v. d. Gesellschaft f. deutsche Sprache in Zürich. [No] III.

Rittershaus, Adeline [Dr. phil. Privatdozent an der Universität Zürich]: Die neuisländischen Volksmärchen. Ein Beitrag zur vergleichenden Märchenforschung. Halle a. S. 1902. 457 S. 8°.
Zürich. Phil.-Hab.-Schr. 1902/1903.
Nicht für den Austausch.

— die neuisländischen Volksmärchen. Ein Beitrag zur vergleich. Märchenforschg. gr. 8. (L, 457 S.) Halle 902. M. Niemeyer. n. 12. —

— Ziele, Wege u. Leistungen unserer Mädchenschulen u. Vorschlag e. Reformschule. gr. 8. (V, 42 S.) Jena 901. G. Fischer. n. — 80

Rittershaus, Adolf, Arzt aus Remscheid: Aus d. Kgl. med. Universitäts-Klinik zu Bonn. Über traumatischen **Diabetes** mit histologischer Untersuchung des Zentralnervensystems in einem solchen Falle. *Bonn 1903: C. Georgi.* (40 S.) 8°
Bonn, Med. Diss. v. 17. Juni 1903

Rittershaus, Carl, s. Rittershaus, Karl

Rittershaus, Emil. [Aufruf] An die Freimaurerlogen. [Dat.:] Barmen, im Herbste 1888. 1 Bl. 4°. [Kopftit.]
Betr. Schulspeisung der armen Kinder im Winter. Es liegt ein Gedicht bei: „Eine Bitte für arme Kinder": „Wie wandelt sich's am Sommermorgen schön" ...

In Bruderliebe und Brudertreue. Gedichte von Emil **Rittershaus.** Leipzig: Hesse 1893. 93 S. 8°

[Dasselbe.] 2. Aufl. Ebendas. 1893. 93 S. 8°

[Dasselbe.] 3. Aufl. Ebendas. 1897. 93 S. 8°

[Dasselbe.] 4. Aufl. Ebendas. 1897. 93 S. 8°
Recens: Bh. 36 (1893) S. 400 (C. Gotthold); Bbl. 7 (1893) S. 539 (A. W. Sellin); BrL. 12 (1894—1895 S. 58—63 (A. Hentschel).

In Bruderliebe und Brudertreue. Gedichte von Emil Rittershaus. 5. Aufl. Leipzig: Hesse 1897. 111 S. 8°.
Vgl. W. 40287.

—— Buch der Leidenschaft. 1. und 2. Aufl. 8. (108 S.) Oldenburg 886, Schulze'sche Hofbuchh. *ℳ 2.—.; geb. *

—— dass. — 3. Aufl. 8. (III, 108 S.) Ebendas. 887. * geb.

— Buch der Leidenschaft. 4. Aufl. 8. (108 S.) Oldenburg 889. Schulze. n. 2. —; geb. n. 3. —

Bundeslied der ▭ „Lessing" in Barmen. [Unterz.:] Emil Rittershaus. [Barmen] o. J. 1 Bl. 8° [Kopftit.]
Ohne Noten: „Den Namen „Lessing" haben wir..."

Freimaurerische Dichtungen. Von Emil Rittershaus. Leipzig: Findel 1870. 73 S. 8°

Rittershaus, Emil, Freimaurerische Dichtungen. Zweite verbesserte u. vermehrte Auflage. Leipzig. Findel. 1878. kl. 8. 4 Bl. 119 S.
Nach Form und Inhalt ausgezeichnete tiefsinnige Poesien. Die zweite Aufl. enthält 13 Gedichte weiter.

[Dasselbe.] 3. verb. u. verm. Aufl. Leipzig: Hesse 1886. 102 S. 8°

[Dasselbe.] 4. verb. u. verm. Aufl. Ebendas. 1893. V, 103 S. 8°

°[Dasselbe.] 5. Aufl.

[Dasselbe.] 6. Aufl. Ebendas. 1897. 111 S. 8°
Recens. für 1. Aufl.: FZ. 24 (1870) S. 245 bis 246; Jahrbuch d. Bauhütten d. Eintrachtbundes. 1870 S. 40, abgedr. in: Bh. 13 (1870) S. 253; Reform. 5 (1870) S. 79.
für 2. Aufl.: Bh. 20 (1877) S. 142.
für 3. Aufl.: DrL. 16 (1886—1887) S. 1222.
für 4. Aufl.: Bh. 36 (1893) S. 400 (C. Gotthold).
cf. f. 2. Aufl.: Chd'U. 13 (1877) S. 385—386 (G.).
Tt. 2370—2371.

[Lithogr.] Festgruss gewidmet der Loge Prinz von Preussen zu den drei Schwertern in Solingen zum Jubiläum des 25jährigen Stiftungsfestes von Emil Rittershaus. Solingen [1865]: Larsch. 2 Bl. 8° [Umschlagtit.]
Tt. 2577. Gedicht: Festgruss: „Zu den drei Schwertern hast du dich genannt."

-- den Frauen u. Jungfrauen in der Kriegszeit. Drei Lieder nach Volksweisen. Barmen 870. Langewiesche's Verl. 8. (5 S.) n. 2 ngr.

Rittershaus, Emil, Freimaurer sind wir und wir bleiben frei! Leipzig, Förster & Findel. (1865.) 8. 2 Bl.
Abgedr. Bauhütte 1864. S. 385 und Triangel 1865. S. 16.

Freimaurer sind wir und wir bleiben frei! Gedicht von Emil Rittershaus. Leipzig: Förster & Findel [1865]. 2 Bl. 8° [Umschlagtit.]
Aus: Bh. 7 (1864) S. 385.
Abgedr. in: T. 11 (1865) S. 16.
Tt. 2576. „Wer war es, der des Lichtes Fahne trug . . ."

[Gedicht.] Dem Bruder Heil, dem Kaiser! Zur Geburtstagsfeier Sr. Majestät, des deutschen Kaisers, Wilhelm I. am 22. März 1887. Von Emil Rittershaus. Leipzig: Hesse 1887. 7 S. 8° [Umschlagtit.]
„Ein neunzigjähr'ger Kaiser! — Trau'n, so lang in deutschen Reichen . . ."

[Gedicht.] Zum Geburtstag von Gust. Heimendahl. 24. Jan 1892. [Unterz.:] Emil Rittershaus. o. O. 1892. 2 Bl. 8° [Umschlagtit.]
„Am Tag des „alten Fritzen" . . ."

[Gedicht] Zum Johannis-Feste 1884 [der Loge Lessing in Barmen]. [Unterz.:] Emil Rittershaus. Separatabdruck aus Latomia Nr. 14, 1884. 2 Bl. 8°. [Kopftit.]
„Wieder kommt Johannisfeier . . ."

[Gedicht.] Der Joh.-Loge zum Tempel der Eintracht im Or. Posen gewidmet und vorgetragen bei seinem Besuche der genannten Loge am 17. Febr. 1881 von Emil Ritterhaus. [Dat.:] Posen 1881. 2 Bl. 8° [Umschlagtit.]
„Nicht in lachendem Gelände, . . ."

[Gedicht.] Der „Königlichen Kunst". [Unterz.:] Emil **Rittershaus.** o. O. u. J. [ca 1875.] 1 Bl. 8⁰ [Kopftit.]
„Du Königliche Kunst, der wir ergeben . . ."
Abgedr. in: Rittershaus, E.: Frmrische Dichtungen. 3. Aufl. 1886 S. 92—94; 4. Aufl. 1893 S. 92—94; 6. Aufl. 100—102.

Witte, Aug.: **[Gedicht.] Am Sarge von Bb.·. Aug. Witte, gest. am 26. April 1895.** [Unterz.:] Emil **Rittershaus.** Barmen [1895]: Staats. 4 Bl. 2⁰ [Umschlagtit.]
„Nicht giebt dem Leben seinen Werth . . ."

[Gedicht.] Zur Trauerloge für Kaiser Wilhelm I. Von Emil **Rittershaus.** (Nachdr. verboten.) Leipzig: Hesse [1888]. 8 S. 8⁰ [Umschlagtit.]
„Kaisers Geburtstag! — Welch' ein Fest . . ."

Rittershaus, Emil, Gedichte. 24. (X und 240 S.) Elberfeld 855, Bädeker'sche Buchh. *

Rittershaus, Emil, Gedichte. 2., starkverm. Aufl. 16. (548 S.) Breslau 858, E. Trewendt. geb.

— Gedichte. 3., verm. u. verb. Aufl. Breslau 870. Trewendt. 16. (560 S.) In engl. Einb. mit Goldschn. 2 ℛ

Rittershaus, Emil, Gedichte. 4. verm. u. verb. Aufl. 16. (564 S.) Breslau 872. Trewendt. geb. m. Goldschn. 6.—

— dasselbe. 5., verm. u. verb. Aufl. gr. 16. (418 S.) Ebend. 875. geb. m. Goldschn. 9. —

— Gedichte. 6. Aufl. 12. (448 S.) Breslau 880. Trewendt. geb. m. Goldschn. n. 6. —

— Gedichte. 7. Aufl. 12. (448 S.) Breslau 884. Trewendt. geb. m. Goldschn. n. 6. —

— Gedichte. 8., verm. u. verb. Aufl. 12 (448 S.) Breslau 892. E. Trewendt. Geb. in Leinw. m. Goldschn. n. 6. —

Rittershaus, Emil, Gedichte. 9. Aufl. M. e. Abschiedsgruß v. Ernst Scherenberg. 12. (448 S.) Breslau 898. E. Trewendt. Geb. in Leinw. m. Goldschn. n. 6.—

Rittershaus, Emil, Gedichte. 10. Aufl. (446 S.) kl. 8 Berlin 906. E. Trewendt.
Geb. in Leinw. m. Goldschn. n. 6. —

Rittershaus, Emil, neue Gedichte. 1.—3. Aufl. 1871—73. *ℳ 6., und 4. Aufl. gr. 16. (VIII, 312 S.) Leipzig 874, Kiel. geb. mit Goldschn. *

—— neue Gedichte. 5. verm. und verb. Aufl. 12. (VIII, 316 S.) Leipzig 886. Keil's Nachf. geb. mit Goldschn. *

Rittershaus, Emil, neue Gedichte. 6. Aufl. 12. (XII, 295 S. m. Bildnis.) Leipzig 899. E. Keil's Nachf.
Geb. in Leinw. n. 5.—

Zur Jahrhundertfeier. Das Soester Lied. [Unterz.:] **Rittershaus.** [1908.] 1 Bl. 8⁰. [Kopftit.]
„Der Bau ist gegründet" . . .

Heimendahl, Gust.: Der 24. Januar 1895. [Unterz.:] Emil **Rittershaus.** Crefeld o. J.: Düsselberg. 1 Bl. 4⁰. [Kopftit.]
Gedicht: „Am Tag des Alten Fritzen" . . .
Vgl. W. 16097.

Improvisation des Br.·. Emil **Ritterhaus** beim Schwesternfeste im Logenhause [Joseph zur Einigkeit?] zu Nürnberg am 19. Sept. 1886 nach dem Liede: „Der Himmel auf der Erde", gesungen von Müller [Bamberg 1886: Göttling.] 2 Bl. 8⁰ [Umschlagtit.]
„Wie schön zu Haus es wäre, . . ."

—— Der deutsche Kaiser. 1.—3. Aufl. gr. 8. (28 S.) Berl. 890, Walther. * — 50

[Lied. Unterz.:] Emil **Rittershaus.** (Gelegentlich der Einweihung des neuen Logen-Gebäudes der □ „Victoria zur Morgenröthe" in Hagen, am 19. Jan. 1873.) Wesel [1873]: Kühler. 1 Bl. 12×29,7 cm.
Ohne Noten: „Das Pfaffenthum macht heut' mobil . . ."
Abgedr. in: Rittershaus, E.: Frmrische Dichtungen 4. Aufl. 1893 S. 81—83.

[Dasselbe u. d. Tit.]:
[Lied.] Der Loge Victoria zur Morgenröthe im Or. Hagen zur Feier der Einweihung des neuen Tempels am 19. Jan. 1873. [Unterz.:] Emil Rittershaus. Crefeld [1873]: Kramer & Baum. 2 Bl. 8⁰ [Umschlagtit.]

[Lied.] Der Loge Eos in Crefeld. [Unterz.:] Emil **Ritterhaus.** [Krefeld 1878.] 1 Bl. 8⁰ [Kopftit.]
Ohne Noten: „Ob die Maienlüfte kosen, . . ."

— für die Nothleidenden am Rhein. Lex.-8. (3 S.) Barmen 882. Taddel. — 25

— für Oberschlesien. 8. (3 S.) Ebend. 880. n. — 25

Dem Papste! Antwort eines Freimaurers auf die Encyclica vom 21. Nov. 1873. Von Emil **Rittershaus.** Barmen: Taddel] 1873. 2 Bl. 4⁰ [Umschlagtit.]

Dem Papste! Antwort eines Freimaurers auf die Encyclica vom 21. November 1873. Von Emil Rittershaus. Elberfeld 1874: Martini & Grüttefien. 2 Bl. 4°. [Umschlagtit.]
W. 23347 kennt diese Elberfelder Ausgabe nicht.

[Dasselbe.] 13. (Ster.) Aufl. [Barmen: Taddel] 1874. 2 Bl. 4°

[Dasselbe.] 15. (Ster.) Aufl. Ebendas. 1874. 2 Bl. 4°

[Dasselbe.] 16. (Ster.) Aufl. Ebendas. 1874. 2 Bl. 4°

[Dasselbe.] 18. (Ster.) Aufl. Ebendas. 1874. 2 Bl. 4°

[Dasselbe.] 20. (Ster.) Aufl. Ebendas. 1874. 2 Bl. 4°

[Dasselbe.] 29. (Ster.) Aufl. Ebendas. 1878. 2 Bl. 4°

[Dasselbe.] 30. (Ster.) Aufl. Ebendas. 1884. 2 Bl. 4°
Abgedr. in: DrL. 3 (1873—1874) S. 182—184; Rittershaus, E.: Frmrische Dichtungen. 2. Aufl. 1878 S. 103—110; 3. Aufl. 1886 S. 95—102; 4. Aufl. 1893 S. 95—103.
Tt. 1760. Auszug aus der Enzyklika u. Gedicht: „Noch einmal auf die Häupter der Masonen ...“, letzteres auch abgedr. in: HL. 7 (1874) S. 545—546; T. 20 (1874) S. 47 bis 48 u. durch J. H. de Jongh frei ins Holländ. übers. in: MW. Ser. 2 Jg. 11 (1874) No 16.

— dem Papste! Antwort eines Freimaurers auf die Encyclica vom 21. Novbr. 1873. 29. [Ster.=]Aufl. 4. (4 S.) Barmen 878. Taddel. — 25

[Dasselbe.] Nürnberg 1874: Jegel. 2 Bl. 4°

— am Rhein u. beim Wein. Gedichte. 8. (IV, 88 S.) Leipzig 884. Keil's Nachf. n. 1. 50; geb. m. Goldschn. n. 2. 50

—— am Rhein und beim Wein. Gedichte. 2. Ster.=Aufl. 3. Tausend. 8. (IV, 95 S.) Leipzig 885, Keil's Nachf. * geb. mit Goldschn. *

— am Rhein u. beim Wein. Gedichte. 4. Ster.=Aufl. 8. (IV, 95 S.) Bonn 900. Stuttgart, E. Strauß. Geb. in Leinw. m. Goldschn. n. 3.—

— s.: Rheinlands Sang u. Sage.

Ritterhaus, Emil, zur Sedan=Feier. hoch 4. (4 S.) Barmen 875. Taddel. — 25

Rittershaus, Emil, Deutschlands Siegesdank, Reigen, m. Abb., Berlin 1882, 8°.

— aus den Sommertagen. 8. (VIII, 255 S.) Oldenburg 886. Schulze. n. 4. —; geb. n. 5. —

— aus den Sommertagen. 2.—4. Aufl. 8. (VIII, 255 S. m. Lichtdr.=Bild.) Ebd. 887—889. n. 4. — geb. n. 5. —

—— s. Sprüche, altdeutsche.

— Spruchperlen heitrer Lebenskunst. 16. (VIII, 200 S.) Berlin 893. G. Grote. n. 2. —; geb. in Leinw. m. Goldschn. n. 2. 50; in Halbfrz. n. 3. —

— zur Trauerloge f. Kaiser Wilhelm I. gr. 8. (8 S.) Leipzig 888. M. Hesse. n. — 50

— vorwärts! Nach Paris! drei Kriegslieder nach Volksweisen für die deutschen Soldaten. Rheydt 870. Langewiesche. br. 8. (5 S.) n. 2½ ngr.

— an Kaiser Wilhelm II. gr. 8. (4 S.) Barmen 888. (Inderau.) — 30

Rittershaus, Ernst, aus Darmstadt: Aus d. Sektionsprotokollen d. pathol. Instituts d. Rhein. Friedrich-Wilhelms-Universität zu Bonn. **Fehldiagnosen** bei Carcinom. Ein Beitrag zur Statistik d. nicht diagnostizierten Krebse. *Bonn 1904: C. Georgi.* (48 S.) 8°
Bonn, Med. Diss. v. 24. März 1904

Rittershaus, Jul., Kritisches u. Erlebtes. 3. Aufl. gr. 8. (VIII, 143 S.) Berlin 891. Cassirer & Danziger. n. 2. —

Rittershaus, Jul., Emil Rittershaus. Nach s. selbstbiograph. Aufzeichngn. u. nach Erinnergn. 8. (63 S. m. 2 Portr.) Leipzig 899. E. Keil's Nachf. — 75

Rittershaus, Karl

Rittershaus, Carl, der praktische Konditor. Ein Hand- u. Lehrbuch aus der Praxis f. die Praxis, m. zahlreichen Rezepten, Vorlagen u. bunten Taf. (XIII, 376 S. m. 1 farb. zerlegbaren Modell.) Lex. 8. Leipzig 907. J. J. Arnd. Geb. in Leinw. 20. —

Rittershaus, T., Maschinenwesen u. Transportmittel, s.: Bericht, amtlicher, üb. die Wiener Weltausstellung.

Rittershaus, W., und Freymuth, Promenaden- und Ortsplan von Bad Grund und Umgebung. Mit Wegmarkirungen nach Oertel entworfen. 1 : 16,000. Chromolithogr. qu. gr. Fol. Clausthal 886, Uppenborn. *

Grund. — Rittershaus, W., u. Freymuth. Promenaden- und Ortsplan v. Grund u. Umgegend. (Specialkarte v. Bad Grund u. Wildemann.) Mit Wegmarkirgn. nach Oertel. 1 : 16,000. Farbendr. u. color. Mit Erläutergn. am Rande. Neue Ausg. 40,5×40 cm. Clausthal 891, Uppenborn. * — 50

Rittershausen, Carl, s. Rittershausen, Karl

Rittershausen, D., Anfangsgründe d. Elementar=Geometrie. Für Schulen u. den Selbstunterr. M. 4 Stnt. gr. 8. (9 B. u. 1 Tab.) Berlin 828, (Enslin'sche Buchh.) 20 Gr., hrbgf. Pr.

Rittershausen, Dietr., Heimathskunde (zunächst f. Berlin) als Grundlage des ersten geograph. Unterrichts. Methodisch bearb. 8. (2 B. u. 2 Karten.) Berlin 844, Herm. Schultze. *

Rittershausen, Dietr., zur Heimathskunde. Pädagogische, histor. u. prakt. Anmerkungen u. Erläuterungen f. den Lehrer. 8. (34 S.) Leipzig 850, Herm. Schultze. 3 ngr

— der Magistrats-Entwurf des Statuts für die Bürgerwehr. Im Geiste der Zeit beleuchtet. gr. 8. (15 S.) Berlin 848, K. W. Krüger. n. $^1/_{12}$ ℳ

Rittershausen, Dietr., die Welt- und Vaterlandskunde. Ein Lehrbuch für den auf geographische Grundlage zu ertheilenden Unterricht in den Realien. Zugleich als weltkundliches Lern- und Lesebuch für die Jugend bearb. Mit Karten und Abbildgn. (Holzschn. im Text.) Erfurt 856. Körner's Verlag. gr. 8. (VIII, 201 S.) n. 24 ngr

—— die Wünsche. Morgenländ. Erzählungen u. Mährchen. 12. ($6^1/_2$ B.) Berlin 846, Krüger.

—— die Wünsche. Morgenländische Erzählungen und Märchen. 2. (Titel-)Ausg. 12. (149 S.) Berlin 851, Krüger.

Rittershausen, Friedrich, aus Hattingen a. d. Ruhr: Zur Kenntnis der Quecksilberammoniakverbindungen. *München 1899 [vielm. 1900]: Kastner & Lossen.* (43 S.) 8°
München, Phil. Diss. v. 1900

Ritthausen, Heinrich: Ueber den Besitzerwerb des Klägers als wesentliche Voraussetzung der actio Publiciana. *Königsberg i. Pr. 1898: M. Liedtke.* (48 S.) 8°
Erlangen, Jur. Diss. v. 11. Mai 1898

Rittershausen, Josef Sebastian von

— Beschreib. d. k. k. Bildergallerie. 8. Bregenz, Brentano.

— Betrachtt. über die k. k. Bildergallerie zu Wien. 2 Thle. 8. Bregenz 785, 86. Brentano. 12 gr

— die Christnacht. 8. Münch. 3e Aufl. 800.

— die heil. Christnacht, e. Weihnachtsgeschenk. 8. Landsh. 812. Storno. 6 gr

— — die heilige Christnacht, ein Weihnachtsgeschenk. 8. Ebend. 818.

— conspectus demonstrationum logicae et metaphysicae in usum audit. 8maj. Augsb. 778. v. Jenisch u. St. 16 gr

– s. Deutschlands Aufklärung.

— s. ferner: Deutschlands 18tes Jahrh.

— Feyerstunden des Christen. gr. 8. Leipz. Joachim.

— die Feierstunden des Christen. Jesus d. göttl. Knabe. gr. 8. Münch. 804. (Kranzfelder in Augsb.) 16 gr 2r Thl. 2 Bde. 8. Münch. 811, 12. (Weber). 1 ℳ 12 gr, 1r Thl. N. Aufl. gr. 8. Landsh. 815. Kepp. 9 gr N. A. 3 Thle in 6 Abtheill. (I. Jesus der göttl. Knabe. II. Jesus d. göttl. Lehrer. III. Jesus d. göttl. Mittler.) 8. Landsh. 811—17. Kopp. 5 ℳ 8 gr (Jaquet in Münch.) 5 ℳ

v. **Rittershausen**, (J. S.) Feyerstunden des Christen. 1r Thl. 2 Bde. A. u. d. T.: Jesus, der göttl. Knabe. 2 Bde. Ganz neue, verb. Aufl. gr. 8. Landsh. 825, Storno.

— Hauslegende od. Feierstunden e. Christen. 2 Thle. 8. Augsb. 787—89. Wolff. 1 ℳ 15 gr

– s. Hypokriten in Baiern.

v. Rittershausen, J. S., die Tochter Jephta; Trspl. 2e Aufl. 8. Münch. 790. Lentner. 6 gr

— Jesus der göttl. Knabe, s. a. Feierstunden.

Rittershausen, J. S. v., Jesus, d. göttl. Knabe, ein heil. Gesang. gr 8. Landsh. Kopp. 815.

Rittershausen, die vornehmste (sic) Merkwürdigkeiten d. Residenzstadt München f. Liebhaber d. bildenden Künste. M. Titelvignette. München 1788. 8°. Hlwdb.
15 Bll., 364 S., 15 Bll. Künstler-Verzeichniss.

— die vornehmsten Merkwürdigkeiten d. Residenzstadt München. 8. Münch. 788. Lentner, 20 gr N. A. 813. Ebd.

— Prüfung der Rede des Hrn. Prof. Schelling üb. das Verhältniß der Natur zur Kunst. 8. Münch. 808. Lindauer. 4 gr

— an den Recensenten zu Jena. 8. Augsb. 789 u. 90. Wolff. 3 gr

– s. Schlittenfahrt.

v. **Rittershausen**, Jos. Seb., der Tod Johannes des Gerechten. 8. Landsh. 817. 2e A. 824. Storno. 6 gr

v. **Rittershausen**, Jos. Seb., († d. 10. April 1820.) Vorlesungen üb. die bildenden Künste für Deutschland. 1s Heft. 8. Münch. 802. Lentner. 1 ℳ 8 gr

Rittershausen, J. S. v., Vorles. üb. d. bildenden Künste. 8. München, Lentner. 803.

— die Zerstörung von Jerusalem. Trspl. in 5 A. 8. Landsh. 811. Weber in Münch. 6 gr

– s. Zuschauer, d., in Baiern.

Rittershausen, Karl

Rittershausen, Car. Frid. Armin (geb. Düsseldorf 19. 6. 1822): De organorum uropoëticorum commutationibus pathologico-anatomicis, et creberrimis et gravissimis nonnullis. Berolini (1853). (29 S.) 8°
Berlin, Med. Diss. v. 10. Juni 1853

Rittershausen, Carl (geb. Beuel bei Bonn 22. 12. 1846): Die Syphilis des Gehirnes und seiner Hullen. Berlin (1869). (32 S.) 8°
Berlin, Med. Diss. v. 20. Aug. 1869

Rittershausen, Carl, die Syphilis des Gehirnes u. seiner Hüllen. Inaugural-Dissertation. Berlin 869. (Preuss. Stargardt, Kienitz.) 8. (31 S.) n. $7^1/_2$ ngr

Rittershausen, Car(olus) Henr(icus) Alfredus: De commotione cerebri. Halae (1837): Ploetz. 39 S. 8°
Halle-Wittenberg, Med. Diss. v. 15. Sept. 1837
Geb. Düsseldorf 15. 2. 1816. V.

Rittershausen, Paul [aus Dillenburg, Hessen-Nassau]: Anatomisch-systematische Untersuchung von Blatt und Axe der Acalypheen ... München, Druck v. V. Höfling, 1892; XV, 123 S., 1 Taf. 8.
Erlangen, Phil. Fak., Inaug.-Diss. v. 1892

Rittershusiorum, C. G. et Nicol., epistolae, ed. Strobel. 8. maj. Nrnb. Ammermüller. 768.

Rittershusius, N., Schema geneal. gentis de Seinsheim et inde oriundorum illustr. comitum in Schwarzenberg. fol.

Rittersinn und Frauenliebe, in Erzählungen und Sagen, von F. T. Hermann. 8. Leipzig, Hinrichs. 820. Schreibpap.

* — — ders. oder die drei Waisen, eine Geistergeschichte aus dem 12ten Jahrh. 3te Aufl. 8. Krems. (Leipzig, Schmidt.) 793.

Ritterspiel, das deutsche, neues Gesellschaftsspiel. Ulm, Jakob Ebner. -

Ritterscenen und Mönchsmährchen. Weissenfels u. Leipzig 1794—95. V: *Schumann, Frdr. Aug. Glieb.* (BGE) (Ky)

Ritterscenen u. Mönchsmährchen, (von Aug. Schumann). 2 Bdchen. 8. Weißenf. 794, 95. Nerr. 1 ₰ 12 gr

Ritterscenen u. Mönchsmaorchen. 2 Bdch. 8. Weißenfels, Severin. (Nerr.) 794—95. (à 18 gr.)

Rittertum, akademisches. Klänge von Neudeutschlands Burschentum. Hrsg. von Utis. [Aus den nachgelassenen Papieren eines deutschen Musensones.] 16. (30 S.) Leipzig 876, C. A. Koch's Verlagsh. *

Rittertum, akademisches. Klänge von Neudeutschlands Burschentum. Hrsg. von Utis. [Aus den nachgelassenen Papieren eines deutschen Musensones.] 2. Aufl. 16. (30 S.) Leipzig 881. C. A. Koch. — 30

Ritterthum, Das, und die Ritterorden. Leipzig 1825. V: *Wiessner, Amadeus.* (GGr)

Ritterwesen, das, oder die Reise nach d. Löwenburg. Zur Unterhaltung und Belehrung für die reifere Jugend. Mit 16 illum. Kpfrn. gr. qu. 8. Nürnberg... Renner u. Comp. $1^1/_3$ ₰

Ritterwesen, Das, des Mittelalters nach seiner politischen und militärischen Verfassung. A. d. Franz. . . . Nürnb. 1786—91. V: *Sainte-Palaye, Jean Bapt. de la Curne de.* (AarF)

Ritterwesen, Das, und die Templer, Johanniter oder Deutsch-Ordensritter insbesondere. Stuttg. 1822—24. V: *Weber, Carl Jul.* (GGr) (BrMm) (Ky) (Pr) (Th)

Das Ritter-Wesen und die Templer, Johanniter und Marianer oder Deutsch-Ordens-Ritter insbesondere. Th. 1. 2. Stuttgart: Metzler 1822—1823. 8°
1. XIV, 15—451 S. 1822; 2. 521 S. 1823.
Kl. 2181. Kap. 17—20 (S. 326—404) des 2. Bdes handelt von den Tempelherren.

Ritter-Wesen, das, u. die Templer, Johanniter u. Marianer, od. Deutsch-Ordens-Ritter insbesond., (v. K. Weber). 3 Thle. gr. 8. Stuttg. 822—24. Metzler. 6 ₰

Ritterzeit, die, in Darstellungen ihrer Entstehung, ihres Waltens u. ihrer Dauer. Für die Jugend hrsg. v. Fr. Ed. Sandtner. 16. (3 B. u. 12 Bild.) Prag 845, Sandtner.

Ritterzeit. Die R' des Kantons St. Gallen. Njbl. St. Gallen s.a. [Scheitlin, Peter, und Bernet, Johann Jacob].

Ritterzeit, Die, des Kantons St. Gallen, mit besonderer Hinsicht auf die Burg Ramschwag. St. Gallen [1827]. V: *Scheitlin, Peter & Johann Jacob Bernet.* (Cat. d. Stadtbibl. Zürich. Zürich 1864-97.)

Ritterzeit, die, des Cantons St. Gallen. Ein Neujahrsblatt f. 1827; hrsgg. v. d. wissenschaftl. Verein in St. Gallen. 4. St. Gallen, Huber u. C. 7 gr

Rittgräff, A. F. [Pseud.], s. Gräffer, Franz

Rittgräf, A. H., histor. Antiquitäten, od. auserlesene, wenig bekannte, zum Theil noch ungedruckte Denkwürdigkk., aus d. Menschen-, Völker-, Sitten-, Kunst- u. Literaturgeschichte der Vorwelt u. des Mittelalters. 2 Thle. Mit 2 Titelkpf. 8. Wien 815. Gerold. 1 ₰ 8 gr

— histor. Denksteine od. Schaustücke, Glanzmomente u. Curiosa aus d. Welt d. Lebens u. Wirkens ꝛc. 2 Bde. Mit 1 Kpf. 8. Wien 823. Tendler. 1 ₰ 16 gr

Rittgräff, A. H., Gallerie v. Abentheuern aus d. wirkl. Welt. 4 Thle. 8. Grätz 817—19. Kienreich. 3 ₰ 12 gr

Rittgräff, A. H., die Helden des Tages, od. biograph. Notizen üb. die hervorstechendsten Personen d. gegenwärt. Zeitverhältnisse. 8. Wien, Bauer. (Leipz. J. G. H. Richter.) 813.

Praxis des grundlegenden Rechenunterrichts. Von Ant. **Ritthaler.** T. (1). 2. München: C. Gerber (2: Halle a. S.: H. Schroedel) 1904—06. 2 Bde 8° [F.]
(1 [u. d. T.:]) Zur Theorie u. Praxis d. Grundlegenden Rechenunterrichts im Zahlenraume bis 20. 1904.
2. (Zahlenraum bis 100.) 1906. fo: 1934 3

Ritthaler, Ant., Praxis d. grundlegenden Rechenunterrichts. I. Tl. (Zahlenraum bis 20.) 2. neubearb. Aufl. (IV, 268 S.) gr. 8. Halle 908. H. Schroedel. 3.—; geb. n 3.50

Ritthaler, Ant.: Zur Theorie und Praxis des Grundlegenden Rechenunterrichts im Zahlenraum bis 20. Von —. München: C. Gerber 1904. (X, 186 S.) 8°
= Ritthaler: Praxis d. grundlegenden Rechenunterrichts. T. 1.

— zur Theorie u. Praxis des grundlegenden Rechenunterrichts im Zahlenraume bis 20. (X, 186 S.) 8. München 904. Halle, H. Schroedel. Kart. n.n. 2. 75

Ritthaler, Max, Konfessionsschule od. Simultanschule? 10. Taus. (48 S.) 8. München 906. (V. Höfling.) n. — 50
Sonderabdruck aus: „Pädagog. Blätter".

— über Objektivität im allgemeinen, Objektivität in der Geschichtsforschung u. im Geschichtsunterricht, s.: Zeitfragen, pädagogische. II. 9.

Ritthausen, H., die Eiweisskörper der Getreidearten, Hülsenfrüchte, u. Oelsamen. Beiträge zur Physiologie der Samen der Culturgewächse, der Nahrungs- u. Futtermittel. gr. 8. (252 S.) Bonn 872. Cohen & Sohn. n. 5. —

(Rittich, A. F.): Die Ethnographie Russlands, nach A. F. Rittich (von A. Petermann). Mit zwei Karten. Gotha 1878. VI. 44 S.
= Ergänzungsheft zu Petermann's Geographischen Mittheilungen. No. 54. 8°

Rittig, Johann. Charakter-Figuren aus d anischen Stadtleben. NY, 1886.

Rittig, Johann. Federzeichnungen aus dem deutsch-amerikanischen Stadtleben. New York: Steiger, 1884. GSP, UC

Rittig, J., Federzeichnungen aus dem amerikanischen Stadtleben, s. a. **Bilder** aus dem amerikanischen Leben.

--Federzeichnungen aus dem anischen Stadtleben. 2d ed. NY, 1885; forming v1 of: Bilder aus dem anischen Leben v Dten in A.

--Weihnachtsbilder u schlichte Geschichten aus dem anischen Stadtleben. NY, n. d.

RITTIG, Svetorar: Litterae amarnenses et scripturae sacrae libri historici priores. — (1902) 96 S. 4° (Handschr.) Diss. 884
Diss. Wien, Univ.

Rittig v. Flammenstern, Andr., Beschreib. der Hymalaya-Gerste, nebst ill. Abbild. derselben. 8. Wien 822. Härter. 8 ℊ

Rittig v. Flammenstern, Andreas, k. k. Hauptm. Militärisches Geschäfts-Handbuch, enthaltend eine systematische Anleitung zum Militär-Geschäftsstyl nebst einer Menge ausgearbeiteter Beyspiele etc. 1. und 2. Abth. 2. umgearb., verbess. und mit Auszügen der neuesten Dienst-Normalien verm. Aufl. 8. Wien 1812.

— Handbuch d. Waffenlehre. Zum Selbststudium üb. die Einrichtung, Wirkung u. den Gebrauch. Nach Demiens 1r Ausg. 3e Aufl. Mit 5 Kpf. gr. 8. Wien 823. Gräffer u. Schmidl. 1 ß 8 ℊ. Gerold. 1 ß 12 ℊ

— encyklopäd. Kriegslexicon, oder allgem. alphabet. erklärende theoret.-prakt. Uebersicht aller im Land- u. Seekriege u. in sämmtl. Kriegswissenschaften vorkomm. Gegenstände. 1r Bd. A—G. gr. 8. Wien 813. Gräffer. 1 ß 16 ℊ

Ludwig der Achtzehnte (von *Andreas Rittig v. Flammenstern*). Wien 1816.
Anon.-Lex. III. p. 91 (nach Wurzbach). — Rar!

— Militär-Geschäftshandbuch, enthalt. eine systemat. Anleit. zum Militärgeschäftsstyl. 3 Abtheill. in 2 Bden. 3e Aufl. gr. 8. Wien 821. (Schaumburg). 2 ß 20 ℊ bei Gräffer u. Schmidl. 1 ß 8 ℊ

— Militair-Geschäftshandbuch, enthalt. eine systemat. Anleit. z. Militairgeschäftsstyl. 3 Abthlgen in 2 Bden. 3e Aufl. gr 8. Wien 822, (Schaumburg.) 2 Rthl. 20 gr., bei Gräffer u. Schmidl.

— Militärgeschäftsstyl. in tabellar. Hinsicht. Neue Ausg. gr. 8. Wien 821. Gräffer u. Schmidl. 16 ℊ

(Rittig v. Flammenstern, Andreas, k. k. Hauptm.) Feldherr Moreau, General-Quartiermeister des Kaisers Alexander des I. Eine Charakteristik seines Lebens und seiner Thaten. 8. 1813.

— die Perlenfischerei in d. östreich. Kaiserstaaten. 8. Brünn 811. Gastl. 6 ℊ

— die Stereotypie im östreich. Kaiserstaate. gr. 8. Wien 822. (Gerold). 4 ℊ

Rittinger, C. G. G., das falsche Dogma von der Impfung und seine Rückwirkung auf Wissenschaft und Staat. gr. 8. (IV und 232 S. mit 7 Etut., wovon 1 in Tondr., in gr. 8. und qu. gr. 4.) München 857, Franz.

Rittinger, F. M. (Red.), s. Radfahr-Humor.

Rittinger Paul Ritter von: Turner.
M. 1903 PN 1645 Diss. Wien, Univ. 1885

Rittinger, Peter Ritter von

Rittinger, Pet., theoretisch-praktische Abhandlung über ein für alle Gattungen von Flüssigkeiten anwendbares neues Abdampfverfahren mittelst einer und derselben Wärmemenge, welche zu diesem Behufe durch Wasserkraft in ununterbrochenen Kreislauf versetzt wird. Mit specieller Rücksicht auf den Salzsiedeproceß dargestellt. Mit 1 (lith.) Figurentaf. (in Fol.) Wien 855. Manz. gr. 8. (43 S.) 20 ngr.

— theoretisch-praktische Anleitung zur Räder-Verzahnung. Für die Anwendung beim Maschinenbau, nach eigenen Erfahrungen leichtfaßlich dargestellt. Mit 2 (lith.) Figurentaf. (in Fol.) Wien 854. Manz. gr. 8. (VI, 47 S.) 24 ngr.

Rittinger, Pet., theoret.-prakt. Darstellung d. Anfangsgründe d. freien Perspektivzeichnung, z. Selbstunterr. f. Maschinenzeichner, Architekten rc. gr. 8. (8 B. u. 7 Kpfrt.) Wien 839, [Gerold's Brlsh.] Thlr.

Rittinger, Peter v., Erfahrungen im berg- u. hüttenmännischen Maschinen-, Bau- u. Aufbereitungswesen, s. a. Erfahrungen.

— Erfahrungen im berg- u. hüttenmännischen Maschinen-Bau und Aufbereitungswesen. Zusammengestellt aus den ämtlichen Berichten der k. k. österr. Berg-, Hütten- und Salinen-Beamten. Jahrg. 1854—57. Mit lith. Taf. u. Tab. (in Fol.) Wien, Manz. gr. 4.
Jahrg. 1854. Mit 24 Taf. u. 3 Tab. (IV, 44 S.) n. 4 ß.
" 1855. Mit 13 Taf. u. 3 Tab. (VI, 46 S.) n. 4 ß.
Jahrg. 1856. Mit 20 Taf. u. 2 Tab. (2 Bl., 35 S.) n. 4 ß.
" 1857. Mit 15 Taf. (IV, 42 S.) n. 2 ß.
Auch Gratis-Beilage zur „Oesterreich. Zeitschrift für Berg- u. Hüttenwesen".

Rittinger, P. v., Erfahrungen im berg- u. hüttenmännischen Maschinen-, Bau- u. Aufbereitungswesen. Zusammengestellt aus den Berichten u. Mittheilungen der österr. k. k. u. gewerksch. Berg-, Hütten- u. Salinen-Beamten. Jahrg. 1858—62. Mit lith. Taf. u. Tab. (in Fol.) Wien 859—63. F. Manz. gr. 4.
Jahrg. 1858. Mit 10 Taf. u. 1 Tab. (IV, 34 S.) n. 1 ß 20 ngr.
Jahrg. 1859. Mit 15 Taf. (IV, 44 S.) n. 2 ß 20 ngr.
Jahrg. 1860. Mit 10 Taf. (IV, 52 S.) n. 2 ß
Jahrg. 1861. Mit 22 Taf. (IV, 40 S.) n. 3 ß
Jahrg. 1862. Mit 11 Taf. (III, 40 S.) n. 2 ß

(5.) **Rittinger,** P. Ritter v., Erfahrungen im berg- und hüttenmännischen Maschinen-, Bau- und Aufbereitungswesen. Zusammengestellt aus den Berichten und Mittheilungen der österr. k. k. u. gewerksch. Berg-, Hütten- und Salinen-Beamten. Jahrg. 1864. gr. 4. (30 S.) Mit Atlas von 17 lithogr. Tafeln. gr. Fol. Wien, Manz. 1865. 3 fl.

(6.) **Rittinger,** P. Ritter v., Erfahrungen im berg- u. hüttenmännischen Maschinen-, Bau- und Aufbereitungswesen. Zusammengestellt aus den Berichten u. Mittheilungen der österr. k. k. u. gewerksch. Berg-, Hütten- u. Salinen-Beamten. Jahrg. 1865 gr. 4. (30 S.) Mit Atlas von 15 lithogr. Tafeln. gr. Fol. Wien, Manz. 1866. 3 fl.

(7.) **Rittinger,** P. Ritter v., Erfahrungen im berg- und hüttenmännischen Maschinen-, Bau- und Aufbereitungswesen. Zusammengestellt aus den Berichten und Mittheilungen der österr. k. k. gewerksch. Berg-, Hütten- und Salinen-Beamten. Jahrg. 1866. Mit 1 Atlas von 13 lith. Tafeln. Imp. Fol. Hoch 4. (18 S.) Wien. Manz'sche Buchh. Verl.-Conto. 1867. 2 fl. 50 kr.

Rittinger, P. v., Erfahrungen im berg- u. hüttenmännischen Maschinenbau und Aufbereitungswesen. Zusammengestellt aus den Berichten u. Mittheilungen der österreich. k. k. u. gewerkschaftlichen Berg-, Hütten- u. Salinenbeamten. Jahrg. 1867—72. Wien 1868—73. Text 4°. Atlas Fol.

— die allgemeine Industrie-Ausstellung zu London im Jahre 1862. Kurze Mittheilungen über die Berg- u. Hüttenwesens-Maschinen u. Baugegenstände. In 138 selbstständ. durch Holzschnitte illustr. Artikeln. Wien 862. Hof- u. Staatsdruckerei. gr. 8. (120 S.) n. 24 ngr.

— Lehrbuch der Aufbereitungskunde in ihrer neuesten Entwicklung u. Ausbildung systematisch dargestellt. Berlin 867. Ernst & Korn. Lex.-8. (XVI, 595 S. mit 1 Atlas von 34 Kpfrtaff. in Fol.) n. 8 ₰ 20 ngr.

— — erster Nachtrag, oder Zusammenstellung der neuesten Fortschritte in der Aufbereitung. Mit 1 Atlas von 7 Taff. (Kpfrst. in Fol.) Ebend. 870. Lex.-8. (IX, 94 S.) n. 2 ₰ 10 ngr.

—— erster Nachtrag zum Lehrbuche der Aufbereitungskunde, oder systemat. Zusammenstellung der neuesten Fortschritte in der Aufbereitung. Lex.-8. (IX, 94 S. mit 1 Atlas von 7 Taf. in Fol. in Kpfrst.) Berlin 871, Ernst und Korn. *

— zweiter Nachtrag zum Lehrbuche der Aufbereitungskunde, od. systemat. Zusammenstellg. der neuesten Fortschritte in der Aufbereitg. Mit e. Atlas v. 8 Taf. (Kpfrst.) in Fol. Lex.-8. (IX, 110 S.) Berlin 873. Ernst & Korn. n. 10. —

Rittinger, Pet., kurze Mittheilungen über die berg- und hüttenmännisch wichtigeren Maschinen und Baugegenstände bei der allgemeinen Industrie-Ausstellung zu Paris im Jahre 1855 in 168 selbstständigen Artikeln mit 188 in Holzschn. ausgeführten Handzeichnungen (im Text). Wien 855. (Leipzig, Brockhaus.) gr. 8. (144 S.) n. 20 ngr.

— kurze Mittheilungen über Berg- u. Hüttenwesens-Maschinen u. Baugegenstände auf der allgemeinen Industrie-Ausstellung zu Paris 1867. In 114 selbstständ. durch Holzschnitte illustr. Artikeln, Wien 867. Hof- u. Staatsdruckerei. Lex.-8. (VI, 71 S. mit eingedr. Holzschn.) n.n. 15 ngr.

Rittinger, Pet., der Spitzkastenapparat statt Mehlrinnen u. Sümpfen oder Einführung der Stetigkeit in die Reihe der aufeinander folgenden Arbeiten bei der nassen Aufbereitung fein eingesprengter Geschicke. Nach längeren Erfahrungen u. Versuchen an derlei im Großen ausgeführten Apparaten beschrieben u. durch detaillirte Bauzeichnungen erläutert. Mit (2 Holzschn. u.) 2 (lith.) Taf. Abbildgn. (in Fol.) gr. 8. (36 S.) Freiberg 849, Craz & Gerlach. 18 ngr.

—— der zur Steuerbemessung in Oesterreich im J. 1860 eingeführte Spiritus-Messapparat. Beschrieben und wissenschaftlich dargestellt. gr. 8. (V und 26 S. mit 2 lithogr. Figurentaf. in gr. Fol.) Wien 861, Gerold's Sohn. *

— Taschenbuch der Aufbereitungskunde. Berlin 867. Ernst & Korn. 12. (III, 94 S. mit eingedr. Holzschn.) n. 20 ngr.

—— erster Nachtrag zum Taschenbuch der Aufbereitungskunde. 16. (XIV, 26 S.) Ebendas. 870. *
Taschenbuch. Ebendas. 1867. *ℳ 2.

— Theorie u. Bau der Rohrturbinen im Allgemeinen u. der sogenannten Jonval-Turbinen insbesondere, mit Berücksichtigung der Resultate zahlreicher selbstabgeführter Versuche. Mit 6 (lith.) Figurentaf. (in 4.) Prag 861. Credner. Lex.-8. (VIII, 82 S.) n. 1 ₰ 10 ngr.

Rittinger, Peter v., Theorie u. Bau der Rohrturbinen im Allgemeinen u. der sogenannten Jonval-Turbinen insbesond., mit Berücksichtigung der Resultate zahlreicher selbstabgeführter Versuche. 2., ganz umgearb. u. verm. Aufl. Prag 865. Fuchs. gr. 8. (IV, 129 S. mit 6 lith. Fig.-Taff. in 4.) n. 1 ₰ 18 ngr.

Rittinger, P., Theorie u. Bau der Centrifugalventilatoren u. Centrifugalpumpen. Mit 5 Tfln. Wien 1858. 8°.

— Centrifugal-Ventilatoren und Centrifugal-Pumpen. Theorie u. Bau aller Arten derselben, mit Berücksichtigung der Resultate zahlreicher selbstabgeführter Versuche. Mit 5 Figurentaf. (Kpfrst. in Fol.) Wien 858. Gerold. gr. 8. (XII, 281 S. u. 1 Tab. in Fol.) 2 ₰. 15 ngr.

Rittinghaus, P., der Lehrerfreund, s. Lehrerfreund, der.

Rittinghaus, Peter [Dr.]: Die elektrische Starkstromanlage der Lenneper Realschule. '(M. 2 Textfig. u. 1 Lichtdrucktaf.)' Lennep, Druk[!] v. A. Mann, 1897; 3—11 S., 1 Taf. 4.
Lennep, RPG, OP 1897 (500)

Rittinghaus, Peter [aus Lennep]: Ueber die Widerstandsfähigkeit des Pollens gegen äussere Einflüsse.... Bonn, Univ.-Buchdr. v. Carl Georgi, 1887; 1 Bl. + 44 S. + 1 Bl. 8°.
Bonn, Phil. Fak., Inaug.-Diss. v. 22. Jan. 1887.

Rittinghaus, Peter, über die Widerstandsfähigkeit des Pollens gegen äussere Einflüsse. Diss. Bonn 1887 Emil Strauss. 8°. 44 S.

Rittinghausen, Karl, das französ. Wechselrecht, mit Rücksicht auf d. Wechselgesetzgeb. and. Länder u. vorzugsweise Preußens, f. Juristen u. Nichtjuristen, besond. f. Kaufleute, Handelsanstalten u. höh. Bürgerschulen. gr. 12. (8⅓ B.) Köln 836, Kohnen.

Rittinghausen, Moritz

Rittinghausen, M., Social-demokratische Abhandlungen. 1.—5. Heft. 8. Köln, Selbstverlag. (Leipzig, C. H. Mayer.) à Heft *

Inhalt:
Heft 1. Die Philosophie der Geschichte. 1. und 2. Aufl. (43 S.) 869,72.
" 2. Ueber die Nothwendigkeit der direkten Gesetzgebung durch das Volk. (37 S.) 869.
" 3. Die unhaltbaren Grundlagen des Repräsentativ-Systems. (36 S.) 869.
" 4. Ueber die Organisation der direkten Gesetzgebung durch das Volk. (42 S.) 870.
" 5. Widerlegung der gegen die direkte Gesetzgebung durch das Volk gerichteten Einwürfe. (96 S.) 872.

Rittinghausen, Mor., die direkte Gesetzgebung durch das Volk. 5. Aufl. Früher erschienen als Sozialdemokratische Abhandlgn. I.—V. Hft. (1868—1872.) gr. 8. (XX, 246 S.) Zürich 893. (Buchh. d. Schweiz. Grütlivereins.) n. 1. —

Rittinghausen. Ueber die Organisation der Staats-Industrie. 8°. Cöln 1848.

Rittinghausen, M., social-demokrat. Schriften. 5 Hefte (in 1 Bde.). Köln, Selbstverlag d. Verf., 1868—72. Kl. 8°. Hlwdb.
48, 37, 36, 39, 96 S.

Rittinghausen, M. Die Vervollständigung des preussischen Vertheidigungs-Systems oder die Nothwendigkeit eines verschanzten Lagers in Norddeutschland. 8. Leipzig, Köln 1862.

Rittinghausen, M., die Vervollständigung des preußischen Vertheidigungs-Systems oder die Nothwendigkeit eines verschanzten Lagers in Norddeutschland. Leipzig 862. C. H. Mayer, 8. (16 S.) 4 ngr.

Rittland, Klaus [Pseud.], s. a. Heinroth, Elisabeth

Rittland, Klaus (Frau Elisab. Heinroth), die das Leben lieben. Roman. gr. 8. (380 S.) Dresden 902. C. Reißner. n. 4. 50; geb. n. 5. 50

Rittland, Klaus (Frau Elisab. Heinroth), Frau Irmgards Enttäuschungen. Roman aus dem Leben einer schönen Familie. 2 Bde. (260 u. 271 S.) 8. Dresden (906). C. Reißner. n. 6. —; geb. n. 8. —

Rittland, Klaus (Frau Elisab. Heinroth), von Anderer Gnaden. Roman. (296 S.) 8. Dresden 907. C. Reißner. 4.—; geb. 5. —

Rittland, Klaus (Frau Elisab. Heinroth), Leidensgefährten. — Kampfmüde. 2 Novellen. (254 S.) 8. Dresden 905. C. Reißner. n. 3. —; geb. n. 4. —

— die erste Liebe meiner Frau, s. a. Frauen-Bibliothek, moderne.

Die erste Liebe meiner Frau. Erzählung von Klaus **Rittland** [d. i. Elisabeth Heinroth]. Berlin & Leipzig: Frauen-Rundschau [1905]. (49 S.) 3° [F.] [05. 4178

— Die Lössows. Roman. 2 Bde. (268 u. 275 S.) 8. Ebd. 910. 6.—; geb. 8. —

— ein Moderner. Roman. 8. (257 S.) Berlin 902. [F. Fontane & Co.] E. Fleischel & Co. n. 3. —; geb. n. 4. —

Rittland, Klaus. Unter Palmen. Roman aus dem modernen Aegypten. gr. 8. (407 S.) Lpz. 892, W. Friedrich. * 6 —

Rittland, Klaus, unter Palmen. Roman aus dem modernen Aegypten. 8. (407 S.) Leipzig 893. W. Friedrich. n. 6. —

Rittland, Klaus, unter Palmen. Roman aus d. modernen Aegypten. Neue [Titel-] Ausg. 8 (407 S.) Berlin (892) 896. F. Fontane & Co. n. 3. 50

— Anna Priszewska. Tagebuch e. Weltkindes. Roman (310 S.) gr. 8. Dresden 903. C. Reißner. n. 3.50; geb. n. 4. 50

— Anna Priszewska. Tagebuch e. Weltkindes. Roman. 2. Aufl. (305 S.) 8. Dresden 910. C. Reißner. 3.50; geb. 4. 50

— Das Schloß am Meer. Ein Roman. (305 S.) 8. Ebd. 910. 4.—; geb. 5. —

[F.] Ihr Sieg. Roman v. Klaus **Rittland**. *Berlin: F. Fontane & C. 1896.* (2 Bl., 415 S.) 1 Bd 8. [96. 2778

[F.] Sanitätsrats Türkin. E. Kleinstadtgesch. v. Klaus **Rittland**. *Berlin: F. Fontane & C. 1899.* (2 Bl., 252 S.) 1 Bd 8. [98. 10475

— auf neuen Wegen. Ein Frauenroman. (420 S.) 8. Ebd. 904. n. 5. —; geb. n. 6. —

RITTLAND, Klaus (d. i. Frau *Elisabeth Heinroth* in Celle, Präsidentens-Gattin). Nur Weib. Novellen. Berlin 1900. 8°. (Mk. 5.—) (2 Mk. 50 Pfg. Schaper, Hannover, 1904.)
Kürschner's Lit.-Kal. f. 1909 hat Sp.-S. 636 die Jahrzahl „1899". — Zahm.

Nur Weib. Novellen von Klaus **Rittland**. Berlin: F. Fontane & Co 1900. (372 S.) 8°

[F.] Welt-Bummler. A. d. Erinnergsmappe e. Konsuls v. Klaus **Rittland**. *Berlin: F. Fontane & C. 1897.* (2 Bl., 391 S.) 1 Bd 8. [97. 6436

— Wenn die Fackel sich senkt. Roman. 1. Taus. (224 S.) 8. Ebd. 908. 3.—; geb. 4. —

Rittler, (A. Wilh.,) **Commentat. de methodo lithontriptica, seu de ratione calculum removendi sine operat. cruenta. Cum tab. aen. 4 maj. Jenae 825, (Cröker.)**

Rittler, Alois, der Millionen-Credit u. die patriotische Kammer-Fraktion in Bayern. 2 Reden, geh. in der 73. u. 74. öffentlichen Sitzung der Kammer der Abgeordneten am 7. u. 8. Febr. 1879. Mit einem Vorwort. gr. 8. (22 S.) München 879. Stahl. — 30

Rittler, Alois, Synopsis der Philosophie. 1. Tl. Logik. gr. 8. (VI, 216 S.) Regensburg 889. Pustet. n. 2. —

Rittler, Alois. Triumphe eines modernen Staatsmannes. Jubiläums-Gabe auf den Tisch Sr. Exc. d. Hrn. Staatsministers Dr. v. Lutz. Rede, gehalten in d. öffentl. Sitzung d. bayer. Kammer d. Abg. am 9. Jan. 1880, m. Erläut. u. e. Anh. München, Lentner, 1880. 8°. Cart.
32 S. Gegen v. Lutz, in Bezug auf die Lage d. kath. Kirche in Bayern.

Rittler, Alois, Triumphe eines modernen Staatsmannes. Jubiläums-Gabe auf den Tisch Sr. Exc. des Hrn. Dr. v. Lutz. Rede, gehalten in der öffentl. Sitzung der bayer. Kammer der Abgeordneten am 9. Jan. 1880, mit Erläuterungen und einem Anhang. gr. 8. (32 S.) München 880, Stahl.

Rittler, Dr. Alois, Wen sollen wir wählen? Ein Mahnruf an das katholische Bayernvolk. Stadtamhof, M. Fusangel (?), 1881. Kl. 8°. 22 S. Cart.

Wesenheit und Dasein in den Geschöpfen nach der Lehre des hl. Thomas von Aquin. — Von Dr. Alois Rittler, L.-R. 1887, Stadtamhof, J. und K. Mayr. — S. 3—117.
Progr. Regensburg, K. Lyzeum

Rittler, Alois, Wesenheit und Dasein in den Geschöpfen nach der Lehre des heil. Thomas von Aquin. gr. 8. (119 S.) Regensburg 887, (Wunderling.) *

Rittler, Aloys, Wesenheit u. Dasein in den Geschöpfen nach der Lehre des hl. Thomas von Aquin. Regensburg (Wunderlich), 1888, gr. 8°, 117 S., 1,60 Mk. Lycealprogramm.

Rittler, Alois, wo stehen wir? Ein Beitrag zur Würdigg. der Lage in Bayern. gr. 8. (V, 77 S.) Würzburg 876. Bucher. — 60

Rittler, Anselm

Rittler, Ans., dissertat. de **ecclesia credentium mundo** coaeva. 4. maj. Salzb. Waisenhaus. (Dugle) 784.

Rittler, Anselm., Ecclesia Dei vivi supra immobilem petram fundata cum conspectu universae theologiae. Salzburg, Duyle, 1782. 4°.

Rittler, Anselmus, De eo, quod synagogam cum honore sepeliri oportuit. Salzburg, 1779. 4°.

— Idea Logicae, Ontologiae et Psychologiae, publicae dijudicationi proposita in imperiali monasterio Weingartensi. 4. Altd. 764.

Rittler, C. M. Friedrich v. d. Trenks Leben und merkwürdige Schicksale. 8. Merseburg 1822.

Rittler, C. M., (Psdn.), meine Reise durchs Leben, od. die Kunst in bona pace zu leben. 8. Merseb. 822. Sonntag. 1 ß 4 𝒦

Rittler, C. M., Schreckenstage d. unglücklichen Elmira Hetikar, s. Bibliothek, wohlf., von Unterhaltungsschriften 168 Bdchn.

— s. Schreckenstage d. unglückl. Elmire Hetikar.

Rittler, C. M., (psdn.) s. a. v. d. Trenk, Leben.

Rittler, C. M., Friedrich Freyherr von der Trenck. Sein Leben u. denkwürdige Schicksale. Für Leser jeden Standes neu bearbeitet von —. Mit Titelbild. Merseburg, Sonntag, 1822. 8⁰. 1 Bl., 230 S.

Rittler, Ferd., Anleitung mächtige Kohlenflötze am wohlfeilsten, gefahrlosesten, zweckmäßigsten u. mit dem geringsten Kohlenverluste nach rein pract. Grundsätzen abzubauen. Eine gekrönte Preisschrift. Mit 7 (lith.) Taf. Abbildgn. (in Fol.) Brünn 857. (Winiker in Comm.) gr. 8. (95 S.) n. 2 Thlr.

Rittler, Franz [Pseud.], s.a. Wahrhold, Z.

Rittler, Franz, Anleitung zur Abfassung aller Arten öffentlicher, dem Zeitgeiste angemessener Anzeigen aus dem bürgerlichen Geschäftsleben. 8. Wien, Wallishauser. 817.

Rittler, Frz., echter Anstand, guter Ton u. feine Sitte, als bewährte Wegweiser durch d. gesellige Leben; od. (zur allgem. Verständlichkeit) neuestes Wiener-Complimentirbuch f. Personen beiderlei Geschlechtes, die sich in allen Verhältnissen d. Umganges mit ihren Nebenmenschen wahrhaft angenehm u. liebenswürdig zu benehmen wünschen. gr. 12. (12 B.) Wien 834, Mayer u. Comp.

Rittler, Frz., Bettler-Ränke, oder freimüthige Enthüllung der wahren Ursachen des täglich sich mehrenden Bettelunwesens und wohlgemeinte Vorschläge, ihm mit sichern Erfolg zu steuern. 8⁰. Wien, v. Mösle, 1818.

– s. Briefsteller, Wiener, für alle Fälle ꝛc.

– s. Choiseul, d. Findling.

(Rittler, Frz.,) der türkische Dollmetsch, s. Dollmetsch.

– s.a. Eifersucht und Treue.

RITTLER, Franz, Eifersucht u. Treue oder der Todesring. Eine wahre Geschichte aus den Zeiten Margarethens v. Valois. Nach d. Französ. „Mademoiselle de Tournon." 2 Bde. Kaschau 1823. 8⁰. (1 Mk. 50 Pfg. Franz Teubner, Bonn, c. 1895.)

Rittler, Franz, freymüth. Enthüllung der wahren Ursachen des täglich sich mehrenden Bettelunwesens und wohlgemeinte Vorschläge, ihm mit sichern Erfolg zu steuern. 8. Wien, v. Mösle. 818. Rthlr.

—— des Gelübdes Erfüllung, od. die edle Rache. 12. (... u. Kpfr.) Wien 837, Müller.

— d. Freund d. schönen Geschlechtes. Taschenbuch f. d. J. 1825. Mit Kupf. u. Vign. 18. Wien, (Liebeskind in Leipz.) Mit Goldschn. 1 Thlr. 8 Gr.

— Gaunerstreiche, oder listige Ränke der Betrüger unserer Zeit. 8. Grätz 820, ist Verlag von Kienreich u. d. Pr. nur 5/6 Thlr.

— Gaunerstreiche, od. listige Ränke der Betrüger unserer Zeit. Eine Beantwort. d. Frage: Wovon leben so viele unbemittelte u. doch nicht arbeitende Menschen, besond. in d. großen Städten. 8. Grätz 821, (Ferstl). 1 Thlr. 8 Gr.

— die zehn Gebote in den Unterhaltungen eines Großvaters mit sn. Enkeln, durch sittl. Erzähll. erklärt. 10 Hfte. Mit 10 feinen Kupferstichen. gr. 8. Wien 818. Gerold. 5 Thlr. 2e Aufl. Mit 1 Kpf. 8. Kaschau 823. Wigand. 3e Aufl. 8. Halberst. 830. Brüggemann. 18 Gr.

— die zehn Gebote in den Unterhaltungen eines Großvaters mit seinen Enkeln, durch sittliche Erzählungen erklärt. 2e vermehrte u. verb. Aufl. 8. Kaschau 823. (Pesth, Heckenast.) 3/4 Thlr.

—— die zehn Gebothe, in d. Unterhaltungen e. Großvaters mit sein. Enkeln, durch sittl. Erzähln. erklärt. Ein Geschenk f. gute Söhne u. Töchter. 3., rechtmäß. Ausg. Mit Ttlkpfr. 8. (11½ B.) Halberstadt 830. [Leipzig, Schreck.]

Rittler, Frz., Geschichte des Lebens u. Wirkens der Apostel Jesu. Mit 10 Kpf. gr. 8. Wien 820. 2e A. Mit 12 Kpf. gr. 8. Ebd. 823. Heubner. 2 Thlr. 8 Gr.

—— die Giftmischerin, od.: Die Entdeckung d. Verbrechens bleibt nie aus. Nach e. wahr. Begebenheit erzählt u. z. Theil aus d. Criminal-Akten gezogen. 8. (13¼ B. u. Ttlbild.) Wien 837, [Singer u. Göring.]

— der Handkuß nach seinen verschiedenen Abstufungen. Eine kritische Beleuchtung d. dabei erforderl. Benehmens für Männer von gutem Ton. Auf psycholog. Erfahrungen gestützt u. als Pendant zu des Frhrn. Ad. Knigge Schrift: „Ueber den Umgang mit Menschen" und Prof. Wenzel's „Mann von Welt" herausg. 16. Wien 829. Mausberger. (Leipzig, Hunger.) 1/3 Thlr.

– s. Liebe u. Reue.

— — Lisette und Wilhelm. Eine Erzählung oder Versuch, aus 44 aufgegebenen Worten eine zusammenhängende Geschichte mit Vermeidung des Buchstabens R zu schreiben. Frankfurt am Mayn im Jahre 1813. Nebst einem Anhange einiger Gedichte mit ausgelassenen Buchstaben. XVI, 92 und 36 S.

—— die gute Marie, od. d. Hauskauf. Lehrr. Erzähl. f. d. liebe Jugend. 12. (... u. Kpfr.) Wien 837, Müller.

—— die Reise zur Vorposten-Station, od.: Wohin führt der Weg? Interessante Fragmente aus d. Lebensgeschichte e. Abentheurers in d. J. 1813 u. 1814. gr. 8. (10 B.) Wien 828, Pichler. (Leipzig, Liebeskind.)

RITTLER, Fr., Der Lerchenfelder Robinson, oder wunderbare Schicksale und Abenteuer Sebastian Ganthöfers, eines geborenen Wieners, auf seinen Reisen zu Wasser u. zu Lande. 2 Bde. Mit 2 Kupferst. nach Peter Fendi. Wien 1826. 8⁰. Rarl (18 Kr., schönes Expl. in Lwdbd., Gilhofer & Ranschburg, 1912.)

Wahrhold, Z. (Pseud. für *Fr. Rittler*), Komische Schicksale eines Fünf-Gulden-Scheins auf seinen Wanderungen durch Wien und die Umgebungen zur Zeit des Congresses. Ein satyrisches Gemälde. Brünn 1817. 8⁰. 245 S. (24 Kr. Gilhofer & Ranschburg, Wien, 1912.)

Rittler, Frz., humorist. Scenen d. Vergangenheit. Nach wahren Ereignissen d. Lebens gezeichnet. 8. Wien 822. Tendler. 20 Gr. Hbg. Pr. 12 Gr.

— der kleine Wiener Telemach. Ein Festgeschenk für gute Söhne gebildeter Eltern, mit 6 color. Kupfern. kl. 8. Wien (830). Bermann u. Sohn. 5/6 Thlr.

– s.a. Unvermählte, die.

— die Unvermählte; e. Charaktergemälde aus d. Engl. thé village of Münster der Lady Marie Hamilton. 2 Thle. 8. Kaschau 823. Wigand. 1 Thlr. 16 Gr.

Wanderungen eines Fünf-Gulden Scheines durch Wien und die Umgebungen zur Zeit des Kongresses. Als Fortsetzung der komischen Schicksale eines Fünf-Gulden-Scheines. Ebd. 1818. 8°. (In Wien, Stadtbibl.)

— der Mußestunden Weihe durch Novellen, Erzähll. u. kleine Aufsätze. 12. Wien 826. Kaulfuß u. Krammer. 8 gl

RITTLER, Dr. Franz. Die Zwillinge. Ein Versuch, aus sechzig aufgegebenen Worten einen Roman ohne R zu schreiben. Leipzig 1813, bey A. F. Boehme. XIV, 118 S.
Eine der größten Seltenheiten der Deutschen Literatur. Der Roman enthält den unentbehrlich erscheinenden Konsonanten überhaupt nicht und liest sich doch spannend und fließend. Es handelt sich nicht um eine bloße Spielerei, sondern um ein sprachliches Kunstwerk. Die erste der drei f. Z. erschienenen Auflagen.

— die Zwillinge, e. Versuch aus 60 aufgegebenen Worten einen Roman ohne R zu schreiben. Leipz. 813. Cnobloch. 1 ℔ 2e A. 815. 3e Aufl. gr. 12. Wien 820.

Rittler, Max, Anleitung zur Behandlung des Tax- u. Stempelwesens. (7. Aufl.) 16. (40 S.) Schweinfurt 878. (Giegler.) n. — 80

Rittlingen, Leo (Frl. L. Gibara), Gedichte. 8. (III, 39 S.) Dresden 901. E. Pierson. n. 1. —; geb. n. 2. —

Rittmann: Denkschrift ..., s. Kramer

(Rittmann): Ober-Appellationshof in Köln. Denkschrift für die Curatoren der Masse des verstorbenen Joh. Ad. Heshuisen, Appellanten, gegen die Gläubiger der verstorbenen Eheleute v. Geyr u. deren Kinder, Appellaten, über die Rechtsbeständigkeit einer i. J. 1809 von den Appellanten auf die Güter der Eheleute v. Geyr genommenen Hypotheken-Eintragung. (Cöln) o. J.

— Zweite Denkschrift für die Heshuisenschen Curatoren über die Güter-Cessionen auf die Kinder v. Geyr. und die Rechte deren Gläubiger. (Cöln) o. J.

(Rittmann): Gründe der Berufung des Joh. P. Kellenter, Rentner in Aachen, Appellanten, gegen Joh. Wilh. Körfgen, Rentner in Aachen, Appellaten. [Nebst] Nachtrag. Köln a. Rh. (1827).

Notizen, Biographische, über Napoleon (von *Rittmann*). Coeln 1812.
Anon.-Lex. III. p. 219 (nach Pohler).

(Rittmann u. Müller): Ober-Appellations-Hof in Köln. Letztes Wort für Pangh von Düren gegen den Kirchenrath zu Buir. Köln [um 1816].

— Einige Worte zur Widerlegung der gegen die Heshuisenschen Gründe gemachten Einwürfe. (Cöln) o. J.

Rittmann, Alexander: Culturgeschichtliche Abhandlungen über die Reformation d. Heilkunst, s. Abhandlungen...

Rittmann, Alex., culturgeschichtliche Abhandlungen über die Reformation der Heilkunst. 1—3. Heft. Brünn 869, 70. Karafiat. gr. 8. [1. Heft. (XI, 136 S.) n. 24 ngr, 2. Heft. (IV, 207 S.) n. 1 ℔ 10 ngr, 3. Heft. (VIII, 223 S.) n. 1 ℔ 10 ngr] n. 3 ℔ 14 ngr

Rittmann, A., culturgeschichtliche Abhandlungen üb. die Reformation der Heilkunst. 4. Hft. Das reformirende Deutschland u. sein Paracelsus. gr. 8. (57 S.) Wien 875. (Brünn, Hauptmann.) n. 1. — (1—4.: n. 11. 40)

Rittmann, Alex., ärztlicher Bericht aus der Augenkranken-Abtheilung des Brünner allgemeinen Krankenhauses, betr. den vierjähr. Zeitraum von der Gründung dieser Abtheilung, d. i. vom 1. Juli 1861 bis 30. Juni 1865. gr. 8. (28 S.) Brünn 865, (Karafiat.)

Rittmann, Alex., die Chronik der Post im Jahre 1879. gr. 8. (79 S.) Brünn 879. Winiker in Comm. n. 1. 60

RITTMANN, A. Das reformirte Deutschland und sein Paracelsus. Als viertes Heft der culturgeschichtlichen Abhandlungen über die Reformation der Heilkunst. Wien, 1875. pp. 57, 8vo.
A study of Paracelsus' contributions to medical art.

— Grundzüge einer Geschichte der Krankheits-Lehre im Mittelalter. gr. 8. (XV, 208 S.) Brünn 868, Karafiat. *

Rittmann, A., die Culturkrankheiten der Völker. Geschichtliche Untersuchungen über die Pesten und die Heilkunst der Vorzeit. Brünn. VIII u. 127 p.
Schul-/Univ.-Schrift

— die Culturkrankheiten der Völker. Geschichtliche Untersuchungen über die Pesten und die Heilkunst der Vorzeit. gr. 8. (VIII und 127 S.) Brünn 867, Karafiat. *

Rittmann, Benno, Geschichte der Kirche im Erzherzogthum Oesterreich für Volksschulen. Wien 868. (Mayer & Co.) gr. 8. (46 S.) n. 5 ngr

Rittmann, Otto, d. deutsche Gerichtskostengesetz. Erläutergn. v. R. gr. 8. (VIII, 543 S.) Mannheim 897. J. Bensheimer's Verl. n. 10. —; geb. in Halbfrz. n. 12. —

Rittmann, Otto, das deutsche Gerichtskostengesetz. Erläutert v. R. 2. verb. u. dem veränderten Stande der Gesetzgebg. angepaßte Aufl. gr. 8. (VIII, 534 S.) Mannheim 900. J. Bensheimer's Verl. n. 10. —; geb. n. 12. —

Rittmann, Otto, das deutsche Gerichtskostengesetz. Erläutert v. R. 3. verb. Aufl. (VIII, 577 S.) Lex.-8. Mannheim 906. J. Bensheimer's Verl. n. 10. 50; geb. in Halbfrz. n. 12. 50

Rittmann, Otto, das deutsche Gerichtskostengesetz. (In der vom 1. IV. 1910 an gelt. Fassg.) Erläutert. 4. Aufl. (VIII, 648 S.) Lex. 8. Mannheim 909. J. Bensheimer's Verl. 12. —; geb. in Halbfrz. 14. 50

— dasselbe vom 18. VI. 1878 (in der vom 1. IV. 1910 an gültigen Fassung), s. a. Sammlung deutscher Gesetze.

Rittmann, Otto: Das deutsche Gerichtskostengesetz vom 18. Juni 1878 (in d. v. 1. April 1910 an gült. Fass.) Handausg. mit Erl. u. e. Kostentab. Mannheim u. Leipzig 1910. 8°

Rittmann, O., Das deutsche Gerichtskostengesetz. (In der vom 1. IV. 1910 an gelt. Fassg.) Erläutert. 4. Aufl. (VIII, 648 S.) Lex.-8. Mannheim, J. Bensheimer's Verl. 1910 12. —; geb. in Halbfrz. 14. 50.

— Gerichtskostengesetz f. Elsaß-Lothringen. Vom 6. XII. 1899. Erläutert v. R. 12. (III, 326 S.) Straßburg 902. W. Heinrich. Geb. in Leinw. n. 4. —

Rittmann, Otto, der Werth d. Streitgegenstandes. Systematische Darstellg. der f. die Ermittelg. d. Werthes d. Streitgegenstandes maßgeb. Vorschriften u. Grundsätze. gr. 8. (VII, 179 S.) Straßburg i/E. 891. Straßburger Druckerei u. Verlagsanstalt. n. 3. 50

— der Wert des Streitgegenstandes. Systematische Darstellg. der f. die Ermittelg. des Wertes des Streitgegenstandes maßgeb. Vorschriften u. Grundsätze. 2., umgearb. Aufl. (VIII, 478 S.) gr. 8. Straßburg 906. Straßburger Druckerei u. Verlagsanstalt. n. 8. —

RITTMAYER, Georg (Fürstenfeldbruck): Die Erkrankungen der Brüste, deren Aetiologie und deren Behandlung.- München: Gottesminter 1891. 28 S.
31.7.1889 – Chr 1889/90,27; Jv 1891/92,209 (Prom.-Datum 1891)
Diss. Ingolst.-Landsh.-Mchn.

Rittmayer, Johann, s. Rittmeyer, Johann

Rittmeier, C. H., de ἐκλεκτῇ Κυρίᾳ. Helmst. 1706. 4.

Rittmeier, J., s. Rittmeyer, Johann

Rittmeier, Otto, a. Astenbeck: Der Notweg. (B.G.B. §§ 917. 918.) Borna-Leipzig 1906: R. Noske. (VIII, 29 S.) 8° [F.]
Heidelberg, Jur. Fak., Ref. Anschütz, Diss. v. 24. April 1907
[Geb. 17. Dez. 80 Astenbeck, Kr. Marienburg; Wohnort: Hildesheim; Staatsangeh.: Preußen; Vorbildung: Gymn. Josephinum Hildesheim Reife O. 01; Studium: Freiburg i. B. 1, München 1, Heidelberg 1, Göttingen 3 S.; Rig. 2. März 07.]

Rittmeister Unverzagt. Ein Märchen nach dem Ital. d. Vittorio Imbriani v. W. R. gr. 8. (50 S. m. eingedr. Holzschn.) Bremen 875. Tannen. n. — 80

Rittmeister, der verwandelt, ein Lustsp. in 1 Aufz. von J. Richter. 8. Wien, Rehm. 805.

Rittmeyer, Gottlob Emil [Ill.]
s. Hartmann, A.: Kiltubend-Geschichten. 1854.

Rittmeyer, Gust., Erinnerungen e. braunschweigischen Offiziers aus d. J. 1848 u. 1849. Bearb. u. hrsg. v. Heinr. Mack. (55 S. m. Bildnis u. 1 Karte.) gr. 8. Wolfenbüttel (909). J. Zwissler. 1. —
Sonderabdruck aus: „Braunschw. Jahrb."

Rittmeyer, Joh., Betrachtungen über das heilige Abendmahl. 6. Aufl., besorgt v. Joh. Tob. Müller. 8. (XXIV u. 535 S.) Nördlingen 850, Beck. 18 ngr.

Rittmeier, J., 24 Betracht. v. heil. Abendmahl. 8. Magdeburg. 742.

Rittmeyer, Joh., himmlisches Freudenmahl. Ein Communionbuch. Aufs neue hrsg. von Traugott Siegmund. 1. Aufl. 1860. 12⅓ Ngr. und 2. Aufl. gr. 16. (314 S. mit 11 Holzschn. von A. Gaber nach Zeichnungen von J. Frankl.) Neu-Ruppin 861, Oehmigke. *

— himml. Freudenmahl d. Kind. Gottes auf Erden, oder Communionbuch, m. K. 12. Luneb. 744.

[RITTMEYER, M. J.] Himlisches Freuden-Mahl der Kinder Gottes auf Erden. Oder: Geistreiche Gebete . . . Samt einem Sünden-Register . . . Und hundert Christliche Lebens-Regeln, Mit einem Anhang von Morgen- und Abend-Gebetern . . . Wie auch einiger Geistreichen Gesänge und Lieder. Lüneburg, Sternische Buchdruckerei, 1759. Schmal-8°. *Kupfertitel, Titelkupfer*, gedr. Titel in Rot und Schwarz, 7 Bl. 429 S. und *10 Kupfertafeln*. Schwarzer Ldbd. d. Z. auf Bünden mit blindgepreßten Fileten auf den Deckeln (etw. ben.)

Rittmeyer, J., christliche Lebensregeln. 8. Nürnberg 875. Gütersloh, Bertelsmann. geb. *

Rittmeyer's, Joh., christliche Lebensregeln. Mit Vorwort v. Wilh. Löhe. 2. Aufl. Mit e. (chromolith.) Titelbild. gr. 16. (IV, 103 S.) Nürnberg 875. Löhe. geb. m. Goldschn. n. 2. 80

Rittmeyer, K. F. M., Schmerzenskinder der Armee. (61 S.) gr. 8. Leipzig (904). G. Müller-Mann. n. — 60

Rittmeyer, Karl [aus Noerten]: Geschmackspruefungen. Helmstedt, Druck v. J. C. Schmidt, 1885; 28 S. 8°.
Göttingen, Med. Fak., Inaug.-Diss. v. 1885.

Rittmeyer, Karl, Geschmacksprüfungen. Inaugural-Dissertation. gr. 8. (28 S.) Helmstedt 885. (Göttingen, Vandenhoeck und Ruprecht's Verlag.) *

Rittmeyer, M. J., s. Rittmeyer, Johann

Geschichte des Württembergischen Trainbataillons No 13 und des Traindepots XIII. (Kgl. Württ.) Armeekorps bearb. von [Max] Rittmeyer, Oberlt. im Württemb. Trainbat. No 13. *Ludwigsburg: Selbstverl. d. Bataillons 1901.* (156 S.) 8° [F. u. Aut.] (ea. 88to

Rittmeyer, Geschichte des württemb. Trainbataillons Nr. 13 u. des Traindepots XIII. (kgl. württemb.) Armeekorps. gr. 8. (V, 156 S. m. Abbildgn., 1 Bildnis, 3 Taf. u. 1 Plan.) Ludwigsburg 901. (R. Wieland.) Geb. in Leinw. n. 13. 50

Rittmeyer, Rud., Seekriege u. Seekriegswesen in ihrer weltgeschichtlichen Entwicklung. Mit besond. Berücksicht. der grossen Seekriege des XVII. u. XVIII. Jahrh. 1. u. 2. Bd. Lex. 8. Berlin, E. S. Mittler & Sohn. 22.50; geb. 25. 50
1. Von den Anfängen bis 1740. Mit zahlreichen Porträts, Abb. u. Skizzen. (XXXI, 642 S.) 907. 12.50; geb. 14. —
2. Von 1739–1793. Mit zahlreichen Porträts, Abb. u. Skizzen. (XX, 460 S.) 911. 10.—; geb. 11. 50

Rittmüller, Balthasar Ludwig

— — Beantwortung der, von J. E. Schulenburg wider den Strahl der göttlichen Erscheinung. Gotha 711. 4.

Rittmüller, Balth. Rud., Jesus in s. göttl. Gesichten und Erscheinungen. 4. Gotha. 710.

Rittmüller, Balth. Lud., Strahl der Herrlichkeit GOttes, in seinen Gesichten und Erscheinungen, nebst Application auf die Hartzgerodische Erscheinung. Goth. 710. 4.

Rittner, C. H.: Zur Pathologie des modernen Strafvollzuges. Zwei Abh. Hagen i. W. und Leipzig 1883.
1. Die vorläufige Entlassung (nach § 23 RStGB.).
2. Zur Vereinfachung des Strafvollzuges.

Rittner, C. H., zur Pathologie des modernen Strafvollzuges. Zwei Abhandlgn. 8. (51 S.) Beuthen 883. H. Freund. n. — 60

Rittner, C. H., zur Pathologie des modernen Strafvollzuges. Zwei Abhandlungen. 8. (51 S.) Hagen 883, Risel und Comp.

Rittner, Ed., oesterreichisches Eherecht systematisch u. m. Berücksicht. anderer Gesetzgebungen dargestellt. gr. 8. (VIII, 367 S.) Leipzig 876. Duncker & Humblot. n. 7. 20

Heinrich Rittner
Guatimozin über die Welt, die Erde und den Menschen. Kosmologisches Lehrbuch... Aus dem Mexicanischen von Heinrich Rittner. Mit e.Vorr. von Johann Elert Bode. Berlin:Maurer 1801. XVI,420 S. 8°

Rittner, Karl Aug., einige Worte über die von vier sächsischen Landtagsabgeordneten in Weimar am 29. Septbr. 1862 abgegebene Erklärung. Dresden 862. Schönfeld in Comm. gr. 8. (14 S.) n. 2 ngr.

Rittner, Karl Heinr., Erinnerungen e. höheren Reichsbeamten aus Elsaß-Lothringen 1871–73. gr. 8. (VI, 143 S.) Saarbrücken 893. H. Klingebeil. n. 2. 60

Rittner, Rosa, seltsame Abenteuer v. Berta u. Muz. Erzählung f. art. Kinder. Mit (zum Tl. farb.) Bildern v. Marie Grengg. 1.—3. Taus. (47 S.) Lex. 8. Köln (908). J. P. Bachem. Geb. 4. —

Rittner, R., Lehrgang der französischen Sprache f. Bürgerschulen. (IX, 216 S.) gr. 8. Wien 908. J. L. Pollak. Geb. in Leinw. n.n. 2. —

Rittner, R., Lehrgang der französischen Sprache für Bürgerschulen. 3. Aufl. Mit einem Anhang: Hölzels Wandkalender. Gr.-8°. (IX, 216 S.) Wien: Pollak 1910. geb. K 2.50

Rittner R., Lehrgang der französischen Sprache für Bürgerschulen. 3., vermehrte Auflage. Mit einem Anhange: Hölzels Wandbilder. Wien 1911. J. L. Pollak. Geb. K 2.50.

Rittner, Rud., Narrenglanz. Ein Spielmannsdrama in 4 Akten. (125 S.) 8. Berlin 906. Oesterheld & Co. n. 2. 50; geb. n. 3. 50

Rittner, Rud., Wiederfinden. Ein Schauspiel in 3 Akten. 8. (147 S.) Berlin 901. B. Cassirer. n. 2.—

Rittner, Samuel (Berlin) A. S. 1361/31

Dissertatio de iure Dei in homines.
Präs. Philipp Müller. Rec.
o. O. 1732. 48 S.

Diss. Jena 26. II. 1701. 28999

Rittner, Thaddäus

Rittner, Tadeusz, drei Frühlingstage u. andere Novellen. 8. (177 S.) Berlin 900. Schuster & Loeffler. 2.—; geb. n. 3. 50

Rittner, Thaddäus, das kleine Heim. Drama in 3 Akten. (146 S.) 8. Stuttgart 908. J. G. Cotta Nachf. 2.50; geb. in Leinw. 3. 50

— Unterwegs. Ein Don Juan-Drama in 3 Akten. (112 S.) 8. Berlin 909. E. Fleischel & Co. 2.—; geb. 3.—

Rittner-Gebirge [Schlagwort]

Rittner-Gebirge. Touristen-Wanderkarte des Rittner-Gebirges u. der angrenzenden Gebiete: Bozen, Sarntal, Sarnthein, Eisacktal, Schlern, Kastelruth, Klausen u. s. w. Mit markierten Wegen. 1:50,000. 48×39 cm. Farbdr. Bozen (907). Deutsche Buchh. 1. —

Rittscheft, J. A., medizin. Familienbüchlein. gr. 8. Heidelb. Mohr u. W. 813.

Rittschlag, G., Unterredungen zwisch. dem Prediger u. Förster zu Hellborf, veranlaßt durch die Frage des letztern: Was er glauben müßte, wenn er röm.-katholisch würde? Mitgetheilt f. denkende evangel. Bürger u. Landleute u. deren Schulen. 8. Merseburg 828. Sonntag; (a. Kollmann in Leipz.) 1 ⁄

Rittschlag, G., Unterredungen zwischen d. Prediger u. Förster zu Hellborf, veranlaßt durch d. Frage d. letztern: Was er alles glauben müßte, wenn er röm.-katholisch würde? Mitgeth. f. denkende evangel. Bürger u. Landleute u. deren Schulen. 8. (21 B.) Merseburg 828, [Weidemann.]

Rittschlag, Georg, das Asyl auf dem Felseneiland und seine Bewohner, oder: Nur Christi Christenthum!! gr. 8. Weimar 840. Voigt. 1/2 ⁄

Rittschlag, Geo., Lichtstrahlen, beleuchtend Religion, Christenthum u. Welt, aus Heinrich Zschokke's Werken. Mit Dessen Zustimmung allen Freunden des Gerechten, Wahren u. Guten dargeboten. gr. 8. (8½ B.) Weimar 842, Voigt.

Rittstieg, die Tuberkulose nach Wesen, Bedeutung u. Heilung, m. besond. Berücksicht. d. Lungenschwindsucht. Gemeinverständlich dargestellt. gr. 8. (58 S.) Halle 901. C. Marhold. n. 1. 50

(B) Rittstieg, Tuberkulose. Jetzt: Berlin, S. Mode's Verl. Erm. Pr. 1.—.

(B) Rittstieg, Tuberkulose. 901. Jetzt: Leipzig, R. Mejo.

Rittstieg, Ferdinand [app. Arzt aus Radolfzell]: Über Pylorusscarcinom und seine Ursachen ... *Radolfzell, Buchdr. v. W. Moriell, 1893*; 18 S., 1 Bl. 8.
München, Med. Fak., Inaug.-Diss. v. 1893

Rittweger, Carolus, s. Rittweger, Karl

Rittweger, Betty, aus der Kleinstadt. Skizzen. 8. (150 S.) Wolfenbüttel 902. J. Zwißler. n. 1.50; geb. in Leinw. n. 2.25

Rittweger, Betty, s' Oberstüble u. andere Erzählungen u. Skizzen. (238 S.) 8. Wolfenbüttel 908. J. Zwißler. n. 2. —; geb. in Leinw. n. 3. —

Rittweger, Carl, s. Rittweger, Karl

Rittweger, E., s.a. Rittweger, Franz

— Andeutungen zur Methode der lateinischen Lectüre. Pr. 1866. 22 S. 4°.

Rittweger, E., Aus der Praxis des lateinischen Elementarunterrichts. Pr. 1859. 18 S. 4°.

[J.] Rittweger, *Ernst* [Geh. Hofr. Dr., Dir.]: *Bericht über die Feier seines 50jährigen Amtsjubiläums.* Hildburghausen, herz. Hofbuchdr. v. F. W. Gadow & Sohn, 1895; 14—16 S. 4.
Hildburghausen, G Georgianum, OP 1895 (731)

[J.] Rittweger, *Ernst* [Geh. Hofrat Dr., Dir.]: *Professor Dr. Max Klemann, gest. am 8. Nov. 1895.* Hildburghausen, herzogl. Hofbuchdr. v. F. W. Gadow & Sohn, 1896; S. 14. 4.
Hildburghausen, G Georgianum, OP 1896 (722)

Rittweger, Franz

Rittweger, Fr., Bilder a. d. alten Frankfurt, s.: Fay, C. F.

Rittweger, E. Cüstine in Frankfurt u. die Wiedereinnahme der Stadt durch die Deutschen 1792. (74.) 8. Frankfurt a. M. 1867. 1,00.

Rittweger, F: Officieller illustrirter Führer durch Frankfurt a. M. und die Internationale Elektrotechnische Ausstellung. Frankfurt a. M. 1891

Rittweger, Frz., König Erich. Trauerspiel in 5 Aufzügen. (Den Bühnen gegenüber Mscr.) 12. (99 S.) Frankfurt a. M. 859, Hermann'sche Verlagsb. Thlr. ⅙

Rittweger, Frz., Frankfurt am Main im J. 1848. E. Beitrag zur Städtegeschichte. gr. 8. (III, 128 S.) Frankfurt a/M. 898. C. Jügel's Verl. n. 2. 25

Rittweger, Fr., s.: Gebäulichkeiten, die ehemaligen, der Dr. Senckenbergischen Stiftung.

Rittweger, Frz., neuere Geschichte von Frankfurt a. M. seit 1792. 1. A. u. d. T.: Cüstine in Frankfurt u. die Wiedereinnahme der Stadt durch die Deutschen 1792. Frankfurt a. M. 867. Keller. gr. 8. (74 S.) n. 10 ngr

— der fünfte deutsche **Journalistentag.** Abgehalten am 2., 3., 4. u. 5. Juli 1870 zu Frankfurt a. M. Ein Beitrag zur Geschichte des Journalistentags. Frankfurt a. M. 870. (Jäger.) gr. 8. (44 S.) n. 4 ngr.

— der französisch-deutsche **Krieg** 1870. Sein Entstehen u. sein Verlauf mit Beifügung aller darauf bezügl. Aktenstücke bearb. Mit Plänen u. Situations-Angaben. 1—5. Liefg. Frankfurt a. M. 870. Krebs-Schmitt. 4. (Sp. 1—239.) Jede Liefg. 3½ ngr.

Rittweger, F., der französisch-deutsche Krieg 1870. Sein Entstehen u. sein Verlauf m. Beifügg. aller darauf bezügl. Aktenstücke bearb. Mit Plänen u. Situationsangaben. 6—33. Lfg. 4. (Sp. 240—1548.) Frankfurt a. M. 871. Krebs-Schmitt. à — 35

— d. **Pamphlet.** Frankfurter Volksschausp. aus primat. Zeit in e. Vorspiel u. 5 Aufzgn. 8. (104 S.) Frankfurt a/M. 896. W. Rommel. n. 1. 50

— d. **Urbild d. Bürgerkapitäns.** Lokalschwank in e. Aufz. 12. (22 S.) Ebd. 896. — 60

Rittweger, K[arl]: [Bericht über seine Einführung als Direktor der Anstalt.] S. 12—16. 4.
Progr. Lauenburgische Gelehrtenschule Gymn. *Ratzeburg* 1904 (334).

Rittweger, (K[arl]), Dr.: [Acht Gedichte als verbindender Text zu den bei der Kaisergeburtstagsfeier dargestellten Gruppen aus der deutschen Turngeschichte.] *Bochum 1899: W. Stumpf.* (S. 22—25.) 4°
Bochum, st. G, P 1899 (367)

Rittweger, Karl, latein. Lesebuch aus Herodot, s.: **Weller,** G.

Rittweger, Karl: Ernst Rittweger, weil. Direktor des Gymnasium Georgianum zu Hildburghausen. Ein Bild s. Lebens u. Wirkens, dargest. von Dr. –. Hildburghausen: Kesselring 1902. (88 S.) 8°
= Schriften d. Vereins f. Sachsen-Meining. Geschichte u. Landeskunde. H. 42.

Rittweger, Karl Die Verbannung Juvenals und die Abfassungszeit seiner siebenten Satire. Eine litterarhistorische Untersuchung. 4 (33 S.) **Progr** G. *Bochum* 1886 (323).

Rittweger, Carolus *Albertus Hermannus Guilelmus* [Hilpertohusanus]: De aequi vocabulo et cognominatis. . . . Halis Saxonum, *Druckerei d. Dorfzeitung, Hildburghausen,* 1890; 56 S., 1 Bl. 8°
Halle, Phil. Fak., Inaug.-Diss. v. [20. Okt.] 1890

Rittweger, Roman, Referendar aus Thorn W. Pr.: Die besonderen Einwendungen des Schuldners gegen ein Schuldanerkenntnis im Sinne der §§ 781, 782 B.G.B., nach altem und neuem Recht. *Borna-Leipzig 1904: R. Noske.* (IX, 41 S.) 8°
Leipzig, Jur. Diss. v. 1904

Ritty, Joh., kleine Stempel-Tabelle zum Handgebrauche üb. die am häufigsten vorkommenden Stempel im gerichtlichen Verfahren. Teilweise aus den Quellen der Zusammenstellg. des Bez.-Richters Frz. Janisch geschöpft u. in Kronen umgerechnet. 3., verm. u. verb. Aufl. (IV, 72 S.) kl. 8. Graz 907. U. Moser. — 85

C., S. M., de ritu veteris formulae applicativae individualis in s. coena. Lubec. 1731. 4.

Ritu Sanhara. Die Jahreszeiten. Indische Gedichte, nach dem Engl. des Satyam Jayati übertr. u. eingeleitet v. Otto Fischer. (78 S.) 8. München (910). M. Moerike. 3.—; geb. in Halbldr. 4. 50

Ritual, d. i. liturgischer Wegweiser f. angehende Prediger u. Predigt-Amts-Candidaten im Königr. Sachsen. (Von Heinr. Scheufler.) br. 8. (3¼ B.) Grimma 844, Gebhardt. •

Ritual und Aufdeckung d. amerikan. Freimaurerei, d. Gesellschaften d. Oranienmänner u. seltsamen Gesellen; mit vielen Bildern, ein. Schlüssel zu d. Phi Beta Kappa, so wie auch e. Darstell. des, an Will. Morgan, wegen Enthüllung d. Geheimnisse d. Maurerei, begang. Menschenraubes u. Mordes. A. d. engl. Schriften gezogen v. ein. Freunde d. Lichtes. gr. 12. (19½ B. u. 24 Stnt.) Leipzig 838, (Michelsen.) •

Rituel pour la réception au grade d'écuyer de l'ordre des chevaliers bienfaisans. [Braunschweig 1782: Kolb.] 15 S. 2° [Kopftit.]
Enth. den 5. Grad der Str. Observanz: Waffenträger oder Noviz der Ritter der Wohltätigkeit in franz. u. latein. Sprache, wie er auf dem Convent national des Gaules in Lyon 1778 angenommen wurde.

[Deutsche Übers. u. d. Tit.:]
Ritual bei der Aufnahme zum Grade des Waffenträgers (Armiger) im Orden der wohlthätigen Ritter. [Hrsg. von Friedr. Ludw. Schröder.] [Rudolstadt ca 1805—1806: Geheimdr.] 56 S. 8°
Beigedr.: Entwurf e. Rituals f. d. Wehrhaftmachung e. wohlthätigen Ritters d. heiligen Stadt. S. 38—56.
Tt. 1388. Nr 6 B der Schröderschen Ritualsammlung, nur für die Geheimakten des Engbundes gedr. Der deutschen Übersetzung sind die lateinischen Stellen beigefügt.

Ritual für die Aufnahme in den Inneren Orient. Berlin 1899: Denter & Nicolas. 29 S. 4°

Ritual der Bundes- und Gr.-Loge zur Sonne im Or. Bayreuth. Genehmigt von der Jahresversammlung zu Carlsruhe im Jahre 5873. [H.] 1—3. Mannheim 1874: Schneider. 4°
1. Ritual des Lehrlings-Grades. IV, 47 S.
2. Ritual des Gesellen-Grades. 17 S.
3. Ritual des Meister-Grades. 25 S.
Tt. 1395.

Ritual der Freimaurerloge Concordia im Or.∴ St. Gallen. Angenommen 1868. Erster bis dritter Grad. St. Gallen 1868. B: *Henne Am Rhyn, Otto.* (wolfstieg II, 555)

Ritual, Deutsches, für katholische Seelsorger. Freyb. u. Konstanz 1811. V: *Werkmeister, Benidict Maria Leonh. von.* (Schmal) (Ky) (MGT) (Th)

Ritual, deutsches, f. kathol. Seelsorger. 8. Freiburg 811. 2e A. 831. Herder; (a. Gräffer u. S. in Wien). 8 fl.

Ritual zur Einweihung des neuerbauten Tempels der Loge Eleusis zur Verschwiegenheit im Or. Bayreuth am 28. August 1881. o. O. u. J. 5 Bl. 8°. [Umschlagtit.]

[**Ritual, Festgesang, Gedicht.**] Bei Aufstellung von Bőttigers Bûste, am 7. 2. 1834. o. O. [1834]. 8 S. 8° [Kopftit.]

Ritual des Eklektischen Freimaurerbundes. Rev. und genehmigt von der Gr. Mutterloge des Eklektischen Freimaurerbundes in Frankfurt a. M. und den eklektischen Bundeslogen im Jahr 5871. [T. 1—3.] Frankfurt a. M. 1872: Krebs-Schmitt. 4°

[1.] Ritual des Lehrlingsgrades. 77 S.
[2.] Ritual des Gesellengrades. 39 S.
[3.] Ritual des Meistergrades. 46 S.

[Dasselbe.] Frankfurt a. M. 1901 bis 1903: Mahlau & Waldschmidt. 4°
[1.] 72 S. 1901; [2.] 36 S. 1903; [3.] 41 S. 1903.

Ritual des dritten Freimaurer-Grades von der Gr. Loge von Preussen gen. Royal York zur Freundschaft im Or. von Berlin. Allen unter ihrer Constitution arbeitenden Freimaurer-Logen zur bleibenden Norm aufgestellt. Berlin 1886: Teichler & Fickert. VIII, 33 S. 4°

Ritual des ersten Freimaurer-Grades von der Gr. Freimaurerloge von Preussen gen. Kaiser Friedrich zur Bundestreue im Or. von Berlin. Berlin 1893: Berliner Buchdr.-Actien-Ges. 24 Bl. 2°
Nur recto bedruckt.

Ritual des ersten Freimaurer-Grades von der Gr. Loge von Preussen gen. Royal York zur Freundschaft im Or. von Berlin. Allen unter ihrer Constitution arbeitenden Freimaurer-Logen zur bleibenden Norm aufgestellt. Berlin 1882: Fickert. VII, 46 S. 4°

Ritual des zweiten Freimaurer-Grades von der Gr. Freimaurerloge von Preussen gen. Kaiser Friedrich zur Bundestreue im Or. von Berlin. Berlin 1893: Berliner Buchdr.-Actien-Ges. 20 Bl. 2°
Nur recto bedruckt.

Ritual des zweiten Freimaurer-Grades von der Gr. Loge von Preussen gen. Royal York zur Freundschaft im Or. von Berlin. Allen unter ihrer Constitution arbeitenden Freimaurer-Logen zur bleibenden Norm aufgestellt. Berlin 1882: Fickert. VII, 30 S. 4°

Ritual des Freymaurer Lehrlings-Grades. [Braunschweig 1782: Kolb.] 24. S. 2° [Kopftit.]
Abgedr. in: Ritual d. Wilhelmsbader Congresses. ca 1805—1806 S. 3—84.
Sehr selten.

Hallensen: [**Ritual.**] Zum Gedåchtniss der Vermåhlung des Br. Hallensen, welche in Rendsburg den 20sten Sept. 1777 vollzogen wurde. Von der Freymaurer-Loge Josua zum Corallenbaum in Rendsburg. [Rendsburg 1777]: Gedr. mit maur. Schriften. 2 Bl. 4° [Umschlagtit.]
Selten. Auszug aus dem Ritual bei der Feier der Vermählung in der Loge.

Ritual nach dem Geiste und den Anordnungen der katholischen Kirche ... Stuttg. 1831. 2. Aufl. 1833. V: *Wessenberg-Ampringen, Ignaz Heinr. Carl Freih. von.* (Schmal) (Kn)

—— nach dem Geiste u. den Anordnungen d. kathol. Kirche, od. prakt. Anleit. f. den kathol. Seelsorger zur erbaul. u. lehrr. Verwaltung d. liturg. Amtes. Zugleich e. Erbauungsb. f. d. Gläubigen. gr. 8. (31¼ B.) Stuttgart 831, Cotta.

Ritual: **Ritual, Gesånge, Trinksprûche und Gedichte bei'm Johannisfeste 1829, in der g. u. v. Loge z. goldnen Apfel i. Or. Dresden. Blos [!] als Ms. f. Bbr unsrer ▭ und besuchende Bbr hiesiger u. fremder Or. Dresden [1829]: Gårtner. 25 S. 8°**

Ritual für den Gesellengrad. o. O. u. J. 37 S. 4°.
([Schrödersche Rituale.] 2.)

Ritual des Gesellengrades. [Frankfurt a. M. 1872: Krebs-Schmitt.] 39 S. 4°
(Ritual d. Eklek. Frmrbundes. 2.)

[Dasselbe.] [Frankfurt a. M. 1903: Mahlau & Waldschmidt.] 36 S. 4°

Ritual des Gesellen-Grades. Mannheim 1874. V: *Bluntschli, Johann Kaspar.* (wolfstieg II, 552)

Ritual für den Gesellengrad. Leipzig 1896. 2. Aufl. Leipz. 1875. V: *Findel, Joseph Gabriel.* (τt 1317) (wolfstieg II, 607)

Ritual für den Gesellengrad im Bunde der Grossen National Mutter-Loge der Freimaurer in den Preussischen Staaten genannt zu den drei Weltkugeln. [Berlin 1844:] Kühnel. 66 S. 4°. [Autogr.]
W. 33650 gibt 2° als Format an.

Ritual für den Gesellen-Grad im Bund der Grossen National-Mutter-Loge der Freimaurer in den preussischen Staaten gen.: Zu den drei Weltkugeln. Als Hs. gedruckt. Berlin 1900: Denter & Nicolas. 51 S. 4°

Ritual des Gesellen-Grades, als des 2ten Grades der rectificirten Frey-Maurerey. [Braunschweig 1782: Kolb.] 10 S. 2° [Kopftit.]
Abgedr. in: Ritual d. Wilhelmsbader Congresses. ca 1805—1806 S. 85—116.

[Franz. Übers. u. d. Tit.:]
Rituel du grade de compagnon. IIme grade de la maçonnerie réctifiée. [Braunschweig 1782: Kolb.] 9 S. 2° [Kopftit.]
Mit moralischer Instruktion u. Instruktion in Fragen u. Antworten.

Ritual des 3ten, oder des Frey-Maurer-Meister-Grades. [Braunschweig 1782: Kolb.] 12 S. 2° [Kopftit.]
Abgedr. in: Ritual d. Wilhelmsbader Congresses. ca 1805—1806 S. 117—156.
Mit moralischer Instruktion u. Instruktion in Fragen u. Antworten.

[Franz. Übers. u. d. Tit.:]
Rituel du III. grade, dit de maître franc-maçon. [Braunschweig 1782: Kolb.] 11 S. 2° [Kopftit.]

Ritual der drei Grade des grossen Orients von Frankreich. Rudolstadt ca. 1805. H: *Schröder, Friedrich Ludwig.* (wolfstieg II, 555)

Ritual [der Grossloge von Hamburg. T.] 1—3. [Hamburg] o. J.: [Altschwager]. 4° [Umschlagtit.]
1. Lehrlings-Ritual. 83 S.
2. Gesellen-Ritual. 46 S.
3. Meister-Ritual. 38 S.

[Dasselbe.] Ebendas. [ca 1816.] 4°
1. 82 S.
2. 37 S.
3. 33 S.

[Dasselbe.] Ebendas. [1853.] 4°
1. 78 S.
2. 40 S.
3. 34 S.
Tt. 1391—1392.

Ritual für die Installation einer neuen Tochterloge. [Hamburg ca. 1855.] V: *Grapengiesser, Christian Andreas Hieronymus.* (wolfstieg II, 645)

[Autogr.] **Ritual** und Instruction der Lehrlings-Loge im Freimaurer-Systeme der Grossen National-Mutter-Loge der preussischen Staaten, gen.: Zu den drei Weltkugeln. [Berlin 1837: Metallograph. Institut d. Gr. N. M.] 122 S. 2°

[Autogr.] **Ritual** zu der Johannisfest- und Säcularfeier am 22. Juni 1884. [Freiburg i. B. 1884.] 18 S. 2° [Kopftit.]

— das, der kathol. Kirche. A. d. Latein. v. M. A. Nickel. gr. 8. (27 B.) Mainz 839, Kupferberg.

Ritual des Wilhelmsbader Congresses. Rudolstadt ca. 1805—6. H: *Schröder, Friedrich Ludwig.* (τt 1387) (wolfstieg II, 535)

Ritual zur Constituirung der ger.·. und vollk.·. St. Johannis-Loge Galilei zur ewigen Wahrheit im Or.·. Berlin und Fest-Programm zur feierlichen Lichteinbringung in den neu erbauten Logentempel am 19. April 1897. [Berlin 1897: Völcker.] 19 S. 4°

Ritual zur Constituierung der St. Johannis-Loge ... im Orient ... Strasse Nr. ... am ... 18 .. [Bayreuth o. J.: Mühl.] 13 S. 4°.

Ritual für den Lehrlingsgrad. o. O. u. J. 82 S. 4°.
([Schrödersche Rituale.] 1.)

Ritual des Lehrlingsgrades. [Frankfurt a. M. 1872: Krebs-Schmitt.] 77 S. 4°
(Ritual d. Eklek. Frmrbundes. 1.)

[Dasselbe.] [Frankfurt a. M. 1901: Mahlau & Waldschmidt.] 72 S. 4°

Ritual des Lehrlings-Grades. Mannheim 1874: Schneider. IV, 47 S. 4°
(Ritual d. Bundes- u. Gr. L. z. Sonne i. Or. Bayreuth. 1.)
Auf Grundlage des Fesslerischen Systems unter Benutzung von Entwürfen d. Brr Bluntschli u. Puschkin.

[Autogr.] **Ritual** für den Lehrlings Grad im Bunde der Grossen National-Mutter-Loge der Freimaurer in den preussischen Staaten, gen.: Zu den drei Weltkugeln. [Berlin 1844]: Szlatohlawek. 93 S. 2°
Mit Abb. der Beamtenzeichen u. Abb. des Teppichs.

Ritual für den Lehrlings-Grad im Bunde der Grossen National-Mutter-Loge der Freimaurer in den Preussischen Staaten, genannt zu den drei Weltkugeln. [Berlin 1876]. 110 S., 2 Taf. 4°. [Autogr.]

Ritual für den Lehrlings-Grad im Bund der Grossen National-Mutter-Loge der Freimaurer in den preussischen Staaten gen.: Zu den drei Weltkugeln. Berlin 1900: Denter & Nicolas. 71 S., 1 Taf. 4°

Ritual für den Lehrlingsgrad, Gesellengrad, Meistergrad. Rituale der Grundsteinlegung, Logenweihe, Tafel-, Schwesternfest, Trauerloge und der Beamteneinsetzung. 2. Auflage. Leipzig 1875. V: *Findel, Jos. Gabr.* (Tt)

Ritual der Libertas et Concordia im Or.·. Chur. Angenommen 1907. Grad I[—3]. o. O. [1907]. 43 S. 4° [Umschlagtit.]
1. Grad. S. 1—17.
2. Grad. S. 19—29.
3. Grad. S. 31—43.
Die Seiten sind nur recto bedruckt.
Verlagsbuchhändler Unger, Berlin.

(Ritual der Grossen Loge zu Hamburg.) 3 Theile. (Hamburg) ca. 1816. 4.
Lehrlingsgrad 83 S. Gesellengrad 37 u. 1 S. Meistergrad 33 u. 1 S.

(Ritual der Grossen Loge zu Hamburg.) 2. Theile. (Hamburg) ca. 1855. 4.
Gesellenritual 1 Bl. 40 S. Meisterritual 1 Bl. 34 S.

Ritual, Das, der Loge »Zur Hoffnung« in Bern. Bern 1884. V: *Schumacher, A.* (Tt)

Ritual, das, der Loge zur Hoffnung in Bern. Von A. S. 8. (34 S.) Bern 884. (Leipzig, Findel.)
Aus: Alpina, besonders abgedruckt.

Ritual des Logenbundes der Bundes- und Grossloge zur Sonne im Or. Bayreuth für den I. Grad, nach dem Entwurf der Ritual Commission im Jahre 5873. o. O. u. J. 46 S. 2°. [Umschlagtit.] [Lith.]

Ritual des Logenbundes der Bundes- und Grossloge zur Sonne im Or. Bayreuth für den Meistergrad. o. O. [1873]. 26 S. 8°. [Umschlagtit.] [Lith.]

Ritual des Logen Verbandes der Bundes Grossloge zur Sonne im Or. Bayreuth für die Gesellen-Aufnahme, genehmigt im Jahre 5873. o. O. u. J. 13 S. 2°. [Umschlagtit.] [Lith.]

[**Ritual** des] Matthäi-Logenbund[es]. Teil I—II. o. O. u. J. Quer-8°. [Lith.]
I. Arbeitsloge. 6 Bl. Einseitig bedr.
II. Aufnahmeloge. 17 Bl. Einseitig bedr.

Ritual für den Meistergrad. o. O. u. J. 33 S. 4°.
[Schrödersche Rituale] 3.)

Ritual des Meistergrades. [Frankfurt a. M. 1872: Krebs-Schmitt.] 36 S. 4°
(Ritual d. Eklek. Frmrbundes. 3.)

[Dasselbe.] [Frankfurt a. M. 1903: Mahlau & Waldschmidt.] 41 S. 2°

Ritual des Meister-Grades. Mannheim 1874. V: *Bluntschli, Johann Kaspar.* (wolfstieg II, 553)

Ritual für den Meistergrad. Leipzig 1869. 2. Aufl. Leipzig 1875. V: *Findel, Joseph Gabriel.* (Tt 1317) (wolfstieg II, 617)

[Autogr.] **Ritual** für den Meister-Grad im Bunde der Grossen National Mutter Loge der Freimaurer in den preussischen Staaten gen.: Zu den drei Weltkugeln [in Berlin]. [Berlin 1844.] 91 S., 1 Taf. 2°
Mit Abb. des Teppichs.

[Ritual.] Am 29. Nov. [1868]. [Dresden 1868: Neumann & Pässler.] 8 S. 8° [Kopftit.]
Enth. das Ritual für die Einweihung des neuen Logengebäudes der Loge zu den ehernen Säulen, Dresden.

[Ritual der Strikten Observanz.] o. O. u. J. 49 Bl. 2 [Steindruck.]
Enthält das Ritual der 3 ersten Grade, den schottischen Grad und die Novizenaufnahme. Entspricht der Schröderschen Ritualsammlung 4 A und 4 B. S. 1–32.

Ritual, das römische. Aus dem Latein. von M. A. Nickel. 2. (Titel-)Ausg. Mainz (839.) 853. Kupferberg. gr. 8. (XX, 412 S.) 1 ₰.

Ritual, Das Schrödersche, und Herders Einfluss auf seine Gestaltung. Nach den Archiven der Grossen Loge von Hamburg und vereinigten fünf Logen: Absalom, St. Georg, Emanuel, Ferdinande Caroline, Ferdinand zum Felsen. Hamburg 1904. H: *Wiebe, Carl.* (wolfstieg II, 552)

Ritual für eine Schwestern-Arbeit. Aufgestellt für das Kränzchen Erwin im Or. Kehl. Kehl 1873: Morstadt. 8 S. 8°. [Umschlagtit.]

[**Ritual** zu einer Schwestern-Loge in der Loge Eintracht in Neudörfl a. L.] o. O. u. J. 12 S. 4°. [Lith.]

Ritual zur Sylvesterfeier mit Schwestern. (Kulmbach o. J.: Dachert.) 3 Bl. 4°. [Kopftit.]

Ritual zur Tafel-Loge. (Bayreuth o. J.: Mühl.) 3 S. 4°. [Umschlagtit.]

Schwesternfest in der ☐ Augusta z. g[oldenen] Zirkel im Or. Göttingen. **Ritual** für die Tafel ☐. [Göttingen] o. J.: Kästner. 9 S. 8° [Umschlagtit.]

Freie Vereinigung Frankens zu Bamberg. **Ritual.** [Bamberg um 1910: Handelsdruckerei.] 31 S. 8°.
Sehr selten.

Ritual zur Weihe des neuerbauten Tempels der St. Johannis-Loge ... im Orient ... [Bayreuth] o. J.: Mühl. 14 S. 4°. [Umschlagtit.]

Ritual der Loge Wilhelm zu den drei Säulen i. O. Welfenbüttel für eine maurerische Trauerfeier im Hause eines entschlafenen Bruders. Entworfen von [Heinr.] Gattermann, [Georg] Langenbeck und [Friedr.] Schaefer. [Wolfenbüttel ca 1909.] 4 S. 4°

Ritual der ger. und vollk., unter dem Schutze der Ehrw. Grossloge von Ungarn stehenden St. Johannis-Loge „Zukunft" im Or. Pressburg, für den Lehrlingsgrad. [Leipzig] o. J.: [Bär & Hermann]. 20 S. 4° [Umschlagtit.]
cf. F. 1 (1876) S. 28—29 (Th. Merzdorf).

[Autogr.] **Ritualbuch** der allgemeinen altschottischen Bundesloge im Freimaurersysteme der Gr. National Mutterloge der preussischen Staaten, gen.: zu den drei Weltkugeln [in Berlin]. Nach der Revision vom Jahre 18$\frac{38}{39}$. [Berlin 1839: Kühne.] 184 S. 2°

Das **Ritualbuch** des Gesellen-Grades. Bremen o. J.: Wichlein. 50 S. 4°. (Gesetzmässiges, verbessertes und vollkommenes Logen-Buch. [1.])

Das **Ritual-Buch** [des Lehrlingsgrades]. Bremen o. J.: Wichlein. 68 S. 4°. (Gesetzmässiges, verbessertes und vollkommenes Logen-Buch. 2.)

Ritualbuch der Gross Loge Royal z. Freundschaft in Berlin. o. O. u. J. 176 S. 8°
[Nebentit.:] Ritual of the Grand Lodge Royal York zur Freundschaft.
[Proceedings of the Gr. L. of New York. (1889) S. 81.]

Rituale. H. 1—4. Leipzig 1869. 2. Aufl. Leipz. 1875. V: *Findel, Joseph Gabriel.* (wolfstieg II, 591)

Rituale sive Agenda ad usum dioeceseos Limburgensis, edita jussu et auctorit. reverendiss. et illustris. Dom. Joannis Guilielmi etc. II Ps. 8maj. (23 B.) Francofurti a. M. 839, libr. Andreae.

Rituale Argentinense, Armandi Gastonis Card. de Rohan primo editum; jussu G. Max. Justi de Croy, novis typis mandatum; reverend. Claud. Mar. Paul Tharin, sedem Argent. occupante, in lucem exiit. 4maj. Strassb. 824. (Mainz, Müller). 7 ₰ 12 ℛ

Rituale Augustanum minus, ad normam ritualis Romani pro usu manuali quotidiano noviter in lucem emissum jussu et auctoritate reverendissimi ac illustrissimi D. D. Michaelis, episcopi Augustani etc. (Herausg. von Dr. Joh. Evang. Stadler.) Augustae Vindel. 857. (Schmid.) 8. (XVI, 336 S. und Anh.: Ordo providendi infirmum, juvandi morientes ac sepeliendi adultos et parvulos, ex novo rituali Augustano minori in favorem utentium depromptus. 96 S.) n. 24 ngr; der Anhang allein n. 4 ngr

— congregationis clericorum regularium, ex missali caerimoniali Pontif. Urbani VIII. et Innocentii X. desumptum ed. J. K. Edlweckh. 8. Münch. 772. Lentner. 8 ℛ

— Constantiense. Jussu et auctoritate etc. Francisci Conradi etc. Cardinalis de Rodt, Episcopi Constantiensis etc., juxta normam ritualis romani reformatum, approbatum et editum. Denuo impressum etc. ad usum cleri Rottenburgensis. Stuttgartiae 856. Verlags-Magazin. 4. (VIII, 272 S.) n. 1 ℛ. 18 ngr

Rituale für Einsetzung neuer Beamten (nach [Ottokar] Dörffel und [Osw.] Marbach), Grundsteinlegung eines neu zu erbauenden Logenhauses (nach O[ttokar] Dörffel. Logenweihe (nach der Bh. 69 Nr. 2 und den Weimarer Analecten), Tafel-Loge. Schwestern-Logen I. II. Eine Schwester-Tafel-Loge I. II. Trauerloge. Leipzig 1869. V: *Findel, Joseph Gabriel.* (rt 1317) (wolfstieg II, 530)

Rituale und Festordnung bei der Einweihung des neuen Hauses der g. u. v. St. Johannis-Loge Friedrich August zum treuen Bunde im Or. von Wurzen am 30. März 1879. [Wurzen 1879: Jacob.] 8 S. 8° [Umschlagtit.]

Rituale der Frohnleichnams-Prozession zu Fulda. Sämmtliche Gebete, Evangelien, Versikel u. Responsorien, nebst Erläuterungen, lateinisch u. deutsch, sowie die latein. Gesänge [Hymnen] mit deutscher Uebersetzung, welche vom Clerus ꝛc. u. die deutschen Lieder, welche allgemein vom Volke bei der Prozession gesungen werden. 8. (44 S.) Fulda 882. Maier. n. — 50

— der Fronleichnams-Prozession zu Fulda. Sämtliche Gebete, Evangelien, Versikel u. Responsorien, nebst Erläutergn., lateinisch u. deutsch, sowie die latein. Gesänge (Hymnen) m. deutscher Uebersetzg., welche vom Klerus ꝛc. u. die deutschen Lieder, welche allgemein vom Volke bei der Prozession gesungen werden. Hrsg. vom Verleger. 2. Aufl. (47 S. m. 1 Abbildg.) kl. 8. Fulda 904. A. Maier. n. — 30

Rituale, ein katharisches. Hrsg. v. Ed. Cunitz. gr. 8. (88 S.) Jena 852, Mauke. n. ²/₃ ℛ

Rituale katholisches, zum Gebrauche der altkatholischen Gemeinde des Deutschen Reiches. (XI, 195 S.) gr. 8. Bonn, Verlag der bischöfl. Kanzlei. n. 3. —

Rituale, katholisches, hrsg. nach den Beschlüssen der beiden ersten Synoden der Altkatholiken des deutschen Reiches. 8. (V, 68 S.) Bonn 875, Neusser.

Rituale, katholisches, hrsg. nach den Beschlüssen der Synoden der Altkatholiken d. Deutschen Reiches. 2. Aufl. 8. (IV, 68 S.) Bonn 876. Neusser. n. 1. —

— katholisches, hrsg. nach den Beschlüssen der Synoden der Altkatholiken des Deutschen Reiches. Anhang. 8. (56 S.) Bonn 877. Neusser. n. 1. — (Rituale m. Anh.: n. 2. —)

Rituale parvum e rituali romano et appendice pro dioecesi Paderbornensi edita excerptum et compositum. Paderborn 863. Schöningh. 4. (2 Bl., 72 S.) n. 16 ngr

— parvum, continens sacramentorum administrationem, infirmorum curam, benedictiones diversas, necnon absolutiones in articulo mortis impertiendas, ad sacerdotum curam animarum agentium usum commodiorem ex rituali romano excerptas. 16. (III, 204 S.) Regensburg 882. Pustet. n. 1. —; geb. in Leinw. n. 1. 40; in Ldr. m. Goldschn. n. 1. 80

Rituale parvum continens sacramentorum administrationem, infirmorum curam et benedictiones diversas ad sacerdotum curam animarum agentium usum commodiorem ex rituali romano excerptum. Ed. II. 16. (216 S.) Regensburg 889. Pustet. n. 1. 20; geb. in Leinw. n. 1. 60; in Ldr. m. Goldschn. n. 2. —

Rituale parvum ad usum sacerdotum dioecesis Hildesiensis jussu et approbatione reverendissimi et illustrissimi domini Wilhelmi episcopi Hildesiensis editum. 8. (96 S.) Regensburg 891. F. Pustet. n. 1. 80

— parvum. Ad usum commodiorem sacerdotum curam animarum agentium dioecesis totius Wratislaviensis jussu et approbatione illustrissimi et reverendissimi Domini Domini Georgii, principis episcopi Wratislaviensis editum. 8. (VIII, 344 S.) Breslau 893. (G. P. Aderholz.) n. 3. 60

— parvum, e rituale romano et appendice jussu et approbatione reverendissimi et illustrissimi domini episcopi Conradi pro dioecesi Paderbornensi edita, excerptum et compositum. (2. Aufl.) Lex.-8. (III, 56 u. 16 S.) Paderborn 893. F. Schöningh. n. 2. —

Rituale parvum continens sacramentorum administrationem, infirmorum curam et benedictiones diversas, ad sacerdotum curam animarum agentium usum commodiorem ex rituali romano excerptas. Ed. IV. gr. 16. (224 S.) Regensburg 898. F. Pustet. n. 1. 20; geb. in Leinw. n. 1. 60; in Leder m. Goldschn. n. 2. —

Rituale parvum continens sacramentorum administrationem, infirmorum curam et benedictiones diversas, ad sacerdotum curam animarum agentium usum commodiorem ex rituali romano excerptas. Ed. V. gr. 16. (224 S.) Regensburg 901. F. Pustet. 1. 20; geb. in Leinw. n. 1. 60; in Ldr. m. Goldschn. n. 2. —

— parvum continens sacramentorum administrationem, infirmorum curam et benedictiones diversas, ad sacerdotum curam animarum agentium usum commodiorem ex rituali romano excerptas. (In Rot- u. Schwarzdr.) Ed. VII. (224 S.) 16. Regensburg 906. F. Pustet. 1. 20; geb. in Leinw. n. 1. 60; in Ldr. m. Goldschn. n. 2. —

Rituale parvum, e rituali romano et appendice pro dioecesi Paderbornensi approbato excerptum de licentia reverendissimi et illustrissimi domini episcopi Wilhelmi de novo editum. (In Rot- u. Schwarzdr.) (III, 56 u. Beigaben 16 S.) Lex. 8. Paderborn 908. F. Schöningh. 3. —

— parvum continens sacramentorum administrationem, infirmorum curam et benedictiones diversas, ad sacerdotum curam animarum agentium usum commodiorem ex rituali romano excerptas. (In Rot- u. Schwarzdr.) Ed. VII. (257 S.) 16. Regensburg 910. F. Pustet. 1.50; geb. in Leinw. 2.—; in Ldr. m. Goldschn. 2. 50

Rituale parvum pro dioecesi Gurcensi. Clagenfurti, St. Josefs-Druck., 1900. 263 S.

—— parvum Hildesiense. 12. (96 S.) Ebd. 891. 1 80; geb. m. G. * 3 —

Rituale parvum Wratislaviense. Jussu et approbatione Georgii Cardinalis Kopp principis episcopi Wratislaviensis ed. (In Rot- u. Schwarzdr.) (VI, 512 S.) kl. 8. Wratislaviae 910. (Breslau, G. P. Aderholz.) nn 3.—; geb. in Chagrinldr. nn 5. —

— pastorale, romano accommodatum. 4, maj. Antw. (Göbhard. Bamb.)

— pastorale, romano accommodatum. 4maj. Antwerpen. (Wesché in Frkf. a. M.) 1 ₰ 8 gr

— romano - colocense majori elegantiorique Typo etc. 4. Ofen 797. Typ. Soc. 1 ₰ 16 gr

— romanorum. 8. maj. Venetiis. (Göbhard, Bamberg.) 756.

Rituale Romano-Salisburgense, primum authoritate et jussu .... Romani Sebastiani Principis et Episcopi Seccoviensis ec. cc. usibus Dioecesis Seccoviensis et Leobiensis accomodatum nunc authoritate et jussu .... Josephi Othmari Principis et Episcopi Seccoviensis cc. recognitum et typis editum. 4. (418 S. et 1 Blatt.) Graecii, Typis J. A. Kienreich. 1853.

Rituale Romano-Salisburgense collatis consiliis cum celsissimis ac reverendissimis Dominis Adalberto Josepho Principe Episcopo Gurcensi, et Antonio Martino Principe Episcopo Lavantino jussu et auctoritate celsissimi, excellentissimi ac reverendissimi Domini Maximiliani Josephi Principis Archiepiscopi et Metropolitae Salisburgensis ec. cc. denuo recognitum. 4. (2 Bl., 410 S. et 5 Bl.) Salisburgi. Typis Fr. Xav. Duyle. 1854.

— Romano-Sangallense. Revisum et editum jussu et auctoritate reverendissimi ac illustrissimi domini D. Joannis Petri, episcopi Sangallensis. Pars I. Continens rituale sacramentorum et exequiarum. hoch 4. (212 S.) Sangalli 849. (Schaffhausen, Hurter.) n. 1 ⅙ ₰

— romanum Benedicti XIV. jussu edit. et auct. 8. maj. Rom. (Barth, Prag) 752.

—— romanum in usum dioeceseos Paderbornensis impressum cum appendice. 4. (IV und 488 S.) Paderborn 862, Schöningh.

— romanum, Pauli V. Pont. max. jussu editum. Una cum notis consueto ecclesiae cantui accom., et a quam pluribus mendis, quae antea irrepserant, diligenter purgatis. Edit. ultima, aucta, et meliore ordine restituta. 18. Tarascone 820. (Müller in Mainz). 16 gr

Rituale romanum, Pauli V. Pont. Max. jussu editum. Una cum notis consueto ecclesiae cantui accom., et a quam pluribus mendis quae antea irrepserant, diligenter purgatis. Edit. ultima, aucta, et meliore ordine restituta. 18. (428 Seit.) Tarascone 830. (Mainz, Kirchheim, Schott et Thielmann.)

Rituale Romanum Pauli V. Pontificis Maximi jussu editum atque a felicis recordationis Benedicto XIV. auctum et castigatum. 16. (Mit schwarzem und rothem Drucke.) Mechliniae 845. (Moguntiae, Kirchheim, Schott et Thielmann.) n. 1 ₰

— Romanum Pauli V. pontificis maximi jussu editum atque a felicis recordationis Benedicto XIV. auctum et castigatum, in quo quae parochis ad administrationem sacramentorum, benedictiones et conjurationes necessaria censentur, accurate sunt posita. 18. (458 S.) Vindobonae 848, Libraria Mechitharistica. ⅔ ₰

— romanum Pauli V. P. M. jussu editum, et a Benedicto XIV. auctum et castigatum. Mecheln 860. (Mainz, Kirchheim.) Lex.-8. (VIII, 340 S.) n. 1 ₰ 24 ngr

Rituale romanum Pauli V. pontificis maximi jussu editum et a Benedicto XIV. auctum et castigatum cui novissima accedit benedictionum et instructionum appendix. Romae 870. (Regensburg, Pustet.) gr. 8. (VIII, 529 S.) n. 1 ₰ 18 ngr

— romanum Pauli V. pontificis maximi jussu ed. et a Benedicto XIV. auctum et castigatum cui novissima accedit benedictionum et instructionum appendix. Ed. Ratisbonensis prima a sacr. rituum congregatione adprobata. gr 8. (VIII, 468 S.) Regensburg 872. Pustet. 4. 80

—— romanum Pauli V. pontificis maximi jussu editum et a Benedicto XIV. auctum et castigatum, cui amplissima accedit benedictionum et instructionum appendix. Nova edit. romana. Lex.-8. (VII, 498 S.) Romae 874. (Leipzig, Brockhaus' Sortiment.) * 6 —

— romanum, Pauli V. pontificis maximi jussu editum et a Benedicto XIV. auctum et castigatum, cui novissima accedit benedictionum et instructionum appendix. Ed. II. accuratissima, a sacr. rituum congregatione adprobata. 12. (X, 398 u. 228 S. m. 1 Chromoxylogr.) Ebend. 881. n. 3. 60

— dasselbe. Ed. III. accuratissima, a sacr. rituum congregatione adprobata. gr. 8. (VIII, 504 S. m. 1 Farbendr.) Ebend. 882. n. 4. 80

Rituale romanum, Pauli V. pontificis maximi jussu editum et a Benedicto XIV. auctum et castigatum, cui novissima accedit benedictionum et instructionum appendix. Edit. I. post typicam. 12. (X, 402, 252 S. mit 1 Chromolithogr.) Regensburg 888, Pustet. * geb. * ℳ 5.40; * ℳ 6.—. und *

— romanum Pauli V., pontificis maximi jussu editum et a Benedicto XIV. auctum et castigatum, cui novissima accedit benedictionum et instructionum appendix. Ed. II. post typicam. 12. (X, 404 u. 256 S. m. 1 farb. Titelbild.) Regensburg 891. F. Pustet. n. 4.—; geb. in Halbchagrin n.n. 5. 40; in Ldr. n.n. 6. —; in Chagrin m. Goldschn. n.n. 7. —

— dasselbe. Ed. III. post typicam. 12. (VIII, 318 u. 192 S. m. 1 Farbendr.) Ebd. 892. n. 4. 80; geb. in Halbchagrin n.n. 6. 80; in Ldr. m. Goldschn. n.n. 7.80; in Chagrin m. Goldschn. n.n. 8. 80

Rituale romanum Pauli V. pontificis maximi jussu editum et a Benedicto XIV. auctum et castigatum, cui novissima accedit benedictionum et instructionum appendix. Ed. V. post typicam. gr. 4. (VIII, 228 u. 148 S. m. Abb.) Ebd. 895. n. 6. —; Einbd. in Halbfrz. n.n. 4. —; in Schafldr. m. Goldschn. n.n. 10. —; in vergold. Chagrin m. Goldschn. n. n. 15. —

— dasselbe. Ed. VI. post typicam. gr. 8. (VIII, 318 u. 216 S. m. Abb. u. 1 Farbdr.) Ebd. 898. n. 4. 80; geb. in Halbchagrin n. 6. 80

— romanum Pauli V. pontificis maximi jussu editum et a Benedicto XIV. auctum et castigatum, cui novissima accedit benedictionum et instructionum appendix. Ed. VII. post typicam. (In Schwarz- u. Rotdruck.) gr. 8. (X, 402 u. 296 S. m. Abbildgn. u. 1 Farbdr.) Ebd. 901. 4.—; geb. in Halbchagrin n. 5. 20; in Ldr. n. 6.30; m. Goldschn. n. 6.80; in Chagrin m. Goldschn. n. 7. 80

— romanum Pauli V. pontificis maximi jussu editum et a Benedicto XIV. auctum et castigatum, cui novissima accedit benedictionum et instructionum appendix. Ed. VIII. post typicam. (In Rot- u. Schwarzdruck.) (X, 374 u. 264 S. m. Abbildgn.) 16. Ebd. 906. 3.—; geb. in Leinw. n. 3. 70; in Ldr. n. 4. 60; m. Goldschn. n. 4. 80; in Chagrin m. Goldschn. n. 5. 40

Rituale Romanum Pauli v. Pontificis maximi jussu ed. et a Benedicto XIV. auctum et castigatum. Cui novissima acc. benedictionum et instructionum appendix. Ed. 8. post typicam. Ratisbonae: F. Pustet 1906. (X, 374, 264* S.) 8°

— romanum Pauli V. pontificis maximi jussu editum et a Benedicto XIV. auctum et castigatum, cui novissima accedit benedictionum et instructionum appendix. Ed. IX. posttypicam. (In Rot- u. Schwarzdr.) (XII, 404 u. 296 S. m. Abb. u. 1 Farbdr.) kl. 8. Ebd. 907. 4.—; geb. in Halbchagrin 5.80; in Ldr. 7.—; m. Goldschn. 8.—; in Chagrin m. Goldschn. 9. 50

— dasselbe. Ed. X. post typicam. (In Rot- u. Schwarzdr.) (VIII, 320 u. 216 S. m. Abb. u. 1 Farbdr.) gr. 8. Ebd. 909. 4.80; geb. in Halbchagr. 6.80; in Ldr. 9.80; m. Goldschn. 10.80; in Chagr. m. Goldschn. 13. —

— römisches, zunächst zum Gebrauche der Kirchenchorsänger in der Prager Kirchenprovinz. Die Feier d. Begräbnisses verstorbener Erwachsener u. Kinder, sammt dem Officium, der Messe u. dem Absolutionsritus f. Verstorbene, sowie dem Ritus am Allerseelentage u. beim Besuche d. Gottesackers durch den Bischof bei Gelegenheit der kanon. Visitation. gr. 8. (151 S.) Kempten 875. (Prag, Steinhauser.) n.n. 4. 20

— sacrament. ac aliar. ecclesiast. ceremoniar. etc. 4. Königsb. Unzer. 800.

Das Rituale von St Florian aus d. 12. Jh. Mit Einl. u. Erl. hrsg. von Adolph Franz. Mit 5 Taf. *Freiburg i. Br.: Herder 1904.* (XII, 207 S.) 4°

Rituale Seccoviense. S. l. 1789. V: *Winkler, Matth. Jacob.* (Ky)

— seccoviense ad usum romanor. accommodat. 4. Grätz 805. Ferstl. 1 *fl*

— strigoniense majori elegantiorique Typo. 4. Ofen 801. Typ. Soc. 1 *fl* 18 *xr*

— Strigoniense seu formula agendorum in administratione sacramentorum ac ceteris ecclesiae functionibus. Primum quidem jussu et auctoritate eminentissimi quondam Petri cardinalis Pázmán, archiepiscopi Strigoniensis, dein saepius aliorum archiepiscoporum Strigoniensium editum, nunc vero jussu et auctoritate eminentissimi et reverendissimi domini domini Claudii Francisci cardinalis Vaszary recognitum. (In Rot- u. Schwarzdr.) (488 u. 122 S. m. Titelbild.) kl. 8. Regensburg 909. F. Pustet. 2.50; geb. in Ldr. 4.—; in Chagrin m. Goldschn. 5. 50

Oesterreich-Ungarn: **Rituale** der Loge W[ahrheit] u. E[inigkeit] zu drei gekrönten Säulen im Or. von Prag. Ms. f. Brr. H. 1—3. Copenhagen o. J. 32 S. 4°
Kl. 1938.

—— Wratislaviense ad normam Romani, jussu et auctoritate illustrissimi et reverendissimi domini domini Georgii dei et apostolici sedis gratia principis episcopi Wratislaviensis editum. gr. 8. (VIII, 576 S.) Ratisbonae 891, (Bresl., Aderholz). ** 7 —

Ritualgesetze der Juden, s. M. Mendelssohn.

Ritualgesetze der Juden, betreffend Erbschaften, Vormundschaftssachen . . . Berlin 1778. 4. Aufl. 1799. H: *Mendelssohn, Moses.* (ML) (Ky)

Ritualgesetze d. Juden, betr. Erbschaften, Vormundschaftssachen rc. 8. Berlin, Voß. 792. Richtr.

Symbolische Grossloge von Ungarn. Ritualien-Buch, Budapest. 4°.
I. Erster Grad. 1906. 42 S.

„Ein Ritualmord." Aktenmäßig nachgewiesen. Passau, Abt, 1893, 8°, 39 S.

Rituel funéraire. Traduction d'un chapitre du, des anciens Égyptiens. Lettre adressée à M. le proffesseur [sic] Merkel par P. Le Page Renouf. Aschaffenbourg 1860. [Lithogr.]

Rituel der Gesellen zum Gebrauch der □ W[ahrheit] u. E[inigkeit] zu 3 gekrönten Säulen im Or. von Prag 5791. Als Ms. f. Brr. [Prag 1791.] 40 S. 4°
Abgedr. in: System d. Frmr. Loge Wahrheit u. Einigkeit z. 3 gekr. Säulen in Prag. 1794 S. 245—274.

Rituel du grade d'apprentif pour le régime de la maçonnerie rectifiée. Rédigé en convent général de l'ordre [zu Wilhelmsbad] en août 5782. [Braunschweig 1782: Kolb.] 16 S. 2° [Kopftit.]
Sehr selten.

Rituel du grade de compagnon. Rituel du grade de maitre. O. O. ca. 1860. 8. 20 und 18 S.
Vollständiges Ritual des I. u. II. Grades mit Katechismus.

Rituel der Lehrlinge zum Gebrauch der □ W[ahrheit] u. E[inigkeit] zu 3 gekrönten Säulen im Or. von Prag. 5791. Als Ms. f. Brr. [Prag 1791.] 114 S. 4°
Abgedr. in: System d. Frmr.-Loge Wahrheit u. Einigkeit z. 3 gekr. Säulen in Prag. 1794 S. 129—244.
Sehr selten.

Rituel [!] der Meister zum Gebrauch der □ W[ahrheit] u. E[inigkeit] zu 3 gekrönten Säulen im Orient von Prag — 5791. Als Ms. für Brüder. [Prag 1791.] 36 S. 4°.
Sehr selten. — Abgedr. in: System der Freimloge Wahrheit u. Einigkeit zu 3 gekr. Säulen. 1794. S. 275—308.

Rituel pour la réception des écuyers novices de l'ordre bienfaisant des chevaliers maçons de la cité sainte. [Braunschweig 1784: Colb.] 18 S. 2° [Kopftit.]

[Dasselbe.] [Hrsg. von Friedr. Ludw. Schröder. Rudolstadt ca 1805 bis 1806: Geheimdr.] 48 S. 8°
Tt. 1389. Nr 6C der Schröderschen Ritualsamml.; nur für die Geheimakten des Engbundes gedruckt.

Rituel pour la réception au grade d'écuyer de l'ordre des chevaliers bienfaisans. [Braunschweig 1782: Kolb.] 15 S. 2° [Kopftit.]
Enth. den 5. Grad der Str. Observanz: Waffenträger oder Noviz der Ritter der Wohltätigkeit in franz. u. latein. Sprache, wie er auf dem Convent national des Gaules in Lyon 1778 angenommen wurde.

[Deutsche Übers. u. d. Tit.:]
Ritual bei der Aufnahme zum Grade des Waffenträgers (Armiger) im Orden der wohlthätigen Ritter. [Hrsg. von Friedr. Ludw. Schröder.] [Rudolstadt ca 1805—1806: Geheimdr.] 56 S. 8° Beigedr.: Entwurf e. Rituals f. d. Wehrhaftmachung e. wohlthätigen Ritters d. heiligen Stadt. S. 38—56.
Tt. 1388. Nr 6B der Schröderschen Ritualsammlung, nur für die Geheimakten des Engbundes gedr. Der deutschen Übersetzung sind die lateinischen Stellen beigefügt.

Ritus administrandi infirmorum sacramenta juxta rituale romanum. 16. (23 S.) Trier 885. Paulinus-Druckerei. — 15

Ritus benedictionis et impositionis primarii lapidis pro ecclesia aedificanda, consecrationis ecclesiae et altarium et benedictionis signi vel campanae ex pontificali romano depromptus. Juxta editionem typicam. gr. 8. (152 S.) Regensburg 888. Pustet. n. 2. —; geb. in Halbchagrin n. 2. 50; in Ldr. m. Goldschn. n. 3. 20

— dasselbe. Ed. II juxta editionem typicam. gr. 8. (148 u. 8 S.) Ebd. 896. n. 2. —; geb. in Halbchagrin n. 2. 50

Ritus benedictionis et impositionis primarii lapidis pro ecclesia aedificanda, consecrationis ecclesiae et altarium et benedictionis signi vel campanae ex pontificali romano depromptus. Juxta editionem typicam. 12. (248 S. m. Titelbild.) Ebd. 898. n. 1. 80; geb. in Halbchagrin n. 2. 30

— benedictionis et impositionis primarii lapidis pro ecclesiae aedificanda, consecrationis ecclesiae et altarium et benedictionis signi vel campanae ex pontificali romano depromptus. Juxta editionem typicam. (Neue Aufl.) (In Rot- u. Schwarzdr.) (248 S.) kl. 8. Ebd. 903. 1. 80; geb. in Halbchagrin n. 2. 30

— dasselbe. (In Rot- u. Schwarzdr.) Ed. IV juxta editionem typicam. (148, 12 u. 8 S.) gr. 8. Ebd. 908. 2. —; geb. in Halbchagrin n. 2. 50

Ritus Canonicae Wiltinensis pro recitando divino officio anno bissextili 1856. Litt. Dominic. F. E. Oeniponte. Litteris Wagnerianis. (80 S. 8.)

Ritus Canoniae Wiltinensis pro recitando divino officio anno communi 1857. Oeniponte, Litteris Aufschlagerianis. (76 S. 8.)

*Ritus celebrandi Missam privatam secundum rubricas Missalis romani. Clagenfurti, Leon, 1823.

Ritus celebrandi missam sec. rubricas missalis rom. et decreta sacrae rituum congregationis. Cur. G. Fr. Wiedemann. Cum appendice. 8. Münch. 818. Ed. nova 829. Lentner. 12 gr.

Ritus celebrandi missam, secundum rubricas missalis romani et decreta sacrae rituum congregationis. In us. Clericorum ad S. Presbyteratus ordinem adspirantium. Cura G. Fr. Wiedemann. Cum appendice. 8. (11½ B.) Monachii 829, Lentner.

—— consecrationis, s. Patenae, de, et calicis consecratione.

Ritus consecrationis altaris nach dem römischen Pontificale für den Gebrauch des assistierenden Klerus. (48 S.) kl. 8. Ebd. 905. — 20; geb. in Leinw. n. — 40

Ritus consecrationis ecclesiae et altarium, benedictionis et impositionis primarii lapidis pro ecclesia aedificanda, et benedictionis signi vel campanae juxta pontificale romanum. gr. 16. (IV, 186 S.) Regensburg 876, Pustet. geb. * ℳ 2,50. und *

Ritus consecrationis ecclesiae ad fidem pontificalis romani separatim impressus. 8. (56 S.) Braunsberg 863, Peter. *

— consecrationis ecclesiae nach dem römischen Pontificale f. den Gebrauch des assistierenden Klerus. (71 S.) kl. 8. Ebd. 905. — 30; geb. in Leinw. n. — 50

Ritus consecrationis ecclesiae nach d. römischen Pontificale f. den Gebrauch des assistierenden Klerus u. der Sänger. (96 S.) 8. Regensburg 910. F. Pustet. — 80; geb. in Leinw. 1. —

Ritus consecrationis ecclesiarum et altarium, benedictionis et impositionis primarii lapidis pro ecclesia aedificanda et benedictionis signi vel campanae. Ex pontificali Romano pro commodiori sacris his functionibus cooperantium usu desumptus. 8. (220 S.) Regensburg 870, Pustet.

Ritus consecrationis ecclesiarum et altarium, nec non benedictionis et impositionis primarii lapidis pro Ecclesia aedificanda, ex Pontificali Romano desumtus, et in commodiorem usum in his s. functionibus cooperantium editus approbante Reverendissimo Archiepiscopali ordinariatu Salisburgensi. Salisburgi, 1856. Typis et sumtibus typographiae Duyleanae. (199 S. 8)

— pro dedicatione seu consecratione ecclesiae juxta pontificale romanum. Edidit Jos. Gabler. Editio nova. Lex.-8. (III, 63 S.) Olmütz 870, Grosse.

— dedicationis ecclesiae et altaris. 8maj. Augsb. 782. M. Rieger. 1 ƒ

Ritus der Feier des fünfzigjährigen Priester-Jubiläums. Münster (853.) Theissing. gr. 8. (14 S.) n. 4 ngr

Ritus der Feier des 50jährigen Priester-Jubiläums. gr. 8. (14 S.) Münster 854, Theissingsche Buchh. *

Ritus in praecipuis festis et aliis diebus per annum occurrentes ... Kaufburae 1790. V: *Schegg, Joseph Anton.* (Th) (Ky) (MGT)

— in praecipuis festis et aliis diebus per annum occurr. (a J. A. Schegg). 8maj. Kaufbeuern 790. Doll in Augsb. 20 Xr

— der orthodox-katholischen Kirche bei der Krönung ihrer kaiserl. Maj. der Kaiser u. Selbstbeherrscher aller Reussen. Aus dem Griechischen u. Altslavischen ins Deutsche übertragen. Wien 856. (Braumüller.) Lex.-8. (24 S.) n. 14 ngr

Ritus der orthodox. katholischen Kirche bei der Krönung Ihrer kaiserlichen Majestäten der Kaiser und Selbstbeherrscher Aller Reussen. Aus dem Griechischen und Altslovenischen ins Deutsche übertragen. (Wien, 1856. L. C. Zamarski. 24 S. gr. 8.)

[F.] Ritus der Kirchweihe nach dem römischen Pontifikale mit deutscher Uebs. ... Paderborn: Junfermann 1895. (104 S.) 1 Bd 8.

— der Kirchweihe nach dem römischen Pontifikale mit deutscher Uebersetzung. 2. Aufl. (112 S.) 16. Paderborn 906. Junfermann. n.n. — 50

— missae ecclesiarum orientalium s. romanae ecclesiae unitarum. Collegit, latinitate donavit, ed. Maximilianus princeps regius, Saxonum dux. Fasc. I—V. kl. 8. Ebd. 4. 80

I. Missa syro-maronitica, quam ex lingua syriaca in idioma latinum traduxit cum commentario praevio Maximilianus princeps Saxoniae. (XVI, 64 S.) 907. 1. —
II. Missa chaldaica, quam ex lingua chaldaica in idioma latinum traduxit cum commentario praevio Maximilianus princeps Saxoniae. (XX, 67 S.) 907. 1. —
III. Missa graeca, quam ex lingua graeca in idioma latinum traduxit cum commentario praevio Maximilianus princeps Saxoniae. (XXIX, 103 S.) 908. 1. 20
IV. Missa armenica, quam ex lingua armenica in idioma latinum traduxit cum commentario praevio Maximilianus princeps Saxoniae. (XXII, 58 S.) 908. — 80
V. Missa syriaca-antiochena, quam ex lingua syriaca in idioma latinum traduxit cum commentario praevio Maximilianus princeps Saxoniae. (XIV, 54 S.) 908. — 80

Ritus officii divini, sacrique persolvendi in Ord. Serv. B. M. V. per Provinciam Tyrolensem pro anno Domini communi 1857. Oenipontе. Typis Feliciani Rauch. (75 S. 8.)

Ritus pro recitando divino officio in ordine servorum B. M. V. per provinciam tirolensem. Pro anno Domini intercalari 1856. Oenіponte. Typis Feliciani Rauch. (86 S. 1 Bl. 8.)

— sacrae ordinationis cum ritu celebrandi missam. Ex pontificali et missali romano in usum ordinandorum. 8. Münster, Aschendorff. 795.

— ordinum minorum et majorum juxta pontificale romanum Clementis VIII. ac. Urbani VIII. jussu editum et a Benedicto XIV. recognitum et castigatum. gr. 16. (80 S.) Regensburg 875. Pustet. — 80

— et ordo introducendi mulierem in ecclesiam post partum et sepeliendi tam adultos quam parvulos. In us. Archidioec. Vienn. curatorum iterum in lucem editus. 12. Wien 822. Wimmer. 8 Xr

Ritus et ordo introducendi mulierem in ecclesiam post partum et sepeliendi tum adultos quam parvulos. In usum archi-dioeceseos Viennensis curatorum iterum in lucem editus. Editio II. 16maj. (36 S.) Viennae 850, Leo.

Ritus et ordo introducendi mulierem in ecclesiam post partum et sepeliendi tum adultos quam parvulos. In usum archidioeceseos Viennensis curatorum iterum in lucem editus. Editio III. 8. (36 S.) Wien 860, Leo's Verlagsexpedition. In Leder geb.

— et regulae, missam recte et fructuose celebrandi. 12. Passau 753. Ambrosi. 4 Xr

Ritus sacri a Sacerdotibus aliisque altaris ministris servandi, defectusque vitandi in Missa privata et solemni, sub auspiciis Excell. ac Rever. Domini Archiepiscopi Mechlinensis, etc. Ad usum cleri seminarii archiepiscop. totiusque archidioecesis. 18. Mechliniae 830. (Mainz, Administration der Müller'schen Buchh.) $^{5}/_{12}$ ƒ

Ritus sacri à Sacerdotibus in Missa privata et solemni. 18. Mechliniae 823, (Mainz, Müller.)

Historische Ausgabe der Oriflamme. Der Schottische, Memphis- und Misraim-Ritus der Freimaurerei. Manifesto des Gross Orient und Souveränen Sanktuariums für Grossbritannien und Irland Sitz in Manchester und des Gross Orient und Souveränen Sanktuariums für das Deutsche Reich. Sitz in Berlin. Berlin: Perl [1904]. 31 S., 1 Bild. 8°
Will die Wichtigkeit der sogenannten Hochgrad-Mrei im allgemeinen u. die Unantastbarkeit u. absolute Gesetzmässigkeit des Schottischen, Misraim- u. Memphis-Ritus dartun.

Ritus Sinensium erga Confucium. Augsburg, Wolf, 1701, 8°.

— solemnis de benedictione abbatissae ac de benedictione et consecratione virginum juxta editionem typicam pontificalis romani ad majorem episcoporum commoditatem concinnatus. Cum cantu sacrorum rituum congregationis. Fol. (III, 59 S.) Regensburg 897. F. Pustet. n. 5. - ;
Einbd. in Chagrin m. Goldschn. n.n. 15. —

Ritus solemnis de benedictione et impositione primarii lapidis pro ecclesia aedificanda, de coemeterii benedictione, de ecclesiae et coemeterii reconciliatione, de reconciliatione coemeterii sine ecclesiae reconciliatione et de benedictione signi vel campanae juxta editionem typicam pontificalis romani ad majorem episcoporum commoditatem concinnatus. Cum cantu sacrorum rituum congregationis. gr. Fol. (IV, 96 S. m. Textbildern.) Regensb. 892, Pustet. * 8 —; geb. in Chagrin m. Goldschn. ** 23 —

—— solemnis pro clerico faciendo et pro ordinibus minoribus et majoribus conferendis, juxta editionem typicam pontificalis romani ad majorem episcoporum commoditatem concinnatus. Cum cantu sacrorum rituum congregationis. gr. Fol. (IV, 66; 64 S. m. Kopf-Abbildgn.) Ebd. 891. * 10 —; geb. in Chagrin m. Goldschn. ** 25 —

— solemnis de consecratione tam unius electi in episcopum quam plurium electorum in episcopos et de benedictione abbatis auctoritate apostolica atque ordinarii juxta editionem typicam pontificalis romani ad majorem episcoporum commoditatem concinnatus. Cum cantu sacrorum rituum congregationis. gr. Fol. (III, 108 S. m. Zierleisten.) Ebd. 894. n. 9. —; Einbd. in rotem od. violettem Chagrin m. Goldschn. n.n. 15. —

—— solemnis pro Consecratione Oleorum in Feria V. Coenae Domini cum benedictur oleum catechumenorum et infirmorum et conficitur chrisma juxta editionem typicam Pontificalis Rom. ad majorem Episcoporum commoditatem concinnatus. Cum Cantu S. Rit. Congregationis. gr. Fol. (24 S.) Regensburg 888, Pustet. *

— explorandae veritatis, quo hungarica natio in dirimendis controversiis ante annos trecentos & quadraginta usa est, s.: Regestrum Varadinense.

Ritus, Abr., die Brandschaden-Regulirung. Handbuch, enth. Hülfsmittel aus der Theorie u. Praxis f. Feuerversicherungs-Beamte. 1. Thl. gr. 8. (184 S.) Berlin 884. (Leipzig, Gracklauer.) n.n. 10. —

„ऋतुसंहार:“ Ritusanhàra id est Tempestatum cyclus, carmen sanskritum, Kàlidàso adscript., ed., lat. interpretat., german. versione metrica atque annotationibus crit. instr. P. a Bohlen. 8maj. (10½ B.) Lipsiae 840, Otto Wigand. *

Ritz: Über E n t s t e h u n g u. Aufgabe der Realschulen. Hersfeld 1865. Schul-/Univ.-Schrift

Ritz, De Homero religionis auctore et varia deorum quos finxit, origine. Part. I. Pr. 1862. 38 S. 4°. 1.25
— — Part. II. Pr. 1868. 41 S. 4°. 1.50

Ritz, Albr., der Bodensee u. seine Ufer. Ein zuverläss. Führer f. Fremde u. Einheimische. Mit Illustr. u. 1 (farb.) Spezialkarte. 8. (62 S.) Cannstatt 902. G. Hopf. Kart. n. 1. —

Ritz, Albrecht. Der Bodensee und seine Ufer. Ein zuverlässiger Führer für Fremde und Einheimische. Mit (vielen) Illustrationen und einer Spezialkarte. 2. Aufl. 62 S. 8. Cannstatt, Gustav Hopf, 1902. ([cart.] M. 1. 25, einschliesslich Specialkarte)
3. [Titel-]Aufl. 1902: N 1245

Ritz, Albrecht. Der Bodensee und seine Ufer. Ein zuverlässiger Führer für Einheimische und Fremde. Mit (vielen) Illustrationen [sowie einem Panorama] und einer Spezialkarte. 3., bedeutend erweiterte Aufl. 100 S. 8. Stuttgart-Cannstatt, Gustav Hopf, 1906. ([cart.] M. 1. —, einschliesslich Specialkarte.)
Spezialkarte: Der Bodensee und seine Umgebung. 6—8. Aufl. Maasstab 1:200000. Verlag von G' Hopf, St'-C'.
3. Aufl. [= Titel-Ausg. der 2. Aufl.] 1902: N 1245

Ritz, Andreas

Ritzius, Andr., florilegium adagior. et sententiar. lat. germ. X. Chiliades. 8. Basel, Flick. 728.

Ritz, C. W., Geschichte des Bremer Schulwesens. Nebst Beitrag zur Lösung der Schul- und Realschulfrage. gr. 8. (IV, 268 S.) [Bremen 881.] Norden, Fischer Nachf. *

Ritz, Fr. Carl, Taschenbuch der kgl. Preuss. Medicinal-Gesetze f. Apotheker. gr. 12. (5⅔ B.) Köln 842, Bachem. *

Ritz, G. L., de antiquo vestitu neophytorum mystico. Salfeld. 1749. 4.

Ritz, J. Kaspar

J. Casp. Ritzii Unterrichtung, wie ein Cavalier in der Mathematik und in specie in der Fortification müsse informiret werden. Berl. mit Kupf. 8. 1700.

Ritz, Jos., die schulhygienischen Bestrebungen unserer Zeit. In wie weit können und sollen sich die Lehrer der Mittelschulen an denselben beteiligen? Vortrag, gehalten in der sechsten Generalversammlung des Vereins von Lehrern an techn. Unterrichtsanstalten Bayerns am 16. April 1884 zu München. gr. 8. (IV, 63 S.) München 884, Th. Ackermann. *

Ritz, J.: Genügen die heutigen Einrichtungen für die körperliche Erziehung unserer Jugend? München 1899. 31 S.

Ritz, zur Schulhygiene, s.: Rohmeder.

—— Untersuchungen über die Zusammensetzung der Klänge der Streichinstrumente. Physikalisch-musiktheoret. Abhandlungen. gr. 8. (VIII, 88 S.) München 883, (Franz'sche Buchh.) *

Ritz, Karl Wilhelm: De a c t i o n i b u s aedilitiis. 51 S.— Basel, Jur.Diss.v.10.Nov.1713.

Ritz, L., née Dick, la bonne cuisinière bourgeoise ou instruction pour préparer de la meilleure manière les mets usités soit dans la vie ordinaire soit pour les occasions de fêtes. 11. éd., revue, corrigée et augmentée. 8. (XX, 390 S.) Bern 896. K. J. Wyss. Kart. n. 3. 40

Ritz, Ludf., die ältere Geschichte des Vestes u. der Stadt Recklinghausen, e. Beitrag zur deutschen Verfassungsgeschichte. Diss. (VIII, 184 S.) gr. 8. Essen 903. G. D. Baedeker. n. 4. —; geb. n. 4. 80

Ritz, Nic., Basel. Dissertatio medica inauguralis de dysenteria.
Basel, Med. Diss. 1706.

Ritz, R[aphael]. Von der Liène zur Sallenze. [Mit 2 Tafeln. SA.] 8. [Bern 1881.]

Ritz, R[aphael]. Notizen über die Berggemeinde Savièse. SA. 8. Sitten [1876].

Ritz, [Thaddä]: Rede am Grabe des Grafen Friedrich v. Franquemont, K. W. Generals der Infanterie, Mitglied der Kammer der Standesherren, gehalten am 5. Janr. 1842. Stuttgart: Friz 1842.

Ritz, Thdr., Bilder aus der Heidenwelt nebst Schilderungen aus dem Missionsleben. Bearb. u. zum Besten der innern u. äußern Mission herausg. 1. Heft. Wien 860. Tendler & Co. in Comm. qu. 8. (24 S. u. 6 color. Lithogr.) n. 10 ngr.

Ritz, Theodor. Evangelischer Familien-Kalender für das Jahr 1859. (Des evangelischen Volkskalenders 6. Jahrgang.) *Wien.* Druck und in Commission bei *C. Gerold's S.* 8 Bl., 112 S. 8°. Mit vielen Holzschnitten und einer Karte des südlichen Central-Afrika.
INHALT: Johann Calvin. — Drei Monate unter dem Schnee. — Dr. Livingstone unter den Betschuanen. — Die Versuchung des Armen. — Die Kraft der Religion. — Die erste Botschaft des amerikanischen Telegraphen. — Was die Chinesen vom Tanz denken.

Ritz, Theodor. Samenkörner für die christliche Jugend. Wien 1857. J. B. Wallishausser. 32 S., 16°. Mit Holzschnitten. 4 kr.

Ritz, Thdr., evangelischer Volks-Kalender, s. Volks-Kalender, evangelischer.

Ritz, (W.,) Urkunden zur Geschichte des Niederrheins rc., s. Urkunden.

Ritz, Walter, aus Sion (Schweiz): Zur Theorie der Serienspektren. *Leipzig: J. A. Barth 1903.* (76 S.) 8°
Göttingen, Phil. Diss. v. [6. Mai] 1903

Ritz-Lichtenow, Wilh. v., s.: Lichtenow, Wilh. v.

Ritz-Album. Photographien nach den Originalgemälden. Folio Format. Sitten, A. Galerini. 1873. Soll in 10 Bll. erscheinen. Bl. 1—5 à 6. —

Ritzberger, A. Album moderner Meister. (10) isochromat. Photograv. nach den Originalen (A. Ritzberger's). Fol. München 894. Verlagsanstalt f. Kunst u. Wissenschaft. In Leinw.-Mappe. 30. —

Ritze, Karl. König Alberts Heldenthaten, s. Schriften des sächsischen Volksschriften-Verlags, 1. Jahrg. 1. Heft.

Ritzebüttel [Sachliches OW]

Ritzebüttel, und das Seebad zu Curhaven. Mit Kupf. und Karten. 8. Hamburg, Perthes und Besser. 818.

Ritzebüttel [Schlagwort]

Ritzebüttel, Amt, s. a. Stade.

Ritzebüttel. Karte des hamburgischen Amtes Ritzebüttel u. Umgegend. 1 : 20,000. 63,5×62 cm. Photolith. Hamburg 902. (O. Meissner's Sort.) n. 3. —

Ritzefeld: Allgemeine Auflösung einiger Probleme der analytischen Geometrie über Berührungen im Raume. XII. S. – Düren. Progr. 1851.

Ritzefeld: Vierschiedenartige allgemeine Auflösungen einiger Probleme der analytischen Geometrie über Berührungen im Raume. 8 S. – Düren. Progr. 1856.

Ritzefeld: Verschiedene allgemeine Auflösungen einiger Probleme der analytischen Geometrie über Berührungen im Raume. 8 S. – Düren. Progr. 1856.

Ritzefeld, A. Bestimmung einiger geometr. ebenen Oerter und die Anwendung derselben zu allgem. Auflösungen mehrerer Probleme der Tactionen. 16 S. . . . .
Düren, Progr. 1834

Ritzefeld, Albert (geb. am 31 Aug. 1857 in Blankenheim Rgbz. Aachen): Aus d. Poliklinik f. Ohrenkranke. — Ueber die Tuberculose des Ohres . . . Bonn, Univ.-Buchdr. v. C. Georgi 1884. 36 S., 1 Bl. 8.
Bonn, Med. Fak., Diss. v. 21 Juli 1884

Ritzefeld, Karl

Ritzefeld, Carl. Beiträge zur Kenntniss der Opium-Alkaloide, speciell des Narceïn's. Freiburg i. B., 1885.

Ritzel, Kgl. Baurath: Beschreibung des neuen Gymnasialgebäudes nebst Grundrissen und Aufriss. *Neustadt OS. (1899): R. Reichelt.* (S. 3–4.) 4°
Neustadt Ob.-Schl., k. G, OP 1899 (207)

Ritzel, die Wasserversorgung u. die Entwässerung der Stadt Neustadt in Oberschlesien. Fol. (9 S. m. 3 Taf.) Berlin 900. W. Ernst & Sohn. n. 3. —
Sonderabdruck aus: „Zeitschrift f. Bauwesen".

Ritzel, Albert, a. Bierstadt: Gaslöslichkeit, Kompressibilität und Oberflächenspannung. Mit 24 Figuren im Text. Leipzig: W. Engelmann 1907. (44 S.) 8° ¶(Aus: Zeitschrift f. physik. Chemie Bd 60.)
Leipzig, Phil. Fak., Ref. Le Blanc-Hantzsch, Diss. v. 27. Juli 1907
[Geb. 1. März 83 Bierstadt; Wohnort: Bierstadt; Staatsangeh.: Preußen; Vorbildung: Gymn. Wiesbaden Reife O. 02; Studium: München 1, Leipzig 9 S.; Rig. 18. Juni 07.]

Ritzel, Fritz, Wanderungen um Mainz, Wiesbaden u. Umgebung. (99 S. m. 1 Karte.) kl. 8. Mainz (906). Mainzer Verlagsanstalt u. Druckerei. n. 1. —

Ritzel, Fritz, Wanderungen um Mainz, Wiesbaden u. Umgebung. (3. Aufl.) (122 S. m. 1 Karte.) 8. Mainz (910). Mainzer Verlagsanstalt. 1. —

Ritzel, Jac., Festschrift zur Feier des neuerbauten Vereinshauses der Turngesellschaft zu Wiesbaden 8.–9. 1. 1910, 20 S., 8°.

Ritzel, Jörg, Trutz-Katz. Ein Sang vom Rhein aus dem 30jähr. Krieg. (V, 287 S. m. 1 Taf.) 8. Berlin (910). Boll & Pickardt. 4. 50

Ritzema Bos, J., s. Bos, J. Ritzema.

Ritzema Bos, J., tierische Schädlinge u. Nützlinge für Ackerbau, Viehzucht, Wald- u. Gartenbau; Lebensformen, Vorkommen, Einfluß u. die Maßregeln zu Vertilgg. u. Schutz. Praktisches Handbuch. 18 Lfgn. gr. 8. (XVI, 876 S. m. 477 eingedr. Abbildgn.) Berlin 891. Parey. à n. 1. —

Ritzenfeldt, Lied zum 48. Stiftungstage. s. Appel

Ritzenfeldt, D. F. H.: Dankgebet nach überstandener Krankheit beym Wiedersehen meiner vielgeliebten Brüder. Hamburg, den 24. Juny 1818. [Unterz.:] D. F. H. Ritzenfeldt. [Hamburg 1818]: Appel. 1 Bl. 4° [Kopftit.]
In Versen: „Willkommen herrlich liebe Brüder, . . ."

Ritzenfeldt, Emil [aus Hamburg]: Der Gebrauch des Pronomens, Artikels u. Verbs bei Thomas Kyd im Vergleich zu dem Gebrauch bei Shakespeare. . . . Kiel, Druck v. L. Handorff, 1889; 75 S. + 2 Bl. 8°
Kiel, Phil. Fak., Inaug.-Diss. v. 7. Aug. 1889

Ritzenfeldt, E., der Gebrauch d. Pronomens, Artikels u. Verbs bei Thomas Kyd im Vergleich zu dem Gebrauch bei Shakespeare. Inaug.-Diss. gr. 8. (75 S.) Kiel 889. (Lipsius & Tischer.) n. 2. —

Ritzengruber, Frz., über Schüler-Wanderungen, s. a. Abhandlungen, pädagogische.

Ueber Schüler-Wanderungen. Von Franz Ritzengruber, Oberl. in Chorherrn. *Bielefeld: A. Helmich [1902].* (12 S.) 8° [S.]
— Abhandlungen, Pädagogische. H. 73.
[04. 10. 6]

Ritzenthaler, Emil, Gedächtnisrede auf den hochw. erzbischöfl. geistl. Rat Dr. Friedrich Wörter, o. ö. Professor der Dogmatik u. Apologetik an der Universität zu Freiburg i. Br. gr. 8. (16 S.) Freiburg i/B. 902. Herder. n. — 40

Ritzenthaler, J., gründl. Darstellung d. Männer-Kleider-Zuschnittes nach Anleit. der geometr. Linien-Zeichn. u. Anwend. d. Lehre v. d. Proportionen. M. 20 lith. Taf. (od. 104 Fig.) 2 Thle. gr. 4. (8 B.) Wien 830, (Gerold.)

RITZENTHALER, Johann Georg (Regensburg): De convulsionibus infantum, cum adjuncta observatione de convulsionibus quae herniam cerebri comitarunt.- Landishuti: Storno (1820). 32 S.
26.8.1820 - Pr 381,,F 38
Diss. Ingolst.-Landsh.-Mchn.

Ritzenthaler, Jos., unentbehrl. Hilfsbuch bei dem Zuschneiden d. Kleidungsstücke nach d. Grundlagen d. Geometrie, worin alle vorkomm. Proportionen stufenweise berechnet u. faßl. dargest. sind. gr. 8. (3 B. incl. Tab. u. 1 Figtaf.) Wien 836, [Gerold's Brlgh.] *

Ritzenthaler, Martin, vétérinaire à Courgenay (Jura bernois, Suisse): L'anatomie pathologique de la pyélonéphrite bacillaire du boeuf. [Avec huit figures dans le texte.] Lyon 1909. 54 p. 8°. [28. X. 09.]
Bern. Vet.-med. Diss. 1909/10.

Ritzer Johann: Das Verhältnis der drei Bünde zu Tirol während des kaiserlichen Zwischenreiches und während der Statthalterschaft des Erzherzogs Maximilian des Deutschmeisters.
H. 1906 PN 2179 Diss. Wien, Uni. 953

Ritzer, Otto, die Selbsthilfe des Arbeiters durch das Kassenwesen, s.a. Bücherei, soziale.

Ritzer, Otto, Die Selbsthülfe des Arbeiters durch das Kassenwesen. 8⁰. München, Buchhdlg. des Verbandes südd. kathol. Arbeitervereine, 1905. (Sociale Bücherei. Heft 5.)

Ritzerfeld, J., der Bürgermeister von Sardam, — Franzesco Carrara, } s.: Theater, kleines.

Ritzerfeld, M. Jos., s.: Dilettantenbühne, kathol.

Ritzerfeld, M. Joj., der verlorene Sohn, s.: Theater, kleines.

Ritzerfelt, Joseph (Vlissinga-Batavus)
Dissertatio inauguralis medico-chirurgica sistens observationes aliquot medico-chirurgicas.
Giessae 11. Mai 1798: Braun. 16 S. 4°
ad doctoris gradum.

Ritzerow, B., die Bildungsmomente der englischen Sprache in ihrer historischen Entwickelung. Ein sprachgeschichtlicher Versuch. Rostock 861. Stiller. gr. 8. (32 S.) n. 7½ ngr.

Ritzerow, B., die 3. Jahresversammlung des Ausschusses der deutschen Gesellschaft zur Rettung Schiffbrüchiger, gehalten zu Rostock, am 25., 26. u. 27. Mai 1868. Rostock 868. (Hinstorff.) gr. 8. (5½ S.) 7½ ngr.

Ritzerow, Frieda geb. Burmeister, mecklenburgisches Kochbuch. Ein Rathgeber f. Alle, welche der Kochkunst beflissen sind, speciell f. mecklenburg. Hausfrauen u. Solche, die es werden wollen. Practische Anweisgn. u. selbsterprobte Recepte. 2. vollständig verm. u. verb. Aufl. 8. (XVI, 422 S.) Wismar 874. Hinstorff. n. 2. 75; geb. n. 3. 75

Ritzerow, Frieda, geb. Burmeister, mecklenburgisches Kochbuch. Ein Rathgeber für Alle, welche der Kochkunst beflissen sind, speciell für mecklenburg. Hausfrauen und solche, die es werden wollen. Praktische Anweisungen und selbsterprobte Recepte. 3.—5. Aufl. 8. (XVI, 422 S.) Wismar 875—83, Hinstorff'sche Hofbuchh. geb.

Ritzerow, Frieda, geb. Burmeister, mecklenburgisches Kochbuch. Ein Rathgeber f. Alle, welche der Kochkunst beflissen sind, speciell f. mecklenburg. Hausfrauen u. solche, die es werden wollen. Practische Anweisgn. u. selbsterprobte Recepte. 6. Aufl. 8. (XVI, 422 S.) Wismar 886. Hinstorff's Verl. 2. 75; geb. 3. 75

Ritzerow, Frieda, geb. Burmeister, mecklenburgisches Kochbuch. Ein Rathgeber f. Alle, welche der Kochkunst beflissen sind, speciell f. mecklenburg. Hausfrauen u. solche, die es werden wollen. Praktische Anweisgn. u. selbsterprobte Recepte. 8. Aufl. 8. (XVI, 432 S. m. Abbildgn.) Wismar 892. Hinstorff's Verl. 2. 75; geb. in Leinw. 3. 75

Ritzerow, Frieda, geb. Burmeister, mecklenburg. Kochbuch. Ein Rathgeber f. Alle, welche der Kochkunst beflissen sind, speciell f. mecklenb. Hausfrauen u. solche, die es werden wollen. Prakt. Anweisgn. u. selbsterprobte Recepte. 11. Aufl. (VI, XVI u. 422 S. m. Abbildgn.) 8. Wismar 904. Hinstorff's Verl. Geb. in Leinw. n. 3. 75

Ritzerow, Frieda (geb. Burmeister), norddeutsches Kochbuch. Ein Rathgeber für Alle, welche der Kochkunst beflissen sind, speciell für norddeutsche Hausfrauen und Solche, die es werden wollen. Practische Anweisung und selbsterprobte Recepte. 5 Lfgn. 8. (XII und 432 S.) Rostock 867,68, Hinstorff'sche Hofbuchh. à Lfg. 5 Ngr.
geb. *
Erschien auch u. d. T.: „Mecklenburgisches Kochbuch" in Lieferungen zu gleichem Preise.

Ritzerow, Helene, a. Schwerin ⟨Mecklenburg⟩: Über Bau und Befruchtung kleistogamer Blüten. Jena: G. Fischer 1907. (50 S.) 8° ¶[Erscheint in: Flora oder Allg. bot. Zeitung.]
München, Phil. Fak., Ref. Goebel, Diss. v. 10. Juni 1907
[Geb. 27. Sept. 76 Grabow (Mecklenburg); Wohnort: Schwerin; Staatsangeh.: Mecklenburg-Schwerin; Vorbildung: Maximilians-Gymn. München Reife Juli 03; Studium: München 8 S.; Rig. 10. Juni 07.]

Ritzert, A., Elemente der Phonetik, s.: Lang, Karl.

Ritzert, Adam: Die Dehnung der mhd. kurzen Stammsilbenvocale in den Volksmundarten des hochdeutschen Sprachgebiets auf Grund der vorhandenen Dialektliteratur. *Halle a. S. 1897: E. Karras.* (32 S.) 8° ¶(Preisgekrönte Arbeit. — Erschien vollständig in: Beiträge zur Geschichte der deutschen Sprache und Litteratur, Bd 23.)
Heidelberg, Phil. Diss. v. [22. Dez.] 1897

Ritzhaub, Jh. Andr., kurzer Abriß d. alten Gesch. u. Geographie, in latein. Sprache, zum Gebr. d. Schulen. gr. 8. Frkf. a. M. 793. Gebhardt u. K. 1 ℳ 4 ₰

— s. a. **Descriptio brevis rei Rusticae,** u. setze hinzu: Krieger. 8 Gr.

Ritzhaub, J. A., Brevis rei rusticae descriptio. Giefs. 786. 8. 6gr.

— brevis rei rusticae descriptio. 8. Marburg, Krieger. 786.

— de romanorum educatione litteraria disquisitio I—IV. 4. Wiesb. 784—88.

Ritzhaub, Jh. Andr., († d. 25. Sept. 1797.) Elementarwerk zur leichten Erlernung d. latein. Sprache, zur allgem. Schulencyklopädie gehörig. 5 Bdchn. A. u. d. T.: Erstes bis Fünftes Anfangsbuch z. leicht. Erlern. d. latein. Sprache. 8. Braunschw. 797—98. 4e A. 812—14. Schulbuchh. 2 ₰ 10 gr 4r Thl. Enthalt. alte Geographie u. Gesch. in latein. Sprache, (u. bildet zugleich den Text zu dem Schulatlas f. d. alte Erdbeschreibung, in 15 Karten, ed. v. J. H. G. Heusinger). 8. Ebd. 810. 20 gr 5r Thl. A. u. d. T.: kleine latein. Sprachlehre f. Anfänger. 8. Ebd. 798. N. Aufl. 806. 5e A. 822. 6 gr

— kurzer Entwurf e. Geschichte des Gymnasiums zu Idstein. 4. Wiesb. 797.

– s. Sentenzen, moral. Aufsätze.

Rizhaub, (J. A.,) kleine latein. Sprachlehre f. Anfänger; des latein. Elementarwerks. 5s u. letztes Bändchen. 5e Aufl. 8. Braunschw. 822, Schulbuchh. Rthlr.

— neue ausführl. latein. Sprachlehre, z. allgem. Schulencyklopädie gehörig. 8. Braunschw. Schulbchhdl. 798.

– s. Tirocinium paradigm.

Ritzhaupt, Friedrich

Ritzhaupt, F., populäre Himmelskunde, mit vielen Zeichngn. im Text, nebst e. Planiglob des sichtbaren Sternhimmels in 2 Blättern A u. B [§ 21] in besonderer Mappe. Zum Selbstunterricht u. f. den Schulgebrauch dargestellt. gr. 8. (VIII, 115 S.) Karlsruhe 888. Macklot. n. 2. 50

— der Sternhimmel m. seinen Verändergn., nebst e. Darstellg. üb. die Vertheilg. d. Sonnenlichtes auf der Erdoberfläche. Gemeinfaßlich erläutert. gr. 8. (20 S. m. Textfig.) Ebd. 889. n. — 40

Ritzhaupt, Frdr., der Sternhimmel m. seinen Veränderungen, nebst e. Darstellg. üb. die Vertheilg. d. Sonnenlichtes auf der Erdoberfläche. Gemeinfaßlich erläutert. 2., durch e. Nachtrag verm. Aufl. gr. 8. (24 S. m. Fig.) Karlsruhe 891. Macklot's Verl. n. — 40

Ritzhaupt, Jenny, im Backfisch-Aquarium. Eine Pensions-Geschichte f. Backfische u. solche, die Backfische lieb haben. Mit Illustr. v. Irma Martin. (193 S.) gr. 8. Leipzig (910). Excelsior-Verlag. 4.—; geb. in Leinw. 5.—

— Seelenregungen. (59 S.) 8. Straßburg 909. J. Singer. 1.50; geb. 2. 50

Ritzhaupt, Otto, aus Heidelberg: Ein Fall von tumorartiger, secundärer Leberaktinomykose. *Heidelberg 1903: J. Hörning.* (41 S.) 8°
Heidelberg, Med. Diss. v. 1903

Ritzheim, Heinrich, Referendar: Die rechtliche Natur der Bürgermeister-Stellung in Elsaß-Lothringen. Strassburg i. E. 1909: Goeller. 134 S. 8°
Straßburg, Rechts- u. staatswiss. Diss. v. 14. Juni 1909, Ref. Rehm
[Geb. 8. Dez. 83 Lauterburg, U.-Els.; Wohnort: Straßburg; Staatsangeh.: Elsaß-Lothringen; Vorbildung: Bischöfl. Gymn. Straßburg Reife Sommer 02; Studium: Straßburg 6, München 1 S.] [U 10. 4028

Ritzinger, J. B., die geheiligte Charwoche od. christl. Anleitg., diese Zeit durch Gebet u. Betrachtg. andächtig u. nützlich zuzubringen. Aus der heil. Schrift, den Kirchenvätern u. dem röm. Meßbuch zusammengetragen u. auf's Neue hrsg. 16. (VIII, 662 S. m. 1 Stahlst.) Salzburg 886. Pustet. 1. 50

Ritzinger, Josef — Verkehr mit dem Himmel. Gebete und geistliche Lieder von —·—. Wien, 1857. Gedr. bei Anton Schweiger. (63 S. 8.)

Ritzke, Franciscus (*geb. Königsberg i. Pr. 10. 12. 1836*): De Ivone episcopo Carnotensi. Part. 1. Vratislaviae (1863). (36 S.) 8°
Breslau, Kath.-theol. Dr.-Diss. v. 4. [vielmehr 7.] Juli 1863

Ritzler, Karl [prakt. Arzt in Degersheim, St. Gallen]: Aus dem Kantonsspital Winterthur, Dirigierender Arzt: Dr. R. Stierlin. Erfahrungen über Appendicitis. Herisau 1902. 66 S. 8°.
Zürich. Med. Diss. 1901/1902.

Ritzler, Carl. Erfahrungen über Appendicitis. Diss. Med. Univ. Zürich... von Karl Ritzler.... *Kopftitel:* Aus dem Kantonsspital Winterthur. Dirigierender Arzt: Dr. R[obert] Stierlin. 66 S. 8. Herisau, W. Schiess & Zwicki, 1902.

Ritzke, Karl, Arzt in Breslau: Aus d. Praxis d. Herrn Professor Dr. Grönouw, Breslau. Die Erkrankung der Augen bei Wurstvergiftung (Botulismus). *Leipzig 1904: B. Georgi.* (31 S.) 8°
Leipzig, Med. Diss. v. (7. Juni) 1904

Ritzmann, Christian

Ritzmann, das Forststrafgesetz der Pfalz, nebst Vollzugsvorschriften in der gegenwärtigen Fassung. Textausg. m. Erläutergn. u. e. Anh., enth. die Bestimmgn. üb. den Wildschaden. 8. (III u. S. 3—119.) Kaiserslautern 901. E. Crusius. Kart. n. 1.80

RITZMANN: Das Forststrafgesetz der Pfalz, nebst Vollzugsvorschriften in der gegenwärtigen Fassung. Textausgabe mit Erläuterungen und einem Anhang, enthaltend die Bestimmungen über den Wildschaden. - Kaiserslautern 1910. III, 119 S.

Handbuch des Forststraf- und Forstpolizeirechts der Pfalz, mit e. Anh. betr. d. Wildschadenersatz in d. Pfalz von Dr. [Christian] Ritzmann, Amtsrichter. *Frankenthal: L. Gohring & Co. 1904.* (XV, 384 S.) 8° [F.] [illegible]

Ritzmann, E., Modethorheiten u. Modegifte, s.: Licht — Luft — Wasser.

Ritzmann, E., hygienische Rathschläge gegen das Überhandnehmen der Kurzsichtigkeit bei der Schuljugend. 8. (30 S.) Schaffhausen 883. (Schoch.) n. — 80

Ritzmann, E., s.: Untersuchungen üb. den Einfluss der Heftlage u. Schriftrichtung auf die Körperhaltung der Schüler.

Ritzmann, Emil, [von Schaffhausen]: Beiträge zur Aetiologie und Pathologie des Erysipels. Nach Beobachtungen im Berliner Barackenlazareth während des Krieges von 1870—71. Zür. Zürcher u. Furrer Dr. 1872. 1 Bl., VIII, 136 S., 2 Tab., 1 Bl. Thesen. 8°.
(Zürich, Med. Diss. [v. 8. Aug. 1872]).

Ritzmann, E., Beiträge zur Aetiologie u. Pathologie d. Erysipels. Nach Beobachtgn. im Berliner Baracken-lazareth während d. Krieges von 1870—71. gr. 8. (VIII, 136 S. m. e. eingedr. Holzschn. u. 2 lith. Taf. in qu. Fol.) Zürich 872. (Schaffhausen, Schoch.) 2. 40

Ritzmann, Frdr., zur Frage der Erziehung der Architekten u. Ingenieure zu Verwaltungsbeamten. Ein Beitrag zur Lösg. Mit e. Literaturübersicht, zusammengestellt vom Internationalen Institut f. Sozial-Bibliographie in Berlin. (50 S.) 8. Berlin 908. J. Springer. 1. —

— Der **Techniker** im öffentlichen Leben. Vortrag, geh. anlässlich der Gründg. der Vereinigg. techn. Vereine Karlsruhe. (23 S.) gr. 8. Karlsruhe 909. F. Gutsch. — 60

Ritzmann, Friedrich, Grossh. Fabrikinsp. i. Karlsruhe i. B., früh. Leiter d. Materialprüfungsanst. d. Kais. Werft i. Wilhelmshaven: Untersuchungen über Trass-, Kalk-, Sandmörtel. 1907. 58 S., 2 Taf., 3 Bl. Tab. 8° ¶ Mit einer andern Einleitung hrsg. u. im Selbstverl. von Anton Hambloch, Dir. in Andernach a. Rh.
Karlsruhe, Dr.-Ing.-Diss. v. 21. 1. 1907

Ritzmann, Georg [aus Ems]: Beiträge zur Kenntniss der Thioharnstoffe und Thiourethane ... Göttingen, Druck d. Univ.-Buchdr. v. E. A. Huth, 1894; 2 Bl., 46 S., 1 Bl. 8.
Göttingen, Phil. Fak., Inaug.-Diss. v. [17. Febr.] 1894

Ritzmann, Geo., Beiträge zur Kenntniss der Thioharnstoffe u. Thiourethane. Diss. gr. 8. (46 S.) Göttingen 894. (Vandonhoeck & Ruprecht.) n. 1. —

Ritzmann, Heinrich, Medizinalprakt.: Über den Mechanismus der Adrenalinglykosurie. Leipzig: Vogel 1909. 27 S. 8° ¶ (Aus: Archiv f. experim. Pathol. u. Pharmakol. Bd 62.)
Freiburg i. B., Med. Diss. v. 1909, Ref. Straub
[Geb. 23. Mai 83 Freiburg i. B.; Wohnort: Freiburg i. B.; Staatsangeh.: Baden; Vorbildung: Gymn. Freiburg Reife Juli 03; Studium: Freiburg i. B. 8, Kiel 1, Berlin 1 S.; Coll. 26. Febr. 09.] [U 10. 996

Ritzmann, Heinrich, z. Z. einjähr.-freiw. Arzt im 4. Niederschl. Inf.-Reg. Nr. 51: Aus der Königlichen Universitäts-Frauenklinik zu Breslau. Direktor: Geh. Medizinalrat Prof. Dr. Küstner. Ovarialtumoren bei Kindern. Breslau 1906: Breslauer Genossenschafts-Buchdruckerei. (27 S.) 8°
Breslau, Med. Fak., Ref. Küstner, Diss. v. 22. Dez. 1906
[Geb. 4. April 81 Kostenblut, Bez. Breslau; Wohnort: Breslau; Staatsangeh.: Preußen; Vorbildung: Städt. Gymn. Schweidnitz Reife O. 01; Studium: München 3, Breslau 7 S.; Coll. 20. Dez. 06; Approb. 12. Sept. 06.]

Ritzmann, Otto, med. pract. aus Schaffhausen, gewes. Assistent am Hygiene-Institut Zürich, z. Z. Assistenzarzt am Kantonsspital Glarus: Aus der bakteriologischen Abteilung des Hygiene-Instituts der Universität Zürich. Abteilungsvorstand: Prof. Dr. W. Silberschmidt. Ueber den Einfluss erhöhter Aussentemperatur auf den Verlauf der experimentellen Tetanus- und Streptokokkeninfektion. München 1907. 34 S. 8°. S.-A. a. d. Archiv für Hygiene Bd. 61. [10. V. 07.]
Zürich. Med. Diss. 1906/1907.

Ritzmann, Otto. Über den Einfluss erhöhter Aussentemperatur auf den Verlauf der experimentellen Tetanus- und Streptokokkeninfektion. Diss. Med. Univ. Zürich. (Sonderabdruck aus «Archiv für Hygiene», Bd. 61, 1907.) *Kopftitel:* Aus der bakteriologischen Abteilung des Hygiene-Instituts der Universität Zürich. Abteilungsvorstand: Prof. Dr. W[illiam] Silberschmidt. 34 S. 8. München, R. Oldenbourg, 1907.

Riunione Adriatica di Sicurtà, **K. K.** privilegirte —. (Adriatischer Versicherungs-Verein,) gegründet in Triest im Jahre 1838. Plan der Versicherungen auf das Leben der Menschen von Leibrenten, Pensionen und Begründungs-Kapitalien. 8. (1 Blatt und 18 S.) Wien. Buchdruckerei von **K.** Gerold und Sohn.

Riv-Alpon, s.: **Marctich** v. **Riv-Alpon.**

Riva und Umgebung ... Riva [1890]. V: *Pick, Hermann.* (Hr)

Riva, J., zehn Betrachtungen üb. die unbefleckte Empfängnis Mariens, nach dem Ital., m. e. kurzen Bericht üb. die Erscheing. der seligsten Jungfrau in Lourdes u. e. Anh. verschiedener Gebete, bearb. u. zusammengestellt v. e. Mitgliede der marian. Congregation. 16. (IV, 204 S.) Brixen 892. A. Weger. n. — 80

Rivallié, A., über die erfolgreiche Behandlung des Krebses, der skrophulösen Verschwärungen und Geschwülste, sowie verschied. anderer Uebel, durch eine verbesserte Anwendung der Aetzmittel, insbesondere der solidificirten Salpetersäure. Nebst einer Abhandlung über den bisher noch ungekannten grossen Nutzen des Alauns bei dem chirurg. Verbande von Wunden jeder Art. Nach dem Französ. bearb. von Jul. Schwabe. gr. 8. (XXI und 155 S.) Weimar 851, Voigt.

Rivallière-Frauendorf, de la, die Religion des Herzens, oder: Der Führer des Neubekehrten. Trostreiche Betrachtungen auf jeden Tag des Monats, vorzugsweise für gebild. Christen. Nach der 5. Aufl. des Französischen. gr. 12. (10³/₄ B.) Augsburg 842, Kollmann'sche Buchh.

Rivarol, A. Comte de

Rivarol, A. C. de, Discours préliminaire du nouv. Dictionnaire de la langue franç. I. Part. 4. Hamb. Fauche. (a. Levrault à Strasb.) 797.

de Rivarol, Comte A., († d. 11. April 1801), discours sur l'universalité de la langue Française, s.a. **Rammstein,** tableau histor. de la littérature Française.

***Rivarol,* C., et J. C. Schwab,** Dissert. sur l'Universalité de la langue française. 4. Berl. 784. Acad. B. 18 gr.

v. Rivas, Herzog, siehe: **de Saavedra,** Angelo.

Rivas, Angel Cesar, das Handelsrecht, Wechselrecht, Konkursrecht u. Seerecht v. Venezuela, s.a. **Handelsgesetze,** die, des Erdballs.

El derecho de comercio, de cambio, de quiebra y marítimo de Venezuela. Das Handelsrecht, Wechselrecht, Konkursrecht u. Seerecht von Venezuela. Bearb. u. erl. von Dr. Angel Cesar **Rivas,** Rechtsanw. in Caracas, übers. von Paul **Mayer,** Dr. jur., Konsul in Bilbao. (1.) Berlin: R. v. Decker 1907. 4°(8°)
— **Handelsgesetze,** Die, d. Erdballs. Ausg. D. Venezuela 1. 07. 1374

Rivaux, les, d'eux-mêmes. Coméd. en 1 A. p. le Brun. 8. Braunschw. Pluchart. 806. -

Rive. La R' droite du lac de Thoune.... Berne 1885 s. [**Schüler,** Albert, und **Balmer,** Hans Friedrich].

Rive, Bernhard

Rive, B., die Ehe in dogmatischer, moralischer u. socialer Beziehung. gr. 8. (VIII, 416 S.) Regensburg 876. Pustet. n. 4. —

Rive, B., die Feste unseres Herrn Jesus Christus. Dogmatische Predigten. 2 Bde. gr. 8. (XI, 362 u. VIII, 391 S.) Regensburg 882. Pustet. n. 6. 80

Rive, Bernhard. Die Unfehlbarkeit des Papstes mit Rücksicht auf die neueste Controverse. Fünf Vorträge ... Paderborn 1870. V (histor. Theil): *Bauer, Renward.* (Jes)

Rive, P. C., Die Unfehlbarkeit des Papstes mit Rücksicht auf die neueste Kontroverse. Fünf Vorträge (geh. in der Minoritenkirche zu Köln). Paderborn, Junfermann, 1870, 8°, VIII, 208 S., 1,50 Mk.
Ehem. Konzil. Stimmen x. Heft 11, S. 109—10.

Rive, Carl, s. R i v e , Karl

Ueber den Freistaat „Ditmarschen" im Mittelalter v. Friedrich Rive. (Freiburg. 1871.) = Festschrift der juristischen Facultät der Universität Freiburg zu dem 50jährigen Doctorjubiläum des Geheimen Raths Robert von Mohl zu München. Freiburg. 1871. 4°.

Rive, Friedr., Geschichte der deutschen Vormundschaft. 1. Bd. A. u. d. T.: Die Vormundschaft im Rechte der Germanen. gr. 8. (XXIV und 284 S.) Braunschweig (861)62, Schwetschke und Sohn. *

Rive, Friedr., Geschichte der deutschen Vormundschaft. 2. Bd. 1. Abthl. A. u. d. T.: Die Vormundschaft im deutschen Recht des Mittelalters. 1. Abthl. gr. 8. (XVIII und 202 S.) Braunschweig 866, Schwetschke und Sohn. *
1. Bd. Ebendas. 1862. * 1 Thlr. 15 Ngr.

Rive, Geschichte der deutschen Vormundschaft. 2. Bd. 2. Abthl. gr. 8. (VI, 177 S.) Braunschweig 874, Schwetschke und Sohn. *
1. Bd. 1862. * ℳ 4,50., und 2. Bd. 1. Abthl. 1866. * ℳ 3,60. Complet * ℳ 12.

Rive, Fridericus: De pupillorum et mulierum tutela in antiquo Scandinaviorum jure. Vratislaviae 1859. (44 S.) 8°
Breslau, Jur. Fak., Hab.-Schr. v. 22. Juni 1859

Rive, Frdr., Die Vormundschaft im Rechte der Germanen. Braunschweig 1862. 8.
1-1 Rive, Gesch. d. Deut. Vormundschaft. Bd. 1. (D.; ERG.)

Rivé Joh. Goswin, kleiner Nachlaß, s. Wieck, Bernh. Urb. v.

Rive, Jh. Goſw., († d. 3. Sept. 1830.) kleiner Nachlaß, enthalt. e. Samml. von Kommunionreden, nebst e. Grabreden u. verschied. Andachtsübungen; hrsgg. u. mit e. kurzen Biographie d. Verstorb. begleitet v. Bhrd. Urb. v. Wieck. Mit 1 Abbild. gr. 12. Münst. 832. Coppenrath. 18 gr.

Rive, Jos. Christ. Herm., Ueber die Aufhebung der Fideicommisse als Folge der Einführung des franz. Civilgesetzbuches. Eine juridische Untersuchung. 8°. Köln, J. P. Bachem, 1822.

Rive, Jos. Chr. Herm., über d. Bauergüterwesen in d. Grafschaften Mark, Recklinghausen, Dortmund u. Hohen-Limburg, in Essen, Cleve, Broich u. Wertherbruch. 1r Thl. Mit Anlagen 1—46. gr. 8. Cöln 824. Bachem. 2 ₰ 12 gr.

Rive, Jos. Chr. Herm.: Beiträge zur Deutschen Rechtsgeschichte u. zum Deutschen Privatrecht. 1r Thl., üb. das Bauerngüterwesen in den Grafsch. Mark, Recklinghausen, Dortmund u. Hohen-Limburg, in dem vormaligen Stifte Essen, Herzogth. Cleve (an östl. Rheinseite) u. in den Herrschaften Broich u. Wertherbruch. Mit Anlagen I—XLVI. *Paderborn*, Wesener. 827. gr. 8. (2 Thl. 12 Gr.)

Rive, Iustinus Fridericus ⟨geb. am 5 Apr. 1832 in Dorsten Westf.⟩: De dote, qualis sit in antiquis Germanorum legibus ... Bonnae, form. C. Georgii 1856. VIII, 84 S., 1 Bl. 8.
Bonn, Jur. Fak., Diss. v. 14 Aug. 1856

Rive, Karl

Rive, Carl, Referendar a. D.: Die Fortführung der Firma. Münster 1910: Theissing. VIII, 64 S. 8°
Heidelberg, Jur. Diss. v. 26. April 1910, Ref. Schröder
[Geb. 7. Jan. 72 Warendorf; Wohnort: Münster i. W.; Staatsangeh.: Preußen; Vorbildung: Gymn. Brilon Reife M. 94; Studium: München 1, Freiburg i. B. 1, Bonn 1, Heidelberg 1, Berlin 4 S.; Rig. 7. Febr. 10.] [U 10. 1988

Rive, P. C., s. R i v e , Bernhard

Riveira, Frz., Sanct Cäcilien-Büchlein. Eine Weihe f. Kirche u. Haus. 16. (36 S.) Leipzig 851, Kößling. (Luckau, Kutzscher.) 1/4 ₰; in Engl. Einb. m. Goldschn. 1/2 ₰

Rivera, des Grafen v., Begebenheiten, od. d. redliche Mann am Hofe, m. K. 8. Frankf. 742. •

— der Henriette, Begebenh. s. Frau, die redliche, am Hofe.

* RIVERIUS, Alex. (ps.). — S o m m e r - T ä g e, welche Einige gute Freunde mit verschiedenen Sinn- und lehrreichen Gesprächen, klugen Fragen und Beantwortungen, curieusen Materien, auch E r z e h l u n g a n m u t h i g e r G e s c h i c h t e zu verkürtzen suchten, nunmehro zum Druck gegeben und mit nöthigen (12 curiosen, unsign.) Kupffern versehen worden von *Alexandro Riverio.* Nürnberg Verlegts Joh. Leonhard Buggel. Anno 1715. Kl. 8°. (In Berlin: Yt 10, 341.)
Sehr rar! TKpf., 4 Bll. Vorst., 496 SS. — Handelt von der reinen u. aufrichtigen, als auch geilen Liebe, der Liebe Lob u. Verachtung, Treu u. Untreu der Eheleute &c. Mit vielen Reimen, wobei pikante. — N i c h t in Weller's Lex. Ps.

R i v e r i u s, Lucar., opera medica univ. fol. Genev. Widern 728.

Rivero, Pater Ign. (ps.), D o k t o r L u t h e r a u f ' m A b t r i t t; ein Geniestreich, zum 1. mal auf dem Theater der Inquisition zu M a d r i d aufgeführt. Aus d. Spanischen. Mit 5 (grossen, meisterhaften) Vignetten (von Balth. Ant. D u n k e r). O. O. u. J. (Bern 1785.) 8°. (5 frcs. Adolf Geering, Basel; jetzt theurer!)
Näheres über diese f a m o s e, bei E b e l i n g a b g e d r u c k t e S a t y r e sieh bei Luther: I n t e r m e z z o, Ein. O. O. 1785. — Höchst seltener E i n z e l d r u c k !

Rivero, Mariano Ed. de, y Juan Diego de Tschudi, Antigüedades Peruanas. gr. 4. (XIV und 328 S. mit eingedr. Holzschn. und 1 lithochrom. Taf. nebst Atlas von 60 lithochrom. Taf. in Imp.-Fol.) Viena 851, (Gerold, Verlag.) *

Rivers, Lord, Briefe, s. Briefe.

Rivers, Thom., die Obstbaumzucht in Töpfen oder Kübeln, im Glashause, in der Wohnung und im Freien. Nach dem Engl. für Gärtner, Gutsbesitzer ꝛc. von Ferd. v. Biedenfeld. Mit Abbildungen. 8. (XVI und 138 S. mit 1 Stnt.) Weimar 851(52,) Voigt.

Rivers, Thom., die Obstbaumzucht in Töpfen od. Kübeln, im Glashause, in der Wohnung u. im Freien. Nach dem Engl. f. Gärtner, Gutsbesitzer ꝛc. v. F e r d. Frhrn. v. B i e d e n f e l d. Mit 1 (lith.) Taf. erläut. Abbildgn. (in 4.) 8. (XVI u. 138 S.) Weimar 852, Voigt. 1/2 ₰

Rivers, Thom., die Obstbaumzucht in Töpfen oder Kübeln. Nach dem Engl. von Ferd. v. Biedenfeld. 2. verb. Aufl. von J. Hartwig. Weimar 864. Voigt. gr. 8. (VIII, 60 S.) n. 10 ngr.

Rivers, Thom., die Obstbaumzucht in Töpfen oder Kübeln. [Topforangerie.] 3. verb. Aufl. von J. Hartwig. gr. 8. (IV, 51 S.) Weimar 885, B. F. Voigt. *

Rives, Amélie, according to St. John, s.: Library, the English.

Rives, Amélie, der Lebende od. der Tote? Ins Deutsche übertr. v. Henny Koch. Mit Portr. der Verf. 1. u. 2. Aufl. 8. (VII, 207 S.) Frankfurt a/M. 890. 891. Koenitzer's Verl. n. 1. 50

Versuch einer Beschreibung der Stadt Flensburg. v. Peter Rivesell. Bd. 1 (einziger). Altona. 1817. 8°.

Rivet, André

• **GEHEIMNISSE,** Die verborgensten, des Jesuiter-Ordens. Aus d. Frantzös. (des *André Rivet*) durch E. J. Z. L. O. O. 1729. 8°.

Orig.: Les Mystères des Pères Jésuites. par interrogatives et réponses, extraites, fidèlement des écrits par eux publiés. Villefranche, par Eleuthère Philalèthe. 1624. 8°. (Der Vf. fehlt bei Barbier IV, 513 u. Niceron, deutsch, XIX, 318, no. 83.) — Dieses Werk soll wiederum die Uebersetzung eines apokryphen, 1617 oder 1618 ersch. Buches sein, betit.: Monita privata Societatis Jesu, das einem aus dem Orden gestossenen Jesuiten, Namens *Hieronymus Zdorowsky*, zugeschrieben wird. Auf einem Expl. des Du Tillot befand sich eine Note von dessen Hand, gemäss welcher als Verfasser Pater *Adam Contzen*, ein deutscher Jesuit, † 19. Juni 1634, im Alter von 60 J., genannt wird. (Notiz Carl Wallstein's.) — Lat.: Mysteria Patrum Jesuitarum ex ipsorum scriptis cum fide eruta ... (auct. *Casp. Scioppio*). Lampropoli apud Robertum Liberum (Lugd. Batav.). 1631, u. ö. (Weller, I. p. 257.) Vollst. Tit. Barbier IV, 1319—20.

— — — — Dasselbe. Tepidopolis (Hamburg, König) 1729.
Anon.-Lex. II. p. 167 (nach Weller).

Rivet, F., Handbuch der Malzaufschlags-Verwaltung im Königr. Bayern. 8. (6 B.) Heidelberg 842, C. F. Winter. •

Rivet, J. B., Dictionnaire rais. de Pharmacie, Chimique théor. et pratique. 2 Vol. gr. 8. Lyon. (B. Fleischer à Leipz.) 805.

Rivethal, s. Rievethal.

Rivier, Alphons.: De discrimine, quod inter regulam Catonianam et eam quae lege 29 de R. I. continetur juris antiqui regulam [illegible]. Berolini (1858). [illegible] S. 8°
Berlin, Jur. Diss. v. 22. März 1858

Rivier, A., introduction au droit des gens, s.a. Holtzendorff, F. de.

Rivier, Alphs., introduction historique au droit romain. Manuel-programme pour servir aux cours universitaires et à l'étude privée comprenant une chrestomathie élémentaire et quelques linéaments d'histoire littéraire et biographique. gr. 8. (VIII, 580 S.) Brüssel 872. Berlin, van Muyden. n. 9. —

Rivier, Alphons, Lehrbuch des Völkerrechts, s.a. Handbibliothek des öffentl. Rechts. IV.

Rivier A, Lehrbuch des Völkerrechts. (452 S) Stuttgart 1889

Rivier, Alphons: Lehrbuch des Völkerrechts. Von Dr. Alphons Rivier, weil. Prof. ... in Brüssel ... 2., verb. Aufl. Stuttgart: F. Enke 1899. (XV, 469 S.) 1 Bd 8°
= Handbibliothek d. öffentlichen Rechts. Bd IV.

Rivier, Alph., Untersuchungen über die Cantio praedibus praediisque. 8. (VI und 135 S.) Berlin 863, Springer's Verlag. *

Rivier, Friedr., Grundriß der Haupt- u. Residenz-Stadt Wien und deren Vorstädte. 1836. In Stein gravirt. 2 ill. Bl. Nebst Text: Alphabet. Verzeichnisse u. Erklärungen. gr. 8. Dresden 837. (Ernst Arnold.) n. 3 ℳ

Rivier, Henri. Professeur de chimie au Gymnase cantonal de Neuchâtel (von Lausanne. Kt. Waadt): De l'action des chlorures thiocarbamiques bisubstitués sur les Thiurées tertiaires et sur la Thiocarbanilide Contribution à l'étude de la constitution des Thiurées Neuchatel H. Wolfrath Cie Impr. 1895. 112 S., 2 Bl. 8°.
Zürich, Phil. Diss. II. S. [v. 5. März 1895].

Riviera [Sachliches OW]

Die **Riviera**. Prakt. Reisehandb. f. Kurgäste u. Touristen. Genua. Riviera di Levante. Riviera di Ponente. M. Kt., Pl. u. Abb. 4. Aufl., neu bearb. v. Th[eodor] Strumer. *Berlin: A. Goldschmidt 1897.* (IV, 130 S., 1 Bl., 3 Kt., 4 Pl.) 1 Bd 8.
= **Reisebücher,** Griebens. Bd 79. [97. 4]

Die **Riviera**. Prakt. Reisehandb. m. Kt., Pl. u. Abb. 5. Aufl. Berlin: A. Goldschmidt 1899. (IV, 172, 20 S., 5 Kt., 4 Pl.) 1 Bd 8°
= Reisebücher, Griebens. Bd 79.

La **Riviera**. 62 vedute della Riviera da Nizza fino a Spezia. *Berlino: Graph. Kunstverl. [1900].* (40 Bl.) quer-8° [oo. 7010

Riviera. Pracht-Album von Nizza, Antibes, Beaulieu, Cannes, Grasse, Menton, Monaco und Monte-Carlo. Sammlung von Ansichten nach Originalphotographien von J. Giletta in Nizza, Stengel & Cie. in Dresden und de Buisson fils in Cannes. Mit Text in 3 Sprachen. Hrg. von Dir. Jul(es) Laurencic. II + 104 S. quer-4. Zürich, Cäsar Schmidt, 1901. [geb.] M. 8. — = fr. 10. —

Titel auf dem Umschlag.

Innentitel: Riviera. Souvenir: an Nizza. Cannes.... Erscheint unter dem Protectorat des Comité des Fêtes in Nizza ... — de Nice, Cannes ... — of Nice, Cannes.... Débit: Nice, L. Gross; Paris, Charles Eitel; Dresde et Leipzig, Alexander Kœhler. *Kopftitel:* I. Riviera di Ponente. Partie française.

Riviera. Die R'. Praktischer Reiseführer. 6., neu bearb. Aufl. Mit 10 Karten und zahlreichen Illustrationen. IV + 204 + *Anzeigen* 36 S. 8. Berlin, Albert Goldschmidt, 1904–1905. (geb. M. 4. —)

Griebens Reiseführer. Band 79.

Darin S. 26—47: Mit der Gotthardbahn von Luzern ... nach Genua; *S. 57/9* Genf *etc. betr.*

Riviera. Die R'. Praktischer Reiseführer. 7. neu bearb. Aufl. Mit 11 Karten und zahlreichen Illustrationen. IV + 228 + *Anzeigen* 48 S. 8. Berlin, Albert Goldschmidt, 1906—1907. ([geb.] M. 4.—)

Griebens Reiseführer. Band 79.

Darin S. 30—52: Mit der Gotthardbahn von Luzern ... nach Genua; *S. 64f. 69/71* Genf, Simplonbahn *etc. betr.*

The Riviera [Die **Riviera**, engl.]. A pract. guide. With 8 maps. Berlin: A. Goldschmidt 1910–11. 153 S. 8°
(Grieben's Guide Books. Vol. 131.) [10. 9413

Riviera [Schlagwort]

Riviera, s.: Radfahrerkarten. Mittelbach.

Riviera [Verfasser]

de la Riviera, D. Davach., wohlgegründeter Urinspiegel; aus d. Französ. v. Jh. Essig. 8. Augsb. 777. Rieger. 5 ß

Rivierareise. Die Riviera-Reise ⟨10.—20. April 1903⟩ der Berner Liedertafel in 40 Bildern [Gedichten]. Von einem Liedertäfler. 38 S. 8. Bern, Ott & Bolliger, 1903. (fr. —. 80)

Riviera-Tage. Passepartout u. Rabattkupons. Souvenir-Führer. Veröffentlicht zur Wahrg. der Interessen deutscher Riviera-Reisender. (80 S. m. Abb.) 16,5×9,5 cm. Nizza (Villa Emilie, Impasse Avenue Villermont) 907. Internation. Fremden-Verkehrs-Bureau. 1.—

Rivierazeitung, illustrierte österreichische, Fortsetzg., s.a. Kur- u. Bade-Zeitung der österreichischen Riviera.

Riviera-Zeitung, illustrierte österreichische. Organ f. die wirtschaftl. u. kurörtl. Interessen v. Dalmatien, Istrien u. Trient. Hrsg. u. Chefred.: F. J. Weiss. Verantwortlich: Ferd. Štěpánek. 1. u. 2. Jahrg. 1904 u. 1905. à 52 Nrn. (à ca. 8 S.) 4. Pola (Schrinner). à Jhrg. n.n. 21. —

Riviere, de la, Gräfin v., Briefe an ihre Freundin, die Baroneß v. Neufpont. 2 Thle. 8. Altenb. Richter. (Akadem. Buchhandl. in Jena.) 780.

Rivière, Mad. de la, lettres à Mad. la Baronne de Neufpont. III Vol. 12. Berne, Typ.

— Manon la, das Mädchen ohne Zunge; eine wahre u. rührende Gesch. gesammelt auf einer Reise vom Verf. d. Lebensjahre eines Kosmopoliten. 8. Bremen, (Willmanns in Frkf.) 790.

Riviere, J. de la, Predigten. 8. Cöthen, Cörner. 748.

Riviere, J. Bapt., franz. Glaubenskrieg auf deutschen Boden erwecket durch d. Bulle Unigenitus. 4. **Heidelberg, Hoffmann.** 719.

Rivinus, Hauptmann und Compagnie-Chef etc. Geschichte des 2. Posen'schen Infanterie-Regiments **Nr. 19. Auf** Befehl des königlichen Regiments für die Mannschaften zusammengestellt. Als Manuscript gedruckt. kl. 8. Kirschberg 1883.

Rivinus, deutsches Lesebuch für Unteroffiziere u. Soldaten. Im dienstl. Auftrage zum Schulgebrauche zusammengestellt. (X, 403 S.) 868. u. 2., verb. Aufl. Berlin 869. Mittler & Sohn. 8. (X, 397 S.) n. 20 ngr.

Rivinus, was ist Krankheit? Beiträge zur Lösg. dieser Frage, f. Ärzte u. denk. Laien. gr. 8. (IX, 116 S.) Birnbaum 892. (H. Buchwald.) n. 1. 50

Rivinus, A. F., resp. Chr. **Boettger,** Nonnulla de somno et vigilia. 3 l. Lps. 4°. 1709

Rivinus, Andreas Florens [Praes.], s. Adler, Adolf: De auditoriis legalibus.

Rivinus, Andreas Florens [Praes.], s. Bellmann, Franz Friedrich: De benigna ictorum interpretatione.

Rivinus, Andreas Florens [Praes.], s. Bergmann, Christian Gottlieb: De successione conjugis una cum liberis ex statuo Zittauiensi.

— Beschaffenheit der sog. Schupff-Lehen. Tubingae 1747. 8.

Rivinus, Andreas Florens [Praes.], s. Chladen, Ernst Martin: Debitorum delicatum in contrario fiduciae judicio ex mente Ulpiani.

Rivinus, Andreas Florens [Praes.], s. Conradi, Christian August: De remedio legis ult. cod. de fideicommissis in concursu creditorum.

Rivinus, Andreas Flor. (Praes.), s. Culand, Wilhelm Heinrich: De rei venditae et traditae solutione non facta vindicatione.

Rivinus, Andreas Florens [Praes.], s. Cunz, Johann Christian: De onere parochi conservandi aedificia parochialia.

Rivinus, Andreas Florens [Praes.], s. Faber, Johann Balthasar: De conscensione thori ad obtinendam successionem conjugum j. Sax. el. necessaria.

Rivinus, Andreas Florens [Praes.], s. Faber, Johann Balthasar: De interpretatione philosophica ejusque in materia societatis utilitate.

Rivinus, Andreas Florens [Praes.], s. Fleck, Karl Friedrich: De testamento parentum privilegiario solenne prius conditum non infirmante.

Rivinus, Andreas Florens [Praes.], s. Heydenreich, August Heinrich: De circitoribus.

Rivinus, Andreas Florens [Praes.], s. Heydenreich, Ludwig Heinrich: De cathedraticis inthronisticis et emphanisticis.

Rivinus, Andreas Florens [Praes.], s. Höfer, Karl Andreas: De figmento fictionis unitatis personae inter patrem et filium.

Rivinus, Andreas Florens [Praes.], s. Hommel, Christian Gottlieb: De privilegiis clericorum in sponte resignantem vel remotum non cadentibus.

Rivinus, Andreas Florens [Praes.], s. Kirsten, Karl Heinrich: Harmoniam juris civilis cum naturali aequitate ostensam in doctrina de quaestionibus per tormenta.

Rivinus, Andreas Florens [Praes.], s. Klügel, Ernst Gottfr. Christian: De senectute non honorata.

Rivinus, Andreas Florens [Praes.], s. Kraus, Georg Friedrich: De jure faciei in foro civili.

Rivinus, Andreas Florens [Praes.], s. Kroeber, Wilhelm Friedrich: De immunitate forensium ab onere reficiendi aedificia ecclesiastica.

Rivinus, Andreas Florens [Praes.], s. Langguth, Joh. Ludw.: De muliere quaestuaria.

Rivinus, Andr. Flor. (resp. J. Gfr. Richter): D. de lege Vitellia. ***L.*** **736. 4.**

Rivinus, Andreas Florens [Praes.], s. Menser, Karl Friedrich: De aequali jure dominantis et servientis praedii si pascura non sufficiant.

Rivinus, Andreas Florens [Praes.], s. Neumann, Jo. Gottfried: De retentione ususfructus eiusque effectu.

Rivinus, Andreas Florens [Praes.], s. Noeldeke, Heinrich Kaspar: De patre vel marito impensas in personas resue uxoris vel liberorum factas repetente.

Rivinus, Andr. Flor. (Erdm. Gli. Püchler): Paroemia juris „qui non habet in aere luat in corpore." ***Lipsiae*****, 728. 4.**

Rivinus, Andreas Florens [Praes.], s. Penicke, Johann Martin: De eurematicis in materia possessionis et compossessionis.

Rivinus, Andreas Florens [Praes.], s. Pfoehl, Burchard Gottlieb: De culpa levissima in pignore a creditore praestanda.

Rivinus, Andr. Florens, Disputatio juridica de praediis quae vulgo Lassgüther appellantur, quam ... examini submittit Chrn Glob Rietschier. Lipsiae 1735. 4. (b.)

Rivinus, Andreas Florens [Praes.], s. Reinhard, Jo. Karl Gebhard: De excessibus et delictis in templis commissis.

Rivinus, Andreas Florens [Praes.], s. Reinhardt, Christian Gottfried: De poena perjurii juris civilis et patrii.

Rivinus, Andreas Florens [Praes.], s. Reinhardt, Johann Friedrich: Diss. inaug. qua paradoxa circa actionem negatoriam.

Rivinus, Andreas Florens [Praes.], s. Reinhardt, Salomon Friedrich: De effectu quasi interpellationis seu legalis et extrajudicialis.

Rivinus, Andr. Flor.: D. Florentini jurisprudentiae testamentariae reliquiae in Instt. Just. repertae et notis illustr. *Vit.* 752. 4.

Rivinus, Andreas Florens [Praes.], s. Richter, Gottfried: De filio in testamento parentum privilegiato non exheredando.

Rivinus, Andreas Florens [Praes.], s. Richter, Johann Gottfried: De lege visellia occasione Tit. Cod. ad L. viselliam.

Rivinus, Andreas Florens [Praes.], s. Rietschier, Christian Gottlob: De praediis quae vulgo. Lass-Güther appellantur.

Rivinus, Andreas Florens [Praes.], s. Schacher, Quirinus Gottfried: Singularia M. Aurelii Antonini philosophi iurisprudentiae capita.

Rivinus, Andreas Florens [Praes.], s. Schellenberg, Dietrich Heinrich: De mandato procuratoris secreto.

Rivinus, Andreas Florens [Praes.], s. Schilling, Christian Friedrich: De bonis pricipis patrimonialibus.

Rivinus, Andreas Florens [Praes.], s. Schmuck, August Gotthelf: De usucapionis statu secundum ordinem chronologicum a XII tabulis ad tempora Iustiniani.

Rivinus, Andreas Florens [Praes.], s. Schulze, Johann Daniel: De praerogativa creditorum cambialium prae chirographariis.

Rivinus, Andreas Florens [Praes.], s. Struve, Christian Adolph: De principali beneficio in concedendis privilegiis.

Rivinus, Andr. Flor., (†...) systema jurisprudentiae polemicae. 4. Wittenb. 753. Bödner. 10 gr

Rivinus, Andreas Florens [Praes.], s. Tischer, Johann Karl: De iudicio peritorum in arte optimo litium dirimendarum iuris remedio.

Rivinus, August Flor. [Praes.], s. Klingsch, Christoph: De impedimentis dotis a vidua dotalitii gratia inferendae.

Rivinus, August Quirin

Rivinus (A. Q.). Bibliotheca Riviniana. Lips. [1727]. 8°.

August Quirin Rivinus

Augusti Quirini Rivini [Rivinus] Censura medicamentorum officinalium. Lipsiae: Fritsch 1701. 29 [vielm. 60] S. 8°

Rivinus, August Quirin [Praes.], s. Clauder, Karl Friedrich: De sanguine stagnante.

Aug. Quirin Rivinus progr. de Decanis Facultatis medicae Lipsiensis. Lips. 1719. 4.

— dissertat. medicae. 4. Lips. Stock. 710.

— Historie Jesu C., a. d. 4 Evang., n. e. Landcharte v. Jesu Reisen. 4. Leipzig, Stock. 722.

— introduct. in rem herbariam, 12. Lips. Heynich. 720.

Rivinus, August Quirin [Praes.], s. Kiesling, Joh. Polycarp: De morbis a vestitu.

Rivinus, August Quirin [Praes.], s. Küchler, Johann Kaspar: De haemorrhoidibus apertis.

Rivinus, Aug. Q., manuduct. ad chemiam pharmacevt. et Vigani chemia. 8. Nrnb. Tauber. 719.

Rivinus, August Quirin [Praes.], s. Neuhold, Jo. Jakob: De lienis genuino usu.

Rivinus, Aug. Quir., Pr. de principio vitali. Lps. 4°.

August Quirin Rivinus

De Puella monstrosa. [Resp.:] Leonhardus Henr(icus) Mylius. Lipsiae (1717:) Titius. 33 S. 8°

Leipzig, Med. Disp. v. 22. Okt. 1717

—, De remediis antepilepticis terreis etc. Diss. Lps. 1710. 4°. 1710

Rivinus, August Quirin [Praes.], s. Schrey, Wolf Heinrich: De appetitu erroneo, quem vulgo picam vocant.

Rivinus, August Quirin [Praes.], s. Schwiebe, Johann Jakob: De pruritu exanthematum ab acaris.

Rivinus, Aug. Qu., Diss. de viribus imaginationis medicis. Lps. 4°.
Auch: Coll. Diss. Lps. 1710. 4°.
1710

Rivinus, August Quirin [Praes.], s. Zieger, Friedrich Christoph: De omento.

Rivinus, C. F. Historisch-statistische Schilderung des nordlichen Englands. 8. *Leipzig, Hinrichs.* 1824

Rivinus, C. Fl., histor.-statist. Darstell. des nördl. Englands, nebst vergleich. Bemerkk. auf e. Reise durch die südwestl. Grafschaften. In Briefen. Mit 1 Vign. 8. Leipz. 824. Hinrichs. 1 ₰ 20 gr

Rivinus, Ernst Florens [Praes.], s. Brumhard, Ludwig Friedrich: De sorte poenam capitalem inter delinquentes determinante.

Rivinus, Ernst Florens A. S. 1321/56

Dissertatio philologico-moralis. Teknothysia Iudaeorum a crudelitatis crimine non vindicanda. Leipzig (Langenheim) 30. IX. 1735. 27 S.

Gew.: Bernhard Fhr. von Zech. 29000

RIVINUS, Flor.: Dissertatio de iure venandi in alieno fundo. - Leipzig 1745

Rivinus, Friedrich Florens (Leipzig) A. S. 850/21

Diss. inaug. de finibus per virgulam Mercurialem non investigandis. Von Aufsuchung der Grentzen durch Wünschel-Ruthen. Präs. Johann Friedrich Wernher. Wittenberg (Gerdes) 8. IV. 1734. 6 Bl., 36 S.

29001

Rivinus, L. Flor., Nexus pandectar. realis sec. ordinem natural. juris. 4. Lips. Iunius. (Cnobloch) 753.

Rivinus, J. Flor.: Progrr. ex vario jure junct. edita. *L.*, 735. 4.

Rivinus, Johann August [Praes.], s. Mieckisch, Gottfried: Tentamina quaedam physico-medica circa terras medicinales in disputatione.

—, Jo. Aug., praes. Aug. Quir. **Rivinus**, De auditus vitiis. 32 pp. Lps. 4°. *Haller*, Diss. anat. 4°. Gött. 1747. IV p. 309—335. Bibl. anat. I. 650. (Foramen in membrana tympani depingit, anno 1680 inventum, per quod nicotianae fumus exeat, ore haustus.) 1717

Rivinus, Johann Florens [Praes.], s. Artzt, Joh. Gottfr.: De exactione legati piae causae sub modo relicti.

Rivinus, Johann Florens [Praes.], s. Bose, Christian Gottlob: Problema juris Saxonici an vitricus privignis geradam in legitimam imputare possit, nec ne.

Rivinus, Johann Florens [Praes.], s. Bose, Ernst Heinrich: De compensatione inter cohaeredes.

Rivinus, Johann Florens [Praes.], s. Bose, Georg Heinrich: De fidejussore inficiante.

Rivinus, Johann Florens [Praes.], s. Brinck, Heinrich Friedrich von: De non praesumta domicilii mutatione.

Rivinus, Johann Florens [Praes.], s. Bucky, Joh. Christian: De pactis successoriis.

Rivinus, Johann Florens [Praes.], s. Erffa, E. Hartmann v.: Quaestio jurid. an, si certa usurarum quantitas per transactionem remissa, residuum vero usurarum sorti antiquae distinctis terminis solvendum jungatur, a tempore morae de tota quantitate usurae a debitore peti possint?

Rivinus, Johann Florens [Praes.], s. Fischer, Christian August: De successione fisci in gerada.

Rivinus, Johann Florens [Praes.], s. Hoeckner, Jo. Friedrich: De libello in actione hypothecaria rite formando.

Rivinus, Johann Florens [Praes.], s. Hoffmann, Johann Friedrich: De testamento per procuratorem judici oblato.

Rivinus, Johann Florens [Praes.], s. Hoffmeister, Friedrich August: De juramento documentorum noviter repertorum.

Rivini, Jo. Florent. **Programma de infantibus expositis.** *Lipsiae.* 1743

Rivinus, Johann Florens [Praes.], s. Justus, Karl August: De privato in principem imperii, usurariae praevitatis reo.

Rivinus, Johann Florens [Praes.], s. Kuhn, Chr. M.: De testamento parentum inter liberos coram duobus testibus condito respectu extranearum personarum invalido.

Rivinus, Johann Florens [Praes.], s. Kuhn, J. Chr.: De testamento surdi et muti natura talis valido.

Rivinus, Johann Florens [Praes.], s. Lutteroth, Gottfr.: De effectu confessionis superatis tormentis sponte factae.

Rivinus, Johann Florens [Praes.], s. Quehl, Benjamin August Friedrich: De obligatione extincta iterum reviviscente.

Rivinus, Johann Florens [Praes.], s. Rausch, Georg Heinrich: De prohibita publicatione partis testamenti a testatore facta.

Rivinus, Johann Florens [Praes.], s. Scherell, Friedrich Wilhelm: De emtione atque venditione patris et liberorum in potestate ejus existentium.

Rivinus, Johann Florens [Praes.], s. Schneider, Johann Gottlieb: Problema juris de iure pignoris moto concursu.

Rivinus, Johann Florens [Praes.], s. Schreiter, Gottfried David: De obligatione universitatis expensas criminum inquisitionis indistincte susceptas etiam pro forensi praestandi ...

Rivinus, Johann Florens [Praes.], s. Schultz, Friedrich Karl: De iure vitae et necis in furem privato competente.

Rivinus, Johann Florens [Praes.], s. Seebach, Polykarp Wilhelm: De schedula testamento adiecta.

Rivinus, Johann Florens [Praes.], s. Seyffert, Johann Gotthelf: De culpa ab uno collegarum commissa a toto collegio praestanda.

Rivinus, Johann Florens [Praes.], s. Stieff, Ferdinand Christian: Meditationes de servitute necessaria.

Rivinus, Johann Florens [Praes.], s. Titius, Christian Immanuel: Problema iurisprudentiae criminalis an et quatenus mortis reus termentis denuo subiiciendus sit?

Rivinus, Johann Florens [Praes.], s. Wachsmuth, Jo. Gottlieb: De ruminatione animalium bisulcorum.

Rivinus, Johann Florens [Praes.], s. Wiedmarckter, Karl Ludwig: Problema iuris an et quatenus in locatione fundorum publicorum veteres possessores praeferendi sint.

Rivinus, Quint. Septimius, Fl., disputationes philos. ac juridicae. 4. Vittb. Bödner. 736.

— enunciata juris ad ord. process. jud. Sax. Elector. coll., ed. a filio I. Flor. Rivino. 4. Hildburgh. Hanisch. 749.

Rivinus, **Quint. Sept. Flor., († ...) specimen exceptionum forensium, cum annotat. Behmeri. 8. Halle 754. (Schwetschke). 8 gr**

Rivinus, Q. Sept. Flor.: Specimen exceptionum forensium exhibens dilatorias ad usum fori Sax. accommodatas. Praemissa est Justi Henningii **Boehmeri** diss. praeliminaris de servitute triturae forensis. Ed. 9., cui acc. Henr. **Hahnii** tractatio jur. de exceptionibus. Halae et Lipsiae 1755.

— specimen exceptionum forens. 8. Halae, Krug. (Hemmerde et S.) 755.

Rivinus, Quint. Sept. Flor. De bonis principis patrimonialibus. 8°. Lipsiae 1735.

Rivinus, S. F., de professoribus vet. ecclesiae martyribus. Lips. 1739. 4.

Rivinus, Tilemann Andr., Gott gew. Vesperstund. od. Erklär. d. Episteln. 4. Leipz. Fleischer. 707.

— — evang. Mittagsstunden od. Erklär. d. Evangel. 4. Ebend. (a. Weidmann in Leipz.) 705.

Rivista bibliografica delle lingue e letterature romanze, pubblicata dal Emilio Ebering. Vol. III. 3 fascc. gr. 8. (156 S.) Leipzig 885, E. Twietmeyer. *
und 2. Bd. s. Anzeiger, bibliographischer, für romanische Sprachen und Litteraturen.

Rivista Elvetica
v. Schweizerische Rundschau — Revue Helvétique — Rivista Elvetica.

Rivista elvetica
® Helvetische Typographia 1885, no. 3: »Unter der Leitung eines italienischen Priesters, Vinzenz Ferrara, aus Neapel, wird am 15. Januar ein neues Blatt herausgegeben werden, die »Rivista elvetica«.

Rivista dell' emigrazione italiana in Europa. Bollettino trimestrale, ed. dal L. Werthmann. Red.: E. Druetti. I. anno. Oktbr. 1905 — Septbr. 1906. 4 Nrn. (Nr. 1. 24 S.) Lex.-8. Freiburg i/B., Geschäftsstelle des Charitasverbandes f. das kathol. Deutschland. 1905. 1. 20; einzelne Nrn. —. 40.

Rivista dell' emigrazione italiana in Europa. Bollettino trimestrale, ed. dal L. Werthmann. Red.: Enrico Druetti. I. anno. 1906. Nr. 1. (24 S.) Lex.-8. Freiburg i/B. (Geschäftsstelle des Charitasverbandes. n. — 40
Erscheint nicht weiter.

Rivista di filologia Romanza diretta da L. Manzoni, E. Monaci, E. Stengel. Vol. 1. 4 Fascc. gr. 8. (1. Fasc. 70 S.) Imola 872. (Turin, Loescher.) n. 10. —

Rivista helvetica, s.: Rundschau, schweizerische.

Rivista musicale illustrata. Ed. e red.: Giacomo Giacomelli. Anno I. Agosto 1893—Giulio 1894. 18 fasc. gr. 4. (à Fasc. ca. 28 S. m. Taf.) Triest, G. Caprin's Buchdr. n. 8. —; halbjährlich n. 4. 80

Rivista svizzera di giurisprudenza, s.: Juristen-Zeitung, schweizerische.

Rivista del Ticino
v. Tessin — Rivista del Ticino.

Rivista del Ticino Illustrata
v. Tessiner Illustrierte — Rivista del Ticino Illustrata.

Rivista del Ticino e dei tre laghi
v. Tessin und die oberitalienischen Seen – Rivista del Ticino e dei tre laghi.

Rivista Viennese. Collezione mensile di articoli originali, traduzioni, estratti et critiche di opere di letteratura, italiane et tedesche, tendente e metter in luce lo stato e i bisogni della letteratura di queste due nazioni. Redattore: Dott. J. B. Bolza. 1838 e 1839 à XII Fasc. (Mit Titelvign.) gr. 8. Vienna, Tendler (e Schaefer). à n. 8 ℛ

Rivius, A. D., de optimis interpretibus divinor. librorum praelectiones biblicae IV. ed. J. A. Weissenbach. 8. Basel 783. Thurneisen. 8 gl

Rivius, Puritan. Gregor., monastica hist. occidentis scabra et salebrosa floribus constrata, III Tmi. c. fig. 8. ibid. 737.

Rivius, J., Vorstell. v. d. Thorheit d. Menschen in u bey Aufschieb. d. Lebensbesserung. 8. Leipz. Fritsch. 735.

Řivnáč's

— ausführl. Führer d. Prag u. Umgebung. Nebst e. Beschreibung weiterer Ausflüge und interessanter Touren d. ganz Böhmen. von F. A. Borovsky. (Mit einem Plane d. Stadt und Umgebung und 4 Ansichten in photogr. Drucke.) 8. (XX, 254 S.) Ebds. 1 fl. 60 kr. 1883

Řivnáč's Führer d. den Böhmerwald. Ausführliche Beschreibung d. ganzen Böhmerwaldes, seines Geländes, d. nahen wicht. Städte u. Gegenden u. des Gratzeuer Gebirges. Von F. A. Borovsky. Durchgesehen u. ergänzt v. Prof. Dr. J. Krejči. 8. (235 S. mit 1 Karte und 1 Plan. Prag, Fr Rziwnatz. Geb. 1 fl. 60 kr. 1883

Řivnáč's Kurzgefaßter Führer durch Prag und Umgebung. Mit einem Plan von Prag und Umgebung. (Separat-Ausgabe aus Řivnáč's Reisehandbuch f. d. Königreich Böhmen.) 8. (65 S.) 72 kr. Prag: Rziwnatz 1882.

Řivnáč's kurzgefasster Führer durch Prag und Umgebung von A. Borovský. 2. gänzlich umgearb. Aufl. 8. (IV, 63, 30 S. mit 1 Plan von Prag, 1 Karte der Umgebung, 1 Plan des Rudolfinums und einem besond. Anhang „Alphabet. Verzeichnis sämmtl. Gassen, öffentl. Gebäude etc. Prags“ mit dem Tramway-Tarif und der Droschken- und Fiaker-Taxe.) Prag 886, Řivnáč. *ℳ 1.60.; cart. *

Řivnáč's Reisehandbuch für das Königr. Böhmen. Mit 12 Karten u. Plänen (in besond. Bd. cart.). 8. (XXV, 598 S.) Prag 882. Rziwnatz. geb. n. 9. —

Rivoire u. Tarride, eine ehrbare Frau, s.: Residenz-Theater.

Rivola, Johannes Evangelista

J. E. Rivola. Bacchus und Pentheus, eine mythologische Abhandlung. I. Abteilung. 44 S. Bruchsal, P 1852

Derselbe. Bacchus und Pentheus. II. Abteilung. 48 S. Bruchsal, P 1853

Johann. Evangelista Rivola. De situ et antiquitatibus insulae Andri commentatio. 80 S. Offenburg, P 1844

J. E. Rivola. Über die griechischen Sternbilder, insbesondere die Plejaden. 44 S. Bruchsal, P 1858

J. E. Rivola. Über das Verhältnis Gottes und der Welt, nach dem Standpunkt der vorchristlichen und christlichen Philosophie. I. Abteilung. 36 S. Bruchsal, P 1862

Derselbe. Über das Verhältnis Gottes und der Welt etc. II. Abteilung. 25 S. Bruchsal, P 1863

Derselbe. Über das Verhältnis Gottes und der Welt etc. III. Abteilung. 34 S. Bruchsal, P 1864

Rivola, J. Ev. Über das Verhältnis der Vorstellungen und Begriffe zum Sein nach den hauptsächlichsten philosophischen Standpunkten. Eine erkenntnistheoretisch-philosophische Abhandlung. I.–IV. 44. 42. 59. 61 SS. **Progr.** *Rastatt* 1876. 1877. 1878. 1881.

Rivoli, J., über den Einfluss der Wälder auf die Temperatur der untersten Luftschichten. Posen 869. Leitgeber. gr. 8. (46 S. mit 1 Steintaf.) n. 10 ngr.

Rivoli, J., die Serra da Estrella, s. c. Petermann's, A., Mittheilungen aus Justus Perthes' geographischer Anstalt.

Rivoli, J., Die Serra da Estrella. Versuch einer physikalisch-geographischen Beschreibung dieser Gebirgsgruppe mit specieller Berücksichtigung ihrer forstlichen Verhältnisse. Mit einer Karte. Gotha 1880. (II, 46 S.) = Ergänzungsheft zu Petermann's Geographischen Mittheilungen. No. 61. 8°

Rivot, über die mechanische Aufbereitung der silberhaltigen Bleierze am Oberharze, s. Hennezel, de.

Rivot, C. L., allgemeine Grundsätze der Zugutemachung der metallischen Erze. Handbuch der theoretisch-praktischen Hüttenkunde. Vervollständigte deutsche Bearbeitung von Carl Hartmann. 1. Bd.: Die Kupferhüttenkunde. Mit 5 lith. Taf. (in Fol.) Naumburg 860. — Leipzig, Gerhard. gr. 8. (XII, 459 S.) 4 ℛ

Rivot, Louis Edmond

Rivot, L. E., Handbuch der analytischen Mineralchemie. Zum prakt. Gebrauche, insbesond. bei techn. und mineralogisch-chem. Untersuchungen. Unter specieller Autorisation und Mitwirkung des Verf. ins Deutsche übertragen und mit Anmerkungen versehen von Adf. Remelé. 1. Bd.: Metalloide. 2 Lfgn. Lex.-8. (XIX und 727 S. mit 1 Fig.-Taf. in Kpfrst. in Imp.-Fol.) Leipzig 863, Giesecke und Devrient. à Lfg. * 2 Thlr. *

Rivot, L. E., Handbuch der analytischen Mineralchemie. Zum prakt. Gebrauche, insbesond. bei techn. u. mineralogisch-chem. Untersuchungen. Unter specieller Autorisation u. Mitwirkung des Verf. ins Deutsche übertragen u. mit Anmerkungen versehen von Adf. Remelé. 2. Bd. Metalle der Alkalien, alkal. Erden u. Erden. Besondere Anwendungen. 1. Liefg. Leipzig 866. Giesecke & Devrient. Lex.-8. (S. 1—448.) n. 2 ℛ

a Rivotorto, Fr. Mar. Aug., collis Paradisi amoenitas, seu Sac. Conventus Assisiensis historiae libr. II. Cum fig. 4. Wien 752. Trattner. 18 𝔤𝔯

Rivulet, Herb., s. a.: Schlippenbach, Freifrau Gabriele v.

— ein Mutterherz. Ehre Vater u. Mutter. Unser erster Weihnachtsbaum, s.: Volksbücher, neue. 73.

Rivus, Claus, Doktor Schäfer. Novelle. (122 S.) 8. Breslau (909). Priebatsch. 2.—; geb. in Leinw. 2. 50

Riwosch, O. A., analytische u. graphische Untersuchg. der Knickfestigkeit e. v. mehreren Druckkräften belasteten Stabes. (24 S. m. 12 Fig.) 8. Kattowitz (909). Phönix-Verlag. — 60
Sonderabdruck aus: „Eisen u. Eisenbeton".

Rix, Curt, s. Rix, Kurt

Gedanken eines Fremden, folglich Unpartheiischen (d. i.: J. A. Rix) über den Beitrag zum Nachdenken der Bürgerschaft zu Kiel wegen Benutzung ihrer gemeinen Stadtländereien. (Kiel. 1796.) 8°.

Rix, Joseph (Hrsg.). s. Armstrong, John: Lectures on the morbid anatomy, nature and treatment of acute and chronic diseases.

Rix, Kurt

Rix, Curt. Über Aethylendiaminkobaltiake. Diss. Phil. [II.] Univ. Zürich. 72 S. 8. Zürich, Jean Frank, 1904.

Rix Marzellus: Über die Einwirkung von Wasser auf Trimethylenbromid und von Schwefelsäure auf Trimethylenglykol. S. 112. IIb. 1000 . . . . vgr.
[illegible]

Rixdorf [Sachliches OW]

Rixdorf in alter und neuer Zeit. (Berlin-Schöneberg [1908]: Meisenbach, Riffarth & Co.) 67 S. 8°

Rixdorf [Schlagwort]

Rixdorf, s. a. Berlin. Straube, Jul.

Rixdorf (Neu-Cölln). Pharus-Plan Rixdorf. Urheber: Cornel. Loewe. 1:18,000. 38,5×50,5 cm. Farbdr. Berlin (910). Pharus-Verlag. — 50

Rixen, Heinr., Blumen u. Blüthen. Ein Sonettenkranz. 8. (56 S.) Düsseldorf 847, Kampmann in Comm. baar 6 𝔤𝔯

Rixen, Jacob. (geb. Millendorf im Rheinl. 9. 5. 1842): De chorea minore. Berolini (1865). (32 S.) 8°
Berlin, Med. Diss. v. 15. Juli 1865

Rixen, Karl

Rixen, Karl: Geschichte und Organisation der Juden im ehemaligen Stifte Münster. Münster i. W. 1906: Westf. Vereinsdr. (41 S.) 8° ¶(Erscheint vollst. in: Münstersche Beiträge z. Geschichtsforschung N. F. H. 8.)
Münster, Phil. Fak., Ref. Meister, Diss. v. 30. April 1906
[Geb. 26. April 81 Otzenrath, Kr. Grevenbroich; Wohnort: Münster; Staatsangeh.: Preußen; Vorbildung: Gymn. Coesfeld Reife O. 02; Studium: Bonn 2, Münster 6 S.; Rig. 30. Jan. 06.]

Rixen, Carl, Geschichte u. Organisation der Juden im ehem. Stift Münster, s. a. Beiträge, Münster'sche, zur Geschichtsforschung.

Geschichte und Organisation der Juden im ehemaligen Stift Münster von Carl Rixen. Münster (Westf.): Coppenrath 1906. (82 S.) 8°
— Beiträge, Münstersche, z. Geschichtsforschung. N. F. 8.

Rixen, Peter, approb. Arzt aus Otzenrath: Bietet der quere Fundalschnitt bei der Sectio caesarea gegenüber dem Längsschnitt durch die Corpuswand Vorteile? *Jüchen 1902: Jüchener Vereinsdruckerei.* (73 S.) 8°
Giessen, Med. Diss. v. 1902

Rixhöft [Schlagwort]

Rixhöft, s.: Preussen. Messtischblätter.

Rixius, Peter: Beiträge zur Geschichte der Stadt Boppard am Ende des 18. Jahrhunderts unter besonderer Berücksichtigung der städtischen Wacht- und Personalfreiheit. Boppard 1909: Dr. d. Bopparder Volkszeitung. S. 3—20. 4°
Boppard, G P 1909 (582) [S 09. 387

Rixius, Peter, aus Bingen a. Rh.: Das Princip der Persönlichkeit bei Thomas Carlyle. *Bingen a. Rh. 1903: A. J. Pennrich Nachf.* (89 S.) 8°
Gießen, Phil. Diss. v. 1903

Rixner, Thaddäus Anselm

Rixner, T. A., Alleins-Lehre, s. Peron, Anquetil du.

Rixner, Thdd. Ans., Aphorismen der gesammten Philosophie, zum Gebr. seiner Vorlesungen. 1s Hft. 1e u. 2e Abtheil. 8. Landsh. 809. Krüll. 10 𝔤𝔯

Thdd. Ans. Rixner's Aphorismen d. gesammten Philos. 1s Bdch.: rein theoret. Philosophie, z. Gebr. sr. Vorless. 2s Bdch.: prakt. u. ästhet. Philos., z. G. s. V. *Sulzb.*, v. Seidel. 818. 8° 1 ℛ 12 𝔤𝔯

—— Darstellung des Fundamentes der All-Eins-Lehre an den Formeln der Infinitesimal-Rechnung. Abhandlung in Asts Journal f. Wissensch. u. Kunst. Bd. 1 Heft 3, 104 S., u. Bd. 2 Heft 2.

Von dem Entstehen der Gelehrten-Schule zu Amberg, und den Rektoren derselben, bis zur Uebernahme der Anstalt durch die Jesuiten: vom Jahre 1566 bis 1626. Als Ankündigung und Prodromus einer Geschichte dieser Lehranstalt. *) Von Dr. Rixner. — 1831. Amberg, Carl Biechele. — S. 3 — 12.
Progr. Amberg

Rixner, Thadd. Ans., Geschichte d. Philosophie bei d. Katholiken in Altbayern, bayer. Schwaben u. bayer. Franken. gr. 8. (12 B.) München 835, Franz.

Rixner, Thadd. Ans., Geschichte d. Studien-Anstalt zu Amberg; e. Beitr. zur Gesch. d. bayer. gelehrten Schulen. gr. 8. (17½ B. u. 3 Tab. qu. gr. Fol.) Sulzbach 832, v. Seidel.

Rixner, Thadd. Anselm, Handbuch der Geschichte der Philosophie. Sulzbach, v. Seidel, 1822–3, gr. 8°, 3 Bde. — 2. verm. Aufl. 1829.
Eine neue (Titel-)Ausg. der 2. Aufl. veranstaltete Viktor Philipp Gumposch. Ebendas. 1850, gr. 8°, 4 Bde, 119½ Bogen, 8 Mk. (Bd. 1: Geschichte der altertümlichen sowohl barbarischen u. klassischen Philosophie. Bd. 2: Gesch. der Philos. des Mittelalters. Bd. 3: Gesch. der Philos. der neuern u. neuesten Zeit. Bd. 4: Supplement von V. Ph. Gumposch. Auch u. d. T.: Gesch. der Philos. Supplement zu Rixners Handbuch der Gesch. der Philos. VIII, 384 S., 3,50 Mk.)

Rixner's, Thaddä Anselm, Handbuch der Geschichte der Philosophie. Neue (Titel-) Ausg. der 2. Aufl. m. Suppl. v. Victor Phil. Gumposch. 4 Bde. gr. 8. 4. Bd. Suppl. A. u. d. T.: Geschichte der Philosophie von Victor Phil. Gumposch. (VIII u. 384 S.) Sulzbach (829) 850, v. Seidel (jetzt: Regensburg, Pustet). 2⅔ Thlr. Supplem. apart 1⅙ Thlr.

Rixner, Thadd. Ans., Handwörterbuch d. deutsch. Sprache, mit Hinweis. auf ihre Ableitung, f. Vernunft-, Sprach- u. Geschichtsforscher. 2 Bde. — A. u. d. T.: Erläut. alphabet. Wortregister zu J. E. Kaindl's vierbänd. Werke: die teutsche Sprache aus ihr. Wurzen. 2 Bde. A—Z. gr. 8. (33½ B.) Sulzbach 830, v. Seidel. Thlr.
Joh. Evang. Kaindl „die teutsche Sprache aus ihren Wurzen ꝛc." 5 Bde. gr. 8. Ebendas. 1815–25. 7 Thlr. 16 Gr.

—— und Th. Siber, Leben u. Lehrmeinungen berühmt. Physiker, s. Leben.

Rixner, Thaddäus Anselm und Thaddäus Siber. - Leben und Lehrmeinungen berühmter Physiker. 1. Heft. Sulzbach, 1819. 168 pp. 8vo.

Rixner, T. A., und T. Siber: Leben und Lehrmeinungen berühmter Physiker am Ende des 16. und am Anfange des 17. Jahrhunderts. Sulzbach
H. 1. Theophrastus Paracelsus. 2. Aufl. 1829
H. 2. Hieronymus Cardanus. 1820
H. 3. Bernardinus Telesius. 1820
H. 4. Franciscus Patritius. 1823
H. 5. Jordanus Brunus. 1824
H. 6. Thomas Campanella. 1826
H. 7. Joh. Bapt. v. Helmont. 1826

– s. Oupnek'hat.

– s. H. v. Weldeck

Rixner, Thadd. Ans., Versuch einer neuen Darstellung der uralten indischen All-Eins-Lehre oder der berühmten Sammlung τῶν Oupnek' hat ὧν erstes Stück, Oupnek' hat Tschehandouk genannt. Nach dem latein. Texte des Herrn Anquetil du Perron frei ins Deutsche übersetzt u. mit erläuternden Anmerkungen versehen. Nürnberg, Stein, 1808, 8°.

Rixner, Ans. Thadd., Vom Wahrsagen u. Weissagen, ein Auszug aus Ciceros Buch von der göttlichen Sehergabe (de divinatione), samt einem Anhange merkwürdiger Wahr- u. Weissagungen der letzten 4 Jahrhunderte der christlichen Zeitrechnung. Sulzbach, v. Seidel, 1831.

— Weisheits-Sprüche u. Witzreden aus J. G. Hamanns u. Imm. Kants sämmtl. Schriften, auserlesen u. alphabet. geordnet, mit d. einleit. Charakteristiken beider Männer. 8. Amberg 828. Müller; (a. Magaz. f. Ind. in Leipz.) 16 Gr.

—— Weisheits-Sprüche u. Witzreden aus Theod. Gtli. v. Hippel's u. Jean Paul Friedr. Richters Schriften auserles. u. alphabet. geord., mit d. einleit. Charakteristiken beider Männer u. e. Anh. aus deutschen Spruchdichtern d. Mittelalters. gr. 8. (21 B.) Amberg 834, Klöber.

Von den Wissenschaften und ihrer Lehrweise, ein Auszug aus Franz Bacon's v. Verulam Büchern vom Wachsthume der Wissenschaften, und neuem Organon; von Thadd. Anselm Rixner, P. der Philos. — 1825. Amberg, Ferd. Müller. — 6 — 24 gespalt. 4 S.
Progr. Amberg

— von den Wissenschaften u. ihrer Lehrweise. Ein Ausz. aus Baco v. Verulam, Büchern v. Wachsthume d. Wissenschaften. 8. Amberg 827. (Leipz., Magaz. f. Ind.) 2 Gr.

Rixon, Frederic William, aus Heywood: Zur Kenntnis des elektrolytischen Verhaltens von phosphoriger und unterphosphoriger Säure. *Gießen 1903: J. Weinert.* (30 S.) 8°
Gießen, Phil. Diss. v. 1903

Riz, Jac., Bernegg. [St. Gallen]. Dissertatio medica inauguralis quam, de foetoribus humani corporis viventis cognoscendis et curandis tractantem quidem, sed minime tamen foetentem ... proponit I'R'.
Basel, Med. Diss. 1700.

Rizhaub, Johann Andreas, s. Ritzhaub, Johann Andreas

Rizo Nerulos, Jakovaky, Geschichte d. neuern Griechenlands ꝛc., s. Bibliothek d. wichtigsten neuern Geschichtswerke d. Auslandes ꝛc., 5. Thl.

— Geschichte d. neuern Griechenlands seit d. Zeit des Befreiungskrieges; aus d. Französ. übers. von Prof. Eisenbach. gr. 8. Leipz. u. Pesth 830. Hartleben. 21 Gr. (Vergl. Bibliothek der Geschichtswerke ꝛc. 5r Thl.)

Rizo, Jak. Nerulos, die neugriech. Literatur. In Vorlesungen gehalten zu Genf 1826. Uebersetzt v. Chr. Müller. 8. Mainz 827. Kupferberg. 16 Gr.

Rizor, Willy, approb. Arzt aus Lembausen b. Hannover: Untersuchungen über das Verhalten der in doppelt unterbundenen Gefäßen enthaltenen Blutelemente. *Tübingen: F. Pietzcker 1903.* (26 S.) 8°
Tübingen, Med. Diss. v. 1903

Rizor, Willy, Untersuchungen über das Verhalten der in doppelt unterbund. Gefässen enthaltenen Blutelemente. Diss. (27 S.) gr. 8. Tübingen 903. F. Pietzcker. n.n. — 80

Rizos, Panaïoti, s.: Soutzo, Prince Nicolas, mémoires.

Rizy, Jh. Siegm., Anmerkk. zur allgem. Gerichtsordnung für Böhmen, Mähren, Schlesien, Oestreich ob u. unter d. Ens ꝛc. 3 Bde. gr. 8. Wien 786 u. 87. Hörling. 1 Thlr. 16 Gr.

Rizy, M. S., der Weinbau ohne Arbeit, ohne Kosten u. ohne Mißjahr f. jedes Weinland. In Gesprächen mit einem Weinzierl. 8. Wien 825. (Gerold). 6 Gr. — Dess. Fortsetzung u. Beschluß d. Gesprächs üb. d. Weinbau ꝛc. 8. (Ebd.) 826. 12 Gr.

Rizy, Th., über Zinstaxen und Wuchergesetze. Wien 859. Braumüller. gr. 4. (2 Bll., 252 S.) n. 1 Thlr. 20 Ngr.

Rizy, Thd.: Der Beweis durch den Haupteid im österreich. Civilprocesse, nach d. Grundsätzen d. allg. u. d. westgalizischen Gerichtsordn., mit beständiger Rücks. auf das gemeine Recht dargestellt. *Wien*, v. Mösle's Wittwe u. Braumüller. 837. 8. (20 Gr.)

—— über d. Verbindlichkeit z. Beweisführung im Civilprozesse. Ein Versuch d. Lehre von d. Last d. Beweises auf e. feste Grundlage zu stellen; mit vorzügl. Rücksicht auf d. österreich. Prozeßgesetze. gr. 8. (16¾ B.) Wien 841, Braumüller u. Seidel.

Rizzi: Zur Beleuchtung d. Perty'schen Universums. 75 S. 8°
Bozen, Progr. 1864.

Rizzi: Lebensphilosophie vom christlichen Standpunkte aus mit Berücksichtigung der Lebensphilosophie des Horatius. 42 S. 8°–Bozen, Progr. 1857

Rizzi, Heinrich: Studien über das bayerische Gebührenwesen. München 1906: C. Wolf & Sohn. (150 S.) 8°
München, Staatswirtsch. Fak., Ref. Lotz, Diss. v. 12. Juni 1906
[Geb. 24. Nov. 74 Kulmbach; Wohnort: München; Staatsangeh.: Bayern; Vorbildung: Realgymn. Nürnberg Reife Juli 93; Studium: München 7 S.; Rig. 12. Juni 06.]

Rizzi, Heinr., Studien über das bayerische Gebührenwesen. (150 S.) 8. **München** 906. J. Lindauer. n. 1. 20

Rizzi, Vincenz (Red.), s. Carinthia.

Rizzi, Vinz., Dorfgeschichten aus Kärnten. Hrsg. vom Grillparzer-Literatur-Verein. gr. 8. (81 S.) Wien 882. (Klagenfurt, Liegel.) n. 1. —

Rizzi-Zannoni, Johann Anton

Rizzi-Zannoni: Carte du theatre de la guerre présente en Westphalie avec les pays voisins. Frankfurt a. M. 1 Bl. c. K. v.

Neapel — Generalkarte von dem Königreiche — verfasst von J. A. Rizzi-Zannoni. Neu herausgegeben von Herrn Schrämbl 1789. 1:400,000. 4 Bl.

Rizzi-Zannoni. General-Karte von dem Königreiche Neapel. Wien 1820. 4 Bl. K. v.

Kriegs-Expeditions-Karte von Deutschland von dem Jahre 1756 bis den 1. Jänner 1759, darinnen die Kriegsbegebenheiten der Oesterreichischen, Russischen und Schwedischen einer Seits, anderer Seits der Preussischen und Hannoverischen Armeen von Tag zu Tag geographisch angezeigt worden etc. herausgegeben von Joh. Ant. Rizzi Zannoni Cosmographo. Auf Kosten der Homännischen Erben. Nürnberg. 1759. 1 : 1,700,000. 2 Bl.

Rizzi-Zannoni, Giov. Ant., Operationum bellicarum in Germania ulterior repraesentatio,... Norimbergae 1762. 4 Bll. Kupf. u. kolor. . . . . [illegible]

Rizzi-Zannoni, J. A. Kurse Vorstellung der gegenwärt. Kriegsbegebenheiten in Deutschland. (151.) 8. Nürnberg 1758. — 2 Bd. 8. Frankfurth.

Rizzoli, G., la legislaziono delle acque, s.: Raccolta di leggi od ordinanze della monarchia austriaca.

Rklicki Bazyli. НАЧАЛЬНЫЯ ОСНОВАНІЯ русскаго языка для начинающихъ учиться по русски, или легчайшій способъ научиться читать и писать по русски и переводить съ русскаго языка на польскій, составленный М. В. Рклицкимъ. Początkowe zasady języka rossyjskiego dla zaczynających uczyć się po rossyjsku, albo najłatwiejszy sposób nauczenia się czytać i pisać po rossyjsku i tłómaczyć z języka rossyjskiego na polski. (trzecie wydanie.) Warschau 815, Orgelbraud. 5/6 ℛ

The Rooster: 1891 - ?
Published in English and German every Sunday morning by Sure Shot Publ. Co.
J. G. Rhodes, Mgr
Fresno, CA

The Rooster: no. 1—13, Jan. 14—Apr. 12, 1899
Irregular, but daily during first week of April. Published in English and German, but despite English title, text largely in German. Sub-title: Offizielles Organ für den Jahrmarkt des Buffalo Turnverein. Large quarto, each issue 16 pages; illustrated, including portraits. Edited by a Committee: J. C. Valentin & Herm. Storck. Printed by Reinecke & Zesch.
Buffalo, NY

Roathenheim, W. Rabbi Bela, Episches Gedicht. Cincinnati, 1858. UC

Robb, Alfred Arthur, aus Belfast, Irland: **Beiträge zur Theorie des Zeemaneffektes.** *Leipzig: J. A. Barth 1904.* (67 S.) 8°
Göttingen, Phil. Diss. v. [7. Juli] 1904

Robb, William L(ispenard) (geb. Saratoga N.-Y. 9. 5. 1861): Ueber das galvanische Verhalten der Amalgame des Zinkes und des Cadmiums. Berlin (1883). (28 S.) 8°
Berlin, Phil. Diss. v. 16. Aug. 1883

Robbe, [Jacques]: Méthode pour enseigner la géographie et pour l'apprendre facilement. Avec les cartes de tous les pais du monde et l'instruction sur la navigation. T. 1. 2. A la Haye et à Francfort 1743. 2 Bde. (XVIII), 545, (17); 392, 133, 19 S. 8°.

Röbbecke, F. Thdr., Beiträge zur Chronik d. Stadt Meerane (1863—1899). Gesammelt u. hrsg. gr. 8. (128 S.) Meerane in Sachs. (899). O. Röbbecke. n.n. — 80

Roebbelen, die Bewaldung u. sonstigen Meliorationen der Eifel im Reg.-Bez. Trier, unter besond. Berücksicht. der Schneifel. Im Auftrage der königl. Regierg. zu Trier ausgearb. Fol. (16 S. m. 2 Steintaf. in qu. Fol. u. qu. gr. Fol.) Trier 876. Lintz in Comm. n. 1. 50

Röbbelen, das Gesetz vom 11. Mai 1873 über die Vorbildung und Anstellung der Geistlichen unter Berücksicht. der besondern Verhältnisse der Rheinprovinz nebst einer Darlegung des Seitens der Behörden bezüglich der Anstellung der Geistlichen einzuhaltenden Verfahrens. 8. (46 S.) Trier 873, Lintz' Verlag. * — 60

Röbbelen, K. H., Geschichte d. Stadt Gronau, e. Beitr. zur Gesch. d. Fürstenth. Hildesheim. 8. (10½ B.) Lüneburg 832, Herold u. Wahlstab.

Röbbelen, August Heinrich

Röbbelen, Aug. H., Diätetik f. das mittlere u. höhere Lebensalter. (Neue Ausg.) gr. 8. (135 S.) Leipzig 847, O. Wigand. ½ ℛ — Die wichtigsten Momente der Diätetik f. das mittlere u. höhere Lebensalter. Mit besond. Rücksicht auf die betreff. Tagesfragen kritisch erörtert. 2. Thl.: Luft, Licht, Temperatur, Klima u. Witterung, Wohnung u. Häuslichkeit, Bekleidung u. Hautcultur, Bewegung u. Ruhe, Arbeit, Erholung u. Schlaf. gr. 8. (II u. 187 S.) Ebd. 852. 24 ngr (complt. 1 ℛ 9 ngr)

— über die „Grundzüge der Medicinal-Ordnung f. das Königr. Hannover." Ein Wort an die Aerzte u. Stände unseres Landes. gr. 8. (67 S.) Hildesheim 850, Gerstenberg. ½ ℛ

— zur geheimen Inquisition Deutschland's. 1. Ein ärztl. Revisions-Gutachten u. dessen Erfolge. 2. Ein Beitrag zur Begründung der Medicinal-Reform Hannovers. gr. 8. (116 S.) Leipzig 848, O. Wigand. ⅔ ℛ

Röbbelen, Aug. Hnr., die wichtigsten Momente der Diätetik für das mittlere u. höhere Lebensalter. Mit besond. Rücksicht auf die betreffenden Tagesfragen kritisch erörtert. 1. Thl. Speise u. Trank. gr. 8. Leipzig 841, O. Wigand. 24 ngr

Röbbelen, Aug. Heinr., die wichtigsten Momente der Diätetik f. das mittlere u. höhere Lebensalter. Mit besond. Rücksicht auf die betreffenden Tagesfragen kritisch erörtert. 1. Thl. Speise u. Trank. gr. 8. (9 B.) Leipzig 844, Otto Wigand.

—— die wichtigsten Momente der Diätetik für das mittlere und höhere Lebensalter. Mit besond. Rücksicht auf die betreff. Tagesfragen kritisch erörtert. 2. Thl.: Luft, Licht, Temperatur, Klima und Witterung, Wohnung und Häuslichkeit, Bekleidung und Hautcultur, Bewegung und Ruhe, Arbeit, Erholung und Schlaf. gr. 8. (II und 187 S.) Leipzig 851(52,) O. Wigand.
1. Thl. Ebendas. 1844. 24 Ngr.

—— das Turnen, eine beachtenswerthe Zeitfrage. Zunächst für Hannover. gr. 8. (2⅓ B.) Hildesheim 846, Fincke'sche Bh. *

Röbbelen, C. A. W., Christus, der den Jammer der Seinen stillt. Eine Predigt. gr. 16. (III und 80 S.) St. Louis, Mo. 860. (Philadelphia, Schäfer und Koradi.) *

—— das 20. Kapitel der Offenbarung St. Johannis. Nach der Richtschnur des rechten einigen Glaubens zur Abwehr irriger Lehren, die wider Gottes Wort und den 17. Artikel der augsburg. Confession streiten, ausgelegt. 8. (55 S.) Philadelphia 860, Schäfer und Koradi.

Röbbelen, Fr. Wilh., Forschungen in d. Natur u. in dem Firmamente nach großentheils neuen, auf vernunftgemäße Gründe gestützten u. durch Thatsachen belegten Ansichten bearb. Nebst e. Anh. aus d. Werken d. Natur u. d. Grundsätzen d. Vernunft geschöpfter religiöser Wahrheiten. 8. (24 1/4 B.) Oldenburg 841, (Schulzesche Buchh.) Thlr. *

Röbbelen, H., die Bibel u. ihre göttliche Eingebung, s.: Wort, das, sie sollen lassen stahn!

Röbbelen, H., Predigt üb. Matthäus 11, 20—30, geh. am Bußtage nach dem Reformationsfeste in der Stadtkirche zu Celle. 8. (12 S.) Celle 890. (Hannover u. Celle, Schulbuchh.) — 30

— unsere Stellung zur Socialdemokratie. Referat, auf der Bezirkssynode zu Celle geh. gr. 8. (16 S.) Ebd. 891. — 30

Röbbelen, K., die asiatische Welt u. die lutherische Kirche, s.: Missionsschriften, kleine Hermannsburger. Nr. 45.

Roebbelen O. Ueber einige Formen der Curve, die von irgend einem Punkte einer geraden Linie beschrieben wird, deren einer Endpunkt einen Kreis und deren anderer Endpunkt eine durch den Mittelpunkt dieses Kreises gezogene gerade Linie durchläuft. 1874. 8.

Diss. Rostock

Röbber, Karl Julius Friedrich Heinrich Eduard: De electricitate vaporum.

Halle-Wittenberg, Phil. Diss. v. 10. Juli 1846

Geb. [Gandersheim] (Braunschweig) [21. 6. 1824]

Ms. fehlt. — Verf. erlebte das goldene Dr.-Jubiläum 1896 als Realgymnasial-Professor in Hannover.

Robbers, Heinrich: Ueber Pneumothorax. Halle (1873): Plötz. 29 S. 8°

Halle-Wittenberg, Med. Diss. v. 1. März 1873

Geb. Elten (Rheinprov.) 31. 1. 1847. V.

Robbers, Heinrich [aus Lastrup, Amt Cloppenburg]: Ueber hysterischos Zittern. . . . Berlin, Buchdr. v. Gustav Schade (Otto Francke) (1889); 29 + 1 S. + 1 Bl. 8°

Berlin, Med. Fak., Inaug.-Diss. v. 17. Apr. 1889

Robbers, Theodor, Volontairarzt an d. med. Univ.-Poliklinik aus Elten (Rhl.): **Bericht über 43 klinisch behandelte Orbitaltumoren.** *Halle a. S. 1904: C. A. Kaemmerer & Co.* (42 S.) 8°
Halle, Med. Diss. v. 11. Juni 1904

Robbers, Wilhelm

Robbers, W., Friedrich u. Ferdinand's Buben- u. Studentenstreiche. Eine rhein. Dorf- u. Hochschul-Humoreske, in lustige Reimlein gebracht v. W. R. u. m. schönen Bilderchen verziert v. Eug. Horstig. gr. 8. (59 S.) Düsseldorf 887. F. Bagel. n. 1. 50

Vaterländisches Festspiel zum Kaisersgeburtstag von Wilhelm **Robbers**. (Köln: Kölner Verl.Anst. [1897].) (10 S.) 8° [F.] [07. 3379

Robbers, Wilh., Gedichte. gr. 16. (VI, 152 S.) Köln 876. Du Mont-Schauberg. n. 2. —

In Treue für König und Vaterland. Volkstüml. Dichtungen von Wilhelm **Robbers**. Köln: Köln. Verl.-Anst. & Dr. 1903. (47 S.) 8° [F.] [08. 7463 5

Robbers, Wilh., Memoiren des Hasen Löffelmann, in zierl. Reime gebracht. Mit (eingebr.) Illustr. von G. Marx. gr. 8. (88 S.) Düsseldorf 882, F. Bagel. ℳ 2.; geb.

Robbers, Wilh., Memoiren d. Hasen Löffelmann, in zierl. Reime gebracht. Mit Illustr. v. G. Marx. gr. 8. (88 S.) Düsseldorf 886. F. Bagel. 1. —; geb. 1. 50

Robbers, Wilh. Memoiren des Hasen Löffelmann, in zierl. Reime gebracht. 2. Aufl. gr. 8. Düsseld. 886. Frankf. a. M., Jaeger's Verlag. 1 —; geb. 1 50

Robbers, Wilh., Memoiren des Hasen Löffelmann, in zierliche Reime gebracht. 3. Aufl. Mit vielen Orig.-Abbildgn. v. G. Marx. gr. 8. (88 S.) Neudamm (899). J. Neumann. n. 1. 50; geb. n. 2.—

Saug und Sage aus dem Clever Land. Von Wilhelm **Robbers**. Cleve: Verl. d. Kanzlei St. Hubertus [1895]. (88 S.) 8° [07. 8774

Robbers-Cleve, Wilh., e. Rudel Schelmenlieder aus dem Waidmannsleben, vom Verf. der Memoiren d. Hasen Löffelmann. 12. (III, 45 S.) Neudamm 892. J. Neumann. n. 1. 50

Robbert, Ernst, approb. Arzt aus Lünen: **Ein Fall von hochgradiger Cholelithiasis mit nur treminalen klinischen Symptomen.** *München 1904: Kastner & Callwey.* (29 S.) 8°
München, Med. Diss. v. 1904

Robbert, W., Macht der Leidenschaft, s.: Volks-Bibliothek, katholische. 6. Bd.

Robbert, W., Zufriedenheit macht glücklich, s.: Jugend-Bibliothek, katholische, 13. Bdchn.

Robbi, Heinrich

s.: Robbi, Jakob Heinrich

Robbi, Jakob Heinrich

— merkwürd. Beobachtt. üb. den innern u. äußern Gebrauch des Phosphors, sowohl bei chronisch. als auch einig. acuten Krankheiten. 8. Wien 818. (Gerold). 8 gr

— — merkwürdige Beobachtungen über den innern und äußern Gebrauch des Phosphors, sowohl bey chronischen als auch einigen acuten Krankheiten. 8. Wien, Gerold (in Comm.) 819.

– s. B a r a t t i , J.: Prakt. Beobachtungen.

– s. B e l l , K.: Darstellung der Arterien.

– s. B e l l , K.: Darstellung der Nerven.

Robbi, (Jakob) Heinrich (Übers.u.Comm.):

s.: Curtis, J(ohn) H(arrison): Abhandlung über den gesunden und kranken Zustand des Ohres, nebst einer kurzen Uebersicht vom Baue und den Verrichtungen dieses Organs. (A Treatise on the physiology and diseases of the ear. Dt.) Leipzig: 1819

JB 4.309

Robbi, (H.) Darstellung der Bänder, s. Encyklopädie d. Anatomie 2r Bd.

— gedrängte Darstell. der Tagliakozzischen Nasenbildung, nebst einigen Bemerkk. üb. die Fortschritte dieser Kunst durch Carpu u. Gräfe. Mit 18 Kpf. gr. 8. Leipz. 821. Baumgärtner. Bildet 1 Band von Richerand's Grundriß ꝛc.

— — Darstellung der Muskeln, zum Unterr. für Aerzte und Wundärzte bey chirurgischen Operationen, und insbesondere für diejenigen, welche anatomische Prüfungen zu bestehen haben.
Auch unter dem Titel:
Allgemeine Encyclopädie der Anatomie. IIIr Band Muskellehre. gr. 8. Leipzig, Baumgärtner. 820.
Dasselbe illum.

Robbi, Jak. Hnr.: Darstell. d. Nerven, s. Encyklopädie d. Anatomie. 7. Bd.

— d. neue Londner Familien-Rezeptbuch ꝛc., s. Familien-Rezeptbuch.

Robbi, H., der Fußarzt, oder über ärztliche Besorgung und Behandlung der Füße. s. Fußarzt.

— — neuestes Handbuch der Wundarzneykunst. s. a. Legouas.

— neuestes Handbuch d. Wundarzneikunst u. der hierher gehör. Grundwissenschaften zum Unterricht f. Militär- u. Civilärzte ꝛc. Nach Legouas Plane frei bearb. gr. 8. Leipz. 821. Lehnhold. 2 ℳ 12 ℊ

— — über die Krankheiten der Ohren, nach dem Engl. s. Curtis, J. H. v.

Robbi, (Jakob) Heinrich (Übers., Comm. u. Hrsg.):

s.: Larrey, D(ominique) J(ean Baron): Medizinisch-chirurgische Abhandlungen, zugleich als Nachtrag zu dessen medizinisch-chirurgischen Denkwürdigkeiten. (Recueil de mémoires de chirurgie. Dt.) Leipzig: 1824

JB 3.584

— der Magen, seine Struktur u. Verrichtungen. Nach d. Engl. mit prakt. Bemerkk. üb. die Krankheit d. Magenhäute. Mit 1 Abbild. gr. 8. Leipz. (823.) Baumgärtner. 1 ℳ

— s. Matthias, A.: Merkurialkrankheit.

Robbi, (Jakob) Heinrich (Übers.):

s.: Richerand, Anthelme Balthasar (Baron de): Grundriss der neuern Wundarzneikunst. (Nosographie et thérapeutique chirurgicales. Quatrième édition augmentée et corrigée. Dt.) Th.1. Leipzig: 1819

JB 3.377/1

Robbi, (Jakob) Heinrich (Übers. u. Bearb.):

s.: (Speer, Thomas Charlton): Der Magen, seine Structur und Verrichtungen. (General Views relating to the stomach, its fabric and functions. Dt.) Wien: 1824

JB 2.463

— — Synopsis seu concinna compositio eorum pharmacorum quae quotidie in praxi medica occurrunt, latio donata atque in usum studiosae juventutis accommodata. cum 4 tab. 8. Lipsiae, Baumgärtner. 820.

— die Veranlassungen zur Selbstschwächung bei der männl. u. weibl. Jugend u. ihren traurigen Folgen ꝛc. gr. 8. Dresd. 827. Arnold. 16 ℊ

Henr. Robbi diss. de via ac ratione qua olim membrorum amputatio instituta est. Lips. 1815. 4.

Robbi, Jules. Quellenbuch für die Gemeinde St. Moritz ⟨im Oberengadin⟩. Band 1: Bibliographie. — *A. u. d. T.*: Bibliographie für die Gemeinde St. Moritz. 286 S. 8. Chur, Jos. Casanova's Erben, 1910. [fr. 6. —]

Robbi, Jules. Historische Skizzen über den Eisensäuerling ⟨Ova Cotschna⟩ von St. Moritz (im Engadin) bis zum Eingang des 19. Jahrhunderts. (Zur Eröffnung der neuen Mineralbäder in St. M'-Bad.) [Mit 1 Tafel. SA. aus dem Engadin Express, Vol. 21, No. 15—17.] II + 35 S. 8. Samaden, Engadin Press Co., [1910].

Robbi, Maria. Statistische, kasuistische und histologische Beiträge zur Lehre vom Lupus erythematodes. Aus der dermatologischen Universitätsklinik zu Bern. Diss. Med. Bern. [SA. aus: Klinisch-therapeutische Wochenschrift, Jahrg. 17, Nr. 25—28.] 43 S. 8. [Berlin-Wilmersdorf, Dr. W. Rothschild,] 1910.

Robbi, Paul. Aufzeichnungen von P' R' (1759—1847) von Sils im Eng. aus den Jahren 1797—1834. Aus dem Romanischen übersetzt und hrg. von Conradin Planta. Beilage zum Kantonsschulprogramm [der Bündnerischen K. in Chur] pro 1907/08. 61 S. kl.-4. Chur, Manatschal Ebner & Cie., 1908.

Robbia, della, die Künstlerfamilie, Biographie und Charakteristik, s. Bode, W.

Robbiano, L. von. Die Rose von Heidelberg. Historische Novelle. Lpz. 1872.

Röbcke, G., Alt-Freiburg. Malerische Winkel, Gassen und Gebäude. Photographische Orig.-Aufnahmen. 1. Folge. (12 Bl. m. 4 S. Text.) 33×24,5 cm. Freiburg i/B. (908). G. Röbcke. (Nur direkt.) 12. —

Röbcke, G., s.: Freiburg i. B. u. d. südliche Schwarzwald in Bild u. Wort.

Robe, das verlorne Kind. Lstsp. 8. Hirschberg 845, Lucas. 1/2 ℳ

Robe, die schlesischen Laudemien und die Beschlüsse der Abgeordneten. gr. 8. (111 S.) Breslau 849, G. P. Aderholz, Verlag.

Robe's Lehrzeitung für Entlastung des bäuerlichen Grundbesitzes. Jg. 1850. Nr 1—29. Hirschberg 1850. fol.

Robe, Ludwig der Fromme. Historisches Schauspiel. br. 8. (141 S.) Berlin 862, v. Decker'sche geheime Ober-Hofbuchdruckerei.

Robe, Kobold Pirusch. Mährchen in 5 Aufz. gr. 8. (6½ B.) Leipzig 840, Engelmann.

— die Schutzgelder in Schlesien. Eine Rechtsansicht. 2. Aufl. gr. 8. (15 S.) Hirschberg 847, Lucas. 3 ℊ

Robe, zur Urgeschichte der Donauländer zwischen Raab und Theiß. 8. (132 S. mit 2 lithogr. Karten in 4. und Fol.) Breslau 859, Aderholz.

Robe, über dorfgerichtliche Zählgelder in Schlesien u. die Unzulässigkeit ihrer Erhebung. gr. 8. (6⅝ B.) Breslau 844, G. Ph. Aderholz.

Robe, Carl, s. Robe, Karl

Robe, Gustav, gründl. Unterricht im Beizen u. Färben des Holzes, im Poliren u. Lackiren, nebst Anleitung, alte Möbel völlig wie neu herzustellen. 12. (6½ B.) Nordhausen 844. [Naumburg, Hager.]. Thlr. -

Robe, Karl

— Gedichte eines Materialisten.

— — eines Materialisten *(Carl Robe)*. Motto aus Goethe, 2 Verszeilen.) Meissen, bei F. W. Goedsche. 1835. — Rücks. d. Titels: Hirschberg, gedr. bei C. W. J. Krahn. 112°. (8 ggr.)
VI—192 S.

LIEDER der Liebe (in 4 Büchern, von *Carl Robe*). (Motto: 8 Versz. aus Goethe.) Meissen, F. W. Goedsche. 1836. Gr. 8°. (¾ Rthl.) (1 Mk. 50 Pfg. C. G. Boerner's Leipziger Novbr.-Auct. 1904, no. 1630.)
118 S. (incl. Tit. u. 1 Bl. Vorw.), 1 Bl. Druckanz.: Hirschberg, C. W. J. Krahn.

§ — — Der geraubte Schleier. Romanze. (4 Gesänge in ottave rime.) Th. 1. (einz.). Als Handschrift gedr. bei Fr. Rückmann in Leipzig. 1842. 4°. (Großpapier.) (In München: P. o. germ. 1170c; auch in Warmbrunn.)
255 S. Selten u. wenig bekannt, stellenweise zieml. frei. Gesang 1. Ronceval. 2. Warin. 3. Die Schwäne. 4. Leda.

Robeck, J., Exercitatio philos. de εὐλογῳ ἐξαγωγῃ sive morte voluntaria philosophorum et bonorum virorum etiam Judaeorum et Christianorum. Recensuit, perpetuis animadversionibus notavit, praefatus est, et indicem rerum locupletissimum addidit J. W. *Funccius*. Rint. 4°.
1736

Robeck, J., de morte voluntaria exercit., s. examen calumniar., nugar. et fallaciar. 4. Marb. 753. (Hermann in Frkf. a. M.) 20 gr

Roebe, Théodore de, u. Ziegler de Ziegleck, Victor: Über Wegebau in Esch an der Alzette. Luxemburg 1871. 12°

Der Jahresber. v. 1840/41 (ohne Druckort) enthält einen „Vorbericht über Entstehung, Zweck und Bestand der neuerrichteten vollständigen lateinischen Schule v. Anton Robel, Subr." — S. III—VIII. Progr. Rosenheim.

Robel, Ernst [Dr., Oberl.]: Die Sirenen. Ein Beitr. z. Entwickelungsgesch. d. Akustik. Tl I. Berlin, R. Gaertner, 1891; 29 S. 4°
Berlin, Luisenst. RG, OP 1891 (98)

Robel, Ernst [Dr.]: Die Sirenen. E. Beitr. z. Entwickelungsgesch. d. Akustik. Tl II. Die Arbeiten deutscher Physiker über d. Sirene in d. Zeitraume v. 1830 bis 1856. [Forts. d. P-Beil. 1891.] Berlin, R. Gaertner, 1894; 31 S. 4.
Berlin, Luisenstädt. RG, OP 1894 (98)

Robel, Ernst [Dr.]: Die Sirenen. E. Beitr. z. Entwickelungsgeschichte d. Akustik. Tl III. Der Streit über d. Definition d. Tones. [Forts. d. P-Beil. 1891. 94.] Berlin, R. Gaertner, 1895; 32 S. 4.
Berlin, Luisenstädt. RG, OP 1895 (98)

Robel, Ernst, Dr., Prof.: Die Sirenen. Ein Beitrag zur Entwickelungsgeschichte d. Akustik. T. 4. Die Analyse d. Sirenenklänge. Mit 1 Taf. *Berlin: R. Gaertner 1900.* (40 S.) 4° ¶[Forts. d. P-Beil. 1891. 94. 95.]
Berlin, Luisenstädt. RG, OP 1900 (102)

Robel, J., Diss de singultu. Marb. 4°. 1706

Robel, Paul, Förster Kroll erzählt. Lustige Geschichten u. Märlein m. 45 Bildern von Alex. Tschacher. (96 S.) 8. Berlin (908). Schall & Rentel. Geb. in Leinw. 1. 75

— Kleine Wirtschaftsgeographie, s.: Furcht, Karl.

Röbel [Schlagwort]

Röbel, a.: Deutschland. Kürschner-Pelp.

Röbel [Verfasser]

Röbel, Heinrich Carl, approb. Arzt aus Wettelrode: Beitrag zur traumatischen Genese des 'schnellenden Fingers'. Leipzig 1900: B. Georgi. (53 S.) 8°
Leipzig, Med. Diss. v. (13. Nov.) 1900

Röbel, Robert, s. Almanach des Sommer-Theaters zu Beslau.

Robeller, Jos., s. Liebe u. verehre Gott.

Robelot, ..., üb. den Einfluß d. Reformation Luthers auf die Religion, die Politik u. die Fortschritte d. Aufklärung; aus d. Französ. übersetzt u. mit Anmerkk. verm. v. A. Räß u. N. Weis. gr. 8. Mainz 824. Kupferberg. 1 ℛ 16 gr

Robels, Karl

— s. J. Ch. Schwabe, Diss. sur les causes etc.

Robels, Carl (geb. am 7 Aug. 1856 in Köln): Ein Beitrag zur Characteristik der Huxley'schen Raubvögel-Familien ... Bonn, Druck v. P. Neusser (1881). 28 S., 1 Bl. 8.
Bonn, Phil. Fak., Diss. v. 21 Jan. 1881

Robels, das Gesetz vom 3. III. 1897, betr. das Diensteinkommen d. Lehrer u. Lehrerinnen an den öffentl. Volksschulen, m. d. minister. Ausführungsbestimmgn. u. Erläutergn. f. Lehrer u. Lehrerinnen, sow. f. Ortsschulbehörden hrsg. 1. u. 2. Aufl. (1.—9. Taus.) gr. 8. (56 S.) Breslau 897. F. Hirt. n. - 60

Robels, Karl, das Lehrerbesoldungsgesetz v. 26. V. 1909, für Lehrer, Lehrerinnen, Schulleiter, Schulinspektoren und Ortsschulbehörden erläutert. 4. Aufl. (62 S.) 8. Breslau 909. F. Hirt. — 60

— dasselbe. (Mit der Ausführungsanweisg. vom 21. VI. 1909.) (62 u. 30 S.) 8. Ebd. 909. — 80;
Ausführungsanweisg. allein — 20

Robels, das Lehrereinkommen in Preussen nach dem Gesetze vom 3. III. 1897. 3. Aufl. Mit Erläutergn. Breslau 898.

— das Lehrereinkommen in Preußen nach d. Gesetze vom 3. III. 1897. E. Ratgeber f. Lehrer u. Lehrerinnen sow. f. Schulbehörden. 3. Aufl., erweit. durch e. Nachtrag d. seit Erlaß des Besoldungsgesetzes dazu ergang. amtl. Erläutergn., Ergänzgn. u. s. w. 8. (72 S.) Ebd. 899. n. — 60

— Das Volksschulunterhaltungsgesetz v. 28. VII. 1906, an seiner Ausführg. zum 1. IV. 1908 für Lehrer, Geistliche, Mitglieder von Schuldeputationen, Schulvorständen, Schulkommissionen erläutert. (71 S.) 8. Ebd. 908. — 75

Röben, (J. H.), der souveraine christliche Staat, das Ende aller Zeitwirren. gr. 8. (21¾ B.) Leipzig 846, Brockhaus.

Röben, Wilh., Neuenburgische Chronik. 8. (VI, 90 S.) Oldenburg 878. Stalling's Verl. in Comm. n. 1. 20

Robens, Arn., der ritterbürtige landständ. Adel des Großherzogth. Niederrhein, dargestellt in Wappen u. Abstammungen. 2 Bde. Mit 90 Kpf. gr. 8. Aachen 818. Meyer. 10 ℛ

Röber, Alfr., indiskrete Reime. (117 S.) 8. Straßburg 907. J. Singer. 2. —

Rober, Friedrich Karl, aus Prisdorf b. Pinneberg, Gerichtsassessor in Kiel: Die Haftung eines nach dem 1. Januar 1900 aus einer offenen Handelsgesellschaft ausgeschiedenen Mitgliedes, dessen Ausscheiden nicht in das Handelsregister eingetragen ist, für die Geschäftsthätigkeit eines Gesellschafters. *Kiel 1903: Gebr. Peters.* (54 S.) 8°
Erlangen, Jur. Diss. v. 6. Dez. 1902

Roeber: Brechung und Reflexion des Lichts durch eine Kugel. 40 S. 8°. – Berlin Gw., Progr. 1854.

Röber, Amalie, Großmütterchens Bilderbuch f. ihre Enkel. Kleine Kindergeschichten a. d. Landleben. gr. 4. (29 S. m. z. Tl. farb. Abb.) Oldesloe (899). L. H. Meyer. Geb. n. 2.50

Rober Söhne, C. F: Reinigungs- und Sortirmaschinen für Getreide usw. Eichrodt-Eisenach 1892

Röber, Gebr.: Reinigungs- und Sortirmaschinen für Getreide usw. Wutha (Thüringen) 1896. 1898. 1900

Reinigungs- u. Sortier-Maschinen f. Getreide, Oelsaaten, Hülsenfrüchte, Kleesamen, Zuckerrüben etc. Gebrüder Röber, Wutha. U. St. [1906]. 48 S. Fig. P.

Röber, Carl, s. Röber, Karl

Röber, Curt, s. Röber, Kurt

Röber, Eduard: Die Heilquellen Deutschlands, für Aerzte und gebildete Nichtärzte, nebst einer Einleitung über die Wirkungen des reinen kalten und warmen Wassers... 654 S., gbd.

Grimma: Verlags-Comptoir (1845)

JB 2.752

Röber, Eugen *Franz* [aus Torgau]: Beiträge zur Theorie der Lösungen ... Berlin, Buchdr. v. G. Schade, *1892*; 56 S. 1 Bl. 8.
Berlin, Phil. Fak., Inaug.-Diss. v. 8. Aug. 1892

Röber, Friedr., Beitraege zur Erforschung der geometrischen Grundformen in den alten Tempeln Aegyptens und deren Beziehung zur alten Naturkenntniss. Mit 4 lith. Taf. (in Fol.) Dresden 854. Türk. gr. 4. (2 Bl., 58 S.) n. 2 ₰.

Roeber, Frdr., Blanche-Neige, s.: Reinecke, Carl.

Roeber, Frdr., Börsenringe. Schauspiel. 8. (104 S.) Leipzig 891. J. Baedeker. — 75; geb. in Leinw. n. 1. —

Roeber, Frdr., Appius Claudius. Tragödie. 3., umgearb. Aufl. 8. (VII, 93 S.) Leipzig 898. J. Baedeker. — 75; geb. in Leinw. n. 1. —

Roeber, Frdr., Kaiser Friedrich der zweite. Tragödie. 8. (V, 149 S.) Iserlohn 883. Bädeker's Verl. n. 2. 50

— Kurfürst Friedrich III. Zwei Dramen: D. Rhein u. D. Krone. 8. (XIII, 289 S.) Ebd. 897. n. 1. 50; geb. in Leinw. n. 2. —

Roeber, Frdr., lyrische u. epische Gedichte. gr. 8. (VII, 180 S.) Berlin 878. Janke. n. 2. —

Roeber, F., lyrische u. epische Gedichte. Neue, verm. Aufl. 8. (VII, 240 S.) Leipzig 888. J. Baedeker. n. 3. —; geb. n. 4. —

— lyrische u. epische Gedichte, Fest- u. Märchenspiele. 3., verm. Aufl. 8. (VII, 325 S.) Ebd. 897. n. 2. —; geb. in Leinw. n. 2. 80

— die Gräfin v. Toulouse. Drama in 5 Akten. 2. umgearb. Aufl. 8. (VII, 82 S.) Leipzig 899. J. Baedeker. — 75; geb. n. 1. —

—— Kaiser Heinrich der Fünfte. Tragödie. 8. (200 S.) Ebendas. 886. *ℳ 3.—.; geb. mit Goldschn. * 4 50

— der Wiener Kongreß. Politisches Schauspiel in 5 Akten. 8. (III, 109 S.) Ebd. 888. n. 2. —; geb. m. Goldschn. n. 3. 50

Röber, Friedr., der kleine Lautirer od. Elementirer. 2., verm. Aufl. (3 B.) 836., 3., verm. u. verb. A. 8. ($3^{3}/_{4}$ B.) Magdeburg 840, [Fabricius u. Schäfer.] à
—— Wandtafeln hierzu, nebst einigen Andeutungen z. zweckmäß. Gebr. derselben. (13 B. in Fol. nur auf einer Seite bedr. u. 1 B. in 8.) Magdeburg 840, [Fabricius u. Schäfer.]

—— Litteratur und Kunst im Wupperthale bis zur Mitte des gegenwärtigen Jahrhunderts. 8. (VIII, 168 S.) [Iserlohn 886.] Leipzig, Jul. Baedeker's Verlag. *ℳ 2.50.; geb. * 3 50

— antike Lustspiele. Die Philosophin. — Die Satire. — Malermodelle. 8. (148 S.) Ebd. 892. n. 1. —; geb. in Leinw. n. 1. 50

—— König Manfred, s. Breitkopf und Härtel's Text-Bibliothek Nr. 93.

— das Märchen vom König Drosselbart. 8. (VIII, 84 S. m. 1. Titelbild in Tondr.) Ebend. 881. n. 1. 50

—— das Märchen vom König Drosselbart. 8. (VIII, 84 S. mit 1 Titelbild in Tondr.) Ebendas. 885. * 1 50

— Marionetten. Ein Roman. 2. Aufl. gr. 8. (IV, 325 S.) Ebend. 885. n. 4. —; geb. m. Goldschn. n. 5. 50

—— **die ägyptischen Pyramiden in ihren ursprünglichen Bildungen, nebst einer Darstellung der proportionalen Verhältnisse im Parthenon zu Athen.** gr. 4. (VIII und 28 S. mit 1 Stnt.) Dresden 855, Türk. *

Röber, Frdr., die ersten Schreib- u. Lesestunden in wechselseitiger Verbindung. 2 Hfte. 8. (88 S.) Quedlinburg 850, Basse. (à 2 ngl) 4 ngl

— Sophonisbe. Tragödie. 8. (VI, 111 S.) Ebend. 884. n. 2. 50; geb. m. Goldschn. n. 4. —

Roeber, Friedr., Tristan und Isolde. Eine Tragödie in Arabesken. Elberfeld 854. (Iserlohn) Bädeker. 16. (174 S.) $22^{1}/_{2}$ ngr.

— Tristan u. Isolde. Tragödie in e. 2., neuen Bearbeitg. 8. (VIII, 156 S.) Ebend. 885. n. 3. —; geb. m. Goldschn. n. 4. 50

— Tristan u. Isolde. Eine Tragödie. In 2, nach Inhalt u. Form verschiedenen, Bearbeitgn. v. 1838 u. 1898. 8. (VII, 234 S.) Ebd. 899. n. 2. —; geb. in Leinw. n. 2. 40

Roeber, Frdr., dramatische Werke. 1. Bd.: Kaiser Heinrich IV. Tristan u. Isolde. Appius Claudius. 16. (477 S.) Elberfeld 851, (Iserlohn) Bädeker. $1^{1}/_{2}$ ₰

Röber, Friedrich August

Röber, (Fr. A.) Anleitung z. einfachsten u. vortheilhaft. Art d. Hopfenbaues. Allen Freunden d. Staatswirthschaft u. d. Landbaues gewidm. 8. Meißen 826, Gödsche.

Röber, F. A., Anleit. z. Bereit. d. einfach. u. zusammengesetzten Arzneymittel, od. Verzeichniß d. einfachen u. zusammengesetzten Arzneymittel. 8. Dresden, Arnold. 803.

Röber, D. F. A., kurze Anleitung, die Lustseuche zu behandeln, für angehende Aerzte. 8. Dresden, (Walther.) 819.

— Beitr. zur Erkenntniß der Natur u. Heilart des Kollers der Pferde. 8. Leipz. 794. Leo. 6 gl.

— Beschreib. des epidem. Faulfiebers, welches im J. 1787—88 in Dresden herrschte. 8. Dresd. 790. Gerlach. 3 gl.

Röber, Fr. Aug., Diss. inaug. fasciculus observationum medico-practicarum. 4. Strassb. 787.

Röber, Friedrich August: Von der Sorge des Staats für die Gesundheit seiner Bürger. 976 S., gbd.

Dresden: typ.Gärtner 1805

JB 5.448

— von der Sorge des Staats f. die Gesundheit seiner Bürger. 8. Dresd. 807. Arnold; (a. Sander in Berl.) 4 gl.

— von d. Ursachen d. jetzigen Theuerung in Sachsen u. d. Mitteln derselben abzuhelfen. 8. Dresd. 805.

— Versuch e. rationellen Anleit. zum Weinbaue u. zur Most- u. Weinbereitung. Nebst Beschreib. u. Abbild. einer, auch zum Abbeeren eingerichteten, einfach. Traubenmühle. Mit 4 Kpft. gr. 8. Dresd. 825. Arnold. 1 rthl. N. Ausg. (bloß neuer Titel) 832. 18 gl.

— Verzeichniß der einfachen u. zusammengesetzten Arzneimittel, od. kurzgefaßtes Dispensatorium. 8. Dresd. 803. Arnold. 8 gl.

— s.: Von d. Fehlern u. Mängeln etc.

Röber, Friedr. Glob., Elementar-Beiträge zur Bestimmung des Naturgesetzes der Gestaltung und des Widerstandes und Anwendung dieser Beiträge auf Natur und alte Kunstgestaltung. Nach des Verf. Tode hrsg. von Friedr. Röber. Imp.-4. (III und 86 S. mit 6 Stnt. in gr. Fol.) Leipzig 861, Brockhaus' Sortiment und Antiquarium.

Röber, Friedr. Heinr., Lasset die Kindlein zu mir kommen! Freundliche Stimmen an Kinderherzen zur Erweckung und Belebung des religiösen Sinnes. Ein Leitfaden beim ersten Religionsunterrichte. Bernburg 853. Gröning. 12. (3 Bl., 84 S.) n. 5 ngr.

Roeber, Fritz & Wilh. Beckmann. Dombau-Fest. Historischer Festzug Köln. 16. October 1880. Köln, J. B. Heimann (1880).
Leporello-Album mit 15 Taf. 8°

Roeber, Fritz, Vorhang u. Deckengemälde im neuen Barmer Theater. 8 Photographien nach Originalen. Photogr. v. Arn. Overbeck. Fol. Elberfeld 876. Baedeker. In Leinw.-Mappe. n. 24. —

Roeber, Herm. (geb. Berlin 28. 10. 1842): Ueber die Wirkungen des Calabarextractes auf Herz und Rückenmark. Berlin (1868). (61 S.) 8°
Berlin. Med. Diss. v. 6. Aug. 1868

Röber, J., exotische Schmetterlinge, s.: Staudinger, O.

Röber, Karl

Röber, Carl, die Geographie in Reimen, oder: das Wichtigste aller Länder und besonders von Deutschland, hinsichtlich der Lage, Größe, Gebirge, Gewässer und Producte 2c. Ein Buch für Jedermann. Neue (Titel-)Ausg. Quedlinburg (853.) 856. Ernst. 12. (VIII, 364 S.) 25 ngr.

— geographische Mittheilungen über Europa, Asien und Afrika, oder: das Wichtigste aller Länder und besonders von Deutschland, hinsichtlich der Lage, Größe, Gebirge und Gewässer 2c. Nebst Uebersicht der Staaten Europa's. Ein Buch für Jedermann zur leichtern Auffassung der geograph. Kenntnisse, ein Leitfaden für Lehrer 2c. Quedlinburg 853. Ernst. 12. (VIII, 364 S.) 25 ngr.

Röber, Karl Traugott Julius Über die Entwickelungsgeschichte und den Bau einiger Samenschalen. 15 S. u. 3 Taf.
Progr. *Reichenbach i/V.* 1877.

Röber, Kurt

Roeber, Curt [app. Apotheker, aus Oschatz '(Sachsen)']: Beitrag zur Kenntnis einiger aromatischer N-Phosphine ... Rostock, C. Hinstorffs Buchdr., 1896; 43 S. 8.
Rostock, Phil. Fak., Inaug.-Diss. v. [11. Nov.] 1896

Röber, Otto, lust'ge Braunschweiger in Kriegs- u. Friedenszeiten. I. Die Jäger des Todes. II. Wie der Einjährig-Freiwillige August Schwenkendiek zu seiner ersten Belobg. kam. 2 Erzähign. 2. Aufl. (127 S.) 8. Braunschweig (904). (W. Scholz.) n. 1. —

Röber, Otto, die Jäger des Todes. Eine friedl. Kriegserinnerg. aus den J. 1870/71. 12. (56 S.) Braunschweig 894. (Bock & Co.) n. — 50

— Vicefeldwebel Türke. Ernste u. heitere Episoden aus dem Soldatenleben im Krieg u. Frieden. gr. 8. (III, 339 S.) Ebd. 894. n. 2. —

Röber, Otto: Aus d. Physiol. u. Histol. Inst. d. Tierärztl. Hochsch. zu Dresden. Vergleichende Untersuchungen über die elastischen Elemente in den weiblichen Geschlechtsorganen der Haussäugetiere. Mit 11 Abb. Dresden 1910: Franke. 67 S. 8°
Leipzig, Veterinär-Med. Diss. v. 19. Juli 1910, Ref. Ellenberger
[Geb. 29. März 86 Pegau; Wohnort: Dresden; Staatsangeh.: Sachsen; Vorbildung: Wettiner-Gymn. Dresden Reife O. 05; Studium: Dresden Tierärztl. Hochsch. 8 S.; Coll. 30. März 10; Approb. 6. Juni 09.] [U 10. 3046

— wie der Einjährig-Freiwillige August Schwenkendiek zu seiner ersten Belobung kam. 12. (58 S.) Ebd. 894. n. — 50

Röber, R: Reinigen und Sortiren des Getreides und anderer Sämereien durch die neuesten und gebräuchlichsten Reinigungs- und Sortirmaschinen. 3. Aufl. Wutha 1896

Roeber, Rudolph: Ueber Kehlkopfspolypen. Mit 1 Steindrucktafel. Halle (1867): Plötz. 34 S., 1 Taf. 8°
Halle-Wittenberg, Med. Diss. v. 13. Aug. 1867
Geb. Neustadt-Magdeburg 23. 8. 1841. V.
Verf. erlebte die Diplomerneuerung 1917 als Oberstabsarzt a. D. in Magdeburg, vgl. Anh. Nr. 443.

Roberd of Cisyle, s. Nuck, Richard.

Roberg, Göttinger Gespräch, siehe: Zeitblätter.

Roberg, Adolf [aus Münster i. W.]: Beiträge zur Kenntniss der Exostosen .... Bonn, Univ.-Buchdr. v. C. Georgi, 1886; 45 S. 8°.
Bonn, Med. Fak., Inaug.-Diss. v. 13. März 1886.

Roberg, Adolf, Beiträge zur Kenntniss der Exostosen. Diss. Bonn 1886, Emil Strauss. 8°. 45 S.

Roberg, Fr(anc.) B(ern.) Adolph (geb. Münster in Westf. 9. 4. 1817): De cordis normali structura praediti functione laesa. Berolini (1843). (32 S.) 8°
Berlin, Med. Diss. v. 9 Okt. 1843

Roberg, Lor., orat. de empiricis et empiria. 8. maj. Holm. Weidmann. 749.

Röbern, I. F. Iungschulz de. Specimen inaug. med. quo venaesect. in febrib. instituendae praecip. cautionis extr. 4. Götting. Dieterich. 771.

Roebern, Neodicus von
s. Jungschultz, Joh. Ferdinand

Robert, eine wahre Geschichte aus unserem Zeitalter. Wien u. Prag 1795. V: *Dutwar, Frz.* (BiblPort) Vgl. GGr VI/678, Nr. 1.

ROBERT, eine Wahre Geschichte aus unserem Zeitalter vom *Fr. D. tw. r.* Mit schönem Titelkpfr. u. Titelvign. (von Weinrauch). Wien u. Prag, Frz. Haas, 1795. 8. (1 fl. 50 xr. Gilhofer & Ranschburg, c 1888.)
260 S. Einiges anstössig. — Fehlt Kayser 1827 u. 1836.

— od. d. Mann wie er nicht sein sollte, (v. Jh. Karl Glo. Schindler). 3 Thle. 8. Leipz. 800—802. Schladebach. 2 rf

— od. d. Mann, wie er nicht seyn sollte; ein Gegenstück zu d. Robert, od. d. Mann wie er seyn sollte. 3 Thle. 8. Leipzig, Schladebach. (Bruder.) 800—2. (à 16 gr.)

ROBERT, oder der Mann, wie er seyn sollte. (Roman von *Chrn. Friedr. Traugott Voigt.*) Ein Seitenst. zu Elisa, oder das Weib, wie es seyn sollte (zahmer Roman der *Caroline v. Wobeser*). Th. (1). 2. 3. Mit 3 Titelkpfrn. v. G. Boettger. Leipzig, bey Theod. Seeger. 1799, 1800, 1802. 8°. (3 Mk. geles. Expl., Julius Neumann, Magdeb., 1906.)
In Theil 1 pikante Scenen. — I: Doppeltit. u. S. 5—237. Der 2. Tit. lautet: Robert, od. der Mann, wie er seyn sollte. Bis zu seinem Eintritte in das eheliche u. häusliche Leben geschildert. (Dann wie oben.) II: Tit. m. Vign. u. 271 SS. III: Tit. m. Vign. u. 272 SS. incl. 4 SS. Vorr.).

— — Dasselbe. (Andrer Druck.) Mit Titelkpfrn. (bei 1 u. 2). Ebd. 1799, 1800, 1802. 8°. (2 Mk. 70 Pfg., „1799—1804", fleckiges Expl., A. Buchholz, München, 1908.)
290, 296 u. VI—304 SS. Hierzu erschienen Kupfer von Jury in Prof. Ebert's Jahrbuch zur belehrenden Unterhaltung für Damen 1800, 1, 2, sowie bereits in d. Jahrb. von 1799 die von demselben Künstler gestoch. Kupfer aus der „Elisa" entlehnt waren. S. die Anmerk. d. Verlegers am Schluß jeden Bandes. – Anon.-Lex. III. p. 387 (nach Goedeke, Kayser, Meusel).

— — 3 Bde. Neue, nicht veränd., aber mit 20 Kpfrn. von Jury verschönerte Ausgabe. Ebd. 1802. 8°. (5 Rthl.; mit nur 3 Kpfrn. von Jury: 3 Rthl.) (4 Mk., mit 20 Kpfrn., gebrauchtes Expl., Jul. Neumann, 1906.)
Anzeige des Verlegers.

Robert; oder: der letzte Wille. Ein Seitenstück zu v. Knigge's Umgang mit Menschen. 8. Grodno u. Leipz. 807. (Joachim). 16 gl

Robert, od. der letzte Wille. Seitenstück zu Knigges Umgang ꝛc. 8. Naumburg, Rößler. 807.

Robert, der grösste Abentheurer unsers Jahrhunderts. Halle 1793—98. V: *Benkowitz, Carl Frdr.* (Rotermund, Gel. Hannover. Bremen 1823.) »1794-98« (Ky)

Robert, der größte Abentheuerer unsers Jahrhund., od. Robert, der einsame Bewohner e. Insel im Südmeer, (v. K. F. Benkowitz). 4 Bde. 8. Halle 794—98. N. Aufl. 812. Hendel. 3 rf 2 gl

— u. Agnes, od. d. Herzen ohne Maske, etwas mehr als Roman, nach A. Lafontaine. 2 Thle. 8. Zerbst, Füchsel. 806.

Robert u. Agnes, od. d. Herz ohne Maske. 2 Thle. 8. Zerbst 806. (Kummer). 2 rf 12 gl

— v. Amiens, Sprossen aus Aegyptens Hainen im letzten Kriege gesammelt. 8. Wien 803. Pichler. 16 gl

Robert, der einsame Bewohner einer Insel im Südmeere. Ein Robinson für Erwachsene ... Halle 1793—98. V: *Benkowitz, Carl Friedrich.* (Ullrich, Robinson u. Robinsonaden. Weimar 1898.) (Rotermund, Gel. Hannover. Bremen 1823.)

— der einsame Bewohner einer Insel im Südmeer, ein Robinson für Erwachsene, 3 Theile, mit 1 Kupf. 8. Halle, 793/95. Hendel. 2 Rthl. 10 sgl.

— der Braune, s. a. K. G. Cramer.

Robert, Der braune, ein Spiegel für viele. Das blonde Nantchen... Weissenfels u. Leipzig 1794. V: *Cramer, Carl Gottlob.* (Ky) (MGT) (EE)

— der braune, u. d. blonde Nandchen; e. Spiegel f. viele, v. Verfass. d. deutschen Alcibiades (K. G. Cramer.) 2 Thle. 8. Weißenf. Böse. (Baumgärtner in Lpz.) 794. (I. d. braune Robert 1 Rthlr. II. d. blonde Nandchen 1 Rthlr.)

Robert, der braune, und das blonde Nantchen, ein Spiegel für viele, vom Verf. des deutschen Alcibiades, (C. G. Cramer) 2 Theile mit Roberts und Nantchens Bildniß, 8. Weißenfels, 794. Severin. 1 Rthl. 23 sgl.

Robert und Calliste oder der Triumpf der Treue; Operette. Berlin 1776. V: *Eschenburg, Johann Joachim.* (Ky)

Robert u. Calliste, oder der Triumpf d. Treue; Operette (von J. J. Eschenburg). 8. Berl. 776. N. A. 778. Himburg. 4 gl

Robert u. Calliste; od. der Triumph der Treue, Operette. 8. Leipz. Schneider. 778.

Robert und Elise; oder die Freuden der höheren Liebe vom Verf. des Hallo. Leipzig 1786. Leipzig 1796. V: *Sintenis, Christian Friedrich.* (BGE VI[8], 486)

— u. Elisa; od. d. Freuden d. höhern Liebe, v. Verf. d. Hallo (C. F. Sintenis). 2 Thle. 8. Leipz. Gerh. Fleischer. 796. (I. 1 Rthlr. 4 gr. II. 1 Rthlr.)

Robert und Floriande; od. das Opfer des Ehrgeizes. Trauersp. von Cornelius. 8. Cöln, Murrenbeck. 787. Rthlr. ·

Robert u. seine Gefährten. Eine Erzählung f. die Jugend, vom Verf. des „Robinson Crusoe." Nach d. Engl. gr. 16. (10½ B. u. 1 ill. Kpfr.) Stuttgart 843, Belser'sche Buchh.

Robert von Gloucester. 1863
Schul-/Univ.-Schrift

— Graf, s. Graf.

Robert, Hannchen; eine Operette in drei Aufzügen. Gotha 1779. V: *Matthesius, Jacob.* (MGT)

— u. Hannchen. Operette. 8. Gotha 779. Ettinger. 4 gr.

Robert von Hohenecken. Trauerspiel. Leipzig 1778. V: *Hahn, Ludwig Philipp.* (Ky) (GGr)

Robert, der kleine. Von E. v. W., s.: O du fröhliche usw. Weihnachts-Zeit. 23. Hft.

— ohne Land. Rittersp. von Holzmeister. 8. Speyer, Hauth. (Gräff in Leipz.) 790. ·

Robert Leightaun, Erzbischof v. Glasgow, e. apostol. Mann in e. stürmisch bewegt. Zeit. gr. 8. (8¼ B.) Berlin 834, Eichler.
Aus der „Evangel. Kirchenzeitung" besond. abgedruckt.

Robert u. Linchen's unzerreißbares Leiwand-A-B-C-Bilderbuch. Nürnberg 866. P. C. Geißler. 8. (16 color. Steintaff.) cart. n. 10 ngr

Robert. Léopold R'.... Auxerre 1835 s. [Valdahon], Mme [la comtesse César] de.

Robert, Leopold, aus La Chaux de F. [Zürich 1841.] V: *Hardmeyer, Carl.* (Cat. d. Stadtbibl. Zürich. Zürich 1864—97.)

Robert, Ludwig. Mannheim 1838. H: *Varnhagen von Ense, Carl Aug. Ludwig Philipp.* (Koner)

Robert von der Osten. Eine Begebenheit aus den Zeiten der neuern Kriege, von C. Nicolai. 2 Theile. 8. Magdeburg, v. Schütz in Zerbst. 817.

Robert, Graf, und sein Freund St. Michel, oder die Fürsten von Orimbul und Bambuck ... Leipzig 1800. 2. Aufl. 1801. V: *Brückner, Johann Jacob.* (MGT) (Ky)

— Graf, u. sein Freund St. Michel, od. die Fürsten von Orimbul u. Bambuck; eine abenteuerliche u. doch wahre Gesch. nebst la Perouse's Rettung nach seinem Schiffbruche. 2 Thle. m. 8 K. 8. Lpz. Hinrichs. 801.

Robert, der Schiffsjunge. gr. 16. (8 S.) Barmen 879. Wiemann in Comm. n. — 8

— der Tapfere, od. d. schöne Prinz. Erzählung aus d. Vorzeit, vom Verfass. d. „Prinzessin v. Cleve," der „Marie v. Valmont" rc. 2 Bdchn. Mit 1 Kpf. 8. Ulm 830. Ebner. 1 ℛ 12 gr

Robert, Ritter, der Tapfere, v. Tressan. 8. Dresden, Arnold. 805. Rthlr.

Robert der Teufel. Oper in 5 Aufz. Nach d. französ. Texte von Scribe u. Delavigne, bearb. v. Th. Hell. 8. Dresd. 832. Arnold. 6 gr

(U.-Titel:) Robert der Teufel. (Fig.: *Robert unter der Treppe.* 52 × 74) ; Leipzig, bei Otto Wigand. (*Volksbücher, 26.* Herausgegeben von G. O. Marbach).
Kol.: Druck von Breitkopf und Härtel in Leipzig.
o. J. (1842), 60 S., 165 × 118, 6 Fig. im Text.
UB Tü DK XI. 241 a. und andere Bibliotheken
Frenzel: Stoffe S. 540–542. - Schenda 1000 FVb Nr. ...
802b.

—— der Teufel. Eine nicht blos schauerliche, sondern auch unterhaltende u. erbauliche Historie. Mit schönen Figuren. Aus alter Geschrift von Neuem an's Licht gestellt von Ottmar F. H. Schönhuth. 12. (3 B.) Reutlingen 844, Fleischhauer u. Spohn.

Robert, genannt: der Teufel. Erzählung aus dem 8. Jahrh. Leitomischl 865. Berger. 12. (104 S.) — —

Robert der Teufel. Eine nicht nur schauerl., sondern auch unterhalt. u. lehrreiche Erzählg. aus der Vorzeit. Nach alten Urkunden auf's Neue bearb. u. hrsg. 8. (64 S.) Reutlingen 873. Enßlin & Laiblin. — 20

Robert der Teufel. Romantisches Ritter-Schauspiel mit Gesang in zwei Akten. Aus dem Französischen für Kindertheater bearbeitet. Wien [1901]. V: *Neidl, Julius.* (EB)

— u. Zaire, e. Geschichte aus d. Orient. 8. Eisenach 794. (Bärecke). 8 gr

— u. Zaire; e. Gesch. a. d. Orient. 8. Eisenach, Wittekind. 794.

ROBERT und Zaire, eine Geschichte aus dem Orient. Eisenbach, Krumbhaar, 1794. 8°. Selten!

Robert von Blois

— Floris et Liriope, s.: Bibliothek, altfranzösische.

Robert v. Blois, sämmtliche Werke. Zum ersten Male hrsg. v. J. Ulrich. 1. Bd. 8. Berlin 889. Mayer & Müller. n. 3. —
Beaudous. Ein altfranzös. Abenteuerroman d. 13. Jahrh. Nach der einzigen Handschrift der Pariser Nationalbibliothek hrsg. (XIX, 136 S.)

Robert v. Blois, sämmtliche Werke. Zum 1. Male hrsg. v. Jac. Ulrich. 2. Bd. gr. 8. Berlin 891. Mayer & Müller. n. 3. — (1. 2.: n. 6. —)
Floris u. Liriopé. Ein altfranzös. Roman d. XIII. Jahrh. R.'s v. B. zusammen m. den Chansons d'Amors u. den lyr. Gedichten. Nach den beiden Haupthandschriften hrsg. (V, 150 S.)

Robert v. Blois, sämmtliche Werke. Zum 1. Male hrsg. v. Jos. Ulrich. 3. Bd. D. didact. u. religiösen Dichtgn. Nach der Arsenalhandschrift hrsg. gr. 8. (XXXIII, 129 S.) Berlin 895. Mayer & Müller. n. 3. —

Robert v. Brügge, O. Cap., Katechismus f. den Tertiaren des hl. Franziskus v. Assisi. Nebst Ablaßverzeichnis u. Ceremoniale. Autoris. Uebersetzg. (228 S.) 16. Saarlouis 906. F. Stein Nachf. — 80; geb. in Leinw. n. 1. —

Robert v. Brügge, O. Cap., Katechismus f. den Tertiaren des hl. Franziskus v. Assisi. Nebst Ablaßverzeichnis u. Ceremoniale. Autoris. Übersetzg. 3. Aufl. (223 S. m. 1 Farbdr.) 16. Saarlouis 909. F. Stein Nachf. Geb. in Leinw. 1. —

Roberts von Gloucester Reimchronik, s. Ellmer, Wilhelm.

Robert, Capuc., Aurifodina univ. scientiar. divinar. humanarumq. III Tmi. fol. Col. Metternich. 731.

Robert, Abbé, s. L. F. Marx, livre de prière.

Robert, Festpredigt, geh. auf der 2. Hauptversammlg. d. deutschen Hugenotten-Vereins. [Aus: „Die französ. Colonie".] Lex.-8. (8 S.) Berlin 892. (E. S. Mittler & Sohn.) — 30

Robert, Kam'rad kauf' mich, u. du wirst dich todt lachen! Eine Sammlung schöner Anecdoten aus dem Soldatenleben im Krieg u. Frieden. Gesammelt, um so manche langweilige Stunde desselben durch angenehme Unterhaltg. zu verkürzen. 2 Hftchn. (à 36 S.) Erfurt 851. 52, Hennings & Hopf. (à 2 ngl) 4 ngl

Robert, Lebensgeschichte des heil. Thomas Becket, Erzbischofs von Canterbury und Martyrers. (Nach dem Französ.) von W. Reithmeier. gr. 8. (X und 180 S.) Augsburg 847, Kollmann'sche Buchh.

Robert, Reise nach Jerusalem. 8. Nürnberg. 740.

Die Schwestern des Thalbundes, oder Der Sieg der Entsagung. Eine Urkunde des Herzens von **Robert.** Erfurt: Hennings 1806. 278 [329] S. 8°
TB. 190.

Robert, Vers. üb. d. Megalanthropogenesie od. d. Kunst geistreiche Kinder zu erzeugen, u. d. Franz. v. Martens. 8. Leipzig, Herzog. 802.

Robert, Versuch üb. die Megalanthropogenesie, od. die Kunst, geistreiche Kinder zu erzeugen, nach d. Franz. von Mertens. 2te Aufl. 8. Leipz. Kleins Comt.

— u. W. **Dittmar**, die Waldenser u. ihre Colonie Walldorf, s.: Geschichtsblätter d. deutschen Hugenotten-Vereins.

Robert, Dr. — Was Rózsa Sándor zum Räuberhauptmann machte. Eine interessante Skizze aus dem Leben desselben von — —. Wien 1857. Gedruckt bei J. Holzwarth. Verleger und Eigenthümer A. Róczay und M. Schandl. (27 S. 8.)

Robert, A. Historie der Neu-gefundenen Völcker Severambes, Welche einen Theil des dritten festen Landes, so man sonsten das Süd-Land nennet, bewohnen; ... deme beygefügt die Seltzaman Begebenheiten Herrn T[homas] S[kinner]. Eines Englischen Kauff-Herrens: Welcher von den Algierischen See-Räubern ... in das Inwendige Land von Africa geführet worden. Nürnberg 1717. V: *Allais, Denis Vairasse d'.* (ZÜRKL)

Roberts, A.: Historie der neu gefundenen Völcker Severambes, welche einen Theil des Dritten Festen Landes, so man das Süd-Land nennet, bewohnen; darinnen eine gantz neue und eigentliche Erzehlung von der Regierung, Sitten, Gottes-Dienst und Sprache dieser denen Europäischen Völckern biss anhero noch unbekannten Nation enthalten: ... Sambt einer neuen Beschreibung des Königreiches Algier und aller merkwürdigen Städte und Plätze selbiger Gegend. Nürnberg 1717. 362, 100 S. 8°.

Robert, A., zur Berliner Hypothekenfrage. Ansprache an die Hausbesitzer Berlins u. Vorschlag zu einem Hypotheken-Tilgungs-Verein. 8. (11 S.) Berlin 850, Schneider & Co. in Comm. n. 1 ngl

Robert, A. F., die Grundzüge der Rongischen Gemeindeverfassung, besonders ihr Glaubensbekenntniß, kritisch beleuchtet u. gewürdigt. 8. (1½ B.) Breslau 845, Günther.

Robert, Abel, Goldblüten vom Baume d. Lebens. 16. (X, 362 S.) Wien 898. St. Norbertus. n. 1. 50

Robert, Adrian, Alles für den Himmel, f. Leitsterne, neue, auf der Bahn des Heils.

Robert, Adrien, les diables roses. 4 Vols. (Bibliothèque choisie. Vol. 248—251.) 16. (613 S.) Paris 858. [Naumburg, Paetz.]

—— excentrische Geschichten, f. Bergson's Eisenbahnbücher.

Robert, Adr., les gueux verts. 2 vols. Leipzig 858. A. Dürr. 16. (194; 178 S.) 1 ngl.

—— der Lord der Admiralität, f. Lese-Cabinet, neuestes belletristisches.

Robert, Adrien. Der Lord der Admiralität. Deutsch v. *A. Kretschmar*. *Pest*, *Wien u. Leipzig* 1858. *Hartleben's* Verl.-Exped. Druck v. *L. Sommer* in Wien. 1. u. 2. Th. 144, 144 S. 8°. 48 kr.
Auch unt. d. Tit.: Neuestes belletristisches Lesekabinet der besten und interessantesten Romane aller Nationen. Lief. 1—4.

— Marquis u. Bauer. Bilder aus der Schreckenszeit der ersten französischen Revolution. 1. Heft. Wien 866. Geitler. 12. (S. 1—48.) n. 3 ngr

—— le nouveau roman comique. 12. (320 S.) Leipzig 861, A. Dürr. *

Robert, Alph., über die partiellen Amputationen am Fusse u. die Exartikulation desselben. Aus dem Franz. übers. v. Frz. Händel. gr. 8. (VIII u. 204 S. m. 1 Tab. in 4.) Weimar 851, Voigt. ⅚ ngl

Robert, Alph., über die partiellen Amputationen am Fusse und die Exartikulation desselben. Aus dem Französ. übers. von Frz. Händel. 2., verm. Aufl. gr. 8. (VIII und 232 S. mit 1 Tab. in qu. gr. 4.) Weimar 856, Voigt.

Robert, Anton: Über eine besondere Form von Erweichung im Kleinhirn. *Würzburg 1897: P. Schriner.* (26 S.) 8°
Würzburg, Med. Diss., v. 1897

Erklärung des Chronologischen Tableau's: Panorama der Universalgeschichte der Völker und ihrer Religionsmeinungen seit dem grauesten Alterthume bis auf unsere Zeit, v. Arnault Robert. Deutsche Ausgabe. Frankfurt a. M. 1836. 8.

Robert, Arnold. La Chaux de Fonds. Separatabdruck aus dem «Geographischen Lexikon der Schweiz». [Mit Illustrationen und 1 Plan.] II + 12 S. gr.-8. Neuenburg, Paul Attinger, 1902.

Robert, Clara, s. Robert, Klara

Die Bundesbrüder. Histor. Roman von Clemence **Robert.** Aus d. Franz. von M. Huybens. Bd 1—5. Wien u. Leipzig: Lell 1851. 8°
1. 96 S.; 2. 96 S.; 3. 96 S.; 4. 96 S.; 5. 44 S. TB. 316. Der Originaltitel ist nicht festzustellen.

Robert, Clem., un mariage de haine. 2 vols. Leipzig 856. Gerhard. 16. (159; 143 S.) 20 ngr.
vgl.: Robert, Karl

Robert, Clémence, die vier Sergeanten v. La Rochelle. In's Deutsche übertragen v. W. Reinhardt. 2 Bde. 8. (248 u. 311 S.) Bremen 873. Kühtmann & Co. n. 8. —

Robert, Clemence, Shakespeare, s. Wille, Emilie.

Robert, Clementine, s. Robert, Klementine

Robert, Cyprien, les deux Panslavismes. Situation actuelle des peuples slaves vis à vis de la Russie. gr. 8. Leipzig 847, (846,) Michelsen. n. 1/2 Thlr.

Robert, Cyprien, der zweifache Panslawismus. Die gegenwärt. Lage der slaw. Völker gegenüber v. Russland. Mit Anmerkgn. v. J. P. Jordan. gr. 8. (83 S.) Leipzig 847, Slawische Buchhandlung. n. 1/3 Thlr.

— die Slawen d. Türkei rc., s. Weltpanorama. 24.—29. Bd.

—— die Slawen der Türkei, od. die Montenegriner, Serbier, Bosniaken, Albanesen u. Bulgaren, ihre Kräfte u. Mittel, ihr Streben u. ihr polit. Fortschritt. Aus d. Franz. übersetzt, erörtert u. berichtigt v. Marko Fedorowitsch. 2 Thle. gr. 8. (36 B.) Dresden u. Leipzig 844, Arnoldische Buchh.

Robert, Cyprien. Die griechisch-slavische Welt. Griechenland, Serbien, Ungarn, Polen, Russland. (Das constitutionelle System und die despotische Regierungsform im Osten Europa's.) Aus der „Revue des deux mondes" übersetzt. 8. Leipzig 1845.

ROBERT, E. I.: Kleine jurist. Abhandlgg. *Marb.,* Akadem. Buchh. 790. 8.

Robert, Emil (Emil Rob. Blazinčić), Märtyrer. Ein Stück aus dem Leben in 2 Aufzügen. 8. (31 S.) Wien 899, M. Breitenstein. n. — 50

Robert, Ernst Friedrich Ferdinand

Robert, Er. Fr. Fd., Versuch e. Verzeichnisses der kurfürstl. Hess. Gemälde-Samml. 8. Cassel 819. N. A. 821. Luckhardt. 18 gGr. (Krieger in Marb.) 12 gGr.

(Robert, Ernst Friedr. Ferd.) Verzeichniss der Kurfürstlichen Gemählde-Sammlung. Cassel 1830. 8°.

Robert, Eug., bildet der historische Protestantismus das letzte Stadium in der Entwickelung der christlichen Kirche? Eine Studie. gr. 8. (20 S.) Frankfurt a/M. 900. (N. Ecklin.) n.n. — 50

Robert, Eugène. Briefe aus dem hohen Norden und dem Innern von Russland . . . Hamb. 1840. H: *Struve, Hnr. Chph. Gfr. v.* (CBH)

Robert, E., Briefe aus dem hohen Norden u. dem Innern v. Rußland, geschrieben auf ein. Reise in d. J. 1838 u. 1839; nebst Beiln., d. franzöf.-scandinav. Expedition nach Spitzbergen betreff. A. d. franzöf. Orig.-Briefen an d. Staatsrath v. Struve in Hamburg. gr. 12. (8 1/4 B.) Hamburg 840, Perthes-Besser u. Mauke. *

Robert, Eug., la guérison du lepreux. Prédication sur Matth. VIII, 1—3. gr. 8. (12 S.) [Frankfurt a. M. 884, Drescher.] Leipzig, Wilh. Weber. * — 30

Robert, Eug., Romanstoffe. 3 Einakter. (62 S.) 8. Berlin 906. Oesterheld & Co. n. 2. —; geb. n. 3. —

Robert, Eugène, s. Service commémoratif ... à l'occasion du décès de M. le pasteur Louis Bonnet .... Francfort s. M. 1892.

Robert, F., ein durch mechanische Verletzung und ihre Folgen querverengtes Becken im Besitze von Herrn Paul Dubois zu Paris, beschrieben u. zusammengestellt mit den drei ubrigen bekannten querverengten Becken. Mit 6 lith. Taf. Berlin 853. A. Hirschwald. 4. (54 S.) n. 1 Thlr. 10 ngr.

Robert, F., Beschreibung eines im höchsten Grade querverengten Beckens, bedingt durch mangelhafte Entwickelung der Flügel des Kreuzbeins u. Synostosis congenialis beider Kreuzdarmbeinfugen. Fol. (7 1/2 B. u. 8 Taf.) Carlsruhe u. Freiburg 842, Herdersche Vrlgsbuchh. *

Robert, F., Dictionnaire géographique, contenant la nomenclature détaillée de tous les états, contrées, villes, mers, lacs, rivières et lieux habités du globe. Orné de cartes nouvelles dessinées sur les meilleurs plans, et d'une carte etc. 2de édit. 2 Vol. in 8. Paris. 820. Rthlr.

Robert, F., Liebesglück u. Folterqual, s.: Zeitvertreib.

Robert, F., lieut.-col. ancien prof. à l'école supérieure de guerre, chef d'état major de la 6e division d'infanterie. Tactique de combat des grandes unités. Ire partie. (Mit 6 Taf.) IIe partie. Tactique appliquée. (Mit 6 Taf.) (2 Bde.) 8. Berlin 1885—1886.

— Untersuchungen über die Anatomie und Mechanik des Kniegelenkes. Giessen 855. Ricker. gr. 8. (VIII, 96 S.) n. 12 ngr.

—— Untersuchungen über die ankylotische Stellung des Unterschenkels im Kniegelenk und Erfahrungen über die Streckung desselben. gr. 8. (VI und 208 S. mit 2 Stnt.) Giessen 855, Ricker. *

Robert, F., üb. Wiederbildung quergestreifter Muskelfasern. Inaug.-Diss. gr. 8. (45 S.) Kiel 890. (Gnevkow & v. Gellhorn.) n. 1. 50

Robert, Ferd., nosolog.-therapeut. Aufschlüsse üb. mehr. d. schlimmsten Krankheiten der Menschen. gr. 8. (4¼ B.) Marburg 834, Elwert.

Robert, Ferdinand (Übers.):

s.: Boivin, (Marie Anne Victoire): Handbuch der Geburtshilfe. (Mémorial de l'art des accouchements. Troisième édition. Dt.) Kassel u.Marburg: 1829

JB 3.998

—— Cholerabuch, od. das Buch üb. d. ursprüngl. u. fernere Entstehung, die Beschaffenheit, Heilung u. Abwehr. der bengal. Brechruhrpest od. Hindupest. Nach zuverläss. Quellen u. nach eignen Ansichten. 1. Thl. gr. 8. (22¼ B.) Giessen 832, Heyer, Vater.

Robert, Ferdinand, Bürgerwehrmann. Der Geist der Zwietracht zwischen Bürger und Soldaten. Ein offenes ehrliches Wort an Herrn von Schreckenstein Druck von F. Reichardt. 1 Bl. Fol.
Flugblatt. Berlin, 16. Juli 1848.

Robert, Ferdinand. Belauschtes Gespräch zwischen dem deutschen Reichs- und dem preußischen Adler: zu Protokoll gegeben von zwei Berliner Constablers. (Mit einem Bilde) Druck von F. Reichardt u. Co. 1 Bl. Fol.
Flugblatt. Berlin, 19. Sept. 1848.

Robert, Ferdinand. Gespräch zwischen Herrn Held, dem wackern Kämpen für Freiheit und Recht und Herrn von Katte, dem Präsidenten des Preußen-Vereins, wie solches stattgefunden hat auf Veranlassung einer Demokraten-Intrigue in der Wohnung des berühmten Fräuleins Cho von-Haha! Druck von F. Reichardt u. Co. 1 Bl. Fol.
Flugblatt. Berlin, 18. Sept. 1848.

Robert, F. (empfiehlt den passiven Widerstand). Hat je ein Volk mit Langmuth getragen — Druck von F. Reichardt. 1 Bl. Fol.
Flugblatt. Berlin, 12. Nov. 1848.

Robert, Ferdinand: Japan und die Japanesen. Was ist Japan? Wer sind die Japanesen? Welche Bedeutung hat die japanesische Gesandtschaft und weshalb ihr feierlicher Empfang? Eine ethnographische Skizze nebst Andeutungen über die soziale und merkantile Bedeutung dieser neuen internationalen Verbindung. Zweite durchgesehene und verbesserte Auflage. Berlin 1862. 16 S. 8°.

Robert, F. In Berlin beginnt der Bürgerkrieg den 30. Juni 1848. Druck von F. Reichardt u. Co. 1 Bl. Fol.
Flugblatt. Berlin, 30. Juni 1848.

Robert, Ferdinand. Der König gehört in die Hauptstadt. Druck von F. Reichardt u. Co. 1 Bl. Fol.
Flugblatt. Berlin, 7. Nov. 1848.

Robert, Ferdinand. Die Macht der Polizei in Preußen und die Constabler in Berlin. Druck von F. Reichardt u. Co. 1 Bl. Fol.
Flugblatt. Berlin, 7. Sept. 1848.

– s. Repertorium d. medicin. Litt.

— O Schulze aus Wanzleben, warum hast du uns das gethan? Druck von F. Reichardt u. Co. 1 Bl. Fol.
Flugblatt. Berlin, 19. Sept. 1848

Robert, Fr., s.a. Robert, Ferdinand

Robert, Fr., unsere Hausfreunde aus dem Thierreiche, ihre Gewohnheiten, Zucht und Pflege. Durch Beschreibung und Erzählungen erläutert. Mit vielen eingedr. Abbildgn. (Holzschn.) Weimar 854. Landes-Industrie-Comptoir. 12. (412 S.) n. 2 ₰.

ROBERT, Fr. Knabe oder Mädchen. Die Lehre von der Erschaffung der Menschen und die Vorausbestimmung der Geschlechter. Mit vielen Illustrationen. Leipzig 1905.

Robert, Francois, s. Blutrosen.

Robert, [François] / [1737 1819]. Herrn Roberts... Reise in die dreyzehn Cantone der Schweiz, nach Graubündten, dem Walliserlande, den übrigen zugewandten Orten und Unterthanen der Eidgenossenschaft. Aus dem Französischen [übersetzt von Georg Alexander Heinrich Hermann Graf von Callenberg]. 2 Theile. 8. Berlin 1790–1791.

Robert, ..., Reise in die 13 Schweizerkantone, Graubünden, Wallis ꝛc. Aus d. Französ. (v. Graf G. A. H. H. v. Callenberg). 2 Thle. 8. Berl. 790, 91. (Reimer). 1 ℛ 16 gℊ

Robert, Reisen in d. 13 Schweizerkantone, Graubünden u. Wallis. 2 Thle. 8. Berlin, Unger. 790. 91.

— Voyages dans le 13 Cantons de Suisse, les Grisons, le Vallais et autres pays et états alliés ou sujets de la Suisse. 2 Vol. gr. 8. Paris. (Rommerskirchen, Cöln.) (a. Thourneisen à Basle.) 789.

Robert, Franciscus (geb. am 6 Jan. 1837 in Bonn): De dilatatione pelvis halistereticae in partu bis observata ... Bonnae, form. C. Georgi 1859. 4 Bl., 30 S., 1 Bl. 8.
Bonn, Med. Fak., Diss. v. 12 Juli 1859

Frau Amanda und ihre Kinder. Das Buch f. d. Intimste d. Eltern von Friedrich Robert. Berlin: H. Bermühler 1903. (334 S.) 8° [F.] 1.—

Robert, Frdr. (Frdr. Rob. Ehlers), Frau Amanda u. ihre Kinder. Das Buch für das Intimste der Eltern. 6. Aufl., in neuer u. verb. Bearbeitg. (188 S.) 8. Berlin 906. H. Bermühler. n. 2.—
1. Aufl. (334 S.) 903. n. 3.—; geb. n. 4.—.

Robert, Frdr. (Frdr. Rob. Ehlers), Frau Amanda u. ihre Kinder. Das Buch f. das Intimste der Eltern. 7. Aufl. in neuer und verb. Bearbeitg. m. vielen Illustr. (auf 8 Taf.). (III, 216 S.) 8. Berlin (908). H. Bermühler. 3.—; geb. n 4.—

— Auch die Menstruation e. Infektion. Neues Wissen f. alle Frauen. (55 S.) 8. Leipzig 908. Modernes Verlagsbureau. 1.—

Robert, Frdr., aus dem Nichts zum Glauben. An alle Denkenden gerichtet. gr. 8. (58 S.) Berlin 893. Bibliograph. Bureau. n. — 80

Robert, Frdr., aus dem Nichts zum Glauben. An alle Denkenden gerichtet. 2. (Titel-) Aufl. gr. 8. (58 S.) Berlin (893) 895. E. Ebering. n. — 80

Robert, Frdr. (Frdr. Rob. Ehlers), aus dem Nichts zum Glauben. Ein Saatkorn für das Glaubensbekenntnis unserer Kinder. 3. Aufl. in neuer Bearbeitg. 12. (XV, 202 S.) Berlin 903. H. Bermühler. n. 2.– ; geb. n. 3.—

Ⓑ — Aus d. Nichts z. Glauben. 903. (KBl. 32.) Ladenpreis aufgehoben.

— die Entstehung des Menschen, bildlich dargestellt nach der Lehre d. Vorausbestimmung des Geschlechts. (84 S.) kl. 8. Berlin 906. D. Dreyer & Co. n. 2.—

— Die Entstehung des Menschen, bildlich dargestellt nach der Lehre der Vorausbestimmg. d. Geschlechts. 3. Aufl. (60 S. u. 23 S. Abb.) 8. Berlin (907). [D. Dreyer & Co.] B. Blaurock. 2.—

Robert, Frdr., neue Gedanken über Gott. Gott, das einzige unbegreifbare Wesen in der Natur. gr. 8. (16 S.) Hamburg 881. Grüning. n. — 50

— Menschen, die bestimmt geboren . . . Die Lehre von der Erschaffg. des Menschen u. die Vorausbestimmg. des Geschlechts durch die Begattg. 1. u. 2. unveränd. Aufl. (IV, 79 bezw. VII, 78 S.) 8. Berlin 906. H. Bermühler. n. 2.—

Robert, Frdr., das Problem der höchsten Wissenschaft. Ein erster Versuch zur Einführg. in e. neue Philosophie. gr. 8. (22 S.) Löbau Wpr. 884. Skrzeczek. n. — 50

Robert, Friedrich [Dr. ph., app. Arzt, geb. zu Wien]: Ueber Wiederbildung quergestreifter Muskelfasern. . . . Kiel, Druck v. Schmidt & Klaunig, 1890; 45 + 1 S. + 1 Bl. 8°
Kiel, Med. Fak., Inaug.-Diss. v. 17. Mai 1890

Robert, Fritz, Afrika als Handelsgebiet. West-, Süd- u. Ost-Afrika. gr. 8. (X, 350 S.) Wien 883. (Gerold's Sohn.) n. 5. —

Robert, Fritz, über neue Ausfuhrgebiete. (Bericht I—IV.) gr. 8. (63 S.) Wien 880. (Frick.) n. 1. 60

—— über neue Ausfuhrgebiete. V. Das Capland. gr. 8. (19 S.) Wien 881, (Gerold's Sohn.) *

Robert, Fritz, die Triester Ausstellung. Studie üb. die Exportfähigkeit unserer Industrie. gr. 8. (IV, 92 S.) Wien 882. (Gerold's Sohn) n. 1. 20

— — Die Triester Ausstellung. Studie über d. Exportfähigkeit unserer Industrie. 2. Aufl. gr. 8. (92 S.) Ebds. 60 kr.
1883

Robert, Fritz: Zur Auswanderungsfrage. – Wien: Selbstverl. 1879. III, 76 S. mit 21 Kt. und 3 Tab. 4°

Robert, Fritz, Zur Auswanderungsfrage. gr. 4°. Wien (Faesy u. Frick) 1879.

— consigliere pratico chirurgico-medicale in caso di ferite ed altri sinistri in guerra e nell' esercizio delle professioni civili, sulle traccie della Ship Captain's medical guide di Harry Leach, M. R. C. P. 8. (VII, 86 S.) Wien 878. (Seidel & Sohn.) n. 1. 20

— der Feldarzt. Praktischer Rathgeber bei Verwundungen u. anderen Unglücksfällen im Kriege u. in der Ausübung des bürgerlichen Berufes, nach Harry Leach's M. R. C. P. Ship Captain's Medical Guide. 8. (VIII, 95 S.) Ebend. 878. n. 1. 20

— Fleisch-, Gemüse-, Fisch- u. Obst-Conserven, s. Bericht über die Weltausstellung in Paris 1878.

Robert, F. Fleisch-, Gemüse-, Fisch- u. Obstkonserven. (Welt-Ausst.-Bericht Paris 1878.) Wien 1879.

Robert, F., Studie üb. den Triester Handel sammt Platz-Usancen. gr. 8. (159 S.) Wien 890. Volkswirtschaftlicher Verlag, A. Dorn. n. 3. 40

Robert, G[abriel]: Les écoles et l'enseignement de la théologie pendant la première moitié du XIIe siècle. Paris 1909. XVI + 249 S. 8°.
Freiburg i. Schw. Theol. Diss. 1908/09.

Robert, Georg Fr. Karl

— s. üb. die Aufrechthaltung d. Verfügung d. Jerome Buonaparte

Robert, G. F. C., urkundliche Beiträge zur Staatengeschichte Deutschlands, s. Beiträge ꝛc.

Robert, Geo. Fr. Karl, Zusammenhang seiner Vorlesungen üb. e. allgem. Einleit. in die Rechtsgelehrsamkeit d. Deutschen. 8. Marb. 788.

Robert, H., Abnoba. Lieder u. Bilder vom Schwarzwald. 8. (XI, 179 S.) Stuttgart 890. Bonz & Co. n. 3. —; geb. n. 4. —

Robert, H., pro Patria. Zeit- u. Streitgedichte u. polit. Stimmungsbilder vom Oberrhein [1887—1891]. 12. (VIII, 67 S.) Lahr 891. M. Schauenburg. n. — 50

Robert, H.: Reise in die dreizehn Cantone ..., s. Robert, Francois

Deutsche Rechtschreibung. Wie schreibst du richtig? Zusammenstellung nach d. Prinzip d. Lauttreue unter Weglassung d. Doppelschreibungen. Von Heinrich Robert. *Berlin: O. Koch [1903].* (64 S.) 8° [F.] 104. 186

Robert, Henr. Lud. Ferd., de ligamentis ventriculi et libris peri tonaei plicis per animal. vertebrator. classes consideratis. Additamentum ad anatom. comparat. peritonaei. Dissert. inaug. 4maj. (7 B. u. 3 Stnt.) Marburgi 837. (Gissae, libr. Ricker.) *

—— de statu morboso omenti. Comment. anatom.-patholog. 4maj. (6 B.) Marburgi 840. (Gissae, libr. Ricker.) *

Robert, Helene, Gedichte. Leipzig 854. Brockhaus. 16. (VIII, 192 S.) n. 1 ℛ︎.

Robert, Henri. Betrachtungen über das in der Uhrmacherkunst angewandte Oel. Aus d. Franz. v. J. D. Wavant. Köln 1855.

Robert, Herm., Rauschen u. Klingen. Dichtgn. (VIII, 112 S.) 8. Dresden 907. C. A. Koch. Geb. in Leinw. 2. —

Robert, J. B., Hymnes formant la Semaine et l'Année chrétienne, s. Sailer, J. M.

Robert, J. B., s. J. M. *Sailer*, le mois chretien.

Robert, J. M., Reden ꝛc., s. D. H. Indinger.

Robert, J. V. Coup d'œil général sur la littérature française au XIX ième siècle. Rostock, Gr. Stadtsch., 1856. Progr.

Robert, J. V., Développément de trois quaestions grammaticales. gr. in-8. (3½ B.) Rostock 841, (Leopold, Universität-Buchh.) *

Robert, J. V., Tableau synoptique des participes. ... (...) Rostock 842, (Leopold.) * –

Beiträge zur Flora des Großherzogtums Luxemburg. Von Dr. Jos. Robert, Prof. in Diekirch. (Mit 8 Abb. u. 2 Taf.) (Luxembourg 1910: Buck.) 35 S. 4°(8°)
(Institut Grand-Ducal de Luxembourg. Section d. sc. nat., phys. et math. Archives trimestrielles. Nouv. sér. T. 5, fasc. 1.) [10. 12. 12] 4

ROBERT, Julius. Erlebnisse einer Amerikanerin. Budapest, Sachs & Pollack, 1904. 8°.
Verb. d. Ldg. Leipzig 6 A. 296/04.

— — Das Frauen-Regiment. Erzählungen aus der guten Gesellschaft. Ebd. (190*). (Mk. 2,20 franko, der vorige Verleger.)

ROBERT, Julius (ps.?), Aus dem Lande der Kastanien. Berlin, Reinhold Klinger (190*). (Mk. 2,20 franco, der Verleger, ca. 1905.)
Im Prospekt wird besonders die dem feurigen Spanien entstammende Erzählung „Don Miguel", in welcher sich eine geradezu köstlich geschilderte Liebesaffaire zwischen einer verwittweten Gräfin und einem Stierkämpfer abspielt, angepriesen.

— — Aus dem Lande der Kastanien. Budapest, Sachs & Pollack (um 1900). 8°.
Verb. d. Ldg. Leipzig IV 400/04.

— — Die schöne Mathilde oder Leben und Abenteuer einer Modistin. Erzählung aus dem Budapester Leben. Budapest, Sachs & Pollack, 1902. 8°. 119 S.
Verb. d. Ldg. Leipzig IV 400/04.

— — Weibliche Nachtfalter. Erzählungen aus dem Budapester Leben. Budapest, Sachs & Pollack (um 1900). 8°.
Verb. d. Ldg. I Berlin 2 B. M. 43/02.

— — Das Paradies der Lebemänner. Heitere Erzählungen aus dem modernen Babylon. Budapest, Sachs & Pollack, 1901. 8°. 109 S. Verb. d. Ldg. Leipzig IV 400/04.

Robert, Karl

Robert, C., Beschreibung der Gemälde d. Polygnotos v. Thasos in der Lesche zu Delphi Gel. s. a. 15 S.

Robert, Car. (geb. Marburg a. L. 8. 3. 1850): De Apollodori bibliotheca. Berolini (1873). (95 S.) 8°
Berlin, Phil. Diss. v. 8. März 1873

Robert, Carl, Bild und Lied, s. Untersuchungen, philologische.

Robert, Carl, Paul Bruno, Roman aus dem idealen u. realen Leben. 2 Bde. Nordhausen 865. Büchting. 8. (448 S.) 2 ₰ 15 ngr.

Robert, Carl, dramatische Dichtungen. Tristan u. Isolde. — David u. Bathseba. 16. (237 S.) Berlin 870. W. Müller. n. 3. —

—— [Zur Erinnerung an Berlin], s. Aus d. Aunomia.

Führer durch das Archäologische Museum der Universität Halle-Wittenberg. (Verf.: Carl Robert.) 2. umgearb. Aufl. *Halle a. S.: M. Niemeyer 1903.* (94 S.) 8° [03. 14309 3

Robert, Carl, zum Gedächtnis v. Ludwig Ross. Rede, bei Antritt des Rektorats der vereinigten Friedrichs-Universität Halle-Wittenberg am 12. VII. 1906 geh. Nebst dem Bildnis v. Ludwig Ross. (28 S.) 8. Berlin 906. Weidmann. n. 1. —

Robert, Carl. Gedenkblatt an Jean Pierre Antoine Tassaert. Berlin 1884. 8°.

Robert, C., Zur Geschichte der Euripides-Handschriften. S.-A. 1878. 6 S. 1.—

Robert, C., Olympische Glossen. S-A. s. a. 30 S. 1.—

Robert, Karl, eine Heirath aus Haß. Deutsch von Paul Helm. 2 Thle. Leipzig 859. Kollmann. 8. (284 S.) n. 20 ngr.
vgl.: Robert, Clemence

Robert, Carl, s.: Hermes.

— Hohenastenberg. Roman aus dem Eheleben. 2 Bde. Nordhausen 861. Büchting. 8. (549 S.) 2 ₰ 20 ngr.

Robert, Carl, die Iliupersis des Polygnot, s.: Winckelmannsprogramm, Hallesches.

— Kentaurenkampf u. Tragoedienscene. Zwei Marmorbilder aus Herculanum. Nebst e. Excurs über das Heraklesbild in Casa del Centenario, s.a. Winckelmannsprogramm, 22. Hallisches.

Robert, Carl: Kentaurenkampf und Tragoedienscene. Zwei Marmorbilder aus Herculaneum. Nebst e. Excurs üb. d. Heraklesbild in Casa del Centenario v. –. M. 2 Taf. u. 7 Textabb. Halle a. S.: M. Niemeyer 1898. (1 Bl., 44 S., 2 Taf.) 1 Bd 4°
= Winckelmannsprogramm, Hallisches. [No] 22.

– D. Knöchelspielerinnen d. Alexandros, s.a. Winckelmannsprogramm, 21. Hallisches.

Die Knöchelspielerinnen des Alexandros nebst Excursen üb. d. Reliefs an d. Basis d. Nemesis v. Rhamnus u. üb. e. weibl. Statue d. Sammlg Jacobsen v. Carl Robert. M. 1 Taf. u. 8 Textabb. *Halle a. S.: M. Niemeyer 1897.* (1 Bl., 34 S., 1 Bl., 1 Taf.) 1 Bd 4.
= Winckelmannsprogramm, Hallisches. [No] 21. [98. 6926

—— vier Lebenswege. Bilder aus dem Skizzenbuche eines Dilettanten. 2 Bde. 2. (Titel-)Aufl. 8. (504 S.) Leipzig (855)61, Kollmann.

– D. Marathonschlacht in d. Poikile u. Weiteres über Polygnot, s.a. Winckelmannsprogramm, 18. Hallisches.

Robert, Carl: Die Marathonschlacht in der Poikile und Weiteres über Polygnot v. –. M. 1 Taf. u. 12 Textabb. Halle a. S.: M. Niemeyer 1895. (1 Bl., 126 S., 1 Taf. 1 Bd 4°)
= Winckelmannsprogramm, Hallisches. [No] 18.

Robert, C., archaeologische Märchen aus alter u. neuer Zeit, s.: Untersuchungen, philologische.

— Der neue Menander. Bemerkgn. zur Rekonstruktion der Stücke nebst dem Text in der Seitenverteilg. der Handschrift. (VII, 146 S.) gr. 8. Berlin 908. Weidmann. 4. 50

Robert, Carl, griechische Mythologie, s.: Preller, L.

— Archäolog Nachlese. S.-A. 1887 u. 1893. 20 u. 89 S.

– Die Nekyia d. Polygnot, s.a. Winckelmannsprogramm, Hallesches.

— Die Nekyia d. Polygnot. Pr. 1892. 84 S. m. 1 Taf. u. 6 Textabb. 4°.

Robert, Carl: Benedictus Niese. Worte i. A. d. philos. Fakultät d. Univ. Halle-Wittenberg an s. Sarge gesprochen von –. Als Ms. gedr. Halle a. S.: Gebauer-Schwetschke 1910. 8 S. 4°

— Niobe, e. Marmorbild aus Pompeji, s.a. Winckelmannsprogramm, Hallisches, 24.

Niobe. Ein Marmorbild aus Pompeji. Von Carl Robert. Festgruß d. archäol. Museums d. Univ. Halle-Wittenberg an d. archäol. Section d. 47. Vers. deutscher Philol. u. Schulmänner. *Halle a. S.: M. Niemeyer 1903.* (12 S.) 4°
= Winckelmannsprogramm, Hallisches. 24. [03. 14310 3

— Ὅροι πημνοί. S.-A. 1892. 5 S. u. 1 Taf. 4°.

– Der Pasiphoe-Sarkophag, s.a. Winckelmannsprogramm, Hallesches.

Der Pasiphae-Sarkophag. Von Carl Robert. Mit 4 Taf. Halle: M. Niemeyer 1890. (24 S.) 4°
= Winckelmannsprogramm, Hallisches. 14. [03. 5360

— Pausanias als Schriftsteller. Studien u. Beobachtungen. M. 2 Plänen u. 7 Planskizzen im Text. (VII, 348 S.) gr. 8. Ebd. 909. 10. —

— Rede bei der Eröffnung d. archäol. Museums der Univ. Halle. Gel. 1892. 12 S.

— Reliefragment nach Kebes. S.-A. 1884. 16 S. m. Abb. 4°.

(Ludwig) Ross-Büste. [Verf.: Karl Robert.] (Halle a. S. 1909: Gebauer-Schwetschke.) 21 S. 8° [Umschlagt.] [09. 10303 3

— die antiken Sarkophag-Reliefs. Im Auftr. des kaiserl. deutschen archaeolog. Instituts mit Benutzg. d. Vorarbeiten v. Frdr. Matz hrsg. u. bearb. 3. Bd. Einzelmythen. 1. Abth. Actaeon — Hercules. Fol. (VI, 168 S. m. Abb. u. 43 Taf.) Berlin 897. G. Grote. Kart. n. 160. — (II. u. III., 1.: n. 386. —)
Der 1. Bd. erscheint später.

— die antiken Sarkophag-Reliefs. Im Auftrage d. kaiserl. deutschen archäolog. Instituts m. Benutzg. der Vorarbeiten v. F. Matz hrsg. u. bearb. (In 6 Bdn.) 2. Bd. Mythologische Cyklen. gr. Fol. (XII, 230 S. m. eingedr. Illustr. u. 65 Taf. in Kpfr.- u. Lichtdr.) Berlin 890. Grote. cart. n. 225. —
Der 1. Bd. erscheint später.

— die antiken Sarkophag-Reliefs. Im Auftrage des kaiserl. deutschen archäolog. Instituts m. Benutzung der Vorarbeiten v. Frdr. Matz hrsg. u. bearb. III. Bd. Einzelmythen. 2. Abth. Hippolytos-Meleagros. (VII u. S. 169—372 m. Abbildgn. u. 57 Taf.) Fol. Berlin, G. Grote. Kart. 200.— (II. u. III.: 585. —)
Der I. Bd. ist noch nicht erschienen.

Robert, Carl (aus Hanau): Ueber Schussverletzungen des Abdomens . . . . Berlin, Buchdr. v. Gustav Schade (Otto Francke) (1888): 31 + 1 S. 8°
Berlin, Med. Fak., Inaug.-Diss. v. 17. Jul. 1888

— der müde Silen, Marmorbild aus Herculanum, nebst e. Excurs über den Ostfries des sog. Theseions, s.a. Winckelmannsprogramm, 23. Hallisches.

Der müde Silen, Marmorbild aus Herculaneum, nebst e. Excurs über d. Ostfries d. sog. Theseions von Carl Robert. Mit 1 Taf. u. 17 Textabb. *Halle a. S.: M. Niemeyer 1899.* (34 S.) 4°
= Winckelmannsprogramm, Hallisches. 23

— römisches Skizzenbuch aus d. 18. Jahrh. im Besitz der Frau Generalin v. Bauer, s.a. Winckelmannsprogramm, 20. Hallisches.

Roemisches Skizzenbuch aus dem achtzehnten Jahrh., im Besitz der Frau Generalin v. Bauer, geb. Ruhl, zu Kassel von Carl Robert. M. 31 Textabb. *Halle a. S.: Niemeyer 1897.* (II, 80 S.) 1 Bd 4.
= Winckelmannsprogramm, Hallisches. [No] 20.

Robert, C., Gasparo Luigi Pacifico Spontini. Eine biograph. Skizze. 8. (VI, 66 S.) Berlin 883. Latte. n. 1. 20

— Studien zur Ilias. Mit Beiträgen v. Frdr. Bechtel. gr. 8. (VIII, 591 S.) Berlin 901. Weidmann. n. 16.—

– Scenen der Ilias u. Aithiopis auf e. Vase der Sammlung d. Grafen Michael Tyskiewicz, s. Winckelmannsprogramm, Hallesches.

— Szenen aus Menanders Komoedien, s.: Menander.

Robert, Carl, Thanatos. 39. Programm zum Winkelmannsfeste der Archaeolog. Gesellschaft zu Berlin. Mit 3 (2 chromolith. u. 1 rad.) Taf. u. 4 (eingedr.) Holzschn. gr. 4. (45 S.) Berlin 879. G. Reimer. n. 3.—

Robert's, Carl, auf mehrjähr. Erfahrung begründetes Verfahren zum Photographiren od. zur Erzeugung von Lichtbildern auf Papier. Als Manuscript gedruckt. gr. 8. Leipzig 848, Wöller in Comm. Verklebt. baar 17 ₰

– Votivgemälde e. Apobaten, nebst e. Excurs üb. d. sog. Ares Borghese, s.a. Winckelmannsprogramm, 19. Hallisches.

Robert, Carl: Votifgemälde eines Apobaten nebst einem Excurs über den sog. Ares Borghese v. –. M. 1 Taf. u. 7 Textabb. Halle a. S.: Niemeyer 1895. (25 S., 1 Taf.) 1 Bd 4°
= Winckelmannsprogramm, Hallisches. [No] 19.

Robert, Karl Wilh., († d. 8. April 1803.) kleine jurist. Abhandl. 8. Marb. 789. Krieger. 6 gr

— Beitr. z. natürl. u. positiven Rechtsgelehrsamkeit. 8. Marb. 789. Krieger. 12 gr

Robert, K. W.: Beytrr. zu d. natürl. u. posit. Rechtsgelahrth. (üb. d. Recht evangel. Landesherrn d. Liturgie abzuändern.) *Marb.*, n. akad. B. (Kriegers Verlagsh. in *Cassel.*) 796. 8. (12 Gr.)

— causa belli a Israelitis adversus cananaeos gesti, e codice sacro declarata. 4. Marb. 778.

— compend. ethicae christianae. 8. ibid. 770.
Schreibp.

— compendium ethicae christianae. 8. Marb. 790. (Hermann u. Brönner in Frankf. a. M.) 16 gr Schrbp. 1 ₰

Robert, K. W.: De doctrina *Bynkershoekii* eique contraria *Gebaueri* de patria potestate Roman. antiqua modestum judicium. *Wetzlar*, Winkler. 782. 4. (5 Gr.)

— doctr. de patria potestate Romanorum antiqua. 4. Wezlar 784. Winckler. 5 gr

— Entwurf e. genauern Theorie v. d. Unterschiede zwischen Gemüthsbewegungen, Leidenschaften u. Neigungen. 8. Marb. 776.

— Entwurf d. vornehmsten Wahrheiten d. Religion. 8. Frankf. a. M. 771. Brönner. 8 gr

— üb. die Erklär. e. Absicht u. ihre Eintheilung. 8. Marb. 789. Krieger. 2 gr

— üb. die Frage: wie weit geht in e. Staate die Gewalt d. befehlenden Theils, wenn es an d. Verträgen fehlt? 8. Marb. 789. Krieger. 8 gr

— Gedanken üb. die allgem. Begriffe v. Mein u. Dein. 4. Marburg 784.

— rechtl. Gedanken üb. d. Begr. d. Ehen. gr. 8. Marburg, Krieger. 785.

Robert, K. W.: Rechtliche Gedanken üb. d. Begriff d. Ehe u. d. Art ihrer Stift. im protest. Deutschl., nebst e. daraus hergeleit. theoret.-prakt. Folgen. *Frkf.* u. *Lpz.*, (*Kassel*), Krieger. 787. 796. 8. (12 Gr.)

— Nachricht v. d. Stipendien. Frankf. 772.

— Diss. exeget. de nomine υἱοῦ θεοῦ non regium Christi munus, sed praestantiorem ejus naturam indicante. 4. Marb. 769.

Robert, Car. Guil.: De non-usu practico distinctionis inter mutuam petitionem atque reconventionem in camera imperiali disquisitio. Wetzlariae 1782.

— de non usu practico distinctionis inter mutuam petitionem in camera imperali. 4. Wezlar 784. Winkler. 8 gr

— encyclopaediae et methodi theologicae brevis ordinatio. 8, Marb. 769. (Hermann in Frankf. a. M.) (auch Brönner). 3 gr

— s. A. F. Rommershausen, Vorlesungen.

Robert, Karl Wilhelm [Praes.], s. Schoedde, Georg Wilhelm: De diverso poenarum genere ex mente c. c. c. indeque oriente discrimine inter delicta civilia et criminalia nequaquam negligendo.

— comment. de superbia, eique opposita humilitate christiana. 4. Marb. 768. (Brönner in Frankf. a. M.) 6 gr.

— de superbia eiq. oppos. humilitate christ. 4. Marburg, Kessler. 768.

— u. .. Koch, üb. Civil- u. Criminal-Strafen. 8. Marb. 785. Krieger. 8 gr.

ROBERT, K. W. u. J. Cp. KOCH: Ueb. Civil- u. Criminalstrafen und Verbrechen. *Giessen*, Krieger. 786. 8. (8 Gr.)

Robert, Klara

Robert, Clara, Louise. Eine Erzählung. Leipzig 854. Vogel. 16. (IV, 122 S.) 15 ngr.

Robert, Klementine

Robert, Clementine, die Gräfin von Lussau, s. Novellen-Bibliothek.

Robert, L. J. M., Blattern, Varioloiden rc., s. Bibliothek d. ausländ. Literatur f. prakt. Medicin, 13. Bd.

Robert, Leo Paul, gefiederte Freunde. Bilder zur Naturgeschichte der nützl. Vögel Mittel-Europas nach der Natur gemalt. Lith. von Thurwangor. Farbendr. von Lemercier & Co. in Paris. 1. u. 2. Serie. Fol. (à 20 Taf.) Leipzig 880. 81. Arnold. In Pappmappe à n. 25.—; in Leinw.-Mappe à n. 30. —

Robert, Leo Paul, gefiederte Freunde. Bilder zur Naturgeschichte der nützl. Vögel Mittel-Europas, nach der Natur gemalt. Lith. v. Thurwanger. Farbendr. v. Lemercier & Co. in Paris. 3. (Schluss-)Serie. Fol. (20 Taf.) Nebst Textbd. von O. v. Riesenthal. gr. 8. (X, 162 S.) Leipzig 883. Arnold. n. 25. — (cplt. in 1 Halbfrzbd., Textbd. in Leinw. geb.: n. 80. —)

Robert, Ludw., Erlebnisse u. Studien in der Gegenwart. gr. 8. (280 S.) Leipzig 875. Breitkopf & Härtel. 5. —

— der todte Gast, siehe: Jahrbuch deutscher Bühnenspiele, 29. Jahrg. f. 1850.

Robert, L., Kämpfe der Zeit. 12 Gedichte. gr. 8. Stuttg. 817. v. Cotta. 1 rß

Robert, Ldw., Kassius u. Phantasus, oder d. Paradiesvogel. Eine erz-romant. Komödie mit Musik, Tanz, Schicksal u. Verwandelungen, in 5 großen u. 3 kleinen Aufz. Nebst empfehlender Vorrede von dem berühmten Hunde des Aubry. 8. Berl. 824. Vereinsbuchh. 20 gr.

Robert, Ludw., das schwarze Käftchen. Eine wunderbare Historie. — Das Töpferhaus. Eine Wintergeschichte. 8. (248 S.) Berlin 850, Vereins-Buchhandlung. 1 rß Herabges. Preis n. 7 ngr

— s. de Lormain Omasis.

— die Macht d. Verhältnisse; Trspl. in 5 A. gr. 8. Stuttg. 819. v. Cotta. 20 gr.

† Robert, Ludwig, (Ludw. Rob. Tarnow,) Schriften. 1. u. 2. Thl. — A. u. d. T.: Gedichte. 2 Thle. 8. (35⅓ B.) Mannheim 838, Hoff.

—— der Väter Schuld. Eine Geschichte aus den Tagen der Restauration. Nachlaß. 8. (130 S.) Berlin 849, Vereins-Buchhandlung.

— Staberl in höheren Sphären. Posse in 3 Aufz. 8. Karlsr. 826, Braun.

— die Sylphen. Zauberoper in 3 A. nach Gozzi. 8. Leipz. 806. Rein. 18 gr.

— die Tochter Jephta's; Trspl. 8. Tübing. 820. v. Cotta. 20 gr.

—— die Wahrsagung. Eine Erzählung. Nachlaß. 8. (127 S.) Berlin 850, Vereins-Buchhandlung.

— der Waldfrevel. — Der Fußfall. — Ein Schicksalstag, s. Jahrbuch deutscher Bühnenspiele v. Gubitz, 14r, 16r u. 18r Jahrg.

Robert's, Ldw., Wanderungen als Handwerksbursche, s. Jh. F. Rupprecht.

Robert, L., Wanderungen v. Rupprecht. 8. Halle, Societ. (Rudolst. Hofbuchh.) 805.

Robert, (Stöcker), M., Barmen. Blätter aus seiner Geschichte und seinen Sagen (in Gedichten). 8. (128 S.) Barmen 855, (Sartorius.) *

Robert, Otto, Anleitung zur Herstellung u. Benützung e. Schattentheaters, s.: Spiel u. Arbeit. III.

Robert, Otto, allerhand nützliche Beschäftigungen für unsere Knaben: Holzarbeiten. Bauernhof. (3 Taf., 5 Modellbogen u. 3 S. Text m. Abb.) 31,5×22 cm. Ravensburg (908). O. Maier. 1. —

— dasselbe. Wochenmarkt. (4 Taf., 4 Modellbog. u. 2 S. Text m. Abb.) 31,5×22 cm. Ebd. (908). 1. —

— das Bilderbuch vom 19. Jahrh. Mit Merkversen f. die Jugend. schmal Fol. (10 S. m. 10 farb. Taf.) Ravensburg (901). O. Maier. Kart. n. 1. 50

— Camera obscura, Anleitung zur Herstellg., s.: Spiel u. Arbeit. II.

— s.: Flachmodelle.

— Germania. Vaterländisches Bilderbuch f. die deutsche Jugend. schmal Fol. (10 S. m. 10 farb. Taf.) Ravensburg (901). O. Maier. Kart. n. 1. 50

— s.: Holzarbeiten, leichte.

— Reform-Modellierbogen. Neues System von Modellierarbeiten. I—VII. 31,5×22,5 cm. Ebd. 3. 80

I. Luftschiff (nach Zeppelin). Flugfähig modelliert. (4) Modellierbogen zum Luftschiff, nebst (2) Detailbogen f. e. kleine Motorvorrichtung, welche dieses Luftschiff an der Zimmerdecke befestigt, fliegen läßt. (Je 30,5×14 cm.) Mit 2 S. Text. (30,5×20 cm.) (908.) — 40

II. Automobil m. Motorvorrichtung. Aus Modellierkarton u. Zigarrenkistenholz fahrbar herzustellen. 7 (3 farb.) Bog. m. 2 S. Text.) (909.) — 50

III. Aeroplan (Eindecker). Flugfähig modelliert. Modellierbogen zum Aeroplan nebst Detailbogen f. e. kleine Motorvorrichtung, welche diesen Aeroplan, an der Zimmerdecke befestigt, fliegen lässt. (3 farb. Taf. u. 2 Bl. m. Text auf dem Umschlag.) (910.) — 40

IV. Ein Dorf. Bauernhäuser, Schule, Kirche, Rathaus usw. Ganz leicht ausführbare Modellierarbeit für kleine Kinder. Dorf in ganz leichter Ausführg. (5 farb. Taf. m. Text auf dem Umschlag.) (910.) — 60

V. Oberbayrisches Dorf. Bauernhäuser aus dem Alpenland m. landschaftl. Staffage. Modellierbogen. Sammlung für Länder- u. Völkerkunde. 1. Heft: Oberbayr. Dorf. (4 farb. Taf. m. Text auf d. Umschlag.) (910.) — 60

VI. Puppengarten, zum Puppenspielen geeignet m. Gartenhäusern u. Lauben. Einfaches Modellieren in Verbindg. m. Plastilina-Arbeit. (3 farb. Taf. u. 2 Bl. m. Text auf dem Umschlag.) (910.) — 60

VII. Ländliches Gasthaus m. Gartenanlage. Einfache Modellierarbeit für Kinder. (6 farb. Taf. u. 1 Bl. m. Text auf dem Umschlag.) (910.) — 70

Robert, Otto, ein Rosenspiel. 16. (20 S.) München (898). Rubinverlag. n. 1. —

Robert, Otto, s.: Schattenfiguren zum Ausschneiden fürs Schattenspiel.

— s.: Spiel u. Arbeit.

— s.: Spielbücher.

— Sprachführer. Serie A. (Für d. Brieftasche.) I—IV. kl. 8. Ravensburg, O. Maier. à Heft — 50
Brombin, Gius., der beredte Franzose. (63 S.) (909.) (I.)
— Der beredte Italiener. (64 S.) (909.) (III.)
Hofmann, C. J., der beredte Spanier. Hrsg. unter Mitwirkg. von Schulmännern. (72 S.) (909.) (IV.)
Newcomen, W. J., der beredte Engländer. (63 S.) (909.) (II.)

— s.: Sprachführer, kleine.

— s.: Taschenwörterbücher u. Sprachführer, prakt.

— Des Kindes erstes Zeichenbuch mit Vorzeichngn. 1.—6. Tl. (à 12 Bl.) gr. 8. Ravensburg 910. O. Maier. In Mappe à — 40

Robert, P., De Cassii Severi eloquentia. Diss. 1890. 94 S.

Robert, P., voir: *Godet.*

Robert, P., der Vereinshumorist. Kleine, leicht aufführbare Lustspiele, humorist. Vorträge u. scen. Darstellgn f. 1 u. mehrere Personen. 12. (80 S.) Styrum 894. A. Spaarmann. n. — 50

Robert, Paul. „Die Freunde des Landmannes". Eine Sammlung von 42 nach der Natur gemalten Vogelarten. Neue Schulausgabe auf 7 Tafeln. Lausanne, D. Lebet. 15 —
1886

Robert, Paul, König Lear's Geist im modernen Staatswesen. gr. 8. (III, 67 S.) Leipzig 895. W. Friedrich. n. 1. —

Robert, Paul, zur Herrschaft der Seele. Freie Blicke in die Vergangenheit, Gegenwart u. Zukunft d. Menschengeschlechts. gr. 8. (93 S.) Leipzig 892. O. Wigand. 1. 50

Robert, *Franz* Theodor [aus Neuenahr]: Aus d. med. Poliklinik d. Univ. Bonn. Über Acholie. ... Bonn, Druck v. P. Neusser, 1891; 21 S., 1 Bl. 8°
Bonn, Med. Fak., Inaug.-Diss. v. [14.] März 1891

— die Funktionsheilmittel Schüßler's od. kleiner homöopath. Hausarzt zur biochem. Behandlg. der Krankheiten nach Schüßler's Methode, s.: Haus-Bibliothek, homöopathische.

Robert, Th., guia diamante de medicina homoepática por el método del Dr. Schüssler para el tratamiento bio-químico de las enfermedades. Traducida de la 2a edición alemana refundida por Th. R. y dotado de una seccion de generalidades por Salvador Badía y Andreu. 8. (V, 208 S.) Leipzig 892. Dr. W. Schwabe. Geb. n. 4 —

Robert, W., der Traum, als Naturnothwendigkeit erklärt. 2. Aufl. gr. 8. (53 S.) Hamburg 886. Seippel. n. 1. —

Robert, Wilh., die Lösung der sozialen Frage. gr. 8. (35 S.) Berlin 894. J. Becker. — 75

Robert, Wilh., Die Lösung der socialen Frage. gr. 8°. Berlin, J. Becker, 1895.

Robert, Wolfgang, a. Berlin: Die Rückgriffshypothek. Halle a. S. 1906: Waisenhaus. (56 S.) 8°
Halle, Jur. Fak., Ref. Stammler, Diss. v. 9. Aug. 1906
[Geb. 13. Jan. 81 Berlin; Wohnort: Kiel; Staatsangeh.: Preußen; Vorbildung: Stadt-Gymn. Halle Reife M. 99; Studium: Berlin 1, Halle 2, Heidelberg 2, Halle 2 S.; Rig. 10. Juli 06.]

Robert-Dumas, A. u. Ch. **Robert-Dumas**, s.: Diesterweg's neusprachl. Reformausgaben. (Contes de France.)

— — Petits Français, s.: Diesterweg's neusprachl. Reformausgaben.

— — Petites Françaises, s.: Diesterweg's neusprachliche Reformausgaben.

Robert-Dumesnil, A. P. F., le Peintre-Graveur français, ou catalogue raisonné des estampes gravées par les peintres et les dessinateurs de l'école française. Ouvrage faisant suite au Peintre-Graveur de M. Bartsch. Tom. I.—IV. gr. in-8. Paris 835 — 40. (Leipzig, Rud. Weigel.) n. $8^1/_4$ ₰

Robert-Dumesnil, A. P. F., le Peintre-Graveur Français, ou catalogue raisonné des estampes gravées par les peintres et les dessinateurs de l'école française. Ouvrage faisant suite au Peintre-Graveur de M. Bartsch. Tome V—VII. gr. in-8. (Mit 4 lith. Blättern Facsimiles.) Paris 841—44; Leipzig, R. Weigel. baar à n. $2^1/_6$ ₰ (T. 1—4. n. $8^1/_2$ ₰)

Robert-Milles, S., die Pariser Börse, ihre Usancen u. Operationen. Ein Handbuch f. Handelshochschulen sowie zur Selbstbelehrg. (201 S.) gr. 8. Leipzig 903. O. Spamer. Geb. in Leinw. n. 4. —

Robert-Milles, S., die Pariser Börse, ihre Usancen u. Operationen. Ein Handbuch für Handelshochschulen sowie z. Selbstbelehrg. (201 u. 14 S.) 8. Berlin (909). Verlag f. Börsen- u. Finanzliteratur. Geb. in Lw. 3.20

Robert-Tissot, [Edouard]. Die therapeutische Entgiftung des Blutes. Ihre Verwendung in der Behandlung mehrerer Krankheiten, besonders der Anämien. Sonderabdruck [aus:] ... Folia serologica. Hrg. und eingeleitet von Arthur Pappenheim .... Band 3, 1909. II + 7 S. 8. Leipzig, Dr. Werner Klinkhardt.

Robert-Tornow, Gust., Max Reger und Karl Straube. (27 S.) gr. 8. Göttingen 907. O. Hapke. — 60

Robert-tornow, Walter (Hrsg.). s. Abel, Heinrich Friedrich Otto: Die deutschen Personen-Namen.

Robert-tornow, Walter, Begleitbuch. 12. (X, 53 S.) Berlin 888. Hertz. n. 1. 20; geb. n. 1. 80

[F.] Gedichte v. Walter **Robert-tornow** (Hrsg.: Georg Thouret.) *Berlin: Hande & Spener 1897.* (VIII, 89 S.) 1 Bd 8. [98. 1109

Robert-tornow, Walter, Goethe in Heines Werken. 8. (90 S.) Berlin 883. Haude & Spener. n. 2. —

Robert-tornow, Walth., de apium mellisque apud veteres significatione et symbolica et mythologica. gr. 8. (182 S.) Berlin 893. Weidmann. n. 4. —

— geflügelte Worte, s.: Büchmann, Geo.

Roberth, E., Schutz wider „den persönlichen Schutz" oder die wirklichen u. eingebildeten Folgen der Onanie. 2. Aufl. gr. 8. (32 S.) Bockenheim 851, Levy. 6 ₰

Roberti, Al., von den kleinen Tugenden. Eine Abhandlung. Aus dem Italienischen übersetzt von Emilie Waßmann. Mit einer den Stoff ergänzenden Zugabe. 2. Aufl. Innsbruck 859. (F. Rauch.) 18. (127 S.) 6 ngr.

Roberti, von den kleinen Tugenden. 16. (VIII, 130 S.) Mainz 879. Kirchheim. — 60

Roberti, v. den kleinen Tugenden. 2. Aufl. 16. (VIII, 130 S.) Mainz 889. Kirchheim. — 60

Roberti, S. J., von den kleinen Tugenden. 3. Aufl. (VIII, 130 S.) 16. Mainz 909. Kirchheim & Co. — 50; geb. in Leinw. — 80

Roberti, Arth., „Was in mir war verborgen". Gedichte u. Aphorismen. (XIII, 160 S.) gr. 8. Braunschweig (904). Leipzig, R. Sattler. n. 3. —; geb. in Leinw. m. Goldschn. n. 4. —

Roberti, P. L., tract. de capite foetus humani. 8maj. Marburgi, Krieger. 819.

Roberti, Victor v., aus Trebnitz: **Über die Zucht der Milchkuh.** Eine Studie aus d. Praxis. *Merseburg 1902: F. Stollberg.* (134 S.) 8° ¶ [Aus: Mitteil. d. Landw. Institute d. Kgl. Univ. Breslau.]
Breslau, Phil. Diss. v. 8. Aug. 1902

Roberti-Jessen, Udo, Regierungsassessor in Carthaus in Westpr.: Das allgemeine staatliche Aufsichtsrecht gegenüber den Selbstverwaltungskörpern in Preußen. Greifswald 1905: J. Abel. (47 S.) 8° [F.]
Greifswald, Jur. Fak., Ref. Stoerk, Diss. v. 7. Aug. 1905
[Geb. 3. Okt. 74 Rendsburg; Wohnort: Carthaus i. Westpr.; Staatsangeh.: Preußen; Vorbildung: Gymn. Breslau Reife O. 95; Studium: Heidelberg 2, Kiel 1, Greifswald 2, Berlin 1, Greifswald 2 S.; Rig. 3. Juli 05.]

Robertin, H. (Pseud.), s.a. Bertin, Robert

Robertin, H., Dichtungen. 12. (92 S.) Berlin 896. Concordia, Deutsche Verlags-Anstalt. n. 2. —; geb. in Leinw. n. 3. —

Robertin, H. A., zwei Hundert Anekdoten u. Charakterzüge v. Napoleon, so wie dess. letzte Lebenstage u. Tod. Nach zuverläss., authent. Quellen bearb. 8. (14 B.) Quedlinburg 840, Ernst'sche Buchh.

Robertine, (Rob. Bertin), s.: Zur Kurzweil.

Roberto, s. Roberts, Robert

Roberto C., s. C. Goldoni, un curioso accidente.

Roberts, F. de, Hermann Raeli. Roman. 8. (212 S.) Stuttgart 894. Deutsche Verlags-Anstalt. n. 2. 50; geb. n. 3. 50

Robert's, Leop., Biographie, s. Rosenberg, A.

Roberts, Heinrich, Begebenheiten, v. Verf. d. Erasmus Schleicher (K. G. Cramer). 3 Thle. 8. Riga, Müller. (Meinshausen.) 794.

Robers, Heinrich, Begebenheiten aus den Jahren 1740 - 1780, 3 Theile, 8. Riga, 794. Müller. 2 Rthl. 5 sgl.

— zu Zwäzen, des ehemaligen Nachtwächters, derzeitigen Satrapen im Lande Caramania Denkwürdigkeiten, 2 Theile, 8. Schneeberg, 794-95. Arnold. 1 Rthl. 15 sgl.

Roberts, Peter, Leben u. Begebenheiten, (v. D. B. Verdion) 2 Thle. 8. Dresd. 771. Walther. 16 gr

— Peter, eines gebohrnen Engländers Leben und besondere Begebenheiten, 8. Daselbst, 771. Gerlach. 20 sgl.

Robert's, König, Mildthätigkeit, siehe: Gnaden, die, des Christenthums, 5. Bd.

Roberts.: Stanzmaschine, s. Sharp

Roberts, A. S., contributions to orthopaedic surgery. Flat-foot, a new plantar spring for its relief. [Aus: „The medical and surgical reporter".] gr. 8. (15 S. m. 2 Illustr.) Vevey 889. Benda. n. 1. —

Roberts, Alexander v.

Roberts, Alexander von: Chic. (Drama.) 1893. 8°

Roberts, Baron v., „Es" u. Andres. 1. u. 2. Aufl. 8. (224 S.) Dresden 883. Minden. n. 3. —; geb. n.n. 4. —

Roberts, A. Baron v., „Es" u. Anderes. 3., vom Verf. durchgeseh. Aufl. 8. (224 S.) Dresden 884. Minden. n. 3. —; geb. n. 4. —

Roberts, Alex. Baron. v., „Es" u. Anderes. 4., vom Verf. durchgeseh. Aufl. 8. (VII, 224 S.) Dresden 890. Minden. n. 3. —; geb. n.n. 4. —

Roberts, Alex. Baron v., **Faschingszauber und andere Novellen, s.a Kürschner's Bücherschatz.**

Faschingszauber u. andere Novellen von Alexander B° v. **Roberts.** Mit Ill. von A. Lewin. Berlin, Leipzig: Hillger [1900]. 112 S. 8° (Kürschners Bücherschatz. Nr. 680.) [09. 1903]

— das zersprungene Glück, s.: Engelhorn's allgem. Romanbibliothek.

— Götzendienst. Eine Roman-Reihe. I. A. u. d. T.: Um den Namen. Roman. 1. u. 2. Aufl. 8. (400 S.) Dresden 888. Minden. n. 5. —; geb. n.n. 6. —

Roberts, Alex. Baron, d. schöne Helena, s.a. Engelhorn's allgem. Romanbibliothek, 14. Jahrg.

Roberts, Alexander von: Die schöne Helena. Roman. Dresden 1889. 8°

Roberts, Alex. Baron v. Die schöne Helena. Roman. 1. u. 2. Tausend. 8. (IV, 421 S.) Dresd. 890, Minden. * 5 —; geb. ** 6 —

– Dass. Dritte Auflage. Ebd. [1890]. 8°

Roberts, Alexander von: Kohinor und andere Novellen. 1885. 8°

— Kohinor. Mal' Occhio. Die Trovatella. Die Holzhauer. Novellen. 2. Aufl. 8. (288 S.) Ebend. 885. n. 3. 50; geb. n.n. 4. 50

Roberts, Alexander von: Kriegserinnerungen. Schlachtenbummler. Berlin 1896. 8°

Roberts, Alex. Baron v., Lou, s.a. Engelhorn's Romanbibliothek.

Roberts, Alexander von: L o u . Roman. Dresden 1884. 8⁰

—— Lou. Roman. 1. und 2. Aufl. 8. (288 S.) Ebendas. 884. *ℳ 3,50.; geb. **

— Lou. Roman. 3. Aufl. 8. (258 S.) Ebend. 886. n. 3. 50; geb. n.n. 4. 50

– Dass. Dritte Auflage. Dresden und Leipzig 1887. 4, 288 S. 8⁰

– Dass. Vierte Auflage. Ebd. 1894. 8⁰

— Majestät. Roman. 8. (413 S.) Bielefeld 893. Velhagen & Klasing. Geb. in Leinw. n. 7. —

— aus Mitleid. — Die gekaufte Stimme. — Des Kaisers Fünf u. s. w. Neue Novellen u. Skizzen. 8. (XIII, 404 S.) Berlin 891. Verein der Bücherfreunde. n. 5. 50; geb. n. 6. 25

Roberts, Alex. Baron v., aus Mitleid. Neue Novellen u. Skizzen. 2. [Titel-]Aufl. 8. (XIII, 404 S.) Berlin [891.] (902). A. Schall. n. 5. 50

— Aus Mitleid. Nie, s.a. Kürschner's Bücherschatz.

Aus Mitleid. Niel 2 Novellen von Alex. Bⁿ v. Roberts. Mit Jll. von A. Lewin. Berlin, Leipzig: H. Hillger [1908]. (95 S.) 8° [F.]
= Bücherschatz, Kürschners. No 617. [08. 12069

Roberts, Alexander von: Aus M i t l e i d und andere Novellen. Berlin 1892. 8⁰

— um den Namen, s.a. Universal-Bibliothek.

Roberts, Alexander von: Um den N a m e n . Roman. Leipzig [1887] . 4, 239 S. 8⁰

— um den Namen. Roman. 3. (Titel-)Aufl. 8. (VII, 400 S.) Dresden 891. Minden. n. 5. —; geb. n.n. 6. —

— um d. Namen. Roman. 4. [Titel-] Aufl. 8. (VII, 400 S.) Dresden-Blasewitz (891) 896. H. Minden. n. 3. —; geb. n.n. 4. —

Roberts, Alex. v. [Rob. Alexander], Helgolander Novellen. 8. (V, 267 S.) Bremen 873. Kühtmann & Co. n. 3. —; geb. m. Goldschn. n. 4. —

Roberts, Alexander von: Helgoländer N o v e l l e n . Bremen 1878. 8⁰

— nachgelassene Novellen. 8. (V, 358 S.) Berlin 897. F. Fontane & Co. n. 5. —; geb. n.n. 6. 50

Roberts, Alexander von: Die P e n s i o n ä r i n . Dresden und Leipzig 1884. 5, 127 S. 8⁰

—— die Pensionärin. 2. wohlf. (Titel-)Ausg. gr. 16. (127 S.) Ebendas. 886. *ℳ 1.—.; geb. * 2 —

– P r e i s g e k r ö n t , s.a. E n g e l h o r n ' s allgemeine Romanbibliothek.

Roberts, Alexander von: P r e i s g e k r ö n t . Roman. Stuttgart 1890. 8⁰

— Revanche!, s.a. Engelhorn's Romanbibliothek, XII.

— Revanche! Roman. 8. (424 S.) Leipzig 889. Friedrich. 6. —; geb. n. 7. —

– Dass. Zweite Auflage. Ebd. 1896. 8⁰

— Satisfaction, s.a. Engelhorn's allgem. Romanbibliothek.

— Satisfaction, s.a. Universal-Bibliothek.

Roberts, Alexander von: S a t i s f a k t i o n . (Drama.) Leipzig 1892. 8⁰

Roberts, Alexander von: S a t i s f a k t i o n und andere Novellen. 1889. 8⁰

— Schlachtenbummler. Novellen. 2. Aufl. 8. (318 S.) Berlin 896. F. Fontane & Co. n. 3. —; geb. n. 4. —

— Schwiegertöchter, s.a. Engelhorn's allgemeine Roman-Bibliothek. XVIII. 9. 10.

— Schwiegertöchter. Roman. 1. u. 2. Aufl. 8. (456 S.) Ebd. 897. 98. n. 6. —; geb. n. 7. 50

– La S p e r a n z a , s. E n g e l h o r n ' s allgemeine Romanbibliothek.

– Treue, s.a. Theater-Bibliothek, Berliner.

Roberts, Alexander von: T r e u e . (Drama.) Berlin 1896. 8⁰

Roberts, Alexander von: U n m u s i k a l i s c h und Anderes. Dresden und Leipzig 1886. 7, 185 S. 8⁰

— unmusikalisch u. Anderes. 2., verm. Aufl. [Min.-Ausg.] 16. (353 S.) Dresden 887. Minden. n. 2. —; geb. n.n. 3. —

— ein modernes Wunder. Drei Novellen. 8. (260 S.) Dresden-Blasewitz 897. H. Minden. n. 3. —; geb. in Leinw. n.n. 4. —

Roberts, Alex. v., und Alex. Zick, aus großer Zeit. Fol. Berlin 872. Gera, Griesbach's Verlag. geb. mit Goldschn. 36 —

— u. Alex. Zick, aus großer Zeit. Erinnerungen an 1870 u. 1871. In Wort u. Bild. Mit 18 Photogr. nach den Originalzeichngn. hergestellt v. Frz. Hanfstängl. Fol. (97 S.) Berlin 872. Grote. geb. m. Goldschn. 37. 50

Roberts [David]. Ansichten von Spanien. Granada und das Alhambra. Mit ein und zwanzig Stahlstichen nach Roberts und zehn Holzschnitten von Branston und Wright. London u. Petersburg. A. Asher. Wien. C. Gerold 1835.
76 S.; 21 Taf. 8°

Roberts's,..., Spanish Sketches. Picturesque Sketches in Spain, during the years 1832 and 1833, by David Roberts 26 plates, drawn on stone, tinted, half-bound morocco and lettered. Imp.-Fol. London, Black and Armstrong. 2½ ß

Roberts, David, la Terre Sainte. Vues et Monuments. Avec une description historique sur chaque planche. 1. Livr. Imp.-Fol. (9 Steindrucktaf.) Bruxelles 843. (Muquardt.) n. 4 ß

Roberts, Frz., die Schlaftänzerin Madeleine G. Ein Protest gegen den Mißbrauch der Wissenschaft. (24 S.) 8. München (904). Buchdruckerei u. Verlagsanst. G. Birk & Co. n. — 20

Einundvierzig Jahre in Indien [Forty-one years in India] vom Subaltern-Offizier bis zum Ober-Befehlshaber von Feldmarschall Lord [Frederick Sleigh Roberts] Roberts of Kandahar. Autor. Übers. von Dr. Rʳ v. Borosini. Mit Karten u. Plänen. Bd 1. 2. *Berlin: K. Siegismund 1904.* 2 Bde 8° [F.] [03. 13003]

Roberts, H., s. B o u r g a r y : Chirurg. Operationen.

– s. B o z : Leben Nik Nickelby's.

– s. B o z : Oliver Twist.

– s. B o z : Die Pickwickier.

– s. B o z : Londoner Skizzen.

– s. B o z : Sämmtl. Werke.

– s. C a r l e t o n , W.: Skizzen.

Roberts, H [Übers.]
s. Dickens, Charles: Leben und Schicksale Nikolas Nickelby's und der Familie Nickelby. 1838-40.

Roberts, H. [Übers.], s. D i c k e n s , Charles: Die Pickwickier. 1838–39.

Roberts, H. [Übers.], s. D i c k e n s , Charles: Londoner Skizzen. 1838.

– s. E r z ä h l u n g e n u. Skizzen, Humoristische.

Roberts, H.: G a l l e r i e , Europäische.

– s. H a l l , S. C.: Der Geächtete.

– s. I r w i n g , W.: Miscellaneen.

Roberts, H [Übers.]
s. Marryat, F.: Japhet, der einen Vater sucht. 1836

Roberts, H [Übers.]
s. Marryat, Frederick: Frank Mildmay, der Flotten-Offizier. 1835.

– s. M a r r y a t : Pascha.

– s. M a r r y a t : Sämmtl. Werke.

– s. M a r r y a t : Willy.

Roberts, H., das Muster-Haus f. Arbeiter-Familien, s. F a m i - l i e n - H ä u s e r.

Roberts H, das Musterhaus für Arbeiterfamilien. Übers. v. CF Busse. Potsdam 1852

– s. P l e ß n e r , Chr. Hnr.: Neues engl. Lesebuch.

– s. S c o t t ' s W.: Jugendleben.

– s. T r e m a i n e .

Roberts, H [Übers.]
s. Ward, Robert Plumer: Tremaine. 1838.

– s. W i l s o n , J. M.: Erzählungen.

Küsten — Karte von den N. W. Amerikanischen und N. Oc. Asiatischen —. Nach den Untersuchungen des Capit. Cook in den Jahren 1778 — 1779, Entworfen von Heinrich R o b e r t s Lieut. Neu herausgegeben v. F. A. S c h r a e m b l 1788, gestochen von J. C. v. Lackner. 1: 8,000,000. 1 Bl.

Roberts, Joannes (Ruabona)
Specim. inaug. de acuti et chronicis cordis affectionibus rheumaticis.
[lt. Dekanatsbuch nur handschriftlich eingereicht.]
Dr. med. Giessen 20.6.1844.

Roberts, Mark, s. a.: S c h ä t z l e r - P e r a s i n i , Gebh.

— Miß Florette, s.: W e b e r ' s moderne Bibliothek.

— der falsche G r a f od. der Räuber schöner Frauenherzen. Roman. 4 Thle. in 1 Bde. 56.—79. (Schluß-)Hft. gr. 8. (S. 1821—1888 m. je 1 Vollbild.) Dresden 899. A. Wolf. à — 10
Hft. 1—55 u. d. T.: G r a f , der falsche. Ebd. 893. à — 10.

Roberts, Morley, King Billy of Ballarat and other stories, s.: L i b r a r y , the English.

Roberts, Robert, a. Rhyl ⟨Wales⟩: Das Familienrecht im Qorân. Leipzig 1907: A. Pries. (41 S.) 8° ¶ (Erscheint vollst. in: Leipziger semitistische Studien Bd 2 H. 6.)
Leipzig, Phil. Fak., Ref. Fischer-Zimmern, Diss. v. 11. Nov. 1907
[Geb. 25. Nov. 68 Rhyl; Wohnort: Liverpool; Staatsangeh.: England; Vorbildung: Univ.-Coll. Bangor, Wales B. A. Juni 03; Studium: Bangor 10, Leipzig 4 S.]

Roberts, Robt., BA., das Familien-, Sklaven- u. Erbrecht im Qorân, s. c. S t u d i e n , Leipziger semitistische. II. 6.

Das Familien-, Sklaven- und Erbrecht im Qorân von Robt. **Roberts**. Leipzig: J. C. Hinrichs 1908. (50 S.) 8°
= **Studien**, Leipziger semitistische. Bd 2, H. 6. 08. 1671

Roberts, Sophie, s. a.: S c h n e i d e r , Selma.

Roberts, Sophie, die K a r t o f f e l - K ü c h e. 238 Recepte zur Bereitg. v. Kartoffelspeisen. 8. (101 S.) Dresden 884. Barth & Schirrmeister. n. — 75

¶ R o b e r t s , Sophie [Selma Schneider]. Die Kartoffelküche. 248 erprobte Rezepte. 7. Aufl. 2. (Titel-)Ausg. 8. (101 S.) Lpz. 891, C. A. Kaufmann. cart. * — 75

Roberts, Sophie, praktisches Koch- u. Wirthschaftsbuch für bürgerliche u. feine Haushaltung. (In 20 Lfgn.) 1—14. Lfg. gr. 8. (S. 1—464.) Eßlingen 881. 82. Langguth. à — 25

— praktisches K o c h - u. W i r t h s c h a f t s b u c h f. bürgerliche u. feine Haushaltung. 15—20. (Schluß-)Lfg. gr. 8. (XXII u. S. 465—652.) Stuttgart 883. J. Hoffmann. à — 25 (cplt. in Halbleinw. geb.: n. 5. —; in Leinw. n. 6. —)

R o b e r t s , Sophie, praktisches Koch- und Wirthschaftsbuch für bürgerliche und feine Haushaltung. Gründliche Anleitung zur Bereitung der verschiedenartigsten Speisen und Getränke, zum Einmachen rc., nebst einem Küchenkalender für das ganze Jahr und einem Anhang: Hauswirthschaftl. Theil. 2. Aufl. gr. 8. (XXII, 652 S.) [Dresden 885, Barth und Schirrmeister.] Stuttgart, Jul. Hoffmann. geb. * 6 —

Roberts, Sophie, praktisches Koch- u. W i r t s c h a f t s b u c h f. die bürgerliche u. feine Haushaltung in Nord- u. Süddeutschland. Erprobt u. hrsg. 3. gänzlich umgearb. Aufl., m. vielen Textillustr. u. 12 zum großen Tl. farb. Taf. gr. 8. (VIII, 822 S.) Eßlingen (899. 900). W. Langguth. n. 5. 20; geb. n. 6. —
Erschien auch in 13 Lfgn. à n. — 40.

Roberts, Sophie, Ratgeber f. d. Haushalt, s. H o f f m a n n ' s Haushaltungsbuch.

— S c h ö n h e i t s p f l e g e u. Schönheitsmittel. Rat u. Anleitg. f. Frauen u. Töchter. gr. 16. (48 S.) Eßlingen 885. Langguth. n. 1. —

— Schönheitspflege u. Schönheitsmittel. Rat u. Anleitg. f. Frauen u. Töchter. 2., verm. Aufl. 12. (III, 66 S.) Eßlingen 898. W. Langguth.
Geb. in Leinw. m. Goldschn. 1. —

Robertson, Friedrich Wilhelm. Sein Lebensbild in Briefen. Nach Stopford, A. Brooke u. Fr. Arnold, nebst e. Anh. religiöser Reden. Mit e. Vorwort v. Emil Frommel. Mit (Lichtdr.-)Portr. gr. 8. (XVI, 434 S.) Gotha 888. F. A. Perthes. geb. n. 6. —

Robertson, Friedrich Wilhelm. Sein Lebensbild in Briefen. 2. Aufl., s.: Brooke, Stopford, A., Frederick William Robertson.

Robertson, Der neue Westphälische, oder der seltsame Mann in Wesel . . . Halle 1799. V: *Benkowitz, Carl Friedrich.* (MGT) (Rotermund, Gel. Hannover. Bremen 1823.)

Robertson et Beato, Jerusalem. Album photographique. Constantinopel 864. (Leipzig, Köhler.) gr. Fol. (19 Photogr. u. lith. Titel.) geb. n. 29 ℛ 10 ngr

Robertson, A., colloquia de rebus praecipuis physiologiae vegetabilium atque botanices, quaestionibus et responis ad us. stud. juventutis accommodata. Com IV tab. 8. Lovanii 822. (Bonn, Weber). 12 gr

Robertson, A. J., Scottish hydrographic research, s.: Publications de circonstance du conseil permanent international pour l'exploration de la mer. Nr. 17.

Robertson, Alex., Graf Campello u. die katholische Reform in Italien. Deutsche genehmigte Übersetzg. Mit e. Einführungsworte v. W. Beyschlag. 8. (XXIV, 168 S. m. 1 Bildnis.) Halle 900. J. Fricke. n. 2. 50; geb. n. 3. 50

A History of the French Academy 1635 (4) –1910. With an outline sketch of the Institute of France, showing its relation to its constituent academies. By D. Maclaren Robertson. Ill. London, Leipsic: Unwin 1910. XI, 379 S. 8°

Robertson, David

Robertson, H., Bemerk. auf einer Reise d. d. Ins. Man a. dem Engl. m. K. 8. Leipzig, Reinicke. (auch Hinrichs. 795.

Robertson, D. H., Reise durch die Insel Man, nebst e. kurzen Abriß d. Geschichte d. Manken; aus d. Engl. (von J. J. K. Timäus). Mit 3 Prospekten. gr. 8. Halle 795. Reinicke u. G. 21 gr

Robertson, David. Reise durch die Insel Man . . . Leipzig 1795. Ü: *Timaeus, Joh. Jacob Carl.* (EngG) (Ky) (CBII)

(Robertson, David): David Robertson's Esq. Reise durch die Insel Man. Aus dem Englischen. Mit Kupfern. Leipzig 1795. XVI, 191 S. 8°.

Robertson, Dionysius

Robertson D.: Leichte u. ganz neue Art Pferde zu englisiren nebst noch verschiedenen andern Operationen an Pferden u. e. Anh. v. einigen bewährten Mitteln wider die leidige Vieh-Seuche. Arnheim 1770. 62 S. 2 Tvl. P.

Robertson, Dionysius, Leichte und neue Art, Pferde zu englisieren, nebst noch verschiedenen anderen Operationen an Pferden. Mit Kpfrn. 8. Wesel 790.. (Münster 795. Coppenrath.)

Robertson, D., neue Art, Pferde zu englisiren, nebst andern Operationen. 8. Arnheim. (Coppenrath in Münst. 792.

Robertson, Dionysius: Pferd-Arzney-Kunst, oder: Gründlicher Unterricht, d. äußerlichen u. innerlichen Gebrechen d. Pferde aus d. Grund zu heilen . . . Frankfurt u. Leipzig 1759. 332 S.

Robertson D.: Pferd-Arzneykunst ... Benebst einer Abhandlung wie die Fohlen u. Jagd-Pferde zu tractiren. Frankf. u. Leipz. 1764. 332 (28) S. 1 Tvl.
- - - - Neue ... verm. Aufl. (m. lidt anden Tit.). Sst. 1772. (15) 342, (60) S. 3 Tvl.
— — 5. Aufl. (do.). Wien 1789. 312 S. 3 Tvl.
(Sml. 257 Mogalla).

Dionysius Robertson

Pferde- Arzenei- Kunst [Pferdearzneikunst]; oder Gründlicher Unterricht, die äußerlichen und innerlichen Gebrechen der Pferde aus dem Grunde zu heilen, nebst e. Anweisung, wie die jungen Fohlen,... tractiret werden sollen; hrsg. von Dionysius Robertson. Neue u. verm. Aufl. Berlin: Rellstab 1767. XVII, 412, 20 S. 8°

— Pferdearzneykunst, od. Unterr., die Gebrechen der Pferde aus dem Grunde zu heilen, m. K. 8. Frankf. Eßlin ger. 771.

Robertson, D. I., Pferdearzneikunst, od. Unterricht, die Gebrechen d. Pferde aus dem Grunde zu heilen. Mit Kpf. 8. Frankf. a. M. 771. (Schäfer). 16 gr 5e Aufl. 8. Wien 789. (Bolke). 20 gr

— — dies. m. K. 8. Wien, Camesina. 789.

— vollständ. Werk üb. die Pferdewissenschaft; neu edirt v. G. Ph. Mogalla. Auch u. d. T.: Mogalla, üb. Krankheiten der Pferde. 2 Thle. Mit Kpf. 8. Bresl. 793. N. A. 796. Neue (3e) A. 801. W. G. Korn. 1 ℛ 12 gr

Robertson, [Étienne Gaspard], La Minerve. Vaisseau aérien destiné aux découvertes. (Französ. und deutsch.) Vienne 1804.

Robertson, Fl.

— Tauberys Diamant u. andere Abenteuer des Detektivs Addington Peace, s.: Hillger's, Herm., Sammlung illustrierter Kriminalromane.

Robertson, Fl., ein verschwundener Millionär u. andere Abenteuer des Detektivs Addington Peace, s.: Hillger's, Herm., Sammlung illustrierter Kriminalromane.

dasselbe, s.: Kürschner's Bücherschatz.

Robertson, Fred. Will., die Botschaft der Kirche an die Reichen. Christus u. die Enterbten. Zwei christlich-soziale Reden. Hrsg. v. Adf. Schmidt. gr. 8. (40 S.) Vlotho 892. Thorein & Sitte. n. — 80

Robertson, Frederick William, Christenworte an Reich u. Arm. Zwei sociale Musterpredigten. Hrsg. v. Mart. Rade. gr. 8. (XIII, 31 S.) Gotha 890. F. A. Perthes. n. — 40

Tägliche Gedanken. Gesammelt aus d. Schriften Fr[ederick] W[illiam] Robertson's von Elisabeth Reichhoff. *Göttingen: Vandenhoeck & Ruprecht 1899.* (266 S.) 8° [F.] (… 1461 7

Robertson, Frederick William, Gesetz u. Gnade. Religiöse Reden. (Neue Folge.) Ins Deutsche übertr. v. Luise Oehler. (VIII, 297 S.) 8. Basel 911. F. Reinhardt. 4.—; geb. 5. —

Robertson, F. W., zehn Predigten. Gehalten in der Dreieinigkeits-Capelle zu Brighton. Aus dem Engl. übersetzt von J. H. Hamburg 867. Agentur des Rauhen Hauses. gr. 8. (V, 156 S.) cart. n. 18 ngr.

Robertson, Fred. Will., drei weitere Reden. gr. 8. (S. 139—166.) Leipzig 894. J. C. Hinrichs' Verl. n. —50

— Reden üb. die Korintherbriefe. Deutsche Übersetzg. nach der 11. Aufl. des engl. Originals, m. e. Vorrede v. P. Drews. gr. 8. (IV, VIII, 480 S.) Göttingen 895. Vandenhoeck & Ruprecht. n. 4. 80; geb. in Leinw. n. 5. 80; auch in 6 Lfgn. à n. —80

Reden über die Korintherbriefe von Fr[ederick] W[illiam] **Robertson.** Deutsche Übers. nach der 11. Aufl. d. engl. Orig. Mit e. Vorr. von Prof. D. P[aul] Drews. 2. verb. Aufl. *Göttingen: Vandenhoeck & Ruprecht 1900.* (XII, 450 S.) 8° [F.] [01. 2549 7

Reden über die Korintherbriefe [Expository lectures on St. Pauls Epistles to the Corinthians] von F[rederick] W[illiam] **Robertson.** Deutsche Übers. nach der 11. Aufl. d. engl. Orig. Mit e. Vorr. von Prof. D. P[aul] Drews. 3. durchges. Aufl. Göttingen: Vandenhoeck & Ruprecht 1910. X, 403 S. 8° [11. 3714 7

Robertson, Frdr., religiöse Reden. Aus dem Englischen. Mannheim 861. Löffler. (Segnitz.) gr. 8. (XI, 291 S.) n. 1 ℛ

— religiöse Reden. In deutscher Uebersetzg., m. e. Vorwort v. Adf. Harnack. gr. 8. (V, 215 S.) Leipzig 890. Hinrichs' Verl. n. 3. —; geb. n. 3. 80

— religiöse Reden. In deutscher Übersetzg., m. e. Vorwort v. Adf. Harnack. 2. u. 3. Aufl. gr. 8. (V, 215 S.) Leipzig 891. 893. J. C. Hinrichs' Verl. n. 3. —; geb. n. 3. 80

— religiöse Reden. In deutscher Übersetzg. v. Charlotte Broicher. Anh. zu „Fr. W. Robertsons Lebensbild in Briefen". 2., umgearb. u. verm. Aufl. gr. 8. (X, 226 S. m. Bildnis.) Gotha 895. F. A. Perthes n. 2. 40; geb. n. 3. 40

— dasselbe. Neue Folge. In deutscher Übersetzg., m. e. Vorwort v. Adf. Harnack. 1. u. 2., verm. Aufl. gr. 8. (V, 166 S.) Ebd. 891. 894. n. 2. —; geb. n. 2. 80; Beide Tle. in 1 Bd. geb. n. 6. —

Religiöse Reden von Fred. William **Robertson.** In deutscher Übers. mit e. Vorw. von Adolf Harnack. 5. durchges. Aufl. [Nebst] Neue Folge. 4. durchges. Aufl. Leipzig: J. C. Hinrichs 1897. 2 Bde 8° [F.] [95. 4100 8

[F.] Religiöse Reden v. Frederick William **Robertson.** Neue Sammlg. d. Andenken Emil Frommels gewidmet. (Übs.: Anna Henschke.) *Berlin: Reuther & Reichard 1898.* (4 Bl., 190 S.) 1 Bd 8. [97. 7032

Religiöse Reden von Frederick William **Robertson.** Neue Sammlung. 2., verb. u. verm. Aufl. (Übers.: Anna Henschke.) *Berlin: Reuther & Reichard 1900.* (223 S.) 8° [F.] [00. 7291

— dasselbe. Neue Folge. In deutscher Übersetzg., m. e. Vorwort v. Adf. Harnack. 7., m. der 6. gleichlaut. Aufl. gr. 8. (V, 166 S.) Ebd. 902. n. 2. —; geb. in Leinw. n. 2. 80; (1 u. 2 in 1 Leinw.-Bd. n. 6.—)

— religiöse Reden. In deutscher Übersetzg., m. e. Vorwort von Adf. Harnack. 8. m. der 7. gleichlaut. Aufl. gr. 8. (V, 215 S.) Leipzig 902. J. C. Hinrichs' Verl. n. 3. —; geb. in Leinw. n. 3. 80

— dasselbe. Neue Folge. In deutscher Uebersetzung m. e. Vorwort v. Adf. Harnack. 9., m. der 8. gleichlaut. Aufl. (V, 166 S.) 8. Ebd. 906. n. 2. —; geb. in Leinw. n. 2. 80 (1 u. 2 in 1 Leinw.-Bd. n. 6. —)

Robertson, Fred. William, religiöse Reden. In deutscher Uebersetzg., m. e. Vorwort v. Adf. Harnack. 10., m. der 9. gleichlaut. Aufl. (V, 215 S.) 8. Leipzig 906. J. C. Hinrichs' Verl. n. 3. —; geb. in Leinw. n. 3. 80

Religiöse Reden [Sermons] von Fred[erick] William **Robertson.** (In deutscher Übers.) Mit e. Vorw. von D. Adolf Harnack. 11. Aufl., neu durchges. u. vielf. verb. Leipzig: Hinrichs 1910. IV, 214 S. 8° [11. 5970 11

dasselbe. In deutscher Übersetzg. v. Charlotte Broicher. 3. Aufl. (VIII, 225 S. m. Bildnis.) 8. Gotha 911. F. A. Perthes. 2.—; geb. 3. —

— sozialpolitische Reden. Deutsch v. H. v. Dungern. gr. 8. (V, 198 S.) Göttingen 895. Vandenhoeck & Ruprecht. n. 2. 40; geb. in Leinw. n. 3. 20

Robertson, F. W., Sermons, s. Collection of British authors.

Robertson, Friedrich, s. Robertson, Frederik William

Robertson, G. H., die Republik an d. Westküste v. Afrika, s. Reisen nach d. Ost- u. Westküste v. Afrika.

Robertson, George, B. Sc. (Edin.), aus Glasgow, Schottl.: Ueber die Verseifungs- und Reduktionsprodukte des Phenyldibenzoylglutarsäurediäthylesters. *Leipzig-R. 1899: O. Schmidt.* (38 S.) 8°
Leipzig, Phil. Diss. v. [19. Dez.] 1899

Robertson, H., s. Robertson, David

Robertson, Hans, St. Moritz, seine Fremdenindustrie u. sein Gemeinwesen. Eine kulturhistor. u. volkswirtschaftl. Studie. (VII, 130 S. m. 1 Plan u. 1 Karte.) gr. 8. Samaden 909. Engadin Press Co. 3. 50

Robertson, Henry, the history of Great-Britain from the first invasion of it by the Romans under Julius Caesar. Written on a new plan. 5. edit. With stamps and maps. 12 Volumes. gr. 8. London. 814. (Leipzig, Hinrichs.)

Robertson, J. P., u. W. P., Dr. Francia, Dictator v. Paraguay, geschild. während e. vierjähr. Aufenthalts in dieser Republik, nebst d. nöth. Erläutern. üb. d. südamerikan. Revolution. A. d. Engl. v. Le Petit. 3 Bde. gr. 12. ($49\frac{1}{3}$ B., 1 ill. Karte u. 1 Abbild.) Quedlinburg 839, Basse.

Robertson, J. R., the influence of climate on the human organisation. With observations on certain physiological phenomena. Wiesbaden 854. Roth. 8. (2 Bl., 61 S.) n. 10 ngr.

Robertson, J. R., Wiesbaden, its baths and beauties. With special reference to the effect of the waters on gout, rheumatism, paralysis and spinal irritation. gr. 8. (VIII und 95 S.) Wiesbaden 858, Limbarth. *

Robertson, James, die alte Religion Israels vor d. 8. Jahrh. v. Chr. nach d. Bibel u. nach den modernen Kritikern. Deutsche Uebersetzg. nach d. 4., engl. Ausg. m. Erlaubnis d. Verf. rev. u. hrsg. von Conr. v. Orelli. gr. 8. (VII, 808 S.) Stuttgart 896. J. F. Steinkopf. n. 4. 50

Robertson, James, die alte Religion Israels vor dem 8. Jahrh. v. Chr. nach der Bibel u. nach den modernen Kritikern. Deutsche Uebersetzg. 2. Aufl. m. Erlaubnis des Verf. rev. u. hrsg. von Conr. v. Orelli. (VII, 367 S.) 8. Stuttgart 905. J. F. Steinkopf. n. 4. 20; geb. n. 5. —

Robertson, John G., methodische englische Sprechschule, s.: Harnisch, A.

Robertson, John George [aus Glasgow '(Schottl.)']: Zur Kritik Jakob Ayrers. M. bes. rücks. auf sein verhältnis zu Hans Sachs u. d. engl. komödianten ... Leipzig-Reudnitz, Druck v. O. Schmidt, 1892; 70 S., 1 Bl. 8.
Leipzig, Phil. Fak., Inaug.-Diss. v. [19. Aug.] 1892

John M[ackinnon] **Robertson.** Die Evangelien-Mythen [Christianity and mythology. T. 3]. Mit Vorw. d. Verf. f. d. deutsche Ausg. Berechtigte Übers. aus d. Engl. Jena: Diederichs 1910. 240 S. 8°
[10. 10783

Geschichte des Christentums (A short History of christianity). Von John M[ackinnon] **Robertson.** Autor. Übers. von H. L. Frankfurt a. M.: Neuer Frankf. Verl. 1910. 435 S. 8° [11. 127

— Patriotismus — Militarismus — Imperialismus. Aus dem Engl. übertr. v. Karl Hanselmann. (XV, 184 S.) 8. Dresden 910. E. Pierson. 3.50; geb. n 4.50

Robertson, Joseph Gold, aus Aberfeldy (Schottl.): **Beiträge zur Kenntnis des Camphenamins und Amidoborneols.** *Jena 1903: G. Neuenhahn.* (31 S.) 8°
Jena, Phil. Diss. v. (25. Juli) 1902

Robertson, P(hilip) W.: Optische Studien über 1. Kupferammoniakkomplexe. 2. Gelbe und rote Salze aus p-Oxyazobenzolen. Weida i. Th. 1909: Thomas & Hubert. 54 S. 8°
Leipzig, Phil. Diss. v. 15. Aug. 1909, Ref. Hantzsch, Beckmann
[Geb. 22. Sept. 84 Auckland; Wohnort: Wellington, Neuseeland; Staatsangeh.: Großbritannien; Vorbildung: Univ. v. Neuseeland B. A. u. M. A. 04; Studium: Oxford 6, Leipzig 3 S.; Rig. 22. Juni 09.] [U 09. 3052

ROBERTSON, Robert 1742 - 1829
Robert Robertson's ... Abhandlung über das Fieber, dessen eigenthümliches Wesen, und vernunftmäßige Heilart, als Resultat in Europa, Afrika und Amerika angestellter Bemerkungen.
Aus dem Englischen.
Liegnitz-Leipzig: Siegert. 1796. XVI, 192 S. 8°.
Staatsbibliothek Bamberg
Übers. v. An Essay on Fevers, London 1790.
Frankfurt-Leipziger Meßkatalog, Ostermesse 1796, S. 122.

Robertson, T., a new course of the english language, after a new practical and theoretical method. For the use of schools and for private tuition, with numerous analogies of english words, with the corresponding french or german expressions; translated from his fourth german edit., into Russian by Aug. Boltz. 2. edit. Part 1—3. Leipzig 868. Berndt. 8. [1. (VIII, 165 S.) 20 ngr. 2. u. 3. (III, 332 S.) 1 ℛ 10 ngr.]
2 ℛ

Robertson, T., a new course of the english language, after a new practical a. theoretical method. For the use of schools a. for private tuition, with numerous analogies of english words, with the corresponding french or german expressions; translated from his fifth german ed., into russian by Aug. Boltz. — 3. Ed. Part 1. 8. (VIII, 165 S.) Leipzig 871. Berndt.
2. —

Robertson's, T., Handbuch zu Erlernung u. Uebung der englischen Sprache in 47 pract.-theoret. Lectionen z. öffentl. u. Privatgebrauch, insbesond. z. Selbstunterr. f. Deutsche bearb. v. Georg Steinbeis. 8. (18⅓ B.) (Pforzheim 843,) Flammer.

Robertson, T., praktisches Lehrbuch der englischen Sprache. Mit einer Einleitung u. einem Anhange für Lehranstalten u. zum Selbstunterrichte bearb. von G. Steinbeis. 2. Ausg. 8. (VIII u. 288 S.) Pforzheim 847, Flammer u. Hoffmann. ⅔ ℛ

—— praktisches Lehrbuch der englischen Sprache. Mit einer Einleitung und einem Anhange für Lehranstalten und zum Selbstunterrichte bearb. von G. Steinbeis. 2. Ausg. 8. (VIII und 288 S.) Pforzheim 847. [Stuttgart, Scheitlin's Vrlgsh.]

— Lehrbuch der engl. Sprache. Nach der 2. u. 3. Aufl. des Französ. zum Gebrauch für Deutsche bearb. von W. Oelschläger. 1. Theil. Die Elemente. gr. 8. Stuttgart 847, (846,) Ebner u. Seubert. ½ ℛ

Robertson, T., Lehrbuch der englischen Sprache. Nach der 2. u. 3. Aufl. des Französ. zum Gebrauch für Deutsche bearb. v. W. Oelschläger. 2. u. 3. Thl. gr. 8. (162 u. 168 S.) Stuttgart 847, Ebner & Seubert. à ½ ℛ (3 Thle. 1½ ℛ) — Nach der 5. Aufl. des Franz. zum Gebrauch für Deutsche bearb. v. W. Oelschläger. 1. Thl. Die Elemente u. 2. Thl. gr. 8. (1: IV u. 116 S. 2: IV u. 156 S.) Ebd. 850. 52. (à n. 12 ngr) n. 24 ngr

Robertson, T., Lehrbuch der englischen Sprache. Nach den neuesten Auflagen des Französischen zum Gebrauch für Deutsche bearb. von W. Oelschläger. 1. Thl. Die Elemente. 3. verb. Aufl. Stuttgart 854. Metzler. gr. 8. (IV, 116 S.)
n. 12 ngr.

Robertson, T., Lehrbuch der englischen Sprache. Nach den neuesten Aufl. des französ. Orig. zum Gebrauch für Deutsche bearb. von W. Oelschläger. 4., verb. Aufl. gr. 8. (IV und 386 S.) Stuttgart 857, Metzler'sche Buchh. Verlags-Conto. *

Robertson's, T., Lehrbuch der englischen Sprache. Nach dem Französ. bearb. von W. Oelschläger. 2 Theile. 5., mit der Walker'schen Aussprache versehene, verb. Aufl. Stuttgart 863. Metzler. gr. 8. n. 1 ℛ 8 ngr.
1. Thl. (IV, 114 S.) n. 10 ngr. — 2. Thl. (IV, 288 S.) n. 28 ngr.

— Lehrbuch der englischen Sprache. Nach dem Französ. bearb. von W. Oelschläger. 2 Thle. 6. unveränd. Aufl. Stuttgart 866. Metzler's Verl. gr. 8. [1. Thl. (IV, 114 S.) n. 10 ngr.; 2. Thl. (IV, 288 S.) n. 28 ngr.]
n. 1 ℛ 8 ngr.

— Lehrbuch der englischen Sprache. Bearb. v. W. Oelschläger. 2 Thle. 7. unveränd. Aufl. gr. 8. Stuttgart 872. 74. Metzler. n. 4. 80
1. (IV, 114 S.) n. 1. 40. — 2. (IV, 287 S.) n. 3. 40.

Robertson, T., Lehrbuch der englischen Sprache. Bearb. von Oelschläger. 1. Thl. 8. Aufl. gr. 8. (IV, 114 S.) Stuttgart 878, Metzler'sche Buchh. * 1 —
2. Thl. Ebenda, 1874. *M. 3.

—— neuer Lehrgang der englischen Sprache nach einer neuen prakt., analyt., theoret., synthet. Methode. Für den Schul-, Privat- und Selbstunterricht, unter Benutzung der neuesten engl. Sprachwerke rc., nach der 6. Orig.-Aufl. zum Gebrauch für Deutsche vollständig neu bearb. von Aug. Boltz. 1 — 3. Thl. 8. (VII und 500 S.) Berlin 852, C. Schultze's Buchdr. à Thl. 15 Ngr.

—— dass. — 2. und 3. Thl. 3. Aufl. 8. (II und 340 S.) Ebds. 856. *

—— dass. — 1. Thl. 4. Aufl. 8. (VI und 166 S.) Ebds. 856. *

—— neuer Lehrgang der englischen Sprache nach einer praktischen, analytischen, theoretischen, synthetischen Methode. Für den Schul-, Privat- und Selbstunterricht, unter Benutzung der neuesten engl. Sprachwerke rc., nach der 6. Orig.-Aufl. zum Gebrauch für Deutsche vollständig neu bearb. von Aug. Boltz. 1. Thl. 4. Aufl. 8. (VI und 166 S.) Berlin 857, C. Schultze's Buchdruckerei. *

— neuer Lehrgang der englischen Sprache nach einer neuen praktischen, analytischen, theoretischen u. synthetischen Methode. Für den Schul-, Privat- u. Selbstunterricht, unter Benutzung der neuesten englischen Sprachwerke rc. nach der 6. Orig.-Aufl. zum Gebrauch für Deutsche vollständig neu bearb. von Aug. Boltz. 2. u. 3. Thl. 4. Aufl. Berlin 859. C. Schultze. 8. (336 S.) n. 1 ℛ

— neuer Lehrgang der engl. Sprache nach einer neuen praktischen, analytischen, theoretischen, synthetischen Methode. Für den Schul-, Privat- u. Selbstunterricht, unter Benutzung der neuesten engl. Sprachwerke, u. mit beständ. sehr vollständ. Angabe der german. u. französ. Analogien, nach der 6. Orig.-Aufl. zum Gebrauche für Deutsche vollständig neu bearb. von Aug. Boltz. 2. u. 3. Thl. 5. Aufl. Berlin 869. Gaertner. 8. (336 S.) n. 1 ℛ

Robertson, T., neuer Lehrgang der englischen Sprache nach e. praktischen, analytischen, theoretischen, synthetischen Methode. Für den Schul-, Privat- u. Selbstunterricht unter Benutzg. der neuesten engl. Sprachwerke, u. m. beständ. sehr vollständ. Angabe der german. u. französ. Analogien, nach der 6. Orig.-Aufl. zum Gebrauch f. Deutsche vollständig neu bearb. v. Aug. Boltz. 1—3. Tl. gr. 8. Berlin, Gaertner. n. 4. 50
1. 7. Aufl. (VI, 172 S.) 882. n. 1. 50
2. 3. 6. Aufl. (332 S.) 881. n. 3. —

Robertson, T., neuer Lehrgang der englischen Sprache nach e. praktischen, analytischen, theoretischen, synthetischen Methode. Nach der 6. Orig.-Aufl. zum Gebrauche f. Deutsche neu bearb. v. Aug. Boltz. 1. Tl. 8. Aufl. gr. 8. (VI, 172 S.) Berlin 893. R. Gaertner. n. 1. 50

—— die französische Sprache in 140 Lectionen. Für Deutsche bearb. von J. Oppenheim. 1. Thl. 2. verm. und verb. Aufl. 8. (XIV, 335 S.) Frankfurt a. M. 872, Diesterweg. 2 40
2. Thl. Ebendas. 1865. M 2,40. — Schlüssel. *M 1.

Robertson, T. W., society, s.: Rauch's English readings.

-- dasselbe, s.: Theatro, English.

Robertson, W. [Arzt, geb. in Rotterdam (Holland)]: Ueber den Leberechinococcus mit besonderer Berücksichtigung seines abnormen Verlaufes und seiner Therapie. . . . Freiburg i. B., Univ.-Buchdr. v. Chr. Lehmann, 1890; 48 S. 8°
Freiburg i. B., Med. Fak., Inaug.-Diss. v. 4. Jul. 1890

Robertson, William

Robertson, Wlh., Betrachtung d. Lage d. Welt z. Zeit d. Erscheinung Christi. 8. Leipz. 770. Linke. 2 gr.

— Betracht. über die Lage der Welt zur Zeit der Erscheinung Christi ꝛc. a. d. Engl. v. Ebling. gr. 8. Hamburg, Herold. 779.

Robertson, Will., Charles V. and Francis I. from 1521 —1527, s.: Schulbibliothek, französ. u. engl.

— Collection de différentes espèces de serres chaudes pour forcer des ananas, des arbres fruitiers etc. Ac. 25 Planch. Leipz. 799. Baumgärtner. 6 rthl.

Robertson, William, My wife's diary, with notes by A. Diezmann, s.: Theatre, modern English comic. Nr. 58.

— Disquisition of ancient India, with II maps. gr. 8. Basel 792. Thurneisen. 1 rthl. 12 gr.

— Disquisition concern. India. gr. 8. Basel, Thurneisen. (Levrault, Strasb.)

Robertson, William: Eine Exkursion nach Island im Sommer 1879. Vortrag. ([S.-A.] Mittheilungen der Geographischen Gesellschaft in Hamburg. 1878—79.) Hamburg 1879. 21 S. 8°.

Robertson, W. Geschichte von Alt-Griechenland ... a. d. Engl. Leipzig 1779. Ü: *Schiller, Joh. Frdr.* (MGT) (Ky)

— Geschichte v. Alt-Griechenland, nach d. 2n Ausg. aus d. Engl. übers. (v. J. F. Schiller). gr. 8. Leipz. 779. Weidmann. 2 rthl.

ROBERTSON, William 1721 - 1793
Wilhelm Robertson's ... Geschichte von Amerika.
Aus dem Englischen übersetzt von Johann Friedrich Schiller.
Erster [- Zweyter] Band.
Leipzig: Weidmann. 1777. 8°.
Universitäts- und Stadtbibliothek Köln

Übers. v. History of America, London 1777.
Bd. 3 d. Ausg. 1798, s. Nr. 781.
Franz. Ausg. 1778; engl. Ausg. 1786, 1787, 1790, 1800, s. Nr. 194, 418, 440, 526, 828.
Sabin 71998: mit falschem Jahr 1778 für Bd. 3. Baginsky 559. Palmer.
Johann Friedrich Schiller

— Geschichte v. Amerika; aus d. Engl. v. J. Fr. Schiller. 3 Bde. Mit 4 Karten u. 1 Kpf. gr. 8. Leipz. 798—801. Weidmann. 5 rthl. 2 gr. Holländ. Pap. 7 rthl.

--Geschichte v Amerika wie es ist; ein Buch z Kunde d neuen Welt. Hamburg, 1854.

Robertson, W. Geschichte der Regierung Kaiser Carls des V. . . . A. d. Engl. Braunschweig 1770—71. Ü: *Mittelstedt, Matthaeus Theod. Christoph.* (BrMm) (ML)

Robertson, W. Geschichte der Regierung von Kaiser Karl V. A. d. Engl. von Neuem durchgesehen ... Kempten 1781—83. Ü: *Abele, Johann Mart. von.* (Ky)

— Geschichte d. Regierung v. Kaiser Karl V. Aus d. Engl., v. Neuem durchgesehen u. mit d. Remersätzen u. andern Anmerkk. versehen (von Jh. Mt. v. Abele). 3 Bde. gr. 8. Kempten 781—83. Dannheimer. 2 rthl. 12 gr.

— Geschichte der Regierung Kaiser Karl V.; aus d. Engl. von M. T. C. Mittelstedt. 2e Aufl. mit Anmerkk. von J. A. Remer. 3 Thle. gr. 8. Braunschw. 778, 79. 3e Aufl. völlig umgearb. von J. A. Remer. 3 Thle. gr. 8. Ebd. 792—94. (Schulbuchhdlg.) 5 rthl. 8 gr. (1r Thl. A. u. d. T.: Abriß d. gesellschaftl. Lebens in Europa, v. J. A. Remer. gr. 8. Ebd. 792. 2 rthl.)

— Geschichte v. Schottland, unter Maria u. Jakob VI.; aus d. Engl. v. M. Th. C. Mittelstedt. 2 Bde. gr. 8. Braunschw. 762. Meyer. 3 rthl. 12 gr. — Dass. aus d. Engl. mit Anmerkk., Erläuter. u. Vorrede v. Geo. Fr. Seiler. 2 Bde. gr. 4. Ulm 762. Stettin. 4 rthl.

—— Geschichte v. Schottland, v. d. Geburt der Maria Stuart an bis zur Gelangung Jakobs VI. auf d. Thron v. England. Nebst e. Ueberblick d. früheren Ereignisse in Schottland. A. d. Engl. mit e. biograph.-krit. Uebersicht d. Lebens u. d. Werke d. Verf. v. W. H. v. Vogt. 6 Bdchn. Neue Ausg. 16. (81 B.) Leipzig 829, Hartleben's Verls.-Expedit.

ROBERTSON, William 1721 - 1793
Histoire de l'Amérique ...
Traduite de l'Anglois, par M. E. ...
Tome premier [- quatrieme].
Frankfurt-Leipzig: Kessler. 1778. 12°.
Zentralbibliothek der deutschen Klassik Weimar
Übers. v. Robertsons zweibändiger History of America
Weitere franz. Ausg. Paris-Dresden: G. C. Walther, 1777 [Frankfurt-Leipziger Meßkatalog, Michaelismesse 1777, S. 366] konnte nicht gefunden werden.
Dt. Ausg. 1777, 1798 [Bd. 3], s. Nr. 159, 781.
Engl. Ausg. 1786, 1787, 1790 u. 1800 [Bd. 3], s. Nr. 418, 440, 526, 828.

— — — 1. m. 4 Vol. 12. Basle, Flick. 778.

ROBERTSON, William 1721 - 1793
The History of America
Vol. I [- III].
Leipzig: Schwickert. 1786. 8°.
Landesbibliothek Gotha
Vermutlich identisch mit Ausg. London-Leipzig: Schwickert, 1786 [Frankfurt-Leipziger Meßkatalog, Ostermesse u. Michaelismesse 1786, S. 388, 482, Ostermesse 1787, S. 643]; konnte nicht gefunden werden.
Weitere engl. Ausg. 1787 u. 1790 sowie 1800 [nur Bd. 3 d. ursprünglichen Ausg.]; s. Nr. 440, 526, 828.
Dt. Ausg. 1777 u. 1798 [nur Bd. 3], s. Nr. 159, 781.
Franz. Ausg. 1778, s. Nr. 194.
Sabin 71973.

ROBERTSON, William 1721 - 1793
The History of America. By William Robertson ...
Volume I [- III].
Wien: Schraembl. 1787. 8°.
Universitätsbibliothek Basel
Weitere engl. Ausg. 1786 u. 1790 sowie 1800 [nur Bd. 3 d. ursprünglichen Ausg.], s. Nr. 418, 526, 828.
Dt. Ausg. 1777 u. 1798 [nur Bd. 3], s. Nr. 159, 781.
Franz. Ausg. 1778, s. Nr. 194.
Sabin 71973.

ROBERTSON, William 1721 - 1793
The History of America. By William Robertson ...
Vol. I [- III].
A New Edition.
Basel: Tourneisen und Legrand. 1790. 8°.
Staats- und Stadtbibliothek Augsburg
Weitere engl. Ausg. 1786, 1787 u. 1800 [nur Bd. 3 d. ursprünglichen Ausg.], s. Nr. 418, 440, 828.
Dt. Ausg. 1777 u. 1798 [nur Bd. 3], s. Nr. 159, 781.
Franz. Ausg. 1778, s. Nr. 194.
Sabin 71973.

ROBERTSON, William 1721 - 1793
The History of America. Containing the History of Virginia, to the Year 1688; and the History of New England, to the Year 1652. By William Robertson ...
A New Edition.
Basel: Decker; Straßburg: Levrault. 1800. XXX, 160 S. 8°.
Universitätsbibliothek Freiburg/Br.
Ausg. v. eigentlich Bd. 3 d. Gesamtwerkes.
Frühere engl. Ausg. d. übrigen beiden Teile 1786, 1787 u. 1790, s. Nr. 418, 440, 526.
Dt. Ausg. 1777 u. 1798 [nur Bd. 3], s. Nr. 159, 781.
Franz. Ausg. 1778, s. Nr. 194.
Sabin 71975.

Robertson, William, D. D., Principal of the University of Edinburgh, historiographer to his Majesty for Scotland, and member, of the Royal Academy of history at Madrid. The history of America. The ninth edition, in which is included the posthumous volume, containing the history of Virginia, to the year 1688; and of New England, to the year 1652. (4 Bde.) 8. London **1800.**

— — the same. IV Vol. 8. London. (Levrault, Strasburg.) 803.

— the history of Amerika, compl. un une vol. Lex.-8. Frkf. 828. Brönner. (Schmerber). 4 ℔

— History of Charles V. IV Voll. gr. 8. Basel 787. Thurneisen. 4 ℔

— the same, un une vol. Lexic.-8. Frankf. 828. Brönner. (Schmerber). 4 ℔

Robertson, Wm. History of the reign of the Emperor Charles V. 3 v. 4. London 1769. — 4 v. 8. ib. 1780. — 4 v. 8. Bern 1787. — 4 v. 8. Gotha 1788—91. — 8. London 1798. — 4 v. 8. ib. 1812. — 4 v. 12. ib. 1817. — 8. Francfort o. M. 1828. — New ed., with the Emperor's life after his abdication by W. H. Prescott. 2 v. 8. London 1857. — abdridged ed. (623) 8. ib. 1866. 2 sh. 6 d. — 2 v. 8. ib. 1867. 6 sh. — 8. ib. 1870. 8 sh. 6 d.

Robertson, William D. D. Principal of the University of Edinburgh, and Historiographer to his Majesty for Scotland. The history of the Reign of the Emperor Charles V. with a View of the Progress of society in Europe, from the Subversion of the Roman Empire, to the Beginning of the Sixteenth Century. A new Edition. (4 Bde.) Basil 1788. 8°

— History of the reign of the Emperour Charles. IV Voll. gr. 8. Gotha 788—91. Ettinger. (Levrault in Strassb.) 4 ℔

Robertson, Will., the History of the Reign of the Emperor Charles V. Ausgewählt und erklärt von Otto Hoelscher. 1. Thl. gr. 8. (XVI, 214 S.) Berlin 879, Weidmann'sche Buchh. 2 10

Robertson, Will., the History of the Reign of the Emperor Charles V. Ausgewählt und erklärt von Otto Hoelscher. 2. (Schluss-)Thl. gr. 8. (IV, 223 S.) Berlin 880, Weidmann'sche Buchh.
1. Thl. Ebendas. 1879. ℳ 2,10.

— History of Scotland

— — — the same. II Vol. gr. 8. Bas. Thurneisen. (a. Tourneisen, Cassel) 788.

Robertson, W., History of Scotland. III Vol. gr. 8. Basel. (Ettinger, Gotha.) (a. Levrault, Strasb.) 791-92. Rthlr.

— History of Scottland. III Voll. gr. 8. Basel 791 u. 92. Thurneisen. 3 ℔ (Levrault in Strassb) 4 ℔ 4 ℊ

— the same, un une vol. Lexic.-8. Frankf. 828. Brönner. (Schmerber). 4 ℔

Robertson, William, the history of Scottland during the reigns of queen Mary, and of king James VI. Im Auszuge erklärt v. Emil Grube. 1. u. 2. Tl. Mit 2 (lith. u. color.) Karten v. H. Kiepert. gr. 8. Berlin 885. Weidmann. 3. 30
1. (IV, 149 S.) n. 1. 50. — 2. (160 S.) n. 1. 80

Robertson, William, der praktische amerikanische Landwirth oder nothwendiges Handbuch zum vortheilhaften Betrieb der Landwirthschaft, der Viehzucht, des Obst- u. Weinbaues ꝛc. in den Verein. Staaten von Nordamerika. Nach eigenen Erfahrungen u. den besten amerikan. Quellen ꝛc. bearb. Mit vielen Abbildgn. (Holzschn. im Text.) Ulm 855. F. Ebner. 8. (IV, 302 S.) 1 ℔.

Robertson, W.: The natives of America, s. Sammlung gediegener u. interessanter Werke der engl. Literatur.

Robertson, Wilh., Samml. verschied. Gewächs- u. Treibhäuser, um Ananas u. andere zarte Pflanzen zu erziehen; aus d. Engl. f. Deutschland bearb. von J. G. Grohmann. Mit 25 Kpft. qu. Fol. Leipz. 799. Baumgärtner. 6 ℔

Robertson, Wilh., Samml. verschied. Arten Gewächs- u. Treibhäuser, um Ananas, Fruchtbäume u. andere zarte Pflanzen z. erziehen u. z. erhalten. (Dass. auch französ.: Collection des differentes espèces des serres chaudes etc.) Aus d. Engl. f. Deutschland v. J. G. Grohmann. Mit 24 Kpf. qu. Fol. Leipzig. 1800. Baumgärtner. 6. —

— histor. Untersuchung üb. die Kenntniß d. Alten in Indien, u. d. Fortschritte des Handels mit diesem Lande ꝛc. aus d. Engl. v. Georg Forster. (Mit 2 Karten). gr. 8. Berl. 791. Voß. 1 ℔ 6 ℊ Schreibp. 1 ℔ 12 ℊ

Robertson, W. Historische Untersuchung über die Kenntnisse der Alten von Indien ... A. d. Engl. ... Berlin 1792. Ü: *Liebeskind, Doroth. Marg. verw. Forkel geb. Wedekind.* (GGr) (Schl) (MGT)

— hist. Untersuch. über d. Kenntn. d. Alten v. Indien u. d. Fortschritt. des Handels m. dies. Lande ꝛc. a. d. Engl. von G. Forster. gr. 8. Berl. Voß. 792.
Schreibp.

(**Robertson**, William): Wilhelm Robertson's historische Untersuchung über die Kenntnisse der Alten von Indien, und die Fortschritte des Handels mit diesem Lande vor der Entdeckung des Weges dahin um das Vorgebirge der Guten Hoffnung. Mit zwei Karten. Aus dem Englischen, mit einer Vorrede von Georg Forster. Berlin 1792. XII. 392 S. 8°.

— View of the interior government, laws and manners in Europe, s. Sammlung gediegener u. interessanter Werke der engl. Literatur.

Robertson, William, Works. To which is prefixed an account of his life and writings, by D. Stewart. 12 Volumes, with stamps and maps. gr. Ebend. 812. (Ebend.) 3

Robertson, William. Der Zustand der Welt bey der Erscheinung Christi ... a. d. Engl. Hamburg 1779. Ü: *Ebeling, Johann Dietrich Philipp Chn.* (Ky) (ML) (Rotermund, Gel. Hannover. Bremen 1823.)

Robertson, William Allan, a. Grantown-on-Spey in Schottland: Tempus und Modus in der altenglischen Chronik. Hss. A und E (C.C.C.C. 173, Laud 636). Marburg 1909: R. Friedrich. (80 S.) 8°
Marburg, Phil. Fak., Ref. Viëtor, Diss. v. 6. Aug. 1906
[Geb. 20. Febr. 80 Grantown, Morayshire, Schottland; Staatsangeh.: England; Vorbildung: R. Gordon's College Aberdeen bis M. 99; Studium: Univ. Aberdeen 8, Marburg 3 S.; Rig. 23. Juni 06.]

Robertus, boarisch Blut od.: A Gaudi, a Musi, a Gsangl! Juhu! Überaus reichhalt. Sammlg. heiterer Soloscenen, Couplets, Lieder, Deklamationen, lust. Duoscenen, dezenter Damenvorträge, ländl. Scenen u. Komödien sowie üb. 120 witz. Schnadahüpfeln, originelle Marterln u. fidele Vortragsscherze in süddeutscher Mundart. (125 S.) 8. Mühlhausen i/Th. (909). G. Danner. 1.—

Das Buch der Pantomimen, Schattenbilder, Kartoffelkomödien und Lebenden Rebusse. Hrsg. von **Robertus**. Mühlhausen i. Th.: G. Danner [1907]. (304 S.) 8° [F.] (08. 3161 3

Da capo! 100 zündende Witze ... Hrsg. von **Robertus**. Mühlhausen i. Th.: G. Danner [1907]. (79 S.) 8° (08. 3160 3

— Hochzeit u. Polterabend. 52 neue Deklamationen. Vorträge, Toaste, Prologe, Tafellieder, Aufführgn., sowie Kranz- u. Schleiergedichte f. Kinder u. Erwachsene. (72 S.) 8. Ebd. (910). —50

— Silberne Hochzeit. 68 gediegene humorist. u. ernste Aufführgn. u. Vorträge f. Kinder u. Erwachsene, sowie Kranzgedichte, Prologe, Toaste, Ansprachen u. Tafellieder. (120 S.) 8. Ebd. (908). 1.—

— Kasperle-Theater. 15 lust. Kasperle- u. Marionetten-Stücke. (104 S.) 8. Ebd. (908). 1.—

Der urdrastische Vereinskomiker. 50 humorist. Prosa-Vorträge ... Hrsg. von **Robertus**. Mühlhausen i. Th.: G. Danner [1907]. (120 S.) 8° [F.] (08. 3163 3

— Die Weihnachtsfeier im Verein u. in der Familie. Praktische Anleitgn. u. Ratschläge, diese Feier besonders wirkungsvoll u. erhebend zu gestalten, nebst e. sehr reichhalt. Sammlg. v. üb. 60 Weihnachts-Aufführgn., Vorträgen, Gedichten, Prologen, leb. Bildern, Reigen, Weihnachtsliedern u. dergleichen f. Erwachsene u. Kinder. (139 S.) 8. Ebd. (907). 1.—

Robertus, Gerda v., (Gertr. v. Schlieben), vom Baum des Lebens. Gedichte. (208 S.) kl. 8. Leipzig 908. Verlag f. Literatur, Kunst u. Musik. 3.—; geb. n 4.—

— Schattenrisse. Neue Gedichte. (192 S. m. Bildnis.) kl. 8. Berlin (909). Marquardt & Co. 3.—

Roberwalls Wage ꝛc. s. J. J. J. Hoffmann.

Roberz, M. J., Schule u. Kirche. [Ein Wort zur Verständigung.] Zunächst an die HH. Pfarrer des Kreises Rheinbach. gr. 8. (8 S.) Köln 848, Lengfeld in Comm. 1½ ngr

Robespierre, od. der neunte Thermidor. Drama in 3 Theilen u. acht Bildern. Ein Gemälde d. französ. Revolution 1794. Nach Anicet-Bourgeois u. Francis v. G. Ball. 8. Nürnb. 832. Winter. 21 gr

Robespierre. Mit Beziehung auf die neueste Zeit dargestellt ... Leipzig 1837. V: *Schulze, Friedrich August.* (Ky) (BrVV) (BrMm)

Robespierre. Mit Beziehung auf die neueste Zeit dargest. v. ein. Wahrheitsfreunde. gr. 8. (14½ B.) Leipzig 837, Brockhaus.

Robespierre. Trauerspiel in 5 Aufzügen von dem Verf. des dramatischen Gedichts „Himmel u. Erde" (Wilh. v. Issing.) Cassel 859. Bohné. 16. (2 Bl., 184 S.) n. 20 ngr

Robespierre. Trauerspiel in 5 Aufzügen von dem Verf. des dramat. Gedichts, „Himmel und Erde" (Wilh. v. Issing.) (Den Bühnen gegenüber als Mscr. gedr.) 16. (III und 184 S.) Cassel 859. [Freyschmidt.]

Robespierre als Freund seines Vaterlandes, oder merkwürd. Epochen aus der Geschichte Frankreichs. 8. Leipz. 798. (W. Rauck). 16 gr

Robespierre als Freund seines Vaterlandes, od. merkwürdige Epochen a. d. Geschichte Frankreichs. 8. Leipz. Sommer. 798.

* Robespierre, als Freund seines Vaterlandes, od. merkwürd. Epochen aus d. Geschichte Frankreichs. 8. Lpz. Sommer. 837.

Robespierre, Maximilian. Ein Lebensbild, s. Brunnemann, K.

Robespierre, Maximilian, s.: Memoiren-Bibliothek.

Robespierre, Maximilian. Historisches Trauerspiel in 5 Aufzügen. Leipzig 868. Fr. Fleischer. gr. 8. (159 S.) n. 20 ngr

— geschildert in seinem Privatleben; aus d. Französ. 8. Berl. 794. Rauck. N. A. 798. (Schäfer in Frankf. a. M.) 20 gr

Robespierre, Maximilien de

Robespierre, M., Bericht an den Nationalkonvent im Namen des öffentlichen Wahlausschusses des 18. Floreal. Ueber die Beziehung der Ideen der Religion und Moral mit den republikanischen Grundsätzen; und über die Nationalfeste. 8⁰. Im 2. Jahre der Republik.

— Bericht an den Nationalconvent üb. d. Nationalfeste. 16. Basel, Flick. 794.

— Bericht an d. Nationalconvent, üb. die Nationalfeste. 16. Basel 794. (Neukirch). 4 gr

— üb. die Nationalfeste d. Franzosen; aus d. Französ. 8. Altona 794. (Hammerich). 4 gr

— vergl. J. B. Courtois.

— Erklärung der Menschenrechte, s.: Constitutionen, die Französ.

Robespierre, F. J. M. I. Über die politische Lage von Frankreich; a. d. Franz. Frankf. u. Leipzig 1794. Ü: *Rade, Carl August von.* (stams)

Robespierre, M., u. St. Just, üb. die polit. Lage v. Frankreich; aus d. Französ. mit Anmerkk. (v. K. A. v. Rade). 8. Frankf. u. Leipz. 794. Barth. 16 gr

Robespierre, M., üb. die polit. Lage v. Frankreich; aus d. Französ. übers. v. A. G. F. Rebmann. 8. Hamb. 795. (Herold jun.) 4 gr

— üb. d. polit. Lage Frankr. u. d. übrige Europa, übers. von Rebmann. 8. Hamb. Vollmer. 795.

Robespierre, François Joseph Maximilien Isidore. Manifest der Frankenrepublik an alle Völker Europens. [A. d. Franz.] Upsala [Hamb.] 1795. 2. A. 1796. 3. A. 1797. Ü: *Rebmann, Andr. Gg Frdr.* (wr)

Robespierre, Max., Memoiren, s. Memoiren.

— Memoiren; aus d. Französ. von L. Lax. 1r u. 2r Bd. Mit Belegen u. e. Fac-Simile. gr. 8. Aachen u. Lpz. 830. Mayer. (à 1 ℛ 8 gr) 2 ℛ 16 gr

—— Rede über die Preßfreiheit, s. Rede, eine alte.

— drei Reden, gehalten im Nationalconvent. 8. Altona 794. Hammerich. 6 gr

— nachgelassene Schriften u. Reden, siehe Beiträge zur Geschichte der französ. Revolution, 2. Abth.

— Nachgelassene Schriften und Reden. 2 Bde. 8⁰. Kassel 1852.

Robespierre's, M., (guill. d. 28. Juli 1794), sämmtliche Werke. Nach der neuesten Ausg. von Laponeraye. Mit Robespierre's Portr. 1. Lfg. 8. (38 S.) Leipzig 850, Weller. n. 1/6 ℛ

Robespierre's Biographie, s.: Schumm, A.

Robespierre's Leben, s. Hermann, J.

Robespierre's, Max, politisches Leben, merkwürdige Thaten und trauriges Ende. Aus dem Französischen. 8⁰. s. l. 1798.

Robiano, de, Neururgie oder der thierische Magnetismus nach mehr. neuen Erscheinungen bereichert, bewiesen und veranschaulicht. Entdeckung eines bis jetzt unbekannten Zustandes. Nach der 3., verm. Aufl. des französ. Orig. unter den Augen des Verf. übers. von Wilh. Schöttlen. gr. 8. (VIII und 164 S.) Stuttgart 849, [Quack.]

de Robiano, Comte, Neururgie oder der thierische Magnetismus nach mehreren neuen Erscheinungen bereichert, bewiesen u. veranschaulicht. Entdeckung eines bis jetzt unbekannten Zustandes. Nach d. 3. verm. Aufl. des franz. Orig unter den Augen des Verf. übers. v. Wilh. Schöttlen. gr. 8. (VIII u. 164 S.) Stuttgart 849, Rümelin. 1 ℛ

Robiano, Graf Fr., Marie Antoinette in d. Conciergerie. Ein histor. Fragment. (Aus d. Echo abgedr.) 8. Leipz. 824. Magaz. f. Indust. 4 gr

— Maria Antoinette in d. Conciergerie, histor. Fragment. Uebers. mit Anmerkk. von A. L. Back. 8. Eisenb. 825. Schöne. 9 gr

Robiano, Louise Gräfin v., lebende Bilder. 2 Thle. Leipzig 867. Kollmann. 8. (438 S.) 1 ℛ 20 ngr

— Anna Boleyn. Historischer Roman. 2 Bde. Jena 867. Costenoble. 8. (739 S.) 3 ℛ 15 ngr

Robiano, L. v., Ebba Brahe. Historisches Familienbild. 3 Bde. 8. (IV, 195; III, 205 u. III, 168 S.) Leipzig 877. Dürr'sche Buchh. 9. —

— Robert Bruce oder die Helden von Bannockburn. Ein geschichtl. Lebensbild aus dem schott. Freiheitskriege 1316—1329. 5 Bde. Hannover 870. Rümpler. 8. (III, 234; III, 224; III, 228; IV, 250 u. IV, 254 S.) 6 ℛ

Robiano, Louise Gräfin v., Dur u. Moll. Erzählungen für Jung u. Alt. 1—3. Bd. Zerbst 869. Römer & Sitzenstock. 8. [I. II. (III, 372 S.) 1 ℛ — III. (V, 188 S.) 24 ngr] 1 ℛ 24 ngr

Robiano, Louise v., Ende gut, Alles gut! Eine Erinnerung an Nauheim. Stuttgart 863. Schweizerbart. 8. (210 S.) n. 22 ngr

Robiano, L. v., Lady Jane Gray u. ihre Zeit. Historisches Lebensbild. 4 Bde. gr. 8. (V, 256; III, 235; III, 252 u. III, 244 S.) Leipzig 873. F. Fleischer. 18. —

— der Jesuit oder die gemischte Ehe. Nach dem Leben erzählt. 2 Bde. Ludwigsburg 861. (Basel,) Balmer & Riehm. gr. 8. (VIII, 699 S.) 2 ℛ

- der Jesuit od. die gemischte Ehe. Nach dem Leben erzählt. Neue (Titel-) Ausg. gr. 8. (VIII, 698 S.) Basel 872. Riehm. 3. —

— Alexander Mentschikoff oder Fürstengunst u. Ungnade. Historische Erzählung. 2 Bde. Leipzig 868. Kollmann. gr. 16. (V, 830 S.) n. 4 ℛ

— die Rose v. Heidelberg. Historischer Roman aus dem Pfälzerkriege 1689—1693. 4 Bde. 8. (225, 305, 271 u. 296 S.) Leipzig 872. Dürr'sche Buchh. 15. —

— Gustav Wasa. Historischer Roman. 2 Bde. Jena 866. Costenoble. 8. (653 S.) 3 ℛ

—— Gustav Wasa. Historischer Roman. 2 Bde. 8. (653 S.) Jena 868, Costenoble. 9 —

Robiati, Ambr., Atlante elementare di botanica ossia iconografia ed organografia di 50 piante tratte dalle principali famiglie, contin. 50 tavole (lit. e) color. e più di 600 figure di dettaglio in fianco, (50 tav lit.) disegn. dal vero, preced. da un breve sunto sulla nomografia botanica. Lex. 8. (40 S.) Milano 847. (München, Franz.) n. 6 ℛ 16 ngr

Robicsek, Olga, Richtet nicht. Roman. (VII, 220 S.) 8. Dresden 905. E. Pierson. n. 3. —; geb. n. 4. —

Robiczek, Olga, Evas Tochter. Lustspiel in 1 Aufzuge. (Mit teilweiser Benützg. der Novellette Scellerata v. Rovetta frei bearb.) (V, 36 S.) 8. Dresden (907). E. Pierson. 1. —

Robicsek, Sigm., Grundideen zur Erreichg. e. vollkomm. Gesundheit u. e. hohen Alters. Nach Naturgesetzen geschild. 8. (48 S.) Budapest 898. F. Kilián Nachf. n. 1. —

Robida, Alb., das elektrische Jahrhundert, s. Kürschner's, Jos., Bücherschatz.

Robida, Albert: Das elektrische Jahrhundert. Von —. Einzig gesetzl. berecht. Bearb. von Marie v. Scheve. Mit Ill. von W. Roegge. Berlin, Eisenach, Leipzig: H. Hillger [1899]. (124 S.) 8°
= Bücherschatz, Kürschners. No 128.

Robida, Carl, s. Robida, Karl

Robida, J., der Huchen u. sein Fang m. der Angel. gr. 8. (III, 121 S. m. 40 Fig.) Laibach 902. I. v. Kleinmayr & F. Bamberg. Geb. in Leinw. n. 3. —

Robida, Joh., Laibach. Illustrierter Wegweiser durch die Landeshauptstadt v. Krain. Mit 1 (farb.) Plan, gezeichnet v. Cyrill Koch. (II, 64 S. m. Abbildgn. u. Taf.) kl. 8. Laibach 910. Kathol. Buchh. 1.20

Robida, Karl, Entwicklungsgang der Physik von den ältesten Zeiten bis auf die Gegenwart. Aus dem Programme vom J. 1853 abgedr. Klagenfurt 854. Leon. gr. 8. (69 S.) 10 ngr.

Robida: Erklärung der Beugung, Doppelbrechung und Polarisation des Lichtes. 30 S. 8°.– Klagenfurt. Progr. 1862.

Robida, Carl, Erklärung der Beugung, Doppelbrechung und Polarisation des Lichtes aus den Grundzügen einer naturgemässen Atomistik. 3. Heft. gr. 8. (30 S. mit 1 Stnt. in Imp.-Fol.) Klagenfurt 862, (Leon's Buchh.) *

Robida: Erklärung der Lichterscheinungen aus meinen „Grundzügen einer naturgemässen Atomistik". – Klagenfurt. Progr. 1861.62.

Robida, Carl, Erklärung der Lichterscheinungen aus den Grundzügen einer naturgemässen Atomistik. 2. Heft. gr. 8. (36 S. mit 1 Stnt. in qu. Fol.) Klagenfurt 861, (Leon's Buchh.)

Robida, Karl. Geistlicher Führer der Jugend. Klgft., v. Kleinmayr, (ca. 1840). 240 S.

Robida, Karl, Grundzüge einer naturgemässen Atomistik mit den daraus abgeleiteten Schwingungsgleichungen. 1. Heft. Klagenfurt 860. (Leon.) gr. 8. (28 S. u. 1 lith. Taf.) n. 6 ngr.

Robida, Karl. Grundzüge einer naturgemässen Atomistik mit den daraus abgeleiteten Schwingungsgleichungen. Klgft., Leon. 1860—62. 3 Hefte.

Robida, Carl, Höhenbestimmungen der Erdatmosphäre u. ihrer unteren Schichten. Klagenfurt 866. Leon's Buchh. 8. (24 S. mit 1 Höhentaf.) 4 ngr.

Robida, P. Karl, *Professor am k. k. Gymnasium zu Klagenfurt.* Magnetismus. Fortsetzung u. Schluss der Vibrations-Theorie der Elektrizität. *Klagenfurt* 1858. *Johann Leon.* 60 S. 8°.

—— Magnetismus. Fortsetzung und Schluss der Vibrations-Theorie der Elektrizität. gr. 8. (60 S.) Klagenfurt 858, (Liegel's Buchh.) *

—— Preces et meditationes praeprimis in usum studiosae juventutis. 16maj. (IV und 251 S.) Clagenfurti 854. (Lipsiae, H. Fritzsche.) *

Robida, P. C. — Preces et meditationes praeprimis in usum studiosae juventutis edidit — —. 8. (1 Blatt et 252 S.) Clagenfurti. Apud Eduardum Liegel. 1854. Wien. Gedruckt bei A. Pichler's Witwe und Sohn.

Robida, P. K., Zdravo Telo nar Boljši Blago, alj navk zdravje ohraniti. 12. Celovci 846, Leon. 12 ngr.

Robida: Vibrationstheorie der Elektrizität. Zs. 100 S. 8°.– Klagenfurt. Progr. 1857,58.

— Vibrations-Theorie der Elektricität. Klagenfurt (858.) Leon in Comm. gr. 8. (37 S.) 10 ngr.

Robida, Karl. Domači zdravnik v navadnih boleznih človeka poleg Hufelanda, Rusta, Tissota in drugih. V Celovcu, Leon, 1854. 254 S. — 2. natis. 1861.

Robierski, Ant.

Ders.: Annalen der Rechtsgelehrsamk. f. Beamte u. Geschäftsmänner. *Lemberg*, (v. Mösle u. Braumüller in *Wien*.) 812. 813. gr. 8. (à Bd. 18 Gr.)

. Robierski, Ant.: Annales jurisprudentiae pro regnis Galiciae et Lodomeriae. *Vienn.* et *Leop.* 810. 11. 2 Bde. 8. — Bd. 3. u. 4. unt. d. Tit.:

Robilant, de l'Utilité et de l'Importance des Voyages et des Courses dans son propre Pays, av. planch. en 12. gr. 4. Turin. (Walther, Dresden.) 790.

Robillard, kleine Erzählungen f. kleine Kinder. A. d. Franz. 16. (10 B. u. 4 ill. Kpfrt.) Ulm 835, Fr. Ebner.

Robillard, Selbst-Unterricht z. Zeichnen aller Arten Herrenkleider, als Oberröcke, Fracks, Uniformen, Mäntel, Palletots, Beinkleider ꝛc. Durch 88 lith. Figuren erläutert u. m. e. Reductions-Schema, nach Zollen eingetheilt, versehen. Nach d. Französ. v. Wilh. Harder. 4. (2 B., 6 Stnt. u. 1 Tab.) Magdeburg 813, Baensch.

Robin, Doctor, s. Album f. Liebhaber-Theater, 5. Hft.

Robin, Doctor, Album, s. Album für Liebhaber-Theater 6. Heft.

—— dass. — s. Bernhardi's Theater-Album. 1. Heft.

Robin, Doctor, Lustsp. in 1 Aufz. Nach d. Französ. bearb. v. L. W. G. gr. 8. Karlsruhe 843, Macklot. 1/4 ℛ

Robin Hood, der König der Wälder u. seine lustigen Wildschützen. Englands ältestes u. beliebtestes Jugend- u. Volksbuch aus den alt-engl. Balladen Robin Hood Garlands u. den Black letter rolls (nach Percy, Ritson u. Anthony a Wood) übers. u. bearb. von Rob. Springer. Mit 4 bunten (chromolith.) Bildern. Dresden 870. Meinhold & Söhne. gr. 8. (VI, 93 S.) geb. 21 ngr.

Robin der Rothe. Eine Schottische Sage. Nach d. Engl. des W. Scott bearbeitet von W. A. Lindau. 3 Thle. 8. Berlin, Dunker u. Humblot. 818.

Robin, Benj., neue Grundsätze d. Artillerie, enth. d. Bestimm. d. Gewalt des Pulvers, a. d. Engl. v. Euler, m. K. 8. Berl. 745.

Robin, Benj. Neue Grundsätze der Artillerie. Aus dem Engl. mit Euler's Erläuterungen. 8. Berlin 1755.

Recherches sur les initiations anciennes et modernes. Par [Claude] R[obin]. Amsterdam, Paris: Valleyre l'aîné 1779. 172 S. 8°

[Dasselbe.] Dresde: Walther 1781. 116 S. 8°
Abgedr. in: Chemin-Dupontès, J. B.: Travaux maç. 1 (1819) S. 1—105; Chemin-Dupontès, J. B.: Encyclopédie maç. 1 (1819) S. 1—105; Frt. (Rouen) 1 (1843) S. 173—177, 201—205, 225—230, 253—258, 281—285; [2] (1844) S. 313—316, 333—338, 365—368, 397—400, 429—433, 461—466, 493 bis 498.
Übers. von Abt. 1 in: Frmr-Bibliothek. 2 (1782) S. 27—66.
cf. MN. 1 (1878—1879) S. 70 (A. G. Mackey).
Kl. 3816. Selten.

[Deutsche Übers. u. d. Tit.:]
Ueber die Einweihungen in alten und neuern Zeiten. Von [Claude] R[obin]. Memphis u. Braunschweig [Leipzig: Böhme] 1782. 128 S. 8° [Kupfertit.]
Kl. 3817, Tt. 2727.

Robin, C. C., neue Reise durch Nordamerika; aus d. Französ. gr. 8. Nürnb. 783. (Eichhorn). 12 gr.

ROBIN, Abbé
Neue Reise durch Nordamerika, in dem Jahr 1781, nebst dem Feldzuge der Armee des Herrn Grafen von Rochambeau, vom Abbé Robin.
Aus dem Französischen übersetzt.
Nürnberg: Grattenauer, 1783. 4, 176 S. 8°.
Universitätsbibliothek Bonn
Verfassername ungeklärt: Laut F. MONAGHAN, French Travellers in the United States 1765 to 1932 [New York 1933, [2]1961], S. 81: Abbé Robin; laut Katalog der Library of Congress: Claude C. Robin, 1750-; laut Catalogue général der Bibliothèque nationale: Charles-César Robin.
Übers. v. Nouveau Voyage dans l'Amérique septentrionale, Philadelphia-Paris 1782.
Frankfurt-Leipziger Meßkatalog, Ostermesse 1783, S. 592.
Sabin 72037. Palmer.

— Reisen nach d. Innern v. Louisiana, d. westlichen Florida u. auf d. Inseln Martinique u. St. Domingo, in d. Jahren 1802-6. a. d. Franz. v. K. L. M. Müller. 3 Thle. gr. 8. Berlin, Kunst u. Industr. Compt. 808-9. (I. u. III. à 1 Rthlr. 6 gr. II. 1 Rthlr. 12 gr.)

— — Reisen in d. Innere von Louisiana und nach der Insel Martinique und St. Domingo. 3 Bde. gr. 8. Berlin. 808. Jetzt Schlesinger.

Robin, Eduard

Robin, E., s. Novellen-Album.

ROBIN, Eduard (ps.), Novellen-Album. 1842.
Weller. Lex. Ps. p. 482.

Robin, Ed., die Pulver-Verschwörung in Jammershausen. Orig.-Lustsp. in 4 Act. 8. (7 1/8 B.) Breslau 840, Kohn. •

Robin, H., mod. Evatöchter, s. Weichert's Wochen-Bibl.

Moderne Evatöchter. Novelle von H. Robin. Mit 3 Vollbild. Berlin: A. Weichert [1899]. (96 S.) 8°
= Wochen-Bibliothek, Weichert's. Bd 55.

ROBIN, H.
(F) Moderne Eva-Töchter. Novelle von H. Robin. Mit 3 Vollbildern. (Weichert's illustrirter Familienschatz. Bd. 55.) Wien. [1899.] Derflinger & Fischer. 8°. 96 S. fl. —.15

Robin, J., der deutsche Champagner. Ein Beitrag zur deutschen National-Industrie. Dresden 860. Zeh in Comm. gr. 8. (14 S.) n. 5 ngr.

Robin, J.: Die fremden und inländischen Weine in den deutschen Zollvereinsstaaten. Abhandlung über Schutzzoll und freien Handel in Bezug auf die aus- und inländische Champagner-Fabrikation und Hülfe für die deutschen Weinzüchter, betreffend die Nothwendigkeit einer Abänderung der Wein- und Branntweinsteuer zu Gunsten der National-Industrie und der inländischen Weinbauer. Nebst wichtigen Nachweisungen über Weinverbesserung, Absatzmittel, Wein- und Branntwein-Konsumtion, Ein- und Ausgang, inländische und fremde Wein-Zolltarife etc., sowie einer allgemeinen Statistik des Flächeninhalts und des Weinertrages in den Weinländern der Zollvereinsstaaten und in Frankreich. Berlin: Verf., Eyssenhardt in Comm. 1845. VII, 196 S. -- 11*.12:

Robin, J., Zustand der Champagner-Fabrikation in den Zollvereins-Staaten. Ein Beitrag zu dem deutsch-französ. Handelsvertrag mit Statistik. Naumburg a. S. 865. (Tauerschmidt.) gr. 8. (16 S.) n. 5 ngr.

Robin, Paul, Liebesfreiheit od. Eheprostitution? Keine Zufallskinder mehr, sondern bewußte Zeugg. gesunder, gewollter Kinder! Aus dem Franz. übers. u. m. e. Vorwort versehen v. Armand Fernau. (16 S.) 21,5×11,5 cm. Berlin (N. W. 87, Wullenweberstr. 6). (907). A. Pleßner. — 10

— Der Zauber-Salon. Vollständiger Unterricht in den interessantesten Kunststücken der modernen Salon-Magie u. deren verwandten Fächern. Mit 122 erläut. Abb. (156 S.) 8. Berlin (909). Neufeld & Henius. 1. —
vgl.: Robin, Rob.

Robin, Pierre, die Rolle des Kauaktes u. des Follikelsacks beim Durchbruch der Zähne. Autoris. Übersetzg. v. H. Chrn. Grove. gr. 8. (48 S.) Leipzig 901. A. Felix. n. 1. 80

Robin, Rob., der Zauber-Salon. Vollständiger Unterricht in den interessantesten Kunststücken der modernen Salon-Magie u. deren verwandten Fächern. 8. (183 S. m. Abbildgn.) Leipzig 893. C. A. Koch. n. 2. 40
vgl.: Robin, Paul

Robine, d. Philosophen, u. s. Sohns Leben u. Thaten. 2 Thle. 8. Erf. Jungnikel. 753.

(Robineau, dit Beaunoir, Al. L. Bertr.) Les masques arrachés, ou vies privées de LL EE Henri Van-der-Noot et Van-Eupen, de S. E. le cardinal de Malines et de leurs adhérents. Par Jacqu. Lesueur. 2 v. 8. Bruxelles 1790. — 2 v. 18. Anvers 1791. — Deutsch. 8. Hildburghausen 1791.

– Dass., s.a. Beaunoir

Robinet, J. B., v. d. Natur. 1r Bd. gr. 8. Frankf. und Leipz. Kraus. 764.

Robinet, Joseph, Von Pferdekrankheiten und ihren Kuren, nach alphabet. Ordnung. Aus dem Franz. gr. 8vo. Leipzig 780. Weidmanns Erben.

Robinow, Franz, Referendar in Hamburg: Auslegung des § 320 B.G.B., insoweit er nach H.G.B. § 375 auf den Spezifikationskauf Anwendung findet. *Borna-Leipzig 1902: R. Noske.* (XI, 68 S.) 8°
Leipzig, Jur. Diss. v. 1902

Robinow, Richard [aus Hamburg]: Der Begriff des Werthpapiers nach neueren Reichs- und Landesgesetzen ... Berlin, Druck v. F. W. Schapke, 1892; 2 Bl., 71 S. 8.
Göttingen, Jur. Fak., Inaug.-Diss. v. [2. Mai] 1892

Robinow, Rich., der Begriff d. Werthpapiers nach neueren Reichs- u. Landesgesetzen. Diss. gr. 8. (III, 71 S.) Berlin 892. (H. Bahr's Sort.) n. 1. 20

Robins, Benjamin. Neue Grundsätze der Artillerie, enthaltend die Bestimmung der Gewalt des Pulvers, nebst einer Untersuchung über den Unterschied des Widerstandes der Luft in schnellen und langsamen Bewegungen. Aus dem Englischen des Herrn ..... übersetzt und mit Anmerkungen erläutert von Leonhart Euler, königl. Prof. in Berlin. (Mit 8 Taf.) 8. Berlin 1745.

Robins, Elizab., s.a. **Raimond, C. E.**

Robins, Elizab., the convert, s.a. Collection of British authors.

The Convert. By Elizabeth **Robins** [d. i. C. E. Raimond]. Copyright ed. In 2 vol. Vol. 1. 2. Leipzig: Tauchnitz 1908. 8°
(Collection of British authors. Tauchnitz Ed. Vol. 4015/6.) [11. 8762]

The Florentine frame, s.a. Collection of British authors.

The Florentine Frame. By Elizabeth **Robins** [d. i. C. E. Raimond]. Copyright ed. Leipzig: Tauchnitz 1909. 303 S. 8°
(Collection of British authors. Tauchnitz Ed. Vol. 4160.) [11. 6878]

Robins, Elizabeth (C. E. Raimond), A dark lantern, s.a. Collection of British authors.

A dark Lantern. A story with a prologue. By Elizabeth **Robins** (C. E. Raimond). Copyright ed. In 2 vol. Vol. 1. 2. Leipzig: Tauchnitz 1905 8°
Collection of British authors. Tauchnitz Ed. Vol. 3823/4.) [11. 8614]

— The magnetic north, s.a. Collection of British authors.

The magnetic North. By Elizabeth **Robins** (C. E. Raimond). Copyright ed. In 2 vol. Vol. 1. 2. Leipzig: Tauchnitz 1904. 8°
(Collection of British authors. Tauchnitz Ed. Vol. 3729/30.) [11. 8530]

Raimond, C. E. (Elizab Robins), the open question, s.a. Collection of British authors.

The open Question. A tale of two temperaments. By C. E. Raimond (Elizabeth **Robins**). Copyright ed. In 2 vol. Vol. 1. 2. Leipzig: Tauchnitz 1899. 8°
(Collections of British authors. Tauchnitz Ed. Vol. 3332/3. [11. 8033]

Robins, J., the Favourite. A Play, s. **Theatre**, the British, No. 10.

Robinski, Severin

Robinski, S., e. weiterer Beitrag zur Anatomie, Physiologie u. Pathologie der Augenlinse. gr. 8. (44 S.) Berlin 889. Robinski & Co. n. 1. —

Zur Beseitigung der Umsturzbewegungen in der Menschheit. Betrachtungen von Dr. Severin **Robinski**. (Lfg 1.) [Mehr nicht erschienen.]
Berlin: Robinski & Co. 1895. (46 S.) 4°(8°)
1 = Ehrerbietigstes Sendschreiben an S. M. Wilhelm II. [03. 15436]

Robinski, Severin, zur Beseitigung der Umsturzbewegungen in der Menschheit. Betrachtungen. Ehrerbietigstes Sendschreiben an Se. Maj. Wilhelm II., deutschen Kaiser, König v. Preussen. 1. Lfg. Lex.-8. (46 S.) Berlin 896. Robinski & Co. n. 1. —

Robinski, Severin. (geb. Krotoschin 6. 1. 1837): De Bukovina balneo Silesiaco. Berolini (1863). (32 S.) 8°
Berlin, Med. Diss. v. 1. Aug. 1863

Robinski, Severin, das Gesetz der Entstehung u. Verbreitung der contagiösen Krankheiten, sowie deren Bekämpfung. Nach eigenen Beobachtgn. dargestellt. gr. 8. (VI, 210 S.) Berlin 874. Oliven. n. 5. —

Robinski, Severin, zur Kenntniss der Augenlinse u. deren Untersuchungsmethoden. gr. 8. (62 S.) Berlin 883. Grosser. n. 1. 50

Robinski, Severin, die Natur u. das Wesen der Krebserkrankungen, insbesondere deren Heilung ohne Operation, nach langjähr. Untersuchgn. u. Beobachtgn. dargestellt. 1. Thl. Die Heilung d. Krebses [Carcinoma], nach eigenen Untersuchgn. u. Beobachtgn. dargethan. 1. Thl Lex-8. (XX, 230 S.) Berlin 891. Robinski & Co. n. 10. —

— **Operiren od. Nichtoperiren bei Krebs-Erkrankgn. u. and. zeitgemässe, insbes. therapeut. Fragen. Ein weit. Beitrag zur Kenntniss d. Behandlg. u. Heilg. d. Krebs-Erkrankgn. (Zur Charakteristik u. Geschichte d. moral-social-politischen Zustände der Gegenwart.) Lex.-8. (191 S.) Ebd. 898.** n. 5. —

Ehrerbietigstes Sendschreiben an Seine Majestät Wilhelm II. Deutschen Kaiser, König v. Preussen ... (v. Dr. Severin **Robinski**). *Berlin: Robinski & C. 1895.* (46 S., 4.(8.)
— Robinski, S.: Zur Beseitigung d. Umsturzbeweggn in d. Menschheit. Lfg 1. [96. 4054]

Robinsohn, David [aus Mariampol (Russland)]: **Untersuchungen über Jodol und dessen Wirkungen .... Königsberg in Pr.**, Druck v. A. Hausbrand's Nachf. (1887); 27 + 1 S. + 1 **Bl. 8°.**
Königsberg, Med. Fak., Inaug.-Diss. v. 23. **März 1887.**

Robinsohn, D., Untersuchungen üb. Jodol u. dessen Wirkungen. Inaug.-Diss. gr. 8. (27 S.) Königsberg 887. (Koch.) n. — 80

Robinsohn, Jac., die Psychologie der Naturvölker. Ethnograph. Parallelen. gr. 8. (VII, 176 S.) Leipzig 896. W. Friedrich. n. 2. —

Robinson. Illustrirtes Album. Zur Lust und Lehre für die Jugend. Mit Kunst-Beilagen und eingedr. Illustr. (in Holzschn.) Unter der Einflußnahme des Direktors der k. k. wiener Hof- und Staatsdruckerei, Hrn. Alois Auer, und der Mitwirkung von Georgens und Aug. v. Schmidt. 1. Jahrg. 1857. 12 Hefte. (Bog.) Lex.-8. Wien, Auer. Leipzig, R. Hoffmann. Thlr. *
Ist nicht fortgesetzt worden.

Robinson. I. Robinson der Jüngere v. J. H. Campe. II. Robinson's Colonie u. ihre ferneren Schicksale v. W. Herchenbach. Mit (6) bunten Bildern. 8. (182 S.) Mühlheim a. d. R. 872. Bagel. geb. 2 —

Robinson. I. Robinson der Jüngere v. J. H. Campe. II. Robinsons Kolonie u. ihre ferneren Schicksale v. W. Herchenbach. Mit bunten Bildern. 2. Aufl. 8. (222 u. 128 S.) Mülheim 886. Bagel. geb. 3. —

* **ROBINSON**, Der Amerikanische, In Drey unterschiedenen, curieusen, seltsamen und angenehmen Begebenheiten vorgestellet, und Seiner Vortrefflichkeit wegen aus dem Frantzösischen ins Teutsche übersetzet. Cölln, Dresden, Zimmermann.) 1724. 8⁰. (Auch in Zürich.) (5 Mk., gering fleckig, Jul. Neumann, Magdeb. 1906; 7 Mk. 50 Pfg. Adolf Weigel, 1908.)
Ullrich: Text S. 1—219, und zwar „Die Erste Begebenheit" S. 1—100; „Die Andere Begebenheit" S. 101—157; „Die Dritte Begebenheit" S. 158—219.
„Das Buch ist schwerlich eine Uebersetzung, denn wer in einem angeblichen Original das Wort monter fand, hatte kaum in der Uebersetzung „mundiren" (S. 194) geschrieben, vielleicht auch nicht „detechamenter" für detachements (S. 144)."

Robinson, der amerikanische, oder Abenteuer einer Familie Auswanderer in den Prairieen von Nordamerika. Aus dem Englischen übersetzt von Gottschenk. gr. 12. (IV und 320 S. mit 5 Chromolithogr.) Reutlingen 856, Rupp und Baur.

— der amerikanische, oder Abenteuer einer Familie Auswanderer in den Prairieen von Nord-Amerika. Aus dem Engl. übers. von Gottschenk. Reutlingen 857. Rupp u. Baur. 12. (IV, 320 S. u. 5 Lithogr. in Farbendr.) 27 ngr

Robinson, der berlinische, eines jüdischen Bastards abenteuerl. Selbstbiographie, v. Julius v. Voß. 2 Thle. 8. Berl. Schmidt. 810.

Robinson, d. Berlinische, eines judischen Bastards abenteuerliche Selbstbiographie v. F. W. Wolf. 2 Thle. 8. Berl. Schmidt. 810.

— des Jungern, Beschreibung seiner Reise nach Otahiti u. den Sudsee-Inseln; ein nuzl. Lesebuch fur die Jugend, nach Campe's Lehrart bearbeitet, m. illum. Kupf. 8. Altona, Bechtold. 802.

mit schwarzen Kupf.

— d. Jüngern, Beschreib. seiner Reise nach Otaheite u. d. Südsee-Inseln. Ein nützl. Lesebuch f. die Jugend, nach Campe's Lehrart bearb. 2e verm. u. verb. Aufl. Mit Kpf. gr. 8. Magdeb. 814. (Lauffer in Leipz.) 16 gr

— — ders. Beschreibung seiner Reise nach Otaheite u. den Südseeinseln. Ein nützl. Lesebuch f. die Jugend, nach Campe's Lehrart. 2te verb. Aufl. m. K. 8. Magdeb. v. Schütz. 814.

illum.

— in Bildern. 8. (13 lith. u. illum. Blätter.) Berlin 842, Hasselberg'sche Verlags-Buchh. 1/4 rf

ROBINSON, Der Bisscajische, oder wunderbare u. abentheuerliche Reisen u. Begebenheiten des kurzweiligen Spaniers Don Bisscajino, in welchen der Lauf der Welt u. alle Stände des menschlichen Lebens auf eine sinnreiche Art abgemahlt, gelobt u. getadelt werden, von einem Freunde der Spötterey hrsg. 2 Thle. Mit Titelkpfr. u. 3 Kpfrn. im Text. Bresslau (o. Adresse) 1769. 8°. (2 Mk. 50 Pfg., nur Th. 1, W. H. Kühl, Berlin, c. 1882; jetzt theurer!)

I: 252 S. (incl. Tit.). II: 176 S. (incl. Tit.). In Theil 2 findet sich S. 79—176 auch: Die Pariser Robinsonin, oder Geschichte und Begebenheiten der galanten Pariser Kaufmannstochter. — Sehr selten!

Robinson aus Böhmen, od. Traunholds Begebenheiten. 8. Prag 796. Buchler. 16 gr Schrbp. 22 gr

Robinson, der böhmische, oder Traunholds d. jüng. wunderb. Begebenheiten, Reisen, widrige Zufälle, dann glückl. Wiederkunft im Vaterlande, mit Kupf. 8. Prag, 796. Buchler. 1 Rthl. 10 sgl.

ROBINSON, Der Brandenburgische, Oder die Begebenheiten des Herrn von W***, eines Edelmanns aus der Mark, von ihm selbst aufgesetzt und nun dem Drucke übergeben vom U. Im Jahr 1744. 8. (Besitzt Prof. Dr. Ullrich, wie d. folg. neue Aufl.) (20 Mk. Adolf Weigel, 1808; 25 Mk. E. Frensdorff, 1909.)

Titel (roth u. schwarz), Vorbericht S. 3—10; Text S. 11—224.

— — Dasselbe: tit.: Der Brandenburgische Robinson, Oder: Sonderbare Begebenheiten und ausserordentliche seltene Zufälle eines Märkischen Edelmanns, von ihm selbst aufgesetzet und Nunmehro ihrer Seltenheiten und unzehligen Merckwürdigkeiten wegen dem Druck übergeben. Mit Titelkupfer. Jm Jahre 1746. 8°.

Titel (roth u. schwarz), Vorbericht, unterzeichnet O***, S. 5-8; Text S. 9—176.

Holländ. Uebersetzg.: De zonderlinge en wonderbare Lotgevallen van den Brandenburgschen Robinson. Utrecht 1750. 8.

— der Brandenburgische, od. die Begebenheiten d. Hrn. v. W... 8. Bresl. Korn d. ält. 747.

Robinson Crusoe

—— dass. — s. a. Gräbner, G. A.

— Crusoe, oder kleine, für die Jugend äußerst anziehende u. nützl. Auszüge aus dessen merkwürdigsten Reisen, seinem Leben als Insulaner 2c. Mit 24 Abbildd. 4. Nürnberg ... Renner u. Comp. 2/3 rf, ill. 11/12 rf

Robinson Crusoe. Des Robinson Crusoe dritter und vierter Theil oder lustige und seltsame Lebensbeschreibung Peter von Mesange. Leyden 1721. V: *Tyssot de Patot, Simon.* (Ullrich, H., Robinson und Robinsonaden. Weimar 1898. S. 223.)

— — les Aventures, ou la vie et les Voyages, avec le nouveau Robinson Kilpar. 4 Tom. av. fig. 8. Francf. Hermann. 769.

— Crusoe; neu bearb. (v. Jh. K. Wetzel). 2 Thle. 12. Leipz. 779, 80. Dyck. 1 rf 4 gr

— Crusoe, neu bearbeitet, von J. K. Wezel, 2 Theile, mit Kupfern, 12. Leipzig, 779. Dyck. 1 Rthl. 5 sgl.
Desselben Buches, 2r Theil.
Auch unter dem neuern Titel: Robinson's Kolonie

— Crusoé, Vie et Aventures. II Vols. Mit Kpf. 12. Bern 799. Typ. Soc. 1 rf 8 gr

— Crusoé, retabli dans son intégrité. gr. 8. Augsb. 802. Doll. 1 rf

— Crusoe, Leben u. außerordentl. Abenteuer. Aus dem Engl. 2 Bde. m. K. 8. Wien, Ant. Doll. (Leipz. Liebeskind in Comm.) 811.

— Crusoe, drei unterhaltende Spiele fur die Jugend. N. Aufl. Nürnb. 825. Campe. 1 rf 8 gr

— Crusoe, oder wie gut ist es, daß man etwas lernt u. unter Menschen lebt. Mit 16 ill. Steinstichen geschmückt. (Kleinkinderbuch.) qu. 16. Leipzig 838. Baumgärtner. n. 1/3 rf

—— Crusoë. Als Volksbüchlein nach Campe neu bearbeitet. 8. (8 1/8 B.) Berlin 843, Grobe. *

— Krusoe [Kleinkinderbuch] oder wie gut ist es, daß man etwas lernt u. unter Menschen lebt. Mit 10 color. Kpfrst. geschmückt. 3. Aufl. qu. 12. (16 S.) Leipzig 850, Baumgärtner. 1/3 rf

Robinson Crusoe. 4. (48 S. mit eingedr. Holzschn.) Leipzig 851(52,) Naumburg. *

ill. *

Robinson Crusoè. Triest 866. Coen. qu. 4. (24 S. mit 12 Holzschntaff. in Ton- u. Titel in Buntdr.) cart. n. 24 ngr

Robinson Crusoe. Nach dem Engl. v. Defoe erzählt, mit 6 Farbendr.-Bildern v. F. Lipps. gr. 4. (12 S.) Stuttgart 881. G. Weise. geb. 1. 50

Robinson Crusoë. Verwandlungs-Bilderbuch. 4. (12 S. m. 6 Chromolith.) Leipzig 883. Opetz. cart. 1. —

— (Ausgestanzter Theatervorhang.) gr. 4. (8 farb. Bl., v. denen 7 in der Mitte geteilt, m. eingedr. Text.) München 891. Nürnberg, Th. Stroefer. n. 1. 50

Robinson Crusoe. 8. (16 S. m. Illustr. u. 6 bewegl. Buntbildchen.) Stuttgart 892. J. Loewe. Kart. — 50

Robinson Crusoe. 4. (12 S. m. z. Tl. farb. Bild.) Eßlingen 896. J. F. Schreiber. Kart. n. — 60

Robinson Crusoe's Abenteuer. 2. Aufl. 8. (16 S. m. 6 Farbendr.) Leipzig 891. W. Opetz. Kart. n. — 50

— des weltbekannten engl., merkwürd. Begebenheiten auf seinen Seefahrten in 24 bildl. Scenen. Ein unterhaltendes Bilderbuch f. die Jugend. 4 Tafeln. 4. Mit Umschlag. Augsb., Schlosser. ill. 4 ſſ

—— Crusoe, der ächte engl., seine ersten Seefahrten, sein Schiffbruch u. 28jähr. Aufenthalt auf e. unbewohnten Insel, sowie seine spätern merkwürd. Reisen u. Abenteuer bis z. Ende seines Lebens. Nach d. ursprüngl. Erzähl. Dan. de Foe's vollständig bearb. f. jüng. u. ält. Leser. (10 Lfgn.) gr. 8. (42 B. u. 50 Kpfrt.) Stuttgart 836, 37, Erhard. 2⅔ Thlr., hrbgs. Pr.

— Crusoe, des berühmt. Engelländers, Leben u. ganz ungemeine Begebenh. nach d. 15ten Aufl. neu übers. v. Schmitt, m. K. 2 Thle. 8. Nürnb. Felsecker. 783.

— des älteren Reisen, s. a. Jugend- u. Hausbibliothek.

— Crusos d. Aelteren Reisen, wunderbare Abenteuer u. Erlebnisse. Begleitet v. e. Geschichte der Robinsonaden u. e. Lebensskizze d. Daniel de Foe, Verf. d. „ältesten Robinson". v. C. F. Lauckhard. Prachtausg. 5. verb. umgearb. Aufl. Mit e. bunten Titelbilde, 4 Tonbildern u. 90 in den Text gedr. Abbildgn. Nach Zeichngn. v. F. H. Nicholson u. A. 8. (VIII, 208 S.) Leipzig 876. Spamer. n. 3. —; geb. n. 4. —

— des Aelteren Reisen, wunderbare Abenteuer u. Erlebnisse. Begleitet von einer Geschichte der Robinsonaden u. einer Lebensskizze des Daniel de Foë, Verfassers des „ältesten Robinson", von C. F. Lauckhard. 6., vielfach verbesserte Aufl., besorgt von Frz. Otto. Mit 90 Text-Abbildungen, nebst einem bunten Titelbilde nach Zeichnungen von F. H. Nicholson u. A. gr. 8. (VIII, 238 S.) Leipzig 879. Spamer. n. 3. —; cart. n. 4. —

Robinson Crusoes d. ält. wunderbare Schicksale auf seinen Reisen zu Wasser und zu Lande, besonders während seines Aufenthalts auf einer wüsten Insel an der Ostküste von Süd-Amerika. Mit Kupf. 8. Nürnberg, Campe. 821.

— Crusoe's merkwürd. Schicksale u. Abentheuer; nach d. Engl. Mit 4 ill. Abbildd. 12. Prag, Bohmanns Erben. 5 ſſ

— wunderbare u. merkwürd. Schicksale zu Wasser u. zu Lande, f. d. Bürger u. Landmann. Mit Holzschn. 8. Hof ... N. A. 815. N. A. 829. Grau. 10 ſſ Hda. Pr. 6 ſſ

— Cruse des Aeltern, wunderbare Schicksale auf seinen Reisen zu Wasser u. zu Lande rc. Nach den Bedürfnissen unsrer Zeit bearbeitet. Neue Aufl. mit Kupf. 8. Nürnberg 826, Campe.

Robinson, Crusoe, der vollständ., neu nach d. Engl. bearb. 2 Bochen. Mit 1 kl. Karte. Nebst biograph. Nachrr. v. Alex. Selkirk. u. Daniel Defoe, u. Erklär. einiger Kunstwörter d. Schiffs- u. Seefahrtskunde. 16. Constanz 829. Wallis. 1 ß

— Crusoe, der vollständige, neu nach d. Engl. bearb. 2 Bdchn. Mit 4 ill. Kpfrn. u. 2 Vign. nebst einem Kärtchen von Robinson's Insel, biograph. Nachrichten von Alex. Selkirk u. Dan. Defoe u. einem Anhange: Erklärung einiger Kunstwörter der Schiffs- und Seefahrtskunde. (N. Ausg.) 16. Constanz 833. Glückher. 5 ſſ

— Crusoe v. York; Leben u. Begebenheiten; von ihm selbst beschrieben; aus d. Engl. nach d. 3n Ausg. (von Fr. Schmit). 2 Bde. 8. Nürnb. 782. Felssecker. 1 ß 4 ſſ

— Crusoe von York, Leben und außerordentliche Begebenheiten, aus dem Engl. der funfzehnten Ausgabe, neu übersetzt von Hrn. Prof. Schmitt, 2 Theile, mit Kupf. 8. Nürnberg, 782/83. Felseckers. 1 Rthl. 5 sgl.

Robinson, Der Daenische, oder die Reisen Niels Bygaard eines gebohrenen Jutländers ... Copenh. u. Leipz. 1750—53 ... V: *Fleischer, Johann Michael* [?]. (Ullrich, Robinson u. Robinsonaden. Weimar 1898.) (Collin, Anonymer. Kiobenh. 1869.)

* **ROBINSON,** Der Dänische, oder die Reisen Niels Bygaard, eines gebohrnen Jutländers, Welche Begebenheiten auch allerhand lustige Geschichte anderer Personen in sich halten, Ingleichen Wie er Schiffbruch gelitten und auf ein klein Eyland gelanget, aber zuletzt dennoch wiederum glücklich errettet worden. Erster Theil. Mit Titelkupfer. Copenhagen und Leipzig Bey Friedrich Christian Pelt. O. J. (1750). 8°. (In Berlin: Yv 4411, ebenso Th. 2—4: Zus. in 3 Bdn.)

Titel (roth u. schwarz). Vorrede, datiert „Leipzig 1750", 4 unbezifferte S.S.; Text S. 1—384. Dann mit abgekürztem Titel auf besonderem Blatt:

* — — Des dänischen Robinsons Zweyter Theil. (Text S. 3—140).

* — — Robinson, Der dänische, oder die Reisen Niels Bygaard, welcher Schiffbruch gelitten und auf ein klein Eyland gelanget, von demselben aber zuletzt dennoch wiederum glücklich errettet worden .... Erster Theil. Zweyte Auflage. Copenhagen und Leipzig, bey Friedrich Christian Pelt. 1752. 8°.

* — — Des dänischen Robinsons oder der Reisen Niels Bygaard Dritter Theil, nebst dem Türckischen Seefahrer, oder den Unglücks-vollen Begebenheiten Ibrahim Abdallah, eines gebohrnen Türcken, Welcher aber auf eine sonderbahre Art zur Christlichen Religion bekehret worden, und die Namen Stephanus Constantinus erhalten. Copenhagen und Leipzig, bey Friedrich Christian Pelt. 1752. 8°.

Titel. Vorrede 2 unbezifferte S.S.; Text S. 5—416.

* — — Des dänischen Robinsons oder der Reisen Niels Bygaard Vierter und letzter Theil, nebst der Gecrönten Treue in den Lebens- und Liebes-Begebenheiten Des Herrn von Freyenhof, ... Ebd. 1753. 8°. 486 S.

1—4 voll frivoler Liebeshändel.

ROBINSON, Der Teutsche, oder Bernhard Creutz, d. i. eines übelgearteten Jünglings seltsame Lebens-Beschreibung, darinnen seine Geburt, Auferziehung, Lehrjahre, höchstgefährliche Reisen, Ordens-Standt, Heyrathen, Schiffbruch, Judenthum, Hohe Erhebung, jählinger Fall, verwunderungs-würdige Fata u. Begebenheiten erzehlet. Und nebst einer neuen Welt, deroselben Fruchtbarkeit, Justiz-Policey, Sitten, Gewohnheiten u. geführte Kriege. Mit glaubwürdiger Feder beschrieben u. mit saubern (9 sehr curiosen) Kupfern (incl. Titelkpfr.) gezieret werden. Hall in Schwaben, zu finden bey Joh. Ferd. Galli. o. J. (c. 1722). 8°. (In Dresden: Lit. Germ. rec. C. 1096, schönes Expl.; auch im Besitze Prof.

Dr. Ullrich's.)

Tit. (roth u. schwarz), 4 unbez. S. Vorrede, 261 S., 2 leere Bll. — Voller Anstößigkeiten u. Lascivitäten. Eines der abentheuerlichsten u. sonderbarsten Bücher der deutschen Litteratur. Kippenberg, S. 77. — 12 sehr komische u. pikante Büchertitel finden sich S. 151—153, von denen sicher die allermeisten fingiert sind.

Es giebt auch Exemplare ohne Vorrede und die statt „glaubwürdiger" „glaubwürbiger" (so!) haben.

— — Dasselbe, titulo: Der teutsche Robinson in dem Leben eines unartigen Jünglings Bernhard v. Creutz. Leipzig 1722. 8°. 270 S.

Citirt Carl Wallstein, wie auch die beiden folgenden Ausgaben:

— — Dasselbe. St. Gallen 1722. 8°.

— — Dasselbe. Halle (in Schwaben) 1727. 8°.

Graesse, trésor I, 350. — Sämmtlich höchst selten!

ROBINSON, Eilfertiger. (Nach S. Kleemann erwähnt in: „Die andere Continuation der Gründlichen Nachricht von denen Journalen, Ephemeridibus, Monatlichen Extracten u. s. w. mitgetheilet von H. P. L. M. Leipzig und Gardelegen, in Verlegung Ernst Heinrich Campe. 1724." S. 118.)

Citat Kippenberg's.

Robinson in England. Lustspiel. Stuttg. u. Tübingen 1821. V: *Oehlenschlaeger, Adam Gottlob.* (Ullrich, Robinson und Robinsonaden. Weimar 1898.)

Robinson in England, von Ad. Oehlenschläger. Lustsp. 8. Stuttgart. Cotta. 821.

Robinson, der erste und älteste, s. a. Lauckhard, C. F.

Robinson, der erste u. älteste. Robinson Crusoë d. Älteren Reisen, wunderbare Abenteuer u. Erlebnisse. Eingeleitet durch e. Lebensskizze d. Daniel de Foë, Verfasser d. „ältesten Robinson" v. C. F. Lauckhard. 9., verb. Aufl. Mit 44 Text-Abbildgn., nebst 4 Buntbildern nach Zeichngn. v. F. H. Nicholson u. andern. gr. 8. (XX, 186 S.) Leipzig 889. Spamer. n. 2. 50; cart. n. 3. —

* **ROBINSON,** Der Faroeische, oder die beschwerliche Reisen, auch Glucks- und Unglucks-Falle Axel Axelson, eines gebohrnen Faroers. Worinnen dessen einsamer Aufenthalt auf einer Faroeischen Klippe sowohl, als auch sein an einem Africanischen Gebürge erlittener Schiffbruch, und wunderbare Erhaltung beschrieben wird. Mit untermischten Liebes- und Lebens-Begebenheiten, verschmitzt-auch lustigen Historien, anderer Personen. Mit 3 theilg., Titel kpfr. Brühl del. et sc. Lips.; Kopenhagen und Leipzig, bey Friederich Christian Pelt, 1756. 8°. In Berlin: Yv 5201; auch im Besitze Prof. Dr. Ullrich's. 5 Mk. O. Kocher, Lpz., vor 1885; jetzt theurer!

Eine der pikantesten und seltensten Robinsonaden. Tit., Vorrede „Geneigter Leser" 4 S., unbeziffert. Text S. 1—840.

Robinson, Der fränkische, oder der Mann nach der Vorschrift der Tugend, in den Begebenheiten des Herrn von G***. Ansbach 1751. V: *Tröltsch, Carl Friedrich.* (Ky) (MGT)

— der Fränkische, od. d. Mann nach d. Vorschrift d. Tugend, in d. Begebenheiten d. Herrn v. G. (Von K. F. Tröltsch). 8. Ansb. 751. Posch. 4 ℊℊ

— der französ., s. die Jugend bearb., s. Fr. Heldmann, Kinderbibliothek.

ROBINSON, Der frantzösische, oder Franc. Laguet, eines Frantzosens / wahrhafftige Beschreibung seiner Reisen und wunderlichen Begebenheiten nach zweyen unbewohnten Ost-Indischen Insuln .. Mit Land-Carten und Figuren versehen. Lignitz 1723. 8°.

Ullrich S. 115, Nr. 10. Graesse II, 350, 3. Mit 30 Kupfern und Karten.

— der Französische, oder außerordentliche Schicksale des franz. Kapitain Viaud, nach seinen eigenen Berichten, aus dem Franz. 8. Prag, 795. Hertl. 10 sgl.

Robinson, Der franzoesische, oder der kleine Schiffbrüchige. A. d. Franz. Stuttg. 1827—28. V: *Delafaye-Brehier, Julie.* (Ullrich, Robinson u. Robinsonaden. Weimar 1898.)

Robinson, Der franzoesische, oder der kleine Schiffbrüchige für die Schwedische Jugend zur Uebung in der deutschen Sprache hsg. Ystadt 1833. V: *Delafaye-Brehier, Julie.* (Ullrich, Robinson u. Robinsonaden. Weimar 1898.)

— der Geistliche, od. Reisen eines Kapuciners in Europa u. Afrika. 4. Frankf. 723.

Robinson, Der Geistliche oder Lustige, angenehme und wahrhaftige Beschreibung einer sehr weiten Reise, so ein Capuciner in viele Lande von Europa und Africa gethan ... Erfurth 1723. V: *Zucchelli, Antonio.* (Ullrich, Robinson u. Robinsonaden. Weimar 1898.) (Myl)

— il giovine, trad. dal tedesco di Campe nell'italiano da C. G. Jagemann. 8. Halle, Ruff. 804.

— il giovine, libro di lettura interessante del Sig. Campe. Edizione terza emendata ed. arrichita d'un vocabulario per i Tedeschi principianti nella lingua italiana da C. C. Jagemann, 8. Wien, Doll der altere. 811.

Robinson, Der Griechische. Ein Lesebuch für die deutsche Jugend. Leipzig 1828. V: *Hase, Carl August.* (Ullrich, Robinson u. Robinsonaden. Weimar 1898.) (GGr) (Ky)

Robinson, der griechische, e. Lesb. f. d. deutsche Jugend. 2 Bdchn. 8. (27½ B.) Leipzig 828, Weidmann.

— der Harz, od. Gesch. d. Hrn. Theophili von B. 2 Thle. 8. Eisenach, Griesbach. 769.

— d. Harz, od. Geschichte d. Herrn Theophili v. B. 2 Thle. 8. Eisenach 769. Griesbach 12 ℊℊ

Robinson, Der Holländische, oder die seltsame Lebens-Historie Heinrich Texels eines Holländers ... Delitzsch 1748 [1751]. 4. Aufl. Schweinfurt u. Leipzig 1776. V: *Smeeks, H.* (Ullrich, Robinson u. Robinsonaden. Weimar 1898. S. 104.)

— der holländische, od. Leben Heinrich Texels, nebst Juan de Posos Beschreibung Krinkekesmes, m. K. 8. Delitzsch, Vogelsang. 751.

— d. Holländ., od. J. de Posos, Beschreib. d. Königr. Krinkeskismes. 8. Leipz. 785. Gräff. (Wienbrack). 12 gr.

Robinson, Der, des achtzehnten Jahrhunderts oder Abenteuer und Wanderungen des Herrn Franz Pelerin. Leipzig 1783 [?]. V: *Lesuire, Rob. Martin.* (Ullrich, Robinson u. Robinsonaden. Weimar 1898.)

— der, des 18n Jahrhund., od. Abentheuer u. Wanderungen d. Hrn. Pelerin. 2 Thle. 8. Leipz. 783. Weygand. 1 Thlr. 12 gr.

Robinson auf seiner Insel. Ein Büchlein f. d. Jugend u. ihre Freunde. 16. (128 Seit. u. Ttlbild.) Erfurt 839. [Leipzig, Hartung.]

— auf seiner Insel. Ein Büchlein für die Jugend u. ihre Freunde. (Mit Titelbild.) 16. Erfurt 839. Hilsenberg. 1/4 Thlr.

Robinson, e. irischer, s. a. Volks-Erzählungen, kleine.

Robinson, ein irischer. Die Strandräuber. Eine kleine Meuterei. Drei Erzählungen. gr. 16. (63 S.) Mülheim 879. Bagel. n. — 25

Robinson, Der Isländische, oder die wunderbaren Reisen und Zufälle Giffur Isleif, Eines gebohrnen Isländers Darinnen insonderheit dessen zehnjähriger einsamer Aufenthalt, auf einer kleinen unbewohnten Insel ... beschrieben wird ... Copenhagen u. Leipzig 1755. V: *Fleischer, Johann Michael* [?]. (Ullrich, Robinson u. Robinsonaden. Weimar 1898.) (Collin, Anonymer. Kiobenh. 1869.)

* **ROBINSON**, Der Isländische, oder die wunderbaren Reisen u. Zufälle Gissur Isleif, eines gebohrnen Isländers. Darinnen insonderheit dessen zehnjähriger einsamer Aufenthalt, auf einer kleinen unbewohnten Insul, u. endliche Errettung von derselben beschrieben wird, mit unterlaufenden artigen Liebesbegebenheiten anderer Personen. Nebst beygefügtem *Anhang* einer kurzen doch zuverläßigen Nachricht von der grossen Insul Island, auch accuraten Landcharte derselben. Mit Titelkpfr. Copenhagen u. Leipzig, bey Friedrich Christian Pelt, 1755. 8°. (In Berlin: Yv 5041.) (4 Mk., beschäd. Expl., W. H. Kühl, Berlin, c. 1882; jetzt theurer!)
Tit., 1 Bl. „Vorber. d. Herausgebers an den geneigten Leser" u. 346 SS. M. 1 Karte.

Robinson, Der Italiänische, oder gantz sonder- und wunderbahre Avanturen Don Antonio du Buffalis eines Italiänischen von Adel, Von dessen Gebuhrt an bis zu seinen Männlichen Jahren ... Hamburg 1722. V: *La Barre de Beaumarchais, Antoine.* (Ullrich, Robinson u. Robinsonaden. Weimar 1898.)

— der jüdische,. 8. Trankebar, Müller. 5808.

—— der Jüngere, s. a. Campe, Joach. Heinr.

Robinson, der Jüngere, ein Lesebuch für Kinder, von J. H. Campe, mit 1 Kupf. 8. Braunschweig, 793, Schulbuchhandl. Schreibp. 1 Rhl.
Dasselbe Buch. Druckp. 23 ggl.
Hiervon wird nächstens eine neue Aufl. erscheinen.

Robinson der Jüngere, ein Lesebuch für Kinder, von J. H. Campe, sechste Aufl. mit 1 Kupfer, 8. Braunschweig, 797. Schulbüchhandlung. 23 ggl.

— der Jüngere; e. Lesb. f. Kind. fortges. v. C. Hildebrand. m. Portr. u. 2 Holzschn. 8. Lpz. Gräff.
ohne Kupf. .

— — dieselbe Forts. 8. Wien. Doll. 807. .

— der Jüngere; e. Leseb. f. Kinder v. J. H. Campe, m. 1 K. 12. Braunschw. Schulbuchhdl. 810. .

— — dass. m. 7 schwarzen Kupf.

— — dass. m. 7 illum. Kupf.

—— der Jüngere, od. Erzähl. sein. merkwürd. Schicksale u. wunderbar. Abentheuer zu Wasser u. zu Lande. Nach Campe's „Robinson f. Bürger u. Landleute" bearb. Mit Holzschn. 8. (20½ B.) Baireuth 829, Grau.

Robinson der Jüngere. Lese- u. Bilderbuch f. Kinder mit 24 col. Bildern u. erzähl. Texte nach J. H. Campe. qu. 4. Nürnberg 847, Lotzbeck. 21 Ngr.

Robinson der Jüngste. Ein Lesebuch für Kinder. Riga 1797. V: *Parrot, Gg Frdr. von.* (Ky) (R-N)

— der Jüngste. Ein Lesebuch f. Kinder. (v. G. F. v. Parrot). 1r Thl. Mit 2 Kpf. 8. Riga 797. Hartknoch in Leipz. 1 Thlr. 4 gr.

ROBINSON, Der Juristische, oder Lebens- und Reise-Beschreibung eines Rechts-Gelehrten. Hirschberg, Gottl. Siegert. (Im Grossischen Messkatalog für Ostern 1743 angezeigt.)
Citat Kippenberg's.

Robinson, f. Kinder, od. Leben u. Abenteuer des Robinson Crusoe. 16. (4½ B. u. 6 ill. Bild.) Berlin 843, Literatur- u. Kunst-Comptoir. Thlr. -

— für Kinder oder Leben u. Abenteuer des Robinson Crusoe. Eine belehrende u. unterhaltende Jugendschrift. Mit 6 color. Bildern. 16. (70 S.) Berlin 847, Literatur- u. Kunst-Comptoir. 1/4 Thlr.

—— der kleine, od. Begebenheiten d. Robinson Crusoe. Zur Unterhalt. f. d. Jugend. A. d. Franz. M. (6 ill.) Kpfr. 12. (6¼ B.) Ulm 831, Ebner.

—— der kleine. Begebenheiten aus Robinsons merkwürdigem Leben in 16 (lithochrom.) Bildern. Ein Geschenk für artige Kinder. 8. (32 S.) Wesel 854, A. Bagel.

Robinson, der kleine. Eine Seegeschichte f. die Jugend. 12. (15 S.) Berlin (899). (Berolina-Versand-Buchh.) — 10

— — kleiner, oder Abentheuer des Robinson Crusoe, zur Unterhaltung für die Jugend. Mit illum. Kupf. 16. Zürich, Trachsler. 818.

Robinson, kleiner, od. Abenteuer des Robinson Krusoe. Zur Unterhaltung f. die Jugend. Neue verb. Aufl. mit 6 ill. Kpfrn. 12. Zürich 825, Trachsler.

Robinson und dessen Kolonie. Das Vollständigste über Robinson's Abenteuer, Schicksale und Erfolge. 3. Aufl. (N. T. zu: „Neue Volksbücher, herausg. von Rienitz. 2. Heft." 1847.) Berlin (853.) Vereins-Buchhdlg. 8. (2 Bl., 142 S.) 5 ngr.

* ROBINSON, Der Curländische, und die Venetianische Robinsonin. Eine moralische Roman (so!). Mit Titelkupfer. Franckfurth (sic!) und Leipzig, 1756. 8°. (In Berlin: Yv 5191.)
Titel (roth u. schwarz), Vorbericht S. 3—12; Text S 13—254.

— der Leipziger. 8. Leipz. 757. Gsellius. 4 gr

ROBINSON, Der, vom Berge Libanon. — Der zu Wasser und zu Lande reisende Robinson vom Berge Libanon. Mit (4theiligem) Titelkpf. u. Titelvign. Franckfurth, 1755. 8°. (Besitzt Prof. Dr. Ullrich.)
Tit., 4 unbez. S. Vorr., 359 S.

— aus Mähren, od. Schicksale Tiefensteins, m. K. 8. Prag, Buchler. 806.

— der medicinische, od. Leben eines Medici. 8. Schweidnitz. 732.

Robinson, Der moralische, in welchem unterschiedene Reflexions, die ein gewisser junger Cavalier mit seinem Hoffmeister Virtuoso auf Reisen gemacht, communiciret werden . . . Halberstadt 1724. V: *Kettner*. (Erman & Horn, Bibliogr. d. dtsch. Universitäten. I. Leipz. u. Berl. 1904.)

— der neue, s. Volksbücher.

Der neue | Robinson | oder | Seefahrten und Schicksale eines Deutschen. | Eine | angenehme und lehrreiche Erzählung. | (Fig.: *Robinson mit einem exotischen Tier*, 64 × 66) Robinson durchreist die Insel. | Reutlingen, | zu finden in der Kurtz'schen Buchdruckerey.
o. J., 87 S., 168 × 95.
StB Ulm BB 934.

Robinson, Der neue, oder Seefahrten und Schicksale eines Deutschen. Eine angenehme und lehrreiche Erzählung . . . Augsburg 1794. V: *Geiger*, *Franz Xaver*. (Ullrich, Robinson u. Robinsonaden. Weimar 1898.) (KY)

Robinson, Der neue, oder Tagebuch Llevellin Penroses eines Matrosen. Aus dem Englischen. Jena 1817. V: *Eagles*, *John*. (Mitth. Prof. Dr. H. Ullrich-Brandenburg a. H.)

— der neue, od. Tagebuch Llewellini Penroes, e. Matrosen; aus d. Engl. 2 Thle. 8. Jena 817. Schmid. 3 rℓ

— der neue, oder Seefahrten und Schicksale eines Deutschen. Mit Holzschn. 8. Zürich 831, Hanke. 3 ngl

—— der neue, od. Seefahrten u. Schicksale ein. Deutschen. Eine angenehme u. lehrr. Erzähl. 1. Aufl. m. 12 gemalt. Abbild. 835. 5/12 Thlr., u. m. neuen Abbildn. verb. u. verm. Ausg. 8. (à 5 B.) Reutlingen 837, Kurs.

—— der neue, od. Schiffbruch des Pacific. Eine Erzähl. f. die Jugend. Nach d. Engl. des Capt. Marryat, v. Frz. Hoffmann. 8. (25 B. u. 51 Abbild.) Stuttgart 843, Schmidt u. Spring.

Robinson, der neue, oder: Seefahrten u. Schicksale eines Deutschen. Eine angenehme u. lehrreiche Erzählung. Neuhaus 863. Landfraß & Sohn. 8. (125 S.) n. 4 ngr.

—— der neue, oder Seefahrten und Abenteuer eines Deutschen. Eine anmuth. Erzählung für Jung und Alt. 2.—4. Aufl. gr. 16. (64 S.) Reutlingen 869—74, Enßlin und Laiblin.
Vgl.: Campe, J. H. — Defoe, Daniel. — Gräbner, G. A. — Mensch, G.

— der neue, od. Seefahrten u. Schicksale eines Deutschen. Eine angenehme u. lehrreiche Erzähl. (v. Frz. J. Geiger). 8. Augsb. ... 3e Aufl. (Krüll in Landsh.) 8 gr Mit Vign. 12. Ulm, Ebner. 5 gr — Dass. mit 6 Holzschn. 8. Münch., Jaquet. 2 gr

— der neue, od. Seefahrten e. Deutschen. Eine anmuth. Erzählg. f. Jung u. Alt. 5. Aufl. gr. 16. (64 S. m. eingedr. Holzschn.) Reutlingen 876. Enßlin & Laiblin. — 20

—— der neue, oder Seefahrten eines Deutschen. Eine anmuth. Erzählung für Jung und Alt. 6.—8. Aufl. gr. 16. (64 S. mit eingedr. Holzschn.) Reutlingen 878—83, Enßlin und Laiblin's Verlagsb.

— der neue Französische, od. das unveränderliche Glück in den Begebenh. des Grafen v. Kermaleck, a. d. Franz. 2 Thle. 8. Nürnb. Monath. 770.

ROBINSON, DER NEUE FRANZÖSISCHE, oder das veränderliche Glück in den ausserordentlichen Begebenheiten des Grafen von Kermalek. 2 Teile in 1 Bd. Frankfurt & Leipzig, Monath, 1770. Kl. 8°. Titel, S. 5—188. *Mit 1 Frontispiz (Duell)*. Alter HPgtbd.
Ullrich p. 239, 32. Pseudo-Robinsonade, die wohl als ein Schlüsselroman aufzufassen ist. Schauplatz ist Konstantinopel. Inhaltlich vielleicht identisch mit einem von H.-G. VI. 491 zitierten Buch: „Der neueste französische Robinson" Leipzig 1810.

— — der neue holsteinische. s. Egloffstein, H. A. G. v.

— drr neue Westphäl., od. der seltsame Mann in Wesel, (von K. F. Benkowitz). 2 Bde. 8. Halle 799. Hendel. 2 rℓ

Robinson, Der neue, oder der seltsame Mann in Wesel ... Halle 1799. V: *Benkowitz, Carl Frdr.* (Ullrich, Robinson u. Robinsonaden. Weimar 1898.) (Ky) (BrMm)

— neuer, od. Gesch. e. Abentheurers dess. Zufälle u. Schicksale. 2 Bde. 8. Leipz. 801. Sommer. (Nauck). 1 ß 16 gr

— neuer Französ.-italien.-englischer. 2 Thle. 8. Karlsr. 800. ... 18 gr

— — derselbe, s. auch Bolding, Brick.

Robinson, Neuer französisch-italienisch-englischer, oder Geschichte eines Abentheuers durch Zufälle und Schicksale. Carlsruhe 1801. V: *Sewrin, Charles Augustin B.* Ü & B: *Müller, Carl Ludwig Methusalem.* (BGE I[8], 454)

ROBINSON, Neuer französisch-italienisch-englischer, oder Geschichte eines Abentheurers durch Zufälle und Schicksale. (Aus d. Französ. von Karl Ludw. Methusalem Müller.) 2 Thle. Carlsruhe 1801. 8°. 239 u. 232 S. (3 Mk. Jul. Neumann, Magdeb., 1906; 6 Mk., etw. beschäd., Adolf Weigel, 1908.)
Fehlt im Anon.-Lex.

— neuer Sächsischer, 8. Leipzig, 792. Voß. 13 ggl.
Auch unter dem Titel:
Sammlung der vorzüglichsten Robinsons und Abentheurer, 1r Theil.

Robinson, Neuer Sächsischer, oder seltsame Schicksale, Reisen und Abentheuer Wilhelm Richters, eines gebornen Sachsen. Leipzig 1793. V: *Hammerdörfer, Carl.* (Ky)

Robinson, Neuer Sächsischer, oder seltsame Schicksale, Reisen und Abentheuer Wilhelm Richters, eines geborenen Sachsen. Leipz. 1793. B & H: *Hammerdörfer, Carl.*

— neuer Sächsischer, od. seltsame Schicksale, Reisen u. Abentheuer Wilhelm Richters, eines geb. Sachsen, (v. K. Hammerdörfer). 8. Leipz. 793. Voß. 8 gr (A. u. d. T.: Samml. der vorzügl. Robinsone u. Abentheuer, e. unterhalt. Lesebuch. 1s Bdchen.)

— der neueste Französ., od. außerordentl. Begebenheiten e. Lebemanns. 8. Leipz. 810. Köhler. 1 ß

ROBINSON, Der Niederländische, Oder: MIRANDORS seltsamer Lebens-Lauff, Worinnen unterschiedene sonderbare Begebnisse, wunderliche Zufälle, angenehme Liebes-Händel, nutzliche Anmerckungen über den jetzigen Zustand der Welt, und ernstliche Bestraffung der heut zu Tage im Schwang gehenden Laster und Thorheiten zu finden. Aus dem Holländischen in das Hochteutsche übersetzet, und mit vielen (10) Kupffern außgezieret. 2 Thle. („Ridendo dicere verum, quis vetat?") Franckfurt und Leipzig (o. Adresse), 1724. (Nebst Kupfertitel.) 8°. (In Warmbrunn, Reichsgräfl. Schaffgotsch'sche Majoratsbibl.: S. L. D. no. 604; wie neues Prachtexpl. in Prgtbd.) (Auch in Weimar, laut Kippenberg S. XI.)
1: 342 S. (incl. roth u. schwarz gedr. Tit.). 2: 322 S. (incl. Nebentitel). — Sehr selten!

Robinson, Der Niderländische, oder Mirandors seltsamer Lebens-Lauff worinnen unterschiedene sonderbare Begebenheiten, wunderliche Zufälle, angenehme Liebes-Händel ... zu finden. A. d. Holl. Frankf. u. Leipz. 1724. V: *Heinsius, Nicolaus.* (Ullrich, Robinson u. Robinsonaden. Weimar 1898.)

Robinson, Der Nordische, Oder die Wunderbaren Reisen auch ausserordentlichen Glücks- und Unglücksfälle Eines gebohrnen Normanns, Woldemar Ferdinand ... Coppenhagen 1741. V: *Fleischer, Johann Michael.* (Ullrich, Robinson u. Robinsonaden. Weimar 1898.) (Collin, Anonymer. Kiobenh. 1869.)

— der Nordische, od. Reisen Woldemar Ferdinand. 3 Thle. 8. Koppenh. Mumme. 749.

Robinson, Le Nouveau

— le même livre, allemnd et à l'usage des deux Nations. II Vols. 8. Basel 788. Thurneisen. 1 ß 12 gr

— — le même, p. l'instruct. de la jeunesse, av. fig. 8. Berne, Soc. Typogr. 793.

Robinson, Le Nouveau, avec figures. Berne 1794. Ü: *Arnay, Aug. Simon d'.* (Ullrich, Robinson u. Robinsonaden. Weimar 1898.)

— — le même, trad. de l'allemand. 8. Frcf. Brönner. 794.

— le nouveau pour l'instruct. de la jeunesse. Mit Kpf. 8. Bern 796. Typ. Soc. 1 ß

— le nouveau, livre de lecture p. les enfans trad. de l'Allemand de Campe p. J. D. Grandmottet. 8. Brschw. Schulbuchhdl. 805.

— — le même livre, avec 7 grav.

— le même, av. Pl. coloriées. 8. Bresl. 806. W. G. Korn. 1 ß 12 gr

— — le même contin. p. Hildebrand trad. de l'allem. p. Catel. av. fig. 8. Lips. Gräff.

— — ders. in Polnischer Sprache. 2 Thle. Breslau, G. Korn. 806.
mit illum. K.

— — le même livre de lecture p. les enfans. 8. Brschw. (Hasslinger à Linz.) 808.

— — le même, enrichi de notes allemandes, et d'un vocabulaire compl. p. J. B. Engelmann. 8. Frcf. Willmanns. 809.

— le nouveau, pour servir à l'amusement et à l'instruction des enfans par Campe. Traduction revue et corrigée, enrichie de notes allemandes et d'un vocabulaire compl. par J. B. Engelmann. 8. Frankfurt, Wilmanns. 814.

Robinson, Le nouveau, ou les aventures de Robinson racontées par lui même et augmentées d'un vocabulaire par J. Louis. Leipzig 1839. V: *Campe, Joachim Heinrich.* (HIBD VI, 15)

— le nouveau, ou les aventures de Robinson racontées par lui-même et augmentées d'un vocabulaire. Nouvelle édition par J. Louis. 8. (IV u. 316 S.) Leipzig (839) 852, Friese. n. ⅓ ß

— el nuevo, p. Campe. traducida al Cast. p. D. T. de Yriarte. II Tom. 8. Hamb. Perthes. 809.

— nuovo, d. Campe, trad. nell' italiano. II Part. Halle, Ruff. 787.

— d. Oberösterreichische, od. merkwürd. Schicksale J. G. Peyers rc. 8. Linz 802. 4e A. 822. Akadem. B. 16 gr

ROBINSON der Ober-Österreicher. Oder höchst merkwürdige Schicksale Johann Georg Peyers .... von ihm selbst beschrieben. 3. Auflage. Linz 1848. 8°.
Ullrich S. 180, Nr. 106b. Mit 1 Lithographie.

— der Ober-Oesterreicher. Oder höchst merkwürd. Schicksale Joh. Geo. Peyers, v. Urfahr nächst Linz gebürtig, ehemal. k. k. Dragoner-Wachtmeisters, dessen Gefangennehmung v. den Türken, dann 10jähr. Aufenthalt auf einer damals noch nie besuchten Insel in Amerika, u. endl. Befreiung. Von ihm selbst beschrieben. 3. Aufl. 8. (VIII u. 238 S. m. 1 Lith.) Linz 852, Eurich & Sohn in Comm. 24 ngr

— der Oesterreichische, oder Leben und merkwürdige Reisen Andreas Geißlers, mit Kupf. 8. Salzburg, 790. Mayrs. 13 ſgl.

Robinson, Der Oesterreichische, oder Leben, und merkwürdige Reisen Andreas Geisslers, eines gebohrnen Wieners ... Frankfurth u. Leipzig 1791. V: *Temlich (Timlich), Carl.* (Ullrich, Robinson u. Robinsonaden. Weimar 1898.) (WBL) (MGT) (Karajan) (Ky)

— der Oesterreich., od. Leben u. merkwürd. Reisen Andr. Geißler; von ihm selbst geschrieben (u. hrsgg. v. Karl Temlich). 8. Salzb. 791. Mayr. 8 gr

— der Oesterr., od. höchstmerkw. Schicksale Joh. Geo. Peyer's, aus Urfahr bei Linz gebürtig, dessen Gefangennehmung v. d. Türken rc. von ihm selbst beschrieben. 2e Aufl. 8. Linz 822, Akadem. Buchh.

— der patagonische, s. Reisen, die neuesten und interessantesten.

ROBINSON, Persianischer. — Der Persianische ROBINSON Oder: Die Reisen Und gantz sonderbahre Begebenheiten Dreyer Printzen von Sarendip, Wegen ihrer Anmuthigkeit aus dem Persischen in die Frantzösische und aus dieser in die Teutsche Sprache übersetzet. Mit Titelkpfr. u. (8) Kupfern im Text. LEIPZIG, bey Moritz Georg Weidmannen. Anno 1723. 8°. (In Berlin u. im Besitze des Vorigen.)
Titel, 316 S. (incl. 4 S. unbeziff. Vorr.). Kippenberg, S. 65—66:
Nach einer französ. Bearb. von: Le voyage et les Avantures des trois princes de Sarendip, traduits du persan (par le Chev. *de Mailly*). Paris 1719, des italien. Buches: „Peregrinaggio di tre giovani figliuoli del Re di Serendippo". Vgl.: Die Reisen der drei Söhne des Königs von Serendippo. Ein Beitrag zur vergleichenden Märchenkunde. Von Georg Huth. Ztschr. f. vergleich. Litteraturgesch. N. F. II, 404 ff.; III, 303 ff.; IV, 174 ff.

— Pfälzischer, od. Lebensbeschreib. J. M. Heberers. 1r Thl. 8. Ludwigsb. 748.

— Pohlnisch-Preußischer, welchen sein wunderb. Schicksal in alle vier Theile der Welt geführet hat. 8. Frkft. u. Lpz. 736.

ROBINSON, Der portugiesische. (Genannt in der Bibliothek der Romane VIII. 216.)
Citat Kippenberg's.

— — Reise nach Otaheite und den Südseeinseln, nach dem Campeschen Robinson bearbeitet. 2te Aufl. mit illumin. Kupf. 8. Magdeburg, b. Schätz in Zerbst. 817.

— d. Brüder, Reisen u. Abenteuer, s. Abenteuer.

— der Brüder, Reisen und Abentheuer, zur Unterhaltung für allerley Leser, mit Kupf. 8. Bern, 791. Typographie. 1 Rthl. 5 ſgl.

— der zu Wasser u. zu Lande reisende, v. Berge Libanon. 8. Frkf. 755. Pietsch. 6 gr

Robinson, der reisesüchtige, e. warnendes Beispiel f. junge Leute, welche ohne gehör. Kenntnisse u. hinreich. Erfahr. ihrer Neigung, die Welt zu sehen, folgen. M. 8 ill. Kpfr. 8. (11½ B.) Frankfurt a. d. O. 832, Trowitzsch u. Sohn. Thlr.

Robinson, Der Reussische, eine wahre Geschichte. Nebst einer Vorrede ... Greiz 1781. V: *Schmidt, Joh. Christ.* (Ullrich, Robinson u. Robinsonaden. Weimar 1898.)

— der Russische, gr. 8. Greitz 781. Wendler. 8 gr

Robinson, der Sächsische, od. Wilhelm Richters Beschreibung seiner Reise. 2 Thle. Mit Kpf. 8. Leipz. 759. (Brockhaus). 8 gr

— der Sächsische, od. Wilh. Retchirs wahrh. Beschreib. seiner Reisen. 2 Thle. m. K. 8. Lpz. Gleditsch. 759.

ROBINSON, Sächsischer, oder des närrischen Barons Reisen nach der Türckey, Egypten und Griechenland.
Nach Kippenberg im Sauermannschen Messkatalog von 1735 angezeigt.

— des Jüngern wunderb. u. merkwürd. Schicksale zu Wasser u. zu Lande, f. d. Bürger u. Landmann, mit Holzschnitten. 8. Bayreuth, Lübeck. 798.

ROBINSON des Jüngern wunderbare und merkwürdige Schickfale zu Waffer und zu Lande. Für den Bürger und Landmann. Mit vielen Bildern. Neue Auflage. Gedruckt in diefem Jahre. O. O. (ca. 1800). 8°.
Ullrich S. 79, Nr. 6 bw. Mit vielen Holzfchnitten.

— des Jüngern wunderbare u. merkwürd. Schicksale zu Wasser u. zu Lande, für den Bürger u. Landmann. Neue Ausgabe, m. vielen K. 8. Leipz. Hinrichs. 812.

— — ders. wunderbare u. merkwürd. Schicksale zu Wasser u. zu Lande, für den Bürger u. Landmann, m. Holzschnitten. 8. Hof, Grau. 815.

ROBINSON, Schlaraffenländischer. (Vorrede zum „Moralischen Robinson", also vor 1724 anzusetzen).
Citat Kippenberg's.

Robinson, Schlesischer,

oder Frantz Anton Wentzels von C** eines Schlesischen Edelmannes denkwürdiges Leben, seltsame Unglücks-Fälle und ausgestandene Abentheuer . . . Bresslau u. Leipz. 1723. 24. V: *Stieff, Christian.* (Ullrich, Robinson u. Robinsonaden. Weimar 1898.) (Myl)

— der Schlesische, od. französ. Anton Wenzel von C... denkwürdiges Leben, Unglücksfälle u. Abenteuer. 2 Thle. 8. Breslau. 723. 24.

— Schwäbischer, Don Quixote. 8. Frkft. 742.

— der Schwedische; d. Gustav Landecons Leben u. gefährl. Reisen. 8. Nürnb. 770. Monath u. K. 12 gr

Robinson, der schweizerische, s. Wyß, J. R.

Robinson, Der Schweizerische,

oder der schiffbrüchige Schweizer Prediger und seine Familie . . . Zürich 1812—13. 2. A. 1841—42. 3. A. 1852. V: *Wyss, Johann David.* (GGr)

— der schweizerische, oder d. schiffbrüchige Schweizerprediger u. seine Familie, ein Lesebuch, v. J. R. Wyß. 2 Bde. 8 Zürich, Orell u. Comp. 812—13. (à 1 Rthlr. 16 gr.)

— secundus, a Campe latin. donat. a. P. I. Lieberkühn et ind. instr. a L. F. Gedicke. 8. Jen. Fromman. 802.

Robinson, Der Spanische,

oder Sonderbare Geschichte des Gil Blas von Santillana. A. d. Frantz. . . . Hamb. 1726. V: *Le-Sage, Alain René.* (Milchs)

— der Spanische, od. sonderbare Gesch. des Gil-Blas v. Santillana. 4 Thle. 8. Hamb. 742.

Robinson, Der spanische,

oder lustige Begebenheiten eines zweiten Gil Blas. Leipzig 1813. V: *Hammerdörfer, Carl* [?]. (Ullrich, Robinson u. Robinsonaden. Weimar 1898.)

— d. Spanische; Begebenheiten e. zweiten Gil-Blas. 8. Leipz. 813. Köhler. 1 rh 8 gr

— der Steyersche, od. Reisen u. besond. merkwürd. Begebenheiten Joseph Müller's an d. brasilian. Küsten von Amerika. 8. Altona 793. (Leipz., Fr. Fleischer). 16 gr

— der Steyerische, oder Reisen und besondere merkwürdige Begebenheiten des Joseph Müllers, mit 1 Kupfer, 8. Frankfurt, (Altona) 793. (Raven) 20 sgl.

— Thüringischer, od. Robinson Baackers, eines gebornen Thüringers, Gesch. 8. Gotha, Mevius. 740.

THÜRINGISCHER Robinfon. Das ift: Robinfon Baackers, eines gebohrenen Thüringers, curieufe Lebens-Befchreibung ... bey diefer zweyten Auflage mit deffen Sächfifch- und Dänifchen Kriegsdienften vermehrt von Pellandern. Gotha 1740. 8°.
Ullrich S. 233, Nr. 20a. Graeffe II, 351, 16.

ROBINSON, Der türkische. (Genannt in der Bibliothek der Romane VIII, 261.)
Citat Ullrich's.

— der Ungarische, 8. Wien 794. Doll. 8 gr

— der Ungarische. 8. Wien, Doll. 797.

— der Unsichtbare, od. Goldsteins u. Isegrimms Leben u. Reisen. 2 Thle. 8. Augsb. 766.

ROBINSON, Der Wendische, oder das denckwürdige und wundersame Leben, seltsame Unglucks-Fälle und ausgestandene Abentheuer eines reisenden Sorabi, und aus dessen Mund-Art ins Teutsche gebracht. Budissin, David Richter. (Im Grossischen Messkatalog von Ostern 1724 und 1725 als künftig erscheinend angezeigt.)
Citat Kippenberg's. — Wirklich erschienen?

Robinson, Der Wienerische,

oder seltsame Abentheuer des Ritter von Kilpar. A. d. Engl. des Herrn Fieldings . . . frey bearbeitet. Hohenzollern 1799. V: *Feutry, Aimé Ambr. Jos.* (Ullrich, Robinson u. Robinsonaden. Weimar 1898.)

Robinson, Der Wiener,

oder seltsame Abentheuer des Ritter von Kilpar. Aus dem Engl. d. Herrn Fieldings frey bearbeitet. Hohenzollern 1799. V: *Montagnac, Louis Laur. Jos. Gain de.* (Ullrich, H., Robinson und Robinsonaden. Weimar 1898. S. 168.)

— Wiener, od. seltsame Abentheuer des Ritters v. Kilpar; aus d. Engl. d. Fielding übersetzt. 8. Wien 799, a. 805. Wallishausser. 1 rh

— — the Younger, by Kampe, transl. from the Germ. by John Timaeus. 8. Braunschw. Schulbuchhdl. 800.

— — the same, from the german. 2 Vol. 8. Hamb. Bohn. 782. (à 14 gr.)

— — the same, with an explanation of the german words. 8. Frcf. Willmanns. 807.

— zwey gelehrte, od. wahrhafte kuriöse Gesch: Schäffers u. Kirchmayers. 8. Frankf. Martini. 747.

— zwey sogen. Westphälische, u. Avanturiers. 8. Frkft. 748.

ROBINSON, Unedle Rache mit Peitsche und Rute. Confiscirt anfangs 1912.

ROBINSON d. Jüngere, A., Neue Caricaturen und Anekdoten. 1802.
Weller, Lex. Ps. p. 482.

Robinson, Adolf [approb. Arzt aus Berlin]: Zur Behandlung der Diphtherie .... Halle a. S., Hofbuchdr. v. C. A. Kaemmerer & Co., 1888; 29 + 1 S. + 1 Bl. 8°
Halle, Med. Fak., Inaug.-Diss. v. 24. Mai 1888

Robinson, Adolf, zur Behandlung der Diphtherie. Diss. Halle 1888, Lippertsche Buchh. 8°. 29 S.

Robinson, B. H., s. Robinson, H. P.

Robinson, B. L. [aus Bloomington, Illinois]: Beiträge zur Kenntniss der Stammanatomie von Phytocrene Macrophylla Bl. ... (Aus: Bot. Zeitung. Jhrg. XLVII., *Leipzig, Druck v. Breitkopf & Härtel*, 1889; 29 S. + 1 Bl. u. 1 Taf. 4°
Strassburg, Math.-Naturw. Fak., Inaug.-Diss. v. 1889

Robinson, Charles, welche Bücher man lesen soll. Robinson's literary guide. Literarischer Wegweiser f. das Studium der deutschen, engl. u. französ. Sprache. Werthvolles Hilfsmittel bei Anlegg. von Hausbibliotheken. (15 S.) 12. Berlin 904. E. Beyer. n. — 50; erhöht. Pr. n. 1. —

Robinson, Eduard. Neue biblische Forschungen in Palästina. Berlin 1853—54. Ü: *Robinson, Therese Albertine Luise geb. von Jacob.* (schr)

Robinson, Ed., neuere biblische Forschungen in Palästina und in den angränzenden Ländern. Tagebuch einer Reise im J. 1852. Von E. Robinson, E. Smith u. A. Nach den Orig.-Papieren mit histor. Erläuterungen hrsg. gr. 8. (XXXIV und 856 S. mit 1 in Kpfr. gest. und ill. Karte von Palästina von H. Kiepert in gr. Fol.) Berlin 857, G. Reimer.

Robinson, Eduard. Physische Geographie des heil. Landes. Aus dem Nachlass. Leipzig 1865. Ü: *Robinson, Therese Albertine Luise geb. von Jacob.* (schr)

Robinson, Edw., physische Geographie des Heiligen Landes. Aus dem Nachlasse des Verf. zur Ergänzung seiner früheren Schriften über Palästina. Leipzig 865. Brockhaus. gr. 8. (XIX, 406 S.) n. 2 Thlr 10 ngr

Robinson, Ed., u. E. Smith, Palästina u. d. südl. angrenz. Länder. Tagebuch e. Reise im J. 1838 in Bezug auf d. bibl. Geographie unternommen. Nach d. Orig.-Papieren mit histor. Erläutern. hrsg. v. Eduard Robinson. 3 Bde. gr. 8. (152 B. u. 5 Kart. u. Pläne.) Halle 841, Buchh. d. Waisenhauses. Thlr. *

Robinson, Ed., neue Untersuchungen über die Topographie Jerusalems. Eine Beigabe zu des Verf. Werke üb. Palästina. gr. 8. (VI u. 136 S.) Halle 847, Buchhandlung des Waisenhauses. n. 5/6 Thlr

(Robinson, Emma)
Whitefriars oder die Tage Karls des Zweiten. Historischer Roman. Nach der 3. Aufl. des engl. Originals. Bdchn 1-3.4-6.
Stuttgart: Franckh 1845. 8°

Robinson, F. Mabel, Hovenden, V. C., s.: Library, the English.

Robinson, Frederik Will., die wilde Blume oder Recht u. Unrecht. Roman. Aus dem Engl. von Helene Hardt. Einzige autorisirte deutsche Ausg. 2 Bde. Leipzig 869. Schlicke. 8. (IV, 295 u. IV, 288 S.) 2 Thlr 20 ngr

Robinson, F. W., a bridge of glass, s.: Asher's collection of english auth.

Robinson, F. W., coward conscience, s.: Asher's continental library.

Robinson, F. W., a very strange family, s.: Library, the English.

—— Großmutters Geld. Roman. Aus dem Engl. von Helene Hardt. Einzige autoris. deutsche Ausg. 3 Bde. 8. (III, 237; III, 262; III, 236 S.) Leipzig 869. Schlicke.

Robinson, F. W., die goldene Hand (The woman in the dark), s.: Engelhorn's allgem. Romanbibliothek. XIV.

Robinson, F. W., Jung-Nin, s.: Engelhorn's allgemeine Roman-Bibliothek. XVIII. 13. 14.

—— little Kate Kirby, s. Asher's Collection of English Authors.

— das Lösegeld e. Frau. Roman. Aus dem Engl. v. Helene Hardt. Einzige autoris. deutsche Ausg. 2 Bde. 8. (235 u. 252 S.) Leipzig 873. Schlicke. n. 7. —

Robinson, F. W., Wrayfords Mündel, s.: Enßlin's Roman- u. Novellenschatz.

—— seine Cousine Sarah. Roman. Aus dem Engl. von Camilla Baronesse von Conway. Einzige autorisirte deutsche Ausg. 3 Bde. 8. (VIII, 327; VIII, 299; VII, 139 S.) Leipzig 876, Schlicke. *

—— poor Zeph! and other Tales, s. Asher's Collection of English Authors.

Robinson, F. W., poor Zeph, s. Asher's Continental Library.

Robinson, F. W., zu spät!, s.: Bibliothek, interessante.

Robinson, George Livingstone [Hebrew Fellow, Princeton, U. S. A.]: The Prophecies of Zechariah w. special reference to the origin a. date of chapters 9—14. (Aus: The American Journ. of Semit. Lang. a. Lit., Vol. XII Nos 1 a. 2.) Chicago, The Univ. of Chicago Press, 1896; 95 S. 8.
Leipzig. Phil. Fak., Inaug.-Diss. v. [13. Juni] 1896

Robinson, H., der Jagdhund. Seine verschiedenen Racen, seine Eigenthümlichkeiten, seine naturgemäße Erziehung, seine Dressur u. die besten Mittel zur Behandlung u. Heilung seiner Krankheiten. Nach langjährigen Erfahrungen u. nach den besten englischen Schriften bearb. Mit Abbildungen. Quedlinburg 861. Basse. 8. (IV, 195 S. u. 7 lith. Taf.) 25 ngr

Robinson, H. P., der malerische Effect in der Photographie als Anleitung zur Composition u. Behandlung d. Lichtes in Photographien. Frei nach dem Engl. v. C. Schiendl. gr. 8. (VIII, 175 S. m. Illustr.) Halle 886. Knapp. n. 4. —

Robinson, B. H., der malerische Effect in der Photographie, neue Bearbeitung, s.: Matthies-Masuren, F., bildmässige Photographie.

Robinson, P. H., das Glashaus u. was darin geschieht. Autoris. deutsche Ausg. Mit 32 Abbildgn. gr. 8. (IV, 130 S.) Düsseldorf 886. Liesegang. n. 2. 50

Robinson, H. P., das Glashaus u. was darin geschieht. Autoris. deutsche Ausg. 2. Aufl. gr. 8. (III, 127 S. m. 32 Abbildgn.) Düsseldorf 889. Liesegang. n. 2. 50

Robinson, Henry Crabb. — Ein Engländer üb. deutsches Geistesleben im ersten Drittel dieses Jahrhunderts. Aufzeichnungen Henry Crabb Robinson's; nebst Biographie u. Einleitg. v. Karl Eitner. (XXXIII, 443 S.) Weimar 871. Böhlau. n. 5. 60

Robinson, *August* Hermann [aus Oberstein a. d. Nahe]: Über Dimethylsalicyloïn, Piperonoïn und Dimethylvanilloïn ... Berlin, Buchdr. v. G. Schade, *1896*; 53 S., 1 Bl. 8.
Berlin, Phil. Fak., Inaug.-Diss. v. 15. Febr. 1896

Robinson, James, die chirurgische, mechanische und medicinische Behandlung der Zähne mit Einschluss der Zahn-Mechanik. Nach der 2. Aufl. aus dem Engl. übers., mit vielen Abbildungen und Zusätzen verm. und mit einem Anhange versehen von Adf. Fröhlich. gr. 8. (XXIV und 337 S. mit 156 eingedr. Abbild. und 1 Stnt.) Wien 848, Haas'sche Buchh. Thlr.

Robinson, James: Untersuchungen über die Ausbreitung von lichtelektrischen Kathodenstrahlen im Vakuum und in verschiedenen Gasen. Leipzig: J. A. Barth 1909. 75 S. 8°
(Aus: Annalen d. Physik. F. 4, Bd 31, H. 4. 1910.)
Göttingen, Phil. Diss. v. 29. Nov. 1909, Ref. Riecke
[Geb. 9. Sept. 84 Seghill; Wohnort: Seghill; Staatsangeh.: Großbritannien; Vorbildung: Armstrong Coll. Newcastle o. T. R. Sc. 06; Studium: Durham 2, Göttingen 4 S.; Rig. 21. Juli 09.] [U 10. 1457

Robinson, Jos., architekton. Blattwerk. Der Natur nachgebildet. Kapitäle, Friese, Thurmspitzen, Krabben etc. m. Anwendg. von Pflanzenformen. gr. 4. (36 Taf.) Berlin (894). M. Spielmeyer. In Mappe n. 16. —

ROBINSON, Julian. — Weiber-Herrschaft. Die seelischen u. körperlichen Erlebnisse des Julian Robinson, nachmal. Viscount Ladywood. Von ihm selbst niedergeschrieben zu einer Zeit, wo er unter dem Pantoffel stand. Erste u. vollständige Übertragung nach d. engl. Orig.-Ausg. v. Erich von Berini-Bell. Mit 6 farbigen Zeichnungen v. Carl Maria Diez. 3 Bde. Wien 1909. Lex.-8°. Ca. 700 S. (Mk. 50—; Luxusausg. [nur 30 Expll. auf ächtem Büttenp., in 3 Ganzprgtbdn.) à Mk. 100—.) (42 Mk., Ganzlederbde. Adolf Weigel, 1909.)
Einmalige Auflage von 500 Expll. Prächtig ausgestatteter Privatdruck. — Eines der interessantesten und merkwürdigsten Bücher der erotischen Weltliteratur.
Aus d. Prospekt: Das englische Original wurde seinerzeit in nur 30 Exemplaren für die Freunde des Verfassers gedruckt. Diese Originalausgabe, nach welcher die jetzt zur Ausgabe gelangende deutsche Übertragung — die überhaupt erste — veranstaltet wird, steht außerordentlich hoch im Preise und ist kaum aufzutreiben. Die später in Holland und Frankreich veröffentlichten englischen und französischen Nachdrucke sind vielfach gekürzt und barbarisch verstümmelt, und geben den Reiz des Originals nicht einmal annähernd wieder.
Engl. Orig. (Nachdruck): Robinson, Viscount Julian, Gynecocracy. A narrative of the adventures and psychological experiences (afterwards Viscount Ladywood) under petticoat-rule, written by himself. 3 vols. Paris and Rotterdam. O. J. 8°. XXIII-510 pages. (L 4.—.) Rare. (30 Mk. Adolf Weigel, c. 1908.)

— — Dasselbe. (Andre, unvollständ. Überstzg., mit veränd. Titel): Memoiren. Ein englisches Erziehungsbild. 2 Bde. (190*.) Kl. 8°. 227+94 S. (7 Mk. 50 Pfg., Titel fehlten, der Vorige, c. 1908.)
Das Opus gehört zugleich zur Flagellanten-Litteratur.

Robinson, L.

— Fräulein Nero. Erzählungen aus dem brasilianischen Sklavenleben. O. O. 1907. 8°. 170 S. (Mk. 6—.) (16 Mk. der Vorige.)
Privatdruck von 500 numer. Expll.
— Vergriffen und sehr gesucht!

Robinson, L., Weisse Teufelinnen. Erzählung aus dem brasilianischen Sklavenleben. O. O. u. J. (c. 1906). 8°. 123 S. (Mk. 6—.) (12 Mk. Adolf Weigel, 1908.)
Numer. Privatdruck in beschränkter Auflage.

Robinson, L., die Zähne, ihre Behandlung im gesunden und kranken Zustande, sowie ihr künstl. Ersatz. Populär dargestellt. 8. (VIII, 64 S.) Jena 885, Mauke. * 1 20

Robinson, L., die Zähne, ihre Behandlung im gesunden u. kranken Zustande, sowie ihr künstl. Ersatz. Populär dargestellt. 2. Aufl. 8. (VI, 64 S.) Jena 888. Mauke. n. 1. —

Robinson, Mstrs. Marie, Alwine, od. die wiedergefund. Tochter. Nach d. Engl. 8. Quedlinb. 813. Basse. 1 ₰ 4 gr

Robinson, Mary. Angelina, a. d. Engl. ... Erlangen 1799—1800. Ü: *Reich, Gottfried Christian.* (Ky) (Fiker) (MGT) (NN)

— Angelina; aus d. Engl. nach d. 3n verbess. u. veränd. Originalausg. übers. v. C. v. S. u. revid. v. J. C. F. (G. C. Reich). Mit d. Bildn. d. Verf. 4 Bde. 8. Erlang. 799, 800. Heyder. 4 ₰ 12 gr

Robinson, M. Der falsche Freund; a. d. Engl. Rudolstadt 1800. Ü: *Schenk, Joh. Chn Phil. Wilh.* (Ky)

— der falsche Freund; aus d. Engl. (v. W. Schenk). 3 Bde. 8. Rudolst. 800. (Fr. Fleischer in Leipz.) 3 ₰ 4 gr

Robinson, Mistriß, Memoiren, v. ihr selbst beschrieben; aus d. Engl. übers. 2 Thle. 8. Altenb. 802. Litt.-Compt. (Brockhaus). 1 ₰ 4 gr

— Julie St. Laurence; aus d. Engl. 8. Leipz. 797. Sommer. (Nauck). 16 gr

— Julie St. Laurence. II Vols. 16. Leipz. 812. Sommer. (Nauck). 1 ₰ 4 gr

Robinson, Mstrs. Marie, Hubert v. Sevrac; aus d. Engl. 2 Thle. 8. Halle 797, 98. Fr. Ruff. 1 ₰ 20 gr

— Vancenza, s. Kabinet engl. Romane; auch K. P. Moritz Vancenza.

Robinson, M. Vacenza oder die Gefahren der Leichtgläubigkeit; a. d. Engl. Berlin 1793. Ü: *Moritz, Carl Philipp & Carl Frdr. Klischnig.* (Ky)

Robinson, Mary. Walsingham oder das Naturkind. Eine Geschichte ... Berlin 1799. Ü: *Bothe, Frdr. Heinrich.* (Russell II. 2, 234)

— Walsingham, od. d. Naturkind; aus d. Engl. Mit Musik. 4 Bde. 8. Berl. 799. Nicolai. 3 ℔

— the Widow. II Vols. kl. 8. Leipz. 795. Sommer. (Nauck). 1 ℔ 4 gr

Robinson, M. Die Wittwe, ein Roman a. d. Engl. Leipzig 1795. V: *Sommer, Johann Christian.* (MGT) (GGr) (Ky)

— die Wittwe; aus d. Engl. (v. Jh. Chr. Sommer). 16. Leipz. 795. (W. Nauck). 16 gr

Robinson, Max [aus Nürnberg]: Zur Ätiologie und Therapie der Inguinal-Bubonen ... Berlin, Buchdr. v. G. Schade, *1893*; 38 S., 1 Bl. 8.
Berlin, Med. Fak., Inaug.-Diss. v. 3. März 1893

Robinson, P. H., s. Robinson, H. P.

Robinson, Pet., der letzte Sarg, die Ziege u. die polnische Gefahr. (168 S.) 8. Berlin (909). Kr. W. Mecklenburg. 2.—; geb. 3. —

Robinson, Philip Ely, aus Sewickley, Penn., U. S. A.: Der elektrische Widerstand loser Kontakte und seine Anwendung in der drahtlosen Telegraphie. *Leipzig: J. A. Barth 1903.* (57 S.) 8°
Gießen, Phil. Diss. v. 1903

Robinson, R., Predigten üb. verschied. Stellen d. heil. Schrift; aus d. Engl. v. H. gr. 8. Zittau 789. Schöps. 1 ℔

Robison, Robert: Über die polychromen Salze aus Dimethyl- und Diphenyl-Violursäure. Weida i. Th. 1900: Thomas & Hubert. 55 S. 8°
Leipzig, Phil. Diss. v. 11. Sept. 1909, Ref. Hantzsch, Beckmann
[Geb. 29. Dez. 83 Newark-on-Trent, England; Wohnort: Newark; Staatsangeh.: Großbritannien; Vorbildung: London Univ. B. Sc. Okt. 06; Studium: Nottingham 2, Leipzig 4 S.; Rig. 9. Juli 09.] [U 10. 3220

Robinson, S., warme Maiskolben, s. Bibliothek, amerikanische.

ROBINSON, Solon, Nur eine Näherin. Amerikanisches Lebensbild, frei nach dem Englischen des — v. Rudolph Müldener. Altona, 1873. Verlags-Bureau. A. Prinz. Breit-12°. 67 S. Zahm. (1 Mk., Expl. mit Orig.-Umschl., Frdr. Klüber, 1905; 5 Mk., „68 S. m. lithogr. Orig.-Umschl.", Adolf Weigel, 1907.)

Robinson, Therese Albertine Luise, geb. v. Jacob, s.a. Talvi.

Robinson, Therese Albertine von

Die Auswanderer. Erzählung. Von Talvj [d.i. Therese Albertine von Robinson]. Th. 1.2.
Leipzig: Brockhaus 1852. 8°

[Robinson, Therese Albertine Luise] Talvj: Geschichte der Colonisation von Neu-England. Von den ersten Niederlassungen daselbst im Jahre 1607 bis zur Einführung der Provinzverfassung von Massachusetts im Jahre 1692. Nach den Quellen bearbeitet. Nebst einer Karte von Neu-England im Jahre 1674. Leipzig 1847. XVIII, 710 S. 8°.

--Über die indianischen Sprachen Amerikas. Von John Pickering. Aus dem Eng übers von Talvj (pseud.) Lpz. 1834.

Robinson, Therese Albertine Luise, u. d. Namen: Talvj, Versuch einer geschichtlichen Charakteristik der Volkslieder germanischer Nationen mit einer Uebersicht der Lieder aussereuropäischer Völkerschaften. Leipzig 1840. 8. . . . . (D.)

Robinson, Therese A. L., geb. v. Jacob, s. Volkslieder der Serben.

Robinsons, Thomas, Life and Death of Mary Magdalene, saSommer, H. Oskarus.

Robinson's, Thomas, life and death of Mary Magdalene. Ein Legendengedicht in 2 Tln. [a. D. 1621]. Nach den beiden allein bekannten Handschriften des brit. Museums, London, und der Bibliotheca Bodleiana, Oxford, hrsg. von H. Osk. Sommer. gr. 8. (117 S.) Marburg 887, Elwert's Verlag. * 3 —

Robinson, Vincent J., s.: Teppich-Erzeugung im Orient.

Robinson, W. D. Geschichte der Expedition des Generals Xavier Mina nach Mexico im J. 1816 ... Nach dem Engl. Hannover 1824. B: *Thiesen, Charlotte.* (GGr X, 198) (Zeitschr. f. Büch. N. F. 15, 1923, S. 120)

Robinson, (W. D.,) Geschichte der Expetion d. General X. Mina nach Mexico im J. 1816. Nebst seiner Biographie u. einer Schilderung d. damal. Verhältnisse d. spanisch-amerikan. Colonien. Nach d. Engl. 8. Hannov. 824, Hahn.

Robinsonaden, neu erzählt v. Aug. Wilhelmi. 1r Bd. 8. Lpz. Sommer. 800.

Robinsonaden. Ein belehr. u. unterhalt. Lesebuch f. die Jugend. Mit ill. Kpf. 8. Kitzingen 828. Gundlach. 12 gr 2e Aufl. s. Gefahren d. Meeres.

Robinsonaden. Neues Bilder- und Lesebuch für die Jugend. Mit 8 color. Lithogr. in Tondr. Nürnberg (858.) Lotzbeck. 4. (50 S.) 15 ngr

Jungfer Robinsone, oder die verschmitzte Junge-Magd etc. Von Celibilicribrifacio. Hall in Schwaben. o. J. 8o.
Koch II. S. 268

Robinsone, Il nuovo, per servire di divertimento ed instruzzione della gioventù ... Halle 1787. Ü: *Schröder, Joh. Chn.* (Ullrich, Robinson u. Robinsonaden. Weimar 1898.)

ROBINSONIN, Die böhmische, oder curieuse und merkwürdige Geschichte eines Frauenzimmers namens Emilia, welche geraume Zeit auf einer unbewohnten Insul gelebet. Ans Licht gegeben von Chr. E. Fidelino. Mit Titelkupfer. Frankfurt und Leipzig 1753.

— die Böhmische,. 8. Frkft. u. Lpz. Dietsch. 753.

ROBINSONIN, Die finnländische. Frankfurt und Leipzig, 1755. 8°. Citirt Ullrich, S. 159.

Robinsonin, der europ., Lebensbeschreib. in einem moral. Roman. 8. Zittau, Schöps. 752.

ROBINSONIN, Die Pariser, s. oben bei Robinson, Der Bißcajische .... 1769.

ROBINSONIN, Die unglücklich-glückliche Ostfrießländische, Oder merkwürdige Reisen eines adelichen Frauenzimmers Imela von F*** genannt. Mit (3teiligem) Titelkpfr. Franckfurt und Leipzig 1755. 8°. (Besitzt der Vorige.)
Titel (roth u. schwarz), Vorrede 6 S.S. unterzeichnet: *O. E. v. A.*; Text S. 11—496. — Sehr rar!

* ROBINSONIN, Die Venetianische, s. oben bei Robinson, Der Curländische .... 1756.

Robinson's

— Colonie, est le Robinson de Campe contin. p. Hildebrand.

Robinson's Fahrten u. Abenteuer in Wort u. Bild. Zur Unterhaltg. u. Belehrg. f. die Jugend. 4. (12 Chromolith. m. eingedr. Texte.) Neu-Ruppin 876. Oehmigke & Riemschneider. n. — 50

—'s Colonie, ist Campes Robinson, fortgesetzt von C. Hildebrand.

— s Kolonie, oder die Welt im Kleinen, von J. K. Wezel, 12. Daselbst, 795. Derselbe. 20 sgl.

—'s Colonie, od. Schilder. der Entsteh. der verschied. Staatsformen u. Religionen, v. J. K. Wezel. 12. Leipz. Dyk. 795.

Robinson's Leben und Abenteuer. Neueste Ausg. Berlin 853. Hasselberg. 8. (2 Bl., 201 S. u. 2 color. Lithogr.) 15 ngr; mit 10 color. Lithogr. 21 ngr

Robinsons Reise um die Welt, ein unterhaltend. und belehrendes Lesebuch f. die Jugend, mit K. u. Charten. 8. Nürnb. Campe. 814.

Robinson's Reise um die Welt, ein unterhaltendes und belehrendes Lesebuch f. die Jugend. Amerika. 2 Thle. m. Kupf. u. Charten. 8. Nürnb. Campe. 815.

ROBINSONS REISE UM DIE WELT. Ein unterhaltendes und belehrendes Lesebuch für die Jugend. [I. Teil:] Amerika. Erstes [Zweites] Bändchen. Dritte verbesserte Auflage. Mit [zusammen 8 handkolorierten] Kupfern [von Fleischmann nach J. VOLTZ] und einer [color. gestoch.] Charte. Nürnberg, Fr. Campe, 1821. XVI, 303 S. X S. 1 Bl. 328 (statt 332) S. Kl.-8°. Pappbde. d. Z. 36.—
Sehr selten, nicht bei Ullrich. Es sind noch 2 Bände (Australien u. Afrika) erschienen. Vorzüglich illustr. Ausgabe. — Die Seiten 329—332 im 2. Band fehlen. Die Einbände lädiert. **

— — dasselbe 2s Bdchn. 2te Aufl. Mit Kupf. 8. Ebendas. 821.

— — dasselbe 3s und 4s Bdchn. (Australien und Südasien) (Südasien und Afrika.) M. K. 8. Nürnberg, Campe. 819 und 821. à 1 Rthlr. 8 Gr.

Robinson's merkwürdige Reise-Abenteuer zu Wasser u. zu Land; wie er Schiffbruch leidet, jedoch auf ein unbewohntes Eiland sich rettet, 22 Jahre dort lebt u. zuletzt mit Menschenfressern zu thun bekömmt. Neueste Volks-Ausg. 8. (62 S.) Altötting 878. Lutzenberger. — 25

— Reisen, ein unterhaltendes Spiel f. Jedermann. Halle, Dietlein. 813.

— Reisen u. Abentheuer, s. Reisen.

Robinson's merkwürdige Reisen zu Wasser u. zu Lande, wie auch dessen wunderbare Abenteuer u. Erlebnisse. Eine lesenswerthe Geschichte für Jung u. Alt. Neutitschein 865. Enders. 8. (48 S. mit vielen schönen Illustr.) n. 4 ngr

Robinson's Reisen zu Wasser u. zu Lande u. sein Leben auf der wüsten Insel. Ein unterhaltendes Post- u. Reisespiel &c. Mit Erklär. Pirna, Friese. 10 gr ill. 16 gr

—— letzte Schicksale. 2. Thl. von „Robinson's Abenteuer," nach D. Foë bearb. v. F. Rauch, u. Fortsetz. d. Campe'schen u. anderer Ausgaben. 8. (18¾ B. u. 2 Ttlbld. v. Hosemann.) Berlin 841, Hasselberg'sche. Vrlsb. $^{7}/_{12}$ Thlr., m. 10 Abbildn. v. Hosemann. ⅚ Thlr., col.
1. Thl., s. Foë, D. v.
Vgl. Defoe.

Robinson's wunderbare Schicksale und seine Kolonie, s. a. Andechs, Maria v.

Robinson's wunderbare Schicksale und seine Kolonie. Eine Geschichte für Kinder nach Daniel De Foe's Robinson neu erzählt von Maria v. Andechs (Baronin v. Leinburg). Mit Illustrationen. 8. (250 S.) Wien. Benedikt. geb. Volksausgabe 1 fl.
1861 Mittelfeine Ausg. mit 36 schw. Illustr. 1 fl. 80 kr.
Prachtausg. mit 36 color. Bildern. 2 fl. 60 kr.

Robinson's jüngster Sohn. Ein unterhaltendes Lesebuch f. Kinder. 8. (8½ B. u. 7 ill. Kpfr.) Neu-Ruppin 845, Kühn. (Leipzig, Thomas.) *

Robiou, F., mémoire sur l'économie politique, l'administration et la législation de l'Egypte au temps des Lagides. Avec carte. gr. 8. (XVI, 248 S.) Paris 876. Vieweg. n. 6. —

Robirs, J. P., Schützen-Allotria. Humoristische Festgabe zum IX. Deutschen Bundesschießen in Frankfurt a/M. vom 3.—10. Juli 1887. 12. (68 S.) Frankfurt a/M. 887. Gebr. Knauer. n. — 50

Robisch, Alfred Georg [aus Döbeln]: Über einige unsymmetrische Alkylphenylhydrazine ... Rostock, C. Boldt'sche Hof-Buchdr., 1897; 52 S. 8.
Rostock, Phil. Fak., Inaug.-Diss. v. [21. Dez.] 1896

Robischon, Johann Alfred Joseph [aus Köln a. Rh.]: Über Ovarialcarcinom nebst Mitteilg zweier Fälle v. solchem ... Greifswald, Buchdr. C. Sell 1895. 32 S., 2 Bl. 8°
Greifswald, Med. Fak., Inaug.-Diss. v. 3. Aug. 1895

Robischung, F. A., der Köhler aus dem Blumental. Eine Erzählung aus den Vogesen. (148 S. m. Titelbild.) 8. Straßburg 904. F. Bull. n. 1. 80; geb. in Leinw. n. 2. 20

Robischung, F. A., der Senne vom Roßberg od. Undank u. Edelmut. E. Erzählg. aus d. Vogesen. gr. 8. (208 S.) Regensburg 896. Verlagsanstalt vorm. G. J. Manz. n. 3. —; geb. in Leinw. n. 4. —; m. Goldschn. n. 4. 50

Robison, J., der engl. Bronzirer u. Oel-Vergolder. A. d. Engl. u. mit deutsch. Zusätzen verm. 8. (5 B.) Quedlinburg 832, Basse.

Robison, Joh.

Robison, J., über geheime Gesellschaften u. deren Gefährlichkeit für Staat u. Religion. gr. 8. Braunschw. 800. (Leibrock.) 1 ℛ

Ueber geheime Gesellschaften und deren Gefährlichkeit für Staat und Religion. Von Joh. Robison. Aus der 3. verb. engl. Aufl. übers. und mit Anmerk. vers. Königslutter 1800: Culemann; Hamburg: Campe in Comm. 292 S. 8°
cf. Taschenbuch f. Frmr. 1802 S. 392—413.
Kl. 3503. KB.

Robiſſon, J., üb. geheime Geſellſchaften u. deren Gefährlichkeit f. Staat u. Religion; aus d. Engl. gr. 8. Königslutt. 801. (Campe in Hamb.); (a. Pluchart in Braunſchw.) 1 ℳ

Robitow, Irodion. Über Mammacarcinome. 36 Fälle aus der Chirurgischen Universitäts-Klinik zu Basel vom April 1907 bis zum Juni 1909. Diss. Med. Basel. 32 S. 8. Basel, Brin & Cie., 1910.

Robitsch, Matthias

Robitſch, offene Antwort auf das „Offene Sendſchreiben" des Hrn. Paſtor Biberauer, an die römiſch-kathol. Geiſtlichkeit zu Cilli in Steiermark. gr. 8. (15 S.) Grätz 848, Damian & Sorge. 1/12 ℳ

Robitſch, M., Geſchichte der chriſtlichen Kirche. In populärer Darſtellung zur Belehrung und Erbauung. Grätz 853. Ferſtl in Comm. gr. 8. (XVI, 454 S.) 1 ℳ 14 ngr.

Robitſch, M., Geſchichte der chriſtlichen Kirche. In populärer Darſtellung zur Belehrung u. Erbauung. 2. verb. Aufl. Mit einem Nachtrage für die Zeit von 1852—1862. Schaffhauſen 863. Hurter. gr. 8. (XX, 439 S.) 1 ℳ 9 ngr.

Robitsch, M., Geschichte der christlichen Kirche in populärer Darstellung. 3. verb. Aufl. (bis z. J. 1872). XVI u. 451 Stn. gr. 8. Schaffhausen, Fr. Hurter. 1872 4. 65

Robitſch, M., Geſchichte der chriſtlichen Kirche. In populärer Darſtellg. zur Belehrg. u. Erbaug. 3. verb. Aufl. Mit e. Nachtrage f. die Zeit von 1852 bis 1872. gr. 8. (XVI, 451 S.) Schaffhauſen 872. Regensburg, Manz. 3. 60

Robitſch, M., Geſchichte der chriſtlichen Kirche. 4. Aufl., neu bearb. v. J. Bidmar. 2 Abtlgn. gr. 8. Regensburg, Verlags-Anſtalt. à n. 6. —
1. Chriſtliches Altertum u. Mittelalter. (XXIII, 624 S.) 889.
2. Die Neuzeit. (XII, 615 S.) 891.

— Geſchichte des Proteſtantismus in der Steiermark. Grätz 859. Wieſner. gr. 8. (VIII, 230 S.) 27 ngr.

Robitſch, M., Geſchichte des Proteſtantismus in der Steiermark. 2. (Titel-)Ausg. Grätz (859)865. Leuſchner & Lubensky. gr. 8. (VIII, 230 S.) n. 15 ngr.

ROBITSCH, Matthias: De hymnis et carminibus christianis antiquis in theologia dogmatica utiliter adhibendis. — (1832) 74 S. 4° (Handschr.) Diss. 29
Diss. Wien, Univ.

Robitschek [illegible] S. 121.
[illegible]
Separatabdruck

Robitscheck, J., über Febris recurrens, s. Přibram, A.

Robitschek, Kurt, lehrreiche Dummheiten. (14 S.) kl. 8. Leipzig-Gohlis 910. Baschwitz, B. Volger. 1. —

Robitſchek, Norbert, Hochkirch. Eine Studie. (93 S. m. 1 Karte.) 8. Wien 905. C. Teufen's Nachf. n. 1. 25

Robitsek, Alfred [aus Wien]: Ueber die Einwirkung der Chloride des Phosphors auf orthosubstituirte Phenolcarbonsäuren ... Bonn, Buchdr. u. Steindr. J. Bach Wwe, 1897; 47 S., 2 Bl. 8.
Bonn, Phil. Fak., Inaug.-Diss. v. 3. Juni 1897

ROBITSEK, Franciscus: De institutione ecclesiae Anglicanae et de fatis ecclesiae catholicae in Anglia inde ab Elisabeth regina. — (1886) 111 S. 4° (Handschr.) Diss. 401
Diss. Wien, Univ.

Robitzsch, Friedr. (geb. Dessau 25. 8. 1841): Ueber zwei ungewöhnliche Fälle von Tabes dorsualis. Berlin (1867). (32 S.) 8°
Berlin, Med. Diss. v. 31. Juli 1867

Robitzſch, P., Geriſwind. Eine Mär aus Alt-Sachſenland. 12. (III, 111 S.) Dresden 890. Pierſon. n. 1. 50; geb. n. 2. 50

Robitzsch, Paul Beiträge zur Geschichte von Höxter. 22 S. u. Karte. Progr. Höxter 1883.

Robl, Thaddäus, s. a. Biographien berühmter Rennfahrer.

Thaddäus **Robl**. Eine Biographie. Hrsg. v. Verl. d. 'Rad-Welt'. Berlin: Rad-Welt [1906]. (46 S.) 8° [J.]
= **Biographien** berühmter Rennfahrer. Bd 1. [od. 1066]

Robl, Thaddäus, der Radrennsport, s. a. Bibliothek f. Sport u. Spiel 29. Bd.

Robl (Th.). Der Radrennsport. 1905. Leipzig 8°. 199 S. M. 1 80 geb. 2.30

Robl, Thaddäus, Training des Stehers, s. a. Miniatur-Bibliothek f. Sport u. Spiel. 20. Bd.

Robl (Th.) Training d. Stehers (Fahrrad). (32 S. m. A.) Leipzig 1909. M. — 60

Röbl, Ernst: Über Cysten am Samenstrang mit besonderer Berücksichtigung der Dermoidcyste. *Leipzig 1897: R. Hahn.* (32 S.) 8°
München, Med. Diss. v. 1897

Discours du fr. Roblau, prononcé le 5 janv. 1747 à l'occasion de l'installation du nouveau maître Coelsch, et au sujet du départ du passe-maître Fabris, dans la Loge des 3 Globes. Berlin [1747].
Kl. 808.

Discours prononcé le jour de la fête de St. André, dans la Grande Loge écossoise de l'Union par. J. J. Roblau. Berlin le 30. nov. 1747. 5. Bl. 4°
Sehr selten. Gegen unwürdige Brr im Bunde. Beigefügt e. Lied der schott. Mstr ohne Noten.

Roblik, Elias Liberius, Jüdiſche Augengläſer, d. i. den Juden zur Erkenntnis des Glaubens vorgeſtelltes Buch Brünn 1741. 2 Teile. Folio. Znaim 1743.

Röbling, A. Karte vom Königreiche Böhmen nach den zuverlässigsten und neuesten Hülfsquellen bearbeitet. Prag, Leitmeritz und Teplitz 1838. 1 Bl. c. L. Ff.

Röbling, C. W., die Brot- u. Holznoth u. Nahrungsloſigkeit, drei Lebensfragen unſerer Zeit nebſt Vorſchlag zur Gründung allgemeiner Wohlfahrts- u. Lebensverſchönerungs-Vereine. gr. 8. (16 S.) Mühlhauſen 847, Danner in Comm. n. 4 ngr.

Röbling, C. W., der Silhuetteur, oder neuestes und kürzestes Verfahren, Silhuetten ohne Gebrauch eines Storchschnabels anzufertigen. Nebst einem Anhange, Bilder, welche in Tuschfarben gemalt sind, dauerhaft zu überziehen ꝛc. Für Dilettanten des Zeichnens und Malens. Mit lith. Abbildungen (auf 1 Taf.). Cassel 853. Vollmann. 8. (15 S.) 6 ngr.

Programm, zweites, der k. k. Unter-Realschule in der k. freien Hauptbergstadt Kremnitz. *Neusohl* 1858. Gedruckt bei *Ph. Machold*. 59 S., 8°.
INHALT. Etwas über den Zweck der Realschule und über das Zeichnen in derselben. Von *Lor. Roboch* (S. 3—24).

Robock, Ludw., s.a. Oberland, das Berner.

Robock, Ludw., und Ed. Osenbrüggen, das Berner Oberland. 20 Lfgn. qu. 4. Darmstadt 874. Altona, Send. 46 —

Robock, Ludw., u. Ed. **Osenbrüggen**, das Berner Oberland. Aquarellen m. Schildergn. u. Sagen. 20 Lfgn. qu. 4. (à 4 S. m. 1 Aquarelle.) Darmstadt 874. Köhler's Verl. à 2. —

L'Oberland Bernois. Aquarelles de L. Robock avec descriptions et légendes par B. d'Oradour. 4 obl. Darmstadt, C. Koehler. 20 livraisons à 2. 70
1874 relié élég. 62. —

L'Oberland Bernois, par B. D'Oradour. Aquarelles de L. Robock. in-4. Neuchâtel, J. Sandoz.
1874 relié 62. —

Robolski, Arnold: Ueber den Uebergang fremdartiger Stoffe von der Mutter auf den Fötus mit besonderer Berücksichtigung des Quecksilbers. Halle a. S. 1884: Plötz. 47 S. 8°
Halle-Wittenberg, Med. Diss. v. 22. Nov. 1884
Geb. Körlin (Pommern) 8. 10. 1859. V.

Robolski, Heinrich

Robolski, H., das Gesetz betr. den Schutz v. Gebrauchsmustern, s.a. Taschen-Gesetzsammlung. 19. Bd.

Robolski, Schutz d. Gebrauchsmuster. Ges. v. 1. 6. 91. Text m. Erltgn. Berlin 893.

Robolski, Heinrich [Komm.], s.a. Patentgesetz, Das, vom 7. April 1891.

Robolski, H., das Patentgesetz, s.a. Taschen-Gesetzsammlung. Nr. 12.

— d. deut. Patentgesetz v. 7. 4. 91. Text m. Erläuterungen. Berlin 893.

Robolski, H[einr.] Das Patentgesetz vom 7. April 1891. 3. Aufl. Berlin [illegible]
[1. Aufl. [illegible]]
[illegible]

Robolski H. das Patentgesetz vom 7.4.91 erläutert. 3. Aufl. (211 S.) Berlin 1908

Robolski, H., Theorie u. Praxis d. deutschen Patentrechtes, unter Benutzg. der Akten d. kaiserl. Patentamtes dargestellt. gr. 8. (VII, 296 S.) Berlin 890. Walther & Apolant, Verl. n. 6. —

Robolski, Johannes: Sallustius in conformanda oratione quo iure Thucydidis exemplum secutus esse existimetur. Halis Saxonum 1881: (Haberlandt in Berlin). 47 S. 8°
Halle-Wittenberg, Phil. Diss. v. [5. Aug.] 1881
Geb. Stettin 30. 3. 1856. V.
Der Name des Verf. lautete richtig: Robolsky.

Robolsky. Beitrag zur Moduslehre der romanischen Sprachen. Perleberg, R., 1853. 18 S. 4. Progr.

Robolsky, Adolphine

Robolsky, A., vocabulaire systématique. Guide de conversation française à l'usage des écoles de jeunes demoiselles. Berlin 857. Renger. 16. (IV, 92 S.) 7½ ngr.

Robolsky, Adolphine, Vocabulaire systématique. Guide de conversation française à l'usage des écoles de jeunes demoiselles. 2. Aufl. 8. (III und 92 S.) Berlin 863, Renger'sche Buchh.

Robolsky, Adolphine, vocabulaire systématique. Guide de conversation française à l'usage des écoles de jeunes demoiselles. 3. Aufl. Berlin 870. Renger. gr. 16. (III, 95 S.) 7½ ngr.

Robolsky, Adolphine, Vocabulaire systématique. Guide de conversation française à l'usage des écoles de jeunes demoiselles. 4. von H. Robolsky neu durchges. Aufl. 12. (IV, 90 S.) Leipzig 882, Renger'sche Buchh. * 1 —

Robolsky, Antonie, s.a. Rauch, Else v.

Anleitung für das Croquet-, Golf-, Boccia- und Mailspiel von E. v. Rauch [d. i. Antonie **Robolsky**]. Berlin: H. Steinitz (1905). (38 S.) 8° [F.] [06. 561]

Anleitung für das Lawn Tennis-, Cricket-, Fußball-, Deutsches Ball- u. Base-Ball-Spiel von E. v. Rauch [d. i. Antonie **Robolsky**]. Berlin: H. Steinitz (1905). (99 S.) 8° [F.] [06. 560]

[F.] Das grosse Buch der Geburtstagswünsche. Von Else v. Rauch. '(Antonie **Robolsky**.)' *Berlin: H. Steinitz (1897)*. (135 S.) 1 Bd 8. [97. 5494]

[F.] Das grosse Buch der Gesellschafts-Spiele v. Else v. Rauch '(Antonie **Robolsky**)'. *Berlin: H. Steinitz [1898]*. (200 S.) 1 Bd 8. [98. 6664]

Das große Buch der Kinderspiele. Von E. v. Rauch [d. i. Antonie **Robolsky**]. Berlin: H. Steinitz (1904). (160 S.) 8° [F.] [06. 561]

Das große Buch der Tanzkunst von Else v. Rauch [d. i. Antonie **Robolsky**]. *Berlin: H. Steinitz (1902)*. (167 S.) 8° [F.] [illegible]

[F.] Das grosse Buch der Weihnachts- u. Neujahrswünsche v. Else v. Rauch. '(Antonie **Robolsky**.)' *Berlin: H. Steinitz (1897)*. (148 S.) 1 Bd 8. [97. 5473]

Das Herrschaftliche Dienstmädchen. Prakt. Ratschläge über sein Verhalten u. seine Leistungen im herrschaftl. Hause von Else v. Rauch [d. i. Antonie **Robolsky**]. *Berlin: H. Steinitz (1900)*. (116 S.) 8° [F.] [00. 7986]

Was muss die gebildete Hausfrau wissen? Von Else v. Rauch [d. i. Antonie Robolsky]. *Berlin: H. Steinitz 1900*. (16[illegible] S.) 8. [F.] [illegible]

Robolsky, E., 12 Alphabete d. gangbarsten Schriftarten. Nach d. neursten kalligraph. Formen lithogr. schmal gr. 4. (6 Bl.) Magdeb. 828. (Creutz). 8 gr.

Robolsky, H.

—— u. A. Töppe, Abbildungen von Turn-Uebungen. Durchgesehen, vervollständigt u. geordnet hrsg. v. E. W. B. Eiselen. gr. 8. (137 Stnt. u. ½ B. Text.) Berlin 845, G. Reimer. *

— und A. **Töppe**, Abbildungen von Turn-Uebungen. Durchgesehen, vervollständigt u. geordnet herausg. von E. W. B. Eiselen. 2. Aufl. Berlin 861. G. Reimer. gr. 8. (VIII S. u. 137 lith. Bl.) n. 1 ₰ 10 ngr.

Robolsky, H., die Anfangsgründe der Volkswirthschaftslehre. Ein kurzgefaßter Leitfaden zum Selbstunterricht für Jedermann, sowie zu Vorträgen in Vereinen, u. zum Unterrichte an Real- u. Handelsschulen ꝛc. Altona 868. Verlags-Bureau. 8. (88 S.) n. 12 ngr.

Robolsky, H., Anleitung zum Richtigschreiben, nach d. Lautlehre begründ. Nebst 56 Vorlegebl., zur Einübung. (6 B. 8., u. 7 B. qu. 8.) Jena 830, Cröker.
Die Vorlegeblätter auch besonders (m. 1/2 B. 8.), 8 Gr.
Aus dem „Archiv f. d. prakt. Volksschulwesen, hrsg. v. H. Gräfe,“ besond. abgedruckt.

— u. L. Schiele, Aufgaben für d. Zeichenunterricht nach Pestalozzischen Grundsätzen. qu. gr. 4. u. 8. Halle 826. Anton. 1 Thlr 4 Gr

Robolsky, H., cartas commerciaes em Portuguez. Schlüssel f. Lehrer zur: „Correspondencia commercial em allemão e em portuguez. gr. 8. (31 S.) Hamburg 888. Vorlagsanstalt u. Druckerei, A.-G. n. 1. —

—— die kirchl. u. häusl. Feste. Ein Handb. f. Lehrer u. Eltern, enthalt. e. Auswahl v. Liedern u. Gebeten. 8. (23 B.) Neuhaldensleben 829, Eyraud. 16 Gr., hrbgs. Pr.

—— Fibel der Geräthschaften u. Werkzeuge zur Anschauung, Belehr. u. Beschäftig. f. Kinder, enthalt. vielfache Zeichnungen genannt. Gegenstände in alphabet. Ordn., zum Abzeichnen, nebst deren Erklär. u. Gebr. M. 250 Abbild. (16 Stnt.) gr. 4. (4 B.) Leipzig 832, [Weinedel.]

Robolsky, H., Fibel der Geräthschaften und Werkzeuge zur Anschauung, Belehrung u. Beschäftigung für Kinder, enthalt. vielfache Zeichnungen genannter Gegenstände in alphabetischer Ordnung, zum Abzeichnen, nebst deren Erklärung u. Gebrauch. Mit 230 Abbildd. 2e wohlfeile Ausg. qu. 4. Leipzig 837. Weinedel. 1/2 Thlr

Robolsky, H., Flora der Umgegend von Neuhaldensleben. Ein Verzeichniß der hier wachsenden Pflanzen, deren Beschreibung und Blüthezeit. 2. Ausg. 8. (XXX und 175 S.) Neuhaldensleben 849, (Eyraud.)

—— neues Fremdwörterbuch mit besond. Berücksichtig. der Etymologie, Sprach- u. geschichtl. Bemerkungen, auch dahin pass. Urwörtern uns. Sprache; zum Gebr. f. Jeden, der sich üb. d. Verdeutsch., Abstamm. ꝛc. Rath erholen will. (2 Hälften. A—Z.) 8. (21 B.) Helmstädt 833, Fleckeisen.

— neues Fremdwörterbuch mit besond. Berücksichtigung der Etymologie, Sprach- u. geschichtl. Bemerkungen, auch das hin passenden Urwörtern unserer Sprache. 8. Helmstädt 834. Fleckeisen. Subscr.-Preis n. 5/6 Thlr, Ladenpreis 1 1/3 Thlr

Robolsky, H., die mitteleuropäische Friedensliga. Ihre Entstehg., Entwickelg. u. Zukunft. gr. 8. (V, 304 S.) Leipzig 891. Renger. n. 5. —; geb. in Halbfrz. n. 6.

— Englische Grammatik für Gymnasien u. höhere Bürgerschulen. gr. 8. (VI u. 140 S.) Berlin 851, Schneider & Co. n. 1/2 Thlr

Robolsky, H., französische Grammatik. gr. 8. (VIII und 256 S.) Berlin 858, Th. Chr. Fr. Enslin. *

— — 2. Thl. A. u. d. T.: Uebungsstücke zum Uebersetzen aus dem Französ. ins Deutsche u. umgekehrt. Berlin 858. Th. Enslin. gr. 8. (VIII, 168 S.) n. 16 ngr.

Robolsky, H., Handbuch der französischen Nationalliteratur von Descartes bis auf die jetzige Zeit. Für Gymnasien u. höhere Burgerschulen. 1. Thl. Die Prosaiker. Berlin 859. G. Reimer. gr. 8. (600 S.) 1 Thlr 10 ngr.

— deutsches Homonymicon, od. vollständ. Samml. d. gleich- u. ähnlichlautenden Wörter unserer Sprache, als Rathgeber im Richtigschreiben für Lehrer u. Lernende. 8. Dessau 830. Ackermann. 8 Gr

—— deutsches Homonymicon, od. vollständ. Sammlung d. gleich- u. ähnlichlaut. Wörter uns. Sprache, als Rathgeber im Richtigschreiben f. Lehrer u. Lernende. 8. (6½ B.) Dessau 830. [Halle, Schwetschke u. Sohn.]

R(obolsky), H. Vor fünfzehn Jahren. 150 Tage vor Paris. Erinnerungen aus dem Großen Hauptquartier. 2. Aufl. Leipzig (1885). 8°. (1. Aufl. 1885.)

R(obolsky), H. Vor fünfzehn Jahren. 150 Tage vor Paris. Erinnerungen aus dem Großen Hauptquartier. 2. Aufl. Leipzig (1885). 8°. (1. Aufl. 1885.) (Verm. Jähns.)

— Leitfaden zur Kunde der Heimath, des Vaterlandes u. der Erde, für Lehrer an Volksschulen praktisch bearb. In 3 Abthll. 8. Eisleben 833. Reichardt, jetzt Hermes in Berlin. 3/4 Thlr — Die 3e Abthl. a. u. d. T.: Uebungs- und Wiederholungsbuch zur Kunde des Vaterlandes u. der Erde. 8. Ebd. 833. 1/6 Thlr

— englisches Lesebuch für Anfänger. Enthaltend Erzählungen aus der englischen Geschichte u. Beschreibungen von England. Berlin 862. Gebr. Scherk. 12. (164 S.) n. 15 ngr.

—— Lesebuch f. Volksschulen. 1. Thl. 2., verb. u. verm. Aufl. 8. (4 B. u. 2 Stndr.) Neuhaldensleben 830, Eyraud.
2. u. 3. Thl. Ebendas. 1827. 15 Gr. — 3 Thle. zusamm. genommen, 16 Gr.

Robolsky, H., Liederbuch kirchlicher u. häuslicher Feste. Eine Sammlung für Lehrer, Eltern u. Schüler. 2. (Titel-) Ausg. 8. (XVI u. 431 S.) Neuhaldensleben (829) 852, Eyraud. 6 ngr.

— the life, voyages and discoveries of Captain James Cook. Englisches Lesebuch für deutsche Schulen, mit einem englisch-deutschen Wörter-Verzeichniss. Quedlinburg 864. Basse. 8. (IV, 178 S.) 15 ngr.

—— the mariner. An english reading-book. 8. (VI und 257 S.) Leipzig 858, Gerhard. *

—— französische Poetik. Lehre von den Formen und Arten der französischen Dichtung nebst einer Auswahl chronologisch geordneter Gedichte. 8. (X und 244 S.) Leipzig 859, C. F. Fleischer. *

—— Prometheus, s. Prometheus.

— readings in poetry. Sammlung englischer Gedichte fur Schulen, nebst einer ausfuhrlichen englischen Poetik. Berlin 863. F. Schulze. 16. (VIII, 213 S.) n. 10 ngr.

— Recueil de sujets de compositions françaises avec énumération des parties qui les composent. Breslau 867. Kern's Verl. gr. 8. (IV, 116 S.) 18 ngr.

— zum Regierungsantritt d. Kaisers Friedrich III. Ein vierzigjähriges Tableau. Die Rede d. Fürsten Bismarck vom 6. Februar 1888. Historisch erläutert. gr. 8. (75 S.) Berlin 888. Steinitz' Verl. n. 1. —

— der deutsche Reichstag. Geschichte seines 25jähr. Bestehens 1867 1892. gr. 8. (V, 480 u. XLII S.) Berlin 893. C. Skopnik. n. 6. —; geb. in Halbfrz. n.n. 7. 50

Robolsky, H., der Pflanzenwelt Sinn u. Sprache. Eine eigenthümliche Pflanzenkunde für Mütter, Jungfrauen, Jünglinge u. Naturfreunde. 8. (23½ B.) Magdeburg 815, Falckenberg u. Comp.

— englisch-deutsche Sprechübungen für Anfänger. Zum Schulgebrauch. Berlin 863. A. Jonas. gr. 8. (VII, 142 S.) n. 12 ngr.

—— geordn. Stoff zu Sprech-, Sprach- u. Denkübungen, e. Hülfsmittel f. öffentl. u. Privat-Lehrer, f. Aeltern u. zugleich e. Leseb. f. Kinder, nach d. Lehrgange d. ꝛc. Zerenner verfaßt. 8. (16¼ B. u. 2 Stnt.) Leipzig 835, Kollmann.

Robolsky, H., geordneter Stoff zu Sprech-, Sprach- und Denkübungen. Ein Hülfsmittel für öffentliche u. Privat-Lehrer, für Eltern u. zugleich ein Lesebuch für Kinder ꝛc. 2. (Titel-)Aufl. Mit 2 (lith.) Taf. mit mathemat. Abbildgn. (in 4.) Leipzig (835.) 858. Kollmann. 8. (2 Bl., 254 S.) 15 ngr.

—— **Mary Stuart, queen of Scotland. Englisches Lesebuch für Schulen, aus Walter Scott's Tales of a Grandfather, nebst Einleitung und einem dem Bedürfniss des Anfängers entsprechenden Vokabular hrsg. 8. (VI und 175 S.) Berlin 858, Oehmigke's Verlag.**

—— das Taktschreiben als Grundlage d. Orthographie, od. Stoff zu jeder Schreibstunde, worin man das Richtigschreiben mit d. Schönschreiben verbinden will. Eine Anweisung f. Lehrer. gr. 8. (3½ B. u. 8 Taf. Vorschriften.) Nordhausen 846, Fürst.

—— Vorlegeblätter zum Abzeichnen, in 32 (lith.) Quartblättern, mit mehr als 200 besond. häusl. Gegenständen. 1. Hft. (M. ¼ B. Text, 8.) Dessau 850, Ackermann.

— 100 Vorlegeblätter zum Zeichnen f. Anfänger. Zugleich als Anschauungen aus d. Form- u. Größenlehre. Lithogr. 32. Eisleben 843. Reichardt, jetzt Hermes in Berl. In Etui ⅓ ₰

Robolsky, H., Vorschule der Volkswirthschaft. Ein Buch der Belehrung für das deutsche Volk über alle nationalökonomischen Fragen der Gegenwart. Nach Fred. Bastiat frei bearb. Berlin 862. Foerster. gr. 8. (V, 765 S.) n. 3 ₰

—— der Vorunterricht in d. Geschichte, enthalt. eine dem kindl. Fassungsvermögen angemess. Darstellung der f. d. menschl. Gesellsch. wichtigst. Erfindungen, Entdeckn. u. Einrichtn. Ein Hülfsb. f. Aeltern u. Lehrer u. e. Leseb. f. Kinder. 8. (13 B.) Quedlinburg 854, Ernst.

—— die Wörterfamilien der deutschen Sprache, in Beziehung auf die Construction od. die Stellung u. Bestimmung der Verhältnißfälle (Casus) der einzelnen Wörter, zur Vermeidung der Sprachfehler in Beispielen angewandt. 8. (19 B.) Eisleben 842, Reichardt.

Robolsky, H. H., Anleitung zum französischen Styl. Bestehend in einer Sammlung von Entwürfen und Thematen zu freien französischen Aufsätzen und Vorträgen. Für Schulen verfasst. Berlin 856. Th. Enslin. gr. 8. (XI, 160 S.) n. 16 ngr.

Robolsky, H. H. Sur l'originalité de Gil Blas. Stettin, Fr. Wilh.-Sch., 1857. 25 S. 4. Progr.

Robolsky, Herm., s.a. Bülow, Wilh. v.

[F.] Anekdoten aus dem Leben Kaiser Wilhelm I. Gesammelt v. Dr. Heinrich Wiermann [d. i. Herm. Robolsky]. *Berlin: H. Steinitz 1897.* (104 S.) 1 Bd 8. 195-04

[–] Bismarck. Zwölf Jahre deutscher Politik (1871–1883). Ebd. 1884.

Bismarck 1888–1898. Nach authent. Quellen von E[rnst] v. Redern [d. i. Hermann **Robolsky**]. Mit d. Portr. d. Fürsten nach Lenbach. Berlin: H. Eichblatt 1899. (338 S.) 8°

[ ] Bismarck und England. Geschichte der Beziehungen Deutschlands und Englands seit dem Krimkriege. Berlin: Eckstein [1889].

Bismarck in Frankfurt v. *** [d. i. Hermann Robolsky]. Leipzig. (1885.) 8°

[–] Bismarck und Frankreich nach dem Kriege. Berlin: Eckstein [1887].

[ ] Fürst Bismarck unter 3 Kaisern. 1884–1888. (Forts. von: Bismarck. 12 Jahre deutscher Politik.) Leipzig: Renger 1888.

[**Robolsky**, Herm.] Bismarck nach dem Kriege. Ein Charakter- und Lebensbild. Leipzig: Renger 1883.

[ ] Bismarck in Petersburg–Paris–Berlin. Ebd. 1885.
Einleitung. Bismarck und Schleinitz, der italienische Krieg. Die D. Frage und Napoleon III. 1851–62. Bismarck in Berlin 1862–66. Die Südstaaten.

[–] Bismarck und Russland. Enthüllungen über die Beziehungen Deutschlands und Russlands von 1859 bis heute. Ebd. [1887]

[ ] Bismarck in Versailles. Erinnerungen an Versailles 1870–71. [Nebst Register zu: Bismarck nach dem Kriege; B. 12 Jahre D. Politik; B. in Frankfurt; B. in Petersburg; B. in Versailles.] Ebd. 1886.

[F.] Die Damenpolitik am Berliner Hof 1850–90. E. Beitr. z. Gesch. d. Entstehg d. Deutschen Reiches. Von *** [d. i. Herm. Robolsky]. *Berlin: H. Walther 1897.* (VI S., 1 Bl., 392 S.) 1 Bd 8. 195-05

— **Drei-Kaiser-Album. Leben u. Wirken d. drei ersten deutschen Kaiser seit Wiedererrichtg. d. deutschen Reiches. Ein Buch f. d. deutsche Volk m. 130 Illustr. u. Moment-Photographien. Hrsg. v. Wilh. Köhler. Unter teilweiser Benutzg. v. Quellen verf. 4. (120 S.) Minden 895. W. Köhler. n. 1. —; geb. in Leinw. m. Goldschn. 2. 50**

[Robolsky, Herm.], Kaiser Friedrich in Versailles. Vom 20. Sept. 1870 bis 7. März 1871. Erinnerungen eines Diplomaten. Leipzig 1888. 8°.

(Robolsky, H.) Kaiser Friedrich in Versailles. Vom 20. September 1870—7. März 1871. Erinnerungen eines Diplomaten. 2. Aufl. Leipzig 1888. 8°.

Robolsky, Herm., d. 25jähr. Gedenktage d. Krieges v. 1870—71. Für Armee, Schule u. Volk. 8. (VIII, 224 S. m. 8 Illustr.) Leipzig 895. Greßner & Schramm. 1. 50

[F.] Politische Generale am preussischen Hofe seit 1848 v. *** [Herm. Robolsky]. *Berlin: O. Seehagen 1897.* (VI S., 1 Bl., 285 S.) 1 Bd 8. 196-1004

Robolsky, H., deutsch-portugiesische Handels-Korrespondenz. gr. 8. (IX, 233 S.) Hamburg 882. Grädener & Richter. n. 4. —

— europäische Handelskorrespondenz, s.: Wolff, A.

Robolsky, H., französische u. englische Handelskorrespondenz. Gesammelte Originale, hrsg. v. Frz. Meissner. Zum Gebrauche f. Schule, Kontor u. Selbstunterricht. 10 Lfgn. gr. 8. (à 3 B.) Leipzig 883. Renger. à n. — 50

— französische u. englische **Handelskorrespondenz.** Gesammelte Originale. Hrsg. v. F. **Meissner.** Zum Gebrauch f. Schule, Kontor u. Selbstunterricht. 2 Tle. 2. Aufl. gr. 8. Leipzig 890. Renger. à n. 2. —; geb. à n.n. 2. 70; in 1 Bd. n. 5. —
1. Französische Handelskorrespondenz. (VII, 160 u. 80 S.)
2. Englische Handelskorrespondenz. (III, 132 u. 30 S.)

— **u. Frz. Meissner,** französische u. englische **Handelskorrespondenz.** Gesammelte Originale v. R., hrsg. v. M. Zum Gebrauche für Schule, Kontor u. Selbstunterricht. 2 Tle. gr. 8. Leipzig, Renger. à n. 2. —; geb. in Leinw. à n.n. 2. 70
1. Französische Handelskorrespondenz. 3. Aufl. (VII, 160 u. Vokabularium 27 S.) 895.
2. Englische Handelskorrespondenz. 3. Aufl. (VI, 132 u. 27 S.) 896.

— u. Frz. **Meissner,** französische u. englische Handelskorrespondenz. Gesammelte Originale v. R., hrsg. v. M. Zum Gebrauche f. Schule, Kontor u. zum Selbstunterricht. 1. Tl. Französische Handelskorrespondenz. 4., von Jos. Aymeric durchgeseh. Aufl. gr. 8. (XII, 164 u. 77 S.) Ebd. 900. n. 2.40; geb. in Leinw. n.n. 3. —

— französische u. englische **Handelskorrespondenz.** Gesammelte Originale. Hrsg. v. Frz. Meissner. II. Tl. Englische Handelskorrespondenz. 4., von John Montgomery durchgeseh. Aufl. gr. 8. (IV, 131 u. 77 S.) Leipzig 901. Renger. n. 2. 40; geb. n.n. 3. —

Robolsky, H., französische u. englische Handelskorrespondenz. Gesammelte Originale. Hrsg. v. Frz. Meissner. Zum Gebrauche f. Schule, Kontor u. Selbstunterricht. 1. Tl.: Französ. Handelskorrespondenz. 5. Aufl. (XII, 164 u. 77 S.) gr. 8. Leipzig 905. Renger. n. 2. 40; geb. n.n. 3. —

Robolsky, H., französische u. englische Handelskorrespondenz. Gesammelte Originale. Hrsg. v. Frz. Meissner. 2. Tl.: Englische Handelskorrespondenz. 5. Aufl. (IV, 131 u. 77 S.) 8. Leipzig 907. Renger. Geb. 3. —

Robolsky H, Handels-, Zoll- und Schiffahrtsverträge des Zollvereins mit anderen Staaten. (Volksausgabe der Zollvereins-Gesetze) 12° Berlin 1868

Politische Intriganten. Aus Preussens neuerer u. neuester Gesch. v. Dr. Heinrich Wiermann [d. i. Herm. **Robolsky**]. Berlin: H. Steinitz 1897. (2 Bl., IV, 233 S., 1 Bl.) 1 Bd 8°

[**Robolsky**, Herm.:] Bismarcks Leben und Wirken. Nach ihm selbst erzählt. Mit 2 Bild. Leipzig: Renger 1894.

• **LIEBES**- und Eheleben an Europäischen Fürstenhöfen (von *Hermann Robolsky*). 2 Thle. Berlin 1893—94. 8°. (Mk. 7—.) (2 Mk. 50 Pfg. S. Calvary & Co., Berlin, c. 1900.)
— — Dasselbe. 2. Aufl. Ebd., o. J. 8°. (80 Pfg. Lipsius & Tischer, Kiel, 1908, ohne Theilesangabe.)

Robolsky H, d.Organisation d.Zollvereins.12° (Volksausg.d.Zollvereinsges.) Berlin 1868

Robolsky, Herm., Paris während der Belagerung 1870—1871. Mit e. (lith.) Plan v. Paris u. Umgebung. gr. 8. (IV, 332 S.) Berlin 872. Seehagen. n. 4. —

[-] „Der kleine Poschinger". Bismarck in Frankfurt. Mit Bildn. Ebd. 1885.
Einleitung. Bismarck und seine Kollegen. Krimkrieg und D. Frage. Ein polit. Feldzugsplan. Schleswig-Holstein und Napoleon. Das Bismarckische Vermächtnis aus Frankfurt. B. und der Ultramontanismus. — Angeb.

Robolsky, der deutsche Reichstag. Geschichte seines 25 jähr. Bestehens 1867—1892. 2. (Titel-)Aufl. Berlin (893) 896.

— der deutsche Reichstag. Geschichte s. 25jähr. Bestehens 1867—1892. 2. [Titel-]Aufl. gr. 8. (VIII, 480 u. XXXXII S.) Berlin (893) 897. C. Skopnik. n. 7. —; geb. in Halbfrz. n. 8. 50

Robolsky H, Sammlung der wichtigsten Zolltarife. I: Tarife des Zollvereins, Russlands und der westeurop. Staaten. (Volksausgabe d. Zollver.-Ges.) 12° Berlin 1868

— s.: Taschenbuch der Handelskorrespondenz in spanischer u. deutscher Sprache.

— s.: Taschenbücher der Handelskorrespondenz.

— u. S. **Pinto**, neues Taschen-Wörterbuch der deutschen u. portugiesischen Sprache. Enth. alle im tägl. Verkehre, im Handel u. auf Reisen vorkomm. Wörter. nebst e. Sammlg. v. Gesprächen. 2 Tle. 16. Berlin 893. H. Steinitz' Verl. In Leinw. kart. à n. 1. 50; beide Tle. in 1 Leinw.-Bd. geb. n. 3. —
Portugiesisch-deutscher Tl. (412 S.) Deutsch-portugiesischer Tl. (419 S.)

—— und **R. Lopez**, neuestes Taschenwörterbuch Deutsch und Spanisch, enth. alle im täglichen Verkehr, im Handel und auf Reisen vorkommenden Wörter, nebst einer Sammlung von Gesprächen und einem Verzeichniss der gebräuchlichsten Vor- und geographischen Namen. Deutsch-span. Tl. 16. (456 S.) Berlin 888, Steinitz' Verlag. *

— u. **R. Lopez**, neuestes Taschen-Wörterbuch Deutsch u. Spanisch, nebst e. Sammlung v. Gesprächen. 2 Tle. 16. Berlin 889. H. Steinitz' Verl. In 1 Bd. geb. n. 3. —
1. Deutsch-spanisch. (456 S.) n. 1. 50
2. Spanisch-deutsch. (496 S.) n. 1. 50

— das Testament Kaiser Wilhelms I. E. Festschrift z. 100jähr. Geburtstage d. ersten Hohenzollern-Kaisers. Der deutschen Nation gewidmet. gr. 8. (VII, 166 S.) Berlin 897. H. Walther. n. 1. 50

Robolsky, Herm., Hennigs v. Treffenfeld, e. altmärkischer Bauernsohn. Historische Erzählg. 8. (96 S. m. 1 Bild.) Salzwedel 891. G. Klingenstein. n. 1. —

– (Hrsg.), s. Verhandlungen des deutschen Zollparlaments.

[ ] Wie B. entlassen wurde! Nach authent. Quellen. Berlin: Steinitz 1892.

Wilhelm II., Kaiser, und seine Leute (von *Hermann Robolsky*). (3. Aufl.) Berlin, 1892.
Anon.-Lex. V. p. 332.

— Wörterbuch zur französ. u. englischen Handelskorrespondenz. Alphabetisches Verzeichnis der gebräuchlichsten kaufmänn. Ausdrücke. Deutsch-Französisch-Englisch. gr. 8. (77 S.) Leipzig 891. Renger Kart. n. 1.

— Zoll- u Steuerordnungen d.Zollvereins. 12° (Volksausg. d. Zollvereinsges.) Berlin 1868

— der deutsche Zollverein. Seine Entstehung, Entwicklung u. Zukunft. Ein Lesebüchlein für das deutsche Volk zur Orientirung in den jetzigen Wirren. Berlin 862. Frank. gr. 8. (XI, 155 S.) n. 15 ngr.

—— s. Zollvereins-Gesetze.

— Volks-Ausg. der Zollvereins-Gesetze, s. Zollvereins-Gesetze.

Kleines Taschenwörterbuch der Deutsch-Dänischen und Dänisch-Deutschen Sprache von K[atharina] **Robolsky** u. Knud Hasting. Zum Gebr. im tägl. Leben ... Mit e. Anh.: Gespräche u. norwegische Wörter. *Berlin: H. Steinitz [1901]*. (287 S.) 8° [F.]
[Nebent.:] Lille Lomme-Ordbog i det tyske og danske og danske og tyske Sprog af K. Robolsky og Knud Hasting.

Robolsky, K., u. Knud Hasting, kleines Taschenwörterbuch der deutsch-dänischen u. dänisch-deutschen Sprache. Zum Gebrauche im tägl. Leben, im Handel, im Verkehr u. auf Reisen. Mit e. Anh.: Gespräche u. norweg. Wörter. 16. (287 S.) Berlin (902). H. Steinitz. Geb. in Leinw. n. 2. —

Robolsky, K., u. J. van Huygen, neues holländisch-deutsches u. deutsch-holländisches Taschenwörterbuch. Enth. alle im tägl. Verkehr, im Handel u. auf Reisen vorkomm. Wörter, nebst ein. Redensarten u. Gesprächen. 2 Tle. Holländisch-Deutsch u. Deutsch-Holländisch. 16. (à 380 S.) Berlin 897. H. Steinitz. Geb. in Leinw. à n. 1. 50; in 1 Leinwbd. n. 3. —

Nyaste Svensk-Tyska Fickordbok, innehållande alla i dagliga lifvet, i handel och på resor förekommande ord, jemte en samling samtalsöfningar. Tysk-Svenska Delen. Af K. **Robolsky** och O. Linnström. *Berlin: H. Steinitz [1895]*. [A. T.:] Neuestes Taschen-Wörterbuch d. Schwed. u. Deutschen Sprache. Enth. alle im tägl. Verkehr, im Handel u. auf Reisen vorkommenden Wörter, nebst e. Sammlg v. Gesprächen. Deutsch-Schwed. Tl. Von K. Robolsky u. O. Linnström ... 8. (Collection Steinitz.)

— u. O. **Linnström**, neuestes Taschen-Wörterbuch d. schwedischen u. deutschen Sprache. Enth. alle im tägl. Verkehr, im Handel u. auf Reisen vorkomm. Wörter, nebst e. Sammlg. v. Gesprächen. Deutsch-schwed. Tl. 32. (380 S.) Ebd. 898. Geb. in Leinw. n. 1. 50

— u. O. **Linnström**, neuestes Taschen-Wörterbuch der schwedischen u. deutschen Sprache. Enth. alle im tägl. Verkehr, im Handel u. auf Reisen vorkomm. Wörter, nebst e. Sammlg. v. Gesprächen. Schwedisch-deutscher Tl. 32. (399 S.) Ebd. (899). In Leinw. kart. n. 1.50; (kplt. in 1 Leinw.-Bd. n. 3.—)

Robolsky, K., was muß man v. der neuen deutschen Rechtschreibung wissen? (71 S.) gr. 8. Berlin (903). H. Steinitz. n. 1. —

Robota, Albin [aus Ober-Schlesien]: Aus d. psychiatr. Klinik d. Kgl. Univ. Greifswald. Zwei Fälle von larvierter Epilepsie ... Greifswald, Druck v. J. Abel, 1892; 28 S. 8.
Greifswald, Med. Fak., Inaug.-Diss. v. 30. Apr. 1892

Robot-Ablösungs-Patent u. Jagd-Gesetze für die österreich. Staaten. 8. (16 S.) Wien 849, Gerold. 3 ngr.

Do Robotnikow Poznania. Bezw.: „An die Arbeiter in Posen." Flugblatt in polnischer und deutscher Sprache, beginnend mit den Worten: „Bracia, sie w nedzny i ucisku", bezw. „Arbeiter, Genossen! Seit Zeiten sind wir unterdrückt und leben im Elend." 8°. s. l. s. a.

Robotpredigt, die, siehe Janowitz, Mor.

Robotpredigt den guten und fleissigen Landleuten gehalten. Wien 1848. V: *Janowitz, Moriz.* (Wa)

Roboz, Zoltán v., Calcituba polymorpha nov. gen. nov. spec. [Aus dem zoolog. Institute der Universität Graz.] [Mit 1 (lith.) Taf.] Lex.-8. (12 S.) Wien 883. (Gerold's Sohn.) n. — 80

Robra, Max, zartfarbige Blumenranken f. kunstgewerbliche Verzierung. (8 Taf.) 33,5×24,5 cm. Plauen (907). Ch. Stoll. In Umschlag 8.—; f. Abonnenten der „Keramik" nn 6. 50

Robrade, Herm., die Baurisse, s.: Behse, W. H.

Robrade, Herm., die Heizungsanlagen in ihrer Anordng., Berechnungsweise u. ihren Eigentümlichkeiten m. bes. Berücksicht. d. Centralheizg. u. d. Lüftung. E. Hilfsbuch zum Entwerfen u. Berechnen derselben. gr. 8. (VIII, 141 S. m. 117 Abb.) Weimar 897. Leipzig, B. F. Voigt. 4. —

Robrade, Herm., d. Kunst d. Bildformers, s.: Weber, Mart.

— der Maurer, s.: Behse, W. H.

— Taschenbuch f. Hochbautechniker u. Bauunternehmer. 4. verb. u. verm. Aufl. 8. (XXII, 348 S. m. 200 Abbildgn.) Leipzig 902. B. F. Voigt. Geb. in Leinw. 4. 50
3. Aufl. (XXII, 305 S. m. Abb.) Ebd. 899. geb. 4.50.

Robrade, Herm., Taschenbuch f. Hochbautechniker u. Bauunternehmer. 5. erweit. Aufl. (XX, 390 S. m. 232 Abb.) 8. Leipzig 907. B. F. Voigt. Geb. in Leinw. 6. —

Robrade, Herm., Taschenbuch f. die Praxis d. Hochbautechnikers u. Bauunternehmers. 12. (XXII, 265 S. m. 180 Abbildgn.) Weimar 893. B. F. Voigt. Geb. in Leinw. 4. 50

— Taschenbuch f. die Praxis des Hochbautechnikers u. Bauunternehmers. 2., verb. u. verm. Aufl. 12. (XXIV, 291 S. m. 183 Abb.) Weimar 896. Leipzig, B. F. Voigt. Geb. in Wachstuch 4. 50

— der Zimmermann, s.: Behse, W. H.

Robran, Paul, Abschied u. and. Novellen. 8. (296 S.) Leipzig 897. L. Staackmann. n. 3. —; geb. n. 4. —

Robran, Paul, Kampf ums Glück. Roman. 8. (340 S.) Leipzig (901). C. Keil's Nachf. 3.—; geb. in Leinw. n. 4.—

— das große Schweigen u. andere Novellen. 8. (326 S.) Ebd. (900). 3. —; geb. in Leinw. n. 4. —

Robsmann, Ewel: Aus dem Königl. pathologisch-anatomischen Institut. Ueber retroperitoneale Cysten der Bauchhöhle. Königsberg i. Pr. 1904: O. Kümmel. (39 S.) 8°
Königsberg, Med. Fak., Ref. Beneke, Diss. v. 16. Aug. 1904
[Geb. 1. März 64 Matislaw, Rußland, Gouvern. Mogilew; Wohnort: Jekaterinoslaw; Staatsangeh.: Rußland; Vorbildung: Oberrealschule Nowotscherkask; Studium: Breslau 6, Königsberg 5 S.; Rig. 11. Aug. 04.]

Der Krebs und seine Behandlung ⟨Cancer and its treatment⟩. Von A[rthur] W[illiam] Mayo **Robson**, London. 'The Bradshaw Lecture' aus d. Engl. übertr. von Dr. O[ctave] Rozenraad, Berlin. Berlin: O. Coblentz 1906. (30 S.) 8° [o6. 11909

Robst, Jh. Andr.

— Beitr. z. Genealogie d. Lutherischen Geschlechts überhaupt, u. insbesondere zu Erfurt. 8. Jena 754.

— merkwürd. Leben Nikolaus Lappen, Superint. zu Arnstädt. 8. Jena 753. Gollner. 8 gr

— kurze Nachr. v. e. raren Buche: Bissendorfs Nodi Gordii resolutio. 4. Jena 759.

Robst, Jh. Andr., († d. 16. Aug. 1791.) Versuch e. Schwarzb.-Arnstädt. Katechismus-Historie. 8. Jena 755. Gollner. 4 gr

Rheinisch-Westfälische Roburit-Gesellschaft, Korfmann & Franke, in Witten a. Ruhr.
Sicherheits-Sprengstoffe. Roburit. Sicherheitszünder für Zündschnüre.

Robusti, Jacopo. 1518–94
s. Tintoretto. [o9. 011]

Rocca

General. 1807 bis 1870. Lebenserinnerungen zur Geschichte der Einigungskämpfe Italiens. Mit Genehmigung des Verfassers übersetzt und bearbeitet von L. v. **Bodenhausen**. (Mit 1 Titelbilde und 2 Übersichtskarten.) 8. Berlin 1899.

Rocca, Fürstin della, Skizzen über Heinrich Heine. Von seiner Nichte. Mit 3 (Holzschn.-)Illustr. u. 4 Facsm.-Beilagen. 8. (VII, 136 S.) Wien 882. Hartleben. 3. —; geb. n. 4. —

Rocca, Curt, s. Rocca, Kurt

Rocca, F. A., Entstehung und umständl. Darstellung der Revolution im spanischen Amerika. Mit Kupf. 8. Pesth, Müller. 817.

Rocca, F. A., Entstehung u. umständl. Darstell. d. Revolution im span. Amerika. Nebst charakterist. Notizen d. vorzügl. Theilnehmer ders. (Neue Ausg.) 8. (13 B. u. Ttlkpfr.) Pesth 833. (Wien, Wenedikt.)

Rocca, Joh. Kriegs- u. Friedensgeschichte zw. Ungarn u. der ottomanischen Pforte seit 1526 (148) 8. Ofen 1785.

Rocca, Joseph, Dr.: Bartolomeo Cerretanis Dialog über die florentinische Geschichte im Zeitalter des Mediceerpapstes Leo x. Münster ⟨Westf.⟩: Alphonsus-Buchhandlung 1907. (XI, 84 S.) 8°
Münster, Phil. Fak., Ref. Meister, Diss. v. 10. Dez. 1906
[Geb. 5. Juni 84 Berlin; Wohnort: Krefeld; Staatsangeh.: Preußen; Vorbildung: Gymn. Krefeld Reife O. 02; Studium: Freiburg i. B. 1, Münster 1, München 1, Münster 5 S.; Rig. 1. Aug. 06.]

Rocca, Kurt

Rocca, Curt, prakt. Arzt aus Leipzig: Über die Wirkung von Mioticis auf die medicamentös erweiterte Pupille. *Leipzig: G. Fock 1900.* (25 S.) 8°
Leipzig, Med. Diss. v. [2.] Febr. 1900

Rocca, O., Alldeutschland. Ein Schauspiel aus großer Zeit. 8. (III, 84 S.) Breslau 887. Köhler. n. 1. —

Rocca, Otto, die richtige Aussprache d. Hochdeutschen. Auf der Grundlage neuerer Forschgn. gemeinfaßlich dargestellt. gr. 8. (VIII, 116 S.) Rostock 886. Werther. n. 1. 60

Rocca, Otto. Die richtige Aussprache d. Hochdeutschen. Auf d. Grundlage neuerer Forschgn. gemeinfaßlich dargestellt. 2. (Titel-)Aufl. 8. (VIII, 116 S.) Rostock 889, Werther's Verlag. * 1 50

— Lehrer u. Schule. Aufsätze u. Vorträge üb. pädagog. u. method. Gegenstände. gr. 8. (VI, 86 S.) Langensalza 886. Schulbuchh. — 90

Rocca, Otto, Samenkörner. Ernst u. Scherz 8. (VI, 117 S.) Hannover 881. Schüßler. n. 1. 50

— Schülerbuch der deutschen Sprache. Für einfache Schulverhältnisse bearb. 8. (48 S.) Hannover 885. (Feesche.) cart. n. — 35

Rocca, O., das deutsche Schulhaus. Vergangenheit u. Gegenwart des Lehrerstandes u. seiner Heimstätte. 8. (167 S.) Pyrmont 887. (Hannover, Cruse.) n. 2. —; geb. n. 2. 75; m. Goldschn. n. 3. 50

— der Umgang in u. m. der Gesellschaft. Ein Handbuch d. guten Tons. 5. Aufl. gr. 8. (VIII, 390 S.) Halle 885. Hendel. 3. —; geb. n. 4. —

de Roccatani, G. St., Oratio, quam recurrente die erectionis Academiae scientiarum boicae 28. Martii 1790. habuit, quum praedicta bibliotheca jussu et auspiciis munificentissimi principis ad publicum commodum aperta esset. 4. Münch. 790. Lindauer. 4 gl.

Rocher, Jos., Zins-Tabellen zur Berechnung in Mark-Währung. 1—3. Abth. gr. 8. Leipzig 875. C. G. Naumann in Comm. n. 5. 50
1. (II, 102 S.) n. 4. —. — 2. u. 3. (28 S.) n. 1. 50.

Rocchi, Antonius, codices Cryptenses seu abbatiae Cryptae Ferratae in Tusculano digesti et illustrati. Fasc. 1. Fol. (40 S.) Roma 882. Spithöver. n.n. 2. 40

Rocchi, Antonius, de Coenobio Cryptoferratensi eiusque bibliotheca et codicibus praesertim graecis commentarii. 4. (318 S.) Tusculum 893. (Rom, Spithoever.) n.n. 8. —

Roccini, Antonia della, die Seeräuber-Königin. Eine romant. Gesch. des 17ten Jahrhund. Vom Verf. d. Abenteuer des Hrn. Lümmels, m. K. 2 Bde. 8. Braunschw. Schröder. 802.

Rocco, Carl, s. Rocco, Karl

Rocco, Ch., die fünf Spiegel, s. Novellen, norddeutsche.

Rocco, Emil, der Umgang in und mit der Gesellschaft. 1. Aufl. (VIII, 258 S.); 2. Aufl. (VIII, 294 S.) 1876; 3. Aufl. br. 8. (XII, 372 S.) Halle 878, Hendel. M 3.; geb.

Rocco, Emil, der Umgang in u. m. der Gesellschaft. Ein Handbuch des guten Tons. 4. Aufl. 8. (VIII, 375 S.) Halle 881. Hendel. 3. —; geb. n. 4. —

Rocco, Emil, der Umgang in und mit der Gesellschaft. Ein Handbuch des guten Tons. 5. und 6. verb. und verm. Aufl. 8. (VIII, 390; VI, 408 S.) Halle 885,88, Hendel. geb. *

Rocco, Emil. Der Umgang in u. mit der Gesellschaft. Ein Handbuch d. guten Tons. 7. verb. u. verm. Aufl. 8. (VI, 410 S.) Halle 891, Hendel. 3 —; geb. * 4 —

Rocco, Emil, der Umgang in u. m. der Gesellschaft. Ein Handbuch des guten Tons. 23. bis 25. Taus. 8. (VI, 410 S.) Halle 894. O. Hendel. n. 3. —; geb. in Leinw. n. 4.

Der Umgang in und mit der Gesellschaft. E. Handb. d. guten Tons v. Emil Rocco.- 26. bis 28. Taus. Halle a. S.: O. Hendel (1898). (VI S., 1 Bl., 419 S.) 1 Bd 8°

Rocco, Emil, der Umgang in u. m. der Gesellschaft. Ein Handbuch des guten Tons. 9. durchgeseh. u. verb. Aufl. (29. Taus.) (VI, 400 S.) 8. Halle (905). O. Hendel. n. 3. —; geb. in Leinw. n. 4. —

Rocco, F. W., die natürliche und künstliche Bewegung des Körpers. Oder Leitfaden für Alle, welche mit oder ohne Tanz-Unterricht sich Gewandheit im geselligen Umgange aneignen wollen. Halle 857. Berner in Comm. gr. 8. (2 Bl., 92 S.) n. 22½ ngr

Rocco, Henry: Die günstigen u. ungünstigen Einwirkungen d. Alkohols auf den menschlichen Organismus, s.a. Ergebnisse u. Fortschritte der Heilkunde.

Rocco, H. Die günstigen und ungünstigen Einwirkungen auf den menschlichen Organismus. Leipzig 1890. 24 S. 8°. Mk. —.80.

– Die Fettsucht u. ihre Behandlung, s. Ergebnisse u. Fortschritte der Heilkunde.

– Die Lungenschwindsucht, s. Ergebnisse u. Fortschritte der Heilkunde.

Rocco, J. B., Die bergbaulichen Untersuchungen auf Gold am Calanda (Graubünden). Einladung zur Gründung einer Gesellschaft zum Zwecke des Abschlusses jener Untersuchungen. Bern, 1899. 29 S. mit 2 Karten.

Rocco, Johann Baptist jun. Ueber das primäre und metastatische Carcinom im Ductus hepaticus und an der Vereinigungsstelle der drei grossen Gallengänge. Mit 1 Figur ([Tafel] und 4 Tabellen). Diss. Med. Basel. *Kopftitel:* Aus der pathologisch-anatomischen Anstalt der Universität Basel. ⟨Vorsteher Professor E[duard] Kaufmann.⟩ 52 S. 8. Basel, G. Böhm, 1905.

Rocco, Johannes, appr. Arzt: Aus d. Inn. Abt. d. St. Elisabeth-Krankenh. zu Halle a. S. ⟨Professor Hugo Winternitz.⟩ Über die Wirkung des Wasserstoffsuperoxydes bei Hyperacidität des Magensaftes. Halle a. S. 1909: Kaemmerer. 32 S. 8°

Halle, Med. Diss. v. 12. Mai 1909, Ref. Schmidt

[Geb. 23. Apr. 82 Halle a. S.; Wohnort: Halle; Staatsangeh.: Preußen; Vorbildung: Stadt-Gymn. Halle Reife O. 02; Studium: Freiburg i. B. 1, Halle 5, München 1, Halle 3 S.; Coll. 22. März 09; Approb. 12. April 09.] [U 09. 1617

Rocco, Karl

Rocco, Carl, Führer durch das Buchgewerbe Leipzigs. Wegweiser durch die in Leipzig ansäss. od. vertretenen buchgewerbl. Firmen m. Einschluss der wichtigsten in Leipzig nicht vertretenen Special-Firmen. Ausg. Herbst 1890. gr. 8. (86 S. m. 1 Farbendr. u. 1 Heliograv.) Leipzig 890. Rauert & Rocco. geb. u. durchsch. n.n. 2. 50

— Hôtel-Adressbuch, s.: Rauert.

Rocco, Wilh., vor veertig Jahr. En plattdütsche Geschichte ut'n Bremer Lanne. 2. Aufl. 8. (VIII, 236 S.) Bremen 880. Schünemann. n. 3. —; geb. n. 4. —

Rocco, Wilh., vor veertig Jahr. Ene plattdütsche Geschichte ut'n Bremer Lanne. 3. Aufl. 8. (VIII, 236 S.) Bremen 892. C. Schünemann. n. 3. —; geb. n. 4. —

Rocco, Wilh., vor veertig Jahr. En plattdütsche Geschichte ut'n Bremer Lanne. 4. Aufl. (X, 200 S. m. Bildnis.) 8. Bremen 909. C. Schünemann. 3.—; geb. 4. —

—— Kinner un ohle Lüde. En plattdütsche Geschichte ut'n Bremer Lanne. 8. (VI, 231 S.) Ebendas. 882. * 3 —
geb. * 4 —

Rocco, Willem, de Komödjanten-Mudder. Eene Erinnerg. ut min'n Leben. 8. (157 S.) Bremen 896. C. Schünemann. n. 2. —; geb. in Leinw. n. 3. —

Rocco, Wilh., Großmudder Lührßen. Plattdütsche Geschichte. 8. (152 S. mit 1 Holzschn.-Portr.) [Bremen 885.] Leipzig, Rocco's Verlagsh. *M 2.50.; geb. *

—— Scheermann und Comp. En plattdütsche Geschichte. 8. (VIII, 250 S.) Ebendas. 881. * 3 —
geb. * 4 —

— Scheermann & Co. En plattdütsche Geschichte. 2. Aufl. (VII, 211 S. m. Bildnis.) 8. Ebd. 909. 3.—; geb. 4. —

Roccoco-Plaudereien. Streiflichter aus meinem Kamin. Leipzig 1879. V: *Metzsch*, *Meta von.* (Verlags-Kat. J. A. Barth. Leipzig 1880. S. 128.)

Roček, J., O sentencích vyskytajících se ve dramatech Sofokleových. Pr. 1886. 28 S.

Roček, Johann Alexander, Lese- und Lehrbuch für landwirtschaftliche Fortbildungsschulen, zugleich Hausbuch für Landwirte. 4., durchgesehene und erweiterte Auflage mit Abbildungen im Texte. Wien 1903. Karl Graeser & Kie. Preis, gebunden 3 K 20 h.

Roch, Antrittspredigt, s.: Pank, Osk., Einweihungsrede.

ROCH: An den Ausschuss zur Berathung der Aenderungen in der Forstverwaltung. - Dresden 1849. 40 S.

Roch, ohne Leid! Vortrag, geh. am Bußtag, den 17. XI. 1897. gr. 8. (11 S.) Leipzig 897. (H. G. Wallmann.) n. — 20

Roch, Radfahrerkarte für das Königr. Sachsen. 4 Sect. Lithogr. und color. qu. Fol. Mit 1 Bl. Text. Leipzig 888, (Hinrichs'sche Buchh., Sortiment.) à Sect. ** 1 —
Auf Leinw. in Etui à Sect. ** 1 50
compl. auf Leinw. in Etui ** 6 —
Inhalt:
1. Leipzig. — 2. Dresden. — 3. Zwickau. — 4. Prag.

Roch. Radfahrerkarte f. das Königr. Sachsen. Sect. II: Dresden. 2. Aufl. Photolithogr. qu. Fol. Dresd. 889. (Lpz., Hinrichs' Sort.) Auf Leinw. in Carton ** 1 50

BARDENAU, Luise von. Oder: Liebe macht Verbrecher (von *Chr. Wilh. Roch*). Leipzig, Schneider, 1786. 8°. 330 S. (incl. Tit. m. Vign.) Einiges etwas frei. Auch m. d. Tit.: Neue Original-Romane d. Deutschen. Bd. 22. — Fehlt im Anon.-Lex.

HOBALD, Hans von, oder Geschichte eines Weltbürgers. Vom Verfasser der Stutzperrücke (von *Chrn. Wilh. Roch* und *Carl Wilh. Waider)*, 2 Bde. Mit 2 Titelvign. Leipzig, Schneider, 1786—87. Kl. 8°. 404 u. 382 S. (4 Mk., etw. fleck. Leihbibl.-Expl., Adolf Weigel, Lpz.)
Stellenw. etwas freier Studenten-, Abenteurer- und Liebesroman. — „1785" hat das Anon.-Lex. II. p. 264 (nach Kayser u. Meusel). — Auch mit d. Titel: Neue Original-Romane der Deutschen. Bd. 23, 24.

Roch, C. W., deutsches Kirchenwörterbuch. gr. 8. Halle, Gebauer. 784.

Roch, Chr. Wlh., († 1812.) s. Jh. Fr. Roch, Kirchenwörterbuch. — Stutzperücke, die. — K. W. Walder, Frühlingsblumen.

Roch, Eduard: Ueber die Anwendung der Blausäure als Heilmittel in verschiedenen Krankheiten, besonders in der Lungenschwindsucht, krampfhaften Engbrüstigkeit und in dem Keichhusten. 128 S., gbd.

Leipzig: Hartmann 1820

JB 1.586

Roch, Ed., über die Anwend. d. Blausäure als Heilmittel in verschiedenen Krankheiten, besond. in der Lungenschwindsucht, krampfhaften Engbrüstigkeit u. in d. Keichhusten. Mit e. Vorrede v. Cerotti. 8. Leipz. 820. (Lehnhold). 16 gr.

Roch, F., synonyma Apothecariorum, s.: Novák, E.

Roch Fr.: De Cornificio et Cicerone, artis rhetoricae praeceptoribus 40. Baden 84. Progr.

Roch, Fr., Dichtungen. 2. verm. Aufl. 16. (V, 91 S.) Cottbus 871. Heine in Comm. n. 1. —; geb. n. 2. —

Roch, Fr., Dtsche. Lieder, d. dtschn. Jugend gewidmet, Cottbus 1867, 32 S., 8°.

Roch, Frz., moderne Fassadenentwürfe. Eine Sammlg. v. Fassaden in neuzeitl. Richtg. Unter Mitwirkg. bewährter Architekten hrsg. 24 in Strichätzg. ausgeführte Taf. (III S. Text.) gr. 4. Leipzig 904. B. F. Voigt. In Mappe 7. 50

Roch Franz: Die häusliche Schülerarbeit und ihre gleichmäßige Verteilung. 42. Mödling 05.
Progr.

Roch, Frz. Die Tendenz des platonischen Menexenos. 31 S. 8. G. *Görz* 1882.
Progr

Roch, Friedr., Dianenspiegel, od. poetisches Gemälde des Wald- u. Jägerlebens. 12. (3½ B.) Dresden u. Leipzig 845, (Arnoldische Buchh.)

Roch, Frdr., die alte und die neue Elster am 8. Septbr. 1857 [als am Tage des Durchstiches bei Senftenberg]. Hoyerswerda 859. Erbe. 12. (12 S.) nn. 1¼ ngr.; feine Ausg. nn. 2½ ngr.

Roch, G., zwei Vorbilder aus der apostolischen Zeit f. Gemeinde u. Amt. Predigten üb. Ap.-Gesch. 2, 42—47 u. 4, 8—21. gr. 8. (29 S.) Dresden 887. (J. Naumann.) n. — 40

Roch. G., Altchristl. Widerlegung d. Atomistik Demokrits. 1882.

Roch, G., Altchristl. Widerlegung d. Atomistik Epikurs. 1882.

Roch, Geo., die Schrift des alexandrinischen Bischofs Dionysius d. Grossen „über die Natur", eine altchristl. Widerlegung der Atomistik Demokrits u. Epikurs. Inaugural-Dissertation. gr. 8. (60 S.) Leipzig 882. (Dresden, J. Naumann.) n. 1. —

Heilige Erinnerungen. Predigten in d. Gemeinde Röhrsdorf geh. von Pastor Dr. [Georg Oskar] **Roch.** H. 1. [Mehr nicht ersch.] Leipzig: Akad. Buchh. 1892. 50 S. 8° II. 9794

Roch, Gust., Anwendung der Potentialausdrücke auf die Theorie der molekular-physikalischen Fernewirkungen und der Bewegung der Electricität in Leitern. Göttingen 862. (Vandenhoeck & Ruprecht.) 4. (28 S.) n. 10 ngr.

Roch, Gustavus: De theoremate quodam circa functiones Abelianas. Lipsiae (1863): Teubner. 12 S. 8° (4°)
Halle-Wittenberg, Phil. Hab.-Schr. v. 13. Okt. 1863

Roch, Heinrich: Zur Kenntnis der Thiazole. 1908. 69 S. 8° ¶ Vgl. Journal f. prakt. Chemie. Bd 195. N. F. Bd 87. 1913.
Dresden, Dr.-Ing.-Diss. v. 11. 3. 1908

Roch, Hermann: Die Wasserversorgung mittels Talsperren in Deutschland. [1908.] 80 S., 5 Taf. 8° ¶ Erhältlich beim Akad. Ingenieur-Verein an d. Techn. Hochsch. Dresden; vgl. Wasser u. Abwasser. Bd 1. 1909. S. 145 ff.
Dresden, Dr.-Ing.-Diss. v. 16. 7. 1908

Roch, J. Chr. F. (Hrsg.), s. Anzeiger, Allgemeiner literar., oder Annalen d. ges. Literatur f. d. geschwinde Bekanntmachung versch. Nachrr. a. d. Gebiete d. Gelehrsamkeit u. Kunst.

Roch, Jh. Chr. Fr., s. Breitkopf, J. G. J.: Versuch üb. d. Ursprung d. Spielkarten.

— s. Floja, cortum versicale.

– s. M a t e r i a l i e n zu e. Geschichte d. Buchhandels.

Koch, Jh. Fr., deutsches Kirchenwörterbuch (herSgg. von Chr. Wlh. Koch). gr. 8. Halle 784. Gebauer. 12 gl.

Koch, Karl Fr., († d. 13. Dec. 1824.) s. Chronik, compend., d. Zeit. — Hand- od. Taschenbuch f. d. Kauf- u. Geschäftsmann. — Taschenbuch f. d. Geschäftsmann.

Koch, Katharine, Mutter Eva. Ein Bild aus dem Leben. (74 S.) kl. 8. Basel 908. Kober. — 60; geb. in Leinw. 1.—

Roch, P., Baukunde für Berg- u. Hüttenleute. gr. 8. (VI, 386 S. m. 601 Abbildgn.) Freiberg 901. Craz & Gerlach. n. 12. —

Roch, P., die Pumpen u. Feuerspritzen. Eine kurzgefasste Darstellg. der f. die Wasserförderg. gebräuchl. Maschinen. (IV, 102 S. m. 186 Abbildgn.) Lex. 8. Leipzig 907. B. F. Voigt. 3. —
Sonderabdruck aus: „Mohr, Wasserförderg., 7. Aufl."

— Die Wasserförderung. s.: Mohr, U.

Roch, Wolfg., Philipp Otto Runges Kunstanschauung u. ihr Verhältnis zur Frühromantik. s.a. Studien zur deutschen Kunstgeschichte. 111. Heft.

Roch, Wolfgang: Philipp Otto Runges Kunstanschauung ‹dargestellt nach seinen 'Hinterlassenen Schriften'› und ihr Verhältnis zur Frühromantik. Strassburg 1909: Heitz. VI, 248 S. 8° ¶(Ersch. auch als: Studien z. Deutschen Kunstgeschichte. H. 111.)
Erlangen, Phil. Diss. v. 29. April 1909, Ref. Falckenberg
[Geb. 30. Juni 84 Freibergsdorf; Wohnort: Leipzig; Staatsangeh.: Sachsen; Vorbildung: Gymn. Freiberg i. S. Reife O. 03; Studium: Königsberg 1, Leipzig 9 S.; Rig. 12. Febr. 09.] [U 09. 658

1860–1910. Ausflüge ins Land der Blinden. Denkschrift z. 50jähr. Jubiläum d. 'Moon'schen Blindenvereins' von Pastor [B.] Rocha, Berlin. Diesdorf 1910: Buchdr. d. Schreiberhau-Diesdorfer Rettungsanst. 64 S. 8° [illegible]

Rocha, Johannes, aus Vetschau: Über Dermoide des Mundbodens. *Halle a. S. 1898: C. A. Kaemmerer & Co.* (24 S.) 8°
Halle, Med. Diss. v. 14. Dez. 1898

da Rocha-Schmidt, Luiz [aus Bunzlau in Schles.]: Ueber Ortho-Tolylphosphorverbindungen ... Bunzlau, kgl. Waisenhaus-Dr., 1895; 32 S., 1 Bl. 8.
Rostock, Phil. Fak., Inaug.-Diss. v. [2. Aug.] 1895

Rochas, Alb. de, die Ausscheidung des Empfindungsvermögens. Experimentelle u. histor. Studie. Autoris. Übersetzg. nach der 5. französ. Aufl. v. Helene Kordon. (XX, 402 S. m. Fig. u. 4 farb. Taf.) gr. 8. Leipzig 909. M. Altmann. 5.—; geb. 6. —

Rochas, F. Les schizophytes parasites de l'homme et des animaux. Gr. in-8⁰, 27 p. Bâle, Genève, Lyon, H. Georg. 1885

Rochat, A. Une voix chrétienne pour tous les jours de l'année. 8me éd. revue. In-12⁰. 380 p. Neuchâtel, Delachaux & Niestlé. 1897 3 —

Rochat, A., voir: *Vulliet, A.*

Rochat, A., voir: *Vuillet, Aug.*

Rochat, Alfred

Rochat, A., ein altladinisches Gedicht vgl. G e d i c h t.

Rochat, A., e. altladinisches Gedicht in Oberengadiner Mundart, übersetzt u. erklärt. gr. 8. (56 S.) Zürich 874. Schmidt. n. 2. —

Rochat, Alfred, von Vevey im Waadtlande: Ueber einen bisher unbekannten Percheval li Galois. Eine literarhistorische Abhandlung. Zür. E. Kiesling Dr. 1855. XII, 180 S. 8°.
Zürich, Phil. Diss. [v.] Mai [8. Juni] 1855.

— drei Schweizerdichter aus dem 13. jahrhundert. Heidelberg 856. Rieger. 8. (45 S.) 6 ngr.

R o c h a t, A[lfred]. Drei Schweizerdichter aus dem dreizehnten jahrhundert (Jakob von Warte – Wernher von Teufen – Kraft von Toggenburk). 8. Heidelberg 1856.

Rochat, Antony, Alkohol u. Alkoholismus, s.: L a u t o r b u r g, Otto.

Rochat, August

Rochat, A., tägliche Andachten über Worte der hl. Schrift mit Vorwort von Dr. E. Stähelin. 3. Aufl. 400 S. 8. Basel, C. F. Spittler. 2. — geb. 3. —
1877

Rochat, A., Bemerkungen nach dem Worte Gottes über Wesen, Verfassung und Zweck der Gemeine oder Kirche Christi. Aus dem Französ. Elberfeld 855. Hassel. 12. (XVIII, 278 S.) n. 20 ngr.

Rochat, Aug., kurze Betrachtungen über alle Tage des Jahres, entnommen aus den erbaul. Schriften. Aus dem Französ. übers. Elberfeld 865. (Leipzig, Bredt.) 8. (IV, 370 S.) n. 1 ₰

Rochat, Aug., tägliche Betrachtungen entnommen aus dessen erbaulichen Schriften. Bevorwortet v. E. Stähelin. 2. Aufl. gr. 8. (IV, 392 S.) Basel 872. Spittler. n. 1. 60

Rochat, Aug., tägliche Betrachtungen, entnommen aus den erbaulichen Schriften. Bevorwortet von E. Stähelin. 3. Aufl. 8. (400 S.) Basel 876, Spittler. *
geb. in Halbfrz. * M 2,40.; geb. in Leinw. *
geb. in Leinw. mit Goldschn. *

R o c h a t, Auguste. Zwei Briefe von Pastor August R. ‹Gestorben 1847.› (S.A.) 8. Basel 1874.

Rochat, Aug., der Werth der Seele. Eine Betrachtung über Matth. 16, V. 26. Aus dem Französ. Elberfeld 863. Hassel's Sortbdlg. in Comm. gr. 8. (36 S.) 3⅓ ngr.

Rochat, Ernest. Essai sur Manî et sa doctrine. In-8⁰. 198 p. Genève et Bâle, Georg & Co. 3 50
1897

Rochat, Pfr. L. L. Kurze Geschichte d. Mässigkeitsvereine. Genf 1883. 71 S.

Rochat, L. L., unsere Grundsätze u. Gottes Wort. Antwort auf die Einwürfe der Christen gegen vollständ. Enthaltsamkeit von allen geist. Getränken. 12. (40 S.) Basel 881. Spittler. n. — 20

— Unsere (vollständigen Enthaltsamkeits-) Grundsätze und Gottes Wort. Zweite Aufl. Basel 1884. 40 S. 12⁰.

Verein d. Blauen Kreuzes. Unsre G r u n d s ä t z e und Gottes Wort. Antw. auf d. Einwürfe der Christen gegen vollst. Enthaltsamkeit v. allen geistigen Getränken v. L. L. Rochat ... 3. Aufl. Bern & Barmen: Agentur d. Blauen Kreuzes (1893). (40 S.) 1 Bd. 8⁰

Rochat, L. L., unsre Grundsätze u. Gottes Wort. Antwort auf die Einwürfe der Christen gegen vollständ. Enthaltsamkeit v. allen geist. Getränken. 3. Aufl. 12. (40 S.) Bern 893. (Basel, Jaeger & Kober.) n. — 20

Rochat, Ludolphe

Rochat, L., recherches sur les antiquités d'Yverdon, s. a. Mittheilungen der antiquarischen Gesellschaft in Zürich.

Rochat, L[udolphe]. Recherches sur les antiquités d'Yverdon. [Avec 4 planches.] (Mittheil. Ant. Ges. Zürich. Band 14, Heft 3.) 4. Zürich 1862.

Rochat, M. A., les nouvelles lois cantonales concernant l'aboolisme, depuis la revision fédérale partielle du 25 octobre 1885. Travail présenté à Berne dans la salle du musée à l'occasion de la fête fédéral de la Croix-Bleue le 6 août 1889. [Aus: „Journal de statistique suisse".] gr. 8. (44 S.) Bern 889. (Genf, Stapelmohr.) n. — 60

Rochat, Paul s. Isler, A[lexander]. J[ean-]Henri Pestalozzi. Zurich.

Rochata, K., Die alten Bergbaue auf Edelmetall in Oberkärnten. Wien, 1878. 155 S. mit 4 Taf.

Rochau, Aug. Ludw. v., Geschichte Frankreichs. s. a. Staatengeschichte der neuesten Zeit.

Rochau, August Ludw. v. Geschichte Frankreichs vom Sturze Napoleons bis zur Wiederherstellung des Kaiserthums. (1814—1852.) (Aus: „Biedermanns Staatengeschichte der neuesten Zeit" 1. und 2. Bd.) (2 Bde.) 8. Leipzig 1858.

Rochau, A. L. v., Geschichte des deutschen Landes u. Volkes. 1. Thl. Berlin 870. G. Reimer. gr. 8. (VII, 544 S.) n. 2 ₰

Rochau, A. L. v., Geschichte d. deutschen Landes u. Volkes. 2. Thl. gr. 8. (IV, 689 S.) Berlin 872. G. Reimer. n. 8. — (1. 2.: n. 14. —)

— Grundsätze der Realpolitik, s. Grundsätze.

— die Moriscos in Spanien. Leipzig 853. Mendelssohn. 8. (3 Bl., 261 S.) n. 1 ₰. 10 ngr.

Zur Orientirung im neuen Deutschland. [Verf.: August Ludwig Rochau.] Heidelberg. 1868. 8°

—— und G. Oelsner Monmerqué, das erfurter Parlament und der berliner Fürsten-Congreß. Politische Skizzen aus der Gegenwart. 8. (IV und 355 S.) Leipzig 850, Avenarius und Mendelssohn.

v. Rochau, Aug. Ludw., Reiseleben in Südfrankreich u. Spanien. 2 Bde. gr. 8. (312 u. 297 S.) Stuttgart 847, Cotta. 2½ ₰

— Italienisches Wanderbuch. 1850—1851. 2 Bde. 8. Leipzig 852 Avenarius & Mendelssohn. 2⅓ ₰

– (Hrg.), s. Wochenschrift des Nationalvereins.

Roch, s. a. Laroche.

Roche, de la, über d. Einimpfung d. Blattern, e. Schr. f. Stern, a. d. Franz. übers. v. F. Dörner. 8. Strasburg, König. 800.

La Roche: Ueber die Grundidee des Philoktet v. Sophokles. 14 S.–Graz, Progr. 1856

Roche, la, Kunst die Zunge aufzulösen. 8. Stendal. 742.

— nouv. méthode pour traiter la Grammaire franç. 8. Leips. Junius. 770.

— — la même. 8. Vienne, Tendler. 791.

— secret de délier la langue par le moyen de certains entretiens courts. 8. Leips. Eurich. 762.

Roche, la, Todtenfeyer. 8. Wien, Rehm. 806.

— Unters. über d. Natur und Behandl. des Kindbettfiebers, aus dem Franz. m. Anmerk. v. Selle. gr. 8. Berl. Unger. 785.

Roche, üb. d. Kindsbetterinfieber. A. d. Franz. v. Selle. gr. 8. Berlin. 786. Jetzt Reimer.

— Zergliederung d. Verrichtung des Nervensystems, als Einleitung zu e. praktischen Untersuchung d. Nervenkrankheiten, übers. v. J. F. A. Merzdorf, nebst J. C. Reil's Abhandl. vom Gemeingefühl. 8. Halle, Curt. 794–95. (1. 10 gr. II. 14 gr.) Rthlr.

Roche, Ch[arles] de. Débat de l'âme et du corps. Publié d'après un manuscrit du XIVe siècle ([conservé aux] archives de la bourgeoisie de Porrentruy) par Ch. de R'. Wissenschaftliche Beilage zum Bericht über das Gymnasium [in Basel], Schuljahr 1907-1908. II + 16 S. 4. Basel, Kreis, 1908.

Roche, Charles de, les noms de lieu de la vallée Moutier-Grandval (Jura bernois), s. a. Zeitschrift f. romanische Philologie. 30. IV.

Roche, Charles de. Les noms de lieu de la vallée Moutier-Grandval (Jura bernois). Étude toponomastique. 8. Halle ... 1906.

Ed. A: Thèse Phil. [I. Univ.] Zurich. VI + 48 S. Halle (S.), Imprimé par Ehrhardt Karras.

Ed. B: VIII + 48 S. Halle a. d. S., Verlag von Max Niemeyer, 1906. (Einzelpreis M. 2. —) — Beihefte zur Zeitschrift für romanische Philologie. Hrg. von Dr. Gustav Gröber.... Heft 4....

Roche, Charles de. Une Source des «Tragiques» (d'Agrippa d'Aubigné). Aus der Festschrift zur 49. Versammlung Deutscher Philologen und Schulmänner. Basel 1907. II S. + S. 341—382. 8. [Basel, Buchdr. Emil Birkhäuser;] — *Auflruck:* Leipzig, Carl Beck. Verlag —. [1907]. [M. 1.50]

Roche, Edme Hub., Essai sur les solutions de continuité. 8. Strasb. Levrault. 803.

Roche, Franç., Biographie de M. Laferrière. Berlin 865. Peiser's Verl. gr. 8. (30 S.) n. 6 ngr.

—— Laferrière. Skizzen aus seinem Leben. Aus dem Französ. gr. 8. (31 S.) Berlin 865, Peiser's Verlag.

Roche, Hans de: Das Recht der Handelsmäkler mit Berücksichtigung der Lehre vom Mäklervertrage. Neumünster 1910: Hieronymus. 76 S. 8°

Heidelberg, Jur. Diss. v. 19. April 1910, Ref. Schröder

[Geb. 2. April 85 Berlin; Wohnort: Berlin; Staatsangeh.: Preußen; Vorbildung: Andreas-Realgymn. Berlin Reife M. 05; Studium: Berlin 6 S.; Rig. 20. Dez. 09.] [U 10. 1989

Roche, J. de la, Predigten über Geheimnisse unsers Herrn und seiner Mutter. 4 Thle. 8. Augsburg, F. A. Veith. 775.

Theognis. La Roche, Jakob Studien zu Theognis. 8 (S. 3—32). (Fortsetzung.) 8 (S. 3—32). K. k. Staats-G. *Linz* 1891. 1892. Metrisches. Sprachliches. Commentar.
Progr.

de la Roche, P. Johann, s. a. La Roche.

Roche, Joh. de la, Kanzelreden. A. d. Franz. v. Räß u. Weis. 4 Bde. gr. 8. Mainz, Kirchheim, Schott u. Thielmann. à $^{11}/_{12}$ Thlr.

Bd. 1. Advents-Predigten. (21½ B.) 836.

- 2—4. Fastenpredigten. 3 Thle. [1. (20 B.) 836., 2. (20 B.) 837., 3. (21½ B.) 839.]

Vgl. La Roche.

La Roche, Joh., Das Positive in D. Fischers Vortrag. E. Wort für Fischer von e. Gegner Fischers. Berlin 1905. 8°.

Roche, M. B., Predigten, zu Beleuchtung v. Hauptlehren d. Neuen Kirche d. HErrn, s. Predigten f. d. N. Kirche d. HErrn, 1. Lfg.

Roche, Mar. Reg., die Erben; frei nach d. Engl. bearb. von L. F. Huber. 2 Thle. 8. Braunschw. 803. Vieweg. 1 ₰ 16 gr.

— d. Nachtbesuch; aus d. Engl. v. Fr. v. Oertel. 3 Thle 8. Leipz. 802. Tauchnitz. 3 ₰ 16 gr.

La Roche, René, aus Basel: Die Copepoden der Umgebung von Bern. [Mit 4 Tafeln.] Basel 1906. 71 S. 8°. [3. XI. 05.]

Bern. Phil. Diss. 1906/1907.

Roche, Sophie de la

— schönes Bild der Resignation, eine Erzählung, m. K. 8. Leipz. Gräff. 801.

Roche, Sophie de la, Briefe an Lina, ein Buch f. Frauenzimmer, die ihr Herz u. ihren Verstand bilden wollen, mit K. 3 Thle. 8. Leipz. Gräff. 807. (1r Lina als Mädchen. 2r 3r als Mutter.)

— — dasselbe franz. unt. d. Titel: Lettres à Nina ou conseils à une fille pour former son esprit et son coeur. Trad. de l'allemand p. S. H. Catel. 12. ibid. 804.

— Briefe üb. Mannheim. 8. Zürich, Orell, Füßli u. Comp. 791.

— Rosaliens Briefe an ihre Freundin Mariane v. St***. von d. Verfasserin des Fräulein v. Sternheim. 3 Bd. 8. Altenb. (Akadem. Buchh. in Jena.) 796. (I. 1 Thlr. 8 gr. II. 1 Thlr. 8 gr. III. 21 gr.)

— — derselb. 4r Thl. 8. Offenbach, Brede. 791.

— Erinnerungen aus meiner 3ten Schweizerreise, meinem verwundeten Herzen zur Linderung, vielleicht auch mancher traurender Seele zum Trost geschrieben. 8. Offenbach, Brede. 793.

— Erscheinungen am See Oneida, m. K. 3 Thle. 8. Lpz. Gräff. 798.

Velinp.

Roche, Sophie de la, moralische Erzählungen, 2 Thle. 8. Speier, (Manheim) 784. (Löffler) 27 sgl.

— moralische Erzählungen, m. K. 2 Bde. 8. Mannheim, Löffler. 799.

— neue moralische Erzählungen. 8. Altenb. (Akademische Buchh. in Jena.) 787.

— — neue moralische Erzählungen, 8. Altenburg, 787. Richter. 15 sgl.

— Fanny u. Julia, oder d. Freundinnen, m. K. 2 Thle. 8. Leipz. Gräff. 801–2.

— Freunde u. Freundinnen von 2 sehr verschied. Jahrhunderten und d. Badebekanntschaft. 8. Offenbach, Brede. 789.

— Geschichte v. Miß Lony od. d. schöne Bund, m. 2 K. 8. Gotha, Ettinger. 789.

— Herbsttage. 8. Leipz. Gräff. 805.

— Journal einer Reise durch Frankreich. 8. Altenb. (Akadem. Buchh. in Jena.) 787.

Holl. Pap.

— Journal einer Reise durch die Schweiz. 8. Altenb. (Akadem. Buchh. in Jena.) 786.

— Liebehütten, m. K. 2 Thle. 8. Ebend. 804.

— — Nachlese zur 1sten und 2ten Sammlung, 8. Offenbach, 787. Brede. 5 sgl.

— Pomona f. Deutschlands Töchter, Jahrg. 1784. 8. Altenb. (Akadem. Buchh. in Jena.)

— die glückliche Reise, eine moralische Erzählung. 8. Basel, Serini. 783.

— Reise von Offenbach nach Weimar u. Schönebeck im Jahr 1799. (hat auch d. Titel: Schattenrisse abgeschied. Stunden in Offenbach, Weimar u. Schönebeck.) 8. Leipzig, Gräff. 802.

— Rosalie u. Cleeberg auf dem Lande. 8. Offenb. Brede. 791.

— mein Schreibetisch, an Herrn G. R. P. in D. m. K. 2 Bde. 8. Leipz. Gräff. 799. (à 1 Thlr. 8 gr.)

— die 2 Schwestern, eine moral. Erzähl. 8. Basel, Serini. 784.

— Melusinens Sommerabend, herausg. v. C. M. Wieland. 8. Rudolst. Hofbuchh. 806.

— Tagebuch einer Reise durch Holland u. England. gr. 8. Offenbach, Brede. 791.

Roche, Sophie de la, Waldone, eine moral. Erzählung 8. Dessau, Gelehrte Buchh. 784. Rthlr.

Roche, Wilhelm la, aus dem pharmakolog. Institut der Univ. Greifswald. Experimentelle Beiträge zur Eisenwirkung. Diss. Greifswald 1887, Jul. Bindewald. 8°. 37 S.

Roche-Arnaud, de la, Memoiren e. jungen Jesuiten, od. die Verschwörung v. Mont-Rouge. Durch Thatsachen enthüllt. A. d. Franz. — A. m. d. Umschlags-Tit.: Die Jesuiten u. d. Revolution. gr. 8. (22 B.) Stuttgart 828, [Brodhag.]

Roche-Aymon, s. Laroche-Aymon.

— über d. Dienst der leichten Truppen. 8. Königsb. Nicolovius. 809.

Roche-Aimon, Grafen de la, üb. den Dienst d. leichten Truppen. 2te Aufl. 8. Berl. Dümmler. 814. Rthlr.

— Einleit. in die Kriegskunst n. K. u. Planen. 4 Bde. gr. 8. Weim. Ind. Comt. 803–5. (1r 18 gr. 2r 4 Thlr. 3r 6 Thlr. 4r 4 Thlr. 18 gr.)

Rocheaymon, Introduct, à l'Etude de l'Art de la Guerre. avec Planches et Cart. Vol. I–IV. gr. 8. Weim. Ind. Comt. 802–4. (I. 18 gr. II. 4 Rthlr. III. 6 Rthlr. IV. 4 Rthlr. 18 gr.)

Roche, Charrier de la, s. Charrier.

Roche-Faucoult, s. Laroche-Faucoult.

Rochefaucoult, s. Rochefoucoult

Rocheflamme (Ernst Dietze), soziale Irrungen. Eine soziolog., philosoph. u. naturwissenschaftl. Studie. 1.–5. Taus. (71 S.) 8. Leipzig (907). E. Maerter. 1. 20

— Die Kamarilla in Demokratie u. Monarchie. (69 S.) kl. 8. Ebd. 908. 1. —

Rocheflamme, Maria v. Magdala. Eine histor.-romant Erzählg. Autoris. Uebersetzg. v. M. Dietze. 3. verb. Aufl. Mit 10 Vollbildern v. Ant. C. Baworowski. (86, 169 u. 79 S.) 8. Leipzig 906. A. Cavael. 4. —; geb. 5. —
Ladenpreis aufgehoben.

— Aus deutschen Strafkammern, in 6 Episoden. 1.–3. Taus. (157 S.) 8. Leipzig 907. (Moderner Dresdner Verlag.) 2. —

Rochefort, Mr. de

— — Die seltsame (!) Begebenheiten des Herrn v. Rochefort. Bernburg, Cörner, 1769. 8⁰.
Cat. Monath II. Nürnb. 1783.

ROCHEFORT, Mr. de. — Das merkwürdige Leben und die ausserordentlichen Aventuren des Herrn von Rochefort, von ihm selbst beschrieben. Aus d. Franzos. Franckfurt und Leipzig 1720. 8⁰. 246 S. (1 Mk. 80 Pfg. Alfr. Lorentz, Lpz., 1908.)
Cat. Monath II. Nürnb. 1783.

Rochefort, ..., Nachrr. v. einigen griech. Handschriften, die Fabeln des Aesop enthaltend. gr. 8. Hildburgh. 796. Hanisch. 6 gl

— Nachr. von e. griech. Wörterbuch. gr. 8. Hildburgh. 791. Hanisch. 2 gl

Rochefort, s. Rigoult.

Rochefort, A., der Präriegeist. Wilde Szenen aus Wald und Prärie. Deutsch von Marie Westensee. 8. (215 S.) Kaiserslautern 881, Rohr. * 1 —

—— die Rose von Hermosilla. Eine Erzählung von den Goldsuchern an der Pacific-Küste. Deutsch von Marie Westensee. 8. (189 S.) Ebendas. 881. * 1 —

—— Wladimir, der Nihilist, oder der Spion des Czaren. Eine Geschichte aus dem heut. Rußland. Bearb. von Ida Völker. 8. (228 S.) Ebendas. 882. 1 —

Rochefort, Henri, Abenteuer meines Lebens. Autoris. deutsche Bearbeitg. v. Heinr. Conrad. (Memoirenbibliothek.) 2 Bde. gr. 8. (376 u. 411 S. m. Bildnis.) Stuttgart 900. R. Lutz. n. 10. —; geb. n. 12. —

Rochefort, Henri, Antoinette. [Mademoiselle Bismarck.] Eine Intrigue. Ins Deutsche übertr. von Roderich Rode. 8. (270 S.) Großenhain 882, Baumert und Ronge. * 2 —

Rochefort, Die Laterne. 15 Hefte. (Aus d. Französ.) Berlin 1868–69.

Rochefort, Henri, die Laterne. 6–8. Heft. Berlin 868. Schlingmann. 16. Jedes Heft (64 S.) n. 5 ngr.

— — 1., 4. u. 5. Heft. 2. Aufl. Ebend. 868. 16. (56, 64 u. 64 S.) Jedes Heft n. 5 ngr.

— — 2. u. 3. Heft. 3. Aufl. Ebend. 868. 8. Jedes Heft (64 S.) n. 5 ngr.

Rochefort, Henri, die Laterne. Getreu nach der Orig.-Ausg. Nr. 1–11. 8. (à 16 S.) Leipzig 874. Minde. à — 25

— die Laterne. Getreu nach der Orig.-Ausg. 1877. 1. Hft. 16. (29 S.) Leipzig 877. Minde. — 25

— die Verdorbenen. Sittengemälde aus der Gegenwart. Deutsch v. H. Scheube. 2 Bde. gr. 8. (136 u. 135 S.) Berlin 876. Brigl. n. 5. —

Rochefort, Lud. Ant. de, Dissert. obstetr.-med. inaug., qua inquiritur, num synchondrotomia pubis sit indicata. 8maj. (5 B.) Groningae 835, Smit. (Bremae, Kaiser.) *

Rochefort, M.

Rochefort, le Comédien de Salon, s. Théâtre franç. le plus moderne etc.

Rochefort, M., le Comédien de Salon, Comédie vaudeville en 1 Acte. Avec Vocab. 16. Berlin... Heymann. 3/8 ngr

Rochefort, R. de: Reit-Lectionen auf Spazierritten. Aus d. Französ. Ilmenau 1827. 76 S.

de la Rochefoucould, Choix de Maximes etc., s. J. Täuber, Geist der französ. Klassiker.

— Gedanken d. Marquisin v. Sable, u. d. Hrn. L. D., aus d. Franz. 8. Zürich, Orell. 719.

Rochefaucault, nouveau Manuel philosophique et moral, avec un Commentaire par Mauzon. gr. 8. Leips. Sommer.

Rochefoucauld, Herzog v., Maximen und moralische Betrachtungen. Aus dem Französ. übers. von Amanz Dürholz. gr. 16. (VIII und 108 S.) Solothurn 851, (Scherer'sche Buchh.) *

Rochefaucault, moral. Maximen, m. Anmerk., a. d. Franz. 8. Wien, Mösle. 784.

Rochefoucauld's, de la, Maximen u. Reflexionen, s.: Universal-Bibliothek.

— — Maximes. 1 vol. (Didot.) (Leips., Fr. Fleischer.) (Papier fin, 12 Gr. pap. vélin, 1 Rthlr. format in-12, pap. vél. 1 Rthlr. 3 Gr.)

— Maximes et Réflexions moral. 3 Part. en I Vol. 18. Vien. Sammer. 800.

— — l. m. 12. Hamb. Fauche. 796.

— — l. m. et l'ouvr. int.: l'esprit des esprits. 12. Vien. Sammer. 796.

— Maximes et Réflexions moral. nouv. Edition. 12. Brunsv. Pluchart. 814. broch. -

Rochefoucault, Maximes et Reflexions morales. 8. Carlsruhe, Marx. 816.

de la Rochefoucauld, Duc, Maximes et Reflexions morales du, — Des Herzogs von Rochefoucauld Tiefblicke in das Leben der Menschen u. ihr Herz. Aus d. Französ. übersetzt mit beigefügtem Originaltexte von Cajetan Ritter von Manners. gr. 4. Wien 841, Mausberger; Leipz., Hunger. 1/2 ₰

— — (du Duc) Mémoires, augmentées de la première partie, jusqu'à ce jour inédite, et publiés sur le manuscrit de l'auteur. 2 vol. avec 8 portr. 12. Paris, Renouard. 819.

— Pensées, maximes et réflex. moral. av. le comment. de de la Roche. 8. Dresde, Walther. 779.

— Réflexions de maximes moral. av. comment. de Manzon. gr. 8. Leipz. Schwickert. 773.

— Sätze a. d. höh. Welt- u. Menschenkunde in deutsch, franz. u. ungar. Sprache, herausg. v. F. v. Kazinsky. 8. Wien, Geistinger.

— Sätze aus d. höhern Welt- u. Menschenkunde, französisch u. deutsch herausg. v. Fr. Schulz. 8. Bresl. W. G. Korn. 798.

Schreibp.
Velinp.

— — Anhang hierzu v. M......r. 8. Leipzig, Joachim. 804.

de la Rochefoucauld, Herzog, († d. .... 1680), psychologische Studien. Uebersetzt von A. Frei bearb. u. erklärt von C. A. Schloenbach. 16. (124 S.) Leipzig 852, W. Engelmann. In Engl. Einb. m. Goldschn. 3/4 ₰

Rochefoucauld, Gabriel de la, der Liebhaber u. der Arzt. Roman. Autoris. Uebersetzung. (354 S.) 8. Budapest 905. G. Grimm. 3.—

Rochefaucault Liancourt, Reisen d. Nordamerika, 3 Bde. siehe Geschichte der See- und Landreisen. gr 10r 11r Bd.

Roche, Gallichon de la, s. Gallichon,

Roche-Gallichon, s. Laroche-Gallichon.

Roche-Jaquelin, s. Laroche-Jaquelin.

Rochejaquelin, de la, Denkwürdigkeiten, von ihr selbst geschrieben. Aus d. Franz. von K. Müchler. 2 Theile. 8. Berlin, Stuhr. 817. Rthlr.

Rochel, Aristophanes poeta quibus causis commotus oracula eorumque interpretes irriserit. Pr. 1870. 12 S. 4°. 2.—

Rochel, Alfred [aus Neustadt, Westpr.]: Studien über eine neue Art galvanischer Ströme .... Halle a. S., Plötz'sche Buchdr. (R. Nietschmann), 1886; 60 S. u. 1 Taf. 8°.
Halle, Phil. Fak., Inaug.-Diss. v. [7. Aug.] 1886.

Rochel, Ant.

Rochel, A., naturhistor. Miscellen über d. nordwestl. Karbath in Ober-Ungarn. Mit 1 Karte. gr. 8. Pesth 821. (Eggenberger). (Barth in Leipz.) 2 ₰ 8 gr

Rochel, (A.,) naturhistor. Miscellen über den nordwestl. Karbath in Ober-Ungarn. Mit 1 Karte. gr. 8. Pesth 823, (Eggenberger.) Rthlr.

Rochel, A., Plantae Banatus rariores, iconibus et descriptionibus illustratae. Praemisso tractatu phytogeographico et subnexis additamentis in terminologiam botanicam. Acced. tab. botan. XL et mappae II lithographtae. Fol. maj. (26 B.) Pesthini 828, (Hartleben.) Thlr.

Rochel, Ant., botan. Reise in das Banat im J. 1835, nebst Gelegenheits-Bemerkn. u. e. Verzeichn. aller bis zur Stunde daselbst vorgefundenen wildwachs. phanerogamen Pflanzen, sammt topograph. Beiträgen üb. d. südöstl. Theil d. Donau-Stromes im österreich. Kaiserthum. gr. 8. (6 1/4 B. u. 1 Stnt.) Pesth 838, Heckenast. *

Rochell, Albert, Assistenzarzt d. Irren-Heil- u. Pflege-Anst. Trier: Über **Othaematom.** *Bonn 1900: C. Georgi.* (64 S.) 8°
Bonn, Med. Diss. v. [1. Dez.] 1900

Rochell, Antonius Conradus: De echinococco hepatis et peritonaei. Halis Saxonum (1863): Schmidt. 37 S. 8°
Halle-Wittenberg, Med. Diss. v. 9. Dez. 1863
Geb. Beverungen (Westf.) 9. 2. 1839. V.

Rochell, C. L., Predigt über Matthäus 11, 2—10. In d. evang. Kirche zu Imgenbroich am 3. Adventsonntage, d. 13. Dez. 1840, gehalten. 8. Aachen 841. Mayer. 1/6 ₰

Röchell's selbstständige Chronik, s. Geschichtsquellen, die, des Bisthums Münster.

Rochelle, E., s.: Delmas, G., Hilfsbilder zum praktischen Unterricht der modernen Sprachen.

Rochels, K(aspar): Über die religiösen und sittlichen Bemerkungen in dem Ritterroman 'Wigalois' des Wirnt von Gravenberg und anderen gleichzeitigen Dichtungen. *Eupen 1901: C. Braselmann.* (22 S.) 4°
Eupen, PG m. engl. Abt., OP 1901 (479)

Rochelt, E., Meran, s.: Ellmenreich, F. W.

Rocher, le, de Bronze. Betrachtungen über das preußische Heer bei dessen bevorstehender neuer Organisation. Hirschberg 859. Rosenthal in Comm. gr. 8. (19 S.) n. 4 ngr

Rocher, Diss. de apoplexia. Duisb. 4°. 1797

Rocher, Jos., Zins-Tabellen zur Berechnung in Mark-Währung. 1.—3. Abthl. gr. 8. Leipzig 875, (C. G. Naumann.) [1. Abthl. (II, 102 S.) * M 4.; 2. und 3. Abthl. (28 S.) * M 1,50.] *

Rochère, Gräfin Eugenia de la: Rom,
s.a. La Rochère, E. de.

Rochère, Eugenia de la, Rom. Erinnerungen aus dem Gebiete der Religion, Geschichte u. Kunst während des französischen Feldzuges in den J. 1849 u. 1850. Aus dem Französ. übers. von Baron v. G. Schaffhausen 858. Hurter. 8. (XII, 423 S.) 1 ₰. 18 ngr

— Die Schloßfrauen von Roussillon,
s.a. La Rochère, E. de.

Rochère, Eugenie de la, die Schloßfrauen von Roussillon oder Quercy im 16. Jahrhunderte. Historische Novelle aus der Zeit Heinrich IV. Aus dem Französ. von einem Priester aus der Diöcese Trier. Schaffhausen 859. Hurter. 8. (236 S.) 21 ngr

Rochère, Eugenia de la, Tebaldo etc., s. Bibliothek ausgewählter Novellen etc.

Roches, Charles de, un source des „tragiques". S. 341—382.) gr. 8. Basel 907. (Leipzig, C. Beck.) 1.50
Sonderabdr. aus: „Festschr. z. 49. Vers. deut. Philologen u. Schulmänner".

Roches, P., s.: Litterature, la, par les textes.

v. Rochester, Graf, ein aus dem Feuer gerissener Brand. Zum Zeugniß der göttlichen Gnade u. zur Warnung u. Bekehrung Gottloser. Nach den Berichten der Augenzeugen mitgetheilt. 18. (54 S. m. 1 Lith. u. lith. Titel.) Straßburg 847, Wwe. Levrault. 3 ngr.

[John Wilmot Earl of] **Rochester's** Sodom. Hrsg. nach d. Hamburger Ms., mit e. Einl. von L. S. A. M. v. Römer, Arzt. Paris: H. Welter 1905. (XXIV, 58 S.) 8°
— Κρυπτάδια. Vol. 9, [2.] [illegible]

ROCHESTER (John Wilmot, Earl of, geb. 10. April 1647), Sodom, ein Spiel in Versen, aus d. Engl. von Theophil Marquardt. (Vignette.) Privatdruck. Mit 16 ganzseitigen Zeichnungen von Julius Klinger. Leipzig 1909. Imp.-Fol. Feinstes Büttenp. In Seidenleinen im Orig.-Carton (Mk. 50—.) (40 Mk., tadellos erhaltenes Gelegenheits-Expl., Adolf Weigel, 1910.)
Vortitel, Haupttitel, 1 Bl. Motto:
Mentula cum vulva saepissime jungitur una
Dulcius est melle, vulvam tractare puellae
104 S. Text (10 Schlussverse: Prinzessin Swivia singt das Lobe ihrer ****), 1 Bl. Schlussillustr., 1 weisses Bl. Nur in 350 handschriftl. numer. Expll. hergestellt. — Wiederdruck ausgeschlossen. Vergriffen!

Rochester Abendpost : 1851 -1955 ‖ .
Daily, evening except Sunday. Republican, 1870—83; Independent, 1884—1954; Roman Catholic in sympathy. Title varies: Rochester Täglicher Beobachter, 1851—1882?; Rochester Abendpost und Beobachter, 1882?—Feb. 1902.
For weekly edition, see Die Wöchentliche Rochester Abendpost.
For Sunday edition, see Sonntags-Blatt. Circulation: 1870, 1000 (est.); 1880, 800; 1890, 1335; 1900, 1246; 1910, 5335; 1920, 7120; 1930, 12,118; 1940, 18,352; 1945, 13,126; 1951, 13,326; 1954 13,426. Edited & published by Julius W. Stoll, 1851—1868?; by Adolph Nolte, 1869?—85?; by German Printing & Publishing Co., 1886—88; by Julius Stoll, 1889—1902.
Edited by Herman Ferno, 1929—44; by Heinrich Pfäfflein, 1944—45?; by Eric Vossmeyer, 1946—54. Published by Rochester German Publishing Co., 1903—55.
Rochester, NY

Die Wöchentliche Rochester Abendpost : Apr. 10, 1852—1935‖
Weekly edition of Rochester Abendpost. Title varies: Der Beobachter am Genesee, 1852—79?; Wochenblatt, 1880?—1902? Circulation: 1870, 1300 (est.); 1880, 1000; 1910, 3060; 1920, 2214.
Rochester, NY

Rochester Courier : 1878‖—1880‖
Weekly. Edited & published by Courier Printing Co. Rochester, NY

Rochester Hausfreund : 1872‖—1873‖
Weekly. Circulation: 1873, 500. Edited by C. G. Ockelmann, & published by G. J. Langmeyer, 1872—73.
Rochester, NY

Rochester Herold : Jahrgang 1—14, no. 31, Oct. 1880—June 8, 1894‖
Independent weekly. Circulation 1890, 750. Edited & published by George Kutzner, 1880?—85; by L. H. Berg, 1886?—Sept. 1891; edited by Fr. van den Bergh, & published by Albert A. Keller, Oct. 2, 1891—Mar. 31, 1893; edited by G. Gerstenhauer, & published by W. F. Krüger, Aug.?—Sept. 21, 1893; edited & published by G. Gerstenhauer [with L. C. Nenning as editor, May 25—June 1894], Sept.? 1893—June 1894.
Rochester, MN

Rochester Telegraph : Sonntagsblatt : 1905‖—1907‖ Rochester, NY
Sunday edition of Rochester Telegraph.

Rochester Telegraph : 1905‖—1907‖
Independent daily, evening except Sunday. Edited & published by William Forgo.
Rochester, NY

Rochester Volksblatt : Jan. ‖ 1854—1900‖
Weekly, 1854—69?; daily [evening except Sunday, 1870—79; morning except Sunday, 1880—1900], 1870—1900. Democratic, 1870—83, Supported Tilden. Independent, 1884—89; Republican, 1890—1900. For weekly edition, see Das Wöchentliche Volksblatt. For Sunday edition, see Sonntags Journal. Circulation: 1870, 1500 (est.); 1880, 1000; 1890, 1700; 1900, 2300. Edited & published by Louis W. Brandt, 1870—83; by Dr. E. H. Makk, 1884—1900.
Rochester, NY

Das Wöchentliche Volksblatt : 1870‖—1900‖
Weekly edition of Rochester Volksblatt. Has section entitled: Unterhaltungs Blatt für Familie und Haus zur Belehrung und Unterhaltung, numbered as weekly. Circulation: 1870, 1800 (est.); 1880, 2800; 1890, 4600; 1900, 4500.
Rochester, NY

Rochet, Charles, das Urbild d. Menschen u. die natürlichen Gesetze der Verhältnisse der beiden Geschlechter. In die deutsche Sprache übertr. v. Heinr. Fuss. 8. (99 S. m. 20 Abbildgn.) Wien 891. Spielhagen & Schurich. n. 2.—

Rochet, Charles. Das Urbild des Menschen und die natürlichen Gesetze der Verhältnisse der beiden Geschlechter. In die deutsche Sprache übertragen von Heinrich Fuss. Mit 20 Abbildungen. 8. (99 S.) Eleg. cart.
Wien: Spielhagen & Schurich 1893. 1.40

Rocheterie, Maxime de la, Marie Antoinette, Königin v. Frankreich. Von der französ. Akademie preisgekröntes Werk. Einzig autoris. deutsche Ausg. 2 Bde. gr. 8. (XXVI, 503 u. 495 S. m. 1 Bildnis.) Wien 893. Verlag „Austria". n. 10.—

Rocheterie, Maxime de la, Marie Antoinette, Königin von Frankreich. Von der französischen Akademie preisgekröntes Werk. Zwei Bände. Gr.-8. (I. Bd. XXVI, 503 S. II. Bd. 495 S.) 5.—
Wien: Drescher 1893.

Rochette, des Fräuleins de la, Geschichte, a. d. Franz. 8. Breslau. 750.

Rochette, R., Notices des découvertes les plus récentes opérées dans le royaume de Naples et à Rome. S.-A. 1845. 18 S. 4°. —.80

Rochette, R., Notice de l'ouvrage intitulé catalogo di Scelte antichità Etrusche trovate negli scavi del Principe di canino 1828-29. S.-A. 1829. 22 S. 4°.

— De la peinture sur mur chez les anciens. S.-A. Diss. 1833. 28 S. 4°.

Rochette, Raoul. Geschichte der helvetischen Revolution 1797—1803. A. d. Franz. 8. Stuttgart 1824. 4,50.

Rochette, Raoul. Geschichte der Schweizer-Revolution in d. J. 1797 bis 1803., von R-R. Aus dem Französischen. 8. Stuttgart und Tübingen 1825.

Rochette, Raoul, Topographie d. Stadt Rom, v. deren Entstehung bis auf uns. Zeiten, geschichtl. dargest. A. d. Franz. übers. v. With. v. Rohr. 8. (5¼ B.) Leipzig 834, [Böhme.]

Rochette Chevalier de Morliere, Jaques, Angola, s.: Bibliothek, moderne.

Rochezang v. Iseern. Historische und geographische Beschreibung des Königreiches Böheim. In sich haltend dessen alte Einwohner / Hertzoge und Könige / in den alten und neuen Zeiten, Lage, Beschaffenheit, Handel, Gräntzen, Gewässern, Gebürge, Provintzien, Religion, Abgötterey und Bekehrung, Regirungsform, Geschichtschreibern u. a. m. Nebst einer gründlichen, und mit den vornehmsten actis publicis bestärckten Nachrichten, was mit der wichtigen Streitigkeit wegen der Böhmischen Chur-Stimme vorgegangen, und was bey der jetzigen Veränderung in Böheim anmerckenswürdiges passiret. Alles und jedes aus den besten Nachrichten, Diplomatibus und andern Urkunden zusammengezögen, von vielen Irrthümern gesäubert, und mit einer accuraten Land-Charte versehen. 4. Freyburg 1742.

Rochga, Rud., s.: Dekorationen f. Innen- u. Aussen-Architektur.

Rochga, Rud., u. P. Haustein, Form u. Farbe im Flächenschmuck. 6 Hefte. (à 4 farb. Taf.) gr. Fol. Stuttgart 903. [J. Hoffmann.] Berlin, Schuster & Bufleb. à n. 4.50; vollst. in Mappe n. 28.—

Rochholz, Ernst Ludw., deutsche Arbeits-Entwürfe zur Bildung des Denk- und Sprachvermögens auf höheren Lehranstalten. 1. Thl.: Beschreibung und Erzählung. gr. 8. (III und 262 S.) Mannheim 853, Bassermann'sche Vrlgsh. Thlr. *

—— dass. — 2. Thl.: Vortrag und Aufsatzlehre. gr. 8. (XVI und 464 S.) Ebds. 853. *

Rochholz, Ernst Ludw., deutsche Arbeits-Entwürfe zur Bildung des Denk- und Sprachvermögens auf höheren Lehranstalten. 2 Thle. Neue (Titel-)Ausg. gr. 8. (XIX und 726 S.) Mannheim [Heidelberg] (853)63, Bassermann'sche Buchh.

Rochholz, E.L. (Hrsg.), s. Argovia

Rochholz, Ernst Ludw., der deutsche Aufsatz. 9 Abthlgn. stilist. Aufgaben u. Ausarbeitungen für Lehrer u. Schüler höherer Schulen entworfen. Wien 866. Braumüller. gr. 8. (VII, 411 S.) n. 2 ℛ

— Briefe über die Rechtschreibung, gerichtet an eine deutsche Frau. Aarau 864. Christen. gr. 8. (VII, 103 S.) 12 ngr.

Rochholz, E[rnst] L[udwig]. Dokumente aus Bruder Klausens (von Flüe) politischer Wirksamkeit. [S.A.] 8. (Aarau [1875].)

Rochholz, E. L., Die Homberger Gaugrafen d. Frick- u. Sissgaues. Geschichte u. Urkunden v. 1041—1534. Mit dem Aufriss der Bergruine. gr. 8. (184 S.) Aarau 886. Sauerländer. n. 4. 20

Rochholz, Ernst, Gespräche üb. Emanuel v. Fellenberg u. seine Zeit. gr. 8. (5 B.) Burgdorf 834. (Leipzig, Köhler.)

Rochholz, Er., Gespräch über Emanuel von Fellenberg u. seine Zeit. gr. 8. Burgdorf 834. Langlois. 1/4 ℛ

Rochholz, E. L., die Aargauer Gessler in Urkunden von 1250 bis 1513. gr. 8. (XIV, 211 S.) Heilbronn 877. Henninger. n. 6. —

— deutscher Glaube u. Brauch im Spiegel der heidnischen Vorzeit. 2 Bde. Berlin 867. Dümmler's Verlag. gr. 8. (XVI, 670 S.) n. 3 ℛ

Rochholz, E. L., Herd und Ofen oder Feuerstattschilling und Rauchzinshuhn. Meist nach Aargauer Rechtsquellen. [Aus: „Argovia".] gr. 8. (24 S.) Aarau 888. Sauerländer's Verlag. n. 1. —

— Katalog des kantonalen Antiquariums in Aarau. Im Auftrag der h. Behörde bearb. gr. 8. (65 S.) Aarau 879. Sauerländer's Sort. n. 1. —

—— alemannisches Kinderlied und Kinderspiel aus der Schweiz. Gesammelt und sitten- und sprachgeschichtlich erklärt. gr. 8. (XVI und 556 S.) Leipzig 856(57,) Weber. *

Rochholz, Ernst Ludw., eidgenöss. Lieder-Chronik, s.a. Lieder-Chronik.

Rocholz, Ernst Ludw., eidgenössische Lieder-Chronik. Sammlung der ältesten u. werthvollsten Schlacht-, Bundes- u. Parteilieder vom Erlöschen der Zähringer bis zur Reformation. 2., wohlf. Ausg. gr. 8. (27¾ B.) Bern 842, Fischer.

Rochholz, E. L., Liederfibel. 3. Aufl. gr. 4. Leipzig 872. Gera, Griesbach's Verlag. 5 —

—— Liederfibel. Bildungsstufen der Kindheit in einem vollständ. Chore deutscher Dichter dargestellt. 3. Aufl. gr. 4. (VIII, 248 S. mit 7 feinen Bildern in Tondr.) Stuttgart 872, Kirn. [Leipzig, Hirt und Sohn.] geb. (*ℳ 4,50.) *

Rochholz, Ernst Ludw., Liederfibel. Bildungsstufen der Kindheit in e. vollständ. Chor deutscher Dichter dargestellt. 3. Aufl. Mit 7 feinen (lith.) Bildern in Tondr. 4. (VIII, 248 S.) Stuttgart 875. Leipzig, Hirt & Sohn. n. 5. —

— Naturmythen. Neue Schweizersagen gesammelt und erläutert. Leipzig 862. Teubner. gr. 8. (XVIII, 288 S.) 2 ℛ

Rochholz, Ernst Ludwig s. Pestalozzi, [Johann] Heinrich. H' Pestalozzi's bis dahin unedirte Briefe.... Bern 1834.

— Räthselketten und Räthselsprüche für die reifende und begreifende Jugend. Eßlingen (655.) Weychardt. 8. (IV, 92 S.) 7½ ngr.

— Reichstreu — Denkfrei. Gedichte zu Schutz u. Trutz aus der Schweiz. 8. (VII, 143 S.) Leipzig 889. Rauert & Rocco. n. 2. —; geb. n. 3. —

— die Schweizerlegende vom Bruder Klaus v. Flüe nach ihren geschichtl. Quellen u. polit. Folgen. gr. 8. (309 S.) Aarau 874. Sauerländer. n. 6. —

— Schweizersagen aus dem Aargau. Gesammelt und erläutert. 2 Bde. Aarau 856. Sauerländer. gr. 8. (XXXII, 400; LVI, 408 S.) Jeder Bd. 2 ℛ. 24 ngr.

Rochholz, Ernst Ludw., und E. Schröter, Taschenbuch der historischen Gesellschaft des Kantons Aargau, s. Taschenbuch.

— Tell u. Gessler in Sage u. Geschichte. Nach urkundl. Quellen. gr. 8. (VIII, 494 S.) Heilbronn 877. Henninger. n. 10. —

Rochholz, Ernst L., Tragemunt. Neue Kinder-Gedichte in Räthselketten, Räthselsprüchen, Schwänken, Märchen, Erzählungen u. Liedern. 8. (XII u. 181 S.) Eßlingen 850, Weychardt. 3/4 ℛ

—— deutsche Volks- und Heldenbücher, neu erzählt. Mit 29 (eingedr.) Holzschn.-Zeichnungen und 6 Farbendr.-Bildern nach Orig.-Zeichnungen von Carl Offterdinger. 1. Aufl. 1876. ℳ 4,50.; 2. Ausg. 8. (VIII, 223 S.) [Leipzig 878.] Stuttgart, F. Löwe. cart.

— dasselbe. 3., unveränd. Aufl. gr. 8. (VIII, 223 S.) Ebend. 880. cart. 3. 50

— deutsche Volks- u. Heldenbücher. Für die Jugend hrsg. Mit 29 Textabbildgn. u. 6 Farbendr.-Bildern nach Orig.-Aquarellen v. C. Offterdinger. 4. Aufl. gr. 8. (III, 223 S.) Stuttgart 883. Loewe. geb. 3. —

— geschichtliche Vulgarnamen schweizerischer Söldnerzüge u. Volksaufstände. [Aus: „Argovia"] gr. 8. (41 S.) Aarau 874. Sauerländer. n. — 80

— drei Gaugöttinnen Walburg, Verena u. Gertrud als deutsche Kirchenheilige. Sittenbilder aus dem german. Frauenleben. Leipzig 870. Fr. Fleischer. gr. 8. (X, 202 S.) n. 1 ℛ

Rochholz, E. L. Die Waldgräber zu Unter-Lunkhofen. Aarau 1860?

Rochholz, E[rnst] L[udwig]. Die Waldgräber zu Unter-Lunkhofen. eröffnet und beschrieben von E. L. R. [Mit 3 Tafeln und 1 Karte. A.] 8. [Aarau 1867.]

— Wanderlegenden aus der oberdeutschen Pestzeit von 1348 bis 1350. Zum erstenmal hrsg. nach der gleichzeit. Berner Handschrift. Original, Übersetzg. u. Quellennachweis. [Aus: „Argovia".] gr. 8. (138 S.) Aarau 887. Sauerländer. n. 2. 60

—— Aargauer Weisthümer erhoben und rechts- und ortgeschichtlich erklärt. gr. 8. (IV, 178 S.) Aarau 876, Sauerländer's Verlag. *

Rochholz, E. L., Dr. Der Wielstein in den Frick- u. Sissgauer Grenzalterthürmen von 1322 bis 1594. Gr. in-8°, 24 S. Aarau, Sauerländer. 1886.

Rochleder, Dr. Ferdinand, Beitrag zur Kenntniss des Luteolin (Sonder-Abdr. a. d. Sitzungsber. d. k. Akad. d. Wiss.) gr. 8. (4 S.) Wien, Gerold in Comm. 5 kr.
1866

Rochleder, Friedr., Anleitung zur Analyse von Pflanzen u. Pflanzentheilen. Würzburg 858. Stahel. gr. 8. (VII, 112 S.) n. 24 ngr.

— Über die Anwendung des Thonerdehydrates und der Thonerdesalze in der Analyse von Pflanzentheilen. S. 23 . . . —.10
Separatabdruck

— Über seine Arbeit über das Kaffein. S. 2. 90 . . . vgr.
Separatabdruck

Rochleder, Friedr., über Aescigenin u. einige damit verwandte Stoffe, Caïncin u. Chinovin. [Aus den Sitzungsber. der k. Akad. der Wiss.] Wien 867. (Gerold's Sohn.) Lex.-8. (8 S.) 1½ ngr.

— Über das Aesculin. S. 20 . . . —.04
Separatabdruck

Rochleder, Friedr., über Aesculin und Aesculetin. gr. 8. (4 S.) Wien 868, (Gerold's Sohn.)

—— über Aesculus Hippocastanum L. Lex.-8. (17 S.) Wien 867, (Gerold's Sohn.) *

—— Beitrag zur Kenntniss des Luteolin. Lex.-8. (4 S.) Wien 866, (Gerold's Sohn.)

Rochleder, Frdr., Beiträge zur Phytochemie. 8. (51 S.) Wien 847. (Gerold.) n. 12 ngr.

— über einige Benzol-Derivate. [Aus den Sitzungsber. der k. Akad. der Wiss.] Ebend. 869. Lex.-8. (14 S.) 3 ngr.

— über einige Bestandtheile der Blätter u. Rinde von cerasus acida Borckh. [Aus den Sitzungsber. der k. Akad. der Wiss.] Ebend. 869. Lex.-8. (29 S.) n. 5 ngr.

— über einige Bestandtheile der Blätter der Rosskastanie. [Aus den Sitzungsber. der k. Akad. d. Wiss.] Ebend. 868. Lex.-8. (4 S.) 1½ ngr.

— über einige Bestandtheile der Früchte von Cerasus acida Borckh. [Aus den Sitzungsber. der k. Akad. der Wiss.] Ebend. 870. Lex.-8. (7 S.) n. 2 ngr.

— [illegible] *Hippocastanum* enthält: 1. [illegible] 2. [illegible] 3. [illegible] 4. Äskulin. 5. [illegible] Substanz. Einige Worte über das Daphnin und [illegible] S. 18. II. 25 . . . vgr.
Separatabdruck

Rochleder, Frdr., über die krystallisirten Bestandtheile der Rosskastanie [Aesculus Hippocastanum L.] (Aus den Sitzungsber. der k. Akad. der Wissensch.) Wien 864. (Gerold.) gr. 8. (15 S.) 3 ngr.

—— über die Bestandtheile der Stammrinde des Apfelbaumes. Lex.-8. (4 S.) Wien 867, (Gerold's Sohn.)

— und R. Schwarz, über einige Bitterstoffe. (Aus d. Sitzungsberichten d. k. Akad. d. W.) Wien 852. (Gerold.) gr. 8. (14 S.) n. 4 ngr.

— über die Blätter von Aesculus Hippocastanum. [Aus den Sitzungsber. der k. Akad. der Wiss.] Ebend. 868. Lex.-8. (4 S.) 1½ ngr.

— über die männlichen Blüthen von Juglans regia *L.* Wien. 2 p.
Schul-/Univ.-Schrift
1867

— über Catechin u. Catechugerbstoff. [Aus den Sitzungsber. der k. Akad. der Wiss.] Ebend. 869. Lex.-8. (4 S.) 1½ ngr.

— Chemie und Physiologie der Pflanzen. Heidelberg 858. K. Winter. gr. 8. (IV, 154 S.) n. 28 ngr.
Separatausgabe aus Gmelin's Handb. d. organ. Chemie.

— über die Chrysophansäure. [Aus den Sitzungsber. der k. Akad. der Wiss.] Ebend. 870. Lex.-8. (7 S.) n. 2 ngr.

— Über die Einwirkung doppeltschwefelsaurer Alkalien auf organische Substanzen. S. 12. 90 . . . vgr.
Separatabdruck

— zur Elementaranalyse organischer Substanzen. [Aus den Sitzungsber. der k. Akad. der Wiss.] Ebend. 867. Lex.-8. (3 S.) 1½ ngr.

— über die natürliche Familie der Ericineae. [Aus den Sitzungsberichten 1852 der k. Akad. d. Wiss.] Lex. 8. (30 S.) Wien 852. (Braumüller.) n. ⅙ ₰

— über die natürliche Familie der Rubiaceae. [Aus d. Sitzungsberichten 1852 der k. Akad. der Wiss. abgedr.] gr. 8. (17 S.) Ebd. 852. n. 4 ngr.

— über einige Farbstoffe aus Krapp. [Aus den Sitzungsber. der k. Akad. der Wiss.] Ebend. 870. Lex.-8. (6 S.) 1½ ngr.

Rochleder Friedrich, Dr., Über die chinesischen Gelbschoten. S. 14. 26 . . . vgr.
Separatabdruck

— die Genußmittel u. Gewürze in chemischer Beziehung. gr. 8. (VIII u. 158 S.) Wien 852, Manz. 1 ₰ 6 ngr.

— über den Gerbstoff der Rosskastanie. [Aus den Sitzungsber. der k. Akad. der Wiss.] Ebend. 867. Lex.-8. (23 S.) 3 ngr.

— über das Isophloridzin. [Aus den Sitzungsber. der k. Akad. der Wiss.] Ebend. 868. Lex.-8. (4 S.) 1½ ngr.

Rochleder Friedrich, Dr., Über die Kaffeesäure. S. 1. 90 . . . vgr.
Separatabdruck

— Über das Kaffein. S. 3. 90 . . . vgr.
Separatabdruck

— Über das Kaffein. (Fortsetzung.) S. 5 . . . —.10
Separatabdruck

— über die Kapseln der Rosskastanienfrüchte. [Aus den Sitzungsber. der k. Akad. der Wiss.] Ebend. 868. Lex.-8. (5 S.) n. 2 ngr.

Über Katechin und Katechugerbstoff. S. 59. II. 35 . . . —.10
Separatabdruck

—— über die **Constitution** des Caffein und Theobromin. Lex.-8. (6 S.) Wien 864, (Gerold's Sohn.)
Vorstehende Schrift des Verf. wurde aus: Sitzungsberichte der k. Akademie der Wissenschaften, besonders abgedruckt.

— Über die Konstitution der organischen Verbindungen. 1 Mitteilung. S. 11. [illegible] . vgr.
— 2. Mitteilung. S. 12. [illegible] . . . . —.50
Separatabdruck

Rochleder, Friedr., über die **Constitution** organischer Verbindungen und Entstehung homologer Körper. Lex.-8. (8 S.) Wien 864, (Gerold's Sohn.) *

— Chemische Mitteilungen: a) Zur Kenntnis der Pektinkörper. b) Früchte von *Syringa vulgaris*, [illegible] von H. von Payr. c) Gallerte der chinesischen Gelbschoten von I. Mayer. d) Über den Samen der Pflanzen. S. 20. [illegible] . . . —.10
Separatabdruck

Mitteilungen aus dem chemischen Laboratorium der Universität zu Prag. 1 Teil: 1. Über die gepaarten Kohlehydrate. 2. Über die Substitution des Wasserstoffes durch die Radikale der [illegible] Säuren. 3. Über Äsculin und analoge Stoffe. 4. Über die Behandlung organischer Substanzen mit saurem chromsauren Kali. 5. Über *Tropaeolum majus* [illegible]. 6. Chinesische Gelbschoten. 7. Über Saponin. S. 24. [illegible] . . . . —.26
— — 2. Teil. 1. Gelber Farbstoff der Früchte der *Gardenia grandiflora*. 2. Gelbe Farbstoffe der grünen Teile von *Thuja occidentalis*, von Kawalier. 3. Gerbsäure der grünen Teile von *Thuja occidentalis*, von Kawalier. 4. Verhalten der Weinsäure gegen Chinasäure [illegible] von Ballik. 5. Bereitung von basischessigsaurem Bleioxyd, von Rochleder. 6. Galläpfelgerbstoff, von Kawalier. S. 23. [illegible] . —.06
— — 3. Teil. 1. Über den Gallusgerbstoff, von Kawalier. 2. Über Albumin der Hühnereier, von Mayer. 3. Über Chinarot. Erwiderung von Dr. Schwarz gegen einen Artikel von Reichardt. S. 30. [illegible] . —.28
Separatabdruck

Mitteilungen aus dem chemischen Laboratorium der Universität zu Prag. 1 Teil: 1. *Aloe socotrina*. 2. Saponin. 3. Caryophyllensäure. 4. *Epacris*. 5. [illegible] oder Caincasäure. S. 44. H. [illegible] . . . . vgr
Separatabdruck

— **Mittheilungen** aus dem chemischen Laboratorium zu Prag. 2 Hefte. (Aus d. Sitzungsberichten d. k. Akad. d. W.) Wien 858. Gerold in Comm. gr. 8. (39; 14 S.) 1.: n. 7 ngr; 2.: n. 3 ngr

— Nachschrift zur Untersuchung über Äsculin. S. 10. [illegible] . . . . . . —.10
Separatabdruck

— — Nachschrift zu der Untersuchung von *Pinus sylvestris* des Herrn Kawalier. S. 11. [illegible] . . . . —.10

— Über die Nadeln von *Abies* [illegible]. S. [illegible] H. [illegible] . . . . . vgr.
Separatabdruck

— Notiz über Äsculetin und Origanum Öl. S. 13. [illegible] . . . . . . —.10
Separatabdruck

— — Notiz über die Bestandtheile der Stammrinde des Apfelbaumes. (Sonder-Abdr. a. d. Sitzungsber. d. k. Akad. d. Wiss.) gr. 8. (4 S.) Ebds. in Comm. 5 kr.
1867

— **Notiz** über die Bestandtheile der Wurzelrinde des Apfelbaumes. [Aus den Sitzungsber. der k. Akad. der Wiss.] Ebend. 866. Lex.-8. (3 S.) 1½ ngr

— **Notiz** über die Blätter von Epacris. [Aus den Sitzungsber. der k. Akad. der Wiss.] Ebend. 866. Lex.-8. (2 S.) 1½ ngr

Rochleder, Friedr., Notiz über die männlichen Blüthen von Juglans regia L. [Aus den Sitzungsber. der k. Akad. d. Wiss.] Wien 867. (Gerold's Sohn.) Lex.-8. (2 S.) 1½ ngr

— Notiz über die Gerbsäuren. S. 18. [illegible] . . . . . vgr.
Separatabdruck

— Notiz über Kaffee [illegible]. S. 7. [illegible] . . . . . vgr
Separatabdruck

— **Notiz** über die Pectinkörper. [Aus den Sitzungsber. der k. Akad. der Wiss.] Ebend. 868. Lex.-8. (4 S.) 1½ ngr

— Notiz über eine Reihe homologer Farbstoffe. S. 47. H. 119 . . . . . . vgr.
Separatabdruck

— und Willigk Erwin: Notiz über *Richardsonia scabra*. S. 6. [illegible] . . . . . vgr.
Separatabdruck

Rochleder, Friedrich und Hlasiwetz, Heinrich: **Notiz** über das Theobromin. S. 4.
Separatabdruck

— Vorläufige Notiz über den Abietit der Tannennadeln. S. 58. H. [illegible] . . . . —.10
Separatabdruck

— Vorläufige Notiz über die Elektrolyse organischer Basen. S. 5. [illegible] . . . . vgr.
Separatabdruck

— Vorläufige Notiz über den Galläpfelgerbstoff. S. 22. [illegible] . . . . —.04
Separatabdruck

— vorlaufige **Notiz** uber den Gerbstoff von Aesculus Hippocastanum L. (Abdr. aus den Sitzungsber. der k. Akad. der Wissensch.) Ebend. 864. gr. 8. (3 S.) 1½ ngr

— Chemische Notizen. S. 17. [illegible] . . . . —.04
Separatabdruck

— Über die Oxyde R_2O_3. S. 1[illegible]. [illegible] . . . . K —.20
Separatabdruck

—— **Phytochemie.** Lex.-8. (IX und 370 S.) Leipzig 854, Engelmann.

ROCHLEDER (F.). Phytochemie. Heidelberg. 1858. 8°.
In Gmelin's Handbuch der Chemie.

— über **Quercitrin.** [Aus den Sitzungsber. d. k. Akad. der Wiss.] Ebend. 867. Lex.-8. (3 S.) 1½ ngr

—— I. Ueber die **Wurzel** Rubia tinctorum. II. Notiz über die Kaffeebohnen. III. Untersuchung der Blüthenknospen von Capparis spinosa. gr. 8. (19 S.) Wien 852, (Gerold's Sohn.) *
Aus: Sitzungsberichte der k. Akademie der Wissenschaften J. 1851, besonders abgedruckt.

— über das **Saponin.** [Aus den Sitzungsber. der k. Akad. der Wiss.] Ebend. 867. Lex.-8. (6 S.) 1½ ngr

— Über Saponin und [illegible] S. 45. H. [illegible] . . . . . vgr
Separatabdruck

— [illegible] von *Eu*[illegible]. S. 1. [illegible] . . . . . vgr
Separatabdruck

Rochleder Friedrich, Dr. Über die Stammrinde von *Pirus Malus* L. und *Aesculus Hippocastanum* L. S. 56. H. 1[illegible] . . . . vgr
Separatabdruck

— Über ein [illegible] Kressed. S. 5. [illegible] . . . . —.04
Separatabdruck

— [illegible] S. 6. [illegible] . . . . . . vgr
Separatabdruck

— Über das Trocknen der zu analysierenden Substanzen. S. 16. [illegible] . . . . . vgr.
Separatabdruck

Rochleder, Friedrich und Hlasiwetz Heinrich: **Untersuchung** der Blütenknospen von Capparis spinosa. S. 7.
Separatabdruck

—— **Untersuchung** der reifen Samen der Rosskastanie (Aesculus Hippocastanum). Lex.-8. (44 S.) Wien 862, (Gerold's Sohn.) * [illegible]
Vorstehende Schrift des Verf. wurde aus: Sitzungsberichte der k. Akademie der Wissenschaften, besonders abgedruckt.

— Untersuchung der Wurzel von *Rubia tinctorum*. 1. Mitteilung. S. 6. [illegible] . . . —.34
Separatabdruck

— Untersuchung der Wurzel der Rubia tinctorum. [Aus den Sitzungsberichten d. mathematisch-naturwissenschaftl. Classe der K. Akad. d. Wiss. 1851 abgedr.] gr. 8. (14 S.) Ebd. 851. n. 4 ngr

— über das Vorkommen des Fraxin in der Rinde von Aesculus Hippocastanum. (Aus den Sitzungsber. der k. Akad. der Wissensch.) Ebend. 860. gr. 8. (7 S.) n. 2 ngr

— über das Vorkommen von Mannit in der Wurzel von Mannihot altissima Pohl (Jatropha Mannihot L.) [Aus den Sitzungsber. der k. Akad. der Wiss.] Ebend. 870. Lex.-8. (1 Bl.) 1½ ngr

— Über das Vorkommen von Quercetin in Calluna vulgaris Salisb. S. 53. II 20 ngr.
Separatabdruck

— Über das Vorkommen des Quercitrin als Blütenfarbstoff. S. 23. 26 . . . . . . —.10
Separatabdruck

— u. Hlasiwetz, über die Wurzel der Chiococca racemosa. [Aus d. Juni-Hft. des Jahrg. 1850 der Sitzungsberichte der mathem.-naturwiss. Cl. d. k. Akad. d. Wiss. abgedr.] gr. 8. (10 S.) Ebd. 850. n. 4 ngr

— Über eine eigentümliche Zersetzung des schwefligsauren Ammoniumoxydes S. 22 . . . . —.10
Separatabdruck

Rochlich, Gust., 40 dreistimmige Choräle. Zum Schulgebrauche hrsg. 8. (III, 40 S.) Leipzig 876. Wunderlich. n. — 35; steif brosch. n. — 75

Rochlich, G., „Fromm u. Frei," 20 Lieder, s. Enslin, K.

Roehlig's Sammlg. d. Ges. in chronolog. Ordnung. 17 Bde. Jena bis 868.

Rochlin, Jakob, a. Rostow am Don (Rußl.): Entfernung der Fremdkörper aus dem Magen durch Gastrotomie. Berlin (1907): E. Ebering. (29 S.) 8°
Berlin, Med. Fak., Ref. Hildebrand, Diss. v. 6. Dez. 1907
[Geb. 22. Sept. 84 Rostow am Don; Wohnort: Rostow; Staatsangeh.: Rußland; Vorbildung: Gymn. Ekaterinodar Reife M. 02; Studium: Berlin 1, Heidelberg 1, Berlin 8 S.; Rig. 29. Nov. 07.]

Rochlin, S(alomon), a. Rußland: Über die Auffassung der Herzneurosen früher und heute. Berlin: M. Günther (1908). (70 S.) 8°
Berlin, Med. Fak., Ref. Kraus, Diss. v. 14. Aug. 1908
[Geb. 26. Okt. 76 Mohilew; Wohnort: Mohilew; Staatsangeh.: Rußland; Vorbildung: Gymn. Mohilew Reife M. 02; Studium: Berlin 11 S.; Rig. 5. Aug. 08.]

Röchling, J.: Bericht der XIV. Kommission üb. den Gesetzentwurf, betr. die Abänderung des allgemeinen Berggesetzes.

Röchling, Conversations instructives à l'usage des commens dans la langue lat. 8. . Trier. (Leips. Mittler.) 810.

Röchling, Carl, s. Röchling, Karl

Mittheilungen an den Verband der pommerschen Ostseebäder. Im Auftr. d. Vorstandes hrsg. von Hofr. Dr. [Friedrich] Röchling, Misdroy. (Stettin 1899: M. Bauchwitz.) (38 S.) 8°
[Umschlagt.:] Ein Gruss von d. Ostsee. [ot. 2204 9

Das Winterklima in Misdroy a. d. Ostsee während der Monate Oktober–März 1893–98 im Vergleich zu dem der Binnenland-Stationen Marggrabowa (Ostpr.), Schivelbein (Pomm.), Posen, Breslau, Ratibor, Berlin, Nordhausen, Celle (Hann.) u. Neuwied a. Rh. zsgest. u. berechnet v. Hofrat Dr. [Friedrich] Röchling-Misdroy. Stettin [1898?] : M. Bauchwitz. (8 Tab.) quer-8° [Umschlagt.]

Winterkuren an der Ostsee. Vortrag von Hofr. Dr. [Friedrich] Röchling, Misdroy. (Stettin 1899: M. Bauchwitz.) (36 S.) 8° [a. 2204 9

Roechling, Friedrich (geb. am 27 März 1852 in Neuwied): Ueber die Wirkung nasser Einwicklungen bei den mit Stupor behafteten Melancholikern . . . Mit 1 Taf. . . . Bonn, Druck v. J. F. Carthaus (1876). 36 S., 2 Bl., 1 Taf. 8.
Bonn, Med. Fak., Diss. v. 2 Aug. 1876

Roechling, H. Alfr., techn. Einrichtgn. für Wasserversorgung u. Canalisation in Wohnhäusern. [Aus: „Deutsche Vierteljahrsschr. für öffentl. Gesundheitspflege".] gr. 8. (IX, 57 S. m. 27 Abb.) Braunschweig 895. F. Vieweg & Sohn. n. 1. 20

— s.: Strassenhygiene in europäischen Städten.

Röchling, Jh. Gf.

— gründl. u. deutl. Anleit. zur Composition d. latein. Sprache, nach d. Regeln d. Schellerschen Grammatik. 3e umgearb. Aufl. (der syntakt. Vorübungen rc.) 8. Frankf. a. M. 802. Brönner). 12 gr

Röchling, Jh. Gf., († d. 2. Oct. 1787.) Anweis. z. richtigen u. guten Ausdruck der latein. Sprache für obere Klassen. 8. Frankf. a. M. 785. Brönner. 12 gr

— — — zum richtigen und guten Ausdruck der latein. Sprache für obere Classen. Frankf. 786. 8. 12 gr.

Röchling's, J. G.; gründliche Anweisung zur Composition der latein. Sprache, Frankf. 786. 8. 12 gr.. Letzte Ausg. 802. 8. 12 gr.

— auserlesene Bibliothek f. junge Leute, z. Ausbreitung d. Religion rc. 8. Leipz. 785. Schneider. 8 gr

— Bildung e. Jünglings in lehrreichen phys. u. histor. Unterhaltungen. 8. Frankf. a. M. 781. (Gebhardt u. K.) 20 gr

— latein. Chrestomathie z. Unterricht f. Anfänger. Mit e. Vorrede v. J. Th. F. Rambach. 8. Frankf. u. Gießen 774. N. A. 778. 3e verm. Aufl. 783. 4e A. 791. 5e Aufl. 8. Marb. 797. Krieger. 12 gr (A. u. d. T.: neues Elementarwerk der latein. Sprache.)

— neues Elementarwerk d. lateinischen Sprache ist dess. Chrestomathie.

— neues Elementarwerk d. latein, Sprache, zum Gebrauch für Schulen. 8. Marb. u. Gießen 783. 2e Aufl. 790. 3e Aufl. 797. Krieger. 12 gr

— f. Lecture f. die erwachsene Jugend rc. 3 Thle.

— Lesebuch zur Bildung eines edlen Herzens in d. Jugend. 8. Coblenz 781. 8. Frankf. a. M. 782. Garbe. 16 gr

— histor.-physikal. Lesebuch, d. Anfängern d. latein. Sprache gewidmet. 8. Manh. 785. 2e A. 796. N. A. 804. Schwan u. G. 12 gr

— Historisch- und physicalisches Lesebuch f. Anfänger der latein. Sprache. Mannh. 785. 8. 5 gr. Eb. 798. 8. 12 gr.

— Lustweg in Latium, bestehend in anmuthigen Aufsätzen f. Anfänger in d. latein. Sprache. 8. Frankf. a. M. 799. Brönner. 10 gr

— histor.-physikal. u. moral. Magazin f. die Jugend. 2 Thle. 8. Heilbronn 782. Class. 21 gr

— prosaische u. poet. Mannigfaltigkeiten, französ. u. deutsch. 8. Marb. 782. Krieger. 12 kr

— erleichterte Methode d. Lernens latein. u. französ. Vocabeln. 8. Manh. 787. N. A. 805. Schwan u. G. 6 kr

— Lehrreiche und angenehme Übungen des latein. Stils für die untern Classen. Letzte Ausg. Frankf. 786. 8. 12 gr.
— — — für die obern Classen. Frankf. 788. 8. 12 gr.

Röchling, J. Gf., lehr. u. angen. Uebungen d. latein. Styls f. obere Classen. 8. Frankfurt, Brönner. 790. Rthlr.

— lehrreiche u. angenehme Uebungen d. latein. Styls für obere Klassen. 8. Frankf. a. M. ... 3e A. 796. Brönner. 12 kr — Dass. f. niedere u. mittlere Klassen. 8. Ebd. 783. 2e A, 786. 3e A. 788. 4e 794. 5e A. 799. 12 kr

— lehrreiche, Unterhaltt., d. ersten Anfängern d. latein. Sprache gewidm. 8. Manh. 785. verb. Ausg. 788. (Schwan u. G.) 6 kr

— lehrr. u. anmuthige Unterhaltt. f. Kinder beiderlei Geschlechts z. Bildung. 2 Thle. 8. Offenb. 778. Brede. 16 kr

— Neue Unterhaltungen für die erwachsene Jugend. Frankf. 792. 8. 5 gr.

— neue Unterhaltt. f. die erwachsene Jugend. 8. Frankf. a. M. 802. Gebhardt u. K. 12 kr

— physikal. u. moral. Unterhaltt. f. die Jugend, deutsch u. französ. 8. Offenb. Brede. 14 kr

— gemeinnütz. u. gründl. Vorbereitung z. Geographie. 8. Heidelb. 783. (Braun). 12 kr

— Vorbereit. z. Geogr. 8. Heidelberg, Pfähler. (Braun.) 783.

— lehrr. u. angenehme syntakt. Vorübungen nach der Schellerschen Grammatik rc. 8. Frankf. a. M. 786. N. A. 789. 3e A. 793. Brönner. 6 kr

— lehrr. u. angen. syntakt. Vorübungen. 8. Frankf. Brönner, 802.

— Syntaktische Vorübungen. Ausg. 3. Frankf. 793. 8. 5 gr.

Röchling, K., Die Werksvereinsbewegung. Rede. Völklingen, 1909. 11 S.

Röchling, Karl

Röchling, C. & R. **Knötel**. Chronik des Ersten Garde-Regiments zu Fuss und dessen Stamm-Truppen 1675—1900. Im Auftrage des Regiments hrsg. Mit 12 farbigen Tafelbildern nach Originalen von C. Röchling und R. Knötel. Berlin, Martin Oldenbourg 1902. 31 S., 12 farb. Taf. 4°

Röchling, Carl, u. Rich. **Knötel**, Friedrich der Grosse. Dem deutschen Volke geschildert in bildl. Darstellgn v. R. u. K. u. in histor. Ausführg. v. Herm. Müller-Bohn. Hrsg. v. Paul Kittel. 2., vollständig veränd. u erweit. Aufl. des Bilderwerkes „Der alte Fritz“. (62 S m. 51 Farbdr.) qu. Lex.-8. Berlin 906. P. Kittel.
Aus d. Buchhandel zurückgezogen. Geb 7. 50

Röchling, Carl, u. Rich. **Knötel**, Friedrich der Grosse, dem deutschen Volke geschildert in bildlichen Darstellungen v. R. u. K., u. in historischer Ausführung v. Herm. Müller-Bohn, hrsg. v. Paul Kittel. Mit Buchschmuck v. Frz. Stassen. (51 farb. Taf. m. 116 S. Text.) 25×35,5 cm. Berlin (907). P. Kittel.
Geb. in Leinw. (Urspr. Pr. 28. 50)

Röchling, Carl, u. Richard Knötel. *Der alte Fritz* in fünfzig Bildern für Jung und Alt. Berlin, P. Kittel [1895]. 2 Bll. u. 50 farb. Bilder. Quer-Kl.-Fol. Olivgrüner Or.-Leinenbd. m. Gold- u. Schwarzpressung. 16.—
★ Erstausgabe dieses sehr beliebten Bilderbuchs. Unter jeder Szene kurzer Text.

— u. Rich. **Knötel**, der alte Fritz in 50 (farb.) Bild. f. Jung u. Alt. 23.—25. Taus. qu. gr. 4. Berlin 897. P. Kittel. Kart. 5. —; Prachtausg. 11.—16. Taus.
Geb. in Leinw. 8. —; m. Goldschn. 10. —

Röchling, Carl, unser Heer. 50 Orig.-Zeichngn. Fol. (40 Lichtdr.-Taf. m. 1 Bl. Text.) Breslau 892. C. T. Wiskott. In Prachtmappe. n. 35. —

Röchling, Carl, unser Heer. 50 Lichtdr. nach den Orig.-Zeichngn. Text v. Traug. Conrad. (2. Aufl.) Fol. (Text II, 81 S.) Breslau 897. C. T. Wiskott.
In Mappe: n. 35. —
Erschien auch in 10 Lfgn. à n. 3. —. — Der Rest d. Auflage ging in deu Besitz v. Neufeld & Henius, Berlin, über.

– u. Rich. Knötel

— — das grossherzogl. hessische Leibgarderegiment in Aquarellen, nebst e. Regimentschronik hrsg. v. Phaland. qu. Fol. (12 Bl. m. III, 27 S. Text.) Darmstadt 898. (Müller & Rühle.) In Mappe n.n. 28. —

— — u. W. **Friedrich**, die Königin Luise in 50 (farb.) Bild. f. Jung u. Alt. 12.—18. Taus. qu. gr. 4. Berlin 897. P. Kittel. Kart. 5. —; Prachtausg. 5.—7. Taus.
Geb. in Leinw. 8. —; m. Goldschn. 10. —

— — — dasselbe. (Große Luxus-Ausg.) qu. Fol. (M. untergedr. Text.) Ebd. 896.
Geb. in Ldr. m. Goldschn. n. 50. —

Röchling, Renatus ⟨geb. am 10 Nov. 1811 in Neuwied⟩: De vi quam nervi exercent in inflammationem eiusque exitus ... Bonnae, typ. C. Georgii (1834). 6 Bl., 38 S., 1 Bl. 8.
Bonn, Med. Fak., Diss. v. 22 Juli 1834

Rochlitz [Schlagwort]

— s. a.: **Deutschland. Kürschner-Pelp.**

Rochlitz, s. a.: Sachsen. Karte. Messtischblätter.

Rochlitz. Kästner, Emil, Karte der näheren u. weiteren Umgebung v. Rochlitz. Mit e. Spezialkarte d. Rochlitzer Berges. 1 : 50,000. Nach der topograph. Spezialkarte v. Sachsen bearb. u. hrsg. Farbendr. 54×68 cm. Rochlitz 891. E. Kästner's Selbstverl. (in Leipzig durch W. Werner i/H. J. J. Weber). n.n. 1. 25

— — Rundschau vom Friedrich-August-Thurm d. Rochlitzer Berges. 1 : 250,000. Lith. 32,5×33 cm. Ebd. 891. n.n. — 25

Rochlitz. Kuhnert, M., Heimatkarte vom Bez. Rochlitz. 1 : 100,000. 34,5×37,5 cm. Farbdr. Dresden (906). A. Müller-Fröbelhaus. n.n. — 20; auf Pappe n.n. — 30

Rochlitz. Kuhnert, M., Heimatkarte des Bez. Rochlitz. 1:25,000. 4 Blatt à 63,5×73 cm. Farbdr. Dresden (908). Leipzig, Alfr. Müller, Verlagsanstalt.
Auf Leinw. m. Stäben nn 30. —

Rochlitz. Schurig, K., Plan d. Stadt Rochlitz. 1:5000. 34,5×38 cm. Farbdr. Rochlitz 899. B. Pretzsch Nachf.
n. — 40

Rochlitz-Geithain, s.: Geolog. Karten (Sachsen).

Rochlitz [Verfasser]

Rochlitz. Erwiederung der Denkschrift Traitteur über den Freihafen bei Mannheim. Carlsruhe 1826.

Rochlitz, Chr., polizeilicher Rathgeber od. systemat. Zusammenstellung derjenigen, die Polizei-Verwaltung, die Gewerbe-, Klassen-, Mahl- u. Schlacht- u. andere Steuern betreff. Gesetze, Verordnungen u. Verfügungen, welche in das gewöhnl. bürgerl. Leben eingreifen. Mit Rücksicht auf d. Regierungsbezirk u. die Stadt Erfurt. 2., umgearb. Aufl. gr. 8. (21½ B.) Erfurt 846, (Hennings u. Hopf.) *

Rochlitz, Chr., polizeil. Schutz u. Trutz, od. Anleit. sich möglicherweise gegen Raub, Diebstahl u. Betrug zu schützen; nebst e. Wörterbuche d. Diebessprache. 8. (11½ B.) Erfurt 839, [Expedit. d. thüring. Chronik.]

Rochlitz, Chr., polizeilicher Schutz u. Trutz, oder Anleitung sich möglicherweise gegen Raub, Diebstahl u. Betrug zu schützen; nebst einem Wörterbuche der Diebessprache. 8. Erfurt 839. Hilsenberg. n 5/6 ß (?)

Rochlitz, Chr., polizeilicher Schutz und Trutz, oder Anleitung sich möglicherweise gegen Raub, Diebstahl und Betrug zu schützen, nebst einem Wörterbuche der Diebessprache. Ein Handbuch für Jedermann. 2. Aufl. Erfurt 864. Vollhart. 8. (VIII, 160 S.) n. 15 ngr

— das Wesen u. Treiben d. Gauner, Diebe u. Betrüger Deutschlands nebst Angabe v. Maßregeln, sich gegen Raub, Diebstahl u. Betrug zu schützen, u. einem Wörterb. der Diebessprache. 8. (11⅞ B.) Leipzig 846, Schmidt.

Rochlitz, Er. Ldw., s. Lieder-Chronick.

Rochlitz, Friedrich

Rochlitz, Fr., Auswahl des besten aus dessen sämmtlichen Schriften. Vom Verfasser veranstaltet u. herausgegeb. in 6 Bänden. gr. 8. Züllichau, Darnmann. 821.
Franz. Druckp. 1
Velinpap. 1

Rochlitz, Fr., Auswahl des Besten aus dessen sämmtl. Schriften. Vom Verfasser veranstaltet u. herausgg. in 6 Bänden. gr. 8. Züllich. 821. (Leipz., Hinrichs). 9 ß Hbg. Pr. 3 ß Französ. Pap. 12 ß Hbg. Pr. 4 ß Velinp. 18 ß

– s. Blicke in d. Gebiet d. Künste.

Rochlitz, Fr., Charaktere interessanter Menschen, in moralischen Erzähl. dargest. z. Unterhalt in einsam. ruh. Stunden. 4 Thle. 8. Züllichau, Darnmann. 799–803. (à 1 Rthl. 12 gr.) (d. 2te Th. enth. Victors Reise, um Menschen kennen zu lernen, d. 3te und 4te h. a. d. Tit.: die Verwandten, Biographie. 2 Thle.) (?)

— Charaktere interessanter Menschen, in moral. Erzähll. dargestellt, z. Unterhaltung in einsamen ruhigen Stunden. 4 Thle. 8. Züllich. 799—802. (Fr. Fleischer in Leipz.) 6 ß Hbg. Pr. 3 ß 12 gr (2r Thl. enthalt. Victors Reise, um Menschen kennen zu lernen. 1 ß 12 gr 3r u. 4r Thl. A. u. d. T.: die Verwandten, Biographie. 2 Thle. 3 ß)

— Denkmale glückl. Stunden. 2 Thle. gr. 8. Züllichau 810. 11. (Fr. Fleischer in Leipz.) 4 ß 8 gr Hbg. Pr. 2 ß 8 gr

– s.a. Erfahrungen, aus dem Tagebuche e. unbekannten Mannes.

F. Rochlitz: Erfahrungen a. d. Tageb. e. unbemerkten Mannes gesamm. f. Jüngll. u. Mädchen a. d. feinern Ständen. *Lpz.*, Jacobäer. 796–97. 8° 2 Thle. 2 ß 4 gr

F. Rochlitz: Erinnerungen z. Beförd. e. rechtmäss. Lebensweish. in Erzähll. u. prakt. Aufsätzen. *Züll.* u. *Freystadt*, Darnmann. 798–800. 4 Thle. 8° à 1 ß 4 gr

— Erinnerungen z. Beförder e. rechtmäßigen Lebensklugheit, in Erzähll. u. prakt. Aufsätzen. 4 Thle. 8. Züllichau 798—800. (Michelsen in Leipz.) 4 ß 16 gr

— nützliche Erinnerungen f. Mitglieder d. Privattheater nebst 4 Lustspielen. 8. Leipz. Sommer. 798.

Rochlitz, Johann Friedrich

Neue Erzählungen. Bd 1.2.
Leipzig, Züllichau: Darnmann 1816. 8°

Rochlitz, Fr., neue Erzählungen. 2 Bde. 8. Züllichau 816. (Fr. Fleischer in Leipz.) 3 ß 12 gr

— Familienleben. 2 Thle. 8. Frankf. 801—803. Mohr in Heidelb. 2 ß 18 gr

Rochlitz, Fr., Freiheitssang u. Bürgertreue, s.: Siegemund, K.

— Amaliens Freuden u. Leiden als Jungfrau, Gattin u. Mutter. 2 Bde. 8. Leipz. 798. 2e verb. Aufl. 802. (Mittler). 2 ß 18 gr

Rochlitz, (Fr.,) für Freunde der Tonkunst. 1r Bd. 8. Leipz. 824. Cnobloch.

Rochlitz, Friedr., für Freunde d. Tonkunst. 4 Bde. 8. Leipzig, Cnobloch. [1. u. 2. 2., verb. Aufl. (54 B.), 3. (30½ B. u. Musikbeil.) 830., 4. (30½ B.) 832. à 2 Thlr.]

Rochlitz, Friedr., für Freunde der Tonkunst. 4 Bde. 3. Aufl. Mit e. biograph. Skizze des Verf., bearb. von A. Dörffel. Leipzig 868. Cnobloch. 8. (1. Bd. X, 251 S., 2. Bd. IV, 268 S., 3. Bd. VI, 306 S., 4. Bd. VII, 352 S.) Jeder Bd.
n. 1 ß;
geb. jeder Bd. n. 1 ß 10 ngr

Rochlitz, Fr., für Freunde d. Tonkunst, Fortsetzung, s. Schilling, Gust.

— Glycine. 2 Thle. 8. Züllichau 805. (Fr. Fleischer in Leipz.) 3 ß 8 gr

Rochlitz, Friedr., s.: Goethe's Briefwechsel m. F. R.

– s.a. Helden d. alten Roms.

— Helden d. alten Roms, u. d. neuen Frankreichs. 1r Bd. m. K. 8. Leipz. Supprian. (Mittler.) 796.

—einige Ideen üb. Anwendung d. guten Geschmacks. 8. Leipz. 796. (W. Rauck). 6 Gr

– s. Journal f. deutsche Frauen.

—Don Juan. Oper in 2 A., nach d. Italien. gr. 8. Leipz. 802. Breitkopf u. H. 8 Gr

– s. Kalender, Leipz., f. Frauenzimmer.

—Liebhabereien, oder die neue Zauberflöte; Lstspl. in 4 A. 8. Züllichau 804. (Serig in Leipz.) 16 Gr Hdg. Pr. 12 Gr

—Lustspiele: (das Blumenmädchen. 5 Gr — Es ist die Rechte nicht. 10 Gr — Jedem das Seine. 7 Gr) 8. Züllich. 803. (Michelsen in Leipz.) 22 Gr

Rochlitz, Fr., Lustspiele f. Privattheater. 8. Leipz. 795. (Rauck). 10 Gr

— Lustspiele für Privattheater. 8. Leipz. Sommer. 795.

— Mittheilungen, s. Mittheilungen.

—Revanche; Lstspl. in 2 A., nach d. Französ. 8. Züllichau 804. Darnmann. 7 Gr

—kl. Romane u. Erzähll. 3 Thle. 8. Züllichau 807, (Fr. Fleischer in Leipz.) 4 Thlr 12 Gr

Rochlitz, Friedr., Sammlung vorzügl. Gesangstücke d. anerkannt grössten, zugleich f. d. Geschichte d. Tonkunst wichtigsten, die eigene höhere Ausbildung f. diese Kunst u. den würdigen Genuss an derselben förderdsten Meister der f. Musik entscheidendsten Nationen, gewählt, nach d. Zeitfolge geord. u. m. den nöthigsten histor. u. andern Nachweisungen hrsg. 3 Bde. (od. 7 Abthl. (Deutscher u. französ. Text.) Fol. Mainz (837—42,) Schott's Söhne.

Bd. 1. Vom Jahre 1380 bis um d. Jahr 1630. 2 Abthl.
Abthl. 1. Von 1380 bis um 1550. (9½ B. u. 9 B. Musikbeil. 3 Thlr.
- 2. Von 1550 bis um 1630. (7½ B. u. 19½ B. Musikbeil.) 4 Thlr.
- 2. Vom Jahre 1600 bis um d. Jahr 1700. 2 Abthl. [1. 8½ B. u 15½ B. Musikbeil.) 2. (18 B. Musikbeil.) à 4 Thlr.] 8 Thlr
- 3. Vom Jahre 1700 bis um d. Jahr 1760. 3 Abthl. [1. 10½ B. u 14½ B. Musikbeil.) 2. (1 B. Txt. u. 22½ B. Musikbeil.) 3. (1 B Txt. u. 25 B. Musikbeil.) à 4 Thlr.] 12 Thlr.

—— heil. Schriften neuen Testaments. Das Evangel. Matthäi. Nach M. Luthers deutscher Uebersetz. Mit nöthigen Nachhülfen zu häusl. Erbau. christl. gesinnter Leser u. Leserinnen uns. Zeit. gr. 8. (9½ B. u. 1 Karte.) Leipzig 835, Verf. (Hermann.)

– s. Selene.

—— für ruhige Stunden. 2 Bde. 8. (41½ B., 1 Portr. u. 1 Musikbeil.) Leipzig 828, Cnobloch.

— Tage der Gefahr. (Die Völkerschlacht bei Leipzig.) (Tagebuchblätter.) Im Einverständnis m. den Jugendschriften-Kommissionen des pädagog. Vereins zu Dresden u. des Leipziger Lehrervereins bearb. u. hrsg. v. R. Siegemund. Mit reichem Bilderschmuck (zumeist nach zeitgenöss. Stichen gezeichnet v. R. Trache). 1.—9. Taus. (VI, 71 S.) 8. Dresden 904. 905. A. Köhler. Kart. n. — 75

Rochlitz, Fr., Tage der Gefahr. (Die Völkerschlacht bei Leipzig.) Im Einverständnis m. den Jugendschriften-Kommissionen d. pädagog. Vereins zu Dresden u. des Leipziger Lehrervereins bearb. u. hrsg. v. R. Siegemund. Mit reichem Bilderschmuck (zumeist nach zeitgenöss. Stichen gezeichnet v. R. Trache). 10.—14. Taus. (VI, 71 S.) 8. Dresden 908. A. Köhler. Kart. 75

— s. Taschenbuch für Freunde des Privattheaters.

—die Verwandten. 2 Thle. 8. Züllichau 802. (Fr. Fleischer in Leipz.) 3 Thlr

F. **Rochlitz**: Amalie Will, meine Freuden u. Leiden als Jungfr. u. Gattin. *Lpz.*, Supprian. 797. 8° 16 Gr

Eb.: A. W. me. Fr. u. L. als Gattin u. Mutter. *Eb.* 798. 8° 1 Thlr 12 Gr

– s.a. Zeichnungen v. Menschen.

ZEICHNUNGEN von Menschen nach Geschichte und Erfahrung (von *Friedr. Rochlitz*). Hamburg 1794.
Anon.-Lex. IV. p. 426 (nach Meusel u. Kayser).

– s. Zeitung, Musikal.

Rochlitz. [illegible] (Berolini 1823.) 31 S. 8°
Berlin, Med. Diss. v. 9. Mai 1823

Rochlitz, Karl Aug., der Gutsherr; Lstspl. in 4 A. 8. Leipz. 804. Rein. (Schnuphase in Altenb.) 12 Gr

Rochlitz, Koloman v., die Seekrankheit u. das Mittel sie zu verhüten, das Philatlanticum. Eine patholog. Studie durch die Physiologie erklärt. Nach dem Engl., f. Aerzte u. Gebildete aller Stände. gr. 8. (45 S.) Budapest 873. Kilian. n. 1. 20

Rochlitz, Traug. Lebr., die Geheimnisse d. Frauen, zur Erhalt. d. Schönheit u. Gesundheit d. Busens. Nebst e. Anweis., die Recepte sich selbst zu fertigen. gr. 8. (5 B.) Gotha 833, Hennings.

Rochlitz, Walter, Referendar a. Nordhausen: Wesen und Umfang der den Abgeordneten nach deutschem Reichs- und Landesrecht zustehenden Immunität. Halle a. S. 1910: Kaemmerer. X, 86 S. 8°
Leipzig, Jur. Diss. v. 6. April 1910
[Geb. 18. Febr. 84 Magdeburg; Wohnort: Berlin; Staatsangeh.: Preußen; Vorbildung: Lyz. Metz Reife Juni 03; Studium: Berlin 6, Halle 1 S.; Rig. 23. Dez. 09.] [U 10. 2847

Rochlitzer, J. C. G., Anstandsregeln f. d. Jugend. 2. Aufl. 8. ... Freiberg 816, (Graz u. Gerlach.)

—— Anweisung z. Rechnen f. Volksschulen. 2. Aufl. 8. ... Freiberg 816, (Graz u. Gerlach.)

—— Aufgaben zu Kopfrechnen. 8. ... Freiberg 816, (Graz u. Gerlach.)

Rochlitzer's, J. C. G., Biographie, siehe: Biographie, kurze 2c.

—Lesebuch f. Anfänger im deutschen Lesen. 8. Freiberg 11e A. 823. (Graz u. G.) 3 Gr

—— Lesebuch f. Anfänger im deutschen Lesen. 21. Aufl. 8. (4½ B.) Freiberg 835, (Graz u. Gerlach.)

—— die vorzüglichsten Regeln d. deutschen Rechtschreibens. 3. Aufl. 8. ... Freiberg 816, (Graz u. Gerlach.)

Rochlitzer, J. C. G., die vorzügl. Regeln des deutschen Rechtschreibens. 7. Aufl. 8. (1 B.) Freiberg 815, Graz u. Gerlach.

—— Sammlung deutscher Fabeln, Erzählungen u. Lieder. 8. ... Freiberg 816, (Graz u. Gerlach.)

—— Sylbentafel, f. Anfänger im deutsch. Lesen. Als Wandtafeln in d. Schulen zu gebrauchen. ... Freiberg, (Graz u. Gerlach.)

—— illum. Tabelle üb. d. Conjugation d. lat. Sprache. Fol. Freiberg 816, (Graz u. Gerlach.)

—— Technologie, od. Gewinnung, Benutzung u. Bearbeitung d. Naturproducte. 8. ... Freiberg 816, (Graz u. Gerlach.)

— f. Vorschriften zu d. ersten Anfängen im deutschen Currentschreiben.

Rochlitzer, Ludw., Myrtia. Oper in 2 Akten nach Felix Dahn's „Ein Kampf um Rom". Worte u. Musik v. R. Textbuch. (48 S.) 8. Prag (907). G. Neugebauer. — 50

□ Rochlitzer Berg, 12. Juli 1893. o. O. [1893]. 1 Bl. 12×25,5 cm. [Kopftit.]
Lied ohne Noten: „Wieder grüssen wir den Berg,..."

Rochmann, L., Handbuch der togograph. Anatomie, s. Encyclopädie d. medicin. Wissenschaften.

Rochol, A.

— neue Pariser Behandlungsart Zwerg-Obstbäume u. Spalierbäume so z. erziehen, dass dieselben alle Jahre reichl. Früchte tragen etc. Nebst Geheimnissen u. nützl. Anweis. z. Gartenwirthschaft. 8. Neue Aufl. v. Jak. Ernst v. Reider. Quedlinburg, 1847. Ernst. — 15

Rochol, A., die vollständ. Küchen- u. Baumgärtnerei, nach alphabet. Ordnung bearb. Mit 5 Kpf. gr. 8. Leipz. 805. Baumgärtner. 1 ℛ 12 gℊ

— d. Kunst Zwergobstbäume u. unter diesen besond. Spalierbäume z. erziehen u. z. behandeln etc. Mit 1 Kpf. 8. Leipzig, 1803. 2. Aufl. 1805. (Baumgärtner.) — 10

— die Kunst, die Zwergobstbäume u. besondere Spallierbäume zu erziehen u. zu behandeln ꝛc. Mit 1 Kpf. 8. Leipz. 804. Mag. f. Ind. 8 gℊ

— üb. d., d. Landmann so grossen Vortheil bringende Obstbaumzucht. 8. Münster, 1795. (Coppenrath.) — 3¾

— üb. Obstbaumzucht. 8. Münster, Platvoet. (Coppenrath.) 795.

Rochol, C., s. Rocholl, Karl

Rocholl, Arnold [Kammerger.-Ref.]: Genossenschafter und Handelsgesellschafter. Ein Beitrag zur Entwickelungsgeschichte des neuesten Gesellschaftsrechts ... Berlin: A. W. Schade's Buchdr., 1890. 74 S. 8°
Göttingen, Jur. Fak., Inaug.-Diss. v. [27. Sept.] 1890

Rocholl, Arnold, Genossenschaftor u. Handelsgesellschafter. Ein Beitrag zur Entwickelungsgeschichte d. neuesten Gesellschaftsrechts. Diss. gr 8. (74 S.) Berlin 890. (Göttingen, Vandenhoeck & Ruprecht.) n. 1. 60

Rocholl, Bernhard, appr. Arzt aus Radevormwald: Ein Beitrag zur Lehre von der Paralysis agitans. *Bonn a. Rh. 1904: S. Foppen.* (28 S.) 8°
Bonn, Med. Diss. v. 8. Juni 1904

Rocholl, C. W., Reformations-Feier, veranstaltet in der evang. Kirche zu Trier den 3. Novbr. 1844. 2. Aufl. 8. (¼ B.) Trier 815. (Berlin, Plahn'sche Buchh.) *

Rocholl, Carl, s. Rocholl, Karl

Rocholl, D., dunkle Bilder aus dem Wanderleben. Aufzeichnungen eines Handwerkers. 4 Lfgn. gr. 8. (189 S.) [Bremen 885, Wiegand.] Berlin, Meibinger. à Lfg. * 50 Pf. *

—— dass. — 2. Aufl. gr. 8. (189 S.) Ebendas. 885. *
geb. in Halbleinw. * ℳ 2.50.; in Leinw. *

Rocholl, Erich, die Frage der Minen im Seekrieg, s. a. Arbeiten aus dem juristisch-staatswissenschaftlichen Seminar der königl. Universität Marburg. 13. Heft.

Die Frage der Minen im Seekrieg. Auf d. Grundlage d. Haager Abkommens 'über d. Legung unterseeischer selbsttätiger Kontaktminen' v. J. 1907. Historisch u. dogmatisch beleuchtet von Dr. jur. Erich Rocholl. Marburg a. L.: Ebel 1910. VIII, 154 S. 8°
(Arbeiten aus d. Juristisch-staatswiss. Seminar d. Kgl. Univ. Marburg. H. 13.)
[10. 14423

Rocholl, Ernst, aus Neuss: Plotin und das Christentum. *Krefeld 1898: Kramer & Baum.* (29 S.) 8°
len, Phil. Diss. v. (27. Juli) 1898

Rocholl, G. H.: De consensu primarum viarum cum perimetro corporis humani, s. Buechner, Andreas Elias [Praes.]

Rocholl, H., zur Geschichte der Annexion d. Elsaß durch die Krone Frankreichs. Historische Aufsätze auf Grund archival. Dokumente. gr. 8. (XII, 161 S.) Gotha 888. F. A. Perthes. n. 3. —

Rocholl, H. Gf., Samml. heiliger Reden üb. Stellen d. heil. Schrift. 2 Thle. gr. 8. Cleve 762 u. 63. (Leipz., Jacobäer). 1 ℛ 16 gℊ

Rocholl, Heinr., allein m. Gott. Ein Gebetbuch f. junge Christen. gr. 16. (63 S.) Leipzig (901). G. Strübig. Kart. n.n. — 25

— An Gottes Hand durchs Leben! Eine Festgabe an Jungfrauen zur Konfirmation. (160 S. m. farb. Titelbild.) 8. Reutlingen (907). Enßlin & Laiblin. Geb. in Leinw. 2.—; m. Goldschn. 2. 50

Rocholl, Heinr., Anfänge der Reformations-Geschichte in Colmar. Ein Beitrag zur Reformations-Geschichte d. Elsass. gr. 8. (VI, 68 S.) Colmar 875. Leipzig, Rasch. n. 1. 20

— Anna Alexandria, Herrin zu Rappoltstein, e. evangel. Edelfrau aus der Zeit der Reformation im Elsaß, s. a. Schriften f. das deutsche Volk. 36. Hft.

Anna Alexandria, Herrin zu Rappoltstein, eine evangel. Ehefrau aus d. Zeit d. Reformation im Elsass. Auf Grund archival. Dokumente von Heinrich Rocholl. *Halle a. S.: Ver. f. Reformationsgesch.; (M. Niemeyer in Komm.) 1900.* (48 S.) 8° [F.]
— Schriften f. d. deutsche Volk. 36. [ot. 1988 3

Rocholl, Heinr., die Einführung der Reformation in der ehemaligen freien Reichsstadt Colmar. Ein Beitrag zur Reformations-Geschichte des Elsass. Mit 3 Beilagen. gr. 8. (XVI, 248 S.) Colmar 876, Lang und Rasch. *

— Matthias Erb, e. elsäss. Glaubenszeuge aus der Reformationszeit, s.a. Beiträge zur Landes- u. Volkeskunde v. Elsass-Lothringen. 26. Hft.

Matthias Erb. Ein elsäss. Glaubenszeuge aus d. Reformationszeit. Auf Grund archival. Dokumente von Dr. Heinrich Rocholl, Konsist.R. *Strassburg: J. H. E. Heitz 1900.* (36 S.) 8°
— Beiträge z. Landes- u. Volkskunde v. Elsass-Lothringen. H. 26.

Rocholl, Heinr., in d. Lebens Feierstunden. Eine Festgabe christl. Poesie u. Prosa. Ausgewählt v. H. R. gr. 8. (VII, 200 S. m. 2 Stichen, 2 Photograph. u. üb. 100 Textillustr. Leipzig 891. G. Strübig Geb. in Leinw. m. Goldschn. n. 4.--

— in des Lebens Feierstunden. E. Festgabe christl. Poesie u. Prosa. 2. Aufl. gr. 8. (VII, 207 S. m. Abb. u. 4 Heliogr.) Leipzig 896. [G. Strübig.] Kirchrode, G. Nebel. Geb. n. 3. 50

— In des Lebens Feierstunden. Eine Festgabe christl. Poesie u. Prosa. 3. Aufl. (224 S. m. Titelbild.) 8. Reutlingen (908). Enßlin & Laiblin. Geb. in Leinw. m. Goldschn. 3. —

—— der Feldzug des Großen Kurfürsten gegen Frankreich 1674—1875. Sammlung der in den elsäss. Archiven beruhenden, die brandenburg. Kampagne betr. handschriftl. Dokumente. gr. 8. (64 S.) Berlin 879, Mittler und Sohn. *
Aus: Zeitschrift für preußische Geschichte und Landeskunde, besonders abgedruckt.

Rocholl, Heinr., Freiheit, Gleichheit, Brüderlichkeit, die Zauberformel der Revolution, s.a. Vortragsstoffe f. Volks- u. Familienabende. 13. Heft.

Rocholl, Heinr., Freiheit, Gleichheit, Brüderlichkeit, die Zauberformel der Revolution. 8°. Leipzig, F. Engelmann, 1906. (Vortragsstoffe für Volks- und Familienabende, Heft 13.)

Rocholl, Heinr., „Friede auf Erden". E. Predigtbuch fürs deutsche Haus üb. freie Texte an Sonn- u. Feiertagen im Kirchenjahr. gr. 8. (VIII, 498 S.) Leipzig 897. 98. G. Strübig. n. 6.—; Einbd. in Leinw. n.n.n. —60
Erschien auch in 10 Lfgn. à n. —50.

— Friede auf Erden! Ein Jahrgang Predigten üb. freie Texte. 2. durchgeseh. Aufl. (VII, 506 S.) gr. 8. Leipzig 905. 906. G. Strübig. n. 6.—; geb. n. 7.25

— gedenke an Deinen Konfirmationstag. Eine Festgabe christl. Poesie u. Prosa. Ausgewählt v. H. R. 8. (VII, 141 S.) Ebd. 886. n. 2.—; geb. n. 3.—

— Hauptpunkte im Programm d. Christentums. Ein Wort zu Henry Drummond's neuester Schrift über das Programm d. Christentums. 1. u. 2. Aufl. 8. (92 S.) Ebd. 892. n. 1 --

— d. deutsche Haus e. Grundfeste f. uns. Volk, s.: Zeitfragen d. christl. Volkslebens.

— s.: Heil, unser, in dem gekreuz. u. auferstand. Christus.

Rocholl, Heinr. Mein Heim, mein Glück! Eine Festgabe für's deutsche Haus. 8. (54 S.) Lpz. 892, Strübig. cart. m. Goldschn. * 1 —

— mein Heim — mein Glück! Eine Festgabe fürs deutsche Haus. 2. verm. Aufl. 8. (63 S. m. Abbildgn.) Leipzig 899. [G. Strübig.] Kirchrode, G. Nebel. Kart. m. Goldschn. n. 1.—

— zum Hochzeitstage! Ein Festgeschenk f. glückl. Brautleute. 8. (64 S. m. Abbildgn.) Ebd. (899). Kart. m. Goldschn. n. 1.—; in Hochzeitseinbd. n. 2.—

— aus dem alten Kirchenbuch e. freien Reichsstadt (Colmar), s.a. Schriften f. das deutsche Volk. 35. Hft.

Rocholl, Heinrich: Aus dem alten Kirchenbuch einer freien Reichsstadt. Warnende Bilder aus d. Vergangenheit f. d. Gegenwart in d. Jesuitenfrage. Von Dr. Heinrich Rocholl, Konsist. R. zu Hannover. Halle a. S.: Ver. f. Reformationsgesch. 1900. (31 S.) 8°
= Schriften f. d. deutsche Volk. 35.

— Konfirmation — welch' e. Feier! E. Festgabe an die christl. Jugend. 8. (47 S. m. Abb. u. Titelbild.) Leipzig 895. G. Strübig. In Shlogen geb. m. Goldschn. n. 1.—; einfachere Ausg. n. —40

— Konfirmation — welch' e. Feier! Eine Festgabe an die christl. Jugend. 3. Aufl. (48 S.) 8. Leipzig (905). G. Strübig. n n. —60; kart. m. Goldschn. u. Titelbild 1. –

Rocholl, Heinr., der grosse Kurfürst v. Brandenburg im Elsass 1674—1675. Ein Geschichtsbild aus der Zeit als Elsass französisch werden musste. Mit einer (lith.) Karte zum Gefecht bei Türkheim (in gr. Fol.). gr. 8. (VIII, 98 S.) Strassburg 877. Trübner. n. 2. —

– Üb. unsere alte Losung: „Mit Gott f. König u. Vaterland" im Blick auf Frankreich u. Rußland, s. Zeitfragen d. christlichen Volkslebens.

Rocholl, Heinr., Luther-Erinnerungen im Lichte d. Wortes Gottes. gr. 8. (80 S. m. Holzschn.) Barmen 883. Wiemann. n. — 60

— Lutherzelle u. Trappistenkloster, s. Zeitfragen d. christlichen Volkslebens.

— d. schwarze Maria zu Einsiedeln u. d. Mutter d. Herrn nach der Schrift, s.o. Flugschriften d. evang. Bundes.

Rocholl, Heinr[ich]. Die schwarze Maria zu Einsiedeln und die Mutter des Herrn nach der Schrift. 8. Leipzig 1895.
(Flugschriften des Evangelischen Bundes. Hrg. vom Vorstand des Ev. Bundes. [N°] 109. 110. Bd. 10, Heft 1/2.)

— mit Gott hinein ins Leben! Eine Festgabe an Jünglinge zur Konfirmation. (160 S. m. Titelbild.) 8. Reutlingen (906). Enßlin & Laiblin. Geb. in Leinw. 2. —; m. Goldschn. 2. 50

— Graf Hellmuth v. Moltke, der Schlachtendenker des deutschen Volkes in großer Zeit. Ein Charakter- u. Lebensbild, zu dessen 100jähr. Geburtstage am 26. X. 1900, gezeichnet. gr. 8. (51 S. m. Abbildgn.) Hannover 900. C. Meyer. n. — 30

— der königl. polnische Oberjägermeister u. Kämmerer Herr Gebhard v. Müllenheim-Rechberg [aus dem Elsaß] 1599—1673. Ein Charakterbild aus bewegter Zeit. Mit 2 Photogr. gr. 8. (32 S.) Straßburg 881. Schultz & Co. n. 2. 40

Rocholl, Heinr., Frankreichs Politik zur Besitzergreifung des Elsaß beim Abschlusse des westfälischen Friedens, s.: Vortragsstoffe f. Volks- u. Familienabende.

— die Reformation im Elsaß, s.: Festschriften f. Gustav-Adolf-Vereine. 4.

— die Sonntagsfrage der Gegenwart im Lichte christlicher Weltanschauung. Ein Vortrag, gehalten auf der 21. Jahresversammlung der südwestdeutschen Conferenz für innere Mission am 20. Septbr. 1885. gr. 8. (34 S.) Karlsruhe 885, Evangel. Schriftenverein für Baden.

— über die Stellung der evangelischen Christen zur sogenannten Judenfrage der Gegenwart. Ein Vortrag. gr. 8. (41 S.) Köln 881. Roemke & Co. n. — 50

— Studien üb. den Feldzug des Großen Kurfürsten gegen Frankreich im Elsaß 1674—1675, s. a. Beiheft zum Militär-Wochenblatt. 1900. Hft. 2.

Studien über den Feldzug des Großen Kurfürsten gegen Frankreich im Elsaß 1674–1675. Auf Grund von archival. Dokumenten von Dr. Heinr. Rocholl. Militär-Oberpfarrer zu Hannover. *Berlin: E. S. Mittler & Sohn (1900).* (S. 87–110.) 8° [F.]
— Militär-Wochenblatt. 1900. Beih. 2, [2.]

— die Treue bis in den Tod, s. a. „Mit Gott f. Kaiser u. Reich".

Die Treue bis in den Tod. Von Dr. Heinrich Rocholl, Milit.-Oberpfarrer. Köln: Westdeutscher Schriftenver. 1905. (71 S.) 8° [F.]
= 'Mit Gott für Kaiser u. Reich'. Bdch. 3.

— uns ist bange, aber wir verzagen nicht. Predigt über 2. Corinther 4, 8 nach dem 2. Mordattentat auf Se. Majestät, den Kaiser Wilhelm, vom 2. Juni 1878. 8. (16 S.) Straßburg 878. Trübner. n. — 20

— deutsches Volk, gedenke deines großen Kaisers. E. Charakter- u. Lebensbild Kaiser Wilhelms I., zu dessen 100jähr. Geburtstage am 22. März 1897 gezeichnet. gr. 8. (93 S. m. Abb.) Hannover 897. C. Meyer. n. n. — 50

— über christliche Volksbildung, das Grundbedürfniß unserer Zeit. Ein Vortrag. gr. 8. (24 S.) Köln 882. Römke & Co. n. — 50

— Wachet, stehet im Glauben! Eine Mitgabe f. den Lebensweg. Unsern konfirmierten Kindern gewidmet. (32 S.) 8. Ebd. (908). — 15

— was betrübst du dich, meine Seele? Ein Wort des Trostes f. Trauernde, die ihn suchen. 8. (86 S. m. Abbildgn.) Leipzig (899). [G. Strübig.] Kirchrode, G. Nebel. In Leinw. kart. m. Goldschn. n. 1. —

— Was betrübst du dich, meine Seele? Ein Wort des Trostes f. Trauernde, die ihn suchen. 3. Aufl. (80 S. m. Vignetten u. Titelbild.) 8. Ebd. (907). Kart. 1. —

— was predigt die Socialdemokratie der Kirche? Ein Vortrag, gehalten auf dem Vereinstag der Freunde der positiven Union zu Berlin am 17. April 1885. gr. 8. (26 S.) Magdeburg 885. (Bonn, Schergens.) *

— über unsere allgem. Wehr- u. Dienstpflicht wider den äußeren u. inneren Feind, s. a. Zeitfragen des christl. Volkslebens. 189.

Ueber unsere allgemeine Wehr- und Dienstpflicht wider den äusseren und inneren Feind. Eine Zeitbetrachtung von Dr. Heinrich Rocholl, Konsist.R. in Hannover. *Stuttgart: Ch. Belser 1900.* (75 S.) 8° [F.]
= Zeitfragen d. christlichen Volkslebens. Bd 25, H. 5.

— Gottes Weltregierung. Naturgewalten. Menschliche Schicksale, s.: Vortragsstoffe f. Volks- u. Familienabende.

Rocholl, Heinr. Wilh., fürchtet Gott, ehret den König! (Kaisersgeburtstag), s.: In des Königs Rock.

Rocholl, Heinr. Wilh., zum 400jährigen Luther-Jubiläum am 10. Novbr. 1883. Luther, „e. deutscher Mönch u. Reformator". gr. 8. (12 S.) Elberfeld 883. (Faßbender.) n. — 20

Rocholl, Heinr. Wilh. In frohen u. ernsten Stunden. Lieder aus d. Nachlaß meines sel. Vaters, hrsg. v. Heinr. Rocholl. 8. (136 S.) Barmen 890, (Wiemann). 2 —; geb. 3 —

Rocholl, Hermann, Referendar aus Cassel: Die Formerfordernisse des eigenhändigen Testaments, insbesondere das Erfordernis richtiger Zeit- und Ortsangabe. *Marburg 1903: R. Friedrich.* (52 S.) 8°
Marburg, Jur. Diss. v. [16. Sept.] 1903

Rocholl, Herm., aus der Stille. Gedichte. gr. 16. (IV, 130 S.) Barmen 875. Klein. n. 1. 50

Rocholl, Karl

Rocholl, C., das Eherecht des bürgerl. Gesetzbuchs nebst dem preuß. Ausführungsgesetze v. 20. IX. 1899. gr. 8. (VIII, 469 S.) Berlin 900. C. Heymann. n. 8. —

Rocholl, C., Rechtsfälle aus der Praxis des Reichsgerichts, besprochen. 1. Bd. 3 Hefte. gr. 8. Breslau, Morgenstern. [1. und 2. Heft. (IV, S. 1—334.) 881,82. à *M 2.; 3. Heft. (VI, S. 335—536.) 883. *M 3.] * 7 —

Rocholl, C., Rechtsfälle aus der Praxis des Reichsgerichts, besprochen. 2. Bd. 1. und 2. Heft. [Der ganzen Reihe 4. und 5. Heft.] gr. 8. Breslau, Morgenstern's Verlag. [1. Heft. (S. 1—220.) 885. *M 3.60.; 2. Heft. (S. 221—378.) 887. *M 2.40.] *
1. Bd. 3 Hefte. Ebendas. 1881–83. *M 7.—.

Rocholl, C., Rechtsfälle aus der Praxis d. Reichsgerichts. Besprochen. 2. Bd. 2. u. 3. Hft. [Der ganzen Reihe 5. u. 6. Hft.] gr. 8. (S. 221—536.) Breslau 887. 890. Morgenstern's Verl. à n. 2. 40 (2. Bd. cplt.: n. 8. 40; I. u. II.: n. 15. 40)

Rocholl, C., über die Reform des Armenwesens. Ein Beitrag zur Lösung der socialen Frage. gr. 8. (63 S.) Breslau 880, Morgenstern. * 1 —

Rocholl, C., System des deutschen Armenpflegerechts. 10 Lfgn. gr. 8. (XVII, 786 S. und Anhang 393 S.) Berlin 871—73, Vahlen. *

Rocholl, C., System des preußischen Armenpflegerechts. Hamm 864. Grote. gr. 8. (XX, 319 S.) n. 1 ♃ 20 ngr.

Rocholl, C., System des preußischen Armenpflegerechts. gr. 8. (XX und 319 S.) Hamm 864. [Berlin, Vahlen.] *

— Vorschläge zur Abänderung d. Entwurfes e. deutschen bürgerl. Gesetzbuches in Form e. Gegen-Entwurfes m. kurzer Begründung. 1. Buch. Allgemeiner Theil. gr. 8. (VI, 87 S.) Ebd. 890. n. 1. 20

Rocholl, C., u. A. **Riedner**, Vorschläge zur Abänderung d. Entwurfes e. deutschen bürgerlichen Gesetzbuches in Form e. Gegen-Entwurfes m. kurzer Begründung. 2. Buch. Obligationenrecht. Lex.-8. (VIII u. S. 89–336.) Breslau 891. Morgenstern's Verl. n. 3. — (1 u. 2.: n. 4. 20)

Rocholl, Max [Apotheker aus Köln a. Rh.]: Über die Einwirkung von Phosphortrichlorid und Aluminiumchlorid auf p-Chloranisol sowie über die O-Chlorphosphine und O-Oxychlorphosphine des p-Chlorphenols. Leipzig-Reudnitz 1899. 44 p. 8°.
Lausanne. Thèse sc. 1899/1900.

Rocholl, Meta, praktische Anleitung zum Maßnehmen, Schnittzeichnen, Zuschneiden u. Anfertigen weiblicher Garderobegegenstände, sowie zum besseren Verständnis der Modenzeitungen f. Schule u. Haus, nach e. leicht faßl. Methode auf Grund theoret. u. prakt. Studien bearb. u. durch Zeichngn. veranschaulicht. gr. 8. (80 S.) Kassel 884. Kay. n. 1. 80

Rocholl, Paul, aus Colmar i. Els., Referendar in Hannover: Die selbständige Einziehung des § 42 R.-St.-G.-B. *Hannover 1899: Hartmann & Co.* (43 S.) 8°
Erlangen, Jur. Diss. v. 23. Okt. 1899

Rocholl, Rudolf

Rocholl, R.. altiora quaero. Drei Kapitel üb. Spiritualismus u. Realismus. gr. 8. (V, 94 S.) Leipzig 899. A. Deichert Nachf. n. 1. 60

Rocholl, R., Beiträge zu einer Geschichte deutscher Theosophie. Mit besonderer Rücksicht auf Molitor's: „Philosophie der Geschichte." Berlin 856. Schlawitz. gr. 8. (X, 126 S.) 20 ngr.

Rocholl, Rud., Bessarion. Studie zur Geschichte der Renaissance. (XII, 239 S.) gr. 8. Leipzig 904. A. Deichert Nachf. n. 4. —

Rocholl, R., der Christ u. die Weltgeschichte. Vortrag, am 17. Febr. in Bremen geh. gr. 8. (24 S.) Bremen 871. Müller. n. — 50

— dasselbe, s.a. Vorträge, zeitgeschichtliche.

Rocholl, R., Christophorus. Altes u. Neues aus Wald u. Heide. Hannover 863. Meyer. gr. 8. (X, 264 S.) n. 24 ngr.

Rocholl, R., Christophorus. Altes u. Neues aus Wald u. Haide. 2 Bde. Hannover 867. Meyer. gr. 8. (VIII, 762 S. mit chromolith. Titel.) n. 3 ₰

— Christophorus. Altes u. Neues aus Wald u. Haide. Ausg. in 1 Bd. gr. 8. (IV, 408 S.) Hannover 874. Meyer. 3. —; geb. m. Goldschn. 4. 50

Rocholl, R., Christophorus. Altes u. Neues aus Wald u. Haide. 4. Aufl. gr. 8. (381 S.) Hannover 885. Meyer. n. 3. —; geb. n. 4. 60; m. Goldschn. n. 5. —

Rocholl, R., Christophorus. Altes u. Neues aus Wald u. Haide. 4. Aufl. gr. 8. (381 S.) Ebd. 894. Geb. n. 5. —

— Christophorus. Altes u. Neues aus Wald u. Heide. 5. Aufl. (VII, 312 S.) gr. 8. Hannover 904. C. Meyer. n. 2. 50; geb. m. Goldschn. n. 4. —

Rocholl, R., Rupert v. Deutz. Beitrag zur Geschichte der Kirche im XII. Jahrh. Mit 1 Fcsm. in photolith. Lichtdr. gr. 8. (X, 335 S.) Gütersloh 886. Bertelsmann. n. 5. —

Rocholl, R., s.a. Eichhorn, Karl. Akten zur neuesten Kirchengeschichte.

[**Rocholl**, R.] Karl Eichhorn. Akten zur neusten Kirchengeschichte. 8. (III, 39 S.) Lpz. 890, J. Naumann. * — 75; geb. * 1 —

Rocholl, R., das protestantische Elend. Offener Brief an Hrn. Hofpred. a. D. Stöcker. gr. 8. (11 S.) Leipzig 892. J. Naumann. n. — 40

Rocholl, R., Elias. Skizzen aus einem heil. Texte. 8. (132 S.) Leipzig 852, Dörffling & Franke. 18 ngr.

— s.a. Fest zur Fahne.

[F.] Fest zur Fahne! ... [Vf.: Rudolf **Rocholl**]. 2. verm. Aufl. Hrsg. v. luther. Bücherverein. *Elberfeld: Dr. u. Kommr. Baedeker 1894.* (4 Bl., 141 S., 1 Bl.) 1 Bd 8. [98. 3608 ...]

Fest zur Fahne! [Verf.: Rud. **Rocholl**, Kirchenrat.] T. [1.]2. *Elberfeld: Luth. Büchereer. 1894–1903.* 2 Bde 8° [F.]
1. 2. verm. Aufl. 1894 [04. 0339 5]

— s.: Frauen, edle.

— die Fülle der Zeit. Vortrag geh. im evangel. Verein zu Hannover. gr. 8. (32 S.) Ebend. 872. n. — 50

— Geschichte d. evangel. Kirche in Deutschland. gr. 8. (XII, 598 S.) Leipzig 897. A. Deichert Nachf. n. 8. 50; geb. n.n. 10. —

Rocholl's Geschichte d. evangelischen Kirche in Deutschland, kritisch beleuchtet v. Theophilos. gr. 8. (51 S.) Hannover 897. Wolff & Hohorst Nachf. n. — 50

— der christliche Gottesbegriff. Beitrag zur speculativen Theologie. gr. 8. (XVI, 371 S.) Göttingen 900. Vandenhoeck & Ruprecht. n. 10. —

— Johann Georg Hamann. Ein Vortrag, gehalten im evangel. Verein zu Hannover. Ebend. 869. gr. 8. (42 S.) 7½ ngr.

— die Lage der lutherischen Kirche in den neuen Provinzen des preußischen Staates. Vortrag gehalten am 15. Juni 1870 auf der Pastoral-Conferenz in Berlin. [Aus der Luther. Kirchenzeitung.] Berlin 870. Schlawitz. gr. 8. (23 S.) n. 4 ngr.

— das Leben Philipp Nicolai's, weiland Pfarrherrn zu Wildungen, Unna und Hamburg. Berlin 860. Schlawitz. gr. 8. (IV, 144 S.) n. 14 ngr.

— Luginsland. (VI, 85 S.) gr. 8. Ebd. 903. n. — 75

— aller Schöne Meister. Ein Hamburger Vortrag. gr. 8. (28 S.) Leipzig 892. J. Naumann. n. — 80

Rocholl, R., aller Schöne Meister. Ein Hamburger Vortrag. 2., durchgeseh. Aufl. gr. 8. (28 S.) Leipzig 898. A. Deichert Nachf. n. — 80

Rocholl, R., die Philosophie der Geschichte. Darstellung u. Kritik der Versuche zu einem Aufbau derselben. Von der philosoph. Facultät der Universität Göttingen gekrönte Preisschrift. gr. 8. (XII, 399 S.) Göttingen 878. Vandenhoeck & Ruprecht's Verl. n. 8. —

— die Philosophie der Geschichte. 2. Bd. Der positive Aufbau. gr. 8. (XVI, 612 S.) Göttingen 893. Vandenhoeck & Ruprecht. n. 12. — (1 u. 2.: n. 20. —)

— die Realpräsenz. Das Lehrstück v. der Gegenwart d. HErrn bei den Seinen. Ein Beitrag zur Christologie. gr. 8. (XIII, 446 S.) Gütersloh 875. Bertelsmann. n. 7. 20

— des Pfarrers Sonntag. 8. (45 S.) Hannover 872. Meyer. n. — 50

— des Pfarrers Sonntag. 2. Aufl. 12. (88 S.) Hannover 896. C. Meyer. n. 1. —

Rocholl, R., der letzte Tag. Vortrag, geh. am 2. Febr. 1881 im ev.-luth. Vereinshaus zu Leipzig. 8. (39 S.) Leipzig 881. J. Naumann. geb. n. — 80

Rocholl, R., der letzte Tag. Vortrag, geh. am 2. II. 1881 im ev.-luth. Vereinshaus zu Leipzig. 2. Aufl. (39 S.) 8. Elberfeld 910. Luther. Bücherverein. — 80

Der letzte Tag. Vortrag geh. 1881 zu Leipzig von R[udolf] **Rocholl**. 3. Aufl. Elberfeld: Luth. Bücherverein 1910. 30 S. 8 (11. 7011

—— Volkskirche und Freikirche. Ein Vortrag auf der Pastoral-Conferenz zu Hannover am 19. Juni 1862. gr. 8. (IV und 46 S.) Berlin 862, Schlawitz. *

— s.: Vorträge, sieben.

— Graf Wolrad von Waldeck. Ein Beitrag zur Reformationsgeschichte. Hannover 865. Meyer. gr. 8. (IV, 70 S.) n. 10 ngr.

— s. a. Wege, einsame.

[J.] Einsame Wege ... Neue Folge. [Vf.: Rud. **Rocholl**.] *Leipzig: A. Deichert 1898.* (4 Bl., 452 S.) 1 Bd 8. (98. 3655

[J.] Einsame Wege [Vf.: Rudolf **Rocholl**] ... 2. erweit. Aufl. *Leipzig: A. Deichert 1898.* (3 Bl., 458 S.) 1 Bd 8. (98. 10433 K

— Weltgeschichte — Gottes Werk. (III, 58 S.) 8. Ebd. 905. n. 1. 20

— zur Weltstellung des israelitischen Volkes, s.: Schriften d. Institutum judaicum in Leipzig.

— wie kann die lutherische Kirche dem deutschen Volk erhalten werden? Ein Vortrag. (24 S.) 8. Leipzig 905. A. Deichert Nachf. n. — 50

Rocholl, Thdr., vier Originalsteinzeichnungen, s.: Steinzeichnungen deutscher Maler. Nr. 5.

Rocholl, Theod., Predigt üb. Matthäus 11, 2—10, zu Jemgenbruch d. 13. Dez. 1840 geh. gr. 8. (1¼ B.) Aachen 841, (Mayer.)

Rocholl, Thdr., d. deutsche Roß, s.: Devens, Frdr. Karl.

— Skizzenbuch v. griechisch-türk. Kriegsschauplatz. Sommer 1897. qu. gr. 4. (29 Bl. m. 89 Abb. u. 1 Bl. Text.) Leipzig 897. Ph. Reclam jun. Geb. in Leinw. 10.—

— dasselbe. 2. Aufl. qu. gr. 4. (29 Bl. m. 89 Abb. u. 1 Bl. Text.) Ebd. 898. Geb. in Leinw. 8.—

Rocholz, die Ergebnisse d. Untersuchung in Bezug auf d. Bund der Unbedingten od. d. Schwarzen ꝛc., s. Geschichte d. geheimen Verbindungen, 2. Hft.

Rocholz, Ernst, der letzte der Mohikaner, s.: Jugend- u. Volksbibliothek.

Rocholz, Ernst Ludwig, s. Rochholz

Rochon, A.

Rochon, Abt ..., Reise nach Madagaskar u. Ostindien; aus d. Französ. v. L. Cph. Kayser. gr. 8. Bayreuth 792. Grau in H. 18 gr.

Rochon, Reise nach Madagaskar und Ostindien, a. d. Frz. v. Kayser. gr. 8. Bayr. Zeit. Druck. 792.

— Reise nach Madagaskar u. Ostindien, nebst Bowyears u. Rob. Kirsops Nachrr. von Cochinchina; aus d. Französ. u. Engl. mit Anmerkk. v. Geo. Forster. gr. 8. Berl. 792. Voß. 1 ♂ (Auch als 8r Bd. d. Magazins d. Reisebeschreibb.)

— Reise nach Marokko u. durch Indien in d. Jahren 1767—73, s. a. neue Bibliothek d. Reisebeschreibb. 10r Bd.

Rochon, A.: Reisen nach Maroko und Indien in den Jahren 1767 bis 1773. Aus dem Französischen auszugsweise übersetzt. Mit einer Zugabe herausgegeben von T. F. Ehrmann.
in: Bibliothek der neuesten und wichtigsten Reisebeschreibungen. Bd. 10. Weimar 1804 VIII. 168 S 8°.

— Reise n. Marokko und durch Indien in d. J. 1767—73. 8. Weimar, Ind. Comt. 804. (a. d. Biblioth. d. Reisen 10r Bd.)

Rochon de Chabannes, **Heureusement. Comédie en 1 A.** 8. Braunschw, Pluchart. 6 gr

SKLAVE, Der glückliche, oder wahrhafte Geschichte eines lothringischen Edelmanns .... Aus d. Französ. (des *Charles de Rochonville*). Mit Titelkpfr. Breßlau, Pietsch, 1758. 8°. (In Warmbrunn.)
Fehlt im Anon.-Lex. — Rar!
Orig. (in Wolfenbüttel): L'heureux esclave ou Histoire véritable d'un Gentil-Homme Lorrain ci-dev. Capitaine des Grenadiers à Cheval du Czar Fait esclave par les Tartares à l'affaire du Prouthe le 30. Juin 1711. racheté le 24. du mois suiv. par le Roi de Suède Charles XII. ... (Par *Charles de Rochonville*). Cologne, Pierre Marteau, 1721. 8°. Mit 5 Kpfrn. (Cat. Milchsack.)

Rochow, Friedr. Eberh. v., s. a. Jonas, F.

Rochow, Friedrich Eberhard v., bearb. v. Ernst Schäfer, s. a. Greßler's, F. G. L., Klassiker der Pädagogik.

Friedrich Eberhard von **Rochow**. Bearb. von Prof. Dr. Ernst Schäfer. Mit 1 Bildn. Langensalza: Greßler 1910. X, 464 S. 8°
(Greßlers Klassiker d. Pädagogik. Bd. 27.) (11. 6469

Rochow, Der rothnäsige König. 1 Bl. 4.
Flugblatt. Berlin, 1848/49.

[Rochow, v.] Sieg bei Fehrbellin. (Berlin 1803.) 8°. (Aus: Neue Berlinische Monatsschrift.)

Rochow, A. v. Der Schillsche Zug im Jahre 1809. Niedergeschrieben im Jahre 1810. Berlin 1859. 34 S.

Rochow, Adolph Friedrich August

Rochow, A. F. A. v., Nachrichten zur Geschichte des Geschlechts derer von Rochow und ihrer Besitzungen. Mit Abbildgn. Berlin 1861. 4. Als Manuscript nur in 100 Exemplaren gedruckt.

Rochow, Caroline v., s. Rochow, Karoline v.

[Rochow, F. E. v.]: Entwurf der allgemeinen Grundsätze der Gesetzgebung. Franckfurt u. Leipzig 1777.

Rochow, Friedrich Eberhard von. L'ami des enfans à l'usage des ecoles. Berlin 1789. Ü: *Catel, Samuel Heinrich & Frdr. Wilh. Hauchecorne.* (MGT)

v. *Rochow*, Fr. Ebbrd., († d. 16. Mai 1805.) l'Ami des Enfans. II Voll. 8. Berl. 792. (Köchly). 12 gr

— — le même. II Vol. 8. Berl. Lagarde. 792.

Rochow, F. Eberh. v., l'Ami des Enfans. II Tomes. 8. Berl. (Linke, Lpz.) 794.

— — l. m. en Abrégé. 8. Brandenb. Leich. 796.

— l'ami des enfans. Ouvrage destiné à exercer les enfans à la lecture et à les rendre attentifs à ce qu'ils lisent; trad. (par Frz. Bock). 8. Brandenb. 796. 4e Ausg. 826. Wiesike. 6 gr

— Berichtigungen. 2 Thle. gr. 8. Braunschw. 792—94. Schulbuchhdl. 1 rthl 18 gr Velinp. 2 rthl 14 gr 2e verb. Aufl. ... 8. Leipz., (W. Nauck). 22 gr

— e. Buch für d. Stadt- und Landschulen, verbessert u. vermehrt v. W. Clemens. 8. Cöln, Fabricius. 806.

Rochow, Frdr. Eberh. v., Geschichte meiner Schulen, s. a. Neudrucke pädagogischer Schriften.

— Geschichte meiner Schulen, s. a. Universal-Bibliothek.

— Geschichte meiner Schulen, nebst 4 Beilagen. 8. Schlesw. 795. (Hammerich in Altona). 8 gr

— Gesch. meiner Schulen. 8. Schlesw. Kbhv. (Christiani.) 795.

— Handbuch f. Lehrer in katechet. Form, die aufklären wollen u. dürfen. 8. Halle 783. 2e A. 789. Waisenhaus-B. 4 gr

— Katechismus d. gesunden Vernunft. 8. Berl. 786. 3e Aufl. 806. Nicolai. 6 gr

— der Kinderfreund; ein Lesebuch z. Gebrauch f. Landschulen. 2 Thle. 8. Eisenach, Bärecke. 6 gr

— der Kinderfreund, ein Lesebuch für Bürger- u. Landschulen. 1r Thl. Freiburg, Wagner. 3 gr

— — derselbe. 2 Thle. 8. Halberstadt, Döll.

— der Kinderfreund, ein Lesebuch z. Gebrauch f. Landschulen. 2 Thle. (rechtmäßige Ausg.) 8. Berl. u. Leipz. 776, 80. Neue verb. Ausg. Brandenb. 795 u. 800. N. A. 2 Thle. 8. Ebd. 820, 23. Wiesike. (1r Thl. 2 gr 2r Thl. 4 gr) 6 gr

— s. auch J. F. Schlez.

— Ders., f. einen Theil Ober-Deutschlands, besonders f. Franken, bearb. v. J. F. Schlez. 2 Thle. 8. Nürnb. 789. 2e Aufl. 791. 3e A. 795. 4e A. 798. 5e Aufl. 8. Leipz. 818. Lauffer. 6 gr

— — ders. in polnischer Sprache. 8. Königsb. Nicolovius. 795. Schreibp.

— Ders., in poln. Sprache. 8. Königsb. 796. Nicolovius. 12 gr

— Ders., ein Lesebuch z. Gebrauch d. Landschulen. 2 Thle. 8. Münster 796. Aschendorf. 12 gr

— — ders. bearb. v. J. F. Schlez. 2 Thle. 8. Nürnb. Grattenauer. 798.

— d. Kinderfreund. 2 Thle. 8. Alt-Brandenb. Leich. 802.

— d. Kinderfreund; ein Lesebuch in Schulen, umgeändert von P. A. Clemens, nebst e. Anh. üb. d. Gemeinnützige aus der Naturkunde, u. einer Einleit. in die Religion u. Pflichtenlehre. Mit Kpf. 8. Cöln 802. 2e A. 807. Haas. 9 gr illum. 12 gr — Ders. aufs neue umgearb. von Andr. Winter. Mit e. Anh. üb. die Giftpflanzen u. 3 Kpft. 5e Aufl. 8. Paderb. 818. 8e Aufl. 2 Thle. 828. Wesener. 8 gr

— der Kinderfreund, verbess. und mit Erlaubn. des Verf. für die niederrhein. Schulen herausg. v. J. Hoogen. 8. Cöln, Rommerskirchen. 803.

— — Ausz. a. dems. 2 Thle. 8. Brandenb. Leich. 804.

— Ders., f. die Würzburger Schulen v. Schlez abgeänd. 2 Thle. 8. Würzb. 804. N. A. Münch. 1r Thl. bis 1813, 8 Aufl. 9e A. Ebd. 820. 2r Thl. bis 1816, 7 Aufl. 8e Aufl. Ebd. 822. (Landsh., Krüll). (à 3 gr) 6 gr

— d. Kinderfreund, ein Leseb. z. Gebr. in Schul., verm. und für Schwab. umgearb. v. J. J. Wolter. 2 Thle. m. Holzschnitten. 8. Stuttgart, Mag. f. Lit. 805.

— Ders., ein Lesebuch, z. Unterricht in d. Lesen, vornehmlich in Landschulen f. Oberdeutschland, insbesond. Schwaben neu bearb. v. P. J. Wölter. 2 Thle. Mit 15 Holzschn. u. 13 Giftpflanzen. 8. Stuttg. 806. (Andrä in Leipz.) 4 gr

— — ders. 8. Cöln, Verlagshandl. 807.

— d. Kinderfreund, ein Leseb. f. Bürger- und Landschulen. 2 Thle. 4. Paderborn, Wesener. 808.

* Rochow, Fr. Eberh. v., der Kinderfreund, ein Lesebuch zum Gebrauch f. Landschulen, 2 Thle. 8. Brandenburg, Wiesecke. 809.

— — ders. nach Schlez bearb. 2 Thle. 8. Landsh. Krüll. 809.

— Ders., aufs neue durchgesehen u. verm. v. A. L. Hoppenstedt. 2 Thle. 8. Hannov. 810. 2e A. 822. Hahn. 4 Gr.

— — derselbe, Lesebuch zum Gebr. in Landschulen. 2 Thle. 8. München, Kleischmann. 810.

— Ders., Lesebuch zum Gebrauch in Landschulen. 2 Thle. 8. Münch. 810. (Thomann in Landsh.) 4 Gr.

— — dasselbe. 2 Thle. neue mit Schulgebeten u. Bildern verm. Aufl. 8. Nürnb. Grattenauer. 812.

— — dass. ganz neu bearbeit. von J. Fr. Schletz. 8. Gießen, Henir. 813.

— — dass. nach J. F. Schletz f. Baiern bearbeit. 2 Thle. 8te Aufl. 8. Landsh. Krüll. 813.

— — dass. ein Lesebuch in Bürger- u. Landschulen, herausg. von Clemens. 2 Thle. 5te verb. u. verm. Aufl. 8. Paderborn, Wesener. 816.

— — Derselbe. Bearbeitet v. Schlez. 2 Thle. Mit Kupf. 5te Aufl. 8. Lelpzig, Lauffer. 818.

— — der Kinderfreund. Ein Lesebuch ic. Ehemals herausgeg. von P. A. Clemens. Aufs neue umgearbeitet v. Andr. Winter. 5te Aufl. Mit einem Anhange über die Giftpflanzen u. 3 Kupfert. 8. Paderborn, Wesener. 818.
mit illum. Kupf.

— — Derselbe. Aufs neue durchgesehen u. verm. von A. L. Hoppenstedt. 2 Thle. 8. Hannover, Gebr. Hahn. 819.

— — Derselbe. Nach J. S. Schlez für Baiern bearbeitet. 1r Thl. für kleinere Schüler. 9te Aufl. 8. Landshut, Krüll. 820.

— — — — 2r Theil für größere Schüler. 7te Aufl. 8. Ebendas. 819.

— der Kinderfreund oder erster Unterricht im Lesen und bey dem Lesen. Neue Aufl. 8. Ebend. 820.

— — der Kinderfreund, ein Lesebuch zum Gebrauch in Landschulen. 2 Thle. N. Aufl. 8. Brandenburg, Wiesike. 820. (1r 2 Gr. 2r 4 Gr.)

— der Kinderfreund; ein Lesebuch ꝛc. 2 Thle. Mit Holzschn. 8. Zelle 820. Schulze. 3 Gr.

— der Kinderfreund. Ein Lesebuch z. Gebrauch in Landschulen. Nach J. F. Schlez für Baiern bearbeitet. 1s Bdchen. für kleinere Schüler. 9e Aufl. 8. München, 822, (Landshut, Krüll.)

— desselben. 2s Bdchen. f. größere Schüler. 8e Aufl. 8. Ebendas. 822, Ebd.

— der Kinderfreund; ein Lesebuch f. Schulen. Aufs neue durchgesehen u. verm. v. A. L. Hoppenstedt. 2 Thle. 2e Aufl. mit Holzschnitten. 8. Hannov. 824, Hahn.

— der Kinderfreund. Aufs neue umgearb. von A. Winter. 8e Aufl., verm. mit 2 geograph. Tab. u. einem Anhang über d. Giftpflanzen. 2 Thle. 8. Paderborn 827, Wesener.

v. Rochow, Fr. Eberh., der Kinderfreund. Ein Lesebuch f. Bürger- u. Landschulen. Aufs Neue umgearb. vom Kaplan Andr. Winter. 10e, mit e. Anhange über die Giftpflanzen u. e. vollständ. Kursus Denkübungen verm. Aufl. 2 Thle. Mit 3 Steintaf. u. 2 Titelvign. 8. Paderborn 834. Wesener. 1/3 Thlr. — 12e Aufl. 838. 1/3 Thlr.

Rochow, Friedr. Eberh. v., der Kinderfreund. Ein Leseb. z. Gebr. in Landschulen. Neu bearb. v. Joh. Ferd. Schlez. 2 Thle. 7., verm. Ausg. 8. (16 B. incl. 1 Musikbeil. u. Ttlkpfr.) Leipzig 836, Lauffer.

— dass. Ein Lesebuch in Landschulen. Neue Aufl. Lemgo 836. Meyer. 1/4 Thlr.

v. Rochow, Fr. Eberh., der Kinderfreund. Ein Lesebuch zum Gebr. d. Landschulen. Neu bearb. v. J. F. Schlez. 2 Thle. 8. Aufl. 8. Leipzig 841, Lauffer. 1/4 Thlr.

— der Kinderfreund. Ein Lesebuch f. Bürger- u. Landschulen. Aufs neue umgearb. von Andr. Winter. 14. verm. Aufl. 2 Thle. 8. (Mit 3 lith. Tafeln u. 4 Kärtchen.) Paderborn 844, Wesener. 1/3 Thlr.

v. Rochow, Frdr. Eberh., († d. 16. Mai 1805), der Kinderfreund. Ein Lesebuch zum Gebrauch in Stadt- u. Landschulen. Aufs Neue durchgesehen u. verm. von A. L. Hoppenstedt. 10. verb. Aufl. 2 Thle. 8. (XIV u. 234 S. m. eingedr. Holzschnitt.) Hannover 850, Hahn. n. 1/6 Thlr.

Rochow, Friedr. Eberh. v., der Kinderfreund. Ein Lesebuch für Bürger- und Landschulen. Aufs neue umgearb. von Andr. Winter. 15. Aufl. 1848. und 16., mit einem Anhange über Giftpflanzen, geograph. Karten (auf 8 Stnt.), einem vollständ. Cursus Denkübungen und einer Beschreibung des heil. Landes bedeutend verm. Aufl. 2 Thle. 8. (419 S.) Paderborn 852, Wesener.

— d. neue Kinderfreund; ein Lesebuch z. Gebrauch in Land- u. Stadtschulen. Aufs neue hersgg. v. W. C. C. v. Türk. 8. Paderborn 825. Wesener. 3 Gr.

— der neue Kinderfreund. Ein Leseb. z. Gebr. in Land- u. Stadtschulen. Aufs neue hrsg. v. W. C. C. v. Türk. 6. Aufl. 8. (14 1/2 B.) Brandenburg 838, Wiesike.

Rochow, Friedr. Eberh. v., s. a. Korrespondenz, litterarische.

v. Rochow, Fr. Ebhrd., literar. Correspondenz mit verschied. verstorb. Gelehrten. 1r Thl. gr. 8. Berl. 799. Nicolai. 21 Gr.

— eine kleine Logik, od. Vernunftanwendungslehre; nach dem Französ. frei übers. 8. Braunschw. 789. Schulbuchhdl. 3 Gr.

— Materialien z. frühern Unterricht in Bürger- u. Industrie-Schulen. 8. Berl. 797. Nicolai. 3 Gr.

— s. Mirabeau: Discours üb. Nationalerziehung.

Rochow, F. E. v., authentische Nachricht v. der zu Dessau auf dem Philantrophin den 13.–15. May 1776 angestellten öffentlichen Prüfung, s.: Neudrucke pädagogischer Schriften.

— v. Nationalcharakter durch Volksschulen. 8. Leipz. 779. Crusius. 5 Gr.

— s. Riemann: Beschreibung d. Rekan. Schulen.

— ausgewählte pädagogische Schriften, s.a. Sammlung der bedeutendsten pädagogischen Schriften aus alter u. neuer Zeit.

Friedrich Eberhard v. Rochows Ausgewählte pädagogische Schriften. Mit e. Einl. hrsg. von Dr. J[ohannes] Gansen, Schulrat. 2. Aufl. Mit e. Bildn. v. Rochows. Paderborn: Schöningh 1908. VI, 409 S. 8°
(Sammlung d. bedeutendsten pädag. Schriften. Bd 19.)

Rochow's, Eberh. v., pädagog. Schriften, s.a. Schriften hervorrag. Pädagogen f. Seminaristen u. Lehrer. 3.

Eberhard v. Rochows pädagogische Schriften ausgew. u. mit Anm. vers. von P[aul] Schütze, Sem.Oberl. Breslau: F. Hirt 1902. (48 S.) 8° [F.]
— Schriften hervorragender Pädagogen. H. 3.

Eberhard von Rochows pädagogische Schriften. Ausgew. u. mit Anm. versehen von P[aul] Schütze, Sem.Dir. 2. erw. u. verb. Aufl. Breslau: F. Hirt 1908. (56 S.) 8° [F.]
— Schriften hervorragender Pädagogen. H. 3.

— sämtliche pädagogische Schriften, hrsg. v. Fritz Jonas. u. Frdr. Wienecke. 4 Bde. gr. 8. Berlin, G. Reimer. 42. —

I. (XV, 359 S. m. Bildnis.) 907.	9. —
II. (V, 396 S.) 908.	9. —
III. (IV, 529 S. m. Fig.) 909.	12. —
IV. (X, 474 S.) 910.	12. —

— s. Stoff z. denken.

— Summarium, oder Menschenkatechismus. 4 ß Zusätze dazu 9 ß 8. Schlesw. 796. (Hammerich in Altona). 13 ß

— Summarium, oder Menschenkatechism. (4 gr.) Zus. dazu (9 gr.) 8. Schlesw. Röhß. (Christiani.) 796.

— Versuch üb. Armenanstalten u. Abschaffung d. Bettelei. Mit Kpf. gr. 8. Berl. 789. Nicolai. 12 ß

— Versuch e. Schulbuchs f. Kinder d. Landleute, od. Unterricht für Lehrer in niedern u. Landschulen. 8. Berl. 772. 3e Aufl. mit 1 Kpft. 790. 4e A. 810. Nicolai. 9 ß

Rochow, Friedrich Eberhard Freiherr: Versuch eines Schulbuchs f. Kinder d. Landleute. Neue Aufl. Wien 1788.

Rochow, Gabriele v., geb. v. Pachelbl-Gehag, erlebt, erdacht u. mitempfunden. Gedichte. 8. (V, 282 S. m. Bildnis.) Leipzig (902). P. List. n. 3. —; geb. n. 4. —

Rochow, Gabriele v., Schiffslieder. gr. 16. (61 S.) Berlin 897. Deutsches Verlagshaus Bong & Co. n. 1. —; geb. n. 2. —

Rochow, Gabriele v., geb. v. Pachelbl-Gehag, Schiffslieder. (Notenausg.) (VII, 159 S.) 11,5×18 cm. Leipzig (908). P. List. Kart. 1. 25

Momentaufnahmen eines Dilettanten. Reise-Erinnerungen von Gustav v. Rochow. Als Ms. gedr. (Naumburg a. S.: Lippert) 1896. VIII, 194 S. 8°

v. Rochow, Frhrr. Karl Fr. Ldw., s. Adel, der sächs., vor d. Richterstuhle der Vernunft, u. setze hinzu: (von K. F. L. v. Rochow).

v. Rochow, Frhr. K. F. L., Friedrich, erster Kurfürst von Brandenburg aus dem Fürstenhause der Hohenzollern. gr. 8. Berlin 840. Mittler. ¾ ß

Rochow, Frhr. v., geschichtl. Nachrichten v. Brandenburg u. dess. Alterthümern. 2. Aufl., hrsg. v. M. Heffter. 12. (12 B.) Brandenburg 840, Müller. ½ Thlr., m. Grundriß d. Stadt. Thlr.

Rochow, Karoline v.

Rochow, Caroline v., geb. v. d. Marwitz, u. Marie de la Motte-Fouqué, vom Leben am preußischen Hofe 1815—1852. Aufzeichnungen, bearb. von Luise v. d. Marwitz. Mit 2 Bildnissen in Kpfrdr. (XVI, 496 S. m. 3 Stammtaf.) gr. 8. Berlin 908. E. S. Mittler & Sohn. 8.50; geb. 10. —

Rochow, Rochus v., glückliche Fahrt. (Konversationsgeschichte.) 8. (III, 62 S.) Leipzig 897. K. Pflugmacher. n. — 50

Rochow, Rochus v., Glückliche Fahrt. Selbstverfaßte Konversionsgeschichte. Leipzig, Pflugmacher, 1899.

Rochow, Theodor Heinrich Rochus

Rochow, Th. H. R. v., s.a. Briefe des Th. R. v. Rochow.

Briefe des königl. preussischen Generals und Gesandten Theodor Heinrich Rochus v. Rochow an einen Staatsbeamten. Als Beitrag zur Geschichte des 19. Jahrhunderts hrsg. von Ernst Kelchner und K. Mendelssohn Bartholdy. (XX. 260) 8. Frankfurt a. M. 1873. 6,00.

Rochow, Th. H. R. v., vertraute Briefe an v. Nagler, s.: Preußen u. Frankreich.

Rochs, Arthur: Über den Veilchen-Roman und die Wanderung der Euriaut-Sage. Halle a/S. 1882: (Bartholomäus in Erfurt). 43 S. 8°
Halle-Wittenberg, Phil. Diss. v. [28. Apr.] 1882
Geb. Erfurt 5. 12. 1857. V.

Rochs, H., anleit. Vorlesgn. f. d. Operations-Cursus an d. Leiche, s.: Bergmann, E. v.

Rochs, Hugo (geb. Spremberg 17. 7. 1849): Ein mehrfach complicirter Fall von Pleuritis. Berlin (1873). (31 S.) 8°
Berlin, Med. Diss. v. 10. März 1873

Rochs, Rud., Gedichte. 8. (13⅝ B.) Berlin 816, Vereinsbuchh.

Rochus Pumpernickel, siehe a. Kindertheater, 4. Hft.

Rochus Pumpernikel. Ein musikalisches Quodlibet in drei Aufzügen ... Wien 1811. V: *Stegmayer, Matthaeus.* (BrMm)

Rochus von Winnemuth, ein satyrisch-biographisches Gemälde ... Ludwigsburg 1827. V: *Varenhorst, Friedrich August.* (GGr X, 525) (Zeitschr. f. Büch. N. F. 15, 1923, S. 120)

Rochus von Winnemuth, ein satyrisch-biographisches Gemälde . . . Ludwigsburg 1829. II: *Becker, Gfr. Wilh.* (Ky)

Rochus von Winnemuth, ein satyrisch-biographisches Gemälde, herausg. von ***r. (Becker.) 2 Thle. 8. Ludwigsburg 829; jetzt Berendsohn in Hamburg. 1 1/2 Rthlr

Rochus v. Winnemuth. Ein satyr.-biograph. Gemälde. Hrsg. v. ***r. 2 Thle. 8. (24 1/2 B.) Ludwigsburg 829, Nast.

Rochus, Jos., Diktier- u. Uebungsbuch f. Gabelsbergersche Stenographen. Eine Sammlung v. Reden u. Erzählungen zum Gebrauch in Fortbildungskursen. Mit Silbenzählung. (44 S.) gr. 8. Wolfenbüttel (902). Heckner. n.n. — 60

Rochus, Jos., Leitfaden zur Erlernung der Gabelsbergerschen Stenographie. Für den Schul-, Privat- u. Vereinsunterricht bearb. I. Tl.: Verkehrsschrift. (32 S.) gr. 8. Wolfenbüttel 902. Heckner. n.n. — 75

Rochus, Jos., Leitfaden zur Erlernung der Gabelsbergerschen Stenographie. Für den Schul-, Privat- u. Vereinsunterricht bearb. Verkehrsschrift. 2. umgearb. Aufl. (32 S.) 8. Wolfenbüttel 906. Heckner. nn — 75

— s.: Schüler-Bibliothek, stenographische.

— Übersicht üb. das Gabelsbergersche Stenographie-System. Übungsbuch zum Gebrauch in Wiederholungs- u. Fortbildungskursen. Verkehrsschrift u. Redeschrift. (VI, 36 S.) gr. 8. Ebd. 907. nn — 75

Rochus, Victor, a. Goslar: Beitrag zur Kenntnis des Schwefelstickstoffs. (Berlin 1906: A. W. Schade.) (43 S.) 8°
Berlin, Phil. Fak., Ref. Gabriel, Diss. v. 22. Dez. 1906
[Geb. 5. März 80 Goslar; Wohnort: Goslar; Staatsangeh.: Preußen; Vorbildung: Realgymn. Goslar Reife O. 00; Studium: Kiel 1, Berlin 6, T.H. Danzig 3 S.; Rig. 29. Nov. 06.]

Rochus, W., Schnurren in fränkischer Mundart. (96 S. m. Abbildgn.) schmal 8. Bamberg (906). Handels-Druckerei u. Verlagsh. n. — 60

Rochus-Büchlein. Lebensgeschichte d. heil. Rochus, Schutzpatrons gegen Pest, Cholera u. ansteck. Krankheiten, nebst e. neuntäg. Andacht u. einigen Gebeten zu Ehren dieses Heiligen, v. e. Priester der Diözese. 8. (32 S.) Luxemburg 884. Breisdorff. n.n. — 20

ROCHUS-LIED: Pesth 1855. 3 S. - 200 mm

Rochussen, F., ätherische Öle u. Riechstoffe, s.a. Sammlung Göschen.

Ätherische Öle und Riechstoffe von Dr. F. **Rochussen**. Mit 9 Abb. Leipzig: Göschen 1909. 190 S. 8°
(Sammlung Göschen 446) [illegible]

Rochussen, J. J., Daniel Hooibrenk's künstliche Behandlung und Befruchtung der Körnerfrüchte und Bäume. Aus dem Holländ. von E. v. Franckenberg. gr. 8. (48 S. mit in den Text gedr. Abbild. in Holzschn.) Hamm 864. [Stuttgart, Cohen und Risch.]

Rochussen, Jhr., die deutsche Münzgesetzgebung v. 1871 u. 1873, s.: Arendt, Otto, wie Deutschland zur Goldwährung kam.

— Reichsgold od. Weltgeld. gr. 8. (IV, 156 S.) Berlin 894. Puttkammer & Mühlbrecht. n. 3. —

Rochussen, Währung, **Banken u. Handel. gr. 8. (VII, 115 S.) Berlin 896. Haude & Spener. n. 1. 60**

Rochusson, Frank Hermann [aus Sydenham bei London '[Engl.] ']: Ueber Alpha-substituierte Homokamphersäuren '[Bromhomokamphersäure, Homocamphansäure, α- und β-Methylhomokamphersäure] ' und über Methylkampher ... Bonn, Univ.-Buchdr. v. C. Georgi, 1897, 48 S. 8⁰
Bonn, Phil. Fak., Inaug.-Diss. v. 16. Juni 1897

Rock

— s.: Schriften f. d. evangelische Deutschland.

Rock, der alte, u. die neue Kirche. Eine kurze Darstellung der neuesten katholischen Zustände. Zur Belehrung des Volkes. Von e. Katholiken. 12. (4 5/6 B.) Lahr 845, Geiger.

— der alte, u. die neuen Lappen. Eine Parabel als Sendschreiben an alle aufgeklärte Israeliten, Katholiken u. Protestanten. gr. 8. (1 B.) Heilbronn 845, Drechsler'sche Buchh.

— Christi, der ächte. 8. (1 3/4 B.) Schwäb. Hall 846, Haspel'sche Buchh.

— Christi, der ächte, d. im Jahre des Heils 1845 zu Schwäbisch-Gmünd ausgehängt wurde, an das Licht d. Evangeliums u. d. Vernunft gestellt v. Romano-catholicus. 8. (1 1/2 B.) Ulm 845. [Aldorf, Müller's Buchh.]

— Christi, der ächte, der im Jahre des Heils 1845 zu Schwäbisch-Gmünd ausgehängt wurde, an das Licht des Evangeliums u. d. Vernunft gestellt v. Romanocatholicus. 8. Ulm 845, Seitz. 1 3/4 ngr

Der heilige **Rock** in neuer und verm. Aufl. Eine Streitschrift gegen die neumodischen römisch-papistischen Eiferer, die Feinde des Lichtes und der Freiheit. Von einem Katholiken. 1. Aufl. o. O. 1868. XVI, 182 S. 8⁰

[Dasselbe.] 2. Aufl. Leipzig: Wigand. 1868. XII, 90 S. 8⁰

°[Dasselbe.] 3. wohlf. Ausg. Leipzig 1871: Wigand. XII, 90 S. 8⁰
Auszug in: Bh. 11 (1868) S. 244—246. Streitschrift. S. 74—76: „Der abgenutzte Bannfluch u. die schreckliche Gesellschaft der Frmr."
[Heinsius: Allgem. Bücher-Lexikon. 15, 2 (1878) S. 417.]

Rock, Der heilige, und der Brief des Herrn Johann Ronge. Leipzig 1845. V: *Goltz, Bogumil.* (Russell XI, 84.)

— der heilige, u. der Brief des Herrn Johannes Ronge. 8. (3 B.) Leipzig 845, Michelsen.

— der sogenannte heilige, zu Trier, e. Betrug der Clerisei. Ein Mahnwort an alle Christen v. Junius (H. Wesendonck). gr. 8. (48 S.) Leipzig 891. C. Minde. n. — 50

Rock, der hl., in Trier. Eine Beleuchtung der unter gleichem Titel erschienenen Schrift d. Domkapitulars Hrn. v. Wilmowsky. Von A. Rhenanus. 8. (59 S.) Trier 876. Paulinus-Druckerei. n. — 50

Rock, der heilige, zu Trier, s.o. Schriften f. das evangelische Deutschland.

—— der heilige, zu Trier. Ein Anklageschrift gegen bischöfl. Sekretär C. Willems. 1.–5. Aufl. gr. 8. (22 S.) Halle a. S. 891, Strien. * — 20

—— der heilige, zu Trier im J. 1512 u. im J. 1844. Ein brüderlicher Glückwunsch an die deutsch-kath. Gemeinden. gr. 8. (½ B.) Berlin 845, Hermes.

—— der heilige, in Trier u. kein anderer, od. die kritischen Schneider in Bonn, d. i.: Ungelehrte Widerlegung des gelehrten Buches: „der h. Rock zu Trier u. die 20 andern h. ungenähten Röcke v. J. Gildemeister u. H. v. Sybel," v. e. koblenzer Pilger. gr. 12. (1 B.) Koblenz 844, Blum.

—— der heilige, zu Trier u. die Lästerer desselben. gr. 8. (1 B.) Luxemburg 844. (Trier, Gall.) *

—— der heilige, zu Trier u. der kathol. Priester Johannes Ronge. Ein freimüthiges Wort an die Christen deutscher Nation. 2. Aufl. gr. 8. (2 B.) Mainz 844, Halenza.

Rock, Der heilige, und seine Wunderkraft. **Münster 1845.** V: *Schweling, Antonette geb. Landschütz.* (RASS)

—— der heilige, u. seine Wunderkraft od. ausführliche Berichte üb. die während der Ausstellung des h. Rockes geschehenen wunderbaren Heilungen 2c. Mit einer Medaille. 32. (96 S. u. 1 Stnt.) Borken 845, Brunn.

—— der heilige, im Zusammenhange m. mehreren Erscheinungen der neueren u. neuesten Zeit. Ein Fragment z. Geschichte der Gegenwart v. Christianus Germanicus Antiromanus. gr. 8. (6½ B.) Kiel 844, Universitäts-Buchh.

— der heilige, im Zusammenhange mit mehreren Erscheinungen der neueren und neuesten Zeit. Ein Fragment zur Geschichte der Gegenwart von Christianus Germanicus Antiromanus. gr. 8. Kiel 845, Universitäts-Buchh. ½ ß

Rock, der lange, eine wahre Gesch., v. einem Großvater. 8. Potsdam, Horvath. 780.

—— der ungenähte, oder König Orendel wie er den grauen Rock gen Trier brachte. Gedicht des 12. Jahrhund. übersetzt v. Carl Simrock. gr. 8. (12½ B.) Stuttgart 845, Cotta'sche Bh.

Rock Christi, der ungenähte graue, wie König Orendel von Trier ihn erwirbt, darin Frau Breiden u. das heilige Grab gewinnt, u. ihn nach Trier bringt. Altdeutsches Gedicht, aus der einzigen Handschrift, m. Vergleichung des alten Drucks, hrsg. v. Friedr. Heinr. von der Hagen. gr. 8. (9½ B.) Berlin 844, Herm. Schultze. Thlr.

Rock, Hauptmann, Memoiren, s. Th. Moore.

Rock. Aus u. über Rom. Aus d. Englischen. gr. 12. (14 B.) Reutlingen 845, Mäcken Sohn.

Rock, Aug., das Vormundschaftswesen in Baden, nach den Bestimmgn. des bürgerl. Gesetzbuches üb. die Vormundschaft u. Pflegschaft unter Berücksicht. der bad. Ausführungsvorschriften, zum Gebrauche f. Vormünder, Gegenvormünder, Familienräthe, Waisenräthe, Staats- u. Gemeindebehörden. 8. (82 S.) Freiburg i/B. 900. F. E. Fehsenfeld. n.n. — 75

Rock, Hermann, Referendar aus Düsseldorf: **Die Erleichterung für Eigentumserwerb an Geld nach gemeinem Recht und nach Bürgerlichem Gesetzbuch.** *Düsseldorf 1901: F. Dietz.* (39 S.) 8° [Umschlagt.]
Rostock, Jur. Diss. v. [10. Aug.] 1901

Rock, Herm., Schultzens in Italien. Humoristische Erzählg. 8. (76 S.) Berlin (900). H. Steinitz. n. 1.—

Rock, Johann Friedrich

– J.J.J. AUS DEM DUNCKELEN INS HELLE LICHT GESTELLET; nemlich: Bruder Johann Friedrich Rocks Reise-Beschreibung, von der Ronneburg im Hochgräflich-Ysenburgischen über Bayreuth durch Sachsen-Land bis Breslau und zurück; Im Jahr 1723. bis im Jenner 1724. gnädigst und wohl, Gottlob! bey munteren Lebens- und Geistes-Kräften, angefangen und auch beendiget. Nebst denen auf der Reise geschehenen und auch übergebenen Aussprachen und Zeugnissen des Geistes der wahren Inspiration. Nunmehro bey 32. Jahre nach seinem stillen und gnädigen Tod zum Druck befördert. – o.O. 1781. 135 S.

– ERBSCHAFFT AUS ... JOH. FRIED. ROCKS HINTERLASSENSCHAFFT. – 1777. – angeb an: Rock: Dritte Sammlung, 2. Aufl., 1777. – s. Nr 2486.

– AUFRICHTIGE UND WAHRHAFFTIGE EXTRACTA Aus dem allgemeinen Diario Der wahren Inspirations-Gemeinden *(ab T. 13 u.d.T.: Sammlung, Das ist Auszug Aus denen Jahr-Büchern Der Wahren Inspirations-Gemeinschafften).* T. 1–42. – o.O. 1736–1789.

1. 1736.	*10.–11.* 1749.
2. 1738.	*14.* 1761.
3. 2. Aufl. 1777.	*15.* 1764.
4. 1739.	*18.–20.* 1780.
5. 1740.	*21.–22.* 1781.
6.–7. 1741.	*29.* 1783.
8. 1742.	*31.* 1784.
9. 1744.	*42.* 1789.

(Nur von diesen Teilen ließen sich Besitznachweise ermitteln.)

T. 1.:
J[esus]. J[ehovah]. J[mmanuel.]. Aufrichtige und wahrhafftige Extracta, Aus dem allgemeinen Diario, Der wahren Inspirations-Gemeinden im Isenburgischen, de Anno 1733 & 1735. [1. Sammlung]. Auf Verlangen guter Freunden, und aus besondern Ursachen hrsg., Von einem Liebhaber der Wahrheit. 2. Cor. 6,8. – o.O. 1736. 40 S. *(hauptsächlich Inspirationen von Rock.)*

T. 3:
J.J.J. Dritte Sammlung, oder Auszug, Aus denen Jahr-Büchern Der Wahren Inspirations-Gemeinschafften; Aufrichtig und wahrhaftig heraus geschrieben. Enthaltend: Bezeugungen des Geistes des Herrn an erweckte und begnadigte Seelen in- und ausser unserer Gemeinschafft, Auf einer Reise durchs Würtemberger Land und in die Schweitz etc. im Jahr 1738. – Der Zusatz ist bey diesem zweyten Abdruck: Unsers in Gott ruhenden Br. Joh. Fried. Rocks Wahrheits- und Erfahrungs-volle Erzehlung; Wie Er zu dem besonderen Werck der Inspiration gekommen im Jahr 1714, und schon gedruckt 1715. Endlich auch Seine allerletzte Göttliche Aussprache auch Sterbens-Umstände und Abschieds-Lied. Wahrheits-Belebern und auch nur Wissern zur Prüffung und Zeugniß. 1. Corinth. 4,20. Denn das Reich Gottes ist nicht in Worten, sondern in Kraft. – Gedruckt 1777. 144, 40 S.
angeb.: Selah! Sammlet die übrige Brocken; daß nichts umkomme. Endlich nach dem Tod eine kleine verwahrte Erbschafft; Aus unsers L. und in Gnaden verstorbenen Br. Joh. Friedr. Rocks Hinterlassenschafft. Beym Leben aufgeschrieben wie folget: mit Buchstaben und In Worten. Psalm Dav. 37,18. Der Herr kennet die Tage der Frommen, (Aufrichtigen) und ihr Gut wird ewiglich bleiben. – Gedruckt im Jahr 1777. 40 S.

T. 4:
J.J.J. Aufrichtige und warhaftige Extracta ... 4. Sammlung, In sich haltend: Alle bisher an die Herrnhutische Gemeine und auch einige besondere Seelen ergangene Göttliche Zeugnüsse, Auf Befehl des Geistes des Herrn, dem Druck übergeben. Welchen, Zu desto deutlichern Erläuterung, die zwischen der Herrnhutischen und Inspirations-Gemeinen gewechselte Briefe. Auf vieler Ansinnen und Gutachten, beygefüget sind. Matth. 7,20. – o.O. 1739. 310 S. *(u.a. Inspirationen von Rock, Briefe an ihn und von ihm.)*

T. 5:
J.J.J. Aufrichtige und wahrhaftige Extracta … 5.Sammlung. Enthaltend: Einige besondere Oeffnungen Des Geistes des Herrn, De Annis 1715.16.17.18.19.20. An und bey Verschiedenen Orten und Gelegenheiten geschehen. Für Sünder und Kinder, Im Reich der Natur und Gnaden. Zur Übung und Prüfung ans Licht gestellt. Joh. 17. Ich habe ihnen gegeben dein Wort und die Welt hasset sie. Ich bitte aber nicht allein für sie, sondern auch für die, so durch ihr Wort an mich glauben werden. – o.O. 1740. 80, 12 S. *(Inspirationen von Rock.)*

T. 6:
… 6.Sammlung. Worinnen Die Begebenheiten, so nach der 4.Sammlung, zwischen der Herrnhutischen und Inspirations-Gemeinen, im Jahr 1739. und 1740. etc. vorgefallen, etc. Ans Licht gestellet werden. Mit Gott. Wer Ohren hat zu hören, Augen zu sehen, und ein Hertz zu mercken, zu fassen und zu unterscheiden, der gebe hier auf Acht. Dann es gilt und bestehet, im Licht und Gericht, kein Schein und Wissen, sondern Wesen, ja nur Gnade und Warheit. Luc. 6. Selig seyd ihr, so euch die Menschen hassen … o.O. 1741. 208 S.

T. 7:
… 7.Sammlung. Worinnen zu finden Alle die Bezeugungen des Geistes des Herrn, so auf der Reise im Würtenberger- und Schweitzer-Land geschehen im Jahr 1741. Auf Begehren vieler Mit-Berufenen, Als eine warhaftige und gnädige Spur, zur neuen Creatur, Göttlichen Leben, Wandel und Natur, Ans Licht gestellt Mit Gott. Die da folgen, werdens finden. Ezech. 36. Ich wil meinen Geist in euch geben. – o.O. 1741. 192 S.

T. 8:
… 8.Sammlung. Enthaltend: Einige Gefährlichkeiten mit und unter falschen Brüdern. Dan. 12. Marc. 13. Viele werden gereiniget, geläutert und bewähret werden … . – o.O. 1742. 78 S.

T. 9:
… 9.Sammlung Worinnen zu finden: Die Bezeugungen des Geistes des Herrn Welche nach der 4. und 6.Sammlung im Jahr 1741. 1742. und 1743. an die unter dem Nahmen bekannte Herrnhutische oder Mährische Bruder, Wie auch An die Glieder der so genannten Inspirations-Gemeine ergangen sind: Zur Offenbahrmachung und Warnung ans Licht gestellet. Zuletzt folgt: J.F. Rocks Tage-Buch bey seinem Bein-Bruch [d.i. Einige Reimlein, aufgesetzt unter mancherley Leibes-Schmertzen]. Matth. 7. Sehet euch für, für den falschen Propheten … . o.O. 1741. 84 S.
angeb.: (Rock:) Einige Reimlein, aufgesetzt unter mancherley Leibes-Schmertzen, Doch Gott Lob In Friede und Ruhe im Hertzen, Von einem Patienten, Welcher sich zu der Zeit aufhielte Zu Reichel-heim in der Wetterau. Im Jahr 1740. Zum Druck befördert Anno 1741. 120 S.

T. 10:
… 10.Sammlung, Worinnen man findet: Einige besondere Oefnungen und Bezeugungen des Geistes des Herrn, In und über unsere Gemeinschafft, Der Jahre 1741.42.43.44.45. und 46. Und zuletzt: J.F. Rocks Tage-Buch, bey einem Besuch oder Reyß, biß auf Genf und in die Schweitz. Aber! Nur im Lesen ist doch kein Genesen. B. Weißh. 16.12. Dann es heilete sie weder Kraut noch Pflaster, sondern dein Wort, Herr! welches Alles heilet. – o.O. 1749. 96 S.
Sondert.: Lichte und Leichte, Auch Dunckele und Schwehre Stunden, Bey Mit-Berufenen Freunden und Feinden aus Gnaden gefunden, Auf der Reyß Biß nach Genf, und in der Schweitz. Nach dem innern Zustand und Zeugniß des Hertzens, Einfältig und ohnverstellt aufgezeichnet. In Fort-währendem Reisen. o.O. 1749. 192 S.

T. 11:
… 11.Sammlung, Enthaltend: Einige besondere Oefnungen und Bezeugungen des Geistes des Herrn, An und bey Verschiedenen Orten und Gelegenheiten, insonderheit aber bey einer brüderlichen Unterredung in denen Gemeinen der wahren Inspirations-Gemeinschafft, Geschehen im Jahr 1721 und 1722. Dem Nächsten zum Heil und Leben. Nun hier ans Licht gegeben. Der Anhang ist: Joh. Fr. Rocks Tage-Buch auf der zweyten Reyß, Durch Schwaben in die Teutsche und Welsche Schweitz. B. Weißh. 5. Das ist der, welchen wir etwa für einen Spott hatten, und für ein höhnisch Beyspiel. o.O. 1749. 184 S.
Sondert.: Anhang. Johann Fried. Rocks Weise war Auf seiner Reyse, Ein Tag-Buch zu führen, Um Müßige Stunden auch nicht zu verliehren. Man findet darinnen: Gutes und Böses in Lieb und Leid. Wer nun beydes recht erkennet, suchet und findet: Das Gute aber wesentlich erwählt, fasset und sich damit verbindet, Nur der ist gescheid. Worzu dem L. Leser Gottes Gnade und Barmhertzigkeit auch gewünschet wird. – o.O. 1749. S. 187–296.

T. 14:
J.J.J. 14.Sammlung, Das ist: Der 14. Auszug Aus denen Jahr-Büchern Der Wahren Inspirations-Gemeinschafften Aufrichtig und wahrhafftig heraus geschrieben und in Druck gegeben. Enthaltend: Bezeugungen des Geistes des Herrn An Mitberufene und begnadigte Seelen von Gnade und Wahrheit; und von Gerechtigkeit. Auf der Reyse ins Würtembergische biß Schafhausen etc. Ausgesprochen im Jahr 1725. Lesen, hören, wissen und doch nicht thun Schaffet im Hertzen kein bleibendes Ruhn. Auf dem übrigen Platz ist ein Zusatz Von dem Erniedrigungs-Lauf eines Sünders auf Erden in- und durch Gnade, So auf obiger Reyß in einem Tag-Büchlein aufgeschrieben worden Von Johann Friederich Rock. 1.Cor. 9. Ich lauffe, aber also: Nicht als aufs Ungewisse. – Gedruckt im Jahr 1761. 240 S.
Sondert.: Nun folgt der Zusatz aufm übrigen Platz. Nemlich ein Reyß-Büchlein Nach Stuttgard, Tübingen etc. Schaffhausen etc. Und wie es ist ergangen Von Innen und von Aussen, Bey Stille-seyn, beym Braussen Auf dieser Reyß Zu Gottes Preiß: In Reimen und Send-Schreiben beschrieben, daß es soll Ein Denckmal seyn und bleiben, Von Johann Friederich Rock, Dem Krieg ankündigenden Friedens-Bott Und seinem Mit-Streiter Br. W.E. Neun. Im Jahr 1725. Wer Augen hat der sehe! daß er den besten Weg, den er soll prüfen, gehe! S. 139–240.

T. 15:
J.J.J. 15.Sammlung, Das ist Der 15. Auszug Aus denen Jahr-Büchern Der Wahren Inspirations-Gemeinschafften Aufrichtig und wahrhafftig herausgeschrieben und in Druck gegeben. Enthaltend: Bezeugungen des Geistes des Herrn Der da richte, und ein Feuer anzünde in Mitberufenen und andern Seelen, Der Noth zu entgehen, die im Anbruch ist, und schröcklich seyn wird, als mans glaubet. Ausgesprochen im Jahr 1726. Auch ein Bericht einer Ehelichen Verbindung in der Brüder Gemeinschaffts-Mitten. – Von dem Erniedrigungs-Lauf eines Sünders auf Erden in- und durch Gnade: Reimelein, da im gefangen-seyn die Gnade floß mit ein. Und Unmittelbare Erweckungs-Umstände unter Indianern in Nord-America. Jesaiä 65.8. – Im Jahr 1764 ausgegeben. 248 S.
Sondert.: Jerem. 26. – 1. Prophetische Anzeige Von Feuer und Ungewitter: und eine Aufforderung an berufene Fremdlinge zum gemeinschaftlichen Gebeth und Flehen, um vor den Riß zu stehen, und als durch Verfolgung Gezeichnete Der Noth zu entgehen: 1714 *(S. 161–168)*. Ferner Zum Erniedrigungs-Lauf eines Sünders auf Erden in- und durch Gnade: 2. Was Er bezeugen müssen Zur Beschneidung der Reben, daß rechte Früchte kommen, 1722 *(S. 168–170)*. Und 3. 4. 5. zur Warnung vor dem zukünfftigen Zorn, 1723. und 1726 *(S. 171–176; 176–178; 178–188)*. 6. Benebst Zufälligen Reimlein, zum Zeit-Vertreib beym gefangen-seyn in Franckfurt am Mayn vom 19. biß 24.September 1726 *(S. 188 bis 202)*. 7. Und am End: Gottes Werck an Indianern in America *(S. 203–248)*. – Jerem. 26. – o.O. 1764. S. 159–248.

T. 18:
J.J.J. 18.Sammlung oder Auszug Aus denen Jahr-Büchern Der wahren Inspirations-Gemeinschaften. Redlich und aufrichtig heraus geschrieben und ans Licht gestellet. Worinnen Bezeugungen des Geistes des Herrn sind zu finden: Was höchst nöthig und höchst wichtig vor Menschen-Kinder und Sünder, zum Göttlichen Leben und Wandel nach Jesu Sinn im Geist und in der Wahrheit auf Zeit und Ewigkeit. Ausgesprochen im Jahr 1728. Von J.F. Rock. Psalm 65. Gottes Brünnlein hat Wassers die Fülle. – o.O. 1780. 122 S.

T. 19:
J.J.J. 19.Sammlung, oder Auszug aus denen Jahr-Büchern der wahren Inspirations-Gemeinschaften, redlich und aufrichtig heraus geschrieben und ans Licht gestellet. Worinnen Bezeugungen des Geistes des Herrn, Im Hoch-Gräflich-Ysenburgischen und Wittgensteinischen, in unsern Gemeinschafts-Mitten bey brüderlichen Unterredungen, und auch bey einen kurtzen Besuch im Hoch-Fürstlich-Würtembergischen ausgesprochen, durch Johann Friedrich Rock. Im Jahr 1729. Johannes 17. Ich habe Ihnen gegeben dein Wort, und die Welt hasset Sie. – o.O. 1780. 94 S.

T. 20:
J.J.J. 20.Sammlung das ist: Ein Auszug aus denen Jahr-Büchern der wahren Inspirations-Gemeinschaften, redlich und aufrichtig herausgeschrieben und ans Licht gestellet. Worinnen: Bezeugungen des Geistes des Herrn, in unserer Bruder- und Gemeinschafts-Mitten, bey Versuchungs, Besuchungs- und Unterredungs-Vorfallenheiten, Proben, Arbeiten und mancherley Anliegen; Wie auch auf einer Reise und Besuch im Zweybrückischen geschehen und ausgesprochen im Jahr 1729. von Johann Friedrich Rock. 2.Thes. 3. Der Glaube ist nicht jedermanns Ding. – o.O. 1780. 70 S.

T. 21:
J.J.J. 21.Sammlung oder Auszug aus denen Jahr-Büchern der wahren Inspirations-Gemeinschaften, redlich und aufrichtig herausgeschrieben und ans Licht gestellet. Worinnen: Bezeugungen des Geistes des Herrn, Auf Reisen bey schwachen Schritten. Auch hie und da in Bruder-Mitten; Bey inn- und äusern Geists-Gefahren Vor Selbstbetrug auch zu bewahren: Daß ja nicht Laodicäerey In uns zuletzt erfunden sey. Ausgesprochen durch Br. Johann Friedrich Rock im Jahr 1730. 1. Buch Mose 17. Wandle vor Mir und sey fromm (aufrichtig). – o.O. 1781. 125 S.

T. 22:
J.J.J. 22.Sammlung, oder Auszug aus denen Jahr-Büchern der wahren Inspirations-Gemeinschaften; redlich und aufrichtig herausgeschrieben und ans Licht gestellet. Worinnen: Bezeugungen des Geistes des Herrn, Welche alle in der Gemeinschafts-Mitten hin und wieder ausgesprochen, bis auf Eine im Würtenberger-Land, allwo sechs Herrn Pfarrer etc. versammlet und gegenwärtig waren; welche auch alle mit dem Br. Johann Friedrich Rock, als dem Aussprecher gar wohl bekannt. Und geschehen im Jahr 1731. Matth. 7. Suchet; so werdet ihr finden. – o.O. 1781. 127 S.

T. 29:
J.J.J. 29.Sammlung, oder Auszug aus denen Jahr-Büchern der wahren Inspirations-Gemeinschaften. Worinnen, Bezeugungen des Geistes des Herrn; hie und da in denen Brüderlichen Gemeinden, im Hochgräflich-Ysenburgischen ausgesprochen Durch Br. Joh. Friederich Rock. Himmel und Erden werden vergehen; Aber meine Worte werden nicht vergehen: Spricht Jesus Matth. 24. – Zum Neujahr gedruckt 1783. 88 S.

T. 31:
A. und O! Die 31.Sammlung Oder Auszug aus denen Jahr-Büchern der wahren Inspirations-Gemeinschaften vom Jahr 1736. Worinnen Bezeugungen des Geistes des Herrn, An verschiedenen Orten und in brüderlichen Versammlungen Auch auf einer Reise im Würtembergischen bis Augsburg. Durch Br. Joh. Friedr. Rock ausgesprochen. 2.Cor. 3,6. – Gedruckt im Jahr 1784. 62 S.

T. 42:
J.J.J. 42.Sammlung oder Auszug aus denen Jahr-Büchern der wahren Inspirations-Gemeinschaften. Redlich und aufrichtig heraus geschrieben und ans Licht gestellet. Worinnen Bezeugungen des Geistes des Herrn sind zu finden: Was höchst nöthig und höchst wichtig vor Menschen-Kinder und Sünder, zum Göttlichen Leben und Wandel nach Jesu Sinn im Geist und in der Wahrheit auf Zeit und Ewigkeit. Ausgesprochen in den Jahren 1716.17.18. und 19. durch J.F. Rock. Ps. 107. v.45. – Gedruckt im Jahr 1789. 238 S.

– GEHEIME HANDLUNGEN und Briefwechsel Hrn. Grafen von Zinzendorfs und der Herrnhuther mit dem Vorsteher der Isenburgischen Inspirirten-Gemeine Johann Friedrich Rock, Gräfl. Isenburg-Büdingischen Hof Sattler, als nöthige Beylagen zu deren brüderlichen Vereinigung und hierauf geführten Liebes-Krieg. – Franckfurth a.M. 1741. 20 S.

– FORTSETZUNG DER GEHEIMEN HANDLUNGEN und Briefwechsel Hrn. Grafen von Zinzendorfs und der Herrnhuther mit dem Vorsteher der Isenburgischen Inspirirten-Gemeine Johann Friedrich Rock, Gräfl. Isenburg-Büdingischen Hof Sattler, als nöthige Beylagen zu deren brüderlichen Vereinigung und hierauf geführten Liebes-Krieg. – Frankfurt a.M. 1741. 36 S.

– Des Herrn Grafen von Zinzendorfs & der Herrnhuter BRÜDERLICHE VERBINDUNG & darauf geführter Liebes-Krieg mit der Isenburgischen Inspirirten Gemeine & deren Vorsteher dem Sattler Johann Friedrich Rock, von diesem selbst beschrieben. – Franckfurth 1741.

– WOHL UND WEH, So Der Geist der wahren Inspiration in Denen Schwäbischen Landen und Reichs-Stätten, Insonderheit Durch Johann Friedrich Rock, Sattlern, In Begleitung Unterschidlicher inn-ermeldter Gehülffer A. 1716, 1717 und 1718 Ausposaunen lassen. – o.O. 1719. 252 S.

– J.J.J. Anno 1742 K . . . im Altkirchischen den 5. Aprill. geschahe folgendes WORT DES HERRN AN DIE HIRTEN UND LEHRER auch in diesem Lande, Durch Johann Friederich Rock, Sattlern, Als Er eben mit seinen Reiß-Gefährten die Mittags-Suppe genossen wolte. – o.O. 1742. 4 ungez. Bl.

Rock, Kurt, Rechtsprakt.: Der Schutz des deutschen Urhebers in den Ländern der Berner Union und in Österreich-Ungarn. Erlangen 1909: Junge. VIII, 129 S. 8°
Erlangen, Jur. Diss. v. 4. Okt. 1909, Ref. Allfeld
[Geb. 5. Aug. 86 Würzburg; Wohnort: München; Staatsangeh.: Bayern; Vorbildung: Gymn. Ansbach Reife Juli 04; Studium: München 5, Kiel 1, Erlangen 2 S.; Rig. 2. Juli 09.] [U 10. 719

Rock, Wilh., Leitfaden der Somatologie u. Hygiene f. Mädchenlyzeen. Nach dem Normallehrplane bearb. gr. 8. (III, 83 S. m. 66 Abbildgn.) Wien 902. A. Pichler's Wwe. & Sohn. Geb. in Leinw. n. 1. 40

Rock, Dr. Wilhelm, Leitfaden der Somatologie und Hygiene für Mädchenlyzeen. Mit 88 in den Text gedruckten Abbildungen. 2., durchgesehene Auflage. Wien 1908. A. Pichlers Witwe & Sohn. Geb. K 1.60.

Rock, Wilh., Leitfaden der Somatologie u. Hygiene f. Mädchenlyzeen. Nach dem Normallehrplane bearb., 2., durchgeseh. Aufl. (III, 98 S. m. 88 Abbild.) gr. 8. Wien 909. A. Pichler's Wwe. & Sohn. Geb. bar 1.40

Rock, Dr. Wilhelm, Naturgeschichte des Pflanzenreiches. Zum Gebrauche an Mädchenlyzeen. I. Abteilung. (Mit 98 Abbildungen im Text und 49 farbigen Pflanzenbildern). Wien 1904. K. k. Schulbücherverlag. Preis, geheftet 2 K 65 h, gebunden 2 K 90 h.

Rock, Dr. Wilhelm, Naturgeschichte des Pflanzenreiches. Zum Gebrauche an Mädchenlyzeen. III. Abteilung. (Mit 62 Abbildungen im Text und 10 farbigen Pflanzentafeln.) Wien 1906. Schulbücherverlag. Geh. K 1.80, geb. K 2.—.

Rock, Dr. Wilhelm, Naturgeschichte des Thierreiches. Zum Gebrauche an Mädchen-Lyceen. I. Abtheilung: Säugethiere. (Mit 97 Abbildungen.) Wien 1902. K. k. Schulbücher-Verlag. Preis, geheftet 1 K 70 h, gebunden 1 K 90 h.

Rock, Dr. Wilhelm, Naturgeschichte des Tierreiches. Zum Gebrauche an Mädchen-Lyceen. II. Abteilung: Vögel, Kriechtiere, Lurche, Fische. Mit 147 Abbildungen. Wien 1902. K. k. Schulbücherverlag. Preis, geheftet 1 K 70 h, gebunden 2 K.

Rock, Dr. Wilhelm, Naturgeschichte des Tierreiches. Zum Gebrauche an Mädchen-Lyzeen. III. Abteilung. Wirbellose Tiere. Mit 219 Abbildungen. Wien 1903. K. k. Schulbücher-Verlag. Preis, geheftet 1 K 90 h, gebunden 2 K 20 h

Röck, H., religiöse Uebungen in der Schule, s.: Volksbildung u. Schulwesen.

Röck, Heinr., die Aufgabe des Protestantismus. — Religion u. Christenthum. 2 Vorträge, gehalten den 3. Jan. u. den 28. Febr. 1866. Freiburg im Br. 866. Schmidt. 8. (37 S.) n. 6 ngr.

—— das Wesen und die Bedeutung der heiligen Schrift. Ein Vortrag, gehalten den 27. Novbr. 1865. gr. 8. (24 S.) Freiburg i. Br. 866, Schmidt. *

Röck, Hermann

Röck H.: **Religion, Sittlichkeit und Ästhetik. 9. Bielitz R. 76.**
Progr.

Imst, R.: Schulnachrichten u. Rückblick auf den zehnj. Best. der Anstalt v. H. Röck. 4. 1882.
Progr.

Röck Herm.: Die Starkenberger und ihre Fehde mit Herzog Friedrich von Österreich. 26. Imst R. 76.
Progr.

Röck H.: Über die Vergangenheit des Marktes Imst. 18. Imst. R. 82.
Progr.

Röck, Hubert (Hrsg.), s. Montaigne, Michel de: Worte.

Der unverfälschte Sokrates, der Atheist und 'Sophist', und das Wesen aller Philosophie und Religion, gemeinfassl. dargest. von Hubert **Röck**
Innsbruck: Wagner 1903. (IV, 542 S.) 8°

Röck, Hub., der unverfälschte Sokrates, der Atheist u. „Sophist" u. das Wesen aller Philosophie u. Religion, gemeinverständlich dargestellt. (IV, 542 S.) gr. 8. Innsbruck 906. Wagner. n. 10.30

Röck, Hub., Worte Montaignes. (XV, 219 S. m. 1 Bildnis.) kl. 8. Minden (909). J. C. C. Bruns.
Geb. in Leinw. 2.50; Luxusausg. 4. —

Röck, J. M., Anleitung in kürzester Zeit sich die span. Sprache eigen zu machen, für jene, welche d. französ. od. italien. Sprache bereits mächtig sind. In ein. nach d. Gange d. Grammatik erfolgten Darstell. d. Eigenthümlichkeiten d. span. Sprache, u. ihrer Abweichungen in d. Redensart von d. mit ihr verschwisterten Sprachen d. Franzosen u. Italiener. Nebst Beispielen, aus d. besten span. Klassikern entlehnt, u. in's Franzöf. u. Deutsche übers. gr. 8. (6½ B.) Innsbruck 839, Wagner'sche Bh.

Rocke, Einführung d. Schläge-Wirthschaft statt d. bisherigen Dreifelder-Wirthschaft. Ein Leitfaden f. Landwirthe u. angeh. Oekonomen, tabellar. dargestellt. 8. (3 B.) Crossen 838. (Leipzig, Michelsen.)

Rocke, s.: Rechenbuch.

Rocke, die Schäden der Leihhäuser f. den Uhren- u. Goldwaren-Handel. Ein Missstand im gewerbl. Leben u. die Mittel zu seiner Behebg. Im Auftr. des Verbandes deutscher Uhrengrossisten in Leipzig, des deutschen Uhrmacher-Bundes in Berlin, der deutschen Uhrmacher-Vereinigg. in Leipzig etc. besprochen. (21 S.) 8. Leipzig. W. Diebener. n.n. — 30

Rocke, Dr., Die Schäden der Leihhäuser für den Uhren- und Goldwaren-Handel. Ein Missstand im gewerblichen Leben und die Mittel zu seiner Behebung. 8⁰. Leipzig, W. Diebener, 1905.

– (Hrsg.), s. Sparkasse, Die

— Ueber Tarifgemeinschaften. Vortrag, geh. in der Hauptversammlg. des Vereins deutscher Salinen am 17. IX. 1906 in Dresden. (32 S.) gr. 8. Leipzig (907). W. Diebener. — 60

Rocke, G., Aufgaben f. mündliches u. schriftliches Rechnen in gegliederten Volksschulen. Hft. 1—6, 7a, b. 8. Leipzig 893. [E. Peter.] Dürr'sche Buchh. n.n. 2. 15
1. 2., verb. Aufl. (24 S.) n.n. — 15. — 2. 3., verb. Aufl. (96 S.) n. — 30. — 3. 3., verb. Aufl. (76 S.) n.n. — 25. — 4. 4., verb. Aufl. (56 S.) n.n. — 25. — 5. u. 6. 2. u. 3., verb. Aufl. (60 u. 61 S.) à n.n. — 25. — 7a. Für die 2 oberen Knabenklassen. 3., verb. Aufl. (88 S.) n.n. — 35. — 7b. Für die 2 oberen Mädchenklassen. 3., verb. Aufl. (96 S. m. Fig.) n.n. — 35.

— dasselbe. Hft. 7a. Facithft. 8. (16 S.) Ebd. 893. n.n. — 25

Rocke, G., Aufgaben für mündliches u. schriftliches Rechnen in geglied. Volksschulen. Hft. 7a. u. b. 4. Aufl. 8. Leipzig 899. Dürr'sche Buchh. à n. — 35
7a. Für die 2 oberen Knabenklassen. Wiederholungen. Prozentrechngn. Zinsrechng. Mischungs- u. Verteilungsrechng. Aufgaben aus d. realist. Unterrichtsfächern u. d. Versicherungswesen. (88 S.)
7b. Für obere Mädchenklassen. Wiederholgn. Einfache u. zusammenges. Regeldetri. Prozentrechnung. Bürgerliche Rechnungsarten. Aufgaben aus d. Hauswirtschaft. Geometrische Aufgaben. (96 S. m. Fig.)

— G. Röger u. F. Wolf, Aufgaben f. schriftliches Rechnen. 4 Hfte. 8. Ebd. 894. n.n. — 95
1. (48 S.) n.n. — 25. — 2. (32 S.) n.n. — 15. — 3. (64 S.) n.n. — 25. — 4. (80 S.) n.n. — 30.

— Röger, G., u. F. Wolf, Aufgaben f. schriftliches Rechnen. Ausg. A. In 4 Hftn. 8. Ebd. 898. n.n. — 95
1. D. Zahlenraum bis 1000. 6. Aufl. (48 S.) n.n. — 25
2. D. unbegrenzte Zahlenraum in reinen u. benannten Zahlen. Preisberechngn. 6. Aufl. (32 S.) n.n. — 15
3. Dezimalzahlen u. gemeine Brüche. Schlußrechngn. Zeitrechng. 5. Aufl. (64 S.) n.n. — 25
4. D. bürgerl. Rechnungsarten. Aufgaben aus d. Raumlehre. 5. Aufl. (80 S. m. Fig.) n.n. — 30

— — — dasselbe. Ausg. A. Ergänzungsheft. Kranken-, Unfall-, Invaliditäts- u. Altersversicherg., Lebensversicherg. im Anschl. an d. Zinseszinsrechng. 2., verb. Aufl. 8. (16 S.) Ebd. 898. n.n. — 10

— — — dasselbe. Lösungen z. 2.—4. Hft. 8. (64 S.) Ebd. 895. — 60

Rocke, G., G. Röger u. F. Wolf, Aufgaben f. schriftliches Rechnen. Ausg. A. In 4 Hftn. 8. Leipzig 902. Dürr'sche Buchh. n.n. — 95
1. Der Zahlenraum bis 1000. 11. Aufl. (48 S.) n.n. — 25
2. Der unbegrenzte Zahlenraum in reinen u. benannten Zahlen. Preisberechnungen. 12. Aufl. (32 S.) n.n. — 15
3. Dezimalzahlen u. gemeine Brüche. Schlußrechnungen. Zeitrechnung. 11. Aufl. (64 S.) n.n. — 25
4. Die bürgerlichen Rechnungsarten. Aufgaben aus der Raumlehre. 10. Aufl. (80 S. m. Fig.) n.n. — 30

— — — dasselbe. Lösungen zu Hft. 2—4. 2. durchgesch. Aufl. 8. (64 S.) Ebd. 900. 1. —

— — — dasselbe. 1. u. 2. Vorstufe. 8. Ebd. n. — 40
1. Der Zahlenraum 1 bis 10. 4. Aufl. (16 S.) 901. — 15
2. Der Zahlenraum 1 bis 20 u. 1 bis 100. 5. unveränd. Aufl. (48 S.) 901. n.n. — 25

Rocke, G., G. Röger, u. F. Wolf, Aufgaben f. schriftliches Rechnen. Ausg. A. In 4 Heften. Unter Berücksicht. der neuen deutschen Rechtschreibg. hrsg. 8. Leipzig 904. Dürr'sche Buchh. n.n. — 95
1. Der Zahlenraum bis 1000. 13. Aufl. (48 S.) n.n. — 25
2. Der unbegrenzte Zahlenraum in reinen u. benannten Zahlen. Preisberechnungen. 13. Aufl. (32 S.) n.n. — 15
3. Dezimalzahlen u. gemeine Brüche. Schlußrechnungen. Zeitrechnung. 12. Aufl. (64 S.) n.n. — 25
4. Die bürgerlichen Rechnungsarten. Aufgaben aus der Raumlehre 12. Aufl. (80 S. m. Fig.) n.n. — 30

— — — dasselbe. Ausg. B. f. einfachere Schulverhältnisse. In 3 Hften. bearb. 8. Ebd. 896. n.n. — 75
1. (48 S.) n.n. — 20. — 2. (64 S.) n.n. — 25.
3. (80 S.) n.n. — 30.

Rocke, G., Reduction der in allen deutschen Staaten seither gebräuchlichen Feld-, Flächen-, Flüssigkeits-, Getreidemaße, Gewichte, Holz- u. Kubik- Längenmaße in die neuen des norddeutschen Bundes. 7 Nrn. Leipzig 870. Serbe. 32. Jede Nr. (8—10 S.) 1½ ngr.

Rocke, G., Tafelrechenhefte für gehobene Volksschulen. 8 Hefte. gr. 8. Leipzig 881, Peter's Verlag. [1. und 2. Heft. (36; 42 S.) à * 20 Pf.; 3.—8. Heft. (40; 40; 40; 36; 36; 44 S.) à ** 25 Pf.] ** 1 90

Rocke, G. M., Festrede zur 50jährigen Jubelfeier der Schlacht bei Leipzig, gehalten zu Calbe a. S. am 18. Octbr. 1863. 2. Aufl. Calbe, (Hartte.) 8. (11 S.) n. 2 ngr.

Rocke, Ghelf. Moritz, Gotteswort in der Spinnstube. In Erzählungen auf Stellen der heil. Schrift für das christliche Landvolk. gr. 8. (IV und 107 S.) Eckartsberga 852, Eckartshaus.

Rocke, Ghelf. Mor., das Hohelied, Erstlingsdrama aus dem Morgenlande; od. Familiensünden u. Liebesweihe. Ein Sittenspiegel f. Brautstand u. Ehe. 8. (VI u. 183 S.) Halle 851, Pfeffer. n. ½ ℛ

Rocke, Ghf. Mr., evangelische Katechismuslehre. Ein Leitfaden beim Schul- und Confirmandenunterrichte zur Erklärung des Lutherischen kleinen Katechismus nach dem in der Provinz Sachsen eingeführten Barlebener Spruchbüchlein für Geistliche und Lehrer. Leipzig 856. Reclam sen. gr. 8. (VIII, 248 S.) 24 ngr.

Rocke, Gotth. Mor., evangelische Katechismuslehre in Entwürfen. Ein Leitfaden beim Schul- u. Confirmandenunterrichte zur Erklärung des kleinen Katechismus nach dem Lehrgange des Barlebener Spruchbüchlein u. mit Rücksicht auf die Unterscheidungslehren der verschiedenen Confessionen für Geistliche u. Lehrer bearb. 2. Aufl. Halle 868. Schrödel & Simon. gr. 8. (VIII, 234 S.) 24 ngr.

— (Saitenspiel dem Herrn. 2. Thl.) Psalterlust. Schlichtes Lied für schlicht Gemüth zur häuslichen Erbauung. Delitzsch 854. Eißner. 8. (IV, 168 S.) 15 ngr.

— Saitenspiel dem Herrn. Schlichtes Lied für schlicht Gemüth. 8. (IV u. 164 S.) Delitzsch 852, Eißner. n. ⅔ ℛ; geb. mit Goldschn. n. 11/12 ℛ

—— Saitenspiel dem Herrn. Schlichtes Lied für schlicht Gemüth. 2. Aufl. 8. (VIII und 336 S.) Halle 868, Schrödel und Simon. 1 Thlr.; geb. mit Goldschn.

— Schulzenhannchen oder Das Freien auf dem Lande. Eine, das ganze Ehe- und Familienleben des Landmanns beleuchtende, Volksschrift, nach der Wirklichkeit gezeichnet. Leipzig 853. Reclam sen. gr. 8. (IV, 267 S.) 18 ngr.

Rocke, Ghelf. Mor., geistige Wallfahrt des Christen mit seinem Erlöser durch die Zeit der Fasten bis zum Pfingstfeste. Zur Belehrung und Erbauung für Christen. In 22 zusammenhäng. Predigten. gr. 8. (XIV und 353 S.) Delitzsch 847, Eißner. *

Maurergruss in Liedern. Kleine Symbolik des ersten Maurergrades. Von G[otthold] M[or.] Rocke. Hs. f. Frmr. Leipzig: Fries 1862. VIII, 175 S. 8°
Recens: Bh. 5 (1862) S. 108 (J. G. Findel); FZ. 17 (1863) S. 246 (K. Pilz); L. 21 (1862) S. 336.
Tt. 2372.

Rocke, L., der Selbstunterricht im Gesange. Eine Abhandlung in 19 Briefen nebst Beispielen. Allen Gesangvereinen Deutschlands gewidmet. Heidelberg 866. Bassermann'sche Verlagsb. Lex.-8. (VIII, 71 S.) n. 12 ngr.

Rocke, P., s.: Adress-Buch der industriellen Firmen v. Leipzig u. Umgegend.

Rocke, P., die sächsischen Landesfürsten u. die Universität Leipzig. Festschrift zur 800jähr. Jubelfeier d. Fürstenhauses Wettin. 8. (27 S.) Leipzig-Reudnitz 889. M. Hoffmann. n. — 40

Rocke, P., Allgemeine Rechtslehre [für Kaufleute]. Leipzig, 1907. 37 S.

Rocke, P.: D. Reichsgesetz betr. d. Feingehalt d. Gold- u. Silberwaren, s. Bibliothek d. Handels-Zeitung f. d. ges. Uhren-Industrie.

– Wie bekämpft der Uhrmacher d. Uhrenauktionen? . s. Bibliothek d. Handels-Zeitung f. d. ges. Uhren-Industrie.

— u. Limburg, was jeder Kaufmann vom Versicherungswesen wissen muß! Gemeinverständlich u. f. den prakt. Gebrauch dargestellt. (88 S.) 8. Hannover (Brühlstr. 1) 906. Handelsk.-Syndikus Dr. Rocke. nn 1. 60

Erinnerungen an die Kaisertage in Hannover, 26. bis 29. Aug. 1907. Mit Abb. u. e. Einl. zsgest. von Dr. [Paul] **Rocke**. Hannover: Göhmann 1907. (84 S.) 8° [F.]
[Umschlagt.:] Die Kaisertage in Hannover 1907. Zsgest. von Dr. Rocke. (08. 27) 7

Handelskammer zu Hannover. Normalspur oder Schmalspur? Rinteln oder Vlotho? Ein Beitrag z. d. lippeschen Eisenbahnplänen. Von Dr. [Paul] **Rocke**. Hannover: Handelskammer 1905. 21 S. 8° [Umschlagt.] (11. 9074

[F.] **Rocko,** *Gustav Karl* Paul [Dr. iur. aus Delitzsch]: Die Kontinentalsperre und ihre Einwirkungen auf die französische Industrie ... (Theil e. gröss. Arb.) Naumburg a,S., Druck v. Lippert & C., 1894; 2 Bl., 42 S., 1 Bl. 8.
Leipzig, Phil. Fak., Inaug.-Diss. v. [12. März] 1894

Ein Vorschlag zur Regelung der Salzgewinnung und des Salzhandels im Deutschen Reiche. Denkschrift im Auftr. d. Vereins Deutscher Salinen verf. von Dr. P[aul] **Rocke**. Hannover 1910: Göhmann. 76 S. 4°(8°) (11 2945

ROCKE, Hochgeschürzte, von *E. D.* Ins Deutsche übertragen von Georg Ritter von Hardegg (ps.). Als Manuscript gedruckt. Prag 1908. 8⁰. (Br. Mk. 12—, gebd. Mk. 15—.) 150 S.

John D[avison] **Rockefellers** Memoiren. Autor. Übers. Berlin, Leipzig, Wien, Stuttgart: Bong [1909]. XXVII, 196 S. 8° (09 1367

Rockel, Karl, a. Wormditt (Ostpreußen): Goupil. Eine semasiologische Monographie. Breslau 1906: R. Nischkowsky. (116 S.) 8°
Breslau, Phil. Fak., Ref. Appel, Diss. v. 10. Sept. 1906
[Geb. 15. Sept. 77 Wormditt (Ostpr.); Wohnort: Wormditt; Staatsangeh.: Preußen; Vorbildung: Gymn. Braunsberg (Ostpr.) Reife O. 98; Studium: Braunsberg 3, Breslau 11, Berlin 2 S.; Rig. 10. März 06.]

Rockel, Karl Johs., de allocutionis usu, qualis sit apud Thucydidem, Xenophontem, oratores atticos, Dionem, Aristidem. gr. 8. (56 S.) Königsberg 884. (Koch & Reimer.) n. 1. —

Rockel, Paul: Analyse raisonnée de la Pucelle d'Orléans par Voltaire. *Berent 1903: Wedel'sche Hofbuchdr. in Danzig.* (S. 1—8.) 4°
Berent, K. PG, P 1903 (26)

Röckel, August, des Maiverurtheilten, Entlassung aus dem königlich sächsischen Zuchthause. Coburg 862. Streit. gr. 8. (14 S.) n. 2 ngr.

Röckel, Aug., Sachsens Erhebung u. das Zuchthaus zu Waldheim. Frankfurt a. M. 865. (Jäger'sche Buchh.) 8. (III, 404 S.) n. 1 rthl.

— — 2. Aufl. Frankfurt a. M. 865. Abelmann. gr. 8. (174 S.) n. 10 ngr.

Röckel, A., die Organisation der Volksbewaffnung in Deutschland, mit besonderem Bezuge auf Sachsen. Eine Denkschrift an die deutsche Nationalversammlung zu Frankfurt u. an alle deutschen Regierungen. Auf Grund der Berathungen einer vom deutschen Vaterlandsvereine zu Dresden berufenen Commission bearb. gr. 8. (28 S.) Dresden 848, Adler & Dietze. n. 4 ngr.

Röckel, [illegible], 30 Lieder v. Paul Gerhardt usw., s.: Trömann, Christian.

Röckel, R.: Liederbuch, s. Stoffregen, II. A.

– 30 Liederperlen aus dem vierstimmigen geistlichen Melodienschatz, s.: Trömann, Christian.

– Deutscher Liederschatz, s. Stoffregen, II. A.

– Geistlicher Melodienschatz, s.: Trömann, Christian.

– Liturgische Passionsfeier auf den Nachmittag des Karfreitags, s.: Trömann, Christian.

Röckel, Wilhelm

Röckel, W., Beschreibung der *Freskogemälde aus der Geschichte Bayerns,* welche Se. Majestät König Ludwig I. in den *Arkaden des Hofgartens,* als Eigenthum des Staates, dem öffentl. Vergnügen weiht. 2. Aufl. München, d. 1. Oktob. 1829. Gedr. bey J. E. Fleischmann. (Schrannenplatz Nro. 602.) 8°. Etwas bestaubt. Ppb.
[illegible] — Selten!

[illegible]

Röckel, Wilh., die Beterin an d. Mariensäule zu München, od.: Die stille Wallfahrerin. Volks-Novelle. 3., verb. Aufl. 16. (12⅓ B.) München 841, (Lentner'sche Buchh.) *

Rockenbach, Franz, a. Kreuznach: Aus der med. Poliklinik (Prof. Dr. L. Brauer) der Universität Marburg. Über die Entstehungs- und Verbreitungsweise der Tuberkulose in dem badischen Orte Walldorf. Marburg 1905: A. Stuber, Würzburg. (S. 414—436.) 8° ¶Aus: Beiträge zur Klinik der Tuberkulose Bd 4.)
Marburg, Med. Fak., Ref. Brauer, Mannkopff, Diss. v. 23. Nov. 1905
[Geb. 16 Dez. 77 Kreuznach; Wohnort: Marburg; Staatsangeh.: Preußen; Vorbildung: Gymn. Wetzlar Reife O. 96; Studium: Gießen 4, Freiburg i. B. 1, München 1, Heidelberg 3 S.; Coll. 17. Juli 05; Approb. 13. März 01.]

Rockenbach, Theodor [aus Stuttgart]: **Untersuchung eines nicht basischen Anilin- und eines ebensolchen Toluidin-Nachlaufes.** ... Stuttgart, Buchdr. v. Rud. Glaser & Co., 1889; 51 + 1 S. 8°
Erlangen, Phil. Fak., Inaug.-Diss. v. 1889

Rockenbauer, Frz., ihre Marrise, s.: Theaterbibliothek.

Rockenmedicin; eine Wochenschrift. Wittenberg 1788 f. H: *Frentzel (Frenzel), Johann Samuel Traugott.* (MGT)

Die gestriegelte Rockenphilosophie oder aufrichtige Untersuchung derer von vielen superklugen Weibern hochgehaltenen Aberglauben. *Chemnitz 705. 8. IV. Aufl. ebd. 729. 8.

Rocken-Philosophia, Die gestriegelte, oder auffrichtige Untersuchung derer . . . Aberglauben . . . Chemnitz 1707. 5. Aufl. 1759. V: *Schmidt, Johann Georg.* (Archiv f. Litt. I, 105—8.) (BrMm) V: *Zeidler* [?]. (Verz. d. v. Meusebachschen Bibl. Berl. 1855. S. 192.)

Rocken, Philosophia, der gestriegelte, oder Untersuchung der von vielen superklugen Weibern hochgehaltener Aberglauben. Chemnitz. 4 Th. in 1 Bande. 8°.
1709

Rockenphilosophie, die gestriegelte, od. Unters. viel. Weiber hochgehaltn. Aberglaubens. 8. Chemn. Jacobäer. (Mauke.) 759.

Rockenphilosophie, die gestriegelte, od. Untersuchung vieler Weiber hochgehaltnen Aberglaubens. 8. Chemnitz 759. (Starke). 20 ℛ

Rockenstein's Rundschriftheft, s.: **Otto, H. C.**

Rockenstube, die. 2. Aufl. 8. (1 B.) Nürnberg 836, Raw'sche Bh.

Roeckerath, Hubert, Referendar: Fusion im Aktienrechte. Papenburg 1908: Ems-Zeitung. VIII, 52 S. 8°
Leipzig Jur. Diss. v. 16. Sept. 1908
[Geb. 17. Aug. 81 Cöln; Wohnort: Cöln; Staatsangeh.: Preußen; Vorbildung: Kaiser-Wilhelms-Gymn. Cöln Reife O. 02; Studium: München 1, Berlin 2, Bonn 3 S.; Rig. 5. Juni 05.] [U 09. 2645

Roeckerath, Josef, Gerichtsref. in Köln: **Vorzüge der Gemeinschaft des Bürgerlichen Gesetzbuches vor der gemeinrechtlichen communio incidens.** *Borna-Leipzig 1903: R. Noske.* (70 S.) 8°
Leipzig, Jur. Diss. v. 1903

Röckerath, Pet. Jos., biblische Chronologie bis auf das Jahr der Geburt Jesu. Nach den bibl. u. außerbibl. Quellen bearb. Münster 865. Aschendorff'sche Buchh. gr. 8. (VIII, 331 S.) n. 1 *℔* 20 *ngr.*

Roeckerath, P. J., Ebal et Garizim montes, quos dicunt maledictionis et benedictionis, ubi siti sint, quaeritur. Gymnasial-Progr. von Neuß, 1868, 25 S.
Führt gegen Relandus aus, daß diese Berge bei dem östlich von Jericho gelegenen Galgala zu suchen sind.

Röckerath, P. J., Foedera Romanorum et Carthaginiensium controversa critica ratione illustrantur. Diss. 1860. 74 S. 1.50

Roeckerath, Pet. Jos., die preußische Volksschule unter Dr. Falk. Mit besond. Rücksicht auf Kölner Verhältnisse. [Aus: „Köln. Volkszeitg."] gr. 8. (56 S.) Köln 877. Bachem in Comm. n. — 50

Rockey, John, die Finanzfrage. Eine Entgegng. der v. Ex-Senator Carl Schurz ausgesprochenen Ansichten. [Aus: „Philadelphia Sonntags-Zeitg."] gr. 8. (16 S.) Philadelphia 876. (Schäfer & Koradi.) — 30

„Rockfahrt, die, nach Trier" vor Gericht. Ein stenograph. Bericht, nebst Anh. 8. (134 S.) Trier 892. Paulinus-Druckerei. n. — 75

Rockfahrt, Die, nach Trier unter der Aera Korum. Geschichte der Wallfahrt von 1891, kritisch beleuchtet von einem nicht clerikalen Trierer Augenzeugen. Trier 1891. V: *Reichard, W.* (StBKöln I, 159)

— **die,** nach Trier unter der Aera Korum. Geschichte der Wallfahrt v. 1891, kritisch beleuchtet v. e. nicht clerikalen Trierer Augenzeugen. gr. 8. (55 S.) Trier 891. O. Sonnenburg. n. 1. —

Rockford Presse: 1883? - 1885? **Rockford, IA**
Weekly. Circulation: 1885, 475.

Rockiewicz, J. Betrachtungen über die territoriale Gliederung und die Steigerung der österreichischen Wehrkraft mit Rücksichtnahme auf das Friedensbudget. 8. Wien 1872.

Rockinger, Ludwig

Rockinger, L. v., üb. die Abfassung d. kaiserl. Land- u. Lehenrechts. 1. u. 2. Hälfte. [Aus: „Abhandlgn. d. k. b. Akad. d. Wiss."] gr. 4. (104 u. 112 S.) München 888. (Franz' Verl.) à Hälfte n.n. 3. —

Rockinger, Ludw., über ältere Arbeiten zur baierischen und pfälzischen Geschichte im geheimen Haus- und Staatsarchive. 1. Abthl. gr. 4. (87 S.) München 879, (Franz'sche Buchh.)

Rockinger, Ludw., über ältere Arbeiten zur baierischen und pfälzischen Geschichte im geheimen Haus- und Staatsarchive. 2. und 3. (Schluss-)Abthl. gr. 4. (à Abthl. 136 S.) München 880, (Franz'sche Buchh.) à Abthl. **ℳ 4. ** 8 —
Aus: Abhandlungen der k. bayer. Akademie der Wissenschaften, besonders abgedruckt.
1. Abthl. (Ebendas.) 1879. **ℳ 2,80.

Rockinger Ludwig Ritter von, Dr.: Berichte über die Untersuchung von Handschriften des sogenannten Schwabenspiegels. 1. Teil. S. 73. 1880 . . . . . 1.20

2. Teil. S. 74. 1886	—.50
3. Teil. S. 75. 63	1.—
4. Teil. S. 76. 87	—.50
5. Teil. S. 79. 8	1.20
— 6. Teil. S. 80. 84	1.50
7. Teil. S. 107. 3	1.20
8. Teil. S. 118 10	1.10
9. Teil. S. 119 8	—.90
10. Teil. S. 119 10	1.20
11. Teil. S. 120 4	—.80
12. Teil. S. 120 7	1.10
13. Teil. S. 121 1	1.30
14. Teil. S. 121 10	1.20
— 15. Teil. S. 122 3	1.50
16. Teil mit 1 Karte. S. 136 13	2.50

Sep.-Abdruck

Rockinger. Ludw.: Berichte über die Untersuchung von Handschriften des sogenannten Schwabenspiegels. H. [1]—6. Wien 1873—75.
(S.-A. a.: Sitzungsberichte d. phil.-hist. Cl. d. Kaiserl. Akad. d. Wiss.)

— —, Berichte (I—II, V—VII. in 1 vol.) über die *Untersuchung von Handschriften des sogenannten Schwabenspiegels.* Wien, 1873—84. In Commiss. bei Karl Gerold's Sohn, Buchh. d. kais. Akad. d. Wiss. Gr. 8º. Saub. Hsrsb.
84, 35, 68, 100, 82 S. — Beim Verleger nicht mehr cplt. zu haben.

—— **Berichte über die Untersuchung von Handschriften des sogenannten Schwabenspiegels. VII.** Lex.-8. (82 S.) Wien 884, (Gerold's Sohn.) * 1 20
Aus: Sitzungsberichte der k. Akademie der Wissenschaften, besonders abgedruckt.
Die 1.—6. Abthl. sind nicht in Buchform erschienen.

— **Berichte üb. die Untersuchung v. Handschriften d. sogenannten Schwabenspiegels.** VIII—XV. [Aus: „Sitzungsber. d. k. Akad. d. Wiss."] Lex.-8. Wien 889. 890. (Tompsky.) n. 9. 40 (I—XV.: n. 16. 50)
VIII. (70 S.) n. 1. 10. — IX. (54 S.) n. — 90. — X. (62 S.) n. 1. 20. — XI. (46 S.) n. — 90. — XII. (70 S.) n. 1. 40. — XIII. (62 S.) n. 1. 20. — XIV. (58 S.) n. 1. 20. — XV. (80 S.) n. 1. 50.

Rockinger, Ludw. Ritter v., Berichte üb. die Untersuchung v. Handschriften des sogen. Schwabenspiegels. XVI. [Aus: „Sitzungsber. d. k. Akad. d. Wiss."] gr. 8. (82 S. m. 1 Karte.) Wien 898. (C. Gerold's Sohn.) n. 2. 50 (I—XVI: n. 19. —)

— Berthold v. Regensburg u. Raimund v. Peniafort im sogenannten Schwabenspiegel. [Aus: „Abhandlgn. d. k. b. Akad. d. Wiss."] gr. 4. (89 S.) Ebend. 877. n.n. 2. 60

Rockinger, Ldwg, Zur näheren Bestimmung der Zeit der Abfassung des sog. Schwabenspiegels. A. (München 1867.) 8. (886.)

Rockinger, Ludw., über Briefsteller und Formelbücher in Deutschland während des Mittelalters. Vortrag in der öffentlichen Sitzung der königl. Akad. der Wissensch. am 26. März 1861 zur Vorfeier ihres 102. Stiftungstages gehalten. München 861. (Franz.) 4. (41 S.) n. 13⅓ ngr.

—— der Könige Buch und der sogenannte Schwabenspiegel. gr. 4. (102 S.) München 883, (Franz'sche Buchh.) ** 8 —
Aus: Abhandlungen der k. bayer. Akademie der Wissenschaften, besonders abgedruckt.

Rockinger, Ludw. Ritter v., Denkmäler d. baierischen Landesrechts vom 13. bis in das 16. Jahrh. Zur Erinnerg. an das 50jähr. Wirken d. histor. Vereins v. Oberbaiern veröffentlicht. 2. Bd. 1. Lfg. Imp.-4. (96 S.) München 891. (G. Franz' Verl.) n. 2. —
Der 1. Bd. erscheint später.

Rockinger, Ludw. v., Deutschenspiegel, sogenannter Schwabenspiegel, Bertholds v. Regensburg deutsche Predigten in ihrem Verhältnisse zu einander. 2 Hälften. (S. 211—300 u. 475—536.) gr. 4. München 903. 905. (G. Franz' Verl.) n. 5. —
Sonderabdruck aus: „Abhandlgn. d. bayer. Akad. d. Wiss."

— über die Familienangehörigkeit der sogenannten Kraffschen Handschrift des kaiserl. Land- u. Lehenrechts. (S. 281-313.) Lex.-8. Ebd. 905. n. — 60

Rockinger, Ludw., die Folgen der Theilungen Baierns f. seine Landesgesetzgebung im Mittelalter. [Aus: „Abhandlgn. der k. bayer. Akad. der W."] gr. 4. (66 S.) München 869. Franz in Comm. n. 2. 25

Rockinger, Ludw., über formelbücher vom 13. bis zum 16. jahrhundert als rechtsgeschichtliche quellen. Pro venia legendi geschrieben. Munchen 855. Kaiser. 8. (216 S.) n. 1 ℛ. 16 ngr.

Rockinger, Ludw., Magister Lorenz Fries zum fränkisch-wirzburgischen Rechts- u. Gerichtswesen. [Aus: „Abhandlgn. der k. bayer. Akad. der W."] gr. 4. (112 S.) München 871. Franz in Comm. n. 3. 60

v. **Rockinger,** Über ein kurzgefasstes aus d. sogen. Schwabenspiegel und dem kleinen Kaiserrechte gebildetes Gerichtshandbuch. Berlin 869. (Separ.-Abdr. Nicht im Handel.)

LUDWIG ROCKINGER, Zur äusseren Geschichte von Kaiser Ludwigs oberbayerischem Land- und Stadtrechte. Vorgetragen bei der fünfundzwanzigjährigen Stiftungsfeier des historischen Vereines von Oberbayern am 26. Mai 1863. (Aus dem XXIII. Bande des oberbayerischen Archivs besonders abgedruckt.) München 1863. Druck von Dr. C. Wolf & Sohn. 8°.

Rockinger, Ludw., zur äusseren Geschichte der älteren baierischen Landfrieden. (Aus den Abhandlungen der k. bayer. Akad.) München 866. (Franz'sche Buchh.) gr. 4. (67 S.) n. 28 ngr.

Rockinger, [Ludw.]: 1. Ueber die Grundlage des dem Ruprecht von Freising beigelegten Landrechtes. 2. Die Straßburger Handschriften des sogenannten Schwabenspiegels. (München 1871.)
(Ausschn. a.: Sitzungsberichte d. hist. Cl. d. Kgl. Akad. d. Wiss. zu München.)

— —, über die *asbacher Handschrift* des sogenannten Schwabenspiegels u. ihre nächsten Verwandten auf der *Staatsbibliothek zu München.* (Ausschn. [wie ob.] 1867. I. 4. S. 519—562.) 8°. Cart.

Rockinger, Dr. Ludw., über eine des dritten Landrechtstheiles ermangelnde Handschrift des sogenannten Schwabenspiegels. (Ausschn. aus d. Abh. d. hist. Cl. d. k. Akad. d. Wissensch. 8°. I. 1. München 1867. S. 193—233.) Cart.

— über e. Handschrift des kaiserl. Land- u. Lehenrechts m. e. Abteilung in je acht u. drei Bücher. (S. 687—709.) Lex.-8. Ebd. 905. n. — 40
Sonderabdr. aus: „Sitzungsber. d. bayer. Akad. d. Wiss."

Rockinger, [Ludw.]: Ueber die Handschrift von Kaiser Ludwigs altem oberbaierischen Landrechte in der fürstlich Starhemberg'schen Bibliothek, früher zu Riedegg, jetzt zu Efferding. 2. Ueber ein Bruchstück aus dem Buche der Könige alter E. (München 1873.)
(Ausschn. a.: Sitzungsberichte d. hist. Cl. d. Kgl. Akad. d. Wiss. zu München.)

— —, über drei mit e. Anhange zum Landrechte vermehrte Handschriften des sogen. Schwabenspiegels auf der *Staatsbibliothek zu München.* (Ausschn. [wie ob.] 1867. II. 2. S. 297—335.) 8°. Beibd.

— Handschriften zur baierischen u. pfälzischen wie zur deutschen Geschichte in der Bibliothek der historischen Klasse der Akademie der Wissenschaften. (S. 201—280.) gr. 4. Ebd. 906. n. 3. —
Sonderabdruck aus: „Abhandlgn. d. bayer. Akad. d. Wiss."

Rockinger, Ludw. v., zu Handschriften der jüngeren Gestalt des kaiserl. Land- u. Lehenrechtes. gr. 4. (S. 577—704.) Munchen 902. (G. Franz' Verl.) n. 4. —
Sonderabdruck aus: „Abhandlgn. d. bayer. Akad. d. Wiss."

— —, über die *munchner,* dem r. *Warmbrandt*'schen Codex verwandten Handschriften des sogen. Schwabenspiegels. (Sep.-Abdr. aus d. XXXI. Bde. d. oberbayer. Archivs.) Munchen 1871. Gr. 8°. 40 S. Cart.*)

Rockinger, Ludw., Kaiser Ludwigs erstes oberbaierisches Land- u. Lehenrecht. (S. 461—563.) Lex. 8. München 908. G. Franz' Verl. 3. —
Sonderabdr. a.: „Abhandlgn. d. bayer. Akad. d. Wiss."

ROCKINGER, Ludwig (München): Ueber einen ordo judiciarius bisher dem Johannes Andreä zugeschrieben. - München: Wolf 1855. 53 S.
21.3.1855 - Urk (Titel: De ordine judiciario quem ferunt Joannis Andreae.); F 49
Diss. Ingolst.-Landsh.-Mchn.

—— über einen ordo judiciarius, bisher dem Johannes Andreä zugeschrieben. Inauguralabhandlung. gr. 8. (53 S.) München 855,58, (Kaiser.)

— die Pflege der Geschichte durch die Wittelsbacher. Akademische Festschrift zur Feier d. Wittelsbacher-Jubiläums. gr. 4. (100 u. Beilagen 97 S.) Ebend. 880. n.n. 6. —

— zum baierischen Schriftwesen im Mittelalter. [Aus: „Abhandlgn. d. k. bayer. Akad. d. Wiss."] gr. 4. (130 S.) Ebend. 874. n. 4. 65

— über den sogenannten Schwabenspiegel in e. Rechtshandschriftenbande aus dem 15. Jahrh. im Haus- u. Staatsarchive in Zerbst. (S. 505—520.) Lex.-8. Ebd. 903. n. — 20
Sonderabdruck aus: „Sitzungsber. d. bayer. Akad. d. Wiss."

— Vorarbeiten zur Festausgabe von Kaiser Ludwigs oberbaierischen Landrechten. [Aus den Abhandlgn. der k. bayer. Akad. der Wiss.] München 868. (Franz'sche Buchh.) gr. 4. (68 S. mit 1 Tab. in qu. 4.) n. 28 ngr

Rockinger, Dr. Ludw. (geb. 1824). an der Wiege der *baier. Mundart-Grammatik* u. des *baier. Wörterbuches*. In der Monatsversammlung des histor. Vereins von Oberbaiern am 1. August 1885, zur Erinnerung an *Joh. Andr. Schmeller's* 100jähr. Geburtstag, vorgetragen. Mit dessen Portr. u. Facsim. München 1886. Gr. 8°. Eleg. Hschwldrb.

2 Bll., 306 S., 1 Bl. Inh. — Der Vortrag S. 3—66, dann weitere Aufsätze etc. von u. über Schmeller.

— von der Zeit der Abfassung des kaiserl. Land- u. Lehenrechts. (S. 69—142.) gr. 4. Ebd. 905. n. 2. —
Sonderabdruck aus: „Abhandlgn. d. bayer. Akad. d. Wiss."

Rockinger. [Ludw.]: Ueber fränkisch-wirzburgische Zentbücher. (München 1872.)

(Ausschn. a.: Sitzungsberichte der histor. Classe der Akad. der Wiss. zu München.)

Rock Island Beobachter: Jan.—Dec.? 1857.
Weekly. Continued from Der Beobachter am Mississippi (Davenport, Iowa).
Rock Island, IL

Röckl, s.: Wochenschrift, deutsche thierärztliche.

Röckl, A. v., die Versuche der bayer. Staatseisenbahn über die Widerstände der Eisenbahnfahrzeuge bei ihrer Bewegung in den Gleisen. Imp.-4. (10 S. m. eingedr. Fig.) München 880. Th. Ackermann. n. — 60

Röckl, Joh. Georg

Roeckl, G., Bericht über die internationale landwirthschaftliche Thier-Ausstellung in Hamburg 1883. 8. (17 S.) Stuttgart 883, Schickhardt und Ebner. * — 50
Aus: Repertorium für Thierheilkunde, besonders abgedruckt.

Roeckl, G., und W. Zipperlen, Bericht über das Veterinärwesen in Württemberg für das J. 1881. gr. 8. (92 S.) Stuttgart 885, Schickhardt und Ebner. *
Aus: Repertorium der Thierheilkunde, besonders abgedruckt.

Röckl, J. Geo., Ergebnisse der Ermittelungen üb. die Verbreitung der Tuberkulose [Perlsucht] unter dem Rindvieh im Deutschen Reiche. Vom 1. Oktbr. 1888 bis 30. Septbr. 1889. [Aus: „Arbeiten aus dem kaiserl. Gesundheitsamte".] hoch 4. (77 S. m. 2 Karten u. 10 Diagrammen.) Berlin 891. J. Springer. n. 4. —

Röckl, Josef

— Bemerkk. üb. die Heilkräfte d. Mineralquelle zu Höhenstatt. Nebst e. Anleit. f. d. Gebrauch derselben. gr. 8. Passau 827. Ambrosi. 5 gr

Röckl, Jos. II., Beschreib. d. Mineralquelle zu Höhenstatt, nach eignen bisherigen Beobacht. u. Ansichten. gr. 8. Münch. 832. (Landsh., Krüll): 12 gr

Röckl, Jos., Beschreibung d. Mineralquelle zu Höhenstatt, nach eignen bisher. Beobachtn. u. Ansichten. gr. 8. (12 B.) München 832. (Regensburg, Manz.)

Röckl, Dr. Jos. Beschreibung der Mineralquelle zu Höhenstatt, nach eigenen bisherigen Beobachtungen u. Ansichten. München, 1832. Im kgl. Central-Schulbücher-Verlage. 8°. Ppb.
XII—179 S. Vieles über Schlammbäder.

— üb. d. wechselseitigen Einfluß d. Körpers u. Geistes aufeinander ꝛc. Eine Rede. gr. 8. Münch. 827. Fleischmann. 3 gr

Röckl, Jos. I., Fabeln, Erzähll. u. Lieder z. Uebung u. Bildung d. Vortrags f. die Jugend. 2e Aufl. 8. Dillingen 821. Rosnagel. (Leipz., Herbig). 4 gr

Röckl, Jos. I., Gelegenheitsrede üb. Erziehung. 8. Dilling. 800.

— Lesebüchlein f. die Kinder d. 2n u. 3n Klasse in d. Volksschulen. 3e Aufl. 8. Dilling. 821. Rosnagel. 3 gr

Röckl, Joseph, Pädagogische Reise durch Deutschland i. J. 1805, m. Salzmanns Bildn., Dillingen 1808, XII u. 406 S., 8°.

— pädagogische Reise durch Deutschland. Mit Salzmanns Bildn. gr. 8. Münch. 808. Fleischmann. (Haßlinger in Linz). 1 ℔ 18 gr

— Schulreden bei öffentl. Prüfungen u. Preisvertheilungen an die Jugend. 8. Münch. 813. 2e A. 819. 16 gr 2s Bdchn. 8. Ebd. 817. Fleischmann. 6 gr

Röckl, (J.,) Schulreden, gehalten bei öffentl. Prüfungen u. Preisvertheilungen an die Jugend. (2s Bdchn.) 8. Augsb. 823, Wolf.

Röckl, Josef, a. Unterhaid b. Bamberg: Die rechtliche Stellung der Volksschule nach dem bayerischen Staatsrecht. Bamberg 1906: W. Gärtner. (99 S.) 8° [F.]
Würzburg, Jur. Fak., Ref. Meurer, Diss. v. 26. Jan. 1907
[Geb. 14. März 80 Unterhaid; Wohnort: Traunstein; Staatsangeh.: Bayern; Vorbildung: Gymn. Bamberg Reife Juli 01; Studium: Lyzeum Bamberg 2, Univ. Würzburg 6 S.; Rig. 25. Juli 06.]

— Etwas z. Troste u. z. Beruhigung f. trauernde Eltern bei d. Verluste geliebter Kinder. 8. Landsh. 819. Weber in M. 2 gr

— leichtfaßl. katechet. Unterricht in der Naturgeschichte u. Naturlehre. Nebst e. Anhange. 2e Aufl. 8. Augsb. 820. v. Jenisch u. St. 8 gr

Röckl, Karl Ad., Beschreibung von (des ehemaligen Klosters) Fürstenfeld. Lex.-8. (6 B. u. 1 Stahlst.) München 840, Franz. *

—— die Wallfahrt Mariathalheim im Isar-Kreise Bayerns, u. k. Landgerichts Erding. gr. 12. (3⅓ B. u. 1 Abbild.) Landshut 836, Thomann'sche Buchh.

Röckl, Seb., s.: Horatius Flaccus, des Quintus, Oden in modern. Gewande.

Röckl, Seb., Ludwig II. u. Richard Wagner. 1864. 1865. 8. (IV, 161 S.) München 903. C. H. Beck. Kart. n. 2. 60

Röckl, Seb. Quellenbeiträge zur Geschichte der kriegerischen Thätigkeit Pappenheims von der Schlacht bei Breitenfeld bis zur Schlacht bei Lützen. München, akad. Buchdr. v. F. Straub, 1889; 82 S. 8°
München, k. Maximilians-G, P 1889.

[F.] Röckl, Seb*astian:* Quellenbeiträge zur Geschichte der kriegerischen Thätigkeit Pappenheims von 1619 bis 1626. II. Tl. (I: ... v. d. Schlacht bei Breitenfeld bis ... Lützen: P-Beil. 1889.) München, Druck d. Akad. Buchdr. v. F. Straub, 1891; S. 111 VIII, 1 52; 8°
München, k. Maximilians-G, P 1891.

[F.] Röckl, Seb*astian:* Quellenbeiträge zur Geschichte der kriegerischen Thätigkeit Pappenheims von 1627 bis zur Schlacht bei Breitenfeld. III. Tl. [I: ... v. d. Schlacht bei Breitenfeld bis ... Lützen = P-Beil. 1889; II: ... v. 1619 bis 1626 = P-Beil. 1891.] München, Druck d. Akad. Buchdr. v. F. Straub, 1893; 2 Bl., 72 S. 8.
München, k. Maximilians-G, P 1893

— Ausführliches Repetitorium d. schwierigeren griechischen Verba. Für Schüler zusammengestellt. (20 S.) 8. Bamberg 909. C. C. Buchner's Verl. nn — 35

— u. Herm. Köbart, lateinisches Übungsbuch f. die 2. Klasse (Quinta) des Gymnasiums, s.: Buchner's Sammlung lateinischer Übungsbücher.

— was erzählt Richard Wagner über die Entstehung seiner musikalischen Komposition des Ringes der Nibelungen? Aus briefl. Aeussergn. des Meisters zusammengestellt. (31 S.) 8. Ebd. 904. n. — 75

Röckl, S., was erzählt Richard Wagner üb. die Entstehung seines Nibelungengedichtes u. wie deutet er es? 1853. 1903. Aus briefl. Aeussergn. des Meisters zusammengestellt. (38 S.) gr. 8. Leipzig 903. Breitkopf & Härtel. n. — 75

Röckl, S., what does Richard Wagner relate concerning the origin of his musical composition of the ring of the Nibelungs? Compiled from epistolary utterances of the master. Translated into English by Constance de C. Parrish. (27 S.) Leipzig 908. Breitkopf & Härtel. 1. —

— What does Richard Wagner relate concerning the origin of his Nibelungen poem and how does he interpret it? 1853—1903. Compiled from epistolary utterances of the master. Translated into English by Constance de C. Parrish. (32 S.) 8. London 907. Leipzig, Breitkopf & Härtel. 1. —

Rockstroh, Gust. Adph., die Erziehung der deutschen Jugend, ihre Bedürfnisse und die Mittel zu deren Befriedigung. Eine Denkschrift für alle Freunde des deutschen Volkes u. seiner Kinder. Leipzig 861. G. Mayer. (Altona, Haendcke & Lehmkuhl.) gr. 8. (74 S.) n. 10 ngr.

— Nutzen und Nothwendigkeit der Schutzpockenimpfung. Auf Grund vieljähriger Erfahrungen zusammengestellt. Zwickau 860. Buchhdlg. des Volksschriften-Vereins. 8. (104 S.) 6 ngr.

Rockland Adler: 1891–1910

Democratic weekly, and only paper published in Bardonia for these years. Circulation: 1900, 450, 1910, 500. Edited & published by Herm. G. Roop, 1891–1910.
Bardonia, NY

Rockland Adler: 1891–1895

Democratic weekly. Edited by Charles M. Loob, & published by Adler Publishing Co., Fairview, N.J., 1891–95.
Haverstraw, NY

Rockmann, Fr., internacia legolibro, s.: Stark, Emil.

NEUFCHATEL. — Fragmente aus dem Tagebuch eines reisenden Preussen während seines Aufenthaltes zu Neufchatel .... (von *Christian Gottlieb Röckner*). Königsberg 1807.
Anon.-Lex. II. p. 113 (nach Engelmann). — Selten!

Röckner, Chr. Gli., Rede in der letzten Versamml. d. Geistlichen u. Schulvorsteher in d. Normalinstitut zu Königsberg d. 28. Juni 1810 gehalten. 8. Königsb. (810.) Nicolovius; (Michelsen in Leipz.) 6 gr

— Rede in d. letzten Versamml. d. Geistlichen u. Schulvorsteher zu Königsberg d. 28. Juni 1820 gehalten. 8. Königsb. (Berl., Welf). 6 gr

— Steuersvrebiat. 8. Königsberg, Nicolovius. 4 gr

Roeckner, Erich, Assist. am agrikulturchem. Universitätslaboratorium: Beiträge zur Kenntnis der Citraweinsäure. *Königsberg i. Pr. 1903: O. Kümmel.* (30 S.) 8°
Königsberg, Phil. Diss. v. 5. Aug. 1903

Röckner, Heinr., zwei Weihnachten. Danzig 863. Kafemann. 16. (91 S.) 15 ngr.

Röckner, Wilh., Komm u. siehe! Der Symbolschlüssel u. das Lebensgesetz in der Offenbarung Johannes. gr. 8. (60 S.) Tilsit 886. (Lohauß.) n. 1. 50

Rockport Banner: 1877–1884

Independent weekly, but Democratic 1884. Circulation: 1880, 780. Edited & published by J. F. Wolff, 1877–83; edited by Karl Wiegmann, & published by Banner Co., 1884.
Rockport, IN

Rockrohr, Paul [aus Weissenfels a. S.]: Die letzten Brunonen. Ein Beitrag zur Geschichte des deutschen Reiches unter Heinrich IV. ... Halle, Druck v. Carl Colbatzky, 1885; 34 + 2 S. 8°.
Halle, Phil. Fak., Inaug.-Diss. v. [18. Nov.] 1885.

Rockrohr, Paul. die letzten Brunonen. Ein Beitrag zur Geschichte des deutschen Reiches unter Heinrich IV. Diss. Halle 1885, Lippertsche Buchh. 8°. 34 S.

Rockrohr, Paul [Dr.]: Uber Hilfslinien für freihändiges Kartenzeichnen. Mülheim-Ruhr, Druck v. J. Bagel, 1896; 23 S., 4 Taf. 8.
Mülheim '(Ruhr)', G u. R, P 1896 (461)

Rockrohr, über Hilfslinien für freihändiges Kartonzeichnen. gr. 8. (23 S. m. 4 Taf.) Mülheim-Ruhr 896. H. Baedeker. n. 1. —

Rocks, Joan. Hub. Casp. (geb. Horbach bei Aachen [...] 1836): De gangraena pulmonum. Berolini (1860). (32 S.) 8°
Berlin, Med. Diss. v. 11. Aug. 1860

Rocks, Dr. W., Gymnasial-Oberlehrer. Der deutsch französische Krieg bis zur Schlacht von Sedan. Mit Genehmigung des Grossen Generalstabes nach dessen Darstellung erzählt. (I. Theil.) Mit 7 Karten. gr. 8. Berlin 1878.

Rockschöffels, General, Erinnerungen. Heitere Bilder aus dem Soldatenleben. 2 Thle. gr. 4. (3 S. u. 15 Holzschntaf.) München 871. 72. Braun & Schneider. à Thl. 2. 10

Rockschöffel's, General, Erinnerungen. Heitere Bilder aus dem Soldatenleben. 3. Thl. gr. 4. (49 Bl. m. eingedr. Holzschn.) München 878. Braun & Schneider. cart. 2. 10 (1—3.: 6. 30)

Rockstro, W. S., Jenny Lind, s.: Holland, H. S.

Rockstroh, C., neue vollständ. Blumensprache, welche nächst d. sinnreich. Bedeutung auch noch d. Angabe der Farbe u. Blüthenzeit jeder einzel. Blumen enthält. Ein Handb. f. alle Blumenfreunde, besond. aber e. Angebinde f. liebende Jungfrauen u. Jünglinge, welche diese Sprache kennen lernen u. anwenden wollen. 16. (3¼ B.) Coblenz 834, Röschütz u. Comp.

Rockstroh, G. G., De similitudine animi affectuum cum morbis. 8 pp. Lps. 4°.
1777

Rockstroh, Hans Wilhelm, Referendar: Die Entwickelung der Freizügigkeit in Deutschland, unter besonderer Würdigung der preussischen Verhältnisse. Halle a. S. 1910: Heynemann. XII, 122 S. 8°
Jena, Jur. Diss. v. 7. März 1910, Ref. Niedner
[Geb. 12. Juni 86 Hemsendorf; Wohnort: Halle a. S.; Staatsangeh.: Preussen; Vorbildung: Lat. Hauptsch. d. Francke'schen Stiftungen Halle Reife M. 04; Studium: Würzburg 4, Halle 2 S.; Rig. 18. Jan. 10.] [U 10. 2204

Rockstroh, Heinrich

Rockstroh, H., Anfangslehre d. Buchstabenrechnung u. Algebra rc. 8. Berlin, Braunes. 808.

— — die Anfangslehren d. Buchstabenrechnung u. Algebra. 8. Berlin. Jetzt Waisenh. in Halle. 808.

— Anweis. z. modelliren aus Papier, od. aus denrs. allerl. Gegenst. im Kleinen z. machen, m. K. gr. 8. Weim. Ind. Comt. 802.

— Anweisung z. Modelliren aus Papier. (2e Aufl.) Mit 21 Kpf. 12. Berlin 822, Christiani in Hamb.

Rockstroh, Heinr., popul. Anweisung, wie Thurm-, Haus- u. Taschenuhren in Absicht auf Gang u. Zeit richtig zu stellen, auch wie dergl. Uhren nach Erforderniß zu beurtheilen u. gehörig zu benutzen sind; nebst e. Anweis. z. Anfertig. verschied. Sonnenuhren. 8. (7 B. u. 4 Kpfrt.) Berlin 837, Förstner.

Rockstroh, Heinr., Anweisung, wie d. mannigfachsten Gegenstände, f. d. gewöhnl. Gebrauch sowohl als f. d. Technik u. den Luxus, aus Pappe u. Papier, od. auch aus Blech, nach e. geregelt. Verfahren ohne große Kosten gut gestaltet u. dauerhaft angefertigt werden können. Durchgehends faßl. dargest., mit genauer Angabe der zu solchem Behufe erforderl. geometr. Verrisse. 8. (6½ B. u. 14 Kpfrt. z. Thl. 4.) Berlin 852, Schüppel.

— Anweis., wie Schmetterlinge gefangen, ausgebreitet, benennt, geordnet u. vor Schaden bewahrt werden müssen. Mit e. Anh., welcher lehrt, wie Schmetterlinge aus Raupen auferzogen werden. 2e umgearb. u. vollständ. Aufl. Mit fein illum. Kpf. 12. Leipz. 825. Cnobloch. 1 ℛ 12 g

— Anweisung, wie Schmetterlinge gefangen, ausgebreitet, geordnet, bewahrt, u. wie ihre Raupen u. Puppen erkannt werden. Nebst e. Anweisung, wie Schmetterlinge aus Raupen u. diese aus Schmetterlingseiern zu erziehen sind. 3e, verb., mit e. Schmetterlings- u. Raupenkalender verm. Aufl. Mit 10 illum. Kpfrn. breit 16. Leipzig 833. Cnobloch. 2 ℛ

— Anweisung zu einem leicht ausführbaren Zeichnen der Landkarten u. zwar einem solchen, welches keine oder doch nur ganz geringe mathemat. Kenntnisse bedingt, auch keine kostspielige Werkzeuge u. a. nicht leicht anzuschaff. Hülfsmittel erfordert. Nebst e. kurzen Anweisung zum planimetrischen Vermessen und Aufnehmen verschiedener Grundstücke u. einzelner Terrain-Abschnitte in der freien Natur etc. Mit 16, zum Theil illum. Kpfrn. qu. 4. Berlin 834. Schüppel. 1¼ ℛ

— Anweis. z. Zeichnen nach Modellen od. nach einzelnen Gegenständen der Wirklichkeit. Mit 20 Kpf. 4. Berl. 814. Salfeld. 10 g

— der Architekt im Kleinen, s. Architekt.

Rockstroh, H., und Bachmann, der Architect im Kleinen, oder Zeichnungen von mit Beyfall aufgenommenen großtentheils ausgeführten einzelnen Gegenständen an und in Gebäuden und Gärten. 2 Hefte mit 30 Kupfern. kl. 4. Leipzig, Baumgärtner. 817.

— — Auswahl von angenehmen u. nützlichen Beyspielen für den mathemat. Unterricht. Mit vielen Figuren. gr. 8. Potsdam, Horvath. 821.

—— Belustigungen f. d. Jugend beiderlei Geschlechts, durch Selbstanfertigung mannichf., leicht ausführb. techn. Künsteleien u. Spielwerke; faßl. dargest. u. auf d. frühzeitige Erweck. d. Kunstsinnes u. Ausbild. d. Geschicklichkeit in Handarbeiten berechnet. qu. 4. (7½ B. u. 18 ill. Kpfrt.) Berlin 836, [Förstner.]

Rockstroh, Hnr., Belustigungen für die Jugend beiderlei Geschlechts, durch Selbstanfertigung mannichfacher, leicht ausführbarer technischer Künsteleien u. Spielwerke; faßlich dargestellt u. auf die frühzeitige Erweckung des Kunstsinnes u. Ausbildung der Geschicklichkeit in Handarbeiten berechnet. Mit 18 größtentheils ill. Kpfrn. qu. 4. Berlin 836. Schüppel. 1¼ ℛ

— vergl. Berlin.

Rockstroh, (H.,) Berlin, nach seinen vorzügl. Merkwürdigkeiten. Ein Buch z. Belehrung u. Unterhaltung f. d. Jugend. Mit 4 ill. Kpf. 12. Berlin 823, Magaz. f. Kunst. 2 Rthl. 16 gr., ohne Kpf.

—— Buch der Schmetterlinge und Raupen, nebst Mittheilungen über die Eier, Raupen und Puppen der Schmetterlinge, über Fang und Zucht von Schmetterlingen und Raupen, sowie Anleitung zur Anlage von Sammlungen und deren Behandlung. 4. Aufl., nach dem neuesten System (Dr. Staudingers) völlig umgearb. von E. Heyne. Mit 12 naturgetreuen kolor. Kupfertafeln. Leipzig 1869. 8.

Rockstroh, H., Buch der Schmetterlinge u. Raupen, nebst Mittheilungen über die Eier, Raupen u. Puppen der Schmetterlinge, über Fang u. Zucht von Schmetterlingen u. Raupen, sowie Anleitung zur Anlage von Sammlungen u. deren Behandlung. 4. Aufl., nach dem neuesten System [Dr. Staudingers] völlig umgearb. von Ernst Heyne. Mit 12 naturgetreuen, color. Kupfertaf. Leipzig 869. Cnobloch. Lex.-8. (VIII, 159 S.) cart. 1 ℛ 24 ngr

Rockstroh, H., Buch der Schmetterlinge u. Raupen, nebst Mittheilgn. üb. die Eier, Raupen u. Puppen der Schmetterlinge, üb. Fang u. Zucht v. Schmetterlingen u. Raupen, sowie Anleitg. zur Anlage v. Sammlgn. u. deren Behandlg. 5. Aufl., nach dem neuesten System [Dr. Staudinger's] völlig umgearb. v. Ernst Heyne. Mit 231 Abbildgn. auf 16 naturgetreu color. (lith.) Taf. 4. (X. 156 S.) Halle 876. Gesenius. n. 8. —

Rockstroh, H., Buch der Schmetterlinge und Raupen. Eine Anleitung zur Anlage von Sammlungen und deren Behandlung. 6. Aufl., unter Beibehaltung der Systematik aus der 5. Aufl. umgearb. von E. L. Taschenberg. hoch 4. (VIII, 135 S. mit 231 Abbild. auf 16 naturgetreu color., lithogr. Taf.) Halle 883, Gesenius. cart. *

Rockstroh, H., Buch der Schmetterlinge u. Raupen. Eine Anleitg. zur Anlage v. Sammlgn. u. deren Behandlg. 7. unveränd. Aufl., unter Beibehaltg. der Systematik aus der 5. Aufl. umgearb. v. E. L. Taschenberg. Mit 231 Abbildgn. auf 16 naturgetreu kolor. Taf. Lex.-8. (VIII, 135 S.) Halle 901. H. Gesenius. Geb. in Leinw. n. 6. —

— Elementarunterricht im Zeichnen mit freier Hand. Mit 20 Kpft. kl. 4. Leipz. 807. Voß. 18 g

—— Erzählungen aus d. ältern u. mittl. Geschichte, zum ersten gründl. Unterr. in d. Weltgeschichte. 3 Thle. 5 Abthln. 8. (128½ B. u. 12 ill. Kpfr.) Leipzig 829, Cnobloch. Ausgabe ohne Kupfer, 4 Thlr.

— die Glasblasekunst im Kleinen, od. mittelst der Docht- od. der Strahlflamme. Oder: Anweisung, wie aus Glas mittelst der Docht- oder der Strahlflamme mancherlei Gegenstände im Kleinen zu gestalten. Nebst e. Anweisung, wie Mikroskope, Barometer etc., bei welchen Glas das vornehml. Material ist, verfertiget oder bewerkstelliget werden; auch e. Anhange von Glaskunststückchen u. Glaskünsteleien. Mit 4 erläut. Kpfrn. 8. Lissa 833. E. Günter. ⅚ ℛ — Neue wohlf. Aufl. ... ½ ℛ

—— der gestirnte Himmel, od. Anweis. zur Kenntniß d. Gestirne u. d. vorzügl. Sterne. Zur Belehr. u. Unterhalt. f. gebild. Leser, besond. jüngern Alters. 12. (18 B. u. 40 Kpfrt.) Berlin 830, Amelang.

— s. Journal f. Kunst u. Künsteleien.

— — der mathematische u. physikalische Jugendfreund, ein Buch zur Unterhaltung und als Lehrmittel anwendbar. Mit 6 Kupfert. 8. Berlin, Voß. 810.

— mathemat. Katechismus od. geordnete Folge von Fragen u. Antworten üb. die wichtigsten Gegenstände der Mathematik. Mit 50 Kpft. 8. Berl. 820. Voß. 20 g

— Kunst, mancherlei Gegenstände aus Papier zu formen. Mit 20 Kpf. 4. Berl. 810. Brockhaus in Leipz. (816.) 1 ℛ 12 g

— Kunst, mancherley Gegenstände a. Papier zu formen, m. schw. u. illum. K. 4. Berlin, Saalfeld. 810.

Rockstroh, H., Kunst, mancherley Gegenstände aus Papier zu formen. Mit 20 Kupfert. 4. Berlin. 810. Jetzt Brockhaus in Leipzig. 816. Rthlr.

— Kunst, mancherlei Gegenstände aus Papier zu formen, jetzt: Berlin: Achenwall.

Rockstroh, Hnr., Kunst, mit Einsicht u. Bewußtseyn fertig zu rechnen. Ein Lehrbuch f. Jedermann. Mit 2 Kpfbl. 8. Berl. 810. Reimer; auch Rücker. 1 ß

— Kunst, m. Einsehn und Bewußtseyn fertig zu rechnen, e. Lehrb. nicht nach Pestalozzi, m. 8. Berl. Saalfeld. 810.

– K u n s t , mit Einsehen u. Bewußtseyn fertig zu rechnen, jetzt: Berlin: Achenwall.

— — leichte Künsteleyen, zum Vergnügen u. zum Nutzen für Kinder und Nichtkinder. Mit 7 Kpfrn. 12. Berlin, Wittich. 819.

— der kl. mechan. Künstler, od. Anweis. zu mancherlei nützl. u. angenehmen kl. Handarbeiten f. die Jugend. Mit 8 Kpf. 12. Leipz. 821. Cnobloch. 21 ℊ

— d. kl. mechan. Künstler, oder Anweisg zu mancherlei nützl. u. angenehm. kl. Handarbeiten f. d. Jugend. Mit 8 Kpf. 12. Leipz. 824, Cnobloch.

— Curiositäten oder mancherlei seltene, künstl. sonderbare u. drollige Dinge; nebst einigen nützlichen u. angenehmen mechan. Beschäftigungen, belust. Spielen, sinnreichen Räthseln u. Charaden. Zur Belehrung u. Unterhaltung f. Knaben u. Mädchen. Mit 4 Kpf. 12. Berl. 822, Trautwein.

— — die Logarithmen, erleichtert für den Unterricht, u. in ihrer Anwendung auf ökonomische, kaufmännische, juristische rc. Gegenstände. gr. 8. Berlin, Duncker u. H. 818.

—— Mechanemata, od. der Tausendkünstler. Eine reichhalt. Samml. leicht ausführbar. physikal. Experimente u. mathemat., physikal., techn. u. a. Belustigungen. Zur Selbstbelehr., so wie auch zur Unterhalt. im gesell. Kreise, f. d. Jugend u. f. Erwachsene. 8. (22½ B. u. 5 Kpfr.) Berlin 831, Amelang.

—— das Mikroskop, od. Anweis. z. näheren Kenntniß u. z. Gebr. dess. Behufs e. belehr. u. nützl. Beschäftig. in d. Stunden d. Muße; nebst Angabe, wie d. interessantesten mikroskop. Objecte aus den drei Naturreichen aufzufinden, zu präpariren, aufzubewahren, u. auch zweckmäßig zu beurtheilen sind. Ein Geschenk f. d. reif. Jugend, so wie f. Freunde d. Natur überhaupt. Br. 12. (11⅓ B. u. 12 z. Thl. ill. Kpfrt.) Berlin 835, [Förstner.]

Rockstroh, Heinrich: Das Mikroskop oder Anweisung zur näheren Kenntniß und zum Gebrauche desselben...nebst Angabe, wie die interessantesten mikroskopischen Objekte aus den drei Naturreichen aufzufinden, zu präpariren, aufzubewahren und auch zweckmäßig zu beurtheilen sind. 263 S., gbd., 12 Taf.

Berlin: Schüppel 1835

JB 1.095

— geometr. Regel- u. Exempelbuch, z. Gebrauch beim Schul- u. Privatunterricht. Auch u. d. T.: Für Handwerker, die beim Häuserbau beschäftigt sind rc. Mit 4 Kpf. 8. Berl. 805. Sander. 1 ß

— — der Thiergarten zu Lilienthal. Ein unterh. naturgeschichtliches Bilder- u. Lesebuch, für Knaben u. Mädchen. Mit 20 illum. Kpfrn. gr. 12. Berlin, Amelang. 817. geb.

— der Thiergarten zu Lilienthal. Ein Bilder- u. Lesebuch f. d. Jugend. Mit illum. Kpf. 2e Aufl. gr. 12. Berlin 821, Amelang.

—— der Thiergarten zu Lilienthal. Ein unterhalt. naturgeschichtl. Bilder- u. Leseb. f. Knaben u. Mädchen. 3., verm. u. verb. Aufl. 12. (9 B. u. 21 ill. Kpfr.) Berlin 829, Amelang.

— Uebungsblätter f. den ersten Unterricht im Zeichnen, nebst e. Anweis. zum Zeichnen nach Modellen. 4 Hefte. m. K. 4. Berl. Realschulb. 814.

— Uebungsblätter f. d. ersten Unterricht im Zeichnen, nebst e. Anweis. z. Zeichnen nach Modellen. 4 Hefte. Mit 72 Kpf. 4. Berl. 814. Reimer. 1 ß 6 ℊ

— Unterricht im Stickereizeichnen f. Frauenzimmer, m. 15 Kupferblätt. in Futteral. Berl. Braunes. 813.

— Unterricht im Stickereizeichnen für Frauenzimmer. Mit 15 Kpft. qu. 8. Berlin 813. (Brockhaus in Leipz.((816.) 12 ℊ

— Vorlegeblätter f. die ersten Uebungen im Zeichnen mit freier Hand, nach Pestalozzi. Mit 18 Kpft. 4. Berl. 800. Sander. 1 ß 4 ℊ

—— gemeinnütz. Vorschule zu e. gründl. Geographie; od. Anweisung zu e. leichtfaßl. astronom. Erdkunde. Nebst e. Anweis. z. mathemat. Geographie u. d. Gebrauchs d. künstl. Himmels- u. Erdkugel. gr. 8. (8¼ B. u. 8 Kpfr. 4.) Berlin 831, Schüppel.

— geometr. Vor- u. Nebenübungen, od. nützl. Beschäftigungen mit Lineal u. Zirkel. A. u. d. T.: geometr. Vortheile f. Künstler u. Handwerker rc. Mit 28 Kpf. gr. 8. Leipz. 806. Reclam. 2 ß

Rockstroh, Herm., s.: Andersen's Bilderbuch ohne Bilder.

Rockstroh, J., s.: Lesebuch f. ländl. Fortbildungsschulen.

— Lesebuch f. ländliche Fortbildungsschulen, s.: Polack, Frdr.

Rockstroh, J., Statistik über das Volks- und Fortbildungs-Schulwesen im herzogl. Sachsen-Meiningenschen Kreise Saalfeld. 1. Apr. 1887—31. März 1888. gr. 4. (15 S.) Saalfeld 889. Riese. n.n. — 50

Rockstroh, Joh. Chrn., Dispositionen zu den biblischen Geschichten des alten und neuen Testaments. Ein Leitfaden für den Lehrer bei dem Unterrichte in der biblischen Geschichte, namentlich in den Oberklassen. 8. (X und 149 S.) Leipzig 852, Klinkhardt.

Rockstroh, Joh. Chrn., Dispositionen zu den für das Kirchenjahr 1855/56 bestimmten dreifachen Texten im 4. Jahrgang des für die evangelischen Kirchen des Königreichs Sachsen herausgegebenen Perikopenbuchs mit beigefügtem Sachregister zur Benutzung für jeden Lehrer zu einem wohlgeordneten Religionsunterrichte. Leipzig 855. Gebhardt u. Reisland. 8. (2 Bl., 156 S.) n. 10 ngr.

Rockstroh, Joh. Christ., prakt. Rechenbuch f. die untern u. mittlern Klassen der Elementar- u. Volksschulen, sowie insbesond. auch f. Mädchenschulen. M. Rücksicht auf d. neue Münz-, Maaß- u. Gewichts-System im Königr. Sachsen. 8. (6 B.) Leipzig 841, Weinedel.

Rockstroh, Johannes, 1. Assistenzarzt an d. chirurg. Abteilung vom St. Josefs-Hospitale zu Wiesbaden: Über Rückenmarksanalgesie. Marburg 1907: Köster & Schell. (78 S.) 8°
Marburg, Med. Fak., Ref. Küttner, Diss. v. 9. Okt. 1907
[Geb. 27. Dez. 70 Dorndorf b. Laucha, Reg.-Bez. Merseburg; Wohnort: Wiesbaden; Staatsangeh.: Preußen; Vorbildung: Lat. Hauptsch. Halle a. S. Reife M. 96; Studium: Marburg 10 S.; Coll. 14. Mai 07; Approb. 26. Dez. 08.]

Rockstuhl, A. Musée des armes rares anciennes et orientales de S. M. l'Empereur de toutes les Russies. Lithograph. par Asselineau et autres. St Petersburg und Carlsruhe. Fol.

Rockstuhl, A. Musée de Tzarskoe-Selo ou collection d'armes de S M. l'Empereur de toutes les Russies. D'après les dessins originaux de A. Rockstuhl, lithogr. par Asselineau, avec une introduction historique par Flor. Gille. St. Petersburg und Carlsruhe 1835—1855. Fol.

Rooktäschel, Paul, Referendar am Grh. Sächs. Amtsgericht Neustadt (Orla): Die Einrede des nicht erfüllten Vertrags. *Weimar 1901: F. Roltsch.* (III, 38 S.) 8°
Jena, Jur. Diss. v. (15. Jan.) 1901

Rockwell, A. D., practische Abhandlung üb. die medicinische u. chirurgische Verwerthung der Electricität, s.: Beard, G. M.

Rockwell, A. D., s.: Beard, G. M., sexuelle Neurasthenie.

Rockwell, Joseph C(hapin), M. A.: Private Baustiftungen für die Stadtgemeinde auf Inschriften der Kaiserzeit im Westen des römischen Reiches. Jena 1909: Neuenhahn. 96 S. 8°
Jena, Phil. Diss. v. 22. Okt. 1909, Ref. Gräf
[Geb. 16. Sept. 62 North-Adams, Massachusetts; Wohnort: North-Adams; Staatsangeh.: Vereinigte Staaten; Vorbildung: Wesleyan Univ. Middletown B. A. Juni 87; Studium: Wesleyan Univ. Middletown 8, Berlin 1, Jena 3, Harvard Univ. Cambridge 2, Jena 2 S.; Rig. 24. Juli 09.] [U 10. 2363

Rockwell, William Walker, Cand. theol. aus Pittsfield, Mass. Amerika: Die Doppelehe des Landgrafen Philipp von Hessen. *Leipzig 1903: A. Pries.* (48 S.) 8° ¶ (Erscheint vollst. bei Elwert in Marburg.)
Marburg, Theol. Diss. v. [4. Okt.] 1903

Rockwell, William Walker, die Doppelehe des Landgrafen Philipp v. Hessen. (XX, 874 S.) gr. 8. Marburg 904. N. G. Elwert's Verl. n. 7. —; geb. n. 8. 20

Rockwitz, C., Generalbericht über das öffentliche Gesundheitswesen des Reg.-Bez. Cassel für die J. 1875—1879. gr. 8. (IV, 192 S. mit 36 Tab.) [Cassel 882, Fischer.] Leipzig, G. Thieme. *

Rockwitz, Karl

Rookwitz, Carl [aus Kassel]: Ueber die Therapie hoher Grade von Kinderlähmung. Leipzig, Druck von J. B. Hirschfeld, 1883. 8. 45 S.

Rococo, s. a.: Rokoko.

Rococo-Farbendruck-Wandkalender pro 1886. Wien, Moritz Perles. 1 fl.
1885

Rococo-Haus-Kalender für das J. 1887. Monatsbilder und Ornamente von J. E. Nilson. 4. (52 S.) München 886, Knorr und Hirth. *
Erscheint nicht weiter.

Rococo-Kalender 1898 32. (64 S.) Wion, C. Fromme. Geb. in Ldr. m. Goldschn. n. 1. 60

Rococo-Kalender 1903. 32. (64 S.) Wien, C. Frommo. Mit Goldschn. von n. — 60 bis n. 4. 60

Rococo-Kalender, Fortsetzg., s.: Rokoko-Kalender.

Rococokalender z. Aufstellen f. 1886. In 10 Farben gedruckt. 26 19 Ctm. Wien, Oskar Kohn. 60 kr.
1885

Rococo-Kalender, Fromme's, pro 1896. 1. Jahrgang. Saffian-Ausgabe. Zwerg mit Herz in Goldpressung —.80
Saffian-Ausgabe, Schwalbe mit Kleeblatt im Schnabel in Goldpressung —.80
Saffian-Ausgabe, mit vierblättrigem Kleeblatt in Goldpressung —.80
Saffian-Ausgabe, aus dem Ei kriechendes Hühnchen in Goldpressung —.80
Wien: Fromme 1895.

Rococo-Kalender, für das Jahr 1897. 2. Jahrg. Saffian-Ausgabe. Zwerg mit Herz in Goldpressung * —.80
Saffian-Ausgabe. Schwalbe mit Kleeblatt im Schnabel in Goldpressung * —.80
Saffian-Ausgabe, mit vierblättrigem Kleeblatt im Goldpressung * —.80
Saffian-Ausgabe, aus dem Ei kriechendes Hühnchen in Goldpressung * —.80
Wien: Fromme 1896.

Rococo-Plaudereien. Streiflichter aus meinem Kamin. Von M. v. M. 8. (150 S.) Leipzig 879. Barth. n. 2. 80

Rococo-Quadrille. (5 S. m. Fig.) kl. 8. Dresden (907). E. Neumann & Co. — 50

Rococo-Schreibkalender 1891. (Auf verschieden gemustertem Goldbrocat-Pap.) 4. (24 S.) München, (Hergl). n. 1. 40

— dasselbe. 4. (12 S. m. farb. Illustr.) Ebd. 890. n. 1. 80

Rocoles, Joh. Bapt. von. Begebenheiten ausnehmender Betrüger. In zwey Theilen (in 1 Bande). Mit Anmerkungen und einer Vorrede herausgegeben von Carl Friedrich Pauli. Halle, Chr. P. Francke, 1760. 8°. 13 Bl. 666 S. *Mit 2 Frontispizen, 21 Porträts in Kupferstich und vielen sehr hübschen typographischen oder Holzschnitt-Verzierungen.* Pbd. d. Z. mit Umschlag.
Diese erste deutsche Ausgabe ist Fromm unbekannt, er zitiert eine (andere?) Übersetzung, die 1761 zu Halle erschien.

Rocoles, Johann Baptist von. Geschichte merkwürdiger Betrüger a. d. Franz. ... Halle 1760. Ü: *Schulze, Johann Ludwig.* (ML)

— Dass.; aus d. Französ. (v. Jh. Ldw. Schulze,) herausg. v. K. F. Pauli. 2 Thle. Mit Kpf. gr. 8. Halle 760. (Bärecke in Eisenach). 1 *ℛ* 16 *gl*

— — dies. nach e. and. Uebers. v. Pauli. 2 Thle. m. K. gr. 8. Eisenach, Wittekind. 760.

Rocoles, Joh. Bapt. von. Geschichte merkwürdiger Betrüger. Mit einer Vorrede, Erläuterungen, Zusätzen und Münzen begleitet von Johann Friedrich Joachim. 2 Bde. Halle, J. C. Curts, 1761. 8°. *Frontispiz,* 7 Bl. 464 S.; 10 Bl. 346 S. *Mit 26 Kupferstichen.* Etwas beschäd. HLdbde. d. Z.
Fromm 22167. Mit wissenschaftlichen Anmerkungen begleitete Biographien der bekanntesten falschen Prätendenten wie Smerdis, Nero, Friedrich II. (Tile Kolup), Waldemar v. Brandenburg, Mustapha, Demetrius usw., am Schluß kommen die falschen Messiasse BarKochba, Elroi, Sabbatai Sevi.

— Geschichte merkwürd. Betrüger, mit Zusätzen v. Joachim. 2 Thle. gr. 8. Halle 761. (Lange in Berl.) 1 *ℛ* 12 *gl*

— — dies. v. Pauli. gr. 8. Halle. (Compt. f. Litt. in Leipz.) 769.

v. Rocoles, Jh. Bapt., Begebenheiten merkwürd. Betrüger. Mit 22 Bildnissen. 2 Thle. gr. 8. 769. (Graffé in Weißenf.) 1 *ℛ* 12 *gl*

— feindl. Schicksal vieler Prinzen und groß. Herren. 8. Sorau, Hebold. 762.

Rocques, Johann Christoph (Kiel) A. S. 1353/12

Subitarius in historiam Helveticam excursus, ea quae foedus nobilissimum antecesserunt, ejusque causas breviter perstringens. Präs. Anton Birrius. Basel (Thurnisius) 10. IX. 1737. 18 S.

29005

Roczne Nabożeństwo według obrządku Świętego Rzymsko-Katolickiego Kościoła. 4 Vols. 8. (I, II, 56¾ B.) Berlin 844, Behr. *

Rocznik towarzystwa naukowego z uniwersytetem Jagiellońskim złączonego. Rok 1849. Zeszyt I. gr. 8. (148 S.) Krakau 849, (Friedlein.) **

Rocznik Woyskowy Królestwa Polskiego Na Rok ...
w Warszawie: G. Woyska [1825]. 8°
[Lith. Tit.]
Jahrbuch der polnischen Armee.
1825: 2 Bl., 282 S., 64 kol. lith. Taf.

Roczniki rozkrzewiania wiary. 1847. Poszyt 1—6. (à ca. 4 Bog.) gr. 8. Posen 847, Stefański. *

Roczniki sejmików gospodarskich w toruniu. Zeszyt 1 i 2. Thorn 869. Rakowicz. gr. 8. (164 S.) 1 *ℳ*

Roczniki Towarzystwa Królewskiego Warszawskiego Przyjaciół Nauk. Band 1—13. 8. Warschau, typ. Collegii scholarum Piarum. 802—820. à 1 Thlr.
Ein genealogischer Atlas dazu, welcher aus 4 Karten besteht.

ROCZNIKI TOWARZYSTWA PRZYJACIÓŁ NAUK POZNAŃSKIEGO (Jahrbücher der Posener Gesellschaft der Freunde der Wissenschaften).
Tom I—VII. (Mit Tafeln.) Poznań. 1860—1872. Nakładem Towarzystwa Przyjaciół Nauk Poznańskiego. W Komisie (i czcionkami) N. Kamieńskiego i Spółki. 8°.
ROCZNIKI TOWARZYSTWA PRZYJACIÓŁ NAUK POZNAŃSKIEGO. Sekcya Lekarska.
Tom VIII. ib. 1874. — —

ROCZNIKI TOWARZYSTWA PRZYJACIÓŁ NAUK POZNAŃSKIEGO.
Tom IX—XI. (Mit Tafeln.) ib. 1876—1881. — —

Rod, Edouard, Fräulein Annette, s.a. Verein f. Verbreitung guter Schriften, Zürich.

Rod, Edouard. Fräulein Annette. Roman. Aus dem Französischen übersetzt von Martha Schiff. 144 S. 8. Zürich, Jacques Bollmann, Februar 1907. fr. —.25
Verein für Verbreitung guter Schriften. (Zürich) No. 65. 1907.

Rod, Edouard, im Bann d. Sünde. M. Einleitg. vers., autor. Übersetzg. von A. v. Wilke. 8. (90 S.) Berlin 895. Cassirer & Danziger. n. 1. —

— Ausgewählte Erzählungen, s.: Schulbibliothek, französ. u. englische. (Conteurs modernes.)

— die weißen Felsen, s.a. Engelhorn's allgem. Romanbibliothek, 13. Jahrg.

[F.] Die weissen Felsen. Roman in zwei Bdn v. Edouard Rod. Autoris. Uebs. a. d. Französ. v. Emmy Becher. Bd 1. 2. *Stuttgart: J. Engelhorn 1897.* 2 Bde 8.
1. (152 S.) · 2. (160 S.)
=Romanbibliothek, Engelhorns Allgemeine. Jg. 13. Bd 13. 14.

Rod, Eduard, die verlassene Frau. Roman. Einzig autoris. Uebersetzg. a. d. Französ. v. Ellen Godwyn. 2. Taus. (330 S.) kl. 8. Wien 905. Wiener Verlag. n. 3.—; geb. n. n. 4. 50

— das Privatleben des Michel Teissier. Roman. Deutsch von Jul. Sachs. 1. u. 2. Aufl. (299 S.) 8. Dresden (905. 906). H. Minden. n. 3. 50

Rod, Eduard, ein Sieger. Autoris. Uebersetzung von M. Toussaint. (445 S.) 8. Berlin 905. Hüpeden & Merzyn. n. 4. --; geb. n. 5. —

— auf halbem Wege, s.a. Engelhorn's allgemeine Roman-Bibliothek.

Rod, Edouard. Auf halbem Wege. Roman. Autorisierte Übersetzung aus dem Französischen von Alwina Vischer. 156 S. 8. Stuttgart, J. Engelhorn, 1903. (M. —. 50, geb. —. 75)
Engelhorns Allgemeine Roman-Bibliothek. ... Jahrg. 19. Band 11.

Rod, Frz. Eman.

Rod, F. E., Grammaire de la langue française, qui distinguent de toutes celles qui ont paru jusqu'ici: 1° un traité du genre et un de la prononciation; 2° un système qui établit l'unité de conjugaison à 57; 3° un Dictionnaire complet des difficultés respectives à chaque espèce de mots; 4° neuf chapitres sur le régime, point de grammaire si important et si négligé; ouvrage fondé sur 4917 exemples, tirés de 272 écrivains. gr. in-8. (40¼ B.) Francfort s. M. 829, (Schaefer.)

Rod, Frz. Eman., Leitfaden für den Unterricht in der französ. Sprache, oder Uebungen zu der 4. Aufl. der Grammatik, übers. v. E. Wiederhold. gr. 8. (IV u. 172 S.) Frankfurt a. M. 849, Sauerländer. ½ *ℳ*

—— französische Sprachlehre. 4., verm. und verb. Aufl. gr. 8. (VII und 392 S.) Frankfurt a. M. 848, Sauerländer's Verlag.

Rod, F. E., synopt. Tabelle der 4526 auf die Conjugations-Einheit zurückgeführten französ. Zeitwörter. gr. Fol. Frankf. a. M. 817. Brönner. 8 gl.

Roda [Schlagwort]

Roda, s.: Preussen, Messtischblätter.

Roda [Verfasser]

v. Roda, Er. Adm., s.a. Luther v. Roda.

— Abhdl. v. Salpeterfraße an den Mauern. 4. Ebend. 772.

— der Christ unter den Freydenkern in Betrachtungen über Wahrh. iten der Religion. gr. 8. Ebend. 770.

Roda, E. A. L., Sammlung einiger Briefe üb. d. Geisterlehre. 8. Altenb. (Akadem. Buchh. in Jena.) 782.

— neuer Versuch die wichtige Lehre von der Unsterblichkeit der Seele aus der Vernunft zu erweisen. 8. Altenb. Richter. 762.

Roda, Ferd. v., üb. den musikalischen Theil d. neuen Mecklenburgischen Cantionals, den inneren Zusammenhang, Bedeutg. u. Ausführg. seiner liturg. Stücke. Vortrag, geh. bei der 6. Versammlg. d. Mecklenb. Landes-Lehrer-Vereins in der Aula der Universität. gr. 8. (23 S.) Rostock 874. Stiller. — 75

Roda Roda, Alexander [d. i. Sandór Friedrich Rosenfeld]

Roda Roda, der gesteppelte Aeskulap, s.: Schlo emp, Fel.

— Von Bienen, Drohnen u. Baronen. (281 S.) kl. 8. Berlin 908. Schuster & Loeffler. 3. —

Das lachende Deutschland. (Hrsg. von [Alexander] Roda Roda u. Theodor [Schulze-] Etzel.) 1.-5. Aufl. (Mit 12 Bild.) Berlin & Leipzig: Schuster & Loeffler 1910. XVI, 304 S. 8°
(Roda Roda u. [Schulze-] Etzel: Welthumor. [1.])

— Frau Helenes Ehescheidung. (183 S.) 8. Ebd. 904. n. 1. 80

— u. Carl Rößler, der Feldherrnhügel. Schnurre in 3 Akt. 2.—5. Aufl. (115 S.) 8. Ebd. 911. 2.—; geb. 3. —

— adelige Geschichten, s.: Bibliothek Langen, kleine.

— der Gespan v. Semberia. Drama in 1 Akt. Autoris. Bearbeitung des „Knez od Semberije" Branislaw G. Nuschitschs. (15 S.) gr. 8. Wien 903. [Oesterreich. Verlagsanstalt]. C. Konegen. — 85; eim. Pr. — 50

— der gemütskranke Husar u. andere Militärhumoresken, s.a Bibliothek, militär-belletristische. 2. Bdchn.

(F) **Roda-Roda,** Der gemüthskranke Husar und andere Militarhumoresken. [Militär-belletristische Bibliothek. Bd. 2.] 8°. (ill. 90 S.)
Wien: Seidel 1903.

Ein fröhliches Jahrhundert. (Hrsg. von [Alexander] **Roda** Roda u. Theodor [Schulze-]Etzel. Mit 12 Bild.) 1.–5. Aufl. Berlin & Leipzig: Schuster & Loeffler 1910. XV, 319 S. 8°
(Roda Roda u. [Schulze-]Etzel: Welthumor. [2.]) [11. 811

Roda Roda (Alex. Roda), eines Esels Kinnbacke. Schwänke u. Schnurren, Satiren u. Gleichnisse. (144 S.) 8. München 906. A. Langen. n. 2. —; geb. n. 3. —

Roda, der König v. Crucina. Komödie in 3 Akten. 8. (32 S.) Mühlhausen i/Th. 892. G. Danner. n. 1. —

— dasselbe, s.a Vereinstheater.

(F) **Roda Roda.** Der Mann mit dem eisernen Finger. [Soldatengeschichten. 1. Bd.] 8°. (185 S.) K 2
Wien: Österr. Verlagsanstalt 1904.

Roda Roda, Der Mann mit dem eisernen Finger. [Soldatengeschichte. 1. Bd.] 8°. (178 S.) K 2.—
Wien: Seidel 1905.

Drei Meilen hinter Weihnachten. (Hrsg. von [Alexander] **Roda** Roda u. Theodor [Schulze-]Etzel. Mit 12 Bild.) 1.–5. Aufl. Berlin & Leipzig: Schuster & Loeffler 1910. XVI, 287 S. 8°
(Roda Roda u. [Schulze-]Etzel: Welthumor. [3.]) [11. 812

[Alexander] **Roda** Roda. Milan reitet in die Nacht. 1.–10. Aufl. Berlin & Leipzig: Schuster & Loeffler 1910. 138 S. 8° [10. 11940

— Der Pascha lacht. Morgenländische Schwänke. Eigenes u. Echtes. 6. Aufl. (276 S.) kl. 8. Ebd. 909. 3. —; geb. 4. —

— Der Schnaps, der Rauchtabak u. die verfluchte Liebe. (266 S.) kl. 8. Ebd. 908. 3.—; geb. 4. —

— Schummler, Bummler, Rossetummler. (Balkangeschichten.) (275 S.) kl. 8. Ebd. 909. 3.—; geb. 4. —

— dieser Schurk', der Mattowitsch! (183 S.) 8. Wien 904. [Oest. Verlagsanstalt.] C. Konegen. n. 1. 80

— Schwefel üb. Gommorrha. Erweiterte Ausg. v. Eines Esels Kinnbacke. 3. Aufl. (264 S.) kl. 8. Ebd. 909. 3. —; geb. 4. —

— Lieber Simplicissimus, s.: Bibliothek Langen, kleine.

Roda Roda, Soldaten. [Soldatengeschichten. 2. Bd.] 8°. (162 S.) K 2.—
Wien: Seidel 1905.

— Soldatengeschichten. 1. u. 2. Bd. 8. Wien, L. W. Seidel & Sohn. à n. 2. —
1. Der Mann m. dem eisernen Finger. (179 S.) 904.
2. Soldaten. (163 S.) 904.

— u. Thdr. Etzel, Welthumor in 5 Bdn. (1.—3. Bd.) 8. Berlin, Schuster & Loeffler. 12.—; geb. n 15. —
(1.) Das lachende Deutschland. 1.—5. Aufl. (XVI, 301 S. m. 12 eingedr. Bildnissen.) (910.) 4.—; geb. n 5.
(2.) Ein fröhliches Jahrhundert. 1.—5. Aufl. (XV, 319 S. m. 12 eingedr. Bildnissen.) 910. 4.—; geb. n 5. —
(3.) Drei Meilen hinter Weihnachten. 1.—5. Aufl. (XVI, 287 S. m. Abb.) 910. 4.—; geb. n 5. —

Roda-Roda, M. (Frau Marie v. Balás-Roda), der wilde Milan. Eine Geschichte aus Slavonien. 8. (151 S.) Dresden 900. C. Reißner. n. 2. —; geb. n. 3. —

Rodach [Schlagwort]

Rodach, s.: Geologische Karten (Preussen).

Rodach, s.: Preussen. Messtischblätter.

Rodakiewicz, August: Die galizischen Bauern unter der polnischen Republik. Eine agrarpolit. Untersuchung. *Brünn 1902: R. M. Rohrer.* (33 S.) 4°(8°)
Heidelberg, Phil. Diss. v. 1902

Thurn und Taxis (**Rodakowski,** Josef Ritter von, k. u. k. General der Cavallerie.) — Emerich Prinz zu ...., k. u. k. General der Cavallerie. Mit Benützung seines Nachlasses dargestellt von einem Waffengefährten. (Mit 1 Porträt.) 8. Wien und Leipzig 1901.

Thun. — (**Rodakowski,** Josef Ritter v., k. k. Feldmarschall-Lieut.) Erinnerungen an Feldzeugmeister Franz Graf ..... Als Manuscript gedruckt. 8. Wien 1889.

Rodange, Michel: Gedichte auf unser geliebtes Fürstenpaar Prinz und Prinzessin Heinrich der Niederlande. Luxemburg 1873. 8°

Rodange, Michel: Renert oder de Fuus am Frack an a Ma'nsgrësst. Op en neis fotograféert vun engem Letzebreger. Letzebuurg: J. Joris 1872. 3, 254, 1 S. 12°

Rodange, M., Renert, od. de Fuuß am Frack an a Ma'nsgrëßt. Op en Neis fotograféert. 8. (254 S.) Luxemburg 872. Schamburger in Comm. n. 1. 20

Ein Bauernrebell. Roman aus d. 16. Jh. von Arthur v. Rodank. Innsbruck: Wagner 1896. (X, 335 S.) 8°
= Rodank: Tiroler Romane. Bd 3.

Clementine von Polen. Ein Zeitbild aus d. Jahren 1718 u. 1719 von Arthur v. Rodank. Innsbruck: Wagner 1902. (III, 310 S.) 8°
= Rodank: Tiroler Romane. Bd 7.

Rodank, A. v., Sabina Jäger. Ein Zeit- und Lebensbild aus dem Anfange des 15. Jahrhunderts. [Tiroler Romane. VIII. Bd.] 8°. (III, 349 S.) K 2.50, geb. K 3.70
Innsbruck: Wagner 1905.

Die schwarze Katharina. Roman aus d. zweiten Hälfte d. 14. Jahrh. von Arthur v. Rodank. *Innsbruck: Wagner 1900.* (322 S.) 8° [F.]
= Rodank: Tiroler Romane. Bd 6. [00. 10638

Rodank, Arth. v. (Arth. Graf Wolkenstein-Rosenegg), Tiroler Romane. 2.—4. Bd. gr. 8. Innsbruck, Wagner. n. 6. 50 (4 Bde. kplt. n. 8. 90; geb. in Karton n. 13 80)
2. Teresina. Roman aus d. Zeit d. Erzherzogs Ferdinand Karl v. Tirol. (268 S.) 895. n. 2. —
3. Ein Bauernrebell. Roman aus d. 16. Jahrh. (X, 335 S.) 896. n. 2. 50
4. Herr Tänzl. E. Liebesgeschichte aus d. Zeit d. Erzherzogs Sigmund des Münzreichen. (249 S.) 896. n. 2. —; geb. n. 3. 20
Bd. 1 erschien nur als Einzeltitel: R., d. Fräulein v. Trostburg.

Rodank, Arth. v. (Arth. Graf Wolfenstein-Rodenegg), Tiroler Romane. V.—VII. Bd. gr. 8. Innsbruck, Wagner. n. 8. 80; Einbde. a n. 1. 20
V. Das Fräulein v. Villanders. Roman aus der Zeit des Erzherzogs Ferdinand II. (IX, 424 S.) 899. n. 4. —
VI. Die schwarze Katharina. Roman aus der 2. Hälfte des 14. Jahrh. (328 S.) 900. n. 2. 40
VII. Clementine v. Polen. Ein Zeitbild aus den J. 1718 u. 1719. (III, 310 S.) 902. n. 2. 40
Bd. I—IV. Ebd. 892—896. n. 8. 90.

Rodank, Arth. v. (Arth. Graf Wolkenstein-Rodenegg), Tiroler Romane. VIII. Bd. Sabina Jäger. Ein Zeit- u. Lebensbild aus dem Anfange des 16. Jahrh. (III, 349 S.) 8. Innsbruck 905. Wagner. n. 2. 50; geb. 3. 70
Bd. 1—7. Ebd. 892—902. n. 17. 70.

Herr T ä n z l . Eine Liebesgesch. aus d. Zeit d. Erzherzogs Sigmund d. Münzreichen von Arthur v. **Rodank**. Innsbruck: Wagner 1896. (249 S.) 8⁰
= Rodank: Tiroler Romane. Bd 4.

T e r e s i n a . Roman aus d. Zeit d. Erzherzogs Ferdinand Karl von Tirol von Arthur v. **Rodank**. Innsbruck: Wagner 1895. (268 S.) 8⁰
= Rodank: Tiroler Romane. Bd 2.

Das Fräulein von T r o s t b u r g . Roman aus d. Zeit d. bairisch-franz. Einfalles in Tirol im Jahre 1703 von Arthur v. **Rodank**. Innsbruck: Wagner 1892. (VI, 368 S.) 8⁰
= Rodank: Tiroler Romane. Bd 1.

Das Fräulein von V i l l a n d e r s . Roman aus d. Zeit d. Erzherzogs Ferdinand II von Arthur v. **Rodank**. Innsbruck: Wagner 1899. (IX, 524 S.) 8⁰
= Rodank: Tiroler Romane. Bd 5.

Rodari, Palmyro

Rodari, P., Experimentelles u. Klinisches zur Kenntnis der Beeinflussung der Magensaftsekretion durch Medikamente, s.a. S a m m l u n g klinischer Vorträge.

R o d a r i , P[almyro]. **Experimentelles und Klinisches zur Kenntnis der Beeinflussung der Magensaftsekretion durch Medikamente. [Mit Figuren.] Leipzig, Johann Ambrosius Barth, 1908.**
Ausg. A: Habilitationsschr. Med. Univ. Zürich ... von Dr. med. P. R' in Zürich. (... Nr. 482/84 ... der «Sammlung klinischer Vorträge».) *Kopftitel:* Aus der experimentell-biologischen Abteilung des Pathologischen Institutes zu Berlin, Vorstand: Professor Dr. Ad[olf] Bickel. II + 71 S. 8.
Ausg. B: von Dr. P. R', Zürich. II S. + S. 237—307 ⟨71 S.⟩. gr.-8. Subskr. M. 1. 50, Einzelpreis 2. 25. — Sammlung Klinischer Vorträge, begründet von Richard von Volkmann. Neue Folge.. . Nr. 482/484 ⟨Serie XVII, Heft 2/4⟩. Innere Medizin Nr. 144/146.

Rodari, Palmyre [prakt. Arzt aus Zürich]: **Ueber einen Fall von myelogenem Riesenzellensarkom des Femur.** Zürich 1897. 30 S. 8°.
Zürich. Med. Diss. 1897/98.

R o d a r i , P[almyro]. **Zur Frage der Heilbarkeit der chronischen Gastritis. Von Dr. P. R' in Zürich.** ⟨Sonderabdruck aus der Berliner klin[ischen] Wochenschr[ift, Jahrg. 43], 1906, No. 28.⟩ II + 10 S. 8. (Berlin, L. Schumacher.)

Rodari, P., Grundriss der medikamentösen Therapie der Magen- u. Darmkrankheiten einschliesslich Grundzüge der Diagnostik. Für prakt. Aerzte bearb. (X. 178 S.) Lex.-8. Wiesbaden 904. J. F. Bergmann. n. 3. 60

— dasselbe. 2. durch Einfügg. der speziellen Diätetik der Magen- u. Darmkrankheiten verm. Ausgabe. (X, 266 S.) Lex.-8. Ebd. 906. n. 4. 80

R o d a r i , P[almyro]. **Die wichtigsten Grundsätze der Krankenernährung. Allgemein orientierender Vortrag von Dr. P. R', prakt. Arzt... in Zürich. [Mit Vignotte.] 17 S. 8. München, Verlag der Aerztlichen Rundschau ⟨Otto Gmelin⟩, 1907. (M. —.60)**

— Lehrbuch der Magen- u. Darmkrankheiten m. besond. Berücksicht. der diätetischen u. medikamentösen Therapie. Für prakt. Ärzte u. Studierende bearb. 2. völlig umgearb. u. bedeutend erweit. Aufl. (VIII, 521 S.) Lex. 8. Wiesbaden 910. J. F. Bergmann. 12. —

— die V e r d a u u n g s o r g a n e u. ihre Krankheiten. Gemeinverständliche Darstellung. I. u. 2. Aufl. (56 S.) gr. 8. Ebd. 904. 905. n. 1. 40

Rodatis, Walter, Referendar: **Gemeingebrauch am öffentlichen Weg einschließlich öffentlicher Waldung.** Greifswald 1909: Abel. 95 S. 8°
Greifswald, Jur. Diss. v. 24. Febr. 1910, Ref. Hubrich
[Geb. 8. Dez. 83 Stolp i. P.; Wohnort: Stolp; Staatsangeh.: Preußen; Vorbildung: Gymn. Stolp Reife O. 03; Studium: Tübingen 1, Berlin 4, Greifswald 2 S.; Rig. 6. Mai 07.] [U 10. 1543

Cantate zur Trauer-Loge 1832. Von K[arl] G[ottlieb] P r ä t z e l. Comp. von A. E. Rodatz. [Hamburg: 1832.] 2 Bl. 8° [Kopftit.]
Ohne Noten: „Wie die Stunden rasch entwallen . . .“

Rodatz, Hedwig, der schwarze Tuck. Eine Erzählung für Kinder. 12. (62 S.) Berlin 887. Wiegandt & Grieben. n. — 60

Rodatz, Jul., G l o c k e n b l u m e n ! Tägl. Andachten. gr. 8. (406 S.) Luckenwalde 896. G. Gutdeutsch.
Geb. in Leinw. n. 3. 50; eleg. geb. m. Goldschn. n. 5. —

(D) **Rodatz,** J., Glockenblumen. 896. (KBL 30.) Jetzt: Berlin, Vaterländ. Verlags- u. Kunstanstalt. Erm. Pr. n 2. 50

Rodatz, P. A., de verbali testamentorum revocatione ad Cod. VI, 23 Const. 27 Dissert. 4. Götting. 810. Dieterich. 4 gr.

RODATZ, PAUL. Ueber Azosulfobenzolsäuren und ihre Bromsubstitutionsprodukte. Greifswald, 1882.

Rodatz, Wilhelm [aus Hamburg]: **Über Fluorescein und einige Derivate.** Basel 1901. 31 S. 8°.
Basel. Phil. Diss. 1900/1901.

R o d a t z , Wilhelm. **Über Fluorescein und einige Derivate.** Diss. Phil. Basel. 31 S. 8. Basel, Emil Birkhäuser, 1901.

Rodbertus. – Karl Rodbertus.

—— **Darstellung seines Lebens und seiner Lehre, s. D i e t z e l , H.**

Rodbertus-Jagetzow, Johann Karl

R o d b e r t u s , [Karl], zwei verschollene staatswirtschaftliche Abhandlungen. Neu hrsg. und eingeleitet von Max Quarck. gr. 8. (41 S.) Wien 885, (Pichler's Wwe. und Sohn.) *

Rodbertus-Jagetzow, Dr., Zwei verschollene staatswirthschaftliche Abhandlungen. Neu hrsg. u. eingeleitet v. Dr. Max Quarck. gr.-8°. Wien, Pichler's Wittwe u. Sohn, 1885. (Aus „Deutsche Worte, hrsg. v. Pernerstorffer, 1885, 1. Heft.)

R o d b e r t u s - J a g e t z o w , C., zur Beleuchtung der socialen Frage, s. A u s dem literarischen Nachlass von Dr. Carl Rodbertus-Jagetzow.

Rodbertus-Jagetzow, zur Beleuchtung der socialen Frage. I. Unveränd. Abdr. meines 2. u. 3. socialen Briefes an v. Kirchmann, enth. e. compendiösen Abriss meines staatswirthschaftl. Systems, nebst e. Widerlegg. der Ricardo'schen u. Ausführg. e. neuen Grundrententheorie. gr. 8. (IV, 223 S.) Berlin 875. A. Schindler. n. 4. —

Rodbertus-Jagetzow, Carl, zur Beleuchtung der socialen Frage. 1. Thl. Unveränd. Abdr. meines 2. u. 3. socialen Briefes an v. Kirchmann, enth. e. compendiösen Abriss meines staatswirthschaftl. Systems, nebst e. Widerlegg. der Ricardo'schen u. Ausführg. e. neuen Grundrententheorie. 2. Aufl.. hrsg. v. Mor. Wirth. gr. 8. (IX, 330 S.) Berlin 890. Puttkammer & Mühlbrecht. n. 5. —

— Handschriftl. Bemerkungen zur Orientirung über seine Beziehungen zu Lassalle. Von Ad. Wagner mitgetheilt in der Einleitung der Schrift: „Aus dem literar. Nachlass v. R. Rodbertus-Jagetzow, hrsg. von H. Schumacher-Zarchlin u. Ad. Wagner. I. Briefe von F. Lassalle an Rodb.-Jag. Mit einer Einleitung von Ad. Wagner. Berlin, Puttkammer, 1878.

— Offener Brief an das Komité des deutschen Arbeitervereines zu Leipzig. 8⁰. Leipzig, O. Wigand, 1863.

Rodbertus-Jagetzow, Dr. (Karl Joh., geb. 12. Aug. 1805 zu Greifswald, † 6. Dezbr. 1875 zu Jagetzow im Kreise Demmin), Briefe u. socialpolitische Aufsätze, hrsg. von Dr. *R. Meyer.* 2 Bde. Berlin, A. Klein, o. J. (1880). Kl. 8⁰. Eleg. roth. Lwdbde.
I: 1 Bl., 352 S. II: 1 Bl., S. 353–765.

Rodbertus-Jagetzow, Briefe u. socialpolitische Aufsätze. Hrsg. v. Rud. Meyer. 2 Bde. 8. (765 S.) Berlin 882. Adf. Klein. n. 15. —

Rodbertus, sociale Briefe an v. Kirchmann. 1 u. 2. Brief. 8. 1. Brief: Die sociale Bedeutung der Staatswirthschaft. (88 S.) 2. Brief: Kirchmann's sociale Theorie u. die meinige. (98 S.) Berlin 850, Gerhard (jetzt: Grobe). (à n. 1/3 ℛ) n. 2/3 ℛ

— dies. 3. Brief: Widerlegung der Ricardo'schen Lehre von der Grundrente u. Begründung einer neuen Rententheorie. gr. 8. (286 S.) Berlin 851, Allgemeine deutsche Verlags-Anstalt. n. 1 2/3 ℛ (1—3: n. 2 1/3 ℛ)

— Briefwechsel zwischen Rodbertus u. dem Minister für die landwirthschaftl. Angelegenheiten Dr. Friedenthal. Mitgetheilt von O. Beta in seiner Schrift: „Die wirthschaftl. Nothwendigkeit und politische Bedeutung einer deutschen Agrarverfassung". Berlin 1878.

Rodbertus-Jagetzow, zur Erkenntniß unsrer staatswirthschaftl. Zustände. 1. Heft: Fünf Theoreme. gr. 8. Neubrandenburg 842, Barnewitz. n. 1 ℛ

Rodbertus-Jagetzow, z. Erkenntniß unsrer staatswirthschaftl. Zustände. 1. Hft.: Fünf Theoreme. gr. 8. (11½ B.) Neubrandenburg 842, [Lingnau.] *

Rodbertus, Berg, von, **Bucher,** Lothar, Erklärung. — Seid deutsch. Ein Mahnwort. — An Mazzini. Offener Brief. — Wohl sonst. 4 Flugschriften. gr. 8⁰. Berlin, Verlags-Comtoir, 1861.

Rodbertus-Jagetzow, zur Erklärung und Abhülfe der heutigen Creditnoth des Grundbesitzes. I. und II. gr. 8. Jena, F. Mauke. * 6 —
Inhalt:
I. Die Ursachen der Noth. (VI, 143 S. mit 1 Tab. in Fol.) 868. *M 1,50.
II. Zur Abhülfe. (XX, 401 S.) 869. *M 4,50.

Rodbertus-Jagetzow, zur Erklärung und Abhülfe der heutigen Creditnoth des Grundbesitzes. 2 Thle. 2. Ausg. gr. 8. Jena 876. Berlin, Bahr. * 4 —

— zur Erklärung u. Abhülfe der heutigen Creditnoth d. Grundbesitzes. 2 Thle. in 1 Bd. [I. Die Ursachen der Noth. — II. Zur Abhülfe.] 2. Ausg. gr. 8. (IV, 143 u. XX, 400 S. m. 1 Tab. in qu. Fol.) Jena 876. Mauke. n. 4. —

Rodbertus-Jagetzow, zur Erklärung u. Abhülfe der heutigen Creditnoth des Grundbesitzes. 2. Aufl. m. dem Bildnisse des Verf. u. e. Vorwort v. Rud. Meyer. gr. 8. (XLI, 300 S.) Berlin 893. H. Bahr, Verl. n. 9. —; geb. n.n. 11. —

— die preußische Geldkrisis. gr. 8. (4¼ B.) Anclam 845, Dietze.

— die neuesten Grundtaxen des Herrn v. Bülow-Cummerow. gr. 8. (147 S.) Anclam 847, Dietze. 2/3 ℛ

Rodbertus-Jagetzow, die Handelskrisen und die Hypothekennoth der Grundbesitzer. Berlin 858. F. Schneider. gr. 8. (59 S.) n. 10 ngr.

— das Kapital, s.a. Aus dem literarischen Nachlass von Dr. Carl Rodbertus-Jagetzow.

Rodbertus-Jagetzow, Carl.
Das Kapital. 4. sozialer Brief an v. Kirchmann. Berlin 1884. H: *Wagner, Adolph* & *Theophil Kozak.* (Kat. d. Bibl. d. Reichs-Justizamts. 2. Ausg. Berl. 1897.)

Rodbertus-Jagetzow, für den Kredit der Grundbesitzer. Eine Bitte an die Reichsstände. gr. 8. (39 S.) Berlin 847, Springer. 1/6 ℛ

— Für den Kredit der Grundbesitzer. Eine Bitte an die Reichsstände. gr. 8⁰. Berlin, Schneider in Comm., 1849.

–, de Berg, Phillipp und Bucher, Lothar

— — — an Mazzini. Offener Brief. gr. 8. (16 S.) Berlin 861, Verlags-Comptoir.

Rodbertus, s.a. Aus Rodbertus' Nachlaß.

— **Aus Rodbertus' Nachlass. Hrsg. und mit einem Nachworte versehen vom Wirkl. Geh. Ob.-Reg.-R. Herm. Wagener. gr. 8⁰. Minden, Bruns, 1886.**

— s.a. Aus dem literarischen Nachlass.

— Aus dem liter. Nachlass von Carl Rodbertus-Jagetzow. Hrsg. v. H. Schumacher Zarchlin u. Ad. Wagner. Bd. I. Briefe von Ferd. Lassalle an Carl Rodbertus-Jagetzow. Mit einer Einleitung von Ad. Wagner. gr.-8°. Berlin, Puttkammer u. M., 1878.

— Aus dem liter. Nachlass. Bd. II. Das Kapital. 4. socialer Brief an von Kirchmann. gr.-8°. Berlin, Puttkammer u. M., 1884.

— Aus dem liter. Nachlass von R. J., hrsg. von A. Wagner und Th. Kozak. Bd. III. Zur Beleuchtung der socialen Frage. Teil II. Nebst einem älteren Aufsatz: Die Forderungen der arbeitenden Klassen (1837) und einem Sendschreiben an den Londoner Arbeiterkongress (1862). gr.-8°. Berlin, Puttkammer u. M., 1885.

— Der Normalarbeitstag. (Sep.-Abdr. aus der „Berliner Revue".) 8°. Berlin, Hickethier, 1871.

Rodbertus-Jagetzow, Carl, Schriften. Neue wohlf. [Titel-] Ausg. 4 Bde. gr. 8. Berlin 899. Puttkammer & Mühlbrecht. n. 14. —
1. D. Kapital. Hrsg. v. Adph. Wagner u. Theoph. Kozak. (XIX, 316 S.) (884.) n. 4. —
2. Zur Beleuchtg. d. socialen Frage. 1. Thl. 2. Aufl. Hrsg. v. Mor. Wirth. (IX, 330 S.) (890.) n. 3. —
3. Dasselbe. 2. Thl. Unt. Mitwirkg. v. Th. Kozak hrsg. u. m. e. Einleitg. versehen v. Adph. Wagner. (LXIV, 284 S.) (885.) n. 4.
4. Gesammelte kleine Schriften. M. e. Anh.: Aufruf an die Deutschen v. Joseph Mazzini. Hrsg. v. Mor. Wirth. (XV, 370 S.) (890.) n. 3. —

Schriften v. Dr. Carl **Rodbertus-Jagetzow.** Neue wohlf. Ausg. Bd 1—4. *Berlin: Puttkammer & Mühlbrecht 1899.* 8. [90. 1115 6]

— Kleine Schriften. Mit einem Anhang: Aufruf an die Deutschen von Jos. Mazzini. Hrsg. von Mor. Wirth. gr.-8°. Berlin, Puttkammer u. Mühlbrecht, 1890.
1) Die preuss. Geldkrisis. 1845. 2) Für den Kredit des Grundbesitzers. 1847. 3) Die neuesten Grundtaxen des H. v. Bülow-Cumerow. 1847. 4) Mein Verhalten in dem Conflict zwischen Krone und Volk. 1849. 5) Die Handelskrisen und die Hypothekennoth der Grundbesitzer. 1858. 6) Erklärung. 1861. 7) Seid deutsch. 1861. 8) An Mazzini. 1861. 9) Was sonst? 1861. 10) Offener Brief an das Centralkomitee des deutschen Arbeitervereines zu Leipzig. 1863. 11) Der Normalarbeitstag 1871. 12) Anhang.

— kleine Schriften. Mit e. Anh.: Aufruf an die Deutschen v. Jos. Mazzini. Hrsg. v. Mor. Wirth. gr. 8. (XV, 370 S.) Ebd. 890. n. 6. —

Rodbertus (Johann Karl). de **Berg** (Philipp) and **Bucher,** Lothar).
Seid deutsch! Ein Mahnwort. II. Berlin, Verlags-Comptoir (A. Dominé) 1861. 16 S. 8.

—— mein Verhalten in dem Conflikt zwischen Krone und Volk. An meine Wähler. gr. 8. (47 S.) Berlin 849, Schneider und Comp.

—, de Berg, Phillipp und Bucher, Lothar

— Was sonst? Ein deutsches Programm. IV. Berlin, Verlags-Comptoir (A. Dominé) 1861. 13 S. 8.

— allgem. Wirthschaftslehre. Freiberg 881.

Rodd, Rennell

Rodd, R., Friedrich III. als Kronprinz u. Kaiser. Ein Lebensbild. Mit e. Einleitg. v. Ihrer Maj. der Kaiserin Friedrich. Deutsche Ausg. v. S. Hensel. 1.–11. Aufl. 8. (196 S. m. Lichtdr.-Bild.) Berlin 888. 889. Asher & Co. n. 3. —; geb. n. 4. —

Rodd, Sir Rennell, jonischer Veilchenkranz. Im Orig.-Versmass übertr. v. Rose Ilse Munk. (VIII, 86 S. m. Bildnis.) 8. Berlin 909. K. Curtius. 2. —

Roddaz, C. de, das Glockenspiel [Le carillon], s. **Massenet,** J.

Geschichte des 1. Großherzoglich Mecklenburgischen Dragoner-Regiments Nr 17 1819–1909. Bearb. von August Franz Frh. v. **Rodde.** Bd 1. 2. Schwerin 1910: Bärensprung. 4°(8°)
1. Die ersten 50 Jahre. 2. Von 1870–1909. [11. 1939]

Rodde, D., Vergleichung des Code Napoleon mit dem Lübischen Rechte. gr. 8. Hamb. Bohn. 812.

Rodde, D., Vergleichung des Code Napoleon mit d. Lübischen Rechte. gr. 8. Hamb. 812. (Schnuphase in Altenb.) 12 gr

F(elix) Rodde's Composition extempore. (Freies Klavierspiel.) Die Kunst, aus dem Stegreif Klavier zu spielen, Vortragsstücke aller Art nach d. Gehör wiederzugeben u. z. Gesange zu begleiten. Unterrichtsbriefe... von Felix **Rodde.** (Op. 119.) Als Ms. gedr. Berlin: F. Rodde [1905]. (106 Bl.) 4° [06. 9355]

Rodde, Hermann (Lübeck) A. S. 1419/13

De iuribus emtoris in re immobili emta nec dum iudicialiter resignata occasione libri III. tit. VI. art. I. et II., iuris Lubecensis.
Göttingen (Barmeier) 23. VIII. 1779. 39 S.

Gew.: Stadt Lübeck.
W. v.: Kaspar von Lingen (Opp.). 29007

Rodde, J., s. Wohlthaten gewinnen 2c.

Rodde, Jakob

– s. Anweis., Erdäpfel ...

Rodde, ruſſ. deutsche Grammatik. 8. Riga, Hartmann. 789.

– s. Rytschkow, Pt.: Topographie u. Versuch e. Historie.

Rodde, Jak., († d. 18 Mai 1789.) ruſſ. Sprachlehre z. besten d. deutschen Jugend eingerichtet. 8. Riga 773. 2e A. 778. 3e A. 784. 4e Aufl. 8. Ebd. 790. 1 ₰ 12 gr

— russisch-deutsches u. deutsch-russ. Wörterbuch. 2 Thle. gr. 8. Riga 784. 5 ₰

Rodde, W., Observationes philol. Progr. Stadae 773–78. 3 P. 4.

Rodde, W., Predigt beim Schlußgottesdienste der Generalsynode, geh. am 21. Septbr. 1881 in der Stadtkirche in Bayreuth. gr. 8. (13 S.) Bayreuth 881. Burger. n. — 20

— was wir an unserer Bibel haben. Predigt über Ev. St. Joh. 8, 31 u. 32, geh. am Bibelfeste zu Nürnberg in der St. Aegidienkirche am 13. Juni 1877. 3. Aufl. gr. 8. (19 S.) Nürnberg 877. Raw. n. — 20

Bernhard Wilhelm Roedder

Bernardi Wilhelmi Rödder Gründliche Abhandlunge [Abhandlung] von der in Deutschland hin und wieder grassirenden Seuche, die Gribbel Krankheit oder Krampff-Sucht genannt. Worin deren Beschaffenheit, Ursachen, Vorbauunge, u. Heilunge beschrieben ist. Franckfurth & Leipzig: Kochendörffer 1772. 62 S. 8

Bernhard Wilhelm Roedder

Bernhardi Wilhelmi Rödder, gründliche Beschreibung des zu Driburg im Hochstifte Paderborn gelegenen Gesund-und Stahlbrunnen...nebst einer bes. Brunnen-Diätsregel von allerley Speisen, welche bey der Brunnencur entweder dienlich oder schädlich sind u. e. vollst. Reg. Driburg & Hannover: Förster 1757. 413 S. 8°

Rödder, Bhrd. Wlh., († ...) Beschreibung des zu Driburg gelegenen Gesund- u. Stahlbrunnens, dessen Beschaffenheit, mineral. Gehalte rc. Mit Kpf. 8. Frankf. u. Leipz. 757. (Helwing in Hannov.) 12 gr

Rödder, Bernhard Wilhelm (Übers.u.Komm.):

s.: Hoffmann, Friedrich: Abhandlung von der gewissen Vorhersagung des Todes... (De certo mortis praesagio. Dt.) Franckfurt, Leipzig: 1777

JB 1.092

Wortlehre des Adjectivs im Altsaechsischen. Von Dr. Edwin Carl Roedder, Instructor in German. *Madison, Wisc. 1901.* (S. 335–435.) 8° — Bulletin of the University of Wisconsin. Philol. and literat. ser. Vol. 1, No 4.

Rödder, Fr. D., deutsche Handfibel, od. Elementarb. zum Lesenlernen, sowohl beim Lautiren, als auch beim Buchstabiren zu gebrauchen. 12. No. 1. ... Mohrungen ..., Rautenberg.

—— dass. 12. No. 2. ... Ebds. ...

— deutsche Handfibel oder Elementarbuch zum Lesenlernen rc. 6. verb. Aufl. 8. Mohrungen 846, Rautenberg. (Leipzig, Brauns.) 1/12 ℛ

Rödder's, Fr. D., Deutsche Handfibel oder Elementarbuch zum Lesenlernen rc. 6. verb. Aufl. 8. (88 S.) Mohrungen 847, Rautenberg. (Leipzig, Brauns.) 1/12 ℛ

—— Kopfrechnungsaufgaben. Zum Gebr. f. Lehrer in Preußens Elementar- u. Landschulen bearb. 1. Bdchn. Aufgaben ohne Brüche. 8. (9½ B. u. 2 B. nur auf e. Seite bedruckt.) Mohrungen 833, [Rautenberg.]

Rödder, Fr. D., Kopfrechnungsaufgaben. Zum Gebrauche für Lehrer in Preußens Elementar- u. Landschulen bearbeitet. 1s Bdchn. Aufgaben ohne Brüche. 8. Mohrungen 833. Schulbuchhandlung. ½ ℛ

Rödder, Fr. D., Wandfibel. (21 Taf., gr. Fol., nur auf einer Seite bedr.) Nebst Gebrauchsanweis. gr. 8. (1 B.) Elbing 841, Neumann-Hartmann. *

Zur Geschichte des Vermessungswesens Preußens, insbes. Altpreussens aus der ältesten Zeit bis in das 19. Jahrhundert. Von H[einrich] Roedder. Mit 30 Abb. u. 1 Uebersichtskarte. Stuttgart: K. Wittwer 1908. (VIII, 191 S.) 8°
Erw. aus: Zeitschrift f. Vermessungswesen. Jg. 1907.08.

Roedder, O. C., die elektrotechn. Einrichtungen mod. Schiffe. Mit 222 Abbildgn. u. 2 Taf. im Texte. (XIX, 346 S.) Lex.-8. Wiesbaden 903. C. W. Kreidel. n. 8. 60

Roedder, O. C., die Fortschritte auf dem Gebiete der elektrischen Fernbahnen. Erfahrungen u. Aussichten auf Grund v. Betriebsergebnissen. Mit 172 Abbildgn., 1 Taf. u. Tabellen im Texte u. e. tabellar. Zusammenstellg. der Angaben v. 77 der wichtigeren elektr. Bahnen. (XVII, 323 S.) Lex. 8. Wiesbaden 909. C. W. Kreidel. 12. 60

Rödder, Paul: Ueber Humes Erkenntnistheorie. Gollnow 1909: Voigt. S. 3—11. 4°
Gollnow, st. RPG i. E. OP 1909 (213) [S 09. 388

Rödding [Schlagwort]

Rödding, s.: Deutschland. Kürschner-Pelp.

Rode, Pierre. Dedié à ses amis. Avec son portr. 4. ... Berlin 831, (Trautwein.)

Rode, Wilhelm, wie er war, nicht wie er sein sollte. 8. Braunschweig 788. Meyer. 6 gr

Erläuterungen über Hrn. *Karstens* mathematische Analysis und höhere Geometrie, von *v. Rode.* Berlin, Rottmann. 136 S. 8. 1789

Rode, Geibel u. der Beginn der nationalpolitischen Dichtung. Eine Sammlg. polit. Gedichte f. den Schulgebrauch. (140 S.) gr. 8. Leipzig 906. Dürr'sche Buchh. n. 1. 40

Rode, die Pflege des gesunden und des kranken Kindes. 12. (182 S.) Merseburg 883, Stollberg. cart. *

Rode, christlicher Religions-Unterricht für die reifere Jugend. 2. Aufl. 12. (87 S.) Hamburg 891, Cassel, Verlagshaus d. dtsch. Baptisten, J. G. Oncken Nachf. Kart. n. — 80

Rode, A., der Gefangene v. Sedan od. Erlebnisse e. fürstl. Abenteurers. 3 Thle. gr. 8. (432, 432 u. 379 S.) München 871. 72. Wagner. 9. 10

Rode, A. v., Don Gonzalvo von Cordova. Epos in 25 Gesängen. Nach dem Französ. metrisch bearb. Berlin 859. Peters. gr. 8. (320 S.) n. 1 ℛ 10 ngr

Rode, A., Kupfer zu Vitruv's 10 Büchern von der Baukunst mehrentheils nach antiken Denkmälern gezeichnet mit kurzen lateinischen und deutschen Erklärungen. Berlin 1801. Fol.

Rode, Dr. A., Barbara Ubryk, oder die Geheimnisse des Karmeliter-Klosters in Krakau. Aus den Papieren eines Karmeliter-Mönchs. München, Neubauer u. Kolb, 1869. Gr. 8°.
1244 u. III SS.

Rode, A., Barbara Ubryk oder die Geheimnisse des Karmeliterklosters in Krakau. Aus den Papieren eines Karmelitermönchs. In 26 Liefgn. München 869, 870. Wagner. gr. 8. (1244 S.) Jede Liefg. 4 ngr

Dasselbe. Ebd. 1871. Gr. 8°. (3⅓ Rthl.) (3 Mk. Theod. Ackermann, München, 1883.)

Rode, A. E., Erlebnisse e. Deserteurs. Ein Mahnwort an die reifere Jugend. Eine Leidensgeschichte f. Jedermann. Nach den Quellen bearb. v. Heinr. Hofmann. 4. Tausd. gr. 8. (VII, 93 S. m. 2 Vollbildern.) Wiesbaden 902. (Leipzig, R. Uhlig.) Geb. n. 1. 50

Rode, A[lbert], Dr.: Robert Bargrave. Ein englischer Reisender des XVII. Jahrhunderts. Mit bisher nicht veröffentlichten Auszügen aus seiner Reisebeschreibung. Hamburg 1905: Lütcke & Wulff. (29 S.) 4°
Hamburg, OR u. R in Eimsbüttel P 1905 (880)

Rode, Alb., das Elbschwanenbüchlein, s.a. Rist, Joh.

Das Elbschwanen-Büchlein. Zum Andenken an Johann Rist, kais. Pfalzgrafen zu Wedel, geb. den 8. März 1607. Mit Auszügen aus s. Schriften. Von Albert **Rode**. Hamburg: O. Kaven 1907. (96 S.) 8° 07. 9551 8

Gedenkbuch der Familie **Rode**. Itzehoe. Barmstedt. Burg a/Fehmarn. Hamburg. Von Albert Rode. Blankenese. 1903 ff.
Erschienen sind bis jetzt 3 Bogen.

Rode, Alb., Hauptmann u. Nietzsche. E. Beitrag zum Verständnis der „Versunkenen Glocke". gr. 8. (14 S.) Hamburg 897. J. Haring. n. — 50

Rode, Albert *Julius* [aus Hamburg]: Über die Margaretenlegende des Hartwig von dem Hage. . . . Kiel, Druck v. C. Schaidt, 1890; 55 S., 1 Bl. 8°
Kiel, Phil. Fak., Inaug.-Diss. v. [23. Aug.] 1890

Rode, Alb., üb. die Margaretenlegende d. Hartwig v. dem Hage. Inaug.-Diss. gr. 8. (58 S.) Kiel 890. (Leipzig, Fock.) n. 1. 50

Rode, August

– s. Atinsiede: Vergnügen.

– s. Apulejus: Esel und Psyche.

– s. Artikel, Histor.-geograph.

— Beschreib. d. Fürstl. Anhalt-Dessauischen Landhauses u. engl. Gartens zu Wörlitz. Mit 5 Kpf. gr. 8. Dessau 788. Tänzer. 2 ℛ

— Beschr. des Fürstl. Anhalt-Dessauisch. Landhaus. und engl. Gartens zu Wörlitz. gr. 8. Leipz. Crusius. 788.
d. K.
3 Prosp.

Rode, Aug., Beschreib. d. Fürstl. Anhalt-Dessauischen Landhauses u. engl. Gartens z. Worlitz. Mit Kpf. 8. Dessau, 1788. Neue Ausg 1798. Tanzer. (Aue.) 2. —

– s. Briefwechsel e. Kinder.

— Choix de Peintures antiques, s. Auswahl antiker Gemälde.

— Choix de Peintures antiques empruntées de l'ouvrage du Comte de Caylus tires à peu d'exemplaires etc. III Cah. gr. fol. Weim. Ind. Comt.

– s. Denina: Brandenburg. Briefe.

– s.a. Gedichte, Philosophische.

— —, Philosophische und andere, aus dem Lateinischen des *Lukrez, Katull, Ovid, Horaz. Virgil, Lukan* in der Versart der Originale verdeutscht und mit Anmerkungen versehen vom Uebersetzer des Goldnen Esels des Apulejus (August Rode). Hamburg, bei Benj. Gottlob Hoffmann. 1785. 8°. XII—171 S. (7 Mk. 50 Pfg. Max Jaeckel, Potsdam, 1906; 10 Mk., schönes Expl. in interess. Einband d. Z., Max Perl, 1906; 8 Mk. C. G. Boerner, Lpz., 1907.)
Anon.-Lex. II. p. 163 (nach Ersch-Geissler. Kayser. etc.).

Rode, A. v., Kinderschauspiele. 8. Leipz. Vogel. 776.

— — dies. 8. Augsb. Stage. 777.

v. Rode, Aug., Leben des Hrn. F. W. v. Erdmansdorf. gr. 8. Dessau 801. Tänzer. 1 ℛ 12 gr

– s. Ovid: Verwandlungen.

– s. Vitruvius: De architectura. – Baukunst.

— Wegweiser durch das Sehenswürdige in u. um Dessau. 2 Hfte. Mit Kpf. gr. 8. Dessau 795. 96. Tänzer. 2 ℛ 8 gr

Rode, B. Larven nach den Modelen des berühmten Schlüters. Berlin. 4.

Rode, B., über die Malerey, s. Mahlerey.

Rode, B., s. J. Riem, üb. die Malerei.

Radirte Blätter nach eigenen historischen Gemählden und Zeichnungen von Bernhard Rode. Berlin 1783. 8°.

Rode, Chrn., Marie. Eine Erzählung der Friedhofsblumen. Altona 868. Lehmkuhl & Co. 16. (110 S. mit 1 Steintaf. in Tondr.) 15 ngr; in engl. Einb. mit Goldschn. 27 ngr

— der Uglei-See. Nach einer Volkssage. Ebend. 869. 16. (123 S.) 15 ngr; cart. n. 20 ngr

Rode, Christian Daniel: Ueber den Nystagmus und seine Ursachen. Halle (1874): Plötz. 32 S. 8°
Halle-Wittenberg. Med. Diss. v. 27. Juli 1874
Geb. Itzehoe (Holstein) 30. 9. 1848. V.

Rodé, E., L'obituaire des chevaliers de Saint-Jean de Sélestat s.: Revue d'Alsace.

Rode, E., das Wesergebirge u. der Teutoburger Wald, s.: Grieben's Reisebücher.

Rode, Ed., Beantwortung einiger die Interessen des Gewerbsstandes berührender Fragen. gr. 8. (VIII u. 120 S.) Bern 849. Zürich, Schultheß. 1/4 ℛ

Rode, Emil [app. Arzt aus Braunschweig]: Aus d. Ambulatorium d. Hrn Privatdoc. Dr. P. H. Gerber in Königsberg i. Pr. Litterarische und klinische Studien zur Ozaena-Frage ... Braunschweig, Hof-Buchdr. v. J. Krampe, 1896; 65 S. 8.
Leipzig, Med. Fak., Inaug.-Diss. v. 3. Juli 1896

Rode, E., Wegweiser durch die Stadtbibliothek v. Colmar i/E. (250 S.) 8. Rixheim 909. (Colmar, H. Hüffel.) nn 2. 50

Rode, Ernst, Margarete. Eine Liebesehe m. Zwischenspiel. Erkenntnisse u. Geständnisse. (123 S.) 8. Berlin 905. E. Vormann. n. 1. 80

Rode, F., Festpredigt, geh. bei der Jahresversammlg. d. liberal-kirchl. Vereins v. Schleswig-Holstein zu Eckernförde am 7. Septbr. 1886. gr. 8. (16 S.) Hamburg 886. Jenichen. n. — 30

Rode, F., Friedensstreben, nicht Friedensreden! s.a. Aufgaben, deutsch-evangelische, in der Heimat.

— Friedensstreben, nicht Friedensreden! Vortrag, geh. auf der 21. Generalversammlg. des Evangel. Bundes in Braunschweig am 5. X. 1908. (12 S.) 8. Leipzig (908). Halle, Verlag des Evangelischen Bundes. nn — 10

Rode, Friedr., Geschichte der Reaction Kaiser Julians gegen die christliche Kirche. gr. 8. (VI, 106 S.) [Jena 877, Deistung's Buchh.] Leipzig, Abel.

— Die Trennung v. Staat u. Kirche in Hamburg. (41 S.) 8. Hamburg 909. H. Seippel. — 80

Rode, F., Zu welchem Dienste ist unsere liberale Richtung unserer evangelischen Kirche u. unserem deutschen Volke verpflichtet? Vortrag, geh. im Hamburger Protestanten-Verein am 29. X. 1908. (26 S.) 8. Schöneberg-Berlin 909. Verlag des Protestantenblattes. — 30
Sonderabdruck aus: „Protestantenblatt".

Rode, Friedrich Gottlieb Theodor

Rode, F., Antrittspredigt bei seiner Einführung in das Amt des Hauptpastors zu St. Petri in Hamburg am 19. Octbr. 1894. gr. 8. (18 S.) Hamburg 894. H. Seippel. n. — 50

Rode, Frdr. Glieb. Thdr., Antrittspredigt bei seiner Ordination u. Einführung in das Pastorat zu St. Petri in Hamburg am 19. Octbr. 1880 geh. gr. 8. (23 S.) Hamburg 880. Jenichen. n.n. — 50

—— Encyklika und Syllabus, s. Katholicismus, der römische, beleuchtet in Vorträgen.

— Confirmationsrede in der St.-Petri-Kirche zu Hamburg am 30. März 1882. gr. 8. (14 S.) Ebend. 882. n. — 40

—— Luther. Oeffentlicher Vortrag, im Auftrag des Verbandes Hamburger Bürger-Vereine am 15. Mai 1883 gehalten. gr. 8. (16 S.) Hamburg 883, Seelig und Ohmann.

Rode, St. Petri, s.: Hamburg's fünf Hauptkirchen.

—— die alte und die neue Kirche St. Petri. Predigt am 7. Mai 1882. gr. 8. (16 S.) Hamburg 882, Jenichen. *

Rodol, G.: Entwurf zur Erlernung des militärischen Planzeichnens. Stuttgart (1811). II, 51 S., 8 Tf. 8°.

Rode, Gfr., Liederbuch, s.: Marr, Karl.

Rode, Hans. Epheuranken. Gedichte von H'R'(S[usy] Walther-Locher). X + 84 S. 8. Dresden, E. Pierson, 1904. [M. 1.50]
[*Verf. ist* Frau Susy Walther-Locher von Zürich.]

Rode, gen. Diezelsky, Hans v., Stammliste der noch lebenden Offiziere u. Sanitäts-Offiziere des königl. preuß. 10. Infanterie-Regiments, heut. Grenadier-Regiments König Friedrich Wilhelm II. (1. Schlesisches) Nr. 10. Auf Befehl des Regiments zusammengestellt. Nach dem Stande v. 1. IV. 1900. gr. 8. (VII, 108 u. 84 S. m. 1 Bildnis.) Schweidnitz (900). L. Heege. Geb. in Leinw. n. 5. —

Genealogie der Familie Rode. Zsgest. v. Hans M. W. Rode. Hamburg. 1909. 8°

Rode, Hans M. W., Ref. in Hamburg: Die familienrechtlichen Unterhaltsansprüche des BGB., verglichen mit denjenigen des gemeinen Rechts in bezug auf ihre zeitliche Ausdehnung. Borna-Leipzig 1906: R. Noske. (IX, 58 S.) 8°
Leipzig, Jur. Fak., Diss. v. 9. Juni 1906
[Geb. 6. Sept. 83 Hamburg; Wohnort: Hamburg; Staatsangeh.: Hamburg; Vorbildung: Gelehrtensch. des Johanneum Hamburg Reife O. 02; Studium: Tübingen 1, Lausanne 1, München 1, Berlin 1, Kiel 2 S.; Rig. 3. Aug. 05.]

Rode, Helge, Königssöhne. Schausp. in 4 Akten. 8. (V, 106 S.) Leipzig 898. Berlin, B. Behr's Verl. n. 1. 80; geb. n. 2. 50

Königssöhne [Kongesønner]. Schauspiel in 4 Akten von Helge Rode. Leipzig: Göschen 1898. 106 S. 8°

Rode, J. (Hrsg.), s. Zeitung, Deutsche allgemeine, für Landwirthschaft, ...

v. Rode, J. B., mathemat. Abhandll. gr. 4. Potsdam 797. Horvath. 12 gr

— üb. die Abweichung geworfener Körper von der verticalen Richtungsebene; e. Preisschrift. Mit Kpf. gr. 4. Berl. 795. Maurers B. 12 gr

— Anfangsgründe d. Differenzialberechnung, nach la Grange Théorie des Foncions analytiques etc. gr. 8. Potsd. 799. 2e A. 808. Horvath. 1 ß

— s. A. R. P. d'Antoni, v. d. Kriegsbaukunst.

— astronom. Aufsätze. 8. u. 4. Potsd. 806—8. Horvath. 14 gr

v. Rode, (General,) aphoristische Darstellung d. Kriegs-Minen. 8. Berlin 824, Hayn.

Rode, v. Aphoristische Darstellung der Kriegsminen. 2. Aufl. Berlin 1830. 8°. (1. Aufl. 1826.)

Rode, J. B. v., aphorist. Darstellung d. Krieges-Minen. 2., verm. Aufl., mit Bezugnahme auf den (desf.) allgem. Ueberblick d. physical.-mathemat. Theorie d. Krieges-Minen. 8. (14½ B., 9 Tab. u. 2 Stnt. Fol.) Berlin 830, Hayn.

— Erläuter. üb. Karstens mathemat. Analysis u. höhere Geometrie. 8. (Greifsw. 786.) Berl. 789. Rottmann. 12 gr

— üb. Newtons drittes Grundgesetz d. Bewegung. gr. 8. Potsd. 799. Horvath. 4 gr

— Jahreszeiten v. höherer Ordnung, od. üb. einen Gegenstand d. physischen Geographie. 4. Königsb. 810. Nicolovius. 2 gr

— Mémoire, cont. la valeur rigoureuse et finie du Rayon de Courbure, pour tous les Azimuths sur la Surface d'un Ellipsoïde à trois Axes. gr. 4. Potsd. 805. Horvath. 6 gr

— Mémoires sur la fameuse Déviation vers le Sud, ou vers le Nord, des Corps qui tombent d'une grande hauteur. gr. 4. Potsd. 805. Horvath. 4 gr

— Mémoires sur un Endroit des Ouvrages de Neuton, Dan. Bernouilli et d'Alembert. gr. 4. Potsd. 804. Horvath. 9 gr

— Mémoires sur les forces attractives absolues ou masses des planètes sans satellites; sur les masses des satellites, ou sur celles des Comètes. gr. 4. Potsdam 805. Horvath. 12 gr

— Parallaxen auf d. Sphäroiden. Mit 1 Kpf. gr. 4. Halle 800. Renger. 9 gr

— s. Polarisation d. Lichts.

— Principes de Nivellement avec fig. gr. 4. Halle 803. Renger. 9 gr

— üb. Laplace Satz in Darstell. d. Weltsystems. gr. 4. Halle. 801. Renger. 3 gr

— üb. Strahlenbrechung. gr. 4. Halle 801. Renger. 5 gr

— üb. v. Lindenau's höhere preuß. Taktik, deren Mängel u. Unzweckmäßigkeit. 1s Stck. gr. 8. Potsd. 791. Horvath. 6 gr

— allgem. Ueberblick d. physikal.-mathemat. Theorie der Krieges-Minen, od. Erörterung üb. solche, z. Erweiter. d. aphorist. Darstellung d. Krieges-Minen. Mit 1 Steintaf. 8. Berl. 826. Hayn. 16 gr

— üb. Laplace neue Verbesser. der, aus barometr. Beobachtt. berechneten Berghöhen. gr. 8. Halle 802. Renger. 8 gr

– s. Versuche mit d. Pendel.

– s. Zusatz zu la Grange solutions.

Rode, J. P. v., s. Robde.

Rodé, Jac. [aus Wittlich]: Über einen merkwürdigen Fall von Fremdkörper in der Harnblase ... Speyer, Druck d. Dr. Jäger'schen Buchdr., 1892; 21 S. 8.
Erlangen, Med. Fak., Inaug.-Diss. v. 25. Juli 1891

Rode, Jakob Friedrich A. S. 835/38

Disputatio juridica, explicans partem posteriorem cap. XXXIV. decret. de elect. et el. potest.
Königsberg (Reusner) V. 1722. S. 47-76.

Gew.: Albert Ernst Gf. von Schlieben. 29008

Rode, Johann Christian Gottfried (Heringen)
A. S. 1346/36

De antiquo Basileensis bibliothecae codice Graeco IV. Evangeliorum manu in membrana scripto observationes quaedam criticae.
Präs. Gebhard August Schmelzer.
Göttingen (Hager) 24. III. 1750. 29 S. 29009

Rode, Jos., botanische Tafeln. Tab. I.: Caroli a Linné Systema vegetabilium. (Deutsch.) Zum Schulgebrauch für Gymnasien und höh. Bürgerschulen hrsg. Fol. (1 Bog.) Grünberg 848, Weiß.

— dass. — Tab. II.: Pflanzensystem von Bernh. v. Jussieu, ausgebildet und bekannt gemacht durch Ant. Lor. v. Jussieu. Zum Schulgebrauch für Gymnasien und höh. Bürgerschulen hrsg. 1 Bog. in Fol. Ebds. 850.

— Versuch einer faßlichen Darstellung des elektromagnetischen Telegraphen. Mit erläut. Abbildungen. gr. 8. (28 S. m. 1 lith. Taf. in qu. gr. 4.) Grünberg 852, Levysohn. n. 4 ngr

Rösle, K. und G. Weber. Correction der Juragewässer durch Tieferlegung der Aare bei der [illegible]. Biel 1857.

Rode, Karl, Christinus v. der Koedoesdrift. Erzählung aus dem letzten Burenkriege. 8. (VII, 409 S.) Leipzig 900. E. Kempe. n. 4. —; geb. n. 5. —

— Fred der Wolftöter. Ernstes u. Heiteres aus dem kanad. Urwalde, erlebt u. erzählt. Mit 8 Vollbildern v. Fritz Bergen. (280 S.) 8. Ebd. (909). Geb. in Leinw. 4. —

— Gerd Holsten, ein neuer Robinson. Wahre Erlebnisse u. Abenteuer e. Lübecker Schiffsjungen. Mit 8 zweifarb. Bildern v. Fritz Bergen. (310 S.) 8. Ebd. (910).
Geb. in Leinw. 4. 50

Rode, Karl, mit der Flinte in der Hand durch das Betschuanenland. Ernstes u. Heiteres, wie ich's erlebt habe in Südafrika. Der Jugend erzählt. Nach der Natur illustr. v. Rud. Braun. (VI, 236 S.) 8. Stuttgart (907). Levy & Müller. Geb. in Leinw. 4. —

Rode, Karl, d. Schmiedchristlieb, s.: Verein f. Verbreitg. guter Schriften. Basel.

Rode, Karl, zur neuen Zollvorlage. gr. 8. (15 S.) Weimar (902). H. Grosse. n. — 50

Rode, Ludw., Wachsamkeit geht üb. List, s.: Verein f. Verbreitung guter Schriften, Bern Nr. 13.

RODE, Otto (Lichtenau): Ueber Harnsteine in der männlichen Harnröhre.- München: Wolf 1878. 25 S.
25.4.1878 - Urk (Titel: De urethrae calculis.); Chr 1877/78,10
Diss. Ingolst.-Landsh.-Mchn.

Rode, P., Kreutzer u. Baillot

— — Exercice p. le Violon, Supplément de la Méthode. ibid.

— Kreutzer u. Baillot, s. Violinschule, oder Methode de Violon.

Rode, Kreutzer und Baillot, Violinschule, oder Méthode de Violon. Leipzig, Kühnel.

Rode, P., Violinschule. Neue Ausg. Fol. Leipz. 814. Breitkopf u. H. 2 rf

Wie Frau Gabriel zum Frieden kam. (Verf.: P. Rode.) (Cassel, Christl. Traktat-Ges. [1902].) (8 S.) 8° [Umschlagt.] [illegible]

Rode, Richard. Tierarzt aus Gelsenkirchen: Die Luftbahn zwischen Brust- und Bauchhöhle. (Aus dem Hallerianum der Universität Bern.) München 1909. IV + 15 S. und vier Tafeln 8°. [4. III. 09.]
Bern, Vet.-med. Diss. 1908/09

Rode, Richard. Die Luftbahn zwischen Brust- und Bauchhöhle. Aus dem Hallerianum der Universität Bern. Diss. Vet.-Med. Bern. Mit 4 Tafeln. IV S. + S. 415—429. 8. München, R. Oldenbourg, 1909.

Rode, Roderich, akademische Novellen. 8. (205 S.) Berlin 884. Issleib. n. 2. —

Rode, Thdr., zur Geschichte der Königl. Preußischen Infanterie- und Jäger-Musik. Ein Sendschreiben an den Kammermusikus und Dir. der Musik des Garde-Corps Herrn W. Wieprecht. (Abdr. aus d. Neuen Zeitschrift f. Musik.) Leipzig 858. Kahnt. 16. (30 S.) 5 ngr

Rode, Theodor, Leitfaden I. für den theoretischen und ersten Gesang-Unterricht auf Gymnasien, Real-, Gewerbe- und sonstigen Schulen. 1. Aufl. 1863. und 2., verm. und verb. Aufl. 8. Berlin 867, Guttentag. *
Inhalt:
1) Die Elemente der Musik, 2) 32 der gebräuchlichsten einstimmigen Choralmelodien mit Vorübungen zu denselben in Dur und Moll, 3) 38 einstimmige Volkslieder, 4) Sämmtliche Dur- und Moll-Leitern, Dur- und Moll-Dreiklänge. (60 S.)

—— dass. — Nachtrag zur 1. Aufl. 8. (16 S.) Ebendas. 867. *

Rode, Thdr., Leitfaden für den theoretischen und ersten Gesang-Unterricht auf Gymnasien, Real-, Gewerbe- und sonst. Schulen. I. 4. Aufl.; II. 3. Aufl.; III—V. 2. Aufl. 8. (76; IV, 32; 84; 52; 52 S.) Berlin 868—74, Guttentag. [H. W. Müller.] I., II., IV., V. à * 70 Pf.; III. * M 1. * 3 80

Rode, Thdr., Leitfaden für den theoretischen und ersten Gesang-Unterricht auf Gymnasien, Real-Gymnasien, Ober-Real- und sonstigen Schulen. I. und II. 8. Berlin 883, H. W. Müller. [I. 5. verb. und verm. Aufl. (64 S.) * 80 Pf.; II. 4. verb. Aufl. (40 S.) * 70 Pf.] *

Rode, Thdr., Leitfaden I für den theoretischen und ersten Gesangunterricht auf Gymnasien, Realschulen, Ober-Realschulen und sonstigen Schulen. Enthaltend: 1) die Elemente der Musik, 2) 32 der gebräuchlichsten einstimmigen Choralmelodien mit Vorübungen zu denselben in Dur und Moll, 3) 53 einstimmige Volkslieder etc., 4) sämtliche Dur- und Moll-Leitern, Dur- und Moll-Dreiklänge. 6. verb. und verm. Aufl. 8. (64 S.) Berlin 888, H. W. Müller. *

Rode, Thdr, Leitfaden I f. d. theoret. u. ersten Gesang-Unterricht auf Gymnasien, Real-Gymnasien, Ober-Real- u. sonst. Schulen. Enth.: 1) Die Elemente der Musik, 2) 32 d. gebräuchlichsten einstimm. Choralmelodien m. Vorübgn. zu denselben in Dur u. Moll, 3) 53 einstimm. Volkslieder etc., 4) sämtl. Dur- u. Moll-Leitern, Dur- u. Moll-Dreiklänge. Nach d. Verf. Tode durchges. v. Rich. Schmidt. 7., verb. u. verm. Aufl. 8. (64 S.) Berlin 894. H. W. Müller. n. — 80

Rode, Thdr., Leitfaden I f. den theoretischen u. ersten Gesang-Unterricht auf höh. Lehranstalten. 1. Elementar-Theorie der Musik, 2. 21 Choralmelodien mit Text. 3. 53 einstimm. Lieder u. Gesänge. Nach des Hrsg. Tode völlig umgearb. v. Rich. Schmidt. 8. Aufl. gr. 8. (64 S.) Berlin 901. H. W. Müller. n. —80; kart. n. —90

Rode, Thdr., Leitfaden I f. den theoretischen u. ersten Gesang-Unterricht auf höheren Lehranstalten. 1. Elementar-Theorie der Musik, 2. 21 Choralmelodien m. Text, 3. 53 einstimm. Lieder u. Gesänge. Nach des Hrsg. Tode völlig umgearb. v. Rich. Schmidt. 9. Aufl. (64 S.) 8. Berlin 907. H. W. Müller. Kart. — 90

—— Leitfaden II. für den Gesang-Unterricht der Mittelstufe auf Gymnasien, Real-, Gewerbe- und sonstigen Schulen. 1. Aufl. 1864. und 2., verb. Aufl. 8. Ebendas. 867. *

Inhalt:

Zweistimmige Vorübungen in Dur und Moll, 20 zweistimmige Choräle, 31 leichtere und schwerere Gesänge und Volksweisen. (IV und 32 S.)

Rode, Th., Leitfaden II f. den Gesangunterricht der Mittelstufe auf Gymnasien, Real-Gymnasien, Ober-Real- u. sonstigen Schulen. Enth.: Zweistimmige Vorübgn. in Dur u. Moll, 20 zweistimm. Choräle u. 46 zweistimm. leichtere u. schwerere Gesänge u. Volksweisen. 5., verb. Aufl. 8. (IV, 40 S.) Berlin 889. H. W. Müller. n. — 70

Leitfaden für den theoretischen und ersten Gesang-Unterricht auf Gymnasien, Real-Gymnasien, Ober-Real- und sonstigen Schulen (3: ... auf höh. Unterrichtsanstalten). Hrsg. von Theodor **Rode**. Nach des Hrsg. Tode durchges. von Richard Schmidt, Prof. (an d. Friedrich-Werderschen Ober-Realschule in Berlin). 1–3. Berlin: H. W. Müller 1894–1904. 3 Bde 8° [J.]

1. 7., verb. u. verm. Aufl. 1894. 2. Mittelstufe. 6., verb. Aufl. 1898. 3. 5. Aufl. 1904. [07. 11419]

—— Leitfaden III. für den Gesang-Unterricht auf Gymnasien, Real-, Gewerbe- und höheren Töchter-Schulen. 8. Ebendas. 864. *

Inhalt:

Vorübungen in Dur und Moll zum dreistimmigen Choral- und Lied-Gesange, 35 der gebräuchlichsten Choräle, 65 Volks- und Kernlieder, wie Gesänge verschiedenen Inhalts in dreistimmiger Bearbeitung für einen Sopran und zwei Alte. (II und 84 S.)

Rode, Thdr., Leitfaden III für den Gesangunterricht auf höheren Unterrichtsanstalten, wie zur Benutzung für Gesangvereine. Enth.: 1) Vorübungen in Dur u. Moll zum 3stimm. Choral- u. Liedgesange, 2) 35 der gebräuchlichsten Choräle u. 3) 65 Volks- u. Kernlieder, wie Gesänge verschiedenen Inhalts in dreistimm. Bearbeitung für einen Sopran u. 2 Alte. 3., verb. Aufl. 8. (II, 84 S.) Berlin 880. H. W. Müller. n. 1. —

Rode, Thdr, Leitfaden III f. den Gesangunterricht auf höheren Unterrichtsanstalten. Enth.: 1., Vorübungen in Dur u. Moll zum 3stimm. Choral- u. Liedgesange, 2., 35 der gebräuchlichsten Choräle u. 3., 62 Volks- u. Kernlieder, wie Gesänge verschiedenen Inhalts in 3stimm. Bearbeitg. f. 1 Sopran u. 2 Alte. Nach d. Hrsg. Tode bearb. v. Rich. Schmidt. 4. Aufl. 8. (96 S.) Berlin 891. H. W. Müller. n. 1. –

Rode, Thdr., Leitfaden III f. d. Gesangunterricht auf höheren Unterrichtsanstalten. Enth.: 1. Vorübungen in Dur u. Moll zum 3stimm. Choral- u. Liedgesange, 2. die gebräuchl. Choräle u. 3. Volks- u. Kernlieder, wie Gesänge verschied. Inhalts in 3stimm. Bearbeitg. f. e. Sopran u. zwei Alte. Nach des Hrsg. Tode neu bearb. v. Rich. Schmidt. 5. Aufl. (96 S.) gr. 8. Berlin 904. H. W. Müller. Kart. n. 1. 15

—— Leitfaden IV. für den Gesang-Unterricht auf höheren Unterrichts-Anstalten, zum Kirchengebrauch, wie zur Benutzung für Gesangvereine. 8. Ebendas. 867. *

Inhalt:

Eine Anthologie von Chorälen, liturgischen und geistlichen Gesängen aus alter und neuerer Zeit in vierstimmiger Bearbeitung für gemischten Chor. (IV und 52 S.)

—— Leitfaden V. für den Gesang-Unterricht auf höheren Unterrichts-Anstalten, wie zur Benutzung für Gesang-Vereine. 8. Ebendas. 868. *

Inhalt:

Eine Anthologie von Gesängen verschiedenen Inhalts in vierstimmiger Bearbeitung für gemischten und Männerchor. (53 S.)

Rode, Thdr., eine neue Regiments-Hornisten-Infanteriemusik oder: Was Herr Musikdirector W. Wieprecht aus der alten traditionellen preussischen [Janitscharen-]Musik machen möchte. Leipzig 860. Kahnt. 8. (30 S.) 6 ngr

Rode, W., Predigt beim Schlußgottesdienste der Generalsynode, gehalten am 21. Septbr. 1881 in der Stadtkirche in Bayreuth. gr. 8. (13 S.) Bayreuth 881, Burger. *

Rode, Wilhelm, Referendar in Barmstedt: Die Rechtssätze des bürgerlichen Gesetzbuches über den bezüglich der Annahme und Ausschlagung der Erbschaft erheblichen Irrtum. Elmshorn 1907: J. M. Groth. (38 S.) 8°

Leipzig, Jur. Fak., Diss. v. 30. Jan. 1907

[Geb. 5. Nov. 80 Barmstedt in Holstein; Wohnort: Barmstedt; Staatsangeh.: Preußen; Vorbildung: Matthias-Claudius-Gymn. Wandsbek Reife O. 00; Studium: Würzburg 5, Berlin 1, Kiel 3 S.; Rig. 18. Mai 06.]

Rodeck, Frz., Beiträge zur Geschichte des Eherechts deutscher Fürsten bis zur Durchführung des Tridentinums. s. o. Beiträge, Münstersche, zur Geschichtsforschung. XXVI. Heft.

Rodeck, Franz: Beiträge zur Geschichte des Eherechts deutscher Fürsten bis zur Durchführung des Tridentinums. Münster i. W. 1910. 8°

Münster, Phil. Diss. v. (1910).

Rodecki, C., Ueber den Zustand der Naturwissenschaften bei den alten Völkern nebst Berücksichtigung der Ursachen derselben. Pr. 1855. 21 S. 4°. 1.20

Rodegast, Bernhard

Rodegast, B., die Fußbekleidungskunst, s. Schauplatz, neuer, der Künste und Handwerke.

Rodegast, B., die Fußbekleidungskunst. Unterrichtsbuch für Schuhmacher, Fachschulen und Fachvereine, sowie zum Selbstunterricht für alle Interessenten der Schumacherei. Nebst e. Atlas v. 19 Foliotaf. m. 210 Abbildgn. gr. 8. (XVI. 166 S.) Weimar 888. B. F. Voigt. 5. —

Rodegast, Bernh., die Fußbekleidungskunst. Ein Handbuch f. Schuhmacher, Fachschulen u. Fachvereine sowie zum Selbstunterricht f. alle Interessenten der Schuhmacherei. 2., verb. u. verm. Aufl. Mit e. Atlas, enth. 233 Abb. auf 22 Taf. (in Lex.-8). (VIII, 189 S.) gr. 8. Leipzig 905. B. F. Voigt. 7. 50

Rodegast B, Praktische Winke für die Gründung und Geschäftsführung von Rohstoffgenossensch. f. Schuhmacher u andere Handwerker. (39 S 3 T) Berlin 1899

Roodol, Alfred: Studien zu den Elegien Clément Marots. *Meiningen 1898: Keyssner.* (106 S.) 8°

Leipzig, Phil. Diss. v. [28. März] 1898

Rödel, Benno

— führe uns nicht in Versuchung. Weihnachtsfestsp. in 2 Akten. 16. (31 S.) Ebd. (898). n. 1. —

— das eiserne Kreuz od. Weihnachts-Segen. Festspiel in 3 Abtlgn. 16. (24 S.) Ebd. (898). n. 1. —

Roedel, Benno, Krone um Krone. Drama in 5 Akten. gr. 8. (103 S.) München 884. (Fritsch.) n. 1. —; cart. n. 1. 50

Roedel, B., Lucifer im Frack oder die Sclaverei der Freiheit. Augsburger Stadt-Roman. 12 Lfgn. gr. 8. (596 S.) Augsburg 879. 80. (Wolff.) à n. — 40

— der Paternosterkramer v. Ettal. Oberbayer. Volksstück m. Gesang. 2. Aufl. 8. (61 S.) Ebd. 888. n. 1. —

Roedel, Benno, die *sieben Todsünden der Deutschen Bühne*. Ein Beitrag z. Beleuchtung d. Regenerationsfrage d. Theaterwesens. Nebst e. *Anhang*: Das *Theater am Gärtnerplatz* in München u. seine Domaine, die *Bauernkomödie*. O. O. u. J. (München, Selbstverlag, Druck von B. Heller, 1880). Gr. 8°. Cart. *)
81 S. u. 3 S. Anzeigen dramat. Schriften Roedel's.

— die sieben Todsünden der deutschen Bühne. Ein Beitrag zur Beleuchtg. der Regenerationsfrage d. Theaterwesens. Nebst e. Anh.: Das Theater am Gärtnerplatz in München u. seine Domaine, die Bauernkomödie. gr. 8. (81 S.) München 887. (Fritsch.) n. — 60

—— und Wilh. Braun, Trauerklänge zur Erinnerung weil. Sr. Maj. Kaiser Wilhelm I. den Siegreichen 9. März 1888, aus dem deutschen Süden. gr. 8. (95 S. mit 1 Bild.) München 888, Läuterer. * 1 —

Roedel, Benno, St. Ulrich, der Gottesmann, oder die Hunnenschlacht auf dem Lechfeld. Großes histor. Zeitgemälde mit Gesang und 6 Tableaux in 5 Abthlgn. Verfaßt zur 900jähr. St. Ulrichs-Jubiläumsfeier. 8. (62 S.) München 886, Literar. Institut von Dr. M. Huttler. * — 80

Rödel, Benno, unser tägliches Brot gieb uns heute! Melodramat. Weihnachtsfestspiel in 4 Akten. 16. (33 S.) München (898). Rubinverlag. n. 1. —

Roedel, C. F., der gegenwärtige Stand der Kenntniss der Beziehungen der Kräfte zu einander, s.: Sammlung naturwissenschaftlicher Vorträge.

Rödel, Fritz: Zur Sprache des Laonikos Chalkondyles und des Kritoboulos aus Imbros. München 1905: H. Kutzner. (36 S.) 8°
Ingolstadt, k. human. G P 1905*

Roedel G, Kompositionen von Blumen und Ornamenten. (24 Bl) fol Wien

Roedel, G., Die Lohnbewegung der Berliner Tischler in den Jahren 1883—84. Bericht der Commission. 8°. Berlin 1884.

Roedel G, Ornamenten-Studien. (72 Bl) fol in Mappe. (Wien)

Rödel, Hugo

Roedel (H.). Neue geologische Beobachtungen bei Frankfurt a. d. Oder. M. 3 Taf. o. O. (1910.) 26 S.
Aus: Helios. Bd 26. 1910.

Roedel, Hugo Zur Heimatkunde von Frankfurt a. O. 4 (36 S.).
Progr. Obersch. (Rg.) *Frankfurt a. O.* 1886 (101).

Roedel, Hugo. s.: Helios.

Roedel, H., üb. die untere Temperaturgrenze, bei welcher niedere Thiere noch existieren können, s.: Sammlung naturwissenschaftlicher Vorträge.

Roedel, Hugo: Über das vitale Temperaturminimum wirbelloser Thiere. Halle a. S. 1881: (Trowitzsch in Frankfurt a. O.) 36 S. 8°
Halle-Wittenberg. Phil. Diss. v. 20. Dez. 1881
Geb. Frankfurt a. d. O. 10. 11. 1858. V.
Verf. erlebte die Diplomerneuerung des Dr. sc. nat. 1931 als Oberstudienrat, Professor in Frankfurt a. d. O., vgl. Anh. Nr. 781.

* *Joh. Mich. Rödel's*, H. S. C. S. Hof- und E. E. Raths Zimmermeisters, Abhandlung von den zufälligen Punkten in der Perspektiv für Werkmeister, mit einer Vorrede von Herrn *Abrah. Gotth. Käftner*. Coburg. In Commission bey Rudolph August Wilhelm Ahl. 62 Seit. 8 Kupft. 4. 1783

Rödel, J. M., Abhandl. v. d. zufälligen Punkten in d. Perspektivkunst f. Werkmeister. Mit e. Vorrede von A. G. Käftner. Mit 8 Kpf. 4. Coburg 784. Leipz. 796. Gr. Fleischer. 16 gl

Roedel, Philipp, aus Ludwigshafen a. Rh.: Victor Hugo und der Conservateur littéraire. *Heidelberg 1902: E. Geisendörfer.* (126 S.) 8°
Heidelberg, Phil. Diss. v. 1902

Rödel, *Carl* Richard [aus Chemnitz]: Johann Jacob Wilhelm Heinse. Sein Leben u. seine Werke. Nach d. Quellen bearb. ... Leipzig-Reudnitz, Druck v. O. Schmidt, 1892; 216 S., 1 Bl. 8.
Leipzig, Phil. Fak., Inaug.-Diss. v. [20. Dez.] 1892

Roedel, Seb., s.: Lesebuch, deutsches, f. realistische Mittelschulen.

Roedel, Seb., deutsches Lesebuch f. technische Mittelschulen u. verwandte Anstalten, s.: Drechsel, Wilh.

Rödelberger, Philipp: Dornröschen, s. Humperdinck, Engelbert.

Roedelheimer, Richard, über Meningitis tuberculosa. Diss. Tübingen 1886, Fues' Sort. 8°. 31 S.

Rödelheimer, Richard [aus Laupheim]: Über Meningitis tuberculosa .... Tübingen, Druck v. H. Laupp jr., 1886; 31 S. 8°.
Tübingen, Med. Fak., Inaug.-Diss. v. 1886.

Rodelinde Königin der Longobarden. Ein Singspiel ... Berlin 1741. V: *Bottarelli, Giov. Gualberto*. Ü: *Rost, Johann Christoph*. (Wahl, Rost. Leipzig 1902. S. 87.)

Rödelius, Stabübungen, Breslau 1875, 8 S., 8°.

Roedelius, Bruno, über die Wirkungsweise des Chlorals des trichloressigsauren Natrons, des Orthoameisensäure-Aethers und des Aethylphenylketons. Diss. Erlangen 1886, Th. Blaesing. 8°. 19 S.

Roedelius, Bruno [appr. Arzt zu Erlangen]: Über die Wirkungsweise des Chlorals, des trichloressigsauren Natrons, des Orthoameisensäure-Aethers und des Aethylphenylketons .... Dresden, Druck v. E. Blochmann & Sohn, (1886); 19 S. 8°.
Erlangen, Med. Fak., Inaug.-Diss. v. 1886.

Roedelius, Ernst, Med.-Prakt.: Aus d. Univ.-Frauenklinik zu Göttingen. Die geburtshülfliche Bedeutung der Hirnbrüche. Göttingen 1909: Hofer. 24 S. 8°
Göttingen, Med. Diss. v. 21. Sept. 1909, Ref. M. Runge
[Geb. 3. Aug. 82 Hamburg; Wohnort: Hamburg; Staatsangeh.: Hamburg; Vorbildung: Gelehrtensch. d. Johanneums Hamburg Reife O. 03; Studium: Göttingen 5, München 2, Göttingen 3 S.; Coll. 2. Dez. 08; Approb. 21. Juli 09.]
[U 10. 138]

Rödelius, F. H., Wunderkreis. (Ein Blatt in Fol. mit Abbild. u. Beschreibung.) Breslau 846, Leuckart. n. 1/6 ꝑ

Die Einwirkungen des Turnens auf Körper und Geist. Vortrag von H. RÖDELIUS, ... gehalten im Verein für öffentliche Gesundheitspflege in Hamburg. (Ohne bes. Titelblatt. Hamburg. Druck von Johannes Wedde.) 8°.

Rödelius, H., Lehrpläne f. den Turnunterricht an siebenstufigen Volksschulen f. Knaben u. f. Mädchen. Zwei Übungsverzeichnisse m. Angaben üb. Befehle u. Befehlsweise. 2 Tle. gr. 8. Hamburg 889. Herold's Verl. à n. — 80
1. Für Knabenschulen. (VI, 57 S.) — 2. Für Mädchenschulen. (VI, 61 S.)

Rödelius, H., Lehrpläne für den Turnunterricht an 7stufigen Volksschulen, Hamburg 1899, 8°. 2 Bde.
T. 1: — an Knabenschulen.
T. 2: — — Mädchenschulen.

Rodemann, Karl Jul., die Erbarmungslose. Novellen. 8. (72 S. m. Bildnis.) Berlin 901. Wanderer-Verl. n. — 50

Rodemann, Carl Jul., die Experimentiertante, s.: Siebenburg's Sammlung von Einaktern. Nr. 8.

Rodemann, Ludw., Leitfaden zur sogen. allgem. Arithmetik od. der bürgerl. Rechenkunst. Dem Selbstunterr. d. dürftig. Menschheit gewid. 8. (5 B. u. 2¼ B. Tab.) Cassel 833, Bohné.

Rodemeyer, A., Beispiele u. Aphorismen zu d. Psalmen. E. Handbuch f. Geistliche, Religionslehrer u. Helfer im Kindergottesdienst, sow. f. d. Familie z. Erbaug. im Hause. 7 Lfgn. gr. 8. (XXIV, 407 S.) Leipzig 897. F. Richm. à Lfg. n. — 60 (kplt.: 4. —; geb. n. 5. —)

Rodemeyer, A., Beispiele u. Erzählungen zum nützlichen Gebrauch in Kirche, Schule u. Haus. 2 Bde. 8. Bremen (908). Buchh. u. Verlag des Traktathauses. à 1. 75; geb. à 2. 50)
I. 2. Aufl. (287 S.) — II. 2. Aufl. (300 S.)

Rodemeyer, A., s.a. Gottes Antwort auf der Menschen Bitte.

Rodemeyer, A. Gottes Antwort auf der Menschen Bitte. Beispiele von der Macht d. Gebets. 8. (XVI, 160 S.) Brem. 891, Verlag d. Traktathauses. geb. * 1 50

Rodemeyer, A., Martin Luther's Leben und Wirken in Wort und Bild. Für die Jugend bearb. gr. 8. (III, 104 S. mit eingedr. Holzschn.) Bremen 882, Verlag des Tractathauses. cart. * ℳ 1,20.; geb. und color. *

Rodemeyer, A., Dr. Martin Luthers Leben u. Wirken in Wort u. Bild. Für die Jugend bearb. gr. 8. (III, 104 S.) Bremen (888). Verlag des Traktathauses. Geb. 1. —

Rodemeyer, A., Sammlung von Beispielen über alle biblischen Hauptbegriffe in alphabetischer Reihenfolge. Ein Handbuch für Geistliche, Lehrer, Sonntagsschullehrer und die Familie. In 12 Lfgn. gr. 8. (XXVIII, 812 S.) Basel 886, Riehm. à Lfg. * 50 Pf. * 6 —
—— dass. — 2. verb. und verm. Aufl. In 12 Lfgn. gr. 8. (XLVIII, 808 S.) Ebendas. 888. à Lfg. * 50 Pf. * 6 —
—— dass. — Neue Folge. In 12 Lfgn. gr. 8. (LII, 812 S.) Ebendas. 887. à Lfg. * 50 Pf. * 6 —

— Sammlung v. Beispielen üb. bibl. Hauptbegriffe ꝛc. in alphabet. Reihenfolge. E. Handbuch f. Geistliche, Lehrer, Sonntagsschullehrer u. d. Familie. Neue Folge. 2. Aufl. gr. 8. (LXII, 808 S.) Ebd. 898. 7. 80; geb. n. 9. —

— Wegweiser für die Jugend. 12. (VI, 224 S. m. eingedr. Holzschn.) Ebend. 880. cart. n. — 80

Rodemeyer, K. Th., das praesens historicum bei Herodot u. Thukydides. Inaug.-Diss. gr. 8. (71 S.) Basel 889. (Leipzig, Fock.) n. 1. 60

Rodemund Hans und Kremann Robert, Dr.: Über einige doppelte Umsetzungen des als Nebenprodukt des Le Blancschen Sodaverfahrens abfallenden Kalziumthiosulfates vom Standpunkte des Massenwirkungsgesetzes und der Phasenlehre (mit 4 Textfiguren). S. 123. Hb. 55 . . . . ver.
Separatabdruck

Roden, Alb. v., inwiefern muss der Sprachunterricht umkehren? Ein Versuch zur Verständigung üb. die Reform d. neusprachl. Unterrichts. gr. 8. (IV, 89 S.) Marburg i/H. 890. Elwort's Verl. n. 1. 60

Roden, A(lbert) v.: Die Verwendung von Bildern zu französischen und englischen Sprechübungen. *Elberfeld 1898: Baedeker.* (47 S.) 4° [F.]
Elberfeld, R in d. Nordstadt, P 1898 (520)

Die Verwendung von Bildern zu französischen und englischen Sprechübungen. Method. Ansichten u. Vorschläge v. A(lbert) v. Roden, Oberl. ... *Marburg: N. G. Elwert 1899.* (1 Bl., 75 S.) 1 Bd 8. [00. 695 4

Roden, L. v. der (Gräfin Posadowsky-Wehner), die letzten Blätter e. Tagebuchs u. andere Skizzen. (61 S.) 8. Wien 905. C. W. Stern. n. 2. —

Roden, Paul, Shakespeares „Sturm". Ein Kulturbild. 8. (62 S.) Leipzig 893. W. Friedrich. n. 1. —

Rodenacker, eine hygienische Predigt. (24 S.) gr. 8. Pößneck (908). H. Schneider Nachf. — 25

Katalog der kostbaren hinterlassenen Kunst-Sammlung des Herrn Ernst Theodor Rodenacker nebst anderen Beiträgen. Kupferstiche u. Radierungen meist alter Meister. Reiches Werk d. Daniel Chodowiecki. Versteig. zu Leipzig 1897 durch C. G. Boerner. (Leipzig: C. G. Boerner 1897.) (112 S.) 8°
(Leipziger Kunst-Auktion v. C. G. Boerner. 60.)

Rodenacker, Georg: Über den Säugetierschwanz mit besonderer Berücksichtigung der caudalen Anhänge des Menschen. *Danzig 1898: A. W. Kafemann.* (39 S. mit Taf.) 8°
Freiburg i. B., Med. Diss. v. 1898

Danziger Nautischer u. Rheder-Verein. Eingetr. Ver. Danzig. Material zum Entwurf eines Transportversicherungs-Gesetzes. In Form e. Entwurfes. (Verf.: Theodor **Rodenacker**.) (Danzig 1904: A. W. Kafemann.) (74 S.) 4° [Kopft. F.] [-2. 4405 10

Rodenbach, Alex., Don Isidoro, od. der Taubstumme. Erzählung, verdeutscht u. zum Besten der Taubstummen-Anstalt hrsg. v. G. v. Bavier. 12. (3¼ B. u. 1 Stnt.) Aachen 843, (Hensen u. Comp.) *

Rodenbach, Geo., die stille Stadt. Schauspiel. — Der Schleier. Dramatisches Gedicht. Einzig autoris. deutsche Übersetzg. v. Siegfr. Trebitsch. Umschlagzeichnung von Hans Eisterer. 8. (V, 145 S.) Wien 902. Wiener Verlag. n. 2. —; geb. n.n. 3. —

Rodenbach, Georges, das tote Brügge, s.: Sammlung merkwürdiger Bücher der Weltlitteratur. 3. Bd.

Das tote Brügge [Bruges la morte]. Von Georges Rodenbach. (Einzig autor. Übers. aus d. Franz. von Friedrich v. Oppeln-Bronikowski.) Berlin: J. Bard (1902) 1903. (153 S.) 8°
= Sammlung merkwürdiger Bücher d. Weltlitteratur. 3.

Rodenbach, Georges, das tote Brügge. s. Universal-Bibliothek.

Das tote Brügge [Bruges la morte] von Georges Rodenbach. Einzig autor. Übers. aus d. Franz. von Friedrich v. Oppeln-Bronikowski. Mit e. Einl. Leipzig: Reclam (1910). 96 S. 8°
(Universal-Bibliothek. 5104.)

— im Zwielicht. Nachgelassene Novellen. Eingeleitet u. übers. von Frdr. v. Oppeln-Bronikowski. Autoris. Ausg. (III, 216 S. m. Bildnis.) 8. Dresden 905. C. Reissner. n. 3. —; geb. n. 4. —

Rodenbach, Zoë v., Märtyrer der Liebe. Roman. 8. (363 S.) Mannheim 892. J. Bensheimer's Verl. n. 4. —; geb. 5. —

Rodenbeck, Hermann (geb. am 13 Jan. 1855 in Minden Westf.): Ueber Capillaritätsbestimmungen von Flüssigkeitsgemischen ... Bonn, Univ.-Buchdr. v. C. Georgi 1879. 62 S., 1 Bl., 1 Taf. 8. ¶ In Komm. bei Hufeland in Minden.
Bonn, Phil. Fak., Diss. v. 6 Aug. 1879

Rodenbeck, Herm., über Capillaritätsbestimmungen von Flüssigkeitsgemischen. Inaugural-Dissertation. gr. 8. (62 S. m. 1 lith. Curventaf.) Bonn 879. (Minden, Hufeland.) n. 1. 50

Roedenbeck, die antisemitische Bewegung, e. nationaler Freiheitskampf. Vortrag, geh. am 21. Apr. 1893. gr. 8. (8 S.) Spandau 893. (Berlin SW., Junkerstr. 5/6, Geschäftsstelle der Antisemit. Vereinigg. f. Norddeutschland.) n. — 10

Roedenbeck, die Ehe in besonderer Beziehung auf Ehescheidg. u. Eheschliessung Geschiedener. Gotha 882.

Roedenbeck, d. preuss. Polizeiverordnungsrecht betr. d. Sonntagsruhe. Magdeburg 884.

Rödenbeck, Carl Heinrich Siegfried,
s. Rödenbeck, Karl Heinrich Siegfried

Roedenbeck, [illegible]
[illegible] Berlin 1822 [illegible]
Berlin. Med. Diss. v. 26 [illegible] 1822

Roedenbeck, F. G. S., De jure regio salinarum. Leipzig, 1791. 16 S.

Rödenbeck, Karl Hnr. Siegfr., gründl. u. leichtfaßl. Anweisung zur sogenannten italien. Buchhaltung, zum Selbstunterricht, für Handlungsbeflissene, besond. f. angehende Kaufleute, nebst e. 3fachen Anhange, enthaltend: Einige dem Kaufmanne besonders zu wissen nöthige Landesgesetze; Verzeichniß einiger handlungswissenschaftl. Bücher; Hermlings goldene Regeln für junge Kaufleute. Mit 1 Tabelle. 8. Potsdam 833. Vogler. 1/2 ℛ︀

Rödenbeck, Karl Heinr. Siegfr., Beiträge z. Bereicherung u. Erläuterung d. Lebensbeschreibn. Friedrich Wilhelm I. u. Friedrichs d. Gr., Könige v. Preußen, nebst ein. Anh., enth. ein Tagebuch aus Friedrichs d. Gr. Regentenleben v. 1740—1786, mit histor., charakterist. Notizen, Berichtigungen ꝛc. 2 Bde. à 4 Abthl. u. Anhang. gr. 8. Berlin, Plahnsche Buchh. *
Bd. 1. (Geschichtlich-biograph. Inhalts.) (32 B. u. 1 Abbild.) 836, 37. à Abthl. * 12 Gr. * 2 Thlr.
" 2. Finanzsystem Friedrichs d. Gr., in Bezug auf Fabrikwesen, Handel u. Landwirthschaft. Mit dahin gehörigen Tabn., Kabinetsschreiben u. a. Urkunden. (34 B. u. 1 Tab.) 838. à Abthl. * 12 Gr. * 2 Thlr.
Anhang. — A. u. d. T.:
Tagebuch od. Geschichtskalender aus Friedrich's d. Gr. Regentenleben. (1740—1786). 3 Bde.
Bd. 1. Enth. d. Jahre 1740—59. (25¾ B.) 840. * 1 Thlr. 8 Gr.
" 2. — — 1760—69. (21⅝ B.) 841. * 1 Thlr. 8 Gr.
" 3. — — 1770—86. (26⅝ B.) 842. * 1 Thlr. 12 Gr.

— Beiträge zur Bereicherung u. Erläuterung der Lebensbeschreibungen Friedrich Wilhelm I. u. Friedrichs d. Großen, Könige von Preußen, nebst e. Anhang, enthaltend ein Tagebuch aus Friedrichs des Großen Regentenleben von 1740—1786, mit histor., charakterist. Notizen, Berichtigungen ꝛc. 2 Bde., jeder in 4 Abthll. gr. 8. Berlin 836—38. Plahnsche Buchh. (Nitze.) n. 4 ℛ︀ — Schreibp. 5 1/3 ℛ︀ — Velinp. 6 ℛ︀

— dass. 1r Bd. Anhang. A. u. d. T.: Tagebuch aus Friedrich's des Großen Regentenleben. 1e Abthl. Enthaltend die Jahre 1740 bis 1749. gr. 8. Berlin 837. Plahnsche B. (Nitze.) 2/3 ℛ︀

— Finanzsystem Friedrich des Großen in Bezug auf Fabrikwesen, Handel u. Landwirthschaft. Mit dahin gehörigen Tabellen, Kabinetsschreiben u. Urkunden. Mit 1 Tab. gr. 8. Berlin 838. Plahnsche Buchh. (Nitze.) n. 2 ℛ︀

Roedenbeck, Karl Heinr. Siegfr., zur Geschichte Friedrich Wilhelms des Großen Churfürsten v. Brandenburg. Drei Aktenstücke. Mit erläut. Anmerkungen u. biograph. u. genealog. Beilagen. gr. 8. (52 S.) Berlin 851, Veit & Co. 1/3 ℛ︀

Rödenbeck, Carl Heinrich Siegfried. Tagebuch aus Friedrichs des Grossen Regentenleben. 1. Abth. 1740—1749. 8. Berlin 1837.

— Tagebuch oder Geschichtskalender aus Friedrichs d. Großen Regentenleben (1740—1786.) mit histor. u. biograph. Anmerkungen zur richtigen Kenntniß seines Lebens u. Wirkens in allen Beziehungen. 1r Bd. Enthaltend die Jahre 1740 bis 1759. gr. 8. Berlin 840. Plahn'sche Buchh. (Nitze.) n. 1 1/3 ℛ︀

Roedenbeck, Rud., die Ehe in besonderer Beziehung auf Ehescheidung u. Eheschließung Geschiedener. Nach evangel. Kirchenrecht u. nach Lehre der heil. Schrift. gr. 8. (VII, 166 S.) Gotha 882. F. A. Perthes. n. 3. —

Roedenbeck, Rud., von dem Verfall und Untergang Polens. Zwei Vorträge, im evangel. Verein zu Berlin gehalten. Berlin 864. Mittler & Sohn. 8. (87 S.) 12 ngr.

Roedenbeck, Siegfried: Die Antichresis. Halle (1874): Hendel. 44 S. 8°
Halle-Wittenberg, Jur. Diss. v. 4. Aug. 1874
Geb. Trebnitz (Schlesien) 23. 7. 1851. V.

Roedenbeck, Siegfr., der Zweikampf im Verhältnis zu Tötung u. Körperverletzung. gr. 8. (56 S.) Halle 883. Niemeyer. n. 1. 20

Karte von dem Fürstenthum Lübeck. Entw. v. Rodenberg, Obervermessgs-Insp. Gez. v. Klotz, Kataster-Ass. 1881, 82. Maassst. 1:50000. Nachträge bis 1895. Hamburg: J. Köhler (1897?). 1 Ktnbl. gr. 2. (C.) [illegible]

Rodenberg, Karte von dem Fürstenth. Lübeck. 1:50,000. Lithogr. Imp.-Fol. Hamburg 885, (Boysen's Verlag.) * 5 —
color. * 8 —

Rodenberg, Adolf (Red.), s. Monatshefte, Harzer.

Rodenberg, Carl. s. Rodenberg, Karl

Rodenberg, Elisab., Briefe an e. Freundin. Veröffentlicht v. R. (39 S.) kl. 8. Leipzig 907. M. Spohr. — 60

Rodenberg, Friedrich: Ueber Carcinom des Larynx und Pharynx. Halle (1869): Plötz. 31 S. 8°
Halle-Wittenberg. Med. Diss. v. 21. Juni 1869
Geb. Weferlingen (Kr. Gardelegen) 26. 2. 1843. V.

Rodenberg, Julius

— Herrn Schellbogen's Abenteuer. Ein Stücklein aus dem alten Berlin. 8. (244 S.) Ebd. 890. n. 4. —; geb. n. 5. 50

Rodenberg, Jul., Alltagsleben in London. Ein Skizzenbuch. Berlin 860. J. Springer. 8. (VI, 156 S.) 24 ngr.

— deutsche Antwort auf die welsche Frage. Hannover 859. C. Rümpler. gr. 8. (12 S.) 1½ ngr.

(Jul. Rodenberg.) Die Begründung der 'Deutschen Rundschau'. Ein Rückblick. Berlin: Gebr. Paetel 1899. (39 S.) 8° [F.] [illegible]

Rodenberg, Jul., Belgien u. die Belgier. Studien u. Erlebnisse während der Unabhängigkeitsfeier im Sommer 1880. gr. 8. (XII, 291 S.) Berlin 881. Paetel. geb. n. 9. —

Rodenberg, Jul., Bilder aus dem Berliner Leben, s. a. Bibliothek der Gesamt-Litteratur d. In- u. Auslandes.

Rodenberg, Jul., Bilder aus dem Berliner Leben. 8. (VII, 248 S.) Berlin 885, Gebr. Paetel. *ℳ 6.—; geb. ** 7 50
— dass. — 2. Aufl. 8. (VII, 248 S.) Ebendas. 886. * 4 — geb. * 5 50
— dass. — Neue Folge. 1. Ausg. gr. 8. (VIII, 283 S.) Ebendas. 887. *ℳ 5.—; geb. ** 6 50
— dass. — 2. Ausg. 8. (VIII, 283 S.) Ebendas. 887. * 4 — geb. ** 5 50

Rodenberg, Jul., Bilder aus dem Berliner Leben. 3., wohlfeile Ausg. 3 Bde. 8. (XI, 248; III, 283 u. V, 344 S.) Berlin 891. Gebr. Paetel. In 2 Bde. geb. n. 6. —

Rodenberg, Jul. v., Pariser Bilderbuch. Braunschweig 856. Vieweg. 16. (XVI, 440 S.) n. 1 ℛ 20 ngr

Rodenberg, Jul., Diesseits u. jenseits der Alpen. Bilder von der Adria, aus Oberitalien u. der Schweiz. Berlin 865. Seehagen. 8. (V, 236 S.) n. 1 ℛ

— s.: Dingelstedt, Franz, Blätter aus seinem Nachlaß

Rodenberg, Jul. v., Dornröschen. 16. (XV und 160 S.) Bremen 851(52,) Schlodtmann.

Epilog für die Aufführung des 'Tasso' am Goethetage im Großh. Hoftheater zu Weimar, 9. Juni 1906, gedichtet von Julius **Rodenberg**. (Weimar 1906: Hofbuchdr.) (2 Bl.) 4° [F.] 106. 8749

Rodenberg, Jul., Erinnerungen aus der Jugendzeit. 2 Bde. 8. (221 u. 342 S.) Berlin 899. Gebr. Paetel. n. 8. —; geb. in Leinw. n. 10. —

Rodenberg, Jul. Meine persönlichen Erinnerungen an Anton Rubinstein. Nebst Briefen. (Deutsche Rundschau, XXI. Heft 5.) Berlin 1895.

Rodenberg, Jul., Ferien in England. 8. (VII, 184 S.) Berlin 876. Gebr. Paetel. n. 4. —; geb. n. 6. —

Rodenberg, Jul v., Festchronik. Zur Erinnerung an die Feier der 25jähr. Regierung Sr. Hoh. des Herzogs Wilhelm v. Braunschweig-Lüneburg am 25. April 1856. 1. u. 2. Abdr. Braunschweig 856. Schulbuchhandlung. gr. 8. (2 Bl., 67 S. u. 1 Holzschn.) n. 7½ ngr

— e. Frühlingsfahrt nach Malta. Mit Ausflügen in Sicilien. gr. 8. (V, 244 S.) Berlin 893. Gebr. Paetel. n. 5. —; geb. n. 6. 50

— Gedichte. 863. — 2. Aufl. Berlin 864. Seehagen. 16. (XII, 320 S. u. 1 Stahlst.) 2 ℛ

— Gedichte. 3. Aufl. Ebend. 865. 16. (VII, 320 S. mit 1 Stahlst.) geb. mit Goldschn. 2 ℛ

— von Gottes Gnaden. Ein Roman aus Cromwell's Zeit. 1. u. 2. Aufl. 5 Bde. Berlin 870. Gerschel. (VII, 278; V, 287; V, 311; V, 285 u. V, 350 S.) n. 6 ℛ

— **die Grandidiers. Ein Roman aus der französ. Kolonie. 3 Bde. 8. (252; 266; 328 S.) Stuttgart 879, Hallberger. * geb. ***

Rodenberg, Jul., die Grandidiers. Ein Roman aus der französ. Kolonie. 2. (Titel-)Aufl. 3 Bde. 8. (252; 266; 328 S.) Stuttgart 881, [Hallberger.] Deutsche Verlags-Anstalt. *

— Klostermann's Grundstück. Nebst einigen andren Begebenheiten, die sich in dessen Nachbarschaft zugetragen haben. 8. (VII, 187 S.) Berl. 891, Gebr. Paetel. * 3 —; geb. in Leinw. * 4 —

— Klostermann's Grundstück. 2. Aufl. 12. (98 S.) Ebd. 892. geb. m. Goldschn. * 3 —
Zu Paetel's Min.-Ausg.-Coll. gehörig.

— **die Harfe von Erin. Märchen und Dichtung in Irland. 861. n. 1 ℛ 10 ngr — 2. Ausg. Leipzig 864. Grunow. 16. (XIX, 300 S.) 27 ngr**

— Heimatherinnerungen an Franz Dingelstedt u. Frdr. Oetker. 8. (III, 236 S.) Berlin 882. Paetel. n. 4. —; geb. n. 6. —

— **zur Heimkehr. Ein Festspiel zum feierl. Einzug der Truppen in Berlin. Musik v. C. Eckert. [Den Bühnen gegenüber Mscr.] gr. 8. (8 S.) Berlin 871. R. Lesser. n. — 50**

— **ein Herbst in Wales. Land und Leute, Märchen und Lieder. 8. (XVIII und 326 S. mit Notenbeilagen 14 S.) Hannover 857, C. Rümpler.**

— dramatische Idyllen. gr. 16. (VII und 128 S.) Cassel 858,65. (Halle, Barthel.) * 15 Ngr.; cart. mit Goldschn. *

— **die Insel der Heiligen. Eine Pilgerfahrt durch Irlands Städte, Dörfer und Ruinen. 2 Bde. 860. 3 ℛ — 2. Ausg. Berlin 864. Janke. 8. (VII, 598 S.) 1 ℛ 15 ngr**

— verschollene Inseln. Sand- u. Seebilder. Berlin 861. J. Springer. 8. (X, 292 S.) 1 ℛ 15 ngr

Rodenberg, Julius, cand. theol.: Die heilige Katharina von Siena und ihre Darstellung in der Sienesischen Kunst. Bremen 1910: Pröhl. VI, 100 S. 8°
Heidelberg, Phil. Diss. v. 13. Juli 1910, Ref. Thode
[Geb. 5. Mai 84 Bremerhaven; Wohnort: Bremen; Staatsangeh.: Bremen; Vorbildung: Gymn. Bremen Reife O 05; Studium: Theol. Straßburg 2, Marburg 1, Berlin 2, Heidelberg 4 S.; Rig. 27. Juli 09.] [U 10. 2100

Rodenberg, Jul., aus der Kindheit. Erinnerungsblätter. (157 S.) 8. Berlin 907. Gebr. Paetel. 3. —; geb. in Leinw. 4. —

Rodenberg, Julius von: Der Majestäten Felsenbier und Rheinwein lustige Kriegshistorie. 2. Aufl. Hannover: Rümpler 1854. 60 S. -- M 49°
--- Dass. 1. Aufl. Ebd. 1853. 62 S. -- [Zit. nach Kayser]
--- Dass. 3. Aufl. Ebd. 1854. 60 S. -- 12°

— **Kriegs- u. Friedenslieder. 16. (76 S.) Berlin 870. Lipperheide. — 50**

— **in deutschen Landen. Skizzen u. Ferienreisen. 8. (XIV, 392 S.) Leipzig 873. Brockhaus. n. 5. 40; geb. n. 6. 40**

Rodenberg, J., in deutschen Landen. Leipzig 1874. 8.

— aus aller Herren Länder. Plaudereien. 1. Ausg. 1868, und Neue (Titel-)Ausg. [Welt-Bibliothek.] 8. (III, 172 S.) Berlin 870, Lesser. [Leipzig, Schulze und Comp.] 1 50

— **Lieder. 1. und 2. Aufl. (XIII und 252 S. mit 1 Holzschn.) 1 Thlr. 7½ Ngr. und 3. Aufl. 8. (XVI und 252 S.) Hannover 854, Rümpler.**

Lieder v. Julius **Rodenberg.** Neue wohlfeile Ausg. Hannover. 1862. 8°.
Enthält unter den Wanderliedern einen Abschnitt Helgoland und Kriegslieder. Für Schleswig-Holstein!

— Lieder u. Gedichte. 4., verm. Aufl. 12. (XI, 312 S.) Ebend. 880. geb. m. Goldschn. n. 5. —

— dasselbe. 5. Aufl. 12. (312 S.) Ebend. 881. n. 4. 50; geb. n. 6. —

— Lieder u. Gedichte. 6. Aufl. 8. (194 S.) Ebd. 901. n. 2. —; geb. in Leinw. n. 3. —

— unter den Linden. Der „Bilder aus dem Berliner Leben" 3. Folge: 1887—1888. 8. (VII, 344 S.) Ebd. 888. n. 6. —; geb. n.n. 7. 50

— Lorbeer u. Palme. Zwei Festspiele zur Erinnerg. an die glorreiche Heimkehr unserer Truppen aus Frankreich im Sommer 1871. gr 4. (IX, 49 S.) Berlin 872. Lipperheide. n. 4. —

— das Mädchen von Korinth. Eine Opern-Dichtung in 4 Akten. Componirt von Jean Jos. Bott. Berlin 862. Lüderitz'sche Verlhdlg. 8. (VII, 74 S.) n. 10 ngr.

—— Waldmüllers Margret. Melodrama in 2 Acten. (Den Bühnen gegenüber Mscr.) 16. (VII und 76 S.) Hannover 855(56,) Rümpler.

—— die Myrthe von Killarney. Ein modernes Idyll. gr. 16. (IV und 166 S. mit Illustr. in Holzschn. nach Zeichnungen von Hugo Becker und H. L. Brinckmann, geschn. von R. Brend'amour.) Berlin 867, Grote'sche Verlagsh. geb. mit Goldschn.

—— die Myrthe von Killarney. Ein modernes Idyll. Mit Illustrationen nach Zeichnungen von Hugo Becker und H. L. Brinckmann, geschn. von R. Brend'amour in Düsseldorf. 2. Ausg. 8. (176 S.) Halle 872, Gesenius. geb. * 3 —

Rodenberg, Jul., Paris bei Sonnenschein u. Lampenlicht. Ein Skizzenbuch zur Weltausstellung. Mit Beiträgen von Heinr. Ehrlich, Rud. Gottschall, Eug. Laur, Arth. Levysohn, Charles Marelle, H. B. Oppenheim, Wilh. Reymond, Alfr. Woltmann. 1. u. 2. Aufl. Leipzig 867. Brockhaus. 8. (VII, 367 S.) cart. n. 1 ₰ 10 ngr.

— Prolog bei dem grossen Concert zum Besten des Landeshilfsvereins sowie des internationalen Vereins am 3. Septbr. 1870. Dresden 870. (Meinhold & Söhne.) gr. 4. (4 S.) n. 2 ngr.

— s.: Rundschau, deutsche.

—— Friedrich Schiller. Scenen aus seiner Jugend. 8. (36 S.) Ebendas. 884. * 1 —

Für Schleswig-Holstein. Geharnischte Sonnette [v. Julius Rodenberg]. II. 2. Hamburg. 1851. 12°.

— ein dänisches Seebad. Vier Wochen in Helsingör. Berlin 867. Gerschel's Verlagsh. 16. (VIII, 127 S.) n. 12 ngr.

—— fliegender Sommer. Eine Herbstgabe. 16. (V und 14 S.) Bremen 851, Schlodtmann.

— Wiener Sommertage. 8. (XII, 320 S.) Leipzig 875. Brockhaus. n. 5. 50; geb. n. 6. 50

— musikalischer Sonettenkranz. Hannover 855. Rümpler. 16. (19 S.) 6 ngr.

— Stillleben auf Sylt. Tagebuchblätter. 2. durchgesehene Aufl. Berlin 861. J. Springer. 16. (153 S.) n. 16 ngr.

— Stillleben auf Sylt. 3. verm. Aufl. 8. (XII, 196 S.) Berlin 876. Springer's Verl. n. 4. —; geb. n. 5. —

— die Straßensängerin von London. Ein Roman in drei Büchern. Berlin 863. Seehagen. 8. (VII, 711 S.) 4 ₰

— Studienreisen in England. Bilder aus Vergangenheit u. Gegenwart. 8. (IX, 362 S.) Leipzig 872. Brockhaus. n. 5. 40; geb. n. 6. 40

—— die neue Sündfluth. Ein Roman aus dem vorigen Jahrh. 4 Bde. 8. (988 S.) Berlin 865, Gerschel's Verlagsh. *

—— Tag und Nacht in London. Ein Skizzenbuch zur Weltausstellung. 1.—3., stark verm. und verb. Aufl. br. 8. (XX und 270 S. mit 10 Zeichnungen nach der Natur von Will. M'Connell in Holzschn. und einem neuen Londonführer zur Weltausstellung.) Berlin 862, Seehagen. cart. *

—— Tag und Nacht in London. Eine Wanderung durch die Weltstadt. 4., neu durchgesch. Aufl. br. 8. (VI und 268 S. mit 8 Holzschnitaf.) Berlin 863, Seehagen. cart. *

—— König Haralds Totenfeier. Ein Lied am Meere. 1. Aufl. (20 S.) 10 Ngr., 2. Aufl. (32 S.) 1854. 12 Ngr. und 3. Aufl. 16. (32 S.) Marburg 855, Elwert'sche Universitäts-Buchh.

—— kleine Wanderchronik. 2 Bde. 8. (XII und 456 S.) Hannover 858, C. Rümpler. *

Rodenberg, Karl

Rodenberg, Carl, s.: Epistolae saeculi XIIIe regestis pontificum romanorum selectae.

Rodenberg, C[arl]: Gedächtnissrede auf den Fürsten Bismarck gehalten am 5. August 1898 in der Aula der Universität Kiel. *Kiel: Univ.-Buchh. 1898.* (17 S.) 8°

Gedächtnissrede zur Feier des zweihundertjährigen Jubiläums des Königreichs Preussen und zugleich des Geburtstages Wilhelm II gehalten am 18. Jan. 1901 v. Carl Rodenberg. Kiel. 1901. 8°. Univ.-Rede.

— Innocenz IV. u. das Königreich Sicilien 1245—1254. gr. 8. (VI, 230 S.) Halle a/S. 892. M Niemeyer. n. 6. —

Rodenberg, K., üb. wiederholte deutsche Königswahlen im 13. Jahrh., s.a. Untersuchungen zur deutschen Staats- u. Rechtsgeschichte.

Rodenberg, Karl: Über wiederholte deutsche Königswahlen im 13. Jahrhundert. Breslau 1889.

Rodenberg, C., aus d. Kieler Leben im 14. u. 15. Jahrh., s.a. Mitteilungen d. Gesellschaft f. Kieler Stadtgeschichte.

Aus dem Kieler Leben im 14. und 15. Jahrhundert. Von C[arl] Rodenberg. Kiel 1894: A. F. Jensen. (56 S.) 8°
= Mitteilungen d. Gesellschaft f. Kieler Stadtgeschichte. H. 12.

Rodenberg, Carl, s.: Mitteilungen d. Gesellschaft f. Kieler Stadtgeschichte. 23. Heft. (Akten zum Hafenprozeß der Stadt Kiel.)

Rodenberg, Carl, das Pentaeder der Flächen 3. Ordnung beim Auftreten v. Singularitäten. Inaugural-Dissertation. gr. 8. (31 S.) Göttingen 874. (Vandenhoeck & Ruprecht's Verl.) n. — 60

Rodenberg, Carl, Seemacht in der Geschichte. gr. 8. (38 S.) Stuttgart 900. J. B. Metzler. n. — 40

Rodenberg, Carl, die vita Walae als historische Quelle. Inaugural-Dissertation. 8. (102 S.) Göttingen 877. (Bremen, Tannen.) n. 1. —

Rodenberg, Carl, Prof. Dr.: (Das Werden und Wachsen des preussischen Königthums.) *Kiel: Univ.-Buchh. 1901.* (24 S.) 8°
Kiel, Rede zur Feier d. 200j. Jub. d. Kgr. Preussen u. d. Geburtstages d. Kaisers am 18. Jan. 1901

Rodenberg, Thdr., Regeln der französischen Grammatik in Versen mit Bezugnahme auf Plötz Schulgrammatik. 1. Thl. [Plötz § 1—57.] Bromberg 870. (Mittler.) 8. (19 S.) n. 2 ngr.

Rodenberger, Johann Friedrich Kasimir (Neu Autz) A. S. 1348/2

Anima non corpore notior. Dissertatio philosophica. Präs. Johann Christian Eschenbach.
Rostock (Adler) 18. IX. 1754. 30 S. 29010

Rodenbusch, Eduardus [Rhenanus]: De temporum usu Plautino quaestiones selectae .... Argentorati, J. H. Ed. Heitz (Heitz et Mündel socii), 1888; 70 S. 8°
Strassburg, Phil. Fak., Inaug.-Diss. v. 1888

Rodenbusch, P., Übungsbuch f. die deutsche Sprachlehre u. Rechtschreibung, s.: Hentel, R.

Rodenkirchen, Joh. (Hrsg.), s. Kyriale ... 1909.

Rodenkirchen, Joh.: Weiterbildung der Choralnotation. Ein Reformvorschlag z. Erleichterung d. Choralgesanges von —. Cöln: Boisserée in Komm. 1908. 10 S. 8°

Wie kann ein Sänger an der Hand der Reformnotation (sogar ohne Zuhülfenahme eines Instrumentes) sich Treffsicherheit im Choralgesang erwerben? Eine zeitgemäße kirchenmusikal. Frage. Beantw. von Joh. **Rodenkirchen,** Domorganist. Cöln: Boisserée in Komm. 1910. 11 S. 8° 1910. 9740

Rodenstädter, C. de, de divina institut. pastor. secundi ordin. etc. 8. maj. Salzb. Mayr. 788.

Rodenstein, Heinr., Bau u. Leben der Pflanze. Teleologisch dargestellt. Mit 2 (lith.) Fig.-Taf. (Hrsg. von der Görres-Gesellschaft.) gr. 8. (VIII, 96 S.) Köln 879. Bachem in Comm. n. 1. 80

Rodenstein, Max, gesammelte Gedichte. 1. Tl. (VIII, 111 S.) 8. Dresden 903. E. Pierson. n. 2. —; geb. n. 3. —

Rodenstock, Jos., die Brille, deren Anschaffung und Gebrauch. Kurzgefaßte Zusammenstellung des Wissenswerthesten über diesen Gegenstand für jeden Gebildeten und des zu wissen Nothwendigen für Alle, welche selbst oder deren Obsorge Anvertraute Augengläser anwenden bezw. wegen Abgängen am Sehvermögen deren bedürfen. Mit besond. Berücksicht. der Kurzsichtigkeit und deren Behandlung. gr. 8. (28 S.) Würzburg 888, Kellner's Verlag. *

Rodenstock, J., die Brille. Kurzgefaßte Zusammenstellg. d. Wissenswerthesten üb. Brillen, deren richt. Wirkg. u. richt. Beschaffenheit. Nebst e. Anh. üb. Pflege der Augen. Mit besond. Berücksicht. d. Kurzsichtigkeit dargestellt. gr. 8. (44 S.) München 890. (Diepolder.) n. 1. 60

Rodenwaldt, Ernst, Assistenzarzt im Leib-Kürassier-Reg. Großer Kurfürst (Schles.) No 1 in Breslau: Aufnahmen des geistigen Inventars Gesunder als Maßstab für Defektprüfungen bei Kranken. Halle a. S. 1904: C. A. Kaemmerer & Co. (72 S.) 8°
Halle, Med. Fak., Ref. Wernicke, Diss. v. 26. Nov. 1904
[Geb. 5. Aug. 78 Berlin; Wohnort: Breslau; Staatsangeh.: Preußen; Vorbildung: Gymn. Berlin Reife O. 97; Studium: Berlin 10 S.; Coll. 24. Nov. 04; Approb. 31. Jan. 05.]

Rodenwaldt, E.: Der Einfluss der militärischen Ausbildung auf das geistige Inventar der Soldaten. (S.-A.)

Rodenwaldt, E.: Zur Methode der Intelligenzprüfung. (S.-A.) 1904.

Rodenwaldt, E.: Ueber Soldaten-Aussagen. (S.-A.) 1905.

Rodenwaldt, die Verteilung der Mikrofilarien im Körper u. die Ursache des Turnus bei Mikrofilaria nocturna und diurna. Studien zur Morphologie der Mikrofilarien, s.a. Archiv f. Schiffs- u. Tropenhygiene. 10. Beiheft.

Die Verteilung der Mikrofilarien im Körper und die Ursachen des Turnus bei Mikrofilaria nocturna und diurna. Studien z. Morphologie d. Mikrofilarien. Von Dr. [Ernst] **Rodenwaldt,** Oberarzt. (Aus d. Seemannskrankenh. u. Inst. f. Schiffs- u. Tropenkrankh. in Hamburg.) Mit 4 Taf. Leipzig: J. A. Barth 1908. (30 S.) 8°
— **Archiv** f. Schiffs- u. Tropenhygiene. Bd 12, Beih. 10. 08. 17421

Rodenwaldt, G., Qua ratione pictores Pompeiani in componendis partietibus usi t. Capita tria. Diss. 1908. 41 S. 1.20

Rodenwaldt, Gerh., die Komposition d. Pompejanischen Wandgemälde. (VIII, 270 S. m. 38 Abb.) gr. 8. Berlin 909. Weidmann. 9. —

Rodenwaldt, R., die Fabel in der deutschen Spruchdichtung d. XII. u. XIII. Jahrh. 4. (27 S.) Berlin 885. Gaertner. n. 1. —

Rodenwaldt, R., De orationum Tacitearum fide historica. Diss. 1876. 28 S.

Rodenwaldt, [Robert], Prof. Dr.: Rede, bei der Gedächtnisfeier der Schule für den verstorbenen Direktor Dr. Huot am 30. März 1903 in der Aula gehalten. Berlin 1904: Carl Herm. Müller. (S. 1—6.) 4°
Berlin, Victoria-Schule OP 1904**

Rodenwoldt, A., wahres Glück. Novelle. 8. (199 S.) Norden 876. Konstanz, C. Hirsch. Eleg. kart. n. 1. —

Rodenwoldt, A., wahres Glück. Novelle. 8. (199 S.) Norden 875. Soltau. n. 2. 50

Rodenwoldt, G., Entwürfe. 1. Lfg. gr. 4. (6 photolithogr. Taf. in Fol.) [Leipzig 880, Knapp.] Karlsruhe, J. Bielefeld's Verlag. *
Nicht weiter erschienen.

Rodenwoldt, G., Stubenthür, s.: Details, architektonische.

Roder, A., der Weg zum Glück. Auf Grund e. Darstellg. der Entwickelungslehre Herbert Spencer's. 8. (VII, 136 S.) Leipzig 888. Spamer. n. 2. —

Roder, Adolf

Roder, Adf., ungarisch-deutsches Conversations-Buch. Brieflicher Unterricht f. das Selbststudium der ungar. Sprache. Supplement f. Eisenbahn-, Dampfschifffahrts- u. Telegrafen-Beamte. (2. Ausg.) gr. 8. (158 S.) Budapest 876. Grimm. n. 4. —

Roder, Adf., brieflicher Sprach- u. Sprech-Unterricht f. das Selbststudium der ungarischen Sprache. [Methode Toussaint-Langenscheidt.] Ein Curs. in 30 Briefen. gr. 8. (480 S.) Budapest 875. Exped. der Roder'schen Briefe (Stolp.) In Carton. 12. —

— brieflicher Unterricht für das gründliche Studium der ungarischen Sprache. 30 Briefe. 1. Aufl. (480 S.) 1875,76; 2. verb. und verm. Aufl. gr. 8. (588 S.) Budapest 876,77, Grimm. à Brief * 40 Pf.; compl. in Carton * 10 —

Roder, Adf., Unterrichts-Briefe f. das Selbst-Studium der ungarischen Sprache. 3. Aufl. 30 Briefe. gr. 8. (486 S.) Leipzig 885. 86. Morgenstern. à n. — 50

RODER, ALOYS: Der christliche Bürger / in einer Kanzelrede / am / Festtage des heiligen Stephans / ersten Königs von Ungarn, / geschildert / in der Festung Ofen 1839 / von Aloys Roder Weltpriester des Graner Erzbisthums. Ofen 1839: Mit kön. ung. Universitäts-Schriften. 16 S. - 207 mm

RODER, ALOIS: Elisabeth, die erste Königin von Ungarn.

RODER, ALOYS: Biblische Geschichte. Schulbuch für die reifere Jugend von Aloys Roder. Ins Deutsche Überarbeitet von Alfred Csörgheő, Religionslehrer an der Königl. Realschule in Ofen. Pest 1858: St. Stephans-Verein. 155 S. - kl. 8°
- Dass. Pest 1863: G. Emich. 140 S. - 190 mm
- Dass. Pest 1864: G. Emich. 212 S. 1 t. - 8°
- Dass. Budapest 1894: St. Stephans-Verein. 208 S. - 190 mm

RODER, ALOYS: Biblische Geschichte für die mittlere Jugend. Verfaßt von Aloys Roder, Exhortator, und öffentlichem Religionslehrer an der k. k. Universität in Pest. Pest 1853. St. Stephans-Verein. Buchdruckerei v. Emil Müller. 140 S. - 160 mm OSZK
- Dass. Pest 1856. St. Stephans-Verein. Buchdruckerei v. Emil Müller. (2) 155, 6 S. 3 t. - 158 mm
- Dass. Pest 1860: Müller. 152 S. - 160 mm
- Dass. Erlau 1861. 122 S.
- Dass. Erlau 1873: Erzbischöfl. Lyceal-Buchdruckerei. 144 S. - 160 mm
- Dass. 33. Ausg. Erlau 1897: Erzbischöfl. Lyceal-Buchdruckerei. 144 S. - 160 mm
- Dass. 34. Ausg. Erlau 1899: Erzbischöfl. Lyceal-Buchdruckerei. 144 S. - 160 mm
- Dass. 35. Ausg. Erlau 1902: Erzbischöfl. Lyceal-Buchdruckerei. 144 S. - 160 mm
- Dass. 36. Ausg. Pesth 1905: St. Stephans-Verein. 144 S. - 160 mm

RODER, ALOYS: Biblische Geschichten für Kinder. Pesth 1851: St. Stephans-Verein. 80 S. 30 t. - 8°
- Dass. 4. Aufl. Pesth 1854: Lukács. 80 S. - 8°
- Dass. 6. Aufl. Pesth 1855: Joh. Herz. 71 S. - 8°
- Dass. 7. Aufl. Pesth 1856: Joh. Herz. 71, 3 S. - 8°
- Dass. 9. Aufl. Pesth 1857: Joh. Herz. 72 S. - 8°
- Dass. 10. Aufl. Pesth 1858: Joh. Herz. 72 S. - 8°
- Dass. Erlau 1860. 63 S.
- Dass. 20. Aufl. Erlau 1874: Erzbischöfl. Lyceal-Buchdruckerei. 72 S. - 8°
- Dass. 37. Aufl. Erlau 1896: Erzbischöfl. Lyceal-Buchdruckerei. 72 S. - 8°
- Dass. 38. Aufl. Erlau 1899: Erzbischöfl. Lyceal-Buchdruckerei. 72 S. - 8°
- Dass. 39. Aufl. Eger 1901: Erzbischöfl. Lyceal-Buchdruckerei. 72 S. - 8°
- Dass. 40. Aufl. Eger 1906: Erzbischöfl. Lyceal-Buchdruckerei. 72 S. - 8°

Roder, Alois, *akad. Prediger und ord. öffentl. Prof. der Relig.-Philosophie an der k. k. Univers. in Pest.* Biblische Geschichte für Kinder. Neunte Aufl. *Pest* 1857. Druck von *Joh. Herz.* 60 S. 1 Bl. 12°.

Roder, Anton [aus Bayreuth]: Indole aus Metahydrazinbenzoësäure · · · . Würzburg, Becker's Univ.-Buchdr., 1887; 27 S. 8°.
Würzburg, Phil. Fak., Inaug.-Diss. v. 1887.

Roder, Anton, Indole aus Metahydrazinbenzoësäure. Diss. Würzburg 1887, Stahelsche Univ.-Buchh. 8°. 27 S.

Roder, Christian. Beiträge zur Geschichte der Stadt Villingen während des 30 jährigen Krieges. (Aus: „Schriften des Vereins für Geschichte und Naturgeschichte der Baar und der angrenzenden Landestheile in Donaueschingen". 3. Heft 1880.) (Mit 1 Plan.) gr. 8. Donaueschingen 1880.

Roder, Christian, s. Bibliothek des litterarischen Vereins in Stuttgart CLXIV.

Christian Roder. Die Schlacht von Seckenheim (1462) in der pfälzischen Fehde. 31 S. Villingen, P 1877

Roder, Christian, Stadtrecht v. Villingen, s.: Stadtrechte, oberrheinische. II, 1.

Roder, Christian, Villingen, s.: Stadtrechte, oberrheinische.

Roder, Daniel *s.* [Herrliberger, David.] Neüe Topographie Helvetischer Gebirge.... Zürich... 1774.

Roder, Georg

Roder, G., considerationes pro reformatione vitae in usum sacerdotum, maximo tempore exercitiorum spiritualium. 16. (XII, 372 S.) Freiburg i/Br. 884. Herder. n. 1. —

Roder, G., considerationes pro reformatione vitae, in usum sacerdotum, maxime tempore exercitionum spiritualium. Ed. II. 32. (XII, 372 S.) Freiburg i/B. 891. Herder. n. 1. —; geb. n. 1. 80

Roder, Schlosser u. Werdenberg, Missions-Vorträge, mit Sorgfalt gesammelt u. aufgezeichnet von einem Freunde der Mission. 8. (VIII u. 398 S.) Stuttgart 852, Beck & Fränkel. 1/2 ₰

Roder, Schlosser und Werdenberg, Missions-Vorträge, mit Sorgfalt gesammelt u. aufgezeichnet von einem Freunde der Mission. (2. Abdruck.) Stuttgart 853. Beck u. Fränkel. (Oetinger.) 8. (VIII, 398 S.) 15 ngr.

Roder, Schlosser und Werdenberg, Missions-Vorträge, mit Sorgfalt gesammelt und aufgezeichnet von einem Freunde der Mission. 3. verb. Abdr. Stuttgart 859. Beck. (Cammerer.) 8. (VI, 395 S.) 15 ngr.

Roder, Schlosser u. Werdenberg, Missions-Vorträge, m. Sorgfalt gesammelt u. aufgezeichnet v. e. Freunde der Mission. 3. Aufl. 8. (IV, 400 S.) Leipzig 883. Wagner. n. 1. 50

Roder, Josef Gebhard

Roder, Jos. Gebh., Bregenz vor 60 Jahren. 12. (63 S.) Bregenz 902. J. N. Teutsch. n. — 20
Sonderabdruck aus: „Vorarlberger Volksblatt".

Roder, Karl *Paul* [aus Dresden]: Die polare Waldgrenze Dresden, Druck v. J. Paessler, 1895; 91 S., 1 Kt. 8.
Leipzig, Phil. Fak., Inaug.-Diss. v. [22. Nov.] 1895

Roder, Peter Über die Bedeutung des sogenannten Stammprincips für den Elementarunterricht in der lateinischen Formenlehre. 13 S. Progr. *Siegburg* 1881.

Röder, v., Familien-Nachrichten über die von Röder. Ludwigsburg 1828. 8.

Röder Dr. Ueber die neuern Leistungen der Italiener auf dem Felde der Rechtsphilosophie überhaupt und zunächst über Giampaolo Tolomei's Corso elementare di diritto naturale o razionale. III vol. Padova 1849. 8. (36 S.) Padua, Ant. Bianchi 1852.

Röder, Nachrichten v. d. Grenzstadt Domnitz. 8. Leipzig, Comt. für Lit. 700.

Roeder, ein Ritt von Straßburg nach Granada, s. Beiheft zum Militär-Wochenblatt.

Roeder, Sterilisation u. Kühlhaltung ohne Eis f. künstliche Säuglingsnahrung, s.: Bickel, A.

Röder, wie kuriere ich meinen kranken Magen? Rathschläge u. Abhilfe f. Magenleidende. 8. (IV, 137 S.) Erfurt (901). F. Bartholomäus. n. 2. —

Röder, A., d. Austritt Stöckers aus d. konservativen Partei. 1.—5. Aufl. gr. 8. (44 S.) Karlsruhe 896. Müller & Gräff. — 50

Röder, A., christlich-konservativ. Ein Mahnwort an die konservativen Kreise unseres Volkes. gr. 8. (57 S.) Leipzig 894. E. Ungleich. n. — 60

Roeder, A., das Gebet. 12. (16 S.) Vineland, N. Y. 890. (Berlin, Siegismund.) n. — 50

— Gott als Sonne üb. den Himmeln. 12. (11 S.) Ebd. 890. n. — 50

— d. evang.-soziale Kongreß in Frankfurt am Main, s.: Zeitfragen d. christl. Volkslebens.

— ein neues Reichstagswahlrecht. gr. 8. (32 S.) Berlin 896. Puttkammer & Mühlbrecht. n. — 60

Roeder, A., die Theuerung, ihre Ursachen und Abhilfen, land- und staatswirthschaftlich beleuchtet. Lex.-8. (56 S.) Wriezen 855, Roeder. *

Röder, A., Die Unfallversicherung, ihre Ausdehnung auf das kaufmännische Gewerbe und die Unvereinbarkeit derselben mit den kaufmännischen Interessen. Vortrag, geh. im kaufm. Verein „Merkur" in Karlsruhe 25. I. 1895. gr. 8⁰. Karlsruhe, Druck der Actiendruckerei, 1895.

Roeder, A., Berlin's volkswirthschaftliche und Verkehrs-Verhältnisse aus Veranlassung des Canalisirungs-Projects des Herrn Geh. Baurath Wiebe. Berlin 863. Gaertner. gr. 8. (15 S.) 3 ngr.

Verwaist. Roman von A. **Röder**. Mit 3 Vollbildern. *Berlin: A. Weichert [1900].* (96 S.) 8° [F.]
= Wochen-Bibliothek, Weicherts. Bd 84. [02. 834

Röder, A., Verwaist, s. A. Weichert's Wochen-Bibliothek.

— das Wunder d. schwimmenden Eisens. 12. (20 S.) Ebd. 890. n. — 50

Reisebilder aus Amerika. Von Adam **Röder**. Berlin: Puttkammer & Mühlbrecht 1906. (133 S.) 8° [F.]
Erschien zuerst im Rhein. Kurier. 1905/06. [06. 14494

Salome. Von Adam **Röder**. Wiesbaden: Behrend (1907). 31 S. 8° [11. 12241

Röder, Adam, Salome. (31 S.) 8. Wiesbaden (908). E. Behrend. — 50

Roeder, Adam Eduard Albin Karl, aus Meiningen: **Menechmi** und Amphitruo im englischen Drama bis zur Restauration 1661. *Leipzig 1904: E. Glausch.* (84 S.) 8°
Leipzig, Phil. Diss. v. 1904

v. **Röder,** Adolf [app. Arzt aus Feuchtwangen (Bayern)]: Beiträge zur Statistik der Neubildungen der männlichen Brustdrüse. . . . Würzburg, Paul Scheiner's Buchdr., 1889; 32 S. 8°
Würzburg, Med. Fak., Inaug.-Diss. v. 1889

Roeder, Adolf, a. Meiningen: Die Entwickelung des schweizerischen Notenbankwesens unter näherer Berücksichtigung der Epoche 1881—1906. Meiningen 1906: K. Keyssner. (90 S.) 8°
Erlangen, Phil. Fak., Ref. v. Eheberg, Diss. v. 2. Okt. 1906
[Geb. 21. April 83 Meiningen; Wohnort: Meiningen; Staatsangeh.: Sachsen-Meiningen; Vorbildung: Realgymn. Meiningen Reife O. 03; Studium: Leipzig 2, München 3, Erlangen 2 S.; Rig. 18. Juli 06.]

Röder, Arno, Referendar in Lichtenstein: Verfügungsbeschränkungen des Vorerben nach dem Bürgerlichen Gesetzbuche. Borna-Leipzig 1905: R. Noske. (44 S.) 8° [F.]
Leipzig, Jur. Fak., Diss. v. 2. Mai 1905
[Geb. 17. Nov. 78 Oelsnitz i. V.; Wohnort: Lichtenstein-Callenberg i. S.; Staatsangeh.: Sachsen; Vorbildung: Fürstenschule Grimma Reife O. 00; Studium: Leipzig 6 S.; Rig. 26. Juni 03.]

Röder, Arnold, der Neunerstreich. Humoristisches Epos aus dem Gymnasialleben. (III, 75 S.) 8. Dresden 904. E. Pierson. n. 1. —; geb. n. 2. —

Röder, B.

— und O. Steinbrück, Aufgaben zum Tafelrechnen ohne Lösungen für die Hand der Schüler zur Erlernung des metr. Maßes und Gewichtes als ein Anhang zu jedem Rechenbuche für Volksschulen des norddeutschen Bundes gemeinsam bearb. 3. verb. Aufl. 8. (24 S.) Langensalza 870, Beyer und Söhne.

Röder, B., und H. Huth, Liedersammlung. Ernste und heitere Gesänge für Volks- und Mittelschulen. A. Unterstufe. 1.—3. verb. Aufl. 8. (48 S.) Langensalza 872—78, Huschke. — 25
— — dass. — B. Oberstufe. 3. verb. Aufl. 8. (96 S.) Ebendas. 878. — 40

Röder, B., und H. Huth, Liedersammlung. Ernste und heitere Gesänge für Volks- und Mittelschulen. B. Oberstufe. 2. verm. und verb. Aufl. 8. (96 S.) Langensalza 873, (Klinghammer.) *

Röder, B., u. H. **Huth**, Liedersammlung. Ernste u. heitere Gesänge f. Volks- u. Mittelschulen. A. Unterstufe. 2. verm. u. verb. Aufl. 8. (48 S.) Langensalza 875. Huschke. n. — 25

Röder, B., u. H. **Huth**, Liedersammlung. Ernste u. heitere Gesänge f. Volks- u. Mittelschule. A. Unterstufe. 4. Aufl. 8. (48 S.) Langensalza 883. Huschke. n. — 25

— — dasselbe. B. Oberstufe. 4. Aufl. 8. (96 S.) Ebend. 883. n. — 40

Röder, B., u. H. **Huth**, Liedersammlung. Ernste u. heitere Gesänge f. Volks- u. Mittelschulen. Hft. A u. B. 8. Langensalza 888. Wendt & Klauwell. n. — 65; geb. n.n. — 85
A. Unterstufe. 22. Tausend. (48 S.) n. — 25; geb. n.n. — 35
B. Oberstufe. 21. Tausend. (96 S.) n. — 40; geb. n. — 50

Röder, B., u. H. **Huth**, Liedersammlung. Ernste u. heitere Gesänge f. Volks- u. Mittelschulen. A. Unterstufe. 29. Taus. 12. (48 u. 4 S.) Langensalza 897. O. Stockstrom. n. — 25; kart. n. — 35

— — dasselbe. B. Oberstufe. 31. Taus. 12. (IV, 96 u. 16 S.) Ebd. 897. n. — 40; kart. n. — 50

Röder, C., Glossen zur Schulreform. (15 S.) gr. 8. Darmstadt 904. (E. Roether). n. — 30

Röder, C., Lebensgeschichte eines badischen Soldaten, s. Lebensgeschichte.

Röder, C. A. S., der Hofmeister oder das Monument im Mühlenthale. 3 Thle. 8. Leipzig 800; jetzt Bade in Berlin. 3 ß

Röder CG, in Leipzig. 1846-96. Festschrift zur 50jährigen Jubelfeier des Bestehens der Firma (Notendruckerei in Leipzig). Mit Anhang: Notenschrift und Notendruck von H Riemann. (88 S 28 T) 4° Leipzig (1896)

Röder, Carl, s. Röder, Karl.

Röder, E.: Anne sechsasachzig und Anderes. Annaberg: Graser 1900. (50 S.) 8°
= Gedichte u. Geschichten in erzgebirgischer Mundart. H. 17.

Röder, E., anne sechsasachzig u. Anderes, s.: Gedichte u. Geschichten in erzgebirg. Mundart. 17.

Röder, E., Demmler, Wanckel, E. Müller, a Hausen dumma-Gunga-Straaß', s.: Gedichte u. Geschichten in erzgebirgischer Mundart. 16. Hft.

Roeder, E., dr Kienig kimmt, s.: Gedichte u. Geschichten in erzgebirgischer Mundart.

— 'n Ward sei Sänger-Raas' nooch Hamborg, s.: Gedichte u. Geschichten in erzgebirg. Mundart. 5. 6.

— Schnick-Schnack, s.: Rosmahl, A.

Röder, E., Demmler, Wanckel u. **Müller**, — aus dr verwörrten Zeit, } s.: Gedichte u. Geschichten in erzgebirg. Mundart. Bd. 8.

Röder, E. A. F., Hugo von Wolfsthal d. Raubritter, od. d. Stiefbrüder. Gesch. aus d. Zeiten d. Vehmgerichte. 2 Thle. 1. Aufl. 836. 2⅓ Thlr., 2. Ausg. 8. (à 28 B.) Leipzig 841, Lauffer.

Roeder, Eduardus (geb. am 25 Nov. 1842 in Essen): De voce „a priori" in philosophia Kantii usitata ... Bonnae, typ. Carthausianis (1866). 1 Bl., 35 S., 2 Bl. 8. ¶ Erschien in dems. J., vermehrt um d. Fragment 'Hermann, Briefe philos. Inhalts' in deutscher Übers. bei Hermann in Frankfurt a. M. *u. d. T.:* Das Wort „a priori". Eine neue Kritik d. Kantischen Philosophie.
Bonn, Phil. Fak., Diss. v. 16 März 1866

—— das Wort „a priori." Eine neue Kritik der Kantischen Philosophie. gr. 8. (60 S.) Frankfurt a. M. 866, Hermann'sche Verlagsh. [Prag, Tempsky.] *

Roeder, Ed., Kaiser Otto III. Ein dramat. Fragment. Frankfurt a. M. 866. Hermann'sche Verlagsh. [Prag, Tempsky.] gr. 12. (175 S.) n. 10 ngr.

Roeder, Erich Frhr. v., Blutende Blumen. Verse. (56 S. m. Bildnis.) gr. 8. Wien (IV, Johann Straußgasse 36), (904). Verlagsanstalt neuer Literatur u. Kunst. n. 2. —

Roeder, Ernst, Gedichte. 8. (VIII, 96 S.) Dresden 886. Pierson. n. 2. —

Roeder, Ernst, d. Dresdner Hoftheater d. Gegenwart. Biographisch-krit. Skizzen d. Mitglieder. Neue Folge. M. 61 Portraits. 8. (VIII, 296 S.) Dresden 896. E. Pierson. n. 4. —; geb. in Leinw. n. 5. —
D. 1. Folge war von Adf. Kohut bearb.

Roeder, Ernst, das Dresdner Hoftheater der Gegenwart, neue Ausg., s.: Hoftheater, das Dresdner.

Roeder, Ernst, junges Leben. Gedichte. 16. (VIII, 75 S.) St. Johann-Saarbrücken 882. Bock & Seip. n. 1. 60

— junges Leben. Gedichte. 8. Aufl. 12. (VIII, 120 S.) Dresden 891. E. Pierson. n. 2. —; geb. m. Goldschn. n. 3. —

Röder, Ewald

Röder, E., auserlesene Choräle f. gemischten Chor, m. Rücksicht auf höh. Lehranstalten (Gymnasien, Realschulen etc.) ausgewählt u. bearb. Partitur. (IV, 67 S.) kl. 8. Leipzig (904). F. E. C. Leuckart. 1. —

Röder, E., Fest- u. Feierklänge. 70 Lieder u. Gesänge f. gemischten Chor vornehmlich zum Gebrauche an höheren Lehranstalten (Gymnasien, Realschulen, Präparandenanstalten etc.) bei festl. u. feierl. Gelegenheiten im Schuljahre. Gesammelt u. den Stimmen der jugendl. Sänger angemessen bearb. 8. (VII, 152 S.) Leipzig 899. C. F. W. Siegel. n. 1. 20; geb. n. 1. 50

Röder, E., Gesanglehre. Z. Gebrauche an Volksschulen u. höh. Lehranst. Op. 17. (Ausg. A.) Lehrerausg. 8. (IV, 208 S.) Hannover 895. L. Oertel. Kart. n. 1. 50

— dasselbe. (Ausg. B.) Schülerausg. 8. (192 S.) Ebd. 1895.

Röder, Ewald, geborene Schlesier. Lexikon, enth. kurze Biographien in Schlesien geborener Tonkünstler. 8. (IV, 59 S.) Bunzlau 890. Kreuschmer. n. — 75

Röder, F. v., Stammbaum derer von Röder. Karls-ruhe 1871.

Röder, F. K., die Gleichungen, gelöst durch Reihen. Für Schulen u. zum Selbstunterricht. gr. 8. (40 u. 4 S.) Offenbach 900. (Darmstadt, L. Saeng.) n.n. — 75

RÖDER, Felix Frhr. v., Verhöre und Verurtheilung in einem Hexenprozesse zu Diersburg im Jahre 1486 (zur Geschichte des Junker Hans Röder). Mittheilungen aus dem Freiherrl. v. Röder'schen Archive. O. O. u. J. 8°. (1 Mk. E. Frensdorff, c. 1905.)

Röder, Ferdinand: Albert Krantz als Syndikus von Lübeck und Hamburg. Marburg 1910: Koch. 75 S. 8°
Marburg, Phil. Diss. v. 18. März 1910, Ref. v. der Ropp
[Geb. 10. Febr. 86 Hamburg; Wohnort: Marburg; Staatsangeh.: Hamburg; Vorbildung: Wilhelm-Gymn. Hamburg Reife O. 05; Studium: Marburg 4, München 1, Marburg 4 S.; Rig. 14. Juli 09.] [U 10. 3384

Roeder's, Ferd., Theater-Moniteur. Central-Organ für das gesammte Theaterwesen. 1. Jahrg. Mai — Decbr. 1856. 65 Nrn. (à 1 Bgn.) Berlin, Bernhardt u. Co. Fol. n. 4 ₰.

Roeder's, Ferd., Theater-Kalender auf die J. 1865—67. 8.—10. Jahrg.. 16. [8. Jahrg. (VIII und 589 S. mit dem Bildniß des königl. preuß. Hofschauspielers A. Landvogt in Photogr. und 1 Post- und Reisekarte von Deutschland in Holzschn. in gr. Fol.) 9. Jahrg. (VII und 565 S. mit dem Bildniß des k. k. Hofopernsängers Thdr. Wachtel in Photogr. und 1 Eisenbahnkarte von Deutschland in Holzschn. in gr. Fol.) 10. Jahrg. (VII und 527 S. mit dem Bildniß des Königl. Hofopernsängers Alb. Niemann in Photogr.)] Berlin, (Peiser's Verlag.) cart. à Jahrg. *

Roeder's, Ferd., Theater-Kalender auf die J. 1869 und 1870. 12. und 13. Jahrg. gr. 16. (à Jahrg. VII, 471 S. mit Portr.) Berlin, (Peiser's Verlag.) cart. à Jahrg. *

—— dass. — für die J. 1871—1874. 14.—17. Jahrg. 16. (VIII, 575; VIII, 628; VIII, 640; VIII, 617 S., mit Portr.) Berlin, (Lassar's Buchh.) cart. à Jahrg. **

Röder, Fr., u. P. Förmes, Lese- u. Anschauungsbuch für die ersten Schuljahre. Darmstadt 865. Zernin. gr. 8. (IV, 136 S., wovon 36 lith.) n. 8 ngr.

Röder, Fr., u. P. Förmes, Lese- u. Anschauungsbuch. 1. u. 2. Schuljahr. 2. Aufl. gr. 8. (IV, 82 u. 86 S.) Darmstadt 872.73. Zernin. à n. — 50

Röder, Franz, grossherzogl. hess. Hauptm. Grundlinien einer Treffenkunde für das Fussvolk der zur Vertheidigung des vaterländischen Bodens bestimmten Landwehr- oder Landsturms-Mannschaft. Ein Leitfaden für die nothwendigsten Kriegsübungen und Handbuch für den Felddienst. Mit 2 Kupfertafeln.
8. Darmstadt 1815.

— Grundlinie e. Treffenkunde f. das Fußvolk der zur Vertheidigung d. vaterländ. Bodens bestimmten Landwehrmannschaft. (A. u. d. T.: Exercier- u. Feldreglement für Landwehr 2c.) Mit 2 Kpf. 8. Gießen 815. Heyer. 20 gr

Röder, Franz, grossherzogl. hessischer Hauptm. Die Kriegsdienst-Ordnung der geschlossenen Haufen und der Besatzungen im Frieden. Ein Handbuch in 3 Abtheilungen für den deutschen Wehrmann überhaupt, zunächst jedoch für grossherzoglich-hessische Wehr- und Landwehr-Mannschaft. 1. und 2. Abth. (2 Bde.)
8. Darmstadt 1816.

Röder, Franz, die Kriegsdienstordnung d. geschloss. Haufen u. d. Besatzungen im Frieden. 3 Thle. 8. Darmst. Heyer u. Leske. 816-18.

Röder, Frz., der Kriegszug Napoleons gegen Rußland im J. 1812. Nach den besten Quellen u. seinen eigenen Tagebüchern dargestellt nach der Zeitfolge d. Begebenheiten. Nach des Verf. Tode hrsg. von dessen Sohn Karl Röder. Mit 9 (lith. u. theils color.) Plänen (in gr. 4.) u. 1 (lith.) Karte (in Fol.) gr. 8. (XXX u. 567 S.) Leipzig 848, W. Engelmann. 4½ ℛ

Röder, Friedrich

Röder, Friedr.: Zum Agricola des Tacitus. 12 S. – Progr. Neu-Stettin, 1851.

Röder, Friedr. Pädagogische An- und Aussichten. 48 S. .
Nordhausen, Progr. 1843

Röder, Fr. Antrittsrede. 6 S. Neu-Stettin, Progr. 1845

Roeder, F.: Corollarium Venusinum. Adversariorum in Q. Horatium Flaccum particula (C. I., 1.28. II., 1. 2. 7. 11. 13 bis 16. 17. 20. III. 1-6.) 23 S.– Cöslin G., Progr. 1869.

Roeder, Fredericus Ferdinandus: Enarrationis criticae in Horati satiram libri primi nonam particula. Halis Saxonum (1830): Gebauer. IV, 16 S. 8° (4°)
Halle-Wittenberg, Phil. Diss. v. 4. [vielmehr: 5.] Okt. 1830
Geb. Nordhausen 28. 12. 1808. V.
Vom Verf. ersch. später: Q. Horatii Flacci Satira IX. libri I, versibus germanicis reddita et commentario instructa. Nordhusae (1835): Müller. 40 S. 8° (4°) Gymn.-Progr.

Röder, Friedr.: Erinnerungen an W.A. Klutz. 20 S. – Neu-Stettin, Progr. 1852.

Röder, Friedrich. Ueber krystallisirte wasserfreie Fluor-Verbindungen. Göttingen, 1862.

Röder (Fr.). Ueber krystallisirte wasserfreie Fluorverbindungen (Dissertation). Göttingen 1863. 8.

Roeder, Friedrich [cand. med. aus Würzburg]: Ueber Ganglion (Ueberbein). . . . Würzburg, Anton Boegler'sche Buchdr., 1888; 44 S. 8°
Würzburg, Med. Fak., Inaug.-Diss. v. 1888

Röder, Fr., s. **Horatius**, Satira libri primi.

Roeder, F. Hor. sat. IX. libri I. versib. german. redd. et comment. instr. 38 S. . . . .
Nordhausen, Progr. 1835

Röder, Friedr.: Drei Schulreden. 1. Bei Entlassung der Abiturienten am Morgen des 22. März 1850. – 2. Bei der Versetzung und Entlassung Michaelis 1850. – 3. An die versammelten Schüler vor dem Weihnachtsfeste 1850. 14 S. – Neu-Stettin, Progr. 1851.

Roeder, Friedrich [aus Mannheim]: Synthese einer neuen mit der Itaconsäure isomeren Säure. Heidelberg, Carl Winter's Universitätsbuchhandlung, 1883. 8. 24 S.

Röder: Wodurch wird der Flor jeder allgemeinen Bildungsanstalt, also auch der eines Gymnasiums hauptsächlich bedingt? Eine Antrittsrede. 7 S.– Göslin, Progr. 1863.

Roeder, Fritz, über die Erziehung der vornehmen angelsächsischen Jugend in fremden Häusern. Vortrag, geh. am 29. IX. 1909 in der anglist. Sektion der 50. Versammlg. deutscher Philologen u. Schulmänner zu Graz. (IV, 26 S.) gr. 8. Halle 910. M. Niemeyer. — 80

Roeder, Fritz, aus Scharzfeld a. H.: Die **Familie bei den** Angelsachsen. Eine kultur- u. litterarhist. Studie auf Grund gleichzeitiger Quellen. Hauptteil 1: Mann und Frau. (Kap. 1, Hälfte 1.) Mit 1 Abb. *Halle a. S. 1899. E. Karras.* (46 S.) 8° ¶ [Hauptteil 1 erschien vollst. 1899 als H. 4 d. Studien zur engl. Philologie.]
Göttingen, Phil. Diss. v. [2. Aug.] 1899

Roeder, Fritz, die Familie bei den Angelsachsen, s. a. Studien zur englischen Philologie. IV.

— Geschichte d. ehemal. kgl. bayer. 4. Jäger-Bataillons u. s. Stammabteilgn. Festschrift z. 100jähr. Erinnerungsfeier am 22., 23. u. 24. Juni 1895 in Landshut. 2. Aufl. M. mehreren Porträts, Gefechtsbild. u. Krokis. gr. 8. (XII, 101 S.) Ebd. 895. n. 1. 80

Roeder, Fritz, Geschichte d. Stammabteilgn. d. III. Bataillons kgl. bayer. 19. Infanterie-Regiments. 3. Aufl. M. mehreren Porträts, Gefechtsbildern u. Krokis. gr. 8. (V, 108 S.) Erlangen 896. Th. Blaesing.
n. 1. 50; kart. n. 1. 80

ROEDER, Fritz (München): Die Naturalienbeschaffung für den Verpflegungsbedarf des bayerischen Heeres (seit 1884). Nach amtlichen Quellen bearbeitet.- Stuttgart: Union 1909. 106 S.- Vollständig erschienen als: Münchener volkswirtschaftliche Studien. 92.
26.5.1909 - Chr 1908/09,23; U 10.5464
Diss. Ingolst.-Landsh.-Mchn.

Roeder, Fritz: Die Naturalienbeschaffung für den Verpflegungsbedarf des bayerischen Heeres. Ein Beitrag z. staatl. Submissionspolitik. Nach amtl. Quellen bearb. Stuttgart & Berlin: Cotta 1909. XII, 178 S. 8°
(Münchener Volkswirtschaftl. Studien. Stück 92.)

Roeder, Fritz, s.: **Regius-Psalter**, der altenglische.

Roeder, G. W., Die klimatischen Bedingungen zur Verbesserung unserer Schafwolle und Ziegenhaare. Eine Erörterung aus der angewandten Naturkunde. Zweite Umarbeitung.

Roeder, G. W., **historische Beiträge zur Geschichte der Schlacht bei Hanau am 30. und 31. Octbr. 1813. Vom hanauischen Bezirksverein für hess. Geschichte und Landeskunde hrsg.** gr. 8. (IV und 125 S. mit 1 Tab. und 2 lithogr. und ill. Karten in 4. und Fol.) Hanau 863, (König's Verlag.) *

Röder, G. W., Beiträge zur Orts- und Kirchengeschichte der Stadt Caub. Zum 300jährigen Gedächtniß der evangel. Kirchengestaltung in der Rheinpfalz u. Caub a. 1560. Hanau 860. (König's Verlag.) 8. (41 S.) 7½ ngr

Roeder, G. W., Blicke auf Dr. Carl Rössler als Naturforscher und Direktor der Wetterauer Gesellschaft. (Ein Nachruf in der Jahresversammlung am 14. Oktober 1863.) (S. 5713)

Roeder, G. W., Der Föhnwind in seinen physikalischen und meteorologischen Erscheinungen und Wirkungen. Eine Skizze als Beitrag zur Meteorologie. (S. 5553)

Neujahrs-Gabe den Mitgliedern des Vereins für Nassauische Alterthumskunde und Geschichtsforschung in Wiesbaden. Januar 1863. Wiesbaden. Chr. Limbarth. A. u. d. T.: (G. W. RÖDER), Der Rheinübergang des Feldmarschalls Blücher mit der schlesischen Armee bei Caub am 1. Januar 1814. Ein Neujahrsblatt aus der deutschen Geschichte vor fünfzig Jahren. fh. 1863. — 8°.

Notizen aus meinem Kriegstagebuch von Georg Röder, weil. Lt. Bearb. u. hrsg. von Dr. Karl Esselborn. Darmstadt: Wittich 1910. 48 S. 4°
Aus: Darmstädter Zeitung. Jg. 134.

Röder, Geo., Notizen aus meinem Kriegstagebuch. Bearb. u. hrsg. v. Karl Esselborn. (Durchgeseh. Sonderabdr. aus: „Darmstädter Ztg.") (48 S.) 8. Darmstadt 910. (H. L. Schlapp.) — 50

Roeder, Georg, aus Berlin: [I.] Ueber Pulegon und Isopulegon. [II.] Einwirkung einiger Amine auf α-Chlorbutanon. *Berlin 1899: A. W. Schade.* (50 S.) 8°
Berlin, Phil. Diss. v. 23. Dez. 1899

Roder, Geo., (†...) s. Schriften, anmuthige, von einem Freunde rc.

Roeder, Geo., Synthese d. Thymins, s.: Fischer, Emil.

Röder, Georg Ludwig August

Röder, Geo. Ldw. Aug., Darstell. d. Brückenbaukunde. 2 Thle. Mit 30 Kpf. gr. 8. Darmst. 821. Heyer. 10 ₰

Röder, G. L. A., Prakt. Darstellung der Brückenbaukunde nach ihrem ganzen Umfange. Darmstadt 1821. 2 Bde. Text 8°. Atlas 8°.
— — Dasselbe. 2. Aufl. Darmstadt 1845/46. 2 Bde. Text 8°. 1 Atlas q. Form.

Röder, G. L. A., practische Darstellung d. Brückenbaukunde nach ihrem ganzen Umfange. Nach d. bewährtesten Technikern u. Mathematikern u. den besten vorhandenen Mustern jeder Art, vorzügl. f. Ingenieure des Strassen- u. Brückenbaues. 2 Thle. Nebst 15 Zeichnung. (in e. Atlas in qu. ½ Fol.) 2. Aufl. gr. 8. (44 B.) Darmstadt 846, Heyer's Verl. *

— s. Haupterfordernisse f. eine Organisation.

Röder, Georg Wilhelm s. Bund. Der Trunser B'.... Chur 1824 — Ligia. La L' da Trun. Quera 1824.

Röder, G[eorg] W[ilhelm]. Die Entstehung des Zehngerichten-Bundes. Eine geschichtliche Erzählung von G. W. Roeder. 8. Chur 1836.

Röder, Geo. Wilh., Erzählungen aus Zwingli's Leben u. der schweizer. Reformationsgeschichte. Nach authent. Quellen faßl. f. d. Volk dargest. als Text zu 7 lith. Bild. 8. (7 B. u. Zwingli's Bildn.) Chur 834, Kellenberger.

Röder, G[eorg] W[ilhelm]. Erzählungen aus (Ulrich) Zwingli's Leben und der schweizerischen Reformationsgeschichte. Von G. W. R' nach authentischen Quellen fasslich für das Volk dargestellt als Text zu sieben lith. Bildern. [Mit 1 Porträt-Tafel.] 8. Chur 1834.
Ob die Bilder erschienen, ist unbestimmt.

Röder, Geo. Wilh., Erzählungen aus Zwingli's Leben u. d. schweizer. Reformationsgeschichte. (Neue Ausg.) 8. (... u. Z's. Portr. u. 1 Stnt. gez. v. J. Riele.) Chur 841, Grubenmann'sche Buchh.

Roeder, Geo. Wilh., der Dichter Joh. Gaudenz von Salis-Seewis. Ein Lebensbild als Festgabe am Secularfeste seiner Geburt. St. Gallen 863. Huber & Co. 16. (54 S.) 9 ngr

[Röder, Georg Wilhelm.] Kleine Bündnergeschichte. 1. [einziges] Heft: Von den Urzeiten bis zu Ende des Schwabenkriegs. 8. Chur 1831.

Röder, G[eorg] W[ilhelm], und Tscharner, P[eter] C[onradin] v[on]. Der Kanton Graubünden, historisch, geographisch, statistisch geschildert. Beschreibung aller in demselben befindlichen Berge, Seen, Flüsse,... Burgen und Klöster.... Ein Hand- und Hausbuch.... 1. [einzige] Abtheilung. [Umschlag illustriert.] 8. St. Gallen und Bern 1838.
Historisch-geographisch-statistisches Gemälde der Schweiz. Heft 15.

—— der Kanton Graubünden, s. Gemälde, histor.-geograph.-statist. d. Schweiz, 15. Hft. 1. Abthl.

— Lesebuch für die kathol. Schulen in Graubündten. Auf Veranstaltung des kathol. Schulvereins. 8. Chur 836. Grubenmann. ½ ₰

—— Vorschule d. Erdkunde u. Weltgeschichte. 6., umgearb. u. verm. Ausg. 8. (10¾ B.) Chur 834. (Zürich, Schulthess.)

Röder, G. W., Vorschule der Erdkunde und Weltgeschichte. 9e Aufl. 8. Chur 839. Grubenmann. 5/12 ₰

Roeder, Geo. Wilh., der schweizerische Reformator Mag. Huldreich Zwingli, seine Freunde und Gegner. Ein biograph. Zeitbild vom Standpunkt des Protestantismus. gr. 8. (VIII und 504 S. mit lithogr. Portr.) St. Gallen 854(55,) Huber und Comp. Thlr.

Roeder, Günther, aus Berlin: Die Praeposition r in der Entwicklung der aegyptischen Sprache. *(Berlin 1904: B. Paul.)* (50 autogr. S.) 4°
Berlin, Phil. Diss. v. 27. Febr. 1904

Röder, H. v., Eisenbahn-Güter-Tarif, s.: Goldhan, G.

Roeder, Hans, die religiöse Alkoholvergiftung. Kirche u. Schule. Beitrag zur Reformation des Geisteslebens. (74 S.) 8. Berlin 909. Herm. Walther. 1. —

Hans Roeder. Briefe von der Erde. Berlin: H. Walther 1907. (284 S.) 8° [F.]

Einfluß von Gebirgswanderungen auf die körperliche Entwicklung unserer Volksschuljugend. Von Dr. H[ans] Roeder-Berlin. Langensalza: Beyer 1910. 17 S. 8°
(Beiträge z. Kinderforschung u. Heilerziehung. H. 72.)

Einfluss sechstägiger Wandertouren. Auf Grund ärztlich-pädagogischer Beobachtung an 200 Wanderkindern. Von Dr. med H[ans] Roeder u. Rektor E[rnst] Wienecke. 2. Aufl. Berlin: Hirschwald 1910. 58 S. 8°
Erw. aus: Internationale Beiträge z. Pathologie u. Therapie d. Ernährungsstörungen, Stoffwechsel- u. Verdauungskrankheiten.

[F.] Erlöse dich selbst! Gedanken üb. Religion und Moral v. Hans Roeder. *Berlin: F. Dümmler 1897.* (3 Bl., 290 S.) 1 Bd 8.

Roeder, Hans, erlöse dich selbst! Gedanken üb. Religion u. Moral. 2. [Titel-]Ausg. gr. 8. (VII, 290 S.) Berlin [896]. 900. Concordia. n. 4. —

— frei Licht. Heitere u. ernste Geschichten. 8. (VIII, 205 S.) Berlin 898. Concordia, Deutsche Verlags-Anstalt. n. 2. —; geb. in Leinw. n. 3. —

Roeder, Hans, dem Gedenken e. deutschen Frau. Gedichte. (129 S. m. Bildnis.) 8. Berlin 905. Herm. Walther. n. 3. —

Roeder, Hans, Gedichte. 8. (VI, 103 S.) Berlin 884. Freund & Jeckel. n. 2. —

Roeder, Hanns, über die Hautkrankheiten im Säuglingsalter, s.: Neter, Eug.

'Leoni' oder Die Wortbrüchigen. Drama in 4 Akten von Hans **Roeder**. Görlitz 1900: Hoffmann & Reiber. (79 S.) 8° [F.]

Roeder, Hans *Otto:* **Aus d. chirurg. Klinik d. Univ. Bonn. Die neueren Operationen am Processus mastoideus nach Otitis media purulenta m. Berücks. d. otitischen Hirnabscesses ... Bonn, Buch- u. Steindr. J. Bach Wwe, 1897; 68 S. 8.**
Bonn, Med. Fak., Inaug.-Diss. v. [24. Juli] 1897

Die Religion verdirbt den Charakter. Ein Mahnruf von Hans **Roeder**. *Berlin: H. Walther 1902.* (64 S.) 8° [F.]

Schlagschatten. Gedanken e. lachenden Denkers von Hans **Roeder**. *Berlin: Concordia 1900.* (158 S.) 8° [F.]

-- Im Spiegel der Zukunft. Psalme. (IV, 152 S.) 8. Ebd. 908. 3. 60

Der Tränenkrug. Drama in 4 Akten von Hans **Roeder**. Berlin: H. Walther 1905. (79 S.) 8° [F.]

Volksfreunde. Drama in 4 Akten von Hans **Roeder**. Görlitz 1900: (A. Schulze, Rixdorf-Berlin). (80 S.) 8° [F.]

Worte für Menschen zur Entgegnung auf Chamberlains Worte Christi von Hans **Roeder**. (Berlin): H. Walther 1905. (179 S.) 8° [F.]

Roeder, Hans Albert [aus Lichtenberg]: **Beitrag zur** Kenntniss des Terrain à chailles und seiner **Zweischaler** in der Umgegend von Pfirt im Ober-Elsass. **Strassburg,** Druck von R. Schultz & Comp., 1882. 8. 110 S. u. 4 Taf.

RÖDER, Heinrich (Dortmund): Ein Beitrag zur Casuistik der Hysterie.- München: Cotta 1891. 18 S. 21.2.1891 - Chr 1890/91,19; Jv 1891/92,209
Diss. Ingolst. Landsh.-**Mchn.**

Roeder, Hermann

Roeder, Herm., Aufgaben aus der ebenen Trigonometrie. gr. 8. (150 S.) **Breslau 892. F. Hirt.** n n. 1. 35

-- dasselbe. **Auflösungen.** gr. 8. (62 S.) Ebd 893. n. 1. 25

Roeder, (Hermann), Dir. Prof.: Kurzer **Bericht** über den Bildungsgang der einzelnen Mitglieder des jetzigen Lehrerkollegiums der Realschule III. *Hannover 1901: W. Riemschneider.* (S. 14—16.) 4° [F.]
Hannover, R III, P 1901 (370)

Roeder, Herm., Elementar-Mathematik, s.: Kambly, Ludw.

— der **Koordinatenbegriff u. einige Grundeigenschaften** der **Kegelschnitte.** Zunächst e. **Ergänzg.** der Neubearbeitg. der Planimetrie v. **Kambly.** Zum **Gebrauche** an Gymnasien nach den neuen **preuß. Lehrplänen** bearb. gr. 8. (55 S. m. 36 Fig.) **Breslau** 893. F. Hirt. n. — 60

Der Koordinatenbegriff und einige Grundeigenschaften der Kegelschnitte. Zunächst e. Ergänzung z. Neubearb. d. Planimetrie von Kambly. Zum Gebr. an Gymn. bearb. von Prof. Hermann **Roeder**, Dir. zu Hannover. Mit 38 Fig. 2. verm. Aufl., gedr. in d. neuen deutschen Rechtschreibung. *Breslau: F. Hirt 1902.* (64 S.) 8° [F.]

— trigonometrische u. stereometrische Lehraufgabe der **Unter-Sekunda. Zum Gebrauche an höheren Lehranstalten nach den neuen preuß. Lehrplänen bearb. [Aus: „Kambly's** Planimetrie, **Neubearbeitg."] gr. 8. (40 S. m. 18 Fig.) Ebd. 894. n. — 60**

Trigonometrische und stereometrische Lehraufgabe der Unter-Sekunda. ⟨Prima d. Realschulen.⟩ Von Prof. Hermann **Roeder**, Dir. zu Hannover. Mit 31 Fig. 3. verm. Aufl. *Breslau: F. Hirt 1902.* (52 S.) 8° [F.]
Aus: Kamblysche Planimetrie, Umarbeitung.

— trigonometrische u. stereometrische Lehraufgabe der Unter-Sekunda. (Prima der Realschulen.) Sonderabdr. aus der Umarbeitung der Kamblyschen Planimetrie. 4., verm. Aufl. (IV u. S. 161—210 m. 33 Fig.) 8. Breslau 906. F. Hirt. n. — 60

Roeder, H., Trigonometrische u. stereometrische Lehraufgabe der Untersekunda, s.a. Kambly, Ludw.

Roeder, Herm., Lehrsätze und Aufgaben aus der Planimetrie. Als Ergänzung zu Kambly's Lehrbuch der Planimetrie zusammengestellt. 8. (80 S.) Breslau 888, F. Hirt. — 65

– dasselbe. 2., verb. Aufl gr. 8. (96 S.) Ebd. 893. Geb. n. 1. —

— Lehrsätze u. Aufgaben aus der Planimetrie. 3., verb. Aufl. (102 S.) gr. 8. Ebd. 903. Kart. n. 1. —

— Planimetrie, s.: Kambly, Ludw.

— Stereometrie, s.: Kambly, Ludw.

— Trigonometrie, s.: Kambly, Ludw.

Das Verfahren vor den Kaufmannsgerichten für Handlungsgehilfen, Kaufleute u. Kaufmannsgerichtsbeisitzer z. prakt. Gebr. dargest. u. mit e. Sachreg. versehen von Dr. iur. Hermann **Röder**, Berlin-Schöneberg. Berlin: Germania 1906. (69 S.) 8° [F.]

Röder, H., Der aussergerichtliche Vergleich m. den Gläubigern u. das Konkursverfahren. 8. (37 S.) Leipzig, Lipinski. 1902. **—. 40.**
Bibliothek d. prakt. Wissens. No. 9.

Röder, Herm., der außergerichtliche Vergleich m. den Gläubigern u. das Konkursverfahren, s.a. Bibliothek des praktischen Wissens. 9.

Röder, J., **neueste Gebühren-Taxe, s. Gebühren-Taxe.**

Röder, J. Andreas

Röder, J. Andr., Bemerkungen üb. die Heilkräfte der Mineralquellen zu Sennfeld bei Schweinfurt. 8. (7 B.) Schweinfurt 815, Giegler.

—— über den diätetischen Gebrauch des Wassers. Zwei öffentl. Vorlesungen. gr. 8. (2½ B.) Schweinfurt 841, Wetzstein. *

Röder, ..., der Hausbrunnen als Wasserheilanstalt u. Apotheke des Hauses, oder treue u. aufrichtige Darstellung, wie man zu Hause zu jeder Jahreszeit durch Wasser u. Baden seine Gesundheit erhalten u. die verlorene wiederherstellen kann. Mit Abbild. 8. Leipzig 840, Polet. ⅓ ꝛf

Röder, der Hausbrunnen als Wasser-Heil-Anstalt u. Apotheke d. Hauses f. Alt u. Jung, od. treue u. aufricht. Darstell., wie man zu Hause in jeder Jahreszeit durch Wasser u. Baden seine Gesundheit erhalten u. die verlorene wieder herstellen kann ꝛc. 8. (6 B.) Leipzig 841, Polet. Tblr.

Röder, (J. Andr.), die Stellung des Arztes in der Gegenwart, in Beziehung zur Wissenschaft u. Religion. Rede gehalten zu Aachen im Septbr. 1847 bei der 25. Versammlung der Naturforscher u. Aerzte. gr. 8. (30 S.) Schweinfurt 847, Wetzstein. n. ⅙ ꝛf

Röder, J. C., Leitfaden f. Bürgerwehrmänner zum Selbstunterricht in der Führung des Gewehrs u. Säbels, im Exerzieren, in den Commando's ꝛc. 6. verm. Aufl. gr. 16. (36 S.) Berlin 848, Weyl & Co. 3 ngr — Mit den Abbildungen des vollständ. Exercitiums auf 1 lith. Taf. in Fol. ⅙ ꝛf (Die früheren Auflagen erschienen anonym.)

Facsimilé's [!] der Namen derjenigen Brüder u. Schwestern welche dem Vereinsfeste der Oberlausitzer Logen am 21. und 22. May 1850 in Görlitz beigewohnt haben, gesamm. als freundliches Andenken von J. C. A. **Röder**. [Görlitz 1850.] 13 Bl. 8° 110.

Röder, J. G., die Sicherung der gemeindlichen Ersatzansprüche auf dem Gebiete der öffentlichen Armenpflege. Mit e. Anh.: Die Bedeutg. der Haftpflichtversicherg. f. Kommunalverbände. (XV, 244 S.) gr. 8. München 904. (Nürnberg, J. A. Stein.) Kart. n. 4.—

Röder, Johann Paul

Röder, Jh. Paul, († d. .. Febr. 1766.) erläuterte Arithmetik, d. i. arithmet. Wahrheiten nach gewöhnl. Art d. Charakteristik u. nach d. ordentlichen Methode d. Vernunftschlüsse. 8. Nürnb. 737. (anonym.) N. Aufl. mit f. Namen. 754. Felsecker. 16 gr.

Johann Paul Röder's Erläuterte Arithmetic d. i. Arithmetische Wahrheiten nach der gewöhnlichen Art der Characteristic und nach der ordentlichen Methode der Vernunftschlüsse, deutlich und ausführlich vorgetragen. Nürnb. 8. 1 Alph. 13 Bog. 1 Kupf. (16 gr.) 1754

— codex historicus de fatis Klinodiorum augustaliumNorimbergae adservatorum; ed. et adnotat. adj. C. F. de Murr. 8. Frankf. u. Leipz. 789. (Zeh in Nürnb.) 1 rt 6 gr.

— de colloquio Wormatiensi ad an 1540. etc. disquis. ex MS. Ebneriano. 4. Nrnb. Stein. 741.

— elementa logicarum institutionum facili methodo delineata. 8. Nürnb. 763. Monath u. K. 4 gr.

— commentat. historica de fatis Klinodiorum Imperii. Acced. Epistolarum Trias de possessione Insignium, tanquam plenitudine possessionis regni etc. a Dom. Hnr. Chr. B. de Senkenberg ad auctorem Commentat. histor. missarum. 4. Frankf. a. M. 766. Hermann. 12 gr.

— erläuterte Geometrie, d. i. geometr. Wahrheiten nach d. gewöhnl. Art d. Charakteristik u. nach d. ordentl. Methode der Vernunftschlüsse rc. Mit Kpf. 8. Nürnb. 727 (anonym.) N. Aufl. mit f. Namen. 754. Felssecker. 12 gr.

– s. Lieder, Sprüche u. Einsegnungen.

— memoria Ebneriana, h. e. Vita et fata Dom. Hier. Wlh. Ebneri ab Eschenbach in Artelshofen etc. Fol. Nürnb. 753. 10 gr.

— memoria Tresenreuter h. e. Vita et opusc. I. Ulr. Tresenreuteri. 4. Nrnb. 745.

Röder, I. P., de ortu et progressu civitatis Norimbergensis. 4. Nrnb. Grattenauer. 746. Mibir.

Röder, Johann Paul, s. Sleidan, J.

— deutsche poet. Uebersetz. d. Horatian. Oden. 8. Nurnb. 742.

Weber, Imm. [Präs.] u. Joh.Reinh. Roeder (Nidda) [Resp.]
Sylloge rerum praecipuarum tempore Matthiae caesaris in Europa gestarum.
Giessae Dez. 1701: Henning Müller. 40 S. 4°
publicae ventilationi subjecta

Weber, Imm. [Präs.] u. Joh. Reinh. Roeder (Nidda) [Resp.]
Sylloge rerum praecipuarum tempore Matthiae caesaris in Europa gestarum.
[Diss. v. Dez. 1701]. Recusa.
Giessa 1721: Joh. Müller. (2), 68 S. 4°

Röder, Johann Ulrich

Röder, Jh. Ulr., († d. 11. Mai 1816.) Archäologie der Kirchenvogtmen. 8. Coburg 813. Meusel. (Leipz., Barth). 20 gr.

— — dieselb. der deutschen Lebensverfassung, mit einem Anhange von d. Erbfolge in dem Hause Sachsen. 4. Hildburgsh. Hanisch. (in Comm.) 815.

— Archäologie d. deutschen Lebensverfassung, mit e. Anh. von d. Erbfolge in d. Hause Sachsen. 4. Hildburgh. 815. (Ettinger in Gotha). 1 rt 16 gr (Taubert in Leipz.) 2 rt

Röder, Joh. Ulr., Archäologie d. deutschen Lehnsverfassung. 4. Hildburghausen, 816. Jetzt Franz in Leipzig.

— Beantwort. der in d. Götting. Gelehrten-Anzeigen im Jahre 1775 vorkommenden Recension meines im gedachten Jahre hersgg. Traktats sub Tit. Ad Trigam Paragraphorum etc. 4. Leipz. 776. Er. Fleischer. 3 gr

Röder, Joh. Ulr.: Von Erb-Gerichten und Lehns-Vogtheyen, nach der Landes-Verfassung und den Landes-Gesetzen des Fürstenthums, oder der Pflege, Coburg. Hildburghausen 1782.

Röder, J. U., v. d. Erbgerichten u. Lehnsvogteyen überhaupt, besond. im Fürstenth. Coburg. 4. Giessen, Krieger. (Hanisch in Hildburghausen.) 782.

— von d. Erbgerichten u. Lehnsvogteien überhaupt, besonders im Fürstenth. Coburg. 4. Hildburghaus. 782. (Er. Fleischer in Leipz.) 2 rt

Roeder, Joh. Ulrich (puerorum nobilium Ducis Hildburghusani Ephorus)
Specimen philosophicum de extensione entium simplicium.
Giessae 1765: Braun. 40 S. 4°
(R. wurde am 4.3.1765 immatr.)

— de principio juris naturalis. 8. Hildburgh. 773. Hanisch. 4 gr (Taubert in Leipz.) 3½ gr

Röder, Joh. Ulrich, De rebus gestis Friderici magni Borussorum regis innectis cohaerentibus eis rerum in Germania gestarum historiis. Pars 1—4. Hildburgshausen 1788, 91. 8.

— de rebus gestis Friderici magni Borussorum regis etc. Pars I—IV. 8. Hildb. Hanisch. 788—91.

— (ad e Rebus gestis Friderici Magni.

Röder, J. U.: Von d. herzogl. sächs. Reichstagsstimmen u. d. Frage: ob d. Grund d. jetz. Stimmen d. altweltfürstl. Häuser in d. Observanz d. Reichstags v. J. 1582 zu suchen sey. *Hildburgh.*, Hanisch. 779. 4. (1 Thl. 8 Gr.)

— Abhandl. von d. herzogl. Sächs. Reichstagsstimmen rc. 4. Hildburgh. 779. (Er Fleischer in Leipz.) 1 rt 8 gr

Röder, J. U.: De restitutione in integr. adv. *G. N. de Ludolf. Hildburgh.*, Hanisch. 773. 8. (3 Gr.)

— de studio philosophiae. 8. Hildburgh. 770. Hanisch; (a. Taubert in Leipz.) 1½ gr

Röder, J. U.: Symbola ad jus tutelae testamentariae collecta. *Coburg*, (Riemann.) 722. 8. (2 Gr.)

— ad trigam paragraphor. commentationis Ludolfianae de jure Camerali. 4. Hildburgh. 775. (Er. Fleischer in Lpz.; a. Taubert). 8 gr

— an die Verfasser d. Revision d. deutschen Literatur. 4. Hildburgh. 778. Hanisch. 2 gr

Röder, Julius

Röder, Jul., medizinische Statistik der Stadt Würzburg für das J. 1883 mit Einschluss des J. 1882. gr. 8. (60 S. mit 3 lithogr. Taf.) Würzburg 887, Stabel'sche Universitäts-Buchh. * 2 50

—— dass. — für das J. 1885 mit Einschluss des J. 1884. gr. 8. (64 S. mit 2 lithogr. Taf. und 1 Tab.) Ebendas. 888. * 3 50
Aus: Verhandlungen der physikalisch-medicinischen Gesellschaft zu Würzburg, besonders abgedruckt.

Röder, Jul, medizinische Statistik der Stadt Würzburg f. d. J. 1887 m. Einschluss d. J. 1886. [Aus: „Verhandlgn. d. phys.-med. Gesellsch."] gr. 8. (73 S. m. 2 Tab., 3 lith. Taf. u. 1 Bl. Erklärgn.) Würzburg 890. Stahel. n. 2. —

— dasselbe f. d. J. 1889 m. Einschluss d. J. 1888. [Aus: „Verhandlgn. d. phys.-med. Gesellsch."] gr. 8. (66 S. m. 2 Tab. u. 2 lith. Taf.) Ebd. 891. n. 3. —

— dasselbe f. d. J 1891 m. Einschluss d. J. 1890. [Aus: „Verhandlgn. d. phys.-med. Gesellsch. zu Würzburg".] gr. 8. (56 S. m. 2 Tab., 1 graph. Taf. u. 2 Plänen.) Ebd. 893. n. 3. —

Medicinische Statistik der Stadt Würzburg f. d. Jahr 1893 m. Einschl. d. Jahres 1892 bearb. v. Dr. Julius Röder, kgl. Bezirksarzt d. Stadt Würzburg. M. vielen Tab. u. 1 lith. Taf. *Würzburg: Stahel 1896.* (67 S., 2 Tab.) 8.
= Verhandlungen d. physikal.-medic. Gesellschaft zu Würzburg. N. F. Bd 31. No 7. [97. 4649]

Medicinische Statistik der Stadt Würzburg für die Jahre 1894, 1895, 1896 u. 1897. Von Dr. Julius Roeder, k. Bezirksarzt d. Stadt Würzburg. M. zahlr. Tab. *Würzburg: Stahel 1898.* (71 S., 3 Taf.) 8.
= Verhandlungen d. physik.-med. Gesellschaft zu Würzburg. N. F. Bd 32. No 4. [97. 1126]

Roeder, Jul., medicinische Statistik der Stadt Würzburg f. die J. 1894, 1895, 1896 u. 1897. gr. 8. (71 S. m. Tab.) Würzburg 899. Stahel's Verl. n. 2. 25
Sonderabdruck aus: „Verhandlgn. d. phys.-med. Gesellsch. zu Würzburg".

Roeder, Jul., medicinische Statistik der Stadt Würzburg, Fortsetzg., s.: Statistik.

Röder, Jul., s.: Würzburg, insbesondere seine Einrichtungen f. Gesundheitspflege u. Unterricht.

Röder, K. C., Briefsteller. 8. Nürnb. Pollmann. 766.

Röder, Karl, Augenarzt, Darmstadt. 1894 [wirkl. Name] s. Kerr, Karl [Pseud.] [95. 11627]

Röder, Karl, Abhandlungen üb. prakt. Fragen d. Civilrechts. gr. 8. (3¾ B.) Gießen 833, Ricker.

v. Röder, K.: Beiträge zu d. Lehre v. d. Nichtigkeiten im Civilprocesse nach gem. Deutsch. Rechte, nebst e. Anh., Bemerkk. üb. d. Bestimm. d. Anhalt. Processordn. u. d. Zerbster Oberappellationsgerichtsordn. in Betreff d. Nichtigkeiten enthalt. *Bernburg.* 831. (Schwetschke u. Sohn in *Halle.*) gr. 8. (1 Thl. 8 Gr.)

Röder, Karl, 38 Choräle d. evang. Gesangbuches f. Rheinland u. Westfalen. Für 4stimm. Männerchor gesetzt. qu. Lex.-8. (36 S.) Neuwied 896. Heuser's Verl. 1. —

Roeder, Karl, Choral-Uebungsheft f. die Hand der Schüler. Besonders zum Gebrauch in Präparandenanstalten u. Seminarien eingerichtet. (36 S.) gr. 8. Essen 904. G. D. Baedeker. n. — 50

Roeder, Karl, Chorlieder-Sammlung f. Präparandenanstalten. Ausgewählt u. bearb. f. e. Knabenstimme, Tenor u. geteilten Baß. 1. u. 2. Hft. 8. (19 u. 16 S.) Quedlinburg (902). Gr. Lichterfelde, Ch. F. Vieweg. à n. — 20

— Chorlieder-Sammlung für Präparandenanstalten. Ausgewählt u. bearb. f. e. Knabenstimme, Tenor u. geteilten Baß. 3. Heft. (16 S.) 8. Berlin-Gr. Lichterfelde (904). Ch. F. Vieweg. n. — 20

KARL RÖDER, Der entscheidende Einfluss richtiger Begriffe von Recht, Staat and Gesellschaft auf die Lösung der wichtigsten Zeitfragen. Festrede an Goethe's 119. Geburtstage im Freien Deutschen Hochstifte 8°. Frankfurt 1869.

Roeder, K., Einführung in die Theorie der Tonkunst. (VIII, 108 S.) Neuwied 890. J. H. Heuser's Verl. n. 1. 60

Roeder, Karl, Einführung in die Theorie der Tonkunst. Zum Gebrauch beim Privat-Musikunterricht, sowie bei der musikal. Vorbildg. v. Präparanden, Lehrerinnen zc. bearb. gr. 8. (VIII, 108 S.) Neuwied 891. Heuser's Verl. n. 1. 60

— Einführung in die Theorie der Tonkunst. Zum Gebrauch bei der musikal. Vorbildung v. Präparanden u. Lehrerinnen, sowie beim Privat-Musikunterricht. 2. verb. u. verm. Aufl. gr. 8. (VIII, 78 S.) Neuwied 902. Heuser's Verl. n. 1. 60

Roeder, Karl, die Einwirkung Dr. Martin Luthers auf die evangelische Kirchenmusik. gr. 8. (27 S.) Neuwied 888, Heuser's Verlag. * — 40
Aus: Rheinischer Schulmann, besonders abgedruckt.

Roeder, Karl, praktischer Elementarkursus f. den Volksschulgesang. 8. (X, 85 S.) Trier 886. Stephanus. cart. n. 1. 20

[F.] Praktischer Elementarkursus für den Volksschulgesang v. Karl Roeder, Kgl. Seminar-Musikl. 2. Aufl. *Trier: H. Stephanus 1895.* (X, 85 S.) 1 Bd 8. [98. 10222 E.]

— prakt. Elementarkursus f. den Volksschulgesang. 2. Aufl. 8. (XII, 85 S.) Hilchenbach 897. L. Wiegand. Geb. n. 1. —

Roeder, Carl [aus Königs-Wusterhausen]: Fünf Fälle von Lues cerebri. Ein Beitrag zur Casuistik .... Berlin, Buchdr. v. Gustav Schade (Otto Francke) (1886); 29 + 1 S. + 1 Bl. 8°.
Berlin, Med. Fak., Inaug.-Diss. v. 28. Sept. 1886.

Roeder, Carl, fünf Fälle von Lues cerebri. Ein Beitrag zur Casuistik. Diss. Berlin 1886, Mayer & Müller. 8°. 29 S.

Röder, Karl, die Fortbildung der Gesellschaft zur wahren Freiheit u. zur Herrschaft d. Rechtes. Zwei Vorträge, geh. zu Frankfurt a. M. auf den 2. allgemeinen Philosophencongreß. [Aus „Neue Zeit."] gr. 8. (32 S.) Prag 870. Tempsky in Comm. n. — 80

—— der Gesangunterricht in der Volksschule mit besond. Berücksicht. des Singens nach Tonzeichen. Vortrag auf der Seminarkonferenz zu Ottweiler. 8. (21 S.) Neuwied 888, Heuser's Verlag. — 30
Aus: Rheinischer Schulmann, besonders abgedruckt.

Der Gesangunterricht in der Volksschule mit bes. Berücks. d. Singens nach Tonzeichen. Vortrag zu Ottweiler 1887 von Karl Roeder, Seminarl. in Hilchenbach. 2. Aufl. *Neuwied (: Leipzig: L. Heuser [1892]).* (19 S.) 8° [F.]
= Schule, Für die, aus der Schule. II. 15. [93. 3569]

Zum Johannisfeste. Lied, für Bariton-Solo und Chor komp. von C. Roeder, (Text von Pfullmann). Op. 13. Dessau u. Leipzig: Kahle [ca 1893?].
Recens: Bbl. 9 (1895) S. 114 (F. Kumm); Bh. 38 (1895) S. 80 (Ch. Gotthold).
[Urban, O.: Allgemeines Liederbuch f. Frmr.-Logen. 1893 S. 262.]

Das Klavierspiel im preußischen Schulhause. Ein Mahnwort an d. Väter u. Lehrer d. zukünftigen Volksschullehrer. Von Karl **Roeder**, Sem. Musiklehrer in Hilchenbach. *Neuwied u. Leipzig: Heuser 1902.* (14 S.) 8° [F.]
— Schule. Für die, aus d. Schule. H. 96.

Roeder, Karl, das Klavierspiel im preußischen Schulhause, s. d. Für die Schule aus der Schule.

Kleine Musikgeschichte. Die Entwickelung d. Tonkunst in geschichtl. u. biogr. Notizen dargest. von Karl **Roeder**. Herford: W. Menckhoff 1904. (80 S.) 8° [F.] fol. 1897 6

Röder, Karl (Hrsg.), s. Röder, Franz: Der Kriegszug Napoleons gegen Rußland i. J. 1812.

-- evangelisches Schul-Choralbuch. 40 Choräle des neuen Gesangbuchs f. Rheinland u. Westfalen ausgewählt u. f. 2- u. 3stimm. Gesang bearb. 8. (72 S.) Trier 894. H. Stephanus. n.n. -- 45

— **evangelisches Schul-Choralbuch.** 40 Choräle d. neuen Gesangbuchs f. Rheinland u. Westfalen ausgew. u. f. 2- u. 3stimm. Gesang bearb. 2. Aufl. 8. (72 S.) Ebd. 897. n. — 40

Unterrichtslehre des Volksschulgesanges. Verf. von Karl **Roeder**, Sem.-Musiklehrer. Leipzig: Dürr 1906. (XII, 156 S.) 8° [F.] 1-6. 10460

— **Volksschul-Liederbuch**, s.: Becker, K.

— **Vorbereitungen auf die Gesangstunde.** Anleitg. zur fruchtbring. Behandlung der Volkslieder. gr. 8. (184 S.) Quedlinburg (902). Gr.-Lichterfelde, Ch. F. Vieweg. n. 2.—; geb. n. 2.50

— **Vorschule zum Kunstgesang.** Zum Gebrauch in Lehrer- u. Lehrerinnen-Bildungsanstalten, sowie auch beim Privatgesangunterricht. (69 S. m. Abb.) qu. gr. 8. Arnsberg 903. J. Stahl. Geb. in Leinw. n. 2.—

— kleiner **Wegweiser** zum Singen nach Noten. Zunächst zum Gebrauche in Männer-Gesang-Vereinen. qu. gr. 16. (52 S.) Trier 890. Paulinus-Druckerei. n. — 50

-- kleiner **Wegweiser** z. Singen nach Noten. Zunächst z. Gebrauche in Männer-Gesang-Vereinen, sodann aber auch in gemischten Chören u. in Schulanst. 2. Aufl. 3. u. 4. Tausend. qu. 8. (56 S.) Trier 894. Paulinus-Druckerei. n. — 50

Röder, Karl David Aug., kritische Beiträge zur Vergleichung merkwürdiger deutscher u. ausland. Gesetzgebung u. Rechtspflege über d. außerehliche Geschlechtsgemeinschaft Vaterschaft u. Kindschaft, zunächst in Bezug auf d. Art. 340 des Code Nap. „La recherche de la paternité est interdite," mit e. Anhang über d. Strafen der Unzucht u. die Verführung. gr. 12. Darmstadt 837. Heyer's Hofbuchh. (Jonghaus.) 5/12 rf

Röder, Carl Dav. Aug., **Bemerkungen** zum Entwurf eines Strafgesetzbuches für den norddeutschen Bund, s. **Vierteljahrsschrift**, kritische, für Gesetzgebung u. Rechtswissenschaft.

Röder, Karl Dav. Aug., **Besserungstrafe** und Besserungstrafanstalten als Rechtsforderung. Eine Berufung an den gesunden Sinn des deutschen Volks. Leipzig 864. C. F. Winter. gr. 8. (X, 202 S.) n. 24 ngr.

—— **Commentatio de quaestione an poena malum esse debeat.** 8maj. (3 B.) Gissae 839, (libr. Ricker.) *

Röder, Karl Dav. Aug., **Grundgedanken** und Bedeutung des römischen und germanischen Rechts. Zur Vermittlung der histor. und filosof. Rechtsansicht und zur Empfehlung rechtsvergleichender Vorträge. Leipzig 855. Breitkopf u. Härtel. 8. (IV, 137 S.) 20 ngr.

Röder, Dr. Karl David August, Professor des Rechts zu Heidelberg. Grundlagen zur deutschen Reichsverfassung. Frankfurt a. M.. Brönner, 1848. 64 S. 8°.

— die herrschenden **Grundlehren** von Verbrechen u. Strafe in ihren innern Widersprüchen. Ein krit. Vorarbeit zum Neubau des Strafrechts. Wiesbaden 867. Niedner. Lex.-8. (VIII, 139 S.) n. 24 ngr.

Röder, Carl Dav. Aug., Grundzüge d. Naturrechts u. der Rechtsfilosofie. gr. 8. (26 B.) Heidelberg 846, C. F. Winter. *

Röder, Carl Dav. Aug., **Grundzüge** des Naturrechts oder der Rechtsfilosofie. 2., ganz umgearb. Aufl. (In 2 Abthlgn.) 1. Abthl. gr. 8. (XXXIV und 285 S.) Leipzig 860, C. F. Winter'sche Verlagsh. *

—— **Grundzüge** des Naturrechts oder der Rechtsfilosofie. 2., ganz umgearb. Aufl. 2. Abthl. gr. 8. (XXII und 578 S.) Leipzig 863, C. F. Winter'sche Verlagsh. *
1. Abthl. Ebendas. 1860. * 1 Thlr. 26 Ngr.

Röder, K. Dav. Aug: Grundzüge d. Politik d. Rechts. 1. Th. Einleit. Allgem. Staatsverfassungslehre. *Darmst.*, Heyer. 837. gr. 8. (2 Thl.)

—— **Grundzüge** d. Politik d. Rechts. 1. Thl. Einleitung. Allgem. Staatsverfassungslehre. gr. 8. (24 1/8 B.) Darmstadt 837, Jonghaus. *

—— zur **Rechtsbegründung** der Besserungsstrafe. gr. 8. (2 1/4 B.) Heidelberg 846, Groos. *

—— der **Strafvollzug** im Geist des Rechts. Vermischte Abhandlungen denkenden Rechtspflegern gewidmet. Nebst einigen Aufsätzen W. H. Suringar's. gr. 8. (XV und 364 S.) Leipzig 863, C. F. Winter'sche Verlagsh. *

Roeder, Carolus David August (Darmstadt)
Theses, quas, auctoritate et consensu illustris jureconsultorum ordinis, pro Summis in utroque jure honoribus rite adipiscendis, die 7 Aprilis in Ludoviciana Academia publice defendet C.D.A. Roeder.
Giessen 1830. 6 S.
Theses 1 - 14. vorh. 26.
Dr. jur. 7.5.1830.

Roeder, Carolus Davidus Augustus (Darmstadinus)
De usuris in futurum acceptis.
Gisae: Lichtenberger 1830. 32 S.
Diss. jur. 7.5.1830. vorh. 7.

Röder, Karl D. A. — Die Verbesserung des Gefängnißwesens mittelst der Einzelhaft. Ein Gutachten, zunächst in Rücksicht auf Preußen, erstattet von — —. Prag, 1856. Druck von Kath. Gerzabek. J. G. Calve'sche Verlagsbuchhandlung. (56 S. 8.)

— die **Verbesserung** des Gefängnißwesens mittelst der Einzelhaft. Ein Gutachten, zunächst in Rücksicht auf Preußen, erstattet. Prag 856. (Tempsky.) gr. 8. (56 S.) n. 12 ngr.

— **Versuche** der Berichtigung von Ulpiani Fragmenta. Göttingen 856. Wigand. gr. 8. (99 S.) n. 16 ngr.

Röder, Leonhard

Röder. Auswendiglernen beim Unterricht im Französischen. Nürnberg, Rg., 1889. 1. Beil. 37 S. Progr.

Röder, Leonhard: Shakespeare's Coriolanus als Schullektüre. 38 S. 8. Progr. K. Bayer. Realgymn. mit Reformschule *Nürnberg* 1909.

Röder, Leonh., Shakespeare's Coriolanus als Schullektüre. Progr. (38 S.) 8. Nürnberg 909. (J. L. Schrag.) 1. —

Röder, Leonh., Elementarbuch der französischen Sprache zum Gebrauch f. den Anfangsunterricht an deutschen Mittelschulen. gr. 8. (IX, 224 S.) Nürnberg 887. v. Ebner. n. 2. 40

Röder, Leonh. Französische Gespräche f. Anfänger. gr. 8. (25 S.) Nürnb. 890, [Ballhorn]. Sebald. * — 30

Röder, Leonh., französische Gespräche f. Anfänger. 2. Aufl. (75 S.) 12. Nürnberg 904. C. Koch. Geb. in Leinw. n. — 80

Roeder, Leopold (geb. 1801 in Soest Westf.): De scholastica Romanorum institutione ... Bonnae ad Rh., A. Marcus 1828. 1 Bl., VIII, 51 S. 4.
Bonn, Phil. Fak., Diss. v. [16 Aug.] 1828

Roeder, Leop. (Flor. Andr.), de trium, quae graece coluerunt, comoediae generum ratione ac proprietatibus disputat. 4. (24 B.) Susati 831. (Hammonae, Schulz.)

Roeder, Leopold (geb. 1801 in Soest Westf.): Theses controversae quas una cum dissertatione De scholastica Romanorum institutione ... defendet auctor ... [o. O.], (1828). 3 Bl. 4.
Bonn, Phil. Fak., Thes. v. 16 Aug. 1828

Roeder, Ludovicus Carolus Conradus: De ratione ac vi praescriptionis actionum secundum jus commune Borussicum. Halis 1858: Schmidt. 42 S. 8°
Halle-Wittenberg, Jur. Diss. v. 21. Dez. 1858
Geb. [Hattingen a. d. Ruhr (Westf.) 26. 7. 1829]

Roeder, Martino, italienische Dichter- und Künstler-Profile. Kritische Essays. 8. (XIII, 247 S.) [Leipzig 880, L. Senf.] Berlin, Neufeld. *

Roeder, Martin. Über den Stand der öffentlichen Musikpflege in Italien. = Sammlung musikalischer Vorträge (Waldersee). Ser. III, 26.

Roeder, Mart., aus dem Tagebuche e. wandernden Kapellmeisters. Musikalische Humoresken u. Denkwürdigkeiten. 8. (V, 137 S.) Berlin 883. Thiel. n. 2. —

Roeder, Martin, aus Berlin: Die Palaeographischen Varianten des Altfranzösischen Rolandsliedes. *Greifswald 1902: F. W. Kunike.* (42 S.) 8°
Greifswald, Phil. Diss. v. 25. März 1902

Die Arbeiterfrage eine politische Frage. Eine sozialpolit. Skizze von Max Roeder, Chefred. Heiligenstadt (Eichsfeld): F. W. Cordier 1907. (32 S.) 8° [F.] [08. 3300 3

Christlicher Arbeiterkatechismus. Agitations-Handbuch f. d. christl. Arbeiterschaft. Von Max Roeder, Chefred. 2. Aufl. Heiligenstadt: F. W. Cordier 1908. (142 S.) 8° [F.] [08. 5163 3

Röder, Max., homiletisches Handbuch zum Gebrauch bei Predigten über die evangelischen Perikopen. Bevorwortet von Chrn. Frdr. v. Boeckh. 2 Thle. Nürnberg 863, 64. J. L. Schmid. gr. 8. (656 S.; 616 S.) 4 ₰ 15½ ngr.

Röder, Max, homiletisches Handbuch zum Gebrauch bei Predigten über die evangelischen Perikopen. Bevorwortet von Chrn. Frdr. v. Boeckh. 3. Thl. 6 Liefgn.: Oster- u. Pfingstkreis. Nürnberg 868. J. L. Schmid's Verlag. gr. 8. (1335 S.) 3 ₰ 24 ngr.

Röder, Maxim., homiletisches Handbuch zum Gebrauch bei Predigten üb. die evangelischen Perikopen. Bevorwortet v. Chr. Frdr. v. Boeckh. 4. Thl. Pfingstkreis. gr. 8. (1231 S.) Nürnberg 871. J. L. Schmid's Verl. 14. — (I—IV.: 41. 95)

Röder, Maxim., homiletisches Handbuch zum Gebrauch bei Predigten über die evangelischen Perikopen. Bevorwortet von Chr. Friedr. v. Boeckh. 4. Thl.: Pfingstkreis. gr. 8. (1231 S.) Nürnberg 871, 72, J. L. Schmid's Verlag. [Erlangen, Deichert.] complet 8 Bde. (ℳ 72.)

Röder, Max., die beiden letzten in der St. Michaelskirche zu Fürth geh. Predigten. gr. 8. (26 S.) Fürth 884. Kühl. n. — 50

Roeder, Mich. (geb. Grätz in Posen 2. 2. 1824): De sterilitatis causis utriusque sexus. Berolini (1850). (27 S.) 8°
Berlin, Med. Diss. v. 22. Aug. 1850

Roeder, O., die Abfuhr u. Verwerthung der Düngstoffe, s. Salviati, C. v.

Roeder, O., die Cottbus-Grossenhainer Eisenbahn. Nebst 1 (lith.) Uebersichtskarte. Lex.-8. (16 S.) Berlin 871. Ernst & Korn. n. 1. —

Roeder, die Loire u. ihre Wasserverhältnisse. Bericht an Se. Exc. den Herrn Minister für die landwirthschaftlichen Angelegenheiten über seine Bereisung der Loire im Novbr.—Decbr. 866. [Aus: Zeitschrift für Bauwesen.] Berlin 867. Ernst & Korn. Fol. (15 S. mit 6 Kpfrst. in Fol. u. qu. gr. Fol.) n. 1 ₰

Roeder, O., die Meliorationen im Havellande. Bericht erstattet an Se. Excellenz den königl. preuss. Minister für die landwirthschaftl. Angelegenheiten, Herrn Dr. Friedenthal. hoch 4. (VII, 60 S. mit 1 chromolithogr. Karte in Imp.-Fol.) Berlin 878, [Wiegandt, Hempel und Parey.] Parey. * 6 —

—— Tafeln der mittleren Wasser-Geschwindigkeiten [v] und der Wasser-Mengen [M] in jeder Zeit-Secunde in Wasserläufen mit $1\frac{1}{2}$fachen Böschungen bei Gefällen [α] von $0{,}01^m$ bis $3{,}0^m$ p. Km. [$\frac{1}{100000}$ bis $\frac{1}{333}$], Sohlbreiten von $0{,}2^m$ bis $16{,}0^m$ [Breite schweischiff. Kanäle] und Wassertiefen von $0{,}1^m$ bis $6{,}0^m$ mit 7stelligen Briggischen Logarithmen berechnet, und zwar: von $0{,}01^m$ bis $0{,}11^m$ p. Km. Gefälle nach Eytelwein's Formel

$$v = 50{,}94\sqrt{\frac{q}{p}}\cdot\alpha \text{ und } M = v.\,q$$

[deren Resultate mit des Verf. directen Wassermengen-Messungen bei schwachen Gefällen am besten übereingestimmt haben], von $0{,}12^m$ bis $3{,}0^m$ p. Km. Gefälle nach Hagen's Formel de 1868:

$$v = 2{,}425\sqrt{\frac{q}{p}}\cdot\sqrt[6]{\alpha} \text{ und } M = v.\,p.$$

Fol. (105 S. mit 3 Tab.) Leipzig 877, Knapp. * 20 —

— Tafeln der mittleren Wasser-Geschwindigkeiten [v] u. der Wasser-Mengen [M] in jeder Zeit-Secunde in Wasserläufen mit $1\frac{1}{2}$fachen Böschungen bei Gefällen [α] von $0{,}01^m$ bis $3{,}0^m$ p. Km. [$\frac{1}{100000}$ bis $\frac{1}{333}$], Sohlbreiten von $0{,}2^m$ bis $16{,}0^m$ [Breite zweischiffiger Kanäle] u. Wassertiefen von $0{,}1^m$ bis $6{,}0^m$ m. 7stelligen Briggischen Logarithmen berechnet, u. zwar: von $0{,}01^m$ bis $0{,}11^m$ p. Km. Gefälle nach Eytelwein's Formel $v = 50{,}94\sqrt{\frac{q}{p}}\cdot\alpha$ u. $M = v\,.\,q$ [deren Resultate mit des Verfassers directen Wassermenge-Messungen bei schwachen Gefällen am besten übereingestimmt haben], von $0{,}12^m$ bis $3{,}0^m$ p. Km. Gefälle nach Hagen's Formel de 1868: $v = 2{,}425\sqrt{\frac{q}{p}}\cdot\sqrt[6]{\alpha}$ u. $M = v\,.\,q$.
Fol. (105 S. mit 3 Tab.) Leipzig 878. Knapp. n. 20. —

Röder, Oskar

Röder, Osk., s.: Bericht üb. das Veterinärwesen im Kgr. Sachsen.

Röder: Die Desinfection v. Ställen u. Eisenbahn-Vieh-Transportwagen, insbes. mittels Glycoformals unter Benutzung d. Lingner'schen Desinfections-Apparates. (Berl. 1901). 10 S. (Sartr.). 4°.

Röder, Osc., chirurgische Operationstechnik für Tierärzte u. Studierende. (VI, 154 S. m. 67 Abbildgn.) 8. Berlin 904. P. Parey. Geb. in Leinw. n. 5. —

— die Schweineseuchen u. deren Bekämpfung. Vortrag, geh. am 6. II. 1903 in der ökonom. Gesellschaft im Kgr. Sachsen. (25 S.) gr. 8. Dresden 903. Berlin, G. Schönfeld. n. — 60

(H) -- Schweineseuchen. 903. (KBL 34.) Jetzt: Leipzig, Fritzsche & Schmidt.

— landwirtschaftliche Tierheilkunde, s.: Haubner.

Röder, Oscar [aus Johanngeorgenstadt]: Vergleichend anatomische und physiologische Untersuchungen über das männliche Begattungsorgan der Feliden m. bes. Berücks. d. Nervenendiggn ... (Aus: Arch. f. wiss. u. prakt. Thierheilk., Bd. XX Heft 2 u. 3. 1894.) Berlin, gedr. bei L. Schumacher, 1894; 30 S., 1 Taf. 8.
Tübingen, Naturw. Fak., Inaug.-Diss. v. 1894

Röder, [Oscar]: Ueber die Verwerthbarkeit der Jodeiweissverbindungen ‹Eigone› in der thierärztlichen Praxis.
Aus: Archiv für wissensch. u. prakt. Thierheilkunde. Bd 26. 1900.

Röder, die Wirkung des Tuberkulins u. sein Werth als Erkennungsmittel der Tuberkulose unserer Hausthiere. Vortrag, geh. in der ökonom. Gesellschaft im Königreich Sachsen. Dresden, am 1. III. 1901. gr. 8. (23 S.) Dresden 901. Leipzig, G. Schönfeld. n. — 60

(H) - Wirkung des Tuberkulins. 901. (KBL 32.) Jetzt: Leipzig, Fritzsche & Schmidt.

Fritz vom Lande. Schwank mit Gesang in 1 Akt. Text u. Musik von Oscar Victor Roeder. *Berlin: Kühling & Guttner [1898].* (20 S.) 8°
— Album f. Liebhaber-Bühnen. No 320.

Michelangelo. Ein Beitrag z. Kenntnis s. Seelenlebens. Von Oswald Roeder. Berlin-Leipzig: C. Wigand 1907. (94 S.) 8° [08. 3367

Roeder, Otto v., kurzer Abriß der Geschichte des 1. Garde-Regiments zu Fuß, s.: Maltzan, Frhr. v.

Roeder, Otto, meines Herzens Gedanken. (IV, 121 S.) 8. Dresden (907). E. Pierson. 2.—; geb. n 3.—

Röder, Paul, Mieter u. Vermieter, ihre Rechte u. Pflichten, s.: Wissen, eigenes, 14. Bd.

Röder, Philipp, neue Arzneimittel, ihre Indikation u. Dosierg. (581 S.) gr. 8. Wien (906). (F. Deuticke.) n.n. 5. —

Röder, Philipp Jakob

Röder, Phil. Jac., Lehrbegriff d. Baumzucht, u. deren Veredlungsarten, f. Liebhaber u. Landleute. Mit 1 Kpf. 8. Coburg, 1796. (Riemann's Hofbuchh.) — 12⅓

Röder, Philipp Ludwig Hermann

Röder, Ph. Ldw. Herm., Erdbeschreib. v. Europa nach den neuesten Veränderr. u. d. gegenwärt. Zustande. 8. Reutling. 805. (Joachim in Leipz.) 1 ₰ 16 ℊ

— Geographie u. Statistik Würtembergs, d. Geographie 1ste Abtheil., d. Neckarkreis enthalt. (Neue Ausg.) 8. Heilbronn 820. Class. 1 ₰ 2e Abtheil. (Jaxtkreis). 8. Stuttg. 821. Metzler. 1 ₰ 8 ℊ 3e Abtheil. Schwarzwaldkreis. 8. Ebd. 822. 1 ₰ 8 ℊ Vergl. Geographie u. Statistik Würtembergs.

Röder, Philipp Ludwig Hermann, s. Kunde v. Baiern.

— s. Kunde v. Würtemberg.

Röder, P. L. H., Pfarrer zu Walheim im Königreiche Württemberg. Geographisches, statistisch-topographisches Lexikon von Italien nach dessen neuestem Zustande und Verfassung, oder vollständige alphabetische Beschreibung aller darin gelegenen Städte, Festungen, Seehäfen etc. 8. Ulm 1812.

Röder, M., Diak. zu Marbach im Wirtemb. Geographisch-statistisch-topographisches Lexikon von Schwaben oder vollständige alphabetische Beschreibung aller im ganzen Schwäbischen Kreis liegenden Städte, Klöster, Schlösser, Dörfer, Flecken, Höfe, Berge, Thäler, Flüsse, Seen, merkwürdigen Gegenden u. s. w. mit genauer Anzeige von deren Ursprung, ehemaligen und jetzigen Besitzern, Lage, Regimentsverfassung etc. 1. Bd. 2. Auflage. 1800. 2. Bd. 1792 (2 Bde.) 8. Ulm 1792 u. 1800.

Röder, M., Diak. zu Marbach im Wirtemb. Zusätze, Verbesserungen und neue Artikel zu dem geographisch-statistisch-topographischen Lexikon von Schwaben. Nebst einem Anhang über die sämtlichen fünf Ritterkantone der Reichsritterschaft in Schwaben 8. Ulm 1797.

(Röder, [Philipp Ludwig Hermann].) Geographisches Statistisch-Topographisches Lexikon von Schwaben oder vollständige alphabetische Beschreibung aller im ganzen Schwäbischen Kreis liegenden Städte, Klöster, Schlösser, Dörfer ... u. s. w. ... 2., vermehrte und verbesserte Aufl. 2 Bände. 8. Ulm 1800–1801.
Band I. [Mit 1 Karte]

Röder, P. L. H., geographisch-statist.-topographisches Lexikon, s. a. Lexikon.

— Neuwirtemberg, od. Beschr. d. durch die Entschädigung an Wirtemberg gefallen. Länder ꝛc. 8. Ulm, Stettin. 804.

Röder, Ph. Ldw. Herm., Neuwürtemberg, od. geograph.-statist. Beschreib. der durch die Entschädigung an Würtemberg gefallenen Länder, Städte, Klöster ꝛc. 8. Ulm 806. Stettin. 1 ₰ 16 ℊ

— s. Reisen durchs südl. Deutschland.

(Röder, Ph. Ldwg Herm.,) Reisen durch das südliche Deutschland (u. Italien). Bd. 1—4. Klagenfurt (Ulm) 1789—95. 8.

ROEDER, Rudolf (Lauban): Die Amputation in ihrer gegenwärtigen Vollendung.- Leipzig: Hirschfeld 1885. 30 S.
20.1.1885 - Urk (Titel: De amputatione nunc perficienda.); Chr 1884/85,20
Diss. Ingolst.-Landsh.-Mchn.

Roeder. [illegible]
[illegible]
Berlin, Med. Diss. v. [illegible]

Dipteren gesammelt in den Jahren 1868—1877 auf einer Reise durch Süd-Amerika v. Alphons Stübel bearb. v. Victor v. Röder in Hoym (Herzogtum Anhalt). M. 1 lith. u. color. Taf. *Berlin: R. Friedländer & Sohn 1892.* (16 S., 1 Taf.) 1 Bd 8. [98. 11649

Dipteren von Herrn Dr. Fr. Stuhlmann in Ost-Afrika gesammelt. Von V[iktor] v. Röder, Hoym. *Hamburg 1893; (Berlin: D. Reimer 1901)* (4 S.) 4° [8°]
Aus: Jahrbuch d. Hamburg. Wiss. Anstalten. 10, 2
— Ergebnisse. Zoolog., einer ... in d. Küstengebiete von Ost-Afrika unternomm. Reise. Bd 2, No 3. [01. 14113

Einiges historische über Schloss und Stadt Harzgerode zur Begrüssung des 'Verein f. Geschichte und Alterthumskunde' in Harzgerode am Mittw. d. 5. Juli 1899 von V[iktor] v. Röder in Hoym, Vorst. d. herzogl. Münzkab. in Dessau. *(Hoym 1899: W. Berg.)* (10 S.) 8° [Umschlagt. A.] [00. 7987

Roeder, Vict., der dunkle Korridor, s.: Album f. Liebhaber-Bühnen.

Roeder, Victor. Der Somnambulismus. Von Victor Roeder (Lugano-Castagnola). 16 S. 8. Leipzig, Oswald Mutze, (1903). [M. —. 40]

Röder, W., s. Boccaccio's sämmtl. Romane.

Roeder, W., die Brieftaube u. die Art ihrer Verwendung zum Nachrichtendienst. Zusammengestellt f. die Wißmann-Expedition nach Deutsch-Ostafrika. 12. (50 S. m. 11 Abbildgn.) Heidelberg 890. C. Winter. geb. n. 1. 20

Roeder, W., d. Brieftaube u. d. Art ihrer Verwendg. z. Nachrichtendienst. Zusammengest. f. d. Wißmann-Expedition nach Deutsch-Ostafrika. 2. (Titel-)Ausg. 12. (50 S. m. 11 Abb.) Heidelberg (890) 895. C. Winter. Geb. in Leinw. n. — 80

Röder, W., s. Classiker, italienische.

Röder, W. A., Heinrich Anton Leichtweis, der verwegene Räuber u. Wilddieb od.: Dreizehn Jahre Liebe u. Treue im Felsengrab. Nach Chroniken, Kirchenbüchern, Kriminalakten u. neuen Quellen dem deutschen Volke erzählt. 100 Hfte. gr. 8. (2398 S. m. je 1 Vollbild.) Berlin (899). A. Weichert. à — 10

Heinrich Anton Leichtweis, der verwegene Räuber u. Wilddieb oder: 13 Jahre Liebe u. Treue im Felsengrab. Nach Chroniken, Kirchenbüchern, Kriminalakten u. neuen Quellen d. deutschen Volke erz. von W. A. Röder. (In 100 H.) *Berlin: A. Weichert [1900].* (2398 S.) 8° [F.] [illegible]

Roeder, Walter, Apotheker: Ueber Diglycolhydroxamsäure und Diglycolbenzhydroxamsäure. *Königsberg i. Pr. 1903: H. Jaeger.* (50 S.) 8°
Königsberg, Phil. Diss. v. 11. Juni 1903

Röder, Willibald

Roeder, W., Beiträge zur Erklärung u. Kritik des Isaios. gr. 8. (VII, 83 S.) Jena 880. Leipzig, Reichardt's Verl. n. 2. —

Röder, Willib. Über C. G. Cobets Emendationen der attischen Redner, insbesondere des Isaios. II, 88 S. 8. *Gnesen* 1882.
Progr.

— über C. G. Cobet's Emendationen der attischen Redner, insbesondere des Isaios. gr. 8. (IV, 88 S.) Berlin 882. Weber in Comm. n. 1. 50

Roeder, Willib., Formenlehre der griechischen Sprache für Gymnasien vom sprachhistor. Standpunkte aus dargestellt. Berlin 867. Weidmann'sche Buchh. gr. 8. (VII, 180 S.) 15 ngr.

Roeder, *Willibald: Aus der Rede zur Feier des Geburtstages Sr. Maj. des Kaisers und Königs.* 4 (S. 21 – 22)
Progr. Kgl. G. mit real Ersatzunterricht *Rawitsch* 1900

Roeder, Willibald: Zum griechischen Sprachunterricht. 12 S. – Gnesen, Progr. 1872.

— Uebungsbuch zur griechischen Formenlehre mit Berücksichtigung der wichtigsten syntakt. Regeln sowie der Lehre von den Präpositionen. Berlin 870. Th. Enslin. gr. 8. (III, 288 S.) n. 27½ ngr.

Röder, W(illy), Referendar: Wirkt nach Reichsrecht das Räumungsurteil aus § 257 C.P.O. Rechtskraft und Vollstreckbarkeit gegen den nach der Rechtshängigkeit aufgenommenen Untermieter? Heidelberg 1905: J. Hörning. (57 S.) 8°
Heidelberg, Jur. Fak., Ref. Buhl, Diss. v. 20. Nov. 1905
[Geb. 23. März 81 Berlin; Wohnort: Berlin; Staatsangeh.: Preußen; Vorbildung: Königstädt. Gymn. Berlin Reife M. 99; Studium: Berlin 1, Heidelberg 2, Berlin 3 S.; Rig. 27. Juli 04.]

Roeder v. Bomsdorf, Otto Wilh. Karl [wirkl. Name], s.a. Archibald [Pseud.]

ARCHIBALD (d. i. *Otto Wilh. Carl Roeder v. Bomsdorf*), Dioramen (zahme Erzählgn., Gedichte etc.), hrsg. von —. Magdeburg, Creutz, 1830. 8°.
Tit., 1 Bl. Inh. u. 434 S. 1. Adele von Gontaut; Novelle von Heinr. v. Schwerdtner. 2. Gedichte von Friedr. Adler u. Heinr. v. Schwerdtner. 3. Dyveke und ihre Mutter Sigbrit; histor. Erzähl. von Mara L. 4. Der Geisterbeschwörer; Posse von Gli. v. Deuern. 5. Boemund der Zweite, Fürst von Antiochien, von C. Leyser. 6. Kriegsbilder von Archibald. — Hat auch d. Titel: Gedenkemein für 1830, hrsg. von Archibald.

(Röder, O. W. K. v.,) Gedenkemein, s.a. Gedenkemein.

Roeder von Bomsdorff. Mitteilungen aus dem russ. Feldzuge an einen Offizier des General-Stabes. T. 1. 2. Mit Pl. Leipzig 1816. 1818.
(s. a. Beleuchtung des 2. Teils der Schrift ꝛc.)

Röder v. Bomsdorf, Otto Wlh. Karl, Mittheill. aus d. Feldzug in Rußland 1812 an einen Offizier d. Generalstabes. 2 Thle. Mit Karten u. 3 Planen. gr. 8. Leipz. 816—18. Engelmann. 3 ₰ 4 gr

Zur Klosterfrage in Baden. Von Heinrich Frh. Röder v. Diersburg in Offenburg. *Lahr: M. Schauenburg 1902.* (113 S.) 8° [F.] [illegible]

Röder von Diersburg, Karl Christian Frh.

Röder v. Diersburg, Carl Chrn. Frhr., Geschichte des 1. großherzogl. hessischen Infanterie-(Leibgarde-)Regiments Nr. 115. 1621—1899. Bearb. u. ergänzt v. Fritz Beck. Mit 15 Kunstbeilagen in Lichtdr. gr. 8. (XII, 584 S.) Berlin 899. E. S. Mittler & Sohn. n. 12. —; geb. in Leinw. n.n. 14. —

Röder, Carl Chrn. v., Geschichte d. Regiments S. H. D. des Prinzen Georg von Hessen-Darmstadt 1688 und 1689. Nach archival. Quellen bearb. Darmstadt 854. Jonghaus. 8. (VII, 56 S.) n. 10 ngr

Röder von Diersburg, Philipp Frh.

Röder v. Diersburg, Frh. Phil., Denkwürdigkeiten Wilhelm von Badens, s. Wilhelm von Baden.

v. Röder, Frhrr. v. Diersburg Ph., Feldzüge des Kaiserl. General-Lieutenants Ludwig Wilhelm von Baden-Baden, wider die Türken, aus seinem noch bis jetzt unbenutzten Manuscripte u. aus d. Nachlasse des Markgrafen Hermann v. Baden, herausg. 1r Bd. Lex.-8. Carlsruhe 839 Müller. n. $2^1/_3$ ₰

Röder v. Diersburg, Phil., des Markgrafen Ludwig Wilhelm v. Baden Feldzüge wider d. Türken, größtenth. nach bis jetzt unbenützten Handschriften bearb. 2 Bde. Lex.-8. Carlsruhe, Müller'sche Hofbuchh. [1. (25 B., Portr. Ludw. Wilh., 14 Urkunden u. 1 ill. Karte.) 839. * 2⅓ Thlr., 2. (42 B., 17 Urkunden u. 5 Pläne.) 842. * 3⅙ Thlr.] *

Röder v. Diersburg, Phil., Kriegs- und Staatsschriften des Markgrafen Ludwig Wilhelm von Baden, s.a. Kriegs- und Staatsschriften.

Roeder v. Diersburg. Kriegs- und Staatsschriften des Markgrafen Ludwig Wilhelm von Baden über den spanischen Erbfolgekrieg. 2 Bd. (LXIII. 591) 8. M. 4 Tfl. Carlsruhe 1850. 12,00.

Röder von Diersburg, Philipp Freiherr, grossherzoglich badischer Oberst etc. Kriegs- und Staatsschriften des Markgrafen Ludwig Wilhelm von Baden über den spanischen Erbfolgekrieg. Aus den Archiven von Karlsruhe, Wien und Paris. Mit einer geschichtlichen Einleitung und Facsimile. I. Bd. 1700—1703. II. Bd. 1704—1707. (2 Bde.) 8. Karlsruhe 1850.

Roderbourg. Charte des Stadt- und Landkreises Aachen. 1:80000. Cöln und Aachen. 1 Bl. [illegible]

Roderburg, Anton: Über protrahirten I l e u s nebst Beitrag. Leipzig (1899): A. Edelmann. (27 S.) 8°
Leipzig, Med. Diss. v. 15. März 1890

Roderburg, Friedrich (geb. am 4 Nov. 1847 in Aachen): Ueber Oxycymol und Thiocymol ... Bonn, Druck d. Carthaus'schen Buchdr. (1874). 2 Bl, 27 S., 1 Bl. 8.
Bonn, Phil. Fak., Diss. v. 14 Febr. 1874

Roderburg, Joseph. (geb. Aachen 2. 6. 1815): Comparatio pathologica inter organa lacrymalia atque uropoëtica. Berolini (1838). (35 S.) 8°
Berlin, Med. Diss. v. 5 Nov. 1838

Roederer, Aug., immerwährender Trächtigkeitskalender der nutzbarsten Hausthiere, nämlich: der Pferde, Rinder, Schafe, Ziegen und Schweine. Weimar 856. Jansen u. Co. 16. (52 S.) 6 ngr.

Roederer, Aug., Immerwährender Trächtigkeitskalender der nutzbaren Haustiere, nämlich: der Pferde, Rinder, Schafe, Ziegen und Schweine. gr. 16. (52 S.) Weimar 56. (Leipzig, Reichenbach.) M. --.60

Roederer, Aug., immerwährender Trächtigkeitskalender der Pferde, Rinder, Schafe, Ziegen u. Schweine. 2. (Titel-) Ausg. Berlin (1852) 868. Mode. 16. (III, 52 S.) 6 ngr.

Röderer, Johann Georg

--, Abdomen et cerebrum ursi descriptum. Gott. 4°. Gött. Anz. 23. St. 1755. 1755

Röderer, J(ohann) G(eorg): Anfangsgründe der Geburtshülfe (Elementa artis obstetriciae... Dt.) mit...Anmerkungen und Zusätzen von (Johann Christian) Stark (senior). Übers.von Henckenius. 480 S., gbd.

Jena: Akad(emische) Buchhandlung 1793

Röderer, Jo. Geo., († d. 4. April 1763.) Anfangsgründe der Geburtshülfe. Mit e. Vorrede, Anmerkk. u. Zusätzen von J. C. Stark; aus d. Latein. v. .. Henkenius. Mit Vorrede, Zusätzen u. Anmerkk. v. J. Chr. Starke. gr. 8. Jena 793. (Hennings in Neisse). 1 ⁄ 4 ⁄

— de catarrho phthisin mentiente. 4. Götting. 758.

Röderer, Johann Georg: Capitis vitulini monstrosi d e s c r i p t i o. Gott. 1756. 4°

Roederer, Johann Georg: Elementa artis obstetriciae in usum praelectionum academicarum. 353 S., gbd.

Gottingae: 1753

Roederer, Johann Georg: Elementa artis obstetriciae in usum praelectionum academicarum aucta et emendata. 380 S., gbd., Abb.

Gottingae: Vandenhoeck 1759

Ioannis Georgii Roedereri [Roederer] Elementa artis obstetriciae in usum auditorum denuo ed., nec non praef. et annotationibus instruxit Henricus Augustus Wrisberg. Goettingae: Vandenhoeck 1766. 314 S. 8

— icones uteri humani observat. illustr. Fol. maj. Götting. 759. Vandenhöck u. R. 4 ⁄

Roederer, Jo. Ge., resp. Jo. Fr. Kuhn, Nonnulla momenta motus muscularis perlustrata. Gott. 4°. Haller, Bibl. anat. II, 452. 513. Weiz, N. Ausg. 12°. Krfl. 1782, XV, 14—17. 1755

De Morbo mucoso liber singularis, quem... ed. Ioannes Georgius Roederer et Carolus Gottlieb Wagler. Goettingae: Bossigelius (1762). 211 S. 8

— et C. G. Wagleri tract. de morbo mucoso denuo recusus, annexaque praefat. de Trichuridibus, novo vermium genere, ed. H. A. Wrisberg. 8. Götting. 783. Vandenhöck u. R. 20 ⁄

Io[annes] Georg[ius] Roederer: De Morsu canis rabidi sanato observatione. Gottingae (1760:) Barmeier. 14 S. 8

[Einladungsschrift zur Dr. med.- Promotion von Peter Heinrich Dahl, Göttingen, 14. Aug. 1760.]

Roederer, Jo. Go., resp. Cosmann Ullmann, Obs. de cerebro. 8 pp. Gott. 4°. Weiz, N. Ausg. 12°. Krfl. u. Epz. 1782, XV, 23. Bibl. anat. II, 455. Vogel, N. Bibl. B. 4. St. 6. Grl. Beitr. 14 B. 1759. Gött. Anz. 3. St. 1758

— observat. medicarum de partu laborioso decades duae. 4. Götting. 757. Vandenhöck u. R. 4 ⁄

— Opuscula medica, sparsim prius edita, nunc demum collecta, aucta, recusa. II Tomi. 4. Götting. 763. Vandenhöck u. R. 2 ⁄ 8 ⁄

[Teils.] Opuscula medica. Sparsim prius ed. nunc demum coll. aucta et recusa. Ed. Io[annes] Georgius Roederer. (T.1.) Goettingae: Bossigelius 1763-64. 1 Bd 8°

(T.1[,P.1.])2: 1763-64.
[P.1:] 1763.
P.2: Cum Elogio Abrahami Gotthelff Kaestner.[Kaestner: Trauerschrift auf Johann Georg Roederer, 1726-1763, Prof.in Göttingen, 4.Apr.1763.]1764.

Ioannis Georgii Roederer Oratio de artis obstetriciae praestantia quae omnino eruditum decet quin ipso requirit publice dicta... 18. Dec. 1751. Goettingae: J.W.Schmidt 1752. 32 S. 8

Röderer, Johann Georg. s. O s i a n d e r , F. B.: Verzeichnis.

Roederer, Jo. Go., resp. Fr. Wendt, De cerebri scirrho. 11 pp. Gott. 4°. 1762

Ioannis Georgii Roedereri [Roederer] De uteri Scirrho commentatio medica. Gottingae: Bossigelius 1756. 35 S. 8

— Diss de uteri scirrho. Cum fig. 4. Götting. 756. Vandenhöck u. R. 3 ⁄

Io[annes] Geo[rgius] Roedereus[Roederer]: Tentaminum et observationum de morbo varioloso satura. [Resp.:] Phil[ippus] Gabr[iel] Hensler. Goettingae 1762: Schulz. 84 S. 8

Goettingen, Med.Diss.v.18.Juni 1762

— tentamin. et observationum de m o r b o varioloso satura. 4. Gött. Bossiegel. 762.

Io[annes] Georg[ius] Roederer: De ossium Vitiis observationes. Gottingae (1760:) Schultz. 15 S. 8°

[Einladungsschrift zur Dr. med.- Promotion von Johann Christian Brune, Göttingen, März 1760.]

Roederer, Carl Gale, die Heilquellen zu Marienborn bei Schmeckwitz zwischen Kamenz und Bautzen, in der Königl. Sächs. Oberlausitz. 2., ganz umgearb. Aufl. Camenz 854. Krausche. 8. (25 S.) n. 6 ngr.

Röderer, Pierre Louis, Graf von

Röderer, Graf, († d. 18. Dec. 1835), s. Gedanken eines Constitutionellen.

[Röderer, Graf P.-L.] Aus der Umgebung Bonapartes. Tagebuch des Grafen P.-L. Röderer, Ministers u. Staatsrats unter Napoleon I. Persönliche u. polit. Notizen e. Vertrauten der Tuilerien. Mit e. Einleitg. u. Bemerkgn. v. Maurice Vitrac. Autoris. Übersetzg. aus dem Franz. von v. Pfaff. (XVI, 376 S. m. Bildnis.) gr. 8. Berlin 909. R. Siegismund. 5.—; geb. in Leinw. 6.—

Roderfeld, A., Aenderungen des Arzneibuches f. das Deutsche Reich, IV. Ausg., gegenüber der III. Ausg. Nach den Arbeiten v. Hartwich, Düsterbehn u. Wobbe kurz zusammengestellt. 12. (60 S.) Berlin 901. Selbstverlag des deutschen Apotheker-Vereins. n. — 75

Roderfeld, A., Ausbildung des jungen Pharmazeuten, s.: Schlickum.

Roderfeld, A., Winke f. d. pharmazeutische Rezeptur. gr. 8. (IV, 68 S.) Leipzig 898. E. Günther. n. 1. 50

Roderfeld, H., Galileo Galilei u. die römischen Behörden. Frankfurt a. M., Fösser Nachfolger, 1884, gr. 8°, 28 S., 50 Pf. (Zeitgem. Brosch. V, 9.)

Roderfeld, H., G. Galilei und die römischen Behörden, s. A. Broschüren, Frankfurter zeitgemäße.

Roderich [Sachliches OW]

Roderich, König; od. d. Zölibat und Regentenschwäche. Schausp. v. Roiolvl. 8. Hildburghausen, Hanisch. 793.

RODERICH oder der Zauberthurm. Ein allegorisches Gemählde. Leipzig, Rein, 1803. 8°. 128 S. (2 Mk. Gust. Fock, Lpz., 1909.)
Enth. noch: Lorenza u. Albano. E. italiänische Novelle. — Einiges ziemlich frei.

Roderich. Erster Theil. Berlin 1807. V: *Fouqué, Caroline de La Motte geb. von Briest.* (schr) (Ky) (schl) »Ein Roman in 2 Theilen. Berlin 1806.« (GGr)

Roderich; ein Roman in 2 Thln. v. Carol. Fouqué de la Motte. 8. Berlin, Hitzig.

RODERICH und Kunigunde! oder: Der Eremit vom Berge Prazzo, oder: Die Windmühle auf der Westseite, oder: Die triumphirende Unschuld. Ein dramatisches Galimathias als Parodie aller Rettungskomödien in 4 Akten ohne Zwischenakt. Wien, bey Mathias Andreas Schmidt, 1807. 8°. 48 S. (5 Mk. C. G. Boerner, Lpz., 1907.)

— und Kunigunde, oder der Eremit vom Berge Prazzo, oder die Windmühle auf der Westseite, oder die lange verfolgte und zuletzt doch triumphirende Unschuld, dramat. Galimathias von J. F. Castelli. 2te Aufl. gr. 8. Wien, Wallishauser. 821.

Roderich, Paul, des Democraten Leben, Abentheuer und Heldentodt, eine Geschichte aus dem gegenwärtigen Kriege. 8. Frankfurt 794. Zeßler. 1 Rthl. 8 ggl.

Roderich's, P., des Demokraten Leben rc. 8. Frkft. Zeßler. (Diez.) 794.

Roderich, Vater, unter seinen Kindern; ein Volksbuch. Wittenberg u. Zerbst 1783. V: *Sintenis, Chn Frdr.* (Ky) (MGT)

— Vater unter seinen Kindern, ein Volksbuch, 8. Wittenberg, 783. Zimmermann. 1 Rthl. 20 ggl.

Roderich, Vater, unt. s. Kindern, von C. F. Sintenis. 8. Lpz. G. Fleischer. 810.

Roderich, Vater, u. sein Sohn; e. Geschichte. 2 Bde. 8. Reval 782. Albrecht.

Roderich [Verfasser]

Die Briefbeschwerer u. andere Humoresken von Albert **Roderich.** Leipzig: Reclam [1909]. 95 S. 8° (Universal-Bibliothek. 5105) [09. 11875]

Roderich, Alb., der Briefbeschwerer u. andere Humoresken, s. a. Universal-Bibliothek.

RODERICH, Albert (in Hamburg, geb. zu Groden 28. August 1846), Die glückliche Ehe und andere Humoresken. Berlin, o. J. (1891). 8°. (50 Pfg. M. Hauptvogel, Gotha, 1907.)
In Kürschner's Lit.-Kat. f. 1909, Sp. 1353 als „Pseud." bezeichnet.

Roderich, Alb., die glückliche Ehe u. andere Humoresken, s. a. Schönthan's, P. v., Mark-Bibliothek.

— In Gedanken. Vers-Aphorismen. (188 S.) kl. 8. München (907). Braun & Schneider. Geb. in Leinw. 2.50

— Humoresken. 8. (III, 220 S.) Berlin 891. Freund & Jeckel. n. 3.

Roderich, Alb., Künstlerfahrten. Humoresken. M. 51 Illustr. v. C. Sellmer. gr. 8. (126 S.) Stuttgart 895. Deutsche Verlags-Anstalt. n. 2.—

— zwischen Lachen u. Weinen. 8. (III, 247 S.) München 897. Braun & Schneider. n. 2. 50

Roderich, Alb., ein Leseabend, s. Preis-Humoresken, drei.

— unter Menschen. 8. (III, 169 S.) Ebd. 895. Geb. in Leinw. n. 3.—

— die Sünden der Feder. Humoristische Studien. 8. (VIII, 176 S.) München 892. Braun & Schneider. n. 2.—

RODERICH, Benedix (ps.), Die Ehestandskunst. 1855. Weller, Lex. Ps. p. 483.

Roderich, Benedix, die Ehestandskunst. Leipzig (855.) G. Poenicke. 8. (VIII, 144 S.) 15 ngr

Roderich, C. [Pseud.], s. a. Fischer, Johann Heinrich Ludwig

Roderich, (C.) krieger. Abenteuer u. Schicksale e. Preuß. Freiwilligen in d. Feldz. v. 1813 u. 14. 2 Thle. 2 Aufl. 8. Leipz. 823. Kollmann.

— Nachtstücke aus d. Gebiete d. wirkl. Lebens. 8. Lpz. 823. Kollmann.

[F.] Gottes Wort und die Luthersche Bibelübersetzung. Zwei grundverschiedene Dinge! Notwendige Erwägg um aus d. religiösen Wirren unserer Zeit herauszukommen. Eingel. v. Ernst **Roderich.** *Berlin: K. G. Wiegandt 1895.* (2 Bl., 56 S.) 1 Bd 8. [98. 8490

Roderich, Ernst, s. a. Gottes Wort u. d. Luthersche Bibelübersetzung.

Roderich, *Friedrich Wilhelm* Angemessenheit des Kreuzestodes Jesu und der denselben begleitenden Wunderzeichen. (Umschlagtitel: Die ... und der ihn ...) 4 (S. 3—24). Prg. *Prüm* 1886 (416).
Progr.

Roderich, Friedr. W., Die Angemessenheit des Kreuzestodes Christi und der ihn begleitenden Wunderzeichen. Prüm, 1886, 4°. 24 S., Progymnasial-Progr.

Roderich, Friedr. W. De Luciano philosopho. 20 S. *Prüm* 1878.
Progr.

Roderich, F. W., Die Völkertafel des Moses. Prüm, 1880 u. 1881, 26 u. 22 S., Progymnas.-Programm.

Roderich, M. Christoph Columbus. Geschichte seines Lebens und seiner Reisen. (46) 8. M. 1 Karte. Dresden 1875. 0,75.

Roderich, M., Christoph Columbus, } s. Gallerie, illustrirte, berühmter Männer und Frauen.
—— Johann Gutenberg, }

Roderich, Max, 1814 u. 1815. Historischer Roman. 3 Thle. 8. (60⅞ B.) Cassel 843, Hotop.

Roderich, Max, es ist zu spät! Ein polit. Trauerspiel. 8. (79 S.) Leipzig 848, Jurany (jetzt: Kittler). ¼ ₰

Roderich, Max., die französ. junge Garde, e. histor.-romant. Erzähl. aus d. letzteren Regierungs-Jahren d. Kaiser Napoleon. 2 Thle. 8. (30¾ B.) Gotha 838, Müller.

— St. Helena. Historischer Roman. 2 Bde. gr. 8. (347 u. 347 S.) Jena 851, Mauke. n. 2 ₰

Roderich, Max, St. Helena. Historischer Roman. 2 Bde. 2. (Titel-)Aufl. gr. 8. (684 S.) Jena 856(57,) Mauke.

—— Verbrechen und Strafe. Eine Sammlung interessanter Polizei- und Criminal-Rechtsfälle, nach den Acten bearb. gr. 8. (IV und 408 S.) Jena 850, Mauke.

Roderich, Max., das Wiedersehen am Meerbusen v. Christiania. Eine romant. Erzähl. 8. (16 B.) Leipzig 830, Kollmann.

Roderich's Leben u. Meinungen, oder die Synoden zu Kleinstedt u. Hohenfeld. Ein Predigerroman u. komischer Beitrag zu dem protestant. Synodalwesen. 8. Braunschw. (Leipz. Cnobloch.) 812.

Roderich's Leben und Meinungen, oder die Synoden zu Kleinstadt. 2te wohlf. Ausg. 8. Braunschweig. (Leipzig, Cnobloch in Comm.) 816.

Rodericus, Alphonsus, s. Rodriguez, Alonso.

Roderigo, Anduro, od. d. Unbekannte in d. Klüften d. Pombino. (v. H. A. Kerndörfer). 8. Leipz. 807. Lauffer.

Roderigo Anduro, oder die Unbekannten in den Klüften des Pombino. 8. Leipzig, Richter. 807. (Lauffer.) u. d. Preis

Röderjas, J., der Krieg gegen die Hereros oder Tünnes in Afrika, s.: Heidelmann's, A., Theaterbibliothek.

Rödern, Ludw. Graf, nicht f. die Schule, sondern fürs Leben u. fürs Vaterland! Einige Gedanken üb. Notwendigkeit u. Art staatsbürgerl. Erziehg. in der Schule. Vortrag, geh. am 11. XII. 1907 im „Reichsparteil. Verein Freiburg i. Br." (28 S.) 8. Freiburg i. B. 908. P. Waetzel. — 50

Röders, Paul [aus Hannover]: Beitrag zur Constitution der Phenylitaconsäure. . . . Strassburg, Univ.-Buchdr. v. J. H. Ed. Heitz (Heitz & Mündel), 1889; 27 S. 8°
Strassburg, Math.-Naturw. Fak., Inaug.-Diss. v. 1889

Roderwald, Adolf [aus Magdeburg]: Zur Kritik der Theorieen der Eklampsie. . . . Halle a. S., Buchdr. v. Ed. Abelmann, 1889; 41 + 1 S. + 1 Bl. 8°
Halle, Med. Fak., Inaug.-Diss. v. 18. Jan. 1889

Rodet, J., Berechnung der Leitgn. f. Mehrphasenströme. Autoris. deutsche Übersetzg. v. M. Lachmann. gr. 8. (VII, 55 S. m. 22 Fig.) Leipzig 900. O. Leiner. n. 2. 75

Rodet, J., Berechnung der Leitungen f. Mehrphasenströme. Autoris. deutsche Uebersetzg. v. M. Lachmann. 2., bericht. Aufl. (V, 55 S. m. 22 Fig.) gr. 8. Leipzig 905. O. Leiner. n. 2. 75

Rodewald, Anna: Prinzessin Ilse, s. Bünte, August.

Rodowald, Ernst [app. Arzt aus Hildesheim]: Aus d. Augenklinik zu Kiel. Drei Fälle von Bissverletzungen des Auges ... Hildesheim, Druck v. A. Lax, 1896; 18 S. 8.
Kiel, Med. Fak., Inaug.-Diss. v. [27. Juli] 1896

Rodewald, Ernst [Referendar]: Zur Interpretation der L. 25 § 17 Dig. de her. pet. 5, 3 . . . . Helmstedt, Druck v. J. C. Schmidt, 1887; 30 S. 8°
Göttingen, Jur. Fak., Inaug.-Diss. v. 6. Sept. 1887

Rodewald, E., zur Interpretation der L. 25 § 17 Dig. de her. pet. 5, 3. Inaug.-Abhandlg. gr. 8. (30 S.) Helmstedt 887. (Leipzig, Fock.) n. 1. —

Rodewald, Ernst [aus Auermühle, app. Arzt]: Ueber quere Resektion des Fusses ... Göttingen, Druck d. Dieterichschen Univ.-Buchdr., 1891; 36 S. 8.
Göttingen, Med. Fak., Inaug.-Diss. v. [14. Mai] 1891

Rodewald, Ernst, üb. quere Resektion d. Fusses. Diss. gr. 8. (36 S.) Göttingen 891. (Vandenhoeck & Ruprecht.) n. — 80

Rodewald, Gustav: Über die Reindarstellung bekannter und neuer Subhaloïde. 1908. 58 S. 8° ¶ Ausz. in: Zeitschrift f. anorgan. Chemie. Bd 61. 1909.
Karlsruhe, Dr.-Ing.-Diss. v. 25. 7. 1908

Rodewald, Heinrich, bacc. jur. a. Hildesheim: Die Prokura im geltenden Recht. Helmstedt 1906: Ruthe & Günther. (49 S.) 8°
Leipzig, Jur. Fak., Diss. v. 21. Sept. 1906
[Geb. 14. Apr. 81 Hildesheim; Wohnort: Hameln; Staatsangeh.: Preußen; Vorbildung: Gymn. Josephinum Hildesheim Reife O. 00; Studium: Berlin 2, München 3, Berlin 1, Bonn 3 S.; Rig. 20. Mai 05.]

Rodewald, H[ermann] u. H[ugo] Quante: Die Hafer-Anbauversuche der Deutschen Landwirtschafts-Gesellschaft in den Jahren 1901–1904. Inbezug auf d. Kornerträge besprochen u. berechnet nach d. Regeln d. Ausgleichungsrechnung. Berlin: Deutsche Landwirtsch.-Gesellsch. 1907. (VII, 51 S.) 8°
= Arbeiten d. Deutschen Landwirtschafts-Gesellschaft. H. 125.

Rodewald, Herm., über das Reductionsvermögen des Milchzuckers gegen alkalische Kupferlösung u. über Darstellung der Lävulinsäure aus Milchzucker. Inaugural-Dissertation. gr. 8. (32 S. mit 1 Steintaf.) Göttingen 879. (Vandenhoeck & Ruprecht.) n. — 80

Rodewald, Herm., Studien über das Protoplasma, s. Reinke, J.

Untersuchungen über die Fehler der Samenprüfungen. Auf Veranlass. d. Deutschen Landw.-Gesellsch. ausgeführt von zahlr. Samenprüfungs-Anst. d. Deutschen Reiches. Bearb. von Prof. Dr. H[ermann] Rodewald. Berlin: Deutsche Landw.-Gesellsch. 1904. (IV, 117 S.) 8° [S.]
— Arbeiten d. Deutschen Landwirtschafts-Gesellschaft. H. 101.

Rodewald, H., Untersuchgn. üb. d. Quellg. d. Stärke. gr. 8. (87 S.) Kiel 896. Lipsius & Tischer. n. 2.40

Jul(ius) Adolph[us] Rob[ertus] Rodewald: Tractatio anatomico- physiologica de foetu humano. Berolini (1829:) Petsch. 50 S. 8°
Berlin, Med. Diss. v. 15. Juni 1829

Rodewald, Verena: Das 'à part' im Deutschen Schauspiel. Ein Beitrag zur Technik des Dramas. T. 1. Das 'à part' im Schauspiel des XVI. Jahrhunderts. Heidelberg: Heidelberger Verlagsanst. u. Dr. 1908. VIII, 202 S. 8° ¶(Ersch. auch als Buch ebd.)
Heidelberg, Phil. Diss. v. 30. Sept. 1908, Ref. v. Waldberg
[Geb. 5. Aug. 60 Bremen; Wohnort: Bremen; Staatsangeh.: Bremen; Vorbildung: Gymn. Bremen Reife M. 01; Studium: Berlin 1, Kiel 3, Heidelberg 7 S.; Rig. 2. März 08.] [U 09. 2015

Rodewald, Verena, das „à part" im deutschen Schauspiel. Ein Beitrag zur Technik des Dramas. I. Tl.: Das „à part" im Schauspiel des XVI. Jahrh. (VIII, 202 S.) gr. 8. Heidelberg 908. Heidelberger Verlagsanstalt u. Druckerei. 3.60

Festschrift zur Feier des 75jähr. Bestehens der Oldenburgischen Landwirthschafts-Gesellschaft. Hrsg. v. Central-Vorstande. Bearb. v. Wilhelm Rodewald. — Berlin: Parey 1894. XII, 473, LII S.

Rodewald, Wilh., s. Festschrift zur Feier des 75jährigen Bestehens der oldenburgischen Landwirthschafts-Gesellschaft.

Rodewald, Wilh., Schorle Morle. Plattdütsche u. annere Gedichte un Döneken. (95 S.) kl. 8. Hannover (Aegidiendamm 8a) 907. Selbstverlag (durch W. Otto). 1.—; geb. in Leinw. 1.50

Rodewald, W., d. oldenburgische Viehzucht, ihre Entwicklg. u. ihr jetz. Standpunkt. Verf. im Auftrage d. Central-Vorstandes d. oldenburg. Landwirthschafts-Gesellschaft bei Gelegenheit d. v. 4.–8. Juni 1891 zu Bremen abgeh. V. Wanderausstellg. d. deutschen Landwirthschafts-Gesellschaft. 8. (III, 56 S.) Oldenburg 891. F. Schmidt's Sort. n. — 80

Rödger, B. E., deutscher Liederschatz. Ausg. A f. mehrklass. Volksschulen u. die unteren Klassen der höheren Schulen. Eine Sammlg. von Volksliedern u. volkstüml. Liedern nebst gesang-techn. Übungsstoff nach phonet., physiolog. u. ästhet. Gesichtspunkten bearb. u. hrsg. 2 Hefte. 8. Altenburg 908. O. Bonde. 1.20; geb. n 1.95
1. (1. bis 4. Schulj.) (XI, 118 S.) —40; geb. n — 75
2. (5. bis 8. Schulj.) (V, 325 S.) —80; geb. n 1.20

Rödger, B. E., deutscher Liederschatz. Ausg. B f. einfache Schulverhältnisse in 1 Hefte. Eine Sammlg. v. Volksliedern u. volkstüml. Liedern, bearb. u. hrsg. Inhalt 191 Gesänge. (IV, 194 S.) 8. Altenburg 910. O. Bonde. —60; geb. — 80

Rodgers, George, die Stiftshütte u. ihre gottesdienstlichen Ordnungen im neutestamentlichen Lichte. Nach dem Englischen von J. v. Lancizolle. 8. (VIII, 104 S.) Berlin 879. Deutsche evangelische Buch- u. Tractat-Gesellschaft. n. — 75; cart. n. — 90; Velinpap. cart. n. 1.20

Rodhe, Eva, s.: Modellserien in Holzslöjd.

Rodié, Ign., die Aussichten e. amerikanisch-japanischen Krieges. (26 S.) gr. 8. Leipzig 907. F. Engelmann. — 80

Rede des Obersten Gabriel Ritter von Rodich gehalten bei der Fahnenweihe des 4. Feld-Bataillons des Graf Jellačić 46. Inf.-Regiments zu Olmütz am 27. Juni 1855. Krakau, 1855. K. k. Univerſit. Druck. (2 Bl. 8.)

Rodiczky, Eug. v., Beiträge zur Geschichte, Statistik u. Bibliographie der wichtigsten Culturpflanzen. 1. Bdchn. A. u. d. T.: Die Biographie der Kartoffel. Mit 11 (eingedr. Holzschn.-)Abbildgn. 8. (87 S.) Wien 878. Faesy. n. 2. —

Rodiczky, Eug. v., die Bienenzucht in der Nussschale. Ein Leitfaden zum Unterrichte f. Anfänger. 2. verm. Aufl. Hrsg. durch die Verlags-Anstalt des ungar. Landes-Agrikultur-Vereins. (46 S. m. Abbildgn.) gr. 8. Budapest 909. Pátria. 1. —

Rodiczky, Eug. de, s.: Congrès international d'agriculture.

Rodiczky E. de: Étude s. le mouton de Frise. Vienne 1889. 24 S. Fig. P.

Rodiczky, E. v., in Friesland und Holland. Landwirthschaftl. Reiseskizzen. 8. (47 S.) Wien 888. (Frick.) n. 1.20

— die Monographie des Truthuhnes. Mit 2 Abbildgn. (1 Holzschntaf.). 16. (IV, 82 S.) Wien 882. (Frick.) n. 1.60

Rodiczky, Eug. v., Studien üb. das Schwein. Beiträge zur Kenntniß der Natur, Abstammg., Racenlehre, Geschichte, Verbreitg. u. national-ökonom. Bedeutg. d. Hausschweines. gr. 8. (VIII, 147 S.) Wien 872. Faesy & Frick. n. 4. —

Rodiczky, Eug., welche Mittel würden sich am geeignetsten erweisen, die Melkschafzucht zu heben, um auch dem kleinen Manne e. Ersatz f. die vielfach schädl. Ziege zu liefern? (Internationaler land- u. forstwirtschaftl. Congress zu Wien 1890, Hft. 78.) gr. 8. (10 S.) Wien 890. (W. Frick.) n. — 60

Rodier, A., Untersuchungen über die Zusammensetzung des Blutes, s. Becquerel, A.

Preis-Courant des mikroskopischen Instituts von C. Rodig. Hamburg [o. J.]

RODIG, Daniel Ehrenreich: Dissertationem inauguralem de jure privatorum circa sylvas, imprimis caeduas admodum restricto ... - Erfurt 1732. 43 S.

Rodig, Emil, Lesebuch, s.: Kälter, Geo.

— Aus der Praxis der ländlichen Fortbildungsschule, s.: Handbibliothek f. ländliche Fortbildungsschullehrer. Bd. 4. (Hensel, G.)

— dasselbe, s.: Handbibliothek f. ländliche Fortbildungsschullehrer. Bd. 6. (Kälter, G.)

— Rechenbuch f. ländl. Fortbildungsschulen, s.: Hensel, G.

Rodig, J. A., e. Fall Forbes in Sachsen od. wie jemand nach u. nach wahnsinnig werden kann. Erlebnisse d. J. A. R. in Leipzig-Lindenau. 8. (68 S. m. 1 Stammtaf. u. 1 Bildn. im Text.) Chemnitz 895. C. A. Hager. — 60

— Rechtlos im Rechtsstaate od. irrsinnig erklären ist keine Hexerei. Rechtmäß. Ungerechtigkeiten u. Irrtümer, dargest. v. deren Opfer. gr. 8. (III, 61 S. m. Bildn.) München 897. A. Schupp. n. — 80

Rodig, Jh. Chr., philosoph. Beitrr. z. Staats- u. Rechtsverfassung. 8. Leipz. 803. Schmidt. 10 gr

— lebende Natur. gr. 8. Leipz. 802. (Aue in Altona). 16 gr

— lebende Natur. gr. 8. Leipz. v. Kleefeld. 802.

— Naturlehre. gr. 8. Leipz. 802. (Aue in Altona). 16 gr

— Raum u. Zeit f. philosoph. Naturforscher. gr. 8. Leipz. 802. (Aue in Altona). 3 gr

— Theorie d. Lichts für Chemie u. Physik. 8. Pirna u. Dresd. 800. Arnold. 6 gr

Rödig, J. J., der vollkommene Geschäftsmann. 8. Prag, Barth. 800.

Rödig, J. J., der vollkommene Geschäftsmann. N. Aufl. 8. Prag 800. (Taubert in Leipz.) 1 ℔ (Eggenberger in Pesth). 12 gr

Rödig, J. J., der vollständige Geschäftsmann. 8. Prag, 800. Jetzt Verl. v. Hartmann das.
Vgl. Rödigh (Rödigk), J. J.

Rödig, M. G., Lehrbuch d. Naturgeschichte f. Gymnasien. 8. Münst. 824. Theissing. 20 gr

Roedig, Maria Gust. (geb. Prag 19. 10. 1796): Annotationes physiologicae. Berolini (1819). (20 S.) 8°
Berlin, Med. Diss. v. 13. März 1819

Rödig, Mor., die Silhouetten in den Kellern der Dresdner Waldschlösschen-Brauerei für das daselbst zur III. Generalversammlung des Verbandes deutscher Architecten- u. Ingenieur-Vereine am 2/9. 1878 gehaltene Fest entworfen u. ausgeführt. qu. schmal Fol. (9 autogr. Bl.) Dresden 878. Meinhold & Söhne. — 50

Rodigast, Hermann, Referendar aus Wenigenjena: Die Abgrenzung des Zubehörs vom Bestandteil. *Jena 1904: B. Vopelius.* (VIII, 67 S.) 8°
Jena, Jur. Diss. v. (19. Jan.) 1904

Rödiger, C. A., De fide historica Taciti in Germau ..., describ. ... Fribergae 1823. 8.

Rödiger, Emil

Roediger, Aemil., Chrestomathia syriaca. Cum Glossario. (Annexae sunt tabulae grammat.) 8maj. (16 B.) Halis Sax. 838, libr. Orphanotr. * 1¼ Thlr., Schrbp. * 2 Thlr., Vlnp. *

Roediger, Aemil., Chrestomathia Syriaca quam glossario et tabulis grammaticis explanavit. Editio II. aucta et emendata. Halle 868. Buchh. des Waisenh. gr. 8. (VII, 224 S.) n. 2 ℔ 15 ngr

Roediger, Aemilius, chrestomathia syriaca, quam glossario et tabulis grammaticis explanavit Ae. R. Tertium edidit, auxit, emendavit Johs. Roediger. gr. 8. (X, 123 u. 119 S.) Halle a. S. 892. Buchh. d. Waisenhauses. n. 9. —; geb. in Halbfrz. n. 10. 50

Rödiger, Aemilius: Commentatio qua vulgata opinio de interpretatione arabica librorum V. T. historicorum ex Graeca Alexandrina ducta refutatur. 17 S. 8° (4°)
Halle-Wittenberg, Theol. Hab.-Schr. v. 11. Apr. 1828
Geb. Sangerhausen [13. 10.] 1801. V.
Ersch. vollst. u. d. T.: De origine et indole arabicae librorum V. Test. historicorum interpretationis libri II. Passim adjecta sunt Scholia Tanchumi arabica aliaque anecdota. Halis Saxonum: Kümmel 1829. X, 115 S. 4°

— s. Gesenius, W., hebräisches Elementarbuch.

Roediger, Emil, Catalog der Bibliothek (Orientalia, Theologie, Reisen etc.) des zu Berlin verstorbenen Professor Dr. Emil Roediger. Berlin 1874.

Rödiger, Emil, s. Lokman: fabulae.

Roediger, A., de origine et indole arabicae libror. V. T. historicor. interpretationis lib. II. Passim adjecta sunt Scholia Tanchumi arabica aliaque anecdota. 4maj. (16 B.) Halae 829, Kümmel. 1 Thlr. 16 Gr., Schrbp. 2 Thlr., Schwzr. P.

Rödiger, E., üb. zwei Pergamentblätter m. altarabischer Schrift. [Aus: „Abhandlgn. d. k. Akad. d. Wiss. zu Berlin."] Mit 2 (photolith.) Taf. (in qu. gr. 4.) gr. 4. (11 S.) Berlin 876. Dümmler's Verl. in Comm. n. 1. —

Roediger, Aemil., s.: Thesaurus syriacus.

Roediger, Aemilius: * De translatione librorum historicorum V. T. arabica. 35 S. 8° (4°)
Halle-Wittenberg, Phil. Diss. v. 20. Mai 1826
Geb. Sangerhausen 13. 10. 1801. V.

Rödiger, E., Versuch üb. die Himjaritischen Schriftmonumente. Mit e. Vorw. an Hrn. Dr. Gesenius. gr. 8. (4⅓ B.) Halle 841, Buchhandlung des Waisenhauses. Thlr.

Rödiger, Emil, s. Wellsted, J. R.: Reisen in Arabien.

— s. Zeitschrift für Kunde des Morgenlandes.

Roediger, Ernst, Statistik der in der Kieler chirurgischen Klinik vom 1. Juli 1868 bis Ende 1884 an der oberen Extremität ausgeführten grösseren Amputationen. Inaugural-Dissertation. gr. 8. (44 S.) Kiel 885, Lipsius und Tischer. * 1 20

Rödiger, F. E., Versuch e. vollständ. Entwickelung der Lehre vom Manifestationseide, ganz neu bearb. gr. 8. (5 B.) Leipzig 831, [Böhme.]

Rödiger, F. E., Versuch einer vollständ. Entwickelung der Lehre v. Manifestationseide, ganz neu bearb. gr. 8. Leipz. 831. Hartmann. 9 gr

Roediger, Frz., die Musen. Eine mytholog. Abhandlg. [Aus: „Jahrb. f. class. Philol. 8. Suppl.-Bd."] gr. 8. (38 S.) Leipzig 875. Teubner. n. 1. 20

Rödiger, (Joh.) Friedrich

Rödiger, (F.,) Erfahrungen über die bösartige Klauenseuche der Schafe, ihre Entstehungsursachen, Kennzeichen, Heilung u. Impfung rc. 8. Chemnitz 822, Starke.

Rödiger, Friedrich: Erfahrungen über die bösartige Klauenseuche der Schafe. Chemnitz 1822. X, 66 S.

Rödiger, Fritz

Rödiger, F., Alp—Wald—Gewitter—Hagel! Oder die Möglichkeit e. Verminderg. der Hagelgefahr in d. Schweiz. Eine kulturtechn. Frage. [Aus: „Alpen- u. Jura-Chronik".] gr. 8. (31 S.) Aarau 889. Wirz-Christen. n. — 50

Rödiger, Fritz, s. Alpen- und Jura-Chronik.

Rödiger, Fritz, d. Berliner in d. Schweiz od. Schwellimättelihansens Hochzitsfier. Schweizer. National-Singsp. in 1 Aufz. gr. 8. (31 S.) Grüningen 895. J. Wirz. n. — 80

Rödiger, F., Bodenverarmung und Bodenbereicherung oder gründlicher Wiederersatz der Ernten. Eine Feldpredigt für Bauern und Herren. gr. 8. (30 S.) Solothurn 870, Jent und Gaßmann. *
Aus: Bauernzeitung und Dorfdoktor, besonders abgedruckt.

— Rauchscher Brennapparat. Solothurn. 1861.

Rödiger, Fritz, Denkschrift über Drainirung oder Trockenlegung des Bodens mittelst Thonröhren, insbesondere über die Trockenlegung des dem Kanton Schaffhausen zugehörigen Hofes Griesbach. Nebst Kostenberechnung u. lith. Plan (in Fol.). Im Auftrag der Hohen Regierung des Standes Schaffhausen verfaßt. Schaffhausen 855. Beck u. Sohn in Comm. 12. (1 Bl., 59 S.) n. 8 ngr.

Rödiger, F., die Engerlinge oder Inger, } s. Volksbücher, landwirthschaftliche.

Rödiger, Fritz. Erläuterungen und beweisende Vergleiche zur Steinkarten-Theorie. [Mit Figuren.] SA. 8. ([Berlin] 1891.)

Rödiger, Fr. Hääge und Züune in der Land- Berg- und Alpenwirthschaft. In-8°, 16 S., mit vier litographirten Tafeln. Aarau, J. J. Christen. 1881.

— d. lustigen Hammerschmied'sg'sell'n. Lustsp. in 1 Aufz. m. Gesang. Musik v. verschied. Componisten, arrangiert v. Wilh. Barth. gr. 8. (34 S.) Ebd. 894. n. — 80

— Sechs erprobte Heilmittel gegen die Fleckenkrankheit oder den Milzbrand d. Schweine, d. Milzbrand d. Rinder, d. Blähsucht d. Wiederkäuer etc. 2. unveränd. Aufl. 8. (31 S.) Luzern 59. Schiffmann. M. —.40

Dass. s. a.: Volksbücher, Landwirthschaftl.

(Rödiger, Fr[itz].) Eine neue kraftige Heilquelle im Jura ⟨Malsenauquelle.⟩ 8. Bülach 1891.

Rödiger, Fritz. Vorgeschichtliche Kartenzeichnungen in der Schweiz. [Mit Figuren.] SA. 8. ([Berlin] 1891.)

—— die beste Kartoffelkulturmethode, insbesondere die voigtländische. Leicht faßlich dargestellt. 8. (35 S. mit 11 in den Text eingedr. Holzschn.) Frauenfeld 854, Verlags-Comptoir. *

Rödiger, Fritz, die Landesgemeinde. Eine Waldgeschichte aus den Bergen des oberen Vogtlandes. gr. 8. (66 S.) Plauen i/V. 892. F. E. Neupert's Verl. n. — 80

— die Pfarrwahl zu Bramthal. Erinnerungen aus dem oberen Vogtlande. gr. 8. (67 S.) Ebd. 892. n. — 80

— des Königs Schäfer. Eine Erzählung aus den Bergen des oberen Vogtlandes. gr. 8. (51 S.) Ebd. 893. n. — 60

Rödiger, F. Siehe: *Schreib- und Hülfskalender.*

— d. Schweizer in Berlin od. 's Annababeli v. Lützelflüeh. National-Singsp. in 2 Aufz. m. Musik u. Liedereinlagen. gr. 8. (48 S.) Grüningen 895. J. Wirz. n. 1. —

—— Spiritus- und Branntweinbereitung aus Runkelrüben, Zuckerrüben, Rübli und Riesenrübli. Nebst einigen Bemerkungen über die hohe Wichtigkeit der Branntweinbrennerei für die Landwirthschaft, über Getreide- und Fruchtbrennerei und Malzbereitung; über schädliche und nützliche Beimischung des Trinkbranntweins rc. Aus eigenen Erfahrungen rc. besonders für Besitzer mittlerer und kleinerer Landgüter bearb. 8. (32 S.) Schaffhausen 855, Beck und Sohn.) *

Rödiger, Fritz, die natürlichen Ursachen der Maul- u. Klauenseuche u. deren Beseitigung. Vom land- u. volkswirthschaftl. Standpunkte aus nach vierzigjähr. Beobachtungen. Mit 2 Tab. u. 1 lith. Taf. gr. 8. (102 S.) Zürich 883. Schultheß. 1. 50

Rödiger, Fritz (Hrsg.), s. Volksarzt, Schweizer.

—— Schultheiß Wengi von Solothurn. Ein Volksbild in 5 Akten aus den Zeiten der schweizer. Volkswirren im 16. Jahrh. [Den Bühnen gegenüber Mscr.] gr. 8. (VII, 132 S.) (Ebendas.) 870. *

Rödiger, Fritz, Schultheiß Wengi. Ein Schauspiel in 4 Aufzügen aus den Zeiten der schweizer. Religionswirren im 16. Jahrh. 2. Ausg. gr. 8. (VII, 86 S.) Solothurn 879, (Jent und Gaßmann.) * 3 —

[F.] Schultheiss Wengi. Volksschausp. in 4 Aufz. aus d. Zeiten der schweizer. Religionswirren im 16. Jh. v. Fritz Rödiger. 3. Aufl. ... *Aarau: H. R. Sauerländer & C. 1895.* (3 Bl., 98 S.) 1 Bd 8.
= Bibliothek vaterländischer Schauspiele. [No] 36/37. [96. 220

— der Werth der Ziege f. Haus u. Familie, s. a. Schindler-Escher, C., „Klein, aber Mein".

— d. Wert d. Ziege f. Haus u. Familie. E. anreg. u. belehr. Schriftchen f. Alle, welche d. Ziegenhaltg. hold sind od. sie nötig haben. Zugleich e. prakt. Leitfaden f. Wanderlehrer u. Kursleiter im Ziegenwesen. Auch bei Haushaltungskursen f. „kleine Leute" m. großem Nutzen zu verwenden. 3. Aufl. gr. 8. (24 S. m. 1 Abb.) Zürich 897. C. Schmidt. n. — 40

Rödiger, Fritz. Vorgeschichtliche Zeichensteine, als Marchsteine, Meilenzeiger ⟨Leuksteine⟩, Wegweiser ⟨Waranden⟩, Pläne und Landkarten. ⟨Hierzu Taf. 5 und 6.⟩ (SA.) 8. ([Berlin] 1890.)

Rödiger, G. F. W., Modethorheiten, siehe: Lese-Cabinet, belletrist., 19. Bd. od. Neue Folge 109 u. 110. Lfg.

Rödiger, Hermann [pract. Arzt zu Trier]: Extracapsuläre Brüche der Patella ... Trier, Buchdr. v. O. Troschel, 1887; 33 S. 8°.
Marburg, Med. Fak., Inaug.-Diss. v. [2. Aug.] 1887.

Rödiger, Hermann, extracapsuläre Brüche der Patella. Diss. Marburg 1887, N. G. Elwertsche Univ.-Buchh. 8°. 33 S.

Rödiger, Johann

Roediger, J., s.: Kitâb al-Fihrist.

Roediger, Hermann Ioannes: De nominibus verborum Arabicis [arab.:] Ismā al if'āl. Halis (1869): Orphanotropheum. 16 S. u. S. [arab.:] 2—11. 8°
Halle-Wittenberg, Phil. Diss. v. 12. Aug. 1869
Geb. Halle a. d. S. 15. 10. 1845. V.
Im Buchhandel: ... commentatio. Accedunt textus arabici specimina 3. Halle: Waisenhaus 1870. III, 70 S. 8° — Verf. erlebte die Diplomerneuerung 1919 als Geheimer Regierungsrat, Direktor der Universitätsbibliothek in Marburg

Roediger, Joa., de nominibus verborum arabicis أسماء الأفعال commentatio. Accedunt textus arabici specimina III. Halle 870. Buchh. des Waisenh. gr. 8. (III, 70 S.) n. 22⅓ ngr.

Rödiger, Joh. (Hrsg.), s. Rödiger, Emil: Chrestomathia syriaca, Ed. 3.

Roediger, Johann Friedrich (Schleiz)

Dissertatio inauguralis medica sistens revolutionem casus hysteri co-epileptici.
Präs. Johann Heinrich Schulze.
Halle (Hilliger) 25. III. 1736. 38 S.

W. v.: Friedrich Hoffmann, C. L. Aeplinius, Heinrich Christian Dürfeldt, Ernst August Dürfeldt. 29021

Roediger, Karl, Assistenzarzt am Distriktskrankenh. Kaiserslautern: Weitere Beiträge zur Statistik des Zungencarcinoms. *Tübingen 1901: H. Laupp Jr.* (36 S.) 8° ¶(Aus: Beiträge zur klinischen Chirurgie, Bd 31, H. 2.)
Heidelberg, Med. Diss. v. 1901

Rödiger, Carl, Gehilfe an d. Universitätssternwarte Königsberg i. Pr.: Untersuchungen über das Doppelsternsystem Algol. *Königsberg i. Pr. 1902: R. Leupold.* (34 S.) 8°
Jena, Phil. Diss. v. (20. Dez.) 1901

Rödiger, Karl, s.: Von der Schiller-Feier 1905 in der Kreisstadt Plauen.

Rödiger, Ludwig, Ein dtsch. Wort an Dtschlds. Burschen, gesprochen vor d. Feuer a. d. Wartenberg b. Eisenach am 18. d. Siegesmondes i. J. 1817, dem 3. Jubelj. d. Geistesfreiheit, Jena 1817, 31 S., 16°.

Rödiger, Martin: Studien über das Santonin und seine Halogenderivate. Würzburg 1908: Becker. 60 S. 8°
Tübingen, Naturw. Diss. v. 30. April 1908, Ref. Wislicenus
[Geb. 2. Dez. 81 Berlin; Wohnort: Tübingen; Staatsangeh.: Preußen; Vorbildung: Askan. Gymn. Berlin Reife M. 04; Studium: Berlin 1, Tübingen 12 S.; Coll. 30. April 08.] [U 09. 4014

Roediger, Max, deutsche Altertumskunde, s.: Müllenhoff, Karl.

Roediger, Max, s.: Annolied, das.

Roediger, Max, aus Berlin: Die Bedeutung des Suffixes ment. *(Berlin: Mayer & Müller 1904.)* (VI, 127 S.) 8°
Berlin, Phil. Diss. v. 14. Mai 1904

Roediger, Max., kritische Bemerkungen zu den Nibelungen. gr. 8. (VIII, 94 S.) Berlin 884. Weidmann. n. 2. 40

Roediger, Max, s. Laurin, hrsg. von Karl Müllenhoff. 2. Aufl.

Roediger, Max, die Litanei u. ihr Verhältniss zu den Dichtungen Heinrichs v. Melk. Inauguraldissertation. [Aus: „Zeitschr. f. deutsches Alterth."] gr. 8. (106 S.) Berlin 876. Weidmann. n. 2. —

— s.: Litteraturzeitung, deutsche.

—— s. Müllenhoff, Karl, altdeutsche Sprachproben. 4. Aufl.

— Paradigmata zur altsächsischen Grammatik, im Anschluss an Müllenhoffs Paradigmata f. seine Vorlesgn. zusammengestellt. gr. 8. (13 S.) Ebend. 883. — 30

Roediger, Max, paradigmata zur altsächsischen grammatik. 2., neu bearb. aufl., im anschluss an die 6. aufl. v. Müllenhoffs paradigmata zusammengestellt. gr. 8. (15 S.) Berlin 893. Weidmann. n. — 40

Roediger, Max, s.: Schriften zur german. Philologie.

Rödiger, Moritz

Roediger, Maur., Synopsis evangel. Matthaei etc., s. Synopsis.

Rödiger, Mor., Synopsis evangeliorum Matthaei, Marci et Lucae cum Joannis pericopis parallelis. Editio altera emendatior. 8 maj. Halle 839. Grunert. 1 ₰

Roediger, Maur., Synopsis evangelior. Matthaei, Marci et Lucae, c. Ioannis pericopis parallelis. Text. ex ord. Griesbachii dispertit. c. varia scriptura selecta ed. Edit. II. emend. 8maj. (17 B.) Halis Sax. 839. (Muehlmann.)

Rödiger, O., Leier u. Wanderstab. Gedichte. Mit dem (Lichtdr.-)Bilde d. Verf. 8. (VII, 106 S.) Stuttgart 887. Bonz' Erben Buchdruckerei. n. 3. —

Roediger, Paul C., die Patentgesetze v. Deutschland usw., s.: Fischer, Ludw.

Rödiger, Richard

Roediger, (Ludw.) Rich. (geb. Halle a. S. 16. 1. 1853 [vielmehr 1843]): De priorum membrorum in compositis Graecis nominibus conformatione finali. Lipsiae: F. C. W. Vogel (1866). (20 S.) 8° • Vollst. ersch. Leipzig: F. C. W. Vogel 1866
Berlin, Phil. Diss. v. 3. Okt. 1866

— de priorum membrorum in nominibus graecis compositis conformatione finali commentatio. Accedit index verborum. Leipzig 866. F. C. W. Vogel. gr. 8. (X, 102 S.) n. 15 ngr.

Rödiger, Rich. Griechisches Sigma und Jota in Wechselbeziehung. 19 S. Progr. Luisst. G. *Berlin* 1884.

Rödiger, Rich., griechisches Sigma u. Jota in Wechselbeziehung. gr. 4. (19 S.) Berlin 884. Gaertner. n. 1. —

ROEDIGH J[ ] J[ ]. Der vollstandige Geschäftsmann, welcher lehret alle Aufsätze nach d. bestehenden Gesetzen verfassen könne 2 Aufl Prag 1794

Rödigk, J. J.: Der vollständ. Geschäftsmann, welcher lehret, alle im menschl. Leben nöthigen Aufsätze u. s. w. nach den besteh. Gesetzen ohne Hülfe e. Advokaten verfassen zu können. 3. Aufl. *Prag*, Koltermann. 794. 8.
Vgl. Rödig, J. J.

Rodin, Moses. Ueber Hyperemesis gravidarum. Diss. Med. Basel. 35 S. 8. Basel, Friedrich Reinhardt, 1907.

Roding, Kurt, Rom od. Athen? Eine Frage an das Jahrhundert. (III, 41 S.) gr. 8. München 907. O. Th. Scholl. — 80

Roding, W., pandectae iuris cameralis. 4. Colon. 710.

Röding, C. N., s. Röding, Karl Nikolaus.

Röding, Johann Friedrich Wilhelm

Röding, J. F. W., Album f. Freunde Helgoland's. 8. (11 B.) Hamburg 836, Hoffmann u. Campe. 1/2 Thlr., m. Atlas v. 10 Ansichten u. 1 Karte 4 Thlr., ill. *

Röding, J. F. W., der Doct. Carl Barrie's u. seine Schrift: „Beantwortung" d. Aufsatzes in d. vaterstädt. Blättern No. 92 u. 93 üb. d. Magnet u. dess. Werth als Heilmittel etc. in Betrachtung gestellt. gr. 12. (2 B. u. 1 Stndr.) Hamburg 834, Hoffmann u. Campe.

Teint, Der elegante, des Herrn Robert Heller(,) Feuilletonisten der Hamburger Nachrichten (von *Joh. Frdr. Wilh. Roeding*). Hamburg 1854.
Anon.-Lex. V, p. 285 (nach Schröder). — Rarl

Röding, Johann H(e)inrich

— Auswahl meiner Gedichte. 1r Bd. gr. 8. Hamb. 800.

Röding, Joh. Hnr., s. Bauerknabe, Der wohltätige.

Röding, Jh. Hnr. († d. 28. Dec. 1800.) Beschäftigungen f. junge Leute 8. Hamb. 790. (Wienbrack in Leipz.) 1 ℛ

Röding, J. H., Beschäftigungen für junge Leute: 8 Hamb. Matthiesen. (Gräff in Leipz.) 790.

— Gedanken u. Vorschläge üb. die Verbesser. d. deutschen Schulen. 8. Hamb. 793. (A. Campe). 2 gr

— Gedichte. 8. Hamb. 789.

— vermischte Gedichte f. jugendl. Leser. 8. Hamb. 783. Hoffmann. 16 gr

— Jugendlehrer. 2 Hefte. 8. Hamb. 792—94. Bachmann. 1 ℛ 20 gr

Röding, Jh. Hnr. der schuldlose Knabe; e. Spiel für Kinder. 8. Hamb. 777. Reuß.

— d. Leidensgeschichte Jesu, mit Betrachtt. u. Liedern. 8. Hamb. 773. J. G. Herold. 2 ℛ

— Leseblatt f. die Jugend. 2 Bdchn. 8. Hamb. 786. Matthiessen. 1 ℛ

— geistl. Lieder. 8. Hamb. 784. Matthiessen. 8 gr 4e Aufl. 8. Lüneb., Herold u. W. 8 gr

— Lieder üb. d. Katechismus, nebst Gebeten f. Kinder. 8. Hamb. 772. 2e verb. Ausg. 774.

— die Manadinenschule; e. Spiel für kleine Schönen. 8. Hamb. 777. Reuß.

Röding, J. H., The universal Marine Dictionary, spanish and english etc. (als eine Abtheil. sein. großen Encyklopädie d. Marine) gr. 4. Hamb. Nemnich. 815.

— Passionsbetrachtungen. gr. 8. Altona 792. Hammerich. 9 gr

— Schreibschüler. 8. Lüneburg, Herold. 801.

Röding, Joh. Hnr., s. Spiele u. Gespräche f. Kinder.

— Taschenbuch f. Schreibschüler. 16. Hamb. 788. (Gräffe in Weißenf.) 6 gr

— große Vorschriften. 4. Ebend. 800.

— s. Wochenblatt, Hamburg., f. Kinder.

Catholicon. 2te Abtheilung. Allgemeines Wörterbuch der Marine in zwölf Sprachen, von *Röding*. Hamburg im Verlag des Hrn. Licent. Nemnich. gr. 4. 3 Bände Text und ein Band Kupfer. 1793.

Röding, Jh. Hnr. († d. 22. April ...) allgem. Wörterbuch d. Marine, in allen europ. Seesprachen, unter d. Direktion Nemnichs ausgearb. 4 Bde. Mit Kpf. gr. 4. Hamb. u. Halle 793, 94. (Leipz., W. Rauck). 25 ℛ

Röding, Johann Hinrich. Allgemeines Wörterbuch der Marine in allen europäischen Seesprachen nebst vollständigen Erklärungen. Mit (115) Kupfern. (4 Bde.) (Donation Liechtenstein.) 4. Hamburg und Halle 1794.

Röding, Johann Hinrich, Allgemeines Wörterbuch der Marine in allen europäischen Seesprachen nebst vollständigen Erklärungen. (4 Bände.) Hamburg 1794, 96, 98. (12038—41)

Röding, Joh. Hnr.: Allgemeines Wörterbuch der Marine in allen europäischen Seesprachen. 2. Ausg. von Nemnich. Hamburg. 1815. 8°

— d. Zögling. 4 Bdch. 8. Hamburg, Herold. 778. 79.

Röding, Karl Nikolaus

Röding, (C. N.) Amerika in seiner gegenwärt. politischen Gestalt, nach den neuesten, zuverläss. Originalquellen, mit Berücksichtigung des merkantil. Bedürfnisses, bearb. Mit Register. 8. Hamburg 824, Herold.

Röding, Carl Nicolaus.
Amerika. Hamb. 1824. MV: *Dede* [?]. (schr VI, 321)

— Amerika im Jahre 1829. 2 Bde. Mit 1 lithogr. Schlachtpl. gr. 8. Hamb. 830. Hoffmann u. Campe. 4 ℛ — Dass. im J. 1831. 2 Bde. Ebd. 832. 4 ℛ

Röding, C. N., Amerika. Jahrg. 1829—31. à 2 Bde. gr. 8. (à J. ca. 62 B.) Hamburg 830—32, Hoffmann u. Campe. à J.

— geographische Beschreib. d. Kriegsschauplatzes in Spanien. Hamburg, Hoffmann. 808.

Röding, geographische Beschreibung des Kriegsschauplatzes in Spanien. 8. Hamb. 808. Jetzt Bran in Jena.

Roeding, Dr. Geographische Beschreibung des Kriegsschauplatzes in Spanien. Hamburg 1808. 168 S.

Röding, Karl Nikolaus, s. Bolivars Denkwürdigkeiten.

—— Columbus, s. Columbus.

Röding, (C. N.,) Erdbeschreibung, als Leitfaden für Lehrer, u. Vorbereitungs- u. Wiederholungsmittel f. Lernende. 4e Aufl. 8. Hamb. 825, Herold. Rthlr.

Röding, C. N.: Der Freiheitskampf in Süd-Amerika. Nach den Memoiren des Generals Miller und anderen zuverlässigen Quellen, historisch dargest. — Hbg: Hoffmann & Campe 1830. X, 238 S.

(Röding, C. N.,) kleiner Fremdenführer durch Hamburg, Altona u. deren Umgegenden, mit Angabe u. Erklär. alles Sehenswerthen. Für Fremde, welche ohne Zeitversäumniß diese Orte kennen lernen wollen. 16. (8½ B. u. 1 Plan.) Hamburg 841, Niemeyer. *

—— Hamburg wie es war u. ist. — Neuer Führer durch Hamburg, Altona u. d. Umgegenden. Mit Beschreib. d. darin befindl. Sehenswürdigkeiten u. Institute. 2., verb. u. verm. Aufl. (28½ B., 1 ill. Plan, 1 Stahlst. nebst 2 ill. Abbild.) 841. u. neue Ausg. 16. (28½ B. ꝛc. M. d. Beil.: Der große Brand v. Hamburg. 4 B. u. 1 Plan.) Hamburg 842, Niemeyer. à *

—— dass. (im Auszuge) u. ein. Anh. enth. Beschreib. d. großen Brandes v. Hamburg. 16. (12½ B., 1 Plan u. 1 Titelstahlst.) Ebds. 842. *

— kleines Handbuch der Erdbeschreibung f. den ersten Unterricht. 2e Ausg. 8. Hamb. 813. 3e Aufl. 817. (Aue in Altona). 8 gr

Röding, K. N. (Hrsg.), s. Minerva, ein Journal historischen und politischen Inhalts.

— Schilderung d. Insel van Diemensland ꝛc., s. Schilderung.

—— biograph. Skizze d. Generals Francisco de Paula Santander, Colombia's Moreau. Nach authent. Quellen bearb. gr. 8. (4 B. u. d. Generals Bildn.) Hamburg 830, Hoffmann u. Campe.
Aus dessen Zeitschr. „Columbus" besond. abgedruckt.

— Uebersicht der in Amerika bestehenden Staaten u. Colonien im Jahre 1826. 1 Tabelle in gr. Fol. Hamburg 826. Herold. 5 gr

Röding, Rud., de Graecorum trimetris jambicis, caesura penthemimeri et hephthemimeri carentibus commentatio. [Aus: „Upsala Universitets Arsskrift."] gr. 8. (52 S.) Upsala 874. (akadem. Buchh.) n. 1. 20

Rödinger, ..., Justiz-, Kameral- u. Policei-Fama, s. Policei-Fama.

Rödinger, Fr., die Gesetze der Bewegung im Staatsleben und der Kreislauf der Idee. Stuttgart 864. Cotta. gr. 8. (X, 297 S.) 1 ℛ 15 ngr

Rödinger, Fr., nationale Rechtserzeugung u. Rechtsbildung in Deutschland. Ein Vortrag f. die Versammlung der Advokaten in Mainz bestimmt. gr. 8. (3½ B.) Stuttgart 844 Cotta'sche Buchh.

RODINIS, A. Oreste: Über den Einfluß von Substitution in Komponenten binärer Lösungsgleichgewichte. — 1906. 94 S. Diss. Graz, Univ.

(Œuvre d'évangélisation en faveur des Italiens émigrés en Suisse. [Rapport de] G[iovanni] Rodio, pasteur. Zurich 1902 Novembre 20.) 8 p. 8.

Rodio, G[iovanni]. Unser Ziel in der Evangelisationsarbeit unter den Italienern in Zürich. II + 11 S. 8. [Zürich, Druck von Pfr. G. Rodio, 1905.]

Rodionow, Iwan A., unser Verbrechen. Erlebtes — nicht Erdachtes. Ein Roman aus dem russ. Volksleben. Einzige autoris. deutsche Übertragg. v. Axel Ripke. (VII, 474 S.) 8. Frankfurt a/M. 910. Literar. Anstalt. 4.—; geb. 5.—

—— Unser Verbrechen. Keine Phantasterei, sondern Lebenswahres. Aus dem Russ. von Vikt. v. Rautenfeld. (IV, 447 S.) 8. Riga 910. Jonck & Poliewsky. 3.—

Rodishain, Carl v., das lustigste Schneiderbüchlein, etwas höchst Modernes in Prosa u. Versen, nach der neuesten pariser Mode zugeschnitten u. allen Freunden heitern Scherzes, besond. aber den Hochedeln Herren von der Nadel passend zugerichtet. gr. 12. (5 B., 1 Musikbeil. u. 1 Abbild.) Nordhausen 842, Fürst.

RODISHAIN, Carolus v. (ps.), Was zu handeln? Alt Gold, Alt Silber, Alte Kleider! Anekdoten und Gedichte. 1842.
Weller, Lex. Ps. p. 483.

—— Was zu handeln? Alt Gold, alt Silber, alte Kleider! Expres Rares von Judenpech in eitel koscheren Anekdoten u. Gedichten. 8. (9½ B.) Nordhausen 842, Fürst.

Roditzky, H. Freiin v., die Frauenarbeiten, s.: Ausstellungs-Bericht, officieller.

Rodkinssohn, M. L., das ungesäuerte Brod u. die Anklage d. Blutgebrauchs im Passah-Feste. (In hebr. Sprache.) gr. 8. (VIII, 32 S.) Pressburg 883. (Wien, Lippe.) n. — 80

Rodkinssohn, M. L., das ungesäuerte Brod und die Anklage des Blutgebrauchs am Passah-Feste. (In hebr. Sprache.) gr. 8. (VIII, 32 S.) Pressburg 883. (Wien, Pollák.) * — 80

Rodler: Ein Brief des Herzogs Maximilian von Oesterreich an seinen Vater Kaiser Friedrich III. über einen Theil seiner Reise nach Gent zur Vermählungsfeier, dto. 28. Juni 1477. 11 S. – Wien, J., Progr. 1859.

Rodler, Alfred

Rodler, A., einige Bemerkungen zur Geologie Nordpersiens. [Aus: „Sitzungsber. d. k. Akad. d. Wiss."] Lex.-8. (10 S.) Wien 888. (Tempsky.) n. — 30

Rodler, Alfr. Bericht üb. e. geologische Reise im westlichen Persien. Lex.-8. (12 S.) Wien 889, (Tempsky). * — 30
Aus: Sitzungsber. d. k. Akad. d. Wissenschaften, besonders abgedruckt.

— üb. Urmiatherium Polaki, e. neuen Sivatheriiden aus dem Knochenfelde v. Maragha. [Aus: „Denkschr. d. k. Akad. d. Wiss."] Imp.-4. (8 S. m. 4 Taf.) Ebd. 889. n. 2.—

Rodler, Alfr., u. K. Ant. Weithofer, die Wiederkäuer der Fauna v. Maragha. [Aus: „Denkschr. d. k. Akad. d. Wiss."] Imp.-4. (20 S. m. 6 Taf.) Wien 890. (F. Tempsky.) n. 3. 40

Rodler, Egon, der Geist v. Muju. (Roman.) (246 S.) 8. Dresden 905. E. Pierson. n. 3.—; geb. n. 4.—

Rodler, Karl, appr. **Arzt aus Nürnberg: Ein Fall von primärem multiplem Karzinom des Magens und der Vulva. Erlangen** 1904: Junge & **Sohn.** (32 S.) **8°**
Erlangen, Med. Fak., Ref. Gerlach, Diss. v. 1. Aug. 1904
[Geb. 15. Jan. 77 Nürnberg; Staatsangeh.: Bayern; Vorbildung: Gymn. Schweinfurt Reife 96; Studium: Erlangen 6, Straßburg 3, Erlangen 4 S.; Approb. 13. Febr. 03.]

Rodler, M.: Proben deutscher Prosa im 14.u. 15. Jhrh. Der Text aus Incunabeln der Olmützer k.k. Universalbibliothek. 35 S.– Olmütz OR., Progr. 1856.

Rodler, Mor., deutsches Lesebuch für die Gremial-Handels-Fachschule des Wiener Handelsstandes u. für verwandte Lehranstalten. gr. 8. (VIII, 252 S.) Wien 881. Gerold's Sohn. n. 3. 20

Rodler, Mor., deutsches Lesebuch f. die Gremial-Handels-Fachschule d. Wiener Handelsstandes u. f. verwandte Lehranstalten. 2. Aufl. gr. 8. (VIII, 252 S.) Wien 883. Gerold's Sohn. n. 3. 20

Rodler, Roman, Astern. Gedichte. (IV, 75 S.) 8. Graz 909. Styria. 1. —

— Kukuku u. allerhand Bettergeschichten. Für die liebe Jugend erzählt. (119 S. m. 12 Abbildgn.) kl. 8. Ebd. 909. Geb. 1. 40

— Bettergeschichten f. alt u. jung. (VII, 161 S.) kl. 8. Ebd. 909. 1. 80

Rodler, Carl [aus Bernau (Mark)]: Zur vergleichenden Anatomie des assimilatorischen Gewebesystems der Pflanzen. Berlin (1898). 42 S. und 2 Taf. 8°.
Freiburg, Mathem.-naturw. Diss. 1898/99.

Roedlich, E. F., das Leben des Generals Hieronymus Roedlich [1767–1833]. Mit (Lichtdr.-)Bild nebst Unterschrift. gr. 8. (VII, 191 S.) Berlin 882. Mittler & Sohn. n. 3. 60

Rödlich, Hieronymus Franz

Rödlich H F, praktische Anweisung zur Verfertigung der venezianischen Estriche. (27 S 24 T) 4° Berlin 1810

— prakt. Anweis. z. Verfertigung d. venezian. Estriche. M. 20 Kupf. gr. 4. Wohlf. Ausg. Berlin 821, Trautwein.

— prakt. Anweis. z. Verfertigung d. venezian. Estriche. Mit e. Vorrede v. A. Hirt. Mit 20 Kpf. gr. 4. Wohlf. Ausg. Berl. 824. Trautwein. 1 ℛ 12 gℛ

Rödlich, H. Fr. Beschreibung fünf verschiedener Arten Ziegelschneid-Maschinen. Mit 21 colorirten Steinabdrücken. Düsseldorf 1819. Fol.

Rödlich, Hieron. Frz., prakt. u. histor. Darstellung d. Erd-Bau-Kunst, wie solche in verschied. Welttheilen betrieben wird, nebst d. sichern Anweis. z. Verfertigung der im Wasser unauflösl. Mörtel-Steine u. Mörtel-Mauern. Nach d. Orig.-Anweis. d. verstorb. Fürstl.-Lichtenstein. Architekten Hartmuth. Mit vielen lith. Abbild. (6 Fol.-Taf.) Berlin 829, Nortmann. (?)
Wurde bereits 1826 unter dem weniger entsprech. Titel: Unentbehrl. Ergänzung rc. ausgegeben.

Rödlich. Entw. z. einer, sowohl f. d. Friedens- als Kriegszustand dauernd bleibenden Transportierungsanstalt f. Verwundete u. Kranke. Aachen 1815.

Rödlich. Entwurf zu einer . . . Transportirungs-Anstalt für Verwundete und Kranke. Aachen (1820). 8°.

Rödlich. Unentbehrliche Ergänzung u. Berichtigung eines vor Kurzem unter dem Titel: Anleitung zur Erd-Bau-Kunst (Pisébau) erschienenen Buches, oder Darstellung der Vorzüge u. des Unterschiedes zwischen dem wahren Erdstampfbau u. dem nassen Lehmstrohbau etc. Berlin 1826. 8.

Rödlich, H. Fr., (General-Major,) unentbehrl. Ergänzung u. Berichtigung eines vor kurzem unter d. Tit.: Anleit. z. Erd-Baukunst (Pisé-Bau) erschienenen Buches. Geschichtl. gesammelt u. nach eigenen Versuchen niedergeschrieben. Mit 6 Steintaf. in Fol. gr. 8. Berl. 826. Nortmann. 2 ℛ 12 gℛ
1829 unt. d. T.: prakt. u. histor. Darstellung d. Erd-Bau-Kunst, wie solche in verschiedenen Welttheilen betrieben wird, nebst d. sichern Anweis. z. Verfertigung der im Wasser unauflösl. Mörtel-Steine u. Mörtel-Mauern. Nach der Original-Anweis. der rc. Architekten Hartmuth. Mit 6 Steintaf. gr. 8. Ebd. 822. 2 ℛ 12 gℛ

Rödlich, Hieronymus Franz, s. Rumford, B. v.: Versuche.

Rödlich, H. F. Skizzen des physisch-moralischen Zustandes Dalmatiens und der Buchten von Cattaro . . . Berlin, in der Realschulbuchhandlung 1811
Tit., 1 Bl., 91 S.; 1 Karte u. 9 Taf. in Kupferst. 8°

— Skizzen d. physisch moral. Zustandes Dalmatiens u. d. Buchten v. Cataro. Mit 1 Karte u. 9 Kpftaf. gr. 8. Berl. 811. (Reimer). 2 ℛ 12 gℛ

Rödlich, H. F., k. preuss. General-Major. Stoff zum Nachdenken, oder Versuch einer Auflösung militärisch-scientifischer und technischer Probleme für die neuesten Zeiten. Mit 8 Kupfertaf. 4. Düsseldorf 1817.

— Stoff z. Nachdenken, od. Versuch e. Auflösung militärisch-scientifischer u. techn. Probleme. 1r Thl. Mit 8 Kpft. gr. 4. Düsseld. 817. Schreiner. 1 ℛ 16 gℛ

—— chronolog.-synchronist. Uebersicht u. Andeutungen f. d. Kriegsgeschichte, f. Handbibliothek f. Offiziere, XII. Bd. 2. Abthl. u.: S t u d n i t z , S.C.W.W.v.

– s. Venturi, J. B.: V. d. Ursprung.

Rodlo, Walt., Held u. Heldin. Improvisation. (79 S.) 8. Leipzig 906. Modernes Verlagsbureau. n. 2. —

Rodloff, Ch., die Beschälkrankheit und der Beschälausschlag der Pferde. Nach Beobachtungen pathologisch und therapeutisch bearb. Mit einem Vorw. von Gurlt u. 2 lith. Taf. (in 4., wovon 1 color.). Birnbaum 852. (Berlin, Oehmigke's Buchhdlg. in Comm.) 8. (XVI, 302 S.) nn. 1 ℛ 15 ngr.

Rodloff, Ch., Die Beschälkrankheit und der Beschälausschlag der Pferde. Mit Vorwort von Gurlt. Mit 2 Taf. in qu. 4°. (XVI., 302 S.) Berlin 53. Oehmigke. M. 4.50

Rodlow, s.: Wanka, Edler v. Rodlow.

Rödmann, Paul, prakt. Arzt aus Berlin: (Aus d. chirurg. Abt. d. städt. Krankenhauses am Urban zu Berlin. Dir. Prof. Dr. W. Körte.) Ueber **Harnblasenzerreissungen.** *Leipzig 1900: B. Georgi.* (44 S.) 8°
Leipzig, Med. Diss. v. (21. Juni) 1900

Rodmannshoefen, J. Bittrich-, s. Bittrich-Rodmannshoefen.

Rodo, Sebastian, Sammlung der niederösterreichischen Landesgesetze, betreffend die Volks- und Bürgerschulen, die gewerblichen Fortbildungsschulen und die Handelsschulen (nebst einigen wichtigen Statthalterei-Verordnungen und Kundmachungen. Zusammengestellt für den Zeitraum v. Jahre 1868 bis Ende des Jahres 1888. 8. (VI, 100 S.) —.80
Waidhofen a.d.Th.: Kargl 1889.

Rodosth, D., Achmet, der Kifraucher von Constantine. Ein arab. Roman in 3 Thln. Breslau 868. Trewendt. 8. (VIII, 768 S.) 3 ₰ 22½ ngr

Rodogüne, Prinzessin der Parther. Trauersp. 8. Leipz. Barth. 769.

— Trauersp. in 5 Aufz. nach Corneille, von A. Bode. 8. Berlin, Braunes. (Sommer in Leipz.) 803.

Rodolph, J.: De juramentis Hebraeorum. – Bernae 1706.

Rodolph, J., de temporibus sacris Hebraeorum. Bernae 1721. 4.

Rodolph, J. And., Glaubensverheißungspredigten. 4. Frankf. 727.

— katechet. Leuchter und Rauchwerk. 8. Bern, Haller. 711.

— lehr- und trostreiche Predigten. 4. Ebend. 718.

— theologia christiana. 8. ibid. 714.

Rodosto [Schlagwort]

Rodosto, s.: Europa. Generalkarte.

Rodowé, Wilh., Anleitung zu einer möglichst einfachen und dabei übersichtlichen Buchführung, zunächst für die bäuerlichen Wirthschaften im Landdrosteibezirk Osnabrück. Osnabrück 855. (Rackhorst.) gr. 8. (44 S.) 7½ ngr

Rodowe, Wlh. Ldw., Diss. inaug. jur. de eo quod justum est circa evictionem in donationibus praestandam. 4. Götting. 778. Dieterich. 2 gr

Rodowicz', T. A. G., essai d'une histoire de la littérature française composée d'extraits des plus ingénieux critiques modernes. 1. Partie comprenant les développements successifs de la littérature française jusqu'à la fin du dix-septième siècle. Rawicz 854. (Breslau, Gosohorsky.) gr. 8. (4 Bl., 174 S.) n. 15 ngr

Rodowicz', Th. v., „ach, du lieber Augustin", s.: Haus-Theater.

Rodowicz, W. Zur französischen Orthoepie. Rawicz, R., 1864. 21 S. 4. Progr.

Rodowicz von Oświęcinski, Theodor

Rodowicz-Oswięcimski, Thdr., practische Anweisung zum militärischen Croquiren für Officiere im Felde, nach neuen erprobten Principien bearb. Frankfurt a. M. 859. Jügel'sche Buchhdlg. in Comm. gr. 8. (52 S. m. Holzschn.) n. 18 ngr

Rodowicz v. Oswięcimski, freie Betrachtungen e. Greises über Religion. Allen Selbstdenkern gewidmet. gr. 8. (V, 274 S.) Leipzig 883. Findel. n. 3. —

Rodowicz, T., das Exercitium der Preuss. Infanterie nach dem neuen Reglement v. J. 1843 bildlich dargestellt. Neue nach d. Reglement von 1847 bearb. Aufl. gr. 8. (60 lith. Taf. u. 4 Bl. Text.) Berlin 847, G. Reimer. n. ⅔ ₰
1. Aufl. 1843.

Rodowicz v. Oswięcimski, Th., unter Englands Fahnen zur Zeit d. Krimkrieges. Humoristisch-satyr. Reminiscenzen. 2 Thle. 8. (à 242 S.) Hannover 875. Rümpler. 7. 50

Rodowicz-Oswięcimsky, Thdr., die Colonie Dona Francisca in Süd-Brasilien. Beiträge zur Chronik derselben, in Verbindung mit anderen Notizen und mehr als 50 grav. Abbildungen von Pflanzen, Maschinen, Ansiedlungen ꝛc. (auf 17 Stnt. in gr. 8. und 4.) gr. 8. (VI und 166 S.) Hamburg 853, Nestler und Melle. *

Rodowicz-Oswiečimsky, Theodor: Die Colonie Dona Francisca in Südbrasilien. Beiträge zur Chronik derselben .... Hbg: Nestler & Melle 1853. VI, 166 S. mit 14 Taf. und 1 Pl.

— Grundzüge zur Errichtung militairisch-organisirter Feuerwehre für wenig bemittelte Städte und Dörfer nebst vergleichender und durch Zeichnungen erläuterter Beschreibung der Feuerlösch- und Rettungsanstalten von Berlin, Paris und Hamburg. Nebst 3 (lith.) Taf. Berlin 854. Allgem. deutsche Verlagsanstalt. Fol. (46 S.) n. 1 ₰. 10 ngr

— Handbuch für Führer und Mannschaften der Bürgerwehr. Nach den für die preuß. Infanterie bestehenden Vorschriften bearb. und mit bildl. Darstellungen versehen. gr. 8. (VIII und 51 S. mit 20 Stnt.) Berlin 848, G. Reimer. *

— Karte von Helgoland. gr. Fol. Lith. Berlin 849, Schropp & Comp. n. ⅓ ₰; color. n. 1 ₰

Rodowicz-Oswiecimsky, Th. Konstruktion tragbarer Pontons zum Zusammenlegen. (Deutsch u. französ.) Mit Taf. Berlin 1854. 22 S. 4°

— aus dem Leben u. Treiben d. königl. preußischen berühmten u. berüchtigten General Staff. Humoristisch-histor. Reminiscenzen. 8. (237 S. m. e. Steintaf. in qu. gr. 4.) Stuttgart 875. Cotta. n. 4. —

Rodowicz-Oświęcinski, Thdr., über Militär-Transporte insbesond. der Schwer-Verwundeten auf den Eisenbahnen und von den Schlachtfeldern. 2. Aufl. gr. 8. (19 S. mit in den Text gedr. Holzschn.) Frankfurt a. M. 864, Hermann'sche Verlagsh. [Prag, Tempsky.] *

— die eiserne Portion. Mittheilungen von Erfahrungen auf dem Gebiete der Beköstigung im Frieden und im Kriege. Allen Freunden u. Feinden der comprimirten u. conservirten Nahrungsmittel gewidmet. Frankfurt a. M. 859. Auffarth. gr. 8. (2 Bl., 54 S.) n. 6 ngr

Rodowicz, Thdr., histor. Schul-Atlas mit Bezug auf Dielitz geograph.-synchronist. Uebersicht der Weltgeschichte. 3 Hefte. (1. Heft enthält: Alte Geschichte. 2. Heft: Mittlere Geschichte. 3. Heft: Neue Geschichte.) kl. Fol. (22 lith. und col. Blätter.) Berlin 843. (Schropp u. Co.) à n. ½ ₰

Rodowicz-Oswiecimsky, Thdr., Ueber Sklaverei, Leibeigenschaft und die Benützung des Versicherungsweges zur Lösung der Emancipationsfrage. gr. 8°. Breslau, Gosohorsky in Comm., 1858. (IV, 40 S.)

— Was und Wie? oder die Fundamente der Strategie und Taktik an Beispielen aus der Gegenwart erläutert. 2 Thle. Kiel 864. Akademische Buchhdlg. 3 ₰ 18 ngr
1. Thl.: Was? oder Grundzüge der Strategie am Beispiel des Schleswigschen Feldzuges vom Jahre 1864 erläutert. Mit 3 lith. Taf. (in 8. u. 4.) (XIX, 172 S.) 1 ₰ 6 ngr
2. Thl.: Wie? oder Grundzüge der Taktik mit Bezug auf die königl. preussischen Vorschriften für das Brigade-Exerciren nebst einem Anhang. Mit 17 lith. Taf. (in 4. u. Fol.) u. 9 Holzschn. (X, 199 S.) 2 ₰ 12 ngr

Rodowicz von Oswiecinski, Wegweiser durch Europa. Handbuch für Eisenbahn-Beamte etc. I. 1868-69. Frankfurt a. M. 1868

Rodowicz v. Oświęcinski, Wegweiser durch Europa. Handbuch für Eisenbahn-Beamte, Spediteure, Fabrikanten und andere Geschäftsleute. Nach directen amtl. und anderen officiellen Quellen bearb. Jahres-Ausg. 1868/69. Lex.-8. (XII, 232 S.) Frankfurt a. M. 869, (Jaeger'sche Buchh.) *

— die deutsche Wehr. Leitfaden für die Bestrebungen des deutschen Volkes zur Einigung behufs der Vertheidigung des Vaterlandes in Gemeinschaft mit den stehenden Heeren. Allen deutschen Männern, besonders aber den Turn- u. Schützen-Vereinen gewidmet. Frankfurt a. M. 861. Hermann'sche Verlhdlg. gr. 8. (IV, 44 S.) n. 8 ngr

Rodrian, Alfred, aus Zweibrücken: **Synthesen mit Hilfe von Blausäure.** *Heidelberg 1900: J. Hörning.* (33 S.) 8°
Heidelberg, Naturw.-math. Diss. v. 1900

Das Heideröschen. Ein Schauspiel in 5 Aufz. von Richard **Rodrian.** Berlin: Benekendorff 1909. 196 S. 8°

Rodrigo und Chimene, Trauerspiel in 5 Akten von A. Klingemann. gr. 8. Braunschweig, Meyer. 817.

Rodrigo u. Leonore, oder Verbrechen u. Kindesliebe; Trspl. in 4 A. 8. ... 807. (Lauffer in Leipz.) 10 gr

Rodrigo und Leonore; oder Verbrechen aus Kindesliebe. Trauersp. in 4 Akten. 8. Magdeburg, v. Schütz. 807.

Rodrigo u. Nnnila, v. Verf. d. Heliodorn, s. Gefangenen rc., die.

RODRIGO (ps.), Calliope. Eine Unterhaltung für seine Freunde. 1816.
Weller, Lex. Ps. p. 483. — Sehr rar!

Rodrigues, Abhandlungen üb. die Prinzipien der Mechanik, s.: Ostwald's, Wilh., Klassiker der exakten Wissenschaften. (Lagrange.)

Rodriguez v. Jesus Maria, die ehrwürdige Dienerin Gottes, Schwester Johanna. Lebensbild e. Franziskuskindes, v. e. Mitgliede d. Kapuzinerordens. 12. (VIII, 134 S. m. Titelbild in Lichtdr.) Mainz 891. F. Kirchheim. n. 1. 20

Rodriguez, Adolfo [Pseud.], s. Bécquer, Gustavo Adolfo

Rodriguez, Alonso

— Entwurf d. christl. Vollkommenheit, anfänglich v. Tricolet in diese Form gebracht, nun aus d. Latein. übers. v. Ildef. Haas. 2 Thle. 8. Augsb. 780. M. Rieger. 1 rl

Rodriguez, Alph., lehrr. u. erbaul. Erzählungen z. Stärkung in d. Uebung d. Vollkommenheit u. d. christl. Tugenden. Od.: Ein kernhafter Auszug aus dem Buche dieses Namens. Gesamm. v. Sim. Buchfelner. 8. (12 B.) Regensburg 841, Manz.

Rodriguez, Alphons, lehrreiche u. erbauliche Erzählungen, s. Buchfelner, Sim.

Roderici, A., exercitium profect. christ. III Pts. 4. Würceb. Stahel. (Fabricius, Coln.) 761.

Rodriguez, Alph., idea perfectionis christ. II Ptes. 8. (Würzburg) 765. (Stahel). 16 gr

—— Uebung der christlichen Vollkommenheit, s. Bibliothek für innerliche Seelen.

Rodriguez, Alph., Uebung der christlichen Vollkommenheit. Neu übers. von Chrph. Kleyboldt. 3 Bde. gr. 8. Mainz, Kirchheim. [1. (VIII und 490 S.) 2. (IV und 480 S.) 3. (IV und 393 S.) 854—55.] Thlr.

Rodriguez, Alphons, Uebung der christlichen Vollkommenheit. Neu übers. von Chrph. Kleyboldt. 3 Bde. 2. Aufl. 1857. und 3. Aufl. gr. 8. (XVI und 1363 S.) Mainz 861, Kirchheim.

Rodriguez, Alph., Uebung der christlichen Vollkommenheit. Neu übers. von Chrph. Kleyboldt. 4. Aufl. 3 Bde. gr. 8. (VIII, 490; VI, 480 u. IV, 393 S.) Mainz 879. 80. Kirchheim. 10. 80

Rodriguez, Alph., S. J., Uebung d. christlichen Vollkommenheit. Neu übers. v. Chrph. Kleyboldt. 3 Bde. 5. Aufl. gr. 8. (VIII, 490; VI, 480 u. IV, 393 S.) Mainz 896. F. Kirchheim. n. 10. 80; geb. in Halbfrz. n. 15. —

Rodriguez, Alph., S. J., Uebung der christlichen Vollkommenheit. Neu übers. v. Chrph. Kleyboldt. 3 Bde. 6. Aufl. gr. 8. (VIII, 490; VI, 480 u. IV, 393 S.) Mainz 901. [F. Kirchheim.] Regensburg, J. Habbel. n. 10. —; geb. in Halbfrz. n. 15. —

Rodriguez, Alphons, S. J., Uebung der christl. Vollkommenheit. Neu übers. v. Christoph Kleyboldt. 3 Bde. 7. verm. Aufl. (VIII, 490; VI, 480 u. IV, 397 S.) gr. 8. Regensburg 905. J. Habbel. n. 6. —

— Uebung der christlichen Vollkommenheit und Tugend. Aus dem spanischen Original übers. von Magnus Jocham. 3 Thle. Regensburg 862. Pustet. Lex.-8. (IV, 1000 S.) 2 ℛ 6 ngr

Rodriguez, Alph., Uebung der christlichen Vollkommenheit u. Tugend. Aus dem span. Originale übers. v. Magnus Jocham. 3 Thle. 2. verb. Aufl. Lex.-8. (IV, 351, 347 u. 304 S.) Regensburg 874. Pustet. n. 7. 20

Rodriguez, Alph., Uebung der christlichen Vollkommenheit u. Tugend. Aus dem span. Originale übers. v. Magnus Jocham. 3 Thle. in 1 Bde. 4., strengrev., complete Ausg. Lex.-8. (IV, 351; IV, 348 u. IV, 300 S. m. 1 Stahlst.) Regensburg 894. F. Pustet. 7. 20; geb. in Halbchagrin n. 8. 70

—— Uebung d. Vollkommenheit u. d. christl. Tugenden. (Uebers. v. J. B. Weigl u. Gallus Schwab.) 6 Bde. gr. 8. Wien, Mechitaristen-Congreg.-Buchh. [1. (24¼ B.), 2. (28¼ B.) 836. à ⅔ Thlr., 3. (29¼ B.) ¾ Thlr., 4. (20½ B.) 837., 5. (22½ B.) 838. à 7/12 Thlr., 6. (32 B.) 839. ⅚ Thlr.]

Rodriguez, Alphons —. Uebung der Vollkommenheit und der christlichen Tugenden. von — —. 1. Band. Dritte Auflage. (IV und 426 S. 3 Bl.) Wien. Mechitharisten. 1853.

Rodriguez, Alphons —. Uebung der Vollkommenheit und der christlichen Tugenden. 2. Band 3. Auflage. 8. (512 S.) Wien. Druck und Verlag der Mechitharisten-Congregations-Buchhandlung. 1854

Rodriguez, Alphons —. Uebung der Vollkommenheit und der christlichen Tugenden von — —. Dritte Auflage. 3. Band. 8. (528 S. und 3 Bl.) Wien. Druck und Verlag der Mechitharisten-Kongregations-Buchhandlung. 1854.

Rodriguez, Alphons —. Uebung der Vollkommenheit und der christlichen Tugenden von — —. 4. Band, oder zweite Hälfte des zweiten Buches. 3. Auflage. 8. (370 S. und 3 Blätt.) Wien. Druck und Verlag der Mechitharisten-Kongregations-Buchhandlung. 1854.

Rodriguez, Alphons —. Uebung der Vollkommenheit und der christlichen Tugenden, von — —. Fünfter Band oder erste Hälfte des dritten Buches, welches handelt von der Uebung der zum Ordensstande gehörigen Tugenden und von andern Dingen, welche zur Erlangung der Vollkommenheit sehr zuträglich sind. Dritte Auflage. 8. (398 S.) Wien. Druck und Verlag der Mechitharisten Congregat.-Buchhandlung, 1854.

Rodriguez, Alphons — Uebung der Vollkommenheit und der christlichen Tugenden von — —. Sechster und letzter Band, oder zweite Hälfte des dritten Buches, welches handelt von der Uebung der zum Ordensstande gehörigen Tugenden, und von andern Dingen, welche zur Erlangung der Vollkommenheit sehr zuträglich sind. Nebst Register über alle sechs Bände. Wien, 1854. Druck und Verlag der Mechitharisten-Kongregations-Buchhandlung. (VI. 340 S. 2 Bl.) 8°

Rodriguez, Alphons —. Realregister zu den sechs Bänden: Uebung der Vollkommenheit und der christlichen Tugenden. Von — —. Dritte Auflage. Wien. 1855. Druck und Verlag der Mechitharisten-Kongregations-Buchhandlung. (248 S. 8.)

Roderich, Alph., Uebungen christl. Tugenden u. geistl. Vollkommenheiten. 4. Cöln. 716.

Rodriguez, Alfonso. Die Vereinigung der Seele mit Jesus Christus. Geistliche Abhandlungen vom hl. Alfons R', Laienbruder der Gesellschaft Jesu. ([Uebersetzung] aus dem Französischen ins Deutsche; [hrg. von] Max, Herzog zu Sachsen, Freiburg ⟨Schweiz⟩.) Mit einem Titelbild [Porträt-Tafel]. XVI + 288 S. 8. Freiburg im Breisgau, Herder, 1907. [M. 1. 50]

Rodriguez, Alph., der Weg zur christl. Vollkommenheit. Im Auszug nach d. Franz. bearb. von e. kathol. Geistlichen. 2 Bde. gr. 12. (26 B.) Münster 843, Deiters. à *

Bildet auch den 6. u. 7. Thl. von: Treue Führer zum himmlischen Vaterlande.

— der Weg zur christl. Vollkommenheit. Im Auszug nach dem Französ. bearbeitet von einem kathol. Geistlichen. 1. 2. Bd. gr. 12. Münster 843, 44, Deiters. à n. 1/2 ꝛf — Vergl. Führer zum himml. Vaterlande, 6. Bd.

— der Weg zur christlichen Vollkommenheit. Im Auszuge nach dem Französischen bearb. von einem katholischen Geistlichen. 2 Bde. 3. Aufl. 8. (XII, 320 u. 316 S.) Münster 877. Aschendorff. 3. —

— der Weg zur christlichen Vollkommenheit. Im Auszuge nach dem Franz. bearb. v. e. kathol. Geistlichen. 2 Tle. in 1 Bd. 4. Aufl. 8. (XIV, 294 u. 292 S.) Münster 899. Aschendorff. 3. —

Rodriguez, Amelia, das Versprechen. Erzählung. Aus dem Portugies. übers. v. Lehmann. Mit Illustr. v. Gust. Olms. (61 S.) kl. 8. Frankenstein 903. Neu-Weißensee, H. W. Th. Dieter. — 20

Rodriguez, Amalia, das Versprechen. Jetzt: Freiburg i. B., Geschäftsstelle des Charitasverbandes.

Rodriguez, Enrique, a. Nicaragua: Aus der Universitäts-Augenklinik zu Marburg. Ein Beitrag zur Pathologie der Linse. Marburg 1905: Köster & Schell. (47 S.) 8°
Marburg, Med. Fak., Ref. Bach, Diss. v. 7. Juni 1905
[Geb. 31. März 79 Managua; Wohnort: Barcelona; Staatsangeh.: Nicaragua; Vorbildung: Gymn. Zürich Reife M. 98; Studium: Zürich 2, Kiel 1, Zürich 5, Marburg 2 S.; Rig. 20. Mai 05.]

Rodriquez, Ign., descriptiones de abbatibus, c. fig. fol. Würceb. 728.

— institutiones historiae univ. 8. Colon. 734.

Rodríguez, Teodoro, O. Aug., Elementos de química moderna. Obra declarada de texto en la mayor parte de los seminarios y en varios institutos de España. 3. ed. revisada y aumentada. 8. (VII, 131 S. m. 35 Fig.) Freiburg i/B. 901. Herder. n. 1. 20; kart. n. 1. 44; geb. in Leinw. n. 2. —

Rodriguez, Teodoro, O. Aug., elementos de química moderna. Obra declarada de texto en la mayor parte de los seminarios y en varios institutos de España. 4. ed. revisada y aumentada. (VII, 136 S. m. 43 Fig.) 8. Freiburg i/B. 907. Herder. 1.20; kart. 1.44; geb. 1.72

Rodriguez de Freitas, A. Luisa, nova grammatica allemã, s.: Prévot, Jose.

Rodrique, Mlle Alice, les feuilles panachées et les feuilles colorées, s.: Mémoires de l'herbier Boissier. Nr. 17.

Rodschied, Er. Karl, medicin.-chirurg. Bemerkk. üb. d. Klima, Lebensweise u. Krankheiten d. Einwohner d. holländ. Kolonie Rio Essequebo. gr. 8. Frankf. a. M. 796. Jäger. 1 ꝛf

Rödström, P., De imaginibus Sophocleis a rerum natura sumptis. Diss. 1883. 42 S. 2.—

Rodt. Cäcilie von

Rodt, C. v., Bilder aus Konstantinopel. Reise-Erinnergn. [Aus: „Der Bund".] 8. (40 S.) Bern 897. (Ch. Künzi-Locher.) n. — 80

Rodt, C[äcilie] v[on]. Römische Festtage. [S.A.] 8. Bern 1896 (*Umschlag: 1897*).

— Frühlingstage in Griechenland. Reise-Erinnergn. [Aus: „Sonntagsblatt des Bund".] 8. (28 S.) Ebd. 896. n. — 50

— aus d. alten Illyrien. Reiseerinnergn. 8. (93 S.) Bern 897. (Schmid & Francke.) n.n. 1. —

— Kairo. 8. (46 S.) Bern 897. (Ch. Künzi-Locher.) n. — 60

— in Kleinasien. (Tagebuchblätter.) 8. (29 S.) Ebd. 896. n. — 50

Rodt, Cäcilie von. Reise einer Schweizerin um die Welt. (Volkstümliches Prachtwerk, Mit 700 Illustrationen [wovon 148 Tafeln]. Vorwort von Nationalrat Dr. Albert Gobat, Erziehungsdirektor des Kantons Bern. IV + 715 S. 4. Neuenburg, F. Zahn, (1903). [Subscr.: 15 Liefg. *à* fr. 1. 25, cpl. fr. 18. 75 *u.* geb. fr. 24. —; Ladenpreis: *à* fr. 2. —, *resp.* fr. 30. — *u.* fr. 35. —]

— Reise e. Schweizerin um die Welt. Vorwort von A. Gobat. (716 S. m. 700 Abbildgn.) Lex.-8. Neuenburg (904). F. Zahn. n. 16. —; geb. in Leinw. n. 20. —; auch in 15 Lfgn. à 1. —

Rodt, C. v., Reise-Erinnerungen aus Algier u. Tunis. 8. (71 S.) Bern 899. (Ch. Künzi-Locher.) n. 1. —

— acht Tage in Nubien. Reise-Erinnergn. [Aus: „Berner Heim".] 8. (24 S.) Ebd. 896. n. — 50

— von Cairo nach Jerusalem. Reiseerinnerg. [Aus: „Berner Heim".] 8. (28 S.) Ebd. 896. n. — 50

Rodt, Cäcilie v(on). Aus Central- und Südamerica. [Mit Illustrationen, 21 Tafeln und 1 Karte.] II + 359 S. 8. Bern, W. Wälchli, 1907. [fr. 10. —, geb. 12. —]

(Rodt, Ed[uard] von). Die Banner der Stadt und Landschaft Bern. [SA.] 8. [Bern 1894.]

Rodt, Ed. v. Das alte Bern nach Zeichnungen, Chroniken und eigenen Aufnahmen gesammelt und herausgegeben. In-Fol., 24 Blatt in Lichtdruck von Glinz. Bern, F. Corradi-Janitsch. 1880.

Rodt, E. v., das alte Bern, nach Zeichnungen und eigenen Aufnahmen. 1. Serie. Fol. (21 Bl. in Lichtdr.) Bern 880, (Huber und Comp.) In Mappe * 20 —
Vergriffen.
—— dass. — 2. Serie. Fol. (24 Bl. in Lichtdr.) (Ebendas.) 881. In Mappe * 25 —

Rodt, Ed. v., das alte Bern. Nach Zeichnungen und eigenen Aufnahmen. 2. Abdr. gr. Fol. (24 Lichtdr.-Taf.) Bern 885. Huber und Comp. In Mappe * 20 —

Rodt, E. v. Das alte Bern. Nach Zeichnungen und eigenen Aufnahmen gesammelt. 3. Folge. 25 Blatt. In-fol. Bern, Schmid, Francke & Co. 1894 In Mappe 25 —

Rodt, Eduard von. Bern im XIII. und XIV. Jahrhundert. Nebst einem Rückblick auf die Vorgeschichte der Stadt. Mit achtundzwanzig Abbildungen [wovon 1 Tafel], meist nach Photographien von F[ranz] Rohr, und einem Stadtplan vom Jahre 1583. IV + 184 S. gr.-8. Bern, A. Francke, 1907. (fr. 6. —, geb. 7. 50)

Rodt, Eduard von. Bern im fünfzehnten Jahrhundert. Mit neunundvierzig Abbildungen [wovon 2 Tafeln]. IV + 182 S. gr.-8. Bern, A. Francke, 1905. (fr. 6. —, geb. 7. 50)

Rodt, Eduard von. Bern im sechzehnten Jahrhundert. Mit neunundzwanzig Abbildungen und Facsimiledrucken [wovon 5 Tafeln]. IV + 156 S. gr.-8. Bern, A. Francke, 1904. [fr. 6. —, geb. fr. 7. 50]

Rodt, Eduard von. Bern im siebzehnten Jahrhundert. Mit 25 Abbildungen [und 1 Tafel]. IV + 144 S. gr.-8. Bern, A. Francke, 1903. [geb. fr. 7. 50]

Rodt, Eduard von. Bern im achtzehnten Jahrhundert. Mit 23 Abbildungen und 1 Karte. IV + 143 S. gr.-8. Bern, Schmid & Francke. 1901. [geb. fr. 6. —]

[J.] Bern im neunzehnten Jahrhundert. Von Eduard v. Rodt, Architekt. M. 30 Abb., 2 Pl. u. 1 Panorama. *Bern: Schmid & Franke 1898.* (4 Bl., 128 S., 2 Taf., 2 Pl.) 1 Bd 4.(8.) [98. 2500

Rodt, Eduard von. Bernische Burgen. Ein Beitrag zu ihrer Geschichte. Mit 76 Illustrationen und einer Karte [sowie illustriertem Umschlag]. 161 S. gr.-8. Bern, A. Francke, 1909. [Subscr. fr. 5. —, geb. 6. —; im Buchh. fr. 6. —, geb. 7. 50]

Rodt, E[duard] von. Berns Burgerschaft und Gesellschaften. Mit 4 Abbildungen [Tafeln]. 4. Bern 1891.
Ausg. A. Festschrift zur VII. Säkularfeier der Gründung Berns. (Theil 2.)
Ausg. B. [Sep.-Ausg.]

Rodt, Ed. v. Berns Burgerschaft u. Gesellschaften. Imp.-4. (114 S. m. 4 Abbildgn.) Bern 891, (Schmid, Francke u. Comp.). * 5 —

Rodt, E. v. Kunstgeschichtliche Denkmäler aus der Schweiz. I. Serie. In-fol. 25 Blatt. Bern, Huber & Cie. 1883. 25 —

— Kunstgeschichtl. Denkmäler d. Schweiz. I. Ser. N. A. 25 Bl. In-fol. In authographischem Druck ausgeführt. Bern, Huber & Co. 1884. In eleg. Mappe 25 —

Rodt, E. von. Kunstgeschichtliche Denkmäler der Schweiz. II. Serie. 25 Bl. autogr. Federzeichnungen. In-4°. Bern, Huber & Co. 1884. In Mappe 25 —

Rodt, E. v. Kunstgeschichtl. Denkmäler d. Schweiz. 3. Serie. In-fol. Bern, Huber & Cie. 1885. In Mappe 25 —

Rodt, E. von. Kunstgeschichtliche Denkmäler der Schweiz. 4. Serie. 25 Bl. gr. in-fol. Mit den Erläuterungen zu Serie I—IV, 8 S. gr. in-fol. Bern, Huber & Cie. (H. Körber). 1887. In eleganter Mappe 26 20

— Bernische Stadtgeschichte. Mit 9 Abbildgn. gr. 8. (XV, 308 S.) Ebend. 886. n. 5. —; Einbd. nn. 1. 20

v. Rodt, Emanuel, die Feldzüge Karls des Kühnen, Herzogs von Burgund u. seiner Erben. Mit besond. Bezug auf die Theilnahme der Schweizer an denselben. 2 Bde. gr. 8. (Mit Karten u. Plänen.) Schaffhausen 843, 44, Hurter. (1. n. 3 ₰ 2. n. $3^1/_2$ ₰) $6^1/_2$ ₰

Rodt, Emanuel von. Die Feldzüge Karls des Kühnen... und seiner Erben. Mit besonderem Bezug auf die Theilnahme der Schweizer an denselben. Mit [6] Karten und Plänen. 2 Bände. 8. Schaffhausen 1843–1844.

Rodt, Emanuel von, s. Frickards: Beschreibung des Twingherrenstreites.

Rodt, Emanuel v[on]. Geschichte des Bernerischen Kriegswesens (°*Umschlag:* des Kriegswesens der Berner). Von der Gründung der Stadt Bern, bis zur Staatsumwälzung von 1798. (*Heft 1 u. 2:* Mit theilweisem Hinblick auf die Taktik und Kriegskunst der alten Schweizer überhaupt.) Grossentheils (°*Heft 3:* Grösstentheils) aus urkundlichen Quellen geschöpft. (3 Hefte.) [2 Theile.] Bern 1831–1837.
[Theil 1. Text.] 8. 1831–1834.
[Theil 2] *u. d. T.:* Umrisse zur Geschichte des bernischen Kriegswesens [13 Tafeln mit Erklärung.] 4. 1837.

Rodt, Em. v., Geschichte d. Bernerischen Kriegswesens. Von d. Gründung d. Stadt Bern bis z. Staatsumwälzung v. 1798. Mit theilweis. Hinblick auf d. Taktik u. Kriegskunst d. alten Schweizer überh. Großenth. aus urkundl. Quellen geschöpft. 3 Bde. gr. 8. ($82^1/_4$ B.) Bern, Jenni, Sohn. Thlr.
Bd. 1. Von d. Gründung d. Stadt Bern, bis z. ewigen Frieden mit Frankreich, 1191—1516. 831. 1 Thlr. 8 Gr.
„ 2. Vom ewig. Frieden m. Frankreich, bis zu d. Zeiten d. Bauernkriegs, 1516—1653. 831. 1 Thlr. 8 Gr.
„ 3. Von d. Zeiten d. Bauernkrieges, bis z. franz. Invasion, 1653—1798. 834. 2 Thlr.

Rodt, Em. v., Umrisse z. Geschichte d. bern. Kriegswesens. qu. Fol. (2 B. u. 13 lith. Blätt., qu. ½ Fol.) Bern 837, Jenni Sohn.

v. Rodt, E. Geschichte des Bernerischen Kriegswesens. 2 Bde. (XXIV. 592) 8. M. 63 Tfln. Bern 1831. 39. 11.50.

Rodt, Fr. L., Zeichenunterrichtsbriefe. 2. Aufl. Wegweiser f. e. zeit- u. naturgemäßen Betrieb des element. Zeichenunterrichtes. 16 Hefte. (336 S. m. Fig.) 30,5×23,5 cm. Komotau (909). (W. Benker.) à Heft nn 1.—

Rodt, Rud., Gedichte in allerlei Humoren. 16. (XIV und 210 S.) Stuttgart 853, Scheitlin's Vrlgsh. *

Rodt, Rud., Gedichte in allerlei Humoren. 2. Aufl. 16. (XIV und 210 S.) Stuttgart 864, Schober. 10 Ngr.; cart. - geb.

Rodt, Walther E[manuel] von. Musik und Narkose. Diss. Med. Bern. [Mit Figuren.] 40 S. 8. Bern, Stämpfli & Cie., 1903.

Rodtberg, Joh. Godofr.: Tractationis juris publici Germanici de praecipuis differentiis in ordine procedendi inter summa imperii Romano Germanici tribunalia, disquisitio prima. Marburgi Catt. 1724.

Roedter, Heinrich

--(ed). Leben-Charakter u Tod d dten Patrioten Dr. Fr. Ludwig Wiedig ... Cincinnati. 1846.

RODUST, GOTTL. JOACH., Diss. inaug. med. de hydrope ascite. Kiliae. 1800.

Rodwald, Bruno. 1868—1889. Romantisch-histor. Zeitgemälde aus der österreich. Zeitgeschichte. 1.—7. Heft. gr. 8. (à Heft 96 S.) [Verl. 889.] Spandau, Schob. à Heft — 50; 3 50

— das Geheimniß e. Jagdschlosses od. die Dornen der Fürstenkrone. 30 Jahre aus dem Leben e. Kaisersohnes. Romantisch-histor. Sittengemälde in 4 Büchern. 1.—16. Lfg. gr. 8. (S. 1—512.) Ebd. 889. à — 10

Rodwald, Bruno, Das Geheimniss eines Jagdschlosses oder die Dornen der Fürstenkrone. Dreissig Jahre aus dem Leben ... Romantisch-histor. Sittengemälde in 4 Büchern. Berlin 1889. Verlag v. G. Schwab.
In Oesterreich verboten.

— von Solferino bis Maierling. Historischer Roman aus den letzten 30 Jahren. 1.—5. Hft. gr. 8. (S. 1—480.) Ebd. 889. à — 50

Rody, Heinrich

Rody, H., der Altkatholicismus gerichtet durch seine Freunde. Zeitstudie. gr. 8. (48 S.) Mainz 874, Kirchheim. *

—— s. Bewegung, die katholische.

Rody, H., aus Feindesmund. Anerkenng. d. Centrums, insbes. s. sozialpolit. Thätigkeit, durch d. Gegner. 8. (63 S.) Trier 897. Paulinus-Druckerei. n. — 70

[F.] Aus Feindesmund. Anerkennung d. Centrums, insbes. seiner sozialpolit. Thätigkeit, durch die Gegner. Von Dr. H[einr.] Rody. *Trier: Paulinus-Dr. 1898.* (62 S., 1 Bl.) 1 Bd 8. 99. 23

—— Modernes Heldentum. Würzburg, Woerl, 1874, 8°, 31 S., 20 Pf. (Kompaß für das kath. Volk Bd. 3, Nr. 2.)

[F.] Kulturfortschritt oder Rückschritt? Antwort auf e. landläufige Frage. Von Dr. H[einr.] Rody. Deutschlands grösste Dichterin. E. Jubiläumsgedenkbl. Von A. Zottmann. *Frankfurt a. M.: P. Kreuer 1597.* (32 S.) 8.
= Broschüren, Frankfurter zeitgemässe. N. F. Bd 18. H. 2. 97. 23

Rody, Heinrich, Die moderne Litteratur in ihren Beziehungen zu Glaube u. Sitte. Randglossen zur Umsturzvorlage. Mainz, Kirchheim, 1895. 8°, X, 96 S., 1 Mk.
Recens. Stimmen a. M.-Laach Bd. 49, S. 106. Pastor bonus 1895, S. 254—6.

—— Die moderne Litteratur in ihren Beziehungen zu Glaube u. Sitte. Randglossen zur Umsturzvorlage. Mainz, Kirchheim, 1895, gr. 8°, XII, 96 S., 2. Aufl., 1 Mk.
Innerhalb der ersten 3 Wochen nach ihrem Erscheinen wurden von dieser Schrift 3000 Exemplare ausgegeben. Sie ist mehr als eine Tagesschrift, da sie für die Kultur- u. Sittengeschichte Deutschlands eine bleibende Bedeutung hat. Vgl. Litt. Rundsch. 1895, S. 185. Linzer Quartalschr. 1896, S. 340.

Rody, H.,
— die Welt will betrogen sein, oder gründet Preßvereine, | s.: Compaß f. das katholische Volk.

Rodziewicz, Marie: A n i m a vilis. Roman. Uebers. aus d. Poln. von A. Brandt. Mit Ill. von R. A. Jaumann. Berlin, Eisenach, Leipzig: H. Hillger [1899]. (128 S.) 8°
= Bücherschatz, Kürschners. No 125.

Rodziewicz, Marie, anima vilis, s.: Kürschner's, Jos., Bücherschatz.

Rodziewicz, Marie, Dewajtis. Roman. Aus dem Poln. 8. (380 S.) Stuttgart 894. Deutsche Verlags-Anstalt. n. 4. —; geb. n.n. 5. —

— Dewajtis. Roman. Aus dem Poln. (Neue [Titel-] Ausg.) 8. (380 S.) Stuttgart [894.] (902). Deutsche Verlags-Anstalt. n. 1. 50; geb. n. 1. 75

-- Geld u. Arbeit od. der tyrann. Großvater. Roman. Deutsch v. Joh. Praun. 8. (245 S.) Mannheim 891. J. Bensheimer's Verl. n. 3. -

Rodziewicz, Marya, das Märchen vom Glück, s.: Universal-Bibliothek.

—— Sie. Roman. 8. (269 S.) Stuttg. 892, Deutsche Verlags-Anstalt. 3 —; geb. 4 —

— Sie. Roman. (Neue [Titel-]Ausg.) 8. (269 S.) Ebd. [892.] (902). n. 1. —; geb. n. 1. 26

Rodziszewski, T., Bajki i powiastki z 8 rycinami kolorowanemi. 3. Aufl. 12. Warschau 847, Orgelbraud. 3/4 ₰ (dito z czarnemi 7/12 ₰ dito bez rycin 1/4 ₰)

Rodzynski, G. v. (Pseud.), s.a. B a u s c h k e, Moritz Gustav

Rodzynski, G. v., Cholera-, Knall- u. and. Bonbons, in bunten Papieren geboten. 32. (1 B.) Dresden 832. [Berlin, Lewent.] Vergriffen.

v. Rodzynski, G., Cholera-, Knall- u. andere Bonbons, in bunten Papieren geboten. 32. Dresd. 832. (Berl.), Schumann's Verlags-Compt. 4 Gr

Charles Roe

Carl Roe's [A Treatise on the natural small pox. Deutsch?] Abhandlung von den natürlichen Pocken nebst einigen Bemerkungen und Beobachtungen über die Einimpfung derselben. Aus d. Engl. übers. [Übers.: Karl Heinrich Spohr.] Lemgo 1786: Meyer. 84 S. 8°

Roe, E. P., wie sich Jemand in seine Frau verliebt, s.: Universal-Bibliothek.

Roe Jr., **Edward Drake**, M. A., ⟨Associate Prof. of Mathematics in Oberlin College⟩, aus Elmira: **Die Entwickelung der Sylvester'schen Determinante nach Normal-Formen.** *Leipzig 1898: B. G. Teubner.* (VI, 52 S.) 8°
Erlangen, Phil. Diss. v. 20. Juli 1898

Die Entwickelung der Sylvester'schen Determinante nach Normal-Formen von Dr. Edward Drake **Roe**. Leipzig: Teubner 1898. VI, 52 S. 8° A 12. 1021 II

Roel, s. Röl.

Roelfsema, J., zur religiösen Gegenwart, mit besonderer Beziehung auf ostfriesische Verhältnisse. Leer 862. Meyer. gr. 8. (31 S.) n. 5 ngr.

Roëll, Paul v., **Hohenzollern-Sang.** Kaiserlieder u. patriot. Gedichte f. Schule u. Haus. 8. (110 S.) Berlin 899. R. Kühn. Kart. n. 1. 50

— ich liebe Dich! Lieder f. Dich u. mich. gr. 16. (64 S.) Ebd. 899. Geb. in Leinw. n. 1. 50

Roëll, Paul Frhr. v., Schwert und Rose. Lieder und Gedichte. 8. (127 S.) Berlin 886, Voß. geb. mit Goldschn. * 4 —

— u. Geo. **Epstein, Bismarcks Staatsrecht.** Die Stellungnahme des Fürsten Otto v. Bismarck zu den wichtigsten Fragen des deutschen u. preuß. Staatsrechts, nach amtl., privaten u. zeitgenöss. Quellen bearb. u. hrsg. gr. 8. (VII, 488 S.) Berlin 903. F. Dümmler's Verlag. n. 7. 50; geb. n. 9. —

Roëll, Paul von: Wider die Zwangs-Solidarhaft. Berlin 1880.

Röer, (Hans Heinrich) Eduard

Röer, E., das speculative Denken in seiner Fortbewegung zur Idee. gr. 8. (13¾ B.) Berlin 837, G. Reimer. Thlr.

H.. H.. E.. **Röer** üb. Herbart's Methode d. Beziehungen; e. Beitr. z. Revision d. Metaphysik. *Braunschw.*, Verlagscomt. 833. gr 12° 1 ₰

Röer, H. H. E., über Herbart's Methode d. Beziehungen. Ein Beitrag z. Revision d. Metaphysik. gr. 12. (8⅔ B.) Braunschweig 833, [Horneyer.]

Röerkohl, Josef, approb. Arzt aus Albersloh ⟨Westf.⟩: **Die verschiedenen Methoden der Anlegung von Magenfisteln bei Oesophaguscarcinom.** *Würzburg 1896 [vielm. 1901/02]: P. Scheiner.* (31 S.) 8°
Würzburg, Med. Diss. v. 1896

Roest van Limburg, Theod. Mar., Disputatio juridico-politica inaug. de jure reipublicae cum deficientibus ab alia republica provinciis, velut cum civitate sui juris, agendi. 8maj. Lugduni Bat. 831. (Rotterdami, Hartmann jun.) 5 sgr

Rofan-Gruppe [Schlagwort]

Rofan-Gruppe. Waltenberger, E., Special-Karte der Rofan-Gruppe (Sonnenwond-Gebirge) m. Umgebung des Achen-See's. 1 : 50.000. 43,5×36 cm. Farbdr. München 900. J. Lindauer. n. 1. 50

Rofe, Israel Sam., Joreh Deah-Lexicon nebst dem Commentar Chuke Daath von Rabbi Moses Jekutiel Hakohen herausg. mit vielen Erläuterungen und Zusätzen von M. H. Friedländer. (In hebräischer Sprache.) Wien 865. (Knöpflmacher & Söhne.) 8. (248 S.) 1 ₰

Roeffel, J. J. (Resp.): Diss. de trepanatione, s. Buechner, And. El. de (Praes.)

Gedichte von Albert **Roffhack**. Mit Zeichn. und Orig.-Lithogr. von Franz Hein. *Breslau: S. Schottlaender 1900.* (139 S.) 8° [F.] (00. 4300

Gedichte von Albert **Roffhack**. Mit Zeichnungen u. Orig.-Lithogr. von Franz Hein. 2., durchges. u. verm. Aufl. *Breslau: S. Schottlaender; Leipzig: E. F. Steinacker 1903.* (184 S.) 8° [F.] (03. 4800

Roffhack, Alb., die Leiden der jungen Lina. Eine Satire aus unsern Tagen in 5 Gesängen. 16. (180 S.) Leipzig 866, Brockhaus. *

—— das Lilienmärchen. Ein Gedicht. 16. (66 S.) Leipzig 866, Brockhaus. cart. mit Goldschn. *

Roffhack, Ernst Günther
Theses.
Giessae 19. 5. 1800. 8 S.

Roffhack, Herbert: Der Wildschadenersatz nach altem und neuem Recht. Borna-Leipzig 1907: R. Noske. (32 S.) 8° [F.]
Heidelberg, Jur. Fak., Ref. Schroeder, Diss. v. 14. Mai 1907
[Geb. 8. Nov. 81 Straßburg i. E.; Wohnort: Karlsruhe; Staatsangeh.: Baden; Vorbildung: Gymn. Karlsruhe Reife Juli 01; Studium: Bonn 2, Heidelberg 1, Genf 1, Berlin 1, Heidelberg 3 S.; Rig. 8. März 07.]

Roffhack, Carl, die Apokryphenfrage. Predigt über Sprüche 30, V. 5 und 6. gr. 8. (16 S.) Barmen 855, (Sartorius.)

Roffhack, Carl, die Auferweckung Lazari u. ihre nächste Folgen. In 8 Predigten. gr. 12. (91 S.) Barmen 848, Sartorius. 12 ngr

Roffhack, C., zwei Blätter aus Davids Leben beleuchtet in einem Cyclus von Betrachtungen über 2. Sam. 11 u. 12 u. Psalm 51. Barmen 864. Langewiesche's Verlag in Comm. 8. (2 Bl., 164 S.) n. 12½ ngr.

Roffhack, C., Daniel in der Löwengrube. Ein Lebensbild aus den Zeiten des Exils in fünf Betrachtungen. 1. und 2. Aufl. gr. 8. (52 S.) Barmen 859, Langewiesche's Verlag.

Roffhack, C., das Evangelium nach Sanct Johannes, ausgelegt f. die Gemeinde. 1. u. 2. Bd. gr. 8. Gotha 871. F. A. Perthes. n. 10. 50
1. [Kap. I—X, 39.] (VIII, 458 S.) n. 6. —
2. [Kap. X, 40—XXI.] (IV, 483 S.) n. 4. 50

— s.: Festreden, allerlei.

—— Freiheit, Gleichheit, Brüderlichkeit. Drei Zeitpredigten. gr. 8. (34 S.) Barmen 848, Sartorius. *

—— christliche Haustafel. Vier Predigten über Epheser 5, 22. bis Cap. 6, 9. 12. (3½ B.) Barmen 843, Steinhaus. *

Roffhack, C., Hephata, das ist: Thue dich auf! Predigt über Marc. 7, 31—37. Barmen 867. Elberfeld, Bädeker'sche Buchh. gr. 8. (15 S.) n. 2 ngr.

— der Herr ist mein Hirte. Predigt. In 3 Abthlgn. Berlin 868. Rauh. gr. 8. (VI, 174 S., 173 S. u. 167 S.) Jede Abthlg. n. 20 ngr

—— dass. — 2. und 3. (Schluß-)Abthl. Lex.-8. (173; 167 S.) Ebendas. 869. à Abthl. *ℳ 2. *

Roffhack, C., Homilie üb. Psalm 33, am 17. April 1831 geh. gr. 8. (1¼ B.) M.Gladbach. [Elberfeld, J. W. Schmachtenberg.] (1832)

— Ruf zur lebendigen Quelle. Gastpredigt über Evang. Joh. 7, 37—39, gehalten in der reformirten Gemeinde zu Barmen-Gemarke. Barmen 868. (Berlin, Beck.) gr. 8. (14 S.) n. 2 ngr

— Schöpfung u. Erlösung oder das Doppelfest im Himmel nach Offenb. IV. u. V. in sechs Betrachtungen. Barmen 866. (Bädeker'sche Buchh.) gr. 8. (83 S.) n. 10 ngr

—— Schrift-Deutungen. Alttestamentliches und Neutestamentliches in Predigten. 1. Heft. gr. 8. (46 S.) Barmen 866, (Bädeker'sche Buchh.) *

— Triumph der Liebe. Nach dem neutestamentl. Hohenlied: 1. Cor. XIII. in vier Betrachtungen. Barmen 865. (Langewiesche's Verlag.) gr. 8. (48 S.) n. 7½ ngr

Roffhack, C., Gottes Wort u. seine neuesten Verklager. Fünf Glaubensfragen beantwortet. gr. 8. (4 B.) Barmen 846, Sartorius. *

(Roffhack. Theod., Ehlen, Ferd., Wesendonck, Herm., Klocke, Jul., Ernst Capelle) Lehrplan für den Unterricht in Religionslehre, Geschichte, Mathematik und Naturwissenschaften. 10 S. Oberhausen 1881.
Lehrplan für den Unterricht in der deutschen Grammatik. 52 u. III SS. 8. Progr. Oberhausen 1883.

Rog, R., Patkul. Histor. Roman. 2 Thle. 8. (34 B.) Leipzig 835, Kollmann.

Rogač, J., u. Matija Torkar. Življenje svetnikov in svetnic Božjih. V Celovcu, St. Hermagoras-Druck. u. Blaznik in Laibach, 1867—74. 4 Bde. — 2. izdaja. V Celovcu, St. Hermagoras-Druck., 1906—08. 2 Tle.

ROGAČ, Josephus: S. Optati Afri episcopi Milevitani de schismate donatistarum libri 7. — (1860) 106 S. 4° (Handschr.) Diss. 252

Diss. Wien, Univ.

Rogacci, Benedetto

Rogacci, Benedikt, von dem Einen Nothwendigen. Aus dem Italien. übers. von F. X. Lierheimer. 3 Thle. gr. 8. Regensburg, Manz. [1. Thl. (808 S.) 857. 2 Thlr. 15 Ngr., 2. Thl. (588 S.) 858. 1 Thlr. 25⅓ Ngr., 3. Thl. (717 S.) 859. 2 Thlr. 7½ Ngr.]

Rogacci, Bened., S. J., von dem Einen Notwendigen. Anleitg. zur Liebe Gottes. Nach dem v. Fr. X. Lierheimer übers. Original frei bearb. u. in 2. gekürzter Aufl. hrsg. v. Jul. Müllendorff, S. J. Lex.-8. (XVI, 859 S. m. 1 Stahlst.) Regensburg 901. Verlagsanstalt vorm. G. J. Manz. n. 7.—; geb. n.n. 9.—

Rogazzi, B., einzig nothw. Erkennt. u. Liebe Gottes, a. d. Ital. v. Kuhlmann. 3 Thle. 12. Wien, Gerold. 737.

Rogacci, Bett., einzig nothwendige Erkenntniß u. Liebe Gottes; aus d. Italien. 3 Thle. 8. Augsb. 773. Wolff. 20 gr. (a. Kranzfelder das.) 18 gr. — Dass. aus d. Italien. unt. d. T.: Kunst d. Heiligkeit, d. i. kurze u. gründl. Weise, sein Leben heilig zuzubringen; ins kurze gezogen v. B. Kapsauf. 8. Freysing 766.

Rogaccii, Bened., christl. Grundwahrh. od. Betracht. z. Verbesser. d. Sitten. 4. Ingolst. Krüll. 721.

Rogacci, Benedetto. Brevis Instructio secundum Deum et divinum ejus beneplacitum vivendi . . . Oppaviae 1740. Ü: *Schmidl, Johann.* (Jes)

— Christiani hominis judicia et mores correcti. 8. ibidem. 716.

— die Kunst, heilig zu leben; aus d. Latein. im Auszuge v. B. Cuperg. gr. 8. Münch. 821. Lentner. 6 gr.

Rogacius, die Kunst, heilig zu leben. A. d. Latein. im Auszuge, v. B. Cuperg. gr. 8. Münch. 822, Lentner.

Rogacci, die Kunst heilig zu werden. Zum Besten aller Christen, welche in was immer für einem Stand heilig leben wollen. Aus dem Latein. Neue Aufl. 16. (276 S.) Regensburg 874, Manz.

Rogacci, Benedikt, über den vertraulichen Umgang mit Gott. Aus dem Italien. übers. Neue Aufl. 16. (298 S.) Regensburg 875. Manz. — 90

Tabelle zur Berechnung des Taxwerthes für Holz nach Festmetern u. dergl. Aufgest. vom K. Forstaufseher Rogacki. *Lautenburg: M. Jung [1897].* (24 S.) 4° [F.]

Rogage, Ernst Erich, prakt. Arzt in Aulowönen, ⟨Kr. Insterburg⟩: Zur Statistik der Gesichtslagengeburt. *Halle a. S. 1902: C. A. Kaemmerer & Co.* (31 S.) 8°
Halle, Med. Diss. v. 5. März 1902

Rogal, Paul, s.: Napoleon I., seine wichtigsten Ansichten u. Urteile.

Rögal, Ant. Rede bei der feierlichen Einweihung des Denkmals für Andreas Edlen v. Hofer. 8. Innsbruck 1834.

Rogala, Sigismund: Die Anfänge des Arianismus. Paderborn 1907: F. Schöningh. (41 S.) 8° ¶ (Erscheint vollst. als: „Forschungen zur christlichen Literatur- und Dogmengeschichte" Bd 7 H. 1 im gleichen Verlage.)
Münster, Theol. Fak., Ref. Diekamp, Diss. v. 13. Febr. 1907
[Geb. 14. Okt. 79 Kamin (Westpr.); Wohnort: Pelplin; Staatsangeh.: Preußen; Vorbildung: Gymn. Konitz Reife O. 98; Studium: Pelplin 6, Breslau 1, Münster 4 S.; Rig. 13. Febr. 07.]

Die Anfänge des Arianischen Streites untersucht von Dr. theol. Sigismund Rogala. Paderborn: F. Schöningh 1907. (115 S.) 8° = Forschungen z. Christl. Literatur- u. Dogmengeschichte. Bd 7, H. 1.

Rogall, Georg F.

Rogall, G. F., de auctoritate et antiquitate interpunctionis in N. T. Regiom. 1731. 4.

Rogall, Geo. F., Erklär. d. Br. P. an d. Römer, statt e. Epistelpostille auf alle Sonn- und Festt. d. ganz. Jahr. 4. Königsb. Hartung. 746.

Rogall, G. F., de thuribulis. Regiom. 1724. 4.

Der Sieg bey Praag, in der Königlichen deutschen Gesellschaft besungen von GEORGE GOTTFRIED ROGALL. ... Den 6. May 1757. ib. — 4°.

Rogalla v. Bieberstein, Rußland u. England e. russischen Angriff auf Britisch-Indien gegenüber, s.: Zeit- u. Streitfragen, deutsche.

Rogalla v. Biberstein, was enthält das neue Reglement? Gedrängte Zusammenstellg. der abänd. Vorschriften, welche im Neuabdr. d. Exercir-Reglements f. die Infanterie d. d. 3. August 1870 enth. sind. 16. (36 S. m. 1 Steintaf.) Berlin 871. Mittler & Sohn. n. — 50

Rogalla v. Bieberstein, A., Angriff zur See auf Constantinopel und der heutige Stand der Befestigungen des Bosporus. Breslau 1895. 8°. (Aus: Nord u. Süd.)

Rogalla v. Bieberstein, A. Die Befestigungen von Constantinopel, des Bosporus und der Dardanellen. London 1892. 8°.

Rogalski Leon, Dzieje Krzyżaków, oraz ich stosunki z Polską, Litwą i Prussami, poprzedzone Rysem dziejów wojen krzyżowych, czerpane z najlepszych źródeł; prenumerata na całe dzieło składające się z 2-ch dużych tomów, z 12 rycinami na stali 8vo majo. Warschau 846, 47, Orgelbrand. 8 ₰

Rogalski, Paul, vom Wege. Gedichte. (VII, 84 S.) 8. Berlin 905. (W. Bobach & Co.) n. 1.50

Unter dem Weihnachtsbaum. Ein Gang durchs Leben in 7 lebenden Bildern mit begl. Text von **Paul Rogalski.** *Mühlhausen i. Th.: G. Danner [1901].* (8 S.) 8°
= **Sammlung** lebender Bilder. No 21.

Rogan, Karl

Rogan, C., das Actuariats- u. Protokollführer-Examen. Kurze Darstellung der Rechts- u. Subaltern-Geschäfts-Kenntnisse, welche von e. Aktuarius u. Protokollführer verlangt werden. gr. 8. (1⅝ B.) Berlin 843, Hayn.

—— Handbuch für Geschworene (für Preußen, nach dem Gesetze vom 2. Jan. 1849.) Nach pract. Erfahrungen hrsg. gr. 8. (58 S.) (Berlin 849, Lassar.) *

Rogan, Carl, Berlin's berühmte und berüchtigte Häuser. In histor., criminalist. und sozialer Beziehung. 2. Bd. 8. (288 S.) Berlin 850, (Lassar.) –
1. Bd. ebendas. 1848. 1 Thlr. 15 Ngr. Vgl.: Heßlein, Bernh., und C. Rogan.

Rogan, Carl, berühmte u. berüchtigte Häuser Berlins, s.a. Bücherei Alt Berlin. I. (Heßlein, Bernh.)

—— **Katechismus** des preuß. Criminalrechts. Zum Gebrauch für Laien des Rechts, unter besond. Berücksicht. der schulpflicht. Jugend bearbeitet. 12. (3½ B.) Berlin 846, Hayn.

— **Katechismus des Preuß. Criminalrechts.** Zum Gebrauch für Laien des Rechts unter besonderer Berücksichtigung der schulpflichtigen Jugend. 12. (90 S.) Berlin 847, Hayn. ⅙ ₰

Rogan, Carl, deutsche Criminal-Bibliothek oder neuer Berliner Pitaval. Interessante Criminal-Geschichten aus alter u. neuer Zeit. 15 Hfte. gr. 8. (724 S.) Berlin 877. 78. Hohorst. à — 40

Rogan, C., der Preußische Wechsel-Prozeß. Eine vollständig geordnete Zusammenstellung aller auf den Wechsel-Prozeß und dessen Verfahren bezüglichen Gesetze, Entscheidungen des Ober-Tribunals und Ansichten anderer bedeutenden Gerichtshöfe über wichtige Prinzipienfragen so wie der bezüglichen Stempel-Gesetze. Ein nützliches Handbuch für Justiz-Beamte so wie für Kauf- und Geschäftsleute. Berlin 853. Hayn. gr. 8. (V, 52 S.) 10 ngr.

Rogan, C., der preußische Wechsel-Prozeß, s.a. Wechsel-Prozeß.

Rogatis, Barth. de, Ber. v. d. Verlust d. Königr. Spanien u. dess. Wiedererober. a. d. Händ. d. Mohren. 8 Thle. 8. Augsb. Happach. (Veith.) 728.

de **Rogatis, Barth.** Bericht von dem Verlust des Königreichs Spanien u. dessen Wiedereroberung aus den Händen der Mohren. Aus dem Italien. übers. 8 Th. 8. Augsburg 1728 5,00.

Rogatyn, B., Polnische Erzähler. Eine Anthologie der neueren polnischen Prosa. [Slavische Romanbibliothek II] 8°. (XI, 1433 S.) Prag: Otto 1904. K 5.—

Rogatyn, B., s.a. **Erzähler, polnische.**

Rogätz [Schlagwort]

Rogätz. s.: **Preussen.** Messtischblätter.

Rogau, Paul, die einflußreichste Frage des menschlichen Lebens u. die wahre Antwort darauf. gr. 8. (53 S.) Leipzig 900. Th. Rother. n. — 50

Das Liebesmahl. Schauspiel von A. **Roge.** Tetschen a/E.: O. Henckel [1902]. (63 S.) 8° [F.]

Rogeard, Louis-Auguste

Rogeard, A., Cäsariana. Aperçus eines Despoten. Einzige vom Verf. autor. deutsche Ausg. 1. Hft. Nebst einer pikanten Biographie des Verf. Prag 865. Steinhauser. 8. (33 S.) n. 5 ngr.

— **Armes Frankreich!** Zeitgedichte. In freien Versmaßen übers. von **Adf. Strodtmann.** Hamburg 865. Meißner & Melle. 8. (XVI, 32 S.) n. 7½ ngr.

— **Gelegenheits-Bemerkungen des Labienus.** Ein Commentar zur Geschichte Julius Caesars von Napoleon III. Prag 865. Steinhauser. 8. (22 S.) n. 8 ngr.

— **die Gespräche des Labienus** (die historische Kritik unter Augustus). Aus dem Franz. Berlin 865. Springer's Verlag. 8. (29 S.) n. 5 ngr.

Rogeard, Louis, Paris im Beichtstuhl. Deutsche Orig.-Ausg. 6 Thle. in 36 Heften. gr. 16. (1. Thl. 286 S., 2. Thl. 314 S., 3.—5. Thl. 863 S. und 6. Thl. 276 S.) Leipzig 867,68, Purfürst. [Haynel.] à Heft 5 Ngr.

(**Rogeard,** [Louis]-A[uguste].) Les Propos de Labienus. (La critique historique sous Auguste.) 8. (Fribourg [1865].)

—— **les propos de Labiénus.** La critique historique sous Auguste. 16. (12 S.) Hamburg 865, Gebr. Spiro.

—— dass. — 8. (16 S.) Berlin 865, Mode's Verlag.

—— **Rozmowy Labienusa.** Przełomaczył Bolesław Prawdzic Chotomski. gr. 8. (21 S.) Leipzig 865, Kasprowicz. **

—— **Sprüche und Reden des Labienus.** Aus dem Französ. 8. (22 S.) London 865. (Zürich, Verlags-Magazin.) *

Rogeard, A., was sagt Labienus? Uebers. von **G. Büchmann.** Berlin 865. Haude & Spener'sche Buchh. 8. (24 S.) n. 5 ngr.

— **wie Labienus über den neuen Cäsar** (Napoleon III. u. dessen Geschichte Julius Cäsars) urtheilt. Deutsch von **W. Liphard.** 2. Aufl. Berlin 865. Mode's Verlag. 8. (19 S.) 5 ngr.

— **wie sich Labienus über den neuen Caesar ausspricht.** Getreue Uebersetzung von „Les propos de Labiénus". Berlin 865. A. Jonas. gr. 8. (31 S.) 5 ngr

Rogel, Franz

Rogel, Fr. Abhandlungen aus dem Gebiete der höheren Mathematik. Leipzig. 1891/92 und Prag. 1896/97.

Rogel, Frz., üb. e. besondere Art v. Reihen. [Aus: „Sitzungsber. d. k. böhm. Gesellsch. d. Wiss."] gr. 8. (25 S.) Prag 893. (F. Řivnáč.) n. — 60

Rogel, Frz., recursive Bestimmung der Anzahl Primzahlen unter gegebenen Gesetzen. gr. 8. (20 S.) Prag 899. (F. Řivnáč.) n. — 24

Combinatorische Beziehungen zwischen Summen von Teilerpotenzen. Von **Franz Rogel.** *Prag: Kgl. böhm. Ges. d. Wiss. 1897.* (9 S.) 8.
= **Věstník** Král. Č. Společnosti Náuk. Třída math.-přírodovědecká. 1897. [No] 7.

Rogel, Frz., combinatorische Beziehungen zwisch. Summen v. Teilerpotenzen. [Aus: „Sitzungsber. d. k. böhm. Gesellsch. d. Wiss."] gr. 8. (9 S.) Prag 897. (F. Řivnáč.) n. — 20

Rogel, Franz. Darstellung der harmonischen Reihen durch Factorenfolgen. 1890.

Rogel, Franz. Darstellungen zalenteoretischer Functionen durch trigonometrische Reihen. — Zur Theorie der höheren Congruenzen. Greifswald 1891.

Die Entwicklung nach Bernoulli'schen Functionen. Von Franz Rogel. *Prag: Kgl. böhm. Ges. d. Wiss. 1896.* (48 S.) 8.
= Věstník Král. Č. Společnosti Náuk. Třída math.-přírodovědecká. 1896. [No] 31. [97. 8400

— d. Entwicklg. nach Bernoulli'schen Functionen. [Aus: „Sitzungsber. d. k. böhm. Gesellsch. d. Wiss."] gr. 8. (48 S.) Ebd. 896. n. — 72

Entwicklungen einiger zahlentheoretischer Functionen in unendliche Reihen. Von Franz Rogel. *Prag: Kgl. böhm. Ges. d. Wiss. 1897.* (26 S.) 8.
= Věstník Král. Č. Společnosti Náuk. Třída math.-přírodovědecká. 1897. [No] 44. [97. 8447

— Entwicklgn. ein. zahlentheoret. Functionen in unendl. Reihen. [Aus: „Sitzungsber. d. k. böhm. Gesellsch. d. Wiss."] gr. 8. (26 S.) Ebd. 897. n. — 40

Entwickelungen einiger zahlentheoretischer Functionen in unendliche Reihen. Von Franz Rogel. Separatabdruck aus den Sitzungsberichten der kön. böhm. Gesellschaft der Wissenschaften in Prag. Prag. 1900. Verlag der königl. böhmischen Gesellschaft der Wissenschaften. In Comm. Řivnač. Gr.-8°. 7 S. K —.20

— trigonometrische Entwicklungen. [Aus: „Sitzungsberichte d. k. böhm. Gesellsch. d. Wiss."] gr. 8. (38 S.) Ebd. 891. n. — 80

Rogel, F., Ergebnisse der Untersuchungen über die Genauigkeit planimetrischer Konstruktionen. Separatabdruck a. d. Sitzungsber. d. königl. böhm. Gesellschaft d. Wissenschaften in Prag. 1907. Gr.-8°. (68 S.) † K —.80
Prag: Řivnáč 1908.

Rogel, F., Über die Genauigkeit der planimetrischen Konstruktionen. [Separatabdr. a. d. Sitzungsber. d. k. böhm. Gesellschaft d. Wiss.] Gr.-8°. (ill. 44 S. mit 1 Tafel.) † K —.80
Prag: Řivnáč 1906.

Rogel, Franz. Eine bemerkenswerte Identität. 1890.

Rogel, Franz. Miscellen. 1890.

— Note üb. den Ausgleich v. Streckenmessungen. (2 S.) Lex.-8. Ebd 905. n.n. — 10
Sonderabdr. aus: „Sitzungsber. d. böhm. Gesellsch. d. Wiss."

Note zur Entwicklung nach Euler'schen Functionen. Von Franz Rogel. *Prag: Kgl. böhm. Ges. d. Wiss. 1896.* (9 S.) 8.
= Věstník Král. Č. Společnosti Náuk. Třída math.-přírodovědecká. 1896. [No] 42. [97. 8431

Note über Kugelfunctionen. Von Franz Rogel. Prag. 1899. Verlag der königl. böhmischen Gesellschaft der Wissenschaften. In Comm. Řivnáč. Gr.-8°. 8 S. fl. —.05
Sitzungsberichte der königl. böhmischen Gesellschaft der Wissenschaften. Mathematisch-naturwissenschaftliche Classe. 1898. XXX.

— üb. Primzalmengen. [Aus: „Sitzungsber. d. k. böhm. Gesellsch. d. Wiss."] gr. 8. (11 S.) Ebd. 895. n. — 20

Rogel, F., Über die gemeinsamen Punkte und Tangenten von Kegelschnitten, die eine Leitlinie gemein haben. [Separatabdruck a. d. Sitzungsber. d. königl. böhm. Gesellschaft d. Wiss. in Prag.] Gr.-8°. (18 S. mit 2 Tafeln) †
Prag: Řivnáč 1908.

— das Rechnen m. Vorteil. Eine gemeinfassl., durch zahlreiche Beispiele erläuterte Darstellg. empfehlenswerter Vorteile u. abkürz. Verfahren. (IV, 38 S.) gr. 8. Leipzig 905. B. G. Teubner. n. — 80

Reihensummierungen mittels bestimmter Integrale. Von Franz Rogel. *Prag: Kgl. böhm. Ges. d. Wiss. 1895.* (33 S.) 8.
= Věstník Král. Č. Společnosti Náuk. Třída math.-přírodovědecká. 1895. [No] 39. [96. 2311

— Reihensummierungen mittelst bestimmter Integrale. [Aus: „Sitzungsber. d. k. böhm. Gesellsch. d. Wiss.] gr. 8. (33 S.) Ebd. 895. n. — 60

— ein neues Recursionsgesetz d. Bernoulli'schen Zalen. [Aus: „Sitzungsber. d. k. böhm. Gesellsch. d. Wiss.] gr. 8. (4 S.) Ebd. 895. n.n. — 10

Rogel, Frz. Arithmetische Relationen. gr. 8. (33 S.) Prag 892, (Řivnáč). * — 60

— Theorie der Euler'schen Functionen. [Aus: „Sitzungsber. d. k. böhm. Gesellsch. d. Wiss."] gr. 8. (52 S. m. 1 Taf.) Ebd. 893. n. 1. 40

— dasselbe. (Fortsetzg.) [Aus: „Sitzungsber. d. k. böhm. Gesellsch. der Wiss.") gr. 8. (45 S.) Ebd. 896. n. — 72

—— Zur Theorie der höheren Integrale. gr. 8. (S. 185—198.) (Ebd.) 892. * — 40
aus: Sitzungsber. d. k. böhm. Gesellsch. d. Wissensch., besonders abgedruckt.

Rogel, Franz. Transformationen der Potenzreihen ganzer und reciproker Zalen. 1890.

Transformationen arithmetischer Reihen. Von Franz Rogel (in Barmen). *Praze: Nákl. Král. Č. Společn. 1897.* (31 S.) 8.
= Věstník Král. Č. Společnosti Náuk. Třída math.-přírodovědecká. 1897. [No] 51. [98. 3993

— Transformationen arithmetischer Reihen. [Aus: „Sitzungsber. d. k. böhm. Gesellsch. d. Wiss."] gr. 8. (31 S.) Ebd. 897. n. — 40

— Transformationen der harmonischen Reihen S_{2n+1} u. U_{2n}. (14 S.) Lex. 8. Ebd. 907. — 20

— Über Bernoulli'sche u. Euler'sche Zahlen. (27 S.) Lex. 8. Ebd. 908. — 40
2 Sonderabdr. aus: „Sitzungsber. d. böhm. Gesellsch. d. Wiss."

Rogel, Franz. Über den Zusammenhang der Facultäten-Coefficienten mit den Bernoulli'schen und Euler'schen Zalen. Greifswald 1890.

— über die graphische Zusammensetzung v. Kräften. (26 S. m. Abb.) Lex.-8. Prag 905. (F. Řivnáč.) n. — 40
Sonderabdr. aus: „Sitzungsber. d. böhm. Gesellsch. d. Wiss."

Rogel, Friedericus, Silesius: De usu coniunctionum temporalium qualis apud Pausaniam periegetam fuerit. Vratislaviae 1907: R. Nischkowsky. (76 S.) 8°
Breslau, Phil. Fak., Ref. Foerster, Diss. v. 25. Juli 1907
[Geb. 12. Sept. 83 Sadewitz, Kr. Nimptsch; Wohnort: Sadewitz; Staatsangeh.: Preußen; Vorbildung: Gymn. Strehlen Reife O. 03; Studium: Breslau 9 S.; Rig. 8. Mai 07.]

Rogener, Joh. Einige Worte über Lebensversicherungs-Institute. Graz 1856.

Rogenhagen, Carl: Die Elephantiasis Graecorum in den Ostseeprovinzen Russlands. Diss. Dorpat. 1860. 60 S. 8°

Rogenhofer, Alois F.

Rogenhofer, A. F., Lepidoptera, s.: Reise der österreich. Fregatte Novara um die Erde.

Rogenhofer, Alois, Lepidoptera [Schmetterlinge] des Gebietes von Hernstein in Niederösterreich und der weiteren Umgebung. Lex.-8. (79 S. mit 3 eingedr. Abbild.) Wien 885, (Gerold und Comp.) * 5 —
Aus: G. Beck's Fauna von Hernstein, besonders abgedruckt.

Rogenhofer, A., zur Lepidopterenfauna der Canaren, s.: Rebel, H.

Rogenhofer, A. F., afrikanische Schmetterlinge d. k. k. naturhistorischen Hofmuseums. I. [Aus: „Annalen d. k. k. naturhistor. Hofmuseums".] Lex.-8. (8 S. m. 1 Taf. in Farbendr.) Wien 890. Hölder. n. 2. —

— afrikanische Schmetterlinge d. k. k. naturhistor. Hofmuseums. II. [Aus: „Annalen d. k. k. naturhistor. Hofmuseums".] Lex.-8. (S. 455—466 m. 1 Taf. in Farbendr.) Wien 891. A. Hölder. n. 2. —

ROGENHOFER, Johann Nepomuk (Hirschau): De constructione mortuae.- Landishuti: Thomann (1810). 46 S. 12.9.1810 - Pe 312; F 57
Diss. Ingolst.-Landsh.-Mchn.

Roger, Benevent., de Dissensionibus dominorum sive de Controversiis veterum Iuris interpretum, qui glossatores vocantur, opusculum. Emendatius edidit et animadversionibus locupletavit Dr. C. G. Haubold. 8maj. Lips., Hinrichs. 821.

Roger, Graf v. Bussy, s. Rabutin; auch v. Bussy.

Roger, episcopi, (ut fertur) de bono paupertatis seu de contemptu et vanitate mundi aureus libellus, erutus olim e membranis scholiisque illustratus, opera et studio Andr. Schott, et ab eodem Coloniae a. 1619 editus, nunc vero novis curis in lucem emissus, ab Jos. Bapt. Malou. 16. (XXXII und 479 S.) Leodii 863. (Mainz, Kirchheim.) *

Roger (Pseud.), s. Ascher, Anton

Roger, ..., über Auscultation, s. Barth, ...

Roger, geistliche Betrachtungen auf jed. Tag des Jahres. 8. Nördl. Beck. 738.

[Roger:] Briefe über den gegenwärtigen Staat von Dänemark. (Aus dem Französischen.) (Bd. 1. 1.–15. Brief.) Kopenhagen. 1758. 8°

Roger, Caroline ou le tableau. Comédie en 1 A. 8. Braunschw., Pluchart. 6 gr.

Roger, Dir wie mir, s. Bloch's, E., Dilettanten-Bühne.

Roger, Dir wie mir od. dem Herrn e. Glas Wasser, s.: Bloch's, E., Theater-Correspondenz.

Roger, Lettres sur les différens sujets qui se rencontrent dans la vie etc. 8. maj. Amberg, Uhlmann. 809.

Roger, Abbé, Lettres sur les différens sujets qui se rencontrent dans la vie etc. gr. 8. Amberg 829. Uhlmann. 1 fl 14 gr.

Roger. Organisation du service chirurgical aux Charbonnages du Bois du Luc. Berlin, 1908. 10 S.

Roger. Palmarium Empyreum seu Conciones CXXVI de sanctis totius anni. Clagenfurti, Kleinmayr. 1731. Quart. Tl. 1. (Tl. 2 in Laibach, Reichhardt, 1743, ersch.)

Roger, Schätzungsbuch, s.: Weißenberger.

— Traité de l'orthographe franç., en forme de Dictionnaire p. Restaut, augm. et prosodiée d'après les princip. de d'Olivet. 2 Vol. 12. Leips. Hinrichs. 802.

Roger, Claud., Grammaire Française, tirée de la Pratique: d. i. die aus langer Uebung hergeleitete französ. Sprachkunst rc. 4 Thle. 8. Augsb. 750. Weith. 15 gr.

Roger, E. Geschichtlicher Überblick über das bayer. Schießwesen seit Einführung der Feuerwaffen. Festschrift zum Offiziers-Festschießen auf dem Lechfelde 1894. Augsburg 1894. 162 S.

Roger, H., 1400 Aufgaben für das schriftl. Rechnen in den 4 Grundrechnungsarten für die Hand 8—10jähr. Schüler. Für jede Schule, besonders aber f. eine Schule mit wechselseit. Schuleinrichtung, bearbeit. 8. (3½ B.) Eßlingen 846, (Dannheimer.)*

—— Antworten hierzu. 8. (1½ B.) Ebds. 846. *

Roger, J., Triumph des allerheiligsten Altarssakraments, oder Geschichte Nikola Obry's v. Vervins. Nach den Orig.-Berichten glaubwürd. Augenzeugen bearb. und mit den einschläg. gerichtl. Beweisschriften und päpstl. Breven versehen. Aus dem Französ. Regensburg 865. Manz. 8. (412 S.) 1 ₰ 3 ngr.

Joseph Louis Roger

Iosephi Lud[ovici] Roger Specimen physiologicum de perpetua fibrarum muscularium palpitatione, novum phaenomenon in corpore humano experimentis detectum et demonstratum. Gottingae: Rosenbusch 1760: Schultz. 88 S. 8°

Roger, Jos. Louis, Théorie sur les Effets de la Musique sur le corps humain. gr. 8. Paris. (B. Fleischer, Leipz.) 803.

Roger, Jul., pieśni ludu polskiego w górnym Szląsku z muzyką. Breslau 862. Schletter. gr. 8. (VIII, 271 S.) 3 ₰

Roger, (M.,) sicherer Schwimmmeister, oder d. beste Methode, in wenigen Tagen schwimmen zu lernen; nebst Thevenots Schwimmkunst u. d. dazu gehörigen 10 Abbild. Aus d. Franz. mit Anmerkk. v. E. Fr. Möller. 12. (mit 10 Holzschn.) Ilmenau 826, Voigt.

Roger, M.: Sicherer Schwimmeister oder die beste Methode, in wenigen Tagen schwimmen zu lernen; nebst Thevenots Schwimmkunst. Aus d. Französ. übers. v. E. F. Möller. Ilmenau 1826. 82 S. m. Abb.

Roger, Noëlle [Autorname] = Pittard née Dufour, Mme Hélène.

Roger, Noëlle. Doktor Germaine. Autorisierte Übersetzung von A[dele] Achard. 282 S. 8. Lengerich, Westf., Bischof & Klein, [1908]. [geb. M. 3.50]

Roger, Noelle. Saas-Fée et la Vallée de la Viège de Saas. Illustrations de Lacombe & Arland — Genève [dont 6 planches]. VI + 110 p. 4. Bâle et Genève, Georg & Cie, (1902). [fr. 18. —]

Roger, Otto, das Flügelgeäder der Käfer. Zugleich e. fragmentarer Versuch zur Auffassg. der Käfer im Sinne der Descendenztheorie. gr. 8. (IV, 90 S.) Erlangen 875. Besold. n. 1. 50

Roger, Renée [Pseud.]
s. Aragon, Anne-Alexandrine

Roger, Thom., Erbe des Himmels, a. d. Engl. 4. Leipz. 732.

Roger, William, L. L. D., seine unaussprechliche Gabe. 12. (40 S.) Lichtenthal bei Baden-Baden 900. Christl. Kolportage-Verein. — 15

Roger de Beauvoir, Mme., Confidences de Mlle. Mars. 2 Vols. 16. (350 S.) Paris 855. (Leipzig, Gerhard.)

Roger de Beauvoir, confidences de Mlle. Mars, s. Mars.

Roger de Beauvoir, ein starkes Weib, s. Lese-Cabinet, neuestes belletristisches.
Vgl.: Beauvoir, Roger de.

Roeger, Arno Curt Hans Leopold, Referendar b. Kgl. Landgericht Leipzig: **Die Klage auf Erteilung der Vollstreckungsklausel (Z.P.O. § 731).** Leipzig-Co. 1907: Geißler & Wunder. (VIII, 53 S.) 8°
Leipzig, Jur. Fak., Diss. v. 29. Nov. 1907
[Geb. 27. Febr. 83 Leipzig; Wohnort: Leipzig; Staatsangeh.: Sachsen; Vorbildung: Thomas-Gymn. Leipzig Reife O. 02; Studium: Leipzig 8 S.; Rig. 29. Juni 06.]

Röger, G., Aufgaben f. schriftliches Rechnen, s.: Rocke, G.

— Aufgabensammlung f. das mündliche u. schriftliche Rechnen, s.: Wolf, F. Chr.

Roeger s.: Rechenbuch.

Roeger, Hermann, approb. Arzt aus Rottenburg a. N.: **Sarcom der Nase mit hyaliner und amyloider Degeneration.** *Rudolstadt [1901]: F. Mitzlaff.* (8 S.) 8° ¶(Aus: Baumgarten's Arbeiten, 4.)
Tübingen, Med. Diss. v. 1901

Röger, Jos., Anleitung f. den Unterricht im Kartenlesen sowie im Anfertigen v. Krokis, Skizzen u. Ansichtsskizzen. (VI, 32 S. m. 24 Abb. u. 8 z. Tl. farb. Taf.) gr. 8. München 910. Th. Riedel. 1. 20

Die Bergzeichnung auf den älteren Karten. Ihr Verhältnis z. darstellenden Kunst. Von Joseph **Röger**, Oberstlt. z. D. Mit 177 Abb. u. 3 Taf. München: Riedel 1910. III, 80 S. 8° [11. 19755 8]

— Die Geländedarstellung auf Karten. Eine entwicklungsgeschichtl. Studie. Mit e. Geleitswort v. Siegm. Günther. (VIII, 126 S.) 8. Ebd. 908. 2. —

Roeger, J. Musterblätter f. den Unterricht im militärischen Planzeichnen u. Krokieren an der königl. Kriegsschule. Nebst den Zeichen-Erklärgn. f. die bayer. Karte u. die Karte d. deutschen Reiches. Mit Genehmigg. der königl. Inspektion der Militär-Bildungs-Anstalten bearb. 4. (14 farb. Taf. m. 4 S. Text.) Münch. 892, Literar.-artist. Anstalt. cart. ** 3 —

Roeger, J., Musterblätter f. den Unterricht im militär. Planzeichnen u. Krokieren an d. kgl. Kriegsschule. Nebst d. Zeichen-Erklärgn. f. d. bayer. Karten u. d. Karte des deutschen Reiches. M. Genehmigg. d. kgl. Inspektion d. Militär-Bildungs-Anst. bearb. 2. Aufl. 8. (6 S. m. 28 z. Tl. farb. Taf.) München 898. Literar.-artist. Anstalt. Kart. n.n. 3. —

Roeger, J., Musterblätter f. den Unterricht im militärischen Planzeichnen u. Krokieren an der königl. Kriegsschule. Nebst den Zeichen-Erklärgn. f. die bayer. Karten u. die Karte des deutschen Reiches. Mit Genehmigg. der kgl. Inspektion der Militär-Bildungs-Anstalten bearb. 3. Aufl. 8. (5 S. m. 28 z. Tl. farb. Taf.) München 902. Literar.-artist. Anstalt. Kart. n.n. 3. —

Rogers, Henry, Vernunft u. Glaube, ihre gegenseitigen Beziehungen u. Conflicte! Neu abgedr. aus d. „Edinburgh Review" Nr. CLXXXII, Octbr. 1849. Mit einem Anhang, der einige zusätzliche Bemerkungen über den Charakter der Strauß'schen Schrift „das Leben Jesu" enthält. Nach der 2. Aufl. in's Deutsche übersetzt. gr. 8. (IV u. 100 S.) Berlin 851, Mai. n. 1/3 Thlr.

Rogers, Henry, Vernunft und Glaube, ihre gegenseitigen Beziehungen und Conflicte. (Abgedr. aus der „Edinburgh Review.") Mit einem Anhang, der einige zusätzliche Bemerkungen über den Character der Strauß'schen Schrift „das Leben Jesu" enthält. Nach der 2. Aufl. in's Deutsche übers. Berlin 853. (Küntzel & Beck.) gr. 8. (87 S.) 7½ ngr.

Rogers, Frau Hester Anna, Lebensgeschichte, Erfahrung und geistliche Briefe. Nebst ihrer Leichenpredigt, gehalten von Coke. Aus dem Engl. übers. 16. (331 S.) Cincinnati 855(57). (Bremen, Heyse's Verlag.) Thlr. * *

Rogers, Hester Anna, Lebensgeschichte, Erfahrung u. geistliche Briefe. Nebst ihrer Leichenpredigt, geh. v. Coke. Aus dem Engl. übers. gr. 16. (331 S.) Cincinnati 876. (Philadelphia, Schäfer & Koradi.) geb. n. 2. —

Rogers, Esther Anna. — Lebensgeschichte und Erfahrungen von Frau Esther Anna Rogers. Nebst ihrer Leichenpredigt, gehalten von Coke. Aus dem Engl. gr. 16. (302 S.) Bremen 867, Verlag des Tractathauses. *

Die Geschichte der Englischen Arbeit (Six Centuries of Work and Wages). Von J[ames] E[dwin] Thorold **Rogers**. Autor. Übers. von Max Pannwitz. Rev. von Karl Kautsky. *Stuttgart: J. H. W. Dietz 1896.* (XXVIII, 422 S.) 8° [F. u. Ant.] [03. 1345 6]

Die Geschichte der Englischen Arbeit (Six Centuries of Work and Wages). Von J[ames] E[dwin] Thorold **Rogers**. Autor. Übers. von Max Pannwitz. Rev. von Karl Kautsky. 2., unveränd. Aufl. Stuttgart: J. H. W. Dietz Nachf. 1906. (XXVIII, 422 S.) 8° [F. u. Ant.] [07. 4626 11]

Rogers, John Robinson (Honington)
Ueber die Zusammensetzung der Asche von festen Thierexcrementen.
[In: Annalen d. Chemie u. Pharmacie Bd 65 (1848) 85.]
Dr. phil. Giessen 29.3.1848.

Rogers, R. V.: Drinks, drinkers and drinking, or the law and history of intoxicating liquors. 16°. 1 Vol. 241 p. Weed, Parsons & Co. Albany. 1881: Asher. Berlin. 1882.

Rogers, Robert W.

Rogers, R. W., Outlines of the history of early Babylonia. Diss. 1895. 71 S. 1.60

Rogers, Rob. W., outlines of the history of early Babylonia. gr. 8. (XI, 71 S.) Leipzig 895. Th. Stauffer. n. 2. —

Rogers, Samuel

Rogers, Sam., die Freuden d. Gedächtnisses. Ein Gedicht. A. d. Engl. übers. v. Ant. Günther Bruschius. 8. (3½ B.) Leipzig 836, (Steinacker.)

Rogers, Sam., Ginevra Orsini, hrsg. v. Heinr. Saure, s.: Authors, modern English. VII.

Rogers, William, die Buccomantie, oder die Kunst, nach dem Munde und den Zähnen, deren Bildung und Beschaffenheit, die Gesinnungsart eines Menschen zu erkennen und ihm wahrzusagen. Auf die Grundlehren der berühmtesten Physiognomen etc. basirt etc. Nach dem Französ. bearb. von Heinr. Gauss. Mit Abbildungen. gr. 8. (XX und 186 S. mit 8 Stnt.) Weimar 853, Voigt. *

Rogers, Will., on some of the derivatives of salicylic acid. An inaugural dissertation. 8. (32 S.) Dundee 875. (Göttingen, Vandenhoeck & Ruprecht.) n. — 80

Rogers, William A., Catalogue of 8627 stars betwen 49° 50' and 53° 10' of north declination 1855 for the epoch 1875, s.: Catalog der astronomischen Gesellschaft.

Roget, Claude, une église calviniste au XVIme siècle 1550—1581. Histoire de la communauté réformée de Sainte-Marie-aux-Mines [Alsace], publiée pour la première fois avec notes et commentaires par E. Muhlenbeck. Lex.-8. (XIV, 517 S.) Strassburg 881. Noiriel. n. 10. —

Roget, François. Pensées. In-8°. 197 p. Bâle et Genève. Georg & Co. 1899. 3 —

Roget, J. F., neue Kartoffelbranntweinfabrikation, nach welcher vom Maisch aus, ohne Maschinerie, fuselfreies Produkt in größerem Ertrag, ohne mehr Aufwand als bei d. gewöhnl. Methode, gewonnen wird. 8. Hanau 826. Edler. 1 4/6

Roget, J. F., neue Geheimnisse d. Kartoffelbranntweinfabrikation, nach welcher vom Maisch aus, ohne alle Maschinerie, ein fuselfreies Produkt, in weit größerem Ertrag u. ohne mehr Aufwand als bei d. gewöhnl. Methode gewonnen wird. 2., wohlf. Ausg. 16. (3 B.) Hanau 835, Edler'sche Buchh.

Roget, P. M., Darstellung des Elektromagnetismus, siehe: Wochenbände.

Roget, P. M., Darstellung der Elektrizität, — Darstellung des Galvanismus, — Darstellung des Magnetismus, } s. Wochenbände.

Roget, P. M., die Erscheinungen u. Gesetze d. Lebens, s. Natur, die, ihre Wunder 2c., 3. u. 4. Bd.

Roget, M. P., Populäre vergleichende Physiologie der Tier- und Pflanzenwelt. Nach der 3. Aufl. a. d. Engl. übersetzt von Frz. Kottenkamp. 2 Bde. 8°. (731 S.) Rieger. Stuttgart. (O. Gerschel, Stuttgart.) M. 2.—

—— vergleichende Physiologie der Thier- und Pflanzenwelt, } s. a. Wochenbände.

Rogez, P., et M. D. **Berlitz,** littérature française avec extraits et exercices. Ed. européenne. gr. 8. (248 S.) Berlin 891. Cronbach. Geb. n. 4.

Littérature française, avec extraits et exercices. Par P. Rogez et M[aximilian] D. Berlitz. Berlin: S. Cronbach 1896. (246 S.) 8°
= Berlitz, Maximilian D.: Méthode Berlitz. Partie franç. Nouv. éd. Éd. europ. Livre 3. [illegible] 11

Rogez, P., u. M. D. **Berlitz,** Littérature française avec extraits et exercises. Ed. européenne, 3me tirage revu et corrigé. gr. 8. (246 S.) Berlin 903. S. Cronbach. Geb. in Leinw. n. 4.—

Rogg, Karl, Oberrichter. [Basel 1901.] V: *Büchi, Albert.* (BBullschw 2, S. 142)

Deserta Syriae Aegypti, Thebaidis, Arabiae etc. ubi accurate notata sunt loca inhabitata per Sanctos Patres Anachoretas, exhibita a Matth. Seutter. Gottfrid Rogg. del. S. Histor. Karten. ält. Geographie v. Egypten. 1 : 1,000,000. 1 Bl.

Rogg, Ignaz

Rogg, Abriss einer Geschichte der astronomisch-trigonometrischen Vermessungen im südlichen Deutschland und der Schweiz. hoch 4. (32 S.) Stuttgart 859. (Tübingen, Fues'sche Sortimentsbuchh.) *

Rogg, [Ignaz]. Das Becken des Bodensee's. Eine physisch-geographische Skizze. [A.] 4. ([Gotha] 1863.)

Rogg, J., **Bibliotheca mathematica,** sive criticus librorum mathematicorum, qui inde ab rei typographicae exordio ad anni 1830 usque finem excusi sunt, Index ad varios usus commode dispositus. Sect. I. — A. u. d. T.: Handb. d. mathemat. Literatur vom Anfange d. Buchdruckerkunst bis z. Schlusse d. J. 1830. 1. Abthl., welche d. arithmet. u. geometr. Wissenschn. enthält. gr. 8. (57 B.) Tübingen 830, Fues.

Rogg, J., Elemente der niedern Analysis. 8. (18 B. u. 3 Figurentaf.) Ulm 845, Wohler'sche Buchh.

Rogg, (J.), Elemente der niedern Analysis. 2., neu bearb. Aufl. (In 2 Abthlgn.) 1. Abthl.: Elemente der allgem. Größenlehre, der euklidischen Geometrie und der geometr. Analysis. gr. 8. (160 S. und 8 Stnt. in qu. gr. 4.) Ulm 847, Wohler'sche Buchh. *

Rogg, J. Ueber das Höhenmessen durch das Barometer. (Aus den: „Anfangsgründen der Mathematik" besonders abgedruckt.) 8. Tübingen 1825.

Rogg, J., zur naturhistorischen Kenntniss Oberschwabens. Stuttgart 852. (Tübingen, Fues' Sorthdlg.) 4. (46 S.) 15 ngr.

Rogg, J.: „Lehrbuch der Forstwissenschaft und ihre Hülfswissenschaften", Tübingen 1825 ff. (Laupp).

Rogg, (J.,) Lehrbuch d. Forstwissenschaft u. ihre Hülfswissenschaften. 1r Thl. 1e Abthlg. A. u. d. T.: Anfangsgründe d. Mathematik. Mit 3 Steint. gr. 8. Tübing. 826, Laupp.
(Hieraus ist besonders abgedruckt:
— üb. d. Höhenmessen durch d. Barometer. gr. 8. Ebd. 825, Ebd. Schreibpap.

— dess. 1r Thl. 1e Abthlg. (b.) A. u. d. T.: Samml. mathemat. Aufgaben f. Forstmänner. Mit 1 Kupf. gr. 8. Tübing. 827, Laupp.

— dess. 1r Thl. 2e Abthlg. A. u. d. T.: Anfangsgründe d. Naturwissenschaften f. Forstmänner. gr. 8. Ebd. 827, Ebd.

ROGG, Ignatz: Lehrbuch der Forstwissenschaft und ihrer Hülfswissenschaften. - Tübingen 1826 u. 1827. 1. Tl. in 2 Abt. - Abt. 1: Anfangsgründe der Mathematik. Anhang: Sammlung mathematischer Aufgaben für Forstmänner. 301, 88 S., 3 Taf. - Abt. 2: Anfangsgründe der Naturwissenschaften für Forstmänner. 362 S.

— - über geodätische Ortsberechnungen und die geographische Lage von Tübingen. (Programm des k. württemberg. Gymnasiums in Ehingen 1855/56.) 4. (20 S.) Stuttgart 856. (Tübingen, Fues'sche Sortimentsh.) *

Rogg, Ign., Ueber die orographischen und klimatischen Verhältnisse des Alpengebirges. Progr. d. Gymn. Ehingen. Ulm 1842. 4.

ROGG, Joseph (Inchenhofen): De calomelano in typhum.- Lindau: Stoffel & Wachter 1852. 15 S. 1.6.1847 - Urk; F 66
Diss. Ingolst.-Landsh.-Mchn.

Rogg, Joseph Ignaz (Kisslegg)

Morborum castrensium perniciei causae Theses. Altdorf (Kohles) 20. VI. 1735. 20 S.

Rogg, Mich., Erlöser u. Vorbild. Fastenpredigten m. e. Allelujaschluß, geh. i. d. St. Moriz-Stadtpfarrkirche z. Augsburg. (IV, 76 S.) gr. 8. Kempten 906. J. Kösel. n. n. — 90

Rogg, Mich., das Gebet des Herrn. Ausgelegt u. gepredigt im hoh. Dom zu Augsburg. (III, 58 S.) gr. 8. Kempten 909. J. Kösel. nn — 90

Roggatz, Heinrich, aus Halle a. S.: Ueber Jodoso-, Jodo- und Jodiniumverbindungen, die sich von Jod- und Chlorjodmesitylen ableiten. *Freiburg i. B.: Speyer & Kaerner 1899.* (45 S.) 8°
Freiburg i. B., Phil. Diss. v. 1899

Roggatz, Max, einige Anwendungen der Theorie der hyperbolischen Funktionen. Inaugural-Dissertation. gr. 8. (44 S. mit 2 Steintaf.) Göttingen 876. (Vandenhoeck & Ruprecht.) n. 1. —

Rogge, Herr Hofprediger, u. das Vordringen d. Katholicismus in der Mark Brandenburg. Ein Wort zur Beherzigg. f. Katholiken u. Protestanten. 8. (9 S.) Berlin 894. Germania. n. — 20

Rogge, Geschichte des Feldartillerie-Regiments Prinzregent Luitpold v. Bayern (Magdeburgischen) Nr. 4. Im Auftrage des Regiments zusammengestellt. Mit Abbildgn., Karten u. Plänen. gr. 8. (XIV, 502 S.) Berlin 898. E. S. Mittler & Sohn. n. 10.—; geb. in Leinw. n. 12.—

Rogge, Stammtafeln sämtlicher Feldartillerie-Regimenter u. Batterien der preuß. Armee, m. e. geschichtl. Ueberblick üb. die Entwickelg. der Gliederg. der Feldartillerie. (IV, 188 S.) gr. 8. Oldenburg 904. G. Stalling's Verl. n. 10. —

Rogge, A. Etude sur l'emploi qu'on fait en français des temps et des modes dans les phrases hypothétiques. Diss. Rostock 1874. 36 S.

ADOLF ROGGE, Der Kampf um Nadrauen Vortrag, gehalten in der Sitzung der Insterburger Alterthumsgesellschaft am 10. December 1884. Insterburg, 1884. Buchdruckerei der »Ostdeutschen Volkszeitung«. 8°.

ADOLF ROGGE, Der preussische Litauer des sechzehnten und siebenzehnten Jahrhunderts. Theil 1. Vortrag, gehalten in der Alterthums-Gellschaft (sic!) zu Insterburg am 20. November 1885. ib. 1886. — 4°. Theil 2. Vortrag, gehalten in der Alterthums-Gesellschaft zu Insterburg am 28. Dezember 1885. ib. 1886. —

Rogge, Alb., Preußens Ehrentag. Der Einzug der siegreichen Preußen in Berlin am 20. u. 21. Septbr. 1866. Ein Gedenkblatt aus Preußens Siegeskranz dem Preuß. Volke gewidmet. Berlin 866. Humburg & Co. gr. 8. (31 S.) 2½ ngr.

Rogge, Alb., Eugenie v. Montijo auf dem Thron Frankreichs. Historisch-romant. Zeitgemälde. (In ca. 20 Lfgn.) 1—11. Lfg. gr. 8. (1. Thl. S. 1—528.) Berlin 871. Heidemann & Co. à — 30

—— der Scharfrichter von Berlin oder Brigitta, die Tochter des Patriziers. Historischer Roman aus der Zeit des großen Kurfürsten. 5 Bde. in 22 Lfgn. gr. 8. (1056 S.) Berlin 867, Humburg und Comp. à Lfg. 3 Ngr.

Rogge, Arthur, Kammergerichts-Referendar a. Berlin: Ueber den Eintritt einer Schadensersatzpflicht wegen ungerechtfertigter Zwangsvollstreckung. Berlin 1905: W. Pormetter. (93 S.) 8°
Rostock, Jur. Fak., Ref. Wachenfeld, Diss. v. 20. Juli 1905
[Geb. 21. Jan. 80 Berlin; Wohnort: Berlin; Staatsangeh.: Preußen; Vorbildung: Luisengymn. Berlin Reife M. 99; Studium: Berlin 8 S.; Rig. 7. Okt. 04.]

Der Ablass in der römisch-katholischen Kirche. Eine ev. Antwort auf d. diesjähr. Fasten-Hirtenbrief d. Herrn Erzbischofs Simar von Köln von D. theol. Bernhard Rogge, k. Hofpred. *Barmen: D. B. Wiemann [1904].* (24 S.) 8° [F.]
= [Streitschriften, Freundschaftliche. No 70.] [04. 8741] 5

Abschiedspredigt am 30. Sept. 1906 in d. Königlichen Hof- und Garnisonkirche zu Potsdam. Geh. v. Hofpred. D. [Bernhard] Rogge. Potsdam: P. Dienemann 1906. (8 S.) 8° [F.] [06. 15160

Rogge, Bernh., Allzeit im Herrn. Eine Auswahl aus den Werken deutscher religiöser Dichtung. Mit einem einleitenden Gedicht von Karl Gerok. 1. und 2. Aufl. gr. 4. (180 S., reich illustriert durch zahlreiche Holzschn. nach Zeichnungen von W. Claudius, W. Friedrich, B. Plockhorst, O. Wichtendahl und vielen anderen bewährten Künstlern, nebst 1 Titelbild nach G. Noack, in Heliograv. ausgeführt.) Leipzig 887,88. Hirt und Sohn. geb. mit Goldschn. *
Belin-Ausg. *

Rogge, B., Allzeit im Herrn. Eine Auswahl aus den Werken deutscher religiöser Dichtg. Mit e. einleit. Gedicht v. K. Gerok. Reich illustriert durch zahlr. Holzschn. nach Zeichngn. v. W. Claudius, W. Friedrich, B. Plockhorst, O. Wichtendahl u. vielen anderen bewährten Künstlern, nebst e. Titelbild nach G. Noack, in Heliogravüre ausgeführt. 1. u. 2., unveränd. Aufl. gr. 4. (180 S.) Leipzig 888. Hirt & Sohn. geb. m. Goldschn. n. 12. 50; Belin-Ausg. n. 20. —

— allzeit im Herrn. Eine Auswahl aus den Werken deutscher religiöser Dichtg. Mit e. einleit. Gedicht von Karl Gerok. Mit zahlreichen Holzschn. nach Zeichngn. v. W. Claudius, W. Friedrich, B. Plockhorst, O. Wichtendahl u. vielen anderen namhaften Malern, nebst e. Titelbild nach A. Noack, in Heliogravüre ausgeführt. 3. Aufl. 4. (181 S.) Leipzig 893. F. Hirt & Sohn. Geb. in Leinw. m. Goldschn. n. 12. 60

Rogge, Bernh., allzeit im Herrn. E. Auswahl aus d. Werken deutscher religiöser Dichtg. Mit e. einleit. Gedicht v. Karl Gerok. M. zahlr. Holzschn. nach Zeichngn. v. W. Claudius, W. Friedrich, B. Plockhorst, O. Wichtendahl u. vielen and. namhaften Malern, nebst e. Titelbild nach A. Noack, in Heliogravüre ausgef. 4., unveränd. Aufl. 4. (181 S.) Leipzig 896. F. Hirt & Sohn. Geb. in Leinw. m. Goldschn. n. 12. 50

— Allzeit im Herrn. Eine Auswahl aus den Werken deutscher religiöser Dichtg. Mit e. einleit. Gedicht v. Karl Gerok u. vielen Bildern nach Originalen v. Wilh. Claudius, Woldem. Friedrich, Aug. Noack u. a. 5. Aufl. (175 S.) Lex.-8. Leipzig 906. F. Hirt & Sohn. Geb. in Leinw. m. Goldschn. 10. —

Rogge, Bernh., allzeit im Herrn. Eine Auswahl aus den Werken deutscher religiöser Dichtg. Mit einleit. Gedicht v. Karl Gerok u. vielen Bildern nach Originalen v. Wilh. Claudius, Woldem. Friedrich, Aug. Noack u. a. 6. Aufl. (175 S.) Lex. 8. Leipzig (909). F. Hirt & Sohn. Geb. in Leinw. m. Goldschn. 10. —

[F.] Herzog Bernhard von Weimar. Von D. Bernhard Rogge, Hofpred. in Potsdam. *Barmen: H. Klein [1897].* (46 S.) 1 Bd 8.
= Feste, Für die, u. Freunde d. Gustav-Adolf-Vereins. No 180. [98. 8179

— Herzog Bernhard v. Weimar, s. v.: Für die Feste u. Freunde d. Gustav Adolf-Vereins, Nr. 180.

— Bildersaal der christlichen Welt. Ein Kunst- u. Geschichtswerk f. das evangel. Haus. Mit 346 Abbild. im Text u. 40 Kunstbeilagen. (XII, 388 S.) 33,5×24 cm. Stuttgart (907. 08). Union. 16.—; geb. in Leinw. m. Goldschn. 20.—; auch in 40 Lfgn. à — 40

— Fürst Bismarck, d. erste Reichskanzler Deutschlands. E. Lebensbild, zu dessen 80. Geburtstag am 1. Apr. 1895 gezeichnet. Mit zahlr. Abb. gr. 8. (IV, 68 S.) Hannover 895. C. Meyer. — 50; feine Ausg. — 75

[F.] Fürst Bismarck, der erste Reichskanzler Deutschlands. E. Lebensbild gez. v. D. Bernh(ard) Rogge, Kgl. Hofpred. in Potsdam. M. zahlr. Abb. Neue Aufl. *Hannover [&] Berlin: C. Meyer 1898.* (IV, 78 S., 1 Portr.) 1 Bd 8. [99 2319

— das Buch v. den preußischen Königen. Mit 8 Brustbildern auf Kpfrdrpap. in Holzst. aus der xylograph. Kunstanstalt v. R. Brend'amour & Komp. gr. 8. (VIII, 544 S.) Hannover 891. C. Meyer. n. 7. 50; geb. n. 9. 60

— das Buch v. den preuß. Königen. 3. verm. Aufl. Mit 9 Brustbildern auf Kupferdr.-Pap. in Holzst. aus der xylograph. Kunstanstalt v. R. Brend'amour & Komp. gr. 8. (XII, 624 S.) Hannover 900. C. Meyer. n. 8. —; in Prachtbd. n. 10. —

Rogge, Bernh., Johannes Bugenhagen genannt Doktor Pommer, der Evangelist Norddeutschlands, s.: Für die Feste u. Freunde d. Gustav-Adolf-Vereins.

— christliche Charakterbilder aus dem Hause Hohenzollern. gr. 8. (VII, 240 S.) Hannover 890. C. Meyer. n. 4. 25; geb. n. 5. 50

— christliche Charakterbilder aus dem Hause Hohenzollern. Mit 10 Brustbildern. 2 (Titel-) Aufl. gr. 8. (VII, 240 S.) Hannover 893. C. Meyer. n. 4. 25; geb. m. Silberschn. n. 5. 50; m. Goldschn. n. 5. 75

— deutsch-evangelische Charakterbilder. gr. 8. (VII, 237 S.) Leipzig 894. H. Ebbecke. n. 2. —; geb. in Leinw. n. 2. 80

— deutsch-evang. Charakterbilder. 2. Aufl. 8. (V, 237 S.) Leipzig 898. H. Ebbecke. n. 2. —; geb. in Leinw. n. 2. 80; m. Goldschn. n. 3. 25

— deutsch-evangelische Charakterbilder. 2. Aufl. Mit 18 Bildnissen. (V, 280 S.) 8. Altenburg (908). St. Geibel. n. 2. 25; geb. in Leinw. n. 3. —

[F.] Deutsch-evangelische Charakterbilder. Gezeichnet v. D. Bernhard **Rogge**, Hofprediger. Neue Folge. *Leipzig: H. Ebbecke (1896).* (3 Bl., 403 S.) 1 Bd 8. (96. 4286

Rogge, Bernh., Dein sind wir, David, und mit Dir halten wir es, Du Sohn Isai. Predigt über 1. Chronik 13, V. 18 am Geburtstage des Kaisers und Königs den 22. März 1881 gehalten in der k. Hof- und Garnison-Kirche zu Potsdam. gr. 8. (15 S.) Berlin 882, Mittler und Sohn. — 30

— die Einführung der Reformation in der Mark Brandenburg. gr. 8. (32 S. m. 1 Bild.) Leipzig 889. Reichardt Verl. n. — 40

— Enthüllungsfeier des Lutherdenkmals in Erfurt. Festrede am Denkmal, den 31. Oktbr., abends 6 Uhr geh. gr. 8. (8 S.) Erfurt 889. Villaret. n. — 25

— zur Erinnerung an die Aufhebg. d. Ediktes v. Nantes am 17. Oktbr. 1685. 12. (34 S.) Barmen 885. Klein. n. — 50

— dasselbe, s.: Für die Feste u. Freunde d. Gustav-Adolf-Vereins.

—— zur Erinnerung an den 100jährigen Todestag Friedrich des Großen, s. Aus dem Reich für das Reich.

— zur Erinnerung an den 200jährigen Todestag des Großen Kurfürsten. 8. (121 S. m. Bild.) Berlin 888. Brachvogel & Ranft. n. 1. —

— Das Evangelium in der Verfolgung. Bilder aus d. Zeiten der Gegenreformation. (XV, 373 S. m. Abb. u. 24 Taf.) 32×24 cm. Köln 910. H. Wulfers. Geb. in Leinw. 10.50; m. Goldschn. 12.50; erh. Pr. 12.50; m. Goldschn. 14.50

Rogge, B., die evangelischen Feld- u. Lazareth-Geistlichen der königl. preuß. Armee im Feldzuge von 1870/71. Nach eigenen Erlebnissen u. amtl. Berichten. gr. 8. (XXI, 439 S.) Berlin 872. Rauh. n. 4. 50

— Festpredigt bei der Feier seines 50jährigen Amtsjubiläums am 21. V. 1906 in der königl. Hof- u. Garnisonkirche zu Potsdam. (8 S.) 8. Potsdam 906. Gropius. n. — 40

— Festpredigt, geh. bei der Jahresfeier des hamburg. Hauptvereins der Gustav-Adolf-Stiftung in der St. Jacobi-Kirche am 6. Novbr. 1879. gr. 8. (18 S.) Hamburg 880. Nolte. n. — 30

Rogge, Bernh., evangelische Fest-Predigten. Potsdam 864. Riegel. gr. 8. (XI, 175 S.) n. 17½ ngr.

— Festschrift zur 50jährigen Jubelfeier des brandenburgischen Hauptvereins der evangelischen Gustav-Adolf-Stiftung. Im Auftrage d. Vorstandes verf. Mit e. Anh.: Statistische Zusammenstellungen üb. die Ergebnisse der Gustav-Adolf-Vereinsarbeit in der Prov. Brandenburg. 1844—1894. gr. 8. (88 S.) Berlin 894. Wiegandt & Grieben. n. 1. —

Rogge, B., die Friedens- und Gnadenkirchen in Schlesien, s. Bruderliebe, evangelische.

Rogge, B., Friedrich III., deutscher Kaiser u. König v. Preußen. Ein Lebensbild, Jung u. Alt gewidmet. Mit zwei Bildnissen d. Kaisers u. vielen anderen Abbildgn. 2. Aufl. gr. 8. (167 S.) Leipzig 888. Hirt & Sohn. 2. 25; geb. 3. —

— Friedrich der Dritte, deutscher Kaiser u. König v. Preußen. Ein Lebensbild. 3. Aufl. gr. 8. (159 S. m. Abbildgn. u. Bildnis.) Leipzig 895. F. Hirt & Sohn. 2. 25; geb. in Leinw. 3. —

— Friedrich der Dritte, deutscher Kaiser u. König von Preußen. Ein Lebensbild. Mit dem Bildnis des Kaisers u. vielen anderen Abb. 4. Aufl. gr. 8. (159 S.) Leipzig (899). F. Hirt & Sohn. 2. 25; geb. in Leinw. 3. —

— Friedrich der Dritte, deutscher Kaiser u. König v. Preußen. Ein Lebensbild. Mit dem Bildnis des Kaisers u. vielen anderen Abbildgn. 5. Aufl. (159 S.) gr. 8. Leipzig 904. F. Hirt & Sohn. n. 2. 25; geb. in Leinw. n. 3. —

—— der Prinz-Feldmarschall Friedrich Karl von Preußen. gr. 8. (60 S. mit 1 Stahlst.) Berlin 885, Mittler und Sohn. *
Aus: Soldatenfreund, besonders abgedruckt.

— Friedrich Wilhelm der große Kurfürst. Ein Lebensbild. 2. (Titel-)Aufl. (v. „Zur Erinnerg. an den 200jähr. Todestag d. Großen Kurfürsten). 8. (121 S. m. Bildern.) Berlin 892. Brachvogel & Ranft. Kart. n. 1. —

— bei der Garde. Erlebnisse u. Eindrücke aus d. Kriegsjahre 1870/71. gr. 8. (VIII, 180 S. m. 4 Karten.) Hannover 895. C. Meyer. n. 2. 50; geb. n. 4. —

Zum Gedächtnis des am 6. März 1907 zu Naumburg verstorbenen ehemal. Oberpräsidenten der Provinz Sachsen, Staatsministers Dr. Karl Heinrich v. Boetticher, Dechant d. Domstifts Naumburg, von D. Bernhard **Rogge**, Hofpred. a. D. Magdeburg: Heinrichshofen (1907). (62 S.) 8° [F.] (08. 981

Rogge, Bernh., die evangelischen Geistlichen im Feldzuge von 1866. Nach eigenen Erlebnissen u. amtl. Berichten. Berlin 867. Rauh. gr. 8. (VIII, 220 S.) 22½ ngr.

[F.] Illustrierte Geschichte der Reformation in Deutschland. Volkstüml. dargest. v. D. Bernhard **Rogge**, Hofpred. in Potsdam. M. 1 Farbendr., 43 Kunstdrucktaf., 55 Textabb. u. zahlr. Vignetten u. s. w. Wiedergabe v. Bildern alter Meister ... u. moderner Künstler ... (In 11 Lfgn.) *Dresden-Blasewitz: Gustav Adolf-Verl. 1(897—)99.* (XIX, 527 S., 2 Portr., 33 Taf., 3 Portraittaf., 5 Facs.) 1 Bd 8. (98. 10478

Rogge, Bernh., illustr. Geschichte der Reformation in Deutschland. Volkstüml. dargest. M. 1 Farbendr., 43 Kunstdr.-Taf., 55 Text-Abb. u. zahlr. Vignetten u. s. w.: Wiedergabe v. Bildern alter Meister (Cranach, Dürer u. s. w.) u. mod. Künstler (W. v. Camphausen, R. Geiger, W. v. Kaulbach u. A.) darstellend: Bildnisse, geschichtl. Ereignisse, Städte-Ansichten, Facsms. v. Handschriften, Urkunden etc. 4. (XIX, 527 S.) Dresden-Blasewitz 898. 99. Gustav Adolf-Verlag. n. 8. 25; geb. n. 10. 50
Erschien auch in 11 Lfgn. à — 75.

— Gott war m. uns — Ihm sei die Ehre. Eine Sammlg. v. Predigten u. Reden im Feldzuge v. 1870/71 geh. 8. (VII, 132 S.) Ebend. 872. n. 1. 20

Rogge, Bernh., Gustav Adolf, Deutschlands Erretter — nicht Eroberer! Ein Wort üb. die wahren Zwecke u. Ziele des Glaubenshelden. 8 (26 S. m. Abbildgn.) Dresden 894. Gustav Adolf-Verlag. — 50

— Gustav-Adolf-Büchlein. Zur 300jähr. Gedächtnisfeier d. Geburtstages Königs Gustav Adolf v. Schweden hrsg. 1. u. 2. Aufl. gr. 8. (96 S. m. Abbildgn. u. Titelbild.) Wittenberg 894. R. Herrosé. n. — 60

— Gustav Adolf-Flugblatt. Leben u. Thaten des Glaubenshelden. Für Schulen u. Vereine zur Feier seines 300jähr. Geburtstages am 9. Dezbr. 1894. 1.—45. Aufl. gr. 8. (15 S. m. 20 Abbildgn.) Dresden 894. Gustav Adolf-Verlag. n. — 10

— der Herr ist nahe. Predigt üb. Phil. 4, 4—5, geh. am 4. Advents-Sonntage, d. 18. Dezbr. 1870 in der Schloßkirche zu Versailles. gr. 8. (14 S.) Ebend. 871. — 30

— die königl. Hof- u. Garnisonkirche zu Potsdam, ein Denkmal vaterländischer Geschichte. Zur 150jährigen Jubelfeier der Kirche hrsg. gr. 8. (X, 102 S.) Berlin 882. Mittler & Sohn. n. 2. —

— die königl. Hof- u. Garnisonkirche zu Potsdam, e. Denkmal vaterländ. Geschichte. Zur 150jähr. Jubelfeier der Kirche hrsg. 2. Ausg. gr. 8. (VIII, 102 S.) Berlin u. Potsdam 884. Schleiermacher. n. 1. 80

— aus sieben Jahrzehnten. Erinnergn. aus meinem Leben. 1. Bd. Von 1831 bis 1862. gr. 8. (VIII, 308 S.) Hannover 897. C. Meyer. n. 4. —; geb. n. 5. —

— aus sieben Jahrzehnten. Erinnerungen aus meinem Leben. 2. Bd.: Von 1862 bis 1899. Mit dem Portr. des Verf. u. e. Fksm. Briefe Kaiser Wilhelm I. gr. 8. (VII, 499 S.) Hannover 899. C. Meyer. n. 5. —; geb. n. 6. —; (kplt. n. 9. —; geb. n. 11. —)

[F.] Ich will, dass er bleibe, bis ich komme. Festpredigt bei d. 49. Jahres-Vers. des Brandenb. Gustav Adolf-Vereins in Guben am 20. Juni 1895. Gehalten v. D. [Bernhard] Rogge, Hofprediger. *Guben: A. König [1895].* (12 S.) 1 Bd 8. [96. 78]

—— Immanuel — Gott mit uns! Predigt über Matth. 1, 23 am Neujahrstage 1867 gehalten in der Königl. Hof- und Garnisonkirche zu Potsdam, nebst den Worten der Weihe über die mit Ehrenbändern geschmückten Fahnen und Standarten gesprochen vom Feldpropst Ober-Consist.-R. Thielen. gr. 8. (16 S.) Berlin 867, Rauh. *

Johann Friedrich Kurfürst von Sachsen, genannt 'der Grossmütige'. Eine Gedenkschrift z. 400 jähr. Wiederkehr s. Geburtstages von Bernhard Rogge. *Halle a. S.: E. Strien 1902.* (VI, 125 S.) 8° [F.] [03. 10079 3]

— ist der evangelische Bund e. Friedensstörer?, s. a. Schriften f. das evangelische Volk.

— ist der evangelische Bund ein Friedensstörer? Eine Antwort auf das Fuldaer Hirtenschreiben deutscher Erzbischöfe u. Bischöfe. 12. (36 S.) Barmen 890. Klein. n. — 30

— eine Jubiläumsfeier am Sarge. Predigt bei der Beerdigungsfeier des Hof-Predigers Herrn D. F. W. Krummacher in der Hof- u. Garnison-Kirche zu Potsdam am 3. Advents-Sonntage, den 13. Decbr. 1868 gehalten. Potsdam 1869. (Gropius.) gr. 8. (16 S.) n. 3 ngr.

— u. Heinr. Reuß, Kaiserbuch (Wilhelm I.), s.: Sammlung belehrender Unterhaltungsschriften f. die deutsche Jugend. 29. Bd.

— Kaiserbüchlein. 1797—1888. Zur Erinnerung an Deutschlands Heldenkaiser Wilhelm I. Mit 70 Abbildgn. 8. (104 S.) Bielefeld 888. Velhagen & Klasing. n. — 50

—— Kaiserbüchlein. 1797—1888. Zur Erinnerung an Deutschlands Heldenkaiser Wilhelm I. 4. Aufl. 8. (104 S. mit 70 Abbild. und 3 Beilagen.) Ebendas. 888. *

—— dass. — 5.—15. Aufl. 8. (106 S. mit 3 Portr.) Ebendas. 888. *

—— dass. — Zur Erinnerung an Deutschlands Heldenkaiser Wilhelm I. und Friedrich III. Mit zahlreichen Abbild. 16. und 17. Aufl. (128 S.); 18. und 19. Aufl. 8. (112 S.) Ebendas. 888. *

— Kaiserbüchlein. Zur Erinnerg. an Kaiser Wilhelm d. Großen. Mit zahlr. Abb. 20. u. 21. Aufl. gr. 8. (88 S.) Bielefeld 897. Velhagen & Klasing. n. — 50

— unser Kaiserpaar. Eine Festgabe u. Gedenkbuch. Für das deutsche Volk u. Heer, f. Schule u. Haus. (III, 162 S. m. Abbildgn.) gr. 8. Goslar 906. R. Danehl. n. — 80; Geschenkausg., geb. in Leinw. n. 3. 50

[F.] Die Kaiser-Proklamation zu Versailles am 18. Jan. 1871. Festschr. z. Gedenkfeier d. Errichtg d. Dtsch. Reiches v. D. Bernhard Rogge, Kgl. Hofpred. in Potsdam. M. 1 Bilde d. Kaiser-Prokl. v. Th. Rocholl in Düsseldorf. *Hannover: C. Meyer (1895).* (29 S.) 1 Bd 8. [97. 39]

— d. Kaiser-Proklamation zu Versailles am 18. Jan. 1871. Festschrift zur Gedenkfeier d. Errichtg. d. Deutschen Reiches. Mit e. Bilde der Kaiser-Proklamation v. Th. Rocholl. gr. 8. (29 S.) Hannover 896. C. Meyer. n. — 25

Rogge, Bernh., Preußens Könige von 1701—1901. Zur Zweijahrhundertfeier der preuß. Königskrone. Mit den Brustbildern der Könige in Orig.-Holzst. gr. 8. (84 S.) Hannover 900. C. Meyer. n. — 60

— Theodor Körner, e. Sänger u. e. Held. Zum 100jähr. Gedächtnis seines Geburtstages dem deutschen Volke geschildert. gr. 8. (62 S. m. Bildern.) Wittenberg 891. R. Herrosé. n. — 50

— Amalie v. Lasaulx, e. katholische Zeugin wider den vatikanischen Geist ihrer Kirche. Vortrag. 12. (39 S.) Barmen 883. Klein. n. — 50

— Königin Luise. Zur 100jähr. Wiederkehr ihres Todestages der deutschen Jugend dargestellt. Hrsg. v. d. Vereinigg. d. deutschen Pestalozzi-Vereine. 50.—100. Taus. (119 S. m. Abb.) 8. Liegnitz 910. C. Seyffarth. Geb. in Leinw. — 50

— ein falsches u. e. echtes Lutherbild, s.: Festschriften f. Gustav-Adolf-Vereine. 43.

Rogge, Bernh., Lutherbüchlein, zur 400jähr. Gedächtnisfeier des Geburtstages D. Martin Luthers hrsg. 1.—10. durchges. Aufl. 1.—370. Tausend. 8. (72 S. mit 9 Holzschn. und 1 Zeittaf.) Leipzig 883, Reichardt Verlag. * — 40

— Lutherbüchlein f. d. deutsche Volk. M. 9 Holzschn. u. 1 Zeittaf. 11. Aufl. 366—370. Taus. 8. (71 S.) Leipzig 896. G. Reichardt. n. — 40

— Lutherbüchlein f. das deutsche Volk. Mit 8 Holzschn. u. 1 Zeittaf. 12. Aufl. 371—376. Taus. (72 S.) 8. Leipzig 905. G. Reichardt. n. — 40

— Melanchthon-Büchlein. Zur 400jähr. Gedächtnisfeier d. Geburtstages Philipp Melanchthons am 16. II. 1897 hrsg. gr. 8. (40 S. m. Abb.) Hannover 897. C. Meyer. n.n. — 25

— Generalfeldmarschall Graf Moltke. Ein Lebensbild, zu dessen 90jähr. Geburtstag gezeichnet. gr. 8. (VII, 63 S. m. Abbildgn.) Wittenberg 890. R. Herrosé, Sep.-Cto. n. — 50

— Generalfeldmarschall Graf Moltke. Ein Lebensbild. 8. (VI, 74 S. m. Abb.) Wittenberg 891. R. Herrosé. n. — 50

— die große Musterung, Truppen-Vorstellg., s.: In des Königs Rock.

— eine Osterreise nach Jerusalem über Aegypten u. Griechenland. Anh.: Eine Osterpredigt in Jerusalem. M. vielen Text- u. Vollbild. Lex.-8. (133 S.) Hannover 896. C. Meyer. n. 2. 60; geb. n. 4. —

[F.] Eine Osterreise nach Jerusalem über Aegypten nach Griechenland v. D. Bernhard Roggo, Kgl. Hofpred. in Potsdam. Anh.: E. Osterpredigt in Jerusalem. M. vielen Text- u. Vollbild. 2. Ausg. *Hannover [u.] Berlin: C. Meyer 1898.* (133 S.) 1 Bd 8.

— Pförtnerleben. Nach eigenen Erinnergn. geschildert. gr. 8. (128 S. m. 24 Abbildgn.) Leipzig 893. F. Hirt & Sohn. n. 2. —

— Predigt bei der 46. Hauptversammlung d. evangel. Vereins der Gustav-Adolf-Stiftung, s.: Hasenclever.

— Predigt üb. Hebräer 13, V. 7. 8. Bei der 30. Jahres-Versammlg. d. brandenburg. Hauptvereins der ev. Gustav-Adolph-Stiftg. am 29. Juni 1876 geh. zu Prenzlau. gr. 8. (14 S.) Berlin 876. Geelhaar. n. 25

Rogge, [Bernhard u. Hermann] Beck: Zwei Predigten bei der 54. Hauptversamml. d. Vereins ... in Köln am 1. u. 2. Okt. 1901 ... u. eine Ansprache im Kindergottesdienst geh. von Pfarrer Carl Röhrig aus Honnef a. Rh. Leipzig: Selbstverl. d. Centralvorst. d. Ver. 1901. (38 S.) 8°
= Bericht über d. 54. Hauptversammlung d. Ev. Vereins d. Gustav-Adolf-Stiftung. 1901, Anh.

— s. a. Predigten, 2, bei der 54. Hauptversammlg. des evangel. Vereins der Gustav Adolf-Stiftung geh.

Der große Preußenkönig von D. Bernhard Rogge. Mit 3 Bildern. *Gütersloh: C. Bertelsmann 1904.* (119 S.) 8° [F.]
= Bilder aus Deutschlands Werdezeit. Bdch. 9.
= Jugendbibliothek, G. Nieritz'. No 256.

— der große Preußenkönig, s. a. Bilder aus Deutschlands Werdezeit.

— Rede bei dem zur 40jähr. Gedenkfeier der Schlacht v. Gravelotte-St. Privat am 18. VIII. 1910 v. d. Berliner Verein ehem. Kameraden d. Garderegimenter veranstalteten Feldgottesdienste. (8 S.) 8. Potsdam (910). Stiftungsverlag. — 25

— Rede zur Lutherfeier am 6. Novbr. 1891 in der St. Georgskirche zu Eisenach geh. gr. 8. (8 S.) Eisenach 891. (Weimar, A. Huckschwerdt.) n. — 20

— Rede, am Sarge des Reichstags-Abgeordneten Dr. Schulze-Delitzsch am Himmelfahrts-Tage den 3. Mai 1883 gehalten. gr. 8. (15 S.) Leipzig 883, Barth. * — 35
Aus: Predigt der Gegenwart, besonders abgedruckt.

Generalfeldmarschall Graf Albrecht von Roon, Kgl. preuß. Kriegsminister. Ein Lebensbild z. hundertjähr. Wiederkehr s. Geburtstages am 30. April 1903 von Bernh. Rogge. *Hannover, Berlin: C. Meyer 1903.* (79 S.) 8° [F.]

— Hermann Roßhof, weil. Consistorial- und Regierungsschulrath, evangel. Pfarrer zu Aachen. Ein Charakterbild aus der niederrhein. Kirche. gr. 8. (IV, 69 S.) Halle 883, Strien Verlag. * 1 20

— ein Rückblick auf die 25jährige Regierungszeit des Kaisers und Königs Wilhelm I. 8. (31 S. mit Portr.) Barmen 886, Wiemann.
Aus: Monatsschrift für christliche Volksbildung, besonders abgedruckt.

— Sedan-Büchlein. Gedenk- u. Festgabe f. d. deutsche Volk. Zur Erinnerg. an d. 25. Wiederkehr d. Tages v. Sedan 1870 — 2. Septbr. — 1895. gr. 8. (100 S. m. 4 Taf.) Dresden 895. E. Thiele. — 75; geb. 1. 20

— Paul Speratus, s.: Für die Feste und Freunde des Gustav-Adolf-Vereins.

— s.: Vermächtnisse, d. theures, unseres grossen Kaisers.

Ein einig Volk. Ein Deutsches Reich. Von D. B[ernhard] Rogge. Mit 10 Bild. Gütersloh: C. Bertelsmann 1904. (144 S.) 8° [F.]
— Bilder aus Deutschlands Werdezeit. Bdch. 11.
— Jugendbibliothek, G. Nieritz'. No 255.

— ein einig Volk, e. Deutsches Reich, s. a. Bilder aus Deutschlands Werdezeit.

— vom Kurhut zur Kaiserkrone. (2 Bde.) 1. Bd.: Das Buch v. den brandenburg. Kurfürsten aus dem Hause Hohenzollern. gr. 8. (VIII, 423 S. m. 12 Brustbildern in Holzst.) Hannover 892. C. Meyer. n. 6. —; in Prachtbd. n. 8. —

— vom Kurhut zur Kaiserkrone. (2 Bde.) 2. Bd. gr. 8. Ebd. 895. n. 8. —; geb. n. 10. —
Das Buch v. d. preuß. Königen. 2., verb. u. verm. Aufl. Mit 9 Brustbild. auf Kpfrdr.-Pap. in Holzst. aus d. xylograph. Kunstanstalt v. R. Brend'amour & Komp. (XVI, 592 S.)

— Luthers Wartezeit auf d. Wartburg. Festpredigt, am Tage d. Enthüllg. d. Lutherdenkmals zu Eisenach d. 4. Mai 1895 üb. Psalm 71. Vers 1. 3. 5. 8—16. geh. 8. (11 S.) Eisenach 895. (H. Kahle.) n.n. — 35

— Kaiser Wilhelm I. Illustr. Gedenkbüchlein. 22. III. 1797—22. III. 1897. 15.—25. Aufl. (50.—100. Tauf.) 8. (24 S. m. 15 Abb.) Dresden-Blasewitz 897. Gustav Adolf-Verlag. — 15

— Kaiser Wilhelm I. u. die evangelische Kirche, s.: Für die Feste u. Freunde d. Gustav-Adolf-Vereins.

— Kaiser Wilhelm der Siegreiche. Sein Leben u. seine Thaten, für das Volk und die Jugend dargestellt. 1. u. 2. Aufl. gr. 8. (V, 481 S. m. 125 Abbildgn.) Bielefeld 889. 890. Velhagen & Klasing. geb. n. 6. —

— wir können's ja nicht lassen! Predigt üb. Apostel-Geschichte 4, V. 19. 20., bei der Jahresfeier d. oldenburg. Hauptvereins der evangel. Gustav-Adolf-Stiftg. am 16. Aug. 1888 geh. 8. (13 S.) Oldenburg 888. Stalling's Verl. n.n. — 25

— die Zunahme d. Katholicismus in der Prov. Brandenburg. Vortrag, bei der 3. Generalversammlg. d. brandenburg. Hauptvereins d. Evangel. Bundes zu Berlin geh. gr. 8. (19 S.) Leipzig 893. Buchh. d. Evangel. Bundes v. C. Braun. n. — 25

— Heinrich v. Zütphen, der Reformator Bremens, s.: Für die Feste u. Freunde d. Gustav-Adolf-Vereins.

Rogge, C., Abriß d. Gesch. d. neuest. Revolutionen in den verein. Niederlanden, a. d. Holl. gr. 8. Götting. Röwer. 800.

Rogge, C., Abriß d. Geschichte d. neuesten Revolution in d. vereinigten Niederlanden; aus d. Holländ. gr. 8. Götting. 806. Röwer. 1 ≠ 16 g

Rogge, Christian Aberglaube, Volksglaube und Volksbrauch der Gegenwart nach ihrer Entstehung aus altgermanischem Heidentum. Ein Beitrag zur Pflege des Volkstums. 8 (VI, 32 S.).
Progr. Stält. Prg. *Schlawe* 1890.

Rogge, Chrn., **Aberglaube**, Volksglaube und Volksbrauch der Gegenwart nach ihrer Entstehung aus altgermanischem Heidentum. Ein Beitrag zur Pflege d. Volkstums. gr. 8. (VI, 33 S.) Leipzig 890. Fock. n. — 80

Rogge, *Christian* Die Anschauungen des Apostels Paulus von dem religiös-sittlichen Charakter des Heidentums auf Grund der vier Hauptbriefe. Eine theologisch-philologische Untersuchung. Teil I: Die religiös-sittliche Entwickelung des Heidentums. 8 (50 S.). **Progr.** G. *Fürstenwalde* 1887 (75).
Vgl. denselben Titel. 8 (VIII, 82 S.). Leipzig 1888, G. Reichart Verlag. ℳ 1,80.

— die **Anschauungen** d. Apostels Paulus von dem religiös-sittlichen Charakter d. Heidentums auf Grund der vier Hauptbriefe. Eine theologisch-philolog. Untersuchg. gr. 8. (VIII, 82 S.) Leipzig 888. Reichardt. n. 1. 80

Rogge, Christian, **Aussichten u. Aufgaben.** Betrachtungen üb. die Lage des Christentums in der geist. Krise der Gegenwart. (85 S.) 8. Stuttgart 903. Greiner & Pfeiffer. n. 1. —

Rogge-Berlin, Chrn., die **sociale Bedeutung** der Militärseelsorge. Vortrag im Stadtverein f. innere Mission zu Dresden am 1. Dezbr. 1891. Lex.-8. (14 S.) Dresden 892. (H. Morchel.) n.n. — 30

Rogge, Christian [Dr., Dir.]: *Bericht über seine Einführung als Direktor der Anstalt.* Neustettin, Druck v. R. G. Hertzberg, 1896; 48—49 S. 4.
Neustettin, k. Fürstin-Hedwig-G, P 1896 (138 [vielm. 141])

[F.] Der irdische Besitz im Neuen Testament. Seine Beurteilg u. Wertschätzg durch Christus u. die Apostel. Von Christian Rogge, Marinestationspfarrer in Kiel. *Göttingen: Vandenhoeck & Ruprecht 1897.* (2 Bl., 120 S.) 1 Bd 8. [97. 3470

Rogge, [Christian]: Prof. Beyer tritt in den Ruhestand. S.18. 4.
Progr. Kgl. Fürstin-Hedwig-Gymn. *Neustettin* 1905 (167).

Rogge, Chrn., **Bismarck als Redner.** Eine Studie. gr. 8. (32 S.) Kiel 899. Heidelberg, J. H. Eckardt. — 60

— **Thomas Carlyle.** E. Gedenkblatt zur 100. Wiederkehr s. Geburtstages. 8. (IV, 100 S.) Ebd. 895. n. 1. 20; geb. in Leinw. n. 1. 80

Rogge, Christian, religiöse **Charaktere** a. d. 19. Jahrh. (172 S.) 8. Stuttgart 908. Greiner & Pfeiffer. 2.—; geb. 2. 50

— s.: **Christoterpe**, neue.

Rogge, Christian, Dr., Dir.: Aus der **Demosthenes-Lektüre**. Zum Nachweis e. einheitlichen Aufbaues der Volksreden des Demosthenes, besonders der 1. u. 2. olynthischen. *(Neustettin 1903: R. G. Hertzberg.)* (51 S.) 8°
Neustettin, Fürstin-Hedwig-G, P 1903 (164)

Franktireurfahrten und andere Kriegserlebnisse in Frankreich. Kulturbilder aus d. deutsch-franz. Kriege 1870/71. Nach eigenen Erinnerungen im Inf.-Regt Nr. 27 von Dr. Christian **Rogge**, Dir. Berlin: C. A. Schwetschke & Sohn 1907. (162 S.) 8° [F.]
= **Rogge**: Freuden u. Leiden d. Feldsoldaten. 2. [08. 5570

— **Freuden u. Leiden** des Feldsoldaten. Kulturbilder aus dem deutsch-französ. Kriege 1870/71. Nach eigenen Erlebnissen im Infanterie-Regiment Prinz Louis Ferdinand v. Preußen (2. Magdeburg.) Nr. 27. (VII, 183 S. m. 1 eingedr. Kartenskizze.) gr. 8. Berlin 906. C. A. Schwetschke & Sohn. n. 2. 50; geb. n. 3. 50

Rogge, Christian, Freuden u. Leiden des Feldsoldaten. II. Franktireurfahrten u. andere Kriegserlebnisse in Frankreich. Kulturbilder aus dem deutsch-französ. Kriege 1870/71. Nach eigenen Erinnergn. im Infant.-Regt. Prinz Louis Ferdinand v. Preußen (2. Magdeburgisches) Nr. 27. (V, 162 S.) 8. Berlin 907. [C. A. Schwetschke & Sohn.] Neustettin, F. A. Eckstein. 2.50; geb. 3.50; erm. Pr. 2.—; geb. 3. —
I. Jetzt Ebd. 906. Erm. Pr. 2.—; geb. 3.—.

— **Kunst, Künstler, Christentum.** (45 S.) 8. Hamburg 909. Agentur des Rauhen Hauses. — 60

— **tapfere Männer** u. fröhliche Geber. 2 Weihereden. Mit e. Ansicht des Denkmals des I. See-Bataillons in Kiel. gr. 8. (14 S.) Kiel 902. Lipsius & Tischer. n. — 30

— **Mose u. Christus.** Predigten. gr. 8. (XI, 108 S.) Stuttgart 900. Greiner & Pfeiffer. n. 1. 50; geb n. 2. —

Nimm und lies! Bibl. Streifzüge u. Charakterbilder von Christian Rogge, Marinestationspfarrer in Kiel. *Stuttgart: Greiner & Pfeiffer 1899.* (195 S.) 8° [F.] [99. 6347

— s.: **Predigten**, 4, bei der 62. Hauptversammlung des evangel. Vereins der Gustav Adolf-Stiftung in Stralsund geh.

Rogge, Christianus: Quaestionum de pronominis reflexivi apud Latinos natura et usu antiquissimo part. 1. Halis Saxonum (1875): Ploetz. 34 S. 8°
Halle-Wittenberg. Phil. Diss. v. 1. Mai 1875
Geb. [Ost-]Insel (Kr. Stendal) 11. 2. 1848. V.
Verf. erlebte die Diplomerneuerung 1925 als Geheimer Regierungsrat. Gymnasialdirektor a. D. in Neustettin

— **deutsche Seesoldaten** bei der Belagerg. der Gesandtschaften in Peking im Sommer 1900. Mit 1 Titelbilde, 28 Abb. u. 2 Kartenskizzen im Text. gr. 8. (V, 75 S.) Berlin 902. E. S. Mittler & Sohn. n. 1. —

Deutsche Seesoldaten bei der Belagerung der Gesandtschaften in Peking im Sommer 1900. Von Christian **Rogge**, Marine-Oberpfarrer. 2. Aufl. Mit 1 Titelbilde, 28 Abb. u. 2 Kartenskizzen. Berlin: E. S. Mittler & Sohn 1905. (IV, 75 S.) 8° [F.]
Aus: Soldatenfreund. Jg. 69, H. 6 u. 7. [06. 7038

— **Weiherede** bei d. Enthüllg. d. Herzog Friedrich Wilhelm-Denkmals vor d. Marine-Garnisonkirche in Kiel am 22. IX. 1898. gr. 8. (8 S.) Schwerin 898. F. Bahn. n. — 20

Rogge, Christian [Dir. Dr.]: Wie das Gymnasium nationale junge Deutsche erziehen könne. Antrittsrede. Neustettin, Druck v. R. G. Hertzberg, 1896; 1—10 S. 4.
Neustettin, k. Fürstin-Hedwig-G, P 1896 (138 [vielm. 141])

— **wir heißen euch hoffen!** Predigten u. Skizzen. (VII, 118 S.) gr. 8. Kiel 905. Lipsius & Tischer. n. 1. 60; geb. in Leinw. n. 2. 50

Rogge, Christian Wilhelm von

v. Rogge, Chr. Wilh., **Vortheile** f. Haus- u. Landwirthschaften, Fabriken u. Gewerbe. Gesammelt auf Reisen durch Deutschland, Holland, England, Frankreich u. Italien. 1r u. 2r Bd. Mit 2 Kpft. 12. Wien 818. Wallishauser. 2 ℛ 16 g. (Er. Fleischer in Leipz.)

Rogge, Chrstn. Wilh. v., Vortheile f. Haus- u. Landwirthschaften, Fabriken u. Gewerbe. Gesamm. auf Reisen durch Deutschland, Holland, England, Frankreich u. Italien. 3. u. 4. Bd. — A. u. d. T.: Neue Vortheile ꝛc. 1. u. 2. Bd. gr. 12. (31 B.) Wien 828, Beck.
1. u. 2. Bd. Wien, Wallishausser. 1818. 2 Thlr. 16 Gr.

Rogge, Elisab. M., moderne Kunst-Nadelarbeiten. 54 Abbildgn. in Lichtdr., wovon 5 Farbendrucke. Mit Vorwort von E. A. v. Saher. (35 Taf. u. III, 16 u. II S. Text.) Fol. Amsterdam (906). Scheltema & Holkema. — Leipzig, K. W. Hiersemann. In Mappe n. 30. —

[J.] Wider das eigene Herz. Novelle v. Erich Rogge. M. 3 Vollb. *Berlin: A. Weichert [1897].* (95 S., 3 Taf.) 1 Bd 8.
= Wochen-Bibliothek, Weichert's. Bd 12. (97. 5459

Rogge, Erich, wider d. eig. Herz, s. a. Weichert's Wochen-Bibliothek.

Rogge, Friedrich Wilhelm

Rogge's, F. W., Biographie, s.: Welf, P.

Rogge, Friedr. Wilh., Blüthe der deutschen Lyrik. gr. 12. (21 B.) Rostock 846, Stiller'sche Hofb. 1 Thlr. 27½ Ngr. — In engl. Einband mit Goldschn.

—— Buch der Huldigung. gr. 8. (3 B.) Rostock 845, Stiller'sche Hofbuchh. *

—— Kaiser Friedrich Barbarossa. National-Tragödie in 5 Aufz. 8. (8 B.) Lüneburg 833, Herold u. Wahlstab.

Rogge, Friedr. Wilh., Gedichte. 1. Aufl. (5 B.) 830. 8 Gr., 2., verm. A. (18 B.) 16. Göttingen 831, Deuerlich.

Rogge, Friedr. Wilh., Gedichte. 3., verm. Aufl. 8. (22⅛ B.) Leipzig 839, Brockhaus.

Rogge, Frdr. Wilh., Gedichte. 4. veränd. u. stark verm. Aufl. gr. 12. (XIV u. 436 S.) Leipzig 847, Brockhaus. n. 2 ß

—— Kaiser Heinrich IV. Eine Tragödie. gr. 8. (14 B.) Leipzig 839, Fr. Fleischer.

— Kron u. Liebe: König Manfred. Tragödie in 5 Aufzüg. — Bianka Vanezzi. Tragödie in 5 Aufzügen. 8. Schwerin 838. Kürschner. (Berlin, Plahn'sche Buchh.) n. 1¹/₃ ß

— König Manfred. Tragödie in 5 Aufzügen. 2. (Titel-) Aufl. 8. (110 S.) Schwerin (838) 849, Kürschner (jetzt: Hildebrand). ³/₄ ß

Rogge, Friedr. Wilh., Mnemosyne. Blätter der Erinnerung an gefeierte Namen. gr. 8. (VI, 256 S.) Minden 885, Bruns's Verlag. *

Rogge, Friedr. Wilh., Musodoron. Leipzig 853. Brockhaus. 8. (72 S.) n. 15 ngr.

— Adolf Friedrich Graf v. Schack. Eine literar. Skizze. gr. 8. (V, 200 S.) Berlin 883. Janke. 3. —

—— Bianca Vanezzi. Tragödie in 5 Aufz. 2. (Titel-)Aufl. 8. (115 S.) Schwerin 849, [Hildebrand.]

Rogge's, Friedr. Wilh., sämmtliche Werke. 4 Bde. 16. Berlin 857, Decker'sche geheime Ober-Hofbuchdruckerei. 5 Thlr.; geb. *

Inhalt:

Bd. 1., 2. Lyrischer Theil. 2 Bde. (XXIV und 619 S.) 3 Thlr.; geb. * 3 Thlr. 20 Ngr.
„ 3., 4. Dramatischer Theil. 2 Bde. (XIV und 654 S.) 2 Thlr.; geb. * 2 Thlr. 20 Ngr.

Rogge, Frdr. Wilh., aus Westminster-Abtei. Schwerin 859. Oertzen & Schloepke. 16. (VIII, 60 S.) 15 ngr.

— — 2. vollständige Aufl. Leipzig 860. O. Wigand. 16. (108 S.) n. 16 ngr.

Rogge, Friedr. Wilh., aus Westminster-Abtei. 3., verm. Aufl. Leipzig 865. O. Wigand. 16. (122 S.) 20 ngr.

Rogge, Friedr. Wilh., aus Westminster-Abtei. 4. verm. Aufl. 16. (152 S.) Leipzig 872, O. Wigand. * 2 —

Rogge, Frdr. Wilh., aus Westminster-Abtei. 5. Aufl., reich verm. u. verschönert. 16. (166 S.) Stuttgart 880. Göschen. geb. m. Goldschn. n. 3. 60

Rogge, Heinrich, aus Darkehmen: **Der Stapelzwang des hansischen Kontors zu Brügge im 15. Jahrhundert.** *Kiel 1903: P. Peters.* (62 S.) 8°
Kiel, Phil. Diss. v. [14. März] 1903

Rogge, Herm., der Bibelgesellschaft Anfang, Fortgang u. Ende. Bibelfestpredigt über 2. Cor. 4, 6 am 2. Sonnt. d. Advents, den 7. Decbr. 1851 zu Köln a/R. gehalten. 8. (15 S.) Halle 852, Mühlmann in Comm. n. ¹/₁₂ ß

Rogge, Herm., Schlesiens Betekinder im Winter von 1707 zu 1708. Eine Mittheilung aus der vaterländischen Kirchengeschichte, seinen evangelischen Landsleuten, zumal der lieben Jugend, zu Nutz und Erbauung dargeboten. Breslau 854. Dülfer in Comm. 12. (36 S.) n. 2 ngr.

Rogge, Herm., Schlesiens Betekinder im Winter von 1707 zu 1708. Eine Mittheilung aus der vaterländ. Kirchengeschichte, seinen evangel. Landsleuten, zumal der lieben Jugend, zu Nutz und Erbauung dargeboten. 2. Aufl. 16. (40 S.) Alt-Tschau bei Neusalz a. O. 883, Verlag der Anstalt „Kommet zu Jesu".

Rogge, H., etliche Gedanken u. Wünsche, die neuen synodalen Einrichtungen in den östlichen Provinzen unserer evangelischen Landeskirche betr. Vorgetragen auf der Gnadauer Pastoral-Conferenz. Schönebeck 1868. Berger. gr. 8. (23 S.) n. 4 ngr.

Rogge, Herm., Leitfaden für den ersten Unterricht in der allgemeinen Weltgeschichte. Zum Gebrauch der Schüler in den untern Klassen der Gymnasien, Militair-, Real- u. höhern Bürgerschulen. gr. 8. (7 B.) Berlin 845, [Mittler u. Sohn.]

Rogge, H., Samuel Wilhelm Rogge. Ein Lebens-, Amts- und Familienbild aus einem schles. Landpfarrhause. Nebst Beigabe von 5 Predigten, 1 Portr. und 1 Abbild. des Großtinzer Pfarrhauses (in Lichtdr.). gr. 8. (VII, 230 S.) Breslau 881, Dülfer's Verlag. * 3 50

J[osua] Rogge. Auszüge aus den ältesten Kirchenbüchern der Marienkirche zu Stendal. Bearb. von Konrad Neefe. (Papiermühle S. A. 1908: Vogt.) VI, 126 S. 8° (09. 15738 3

Rogge, Karl August

Rogge, K. A., über das Gerichtswesen d. Germanen. Ein germanischer Versuch. gr. 8. Halle, Gebauer. 820.

ROGGE, K. A.: Observationes de peculiari legis Ripuariae cum Salica nexu. *Regiomonti*, Bornträger. 825. 4. (8 Gr.)

Rogge, Martin Carl: Bey der Paulsen- und Roggischen Eheverbindung ... [Hochzeitsgedicht auf **Paulsen** und Rogge. 30. April 1756. Husum.] — Schleswig (1756): Holwein. 2 Bl. 4°

Rogge, Max [aus Berlin]: Die Lehre von den vergifteten Wunden nach Heinrich von Mondeville ... Berlin, Buchdr. v. G. Schade, *1896;* 30 S., 1 Bl. 8.
Berlin, Med. Fak., Inaug.-Diss. v. 3. Nov. 1896

Rogge, P., was hat d. Schule zu thun, um d. Sprachfehler zu bekämpfen? gr. 8. (29 S.) Danzig 895. A. W. Kasemann. n. — 50

Rogge, Paulus (geb. Elbing 6. 12. 1830): De febri intermittente. Berlin (1855). (30 S.) 8°
Berlin, Med. Diss. v. 1. Aug. 1855

Rogge, Samuel Wilhelm

Rogge, S. W., Besuch eines evangel. Geistlichen bei seinen Freunden. 11 Predigten als Gabe der Liebe. gr. 8. Halle 829, Coldits'sche Buchh. 1/2 ₰

Rogge, S. W., Besuch e. evangel. Geistlichen bei sein. Freunden. Eilf Predigten als Gabe d. Liebe bringet d. Freund mit. 8. (10 B.) Liegnitz 829. [Leipzig, Kirchner u. Schwetschke.]

Rogge, S. W., Besuch e. evangel. Geistlichen bei seinen Freunden. Elf Predigten. 8. Liegnitz 829. Leonhard. 12 gr

Rogge, Thdr., Album v. Rostock u. Warnemünde. 20 Bilder in Lichtdr. Gezeichnet u. m. erläuterndem Text versehen v. Th. R. qu. gr. 4. (11 S.) Wismar 884. Hinstorff Verl. In Carton n. 10. —; in Leinw.-Mappe n. 12. —

[F.] Unschuldig verurtheilt. E. Beitr. z. Reformbedürftigkt uns. Gesetzgebg v. Th(eodor) **Rogge**, Friedenau Berlin. *(Friedenau): Selbstv.; Berlin: Dr. d. Deutschen Druckerei-Ges. [1895].* (22 S.) 1 Bd 8.

Rogge, Th., unschuldig verurtheilt. E. Beitrag zur Reformbedürftigkeit unserer Gesetzgebg. gr. 8. (22 S.) Friedenau 895. (Berlin, E. Mecklenburg.) — 75

Rogge, Walther, Referendar: **Auf welche von mehreren Forderungen ist eine Zahlung anzurechnen, welche zur Tilgung sämmtlicher Forderungen nicht ausreicht?** ⟨Nach gemeinem Rechte u. d. Rechte d. Bürgerl. Gesetzbuchs f. d. Deutsche Reich.⟩ *Greifswald 1900: J. Abel.* (62 S.) 8°
Greifswald, Jur. Diss. v. 1900

Rogge, Walter. Geschichte der neuesten Zeit seit dem Sturze Napoleons bis auf unsere Tage. Berlin 1851. 680 S. 8.

Rogge, Walt., Geschichte der neuesten Zeit seit dem Sturze Napoleons bis auf unsere Tage. (In 36 Lfgn.) 1—14. Lfg. Lex.8. (S. 1—560.) Berlin 851. 52, Hempel. (à n. 1/6 ₰) n. 2 1/3 ₰

Rogge, Walter, Geschichte der neuesten Zeit seit dem Sturze Napoleons bis auf unsere Tage. 15—17. Liefg. Berlin 856. Hempel. Lex.-8. (S. 561—680.) Jede Liefg. n. 5 ngr.

— parlamentarische Größen, siehe: **Walter, R.**

Rogge, Walter, Oesterreich seit der Katastrophe Hohenwart-Beust. 2 Bde. gr. 8. (VII, 440 u. V, 518 S.) Leipzig 879. Brockhaus. n. 16. —

Rogge, Walter, Oesterreich von Világos bis zur Gegenwart. 3 Bde. Leipzig 872.73. Brockhaus. n. 22. —
1. Das Decennium d. Absolutismus. (VII, 554 S.) n. 8. —
2. Der Kampf um e. Reichsparlament. (VIII, 389 S.) n. 6. —
3. Der Kampf m. dem Föderalismus. (552 S.) n. 8. —

Rogge, Walter, Tierarzt a. Fürstenfelde ⟨Neumark⟩: **Aus d. Poliklinik f. grosse Haustiere d. Kgl. Tierärztl. Hochschule zu Berlin ⟨Prof. Dr. Kärnbach⟩. Vergleichende Untersuchungen über Cocain und seine Ersatzpräparate ⟨Tropacocain, Holocain, Acoin, Eucain, Anästhesin, Stovain, Alypin, Novocain⟩ beim Pferde. Berlin 1908: E. Litfass.** (70 S.) 8°
Gießen, Veterinär-Med. Koll., Ref. Geppert, Diss. v. 7. Juli 1908
[Geb. 2. März 80 Fürstenfelde; Wohnort: Berlin; Staatsangeh.: Preußen; Vorbildung: Gymn. Sangerhausen Reife O. 02; Studium: Tierärztl. Hochsch. Berlin 4, Stuttgart 1, Berlin 3 S.; Rig. 3. Juli 07.]

Rogge, Wilh., Abschieds-Predigt über Philipper 1, Vers 3—6, geh. am 27. Juni 1880. gr. 8. (12 S.) Barmen 881. Wiemann. n.n. — 25

Rogge, Wilh., Antrittspredigt üb. Col. 1, v. 28 u. 29, gehalten am 13. Novbr. 1870. gr. 8. (14 S.) Barmen 870. (Klein.) n. — 40

— das Buch Hiob, der Gemeinde dargeboten. gr. 8. (VI, 120 S.) Erlangen 877. Deichert. n. 1. 60

Rogge, Wilh., die St. Marienkirche zu Rostock. Ein Beitrag zur Geschichte des mittelalterlichen Backsteinbaues in Norddeutschland. Mit 4 Blatt Lith. [Aus: „Archiv f. kirchl. Kunst".] gr. 4. (10 S.) Berlin 881. Prüfer. n. 1. 50

—— die Gemeinde Wupperfeld. Ein Bild aus der Geschichte der evangel. Kirche des Rheinlands. gr. 8. (VIII, 306 S. mit 1 Holzschntaf.) Barmen 877, Wiemann.

Rogge-Ludwig, Wilhelm

Rogge-Ludwig, W., systematisches Inhaltsverzeichniss, s.: Zeitschrift d. Vereins f. hessische Geschichte u. Landeskunde.

Rogge-Ludwig, Wilh., Karl Müldner v. Mülnheim, General-Lieutenant u. General-Adjutant d. Kurfürsten Wilhelm II. v. Hessen. Ein hess. Zeit- u. Lebensbild. 8. (77 S.) Kassel 885. (Wigand.) n. 1. —

v. Röggel, ..., s. Beiträge zur Geschichte, Statistik rc. v. Tirol.

Roggemann, A., der praktische Geburtshelfer. 3 Tle. in 4 Bdn. 12. Würzburg, (A. Stuber's Verl.). n.n. 7. —
1. Tl. (119 S.) 890. n.n. 1. 75. — 2. Tl. in 2 Abtlgn. (463 S.) 891. n.n. 3. 50. —. 3. Tl. (319 u. XXIV S.) 891. n.n. 1. 75.
Diese Aufl. erschien anonym.

— dasselbe. 2. Aufl. 3 Tle. in 4 Bdn. 12. Ebd. n.n. 7. —
1. Tl. (135 S.) 893. n.n. 1.75. — 2. Tl. in 2 Abtlgn. (473 S.) 894. n.n. 3. 50. — 3. Tl. (324 u. XXIV S.) 894. n.n. 1. 75.

Roggenbach, Franz Joseph von: De h o s t e n d i t i i s ex juris feudalis. (L.F.2,40) publicique fontibus. (Heerbann). 38 S. – Basel, Jur.Diss.v.16.Nov.1711.

Roggenbach, Max Frhr. v., Chronik der Freiherrlichen Familie v. Roggenbach. Nach Urkunden u. Druckwerken bearb. u. m. Beilagen versehen. gr. 8. (VII, 138 S.) Freiburg i/Br. 888. Herder. n. 3. —

Roggenbau, Paul, üb. den jetzigen Stand der Lehre v. der Behandlung brandiger Brüche. gr. 8. (27 S.) Rostock 883. (Neustrelitz, Jacoby.) n. — 60

Roggenbrod, J. Fr. A., der Einzug Jesu in Jerusalem. Predigt am 1. Advent. Hamburg 864. (Nolte.) gr. 8. (21 S.) 3 ngr.

Roggenbrod, J. Fr. A., eine Gabe zum gemeinen Nutzen in Predigten, Lehrvorträgen u. Aphorismen. I. u. II. gr. 8. (V, 64 u. 72 S.) Gotha 880. F. A. Perthes. à n. 1. —

v. Roggenbucke, Henriette Marie Albert., Gedichte. 8. Suhl 820. (Ilmenau, Voigt). 18 gr

Roggenbucke, Karl von

Roggenbucke, v. Handbuch für Offiziere, worin die Anfertigung, die Konstruktion der Militär-Schießwaffen deutlich u. zweckmäßig auseinander gesetzt ist. Mit 1 Taf. rc. Suhl 1820. 205 S. 8. — 2. verm. Aufl. Erfurt 1822.

Roggenbucke, aggregirter Capitain im 2. Schützen-Bataillon etc. Handbuch für Officiere, worin die Anfertigung, die Construction, der Gebrauch, die Behandlung und Beurtheilung der M i l i t ä r - S c h i e s s w a f f e n auseinander gesetzt ist. Mit Kupfer und Tabellen. 2. verm. und verbess. Auflage. 8. Suhl 1820.

v. Roggenbucke, Karl, Handbuch f. Offiziere, worin die Anfertigung, die Konstruction, d. Gebrauch, die Behandl. u. Beurtheilung d. Militär-Schießwaffen deutlich u. zweckmäßig auseinander gesetzt ist. Mit 1 Kpf. u. Tab. 2e Aufl. 8. Erfurt 822. Keyser. 1 ₰

Roggenhausen [Schlagwort]

Roggenhausen, s.: Geologische Karten. Preussen 86.

Roggenhausen, s.: Preussen. Messtischblätter.

Roggenhofer, Geo., u. Ph. L. **Jung**, Bäder u. Sommerfrischen im bayer. Hochland u. Allgäu. 2. Aufl. 8. (136 S. m. Abb.) München 898. Ph. L. Jung. 1.50

Roggenhofer, G., Füssen, Reutte, Hohenschwangau, Neuschwanstein, Linderhof, s.: Lama, C. Ritter v.

Roggenhofer, Geo., Handbuch f. Fleckenreinigung, Wäscherei u. Färberei, nebst vielen prakt. u. gemeinnütz. Mitteilgn. 8. (VIII, 69 S.) München 898. G. D. W. Callwey. n. 1.20

Roggenhofer, Geo., Panorama vom Blender bei Kempten. 2 Blatt. Photolith. qu.schmal Fol. Kempten 891. J. Köscl. n. 1.50

— Reutte u. Umgebung, s.: Woerl's Reisehandbücher.

Die Wäscherei in ihrem ganzen Umfange von Georg **Roggenhofer**, Färbermeister. Bearb. nach d. neuesten Erfahrungen auf d. Geb. d. chem. u. Naßwäscherei unter Mitw. bewährter Fachmänner. Mit 97 Abb. Wittenberg: Deutsche Färberzeitung 1903. (X, 236 S.) 8° [F.]

Roggenhofer, Geo., die Wäscherei in ihrem ganzen Umfange. Bearb. nach den neuesten Erfahrgn. auf dem Gebiete der chem. u. Naßwäscherei unter Mitwirkg. bewährter Fachmänner. (X, 232 S. m. 97 Abbildgn.) gr. 8. München 908. Wittenberg, A. Ziemsen. n. 4. —; geb. in Leinw. n. 5. —

Roggenkämper, E., Unterrichtsbriefe zum Studium des Bergwerksbetriebes u. der darauf bezügl. gesetzl. u. polizeil. Vorschriften. (Gründlich durch Selbstunterricht.) gr. 8. (64 S. m. Abb.) Leipzig 901. (E. Bredt.) n. 2. —

— dasselbe zum Studium der einfachen u. doppelten Buchführung, der Wechselordng. u. des Konkursverfahrens. (Gründlich durch Selbstunterricht.) gr. 8. (76 S.) Ebd. (901). n. 2. —

— dasselbe zum Studium des bürgerl., kaufmänn. u. gewerblichen Rechnens. (Gründlich durch Selbstunterricht.) gr. 8. (68 S.) Ebd. (901). n. 2. —

— dasselbe zum Studium der deutschen Sprache u. Rechtschreibung, des Abfassens v. Aufsätzen u. Briefen. (Gründlich durch Selbstunterricht.) gr. 8. (80 S.) Ebd. (901). n. 2. —

Rogger, Laurenz, s.: Festreden an d. Schlachtfeier in Sempach.

(Roggert.) Historisches Gemälde von dem Herzoge Ferdinand von Braunschweig-Wolfenbüttel. 8. Wolfenbüttel 1783. 1,50.

Roggert, ..., histor. Gemälde von d. Herzog Ferdinand von Braunschweig-Weifenbüttel, z. Erklär. e. allegor. Landkarte. Mit Kpf. gr. 8. Kopenh. 784. (Brummer). 12 gr.

Roggert, histor. Gemälde v. d. Herz. Ferdinand v. Braunschweig-Wolfenb. z. Erklär. e. allegor. Landcharte, m. K. gr. 8. Copenh. Proft. 784.

Roggisch, Herm., s.: Schornsteinfegers, des, Taschenkalender.

Rödgl, Alois, Predigten. Gesammelt und hrsg. von Alois Lechthaler. 1. und 2. Bd. mit einer kurzen Biographie des Verfassers. gr. 8. Innsbruck, C. Rauch's Buchh. [1. (XII und 455 S. m. R's. Portr. in Stahlst.) 1 Thlr. 15 Ngr., 2. (493 S.) 853. 1 Thlr. 10 Ngr.]

Rögel, Alois —. Predigten von —. Gesammelt und herausgegeben von Alois Lechthaler. Dritter Band. Patrociniums-Predigten. 8. (1 Blatt, 442 S) Innsbruck. Verlag von Karl Rauch's Buchhandlung. 1855.

Rögel, Alois — Predigten von — —. Gesammelt und herausgegeben von Alois Lechthaler. Vierter Band. Gebets-, Kirchweih- und Bruderschafts-Predigten. Mit bischöflicher Approbation. Innsbruck, 1856. Druck und Verlag von Karl Rauchs Buchhandlung. (288 S. 8.)

Rögel, Alois —. Predigten von — —. Gesammelt und herausgegeben von Alois Lechthaler, Pfarrer zu Münster. Fünfter Band. Primiz-, Ordensfest-, Grundsteinlegungs- und Leichenpredigten. Mit bischöflicher Approbation. Innsbruck, 1856. Verlag und Druck von C. F. Rauch. (334 S 8.)

—— Predigten auf die Feste des Herrn und Maria. Gesammelt und hrsg. von Alois Lechthaler. Mit dem (in Stahl gest.) Bildnisse und einer kurzen Biographie des Verf. 2. (Titel-)Aufl. gr. 8. (XIV und 455 S.) Innsbruck 856(57,) C. Rauch's Buchh.

Rögel, Alois, Predigten auf die Patrociniums-Feste. Gesammelt und hrsg. von Alois Lechthaler. Mit dem Bildnisse des Verf. (in Stahlst.) 2. (Titel-)Aufl. gr. 8. (IV und 441 S.) Innsbruck 856(57,) C. Rauch's Buchh. Thlr.

—— Predigten auf die Sonntage des kathol. Kirchenjahres. Gesammelt und hrsg. von Alois Lechthaler. Mit dem Bildnisse des Verf. (in Stahlst.) 2. (Titel-)Aufl. gr. 8. (493 S.) Innsbruck 856(57,) C. Rauch's Buchh.

Rögel, A., Rede bei der feierl. Einweihung des Denkmales für Andreas Edlen von Hofer. Gehalten in der Hofkirche zu Innsbruck. Mit Hofers Bildn. gr. 8. Innsbruck 834. Wagner. 1/4 Rf.

Rögel, Alois, Zusprüche im Beichtstuhle nebst Bußvorschriften nach den evangelischen Perikopen und Festen des Kirchenjahres. Mit einem Anhang von Zusprüchen nebst Bußvorschriften für besondere Klassen von Pönitenten. Aus dem Nachlasse (des Verf.) Gesammelt und hrsg. von Alois Lechthaler. 12. (XII und 340 S.) Innsbruck 860, (F. Rauch.) *

— — 2., verb. Aufl. Regensburg 864. Manz. 8. (XII, 362 S.) 22½ ngr.

Rögel, Alois, Zusprüche im Beichtstuhle nebst Bußvorschriften nach den evangelischen Perikopen u. Festen des Kirchenjahres. Mit einem Anhang von Zusprüchen nebst Bußvorschriften für besondere Klassen von Pönitenten. Aus dem Nachlasse des Verfassers. Gesammelt u. hrsg. von Alois Lechthaler. 3., verb. Aufl. Regensburg 865. Manz. 8. (XII, 361 S.) 22½ ngr.

Rögel, Alois, Zusprüche im Beichtstuhle nebst Bußvorschriften nach den evangel. Perikopen u. Festen d. Kirchenjahres. Mit e. Anh. v. Zusprüchen nebst Bußvorschriften f. besondere Klassen v. Pönitenten. Aus dem Nachlasse gesammelt u. hrsg. v. Alois Lechthaler. 4., sehr verm. u. verb. Aufl. 8. (XII, 499 S.) Regensburg 876. Manz. 3. 30

Rögel, Alois, Zusprüche im Beichtstuhle, nebst Bußvorschriften nach den evangel. Perikopen und Festen des Kirchenjahres. Mit einem Anhang von Zusprüchen nebst Bußvorschriften für besondere Klassen von Pönitenten. Aus dem Nachlasse gesammelt und hrsg. von Alois Lechthaler. 5. sehr verm. und verb. Aufl. 8. (XII, 499 S.) Regensburg 883, Manz. 3 30

Rögel, Alois, Zusprüche im Beichtstuhle, nebst Bußvorschriften nach den evangel. Perikopen u. Festen d. Kirchenjahres. Mit e. Anh. v. Zusprüchen nebst Bußvorschriften f. besondere Klassen v. Pönitenten. Aus dem Nachlasse gesammelt u. hrsg. v. Alois Lechthaler. 5. Aufl. 8. (XII, 499 S.) Regensburg 883. Verlags-Anstalt. 3. 30

Röggl, A., Zusprüche im Beichtstuhle, nebst Bußvorschriften, nach den evang. Perikopen u. Festen d. Kirchenjahres. Mit e. Anh. von Zusprüchen, nebst Bußvorschriften für besondere Klassen v. Pönitenten. Aus dem Nachlasse v. A. R. Gesammelt u. hrsg. v. A. Lechthaler. 6., verb. Aufl. 8. (XII, 499 S.) Regensburg 890. Verlagsanstalt. 3. 30

Röggl, Alois, Zusprüche im Beichtstuhle, nebst Bußvorschriften nach den evangel. Perikopen u. Festen d. Kirchenjahres. Mit e. Anh. v. Zusprüchen nebst Bußvorschriften f. besond. Klassen v. Pönitenten. Aus dem Nachlasse. Gesammelt u. hrsg. v. Alois Lechthaler. 8., verm. u. verb. Aufl. 8. (XII, 499 S.) Regensburg 893. Nationale Verlags-Anstalt. 3. 30

Röggl, Alois, Zusprüche im Beichtstuhle nebst Bußvorschriften nach d. evang. Perikopen u. Festen d. Kirchenjahres. M. e. Anh. v. Zusprüchen nebst Bußvorschriften f. bes. Klassen v. Pönitenten. Aus d. Nachlasse. Gesammelt u. hrsg. v. Alois Lechthaler. 10., sehr verm. u. verb. Aufl. 12. (XII, 499 u. 4 S.) Regensburg 896. Verlagsanstalt vorm. G. J. Manz. n. 2. —

Röggla, Edm., die Grundprinzipien der Richtvorrichtungen m. unabhängiger Visierlinie u. der unabhängigen Aufsätze. (21 S. m. 11 Fig.) gr. 8. Wien 909. Druckerei- u. Verlags-Aktiengesellschaft vorm. R. v. Waldheim. 1. —
Sonderabdr. aus: „Mittlgn. üb. Gegenstände d. Artillerie- u. Geniewesens".

Der Schwester Pflicht. Schwesternfest-Vortrag von [Franz] Roegglen. Leipzig: Zechel 1896. VIII S. 8° [Umschlagtit.]
Aus: L. 19 (1896) S. 57—58.
In Versen: „Bevor des Aufruhrs schaurig rothe Flammen . . ." 3. 193. 358 a.

Philipp von Wharton. Von [Franz] Roegglen. [Leipzig 1895: Zechel.] 12 S. 8° [Umschlagtit.]
Aus: L. 18 (1895) S. 195—198. 193.

Philipp v. Wharton. Von [Franz] Roegglen. [Leipzig: Zechel 1896.] 25 S. 8°
Aus: A. (NF.) 15 (1906) S. 122—146.
Betr. Wharton u. die Gormogonen. 3. 193.

Roegglen, Hugo [aus Schöningen]: Ueber Derivate des Benzyl-o-amidobenzylanilins ... Hannover, Buchdr. v. H. Höltje, 1894; 43 S. 8.
Erlangen, Phil. Fak., Inaug.-Diss. v. [7. März] 1894

Roghé, Eduard [aus Bremen]: Zur Geschichte und Kritik der Sterblichkeits-Messung bei Versicherungs-Anstalten. . . . (Vollst ersch. als Suppl.-H. 18 d. „Jahrb. f. Nationalökon. u. Stat." im Verl v. G. Fischer, Jena 1890.) Jena, G. Fischer, 1890; 2 Bl., 46 S., 1 Taf. 8°
Strassburg, Rechts- u. staatswiss. Fak., Inaug.-Diss. v. 1890

Roghé, Ed., Geschichte u. Kritik der Sterblichkeitsmessung bei Versicherungsanstalten, s. Jahrbücher f. Nationalökonomie u. Statistik.

Roghé, Ed., Rückblick auf den Anschluß Hamburgs und Bremens an das deutsche Zollgebiet, s. Zeit- u. Streit-Fragen, deutsche. 70.

Rogioue, Henri, französisch-deutsches u. deutsch-französisches Taschenwörterbuch. In 2 Tln. Nach der neuen Rechtschreibg. (VIII, 452 u. IV, 484 S.) gr. 8. Leipzig 903. O. Holtze's Nachf. Geb. in Leinw. à n. 2. —; in 1 Bd. geh. 3. —; in 1 Halbfrz.-Bd. n. 3. 75

Rogister, Ludwig von, aus Augsburg, Rechtspraktikant am k. Landgericht München I: Zur Lehre von der Staatennachfolge: Gibt es stillschweigenden Eintritt in Staatsverträge? Berlin (1902): E. Ebering. (VII, 98 S.) 8°
Erlangen, Jur. Diss. v. 8. Juli 1902

Rogister, Ludw. v., zur Lehre v. der Staatennachfolge: Gibt es e. stillschweigenden Eintritt in Staatsverträge? (VII, 98 S.) gr. 8. Berlin 903. E. Ebering. n. 2. 80

Rogivue, Adrien, de St. Saphorin (Canton de Vaud): Du sarcôme de l'utérus. Zur. Zurcher & Furrer Impr. 1876. 50 S., 1 Bl. 8°.
Zürich, Med. Diss. [v. 17. März 1876].

Rogivue, Adrien, Referendar in Berlin: Der Umfang des Vorbehaltsgutes beim gesetzlichen Güterstande des Bürgerlichen Gesetzbuches. Borna-Leipzig 1909: Noske. 61 S. 8°
Leipzig, Jur. Diss. v. 5. April 1909
[Geb. 2. Juni 83 Magdeburg; Wohnort: Charlottenburg; Staatsangeh.: Preußen; Vorbildung: König-Wilhelms-Gymn. Magdeburg Reife O. 01; Studium: Lausanne 1, Berlin 6 S.; Rig. 24. Nov. 06.] [U 09. 3647

Rogivue, F. H. Paul-Louis Courier. Etude biographique et littéraire. Crefeld, R., 1877. 29 S. 4. Progr.

Rogivue, H. Appréciation de la théorie des trois unités. Diss. Jena 1872. 42 S.

Rogivue, Henri Critical essay on Macaulay's Frederic the Great. 12 S. Progr. Guer. Magdeburg 1884.

Rögl, Hans, Maria-Zell in Steiermark. Entwurf e. Monographie des berühmten Wallfahrtsortes. Mit e. Anh.: Führer durch Maria-Zell u. Umgebg. (147 S.) 8. Wien 903. W. Braumüller. n. 1. —

Rogler, s.: Baukalender, norddeutscher.

— s.: Baukalender, süddeutscher.

Rogler, John Barth., s. Arnold, Th.: Engl. Grammatik u. Vocabulary.

Rogler, John Barth., († den 27. Oct. 1791.) a Dictionary English, German and French, s. Chr. Ludwig.

Rogler, J. B., s. Geschichte d. Hrn. Stanley.

— s. König, J.: Engl. Wegweiser.

— s. Priece, R.: Vier Abhandlungen.

Rogler, Julius: Über den Einfluss von Coffein, Campher und Strophanthus auf die Kohlensäure-Ausscheidung des Tierkörpers. (Nach Versuchen am Kaninchen) ... Erlangen, Druck v. A. Vollrath's k. b. Hofbuchdr., 1891, 81 S. 8°
Erlangen, Med. Fak., Inaug.-Diss. v. 1891

ROGNA Cassa, oder die Princessin der eingebildeten Insel, ein Feen-Märchen. A. d. Französ. Berlin (Perrenon in Münster). 1782. 8°. (In Warmbrunn.) Rar

Rogner, Ernst: Über triacylierte Hydroxylamine mit den Radicalen Benzoyl, Anisyl und p-Toluyl ... Königsberg, Buchdr. v. M. Liedtke, 1895; 2 Bl., 32 S., 2 Bl. 8.
Königsberg, Phil. Fak., Inaug.-Diss. v. 16. Juli 1895

Rogner, Joh., Abriß der Maßkunde. Wien 860. Gerold. gr. 8. (2 Bl., 54 S.) n. 12 ngr

Rogner, Joh., einfache Bemerkungen zur Zahlenlehre. Einige allgemeine Eigenschaften der Theilbarkeit der Zahlen in Bezug auf was immer für ein Zahlensystem entwickelt. (Aus dem Jahresberichte der k. k. Ober-Realschule in Graz für 1854/55.) Graz 855. (Hesse.) 4. (22 S.) n. 6 ngr

Rogner, Joh., über Johannes Kepler's Leben u. Wirken. Festrede den 15. Octbr. 1871 bei der Vorfeier d. 300jähr. Geburtstages Kepler's zu Schloss Mühleck nächst Graz geh. gr. 8. (16 S.) Graz 872. (Leuschner & Lubensky.) n. — 40

Rogner, Joh. Zur Lehre vom Dreiecke mit dem umschreibenden Kreise und den berührenden Kreisen. (Aus dem Jahresberichte über d'e st. st. Ober-Realschule in Gratz, für das Studienjahr 18$^{52}/_{53}$ besonders abgedruckt.) 8. (16 S.) Gratz. Druck von J. A. Kienreich. Verlag von Damian u. Sorge 1853.

Rogner, Johann —. Materialien zum Gebrauche bei und nach dem Unterrichte aus der höheren Analysis. Mit besonderer Rücksichtnahme auf die Bedürfnisse von technischen Lehranstalten, als Hilfsbuch für Lehrer und Lernende bearbeitet von — —. 8. (XIV, 464 S.) Gratz. Gedruckt bei Jos. A. Kienreich. Verlag von August Hesse. 1853.

—— Materialien zum Gebrauche bei und nach dem Unterrichte aus der höhern Analysis. Mit besonderer Rücksichtnahme auf die Bedürfnisse von technischen Lehranstalten als Hilfsbuch für Lehrer und Lernende bearb. 2. (Titel-) Ausg. gr. 8. (XIV und 463 S.) Gratz (853)58, Hesse's Buchh. *

Rögner, Johann — Materialien zum Gebrauche bei und nach dem Unterrichte aus der Arithmetik an Unterrealschulen. Nach dem vom hohen k. k. Ministerium für Kultus und Unterricht vorgeschriebenen Lehrplane für Schüler und Lehrer bearbeitet von — —. 1ter Thl. (Für die erste Klasse der Unterrealschulen.) Wien, 1857. Druck und Verlag von Karl Gerolds Sohn. (XII. 170 S. 8.)

— Materialien zum Gebrauche bei und nach dem Unterrichte aus der Arithmetik an Unter-Realschulen. Nach dem vom hohen k. k. Ministerium für Cultus u. Unterricht vorgeschriebenen Lehrplane für Schüler u. Lehrer bearb. 2. Thl. Für die 2. Classe der Unter-Realschule. Ebend. 861. gr. 8. (VI, 228 S.) n. 24 ngr.

Rogner, Joh. Mathematisches. *Graz.* Druck v. *J. A. Kienreich.* 20 S. 4°.

Aus d. Jahresber. d. st. st. Ober-Realschule in Gratz für das Studienjahr 1857 besond. abgedr.

Enthält: A. Uebungen in der Analysis. B. Beweise zu vier von Dr. *Lilienthal* bekannt gegebenen Sätzen über das rechtwinkelige Dreieck. C. Histor. Skizze vom Kreise als Curve von der Eigenschaft, dass der Quotient der Entfernungen eines jeden ihrer Punkte von zwei gegebenen Punkten eine constante, gegeb. Grösse sei.

—— die Multiplication mit Vortheil, nebst besonderer Erörterung von Vortheilen bei der abgekürzten Multiplication. In letzter Hinsicht eine Ergänzung zu allen bisherigen Lehrbüchern der Arithmetik. gr. 8. (VII und 27 S.) Wien 860, Gerold's Sohn. *

Rogner, Joh., Sammlung von Aufgaben aus der Algebra u. Arithmetik. Zum Gebrauche in Ober-Realschulen u. Gymnasien überhaupt u. f. jeden Mathematikbeflissenen insbesondere. gr. 8. (XVI u. 264 S.) Wien 850, Gerold. 1½ ₰

Rogner, Joh., Sammlung von Aufgaben aus der Arithmetik u. Algebra. Zum Gebrauche in Ober-Realschulen u. Gymnasien überhaupt u. für jeden Mathematikbeflissenen insbesondere. 2., durchaus umgearb. u. bedeutend verm. Aufl. Wien 865. Gerold's Sohn. gr. 8. (XI, 440 S.) 2 ₰ 20 ngr.

— mathematische Sophismen, siehe: Viola, J.

— Uebungsaufgaben über die Anwendung der Lehre vom Maximum und Minimum auf die Kegelschnittslinien und die Theorie der ebenen Curven überhaupt. (Aus dem Jahresberichte der st. st. Oberrealschule in Gratz für 1853—54.) Gratz 854. Kienreich. (Leipzig, Haessel.) gr. 4. (24 S. mit Holzschn. im Text.) n. 10 ngr.

Rogner, Konr., Katechismus der Schlachtvieh- u. Fleischbeschau, s.: Reuter, Mart.

Der Vieh- und Schlachthof der Stadt Nürnberg. Unter Mitw. d. städt. Bauamtes beschrieben von Konrad Rogner. *Nürnberg: Selbstverl. d. Stadtmagistr. 1900.* (71 S.) 8° [J.] [... 5

Rogner, Martin [app. Arzt aus Sulzbach]: Über penetrierende Bauchschusswunden ... München, Buchdr. v. M. Ernst, 1896; 35 S. 8.
Würzburg, Med. Fak., Inaug.-Diss. v. 1896

Roegner, A., Vademecum der Kombinations-Praxis, s.: Bibliothek f. Schachfreunde.

Rögner, Christian Gottl. (Gera)

Differentiae iuris Romani et Germanici in re bafiaria tinctorum Den Färbereyen.
Präs. Johann Peter von Ludewig.
Halle (Grunert) X. 1725. 62 S. 29023

Roegner, Christian Gottl. (Gera)

Differentiae iuris Romani et Germanici in re bafiaria tinctorum Den Färbereyen.
Präs. Johann Peter von Ludewig.
Halle (Grunert) 1738. 62 S.

Diss. X. 1725. 29024

Rögner, G., Handb. d. Gärtnerei, f. Anfänger in d. Gartenkunst u. f. Gartenbesitzer, welche sich mit d. Gartenbau selbst beschäftigen. 8. Quedlinburg, 1820. Basse. — 20

Rögner, Georg Ludwig

Rögner, Geo. Ludw., evang. Denkmal, od. Postill über d. Evangel. 4. Strasb. Dulsecker. 709.

— Liebesprediger Johannes, od. Erklär. dess. 1e Epist. in Predigten. 4. Ulm, Wagner. 720.

Roegner, Gertrud: Aus dem Pathologischen Institut der Universität Greifswald. Ein Enterokystom des Mesenteriums und Netzes. Beitrag zur Kenntnis der cystischen Abdominaltumoren. Greifswald 1905: F. W. Kunike. (S. 521—545) 8° ¶(Aus Virchows Archiv f. pathol. Anatomie und Physiologie und für klinische Medizin Bd 181.)
Greifswald, Med. Fak., Ref. Grawitz, Diss. v. 21. April 1906
[Geb. 15. Juni 73 Liegnitz; Staatsangeh.: Preußen; Vorbildung: Gymn. Jauer Reife O. 01; Studium: Halle 2, Göttingen 2, Breslau 2, Greifswald 3 S.; Coll. 13. Dez. 05; Approb. 3. März 06.]

Roegner, Max: Die Steinersche Hypocykloide. Oppeln 1908: Raabe. 96 S. 8°
Jena, Phil. Diss. v. 28. Juli 1908, Ref. Haussner
[Geb. 20. Nov. 82 Striegau; Wohnort: Striegau; Staatsangeh.: Preußen; Vorbildung: Realgymn. Reichenbach i. Schl. Reife O. 02; Studium: Berlin 4, Göttingen 2, Jena 4 S.; Rig. 2. März 08.] [U 09. 2217

Rogniat, Joseph, Vicomte de

Rogniat, über d. Anwendung d. Geschützes u. d. Handwaffen zur Vertheidig. d. Festungen. A. d. Franz. übers. u. mit Anmerkn. begl. gr. 8. (19 B. u. 3 Pläne auf 2 lith. Bl. incl. 1 ill. gr. Fol.) Berlin 832, Mittler.

v. Rogniat, Baron, Betrachtung üb. die Kriegskunst. Uebers., mit der von Marbot (Marcellin) üb. dieses Werk bekannt gemachten Kritik verbunden u. mit Anmerkk. versehen von v. Theobald u. verm. v. M. S.... Mit 2 Steindr. gr. 8. Stuttg. 823. v. Cotta. 3 ₰ 10 gr

Rogniat. Betrachtungen über die Kriegskunst, nebst den kritischen Anmerkungen des Generals Marbot. Aus d. Franz. von S. und mit Bemerkungen des Generals v. Theobald. 8. Stuttgart und Tübingen 1823.

— Betrachtungen über die Kriegskunst. Übs., verb. mit Marbots Kritik und vermehrt mit Theobalds Anmerkungen von M. S . . . Mit Beil. Stuttgart 1823. 846 S.

— **vergl. v. Decker, Ansichten** 2c.

Rogniat (Général) Des Gouvernements. Tom. I. 8. Paris, 820.

Rogniat, General. Ueber die Verwendung des Geschützes und der Handwaffen zur Vertheidigung der Festungen. Aus dem Französischen übersetzt. Mit 3 Plänen und mit Anmerkungen begleitet. 8. Berlin, Posen und Bromberg, 1832.

— über die Verwendung des Geschützes u. der Handwaffen zur Verteidigung der Festungen. A. d. Französ. Mit Pl. Berlin 1832. 285 S.

Роговъ, Никол., Опытъ грамматики пермяцкаго языка. (Rogoff, Nikol., Skizze einer Grammatik der permischen Sprache.) Lex.-8. (IX und 166 S.) St. Petersburg 860. Leipzig, Voss. **

Rogol, Carl Emm., die Kapitalanlage in Werthspapieren. Kurzer zuverläss. Rathgeber f. das Privatpublikum, wie f. öffentl. Cassen. 3. Abdr. 8. (60 S.) Hof 874. Büching. n. 1. 20

Rogol, C. E., Lehrbuch der Stenographie, sowohl ohne alle Kürzungen u. ohne Veränderung der Schreiblinie, als auch m. einem einfachen Kürzungsverfahren. Mit zahlreichen prakt. Beispielen zum Selbstunterricht in wenig Stunden. 3. verb. Aufl. 8. (23 u. 12 lith. S.) Meißen 852, Mosche. n. 1/3 ₰

— Lehrbuch der Stenographie zum Selbstunterricht u. Gebrauch beim Unterricht nach eigenem neuen System m. kritisir. Betrachtgn. üb. das Gabelsberger'sche u. Stolze'sche System. 4. (26 S. u. 8 Steintaf.) Ebend. 874. n. 1. 20

Rogow. Detaillirte Anleitung 1. zur rascheren und bequemeren Berechnung der Gehalte. Tafel- und Quartiergelder etc. der Generale, Stabs- und Oberofficiere etc. nach den Allerh. Erlässen vom 23. März 1858 und 17. April 1859. 2. Zur Bestimmung der Abzüge aller Militär- und bürgerlichen Chargen a) für das Avancement, b) für Ordensverleihungen. 4. St. Petersburg 1859.

Rogowitsch, N., Zur Kenntnis der Wirkung des Rauschbrandbacillus auf den tierischen Organismus. S.-A. 889. Fischer.

Rogowitsch, N., die Veränderungen der Hypophyse nach Entfernung der Schilddrüse, } s. Beiträge zur patholog. Anatomie und zur allgemeinen Pathologie.
—— Wirkung des Rauschbrandbacillus auf den thierischen Organismus, }

Rogowski, Arno, Referendar in Charlottenburg: Die Zuwiderhandlung gegen die Unterlassungsverbindlichkeiten und ihre Rechtsfolgen. Borna-Leipzig 1907: R. Noske. (x, 85 S.) 8°
Leipzig, Jur. Fak., Diss. v. 24. Jan. 1907
[Geb. 24. Mai 82 Leipzig; Wohnort: Charlottenburg; Staatsangeh.: Preußen; Vorbildung: Wilhelms-Gymn. Berlin Reife M. 00; Studium: Berlin 6 S.; Rig. 27. Febr. 04.]

Rogowski, Arthur [cand. med.]: Über primäre retroperitoneale Sarcome. . . . Freiburg i. B., Univ.-Buchdr. v. Chr. Lehmann 1889; 35 + 1 S. u. 2 Tab. 8°
Freiburg i. B., Med. Fak., Inaug.-Diss. v. 1889

Rogowski, Paul, appr. Arzt a. Osterode (Ostpr.): Beiträge zur Pathologie und Therapie bei Kryptorchismus und testis inguinalis. (Aus der Königl. Chirurg. Universitätsklinik des Herrn Geh. Med.-Rats Prof. Dr. v. Bramann zu Halle a. S.) Halle a. S. 1905: C. A. Kaemmerer. (58 S.) 8°
Halle, Med. Fak., Ref. v. Bramann, Diss. v. 18. Nov. 1905
[Geb. 12. Jan. 62 Osterode i. Ostpr.; Wohnort: Osterode; Staatsangeh.: Preußen; Vorbildung: Gymn. Bartenstein als Extraneus Reife M. 83; Studium: Theol. Königsberg 3, Erlangen 1, Berlin 1, Med. Halle 9 S.; Coll. 13. Nov. 05; Approb. 28. Juli 05.]

Rogowski, W[alter]: Ueber das Streufeld und den Streuinduktionskoeffizienten eines Transformators mit Scheibenwicklung und geteilten Endspulen. 1908. 39 S., 1 Taf. 4° ¶ Auch in: Mitteilungen über Forschungsarbeiten auf d. Gebiete d. Ingenieurwesens. H. 71. 1909; Ausz. in: Zeitschrift d. Vereines deutscher Ingenieure. Bd 53. 1909, Halbj. 1.
Danzig, Dr.-Ing.-Diss. v. 20. 12. 1907

Rogowski, W., über das Streufeld u. d. Streukoeffizienten e. Transformators m. Scheibenwicklung u. geteilten Endspulen, s. a. Mitteilungen üb. Forschungsarbeiten auf d. Gebiete des Ingenieurwesens. 71. Heft.

Rogowsky, Schulim-Joseph. Über die Myasthenia pseudoparalytica ⟨Erb-Oppenheim-Goldflamm'sche Krankheit⟩. Diss. Med. Basel. 36 S. 8. Basel, Friedrich Reinhardt, 1906.

Rogóyski, Casimir v.: Beiträge zur Frage der Conservirung und des relativen Werthes des Stalldüngerstickstoffes. Mit 3 Taf. *Wien: Selbstv. 1899.* (65 S.) 8° ¶ (Aus: Zeitschrift f. d. landwirthsch. Versuchswesen in Oesterreich, 1899, H. 3.)
Leipzig, Phil. Diss. v. [22. März] 1899

Rogozinski, Paul, aus Thorn: Der Stil in Wolfram von Eschenbachs Titurel. *Thorn 1903: A. Franke.* (68 S.) 8°
Jena, Phil. Diss. v. (22. Dez.) 1903

Rogoznica [Schlagwort]

Rogoznica, Hafen, s.: Adriatisches Meer.

Roguet, die Zukunft d. europäischen Armeen od. Bekämpfungssystem der Aufstände in großen Städten. Nach d. Franz. des: „Avenir des armées Européennes ou le citoyen-soldat" von J. Heilmann. 8. (XII u. 211 S.) Meißen 850, Goedsche. 1 ₰ 6 ngr

Die Zukunft der europäischen Armeen oder Bekämpfungssystem der Aufstände in grossen Städten. Nach dem Französischen von J. Heilmann. 8. Leipzig und Meissen 1851.

Roguski, M., Plan von Hamburg nebst Umgebung. Nach der Landesvermessung des Ober-Geometers H. Stück ausgeführt in den J. 1855 bis 1859, ergänzt bis zum J. 1868. Amtl. Ausg. Bl. 1. Fol. Hamburg 869, Friederichsen und Comp. **

Roh, Der Jesuitenpater, in Hannover. Hannover 1860. V: *Seinecke.* (Löwe, Bibl. d. Hann. u. Braunschw. Gesch. Hann. 1908. S. 184.)

[J. u. Ant.] **Roh,** *Viktor Theodor* Paul [Referendar]: Das sogenannte ius variandi des Schuldners beziehungsweise Gläubigers bei alternativen Vertragsobligationen ... Greifswald, Druck v. J. Abel, 1894; 48 S. 8.
Greifswald, Jur. Fak., Inaug.-Diss. v. 1894

Roh, Peter

Roh, J.: Erinnerungsblätter.

Roh, P., die Grundirrthümer unserer Zeit, s. a. Encyclica, die, Papst Pius' IX.

—— Die Grundirrthümer unserer Zeit. 5. Aufl. 12. (114 S.) Freib. i. Br. 890, Herder. * — 60

Roh, Pet., S. J., die Grundirrtümer unserer Zeit. 6. Aufl. (116 S.) kl. 8. Freiburg i/B. 905. Herder. n. — 70

Roh, Peter, Die triumphierende u. leidende Kirche. Würzburg, Woerl, 1874, 8°, 14 S., 20 Pf. (Kompaß f. d. kath. Volk Bd. 4, Nr. 7.)

— die triumphirende u. leidende Kirche, s. a. Compaß f. das katholische Volk.

— das alte Lied: „der Zweck heiligt die Mittel" im Texte verbessert u. auf eine neue Melodie gesetzt. 1. u. 2. unveränderte Aufl. Freiburg im Br. 869. Herder. 8. (32 S.) 2 ngr.

Roh, P., das alte Lied: „Der Zweck heiligt die Mittel" im Texte verbessert u. auf e. neue Melodie gesetzt. 8. Aufl. 12. (41 S.) Freiburg i/B. 894. Herder. n. — 25

Roh, 21 Predigten, geh. in der St. Clemenskirche zu Hannover im Jahre 1860. 2. Aufl. gr. 8. (VII, 135 S.) Hannover 878. Wisser. n. 1. 20

— 15 Predigten, geh. in der Metropolitankirche zu München zur Mission im März 1866. 8. Aufl. gr. 8. (194 S.) München 888. Gypen. 1. 50

—— siehe da deine Mutter. Predigt über Joh. 19. 27. Autoris. Ausg. 8. (40 S. mit dem Portr. des Verf. in Photogr.) Zürich 867, Woerl. *

Roh, Peter, Trauerrede auf den Hintritt des hochwürdigsten Herrn Peter von Richarz, Bischofs von Augsburg, gehalten zu Augsburg am 9. Juli 1855. (Nach einer stenograph. Aufzeichnung.) gr. 8. (15 S.) Augsburg 855. (München, Finsterlin.) *

— Vorträge, s.: Katholisches f. Jedermann.

Roh [Pet.]. 21 Vorträge, geh. in der St. Clemenskirche zu Hannover im J. 1860. 5. Aufl. — „Siehe da deine Mutter!" Vortrag üb. die Verehrg. der allerseligsten Jungfrau Maria. Geh. in der Adventszeit d. J. 1868 in Kopenhagen. 2. Aufl. gr. 8. (XX, 100 S. m. Bildnis.) Paderb. 892, Bonifacius-Druckerei. * 1 —

Roh, S. J., 22 Vorträge, geh. in d. St. Clemenskirche zu Hannover im J. 1860 u. in d. Adventszeit d. J. 1868 zu Kopenhagen. 6. Aufl. gr. 8. (XX, 100 S. m. Bildn.) Leipzig 895. X. Pflugmacher. n. 1. —; kart. n. 1. 30

—— Was ist Christus? gr. 8. (43 S.) Ebendas. 872. * — 60
Aus: Stimmen aus Maria-Laach, besonders abgedruckt.

—— Was ist Christus? 2. und 3. Aufl. (43 S.) 1872; 4. unveränd. Aufl. gr. 16. (77 S.) Freiburg i. Br. 876, Herder'sche Verlagsh.

Roh, was ist Christus? 5., unveränd. Aufl. 12. (74 S.) Freiburg i/Br. 887. Herder. — 50

Roh, Peter, Was ist Christus? Freiburg, Herder, 1895, 12°, 74 S., 6. unveränd. Aufl., 50 Pf.
1. Aufl. 1872. Recens. Littblätt. zur Sion 1872, S. 44. Zuerst Stimmen a. M.-Laach Bd. 2 (1872), S. 1—21, 93-113 (die Wunder Christi). Mit packender Logik liefert hier der berühmte Kanzelredner gegenüber der modernen Christusleugnung den populären u. doch wissenschaftl. Beweis für d. Gottheit Christi.

Roh, P., S. J., was ist Christus? 7., unveränd. Aufl. 12. (76 S.) Freiburg i/B. 900. Herder. n. — 50

Roh, Pet., S. J., was ist Christus? 8. Aufl. (76 S.) kl. 8. Freiburg i/B. (909). Herder. — 60

Roháček, Fr., die Grundsteuervorschreibung in Mähren u. die Berufsgenossenschaften der Landwirte, s.: Sammlung agrar-politischer Schriften. 1. Bd.

Roháček, Fr., Lohnverhältnisse der landwirtschaftlichen Arbeiter in Mähren. Im Auftrage des Präsidiums des mährischen Landeskulturrates bearbeitet. 8°. Brünn, Verlag des Centralkollegiums des mährischen Landeskulturrates, 1901.

Roháček, Joh. Nep., s.: Zeller, Joh. Nep.

Rohan, (Herzog,) s. Feldzug.

Rohan, Catherine v., 8. Prag. 793.

Rohan, Herzog Heinrich von. Zürich [1869]. V: *Wyss*, *Georg v.* (Cat. d. Stadtbibl. Zürich. Zürich 1864—97.)

Rohan, Henri, Duc de

de Rohan. Der vollkommene Capitain, oder Auszug der Kriege aus den Commentaren Caesar. A. d. Franz. 1730.

Rohan, Karel J., eine Ansicht über die Ursachen der Judenfrage u. über die Mittel zur Lösung derselben. gr. 8. (27 S.) Leipzig 882. O. Wigand. — 50

Evangelischer Klerikalismus in Mähren. ⟨Zwangs-Ohrenbeichte, priesterl. Sündenvergebung, bedingte Taufe unehelicher Kinder, Ausschliessung von d. Sakramenten u. aus d. Kirche.⟩ Von Karel J. Rohan. ⟨Nach d. böhm. Orig. in d. Prager Wochenschr. 'Rozhledy', Nr. 1-5 v. Okt. 1901 u. f.⟩ *Prag: Selbstverl. 1902.* (25 S.) 8° [Umschlagt. ?] [illegible]2

— ein Versuch über die Entstehung u. Strafbarkeit der menschlichen Handlungen. gr. 8. (IV, 70 S.) Wien 881. Konegen in Comm. n. 1. 20

Rohardt, Wilhelm [app. Arzt aus Flehde i./Ditmarschen]: Aus d. chirurg. Klinik zu Kiel. Über Gelenkmäuse ... Kiel, Druck v. H. Fiencke, 1893; 21 S. 8.
Kiel, Med. Fak., Inaug.-Diss. v. [12. Dez.] 1893

Rohart, J., die Fabrication des Düngers und zwar eines wohlfeileren, besseren und nachhaltigeren Düngers, als alle bis jetzt bekannten, selbst Guano und Poudrette nicht ausgenommen, nach den Grundsätzen der größten französischen, englischen und deutschen Agronomen und Chemiker. Nebst practischen Belehrungen über die Beseitigung der gesundheitswidrigen Zustände u. aller übeln Gerüche in Düngerfabriken, sowie bei den darin vorkommenden Operationen ꝛc. Aus dem Französ. übers. von Christ. Heinr. Schmidt. Mit 1 (lith.) Figurentaf. Weimar 859. Voigt. gr. 8. (XXV, 482 S.) 1 ₰ 25 ngr.

Rohart, J., die Fabrication des Düngers und zwar eines wohlfeileren, besseren u. nachhaltigeren Düngers, als alle bis jetzt bekannten, selbst Guano u. Poudrette nicht ausgenommen, nach den Grundsätzen der größten französischen, englischen u. deutschen Agronomen u. Chemiker. Nebst pract. Belehrungen über die Beseitigung der gesundheitswidrigen Zustände und aller übeln Gerüche in Düngerfabriken ꝛc. Aus dem Französ. übers. von Chr. Heinr. Schmidt. 2. (Titel-)Aufl. Weimar (859)65. B. F. Voigt. gr. 8. (XXV, 482 S. mit 1 lithogr. Fig.-Tafel.) 1 ₰ 25 ngr.

Rohatzsch, Johann Georg

Rohatzsch, Joh. Geo., über das Benehmen des Arztes gegen seine Kranken, mit besond. Rücksicht auf das Leben in großen Städten u. in den höhern Ständen. 2., völlig umgearb. u. mit e. schemat. Anleitung zum Krankenexamen verseh. Abdruck, hrsg. v. R. H. Rohatzsch. — A. u. d. Ttl.: Vademecum für Aerzte. 1. Bdchn. 16. (10½ B. u. 2 lith. Tab.) Nördlingen 842, Beck'sche Buchh. Thlr.

Rohatzsch, Joh. Georg, Taschenbuch f. gerichtl. Sektionen u. Gutachten, zum Gebr. prakt. Aerzte u. Wundärzte. Mit Benützung aller üb. dies. Gegenstand vorhand. Schriften hrsg. v. R. H. Rohatzsch. gr. 12. (10 B.) München 838, [Augsburg,] Jaquet.

Rohatzsch, R.H.: Darstellung des Sanitäts- und Medicinalwesens der deutschen Bundesstaaten. Ein Beitrag zur Politik der innern Staatsverwaltung. Th.1/1-2 - 2. Augsburg: 1843 - 1844

s.: Rohatzsch, R.H.: Handbuch für die Physikats-Verwaltung oder die Pflichten, Rechte und Obliegenheiten der Gerichtsärzte... Th.1 - 2.

Rohatzsch, R. H., compendiöse Geschichte d. Medizin, von d. ältesten Zeiten bis z. zweiten Viertheil d. 19. Jahrh. (3 Hfte.) gr. 8. (29½ B.) Stuttgart 838, 39, [Scheible, Rieger u. Sattler.]

— compendiöse Geschichte der Medicin, von den ältesten Zeiten bis zum zweiten Viertheil des 19ten Jahrhunderts. 16—36 Hft. gr. 8. Stuttgart 838, 39. Verlag der Classiker. (Jetzt: Pforzheim, Dennig, Fink u. Comp.) (à n. ⅔ ₰) 2 ₰

Rohatzsch, R.H.: Handbuch für die Physikats-Verwaltung oder die Pflichten, Rechte und Obliegenheiten der Gerichtsärzte nach bayerschen, badenschen, würtembergischen, hessischen, preußischen und österreichischen Gesetzen etc.etc. für Staats- und praktische Aerzte herausgegeben. Th.1 - 2, gbd., Tab.

Augsburg: v.Jenisch & Stage 1843 - 1844

Rohatzsch, R. H., Handbuch f. die Physikats-Verwaltung oder die Pflichten, Rechte u. Obliegenheiten der Gerichtsärzte nach bayerischen, baden'schen, würtemberg. u. hess. Gesetzen rc. 2 Thle. (in 1 Bde.) 1. Aufl. (63 B.) 842—44. u. 2. Aufl. gr. 8. (62⅔ B.) Augsburg 846, v. Jenisch u. Stage'sche Buchh. à *

Rohatzsch, R. H., des Menschen Körperleben im gesunden Zustande, od. Versuch einer gemeinfaßl. u. einfachen Darstellung der Elemente der Physiologie, für Anfänger im medizinischen Studium, Lehrer an Real- u. Bürgerschulen u. Gebildete aller Stände. Mit e. Vorworte von G. H. v. Schubert. gr. 8. Nördlingen 842, Beck. ½ ₰ — 2. Ausg. unt. d. T.: populäre Physiologie für Gebildete aus allen Ständen. Eingeführt von G. H. v. Schubert. 2. Ausg. von Dr. Rohatzsch: Des Menschen Körperleben rc. gr. 8. Ebend. 846. 12 ngl

—— die Krankenkochkunst, od. Anweis. z. Bereit. d. zweckmäßigsten Speisen u. Getränke f. Kranke u. Genesende; als Fortsetz. u. Ergänz. v. Hufeland's Makrobiotik. 8. (19 B.) Stuttgart 838, Metzler'sche Buchh.

—— die Krankheiten, welche verschied. Ständen, Altern u. Geschlechtern eigenthüml. sind, populär medicin. dargest. 6 Bdchn. 8. Ulm 840, Fr. Ebner.

A. u. d. Ttln.:

Bdchn. 1. Die Krankheiten d. höhern Stände u. Klassen rc. (7½ B.) 15 Gr.

„ 2. Beschreibung der auf dem Lande am häufigsten vorkomm. Krankheiten rc. (11¾ B.) 15 Gr.

„ 3. Die Krankheiten d. Künstler u. Handwerker. (5 B.) 9 Gr.

„ 4. Ueber körperl. Leiden vielsitzender u. dabei geistig beschäft. Menschen, nebst Rathschlägen, d. Gesundheit ihres Körpers zu erhalten od. wiederherzustellen. (5¾ B.) 9 Gr.

„ 5. Die Krankheiten d. höhern Alters u. zwar bei Greisen u. Matronen, mit Angabe d. Mittel, sie zu entfernen u. zu verhüten. (7½ B.) 15 Gr.

„ 6. Die Krankheiten d. schönen Geschlechts, nebst Angabe d. Mittel, sie zu beseitigen u. Wohlsein wie Schönheit d. Körpers zu erhalten. (8 B.) 15 Gr.

— s. Methode, die Anwesenheit des Arseniks bei Arsenikvergiftungen zu ermitteln. — Monatsschrift, allgem. medizin.-chirurgische. —

Rohatzsch, R. H., populäre Physiologie für Gebildete aus allen Ständen. Eingeführt von G. H. v. Schubert. 2. Ausg. von Rohatzsch: Des Menschen Körperleben rc. gr. 8. (XVI und 116 S.) Nördlingen 847, Beck'sche Buchh.

Rohatzsch, R. H., s. Rohatzsch, Jh. Geo.: Taschenbuch.

– s. Sydenham, Th.: Sämmtl. medicin. Schriften.

—— ein Uebel unserer Zeit u. seine Folgen. Für denkende Leser aller Stände. gr. 8. (1½ B.) Belle-Vue 844, Verlags- u. Sort.-Buchh.

— Vademecum für Aerzte, s. Rohatzsch, J. G. s. auch Vademecum für Aerzte.

Rohatzsch, R. H., s. Zeitung, Allgemeine, f. Chirurgie ...

Rohault, Jac., physica, c. n. Newton et Clarkii. 8. Leid. 720.

Rohault d. J., Karl, das naturhistor. Museum in Paris. (Deutsch. u. franz. Text.) Imp.-Fol. (7 B. u. 15 Kpfrt.) Wien 837, Förster's artist. Anstalt.

(Rohbausch, Helena Regina.) Saṁlung Augspurgischer Kleider-Trachten. Augspurg. in Verlag Joh. Michael Motz seel: Erben. Collection de divers habits, usitée dans la Ville d'Augsbourg par les deux Sexes. Augsbourg, aux depens des Heritiers du feu Jean Michel Motz (um 1750).
Tit. u. 29 Taf. in kol. Kupferst. 8°.
Mehrere Blätter bez. Helena Regina Rohbausch sculp.

Die Geschichte und Methodik des kath. Religionsunterrichtes von Clemens Rohbeck. Dt.-Krone: Pädag. Verl. 1908. (138 S.) 8° [F.] [08, 1306

Röhberg, Joh., die Papierfärbekunst in allen ihren Theilen. 8. (10 B.) Leipzig 839, Lauffer.

Röhberg, Joh., die Papierfärbekunst in allen ihren Theilen. Ein Lehrbuch für angehende Papier- u. Tapetenfabrikanten, Buchbinder, Papparbeiter rc. 2. (Titel-) Ausg. 8. (VI u. 154 S.) Leipzig (839) 851, Geibel. ⅓ ₰

Rohbock, Ludwig

Rohbock, L., Pesth und Ofen, s. Pesth und Ofen.

Rohbock, Ludw., der Rhein und die Rheinlande, s. Rhein, der.

—— und C. Koehler, das Königreich Sachsen, s. Sachsen, das Königreich.

Rohbock, Ludw., s. Ungarn u. Siebenbürgen.

Rohde, vgl. Rhode, Rode.

Rohde, familiale Irrenpflege in Berlin. gr. 8. (16 S.) Berlin 885. Hirschwald. n. — 40

Rohde, der unveränderte kleine Katechismus Dr. Martin Luthers sachlich und sprachlich erklärt und mit Sprüchen, bibl. Geschichten und Liedern, sowie auch mit Psalmen und andern größern Bibelstücken versehen, nebst einer Beilage. 8. (X und 128 S.) Pforzheim 856. (Berlin, W. Schultze.) *

[Umschlagt.:] [F.] Von den vielen Kollekten, und was ein Christ davon zu halten hat. '(2. Kor. 8, 9; Marc. 12, 41—44; 1. Kor. 16, 1 ff.)' Vortrag, geh. v. Pastor Rohde in Kussow ... *Berlin: Berliner ev. Missionsgesellsch. [1897?].* (16 S.) 1 Bd 8. [97. 3613

Rohde, von den vielen Kollekten, u. was e. Christ davon zu halten hat. (2. Kor. 8, 9; Marc. 12, 41—44; 1. Kor. 16, 1 ff.) Vortrag. 8. (16 S.) Berlin 898. Buchh. d. Berliner evang. Missionsgesellschaft. n. — 10

Rohde, das Laienelement in der Strafrechtspflege. Ein Vortrag. gr. 8. (24 S.) Wolgast 887. Elsner. — 75

Rohde, Graf, die ehrengerichtliche Seite des „Falles Hüger" u. ihre Begleiterscheinungen. (20 S.) gr. 8. Heidelberg 906. (J. Hörning.) n. — 50

Rohde, A., d. Raumlehre in der einfachen Volksschule. 21 vollst. ausgef. Lektionen, nebst d. nöt. Aufgaben zur Befestigg. u. Anwendg. 8. (IV, 86 S. m. Fig.) Hamburg 895. C. Adler. n. 1. —

— e. Sammlg. v. prakt. Lehrproben aus d. einz. Unterrichtsgegenständen. 5 Lfgn. gr. 8. (V, 256 S.) Osterburg 898. R. Danehl's Verl. à Lfg. n. — 60

Rohde, A., eine Sammlung v. praktischen Lehrproben aus den einzelnen Unterrichtsgegenständen. 2., verm. u. verb. Aufl. (In etwa 8 Lfgn.) 1. Lfg. gr. 8. (S. 1—64.) Goslar 903. R. Danehl. n. — 60

Rohde, A., eine Sammlung v. praktischen Lehrproben aus den einzelnen Unterrichtsgegenständen. 2., verm. u. verb. Aufl. 2.—10. (Schluß)-Lfg. (S. 65—485.) gr. 8. Goslar 903. R. Danehl. à n. — 60

— eine Sammlung v. Reden u. Ansprachen aus dem Schul-, Konferenz- u. Familienleben des Lehrers u. bei sonstigen Gelegenheiten. 8. (III, 112 S.) Ebd. 901. n. 1. 20; geb. in Leinw. n. 1. 60

Eine Sammlung von Reden und Ansprachen aus dem Schul-, Konferenz- und Familienleben des Lehrers u. bei sonstigen Gelegenheiten. Hrsg. von A. Rohde, Lehrer in Beyersdorf. *Osterburg: R. Danehl 1901.* (106 S.) 8° [F.] [oi. 11037]

[F.] Eine Sammlung wichtiger u. zeitgemässer pädagogischer Vorträge und Aufsätze. Von A. Rohde, 1. Lehrer in Beyersdorf in Pommern. (In 7 Lfgn.) *Osterburg i. A.: R. Danehl 1896.* (2 Bl., 352 S.) 1 Bd 8.

Eine Sammlung wichtiger und zeitgemässer pädagogischer Vorträge und Aufsätze. Von A. Rohde, Lehrer in Beyersdorf. 2., verm. u. verb. Aufl. (In 9 Lfgn.) *Osterburg i. A.: R. Danehl 1899.* (476 S.) 8°

— dasselbe. 2., bedeutend verm. u. verb. Aufl. Neudr. (In 9 Lfgn.) 1. Lfg. gr. 8. (S. 1—64.) Ebd. 902. n. — 60

Rohde's, A., Sammlung zeitgemäßer pädagog. Vorträge. Neue Folge, hrsg. v. K. Haese. (VII, 711 S.) gr. 8. Goslar 909. R. Danehl. 7.50; geb. in Leinw. 8.25; auch in 15 Lfgn. à — 50

— d. Schulentlassungsfeier in d. Volksschule. 10 Ansprachen nebst d. nöt. Deklamations- u. Gesangsstoffen. gr. 8. (76 S.) Hamburg 897. C. Adler. n. 1. —

Rohde, A., die Schulfeste in der Volksschule. gr. 8. (134 S.) Osterwieck 894. A. W. Zickfeldt. n. 1. —

— die Schulfeste in der Volksschule. 2., verm. u. verb. Aufl. (VIII, 207 S.) gr. 8. Osterwieck 904. A. W. Zickfeldt. n. 1. 50

Rohde, Adolf

Rohde, Adf., Christenlehre. Eine Handreichg. f. den Confirmandenunterricht u. den Religionsunterricht höherer Stufe, e. Geleitsbuch f. confirmirte Christen jeden Alters, welche sich tiefer im Glauben gründen wollen. gr. 8. (VIII, 73 S.) Chemnitz 894. (O. May. – B. Troitzsch.) Kart. n. 1. —

— dasselbe. 2., verb. u. verm. Aufl. gr. 8. (VIII, 98 S.) Leipzig 895. F. Fleischer. Kart. n. 1. —

Rohde, Adf., Christenlehre. E. Handreichg. f. d. Konfirmandenunterr. u. d. Religionsunterr. höh. Stufe, ein Geleitsbuch f. konfirm. Christen jeden Alters, welche sich tiefer im Glauben gründen wollen. 3., verb. Aufl. 7.—8. Taus. gr. 8. (VIII, 76 S.) Leipzig 898. F. Fleischer, Verl. Kart. n. — 80

Rohde, Adf., Christenlehre. Eine Handreichg. f. den Konfirmandenunterricht u. den Religionsunterricht höherer Stufe, e. Geleitbuch f. konfirmierte Christen jeden Alters, welche sich tiefer im Glauben gründen wollen. 3., verb. Aufl. 9.—10. Taus. gr. 8. (VIII, 76 S.) Leipzig 902. R. Voigtländer. Kart. n. — 80

Rohde, Adf. Es bleibet Glaube, Hoffnung, Liebe. Ansprache, geh. am Johannistage, den 24. Juni 1892 auf dem neuen Friedhofe zu Chemnitz. gr. 8. (8 S.) Chemnitz 892, May. * — 15

Rohde. [Franciscus] Adolphus, Hamburgensis: De foramine ovali et quo modo hoc et ductus arteriosus Botalli cyanoseos causae esse possint, addita cordis mirifice deformati descriptione. Accedunt tabulae lithogr. II. Tur. ex offic. Ulrich. 1837. 26 S., 2 Taf., 1 Bl. 4°.
Zürich, Med. Diss. v. 20. März 1837.

Rohde, Adf., Gott befohlen! Abschiedspredigt üb. Apostelgesch. 20, 32 am Sonntag Exaudi, 15. V. 1904. Zur Erinnerg. f. die Johannisgemeinde u. die Freunde der Johanniskirche aus dem Gedächtnis aufgezeichnet. (14 S.) 8. Chemnitz 904. O. May. n. — 25

Rohde, Adf., seid fleißig zu halten die Einigkeit im Geist. Gast-Predigt, geh. am 28. Septbr. 1890 [17. Sonntag nach Trinitatis] in der Kirche zu St. Jacobi in Chemnitz. gr. 8. (14 S.) Chemnitz 890. (May.) n.n. — 25

— Vaterunser. Anleitung, wie man es m. rechtem Verstand beten soll. gr. 8. (8 S.) Leipzig 895. F. Fleischer. n.n. — 15

Rohde, Albert [aus Cassel]: Beiträge zur Kenntnis gechlorter Keto-R-Pentene ... Marburg, Univ.-Buchdr. (R. Friedrich), 1896; 43 S. 8.
Marburg, Phil. Fak., Inaug.-Diss. v. [17. März] 1896

Rohde, Alfredus: De Diyllo Atheniensi Diodori auctore. Vimariae 1909: Putze & Hoelzer. 53 S. 8°
Jena, Phil. Diss. v. 28. Mai 1909, Ref. Judeich
[Geb. 22. Sept. 84 Tröbnitz; Wohnort: Kahla; Staatsangeh.: Sachsen-Altenburg; Vorbildung: Gymn. Altenburg Reife O. 04; Studium: Jena 9 S.; Rig. 19. Dez. 08.] [U 09. 2218

Rohde, Alfred, Referendar: Der Handlungsagent nach dem Handelsgesetzbuche vom 10. Mai 1897. Hamburg 1910: Petschmann. VIII, 96 S. 8°
Leipzig, Jur. Diss. v. 26. Juli 1910
[Geb. 21. Mai 83 Hamburg; Wohnort: Hamburg; Staatsangeh.: Hamburg; Vorbildung: Gymn. Stade Reife M. 05; Studium: Leipzig 3, München 1, Jena 3 S.; Rig. 26. Juli 10.] [U 10. 2849

Rohde, Arthur

Rohde, kurzer Auszug aus den Entscheidungen des königl. preußischen Oberverwaltungsgerichts in Staatssteuersachen. 1. Hft.: Einkommensteuer. 8. (IV, 51 S.) Merseburg 894. F. Stollberg. n. — 75

Rohde, kurzer Auszug aus den Entscheidungen d. kgl. preuß. Oberverwaltungsgerichts in Staatssteuersachen. 2. Hft.: Einkommensteuer. 8. (72 S.) Merseburg 895. F. Stollberg. n. — 75

— u. v. Kamecke, dasselbe. 3. Bd. 1. Abth.: Einkommensteuer. Mit Sachregister für d. Hefte I, II u. III. 8. (88 S.) Ebd. 895. n. — 75

— u. Helmentag, dasselbe. 3. Bd. 2. Abth.: Gewerbesteuer. M. ausführl. Sachregister. 8. (43 S.) Berlin 895. C. Heymann's Verl. n. — 75

— — dasselbe. 4. u. 5. Bd. 1. Abth.: Einkommensteuer. M. ausführl. Sachregister. 8. (149 S.) Ebd. 897. n. 1. 50 (1.—5.: n. 3. 75)

[F.] Kurzer Auszug aus den Entscheidungen des Kgl. Preuss. Oberverwaltungsgerichts in Staatssteuersachen — Vierter Bd, Abth. II: Gewerbesteuer. Von [Arthur] Rohde, Oberregiergsr. ... Potsdam, u. Dr. jur. [Jul.] Helmentag, Regiergsass. in Düsseldorf. *Berlin: C. Heymanns 1897.* (2 Bl., 44 S.) 1 Bd 8. [97. 1899]

— — dasselbe. 5. Bd. 2. Abth.: Gewerbesteuer. Mit Sachregister f. d. Auszug aus Bd. III, IV u. V. gr. 8. (III, 22 S.) Ebd. 898. n. — 50 (1.—5.: n. 5. 75)

Rohde, s. Auszug, kurzer, aus den Entscheidungen des königl. preuß. Oberverwaltungsgerichts in Staatssteuersach.

Methode Rustin. Anthropologie von Oberl. Bernhard Rohde. Lfg 1. Potsdam & Leipzig: Bonneß & Hachfeld [1905]. 4°(8°) [F.] = Selbst-Unterrichts-Briefe. [24.] [06. 305]

Rohde, C. Noël le Breton, Sieur de Hauteroche. Theil. 1. Diss. Greifswald 1877. 39 S.

Rohde, (Johann) Diedrich

Rohde, Dietr. Adiectivum quo ordine apud Caesarem et in Ciceronis orationibus coniunctum sit cum substantivo examinavit D. R. 18 S. Progr. Joh. Gel. *Hamburg* 1884.

Rohde, Dietr., adiectivum quo ordine apud Caesarem et in Ciceronis orationibus coniunctum sit cum substantivo examinavit D. R. gr. 4. (18 S.) Hamburg 884. (Nolte.) n.n. 1. 25

Rohde, Dieterich Adiectivum quo ordine apud Sallustium coniunctum sit cum substantivo. 4 (S. 7—35). Universitati Gottingensi sacra semisaecularia tertia celebranti congratulatur Johanneum *Hamburgense* 1887 (zu 672). Progr.

Rohde, D., adiectivum quo ordine apud Sallustium coniunctum sit cum substantivo. gr. 4. (35 S.) Hamburg 887. (Herold's Verl.) n.n. 2. 50

Rohde, [Johann Diedrich], Dir. Prof. Dr.: [Kurzer Bericht über die bisherigen Verhandlungen über den Charakter der höheren Schule in Cuxhaven und die neue Benennung derselben.] *Cuxhaven 1899: G. Rauschenplat & Sohn.* (S. 1—2.) 4° Cuxhaven, höh. Staats-S, P 1899 (777)

Rohde, Dietr. Über die Bildung neuer Namen auf dem Gebiete der beschreibenden Naturwissenschaften. 15 S. Joh. Gel. *Hamburg* 1881. Progr.

Rohde, Dietr., über die Bildung neuer Namen auf dem Gebiete der beschreibenden Naturwissenschaften. gr. 4. (15 S.) Hamburg 881. (Nolte.) n. 1. 60

Rohde, D. Das Hülfszeitwort *to do* bei Shakespeare. Diss. Jena 1872. 56 S.

Rohde, *Johann Diedrich* Geschichtliches. A. Zur Geschichte der Gründung der Schule. B. Das erste Schuljahr der Höheren Bürgerschule. 4 (S. 3—20 d. Schuln.). Staatl. höh. Bürgersch. mit Lateinabteilungen *Cuxhaven* 1892 (728). Progr.

Rohde, *Johann Diedrich* [Dir. Prof.]: Die Dr. Reinecke-Sammlung ... Cuxhaven, gedr. bei G. Rauschenplat & Sohn, 1893; 23—25 S. 4. Cuxhaven, staatl. R m. Latein-Abtlgn, P 1893 (728)

Rohde, *Johann Diedrich*: *Das neue Schulgebäude und seine Einweihung.* 4 (S. 3—f3, 2 Taf.). Progr. Staatl. Bsch. mit Latein-Abteil. *Cuxhaven* 1896

Rohde, E. Schleswig-holsteinische Brandgilden in Hansens Wohlfahrtsbestrebungen. Kiel 1882.

Rohde, E. Die Feuerversicherung in Hansens Schleswig-Holstein; seine Wohlfahrtsbestrebungen und gemeinnützigen Einrichtungen. Kiel 1882.

Rohde, E., die Grafentochter, s.: Volkserzählungen, neue.

Rohde, E. W., die Verdienste Herbart-Zillers, Wiedermanns u. Dörpfelds um den heutigen Geschichtsunterricht. 8. (31 S.) Gotha 901. R. Schmidt. n. — 50

(B) Rohde, E. W., d. Verdienst Herbart-Zillers. 901. (KVL 32.) Jetzt Weinheim, F. Ackermann. Erm. Pr. — 30

Rohde, Ed., Merkbuch für den Unterricht in der deutschen Sprachlehre. Für den Gebrauch in Volksschulen bearb. 8. (24 S.) Halle 872, Anton. — 15

Rohde, Emil *(geb. Breslau 30. 4. 1858)*: Beiträge zur Kenntniss der Anatomie der Nematoden. Breslau 1883. (26 S.) 8° *[Im Buchhandel 1883 bei Köhler in Breslau; aus: Zool. Beiträge hrsg. v. Ant. Schneider. Bd 1, H. 1. 1883, wo auch die den Tauschexemplaren fehlenden Tafeln.]* Breslau, Phil. Diss. v. 9. März 1883

Rohde, Emil, s.: Beiträge, zoologische

Rohde, Emil: Die Muskulatur der Chaetopoden. Breslau 1885. (34 S., 4 Taf.) 8° *(Aus: Zool. Beiträge hrsg. v. Ant. Schneider. Bd 1. [1885].) [Den meisten Tauschexemplaren fehlen die Tafeln; im Buchhandel 1885 bei Köhler in Breslau.]* Breslau, Phil. Fak., Hab.-Schr. v. 27. Juli 1885

Rohde, Emil, histogenetische Untersuchungen. I. Syncytien, Plasmodien, Zellbildg. u. histolog. Differenzierg. (III, 88 S. m. 75 Fig.) Lex. 8. Breslau 908. J. U. Kern. 4. —

Rohde, Erich, prakt. Arzt aus Eberswalde: Über Krebse im jugendlichen Alter. *Greifswald 1904: H. Adler.* (61 S.) 8° Greifswald, Med. Diss. v. 21. Juli 1904

Rohde, Erich, aus Glommen: Untersuchungen über Zusammensetzung, Nährwert u. spezifische Nebenwirkungen einiger russ. Oelkuchen. *Königsberg i. Pr. 1901: H. Jaeger.* (76 S.) 8° Königsberg, Phil. Diss. v. 5. Aug. 1901

Rohde, Ernst

Rohde, Studien im Besitzrecht. Abschn. I, II, XVI u. XIX—XXI. gr. 8. Düsseldorf, J. Baedeker. nn 9. 95
I. Begriff u. Wesen des Besitzes. (V, 70 S.) 909. 1. 85
II. Erfordernisse d. Besitzes im allgemeinen. (90 S.) 909. 2. —
XVI. Friktionen zwischen dem natürlichen Besitzbegriff u. der Aufgabe des Gesetzgebers u. deren Beseitigung, Philosophie des Besitzes durch Stellvertreter. (IV, 57 S.) 908. nn 1. 80
XIX. XX. Besitz durch Stellvertreter nach römischem Recht. — Der Besitz durch Stellvertreter im B.-G.-B. § 855 B.-G.-B. (III, 59 u. IV, 73 S.) 909. 2. 50
XXI. Der mittelbare Besitz. (VII, 79 S.) 907. 2. —
Die fehlenden Abschn. sind noch nicht erschienen.

Rohde, Erwin, Afterphilologie. Zur Beleuchtg. d. von dem Dr. phil. Ulrich v. Wilamowitz-Möllendorff hrsg. Pamphlets: „Zukunftsphilologie." Sendschreiben e. Philologen an Rich. Wagner. gr. 8. (48 S.) Leipzig 872. Fritzsch. n. — 60

Rohde, Erwin, Briefwechsel m. Nietzsche, s.: Nietzsche, Frdr.

Rohde, Erwin, Friedrich Creuzer u. Karoline v. Günderode. Briefe u. Dichtgn. Hrsg. v. R. gr. 8. (XV, 142 S.) Heidelberg 896. C. Winter. n. 3. 50; geb. in Leinw. n. 4. 50

Rohde, Erwin (Hrsg.), s. Creuzer, Friedrich: Briefe und Dichtungen.

Rohde, Erwin a. Tübingen: Die Farbenreactionen der Eiweisskörper mit p.-Dimethylaminobenzaldehyd und anderen aromatischen Aldehyden. Straßburg 1905: K. J. Trübner. (10 S.) 8° ¶ (Aus: Zeitschr. f. physiologische Chemie Bd 44.)
Heidelberg, Med. Fak., Ref. Kossel, Diss. v. 28. März 1905
[Geb. 4. Aug. 81 Tübingen; Wohnort: Heidelberg; Staatsangeh.: Baden; Vorbildung: Gymn. Heidelberg Reife Juli 93; Studium: München 2, Heidelberg 8 S.; Coll. 16. Febr. 05; Approb. 23. Aug. 04.]

— de Julii Pollucis in apparatu scaenico enarrando fontibus. Accedit de Pollucis libri secundi fontibus epimetrum. Ebend. 870. gr. 8. (91 S.) n. 20 *ngr.*

— Friedrich Nietzsche's „Die Geburt der Tragödie aus dem Geiste der Musik".[Aus: „Kleine Schriften".] gr. 8. (S. 340–351.) Ebd. 902. n. — 40

Rohde, Erwin, über Lucians Schrift Λούκιος ἢ ὄνος u. ihr Verhältniss zu Lucius v. Patrae u. den Metamorphosen d. Apulejus. Eine literarhistor. Untersuchung. Leipzig 869. Engelmann. gr. 8. (III, 52 S.) 15 *ngr.*

— Nekyia. [Aus: „Kleine Schriften".] gr. 8. (S. 255–292.) Tübingen 902. J. C. B. Mohr. n. 1.20

— Paralipomena. [Aus: „Kleine Schriften".] gr. 8. (S. 224–254.) Ebd. 902. n. 1. —

Rohde, E., Psyche. Seelencult u. Unsterblichkeitsglaube der Griechen. 1. Hälfte. gr. 8. (294 S.) Freiburg i/Br. 890. J. C. B. Mohr. n. 7. —; feine Ausg. n. 8. —

Rohde, Erwin. Psyche. Seelencult u. Unsterblichkeitsglaube der Griechen. 2. Hälfte. gr. 8. (VII u. S. 289–711.) Freiburg i/B. 894. J. C. B. Mohr. n. 11. —; feine Ausg. n. 12. —; (kplt.: n. 18. —; Einbd. in Halbfrz. n.n. 2. 50; feine Ausg. n. 20. —; Liebhaber-Einbd. n.n. 4. —

Rohde, Erwin, Psyche. Seelencult u. Unsterblichkeitsglaube d. Griechen. 2., verb. Aufl. 2 Bde. gr. 8. (VII, 329 u. III, 436 S.) Freiburg i/B. 898. Tübingen, J. C. B. Mohr. n. 20. —; feine Ausg. n. 22. —

— Psyche. Seelencult u. Unsterblichkeitsglaube der Griechen. 3. Aufl. 2 Bde. gr. 8. (XV, 329 u. III, 448 S.) Ebd. 903. n. 20. —; geb. n.n. 22. 50

Rohde, Erwin, Psyche. Seelencult u. Unsterblichkeitsglaube der Griechen. 4. Aufl. 2 Bde. (XV, 329 u. III, 448 S.) gr. 8. Tübingen 907. J. C. B. Mohr. 20. —; geb. n 22. 50

Rohde, Erwin: Psyche. Seelenkult und Unsterblichkeitsglaube der Griechen. 5. u. 6. Aufl. Bd 1. 2. Tübingen 1910. 8° *[1. Aufl. 1893.]*

Die Religion der Griechen. Rede z. Geburtsfeste d. höchstsel. Grossh. Karl Friedrich u. z. akadem. Preisvertheilg am 22. Nov. 1894 v. Dr. Erwin **Rohde,** Grossh. Bad. Geh. Rath u. o. ö. Prof. d. class. Philol. d. z. Prorector ... Heidelberg, Univ.-Buchdr. v. J. Hörning, 1895; 47 S. 4.

— die Religion d. Griechen. [Aus: „Kleine Schriften".] gr. 8. (S. 314–339.) Ebd. 902. n. — 80

— der griechische Roman u. seine Vorläufer. gr. 8. (XII, 552 S.) Leipzig 876. Breitkopf & Härtel. n. 11. —

Der griechische Roman und seine Vorläufer. Von Erwin **Rohde.** 2. durch Zusätze aus d. Handexemplar d. Verf. u. durch d. Vortrag über griech. Novellistik verm. Aufl. (Hrsg.: Fritz Schöll.) *Leipzig: Breitkopf & Härtel 1900.* (XIX, 611 S.) 8° [ou. 8817

Rohde, E., Scenica. (Proagon a. d. gr. Dionysien etc.) S.-A. 1888. 42 S.

Rohde, Erwin, zum griechischen Roman. [Aus: „Kleine Schriften".] gr. 8. (S. 9–42.) Tübingen 902. J. C. B. Mohr. n. 1. —

— kleine Schriften. 2 Bde. Mit Zusätzen aus den Handexemplaren des Verf. gr. 8. Tübingen 901. J. C. B. Mohr. n. 24. —
1. Beiträge zur Chronologie, Quellenkunde u. Geschichte der griechischen Litteratur. (XXXI, 436 S.)
2. Beiträge zur Geschichte des Romans u. der Novelle, zur Sagen-, Märchen- u. Alterthumskunde. (III, 481 S.)
Erg.H.: Crusius, O.: Erwin Rohde, Ein biogr. Versuch. 1902.

Rohde, Erwin. Kleine Schriften. Tübingen u. Leipzig 1901–02. H: *Schöll, Fritz.* (Berl)

Rohde, F., Leo Bardas. Trauerspiel in 5 Aufzügen. 16. (142 S.) Dessau 852, Katz. n. 16 *ngr.*

Rohde, F., Desiderius. Trauerspiel. Dresden 860. Kuntze. 8. (108 S.) n. 20 *ngr.*

Rohde, F., s.: Flugblätter, protestantische.

Rohde, F., Heinrich und Leonore. (Gedicht.) gr. 8. (III und 166 S.) Berlin 856 (57,) Schindler. *

— Oden. 1. Buch. gr. 8. (96 S.) Dresden 859, Kuntze. *

Rohde und Gaulke, zwölf Schiller-Lieder, s. Gaulke.

Rohde, F., die deutsche Schiller-Stiftung, eine großartige Verirrung der Gegenwart. gr. 8. (29 S.) Dresden 860, Kuntze. Thlr. *

— der gegenwärtige Stand der kirchlichen Gemeinde-organisation. Referat auf dem 20. deutschen Protestantentage in Hamburg. gr. 8. (29 S.) Berlin 899. C. A. Schwetschke & Sohn. n. — 50

— die wahren Ursachen vom Verfall der deutschen Theater. Eine Mahnung an Alle, denen die Bildung Deutschlands an Herzen liegt. 2. Aufl. Frankfurt a. M. 864. Baist. gr. 8. (52 S.) 6 *ngr.*

Rohde, F., das Wesen u. die Formen der Dichtkunst. Für den höheren Unterricht u. die Selbstbelehrung bearbeitet. Leipzig 870. Fr. Fleischer. 8. (IV, 127 S.) 18 *ngr.*

Rohde, F., Kaiser Wilhelm der Erste od. Barbarossa's Erlösung. gr. 8. (263 S.) Leipzig 880. Friedrich. n. 3. —; geb. n. 4. —

Rohde, F. Selbständige und unselbständige Witwen- und Waisenversicherung. (Verh. d. 5. Internationalen Kongresses f. Versicherungswissenschaft) Berlin 1906.

Rohde, F., aus Zeit u. Ewigkeit. Predigten f. die christl. Gemeinde unserer Tage. (VII, 239 S.) 8. Tübingen 906. J. C. B. Mohr. n. 3. —; geb. n.n. 4. —

Rohde, Franz

Rohde, Franciscus, Osterodensis: Cicero, quae de inventione praecepit, quatenus secutus sit in orationibus generis iudicialis. *Regimonti Bor. 1903: Hartung.* (VIII, 176 S.) 8°
Königsberg, Phil. Diss. v. 30. Apr. 1903

Rohde, Friedrich

Rohde, Frdr., katholische Kirchengesänge zum Gebrauche beim öffentlichen Gottesdienste auf Gymnasien u. Realschulen bearb. 2., sehr verm. Ausg. Regensburg 870. Pustet. 8. (XV, 424 S.) n. 16 ngr

Rohde, Friedrich [aus St. Petersburg '(Russl.)']: **Ueber den gegenwärtigen Stand der Frage nach der Entstehung und Vererbung individueller Eigenschaften und Krankheiten** ... [Erschien vollst. 1895 im gl. Verl.] Jena, G. Fischer, 1894; 65 S. 8.
Jena, Med. Fak., Inaug.-Diss. v. [11. Dez.] 1894

Rohde, Frdr., üb. den gegenwärtigen Stand der Frage nach der Entstehung u. Vererbung individueller Eigenschaften u. Krankheiten. Mit e. Vorwort v. Binswanger. gr. 8. (X, 149 S.) Jena 895. G. Fischer. n. 3.—

Rohde, Fritz [aus Ribnitz]: Zur Transformation der Thetafunctionen.... Greifswald, Druck v. F. W. Kunike, 1885; 1 Bl. + 76 S. 8°.
Rostock, Phil. Fak., Inaug.-Diss. v. 15. Dez. 1886.

Rohde, Fritz. zur Transformation der Thetafunctionen. Diss. Rostock 1886, G. B. Leopolds Univ.-Buchh. 8°. 76 S.

Rohde, G., das Buch des Propheten Hosea in 22 Bibelstunden f. die Gemeinde ausgelegt. (196 S.) 8. Herborn 904. Buchh. des nass. Colportagevereins. n. 1.40; geb. n. 1.80

Rohde, Georg

Rohde, Geo., das Chromylchlorid u. die Etardsche Reaktion. gr. 8. (62 S.) Stuttgart 901. F. Enke. n. 2.40
Sonderabdruck aus: „Sammlg. chem. u. chem.-techn. Vorträge".

Rohde, Georg [aus Bromberg]: Ueber Py-αβ-Dimethylchinolin.... München, Buchdr. v. Julius Fuller, 1888; 40 S. 8°
Erlangen, Phil. Fak., Inaug.-Diss. v. 1888

Rohde, Gottfried Heinrich Wilhelm

Rohde. Godofred(us) Henr(icus) Guil(elmus): De impermeabilitate ductus choledochi. Halis Saxonum (1856): Heynemann. 29 S. 8°
Halle-Wittenberg. Med. Diss. v. 12. Aug. 1856
Geb. Egeln (Kr. Wanzleben) [11.5.1831]. V.

Rohde, Gustav, approb. Arzt aus Malchow i. Meckl.: **Ein Fall von Hydrops genu intermittens.** *Greifswald 1903: H. Adler.* (34 S.) 8°
Greifswald, Med. Diss. v. 12. März 1903

Rohde, Gustav Karl Anton Friedrich

Rohde, G(ust.) C(ar.) A(nton.) Frid. (geb. Siegen 4. 4. 1843): De kopiopia. Berolini (1865). (32 S.) 8°
Berlin, Med. Diss. v. 22. Juli 1865

Rohde, H. C. L., method. bearbeit. Rechnenbuch f. d. Elementarklasse. gr. 8. (3¼ B.) Hamburg 841, Herold'sche Buchh. ⅙ Thlr., mit Facit

Rohde, H. C. L., methodisch bearbeitetes Rechnenbuch für die Elementarklasse. 2. Aufl. gr. 8. (2 B.) Hamburg 842, Herold-sche Buchh. *

Rohde, Hans, Entwürfe f. Gast- u. Logirhäuser, s.: Kühn, Adf.

Rohde, Hans: Vier Fälle von brasilianischer Beriberi und aetiologische Würdigung derselben. *Berlin [1898]: E. Ebering.* (73 S.) 8°
Rostock, Med. Diss. v. [21. März] 1898

Rohde, Hans: Die verwaltungsrechtliche Funktion der Zulassungsstelle. Greifswald 1907: J. Abel. (64 S.) 8° [F.]
Greifswald, Jur. Fak., Ref. Stoerk, Diss. v. 10. Juni 1907
[Geb. 24. Mai 84 Wolgast; Wohnort: Leipzig; Staatsangeh.: Preußen; Vorbildung: Gymn. Ostrowo (Posen) Reife O. 04; Studium: Lausanne 1, Leipzig 3, Berlin 1, Greifswald 1 S.; Rig. 11. Apr. 07.]

Rohde, Heinr., singet dem Herrn! 14 geistl. Gesänge, f. dreistimm. Schülerchor komp. Op. 75. (24 S.) gr. 8. Gütersloh 909. C. Bertelsmann. n — 60

Rohde, Herbert, Referendar: Erklärung der l. 3 pr. D. de pignoribus et hypothecis (20, 1) unter Berücksichtigung der l. 1 D. de exceptione rei judicatae (44, 2). Ein Beitrag zur Lehre von den subjektiven Grenzen der Rechtskraft nach römischem und heutigem Recht. Borna-Leipzig 1907: R. Noske. (XI, 56 S.) 8°
Heidelberg, Jur. Fak., Ref. Bekker, Diss. v. 1907
[Geb. 20. Juli 85 Bartenstein; Wohnort: Berlin; Staatsangeh.: Preußen; Vorbildung: Kaiserin-Augusta-Gymn. Charlottenburg Reife M. 03; Studium: Lausanne 1, Berlin 6 S.; Rig. 29. Juli 07.]

Rohde, Hermann *Friedrich Wilhelm* [aus Breuna '(Hessen-Nassau)']: Das primäre Carcinom der Vagina '(im Anschl. an 5 Fälle aus d. Frauenklinik zu Halle)' ... Halle a. S., Hofbuchdr. v. C. A. Kaemmerer & C., 1897; 40 S., 2 Bl. 8.
Halle, Med. Fak., Inaug.-Diss. v. 3. März 1897

Rohde, Hugo [app. Arzt aus Heide]: Aus d. patholog. Institute zu Kiel. Zur Pathologie des Pankreas. . . . Kiel, Druck v. Schmidt & Klaunig, 1890; 15 S. 8°
Kiel, Med. Fak., Inaug.-Diss. v. [30. Sept.] 1890

Rohde, Hugo, Pathologie der Pankreas. Inaug.-Diss. gr. 8. (15 S.) Kiel 890. (Lipsius & Tischer.) n. 1.—

Rohde, J. G. Theorie der Verbreitung des Schalles für Baukünstler. Berlin 1800. 8°.

Rohde, J. H. C., die falsche u. die wahre Frömmigkeit. Predigt, auf öffentl. Verlangen dem Drucke übergeben. gr. 8. Quedlinburg 842, Basse. ⅙ Thlr.

Rohde, J. H. C., fünf Predigten. gr. 8. (5 B.) Quedlinburg 841, Franke. *

Rohde, J. Ph. von

Rohde, J. P. v., mathematische Abhandlungen. gr. 4. Potsdam, Horvath. 797.

— über Karstens mathemat. Analysis und höhere Geometrie. 8. Berlin, Rottmann. 789.

— Anfangsgründe d. Differenzialberechnung, nach la Grange etc. gr. 8. Ebend. 799.

Rohde, J. P. v., astronomische Aufsätze. 8. Potsdam, Horvath.

— über Newtons drittes Grundgesetz d. Bewegung rc. gr. 8. Ebend. 799.

Rohde, Jahreszeiten von höherer Ordnung. Oder über einen Gegenstand der physischen Geographie. Königsberg (1809).

— Jahreszeiten v. höherer Ordnung, oder über einen Gegenstand d. physischen Geographie. 4. Königsb. Nicolovius. 810.

— mémoire sur la fameuse Déviation vers le Sud, ou vers le Nord, des Corps qui tombent d'une grande hauteur. gr. 4. ibid. 805.

— Mémoire sur un Endroit des Ouvrages de Neuton, Dan. Bernouilli et d'Alembert. gr. 4. ibid. 804.

— Mémoire, cont. la Valeur rigoureuse et finie du Rayon de Courbure, pour tous les Azimuths sur la Surface d'un Ellipsoïde à trois Axes. gr. 4. Potsdam, Horvath. 805.

— Mémoires sur les forces attractives absolues ou masses des planètes sans satellites; sur les masses des satellites, ou sur celles des Comètes. gr. 4. ibid. 805.

Rohde, Sur les forces attractives absolues, ou masses des planètes sans satellites sur les masses des satellites et sur celles des comètes etc., abgedruckt im Julius-Hefte 1805 der Monatlichen Correspondenz des Oberhofmeisters Freiherrn von Zach, mit einer Recension. — Critik und Anticritik über —. (Aus dem Oktob.-Heft 1805 der Monatl. Corresp. besond. abgedr.) (S. 5627)

— Paralaxen auf den Sphäroiden. gr. 4. Ebend. 800.

— Polarisation des Lichts. gr. 8.
Potsdam: Horvath 1819.

— Principes de Nivellement avec fig. gr. 4. Halae, Renger. 803.

Rohde, J. Ph. v. Über Laplace's Satz in: Darstellung des Weltgebäudes, II. Theil, Seite 333. Halle 1800. 4.

— üb. Laplaces Satz in Darstell. des Weltsystems. 2 Thle. gr. 4. Ebend. 801.

— über Strahlenbrechung. gr. 4. Ebend. 801.

— über Laplaces neue Verbesser. d. aus barometr. Beobacht. berechnet. Berghöhen. gr. 8. Halle, Renger. 802.

Rohde, Ueber Laplace's neue Verbesserung der aus barometrischen Beobachtungen berechneten Berghöhen. Halle 1803.

— über interessante, noch fehlende Versuche mit d. Pendel, welchem anfänglich, vermittelst der Mariottischen Maschine, ein bestimmter Impuls ertheilt worden ist. gr. 4.
Potsdam: Horvath 1820.

Rohde, nöthiger Zusatz zu la Grange Solutions de quelques problèmes d'astronomie. gr. 4. Potsdam, Horvath. 819. Rthlr.

Rohde, Jakob Friedrich

Disputatio juridica, explicans partem posteriorem cap. XXXIV. decret. de elect. et el. potest. Königsberg (Reusner) V. 1722. S. 47-76.

Gew.: Albert Ernst Gf. von Schlieben. 29140

Rohde, Joh. Diedr., Lebenserinnerungen. (1842—1864.) Hrsg. m. Erlaubnis der Familie v. Adf. Mattheia. Nebst 2 Anhängen v. Hindrichson u. K. Lohmeyer. (Progr.) (63 S. m. Bildnis.) gr. 8. Cuxhaven 909. (A. Rauschenplat.) 1.-

Auch ein Wort über geheime Gesellschaften und Freimaurerei von einem sogenannten Uneingeweihten. [Von Joh. Gottlieb Rohde.] Berlin: [Belitz] 1798. 24 S. 8°
cf. Taschenbuch f. Frmr. 1801 S. 313—322. Kl. 3515 Richtet sich gegen die Schrift von C. F. W. Cosmann: Dürfen geheime Gesellsch. in einem wohleingerichteten Staat geduldet werden? 1798. Zugunsten Fesslers. 26. 193.

Bundesgeist. Cantate zur Feier des Stiftungsfestes der g. u. v. St. J. □ Horus im Or. von Breslau den 23sten Febr. 5818 von [Joh. Gottlieb] Rohde, in Musik gesetzt vom Br. [G. B.] Bierey. [Breslau 1818]: Grass, Barth & Co. 4 Bl. 4° [Umschlagtit.]
Ohne Noten: „Seh't geliebte, theure Brüder, ..."

Rohde, Johann Jakob [Praes.], s. Griesinger, David: De Rudaviensi proelio et statua.

Rohde, Johann Jakob [Praes.], s. Güther, Christian Heinrich: De lectis veterum lucubratoriis. Diss. ex antiquitate Romana.

Rohde, Johann Jakob [Praes.], s. Moneta, Johann: De proedria, quam Germani communissime Den Rang appellant.

Rohde, M. Joh. Jac., et J. Ch. Nagel, diss. de celebri spectro, quod vulgo die weiße Frau nominant. Regiomonti 723. 4. *Viteb. 743. 4.

Rohde, Johann Paul von

Ueber die Abweichung geworfener Körper von der vertikalen Richtungs-Ebene. Eine Abhandlung, welche von der Königl. Akademie der Wiss. zu Berlin im J. 1794 den Preis erhalten hat von *(Joh. Paul v.) Rohde.* Berl. gedr. in der Hofbuchdr. gr. 4. 56 S. m. 1 Kupft. (12 ggr.). 1795.

— üb. Abweichung geworfner Körper v. d. vertiealen Richtungsebene, m. K. gr. 4. Berlin, Maurer. 795.

Rohde, k. preuss. Lieut. von der Armee. Ueber die Schrift des k. k. Obristlieut. Herrn v. Lindenau, betreffend die höhere preussische Taktik, deren Mängel und zeitherige Unzulässigkeit. 8. Potsdam 1791.

— üb. v. Lindenau's höhere preuß. Taktik. 16 Stck. gr. 8. Potsd. Horvath. 791.

[F.] Myrrha. Schauspiel in 5 Aufz. v. Julius Rohde. *Leipzig: Kommr. (u. Dr.) v. Schmidt & Baumann 1895.* (109 S., 1 Bl.) 1 Bd 8. [96. 10479

Rohde, Jul. Alex. Ferd. (geb Magdeburg 11. 7. 1806): De scabie et acaro humano. Berolini (1830). 102 S. 8°
Berlin, Med. Diss. v. 6. Juli 1830

Rohde, Karl: Über die Addition von Hydroxylamin an ungesättigte Säuren mit konjugierten Doppelbindungen. Greifswald 1910: Wolfram. 80 S. 8°
Greifswald, Phil. Diss. v. 3. Aug. 1910, Ref. Auwers
[Geb. 15. Sept. 85 Eldena i. P.; Wohnort: Greifswald; Staatsangeh.: Preußen; Vorbildung: Gymn. Greifswald Reife O. 05; Studium: Greifswald 8 S.; Rig. 20. Juni 10.] [U 10. 1636

Rohde, [Karl]: Festrede. (Umschlagtitel: ... am Geburtstage Sr. Majestät des Kaisers und Königs gehalten.) S. 3—9 der Schuln. 4. Progr. Realgymn. *Siegen* 1902 (418).

Rohde, Karl: Katalog der Bibliothek des Realgymnasiums zu Güstrow, s. Bruse, Wilhelm

Rohde, Karl: Aus d. Psychiatr. u. Nervenklinik zu Kiel. Zur Symptomatologie der Paranoia chronica. Kiel 1909: Schmidt & Klaunig. 11 S. 8°
Kiel, Med. Diss. v. 13. Juli 1910, Ref. Siemerling
[Geb. 10. Juni 83 Neustadt i. Holst.; Wohnort: Kiel; Staatsangeh.: Preußen; Vorbildung: Gymn. Kiel Reife O. 04; Studium: Kiel 2, Straßburg 1, Kiel 2, München 2, Kiel 3 S.; Coll. 22. Juni 09; Approb. 1. Juli 10.] [U 10. 2469

Rohde, Carl Gust. Adolph, Figuren-Zeichnungen, s. Zeichen-Schule, neueste.

Rohde, Carl Gust. Adph., Thierzeichnungen in Umrissen. I. Für den Schul- u. Selbstunterricht entworfen. 10 (lith.) Blatt. Kassel 864. Freyschmidt. qu. Fol. 25 ngr

—— erste Uebungen für Anfänger im Zeichnen zum Gebrauche in Volksschulen und zum Selbstunterricht. 1. und 2. Heft. à 40 (lithogr.) Bl. (Gradlinige Gegenstände; Krummlinige Gegenstände.) qu. gr. 8. Berlin 851, Winckelmann und Söhne. à Heft 15 Ngr.

— leichte Uebungen für Anfänger im Zeichnen. 1 u. 2. Hft. Zum Gebrauche für Schul- u. Selbstunterricht. qu. 8. 1. Hft. Krummlinige Gegenstände. 2. Hft. Gradlinige Gegenstände. (à 15 lith. Blatt.) Cassel 847, Bollmann. (à 1/3 ₰) 2/3 ₰

Die Lösung der Wohnungsfrage. Von Konrad Rohde zu Düsseldorf. *Leipzig: G. Fock 1901.* (24 S.) 8° [F.] [01. 1901

Rohde, Kurt, Referendar: **Das Teilindossament unter gleichzeitiger Berücksichtigung der Zession eines Teiles der Wechselsumme.** Ein Beitr. z. Lehre von der Uebertragung d. Wechselforderung. Berlin 1910: Pilz. 63 S. 8°
Rostock, Jur. Diss. v. 20. April 1910, Ref. Lehmann
[Geb. 30. Juli 83 Neuwied; Wohnort: Danzig; Staatsangeh.: Preußen; Vorbildung: Gymn. Konitz Reife O. 02; Studium: Rostock 1, Berlin 1, Greifswald 1, Königsberg 3 S.; Rig. 10. Jan. 10.] [U 10. 3875

Rohde, C. J., s. Rhode.

Rohde, Martin: Die Grosse Fontanelle in physiologischer und pathologischer Beziehung. Halle a. S. 1885: Gebauer-Schwetschke. 30 S. 8°
Halle-Wittenberg, Med. Diss. v. 2. Febr. 1885
Geb. Pforzheim (Baden) 4. 2. 1856. V.

Rohde, Max, appr. Arzt, Unterarzt b. Inf.-Reg. No. 69: Assoziationsvorgänge nach der Methode Fuhrmann bei Dementia hebephrenica s. praecox. (Berlin 1909: Ebering.) 53 S. 8°
Berlin, Med. Diss. v. 26. März 1909, Ref. Ziehen
[Geb. 11. Dez. 83 Kolberg; Wohnort: Trier; Staatsangeh.: Preußen; Vorbildung: Gymn. Kolberg Reife O. 02; Studium: Berlin Univ. 1, K. W. A. 10 S.; Coll. 18. Dez. 08; Approb. 18. März 09.] [U 09. 93

Rohde, Max: La Prise de Cordres, Altfranzösisches Volksepos aus der Wende des 12. und 13. Jahrhunderts. Nach der einzigen Pariser Handschrift Bibl. Nat. fonds franç. 1448 (anc. 7535). 1. Teil: Literarhistorische Einleitung, Inhaltsangabe und Lautlehre .... (Aus d. Roman. Forsch. 6. Bd. 1. Heft.) Erlangen, Druck d. Univ.-Buchdr. v. Junge & Sohn, 1888; 36 S. 8°
Göttingen, Phil. Fak., Inaug.-Diss. v. 12. März 1887

Rohde, **Mich.**, **Monographiae cinchonae generis tentamen.** 8maj. Götting. 805. Ed. n. 808. Vandenhöck u. R. 12 gr

Rohde, Otto [aus Schandau a. E.]: **Die Erzählung vom Einsiedler und dem Engel in ihrer geschichtlichen Entwicklung.** E. Beitr. z. Exempel-Litteratur ... Leipzig, Druck v. J. A. Gutzschebauch, 1894; 62 S., 1 Bl. 8.
Rostock, Phil. Fak., Inaug.-Diss. v. [28. Dez.] 1893

Rohde, Ottomar

Rohde, Ottom., die landwirthschaftliche Ausstellung des Baltischen Central-Vereins am 22., 23. und 24. Mai 1860 zu Greifswald. Im Auftrage des Hauptvorstandes des Baltischen Vereins beschrieben. Mit 1 lith. Plane (in Fol.). Greifswald 861. Koch. gr. 8. (2 Bl., 97 S.) n. 12 ngr

Rohde, Ottomar, Beiträge zur Drainage. Eine Sammlung von praktischen, bei Ausführung dieser Melioration gemachten Erfahrungen. [Abdr. aus den Eldenaer Jahrbüchern.] [Mit einer (lith.) Taf. Zeichnungen (in qu. Fol.)] gr. 8. (135 S.) Greifswald 852, Koch's Verlag. 3/4 ₰

Rohde, O., Beiträge zur Kenntniß des Wollhaares. Berlin 857. Bosselmann. gr. 8. (VII, 135 S. u. 1 lith. Taf. in Fol.) n. 16 ngr

—— Beiträge zur Kenntniß des Wollhaares. gr. 8. (VII und 135 S. mit 1 Stnt. in qu. Fol.) Berlin 857, [Wiegandt und Hempel.] *

Rohde, Ottomar, Medizinalprakt.: Aus d. Universitätskinderklin. zu Greifswald. Zwei Fälle von Entbindungslähmung. Greifswald 1908: Adler. 32 S. 8°
Greifswald, Med. Diss. v. 8. Juni 1909, Ref. Peiper-Henkel
[Geb. 30. Okt. 80 Eldena; Wohnort: Bromberg; Staatsangeh.: Preußen; Vorbildung: Gymn. Greifswald Reife M. 02; Studium: Greifswald 10 S.; Coll. 29. Juli 08; Approb. 10. Mai 09.] [U 09. 1498

— das französische Merinoschaf mit mittelfeiner Wolle und seine Bedeutung für die deutsche Schafzucht. Berlin 864. Wiegandt & Hempel. gr. 4. (VII, 28 S. u. 8 Lithogr. in Farbendr.) n. 1 ₰ 10 ngr

— die Pflege und Benutzung des Hausschweines mit besonderer Rücksicht auf die Eintheilung und den wirthschaftlichen Werth der Schweineracen. Mit 2 lith. Taf. (in Fol.) Greifswald 860. Koch. gr. 8. (X, 286 S.) 1 ₰ 15 ngr

Rohde O.: Die Pflege u. Benutzung d. Hausschweines m. besond. Rücks. auf die Eintheilung u. den wirthschaftlichen Werth d. Schweineracen. Greifsw. u. Leipz. 1860. 286 S. 2 Tvl.
— — 2. vollst. umgearb. u. verm. Aufl., m. Tit.: Die Schweinezucht nach ihrem jetzigen rationellen Standpunkt. Berl. 1874. 311 S. Fig. 12 Tvl.

Rohde, O., Racen d. Rindes, Milchwirthschaft, Züchtung u. Fütterungslehre, s.: Rindviehzucht, die.

Rohde, O., Rassen, Züchtung u. Ernährung d. Rindes u. Milchwirthschaft, s.: Rindviehzucht, die.

Rohde, O., die Rindviehzucht, s. a. Fürstenberg, M.

— s. a. Rindviehzucht, die.

—— die Schafzucht, s. a. Thaer-Bibliothek.

Rohde, O., die Schafzucht. 8. (VII, 172 S.) Berlin 879. Parey. geb. n. 2. 50

—— die Schweinezucht. 2. vollständig umgearb. und verm. Aufl. 6 Lfgn. gr. 8. (311 S. mit 12 lithogr. Racebildern und vielen in den Text gedr. Holzschn.) Berlin 873,74, Wiegandt, Hempel und Parey. à Lfg. *M 1,50. * 9 —

Rohde, O., die Schweinezucht nach ihrem jetzigen rationellen Standpunkt. 3. neu bearb. Aufl. gr. 8. (VIII, 262 S. mit 65 in den Text gedr. Holzschn.) Berlin 883, Parey. * 6 —

Rohde's Schweinezucht. 4., neubearb. Aufl. Mit Abbildgn. im Text u. 39 Rassebildern. gr. 8. (IX, 340 S.) Berlin 892. P. Parey. Geb. in Leinw. n. 12. —

[Ottomar] **Rohde's** Schweinezucht. 5., neubearb. Aufl. hrsg. von H. Schmidt, Domänenpächter in Ostrowo. Mit 33 Textabb. u. 31 Rassebild. Berlin: P. Parey 1906. (VII, 399 S.) 8° [F.] [06. 9:88

Rohde, O., Verhandlungen des baltischen Vereines zur Förderung der Landwirthschaft, s. Verhandlungen.

Rohde, Paul: Die Quellen einer romanischen Weltchronik. Halle 1882: Karras. 30 S. 8°
Halle-Wittenberg, Phil. Diss. v. [20. Dez.] 1882
Geb. Deutz bei Köln 9. 1. 1859. V.
Ersch. vollst. in: Denkmäler Provenzalischer Literatur u. Sprache. Bd 1. Halle 1883. S. 589—638.

Das englische Faustbuch und Marlowes Tragödie von Dr. Richard **Rohde,** Oberl. Halle: Niemeyer 1910. VIII, 62 S. 8°
(Studien z. englischen Philologie. H. 43.) 10. 1902, 2

Rohde, Richard, a. Lenthe: La Vengeance de Raguidel. Eine Untersuchung über ihre Beeinflussung durch Christian von Troyes und über ihren Verfasser. Hannover 1904: W. Riemschneider. (62 S.) 8°
Göttingen, Phil. Fak., Ref. Stimming, Diss. v. 12. Nov. 1904
[Geb. 15. Juli 76 Lenthe; Wohnort: Wathlingen; Staatsangeh.: Preußen; Vorbildung: Gymn. Celle Reife O. 95; Studium: Göttingen 2, Erlangen 2, Göttingen 7 S.; Rig. 25. Nov. 03.]

Rohde, Thdr., s.: Collection Ernst Fürst zu Windisch-Grätz.

Rohde, Theodor [Arzt in Meine]: Erfahrungen über Loslösung und Behandlung der Placenta während zwölfjähriger Landpraxis ... Marburg, Univ.-Buchdr. '(R. Friedrich)', 1896; 21 S. 8.
Marburg, Med. Fak., Inaug.-Diss. v. 20. Febr. 1896

Rohde, Theod. Études sur la littérature française. 1ère étude. Le XVIIe siècle. 12 S. Progr. *Pillau* 1879.

Rohde, Thdr., die Münzen d. Kaisers Aurelianus u. seiner Frau Severina. Römische u. griech. Prägungen. [Aus der numismat. Zeitung.] Weissensee 870. Grossmann. gr. 8. (114 S.) 15 ngr.

Rohde, Thdr., die Münzen d. Kaisers Aurelianus, seiner Frau Severina u. der Fürsten v. Palmyra. Specialstudium. Als Mscr. gedr. 3 Abschnitte in 2 Bdn. gr. 8. (IV, 429 S. m. 3 lith. Tab.) Miskolcz 881 u. 82. (Wien, C. Helf.) n. 24. —; Ausg. ohne geschichtl. Anh. (IV u. S. 115—429) n. 18. —

Rohde, T., Silber-Antoniniane der röm. Kaiserin Sulpicia Dryantilla. S.-A. 1893. 9 S. u. 1 Taf. —.75

Rohde, Ulrich Andreas

Rohde, Ulr. Andr., de Veterum poetar. sapientia gnomica, Hebraeor. inprimis et Graecor. 8. maj. Copenh. Schubothe. 800.
Schreibp.

Rohde, W., schwarzweißes Bilderbuch für kleine Soldaten. gr. 4. (16 Holzschntaf. mit eingedr. Text und 1 Bl. Text.) Leipzig 880, Ruhl. geb. *

Das Königliche Waisenhaus zu Königsberg i. Pr. 1701—1901. Eine Festschr. z. 200j. Jubil. d. Anst. am 18. Jan. 1901 von Wilhelm **Rohde,** Dir. d. Waisenh. Mit 1 Ansicht d. Waisenh., 2 Grundr. u. 1 Lagepl. *Breslau: F. Hirt 1901.* (101 S.) 8° [F.] 10

Rohde, Wilhelm [Ref. am K. Amtsgericht zu Münden]: Wann beginnt die Verjährung einer Forderung auf Kündigung? ... Göttingen, Druck d. Dieterich'schen Univ.-Buchdr. W. Fr. Kästner, 1888; 82 S. 8°
Göttingen, Jur. Fak., Inaug.-Diss. v. 23. Nov. 1888

Rohde, W., wann beginnt die Verjährung e. Forderung auf Kündigung? Inaug.-Diss. gr. 8. (82 S.) Göttingen 888. (Vandenhoeck & Ruprecht's Verl.) n. — 80

Rohde, Wm., die Salzlager in Staßfurt m. besond. Berücksicht. der Fabrikation der kalihalt. Düngesalze, ihrer Verwendg. u. Wirkg. Mit e. Vorwort v. O. Rhode. 8. (II, 69 S.) Berlin 873. Wiegandt, Hempel & Parey. n. 1. —

Röhde, A. v., Mosaik. Märchen u. Novelletten. gr. 8. (III, 156 S.) Royal 893. (F. Wassermann.) n. 2. 60

Röhde, Johann Heinrich

Röhde, J. H. Nachricht von der Stadt Trarbach u. ihren Begebenheiten. 4. Zweibrücken 1782.

Röhde, Johann Justus

Röhde, J. J., Denkschrift auf Georg. Alex. Heinr. Hermann, Reichsgrafen von Kalenberg. gr. 8. Görlitz, Anton. 797.

Roehde, Johann Justus (Traben-Trarbach)

Dissertatio metaphysica sententiam philosophorum Christianorum de mundi et substantiarum origine nova quadam hypothesi contra systema Aristotelis defendens. Präs. Johann Stephan Müller.
Jena (Marggraf) 1. X. 1757. 64 S.

Gew.: Johann Peter lob.
W. v.: Johann Jakob Blaufus (Opp.), Präs., Jo. N. Kiefer, Ch. C. L. Voelcker (Opp.). 29025

Röhde, Jh. Just., († d. 21. Dec. 1812.) f. Cph. M. *Wieland,* Musarion, französisch.

Kreis Apenrade gez. v. Rohdehoff u. Seger. 1 : 37500. o. O. u. J. [Wandkarte.]

Rohden, f. a. Herbudt v. Rohden.

Rohden, das goldene Buch der Gesundheit. Volkswohlfahrt. (In 26 Hftn.) 1. Hft. gr. 8. (S. 1—32.) Cassel, Buchdruckerei Gutenberg. n. — 20

Rohden, August

Rohden, A., kurze Diätotik für Nervenkranke, nebst einem Anhang über Oeynhausen [Rehme] u. seine Bäder. 2., verm. u. verb. Aufl. 8. (III, 80 S.) Oeynhausen 880. Essmann's Verl. n. 1. 25

Rohden, A., kurze Diätetik f. Nervenkranke, m. e. Anh. üb. Oeynhausen [Rehme] und seine Bäder. 3., verm. Aufl. 8. (IV. 96 S.) Oeynhausen 888. Ibershoff. n. 1. 20

Kurze Diätetik für Nervenkranke m. e. Anh. üb. Bad Oeynhausen '(früher Rehme)' u. s. Bäder v. Dr. A. **Rohden,** prakt. Arzt daselbst. 4. verm. u. verb. Aufl. *Bad Oeynhausen: G. Ibershoff 1896.* (IV, 103 S.) 1 Bd 8.

Rohden, August (geb. Posen 26. 3. 1847): Ueber die Geschwülste des harten und weichen Gaumens. Berlin (1872). (32 S.) 8°
Berlin, Med. Diss. v. 27. Juli 1872

Rohden, s.: Oeynhausen u. s. Indicationen.

Rohden, A., Bad Oeynhausen u. seine Umgebung, s.: Städtebilder u. Landschaften aus aller Welt.

Lippspringe. Kurze Darlegung hygien.-diätet. Grundsätze u. Erfahrungen u. e. Führer f. d. Kurgast daselbst. Von Dr. Bernhard **Rohden,** Lippspringe. *Lippspringe: A. v. Hodeln 1900.* (100 S.) 8°

Rohden, Bernhard [Dr., app. Arzt aus Steinheim i. W.]: Die traumatische Luxation des Femurkopfes ... Leipzig-Reudnitz, Druck v. M. Hoffmann, 1893; 45 S. 8.
Würzburg, Med. Fak., Inaug.-Diss. v. 1893

Rohden, Gustav von

Die Aufgaben der Gemeindeglieder und der kirchlichen Organe in Bekämpfung der Unkeuschheit mit besond. Berücks. d. verderbl. Wirkungen d. unsittl. Literatur. Referat von Pastor Dr. [Gustav] v. Rohden-Düsseldorf. Düsseldorf: C. Schaffnit [1906]. (16 S.) 8° [Umschlagt. F.] 07.7484

Rohden, G. v. Über christocentrische Behandlung d. lutherischen Katechismus. gr. 8. (42 S.) Riga 891, Hoerschelmann. * 1 —
Aus: Mittheilgn. u. Nachrichten f. die evangel. Kirche in Rußland, besonders abgedruckt.

— katechetische Behandlung der Lehre v. der Gottheit Christi. [Aus: „Pädagog. Blätter".] gr. 8. (24 S.) Gotha 893. E. F. Thienemann's Verl. n. — 80

Rohden, G. v., die unterrichtliche Behandlung des 6. Gebotes in der Schule, s.: Ziethe.

Rohden, G. v., erbliche Belastung u. ethische Verantwortg. 3 Vorträge. (68 S.) 8. Tübingen 907. J. C. B. Mohr. 1.50

Rohden, Gust. v., Darstellung u. Beurteilung der Pädagogik Schleiermachers. gr. 8. (96 S.) Leipzig 884. (Fock.) n. 1.50

Geschichte der Rheinisch-Westfälischen Gefängniß-Gesellschaft. Festschrift z. 75jähr. Bestehen d. Gesellschaft im Auftr. d. Ausschusses verf. von Pastor Dr. [Gustav] v. Rohden. Düsseldorf: Selbstverl. d. Gesellsch. 1901. (184 S.) 8° [F.] 06.14493

Rohden, G. v., Geschichte der rheinisch-westfälischen Gefängniß-Gesellschaft. Festschrift zum 75jähr. Bestehen der Gesellschaft im Auftrage des Ausschusses verf. von dem Geschäftsführer R. gr. 8. (V, 184 S. m. 1 Tab.) Düsseldorf 901. (L. Voß & Co.) n. 1.50

— s.: Jahresbericht der rheinisch-westfäl. Gefängniß-Gesellschaft.

Lehrplan für den Pfarramtlichen Religionsunterricht. Aufgestellt nach d. Beschlüssen d. 26. Rhein. Provinzialsynode von 1902. Bemerkungen u. Erl. von G[ustav] v. Rohdon. *Gütersloh: C. Bertelsmann 1901.* (31 S.) 8°
Aus: Evang Schulblatt. 04.13079

Probleme der Gefangenenseelsorge und Entlassenenfürsorge von G[ustav] v. Rohden, Konsist.R. Gießen: A. Töpelmann 1908. (VIII, 144 S.) 8°
— Studien z. prakt. Theologie. Bd 2, H. 2. 08.16433

Rohden, Gust. v., s.: Schulblatt, evangelisches.

Die Rheinischen Synoden und die geistliche Ortsschulaufsicht. Von Dr. G[ustav] v. Rohden. Gütersloh: C. Bertelsmann 1905. (31 S.) 8° [F.]
Aus: Evang. Schulblatt. 05.2790 6

— Trunksucht u. Unzucht, s.: Martius.

Jugendliche Verbrecher. Vortrag, geh. auf d. Kongr. f. Kinderforschung u. Jugendfürsorge 1906 zu Berlin von Dr. G[ustav] v. Rohden, Gefängnis-Geistl. Langensalza: H. Beyer & Söhne 1907. (14 S.) 8°
— Beiträge z. Kinderforschung u. Heilerziehung. H. 41. 07.13331

— das Wesen der Strafe im ethischen u. strafrechtlichen Sinne. (S. 47—68.) gr. 8. Tübingen 905. J. C. B. Mohr. n. 1. —
Sonderabdruck aus: „Theol. Arbeiten a. d. rhein. wiss. Prediger-Ver."

Rohden, G. v., ein Wort zur Katechismusfrage. Welche Stellung soll der Katechismus im Ganzen d. Religionsunterrichts einnehmen u. welches ist die dem entsprechende richtige Behandlung? [Aus: „Kehr's pädagog. Blätter".] gr. 8. (55 S.) Gotha 889. Thienemann. n. — 80

— dasselbe. 2. Aufl. 8. (X, 46 S.) Ebd. 890. n. — 80

— ein Wort zur Katechismusfrage, s. a. Beiträge zur Lehrerbildung u. Lehrerfortbildung. 25.

Rohden, Hermann von

Rohden, H. v., Sopra una cassetta di Terracotta Canosina e sopra uno specchio a libretto di Corneto. S.-A. 1884. 20 S. u. 2 Taf. 4°.

— Zum Hermes des Praxiteles. S.-A. 1887. 8 S. m. 1 Taf 4°.

de Rohden, Hermannvs (geb. am 21 Febr. 1852 in Barmen): De mvndi miracvlis qvaestiones selectae ... Bonnae, typ. C. Georgi 1875. 2 Bl., 47 S. 8.
Bonn, Phil. Fak., Diss. v. 27 Nov. 1875

Rohden, H. v., die Terracotten von Pompeji, s.: Kekule, R., die antiken Terracotten.

Rohden, L. v., Geschichte der Rheinischen Missionsgesellschaft. Im Auftrage des Vorstandes der Gesellschaft aus den Quellen mitgetheilt. Barmen 856. (Lübeck, v. Rohden.) gr. 8. (2 Bl., 232 S.) n. 18 ngr.

Rohden, L. v., Geschichte der rheinischen Missions-Gesellschaft. Aus den Quellen mitgetheilt. 2. umgearb. und vervollständ. Ausg. gr. 8. (IV, 368 S.) Barmen 871, (Klein.) ** 3 —

Rohden, L. v., Geschichte der rheinischen Missions-Gesellschaft Aus den Quellen mitgetheilt. 2. umgearb. u. vervollst. Ausg. gr. 8. (IV, 368 S.) Barmen 871. Leipzig, Wagner. n. 3. —

Rohden, L. v., Geschichte der Rheinischen Missions-Gesellschaft. Aus den Quellen mitgeteilt. 3. Ausg. in 2 Tln. gr. 8. (IV, 527 S.) Barmen 888. (Wiemann.) n.n. 3. —; geb. n.n. 4. —

Rohden, L. v., Johannes d. Täufer in seinem Leben u. Wirken, dargest. nach d. Zeugnissen d. heil. Schrift. gr. 8. (11¾ B.) Lübeck 838, v. Rohden'sche Buchh.

Rohden, L. v., Leitfaden der Weltgeschichte für die höheren Classen evangelischer Gymnasien und Realschulen, sowie zum Privatgebrauch für Lehrer und für Gebildete überhaupt. Lübeck 859. v. Rohden. gr. 8. (XII, 690 S. u. 3 Tab. in Fol.) n. 1 ℛ 10 ngr.

Rohden, L. v., Leitfaden der Weltgeschichte für die höheren Classen evangelischer Gymnasien und Realschulen, sowie zum Privatgebrauch für Lehrer u. Gebildete überhaupt. 2., verm. u. verb. Aufl. Lübeck 867, v. Rohden'sche Buchh. gr. 8. (VIII, 768 S. mit 2 Tabb. in gr. u. qu. Fol.) 1 ℛ 18 ngr.

Rohden, Ludwig (Joh. Friedr.)

Rohden, L., nothwendige Antwort auf nicht nothwendige Angriffe. Elberfeld 867. Baedeker'sche Buchh. 8. (16 S.) n. 2½ ngr.

Rohden, L., Beiträge zur Lehre v. der chronischen Lungenschwindsucht. In Form e. Polemik gegen die Arbeiten d. Dr. Brehmer zu Görbersdorf. gr. 8. (54 S.) Paderborn 875. Schöningh n. 1. 20

Rohden, L., s. Braun, Jul., systematisches Lehrbuch der Balneotherapie.

Rohden, Ludw., üb. die Einrichtungen der bedeutenderen Seehospize d. Auslandes. Ein Reisebericht an den Vorstand. Hrsg. vom Verein f. Kinderheilstätten an den deutschen Seeküsten. 8. (20 S.) Norden 885. Braams. n. — 30

— Lippspringe. Kurze Darlegg. meiner Grundsätze u. Erfahrgn. u. e. Führer f. den Curgast daselbst. 2. veränd. Aufl. gr. 8. (IV, 96 S.) Berlin 875. Enslin. n. 1 60

Rohden, Ludw., Lippspringe. Kurze Darlegung meiner Grundsätze u. Erfahrungen u. ein Führer für den Kurgast daselbst. 3., veränd. Aufl. gr. 8. (IV, 95 S.) Berlin 879. Enslin.

Rohden, L., Lippspringe. Kurze Darlegung meiner Grundsätze und Erfahrungen und ein Führer für den Kurgast daselbst. 4. veränd. Aufl. Bearb. und hrsg. von K. Koeniger. 8. (IV, 82 S. mit 1 lithogr. Plan.) Berlin 885, Th. Ch. F. Enslin. cart. *

Rohden, L., Lippspringe. Kurze Darlegg. meiner Grundsätze u. Erfahrgn. u. e. Führer f. den Kurgast daselbst. 5. Aufl. Bearb. u. hrsg. v. K. Koeniger. 8. (82 S. m. 1 Plan.) Berlin 887. Th. Ch. F. Enslin. cart. n. 1. —

—— die chronische Lungenschwindsucht und ihre Aussichten auf Heilung an Curorten. Studien und Ansichten für Aerzte und Nicht-Aerzte. gr. 8. (VIII und 168 S.) Elberfeld 867, Bädeker'sche Buchh.

Rohden, Ludov. (Joan. Frid.) (geb. Hovestadt in Westf. 24. 10. 1838): De plica Polonica. Berolini (1861). (32 S.) 8°
Berlin, Med. Diss. v. 20. März 1861

— über den gegenwärtigen Stand der Lehre v. d. Lungenschwindsucht. Vortrag gehalten auf der Generalversammlung d. Vereins der Aerzte d. Reg.-Bez. Düsseldorf am 3. Octbr. 1867. Ebend. 868. 8. (20 S.) 3 ngr.

—— Studien über Lippspringe in den Saisons 1866 und 1867. gr. 8. (30 S.) Elberfeld 868, (Baedeker'sche Buchh.) * — 50

—— Wandertage eines Arztes. 1. Tl. 8. (64 S.) Ebendas. 886. *
Nicht weiter erschienen.

Rohden, Otto von, Medicinalprakt.: Aus d. pat[h]ol. Inst. zu Kiel. Zur Kenntnis der Hirngliome. Mühlhausen i. Th. 1908: Pecena. 24 S. 8°
Kiel, Med. Diss. v. 18. Jan. 1909, Ref. Heller
[Geb. 18. Sept. 82 Hagenau i. E.; Wohnort: Hagenau; Staatsangeh.: Elsaß-Lothringen; Vorbildung: Gymn. Hagenau Reife M. 02; Studium: Straßburg 5, Kiel 2, Straßburg 1, Kiel 3 S.; Coll. 13. Apr. 08; Approb. 1. Jan. 09.] [U 09. 2285

Rohden, Paul, de, s.: Prosopographia imperii romani.

de Rohden, [illegible] De Palaestina et Arabia [illegible] Romanis quaestiones selectae. Berolini (1885). 57 S. [illegible]
Berlin, Phil. Diss. v. [illegible] Aug. [illegible]

Rohden, Paul v., de Palaestina et Arabia provinciis romanis quaestiones selectae. gr. 8. (57 S.) Berlin 885. (Mayer & Müller.) n. 1. 20

Rohden, Paul von Publius Quinctilius Varus. 4 (S. 37—44).
In: Festschrift z. Einweihung des Prg.-Gebäudes *Steglitz* 1890 (zu 89).
Progr.

Roehdenns, Frank, Erie's Rekord. Roman. (173 S.) 8 Dresden 904. E. Pierson. n. 2. 50; geb. n. 3. 50

Rohdewald, Wilhelm *Friedrich* [aus Burgsteinfurt]: Die Abtretung des Elsass an Frankreich. E. Beitr. z. Gesch. d. westfäl. Friedens ... (Erscheint vollst. als Heft 31 d. Hall. Abh. z. neueren Gesch.) Halle a. S., Druck v. E. Karras, 1893; 1 Bl., 32 S., 1 Bl. 8.
Halle, Phil. Fak., Inaug.-Diss. v. [22. März] 1893

Rohdewald, Wilh., die Abtretung des Elsass an Frankreich, s. a. Abhandlungen, Hallesche, zur neueren Geschichte.

Rohdewald, Wilh. Festrede gesprochen bei der Feier des 25jähr. Bestehens der Anstalt am 14. August 1878. 10 S. *Burgsteinfurt* 1879.
Progr.

Rohdewald: De nonnullis orationum Aeschinis et Demosthenis de legatione male gesta habitarum locis disputatio. 32 S. –Burgsteinfurt, Progr. 1867

Rohdewald, Wilh. Über die pseudo-demosthenische Rede gegen Theokrines. 35 S. **Progr.** *Burgsteinfurt* 1878.

Rohdewald: De usu proverbiorum apud Aristophanem. 38 S.–Burgsteinfurt, Progr. 1857

ROHDEWALD, Wilhelm: Über die Verwaltung der Fürstlich Lippischen Forsten. - Detmold 1858

Rohdich, Otto, Staatl. appr. Apotheker u. Nahrungsmittelchemiker, Assistent am Institut f. Pharmazie u. Nahrungsmittelchemie d. Univ. Jena: Über Kakao. Weida i. Th. 1908: Thomas & Hubert. (41 S.) 8°
Jena, Phil. Fak., Ref. Matthes, Diss. v. 11. Mai 1908
[Geb. 5. Juni 78 Patschkau (Schlesien); Wohnort: Vohwinkel; Staatsangeh.: Preußen; Vorbildung: Gymn. Patschkau Reife O. 98; Studium: Erlangen 2, Breslau 6, Jena 4 S.; Rig. 24. Febr. 08.]

Rohdich, Ricardus (*geb. Beuthen in Oberschles. 13. 11. 1853*): De Maximo Tyrio theologo. Bythomiae in Sil. sup. 1879. (49 S.) 8° [*Im Buchhandel 1879 bei Koebner in Breslau*]
Breslau, Phil. Diss. v. 10. Febr. 1879

Rohdmann, (Schneidergeselle J. F.,) Keime im Garten meiner Muse. Gedichte. (Hrsgg. u. empfohlen v. Dr. G. F. Dinter). gr. 12. Neust. a. d. O. 824. Wagner. 12 gr.

Rohdmann, J. F. Keime im Garten meiner Muse. Gedichte. Neustadt a. d. O. 1824. H: *Dinter, Gust. Frdr.* (Ky)

— Knospen. Auswahl kleiner Dichtungen aus d. J. 1821—827. gr. 12. Neust. a. d. O. 827. Wagner. 9 gr. Velin: P.

Rohdmann, Johann Ferdinand

— der Feldzug Napoleon's gegen Rußland,
— Friedrich Wilhelm I.,
— Friedrich Wilhelm III.,
— Friedrich Wilhelm IV.,
— Andreas Hofer,
— Louise, Königin von Preußen,
— Scharnhorst's Leben,
} s. Volksbücher, preußische.

Rohdmann, Joh. Ferd., Aufblicke zum Vater für Gottesverehrer in Geist u. Wahrheit. Festgabe. (Gedichte.) gr. 12. (VIII u. 232 S.) Elbing 849, Levin. 2/3 ß

Rohdmann, Joh. Ferd., Berlin, s. Länder u. Völker.

— Leben und Wirken Friedrich Wilhelm IV., Königs von Preußen. Unpartheiisch aus den besten zugänglichen Quellen dargestellt. Mit 12 Illustr. u. dem Brustbilde des Verewigten (in Holzschn.). Mohrungen 861. Rautenberg. 12. (VI, 174 S.) n. 10 ngr.

— die barmherzigen Samariter. Erzählung für das christliche Volk in Stadt u. Land. Berlin 859. (Küntzel K) Beck. 8. (2 Bl., 204 S.) n. 12½ ngr

—— Worte des Lebens. Tägliches Erbauungsbuch für evangel. Christen. (5 Lfgn.) 8. (1. Lfg. 64 S.) Berlin 859, [Beck.] *

Rohe, August „Die ersten fünfzig Jahre der Königl. Bayer. Kreisrealschule der Pfalz in Kaiserslautern". pg. 3—106. 8°. Buchdr. „Pfälzische Post" (M. Blenk) nebst „Schüler-Verzeichnis der Königl. Kreis-Realschule zu Kaiserslautern von den Jahren 1833/34 bis 1883/84". pg. 2—98 und 1 Bl. Nachtrag. 8°. Ph. Rohr.
Kaiserslautern, Progr. 1883/84

Rohe, August „Ein Wort über Orthographie, vom Standpunkte der Psychologie und Pädagogik". pg. 1—8. 4°. Hallanzy'sche Buchdr.
Zweibrücken, Progr. 1858/59

Rohe, E., biblische Charakterbilder, s.: Moody.

Rohé, Hans, der praktische Verkäufer im Fleischer- u. Wurstmacher-Gewerbe. Ein Lehr- u. Lernbuch f. Fleischerfachklassen, zugleich e. Handbuch zum Gebrauch beim Aufhauen, Tranchieren großer u. kleiner Fleischstücke sowie beim gesamten Verkaufswesen, f. Ochsen-, Kalb-, Hammel- u. Schweineschlächtereien. (84 S. m. 52 Abbildgn.) gr. 8. Berlin 909. R. Schoetz. Geb. in Leinw. 2. 50

Rohé, Heinrich, aus Potzbach (Rheinpfalz): Das kaufmännische Auskunftswesen. Seine Entwicklung u. seine Beziehungen zu Kaufmannschaft u. Behörden. *München: J. Schweitzer 1901.* (56 S.) 8° [F.]
Erlangen, Phil. Diss. v. 13. März 1901

Rohé, Heinrich. Das kaufmännische Auskunftswesen. Seine Entwicklung und seine Beziehungen zu Kaufmannschaft und Behörden. Einzel-Abdruck aus den Annalen des Deutschen Reichs für Gesetzgebung, Verwaltung und Volkswirtschaft. 1901 Nr. 8 bis 10. IV + 56 S. 8. München, J. Schweitzer. 1901.

Rohé, Heinr., aus Herz u. Geist. Ausgew. Gedichte. 12. (40 S.) München 893. C. Ronninger. 1. —

Rohe, Carl H. Ebenezer; eine geschl Erza. 2d ed. Columb, 1891.

--Fluten u Flammen; eine Erza aus d Connemaugh-Tale. Columb, 1890.

--Das Lied von Hus; in 7 Gesängen. Columbus, 1884.

Rohe, C. H., Morgenglocken. Gedichte. 12. (IX, 234 S.) Columbus, Ohio 888. (Philadelphia, Schaefer & Koradi.) geb. n. 2. 25

--Thamar; oder, Die Zerstörung Jerusalems; eine Erzählung. Columbus, 1888.

Rohe, Maximilian Karl: Die figürliche Grabplastik des bayerischen Untermaingaus vom XII. bis zum Ende des XIV. Jahrhunderts. München 1908: J. Gotteswinter. (43 S.) 8° ¶ (Soll völlig umgearb. u. erweit. u. d. T.: „Die Stein- u. Holzplastik im bayer. Untermaingau, v. 12. bis Ende d. 15. Jahrhunderts" b. J. H. E. Heitz, Straßburg erscheinen.)
München, Phil. Fak., Ref. Riehl, Diss. v. 8. März 1907
[Geb. 13. März 74 Zweibrücken; Wohnort: München; Staatsangeh.: Bayern; Vorbildung: Kadettenkorps München Reife Juli 92; Studium: München Techn. Hochsch. 10, Univ. 7 S.; Rig. 8. März 07.]

Rohe, M. K., München u. Umgebung, s.: Beckmann-Führer.

Rohe, Sophie. Drei Monate in Egypten. Reiseerinnerungen. gr. 8. (144 S.) Kaiserslautern 892, (Crusius). * 2 —; geb. * 2 50

Rohe, Theodor, (Dr.), prakt. Arzt in Altena (Westf.): Erfolge der seit dem Jahre 1886—1895 in der chirurgischen Klinik zu Würzburg nach von Volkmann ausgeführten Hydrocelenoperationen. *Altena 1896 [vielm. 1900/1901]: D. Geck.* (26 S.) 8°
Würzburg, Med. Diss. v. 1896

Roheisen, das, unter Mitberücksicht. seiner weiteren Verarbeitung. I. Tl.: Die einzelnen Produktionsländer. (1. u. 2. Lfg.) Hrsg. vom k. k. Handelsministerium. (II, 760 S.) Lex. 8. Wien 903.04. Manz. n. 5. —
Sonderabdruck aus: „Oesterr. wirtschaftspol. Archiv".

Roheisen-Giessvorrichtung. Sonderabdruck aus „Stahl und Eisen". 1900.

ROHENSTEIN, Graf Ludolf von, der Weibermörder. Eine (mehrfach anstößige) Ritter- u. Geistergeschichte, vom Verf. des Rächers der heiligen Vehme etc. 2 Bde. Leipzig, 1846. In Commiss. d. Literar. Museum (!). 8°. 168 u. 174 S. (1 Mk. 20 Pfg., unsaub. Expl., Süddeutsches Antiqu., München, 1907.)

Röher, Hans, appr. Arzt a. Stettin: Paralysis agitans und Trauma im Lichte der Unfallheilkunde. Rostock 1906: C. Hinstorff. (37 S.) 8°
Rostock, Med. Fak., Ref. Martius, Diss. v. 31. Mai 1906
[Geb. 5. Jan. 79 Bochum; Wohnort: Rostock; Staatsangeh.: Preußen; Vorbildung: Marienstiftsgymn. Stettin Reife M. 98; Studium: Freiburg i. B. 2, Greifswald 2, Rostock 6 S.; Coll. 3. April 05; Approb. 21. Sept. 05.]

Rohfleisch, Otto: Über Verlauf des Typhus abdominalis bei alten Leuten. *Leipzig 1898: F. Fischer.* (40 S.) 8°
Leipzig, Med. Diss. v. 2. Mai 1898

Rohitsch [Schlagwort]

Rohitsch, s.: Geologische Karten. Uebersichtskarte (Kroatien).

Rohitsch-Sauerbrunn, Der landschaftliche Curort. Verwaltungs-Resultate des neuen Directors E. Geutebrück. Marburg 1883. V: *Hermann, Michael.* (JoanStyrA) (Schlossar)

Rohitsch-Sauerbrunn u. sein Säuerling. Mit e. Situationsplane d. Curortes (Holzschn. in 4.) 4. Aufl. gr. 16. (45 S.) Graz 873. Ferstl'sche Buchh. n. — 60
Dasselbe ist auch in engl., französ. u. russ. Sprache zu demselben Preise erschienen.

Rohkohl, Chr. Fr., Rothstände. Eine Zeitstudie. 1. u. 2. Aufl. gr. 8. (48 S.) Halle 878. Fricke's Verl. — 75

Rohkohl, Johannes, appr. Arzt a. Wernersdorf i. Schl., Unterarzt im 2. Ermländ. Inf.-Reg. Nr. 151: Über die explosionsartige Wirkung der modernen Kleinkalibergeschosse. Berlin (1904): G. Schade. (32 S.) 8°
Berlin, Med. Fak., Ref. Hildebrand, Diss. v. 5. Dez. 1904
[Geb. 9. Nov. 79 Wernersdorf, Schlesien; Heimatsort: Allenstein; Staatsangeh.: Preußen; Vorbildung: Gymn. Hirschberg i. Schl. Reife O. 98; Studium: Breslau 1, Berlin, K. Wilh. Akad. 8 S.; Coll. 29. Nov. 04; Approb. 25. Nov. 04.]

Rohkohl, Johannes Christian, De athletica fallaci sanitate, diss., Halae-Magdeburgiae 1754, 24 S., 4°.

Rohkohl, Otto (Hrsg.), s. Roehn, Adolf: Gedichte u. Lieder.

Röhl, das Dispensiren homöopath. Arzneien. Eine Entgegnung auf Hrn. D. Mansfeld's Aufsatz: „Ueber d. Selbstdispensiren d. homöopath. Aerzte, mit besond. Bezieh. auf d. Schrift d. Hrn. 2c. Tittmann zu Dresden: die Homöopathik in staatspolizeirechtl. Hinsicht. Meißen 1829." in A. Henke's Zeitschr. 1829. gr. 8. (3 B.) Leipzig 831, Kollmann.

—— bestätigte Heilung d. Cholera durch homöopath. Arzneien. Ein Wort d. Trostes an d. Bewohner des sein. Obhut anvertraut. Bezirks. 8. (1 B.) Eisleben 831, Reichardt.

Roehl, Arth., Blauerts Bild, s.: Universal-Bibliothek.

Roehl, Arth., glänz. Elend, s.: Weichert's Wochen-Bibliothek.

Röhl, Arthur: Freilichtbilder, s. Universal-bibliothek.

Goldlocke. Nach d. Engl. von Arthur Röhl. *Berlin: A. Weichert [1900].* (47 S.) 8° [F.]
= Wolf, Alle. Bd 22. [no. 1184

Der schöne Hederich. Roman von Arthur Roehl. Mit Ill. von W. Roegge. *Berlin, Eisenach, Leipzig: H. Hillger [1902].* (126 S.) 8° [F.]
= Bücherschatz, Kürschners. No 301. [o3. 600

Röhl, Arthur: Der schöne Hederich, s.a. Kürschner's, Jos., Bücherschatz.

— die Kaiserin v. Byzanz. Schausp. in 5 Akten u. 8 Bild. (M. freier Benutzg. e. engl. Stoffes.) gr. 8. (50 S.) Berlin 898. M. Böhm. 3. —

[F.] Bei der Kavallerie! Heiteres aus d. Garnisonleben v. Arthur Roehl. 2. Taus. *Berlin: R. Eckstein Nf. [1897].* (142 S., 1 Bl.) 1 Bd 8.
= Bibliothek, Ecksteins Humoristische. No 84. [98. 7606

— bei d. Kavallerie, s.a. Eckstein's humorist. Bibliothek.

Roehl, Arth. Hanna's Laufbahn. Berliner Roman. 8. (288 S.) Jena 892, Costenoble. * 4 —; geb. ** 5 —

Roehl, Arth., der Fall Madelung, s.: Weber's moderne Bibliothek.

-- der Philadolphia-Doktor u. andere Humoresken, s.: Büchersammlg. f. Gabelsberger'sche Stenographen.

— Die Traute, s.: Weber's moderne Bibliothek.

[F.] Zweierlei Tuch. Militarhumoresken v. Arthur Roehl. (1.–5. Taus.) *Berlin: R. Eckstein Nf. [1898].* (144 S.) 1 Bd 8.
= Bibliothek, Ecksteins Humoristische. No 89.

Dass. s.a.: Eckstein's humor. Bibl.

Pension Völkerling. Humorist. Erzählung aus d. Berliner Leben von Arthur Roehl. Mit Ill. von Martin Ränike. *Berlin, Eisenach, Leipzig: H. Hillger [1901].* (124 S.) 8° [F.]
= Bücherschatz, Kürschners. No 234. [01. 10186

Röhl, Arthur: Pension Völkerling, s.a. Kürschner's, Jos., Bücherschatz.

Roehl, E. von

Roehl, v., fossile Flora der Steinkohlen-Formation Westphalens einschliesslich Piesberg bei Osnabrück. Mit 32 lith. Taff. Abbildgn. (in Tondr., in 4. u. Fol.) Cassel 868,69. Fischer. gr. 4. (192 S.) n. 40 ₰ 15 ngr.

Röhl, Eduard (Griesbach): Quaedam de sanguine et venaesectione.- Bonschii: Wolf 1856. 29 S.
26.8.1834 - Urk: F 61
Diss. Ingolst.-Landsh.-Mchn.

Die wichtigsten Geschichtszahlen zsgest. f. Höh. Mädchenschulen auf Grund d. Bestimmungen v. 31. Mai 1894 von Prof. Dr. [Emil] Roehl, Dir. in Breslau. *Breslau: M. Woywod 1901.* (15 S.) 8° [F.] [01. 13824

Die wichtigsten Geschichtszahlen zsgest. f. Höh. Mädchenschulen auf Grund d. Bestimmungen v. 31. Mai 1894 von Prof. Dr. [Emil] Roehl. 3. Aufl. Breslau: M. Woywod 1906. (15 S.) 8° [F.] [07. 10027 2

Röhl, Emil Zur Schlacht bei Höchstädt (1704). 12 S. *Spremberg* 1877.
Progr.

Siegel und Wappen der Stadt Breslau. Von E[mil] Roehl. Mit 1 Taf. in Farbendr., 3 in Lichtdr. u. 18 Abb. im Text. *Breslau 1900: R. Nischkowsky.* (44 S.) 4° (8°) [F.]. [00. 6484 2

Roehl, E. Die Tracht der schlesischen Fürstinnen des 13. und 14. Jahrhunderts auf Grund ihrer Siegel. Beilage zu dem Jahresberichte der Viktoriaschule in Breslau. Ostern 1895. Breslau, Druck von R. Nischkowsky 1895.
25 S. m. 18 Abb. 8°

Röhl, E[mil]: * Untersuchungen über die Quellen zur Schlacht von Höchstädt (1704). 95 S. 4° (2°)
Halle-Wittenberg, Phil. Diss. v. 8. Aug. 1873
Geb. [Berlin 10. 2. 1848]

ROEHL, Friedrich (Salzwedel): Ueber einen Fall von Handluxation.- Salzwedel: Hoffmann 1891. 21 S.
27.2.1891 - Chr 1890/91,20; Jv 1890/91,234
Diss. Ingolst.-Landsh.-Mchn.

Röhl, G., u. W. Pässler, die Besoldung, Pensionierg. u. Hinterbliebenenversorgg. der preussischen Volksschullehrer. Gesetze vom 3. III. 1897, 6. VII. 1885 u. 4. XII. 1899 nebst den ministeriellen Ausführungsbestimmgn. u. zahlreichen erläut. Erlassen, Erkenntnissen, gesetzl. Bestimmgn. etc. hrsg. gr. 8. (96 S.) Berlin 900. (W. & S. Loewenthal.) Kart. n. — 65

Röhl, G., u. W. Pässler, die Besoldung, Pensionierung u. Hinterbliebenen-Versorgung der preuss. Volksschullehrer. Gesetze vom 6. VII. 1885, 4. XII. 1899, 10. VI. 1907 u. 26. V. 1909, nebst ministeriellen Ausführungs-Bestimmgn., Erklärung der Regierungsvertreter während der parlamentar. Verhandlgn. u. zahlr. erläut. Erlassen, Erkenntnissen, gesetzl. Bestimmgn. usw. 7.—11. Taus. (136 S.) 8. Leipzig 909. J. Klinkhardt. Kart. 1. 20

Röhl, G. (Red.), s. Zeitung, Pädagogische.

von Roehl, Gustav [aus Bielefeld]: Beiträge zur Kenntniss der Bibromcymolsulfonsäure . . . . Freiburg i. B., Univ.-Buchdr. v. Chr. Lehmann, 1886; 35+1 S. 8°.
Freiburg i. B., Phil. Fak., Inaug.-Diss. v. 1886.

Roehl, Gustav von, Beiträge zur Kenntniss der Bibromcymolsulfonsäure. Diss. Freiburg i. B. 1886, Fr. Wagnersche Univ.-Buchh. 8°. 35 S.

Röhl, H., d. Kanarienvogel in Haus u. Familie, s.: Universal-Bibliothek f. Thierfreunde.

Röhl, H. C., Waarenberechnungen. gr. 8. Hamb. 819. Perthes u. B. 6 ₰

Röhl, Hans: Die ältere Romantik und die Kunst des jungen Goethe. ⟨Teildruck.⟩ Marburg 1909. IV, 70 S. 8° ¶(Ersch. vollst. als: Forschungen z. neueren Literaturgesch. Bd 36.)
Marburg, Phil. Diss. v. 14. Mai 1909, Ref. Elster
[Geb. 29. Sept. 85 Berlin; Wohnort: Marburg; Staatsangeh.: Preußen; Vorbildung: Luisenstädt. Realgymn. Berlin Reife O. 05; Studium: Freiburg i. B. 1, Berlin 6, Marburg 1 S.; Rig. 16. Dez. 08.] [U 09. 3208

Röhl, Hans: Die ältere Romantik und die Kunst des jungen Goethe. Berlin: A. Duncker 1909. X, 164 S. 8°
(Forschungen z. neueren Literaturgeschichte. 36.)

Röhl, Herm. Beiträge zur griechischen Epigraphik. I. Inscriptiones aliquot, quae Londini et Oxoniae asservantur. II. Inscriptiones Sebastopolis galaticae. III. Variarum inscriptionum lectiones. 27 S. u. Taf. Progr. Joach. *Berlin* 1876.

Röhl, Hermann [Dr., Dir.]: Über die praktische Brauchbarkeit der wichtigsten modernen Sprachen, speziell der deutschen. (Th. 1.) Naumburg a. S., Druck v. H. Sieling, *1892;* 1—46 S. 4.
Naumburg a. S., Dom-G, OP 1892 (242)

—— s. Corpus inscriptionum graecarum.

Röhl, H[ermann], Dir. Dr.: Entlassungsreden. Halberstadt 1904. (58 S.) 8° [F.]
Halberstadt, k. DomG OP 1904 (279)

Röhl, H., Entlassungsreden. (68 S.) gr. 8. Leipzig 904. B. G. Teubner. n. 1. —

Roehl, Herm. v., Imagines inscriptionum graecarum antiquissimarum in usum scholarum composuit. gr. 4. (III, 72 S.) Berlin 883, G. Reimer. *

Roehl, Herm., imagines inscriptionum graecarum antiquissimarum, in usum scholarum iterum composuit R. gr. 4. (III, 87 S.) Berlin 894. G. Reimer. n. 6. —

Imagines inscriptionum graecarum antiquissimarum. In usum scholarum anno 1891 iterum comp. Hermannus Roehl. Et iam auxit supplementis Theraeis et Melis. *Berolini: G. Reimer 1898.* (2 Bl., 92 S.) 1 Bd 4.

Roehl, Herm., s. Imagines inscriptionum graecarum antiquissimarum.

Roehl, H., indices, s.: Corpus inscriptionum graecorum.

— s.: Inscriptiones graecae antiquissimae.

Roehl, Herm. (geb. [illegible]): Quaestionum [illegible] specimen. Berolini [illegible]
Berlin, Phil. Diss. v. 26. Nov. 1869

Roehl, Herm., schedae epigraphicae. Accedit tabula lapide expressa. gr. 4. (27 S.) Berlin 876. Calvary & Co. n. 2. —

Röhl, H. Schulrede. 8 S. (Gehalten bei Entlassung der Abiturienten 29. Sptbr. 1883.) **Progr.** *Königsberg N. M.* 1885.

Röhl, Hermann: Zu griechischen Texten (Andocides, Arrian, Athenaeus, Cassius Dio, Comicorum graecorum fragmenta, Homer, Lucian, Sophocles, Stobaeus, Theognis, Thucydides, Tragicorum graecorum fragmenta, Xenophon). S. 3—21. 4.
Progr. Kgl. Domgymn. *Halberstadt* 1903 (275).

Röhl, Hermann [Dir. Dr.]: Zu griechischen und lateinischen Texten (Älian, Anthologia Pal., Athenäus, Cicero, Horaz, Inscriptiones Atticae, Isocrates, Polybius, Thucydides, Xenophon, Xenophon Ephes.)'. Halberstadt, Druck v. C. Doelle & Sohn, *1897;* 1—18 S. 4.
Halberstadt, k. Dom-G, OP 1897 (241)

Roehl, Hugo, der Befähigungsnachweis. Seine geschichtl. Entwicklg. u. seine Durchführbarkeit. (Dr. Ludw. Huberti's gewerbl. Bibliothek.) gr. 8. (VIII, 130 S.) Leipzig 902. H. Klasing. Geb. in Leinw. n. 2. 76

Roehl, Hugo, aus Deutsch-Krone: **Beiträge zu den Folgen der absoluten Gewerbefreiheit der preussischen Gesetze v. 2. XI. 1810 u. 7. IX. 1811.** *Berlin 1899: G. Pintus.* (79 S.) 8° [F. u. Ant.] ¶ (Die ganze Arbeit erscheint u. d. T.: 'Beiträge zur Preuss. Handwerkerpolitik' in d. Forschungen zur Brandenb. u. Preuss. Geschichte.)
Greifswald, Phil. Diss. v. 1. März 1899

Beiträge zur Preussischen Handwerkerpolitik vom Allgemeinen Landrecht bis zur Allgemeinen Gewerbeordnung von 1845. Von Hugo Roehl. *Leipzig: Duncker & Humblot 1900.* (XII, 276 S.) 8°
= **Forschungen, Staats- u. socialwissenschaftliche.** Bd 17, H. 4.

Roehl, H.: Die gewerbliche Bildungsfrage für erwerbstätige Frauen unter besonderer Rücksicht auf das Handwerk. — Die Folgen ungelernter Arbeit für die Arbeiterin. Von Marie Baum. — Praktische Massnahmen. Von Clara Mleinek. — Gautzsch b. Leipzig: Dietrich 1910. 32 S. 8° (Kultur u. Fortschritt. 282/83.)

Roehl, H., die gewerbliche Bildungsfrage f. erwerbstätige Frauen unter besond. Rücksicht auf das Handwerk, s. **Kultur u. Fortschritt.**

Roehl, Hugo, Die Hausindustrie in der Berliner Ledergalanteriewarenindustrie. Schriften d. Vereins f. Socialpol., Bd. 85. gr. 8°. Leipzig 1899.

Roehl, [illegible]: De [illegible] Berolini 1823. 28 S. 8.
Berlin, Med. Diss. v. [illegible] Nov. 1823

Röhl, Lambert Hinrich

Kleine mathematische Abhandlungen von *Lamb. H. Röhl.* Greifswald, Röse, 126 S. 4. 1790.

Röhl, Lambert Hnr., († d. 15. Juni 1790.) kleine mathemat. Abhandlungen. 4. Greifsw. 790. (Cnobloch in Leipz.) 18 gr.

Röhl, Lampert Hinrich, Anleitung zur Steuermannskunst, den Weg auf der See zu finden und zu berichtigen. Greifswald 1778. Röse
Jetzt: Leipz.: Cnobloch.

— Anmerkt. üb. die Zahlenlotterien. 4. Greifsw. 768. ... Schreiben über die gegen diese Anmerkk. erschienenen Betrachtt. 4. Ebd. 769.

Röhl, Lambert Hinrich, s. Bergmann, Torb.: Physikal. Beschreibung.

— Bestimmung der geograph. Lage d. Greifswald. Sternwarte, besond. deren Breite, aus e. Menge Beobachtt., nach Abt Hells Methode. 4. Greifsw. 782.

— Einleit. in die astronom. Wissenschaften. 2 Thle. Mit 5 Kpf. 8. Greifsw. 768, 79. (1r Thl. 2e Aufl. 790.) (Cnobloch in Leipz.) 2 ℛ 16 gr.

— Einleit. in d. astronom. Wissensch. 2 Thle. 8. Ebend. 791.

— Erläuter. der de Serba'schen Methode, aus Beobacht. d. Distanz des Mondes die Meereslänge zu finden. 4. Greifsw. 782.

Röhl, Lambert Hnr., Gespräche über den glücklichen Bauernstand und Landwirthschaft, besonders bei auseinandergesetzten Bauernhöfen. kl. 8⁰. Greifswalde 1782.

— s. Mallet, F.: Beschreib.

— Merkwürdigk. üb. d. Durchgänge d. Venus u. d. Merkur. 8.
Greifswald: Röse 1768. (Jetzt: Lpz.: Cnobloch)

— Merkwürdigk. von den Durchgängen der Venus durch die Sonne. 8. Greifsw. 768. (Cnobloch in Leipz.) 10 gr

— observatio Veneris ante solem, praesertim de ejus atmosphaera observata. 4. Greifsw. 761.

— Rechnungsmethode zur Auflösung e. Falls d. sphärischen Trigonometrie, ohne das Dreieck ins rechtwinkligte zu zerfällen. 4. Rostock 782.

Röhl, Lambert Hnr. Anmerkungen über die Zahlenlotterien. 4⁰. Greifswalde 1768.
— Schreiben über die gegen diese Anmerkungen erschienenen Betrachtungen. 4⁰. Greifswalde 1769.

— von der Sonnenparallaxe u. ihrer Bestimmung aus d. Durchgängen d. untern Planeten vor d. Sonne. 4. Greifsw. 761. (Cnobloch in Leipz.) 3 gr

— von der Sonnenparalaxi u. ihrer Bestimm. 4. Ebend. 763.

— vita Andr. Mayeri, Prof. Gryphisw. etc. 4. Greifsw. 784.

Röhl, **Martin,** aus Berlin, Referendar am Kgl. Landgericht zu Halberstadt: **Die Befriedigung des Pfandgläubigers aus dem Pfande nach bürgerlichem Recht.** *Stettin: R. Graßmann 1902.* (38 S.) 8°
Erlangen, Jur. Diss. v. 9. Dez. 1901

Röhl, Moritz [aus Witten a. d. Ruhr]: **Ueber acute und chronische Intoxicationen durch Nitrokörper der Benzolreihe. (Ein Beitrag zur Kenntnis der Gewerbekrankheiten.)** . . . Hagen i. W., Druck v. Hermann Risel & Co., 1890; 42 S. 8°
Rostock, Med. Fak., Inaug.-Diss. v. 19. März 1890

Röhl, Mor. Über acute u. chronische Intoxicationen durch Nitrokörper der Benzolreihe. [Ein Beitrag zur Kenntnis der Gewerbekrankheiten.) Diss. gr. 8. (42 S.) Hagen i. W. 891. (Witten, Koetzold u. Comp.) 1 50

Roehl, S., der Wachsfigurenmann. Sensations-Schauspiel in 5 Akten u. 9 Bild., nach d. gleichnam. Roman v. Montépin f. d. deutsche Bühne bearb. gr. 8. (62 S.) Berlin (890). M. Böhm. 3. —

Roehl, Wilhelm: **Ueber die Ausnutzung stickstoffhaltiger Nahrungsmittel bei Störungen der Verdauung.** Naumburg a. S. 1905: Lippert. (35 S.) 8°
Heidelberg, Med. Fak., Ref. Vierordt, Diss. v. 1905
[Geb. 16. April 81 Berlin; Wohnort: Halberstadt; Staatsangeh.: Preußen; Vorbildung: Domgymn. Halberstadt Reife O. 99; Studium: Halle 4. Heidelberg 5 S.; Coll. 30. Jan. 04; Approb. 25. Jan. 04.]

W[ilhelm] **Roehls** Einrichtungs-, Lehr- und Stoffplan für Halbtagsschulen. Neu bearb. f. einf. Schulverhältnisse von W[ilhelm] Pfeifer u. Dr. [Wilhelm] Wohlrabe. *Halle: E. Anton 1900.* (IV, 161 S.) 8° [F.]
[w. 7021

Roehl's, W., Einrichtungs-, Lehr- u. Stoffplan f. Halbtagsschulen. Neu bearb. f. einfache Schulverhältnisse, namentlich f. die Halbtags-, ein- u. zweiklass. Schulen v. W. Pfeifer u. Wohlrabe. gr. 8. (VI, 163 S.) Halle 900. [E. Anton's Verl.] Leipzig, F. Hirt & Sohn. n. 3. 60; kart. n. 4. 50

Roehl, W., Plan f. das Bibellesen im Anschluss an den Unterricht in der biblischen Geschichte, im Katechismus u. f. besondere Bibellesestunden. gr. 8. (32 S.) Leipzig 887. (Dürr'sche Buchh.) n. — 60

— Stoff-, Lehr- u. Lektionsplan f. Halbtagsschulen, auf Grund der „Allgemeinen Bestimmgn. vom 15. Oktbr. 1872" u. der „Anweisg. zur Ausführg. derselben" der königl. Regierg. zu Merseburg vom 1. Dezbr. 1886 entworfen. Lex.-8. (62 S.) Halle 889. Anton. n. 1. 20

Roehl, W., Stoff-, Lehr- u. Lektionsplan f. Halbtagsschulen, 3. Aufl., s.: Pfeifer, W., u. Wohlrabe, Einrichtungs-, Lehr- u. Stoffplan f. Halbtags- usw. Schulen.

Rohlacher, C., u. **C. Binder**, der Steinüberdruck, siehe: Binder, C.

Rohland, Gustav Adolf

Rohland, Gust. Adph., Album für Gärtner- und Gartenfreunde. Ein prakt. Führer zur Anlegung und Pflege von Nutz-, Zier- und Lustgärten. Mit 24 fein ill. Gartenplänen rc. 8 Lfgn. Lex.-8. (IV und 124 S. mit 48 ill. Stnt.) Leipzig 856, Arnoldische Buchh. à Lfg. * 10 Ngr. *

Rohland, Gust. Adph., Album für Gärtner und Gartenfreunde. Ein prakt. Führer zur Anlegung und Pflege von Nutz-, Zier- und Lustgärten. 2. Jahrg. 1857. Mit 20 fein ill. Taf. 8 Lfgn. Lex.-8. (à Lfg. ca. 16 S. mit 2—3 ill. Stnt. in Lex.-8. und qu. gr. 4.) Leipzig 857, Arnoldische Buchh. à Lfg. * 10 Ngr. *

—— dass. — 2., verb. Aufl. 16 Lfgn. Mit 44 ill. Gartenplänen rc. Lex.-8. Ebendas. 860. [1. Bd. (VI und 124 S.) 2. Bd. (VI und 122 S. mit 41 ill. Stnt. in Lex.-8. und gr. 4.)] à Lfg. 6 Ngr.

Rohland, Gust. Adph., Album für Gärtner u. Gartenfreunde. Ein prakt. Führer zur Anlegung u. Pflege von Nutz-, Zier- u. Lustgärten. 2 Bde. 4., verb. Aufl. Leipzig 865. Arnoldische Buchh. Lex.-8. (XII, 246 S. mit 44 lith. u. color. Gartenplänen in Lex.-8. n. 4.) 3 ɑ 6 ngr.

Rohland, Gust. Adf., Album f. Gärtner u. Gartenfreunde. Ein prakt. Führer zur Anlegg. u. Pflege v. Nutz-, Zier- u. Lustgärten. Mit 44 lith. Gartenplänen (in Lex.-8. u. gr. 4.) 5. verb. Aufl. Lex.-8. (X, 246 S.) Leipzig 872. Arnold. 6. 75

Rohland, G.A.: Praktische Erfahrungen und populaire Mittheilungen über die Behandlung und Vermehrung des Weinstockes. Nebst einem Anhange, eine Anweisung enthaltend, wie man Pfirsichen und Aprikosen gesund und kräftig erhalten, auch Erdbeeren und Himbeeren mit Nutzen cultiviren kann. Für Gärtner und Gartenbesitzer. Leipzig: Leiner 1852. VIII, 56 S. -- 12°. Frei 100
BJ: Rohland, G.A.: Prakt. Erfahrungen . . . . Leipzig 1852 und unter Roland, G.A.: Prakt. Erfahrungen . . . . Leipzig 1852.

Rohland, Jul. Ad. Apologie der evangelischen Symbole gegen die neueste Schrift des Dr. Bretschneider über die Unzulässigkeit des Symbolzwanges. Sangerhausen, Rohland (1841). XIV 126 S. 8.

Rohland, Jul. Ad., Gebete für christliche Schulen, nebst einem Lieder-Anhange. 8. Sangerhausen 840 Rohland. n. 1/4 ɑ

—— Gebete f. christl. Schulen, nebst ein. Lieder-Anhange. 8. (6½ B.) Sangerhausen 840. [Brandenburg, Müller.] *

Rohland, Jul. Ad., das augsburgische Glaubensbekenntniß, biblisch u. geschichtlich erläutert für das evangel. Volk u. seine Lehrer. 8. (10 B.) Langensalza 843. (Wesel, Bagel.)

—— und J. C. Jzerott, kirchliche Katechisationen über die Sonn- und Festtags-Perikopen des ganzen Jahres. 4 Bde. 8. Quedlinburg, Basse. [1. (VI und 396 S.) 849., 2. (IV und 359 S.) 850., 3. (IV und 401 S.) 851., 4. (IV und 556 S.) 852. à Bd. 20 Ngr.]

—— übersichtlicher Leitfaden zu Unterredungen über den kleinen Katechismus Lutheri. 8. (9 B.) Halle 843, Anton. *

—— Schul-Gebete. Nebst einem Lieder-Anhange. (Neue wohlf. Ausg.) 8. (6½ B.) Brandenburg 845, Müller.

Rohland's, J. A., Schul-Gebete. Nebst einem Lieder-Anhange. 2. Aufl. mit einem Vorw. von Carl Vogel. Leipzig 857. Holtze. 8. (VIII, 96 S.) n. 6 ngr.

—— katechetische Unterredungen üb. die Hauptstücke d. kleinen Katechismus Lutheri. 3 Thle. 8. Quedlinburg 842, Basse.
Thl. 1. Das erste Hauptstück. (10½ B.) 15 Ngr.
„ 2. Das zweite Hauptstück. (14 B.) 12½ Ngr.
„ 3. Das dritte u. vierte Hauptstück. (13½ B.) 15 Ngr.

Rohland, J. A., katechetische Unterredungen üb. die Hauptstücke des kleinen Katechismus Lutheri. 3 Thle. 2. Aufl. 8. (588 S.) Quedlinburg 847, Basse. 1⅓ ₰

Rohland, Karl, prakt. Arzt in Hirschaid: Ueber den Nachweis von Blut ⟨Blutfarbstoff⟩ in Sekreten und Exkreten des menschlichen Körpers, sowie in forensischen Fällen mit Hilfe der Almén-Schönbein'schen Reaktion. *Erlangen 1901: E. Th. Jacob.* (28 S.) 8°
Erlangen, Med. Diss. v. 18. Mai 1899

Rohland, L. v., die Provinzialhauptstadt Giessen. Ergebnisse der Volkszählg. vom 1. Decbr. 1875. Bearb. u. erläut. Lex.-8. (V, 83 S.) Giessen 876. Ricker. n. 3. —

Rohland, Paulus: De cessione bonorum. Halis Saxonum (1868): Ploetz. 48 S. 8°
Halle-Wittenberg. Jur. Diss. v. 12. Nov. 1868
Geb. Zeitz 8. 9. 1844. V.

[Umschlagt.:] **Rohland**, Paul *Waldemar* [aus Liebenwerda]: (Ueber den Einfluss, welchen die elektrolytische Dissociation, der Wechsel des Aggregatzustandes und des Lösungsmittels auf das Lichtbrechungsvermögen einiger Stoffe ausübt.) ... *Leipzig, G. Reusche, 1894*; 26 S., 2 Bl. 8.
Leipzig, Phil. Fak., Inaug.-Diss. v. [13. Sept.] 1894

Rohlaud, Paul, über die Frage nach der Konstitution des Portland-Cements. (8 S.) hoch 4. Stuttgart 901. Freiburg i/B., J. Bielefold. n. — 50

— über Hydratation des Calciumsulfates. II. Mitteilg. (6 S.) hoch 4. Ebd. 901. n. — 80

Rohland, Paul, über Hydratation des Calciumsulfates. III. Mitteilg. (5 S.) 31×23 cm. Stuttgart 902. (Freiburg i/B., J. Bielefeld.) 1. 50
2 Sonderabdruck aus: „Baumaterialienkunde".
II. Mitteilg. Ebd. 901. Erh. Pr. 1. 50.

— über die Hydratation des Gipses. (8 S.) hoch 4. Ebd. 901. n. — 80
Sonderabdruck aus: „Baumaterialienkunde".

Rohland, Paul, über die Hydratation im Portland-Cement. (9 S.) hoch 4. Stuttgart 900. Freiburg i/B., J. Bielefeld. n. 1. —
Sonderabdruck aus: „Baumaterialienkunde".

— der Portland-Zement vom physikalisch-chemisch. Standpunkte. (V, 98 S. m. Abbildgn.) gr. 8. Leipzig 903. Quandt & Händel. n. 2. 80; geb. n. 3. 60

— über einige Reaktionen des Portland-Cements. (6 S.) hoch 4. Stuttgart 900. Freiburg i/B., J. Bielefeld. n. — 80
Sonderabdruck aus: „Baumaterialienkunde".

Der Stuck- und Estrichgips. Physikal.-chem. Untersuchungen von Dr. Paul **Rohland**, Privatd., Stuttgart. *Leipzig: Quandt & Händel 1904.* (VII, 74 S.) 8° [04. 9913]

Rohland, Paul, Dr.: Studien über den Portland-Zement. 1904. 39 S. 8° ¶ Aus: Rohland: Der Portland-Zement vom physikal.-chem. Standpunkte. 1903.
Stuttgart Te. H., Hab.-Schr. v. 3. 11. 1902

— Die Tone. (V, 127 S.) 8. Wien 909. A. Hartleben. 2.—; geb. 2. 80

Rohland P, die Tone. (126 S) (Chemisch-techn. Bibliothek 318) Wien 1909

Der kolloide und kristalloide Zustand der Materie. Von Dr. Paul **Rohland**, Prof. Stuttgart: Lehmann (1910). 50 S. 8° [10. 17933]

Rohland, R., Anleitung zur Verwaltung d. Schiedsamts. 8. (18 S.) Erfurt 883. (Villaret.) n. — 60

Rohland, Wold. von (Hrsg.). s. Abhandlungen, Freiburger, a.d. Gebiet d. öffentlichen Rechts.

Das baltische Deutschtum. Ein Vortrag von W[oldemar] v. **Rohland**, Prof. Leipzig: Duncker & Humblot 1906. (41 S.) 8° [F.] [06. 7156]

Rohland, Wold. v., Festrede zur Jahresfeier der Stiftung der Universität Dorpat am 12. Decbr. 1884, nebst den Mittheilungen über die Preis-Aufgaben, sowie dem Universitäts-Jahresbericht für das J. 1884. Hrsg. von der kaiserl. Universität Dorpat. gr. 4. (42 S.) Dorpat 885, (Schnakenburg.)

— die Gefahr im Strafrocht. Eine Fostschrift. Lox.-8. (VII, 100 S.) Dorpat 886. (Karow.) n. 4. —

Rohland, W., die Gefahr im Strafrecht. 2., verm. Aufl. Lox.-8. (IV, 114 S.) Dorpat 888. (Leipzig, Hinrichs' Verl.) n. 4. —

— Grundriß des Völkerrechts. (26 S.) 8. Freiburg i/B. 908. C. Troemer. — 80

Die Kausallehre des Strafrechts. Ein Beitrag z. prakt. Kausallehre. Von W[oldemar] v. **Rohland**, Prof. in Freiburg i. Br. *Leipzig: Duncker & Humblot 1903.* (61 S.) 8° [F.] [03. 13438]

Rohland, Woldemar v., Kausalzusammenhang, Handeln und Unterlassen. Berlin 1908. 8°.
(Vergl. Darstellung d. deutschen u. ausländ. Strafrechts hrsg. von Karl v. Birkmeyer [u. a.] Allg. Tl, Bd 1.)

Kausalzusammenhang, Handeln u. Unterlassen, s. a. Darstellung, vergleichende, des deutschen u. ausländischen Strafrechts.

— Strafprozeßfälle u. Entscheidungen zum akademischen Gebrauch. (XII, 189 S.) 8. Ebd. 904. Kart. n. 2. 80

Rohland, W. v., das internationale Strafrecht. 1. Abth.: Kritik der internationalen Strafrechtstheorien. gr. 8. (V, 158 S.) Leipzig 879. Breitkopf & Härtel. n. 3. —

Strafrechtsfälle. Zum akad. Gebrauch. Von W[oldemar] v. Rohland. Leipzig: Duncker & Humblot 1902. XI, 145 S. 8° [11. 1903] 5

-- Strafrechtsfälle. Zum akadem. Gebrauch. 2., verm. Aufl. (X, 177 S.) kl. 8. Leipzig 908. Duncker & Humblot. Kart. 3. 20

Rohland, W. v., s.: Studien, Dorpater juristische.

Rohland, Wold. v., zur Theorie u. Praxis d. deutschen Enteignungsrechts. gr. 8. (V, 106 S.) Leipzig 875. [Bidder.] Duncker & Humblot. n. 2. —

Rohland, Wold. v., die strafbare Unterlassung. 1. Abthl. gr. 8. (IV, 122 S.) Dorpat 887. (Leipzig, Hinrichs'sche Buchh., Verlag.) * 4 —

Rohland, Woldemar von (Hrsg.), s. Verfassung, Die, des Deutschen Reichs v. 16. April 1871.

— Völkerrechtsquellen. Zum akadem. Gebrauch hrsg. (IV, 167 S.) gr. 8. Freiburg i/B. 906. C. Troemer. n. 8. —

-- Völkerrechtsquellen. Zum akadem. Gebrauch hrsg. 2. Aufl. (VI, 283 S.) gr. 8. Ebd. 908. 4. —

Die Willensfreiheit und ihre Gegner. Von W[oldemar] v. Rohland, Prof., Freiburg i. Br. Leipzig: Duncker & Humblot 1905. (171 S.) 8° [J.] [05. 1905]

— Willenstheorie u. Vorstellungstheorie im Strafrecht. (24 S.) 8. Freiburg i/B. 904. C. Troemer. n. — 80

Rohle, C., das Branntweinsteuergesetz vom 15. VII. 1909 m. den vom Bundesrat erlassenen Ausführungsbestimmungen. Hrsg. u. zum Gebrauch f. Brennereitreibende erläutert. (VI, 268 S.) gr. 8. Breslau 910. J. U. Kern. Geb. 3. —

Rohle, C. (Hrsg.), s. Branntweinsteuergesetz.

Rohle, L: Preis-Courant der Bronoewaaren-Fabrik. Mit Atlas. Dresden (1891?) Atl. Fol.

Roehle, Reinhard. Am Berg der Läuterung. Novelle. (Buchschmuck von Fritz Mock.) 144 S. 8. Basel, Friedrich Reinhardt. [1909]. [fr. 2. 50, geb. 3. 75]

— Von Seebären u. Landratten an Bord der Penelope. Eine Erzählg. f. die reifere Jugend. Mit 4 Tondr.-Bildern v. O. Merté. (III, 270 S.) 8. Stuttgart (910). Union. Geb. in Leinw. 4. 50

Röhlecke, Albert, Dr.: Zur Erklärung der vierzehnten und fünfzehnten Rede des Lysias. Madeburg 1905: E. Baensch. (13 S.) 4°
Magdeburg, König Wilhelms-G OP 1905 (286)

Röhlecke, Albert (geb. Alvensleben 2. 5. 1859): Septem adversus Thebas et Prometheum vinctum esse fabulas post Aeschylum correctas. Berolini (1882). (71 S.) 8°
Berlin, Phil. Diss, v. 9. Okt. 1882

Rohleder, Albert [aus Aschersleben]: Zu Zorzi's Gedichten .... Halle a. S., *Druck v. E Baensch jun., Magdeburg,* 1886; 32 S. 8°.
Halle, Phil. Fak., Inaug.-Diss. v. [5. März] 1886.

Rohleder, Albert, zu Zorzi's Gedichten. Diss. Halle 1885, Lippertsche Buchh. 8°. 32 S.

Rohleder, Fr. Tr., feierndes Andenken der am 25. Juni 1530 erfolgten Augsb. Confessions-Uebergabe in einigen freimüth. Beiträgen zu Schutz u. Trutz d. evangel.-protestant. Kirche. 8. (6 B.) Breslau 830, Aderholz.

Rohleder, F. T., vermischte Aufsätze zu Förderung des wahren Protestantismus auf dem nach ihm genannten kirchl.-religiösen Gebiete; nebst e. ausführl. Zueignungsvorworte. gr. 8. (6½ B.) Altona 846, Hammerich.

—— Hauptlehren d. christl. Glaubens u. Lebens, aus einigen alttestamentl.-bibl. Geschichts-Darstellungen entwickelt. 8. (8 B.) Hirschberg 829. (Breslau, Aderholz.)

—— die evangel.-christl. Kirche, nach d. Absicht ihres göttl. Stifters; in einigen Kanzel- u. Altar-Reden dargestellt. 8. (9½ B.) Breslau 829, Aderholz.

—— die musikal. Liturgie in d. evangel.-protestant. Kirche. Für Liturgen u. Kirchenmusiker, insbesond. alle Prediger, Cantoren u. Organisten, als e. theoret.-prakt. Kirchen-Musik-Schule bearb. Nebst e. Musik-Beilage (12¼ B. 4.), u. einige Beispiele z. anschaul. Erläuterung enthalt. 8. (14 B.) Glogau 831, [Flemming.]

— die musikal. Liturgie in d. evangel.-protestant. Kirche. Nebst e. Musikbeilage, einige Beispiele zur anschaul. Erläuterung enthaltend. 8. Glogau u. Lissa 831. N. Güntersche B. 1 ⅓ ℛ

Rohleder, Franz, Die Pariser Commune vor der Deputirtenkammer in Versailles. Generaldebatte über die Amnestie-Anträge und Rede Raspail's (Vater) vom 16.—18. Mai 1876. Nach dem amtlichen Bericht ins Deutsche übertragen. 8°. Braunschweig, Bracke jr., 1876.

Rohleder, Fr., Muster-Statuten f. Kranken- u. Sterbekassen [eingeschriebene Hilfskassen]. Nach den Bestimmgn. d. neuen Krankenkassen-Gesetzes, m. Anmerkgn. zum prakt. Gebrauch nebst e. Verzeichniß d. z. Z. besteh. centralisirten Hilfskassen. 8. (30 S.) München 884. Viereck. — 30

Rohleder, Frz., üb. deutsche Personennamen u. ihre lautlichen Veränderungen. gr. 8. (43 S.) Landsberg 874. Schaeffer & Co. n. 1. —

— s.: Sozialgesetz-Sammlung.

Rohleder, H., das Ganze der Schaafzucht in gedrängter Kürze. Ein Leitfaden zum Selbstunterr. f. angehende Oeconomen, wie auch zum Gebrauch bei Unterweisung der Landwirthschafts-Zöglinge. 8. (5¾ B.) Oppeln 844, Weilshäuser.

—— die landwirthschaftl. Hand-Arbeit oder faßl. Beschreibung der vornehmsten ländl. Verrichtungen nebst Bemerkungen über Leistungen, Accord-Arbeiten u. Arbeits-Contracte. Zur Belehrung angehender Landwirthe. gr. 8. (4 B.) Ober-Glogau 846, Handel. *

Rohleder, H., vollständigster landwirthschaftlicher Hausschatz, oder: Receptbuch für Feldwirthschaft, Gartenbau und Viehzucht. Eine reichhalt. Sammlung lehrreicher Anweisungen, bewährter Regeln, gemeinnütz. Erfahrungen und erprobter Mittel. gr. 8. (VIII und 96 S.) Rawicz 847. (Breslau, Gosohorsky's Buchh.) *

Rohleder, H., prakt. Lehrbuch d. Obstbaumzucht im freien Lande oder gründl. u. populäre Anleitung zur zweckmäßigsten Cultur unserer einheimischen Obstgewächse, sowie zur vortheilhaftesten Benutzung ihrer Früchte nebst einem Verzeichniß der empfehlenswerthesten Obstsorten u. einem Obstbaum-Kalender. Mit 2 Taf. lith. Abbildungen. Zum Selbstunterricht f. alle Obstbaumfreunde, insbesondere f. Geistliche u. Schullehrer auf d. Lande hrsg. gr. 8. (VIII u. 72 S.) Ober-Glogau 850, Handel. n. ⅓ ℛ

Der Automonosexualismus. Eine bisher noch unbeachtete Form d. menschl. Geschlechtstriebes. Von Dr. Hermann **Rohleder** in Leipzig. Berlin: Fischer 1907. (32 S.) 8°
— **Klinik**, Berliner. H. 225. [08. 3039

Rohleder, Hermann *Oskar* [aus Dommitzsch '(Prov. Sachsen.)']: Ein Fall von primärem Carcinom der weiblichen Urethra ... Beeskow, Druck v. M. Eisermann, 1894; 47 S. 8.
Leipzig, Med. Fak., Inaug.-Diss. v. 17. Mai 1894

Die Masturbation. E. Monographie f. Ärzte u. Pädagogen. Von Dr. med. Hermann **Rohleder**. M. Vorw. v. Geh. Oberschulr. Dr. phil. H[ermann] Schiller ... *Berlin: Fischer 1899.* (1 Bl., XVIII, 319 S.) 1 Bd 8. [98. 9380

Rohleder, Herm., die Masturbation. Eine Monographie f. Ärzte, Pädagogen u. gebildete Eltern. Mit Vorwort v. H. Schiller. 2. verb. Aufl. gr. 8. (XXIII, 336 S.) Berlin 902. Fischer's medicin. Buchh. n. 6.—; geb. n. 7.—

Die Masturbation. Eine Monographie f. Ärzte, Pädagogen u. gebildete Eltern. Von Dr. med. Hermann **Rohleder**. Mit Vorw. von Geh. Oberschulrath Prof. Dr. H[ermann] Schiller-Leipzig. 2. verb. Aufl. *Berlin: H. Kornfeld 1902.* (XXIII, 336 S.) 8° [02. 6038

Rohleder, H. (O.), der Neomalthusianismus. Die facultative Sterilität in der ärztl. Praxis. (27 S.) gr. 8. Leipzig 905. Verlag der Monatsschrift f. Harnkrankh. n. 1.20
Sonderabdruck aus: „Monatsschrift für Harnkrankh."

Die **Prophylaxe** der funktionellen Störungen des männlichen Geschlechtsapparates. Von Dr. Herm. **Rohlodor**, Arzt in Leipzig. *München: Seitz & Schauer 1901.* (40 S.) 8°
— **Handbuch** d. Prophylaxe. Suppl. 3. [01. 3480

Die krankhaften Samenverluste, die Impotenz und die Sterilität des Mannes, ihre Ursachen und Behandlung. Zum Gebr. f. d. ärztl. Praxis bearb. von Dr. med. H[ermann] **Rohleder**. Leipzig: B. Konegen 1895. (VIII, 119 S.) 8° [95. 13951 8

Über medicamentöse **Seifen** bei Hautkrankheiten. Von Dr. Herm. **Rohleder** in Leipzig. *Berlin: Fischer 1901.* (18 S.) 8°
— **Klinik**, Berliner. H. 153. [01. 13011

Die libidinösen Sexualausflüsse und der Orgasmus. Von Dr. [Hermann Oskar] **Rohleder**-Leipzig. Berlin: Fischer 1909. 31 S. 8° [Umschlagt.]
(Berliner Klinik. H. 257.) [09. 17669

— s.: **Vita sexualis.**

Vorlesungen über Sexualtrieb und Sexualleben des Menschen von Dr. med. Hermann **Rohleder**, Leipzig. *Berlin: Fischer 1901.* (VII, 194 S.) 8° [01. 3159

— Vorlesungen üb. Geschlechtstrieb u. ges. Geschlechtsleben des Menschen. 2., verb., verm. u. gänzlich umgarb. Aufl. 2 Bde. gr. 8. Berlin 907. Fischer's medicin. Buchh. à 10.—; geb. à 11.30
1. Das normale, anormale u. paradoxe Geschlechtsleben. (XVI, 600 S.)
2. Das perverse Geschlechtsleben des Menschen, auch vom Standpunkte der lex lata u. der lex ferenda. (VIII, 545 S.)

— Die Zeugung beim Menschen. Eine sexualphysiolog. Studie aus der Praxis. Mit Anh.: Die künstl. Zeugg. (Befruchtg.) beim Menschen. (XI, 290 S.) Lex. 8. Leipzig 911. G. Thieme. 7.—; geb. 8.—

— Die künstliche Zeugung beim Menschen. Eine medizinisch-jurist. Studie aus der Praxis. [Aus: „R., Die Zeugg. beim Menschen."] (84 S.) Lex. 8. Ebd. 911. 2.—

Rohleder, J. G., Anmerkk. zur Statistik v. Deutschland. gr. 8. Leipz. 796. (Brockhaus). 8 gr.

Rohleder, J. G., Anmerk. z. Statistik v. Deutschland. gr. 8. Leipz. Heinsius. (Gleditsch.) 796.

Rohleder, Johann

Rohleder, Jh., Erläuterung des Clavierspielens. 4. Königsberg 792. (Leipzig, Künzel.) 1/8 gr.

Rohleder, Jh., Erleichterung des Clavierspiels, vermehrt mit e. neuen Einrichtung der Claviatur u. e. neuen Notensystems. 4. Königsb. 793. (Leipz., Schumann). 12 gr. Hög. Pr. 9 gr.

Rohleder, J., Erleichter. des Clavierspielens, verm. einer neuen Einricht. d. Claviatur u. e. neuen Notensystems. 4. Königsb. Nicolovius. 793.

Rohleder, [Julius]: Zum Ausbau der bisherigen **Realschule** zur Oberrealschule. Stargard 1908: Hendess. S. 3—21. 4°
Stargard i. P., st. R P 1908 (204) [S 08. 377

Rohleder, *Julius* (*Heinrich*) The internal evidence for determining the chronology of Shakespeare's plays. 4 (S. 3—19).
Progr. Stadt. Rprg. *Stargard i. Po.* 1889.
Nicht im Tauschverkehr.

Rohleder, Jul. G. E. Lessings Emilia Galotti als Lektüre für Prima. 25 S. **Progr.** *Stargard Po.* 1881.

Rohleder, J[ulius], Dir.: Zur **Geschichte** der Realschule und des lateinlosen Unterrichtswesens (a. d. Umschl.: Schulwesens). *Stargard i. P. 1903: F. Hendess.* (S. 1—24.) 4°
Stargard i. P., st. R, P 1903 (178)

Rohleder's, P., Auskunftsbuch „Blitzgeschwind". Ein prakt. Handbuch f. alle Rechtssachen unter Berücksicht. der am 1. IV. 1910 in Kraft getretenen Ändergn. im Zivilprozeß, Geschäftsangelegenheiten usw. Neubearbeitung. 10. Aufl. (28.—30. Taus.) (244 S.) 8. Leipzig (910). M. Wendel. 2.—; geb. in Halbleinw. 2.50

— erste Universal-Welt-Auskunftei. (135 S.) 8. Dresden, F. Casper & Co. Geb. 2.—

Rohleder, Theodor

Rohleder, Thdr., 144 Gleichnisse aus der Gegenwart u. f. die Gegenwart. 12. (XI, 207 S.) Stuttgart 900. Greiner & Pfeiffer. n. 2.80; geb. in Leinw. n. 3.60

Rohleder, Thdr., politisch-religiöse Grundlage f. das Einige Christentum. Mit e. Begleitwort von M. v. Egidy. gr. 8. (VI, 89 S.) Esslingen 898. W. Langguth. n. 1.60

Die Kulturaufgaben der Freimaurerei und deren Vernachlässigung. Von Th[eod.] Rohleder. Stuttgart: Lung [1905]. 47 S. 8° [Umschlagtit.]
Recens: H. 16 (1905) No 45; Kirchl. Anzeiger f. Württemberg. 1906 No 48; ArSt. 3 (1906) S. 22—23.
cf. Brh. 2 (1905) S. 111, 113 (W. Kunis); L. 28 (1905) S. 201—202 (F. W. Schröder); BZC. 34 (1905) S. 538—539; DrL. 36 (1905 bis 1906) S. 30—31 (A. Denecke); 37 (1906 bis 1907) S. 238—242 (K. Otto). 23.

— **Laienphilosophie.** Geistiger Inventarsturz nach vollendetem Universitätsstudium u. Anleitg. f. jedermann, seine Welt- u. Lebens-Anschaug. auszubauen. 2. [Titel-]Ausg. der „Grundlage" (f. d. einige Christentum). gr. 8. (VI, 89 S.) Esslingen [893.] (900). W. Langguth. n. 1. 50

Rohleder, Th., das Mädchen v. Orlach. (28 S.) 8. Lorch 908. K. Rohm. — 30

Rohleder, Th., die Seherin v. Prevorst. Nach Justinus Kerner. Mit e. Titelbild nach dem Gemälde v. Gfried. Schmidt. (80 S.) 8. Schwäb. Hall 907. W. German. n. 1. —

Rohleder, Walter [aus Stettin]: Ueber Coccygodynie ... Berlin, C. Vogts Buchdr., *1896*; 35 S., 2 Bl. 8.
Berlin, Med. Fak., Inaug.-Diss. v. 3. Juli 1896

Rohlena, Jos., Additamenta in floram peninsulae Athoae, s.: Tool, Carol.

— **erster u. zweiter Beitrag zur Flora v. Montenegro gr. 8. Prag 902. (F. Řivnáč.)** n. — 90
1. (29 S.) n. — 40. — 2. (37 S.) n. — 50.
Sonderabdr. aus: „Sitzungsber. d. böhm. Gesellsch. d. Wiss."

Rohlena, Jos, dritter u. vierter Beitrag zur Flora v. Montenegro. (71 S. m. 3 Abb. u. 108 S. m. 2 Abb.) Lex. 8. Prag. (F. Řivnáč). n. 2. —
3. (903) n. 1. 20 — 4. (905) n. — 80.
Sonderabdr. aus: „Sitzungsber. d. böhm. Gesellsch. d. Wiss."

Rohler, Adolph, Bilder-Mährchenbuch. 16. (3 2/4 B., 6 ill. u. 6 schwarze Bild.) Heilbronn 846, (Drechsler.) *

Röhler, Ernst, a. Frankfurt a. O.: Beiträge zur Kenntnis der Sinnesorgane der Insecten. Jena: G. Fischer 1905. (63 S.) 8° ¶ (Aus: Zoologische Jahrbücher Bd 22, Abt. f. Anat., 1905.)
Jena, Phil. Fak., Ref. Haeckel, Diss. v. 1. Nov. 1905
[Geb. 12. April 82 Frankfurt a. O.; Wohnort: Frankfurt; Staatsangeh.: Preußen; Vorbildung: Friedr.-Gymn. Frankfurt a. O. Reife O. 02; Studium: Jena 6 S.; Rig. 24. Febr. 05.]

Röhler, Hermann: Untersuchungen über Formamid als Lösungsmittel für anorganische Salze und über die Elektrolyse der Lösungen. Erfurt 1909: Kunath. 68 S. 8°
Leipzig, Phil. Diss. v. 27. Juli 1909, Ref. Le Blanc, Beckmann
[Geb. 5. Okt. 86 Leipzig; Wohnort: Leipzig; Staatsangeh.: Sachsen; Vorbildung. Realgymn. Leipzig Reife O. 06; Studium: Leipzig 7 S.; Rig. 15. Juni 09.] [U 09. 3053

Röhler, Robert: Zur Konstitution der Chinophtalone. 1907. 61 S. 8°
München, Dr.-Ing.-Diss. v. 15. 3. 1907

Rohlf, Ernst: Bestimmung des Verhältnisses der beiden spezifischen Wärmen $\frac{c_p}{c_v}$ für die Hauptbestandteile der atmosphärischen Luft. Mit 3 Taf. Marburg 1909: Oldenbourg, München. 64 S. 8°
Marburg, Phil. Diss. v. 17. Aug. 1909, Ref. Richarz
[Geb. 18. Mai 81 Kiel; Wohnort: Kiel; Staatsangeh.: Preußen; Vorbildung: Oberrealsch. Kiel Reife O. 02; Studium: München Techn. Hochsch. 1, Berlin 3, Marburg 9 S.; Rig. 20. Jan. 09.] [U 10. 3385

Rohlf, Nikolaus, s. Rohlfs, Nikolaus

Rohlff, Ernst, Beitrag zur Frage von der Erblichkeit der Tuberkulose. Inaugural-Dissertation. gr. 8. (10 S.) Kiel 885, Lipsius und Tischer. * — 60

Rohlfing, Otto [aus Paderborn]: Ueber transitorische Albuminurie .... Würzburg, Becker's Univ.-Buchdr., 1886; 35 S. 8°.
Würzburg, Med. Fak., Inaug.-Diss. v. 1886.

Rohlfing, Otto, über transitorische Albuminurie. Diss. Würzburg 1886, Stahelsche Univ.-Buchh. 8°. 35 S.

Rohlfs, A., Handbuch der Erdbeschreibung. Nach den neuesten Quellen bearb. u. mit erläut. Zeichnungen versehen. gr. 8. (XIV u. 378 S. m. 2 lith. Taf.) Berlin 851, Simion. n. 1 ℳ

Rohlfs, A., Handbuch der Erdbeschreibung. Nach den neuesten Quellen bearb. und mit erläut. Zeichnungen versehen. gr. 8. (XIV und 378 S. mit 2 Stnt.) Berlin 851. [Leipzig, Voigt und Günther.] *

Rohlfs, A., vollständiges Handbuch der Geographie. Nach den neuesten und besten Quellen bearb. und mit erläuternden Zeichnungen versehen. 2. (Titel-)Aufl. gr. 8. (XIV und 378 S. mit 2 Stnt.) Berlin 854, Faudel's Verlag. Thlr. *

Rohlfs, A., vollständiges Handbuch der Geographie. Nach den neuesten und besten Quellen bearb. u. mit erläuternden Zeichnungen versehen. 2. Aufl. Berlin 855. Faudel. (Verlags-Magazin.) gr. 8. (3 Bl., 673 S. und Register 16 S. mit 1 lith. Taf. in 4.) 18 ngr.

Rohlfs, A., und W. **Riefstahl,** Jagd-Album. 12 (lith. u. in Farben gedr.) Bl. nach Aquarellen. Berlin (856.) Reubke. qu. Fol. n. 8 ℳ.

Rohlfs, A., und W. Riefstahl, Jagd-Album. 12 Blätter in Bunt-Oelfarbendr. nach Aquarellen. qu. Fol. Berlin 860, Schotte und Comp. *

— **Leitfaden der Formen-, Vermessungs- u. Berechnungs-Lehre. Ein Handbuch für Lehrer u. Schüler in Volksschulen, so wie zum Gebrauche f. Gewerbetreibende u. Grundbesitzer. gr. 8. (XII u. 170 S. mit 12 lith. Taf.) Berlin 852, Hempel. n. 7/12 ℳ**

Rohlfs, A., mir oder mich? Eine einfache u. gründl. Anweisung, den Unterschied der Casus u. deren richtigen Gebrauch in kürzester Zeit kennen zu lernen. Zur Selbstbelehr. u. als Leitfaden beim Unterricht rc. 8. (4 3/4 B.) Charlottenburg 846, Bauer. *

—— die Volksschule u. ihre Lehrer. Ein Sendschreiben an Alle, die es mit Gegenwart u. Zukunft unsers Vaterlandes wohl meinen. gr. 8. (1 1/2 B.) Berlin 842, Logier. *

—— dass. II. Sendschreiben. gr. 8. (2 B.) Charlottenburg 843, Bauer. *

Rohlfs, Gerhard

—— **Afrika-Reise 1869.** In 40 Photogr. nach der Natur aufgenommen von E. Salingré. gr. Fol. (16 S. Text in Lex.-8.) Berlin 871, Lichtwerck. In Mappe. * 120 —

Rohlfs, Gerh., Angra Pequena. Die erste deutsche Kolonie in Afrika. Dem ganzen deutschen Volke gewidmet. Mit dem Bildnis Lüderitz's, Abbildgn. u. Karten. 1. u 2. unveränd. Aufl. gr. 8. (16 S.) Bielefeld 884. Velhagen & Klasing. n. — 50
Vergriffen.

Rohlfs, Gerh., mein erster **Aufenthalt** in Marokko u. Reise südlich vom Atlas durch die Oasen Draa u. Tafilet. 8. (IV, 468 S.) Bremen 873. Kühtmann & Co. n. 8. —

Rohlfs, Gerh., mein erster **Aufenthalt** in Marokko u. Reise südlich vom Atlas durch die Oasen Draa u. Tafilit. 2. (Titel-)Ausg. 8. (III, 468 S.) Norden (1873) 882. Fischer Nachf. n. 8. —

—— mein erster Aufenthalt in Marokko und Reise südlich vom Atlas durch die Oasen Draa und Tafilet. 3. (Titel-) Ausg. 8. (IV, 468 S.) Norden (882)885, Fischer Nachf. * 8 —

Rohlfs, Gerh., im Auftrage Sr. Maj. d. Königs v. Preussen mit dem englischen Expeditions-Corps in Abessinien. Mit Portr. d. General Napier (in Holzschnitt) u. 1 lith. Karte v. Abessinien (in gr. Fol.). Bremen 869. Küthmann & Co. gr. 8. (VII, 184 S. m. 3 Tabb. in qu. Fol.) 1 ℛ 15 ngr.

— im Auftrage Sr. Maj. des Königs von Preussen mit dem englischen Expeditionscorps in Abessinien. Mit dem (Holzschn.-)Portr. des General Napier u. einer (lith.) Karte von Abessinien. 2. (Titel-)Ausg. 8. (VII, 184 S. m. 3 Tab.) Norden (1869) 882. Fischer Nachf. n. 4. 50

Rohlfs, Gerhard: Die Bedeutung Tripolitaniens an sich und als Ausgangspunkt für Entdeckungsreisende. Mit einer Karte von August Petermann. Weimar 1877. 20 S. 8°. |I 2802

— Beiträge zur Entdeckung u. Erforschung Afrika's. Berichte aus den J. 1870—1875. gr. 8. (266 S. m. Portr. d. Verf. in Stahlst.) Leipzig 876. Dürr'sche Buchh. n. 4. 50

— neue Beiträge zur Entdeckung u. Erforschung Africa's. Mit einem (Holzschn.-)Bilde von Mohammed el Gatroni, dem Diener von Heinr. Barth, E. Vogel, M. v. Beurmann, Duveyrier, Rohlfs u. Nachtigal. gr. 8. (III, 156 S.) Kassel 881. Fischer. n. 3. —

— Expedition zur Erforschung der libyschen Wüste unter den Auspicien Sr. Hoheit d. Chedive v. Aegypten im Winter 1873—74. ausgeführt. 2 Bde. Kassel 875. 76. Fischer. n. 42. —

1. Drei Monate in der libyschen Wüste. Mit Beiträgen v. P. Ascherson, W. Jordan u. K. Zittel. Lex.-8. (VIII, 340 S. m. 16 Photogr. u. 11 Steintaf.) n. 18. —
2. Physische Geographie u. Meteorologie der libyschen Wüste, nach Beobachtgn., ausgeführt im Winter 1873—74 auf der Rohlfs'schen Expedition, bearb. v. W. Jordan. Mit 4 geograph. (lith. u. color.) Karten (in gr. 4., qu. Fol. u. Imp.-Fol.) u. 8 meteorolog. (lith.) Taf. (in gr. 4. u. qu. Fol.) (XIX, 216 S.) gr. 4. n. 24. —

— Expedition zur Erforschung der libyschen Wüste, unter den Auspicien Sr. Hoh. d. Chedive v. Aegypten Ismail im Winter 1873—74 ausgeführt. 3. Bd. 1. Abth. u. 2. Abth. 1. Heft. gr. 4. Stuttgart 883. Schweizerbart. n. 252. — (I—III, 2, 1.: n. 294. —)

1. Beiträge zur Geologie u. Palaeontologie der libyschen Wüste u. der angrenzenden Gebiete v. Aegypten. Unter Mitwirkg. mehrerer Fachgenossen hrsg. v. Karl A. Zittel. 1. Thl. Mit 1 Uebersichtskarte, 1 landschaftl. u. 36 paläontolog. Taf. (VI, CXLVII, 237 S. m. 36 Bl. Taf.-Erklärgn.) n. 200. —
2. I. Dasselbe. 2. Thl. 1. Hft. Eocäne Echinoideen aus Aegypten u. der libyschen Wüste, bearb. v. P. de Loriol. (59 S. m. 11 Steintaf. u. 11 Bl. Erklärgn.) n. 52. —

—— zur Klimatologie und Hygiene Ostafrikas. gr. 8. (15 S.) Leipzig 885, Hirschfeld. * — 50
Aus: Deutsches Archiv für Geschichte der Medicin und medicin. Geographie, besonders abgedruckt.

— Kufra. Reise von Tripolis nach der Oase Kufra. Ausgeführt im Auftrage der afrikan. Gesellschaft in Deutschland. Nebst Beiträgen von P. Ascherson, J. Hann, F. Karsch, W. Peters, A. Stecker. Mit 11 (Holzschn.-)Abbildungen u. 3 (lith.) Karten. gr. 8. (VIII, 559 S. m. 21 Tab.) Leipzig 881. Brockhaus. n. 16. —; geb. n. 18. —

—— Land und Volk in Afrika. Berichte aus den J. 1865—1870. gr. 8. (V, 240 S.) Bremen 870, Kühtmann und Comp. * 4 —

— Land u. Volk in Afrika. Berichte aus den Jahren 1865—1870. 2. (Titel-)Ausg. 8. (III, 240 S.) Norden (1870) 882. Fischer Nachf. n. 4. —

— Land u. Volk in Afrika. Berichte aus den J. 1865—1870. 3. Ausg. 8. (III, 240 S.) Norden 884. Fischer Nachf. n. 4. —

— meine Mission nach Abessinien. Auf Befehl Sr. Maj. d. deutschen Kaisers im Winter 1880/81 unternommen. Mit 20 Separat-Bildern u. e. Karte. gr. 8. (XX, 348 S.) Leipzig 883. Brockhaus. n. 12. —; geb. n. 13. 50

—— drei Monate in der libyschen Wüste. Mit Beiträgen von P. Ascherson, W. Jordan und K. Zittel. Lex.-8. (VIII, 340 S. mit 16 Photogr. nach Ph. Remelé, 11 Stnt. und 18 eingedr. Holzschn. und 1 Orig.-Karte von W. Jordan.) Kassel 875, Fischer. +
geb. mit Goldschn. *
(=Rohlfs:Expedition z.Erforsch.d.lib. Wüste.Bd.1.)

Rohlfs, Gerh., quer durch Afrika. Reise vom Mittelmeer nach dem Tschad-See u. zum Golf v. Guinea. 2 Thle. gr. 8. (X, 352 u. VIII, 298 S. m. 2 lith. Karte in qu. gr. 4.) Leipzig 874. 75. Brockhaus. à n. 7. —; geb. à n. 8. —

Rohlfs, Gerh., quid novi ex Africa? gr. 8. (VII, 288 S.) Kassel 886. Fischer. n. 5. —

— Reise durch Marokko, Uebersteigung des grossen Atlas, Exploration der Oasen von Tafilet, Tuat u. Tidikelt u. Reise durch die grosse Wüste über Rhadames nach Tripoli. Mit dem Portr. des Verf. (in Holzschn.) u. 1 lith. u. color. Karte von Nord-Afrika (in qu. Fol.). Ebend. 868. gr. 8. (VII, 200 S.) n. 1 ℛ 15 ngr.

— — 2. Aufl. Ebend. 869. 8. (VI, 278 S.) n. 1 ℛ 20 ngr.

—— Reise durch Marokko, Uebersteigung des grossen Atlas, Exploration der Oasen von Tafilet, Tuat und Tidikelt und Reise durch die grosse Wüste über Rhadames nach Tripoli. Mit 1 Karte von Nord-Afrika. 3. (Titel-)Ausg. 8. (VI, 278 S.) Bremen 882, Fischer. *

— Reise durch Marokko, Uebersteigung d. grossen Atlas, Exploration der Oasen v. Tafilet, Tuat u. Tidikelt u. Reise durch die grosse Wüste üb. Rhadames nach Tripoli. Mit e. Karte v. Nord-Afrika. 4. Ausg. 8. (VII, 278 S.) Norden 884. Fischer Nachf. n. 5. —

Rohlfs, Gerhard: Gerhard Rohlfs' Reise durch Nord-Afrika vom Mittelländischen Meere bis zum Busen von Guinea 1865 bis 1867. 1. Hälfte: Von Tripoli nach Kuka (Fesan, Sahara, Bornu). Mit zwei in Kupfer gestochenen Karten. 2. Hälfte: Von Kuka nach Lagos (Bornu, Bautschi, Saria, Nupe, Yoruba). Mit zwei Karten. Gotha 1868 u. 1872. 2 Bde. IV, 75; IV, 124 S.
= Ergänzungshefte zu Petermann's Geographischen Mittheilungen No. 25 u. 34. 8°. |Z 25

- Reise durch Nord-Afrika, s.a. Mittheilungen aus Just. Perthes' geogr. Anstalt.

— von Tripolis nach Alexandrien. Beschreibung der im Auftrage Sr. Maj. d. Königs v. Preussen in d. J. 1868 u. 1869 ausgeführten Reise. Mit e. Photogr., 2 (lith.) Karten (wovon 1 in Buntdr. in qu. Fol.), 4 Lithogr. (wovon 2 in Buntdr. u. 2 in Tondr.) u. 4 Tab. (in gr. Fol.) 2 Bde. gr. 8. (III, 199 u. III, 148 S.) Bremen 871. Kühtmann & Co. n. 10. 50

—— von Tripolis nach Alexandrien. Beschreibung der im Auftrage Sr. Maj. des Königs von Preussen in den J. 1868 und 1869 ausgeführten Reise. Mit 1 Photogr., 2 (lithogr. und chromolithogr.) Karten, 4 Lithogr. und 4 Tab. 2 Bde. 2. (Titel-)Ausg. 8. (III, 197; 148 S.) [Bremen 882.] Norden, Fischer Nachf. *

—— von Tripolis nach Alexandrien. Beschreibung der im Auftrage Sr. Maj. des Königs von Preussen in den J. 1868 und 1869 ausgeführten Reise. 2 Bde. 3. (Titel-)Ausg. 8. (III, 197; III, 148 S. mit 1 Photogr., 2 Karten, 4 Lithogr. und 4 Tab.) Norden (882)885, Fischer Nachf. * 10 50

Rohlfs, H. Die beabsichtigte Reform der deutschen Steuer- und Handelspolitik. 8°. Leipzig 1878.

Rohlfs, (Gottfried) Heinrich

Rohlfs, Heinr., historisch-kritische Bemerkungen üb. Dr. Th. Billroth's „kulturhistorische Studien": Das Lehren u. Lernen der medizinischen Wissenschaften an den Universitäten der deutschen Nation etc. [Aus: „Wiener medizin. Presse".] gr. 8. (50 S.) Wien 876. Urban & Schwarzenberg. n. 1. —

Rohlfs, Heinr., die Berechtigung der Agitation gegen das deutsche Impfgesetz. [Aus: „Archiv f. Geschichte d. Medicin u. med. Geogr."] gr. 8. (31 S.) Leipzig 879. Hirschfeld. n. — 50

— Geschichte der deutschen Medicin. Die medicin. Classiker Deutschlands. 1. Abth. Lex.-8. (XVI, 556 S.) Stuttgart 875. Enke. n. 14. —

— Geschichte der deutschen Medicin. Die medicin. Classiker Deutschlands. 2. Abth. Lex.-8. (X, 566 S.) Stuttgart 880. Enke. n. 14. — (1. u. 2.: n. 28. —)

Rohlfs, Heinr., Geschichte der deutschen Medicin. 3. u. 4. Abth. A. u. d. T.: Die chirurg. Classiker Deutschland's. gr. 8. (VIII, 324 u. VIII, 411 S.) Leipzig 883. 85. Hirschfeld. n. 33. — (1—4.: n. 52. —)

Rohlfs, Heinr., Geschichte der deutschen Medicin, Auszug, s. a. Kühne, W., die deutsche Medicin.

Die deutsche Medicin in Theorie und Praxis. Ein Auszug aus Heinrich Rohlfs Gesch. d. deutschen Medicin. Von Dr. med. W[ald.] Kühne, Arzt. *Braunschweig: E. Appelhans & C. 1900.* (103 S.) 8° [Fr.]

Rohlfs, Heinr., gemeinfaßliche Heilkunde für Schiffsoffiziere nebst einer Anleitung zum Gebrauche der Schiffsapotheken. Bevorw. von Arth. Breusing. (Mit 27 in den Text gedr. Holzschn.) Bremen 856. Strack. 8. (XV, 223 S. u. 1 Holzschnitttaf.) n. 1 ₰. 10 ngr.

Rohlfs, Gfried. Heinr., gemeinfaßliche Heilkunde u. Gesundheitslehre für Schiffsofficiere nebst einer Anleitung zum Gebrauche der Schiffsapotheken. Bevorwortet von Arth. Breusing. 2., verm. u. verb. Aufl. Bremen 865. (Halle, Gesenius.) gr. 8. (XIX, 288 S. mit eingedruckten Holzschnitt.) geb. n. 2 ₰

— gemeinfaßliche Heilkunde u. Gesundheitslehre f. Schiffsoffiziere nebst e. Anleitg. zum Gebrauche der Schiffsapotheken. 3. verb. Aufl. gr. 8. (X, 272 S. m. eingedr. Holzschn.) Halle 873. Gesenius. n. 5. 40

— gemeinfaßliche Heilkunde u. Gesundheitslehre f. Schiffsoffiziere, sowie Gebildete aller Stände, denen e. Arzt nicht zu Gebote steht. Nebst e. Anleitg. zum Gebrauche der Schiffs- u. Hausapotheken. 4. Aufl. gr. 8. (XII, 275 S.) Halle 885. Gesenius. n. 5. 40; geb. n. 6. —

— die orientalische Post. Eine historisch-krit. Studie. [Aus: „Wiener med. Presse".] gr. 8. (48 S.) Wien 879. Urban & Schwarzenberg. n. 1. —

— quem fructum medicinae historiae studium medico afferat? Bremen 857. Strack. gr. 8. (36 S.) n. 10 ngr.

—— über die Radicalcur des Wasserbruchs und die Punctio-Excisionsmethode. Ein neues Operationsverfahren. 8. (XV und 80 S.) Bremen 862, Strack.

Rohlfs, Heinr., medicinische Reisebriefe aus England u. Holland 1866 u. 1867. Leipzig 868. F. Fleischer. gr. 8. (XVI, 515 S.) 2 ₰ 15 ngr.

Rohlfs, Heinr., Umrisse zur Kritik der neueren deutschen Medicin. I.: Die naturphilosoph. Schule. gr. 8. (40 S.) München 851. (Palm.) n. 1/3 ₰

Rohlfs, Matthias: Schleswig-Holsteinischer Acker-u. Garten-Allmanach auf d. Jahr 1786, s. Acker-Allmanach.

Rohlfs, Matthias s. Allmanach, Schlesw-holstein. histor.

Rohlfs, Matthias (Hrsg.), s. Haus- u. Garten-Almanach, Kgl. Schleswig-Holsteinischer. – Schreibkalender, Schleswig-Holsteinischer.

Rohlfs, Nikolaus

— Anweis., wie d. Sonnenfinsternisse über jedem Orte zu berechnen, m. K. 4. Hamb. 737.

Rohlf, Nic., Betracht. d. beyd. groß. Himmelslichter, Sonne u. Mond, m. K. 4. Hamb. 757.

— Uhrtabellen, wodurch m. d. Sonnenschein die Stunde des Tages finden kann, m. K. 8. Hamb. 741.

Künstliches Zahlenspiel, oder gründliche Anweisung, wie die sogenannten magischen Quadraten, welche sowohl aus geraden, so bey vielen Mathematicis bißher sehr unbekannt gewesen, als ungeraden Feldern bestehen, auf eine sehr leichte Art zu verfertigen sind, sie mögen so groß seyn als sie wollen; Imgleichen wie künstliche drey- und viereckte Rahm-Figuren zu machen, welche gleich wie die magischen Quadraten aus allen Reihen einerley Summe bringen. Allen arithmetischen Liebhabern zur Lust und Gemüths-Ergetzung auffgesetzet und ans Licht gestellet von *Nicolaus Rohlfs*, bestaltem Arithmetico und Mathematico zu Buxtehude. In Verlegung des Authoris und bey demselben zu bekommen. 4. 32 S. 1742.

Röhlig, Karl H. T.

Röhlig, C. H. T., das Bauwesen, s. Handbuch für weimarische Staatsbürger.

Röhlig, C., die Feuerwehr in Landstädten u. Dorfschaften, s. a. Feuerwehr-Bibliothek, deutsche.

Feuerwehr-Bibliothek, deutsche. I.: Rohlig C. die Feuerwehr in Landstädten u Dorfschaften. II.: Schumann R. a. d. Praxis d. Danziger Feuerwehr. i. Stuttgart 1869

Röhlig, Carl H. T., s.: Gesetzsammlung f. das Großherzogth. Sachsen-Weimar-Eisenach.

Röhlig, C. H. T., Handbuch für weimarische Staatsbürger. A. u. d. T.: Das Bauwesen in rechtlicher und policeilicher Hinsicht bearb. 8. (XII und 296 S.) Jena 855, Hochhausen's Verlag. *

— Handbuch der Verwaltung. I. Das Gewerberecht. Genossenschafts-Gesetz f. den norddeutschen Bund vom 4. Juli 1868. Nebst den Ausführungs-Verordnungen der zu einer Justizgemeinschaft vereinigten Thüring. Staaten u. erläuternden Bemerkungen. Jena 870. Deistung. gr. 8. (V, 54 S.) n. 10 ngr.

Röhlig, Carl, die Land-Feuerwehr oder Anleitung zu einer gleichmäßigen Organisation der Land-Feuerlösch-Anstalten. Mit Rücksicht auf die feuerpoliceigesetzl. Bestimmungen der königl. sächs. und thüring. Staaten bearb. gr. 8. (XII und 89 S. mit 4 Stnt.) Jena 857, (Doebereiner.) *

— Sammlung Sächs.-Weimar-Eisenachischer Gesetze, s. Sammlung.

Rohling, August(inus)

—— contra Bloch, s. Acten u. Gutachten.

—— s. Victor, Clem.

Rohling, Aug., Moses' Abschied nach dem Urtexte und den ältern Versionen philologisch-kritisch dargestellt. Jena, Ratz, 1867, 51 S., 1 Mk.
Vgl. dazu Litt. Handw. 1867, S. 300.

Rohling, Aug., die ewige Alleinherrschaft des Glaubens auf Erden. Eine Inschrift aus Damaskus, erklärt u. erläutert. gr. 8. (88 S.) München 903. G. Schuh & Co. n. 1.20

Rohling, Aug., der Antichrist u. das Ende der Welt. Zur Erwägg. f. alle Christen dargestellt. gr. 8. (77 S.) St. Louis, Mo. 865. (Freiburg i/Br., Herder.) n. 1. —

Rohling, Aug., der Antichrist und das Ende der Welt. Zur Erwägung für alle Christen dargestellt. gr. 8. (77 S.) St. Louis, Mo. 875. (Freiburg i. Br., Herder'sche Verlagsh.)

Rohling, Dr. Aug., Meine Antworten an die Rabbiner oder fünf Briefe über d. Talmudismus u. d. Blutritual d. Juden. 8. (106 S., Prag, Cyrillo Method'sche Buchhdlg. (J. Zeman & Co.) 40 kr. 1883

Rohling, Aug., meine Antworten an die Rabbiner. Oder: Fünf Briefe üb. den Talmudismus u. das Blut-Ritual der Juden. 3. Aufl. gr. 8. (106 S.) Prag 883. Cyrillo-Method'sche Buchh. n. — 80

Auf nach Zion! oder die grosse Hoffnung Israels und aller Menschen. Von Dr. Aug. Rohling, Univ.Prof. in Prag. *Kempten: J. Kösel 1901.* (IV, 217 S.) 8°

Rohling, Aug., Das Buch des Propheten Daniel übersetzt und erklärt. Mainz, Kirchheim, 1876, gr. 8°, VII u. 372 S., 5 Mk.
Recens. (Mainzer) Katholik 1878, Mai-Heft; von Bickell, (Innsbr.) Ztschr. f. k. Theol. 1877, S. 626 ff. B. Schäfer, Litt. Handw. 1876, S. 535—537.

—— Franz Delitzsch und die Judenfrage. Antwortlich beleuchtet. 1. und 2. Aufl. 8. (155 S.) Prag 881, Reinitzer und Comp. *

Rohling, Augustinus, Deus in vobis operatur velle. Philipp. 2, 13. Ad Aurelium Apostatam ejusque socios epistola. 8. (18 S.) Prag 888, Cyrillo-Method'sche Buchh. * — 40

Rohling, A. Die Ehre Israels. Neue Briefe an die Juden. Hebräisch u. deutsch. I. gr. 8. (89 S.) Prag 889, Cyrillo-Method'sche Buchh. * 2 —

Rohling, August, Die Entstehung der Welt. Zwei Briefe an den Freidenkerbund in Böhmen. Prag, Cyrillo-Methodische Buchhandlung, 1889, 8°, 100 S., 1,20 Mk.

— üb. die Entstehung der Welt. Zwei Briefe an den Freidenkerbund in Böhmen. gr. 8. (100 S.) Ebd. 889. n. 1.20

Rohling, Aug., Erklärg. d. Apokalypse d. h. Johannes, d. grossen Propheten v. Patmos. Neue (2.) ergänzte Aufl. gr. 8. (244 S.) Iglau 896. E. Netoliczka. n. 3. —

— Gnade u. Freiheit. Gewissen u. Gesetz. Ein Wort zur Lösung zwei interessanter, viel besprochener Fragen. Mit einem Preisausschreiben von 3000 Mark. Preisrichter: Tübingen, München, Rom. gr. 8. (46 S.) Prag 879. Bellmann. n. 1. 20

Rohling, Aug., Grundriß der biblischen Archäologie. Münster, Theissing, 1868, gr. 8°, 40 S., 75 Pf.

Rohling, Aug., Grundriß der Einleitung in das Alte Testament. Münster, Theissing, 1867, gr. 8°, 56 S., 1 Mk.

Rohling, Aug., über den Jehovaengel des Alten Testaments. (Aus: Theologische Quartalschrift.) Tübingen 866. (Münster, Theissing'sche Buchh.) gr. 8. (90 S.) n. 10 ngr.

Rohling, Aug., Der Prophet Jesaja, übersetzt und erklärt. Münster, Coppenrath, 1872, gr. 8°, 3,50 Mk.
Gehört zu dem alttest. Gesamtkommentar, vgl. S. 211. Recens. (Wiener) Allg. Litt.-Ztg. 1872, Nro 43; Katholik, Jahrg. 52, Bd. II, S. 748—752.
Vgl. S c h r i f t e n , Die hl., d. Alten Testaments.

— e. unechtes Index-Dekret gegen meine Schrift: Der Zukunftsstaat. Beleucht. durch zwei Briefe an Se. Emin. d. Erlauchten Hrn. Kanzler d. Prager theolog. Fakultät u. an Ihre Eminenzen d. Mitglieder d. hl. röm. Congregation d. Index. E. Mitteilg. gr. 8. (17 S.) Zürich 898. Verlags-Magazin. n. 1. —

Rohling, Aug., das Judentum nach neurabbinischer Darstellung der Hochfinanz Israels. (120 S) gr. 8. München 903. J. Schuh & Co. n. 1.60

Rohling, Aug., der Katechismus des 19. Jahrh. für Juden u. Protestanten, den auch Katholiken lesen dürfen. gr. 8. (VIII, 265 S.) Mainz 877. Kirchheim. 2.40

— Louise Lateau, die Stigmatisirte v. Bois d'Haine. Nach authent. medicin. u. theolog. Documenten f. Juden u. Christen aller Bekenntnisse. gr. 8. (79 S.) Paderborn 874. Schöningh. 1. —

— die Lösung der sozialen Frage durch die Boden- und Geldreform. (26 S.) gr. 8. Wien (V, Schönbrunnerstr. 62), 905. Bildungs- u. Geselligkeitsverein „Gesunde Menschen". n. — 50

— medulla theologiae moralis. gr. 8. (VI, 612 S.) St. Ludovici 875. (Freiburg i/Br., Herder.) n. 8. —

— Prof. Dr. A., Pater Milleriot. Eine Lebenserinnerung anläßlich des Todes des Kronprinzen Rudolf. 8. (63 S.) —.40
Prag: Cyrillo-Method'sche Bhh. 1889.

— d. grosse Neuigkeit od. d. Geheimnis v. la Salette, s.: Zola, Graf v.

Rohling, Aug., Orakel und Zauberwunder. Alte pikante Sachen neu ausgelegt. Mainz, Kirchheim, 1882, kl. 8°, 124 S., 1,20 Mk.
Recens. Zichotte, (Linzer) Theol.-pr. Quartalschr. 1883, S. 190—1; Hagemann, Litt. Handw. 1883, S. 6. Insofern nach Ansicht der hl. Väter u. vieler angesehenen Theologen späterer Zeit das antike Orakel- u. Zauberwesen neben dem Betruge der Priester u. Zauberer vornehmlich auf der Einwirkung dämonischer Mächte beruhte, berührt es sich mehrfach mit den spirit. Phänomenen der neuern Zeit.

Rohling, Aug., Die Polemik u. das Menschenopfer des Rabbinismus. Eine wissenschaftliche Antwort ohne Polemik für die Rabbiner und ihre Genossen. Paderborn, Bonifatius-Druckerei, 1883, gr. 8°, 77 S., (1.—5. Tausend), 1,60 Mk.

Rohling, Aug., Die Psalmen übersetzt und erklärt. Münster, Coppenrath, 1871, 8°, VIII u. 440 S., 3,50 Mk.

Vgl. S c h r i f t e n , Die hl., d. Alten Testaments.

Die confessionelle Schule. Vertrauliche Briefe an einen Drei-Punkte-Bruder. Von Aug. Rohling. Dem hohen Wiener Reichsrathe gewidmet. Linz a. d. D. Wien: Heindl 1888. 49 S. 8°

Von antifrmrischer Seite geschrieben.

Rohling, Aug., Das salomonische Spruchbuch übersetzt u. erklärt. Mainz, Kirchheim, 1879, gr. 8°, XLIII u. 415 S., 7 Mk.

Recens. von Bickell, (Innsbrucker) Ztschr. für kathol. Theol. 1880, S. 136 f. Katholik 1879, Bd. 2, S. 534–538.

—— der Talmudjude. Zur Beherzigung für Juden und Christen aller Stände dargestellt. 1.—3. Aufl. gr. 8. (68 S.) Münster 871,72, Russell's Verlag. *

—— dass. — 4. Aufl. mit einem Vorwort über Gottes- und Menschensatzung, über neue Rabbiner und ein Geschäftchen. gr. 8. (72 S.) 1878, und 5. Aufl. 8. (112 S.) Ebendas. 875. *

Vgl.: Brief, 1. und 2. offener.

Rohling. Dr. Aug. (Prof. d. Theol. in Prag), der *Talmudjude*. Zur Beherzigung f. Juden u. Christen aller Stände dargestellt. 4. Aufl., mit e. Vorwort über Gottes- u. Menschensatzung, über neue Rabbiner u. ein Geschäftchen. Münster, Adolph Russell's Verlag, 1873. 8⁰. Eleg. braun. Ldrb. m. Press. u. Silbertitel auf Deckel.

72 S. Ed. I. 1871; die sechste Aufl. 1878. — Vergriffen u. sehr gesucht! Inh.: Vorwort. — A. Grundlagen (1. Orthodoxie und Reform. 2. Der Name Talmud. 3. Der Talmud gilt den Juden für ein göttliches Buch.) — B. Die verderbte Glaubenslehre des Talmudjuden. (1. Von Gott. 2. Von den Engeln. 3. Von den Teufeln. 4. Geheimnisse. 5. Von den Seelen. 6. Von Paradies und Hölle. 7. Vom Messias.) — C. Die verderbte Sittenlehre des Talmud-Juden. (1. Vom Nächsten. 2. Vom Eigenthum. [a. Die Weltherrschaft. b. Der Betrug. c. Gefundene Sachen. d. Wucherzins. e. Das Leben. f. Das Weib.] 3. Der Eid. 4. Die Christen. 5. Die Excommunication.) — D. Unser Jahrhundert. — E. Endurtheil.

— der Talmudjude. Zur Beherzigung für Juden u. Christen aller Stände dargestellt. 6. Aufl. 8. (125 S.) Münster 877. Russell. • n. 1. —

Rohling, Aug., Der Talmudjude. Zur Beherzigung für Juden und Christen aller Stände. Münster, Russel, 1881, 8°, 112 S., 6. Aufl., 0,80 Mk.

Erste (1871, 68 S., 0,50 Mk.) und zweite Auflage recensiert (Wiener) Allg. Litt.-Ztg. 1871, Nro. 49 und 1873, Nro. 20. — Nach der 6. Aufl. wurde auch eine spanische (1889) und eine französische (1888 u. 1889) Ausgabe veranstaltet. Eine Retroversion der letztern ist: Paasch, Karl, Rohlings Talmudjude. Mit einem Vorwort von Ed. Drumont, aus der auch anderweitig vermehrten Ausgabe von A. Pontigny in das Deutsche zurückübertragen. Leipzig, Th. Fritsch. 1892, gr. 8°, XV u. 144 S., 1 Mk.

Rohling's, Aug., Talmud-Jude. Mit e. Vorworte v. Ed. Drumont aus der auch anderweitig verm. französ. Ausg. v. A. Pontigny in das Deutsche zurückübertr. v. Carl Paasch. 1.—7. Aufl. gr. 8. (XV, 144 S.) Lpz. 890,91, [Th. Fritsch]. Herm. Beyer. ‹ 1 —

Rohling's, Aug., Talmud-Jude. Mit e. Vorworte v. Ed. Drumont aus der auch anderweitig verm. französ. Ausg. v. A. Pontigny in das Deutsche zurückübertr. v. Carl Paasch. 1.—7. Aufl. gr. 8. (XV, 144 S.) Leipzig 891. 892. [Th. Fritsch.] H. Beyer. n. 1. —

— Talmud-Jude. M. e. Vorworte v. Ed. Drumont aus d. auch anderweit. verm. französ. Ausg. v. A. Pontigny in das Deutsche zurückübertragen von Carl Paasch. 8. [Titel-] Aufl. gr. 8. (XV, 144 S.) Leipzig (892) 898. H. Beyer. 1. —

— Talmud-Jude. Mit e. Vorworte v. Ed. Drumont aus der auch anderweitig verm. französ. Ausg. von A. Pontigny in das Deutsche zurückübertr. v. Carl Paasch. 10. [Titel-]Aufl. gr. 8. (XV, 144 S.) Berlin [892.] 900. Deutschnationale Buchh. u. Verlagsanst. n. 1. —

Prof. Dr. Aug[ust] Rohling's Talmud-Jude. Mit e. Vorw. von Eduard Drumont aus d. auch anderweitig verm. franz. Ausg. von A. Pontigny ins Deutsche zurückübertragen von Carl Paasch. 15. Aufl. *Leipzig: Th. Fritsch (aufgestemp.: Berlin: Deutschnat. Buchh. & Verlagsanst.) [1900].* (XV, 144 S.) 8° [F.] [00. 13023 11

— die Wirthschaft der guten Juden u. die Weltnoth der Gegenwart. Ein Wort f. das Volk. gr. 8. (99 S.) Wien 892. Lesk & Schwidernoch. n. 1. —

Die Zukunft der Menschheit als Gattung nach der Lehre der H. Kirchenväter. Ein Wort z. Förderung d. religiösen Einigung von Dr. August Rohling, Univ.Prof. Leipzig: C. Beck 1907. (IV, 369 S.) 8° [07. 4637

— der Zukunftsstaat. Ein Trostbüchlein. 2. (Umschlag-) Aufl. gr. 8. (140 S.) St. Pölten 894. Pressvereinsdruckerei. n. 1. 60

Rohling, Eugen

Rohling, Dr. Eug., die Reichsstadt Memmingen in der Zeit der evangel. Volksbewegung. München, Druck von F. Straub, 1864. 8⁰. Ppb. *)

Tit., 361 S., 1 S. Err. Lat. Lett.

R o h l i n g, Eug., die Reichsstadt Memmingen in der Zeit der evangelischen Volksbewegung. gr. 8. (162 S.) München 864, (Büttner.) *

Röhling, A., e. güldenes ABC. f. Alt u. Jung u. f. Jedermann aus dem Volke. Lex.-8. (25 Holzschntaf. m. Text.) Leipzig 872. Payne. n. 4. 50; geb. n. 6. —

Röhling, Alfred, a. Bremen: Morphologische und physiologische Untersuchungen über einige Rassen des Saccharomyces apiculatus. Erlangen 1905: E. Th. Jacob. (57 S.) 8°

Erlangen, Phil. Fak., Ref. Solereder, Diss. v. 13. Sept. 1905

[Geb. 3. Dez. 74 Bremen; Wohnort: Bremen; Staatsangeh.: Bremen; Vorbildung: Realgymn. Bremen Reife M. 95; Studium: Marburg 4, Erlangen 4 S.; Rig. 29. Mai 05.]

R ö h l i n g, C. F. G., kurze, gründl. u. prakt. Anweisung, das durch Onanie u. Ausschweifn. geschwächte od. verloren gegangene männl. Vermögen wieder herzustellen. 8. (1 B.) Quedlinburg 835, Basse. Thlr.

Röhling, H. u. Co.

(Roehling.) Ein Bild für das Niederland von dem östlichen Obererzgebirge, seinen jetzigen Zuständen, den Ursachen seines Verfalles, seinem Volke, seinen natürlichen Hilfsquellen und seiner Stellung zur Eisenbahnfrage von der Direction des Eisenbahn-Comités H. Roehling u. Co. und Genossen zu Annaberg. (Annaberg 858. Rudolph u. Dieterici.) gr. 8. (75 S.) n. 7¼ ngr.

Roehling, H., ein Bild für das Niederland, s. a. Bild, ein, für das Niederland.

Röhling, H. & Cie. Wörtlicher Hauptinhalt der Petition um eine Eisenbahnverbindung Annaberg Chemnitz. 1855. Mit Rentabilitätsberechnung.

Roehling, Heinrich

Roehling, Heinr., derhalben beuge ich meine Kniee. Abschiedspredigt, am Sonntage Misericordias domini, den 25. IV. 1909, in der evangel. Notkirche zu Graz geh. (13 S.) 8. Graz 909. F. Pechel. — 60

— Er muß wachsen! Antrittspredigt, am 2. Sonntag nach Epiphanias, den 14. I. 1900 in der evangel. Kirche zu Graz geh. gr. 8. (14 S.) Ebd. 900. n. — 25

Roehling, Heinr., Gewißlich ist der Herr an diesem Ort. Predigt bei der Eröffnungsfeier des Betsaales f. den II. u. XX. Bezirk in Wien, am Sonntage Rogate, den 16. V. 1909, geh. (14 S.) gr. 8. Wien (II, Kleine Sperlgasse 1) 909. Pfarrer Roehling. — 50

Roehling, Heinr., ich werde nicht sterben, sondern leben! Festpredigt, aus Anlaß der 41. Jahresversammlung des niederösterr. Zweigvereines der Gustav Adolf-Stiftung am 29. VI. 1901 in der evangel. Kirche zu Baden bei Wien geh. gr. 8. (11 S.) Graz 901. (F. Pechel.) n. — 25

Röhling, Johann Christoph

— die einfachste Bienenbehandlung, s. J. W. J. Weißenbruch.

Röhling, Johann Christoph, s. Briefe e. Philosophen.

Röhling, Joh. Chrph, Deutschlands Flora zum bequemen Gebrauche beim Botanisiren. Nebst einer erklärenden Einleitung in die botanische Kunstsprache. Bremen 1796. 8. (Frankfurt/M: Wilmans) . . . .
—, — oder systematisches Verzeichniss aller in Deutschland entdeckten Gewächsarten; nebst Anleitung zur Kenntniss der äusseren Theile der Pflanzen. 2. umgearb. Aufl. Th. 1—3. Frankfurt a. M. 1812—13 8.

RÖHLING, Jh. Cph.: Deutschlands Flora, zum Gebrauche beim Botanisieren. - Bremen, Frankfurt a. M. 1796. - 2. Aufl. u. d. T.: Deutschlands Flora, oder systematisches Verzeichniß aller in Deutschland entdeckten Gewächsarten etc. Frankfurt a. M. 1812. 3 Tl. - Neue Ausg. u. d. T.: Deutschlands Flora; nach einem veränd. und erweit. Plan bearb. v. F. C. Martens u. W. D. J. Koch. ebd. 1823-1831. 3 Bd. i. 4 Abt. - Fortges. v. Wilh. Dan. Jos. Koch. ebd. 1833 u. 1839. Bd. 4 u. 5

Röhling, J. Ch., Deutschlands Flora, od. systemat. Verzeichniß aller in Deutschland entdeckten Gewächsarten. Ein Handbuch f. Botaniker. 3 Bde. 2te verb. Ausg. mit 4 K. 8. Frankf. Wilmanns. 813. Rthlr.
Dasselbe auch unt. d. Titel:
Deutschlands Flora. Ein botan. Taschenbuch. (Ir. enthält: Anleitung z. Kenntniß d. äußern Theile d. Gewächse Deutschlands. IIr Phanerogamische Gewächse. IIIr Kryptogamische Gewächse.

Röhling, (J. Ch.,) Deutschlands Flora; nach einem veränd. u. erweit. Plan bearb. v. F. C. Martens u. W. D. J. Koch. 1r u. 2r Theil in 4 Abthlg. gr. 8. Frankfurt 823, F. Willmanns.

Röhling, Joh. Chrstph., Deutschlands Flora. Nach e. veränd. u. erweit. Plane bearb. v. Frz. C. Mertens u. W. D. J. Koch. 3. u. 4. Bd. Lex.-8. Frankfurt a. M., Wilmans. [3. (36½ B.) 831. 3 Thlr. 12 Gr., 4. (47 B.) 833. 4 Thlr. 18 Gr.] Thlr.
Der 4. Bd. wurde v. Koch allein besorgt.
1. u. 2. Bd. (3 Abthln.) Ebendas. 1823, 26. 9 Thlr. 12 Gr.

Röhling, Joh. Chrstph., Deutschlands Flora. Nach ein. veränd. u. erweit. Plane bearb. Fortges. v. Wilh. Dan. Jos. Koch. 5. Bd. 1. Abthl. Lex.-8. (23½ B.) Frankfurt a. M. 839. [Leipzig, Gebhardt u. Reisland.]
1—4. Bd. Ebendas. 1823—33. 17 Thlr. 18 Gr.

— v. d. Glückseligkeiten e. getreuen Unterthanen, e. Predigt b. d. Krönung Franz II. 8. Frankf. Diez.

— Gott ist die reinste Liebe. Benvenutos Zweifel vor d. Tribunale der höhern Religionskritik niedergelegt. 8. Frkf. a. M. 803. Fr. Wilmans. 16 gr

Röhling, Joh. Chrph, Deutschlands Moose. Nach der neuesten Methode geordnet und beschrieben. Moosgeschichte Deutschlands. Frankfurt (Bremen) 1800. 8.

— Moosgeschichte Deutschlands. 1r Thl. gr. 8. Brem. (Frankf. a. M.) 800. Fr. Wilmans. 1 ℛ 20 gr

— s. Reise e. Marsbewohners.

Röhling, Jh. Cph., († d. .. Dec. 1813.) M. B. Borkhausen's Ringen nach dem schönsten Ziele des Mannes; e. Denkmal d. Freundschaft. Mit 1 Kpf. 8. Frankf. a. M. 808. Fr. Wilmans. 18 gr

SESOSTRIS Pharao von Mizraim. Eine Geschichte der Urwelt (von *Joh. Christoph Röhling*). 3 Thle. Mit Titelkpfrn. u. Titelvignetten (Schnorr del., Böttger Dresdens. sc. Lips.). Bremen(,) bey Friedrich Wilmans 1796, 97, 98. 8⁰. Selten cplt.! (7 Mk. 50 Pfg., schönes Expl. in Hfzbdn. d. Zeit, Max Jaeckel, Potsdam, 1910.)
I: 528 S. (incl. gestoch. Tit., 5 Bll. Vorst. u. Anmerkgn. S. 467 ff.). II: Gestoch. Tit., 543 S. (incl Anmerkgn. S. 513 ff.), 1 Bl. Druckf. (in Th. 1). III. Gestoch. Tit., 493 S. (incl. Anmerkgn. S. 459 ff.), 1 weisses Bl.
Zahm. — Das Anon.-Lex. IV. p. 80 hat unrichtig „Böhling" (statt Röhling).

Röhling, Jh. Cph., s. Sesostris.

— s. Versuch einer Universal-Bienenzucht.

Röhling, Carl, die Ahnen. Bilder zu Gust. Freytag's gleichnamigen Roman. Photogr. von Fr. Bruckmann's Anstalt in München. Fol. (10 Bl. m. 2 S. Text.) Berlin 877. Botte in Comm. In Leinw.-Mappe. n. 35. —

—— und Heinr. Seidel, Allerlei aus Stadt und Land. Ein lustiges Bilderbuch. 4. (32 Bl. mit farb. Illustr. und Verschen.) Dresden 888, Müller und Lohse. geb. * 5 —

—— —— der Besuch in Berlin. Ein Bilderbuch. 4. (16 S. mit farb. Illustr.) Ebendas. 888. cart. * 1 —

—— —— der Besuch auf dem Lande. Ein Bilderbuch. 4. (16 S. mit farb. Illustr.) Ebendas. 888. cart. * 1 —

Otto von Bismarck. Ernstes u. Heiteres aus d. Leben des grossen Kanzlers. 40 Bilder v. Carl Röhling. Begleitender Text v. R. Hofmann. (Vorr.: Richard Rosenmund.) *Berlin: A. Hofmann & C. 1897.* (2 Bl., 40 S., 21 Taf.) 1 Bd quer-8. [98. 2501

Röhling, Carl, Fragemäulchen, s. Lohmeyer, J.

Röhling, Carl, u. Rich. Sternfeld, die Hohenzollern in Bild u. Wort. gr. Fol. (52 S. m. farb. Abb.) Berlin (899). M. Oldenbourg. Geb. in Leinw. n. 6. —

— u. Heinr. Seidel, die Jahreszeiten. Ein Bilderbuch. 4. (48 S. m. eingedr. Chromolith.) Leipzig 886. Meißner & Buch. geb. n. 6. —

Röhling, Karl: Platons Ideenlehre nach seinen Dialogen charakterisiert und beurtheilt. 10. Mies 1875.
Progr.

Röhling, Karl, u. Karl Homann, Liliput. Kleines Bilderbuch. Leporello-Album. qu. 16. (6 farb. Bildertaf. m. 6 Bl. Text.) Berlin 891. M. Krause. — 60

Röhling, C., s.: Mal-Vorlagen in Friesen.

Röhling, Karl u. Heinr. Seidel

— —— das Volksfest. Ein Bilderbuch. 4. (16 S. mit farb. Illustr.) Dresden 888, Müller und Lohse. cart. * 1 —

Röhling, K., deutsche Vorbereitungsschule f. angehende Gymnasiasten. Zur Vermittelg. u. Einübg. derjenigen Kenntnisse der deutschen Sprachlehre, welche bei der Aufnahmsprüfg. fürs Gymnasium nach den gesetzl. Bestimmgn. gefordert werden. Mit zahlr. Übungsaufgaben. 8. (VI, 121 S.) Mies 887. Selbstverlag d. Verfassers. n. 1. 60

Röhling, Karl, deutsche Vorbereitungsschule f. angeh. Gymnasiasten. Zur Vermittelg. u. Einübg. derjen. Kenntnisse d. deutschen Sprachlehre, welche bei d. Aufnahmsprüfg. fürs Gymnasium nach d. gesetzl. Bestimmgn. geford. werden. M. zahlr. Uebungsaufgaben. 2., wesentl. unveränd. Aufl. 8. (VII, 122 S.) Mies 897. A. Dvořák. n. 1. 60

Röhling, Karl Über die zum ersprießlichen Gedeihen des Lateinunterrichtes notwendigen Vorkenntnisse im Deutschen. 5 S. 8. *Mies* 1879.

Progr.

Roehling, Karl [111.]
s. Warncke, Paul: Peter Melander von Holzappel. 1896.

Röhling, Karl u. Heinr. Seidel

—— —— das Wirtshaus an der Landstraße. Ein Bilderbuch. 4. (16 S. mit farb. Illustr.) Ebendas. 888. cart. * 1 —

RÖHLINGER, Johannes (Reuss): Katarakt bei Glasbläsern.- München: Ernst 1888. 24 S. 7.7.1888 - Chr 1888/89,17; Jv 1887/88,214
Diss. Ingolst.-Landsh.-Mchn.

Rohlius, Joh. Chph., et Jo. Glo. Hertelius, diss. de hominibus post mortem sanguisugis, vulgo dictis Vampyren. Lips. 732. 4.

Röhlk, Karl, Geschichte des Hauptgottesdienstes in der evang.-luth. Kirche Hamburgs. gr. 8. (60 S. m. 1 Tab.) Göttingen 899. Vandenhoeck & Ruprecht. n. 1. 60

Röhll, Paul, St. Petersburg, s.: Grieben's Reisebücher.

Rohloff, Carl, a. Minden i. Westf.: Über Saugwirkungen eines austretenden Luftstrahles. Göttingen 1908: F. Haensch. (67 S.) 8°
Göttingen, Phil. Fak., Ref. Riecke, Diss. v. 22. Mai 1908
[Geb. 25. Sept. 84 Minden (Westfalen); Wohnort: Minden; Staatsangeh.: Preußen; Vorbildung: Gymn. Sondershausen Reife O. 03; Studium: Göttingen 9 S.; Rig. 5. März 08.]

Rohloff, L[eo]: Frauenbildung und höhere Mädchenschule. Ein Beitr. z. Frauenbewegung. (Dat. Weißenfels 1908.) S. 13—22. 8°
Weißenfels a. S., st. HM P 1908 [S 08. 378

Rohlwes, Johann Nikolaus

Rohlwes, Joh. Nik., Abhandlung von den äusserlichen Krankheiten der Pferde. 8. Lüneburg 783. Herold & Wahlstab. M. 1.50

Rohlwes J. N.: Abhandlung v. den äusserlichen Krankheiten d. Pferde, z. Bildung f. angehende Thierärzte. Lüneb. 1785. (16) 296 S.

Rohlwes, Johann Nicolaus: Abhandlung von den äusserlichen Krankheiten der Pferde, zur Bildung für angehende Thierärzte. Lüneburg 1785. XVI, 208 S.

— Abhandl. von den äußerl. Krankheiten d. Pferde, zur Bildung f. angehende Thierärzte. 2 Thle. 8. Lüneb. 785 u. 86. Lembke. (Herold u. W.) 1 ₰

Rohlwes, Joh. Nik., Abhandlung von den innerl. Krankheiten der Pferde. Lüneburg 786.

— Abhandl. von dem Zungenkrebs, dessen Ursachen u. Heilung. 4. Lüneb. 787.

— Praktische Bemerkungen über das Einimpfen der Pocken bei den Schafen. Nebst einem Anhang, enthaltend eine Anweisung zur Operation der Drehschafe, und die Beschreibung eines neu eingerichteten verbesserten Trokars. Mit 1 Kupfertafel. 8. Berlin 06. (Leipzig. Rüdel.) M. —.25

Rohlwes, J. N., Bemerk. üb. d. Einimpfen d. Pocken beym Schaafen, m. K. 8. Berl. Maurer. 806.

Rohlwes, J[ohann] N[icolaus]: Praktische Bemerkungen über das Einimpfen der Pocken bei den Schafen. Nebst e. Anh. Mit 1 Kupfertaf. Berlin 1806. 29 S.

— Die Erkenntnis und Heilart der Krankheiten der Tiere. Ein unentbehrliches Handbuch für Ökonomen. (Aus dem 3. Teile des „Verwalters" abgedruckt.) gr. 8. Hannover 16. Hahn. M. 1.75

Rohlwes J. N.: Über die Erkenntniss u. Heilart d. Krankheiten d. Thiere. Ein unentbehrliches Handb. f. Oekonomen. Hann. 1816. 194 S. (Sæртr.).

Rohlwes, J[ohann] N[icolaus]: Etwas von der Pferdearzeney-Wissenschaft, oder woher d. mehresten Krankheiten d. Pferde bey d. Cavallerie entstehen, u. wie selbige curiret oder ihnen vorgebeuget werden könne. Göttingen 1780. 51 S.

— Etwas von der Pferdearzneiwissenschaft. 8. Göttingen 780. Vandenhoeck & Ruprecht. M. —.25

— die Federviehzucht. Oder vollständ. u. gründl. Anleit. zur Erziehung, Wartung u. Mästung der gefiedert. Hausthiere, wie auch zur Erkenntniß u. Heilung ihrer Krankheiten. Nebst e. Anh. üb. die verschied. Zubereitungen v. Speisen v. denselben, f. Landwirthinnen. 8. Berl. 821. Fr. Maurer. 14 gr.

Rohlwes, Jh. Nicol., die Federviehzucht. Oder vollständ. u. gründl. Anleitung zur Erziehung, Wartung u. Mästung der gefiederten Hausthiere rc. 8. Berlin 821, jetzt Heymann. ²⁄₃ ₰

Rohlwes, Johann Nicol[aus]: Die Federviehzucht. Oder: Anleitung zur Erziehung, Wartung und Mästung der geflügelten Hausthiere wie auch zur Erkenntniss und Heilung ihrer Krankheiten. Berlin 1821. XII, 264 S.

Rohlwes, Joh. Nicol., die Federviehzucht, s. Bibliothek, kleine, f. prakt. Landwirthe, 6., 7. Lfg.

— Das Ganze d. Tierheilkunde nebst allen damit verbund. Wissenschaften für Landwirte. Kavalleristen, Pferdezüchter, Tierärzte u. Pferdeliebhaber. Nach d. Verfassers Tode vom 3. Bande an fortgesetzt v. Chr. Ehrf. Seyfert v. Tennecker. 4 Tle. gr. 8. Lpzg. 22—25. Brockhaus. zus. M. 9.—
1. Teil. Von der Pferdezucht. Mit 2 Kpfrn. M. 4.50
2. Teil. 1. Die wissenswürdigsten Teile eines Pferdes, anatomisch und vorzüglich physiologisch dargestellt. 2. Die Erkenntnis u. Heilung der innerlichen Krankheiten etc. Mit 1 Kupfertafel. 1823. M. 4.50
3. Teil. Von der Erkenntnis u. Heilung der äusserlichen Krankheiten, Verletzungen etc. M. 4.50
4. Teil. Über d. Hufkrankh., d. Lähmgn., d. Hautkrankh. etc. M. 4.50
2.—4. Teil auch unter dem Titel: Pferdeheilkunde u. Kriegspferdekunde nebst einer Anleitung zum Beschlagen der Pferde etc. Bearbeitet von J. A. Rohlwes. Vom 2. Bande an fortgesetzt von Chr. Ehrfr. Seyfert v. Tennecker. 3 Teile. Mit 1 Kpfr. M. 7.50

Rohlwes J. N.: Das Ganze d. Thierheilkunde nebst allen damit verbundenen Wissenschaften ... Th. 1. V. der Pferdezucht. Leipz. 1822. (78) 282 S. 2 Tvl.

Rohlwes, Johann Nikolaus: Gesundheitspflege ... der ... Haussäugetiere, s. Rohlwes: Vieharzneibuch. 22. Aufl.

Rohlwes, Johann Nicolaus: Magazin für die Thierarzneykunde, oder Beobachtungen, Versuche u. Erfahrungen über d. innerlichen u. äusserlichen Krankheiten d. Pferde u. d. Hornviehes. Bd 1—4. Berlin 1799—1802.
1. 1799. 2. 1800. 3. 1801. 4. 1802.

— Magazin für die Thierarzkunde. 1r-4r Jahrg. 1799-802. m. K. 8. Berl. Maurer. (à 1 Rthlr. 4 gr.) Schreibp. (à 1 Rthlr. 12 gr.)

— Der Pferdearzt im Felde. 12°. Berlin 16. (Rüdel, Lpzg) M. —.30

— Der Pferdearzt im Felde ... Berl. 1816. 68 S. P.
(Omslagstit.: Der Taschen-Pferdearzt im Felde).

— Pferde-Heilkunde u. Kriegs-Pferdekunde nebst einer Anleitung z. Beschlagen d. Pferde u. Behandlung d. Hüfe ... Th. 1-3. Th. 2-3: fortges. v. S. v. Tennecker. Leipz. 1823-25. 1 Tvl.
(=: Das Ganze d. Thierheilkunde ... Th. 2-4, 3-4 forges. v. do. Th. 1-2 kun m. Særtit., Th. 4 kun m. Fællestit. — Das Ganze ... Tl. 1 se 440).

– Die Pferdezucht. oder Veredlung der Pferde in den Preuss. Staaten, in einer Darstellung des Königl. Preuss. Friedrich Wilhelm Gestüts bei Neustadt an der Dosse. Mit 2 Kpfrtaf. 4. Berlin. 06. Maurer. M. 4.--

Rohlwes J. N.: Die Pferdezucht. Od. die Veredlung d Pferde in den preuss. Staaten, in einer Darstellung d. königl preuss. Friedrich-Wilhelms-Gestüts bei Neustadt an der Dosse. Berl. 1806. 102 S. 2. Tvl. 4°.

—— Rathgeber f. prakt. Landwirthe, s. a. Bibliothek, kleine, f. prakt. Landwirthe, 1—5. Lfg.

Rohlwes, Jh. Nicol., Rathgeber für prakt. Landwirthe. 5 Hefte, mit 4 Kupf. Neue Ausg. in 1 Bde. 8. Berlin 841, Heymann. 5/6 Thlr.

Rohlwes, Johann Nicolaus: Rathgeber für Schäferei-Besitzer und Landwirthe. H. 1. 2. Mit Kupfertaf. Berlin 1819—20.

1. Beschreibung e. Mittels, d. Drehen d. Schafe vorzubeugen, u. Anleitung zu Ersparung u. Vermehrung d. Futters, wie auch z. Verbesserung d. verdorbenen vorzüglich für d. Schafe u. d. Rindvieh.
2. Beschreibung einiger gefährlichen Krankheiten unter Pferden, Rindvieh u. Schafen u. deren Heilung ingleichen über d. Futterarten unter denselben u. über Einrichtung d. Schafkrippen mit Raufen.

Rohlwes J. N.: Rathgeber f. Schäferei-Besitzer u. Landwirthe. H. 1-2 (1 Vol.). Berl. 1819-20. 62, 150 S. 2 Tvl.

— Rathgeber für Schäfereybesitzer u. Landwirthe. 1s Heft, enthalt.: Beschreibung eines wohlfeilen u. leicht anwendbaren Mittels, dem Drehen der Schafe vorzubeugen; und Anleitung zu Ersparung u. Vermehrung des Futters u. s. w. 8.
Berl.: Maurer 1819.

— — — — 2s Heft, enthalt.: Beschreibung einiger gefährlicher Krankheiten unter Pferden, Rindvieh u. Schafen, u. deren Heilung etc. Mit 1 Kupfert. 8. Ebend. 820.

— — — — 3s Heft, enth.: Beschreib. u. Heilung d. Wurmkrankheit u. andern gefährlichen Krankheiten der Pferde etc. 8. Ebend. 821.

— Rathgeber f. Schäferei-Besitzer u. Landwirthe. 4s u. 5s Heft. Mit Kpf. 8. Berlin 822 u. 23, à 8 gr.

— Rathgeber für Schäferei-Besitzer u. Landwirthe. 1s—5s Heft. 8. Berlin , jetzt Heymann. 2 1/4 Thlr.

Rohlwes, Johann Nikolaus: Rathgeber f. Schäfereibesitzer u. Landwirthe, s.a. Bibliothek, Kleine, f. prakt. Landwirthe.

— Receptbuch f. Schäfer, oder prakt. Anweis., wie ein jeder die Ursachen d. Krankheiten bei den Schafen auffinden, erkennen u. heilen soll; (auch als 2n Thl. zu des Amtsrath Huberts Werk: Die Wartung d. Schafe etc.) Mit 1 Kpf. 8. Berl. 813. Fr. Maurer. 10 gr.

— Receptbuch für Schäfer etc. Mit 1 Kpfrtaf. 8. Berlin 814, jetzt Heymann. 5/12 Thlr.

—— Receptbuch f. Schäfer, s. a. Bibliothek, kleine, f. prakt. Landwirthe

— d. Taschenpferdearzt; e. Handbuch f. alle Stände. Mit 2 Kpf. 8. Berl. 804. 2e A. 809. 3e A. 819. (Rauck). 1 Thlr.

Rohlwes J. N.: Der Taschen-Pferdearzt ... Berl. 1804. 332 S. 1 Tvl.
— — 3. verb. u. verm. Aufl. Sst. 1819. 340 S. 1 Tvl.

Rohlwes, Johann Nicolaus: Der Taschen-Pferdearzt. E. Handbuch für alle Stände ... 2. verb. u. verm. Aufl. Mit 2 Kupfertaf. Berlin 1810. XII, 316 S.

-- Der Taschenpferdearzt. Ein Handbuch für alle Stände, vorzüglich zum Gebrauche der Kavallerie. 3. verbesserte Auflage. Mit 2 Kpfrn. 8. Berlin (804.) 819. (Leipzig, Rüdel.) M. 3.--

— der Taschenpferdearzt im Felde; e. Noth- u. Hülfsbüchlein f. d. Kavallerie, die Krankheiten d. Pferde leicht zu heilen. 8. Berl. 816. (Maurers B.) 6 gr.

Rohlwes, (J. N.,) gründl. Unterr. in d. Federviehzucht; im Auszuge v. Fr. Engelmann. 8. Fulda 824, Müller.

— s. Verwalter, der, wie er seyn sollte.

Rohlwes J. N.: Allgemeines Vieharzeneibuch ... Gekr. Preisschr. Berl. 1802. 430 S. 1 Tvl.
— — 2. verb. u. verm. Aufl. Sst. 1805. (18) 426 S. 1 Tvl.
— — 10. do. Sst. 1822. 358 S. 1 Tvl.
— — 12. Aufl. Sst. 1828. 358 S. 1 Tvl.
— — 13. Aufl. Sst. 1832. 329 S. 1 Tvl.
— — 16. verb. Aufl. Sst. 1842. 301 S. 1 Tvl.

— allgem. Vieharzneibuch. Mit 1 Kpft. 8. Berl. 802. 2e Aufl. 805. 3e A. 807. 13e Aufl. Mit 1 Kpf. 832. Rücker. 20 gr. Schrbp. 1 Thlr. — Zusätze zur 1n Aufl. 2 gr. Schrbp. 3 gr.

Rohlwes, Joh[ann] Nicol[aus]: Allgemeines Vieharzneibuch oder Unterricht, wie d. Landmann seine Pferde ... aufziehen, warten u. füttern, u. ihre Krankheiten erkennen u. heilen soll, nebst e. Anh. Nebst 1 Kupfertaf. 3. Aufl. Berlin 1806. XXXII, 368 S.

— allgem. Vieharzneybuch. 8. Ebend. 810. Schreibp.

Rohlwes, J. Allgem. Vieharzneibuch. 5. Aufl. Berlin 1812.

— allgemeines Vieharzneibuch, od. Unterricht, Pferde, Rindvieh 2c. zu heilen. 5te Aufl. 8. Berl. Maurer'sche Buchh. 815.

Allgemeines Vieharzneibuch, oder Unterricht, wie der Landmann seine Pferde, sein Rindvieh, seine Schafe,... aufziehen, warten u. füttern, u. ihre Krankheiten erkennen und heilen soll; nebst e. Anh. Von Joh[ann] Nicol[aus] Rohlwes. 8. Aufl. Berlin: Maurer 1818. XVIII, 388 S. 8°

— allgemeines Vieharzneybuch. 9te Aufl. Mit 1 Kpfrt. 8. Ebend. 820.

Rohlwes, (J. N.) allgemeines Vieharzneibuch, nebst einem Anhange Eine gekrönte Preisschrift. 12e Aufl. mit 1 Kpft. 8. Berl. 827,

Rohlwes, Joh. Nicol., allgem. Vieharzneibuch, od. Unterricht, wie d. Landmann seine Pferde, sein Rindvieh, seine Schafe, Schweine, Ziegen u. Hunde aufziehen, warten u. füttern, u. deren Krankheiten erkennen u. heilen soll. Nebst e. Anh. Eine gekr. Preisschr. 13. Aufl. 8. (22 B. u. 1 Kpfrt.) Berlin 832, [Rücker u. Püchler.]

— allgemeines Vieharzneibuch. Nebst e. Anhange. Gekrönt Preisschrift. 14e Aufl. 835. 15e verb Aufl. Mit 1 Kpfrtaf. 8. Berlin 838. Rücker u. Püchler.

Rohlwes, Joh. Nicol., allgemeines Vieharzneibuch, oder Unterricht wie der Landmann Pferde, Rindvieh, Schaafe, Schweine, Ziegen u. Hunde aufziehen, warten, füttern, u. deren Krankheiten erkennen u. heilen soll. Nebst e. Anhange. Eine gekrönte Preisschrift. 16. u. 17. verb. Aufl. 8. (à 20 B. u. 1 Kpfrt.) Berlin 842, 46, Rücker u. Püchler.

Rohlwes, Joh. Nicol., allgemeines Vieharzneibuch, oder Unterricht wie der Landmann Pferde, Rindvieh, Schaafe, Schweine, Ziegen und Hunde aufziehen, warten, füttern und deren Krankheiten erkennen und heilen soll. Nebst einem Anhange. Eine von der Kgl. Märkischen ökonom. Gesellschaft zu Potsdam gekrönte Preisschrift. 18. verb. Aufl. Mit 1 Kpfrtaf. (in 4.). Berlin 853. Rücker u. Püchler. 8. (XVI, 301 S.) 25 ngr.

Rohlwes, Joh. Nic., allgemeines Vieharzneibuch oder Unterricht wie der Landmann Pferde, Rindvieh, Schaafe 2c. aufziehen, warten, füttern und deren Krankheit erkennen und heilen soll. Nebst einem Anhang 2c. 19. verb. Aufl. Mit 1 Steindrucktaf. (in 4.) Berlin 859. Rücker & Püchler. 8. (XVI, 301 S.) 25 ngr.

Rohlwes, Joh. Nicol., allgemeines Vieharznei-Buch oder Unterricht wie der Landmann Pferde, Rindvieh, Schafe 2c. aufziehen, warten u. füttern, u. ihre Krankheiten erkennen u. heilen soll. Nebst einem Anhang. Gekrönte Preisschrift. Neue, vielfach verm. u. verb. Auflage. Nebst 1 Holzschnitttafel. Reutlingen 869. Enßlin & Laiblin. 8. (XVI, 248 S.) 16 ngr.

—— Vieharzneibuch oder Unterricht, wie der Landmann Pferde, Rindvieh, Schafe, Schweine, Ziegen und Hunde aufziehen, warten, füttern und deren Krankheiten erkennen und heilen soll. Von der königl. märk. oekonom. Gesellschaft zu Potsdam gekrönte Preisschrift. 20. verb. Aufl. 8. (XVI, 301 S. mit Abbild. auf 1 Stnt. in 4.) Berlin 872, Wiegandt, Hempel und Parey. geb. *

Rohlwes, Vieharzneibuch od. Unterricht, wie der Landwirth Pferde, Rinder, Schafe, Schweine, Ziegen u. Hunde aufziehen, warten, füttern u. ihre Krankheiten erkennen u. heilen soll. 21. Aufl. Nach dem jetz. Stand der Wissenschaften vollständig neu bearb. v. H. Renner u. M. Rothermel. gr. 8. (X, 255 S.) Berlin 874. Wiegandt, Hempel & Parey. geb. n. 2. 50

— allgemeines Vieh-Arzneibuch od. Unterricht, wie der Landmann Pferde, Rindvieh, Schafe 2c. aufziehen, warten u. füttern u. deren Krankheiten erkennen u. heilen soll. Nebst e. Anh. Gekrönte Preisschrift. Neue, vielfach verm. u. verb. Aufl. Nebst e. Holzschn.-Taf. 8. (VIII, 246 S.) Reutlinger 875. Enßlin & Laiblin. 1. 50

Rohlwes' Vieharzneibuch oder Unterricht, wie der Landwirth Pferde, Rinder, Schafe, Schweine, Ziegen und Hunde aufziehen, warten, füttern und ihre Krankheiten erkennen und heilen soll. Von der k. Märk. ökonom. Gesellschaft gekrönte Preisschrift. 21. Aufl. Nach dem jetzigen Stand der Wissenschaft vollständig neu bearb. von H. Renner und M. Rothermel. 2. Ster.-Abdr. 8. (VIII, 255 S.) Berlin 879, [Wiegandt, Hempel und Parey.] Parey.

Rohlwes' Gesundheitspflege u. Heilkunde der landwirtschaftlichen Haussäugetiere. Des Vieharzneibuchs 22. Aufl., vollständig neu bearb. v. G. Felisch. gr. 8. (IX, 417 S. m. Abbildgn.) Berlin 891. Parey. geb. n. 6. —

Rohlwes, Joh. Nic., allgemeines Vieharzneibuch zum Unterricht des Landmannes, Pferde, Rindvieh, Schafe, Schweine, Ziegen u. Hunde aufzuziehen, zu warten, zu füttern, deren Krankheiten zu erkennen u. zu heilen. Eine v. der königl. märk. ökonom. Gesellschaft zu Potsdam gekrönte Preisschrift. gr. 8. (XV, 328 S. m. 1 Taf.) Berlin (902). Neufeld & Henius. Geb. in Leinw. 6. —

Allgemeines Vieharzneibuch zum Unterricht des Landmannes Pferde, Rindvieh, Schafe, Schweine, Ziegen u. Hunde aufzuziehen, zu warten, zu füttern, deren Krankheiten zu erkennen u. zu heilen. Von Joh. Nicol. Rohlwes. Mit 1 Taf. Abb. u. 2 zerlegbaren Thiermodellen (Pferd u. Rind). *Berlin: H. Schild [1902].* (XV, 336 S.) 8° [5.]

Rohlwes, Joh. Nic, allgem. Vieharzneibuch zum Unterricht des Landmannes, Pferde, Rindvieh, Schafe, Schweine, Ziegen u. Hunde aufzuziehen, zu warten, zu füttern, deren Krankheiten zu erkennen und zu heilen. Eine von der königl. märk. ökonom. Gesellschaft zu Potsdam gekrönte Preisschrift. Mit 1 Taf. Abbildgn. u. 2 zerlegb. Thiermodellen (Pferd u. Rind.) (XV, 336 S.) 8. Berlin (904). H. Schild. Geb. in Leinw. n. 5. —

—— domače živinozdravstvo v boleznih konj, govedja, ovac prešičev, koz in psov, ali nauk, kako mora kmetovavec svojo živino rediti, ji streči, jo kermiti in ozdravljati. Po nemški spisal. Poslovljena po devetnajstem natisu. S štirimi podobami. gr. 8. (VII und 243 S.) Klagenfurt 855 (56,) Leon'sche Buchh.

Rohlves, *Friedrich Wilhelm* Otto [pr. Arzt in Prenzlau]: Über Cataracta diabetica ... Greifswald, Druck v. J. Abel, 1893; 24 S. 8.
Greifswald, Med. Fak., Inaug.-Diss. v. 5. Mai 1893

Rohm, Jos., über d. Skrofeln am Auge. Inaug.-Dissertat. gr. 8. (4¼ B.) Wien 838, (Heubner's Verl.) *

Rohm, Karl, s.: Lebens-Spuren.

Rohm, Paul J., der Heilmagnetismus als Heilkraft. Durch Wort u. Beispiel begründet. Nebst Anleitg., mittels desselben auf den menschl. Organismus m. Erfolg einzuwirken. gr. 8. (41 S.) Mannheim 890. (Wiesbaden, Starck.) n. 1. —

Rohm, Paul J., Katechismus: Was der Heilmagnetiseur als Naturheilkundiger wissen soll. Mit 22 anatom. Abbildgn. (138 S.) gr. 8. Wiesbaden 905. (Leipzig, W. Besser.) Geb. n. 6. —

Rohm, Paul J., Leitfaden zur wirksamen Ausübung des Menschen-Heil-Magnetismus. Nebst e. Anh. üb. Lage u. Funktion der wichtigsten menschl. Körpertheile. Mit 9 Autotypie-Taf. 2. Aufl. gr. 8. (92 S. m. Bildnis.) Wiesbaden 899. (W. Bröcking Verl.) Kart. n.n. 3. —

— dasselbe. Mit 7 Autotyp.-Taf. u. 14 anatom. Abbildgn. 6. verb. Aufl. gr. 8. (122 S.) Wiesbaden (900). (Leipzig, W. Besser.) Kart. n. 5. —

Rohm, Paul J., d. Magnetismus als Heilkraft durch Wort u. Beispiel begründet. Nebst 7 photograph. Lichtbild., gewonnen durch odisch-magnet. Ausstrahlg. aus d. Organismus von Magnetopathen. 2., gänzl. umgearb. Aufl. gr. 8. (84 S. m. Bildnis.) Wiesbaden 896. (Lützenkirchen & Bröcking.) Kart. n.n. 2 50

— der Student, s.: Kerning, J. B.

Rohm, Sofie, u. Therese Bauer, das lustige Glückwünsch-Büchlein. 100 leichte Kinderverslein f. allerlei Feste. (80 S.) 8. München (909). M. Kellerer. 1. —

Roehm, Alfred I.: Bibliographie u. Kritik der dten Übersetzungen aus der amerikanischen Dichtung. Diss. U of Chicago, Leipzig 1910.

Röhm, Ed., 's Rösle, s.: André, Ludw.

RÖHM, Franz Seraph (Landshut): De haemorrhagia uteri.- Landishuti: Hagen (1810). 44 S. 24.9.1810 - Pe 312; F 57
Diss. Ingolst.-Landsh.-Mchn.

Röhm, Johann

Röhm, J., Beicht- u. Communionbuch, n. e. Anh. d. gewöhnl. Lieder. 12. Frankf. Hechtel. 750.

— Ehrenrettung Lutheri, od. Beantw. e. Predigt Pfisters, v. d. Himmelfahrt Lutheri. 8. Frankf. 747.

Röhm, Johann Baptist (Hrsg.). s. Alter. Das historische der Diözese Passau in ihrem gegenwärtigen Umfange.

Röhm, J. B., Aufgaben der protestantischen Theologie. gr. 8. (IV, 237 S.) Augsburg 882, [Literar. Institut von Dr. M. Huttler.] Haugg. *

Der erste Brief an die Thessalonicher. Übersetzt und erläutert — von J. B. Röhm, L.-P. — 1885, Passau, J. Bucher. S. 3 143.
Progr. Passau. K. Lyzeum

Röhm, J. B., der 1. Brief an die Thessalonicher. Übersetzt u. erläutert. gr. 8. (143 S.) Passau 885. Bucher. 3. —

Röhm, J. B., zur Charaktoristik der protestantischen Polemik der Gegenwart. 8. (96 S.) Hildesheim 889. Borgmeyer. n. 1. 20

Röhm, J. B., zur Charakteristik d. Protestantismus in Vergangenheit u. Gegenwart. gr. 8 (651 S.) Hildesheim 892. F. Borgmeyer. n 7. —

Röhm, Joh. B., Gedanken über die Union. Hildesheim, Borgmeyer, 1883, gr. 8°, 24 S., 50 Pf.

Röhm, Joh. Bapt., Das Glaubensprincip der kathol. Kirche. Wien, Hölder, 1877, gr. 8°, 169 S., 2,40 Mk.
Recenss. (Tüb.) Theol. Quartalschr. 1877, S. 251—8 (Knittel). Litt. Rundsch. 1877, S. 282. (Linzer) Theol.-pr. Quartalschr. 1878, S. 133—5 (Fuchs).

—— Protestantische Lehre vom Antichrist. Hildesheim, Borgmeyer, 1891, 8°, 224 S., 2,40 Mk.
Bietet nicht etwa eine theol. Kritik der auf d. Titel genannten Lehre, sondern eine Citatensammlung aus zahlreichen akathol. Schriften über dieselbe von den Waldensern an bis auf d. Bekämpfer des Papsttums in d. Gegenwart. Vgl. Stimmen a. M.-Laach Bd. 41, S. 596. Litt. Rundsch. 1893, S. 77—8 (Hr. Weber)

Röhm, J. B., Konfessionelle Lehrgegensätze. Hildesheim, Borgmeyer, 1883—9, gr. 8°. 5 Teile, 24,40 Mk.
Teil 1: X, 285 S.; Teil 2: VIII, 536 S.; Teil 3: XII, 756 S.; Teil 4: IV, 528 S.; Teil 5: VIII, 446 S.

—— confessionelle Lehrgegensätze. 1. und 2. Thl. gr. 8. Ebendas. 884. [1. Thl. (X, 285 S.) *ℳ 3.; 2. Thl. (VIII, 536 S.) *ℳ 5.] *

—— confessionelle Lehrgegensätze. 3. und 4. Thl. gr. 8. Hildesheim, Borgmeyer. [3. Thl. (XII, 756 S.) 887. *ℳ 7.—; 4. Thl. (IV, 528 S.) 888. *ℳ 5.—.] * 12 —
1. und 2. Thl. Ebendas. 1884. *ℳ 8.—.

Röhm, Joh. Bapt., Protestantische Polemik. Hildesheim, Borgmeyer, 1882, gr. 8°, 35 S., 50 Pf.

—— Zur protestant. Polemik. Das. 1883, gr. 8°, 27 S., 40 Pf.
Zu beiden Schriften vgl. Areth. König, Linzer Th.-pr. Quartalschr. 1884, S. 156.

Röhm, Joh., Predigten auf die Feste der Heiligen. 2. Aufl. 8. (125 S) Augsburg 876. Schmid's Verl. 1. 20

Röhm, Joh., Predigten auf die Feste der seligsten Jungfrau. 8. (334 S.) Passau 879. Waldbauer. n. 2. —

Der Protestantismus unserer Tage. Von J[ohann B.] Röhm, Domcapitular in Passau. *München: R. Abt 1897.* (1 Bl., 411, x S.) 1 Bd 4. (91. 208.)

— Sendschreiben an Propst Alexios Maltzew, s.: Sendschreiben e. katholischen an e. orthodoxen Theologen.

— offenes Sendschreiben an e. lutherischen Pastor. 8. (52 S.) Ebd. 887. n. — 60

— zur Tetzel-Legende. Offener Brief an Herrn Prof. Dr. G. Kawerau in Kiel. 8. (33 S.) Ebd. 890. n. — 30

Röhm, J. B., Grobe Unwahrheiten von u. über Luther. Hildesheim, Borgmeyer, 1884, 8°, 1,20 Mk. II, 158 S.

—— Die Wiedervereinigung der christlichen Konfessionen. Mainz, Kirchh., 1899, gr. 8°, 336 u. VIII S., 5 Mk.
Recens. Katholik 1899, Bd. 2 S. 557—8 (Adolf Franz).

Röhm, J., die Wiedervereinigung der christl. Confession. gr. 8. (V, 336 u. VIII S.) Mainz 900. F. Kirchheim. n. 5.—

—— Ein Wort über die deutsche protestant. Schule. Das. 1887, 8°. 144 S., 1,20 Mk
Erbringt durch eine reiche Blumenlese aus protest. Büchern u. Blättern den Beweis, welche Fabeln protestantischerseits über kathol. Dinge verbreitet werden. Stimmen a. M.-Laach Bd. 33, S. 327.

Maßanalyse von Dr. Otto Röhm. Mit 14 Fig. Leipzig: Göschen 1901. 88 S. 8°
(Sammlung Göschen. 221.) A 11. 115. II

Röhm, Otto, Massanalyse, s. a. Sammlung Göschen.

Röhm, Otto, aus Öhringen: Ueber Polymerisationsprodukte der Akrylsäure. *Tübingen: F. Pietzcker 1901.* (33 S.) 8°
Tübingen, Naturw. Diss. v. 1901

Röhm, Philipp

Röhm, Phpp., Geographie für die Oberklassen der Volksschule, sowie für die unteren Klassen höherer Lehranstalten nebst einem Abriß der deutschen Geschichte. 2.—4. Aufl. 8. (128 S.) Kaiserslautern 871—73, Tascher. *

Röhm, Phpp., Geographie für die Oberklassen der Volksschule, sowie für die unteren Klassen höherer Lehranstalten nebst einem Abriß der deutschen Geschichte. 5.—11. Aufl. 8. (128 S.) Kaiserslautern 873—78, Tascher. *

Röhm, Phpp., Geographie für die Oberklassen der Volksschule, sowie für die unteren Klassen höherer Lehranstalten nebst einem Abriß der deutschen Geschichte. 12. und 13. Aufl. 8. (128 S.) Kaiserslautern 879,80, Tascher. *

— Geographie f. die Oberklasse der Volksschule m. e. Abriß der deutschen Geschichte. 14. Aufl. 8. (136 S.) Ebd. 887. n. — 60

—— Geographie von der Pfalz und Bayern. Ein Hilfsbüchlein für den ersten geograph. Unterricht in den deutschen Schulen der Pfalz. Mit einem Anh.: Kurzer Abriß der Geschichte Bayerns. Für die Hand der Schüler bearb. 2.—6. Aufl. 8. (64 S.) Ebendas. 869—73. *

—— Geographie von der Pfalz und Bayern. Ein Hilfsbüchlein für den ersten geograph. Unterricht in den deutschen Schulen der Pfalz. Mit einem Anhang: Kurzer Abriß der Geschichte Bayerns. Für die Hand der Schüler bearb. 7.—20. Aufl. 8. (63 S.) Kaiserslautern 878—79, Tascher. * — 30

—— Geographie von der Pfalz und Bayern. Ein Hilfsbüchlein für den ersten geograph. Unterricht in den deutschen Schulen der Pfalz. Mit einem Anhang: Kurzer Abriß der Geschichte Bayerns. Für die Hand der Schüler bearb. 21.—23. Aufl. 8. (63 S.) Ebendas. 880—84. *

Röhm, Ph., Geographie von der Pfalz u. Bayern. 24. Aufl. 8. (64 S.) Kaiserslautern 888. Tascher. n. — 30

— Materialien f. den Unterricht in schriftl. Aufsätzen. Eine Sammlg. v. Fabeln, Erzählgn., Parabeln, Beschreibgn., Schildergn. u. Briefen. 8. (208 S.) Ebend. 873. n. 2. 20

— Materialien für den Unterricht in schriftlichen Aufsätzen. 2., verb. u. verm. Ausg. 8. (XV, 335 S.) Ebend. 879. n. 2. 80

Röhm, Ph., Rechenbuch, s.: Haesters, A.

Röhm, Wilhelm: Untersuchung eines Petroleumgasteers. 1906. 55 S. 8°
München, Dr.-Ing.-Diss. v. 2. 4. 1906

Rohmann, Adam, s.: Romuald, Adjutus.

Rohmann, Hermann: Messung von Kapazitätsänderungen mit schnellen Schwingungen, angewandt auf die Vergleichung der Dielektrizitätskonstanten von Gasen. Leipzig: J. A. Barth 1910. 30 S. 8°
Straßburg, Math.-naturwiss. Diss. v. 20. Dez. 1909, Ref. Braun
[Geb. 27. Juni 86 St. Johann-Saarbrücken; Wohnort: Straßburg; Staatsangeh.: Preußen; Vorbildung: Oberrealsch. St. Johann-Saarbrücken Reife O. 05; Studium: Berlin Techn. Hochsch. 1, Bonn 1, Straßburg 7 S.] [U 10. 4182

Rohmann, J. L., der allgemeine Bettag. Eine Erzählung. Aus d. Dän. übers. 16. (2 B.) Stralsund 843, Löffler'sche Buchh.

Rohmann, Ludw., s.: Briefe an Fritz v. Stein.

Im Burgwinkel. Schauspiel in 3 Aufz. von Ludwig **Rohmann**. Mit e. Dekorationspl. Leipzig: Reclam (1910). 70 S. 8°
(Universal-Bibliothek. 5227.) [10. 11104

— Im Burgwinkel, s. a. Universal-Bibliothek.

Rohmann, Ludw., die alte Geschichte, s.: Universal-Bibliothek.

Eine Jungfernrevolte. Geschichtl. Lustspiel in 3 Aufz. von Ludwig **Rohmann**. Mit 3 Dekorationsplänen. Leipzig: Reclam [1908]. 80 S. 8°
(Universal-Bibliothek. 5016.) [09. 3439

— Eine Jungfernrevolte, s. a. Universal-Bibliothek.

Die Kerlinger. Roman aus d. Anfang d. 14. Jhs von Ludwig **Rohmann**. Erfurt: K. Villaret 1907. (442 S.) 8° [F.] [08. 876

Die Königin. Ein Frauenschicksal. Von Ludwig **Rohmann**. Goslar: F. A. Lattmann [1908]. (144 S.) 8° [08. 13345 7

— Die Königin. Ein Frauenschicksal. Mit Buchschmuck v. Elfriede Wendtlandt. 2. [Titel-]Aufl. (VII, 145 S. m. 1 Abb.) 8. Berlin [907] 909. W. Vobach & Co. 3.—; geb. in Leinw. 4. —

Zwei Königskinder. Roman (in 2 Bden) von Ludwig **Rohmann**. Ill. von Th. Volz. Bd 1. 2. Berlin, Leipzig, Wien: Vobach (1900). 8°
(Vobachs Illustrierte Roman-Bibliothek. Ser. 4, Bd 3. 4.) [10. 13314

— Zwei Königskinder, s. a. Vobach's illustr. Roman-Bibliothek.

Rohmann, Ludw., d. Leben kein Traum. Pessimist. Geschichten. 8. (180 S.) Berlin 895. Deutscher Autoren-Verlag. n. 2. 25

[F.] Das Leben kein Traum. Pessimistische Geschichten v. Ludwig **Rohmann**. *Berlin: Deutsche Schriftsteller-Genossensch. 1895.* (180 S.) 1 Bd 8. [96. 4287

Eine Lüge. Roman von Ludwig **Rohmann**. Berlin, Leipzig: Hillger [1910]. 128 S. 8°
(Kürschners Bücherschatz. Nr 729.) [11. 14691

— Eine Lüge, s. a. Kürschner's Bücherschatz.

Prometheus. Roman von Ludwig **Rohmann**. Mit Ill. von H. Binde. Berlin, Leipzig: H. Hillger [1907]. (127 S.) 8° [F.]
— **Bücherschatz**, Kürschners. No 556. [07. 13370

— Prometheus, s. a. Kürschner's Bücherschatz.

Rohmann, Ludw., Selbstrecht der Liebe. Roman. 8. (287 S.) Berlin 900. S. Fischer, Verl. n. 3. 50

Gegen den Strom. Roman von Ludwig **Rohmann**. Mit Ill. von Adolf Hering. *Berlin-Leipzig: W. Vobach & Co. [1903].* (200 S.) 8° [F.]
— **Roman-Bibliothek**, Vobachs illustrierte. Ser. 1. Bd 7. [03. 13439 10

— Gegen den Strom, s. a. Vobach's illustr. Roman-Bibliothek.

— Weltflüchtig, s. a. Kürschner's Bücherschatz.

Rohmann, Ludwig: Weltflüchtig. Roman. Mit Ill. von H. Binde. Berlin, Leipzig: Hillger [1909]. 192 S. 8°
(Kürschners Bücherschatz. Nr 659/660.)

Rohmann, Theodor

Rohmann, Th., Adreßbuch von Breslau, s. Adreßbuch.

Rohmann, Thdr., 12 Uebungen d. Vereines zur beständigen Anbetung des allerheiligsten Sakramentes u. zur Ausstattg. armer Kirchen. 8. (IV, 418 S.) Wien 872. Mayer & Co. n. 1. 80

Rohmann, Thdr., Unterricht für die erste heilige Communion. 8. (VIII, 221 S.) Wien 880. Mayer & Co. 1. 80

Röhmann, Franz

Röhmann, F., Anleitung zum chemischen Arbeiten f. Studirende der Medicin. Mit 17 Abbildgn. im Text, 2 Taf. in Lichtdr. u. e. Spectraltaf. in Farbendr. gr. 8. (VII, 108 S. u. 3 Bl. Tafel-Erklärgn.) Berlin 890. Simion. n. 4. 50; geb. n. 5. —

Röhmann, F., Anleitung zum chemischen Arbeiten f. Mediciner. 2. Aufl. (VI, 98 S. m. 32 Abbildgn.) gr. 8. Berlin 904. S. Karger. Geb. in Leinw. n. 4. —

Röhmann, F[ranz]: Beobachtungen an Hunden mit Gallenfistel. (Bonn) 1882. (28 S.) 8° *[Im Buchhandel 1882 bei Köhler in Breslau; aus: Pflügers Archiv f. d. ges. Physiol. Bd 29. 1882.]*
Breslau, Med. Fak., Hab.-Schr. v. 11 Nov. 1882

Biochemie. Ein Lehrbuch f. Mediziner, Zoologen u. Botaniker von Dr. F[ranz] **Röhmann**, Prof., Breslau. Mit 43 Textfig. u. 1 Taf. Berlin: J. Springer 1908. (XVI, 768 S.) 8° [illegible]

Röhmann (Franz), Biochemie. Ein Lehrbuch für Mediziner, Zoologen u. Botaniker. (XVI, 770 S. m. 43 Fig. u. 1 Taf.) gr. 8. Berlin 909. J. Springer. Geb. in Leinw. 20. —

Röhmann, Franz (geb. Berlin 24 [illegible] 1856): Zur Lehre [illegible] Diuretics. (Aus dem Laboratorium der propaedeutischen Klinik.) Berlin (1880). (32 S.) 8°
Berlin, Med. Diss. v. 2 März 1880

Roehmann, Ludwig

Roehmann, L., Handbuch der topograph. Anatomie, s. Encyclopädie der medicin. Wissenschaften, 1. Abthl.

Roehmann, Ludov. (geb. Märkisch-Friedland [illegible]): De febris intermittentis natura et indole. Commentationis a medicorum ordine universitatis Fridericae Guilelmae aureo praemio ornatae pars secunda. Berolini (1842). (26 S.) 8°
Berlin, Med. Diss. v. 26 Aug. 1842

Rohmeder, A. F., die Abkürzung der Wörter. 12. (76 S.) München 892. M. Kellerer. n. n. — 50

Rohmeder, A. F., die Einbeziehung des kaufmänn. Personals weiblichen Geschlechtes bei Neugestaltung der kaufmänn. Fortbildungsschule in München u. bei Errichtung od. Neugestaltung kaufmänn. Fortbildungsschulen in anderen Städten. (32 S.) Lex. 8. München 905. M. Kellerer. n. — 60

Rohmeder, A. F., die Errichtung e. nied. Handelsschule in München. Eine Anregg. auch f. andere Städte. (20 S.) Lex.-8. München 905. M. Kellerer. n. — 40

Rohmeder, A. F., zur Frage der Schulgeldaufhebung. Befürwortung derselben im Gegensatz zu den die Aufhebg. bekämpf. Artikeln im „evangel. Schulblatt.“ Hrsg. vom Bezirkslehrerverein Rothenburg a. d. Tbr. 8. (IV, 59 S.) Rothenburg 872. Beck in Comm. n. — 80

— Kaufmannsstand, Handel, Verkehr- u. Handelsprodukte in der Dichtung. Ein Ergänzungsbd. zu des Verf. „Stoffsammlung zu deutschen Aufsätzen f. kaufmännische Lehranstalten“ u. e. Beigabe zu jedem Lesebuche, e. Lehr- u. Lesebuch f. jeden Kaufmann. gr. 8. (V, 90 S.) Ebd. 895. n. 1. 20; geb. in Halbleinw n. 1. 50

Rohmeder, A. F., deutsches Lesebuch f. kaufmännische Fortbildungsschulen, s.: Loeschl, B.

Rohmeder, A. F., Herr Dr. Maier u. die Rettungsanstalten. Ein Versuch der Rechtfertigung dieser Anstalten gegen die ungerechtfertigten u. unbegründeten Angriffe in Nr. 40 der allgem. d. Lehrerzeitung vom 4. Oktbr. 1868. Rothenburg a. d. T. 869. Beck. gr. 8. (38 S.) n. 5 *ngr.*

— Memorierstoffe f. kaufmännische Fortbildungsschulen u. verwandte Lehranstalten. 3 Kurse. 8. (24, 24 u. 28 S.) Ebd. 893. à n. — 20; in 1 Bd. geb. n. — 60

— Memorierstoffe f. kaufmänn. Fortbildungsschulen u. verw. Lehranst. Zugl. e. Sammlg. poet. Stücke f. d. Schul- u. Handgebrauch überhaupt. 2. Aufl. gr. 8. (73 S.) München 896. M. Kellerer. Kart. n. — 60

— **München als Handelsstadt in Vergangenheit, Neuzeit u. Gegenwart. 2 Vorträge, geh. im Sitzungssaale der Handels- u. Gewerbekammer f. Oberbayern u. München auf Veranlassg. des „deutschen Bankbeamten-Vereins, E. V., Zweigver. München“. (220 S.) Lex.-8. München 905. M. Kellerer. n. 4. —**

Rohmeder, Marzell u. Ritz, zur Schulhygiene. gr. 8. (53 S. m. eingedr. Fig. u. 2 autogr. Taf.) München 885. (Th. Ackermann's Verl.) n. — 80

— Stoffsammlung zu deutschen Aufsätzen f. kaufmännische Lehranstalten. Mit e. Ergänzungsbde.: Kaufmannsstand, Handel, Verkehr- u. Handelsprodukte in der Dichtg. gr. 8. (XIII, 384 S.) Ebd. 894. n. 2. 70; geb. in Halbleinw. n. 3. —

Rohmeder, Adolf

Rohmeder, Adf., Abriß der Kirchengeschichte, s.: Bäßler, Ferd.

— Bestand u. Verfassung der protestantischen Landeskirche in Bayern. Für den Unterricht an sämtlichen Mittelschulen vers. 2. Aufl. (25 S.) 8. Erlangen 909. Leipzig, A. Deichert Nachf. Kart. — 35

Rohmeder, Adf., „Seid barmherzig!“ Predigt, am 4. Sonntag nach dem Dreieinigkeitsfeste, am 30. VI. 1901, in der St. Markuskirche zu München geh. gr. 8. (12 S.) München 901. Buchh. Isaria. n. — 20

Rohmeder, Wilhelm

Rohmeder, W., u. Gust. Wenz, methodischer Atlas f. bayerische Schulen. 1—3. Teil. Imp.-4. München 880—82. Exped. d. k. Zentralschulbücherverl. à n. n. — 50
1. Süddeutschland. (8 chromolith. Karten m. 2 S. Text.)
2. Mitteleuropa. (4 chromolith. Karten.)
3. Europa. (8 chromolith. Karten.)

Rohmeder, W., und Gust. Wenz, methodischer Atlas für bayerische Schulen. 1. Aufl. der Gesamtausg. 27 Karten in Farbendr. gr. 4. (2 Bl. Text.) München 884, Exped. des k. Zentral-Schulbücher-Verlages. ** 2 —

Rohmeder, W., und Gust. Wenz, methodischer Atlas für bayerische Schulen. Kleine Ausg. 12 Karten in Farbendr. gr. 4. (1 Bl. Text.) München 887, R. Oldenbourg. ** — 60
—— —— dass. — Ausg. für Elsass-Lothringen. gr. 4. (25 Karten in Farbendr. mit 2 S. Text.) Ebendas. 886. ** 2 —
Kleine Ausg. (12 Karten in Farbendr.) ** — 60
—— —— dass. — Ausg. für Hessen-Darmstadt und Hessen-Nassau. gr. 4. (25 Karten in Farbendr. mit 2 S. Text) Ebendas. 887. ** 2 —
Kleine Ausg. (12 Karten in Farbendr.) ** — 60
—— —— dass. — Ausg. für Münchener Volksschulen. 15 Karten in Farbendr. gr. 4. Ebendas. 887. ** — 75
geb. ** 1 30
—— —— dass. — Ausg. für Württemberg, Baden und die Hohenzollern'schen Lande. gr. 4. (25 Karten in Farbendr. mit 2 S. Text.) Ebendas. 887. ** 2 —
Kleine Ausg. (12 Karten in Farbendr.) ** — 60

Rohmeder, W., u. Gust. Wenz. Methodischer Atlas f. bayerische Schulen. IV. Tl.: Fremde Erdteile. 3. Aufl. gr. 4. (10 farb. Karten.) Münch. 891, Oldenbourg. ** — 50

Rohmeder, Wilh., Johann Amos Comenius in seinem Verhältnis zu den wichtigsten Schul- u. Erziehungsfragen der Gegenwart, s.: Sammlung pädagogischer Vorträge.

Rohmeder, Wilh[elm]. Ein seltener Fall von Porencephalie. Mit 1 Tafel (4 Figuren) und 2 Abbildungen im Texte. Diss. Med. Bern. 95 S. 8. München, Kastner & Lossen, 1901.

Rohmeder, Wilh., das Fersenthal in Süd-Tirol, s. o. Reiseführer, nationale. Nr. 2.

Rohmeder, Wilhelm: Das Fersental in Süd Tirol. Mit einer Kartenskizze. Freiburg i. B. 1901: C. Troemer. 47 S. [Nationale Reiseführer 2.]

— s.: Jahresberichte des Vereins zur Erhaltung des Deutschtums im Auslande.

— ohne Vaterlandsgeschichte keine Vaterlandsliebe! Eine Studie im Hinblick auf den Geschichtsunterricht in den techn. Unterschulen. gr. 8. (48 S.) München 872. Beck(?) n. — 75

Rohmeder, Wilh., ohne Vaterlandsgeschichte keine Vaterlandsliebe! Zur Frage üb. den Geschichtsunterricht in den realist. Mittelschulen. 2. Aufl. gr. 8. (48 S.) München 884. Franz' Verl. n. — 80

Rohmeder, Wilh., Schulgeographie, s.: Schacht, Thdr.

Rohmeder, W. Sprache, Schrift und Orthographie. Diss. Rostock 1871. 58 S.

Rohmeder, Wilh., Sprache, Schrift u. Ortographie. Eine Promotionsschrift. gr. 8. (58 S.) München 871. A. Ackermann. n. 1. —

[Umschlagt.:] [F.] Aus Vergangenheit, Gegenwart und Zukunft der Siebenbürger Sachsen. Festrede bei d. öffentl. Versammlg des 'Allgem. Deutschen Schulver. z. Erhaltg d. Deutschthums im Auslande' in Lübeck am 31. Mai 1898. Von Dr. Wilh. Rohmeder, München. *Berlin: P. Stankiewicz' Buchdr. 1898.* (10 S.) 1 Bd 8. (98. 7850

Das deutsche Volkstum und die deutsche Schule in Südtirol. Von Dr. Wilhelm Rohmeder. *Wien: C. Graeser 1898.* (XI, 140 S.) 1 Bd 8. (98. 3547

— vom Staatenbund zum Bundesstaat. gr. 8. (16 S.) Mainz 871. Kunze's Nachf. n. — 35

Rohmer: Zu den Geschichtsschreibern der Perserkriege. 8 S. – Züllichau, Progr. 1863

Rohmer, Berndt [cand. med. aus Berlin]: Untersuchungen über die Wirkung des Trionals ... Strassburg i. E., Buchdr. Ch. Müh & C., 1894; 34 S. 8.
Strassburg, Med. Fak., Inaug.-Diss. v. 1894

Rohmer, Friedr., Bayern und die Reaktion. Für deutsche Freiheit und bayer. Ehre. gr. 8. (V und 78 S.) München 850, Franz.

Rohmer, Friedrich, Bayern und die Reaktion. Für deutsche Freiheit und bayerische Ehre. München, G. Franz, Januar 1850. VIII, 78 S. 8°.

Zweiter Abdruck.

Rohmer, Friedr., an die moderne Belletristik u. ihre Söhne u. d. Herren Gutzkow u. Wienbarg insbesond. Zwei Sendschr. gr. 8. (2 B.) Stuttgart 836, Hallbergersche Vrlsh.

Rohmer, Friedrich, Deutschlands alte und neue Bureaukratie. Mit einem offenen Worte über das gegenwärtige bayerische Ministerium. München, Chr. Kaiser, 1848 (Mitte September). 87 S. 8°.

Rohmer, Friedrich, Erklärung an die bayerischen Wahlmänner. München, G. Franz, 1849. 20 S. 8°.

—— Speculationis initium et finis. — A. u. d. T.: Anfang u. Ende d. Speculation. (Lat. u. Deutsch.) Lex.-8. (2 B.) München 835, (Franz.)

Rohmer, Friedr., Lehre von den politischen Parteien. I. Thl. A. u. d. Tl.: Die vier Parteien. Durch Theod. Rohmer. Lex.-8. ($21/_2$ B.) Zürich u. Frauenfeld 844, Beyel. Thlr.

Rohmer, Friedrich: Lehre von den politischen Parteien und ausgewählte kleine politische Schriften. Mit Vorw. u. Einl. von H. *Schulthess.* Nördlingen 1885. 8°
(*Rohmer:* Wissenschaft u. Leben. 4.)

Rohmer, Friedrich: Die vier Parteien. Durch Theodor *Rohmer.* Zürich u. Frauenfeld 1844. 8°
(*Rohmer:* Lehre von d. polit. Parteien. 1.)

Rohmer, Friedrich. Sendschreiben an das königlich bayerische Staatsministerium für Annahme der deutschen Reichs-Verfassung. München, G. Franz Ende April 1849. 30 S. 8.

Rohmer, Friedrich, Sendschreiben an das königlich bayerische Staatsministerium für Annahme der deutschen Reichs-Verfassung. München, G. Franz, Ende April 1849. 30 S. 8°.

Zweiter Abdruck.

—— der vierte Stand und die Monarchie. gr. 8. (24 S.) München 848, Franz.

Rohmer, Friedrich, Der vierte Stand und die Monarchie. Zweiter unveränderter Abdruck. München, G. Franz, Ende März 1848. 24 S. 8°.

Rohmer's, Frdr., Wissenschaft u. Leben. 1. Bd. Die Wissenschaft v. Gott. gr. 8. (XI, 411 S.) Nördlingen 871. Beck. n. 6. —

Rohmer's, Friedr., Wissenschaft und Leben. 2.—4. Bd. gr. 8. [Nördlingen 885.] München, Beck'sche Verlagsh. * 19 50
Inhalt:
Bd. 2. 3. Wissenschaft vom Menschen. Auf Grund mündl. Ueberlieferung und schriftl. Aufzeichnungen bearb. von Rud. Seyerlen. 2 Bde. [1. Bd.: Die 16 Grundkräfte. (XIX, 491 S.); 2. Bd.: Die (Individual-)Psychologie. (XVIII, 383 S.)] *M 12.—.
4. Lehre von den polit. Parteien und ausgewählte kleine polit. Schriften. Mit Vorwort und Einleitung von H. Schultheß. (XII, 596 S.) *M 7.50.
1. Bd. Ebendas. 1871. *M 6.—.

Rohmer's, Friedr., Wissenschaft u. Leben. 5. u. 6. Bd. Friedrich Rohmer's Leben u. wissenschaftl. Entwicklungsgang. Entworfen v. Joh. Casp. Bluntschli. Bearb. u. ergänzt v. Rud. Seyerlen. Mit den Bildnissen Friedr. u. Thdr. Rohmer's (in Photograv.). 2 Bde. gr. 8. (XXXV, 574; X, 410 S.) Münch. 892, Beck. * 15 —
1.—4. Bd. Ebd. 1871—85. * 25 50.

Rohmer, Gust., d. Gewerbeordnung f. d. Deutsche Reich, — d. Handwerkernovelle, } s.: Landmann, Rob. v.

Rohmer G, Handwerkernovelle vom 26. Juli 1897. (338 S) (Landmann R, Gewerbeordnung, Ergänzungsband) München 1898

Rohmer, Gust., das Kinderschutzgesetz. Reichsgesetz vom 30. III. 1903, betr. Kinderarbeit in gewerbl. Betrieben. (IV, 103 S.) 16. München 903. C. H. Beck.
Geb. in Leinw. n. 1. 20

Rohmer, Gust., Kommentar zur Gewerbeordnung für das Deutsche Reich, s.: Landmann, Rob. v.

[F.] Rohmer, Gustav [Rechtspraktikant]: Die rechtliche Natur des Standesherrlichen Steuer-Vorrechts und sein Umfang nach dem Staatsrechte Bayerns ... Nördlingen, C. H. Beck'sche Buchdr., *1893*: 2 Bl., 59 S. 8.
Erlangen, Jur. Fak., Inaug.-Diss. v. 1893

Rohmer, Martin, aus Berlin: Eine Umlagerung des Methylendi-o-nitranilins. *Berlin (1900): G. Schade.* (46 S.) 8°
Berlin, Phil. Diss. v. 23. Mai 1900

Rohmer, Paul, approb. Arzt: (Aus d. Pathol. Institut d. Universität Strassburg.) Ueber Knochenbildung in verkalkten endocarditischen und endarteritischen Heerden. *Berlin 1901: G. Reimer.* (30 S.) 8° ¶ (Aus: Virchow's Archiv f. pathol. Anat. u. Physiol., Bd 166.)
Strassburg, Med. Diss. v. 1901

ROHMER, Theodor (Nördlingen): Ein Beitrag zur Teratologie des Auges. Mit 1 Abb.- Nördlingen: Beck 1884. 40 S., Taf.
3.3.1884 - Urk (Titel: De oculi teratologia.); Chr 1883/84,13
Diss. Ingolst.-Landsh.-Mchn.

Rohmer, Theodor. Deutschlands Beruf in der Gegenwart und Zukunft. Zürich und Winterthur 1841. 220 S. 8.

Rohmer, Theod., Deutschlands Beruf in d. Gegenwart u. Zukunft. Lex.-8. (14½ B.) Zürich 841, [Fröbel u. Comp.]

Rohmer, Thdr., Deutschlands Beruf in der Gegenwart u. Zukunft. (Neue Titelausg.) gr. 8. (220 S.) Leipzig 847, Verlagsbureau. ¾ ℛ

Rohmer, Thdr., die Religion Jesu. Aus dem Nachlasse des Verf. herausg. von Gust. Widenmann. Nördlingen 859. Beck. 8. (2 Bl., VIII, 286 S.) n. 1 ℛ 22½ ngr.

Röhmer, Alfred, aus Berlin: Zur Kenntnis des Triketopentans und seiner Derivate. Synthese d. Phenylmethyltriketons. *Berlin 1902: A. W. Schade.* (39 S.) 8°
Berlin, Phil. Diss. v. 3. Dez. 1902

Röhmer, August: Jahresbericht des Czernowitzer Stadtphysikates für das Jahr 1896. Czernowitz: Pardini 1896.

Röhmer, Hans: Über Kondensationen des Furfurols und Furfuracroleins. *Rostock 1898: C. Boldt.* (37 S.) 8°
Rostock, Phil. Diss. v. [11. Dez.] 1897

Röhmer, Richard: Priestergestalten im englischen Drama bis zu Shakespeare. Einl. Abschn. 1, Kap. 1—3. (Berlin: Mayer & Müller 1909.) XII, 50 S. 8° ¶ (Ersch. vollst. in: Berliner Beiträge z. german. u. roman. Philol.)
Berlin, Phil. Diss. v. 15. Dez. 1909, Ref. Brandl
[Geb. 24. März 84 Berlin; Wohnort: Berlin; Staatsangeh.: Preußen; Vorbildung: Sophien-Realgymn. Berlin Reife M. 03; Studium: Berlin 13 S.; Rig. 10. Juni 09.] [U 10. 241

Röhmer, Sophie, praktisches Kochbuch für bürgerliche Hausfrauen. Dresden 862. Meinhold & Söhne. 8. (VI, 298 S.)
18 ngr; cart. 21 ngr

Röhmer, Sophie, praktisches Kochbuch für bürgerliche Hausfrauen. 2., verb. u. verm. Auflage. Dresden 866. Meinhold & Söhne. gr. 8. (XXIV, 315 S.)
20 ngr; cart. 22½ ngr

Röhmer, Sophie, praktisches Kochbuch für bürgerliche Hausfrauen. 3., verm. u. verb. Aufl. Mit gleichzeit. Berücksichtigung der L. Naumann'schen Gewürze. 8. (XIV, 340 S.) Dresden 878. Meinhold & Söhne. geb. 3. —

Röhmer, Wilhelm, aus Nauen (Kr. Osthavelland), Unterarzt im 2. Elsäss. Pionier-Bat. No. 19: Latente Magenkrebse. *Berlin (1902): G. Schade.* (38 S.) 8°
Berlin, Med. Diss. v. 31. Mai 1902

Röhming: Das doppellagige Asphaltpappdach, s. Hoppe

Rohn, A., bemerkenswerte Brückenbauten d. 3 letzten J. 1907/09. (35 S. m. 45 Abb. u. 6 Tab.) 31,5×23 cm. Zürich 910. Rascher & Co. 3. —

Rohn, A., die Dresdner Marie, s.: Dorfgeschichten.

Rohn, Adeline Elisabeth

Rohn, Elisab., stille Geschichten. (186 S.) 8. Nürnberg (906). E. Nister. n. 2. —; geb. n. 2. 50

Rohn, A. Elisab., höher hinaus, s.: O du fröhliche, o du selige, gnadenbringende Weihnachtszeit. 87.

Rohn, Adeline Elisab., Suchen u. Finden. Erzählung aus d. Gegenwart. (300 S.) 8. Konstanz (909). Christlicher Buch- u. Kunstverlag, C. Hirsch. Geb. in Leinw. 3. —

Rohn, Frz., Robert, od. Eine mißlung. Feuerwehrvorstellg., s. a. Esser's, J., Sammlung leicht aufführb. Theaterstücke.

Robert oder Eine misslungene Feuerwehrvorstellung. Schwank in 2 Aufz. von Franz Rohn. *Paderborn: J. Esser 1901.* (22 S.) 8° [F.]
= Sammlung. J. Esser's, leicht aufführb. Theaterstücke. H. 75. [01. 1091

Rohn, Gustav

Rohn, G., die Spinnerei in technologischer Darstellg. E. Hand- u. Hilfsbuch f. d. Unterricht in d. Spinnerei an Spinn- u. Textilschulen, techn. Lehranstalten und zur Selbstausbildg., sowie e. Fachbuch f. Spinner jeder Faserart. (XII, 186 S. m. 143 Fig.) 8. Berlin 910. J. Springer. Geb. in Leinw. 3. 60

Rohn, Hans, Panorama v. der Kaiser-Jubiläums-Warte auf der Vogeltennwiese (Galizinberg) (430 m). 17×147,5 cm. Farbdr. (5 S. Text.) kl. 8. Wien (907). G. Freytag & Berndt. nn — 50

Rohn, Joh[ann] Anton. „Getreu bis in den Tod". Festpredigt auf das Patrocinium der hl. Jungfrau und Martyrin Verena bei Anlass der sechsten Säcularfeier des St. Verena-Stiftes in Zurzach am 1. September 1879, nebst einem Erinnerungsblatte an ... Stiftspropst J(ohann) Huber. (2., verbesserte Aufl.) 8. Klingnau 1879.

Rohn, J. A. (Dekan), der gegenwärtige Kampf der schweizer. Katholiken. Festrede. 24 Stn. 8. Luzern, Gebr. Räber. 1873. —. 20

Schweizer-Broschüren für Volk u. Gelehrte. 7. Heft. Possumus. Einige Briefe an Hrn. E. Rothpletz in Aarau üb. dessen Programm z. Bundesrevision, verfasst v. J. A. Rohn. 54 Stn. 8. 1873. Klingnau. F. Bürli. —. 35

Rohn, Joh. Ant., die Schweizerpilger in Rom bei dem Bischofsjubiläum Papst Pius IX. Festrede bei Anlaß der 19. Generalversammlung des Schweizer-Piusvereins in Einsiedeln am 5. Septbr. 1877. gr. 8. (36 S.) Einsiedeln 878. Benziger. — 35

Rohn, Johann Karl

Rohn, Jh. Karl, († d. 28. Nov. 1779.) antiquitas ecclesiarum, capellarum et monasteriorum aliorumque aedium sacrarum districtus Boleslaviensis et in parte Lusatiae superioris, Districtus Curimensis et Comitatus Glacensis, Districtus Zatecensis. 4. Prag 774, 75.

Rohn, J. K. Chronik vormals Böhmischer Kronlehen, nunmehr ins Allodium gezogener Städte Friedland u. Reichenberg. 4. Prag 1763.

— Diarium von der Preuß. Belagerung d. Prager Städte. 4. Prag 757.

— Nomenclator; e. Wörterbuch, Böhmisch, Latein. u. Deutsch. 4 Thle. 4. Prag 764—68.

— Thesaurus triplex in regulari ac parochiali ecclesia S. Crucis maioris Crucigerorum cum rubeo corde de Poen. P. P. M. M. Pragae, caelestium gratiarum donis locuples. 4. Prag 756.

Rohn, Karl: Betrachtungen über die Kummer'sche Fläche u. ihren Zusammenhang mit den hyperellipt. Functionen p=2. Diss. München. 1878. 8°

Rohn, K., der Büschel v. Flächen 2. Grades im Raume Sn u. Ein (n+1) = Flach in besond. Beziehung zu ihm, s.: Abhandlungen der königl. sächsischen Gesellschaft der Wissenschaften. Mathem.-phys. Klasse. 31, VII.

Rohn, Karl, die Entwickelung der Raumanschauung im Unterricht. Festrede zur Feier des Geburtstages Sr. Maj. des Königs am 23. IV. 1900. Progr. 4. (7 S.) Dresden 900. (A. Drossel.) n. — 80

Rohn, K., die Flächen 4. Ordnung hinsichtlich ihrer Knotenpunkte und ihrer Gestaltung, s. Preisschriften, gekrönt und hrsg. von der fürstl. Jablonowski'schen Gesellschaft zu Leipzig.

Rohn, Karl, u. Erwin Papperitz, Lehrbuch der darstellenden Geometrie. (In 2 Bdn.) I. Bd. gr. 8. (XVIII, 381 S. m. Fig.) Leipzig 893. Veit & Co. n. 11. —; geb. in Leinw. n. 12. —

Rohn, Karl, u. Erwin Papperitz, Lehrbuch der darstellenden Geometrie. (In 2 Bdn.) 2. Bd. gr. 8. (XVI, 528 S. m. Fig.) Leipzig 896. Veit & Co. n. 14. —; geb. in Leinw. n. 16. — (kplt.: n. 25. —; geb. n. 27. —)

— u. Erwin Papperitz, Lehrbuch der darstellenden Geometrie. (In 2 Bdn.) 1. Bd. 2., umgearb. Aufl. gr. 8. (XX, 418 S. m. 327 Fig.) Leipzig 901. Veit & Co. n. 12. —; geb. in Leinw. n. 13. —

Rohn, Karl, u. Erwin Papperitz, Lehrbuch der darstellenden Geometrie. 3. umgearb. Aufl. in 3 Bdn. gr. 8. Leipzig 906. Veit & Co. n. 28. —; geb. in Leinw. n. 31. —
1. Orthogonalprojektion. Vielflache, Perspektivität ebener Figuren, Kurven, Cylinder, Kugel, Kegel, Rotations- u. Schraubenflächen. (XX, 476 S. m. 341 Fig.) n. 13. —; geb. n. 11. —
2. Axonometrie, Perspektive, Beleuchtung. (VI, 194 S. m. 118 Fig.) n. 6. —; geb. n. 7. —
3. Kegelschnitte, Flächen 2. Grades, Regel-, abwickelbare u. andere Flächen, Flächenkrümmung. (X, 331 S. m. 157 Fig.) n. 9. —; geb. n. 10. —

Rohn, Karl: Transformation der hyperellipt. Functionen p=2 und ihre Bedeutung für die Kummer'sche Fläche. Habil.-Schrift Leipzig 1879. 8°

Rohn, Konr., Geschichtsstoff f. das VI. u. VII. Schuljahr. Nach den Bestimmgn. d. Lehrplans I der mittelfränk. Lehrordng. bearb. 2. Aufl. 8. Nürnberg 887. Korn. n. — 30
VI. (12 S.) n. — 10. — VII. (23 S.) n. — 20

Rohn, R. A., Geschichte, s. a. Hirt's, F., Realienbuch.

Geschichte. Ausg. f. kath. Schulen, bearb. von R. A. Rohn. Grössere Ausg. (B). 4., nach d. neuesten Bestimmungen umgearb. Aufl. Breslau: F. Hirt 1899. (96 S.) 8° [F.]
— Realienbuch, F. Hirts. No 6.

Geschichte. Ausg. f. kath. Schulen, bearb. von R. A. Rohn. 5., nach d. neuen Rechtschreibung geänd. Aufl. Breslau: F. Hirt 1903. (96, 16 S.) 8° [F.]
— Realienbuch, F. Hirts. Größere Ausg. (B.) No 6.

Rohn, R. A., s.: Hirt's, F., Realienbuch.

Rohn, R. A., Regeln der deutschen Sprachlehre für Elementarschulen. 1.—3. Aufl. 8. (32 S.) Braunsberg 866,67, Peter. cart. **

Rohn, R. A., Regeln der deutschen Sprachlehre für Elementarschulen. 4.—8. Aufl. 8. (32 S.) Leipzig 869—75, Peters. **

Rohn, R. A., Regeln der deutschen Sprachlehre für Volksschulen. 9.—12. Aufl. 8. (32 S.) Leipzig 876—79, Peter's Verlag. cart. ** — 25

Rohn, R. A., Regeln der deutschen Sprachlehre für Volksschulen. 13.—18. Aufl. 8. (32 S.) Leipzig 880—83, Peter's Verlag. cart. ** — 25

— Regeln der deutschen Sprachlehre für Volksschulen. 19.—24. Aufl. 8. (32 S.) Leipzig 884—88, Peter. ** — 25

Rohn, R. A. Regeln der deutschen Sprachlehre f. Volksschulen. 27. u. 28. Aufl. 8. (32 S.) Lpz. 891,92, C. Peter. ** — 25

— Regeln der deutschen Sprachlehre f. Volksschulen. 30. Aufl. 8. (32 S.) Leipzig 894. C. Peter. n.n. — 25

— Regeln der deutschen Sprachlehre f. Volksschulen. 35. Aufl. 8. (32 S.) Leipzig 898. C. Peter. n.n. — 25

— Regeln der deutschen Sprachlehre f. Schulen. 40. Aufl. 8. (32 S.) Leipzig 903. C. Peter. n.n. — 25

— Regeln der deutschen Sprachlehre f. Schulen. 45. Aufl. (32 S.) 8. Leipzig 907. Dürr'sche Buchh. n.n. — 25

— Regeln der deutschen Sprachlehre f. Schulen. Neu hrsg. v. Heisig. 50. Aufl. (32 S.) 8. Leipzig 911. [Dürr'sche Buchh.] C. Peter's Verl. nn — 25

— Stoffe f. den Unterricht in den Realien, s.: Hirt's, F., Realienbuch.

Gedichte und Lieder von Adolf **Roehn**. (Hrsg.: Ludwig Sixtus u. Otto Rohkohl.) *Berlin: O. Rohkohl 1903.* (VIII, 163 S.) 8° [F.] [03. 10781

Röhn, E., Freiherr Karl vom Stein. Ein biograph. Denkmal für das deutsche Volk. gr. 8. (40 S.) Berlin 875, [Nicolai'sche Verlagsb.] Bichteler und Comp. * — 50

Rohncke, Samuel (Breslau)

Dissertatio inauguralis physico-medica de acidulis Veteraquensibus in Silesia. Präs. Friedrich Hoffmann. Halle (Hilliger) 28. IX. 1731. 24 S.

W. v.: Präs. 29142

Rohne, Heinrich

Rohne, H., das gefechtsmäßige Abtheilungsschießen der Infanterie. Welche Wirkg. hat es und wie werden die Aufgaben dafür gestellt? 3., gänzlich umgearb. Aufl. gr. 8. (VI, 77 S. m. 7 Abbildgn.) Berlin 899. E. S. Mittler & Sohn. n. 1.50

Das gefechtsmäßige Abteilungsschießen der Infanterie und das Schießen mit Maschinengewehren. Studie von H[einrich] **Rohne**, Gen.Lt. z. D. 4., gänzl. umgearb. Aufl. Mit 7 Abb. Berlin: E. S. Mittler & Sohn 1905. (V, 125 S.) 8° [F.] [05. 7793

Die Anwendung der Wahrscheinlichkeitslehre auf das Präzisionsschießen der Infanterie. Von H[einrich] **Rohne**, Gen.Lt. z. D. *Berlin: E. S. Mittler & Sohn (1900).* (S. 277–290.) 8° [F.]
= **Militär-Wochenblatt.** 1900. Beih. 6, [2.] [04. 3790

Zur Artilleriefrage. Von H[einrich] **Rohne**, Gen.Lt. z. D. *Berlin: A. Bath 1904.* (48 S.) 8°
= **Zeitfragen**, Militärische. H. 8. [04. 1910

Rohne, H. Das Artillerie-Schießspiel. Anleitung zum applikator. Studium der Schießregeln u. zur Bildung v. Schießbeispielen. Mit 3 Anlagen. gr. 8. (V, 106 S.) Berl. 891, Mittler u. Sohn. * 2 75

— dasselbe. 2., unter Berücksicht. des Entwurfs der Schießvorschrift f. die Feldartillerie vom J. 1893 gänzlich umgearb. Aufl. Mit 4 Anlagen. gr. 8. (93 S.) Ebd. 893. n. 2. 60

Rohne, H., Beispiele u. Erläuterungen zu dem Entwurf der Schießregeln für die Feld-Artillerie 1882. Suppl. zu d. Verf. Buch: „Das Schießen der Feld-Artillerie". gr. 8. (26 S.) Berlin 882. Mittler & Sohn. n. — 50

Rohne, H., Beispiele u. Erläuterungen zu dem Entwurf der Schießregeln f. die Feld-Artillerie 1883. Suppl. zu d. Verf. Buch: „Das Schießen der Feld-Artillerie". gr. 8. (31 S.) Berlin 883. Mittler & Sohn. n. — 50

Rohne, H., üb. d. Beurtheilg. d. Wirkg. u. üb. Stellg. v. Aufgaben beim gefechtsmäß. Schießen d. Infanterie u. Feldartillerie, s.: Beiheft z. Militär-Wochenblatt 1895.

Die deutsche Feldartillerie vor der Entscheidung von H. **Rohne**, Gen.Lt. z. D. *(Berlin: A. Bath 1903.)* (31 S.) 8°
Aus: Jahrbücher f. d. deutsche Armee u. Marine.
= **Zeitfragen**, Militärische. H. 6, 1. [04. 1300

— die französische Feldartillerie. Organisation, Bewaffnung, Ausbildg., Schießen, Gefecht nach dem Reglement vom 16. XI. 1901 dargestellt u. kritisch beleuchtet. gr. 8. (VI, 125 S. m. 20 Abbildgn.) Berlin 902. E. S. Mittler & Sohn. n. 2. 50; geb. in Leinw. n.n. 3. 50

Zum Feldgeschütz der Zukunft. Von Gen.Lt. z. D. H[einrich] **Rohne**. ⟨Mit 4 Abb.⟩ Berlin: A. Bath 1907. (32 S.) 8°
Aus: Jahrbücher f. d. deutsche Armee u. Marine.
= **Zeitfragen**, Militärische. H. 15, [1.] [07. 11807

Rohne, H., die Feuerleitung großer Artillerieverbände, ihre Schwierigkeiten und die Mittel sie zu überwinden. gr. 8. (40 S.) Berlin 886, Mittler und Sohn. * — 75

Ueber die Feuerwirkung der modernen Feldartillerie. Von H[einrich] **Rohne**, Gen.Lt z. D. Berlin: A. Bath 1905. (S. 36–53.) 8° [F.]
Aus: Jahrbücher f. d. deutsche Armee u. Marine.
= **Zeitfragen**, Militärische. H. 13, [2.] [05. 8501

Über die Führung von Kolonialkriegen. Vortrag, geh. in d. Versammlung d. Mitarbeiter d. Militär-Wochenblattes 1905 von H[einrich] **Rohne**, Gen.Lt. z. D. Berlin: E. S. Mittler & Sohn 1905. (S. 241–256.) 8° [F.]
= **Militär-Wochenblatt.** 1905, Beih. 6, [2.] [05. 7610

— die Mitwirkung der Artillerie beim Angriff e. befestigten Feldstellg., s.: Beiheft z. Militär-Wochenbl. 1901. Hft. 6, 7.

— s.: Monatshefte, artilleristische.

—— das Schießen der Feld-Artillerie, unter Berücksicht. der für die preuß. Artillerie gült. Bestimmungen. gr. 8. (VIII, 334 S. mit vielen Abbild. im Text und 12 Taf. in Steindr.) Ebendas. 881. * 8 —

— d. gefechtsmäßige Schießen d. Infanterie u. Feldartillerie. Wie wirkt dasselbe u. wie werden d. Aufgaben f. dasselbe gestellt? 2., gänzl. umgearb. u. erweit. Aufl. gr. 8. (V, 72 S. m. 1 Taf.) Berlin 896. E. S. Mittler & Sohn. n. 1. 50

Rohne, H. Das gefechtsmäßige Schießen der Infanterie und Feldartillerie. 2. Aufl. Berlin 1896. 8°. (1. Aufl. 1895.)
Dass. u. d. T.: Das gefechtsmäßige Abteilungsschießen der Infanterie. 3. Aufl. 1899.
Dass. u. d. T.: Das gefechtsmäßige Abteilungsschießen der Infanterie und das Schießen mit Maschinengewehren. 4. Aufl. 1905.

Schiesslehre für die Feldartillerie unter bes. Berücks. d. deutschen Feldgeschütze. Von H[einr.] **Rohne**, Generalmajor. Mit 24 Abb. u. 6 Taf. *Berlin: E. S. Mittler & Sohn 1895.* (VII, 157 S.) 8° [F.] [02 16553

Schiesslehre für Infanterie unter bes. Berücks. d. Gewehrs 88 u. d. Schiessvorschrift f. d. Infanterie. Von H[einr.] **Rohne**, Generallt., Thorn. Mit 28 Abb. u. 5 Taf. *Berlin: E. S. Mittler & Sohn 1896.* (VIII, 161 S.) 8° [F.] [02 16558

— Schießlehre f. Infanterie unter besond. Berücksicht. des Gewehrs 98 m. S-Munition, der Maschinengewehre u. der Schießvorschrift f. die Infanterie vom 2. XI. 1905. 2. Aufl. (X, 214 S. m. 84 Abbildgn. u. 2 Taf.) 8. Berlin 906. E. S. Mittler & Sohn. n. 4.—; geb. n. 5.25

— Studie üb. die Schnellfeuergeschütze in Rohrrücklauflaffete. Lex.-8. (40 S. m. 6 Abbildgn. u. 4 Taf.) Berlin 901. E. S. Mittler & Sohn. n. 1. —
Sonderabdruck aus: „Kriegstechn. Zeitschrift".

— Studie üb. den Schrapnelschuß der Feldartillerie. Mit 8 Beilagen in Steindr. [Aus: „Archiv f. Artill.- u. Ingenieur-Offiziere".] gr. 8. (III, 90 S.) Ebd. 894. n. 1. 60

— neue Studien üb. d. Wirkg. d. Infanteriegewehres beim gefechtsmäss. Abtheilungsschiessen. M. 9 Abb. [Aus: „Kriegstechn. Ztschr."] gr. 8. (31 S.) Ebd. 898. n. — 75

— Taktik der Feldartillerie. 1874—1898. gr. 8. (36 S.) Ebd. 899. n. 1.—
Sonderabdruck aus: „Loebell's Jahresberichte".

— die Taktik der Feldartillerie f. die Offiziere aller Waffen auf Grund der f. die deutsche Artillerie bestehenden Bestimmgn. 2, verm. u. verb. Aufl. gr. 8. (VIII, 167 S. m. Fig.) Ebd. 900. n. 3.—; geb. in Leinw. n.n. 4.25
1. Aufl. (V, 157 S. m. Fig.) 899. n. 3.—; geb. n. 4.25.

Die Taktik der Feldartillerie für die Offiziere aller Waffen auf Grund der f. d. deutsche Artillerie bestehenden Bestimmungen. Von H[einrich] Rohne, Gen.Lt. z. D. 3., völlig neu bearb. Aufl. Berlin: E. S. Mittler & Sohn 1908. (IV, 151 S.) 8° [F.] (08. 2899

Rohne, Jul., der Versicherungs-Rathgeber. Populäre Aufsätze über Versicherung. 8. (87 S.) Dresden 879. Dietrich. n. — 40

Rohne K.: Die Kunst den Pferden das Scheuen abzugewöhnen. Quedlinb. u. Leipz. 1840. 72 S.

Rohne, K., die Kunst, den Pferden d. Scheuen abzugewöhnen. 8. (4½ B.) Quedlinburg 840, Basse.

— Die Kunst, ein vollkomm. Pferdekenner zu werden, die Betrügereien d. Pferdehändler zu entdecken u. beim Pferdehandel zu gewinnen. Mit mehr., d. Text erläut. Abb. (auf 8. Taf. in 4.) 8. (64 S.) Ebd. 46. M. 1.50

—— der Naturzeichner. Eine gründl. Anleit., ein. jeden Gegenstand, ohne Kenntniß d. Perspective, Optik 2c., in kurzer Zeit richtig nach d. Natur zeichnen zu lernen. 8. (4 B. u. 5 Stnt.) Quedlinburg 840, Basse.

Rohne, K., der Naturzeichner. Eine gründliche Anleitung, einen jeden Gegenstand, ohne Kenntniß der Perspective, Optik u. s. w., in kurzer Zeit richtig nach der Natur zeichnen zu lernen. Mit 5 (lith.) Taf. Abbildgn. (in 8. u. 4.). 2. Aufl. Quedlinburg 854. Basse. 8. (VIII, 56 S.) 15 ngr.

Rohne, K., Gründlicher Unterricht im Hiebfechten, m. Abb., Quedlinburg u. Leipzig 1840, 58 S., 5 Taf., 8°.

Rohne, K., gründlicher Unterricht im Hiebfechten. Zum Selbstunterricht u. zur Fortübung. Mit 10 Taf. Abbildd. br. gr. 8. Quedlinburg 840. Basse. ⅔ rß

Rohner. Johann Jakob R'.... [Bern 1892] s. (R[ohner, Otto]).

Rohner, A., Beitrag zur Lösung der Frage über Erweiterung der Schulzeit an den Appenzell-Ausserrhodischen Primarschulen. 24 Stn. 8. Hundwyl, beim Verf. 1872.

Rohner, Beat, der letzte Abt v. Rheinau. Leichenrede bei der Beerdigg. d. hochwürdigsten gnäd. Hrn. Leodegarius Ineichen, Abt v. Rheinau, geh. in der Stiftskirche zu M. Einsiedeln am 11. Sept. 1876. gr. 8. (12 S.) Einsiedeln 876. Benziger. n. — 20

—— s. Bibliotheca ascetica.

Rohner, Beat, Firmungsbüchlein. Kurzer Unterricht über das heilige Sacrament der Firmung. Mit Andachts-Uebungen für Firmlinge. 24. (63 S. m. eingedr. Holzschn.) Einsiedeln 880. Benziger. geb. — 20

Rohner, Beat., O. S. B., Firmungsbüchlein. Kurzer Unterricht üb. d. hl. Sacrament d. Firmg. 5. Aufl. 16. (64 S. m. Titelbild.) Einsiedeln 898. Verlagsanstalt Benziger & Co. Geb. in Leinw. n. — 35

Rohner, Beat., die ecumenischen Concilien. Kirchenrechtlich dargestellt. (Aus den „Blättern für Wissenschaft, Kunst u. Leben aus der kathol. Schweiz.") Luzern 869. Gebrüder Räber. gr. 8. (22 S.) n. 4 ngr.

Rohner, B. Das Leben der allerseligsten Jungfrau Maria. Mit 28 Abb. von *J. v. Führich*. Kl. in-8°. 512 S. Einsiedeln, Benziger & Co. Leinw. 3 15 1895.

Das Leben der Allerseligsten Jungfrau Maria, dem kath. Volke dargest. von P. Beat Rohner, O. S. B., Pfarrer. Mit 28 Bild. von Jos. R' v. Führich. 3. Aufl. *Einsiedeln, Köln: Benziger & Co. 1901.* (512 S.) 8° [F.] (03. 19004

— Maria u. Joseph. Das Leben u. die Verehrung der allerseligsten Jungfrau Maria u. ihres glorreichen Bräutigams St. Joseph, verbunden mit einer Darstellung der vorzüglichsten Gnadenorte u. Verehrer Maria's. Mit einem Vorwort von Sr. Exc. dem Fürsterzbischof Frz. Alb. Eder. Mit 740 (eingedr.) Holzschn. u. 4 Oelfarbendr.-Bildern. 32 Lfgn. hoch 4. (1019 S.) Ebend. 878. à — 50

Rohner, Beat, Maria u. Joseph. Das Leben der allerseligsten Jungfrau u. ihres glorreichen Bräutigams, verbunden m. e. Schilderg. der vorzüglichsten Gnadenorte u. Verehrer Maria's. Mit e. Vorwort Sr. Exc. d. Hrn. Fürsterzbischof Dr. Frz. Alb. Eder. Neue Ausg. Mit 8 Orig.-Chromolith. in reichster Ausführg. u. 740 Holzschn. gr. 4. (XIV, 1019 S.) Einsiedeln 884. 85. Benziger & Co. n. 12. 50

Rohner, P. Beat, O. S. B. Maria und Joseph. Das Leben der allerseligsten Jungfrau und Gottesmutter Maria und ihres glorreichen Bräutigams St. Joseph. Neue Prachtausgabe mit 8 feinsten Original-Farbendruckbildern. 1040 Quartseiten, mit 740 Holzschnitten reich illustr. Einsiedeln, Gebr. Benziger. 1893.

Rohner, Beat, O. S. B., Maria u. Joseph. Das Leben der allersel. Jungfrau u. ihres glorreichen Bräutigams, verbunden m. e. Schilderg. der vorzüglichsten Gnadenorte u. Verehrer Maria's. Mit e. Vorwort Sr. Em. des hochw. Herrn Frz. Alb. Eder, O. S. B. Neueste Ausg. Mit mehreren Orig.-Chromolith. in reichster Ausführung u. 740 Holzschn. 4. (XVI, 1019 S.) Einsiedeln (899). Verlagsanstalt Benziger & Co. Geb. in Leinw. n. 10. 80; in Halbfrz. m. Goldschn. n. 16. —

Maria und Joseph. Das Leben d. Allerseligsten Jungfrau u. ihres glorreichen Bräutigams, verbunden mit e. Schilderung d. vorzüglichsten Gnadenorte u. Verehrer Maria's von P. Beat Rohner, O. S. B. Mit e. Vorw. d. Dr. Franz Albert Eder, O. S. B., Fürsterzbischof von Salzburg. Neueste Ausg. Mit mehr. Orig.-Chromolith. u. 740 Holzschn. *Einsiedeln, Köln: Benziger & Co. [um 1902].* (1019 S.) 4° [F.] (03. 10673

—— die Wunder der göttlichen Liebe im hochheiligsten Sakramente des Altars. Mit einem Gebetsanh. für Priester. 16. (526 S. mit 3 Stahlst.) Einsiedeln 874, Gebr. Benziger.

— dasselbe. M. e. Anh. v. Andachtsübgn. 16. (526 S. m. 3 Stahlst.) Ebend. 874. 1. 65

Rohner, Beatrice, im Sonnenschein. Wie es im Mädchen-Waisenhaus in Marasch (Armenien) zugeht. (8 S. m. Abb.) 14,5×22,5 cm. Frankfurt a/M. 908. Verlag Orient. — 05

Rohner, F . Gedichte. 95 S. 8. Zürich, Cäsar Schmidt, 1904. [fr. 1.20]

Rohner, Fanny. Das «Unser Vater». In Versen geschrieben für die christliche Gemeinde von F' R'. Mit Vorwort von Pfarrer H[einrich] Hugendubel. 24 S. 8. St. Gallen, Buchh. der Evang. Gesellschaft, (1910). [fr. —. 50]

Rohner, Franz. 1. Über die Oxydation von Jod mit Ozon; 2. Hydroderivate des Chindolins. Diss. Phil. Basel. [Mit 1 Figur.] 82 S. 8. Basel, Froese & Co., 1910.

Rohner, Frdr., Wintersprossen f. Kinderfreunde u. Kinder. Ein Zeugnißbüchlein. 8. (VIII u. 165 S.) Baden 852. (Höhr & Langbein.) n. 12 ngr

Rohner, Joh.Rudolf: De b e l l o . (Resp.: Joh.Heinrich Wieland).7 S.– Basel, Jur.Diss.v. 8.Febr.1734.

Rohner, Joh.Rudolf: De r a t i o n a r i i s et eorum ratiociniis vulgo von verrechnenden Dieneren und deren Rechnungen. 29 S.– Basel, Jur.Diss.v. 29.Sept.1733.

Rohner, M[ichael]. Die Gemeinde Heiden im Kanton Appenzell A. Rh. In historischer, physikalischer und topographischer Beziehung beschrieben. Hrg. von der Abendgesellschaft zum Bad in Heiden. [Mit 1 Vignette.] 8. Teufen 1867.

(R[ohner, Otto].) Johann Jakob Rohner. Vorsteher der Viktoria. geb.... 1831, gest. 31. März 1891. 8. [Bern 1892.]

[Rohner, Otto.] Die Victoria-Stiftung für arme Mädchen des Kantons Bern (in Wabern bei Bern). Bericht hrg. bei Anlass ihres 40-jährigen Bestandes. [Illustriert.] II + VI + 132 S. 8. Bern, Stämpfli & Cie., 1902.

Roehner, David Kaspar: De corrigenda idio= sycrasia. Diss. 55 S., gbd.

Erfordiae: typ. Groschian 1724

Röhner, Fr., das Jahr 1900. Das Erste im 20. Jahrh. gr. 8. (9 S. m. Fig.) Rudolstadt 900. (Müller.) n.n. — 25

Rohnert, Wilhelm

Rohnert, W., die Dogmatik der evangel.-luther. Kirche. Mit Berücksicht. der Dogmengeschichtlichen zunächst den bekenntnistreuen Geistlichen u. den Theologie-Studierenden dargeboten. gr. 8. (XII, 646 S.) Braunschweig 902. H. Wollermann. n. 12. —; geb. in Halbfrz. n. 14. —

Rohnert, W., mancherlei Gaben, aber Ein Geist. Predigten üb. die Evangelien des Kirchenjahres v. Geistlichen der evangel.-luth. Kirche in Preußen. Hrsg. v. W. R. gr. 8. (VII, 842 S.) Breslau 894. C. Dülfer. n. 6. —; geb. in Halbldr. n.n. 7. —

Rohnert, Wilh., die missourische Gnadenwahllehre und ihre Bekenntniswidrigkeit. Kurz und gemeinfaßlich dargestellt. 8. (24 S.) Schmalkalden 883, Wilisch. * — 30

— der Hypnotismus. Vom christl. Standpunkte aus beleuchtet. [Aus: „Gotthold".] gr. 8. (18 S.) Leipzig 894. C. Ungleich. n. — 20

Rohnert, W., die Inspiration der heiligen Schrift u. ihre Bestreiter. Eine biblisch-dogmengeschichtl. Studie. 8. (VII, 284 S.) Leipzig 889. Böhme Nachf. n. 3. —; geb. n. 3. 80

— der kleine Katechismus Martin Luthers, s.: Beißenherz.

Rohnert, Wilh., Kirche, Kirchen u. Secten, sammt deren Unterscheidungslehren. Nach dem Worte Gottes u. den lutherischen Bekenntnißschriften dargestellt. 8. (VIII, 130 S.) Leipzig 880. Böhme. n. 1. 20

— dasselbe. 2., verb. u. verm. Aufl. 8. (VIII, 202 S.) Ebend. 882. n. 2. —

— Kirche, Kirchen u. Sekten, samt deren Unterscheidungslehren. Nach dem Worte Gottes u. den luther. Bekenntnisschriften dargestellt. 3. Aufl. gr. 8. (VIII, 248 S.) Leipzig 884. Böhme. n. 2. 40

Rohnert, Wilh., Kirche, Kirchen und Sekten, samt deren Unterscheidungslehren. Ein Wegweiser zur Orientierung über Katholizismus und Protestantismus, Landeskirche und Freikirche, Konfession und Sekte. Nach dem Worte Gottes und den luther. Bekenntnisschriften dargestellt. 4. rev. und verm. Aufl. 8. (VIII, 296 S.) Leipzig 888, Böhme Nachf. * 3 20

Rohnert, W., Kirche, Kirchen u. Sekten samt deren Unterscheidungslehren. Ein Wegweiser zur Orientierg. üb. Katholizismus u. Protestantismus, Landeskirche u. Freikirche, Konfession u. Sekte. Nach dem Worte Gottes u. den luther. Bekenntnisschriften dargestellt. 5., rev. u. verm. Aufl. gr. 8. (IV, 321 S.) Leipzig 900. C. Ungleich. n. 4. —; geb. n. 4. 80

Rohnert, W., unsere Kirchenliederdichter. Eine Beigabe zum Gesangbuch f. die evangelisch-luther. Kirche, sowie auch zu andern guten Gesangbüchern. (VII, 226 S.) 8. Elberfeld 905. Luther. Bücherverein. Geb. in Leinw. n. 2. 25

— die Lehre v. den letzten Dingen. [Aus: „R., Dogmatik".] gr. 8. (66 S.) Ebd. 902. n. 1. —

—— die Lehre von den Gnadenmitteln. Nach dem Worte Gottes und den luther. Bekenntnissen dargestellt. 8. (IV, 367 S.) Ebendas. 886. *M 3.60.; geb. * 4 50

— Lehre u. Heilsmethodik der Methodisten. Neuer, veränderter Sep.-Abdr. aus d. Verf. „Kirche, Kirchen u. Sekten". 8. (40 S.) Ebd. 887. n. — 30

— Leitfaden f. den lutherischen Konfirmanden-Unterricht. Ein Hilfsbuch f. Lehrende u. Lernende. 8. (63 S.) Ebd. 887. n. — 50

— der Methodismus. [Aus: „Kirche, Kirchen u. Sekten 2c." 2., verm. Aufl.] 8. (30 S.) Ebend. 882. n. — 20

—— Spruchbuch zu Luthers kleinem Katechismus für Schulen. 2. Aufl. 8. (31 S.) Schmalkalden 883, Wilisch. * — 20
1. Aufl. erschien im Selbstverlage des Verfassers.

—— die Toteneinsegnung, eine Neuerung des 19. Jahrh. Histor.-krit. beleuchtet. 8. (24 S.) Ebendas. 887. * — 50

Rohnert, W., die Unterscheidungslehren der Reformierten. [Aus: „R., Kirche, Kirchen u. Sekten".] 8. (16 S.) Leipzig 896. C. Ungleich. n. — 20

— was lehren die derzeitigen deutschen Professoren der evangel. Theologie üb. die hl. Schrift u. deren Inspiration? Dargelegt u. beleuchtet. 1. Konfessionelle Lutheraner u. Vereinslutheraner. gr. 8. (IV, 134 S.) Leipzig 892. C. Ungleich. n. 2. 25

— was lehrt Luther v. der Inspiration der heiligen Schrift? Mit d. Reformators eigenen Aussprüchen dargelegt. 8. (28 S.) Ebd. 890. n. — 25

— das Wort sie sollen lassen stahn u. kein Dank dazu haben! Wider Kier u. Kawerau. Ein Zeugnis f. das göttlich inspirierte Schriftwort. [Aus: „Neue luther. Kirchenztg."] gr. 8. (48 S.) Ebd. 892. n.n. — 70

Röhnick, Geo., Bürgerkunde. Ein Hilfsbüchlein f. d. Schüler höh. Lehr-Anstalten, sowie für Fortbildungsschüler. 2. Aufl. (69 S.) 8. Dresden 910. C. Heinrich. 1. —

Röhnick, Geo., was muß der angehende Beamte wissen? Ein Hilfsbüchlein bei der Vorbereitg. auf die Beamtenprüfgn., zugleich auch f. den Unterricht in der Fortbildungsschule. (76 S.) 8. Dresden 903. H. Schultze. n. 1. —

Röhnick, Geo., was muß der angehende Beamte wissen? Ein Hilfsbüchlein bei der Vorbereitg. auf die Beamtenprüfgn. 2. Aufl. (99 S.) 8. Dresden 910. C. Heinrich. 1. 25

Rohns, Hedw., die Diakonissenarbeit der norddeutschen Mission im Ewe-Lande, s.: Missionsschriften, Bremer.

Rohns, Paul, Ruhr-Canalisirung oder Emscher-Canal. Entgegnung auf die Denkschrift über die Bedeutung der Ruhr-Canalisirungen und über den gegenwärtigen Stand der Vorarbeiten. gr. 4. (22 S.) Hannover 888, (Hahn'sche Buchh.) * 1 20
Vgl.: Canalisirung, die, der Ruhr. — Greve, Jul., die Canalisirung der Ruhr ꝛc.

Rohns, Ph., zwölf Ideen zu Grabdenkmälern. gr. Lex.-8. (12 lith. Bl.) Göttingen 844, Vandenhoeck u. Ruprecht. *

Rohnstein, Reinhard

Rohnstein, R., die Blutzusammensetzung bei den verschiedenen Anämieen, s.: Strauss, H.

Rohnstein, Reinhard, Arzt aus Spandau: **Untersuchungen zum Nachweis des Vorhandenseins von Nerven an den Blutgefässen der grossen Nervencentren.** *Leipzig 1902: B. Georgi.* (36 S.) 8°
Leipzig, Med. Diss. v. (25. Juni) 1902

Rohnstock, F., volkswirthschaftliche Studie üb. die Türkei. I. Salonik u. sein Hinterland. gr. 8. (III, 299 S.) Poln. Wartenberg 886. (Konstantinopel, Keil.) n. 6. —

Rohnstock, Carl, Bombastus redivivus oder das homöopathische Priesterthum in Schildberg. Sechs humoristisch-kritische Briefe. 12. (25 S.) Ostrowo 860, (Priebatsch.) *

Rohnstock, Car. Rud. Balduin (geb. Strehlen in Schles. 21. 5. 1841): De pneumonia biliosa. Berolini (1864). (32 S.) 8°
Berlin, Med. Diss. v. 17. Aug. 1864

Rohnstock, Rudolphus (Julius) (*geb. Juliusburg in Schles. 4. 10. 1809*): An et quibus argumentis contagium cholerae Asiaticae evinci possit? Vratislaviae (1833). (43 S.) 8°
Breslau, Med. Diss. v. 30. März 1833

Rohölindustrie, die. Unabhängiges Spezialorgan f. die Gesamtinteressen der Rohölindustrie. Hrsg. u. Red.: Carl Hollub. 1. Jahrg. Febr. 1910 – Jan. 1911. 12 Nrn. (à ca. 12 S.) Lex. 8. Wien. Berlin-Schöneberg, Verlag für Fachliteratur. 12. —

ROHON, Josef Victor (Butin): Zur Anatomie der Hirnwindungen bei den Primaten. Mit 2 Taf.- München: Stahl 1884. 42 S.,Taf.
1.8.1884 - Urk (Titel: De gyrorum cerebri apud primates anatomia.); Chr 1884/85,19
Diss. Ingolst.-Landsh.-Mchn.

Rohon, J. V., Bau d. obersilurischen Dipnoer-Zähne. [Aus: „Sitzungsber. d. k. böhm. Gesellsch. d. Wiss."] gr. 8. (18 S. m. 1 Taf.) Prag 898. (F. Řivnáč.) n. — 64

Rohon, Jos. Vict., **Bau und Verrichtungen des Gehirns.** Vortrag, gehalten in der anthropolog. Gesellschaft zu München. gr. 8. (39 S. mit 1 farb. Taf. und 2 Holzschn.) Heidelberg 887, C. Winter's Universitäts-Buchh. * 1 80

ROHON, Jos. Viktor
Beiträge zur Anatomie und Histologie der Psammosteiden. Von Prof. Dr. Jos. Viktor Rohon. (Mit 2 Tafeln und 3 Textfiguren.) Separatabdruck aus den Sitzungsberichten der königl. böhm. Gesellschaft der Wissenschaften in Prag. 1901. Prag. 1901. Verlag der königl. böhmischen Gesellschaft der Wissenschaften. In Comm. Řivnáč. Gr.-8°. 31 S. K —.96

Beiträge zur Classification der palaeozoischen Fische. Von Prof. Dr. J[osef] V[iktor] Rohon. *Prag: Kgl. böhm. Ges. d. Wiss. 1896.* (33 S.) 8. = Věstník Král. Č. Společnosti Náuk. Třída math.-přírodovědecká. 1896. [No] 37. [97. 8426

— die Dendrodonten d. devonischen Systems in Russland, s.: Mémoires de l'académie impériale des sciences de St.-Pétersbourg.

— die devonischen Fische v. Timan in Russland. gr. 8. (77 S. m. 45 Fig.) Ebd. 899. n. 1. 20

Rohon (J. V.). Ueber fossile Fische vom Oberen Jenissei. (Mém. de l'Académie impér. des sciences de St.-Petersbourg. VIIe sér., T. 36, Nr. 13.) St.-Petersbourg 1889. 4. Mit 2 Tafeln.
Vgl. Mémoires...

——— Die Obersilurischen Fische von Oesel. (Mém. de l'Acad. des sciences de St.-Pétersbourg.) St.-Pétersbourg. 4.
1. Theil: Thyestidae und Trematospidae. (VIIe sér., T. 38, Nr. 13.) 1892. Mit 2 Tafeln.
2. „ Selachii, Dipnoi, Ganoidei. Pteraspidae und Cephalaspidae. (VIIe sér., T. 41, Nr. 5.) 1893. Mit 3 Tafeln.

Rohon, Vict. die obersilurischen Fische v. Oesel, — die Jura-Fische v. Ust-Balei in Ost-Sibirien. s. a. Mémoires de l'académie impériale des sciences de St.-Pétersbourg.

——— Die Jura-Fische von Ust-Balei in Ost-Sibirien. (Desgl. VIIe sér., T. 38, Nr. 1.) St.-Pétersbourg 1890. 4. Mit 2 Tafeln.

— über Parietalorgane u. Paraphysen. gr. 8. (15 S. m. 6 Fig.) Ebd. 899. n. — 24
Sonderabdruck aus: „Sitzgsber. d. böhm. Ges. d. Wiss."

—— **Untersuchungen über Amphioxus lanceolatus.** Ein Beitrag zur vergleichenden Anatomie der Wirbelthiere. I. Imp.-4. (64 S. mit 6 lithogr. Taf.) Wien 882, (Gerold's Sohn.) * 5 —
Aus: Denkschriften der k. Akademie der Wissenschaften, besonders abgedruckt.

— Untersuchungen über den Bau eines Microcephalen-Hirnes. Mit 2 (lith.) Taf. [Aus: „Arbeiten aus dem zoolog. Institute der Univ. Wien".] gr. 8. (58 S.) Wien 879. Hölder. n. 6. 40

— zur anatomischen Untersuchungsmethodik d. menschlichen Gehirns. [Mit 1 (Lichtdr.-)Taf.] [Aus dem pathologisch-anatom. Laboratorium v. Kundrat] Lex.-8. (11 S.) Wien 883. (Gerold's Sohn). n n. — 70

— Zur anatomischen Untersuchungsmethodik des menschlichen Gehirns (mit 1 Taf.) S. 86. III. 237 . . . . —.70
Separatabdruck

— über den Ursprung des Nervus acusticus bei Petromyzonten. [Mit 2 (lith.) Taf.] [Aus: „Sitzungsber. d. k. Akad. d. Wiss."] Lex.-8. (23 S.) Wien 882. C. Gerold's Sohn. n.n. — 90

— über den Ursprung des Nervus vagus bei Selachiern mit Berücksichtigung der Lobi electrici vom Torpedo. Mit einer (lith.) Taf. [Aus: „Arbeiten des zoolog. Instituts zu Wien".] gr. 8. (22 S.) Wien 878. Hölder. n. 2. 40

Rohon, Jos. Vict., das Centralorgan des Nervensystems der Selachier. Mit 9 (lith.) Taf. Arbeiten aus dem zoologisch-vergleichend-anatom. Institute der Wiener Universität. [Aus: „Denkschr. d. k. Akad. d. Wiss."] Imp.-4. (68 S.) Wien 877. Gerold's Sohn in Comm. n. 7. —

Rohovsky, Ant. Franc.: De rariore choanarum oblitteratione. Berolini 1815. (13 S.) 8° * Nachgeliefert von dem am 17. Aug. 1813 promovierten Verf.
Berlin, Med. Diss. v. 17. Aug. 1813

Ant. Franc. Rohovsky: De rariore choanarum Oblitteratione. Berolini 1815: Stark. 13 S. 8°
Berlin, Med. Diss. v. 1815

Rohovsky, J. J., Unvereinbarkeit der Hegelschen Wissenschaft m. dem Christenthume u. der christlichen Theologie. Veranlaßt durch die Einleitung in die öffentl. Vorlesungen v. Philipp Marheineke. gr. 8. (3½ B.) Breslau 842, Max u. Comp.

Rohovsky, Joannes (Fridericus Josephus) *(geb. Breslau 5. 1. 1837)*: De amputatione linguae ope galvanocaustices instituta. Vratislaviae (1861). (26 S.) 8°
Breslau, Med. Diss. v. 9. Nov. 1861

Rohovsky, Paulus (Augustus Albrechtus) *(geb. Breslau 5. 4. 1830)*: De ovo humano utero nondum defixo nonnulla. Vratislaviae (1853). (32 S.) 8°
Breslau, Med. Diss. v. 5. Nov. 1853

Rohovsky, Robertus *[geb. Breslau 27. 6. 1818]*: De graviddarum et parturientium auscultatione. Vratislaviae (1844). (36 S.) 8°
Breslau, Med. Diss. v. 23. Dez. 1844

[F.] **Rohowsky,** Emmerich [Referendar]: Der reichsrechtliche Schutz der in den deutschen Einzelstaaten bestehenden Thronfolge ... Greifswald, Druck v. J. Abel, 1896; 40 S. 8.
Greifswald, Jur. Fak., Inaug.-Diss. v. 1896

Rohr, Gottlieb. Eine Lebensbeschreibung für das Volk. gr. 8. (114 S.) Leipzig 847, Brauns.

Rohr, Phänologische Beobachtungen im Kanton Bern im Jahr 1871, 1872, 1873. Bern 1872–74.

(v. Rohr.) Zur Erinnerung an Ferdinand von Rohr, Kgl. Preussischen General der Infanterie und Kriegsminister. 8. Berlin 1851. 0,30.

Rohr, apologetische Vorträge, s. Vorträge, apologetische.

Rohr, Zusammenstellung der forstl.-meteorologischen Beobachtungen im Kanton Bern. 1869–72 Bern 1873.

Rohr, A. R., Leitfaden für Konkursverwalter und Gläubigerausschüsse, insbesondere im Königr. Sachsen, in Form erläut. Bemerkungen zur Konkursordnung für das Deutsche Reich mit Formularen zu Prozeßschriften des Konkursverwalters 2c. 8. (59 S.) Chemnitz 878, Bülz. * 1 50

Rohr, Albrecht

Rohr, A., einige Bemerkungen üb. Wesen, Aufgabe u. Ziele e. vergleichenden Syntax. gr. 8. (16 S.) Bern 876. Huber & Co. n. — 40

Rohr, Albr., de Philolai Pythagorei fragm. „peri psychaes." 8. Bern, Huber & Co. 1874 1. —

— de Philolai Pythagorei fragmento περὶ ψυχῆς. Dissertatio inauguralis. gr. 8. (40 S.) Bern 874. (Berlin, Calvary & Co.) n. 1. 20

Rohr, Alphs. Em., die Varioloiden oder die Pocken der neuern Zeit und die sichersten Schutzmittel gegen dieselben. Geschichtliche Studien und Beurtheilungen vom Standpunkte einer unbefang. Naturbeobachtung aus. Mit Berücksichtigung schweizer. Verhältnisse und dem Verständniss des gebildeten Publikums möglichst angemessen. gr. 8. (VII und 72 S.) Aarau 865, Sauerländer's Verlag.

Rohr, Alphs. Em., die Varioloiden oder die Pocken der neuern Zeit u. die sichersten Schutzmittel gegen dieselben. Geschichtliche Studien u. Beurtheilungen vom Standpunkte einer unbefangenen Naturbeobachtung aus. Mit Berücksichtigung schweizer. Verhältnisse u. dem Verständniss des gebildeten Publikums möglichst angemessen. Aarau 866. Sauerländer's Verlag. gr. 8. (VII, 72 S.) 12 ngr.

Rohr, Amélie. Vide: Frau (Die) im gemeinnützigen Leben.

Rohr, A[nton]: Geschichte des Königlichen Gymnasiums in Neustadt Wpr. während des zweiten Vierteljahrhunderts seines Bestehens. (Neustadt Wpr. 1907: Brandenburg.) 29 S. 4°
Neustadt Wpr., k. G, in Festschr. z. Feier d. 25j. Bestehens 1907, OP 1908 (44) [S 08. 379

Rohr, [Anton], Prof.: Jahreszahlen für den Unterricht in der Geschichte, besonders als Grundlage bei Wiederholungen. Auf Grund der Lehrpläne von 1901 und von Beratungen in Fachkonferenzen zusammengestellt. Neustadt Westpr. 1905: H. Brandenburg. (18 S.) 8°
Neustadt Wpr., k. G OP 1905 (40)

(Rohr, Beat Rudolf von.) Erinnerungen eines Schweizers. [Mit 1 Tafel.] ([8] Nos.) 8. *o. O.* (1882–1883).

Rohr, Carl, s. Rohr, Karl.

Rohr, Christian von

Rohr, v., Anleitg. f. die Obliegenheiten d. Amtsvorstehers im Bereich der Kreisordnung vom 13. XII. 1872. Unter Benutzg. amtl. Quellen bearb. (94 S.) kl. 8. Berlin (906). A. W. Hayn's Erben. Kart. 1. 20

Anleitung für die Obliegenheiten des Amtsvorstehers im Bereich der Kreisordnung vom 13. Dez. 1872. Unter Benutzung amtl. Quellen bearb. von [Christian] v. **Rohr,** Oberstlt. a. D. Berlin: A. W. Hayn's Erben [1907]. (94 S.) 8° [F.] [07. 10089

Anleitung für die Obliegenheiten des Amtsvorstehers im Bereich d. Kreisordnung v. 13. Dez. 1872. Unter Benutzung amtl. Quellen bearb. von [Christian] v. **Rohr,** Oberstlt. a. D. 2. umgearb. Aufl. Berlin: Hayn (1908). 108 S. 8° [08. 13106 II

Rohr [-Riggenbach], E[milie]. Zum Examen. [Dramatische Scenen für Schulfestchen, teilweise in berndeutschen Versen.] II + 36 S. 8. Bern, A. Benteli, 1903. [fr. —. 50]

Rohr, E., Gut gemacht. Eine Erzählg. f. Kinder. 12. (31 S.) Basel 900. Kober. n. — 20

Rohr, E. *Aus der Kinderzeit.* Eine Erzählung. Basel, P. Kober, 1898. 209 S. 1 Bl. Kl.-8°. Orlwd. — Name a d. Titel. 6.—

Rohr, E[milie]. Krieg im Frieden! Erzählungen aus der Manöverzeit für Knaben und Mädchen. Mit vier Bildern [Tafeln]. 72 S. 8. Basel, Kober, 1902. [fr. —. 60]

Rohr, E. Samstag Nachmittage. Fünf Erzählungen f. Kinder. 12°. 116 S. Basel, Kober C. F. Spittler's Nachf. 1900. — 60 gebd. 1 —

— wie Peter das Glück fand. Eine Erzählg. f. Kinder. 12. (45 S.) Ebd. 900. n. — 20

Rohr, Emma, süddeutsches Kochbuch. Enth. e. große Anzahl erprobter Anleitgn. zur besten u. billigsten Bereitg. aller Arten Speisen, Getränke, Bäckereien rc. 2180 Rezepte. 365 Speisezettel f. feine u. bürgerl. Küche. 10 Lfgn. gr. 8. (577 S.) Mannheim 887. 888. Nemnich. à n. — 50 (cplt.: geb. n. 5. 50)

Rohr, Emma, süddeutsches Kochbuch. Ein Hand- u. Hilfsbuch f. Hausfrauen u. Mädchen, Köche u. Köchinnen in jeder Küche. Enth. e. große Anzahl erprobter Anleitgn. zur besten u. billigsten Bereitg. aller Arten Speisen, Getränke, Bäckereien, Gelées, Gefrorenem, Eingemachtem rc. u. faßl. Anleitg. zum Spicken, Aufbiegen des Geflügels, Zerlegen der Braten, Einfassen der Schüsseln, Auftragen der verschiedenen Speisen u. Getränke, sowie zum Einmachen verschiedener Früchte. 2180 Rezepte. 365 Speisezettel f. bürgerl. u. feine Küche. 3. Aufl. gr. 8. (552 u. XXVII S.) Mannheim 890. F. Nemnich. Geb. in Leinw. n. 5. 50

Rohr, Franz

Rohr, F. Gefechtsexerzieren der Kavallerie mit praktisch-taktischer Schulung der Kommandanten. Mit 1 Skz. Wien 1907. 40 S.

Rohr, Frz., Taschenbuch zum Gebrauche bei taktisch. Ausarbeitungen, Kriegspielen, takt. Übungsritten, Manövern u. im Felde, s. a. Braumüller's militär. Taschenbücher. I.

Rohr, Frz., Taschenbuch zum Gebrauche bei taktischen Ausarbeitungen, Kriegspielen, taktischen Übungsritten, Manövern u. im Felde. 12. (IX, 237 S. m. Fig., 2 Beilagen u. 3 Skizzen.) Wien 894. 23. Braumüller. Geb. in Leinw. n. 3. 60

— dasselbe. 2., verb. u. verm. Aufl. 12. (X, 303 S. m. Fig., 3 Beilagen u. 4 Skizzentaf.) Ebd. 894. Geb. in Leinw. n. 3. 60

Rohr, Franz, Taschenbuch zum Gebrauche bei taktischen Ausarbeitungen, Kriegsspielen, taktischen Uebungsritten, Manövern und im Felde. Dritte verbesserte und vermehrte Auflage. Mit 3 Beilagen, 4 Skizzen-Tafeln und zahlreichen Figuren im Texte. 16. (X, 293 S.) In Lnwd. geb. 2.—
Wien: Braumüller 1894.

Rohr, Oberstlieutenant, Taktisches Taschenbuch. 4. Auflage. (Braumüller's militärische Taschenbücher. Band. I.) 8. (X, 293 S.) In Leinwand gebunden Ebda.1895. 2.—

Rohr, Franz, Taschenbuch zum Gebrauche bei taktischen Ausarbeitungen, Kriegsspielen, taktischen Uebungsritten, Manövern und im Felde. Sechste vollkommen umgearbeitete und vermehrte Auflage. Mit 3 Beilagen, 5 Skizzen-Tafeln und zahlreichen Figuren im Texte. 8. (X, 329 S.) In Lnwd. geb. Nur fest Ebda.1896. 2.—

Rohr, Franz, Taschenbuch zum Gebrauche bei taktischen Ausarbeitungen, Krieg spielen, taktischen Uebungsritten, Manövern und im Felde. 7., neu durchgesehene Auflage. Mit 3 Beilagen, 5 Skizzen-Tafeln und zahlreichen Figuren im Texte. (Braumüller's militärische Taschenbücher, Bd. I.) 16. (X, 329 S.) In Lnwd. geb. Nur fest 2.—
Ebda.1896.

ROHR, Franz
(F) Taschenbuch zum Gebrauche bei taktischen Ausarbeitungen, Kriegsspielen, taktischen Uebungsritten, Manövern und im Felde. Von Franz Rohr. 11., vermehrte Auflage. Mit 4 Beilagen, 6 Skizzen-Tafeln und zahlreichen Figuren im Texte. Wien und Leipzig. 1899. Braumüller. 16°. X, 343 S. Geb. fl. 2.—
(F) Braumüller's militärische Taschenbücher, Bd. 1.

ROHR, Franz
Taschenbuch zum Gebrauche bei taktischen Ausarbeitungen, Kriegspielen, taktischen Übungsritten, Manövern und im Felde. Von Franz Rohr. 12. vermehrte Auflage. Mit 2 Beilagen, 6 Skizzen-Tafeln und zahlreichen Figuren im Texte. Wien und Leipzig. 1900. Braumüller. 8°. X, 359 S. Geb. K 4.—

ROHR, Franz
(F) Taschenbuch zum Gebrauche bei taktischen Ausarbeitungen, Kriegsspielen, taktischen Übungsritten, Manövern und im Felde. Von Franz Rohr. 13. Auflage. Mit 2 Beilagen. 6 Skizzen-Tafeln und zahlreichen Figuren im Texte. (Braumüller's militärische Taschenbücher, Bd. I.) Wien und Leipzig. 1900. Braumüller. 8°. X. 359 S. Geb. K 4.—

— —. 15. Auflage. Mit 2 Beilagen, 6 Skizzen-Tafeln, 1 Karte und zahlreichen Figuren im Texte. (Aus: „Braumüller's militärische Taschenbücher." Bd. I.) kl 8. Wien und Leipzig 1903.

Rohr, Friedrich von

Rohr, v., Beschlußwidrigkeit des Absatz 1 des § 11 des Kleinbahngesetzes vom 28. VII. 1892 u. die Wegeunterhaltungscaution. gr. 8. (59 S.) Berlin 899. F. Siemenroth. n. 1. 20

— das Telegraphenwege-Gesetz vom 18. XII. 1899. Erläutert v. R. gr. 8. (VII, 165 S.) Ebd. 900. n. 3. —; geb. in Leinw. n. 4. —

Rohr , v., das Unfallversicherungsgesetz. Vom 6. Juli 1884. Mit einer Einführung in das Gesetz, Anmerkungen, den Ausführungs-Verordnungen der Einzelstaaten und den Bekanntmachungen des Reichs-Versicherungsamts. 8. (IX, 144 S.) Berlin 884, Siemenroth. geb. * 1 50

Rohr, v., Unfallversicherung. 1. Unfallversicherungsgesetz vom 6. Juli 1884, Bekanntmachg. d. Bundesraths vom 22. Jan. 1885 u. Ausdehnungsgesetz vom 28. Mai 1885. Mit e. systemat. Darstellg., fortlauf. Erläutergn. u. dem gesammten amtl. Ausführungsmaterial. 2. Aufl. 8. (XI, 308 S.) Berlin 886. Siemenroth. geb. n. 3. —

Rohr, Friedrich Moritz von

v. Rohr, Fr. Mor., († d. 31. Oct. 1795.) Abhandl. von gelehrten Landwirthen. gr. 8. Bresl. 764. (J. F. Korn.) 4 gl.

Rohr, Friedrich Moritz von, s. Castruccio Buonamici: Denkwürdigkeiten.

Rohr, Friedrich Moritz von (Herausgeber): „Oekonomische Reliquien, in Zehenden abgetheilet, als eine Fortsetzung der Abhandlung von gelehrten Landwirthen", Zehend 1, 2. Breslau 1769 (Joh. Frdr. Korn d. Ae.). — Vorh.: Preußische Staatsbibliothek Berlin. — Signatur Ou 28410.

Rohr, F. M. von: „Oekonomische Reliquien", 2 Teile, Breslau 1769, 1770 (Fr. Korn).

— s. Türpin v. Crisse: Versuch.

Rohr, Friedrich Wilhelm

Rohr, Fr. Wilh., Eisenbahn-Zeit- u. Streitfragen. Erörterungen u. Beiträge zur Verbreitg. der Kenntniß u. Klärg. d. Urtheils vom Eisenbahnwesen. [Aus: „Der Welthandel".] Nr. 1. u. 2. gr. 8. Stuttgart 876. Maier. n. 1. 30
1. Welches Eisenbahn-System ist das geeignetste? n. — 50
2. Organisation u. Verwaltung. (45 S.) n. — 80

— Handbuch d. practischen Eisenbahndienstes. Eine Darstellg. d. Betriebes u. der Verwaltg. der Eisenbahnen in Deutschland, unter Berücksicht. der Reichsgesetzgebg. (In ca. 10 Lfgn.) 1. u. 2. Lfg. gr. 8. (64 S.) Ebend. 876. à n. 1. —

Rohr, F. Wilh., Handbuch des practischen Eisenbahndienstes. Eine Darstellung des Betriebes u. der Verwaltung der Eisenbahnen in Deutschland, unter Berücksichtigung der Reichsgesetzgebung. 3—15. (Schluß-)Lfg. gr. 8. (VIII, VI u. S. 129—978.) Stuttgart 877. Maier. à n. 1. —

Rohr, Fr. Wilh., k. Eisenbahn-Secretär. Handbuch des praktischen Eisenbahndienstes. Eine Darstellung des Betriebes und der Verwaltung der Eisenbahnen in Deutschland, unter Berücksichtigung der Reichsgesetzgebung. I. Hälfte. Einleitendes und Allgemeines Stations-, Betriebs- und Telegraphendienst. II. Hälfte, Personen-Expeditionsdienst- und Stationskassen-Verwaltung, Güter-Expeditionsdienst, allgemeiner Verwaltungs- und Bureaudienst. (In 1 Bde.) (Gilt auch als 5. Bd. des „Handbuch des Eisenbahnwesens".) 8. Stuttgart 1877.

Rohr, Friedr. Wilh., Handbuch des practischen Eisenbahndienstes. Eine Darstellung des Betriebs und der Verwaltung der Eisenbahnen in Deutschland, unter Berücksicht. der Reichsgesetzgebung. Neue wohlfeile Ausg. 15 Lfgn. gr. 8. (XIV, 978 S.) Stuttgart 881, Maier. à Lfg. * 50 Pf. * 7 50

— dasselbe, s. a. Handbuch des Eisenbahnwesens.

— die Zustellung der Eisenbahn-Stückgüter an die Empfangsberechtigten. [Aus: „Freie Eisenbahn-Presse."] 8. (31 S.) Berlin 875. Bichteler & Co. n. — 50

—— die Zustellung der Eisenbahn-Stückgüter an die Empfangsberechtigten. 8. (31 S.) [Berlin 875, Imme.] Straßburg, Schultz und Comp. * — 50
Aus: Freie Eisenbahn-Presse, besonders abgedruckt.

Rohr, Gottfried

Empfehlenswerte Schriften und Bücher für die katholischen Töchter. Unter Mitw. mehrerer Religionslehrer zsgest. von G. Rohr, Religionsl. Mit e. Anh. *Godesberg; Köln 1900: J. P. Bachem.* (58 S.) 8° [F.] [01. 972

Rohr, G., empfehlenswerte Schriften u. Bücher f. die katholischen Töchter. Mit e. Anh.: Französische u. engl. Litteratur, zusammengestellt v. P. Küchler u. J. Pfeiffer. 2. Aufl. 8.—13. Taus. 8. (80 S.) Godesberg 901. (Köln, J. P. Bachem.) n. — 25

Empfehlenswerte Schriften für katholische Töchter (u. Frauen). Zsgest. von G[ottfr.] Rohr, Religionslehrer. Mit e. Anh.: Franz. u. engl. Literatur, zsgest. von P[ater] Küchler u. Dr. J. Pfeifer, Religionslehrer. 4. Aufl. Hamm i. W.: Breer & Thiemann 1905. (89 S.) 8° [F.] [05. 3031 6

Empfehlenswerte Schriften für katholische Töchter (und Frauen). Zsgest. von G[ottfr.] Rohr, Religionslehrer. Mit e. Anh.: Franz. u. engl. Literatur zsgest. von P[ater] Küchler u. Dr. J. Pfeifer, Religionslehrer. 5. Aufl. Hamm i. W.: Breer & Thiemann 1900. (94 S.) 8° [F.] [06. 3032 6

Empfehlenswerte Schriften für katholische Töchter (u. Frauen). Zsgest. von Go[ttfried] Rohr. Mit e. Anh.: Franz. u. engl. Literatur, zsgest. von P[ater] Küchler u. Dr. J. Pfeifer, Religionslehrer. 6. Aufl. Hamm: Breer & Thiemann 1907. 111 S. 8° [09. 16610 6

Empfehlenswerte Schriften für katholische Töchter (u. Frauen). Zsgest. von G[ottfried] Rohr. Mit e. Anh.: Franz. u. engl. Literatur, zsgest. von P[ater] Küchler u. Dr. J. Pfeifer, Religionslehrer. 7. Aufl. Hamm: Breer & Thiemann 1908. VIII, 101 S. 8° [10. 7730

Rohr, G., empfehlenswerte Schriften f. katholische Töchter (u. Frauen). M. e. Anh.: Französische u. engl. Literatur, zusammengestellt von P. Küchler u. J. Pfeifer. 9. Aufl. 51.—55. Taus. (VIII, 121 S. m. 3 [1 farb.] Taf. und Verlegerschlüssel. 3 S. in Lex. 8.) kl. 8. Hamm 910. Breer & Thiemann. p — 40

Rohr, Hans von

Rohr, H. v., Geschichte des 1. Garde-Dragoner-Regiments. Mit Abbild., Karten und Plänen. Imp.-4. (XVIII, 416 S. mit eingedr. Illustr., 14 Photolithogr., 3 Chromolithogr. und 6 Karten und Plänen in gr. Fol.) Berlin 880, Mittler und Sohn. ** 60 —
geb. ** 67 50

— — Major a. D., vormals Rittm. und Escadron-Chef im Regiment. Geschichte des 1. Garde-Dragoner-Regiments. Für Unterofficiere und Dragoner. (Mit 1 Portrait und 1 Plan.) 8. Berlin 1886.

Rohr, H. v., Geschichte d. 1. Garde-Dragoner-Regiments, Königin v. Großbritannien u. Irland. 1815—1891. Der kleinen Ausg. 2. verm. Aufl. gr. 8. (XIII, 153 S. m. 1 Bildnis.) Berlin 892. [F. Luckhardt.] Militär-Verlag R. Felix. n. 2. —

Rohr, H[ans] von: Aus der Geschichte des I. Garde-Dragoner-Regiments Königin v. Grossbrit. u. Irland. 1815-1895. Der kleinen Ausg. 3. verm. u. m. zahlr. Ill. vers. Aufl. Berlin: R. Felix 1898. (VIII S., 1 Bl., 150 S., 2 Taf., 2 Bl. Facs.) 8°

— die Instruktion d. Kavalleristen im praktischen Felddienst. Mit 20 (eingedr. Holzschn.-)Abbildgn. gr. 8. (42 S.) Ebend. 880. n. 1. 50

Rohr, H. v., die Instruktion d. Kavalleristen im praktischen Felddienst. 2. neu bearb. Aufl. Mit 23 Abbildgn. 8. (IV, 73 S.) Berlin 883. F. Luckhardt. n. — 60

Rohr, Heinrich Julius Ludwig von

BRENNUS. Eine Zeitschrift für das nördliche Deutschland (verfasst von *Heinr. Julius Ludw. v. Rohr*). Bd. 1. (Jan-Junius 1802, soviel erschienen?) Berlin 1802. 8°. (6 Mk. 50 Pfg. Ernst Frensdorff, Berlin, März 1907.)
U. a.: Französ. Schauspiel in Berlin; über die Vergnügungen Berlins etc. — Vf. genannt im Anon.-Lex. I. p. 258 (nach Meusel).

La Fayette als Staatsmann als Krieger und als Mensch
Nach dem Französischen [von Heinrich Julius Ludwig von Rohr]
Mit einer Vorrede von Johann Reinhold Forster
Nebst La Fayette's Bildnisse
Magdeburg: Creutz. 1794. 20, 291 S. 8°.
Stadtbibliothek Schaffhausen
Übers. v. Memoires Historiques et pieces authentiques sur M. le Marquis de la Fayette, Paris 1792.
Frankfurt-Leipziger Meßkatalog, Ostermesse 1794, S. 82.
Baginsky 1234.
Marie Joseph Motier Marquis de La Fayette, 1757-1834
Heinrich Julius Ludwig von Rohr, 1768-
Johann Reinhold Forster, 1729-1798

v. Rohr, Hnr. Jul. Ldw., († 1811.) s. a. 1) Lafayette als Staatsmann. 2) Nationalzeitschrift. 3) Tod Ferdinands.

Rohr, Heinr. Carl Geo. v., abgedrungene Berichtigung der Antwort des Präses der Synode von Missouri auf die an dieselbe gerichteten Ermahnungen der Leipziger und Fürther Conferenz in Nr. 25 des 10. Jahrg. des „Lutheraners"; nebst erneuertem Anerbieten zur christlichen Versöhnung. Leipzig (855.) Dörffling u. Franke in Comm. gr. 8. (28 S.) nn. 3 ngr.

Rohr, Hugo: Ein Beitrag zur sphärischen Trigonometrie. 23 S. 4.
Progr. Städt. ev. Realschule I *Breslau* 1903 (260).

Rohr, H*ugo* [aus Posen]: **Über die aus 5 Haupteinheiten gebildeten komplexen Zahlensysteme.** . . . **Marburg,** *Druck v. Grass, Barth & Co. in Breslau.* 1890; 51 S. 8°
Marburg, Phil. Fak., Inaug.-Diss. v. [11. Febr.] 1891

Rohr, J. G.: Anleitung, Kirchenbücher und Listen zu politischen Rechnungen u. nöthigen Nachrichten einzurichten. Langensalza 1789.

Ersatzversuche für das biblische Christusbild. Von Dr. Ignaz **Rohr**, Prof., Straßburg. Münster i. W.: **Aschendorff** 1908. (42 S.) 8° [F.]
— Zeitfragen, Biblische. Folge 1. H. 4. 08. 4817

Die Glaubwürdigkeit des Markusevangeliums. Von Dr. Ignaz **Rohr**, Prof. 1. u. 2. Aufl. Münster i. W.: Aschendorff 1909. 45 S. 8°
(Biblische Zeitfragen. Folge 2, H. 4.) 09. 10086 2

— Die Glaubwürdigkeit des Markusevangeliums, s. a. Zeitfragen, biblische. II, 4.

Paulus und die Gemeinde von Korinth auf Grund der beiden Korintherbriefe. Von Dr. Ignaz **Rohr**, Repetent in Tübingen. *Freiburg i. Br.: Herder 1899.* (X, 157 S.) 8°
— Studien, Biblische. Bd. 4. H. 4.

Der Vernichtungskampf gegen das biblische Christusbild. Von Dr. Ignaz **Rohr**, Prof., Straßburg. Münster i. W.: Aschendorff 1908. (39 S.) 8° [F.]
— Zeitfragen, Biblische. Folge 1. H. 3. 08. 4816

Rohr, Johann Daniel (Lenzen)

Dissertatio inauguralis medica de senum diaeta.
Präs. Johann Heinrich Schulze.
Halle (Hilliger) V. 1735. 44 S.

W. v.: Johann Lange, Daniel Lange. 29143

„Maur. Leben". Von Joh. Georg **Rohr.** Philadelphia. 1827.
[T. 18 (1872) S. 56.]

Maurerische Lehren, gesamm. von Joh. Georg **Rohr.** [New-York] 5827. 36 S. 8°
Kl. 645 b.

Rohr, Johann Ludwig Leopold von, s. Rohr, Leopold von.

Rohr, Johannes: Die Gefässe in den althochdeutschen Glossen.
Greifswald 1909: Kunike. 132 S. 8°
Greifswald, Phil. Diss. v. 5. Aug. 1909, Ref. Stosch
[Geb. 23. Dez. 85 Neiße; Wohnort: Loschwitz; Staatsangeh.: Preußen; Vorbildung: Annenschule Dresden-A. Reife O. 05; Studium: Freiburg i. B. 3, Berlin 1, Göttingen 1, Greifswald 3 S.; Rig. 1. Mai 09.] [U 09. 1558

Rohr, Julius Bernhard von

Rohr, Jul. Bernh. v., Anweis. z. Betrachtung d. Todes. 8. **Berl. Rüdiger.** 733.

— Anweis. z. Gemüthsruhe. 8. **Ebend.** 732.

Derer mathem. Wissenschaften Beschaffenheit und Nutzen, den sie in der Theologie, Jurisprudenz, Medicin, Philosophie, auf Reisen und im gemeinen Leben haben etc. von *Julio Bernh. von Rohr.* Halle 8. (wo man auch Schriften über den Nutzen der Mathematik angeführt findet.) (3 gr.) 1713

— der mathemat. Wissensch. Beschaffenh. und Nutzen. 8. **Halle, Renger.** 713.

— („Hochfürstl. Sächs. Merseb. Cammer-Rath u. Dom-Herr d. Bischöfl. Merseb. Stiffts-Kirche"), Juristischer TRACTAT von dem Betrug bey den Heyrathen, in welchen des Hrn. Prof. Krausens u. Hern. D. Abraham Castners Dissertationes von den listigen u. betrügerischen Überredungen bey den Verlöbnissen, u. von Vernichtigung einer durch die Trauung und eheliche Beywohnung vollzogenen, durch Betrug aber zu wege gebrachten Ehen zum Grunde gelegt. Und mit mancherley Theolog. u. Jurist. Anmerkgn. begleitet worden von —. 2 Thle. Mit 1 curiosen Titelkpfr. Berlin, zu finden bey Joh. Andr. Rüdiger, 1736—38. 8°. (In Berlin: Ft 7316.) (8 Mk., 2 Thle. in 1 Prgtbd., Adolf Weigel, 1906.)
I: 16 Bll. Vorst., 303 S. II: 7 Bl. Vorst. u. 519 S. Unter dem Titelkpf. (einen Saal mit Masken darstellend) 2 Reimzeilen gestochen.
So muß der Masquen Bild die Schandbarkeit verstecken,
Und eines Priesters Hand Betrug u. List bedecken.

Rohr, Julius Bernhard von.
Bibliotheca physica curiosa. Leipzig, 1724. 8vo.
Mit Zusätze und Verbesserungen von Abr. Gotthelf Kästner. Leipzig, 1754. 8vo.

Julii Bernh. von Rohr physikalische Bibliothek, darinnen die meisten neuesten Schriften sowohl von der Naturwissenschaft überhaupt, als insonderheit von den Elementen, von den Gewächsen, Kräutern, Mineralien, Thieren, Menschen, Meteoren und andern physikalischen Materien handeln, theils angeführet und theils beurtheilt werden. Leipz. bey Joh. Chr. Martini. (6 gr.) 1724.

Rohr, Julius Bernhard von: „Compendiöse physicalische Bibliothek, darin die Schriften von der Naturlehre angeführt und beurtheilt werden", Leipzig 1724; 2. Auflage ebenda 1754.

Rohr J. B. v.: Physikalische Bibliothek, worinnen die vornehmsten Schriften, die z. Naturlehre gehören, angezeiget werden. M. vielen Zusätzen u. Verbesserungen herausg. v. A. G. Kästner. Leipz. 1754 (28) 964 S.

— physikal. Bibliothek, m. Zus. herausg. v. A. G. Kästner. 8. **Leipzig, Fritsch.** 754.

v. Rohr, Jul. Bernh., physikal. Bibliothek, mit Zusätzen hrsgg. v. A. G. Kästner. 8. Leipz. 755. (Hahn). 18 gr

Rohr, Julius Bernhard von [Praes.], s. Buchner, Johann Christoph: De excolendo studio oeconomico tam principum quam privatorum.

— Einleit. z. Klugheit z. leben. 8. **Ebend.** 730.

Rohr, Julius Bernhard von: Einleitung Zu der allgemeinen Land- und Feld-Wirthschaffts-Künste Derer Teutschen. Darinnen die allgemeinen Regeln und Anmerckungen, die so wohl bey der Land- und Feld-Oeconomie überhaupt, Als insonderheit Bey dem Ackerbau, der Viehzucht, Gärtnerey, Wein-Bau, Bierbrauen, Wäldern, Jägereyen, Teichen und Fischereyen fast in allen Provinzien Teutschlandes in acht zu nehmen In einer guten Ordnung, ohne Einmischung unnöthiger Sachen, vorgetragen werden. Leipzig: Martini 1720. 990 S. -- 7°
--- Dass. Andere Aufl. Ebd. 1736. 899 S. -- 9°

— Einleit. zu d. allgemeinen bürgerl. Recht. 8. **Nürnberg, Mayer.** 731.

— Einleit. z. Staatsklugh. od. Anweis. f. Regenten. 8.

— Einleitung zur Ceremoniel-Wissenschaft der grossen Herren, die in 4 besonderen Theilen, die meisten Ceremoniel-Handlungen, so die Europ. Puissancen überhaupt, u. d. teutschen Landesfürsten insonderheit . . . . zu beachten pflegen. Mit Titelkpfr. (Busch fec.). Berlin 1729. 8°. (10 Mk. Ferd. Schöningh, Osnabr., 1905.)
Kulturgeschichtlich sehr interessant, besonders der letzte (4.) Theil: Von mancherley Turnieren u. Ritterspielen, Carousellen, Ring-Rennen u. Roß-Balletten, Concerten, Täntzen, Ballen u. Balletten, Opern u. Comoedien, Carneval u. Masqueraden, Wirtschafften und Bauerhochzeiten, Schlittenfahrten, Illuminationen, Lustjagten u. Jagt-Divertissements usw.

— Einleit. z. Ceremonielwissensch. d. grossen Herren. 8. Berl. Rüdiger. 729.

v. Rohr, J. B.: Einleit. z. Ceremonielwissenschaft d. grossen Herren, die in 4 besond. Thln. d. meisten Ceremonielhandll. so d. europ. Puissancen überh., u. d. teutschen Landesfürsten insonderh., sowohl in ihren Häusern als auch geg. ihre Mitregenten u. Unterthanen b. Kriegs- u. Friedenszeiten zu beobachten pflegen u. s. w. *Berlin.* 730. 8. 2. Aufl. *Ebend.* 735. 8.

Rohr, Julio Bernhard von. Einleitung zur Ceremoniel-Wissenschaft Der Privat-Personen / Welche Die allgemeinen Regeln / die bey der Mode, den Titulaturen / dem Range / den Complimens, den Geberden, und bey Höfen überhaupt, als auch bey den geistl. Handlungen ... von einem jungen Teutschen Cavalier in Obacht zu nehmen / vorträgt ... abgefast von Julio Bernhard von Rohr. Zweyte vermehrte Edition. Berlin, bey Johann Andreas Rüdiger 1730.
Titelkupfer, Tit., 6 Bl., 678 S., 12 Bl. 8°.
1. Auflage 1728.

— Erkenntn. d. Glaubenslehren z. Beförd. d. zeitl. Glückseligk. 8. Leipz. Fritsch. 725.

— vom Gebr. u. Mißbr. des Weins. 8. Coburg, Ahl. 738.

--- Ders.: Compendieuse Haußhaltungs-Bibliotheck. Darinnen nicht allein Die neuesten und besten Autores. Die so wohl Von der Haußhaltung überhaupt: Als vom Ackerbau, Viehzucht, Jägerey, Gärtnerey, Kochen, Bierbrauen, Weinbergen, Waeldern, Bergwercken usw. geschrieben, recensiret und beurtheilet. Sondern auch überall Des Autoris eigene Meditationes. Nebst andern curieusen Observationen aus den Antiquitaeten, der Physic und Mathematic eingemischet werden. Leipzig: Martini 1716. 472 S. -- 12°. M 49

--- Dass. Andere (2.) u. verm. Aufl. Ebd. 1726. 474 S. -- 9°

Rohr, Julius Bernhard v.: „Compendieuse Hauss-Haltungs-Bibliothek Darinnen nicht allein die neuesten und besten Autores, die so wohl von der Hausshaltung überhaupt, als vom Ackerbau, Viehzucht, Jägerey, Gärtnerey, Kochen, Bierbrauen, Weinbergen, Wäldern, Bergwercken usw. geschrieben, recensiret und beurtheilt, Sondern auch überall des Autoris eigene Meditationes, nebst andern curieusen Observationen aus den Antiquitäten, der Physik und Mathematik eingemischt werden", Leipzig 1716, 2. Auflage Leipzig 1734, 3. und viel vermehrte Auflage 1755. — Vorh.: 1. Aufl. UB Breslau; Ausgabe 1755: UB Göttingen. — Signatur Hl. 1. V. 2900.

Rohr, Jul. Bernh. v., Haushaltungs-Bibliothek. 8. 3. Aufl. Leipzig, 1755. (Hannover, Hahn.) — 22½

Rohr, Julius Bernhard von: Vollständiges Hauß-Haltungs-Recht, in welchem Die nöthigsten und nützlichsten Rechts-Lehren, Welche so wohl bey den Land-Gütern überhaupt, derselben Kauffung, Verkauffung und Verpachtung, als insonderheit bey dem Acker-Bau, Gärtnerey, Viehzucht, Jagten, Wäldern, Fischereyen, Mühlen, Weinbergen, Bierbrauen, ... und andern Oeconomischen Materien vorkommen, ... Leipzig: Martini 1716. 1656 S. -- 98°

Rohr, Julius Bernhard von: „Vollständiges Hausshaltungs-Recht, in welchem die nöthigsten und nützlichsten Rechtslehren, welche sowohl bey den Landgütern überhaupt, derselben Kauffung, Verkauffung und Verpachtung, als insonderheit bey dem Ackerbau, Gärtnerey, Viehzucht, Jagten, Wäldern, Fischereyen, Mühlen, Weinbergen, Bierbrauen, Bergwerken, Handel und Wandel pp. vorkommen", Leipzig 1716. — Vorh.: Pr. Statistisches Landesamt Berlin. — 2. Teil oder Fortsetzung 1734. — Neue Auflage, 2 Teile, Leipzig 1738. — Vorh.: Oberlandesgericht Celle. — Ma 1 ³ — und Kammergericht Berlin — Ec. 35.

— — Vorrath v. Contracten als 3r Thl. dess., v. C. F. Gutschmidt verm. 4. Ebend. 754.

Rohr, Julius Bernhard von: „Vollständiges Ober-Sächsisches Hauss-Wirthschafts-Buch, welches die Hauss-Wirthschafts-Regeln, die so wohl in Ansehung der Oeconomie überhaupt, als insonderheit dem Feld-Bau, der Viehzucht, der Gärtnerey-, den Jagt- und Forst-Sachen, Fischerey und Teichen, dem Kochen, Confituren, Wein-Bau, Bierbrauen und andern nöthigen Materien in dem Marggraffthum Meissen appliciren lassen, ohne Einmischung fremder Sachen gründlich und ordentlich vorträgt, Dieselben mit Sächsischen Anmerckungen und neuen Erfindungen erleutert und mit Gründen der Naturwissenschaft bestärcket, auch die Fehler anderer Hausswirthschaftsbücher hier und da entdecket", Leipzig 1722 (Verlag Johann Friedrich Gleditschens seel. Sohn). — Vorh.: Landesbibl. Dresden — Oecon. 141 m. 2. Auflage 1751.

Rohr, Jul. Bernh. v., Hauswirthschaftsbuch, welches d. Hauswirthschaftsregeln u. d. Gärtnerei enthält. 4. Leipzig, 1751. (Brockhaus.) 2. —

— Hauswirthschaftsbuch, welches die Hauswirthschaftsregeln und der Gärtnerey enthält. 4. Leipzig, Gleditsch. 751.

ROHR, Julius Bernhard v.: Historia naturalis arborum et fruticum sylvestrium Germaniae oder naturmässige Geschichte der von sich selbst wild wachsenden Bäume und Sträucher in Teutschland. - Leipzig 1732. 248 S. - 2. verb. Aufl. ebd. 1754 v. J. G. Francken

— introductio in iurisprudentiam privat. rom.-german. 8. Lips. Fritsch. 718.

Rohr, Jul. Bernh. v.: Vollständiges Ober-Sächsisches Kirchen-Recht, in welchem die Materien der geistlichen Rechts-Gelehrsamkeit . . . vorgetragen werden. Franckfurt u. Leipzig 1723.

ROHR, Julius Bernh. v. (1688—1742), Moralischer Tractat von der Liebe gegen die Personen des andern Geschlechts. Leipzig 1717. 8°.
Ehestandsalmanach II. p. 273.

— Germ. Constantis v. d. Liebe gegen die Person. des and. Geschl. 8. Leipz. Fritsch. 717.

Rohr, Julius Bernhard von: „Geographische und historische Merkwürdigkeiten des Oberharzes, welche von denen Städten, wie auch dem Münzwesen, mancherley besonderes in sich fassen", Frankfurt a. M. und Leipzig 1739.

— geogr. u. hist. Merkw. des Ober-Harzes. 8. Leipzig, Fritsch. 739.

Rohr, Julius Bernhard von: „Geographische oder historische Merkwürdigkeiten des Vor- oder Unterharzes", Frankfurt a. M. und Leipzig 1736.

— Merkwürdigk. v. Vor- od. Unter-Harz. 8. Frankf. u. Leipz. Gollner. 736.

Rohr, Julius Bernhard von: „Hauswirthliche auf Teutschland eingerichtete Nachricht von dem Weinbau", Leipzig 1730.

— Nachricht von seinen Schriften. 8. Leipzig, Fritsch. 735.

— v. d. Nutzen d. Gewächse, insond. d. Kräuter u. Blumen. 2 Thle. 8. Coburg, Ahl. 736.

Julii Bernhards von Rohr Phyto-Theologia, oder Vernunfft-und schrifftmäßiger Versuch, wie aus dem Reiche der Gewächse die Allmacht, Weisheit, Güte und Gerechtigkeit des grossen Schöpfers und Erhalters aller Dinge von den Menschen erkannt... werden möge. Franckfurt & Leipzig: Blochberger 1740. 590 S. 8°

Rohr, Jul. Bernh. v., Phyto-theologia, od. Vers. a. d. Reich d. Gewächse Gottes Allmacht und Weisheit zu erkennen; 8. Frankfurt und Leipzig, Gollner. 740.
Rthlr.

Rohr (J. B.). Phytotheologia. . . . Frankfurt, 1740. 8°. Ed. 2. 1745.

von Rohr, Julius Bernhard: „Dissertat. de excolendo studio oeconomico, tam principum, quam privatorum", Lipsiae 1712. — — Vorh.: Preußische Staatsbibliothek Berlin. (Fe 1452).

— z. Gebr. d. Lebens eingericht. Tugendlehren. 8. Arnd Stein. 740.

ROHR, JULIUS BERNHARD VON. Unterricht Von der Kunst der Menschen Gemüther zu erforschen. Darinnen gezeiget . . . Was bey der gantzen Kunst wahr oder falsch, gewiß oder ungewiß sey. Die vierte und vermehrte Auflage. Leipzig. J. C. Martini, 1732. Frontispiz, C. Fritzsche sc., 7 Bl. 374 S. 12 Bl. (das letzte leer).

v. Rohr, J. B., Unterricht v. d. Kunst, der Menschen Gemüther zu erforschen, darinnen gezeiget, in wie weit man von eines Reden, Actionen u. anderer Leute Urtheilen, eines Menschen Neigungen erforschen könne. N. Titelk. Lpz. 8°.
1732

Rohr, Jul. Bernh. von. Versuch einer erleichterten und zum Gebrauch des menschlichen Lebens eingerichteten Vernunfft-Lehre, Darinnen angewiesen wird, Wie die Schüler der Weißheit . . . Nach einer neuen und bißher ungewöhnlichen Lehr-Art . . . neue Wahrheiten erfinden, die erfundenen beurtheilen . . . Und nützlich anwenden sollen. Leipzig, J. F. Gleditschs Sohn, 1726. Titelkupfer, 7 Bl. 350 S. 5 Bl.

— z. Gebr. d. Lebens einger. Vernunftlehre. 8. Leipzig, Fritsch. 735.

— Viticultura Germaniae oeconomicae, oder auf Deutschland gericht. Nachr. v. Weinbau. 8. Ebend. (Comt. f. Lit.) 730.

Rohr J. B. v.: Nöthiger u. nützlicher Vorrath v. allerhand auserlesenen Contracten, Verträgen, Recessen, Bestallungen . . . u. andern dergleichen Concepten . . . nach d. Ordnung d. vollständigen Hausshaltungs-Rechts . . . Leipz. 1719. (28) 1060 S.

— Vorrath von auserles. Contrakten u. and. Aufsätzen, die bei d. Hauswirthschaft, Handlung u. Handwerken vorkommen 2c. Verbess. u. verm. hrsgg. v. Chr. Gtthlf. Frhrr. v. Gutschmidt. 4. Leipz. 754. (Hahn). 1 ℳ 8 gr.

Rohr, Julius Philipp (geb. Nordhausen 1814): De icteris. Berolini 1837. 32 S. 8°
Berlin, Med. Diss. v. 24. Mai 1837

Rohr, Julius Philipp Benjamin von

v. Rohr, Jul. Phil. Benj., Anmerkk. üb. den Gattunbau. Mit e. Vorrede v. Ph. G. Hensler. 2 Thle. 8. Altona 791—93. Hammerich. 18 gr.

Rohr, C[arl]. Abschiedspredigt, gehalten von K. Rohr, Pfarrer, im Münster, Bern, 16. Nov. 1902. (Text: 2 Kor. 5, 18—21.) II + 11 S. 8. Allmendingen, Buchdr. J. Zuber-Bigler. fr. —.20

Zu beziehen auf dem Büreau der Evang. Gesellschaft..., und bei... Körber u. Baumgart, Bern.

Rohr, Carl. Ansprache beim Leichenbegängnis des Herrn Friedrich Lüthardt, gewes. Direktor der Schweiz. Mobiliar-Versicherungs-Gesellschaft. Gehalten...[zu Bern] den 27. Juni 1894 von Herrn K. R.... 8. Bern 1894.

Rohr, Karl. Die Beziehungen d. mütterlichen Gefässe zu den intervillösen Räumen der reifen Placenta, speciell zur Thrombose derselben [„weisser Infarct"]. Diss. Mit 1 Taf. gr. 8. (34 S.) Berl. 889. (Bern, Koerber.) * — 90
Aus: Archiv f. patholog. Anatomie u. Physiologie u. f. klinische Medicin, besonders abgedruckt.

Rohr, K., die letzten Dinge u. das Jenseits. 5 Vorträge. 8. (IV, 132 S.) Basel 886. Spittler. n. 1. —

Rohr, K., d. letzten Dinge u. d. Jenseits. 5 Vorträge. 2. Aufl. 8. (VIII, 131 S.) Basel 895. Kober. n. 1. —; geb. in Leinw. n. 1. 60

—— der Ehestand ein Wohlstand oder ein Wehestand. Ein Wort für Verlobte und Neuvermählte. 8. (86 S.) Ebendas. 885. **

Rohr, K., der Ehestand, e. Wohlstand od. e. Wehestand. Ein Wort f. Verlobte u. Neuvermählte. 2. Aufl. 12. (87 S.) Basel 891. Jaeger & Kober. n. — 50

Rohr, K. Der Ehestand ein Wohlstand oder ein Wehestand. Ein Wort für Verlobte und Neuvermählte. 2. Aufl. In-12°. 87 S. Basel, C. F. Spittler. 1891 — 60; Leinwd. 1 50

Rohr, K. Der Ehestand, ein Wohlstand oder ein Wehestand. 3. Aufl. 88 S. Basel, Kober C. F. Spittler's Nachf. 1900 — 60 Lwd. gebd. 1 —

Rohr, K. Licht u. Glück für Suchende u. Leidende. Ein Wort über Richter 5, 31. In-8°, 28 S. Bern, Haller-Goldschach. 1879. — 30

Rohr, K., der Sonntag, sein menschliches und göttliches Recht. Herausgeg. v. Comité f. Sonntagsheiligung. 8. Bern, K. J. Wyss. 1875. —. 70

Rohr, K., der Sonntag, sein menschliches und göttliches Recht. Hrsg. vom Comité für Sonntagsheiligung in Bern. 2. umgearb. Aufl. 8. (115 S.) [Schaffhausen 878, Mann.] Basel, Spittler. * — 80

— Der Sonntag vom sozialen und sittlichen Standpunkte aus. 1879.

— ein Wort der Liebe an Neuconfirmirte. 2—4. verm. Auflage. Bern 865. Mann's Verlag. 16. (62 S.) n. 2 ngr.

Rohr, ein Wort der Liebe an Neuconfirmirte. 3.—6. unveränd. Aufl. 16. (63 S.) Bern 868—74, Mann und Baeschlin. *

Rohr, Karl. Ein Wort der Liebe an Neuconfirmirte. 8. Aufl. 12°, 116 S. Schaffhausen, Mann. — 40 1878.

Rohr, e. Wort der Liebe an Neuconfirmirte. 10. Aufl. 12. (80 S.) Basel 883. Spittler. n. — 25

— Ein Wort der Liebe an Konfirmierte, 15. Aufl. In-16°. 80 S. Basel, Jäger & Kober. 1895. — 30

— ein Wort d. Liebe an Neukonfirmierte. 17. Aufl. 12. (80 S.) Ebd. 898. n.n. — 25; kart. n.n. — 32

Rohr, Karl, ein Wort der Liebe an Neukonfirmierte. 20. Aufl. (80 S.) kl. 8. Basel (905). Kober. n. — 25; kart. n. — 35

Rohr, Karl, ein Wort d. Liebe an Neukonfirmierte. 21. Aufl. (80 S.) kl. 8. Basel 910. Kober. — 25; geb. — 35

Rohr, [Carl], und Glur, [Johann Jacob]. Worte der Erinnerung an Fräulein Eleonore Gattiker, Oberlehrerin..., gesprochen am Leichengottesdienst, den 25. Mai 1893. 8. Bern 1893.

Rohr, L., das Birkwild, dessen Hege u. Jagd im Gebirge. gr. 8. (71 S. m. 1 Holzschntaf.) Klagenfurt 885. Leon sen. n. 1. 50

Rohr, Leopold von

Festlieder zur Feier des funfzigjährigen Maurer-Jubiläums des Br. Marot. [Von Joh. Ludw. Leop. Rohr u. Gust. Schmidt.] Berlin, den 13. Febr. 1840. 4 Bl. 4° [Umschlagtit.]
4 Lieder ohne Noten.

Rohr, Leop. von, Gedichte. 2 Bdchen. gr. 8. Berlin, Maurersche Buchh. 816. Rthlr.

ROHR, Leop. v., Gedichte. 2. Bdchn. Stettin 1816, bei Effenbarts Erben. Gr. 8°. (9 Mk., saub. Expl. in den Orig.-Ppbdn., Oskar Rauthe, Berlin, 1909.)
Selten u. wenig bekannt! Scheint nur in sehr beschränkter Aufl. erschienen und nicht in den Handel gelangt zu sein.
I: (Titelbild, unsign. schöne Radierung in Braundruck auf getöntem Papier, zum Werke gehörig?), 1 weisses Bl., Titel, 1 Bl. Inhalt, 164 S. 1. Anna, Robert u. Villory, ein Gedicht in 6 Ges. 2. Petrovitsch u. Anastasia, e. Denkmal treuer Liebe. 3. Corcyra jetzt Corfu, e. histor. Reminizenz. 4. Mutterliebe, e. Erzählung. 5. Corinna u. Lord Nelail, nachgebildet nach Frau v. Stael (so!). 6. Apollo's Verweisung aus dem Olymp, e. Ballade in 3 Abschn.
II: Titel, 2 Bl. Inh., 143 S., 1 Bl. Druckf. — U. a. Empfindungen bei der Ruine Kyffhausen in der goldenen Aue in Thüringen. (S. 13—16). Der Frühlingsabend beim Mondschein. Ein erotischer Schwank. (Zartes Liebesgedicht in 16 vierzeil. Str.) Amors Tücke, eine Reihe v. 6 Kupferst. in d. Taschenbuch für Damen auf d. Jahr 1815. (Poet. Beschreibg. der 6 Vignetten.) — R.'s Dichtung ist frei von allem Schmutz u. hätte verdient, bekannter zu werden.

Der 15. October 1849. [Unterz.:] [Joh. Ludw. Leop.] v. Rohr. [Berlin: Sittenfeld 1849.] 1 Bl. 8° [Kopftit.]
Gedicht: „Sei uns gegrüsst! du festlich schöne Stunde!" 25.

Rohr, Leop. v., Sammlung lyrischer Gedichte. 5. Bdchn. 8. (18 B.) Berlin 843, (Stuhr'sche Buchh.) *
1—4. Bdchn. ??

Rohr, Lorenz

Rohr, Lor., Zwewle, Knowloch un Maran'. Pfälzische Gedichte. 12. (X, 210 S.) München 896. J. Schweitzer Verl. Geb. in Leinw. n. 2. 80

Rohr, Mathias, am Niagara. Gedichte. (VIII, 112 S. m. Titelbild.) 8. München (905). J. Roth. n. 2. —; geb. in Leinw. m. Goldschn. n. 3. —

Rohr, Mathias, Crevla, die Perle der Irokesen. Ein tapferes Mädchen. Die Heldin des Mohawktales, s.: Bachem's Jugend Erzählungen.

Rohr, Moritz v. (Hrsg.), s. Abhandlungen zur Geschichte d. Stereoskops.

von Rohr, Moritz [aus Berlin]: Über die Bestimmung derjenigen Substitutionskoefizienten [!] als Funktionen der Zeit, welche bei der Rotation miteinander verbundener Körper auftreten ... Halle a. S., Hofbuchdr. v. C. A. Kaemmerer & C., 1892; 40 S., 1 Bl. 8.
Halle, Phil. Fak., Inaug.-Diss. v. 21. Juli 1892

Rohr, Mor. v., s.: Bilderzeugung, die, in optischen Instrumenten.

— die beim beidäugigen Sehen durch optische Instrumente möglichen Formen der Raumanschauung. (S. 487 bis 506 m. 1 Taf.) gr. 8. München 906. (G. Franz' Verl.) n. — 40
Sonderabdruck aus: „Sitzungsber. d. bayer. Akad. d. Wiss."

Rohr, Mor. v., zur Geschichte u. Theorie d. photograph. Teleobjectivs, s.: Photographen-Bibliothek, deutsche, Bd. V.

— Grundzüge der Theorie der optischen Instrumente nach Abbe, s.: Czapski, Siegfr.

Die binokularen Instrumente. Nach Quellen bearb. von Moritz v. **Rohr**, Dr. phil. Mit 90 Textfig. Berlin: J. Springer 1907. (VIII, 223 S.) 8° [07. 1515]

Die optischen Instrumente. Von Dr. Moritz v. **Rohr**. Mit 84 Abb. Leipzig: B. G. Teubner 1906. (V, 130 S.) 8° [F.]
= **Natur, Aus,** u. Geisteswelt. Bdch. 88. [06 6336]

— die optischen Instrumente, s. Aus Natur u. Geisteswelt.

Rohr, M. v., die Logarithmen der Sinus u. Tangenten f. 0° bis 5° u. der Cosinus u. Cotangenten f. 85° bis 90° von tausendstel zu tausendstel Grad. Als Ergänzg. zu C. Bremiker's 5stell. Logarithmentafeln hrsg. gr. 8. (XX S.) Berlin 900. Weidmann. n. — 60

— Theorie u. Geschichte des photograph. Objektivs. Nach Quellen bearb. Mit 148 Textfig. u. 4 lith. Taf. gr. 8. (XX, 436 S.) Berlin 899. J. Springer. n. 12. —

Rohr, M. von: Die Theorie anastigmatischer Starbrillen. Wiesbaden 1908. Beigedr.: Zur Praxis der anastigmatischen Stargläser. Von E. Hertel. Wiesbaden 1908

Rohr, Otto von

Rohr, v., der Abriß der Geschichte d. Oldenburgischen Infanterie-Regiments Nr. 91. Auf dienstl. Veranlassg. bearb. Mit 2 (Lichtdr.-)Portraits u. 3 Gefechts-Skizzen. gr. 8. (V, 83 S.) Berlin 884. Mittler & Sohn. n. — 75

Rohr, Otto v., Blüchers Antheil an den Befreiungskriegen. Ein Vortrag. gr. 8. (32 S.) Oldenburg 881, Schulze'sche Hofbuchh. * — 60

Geschichte des Oldenburgischen Infanterie-Regiments Nr. 91. Für d. Mannschaften d. Regiments bearb. von (Otto) v. **Rohr**, verst. Oberstlt. a. D., u. bis auf d. Neuzeit vervollst. von Frh. v. Puttkamer, Hauptmann. (3. Aufl.) Oldenburg & Leipzig: Schulze (1898). 125 S. 8° [A 12.525]

Rohr, v., Geschichte des oldenburg. Infanterie-Regiments Nr. 91. Auf dienstl. Veranlassg. f. die Mannschaften des Regiments bearb. von v. R. u. bis auf die Neuzeit vervollständigt von Frhr. v. Puttkamer. 8. (VII, 128 S. m. Abbildgn.) Oldenburg 899. Schulze. Kart. n. 1. —

Rohr, Paul *Alfred* [aus Nordhausen]: Platner und Kant. Ein Beitrag zur Geschichte der Philosophie. . . . Gotha, Druck d. Engelhard-Reyher'schen Hofbuchdr., 1890; 70 S., 1 Bl. 8°
Leipzig, Phil. Fak., Inaug.-Diss. v. [18. Okt.] 1890

Rohr, Ph., s.: Adreß- u. Geschäfts-Handbuch für Kaiserslautern.

Rohr, R. J., s.: Adressbuch u. Schematismus d. Brauereien etc. in Oesterreich-Ungarn.

Rohr, R[udolf]. Die bauliche Entwickelung der Stadt Bern. Vortrag, gehalten im liberalen Verein von Bern, am 28. November 1873. ‹SA.› 8. Bern 1873.

Rohr, R., Tafeln zur Berechnung relativer Höhen. Herausg. im Auftrag der Direction der Domänen u. Forsten des Kantons Bern. Bern 868. (Jent & Reinert.) 4. (XII, 193 lith. S.) n. 2 ℳ

ROHR, R.: Das Theodolit-Verfahren für den Kataster. - Bern 1866. 172 S.

Rohr, R[udolf]. Das Theodolith-Verfahren für den Kataster. [Mit Figuren und 3 Tafeln.] 8. Bern.
[1. Aufl.] 1866.
Neue (etwas vermehrte) Ausg. (der 1. Auflage). 1870.

Rohr, S., siehe: *Laurenzenbad.*

Rohr, V., pictor errans in historia sacra. Lips. 1679; rec. 1700. 4.

Rohr, Wilh. Die Cistercienser. Ein Cyklus v. 14 Orig.-Radierungen. 60:47 cm. Mit einer Einführung v. Adolf Harnack. Münch. 891, Stahl sen. Vor der Schrift auf chin. Papier in Mappe 250 —; mit d. Schrift in Mappe 150 —

v. Rohr, Wlb., s. R. Rochette, Topographie von Rom.

Röhr, Dr. (Joh. Friedr.), u. Dr. Bretschneider als Vertheidiger des normativen Ansehens der Bibel, beurtheilt von e. Freunde der Wahrheit. Lex.-8. (3 B.) Meißen 842, Goedsche.

Röhr, Carl, s. Röhr, Karl.

Röhr, Eduard

Ein maurerisches Disciplinar-Verfahren, zugleich Beleuchtung einer von Georg Wieber u. d. Tit.: Maurerischer Prozess aus den Jahren 1865 bis 1868, geführt in der Loge „Copernicus No 545" und in der „Gross-Loge des Staates New-York" veröffentlichten Schrift. [Unterz.:] Ed[u.] **Röhr.** Williamsburgh 1869: Triangel. 35 S. 8°
cf. Reform. 4 (1869) S. 125—126.
Tt. 1213. 23.

Röhr, E., amerikanisch-deutsche Jahrbücher für Freimaurer, s. Jahrbücher.

Jahres-Bericht des maur. Vereins „Masonia" zu New-York, enth. zugleich einen Abriss der Geschichte und Thätigkeit des Vereins von der Zeit seiner Gründung an bis zur Feier seines eilfjaehrl. [!] Stiftungsfestes, Oct. 1855 bis Oct. 1866. [Von Edu. Röhr.] Williamsburgh [1866]: Office des „Triangel". 39 S. 8°
cf. Reform. 2 (1867) S. 12—16.
Kl. 534. Eingel. durch eine Skizze üb. Entstehung der ersten deutschen Logen in Amerika. S. 37—39: Verzeichn. der Mitgl.

Maurerisches Lehrbuch, enth. die Erklärungen der freimaurerischen Symbole und Ceremonien, (Lectures), Belehrungen über die sogen. Hochgrade und Gebräuche und Ceremonien bei öffentlichen Feierlichkeiten, Festen und maurerischen Begräbnissen von Ed. Roehr. Williamsburgh: Röhr & S. 1871. VI, 172 S. 8°
Recens: Bh. 14 (1871) S. 277—278 (J. G. Findel).
cf. Reform. 6 (1871) S. 79—80.
Tt. 1399. Ritual für Aufnahmelogen, Beförderungen in den 2. u. 3. Grad, für mrische Fest-, Trauer- u. Tafellogen, Grundsteinlegung, Einweihung, Beamteninstallierung u. s. w.

Allgemeines maurerisches Liederbuch zum Gebrauch der Logen fr[eier] und ang[enommener] Maurer. Hrsg. und verl. von Ed[u.] **Röhr.** Williamsburg [1856]: Office d. „Triangels". V, 56 S. 8°
cf. Bh. 2 (1859) S. 46—47 (J. G. Findel).
Tt. 2316. Ohne Noten.

°[Dasselbe.] 3. Aufl. Williamsburg: Selbstverl. 1867. 74 S. 8°

°[Dasselbe.] 4. Aufl. Ebendas. 1873. 74 S. 8°
[L. 27 (1869) S. 172.]

--Die deutsche Miliz von Kings Co, NY. Brooklyn, 1888.

Röhr, Eduard (Hrsg.), s. Triangel.

Röhr, Emil

Roehr: Methodologisch-mathematische Aphorismen. 14 S. – Oppeln, Progr. 1869.

Röhr, Emil Methodologisch-mathematische Aphorismen. (Umschlagtitel: Teil II.) 4 (12 S.) **Progr.** Kath. G. *Oppeln* 1887 (188).

Roehr, Emil [Oberl.]: Methodologisch-mathematische Aphorismen. (Umschl.-Tit.: . . . III. Tl.) (I: 1869. II: 1887.) Oppeln, Druck v. E. Raabe, 1891; S. 3–16; 4°
Oppeln, k. kath. G, OP 1891 (197)

Roehr, Emil Beitrag zur Förderung des Unterrichts in der Astrognosie und Astronomie auf Schulen. 23 S. u. 3 Taf. *Oppeln* 1877. **Progr.**

Roehr: Zur Winkeltheilung. 20 S. u. Fgt.–Oppeln, Progr. 1863

Der Kommunalbeamten Not. Humoristisch-satir. u. zeitgemäßes Gedicht in 8 Gesängen nebst Moral von Franz **Röhr.** *Breslau: C. Stenzel [1904].* (31 S.) 8° [Umschlagt.] [04. 7378 2

Röhr, Friedr., deutsche Lese- u. Schreibeschule. Zum Gebrauch f. Volksschulen. 8. (4½ B.) Görlitz 813, Koblitz. *

[F.] **Röhr**, *Friedrich* Wilh. [Dir. Prof.]: Berechtigungen der Realschule. Hechingen, Riblersche Hofbuchdr., 1893; 36–37 S. 4.
Hechingen, k. R, P 1893 (500)

Roehr, Georg. Maria Henr.: De in jure cessione tutelae, hereditatis, usufructus. Berolini (1855). (46 S.) 8°
Berlin, Iur. Diss. v. 13. Jan. 1855

Röhr, Hans [aus Kulm in Westpr.]: Ein Fall von Carcinoma frontis cutaneum. Dessen Heilg durch Exstirpation u. Transplantationen auf den Knochen ... Greifswald, Druck v. J. Abel, 1893; 28 S. 8.
Greifswald. Med. Fak.. Inaug.-Diss. v. 1. Apr. 1893

Röhr, Heinr., Schleswig-holsteinischer Jugendfreund, s.: Möhlenbrink, Geo.

Das Vaterunser. Musik-Drama in 1 Aufzug nach d. Franz. d. François Coppée von Ernst v. Possart. Musik von Hugo Röhr. Berlin, Köln, Leipzig: A. Ahn [1904]. (24 S.) 8°
= Operntext-Bibliothek. Ahns. No 95. [illegible]

Röhr, Johann Friedrich

Röhr, Joh. Friedr., **Altarrede** bei d. feierl. Einführung d. Hrn. M. Friedr. Traugt. Krause in die Stelle e. zweiten Diakonus an d. Haupt- u. Stadtkirche zu Weimar am Sonnt. Oculi 1834. gr. 8. (¼ B.) Weimar. [Leipzig, Böhme.]

Röhr, Jh. Fr., Altarrede bei der feierlichen Einführung des M. Friedrich Traugott Krause in die Stelle eines zweiten Diakonus an der Haupt- u. Stadtkirche zu Weimar. gr. 8. Weimar 834. Hoffmann. 1/12 ₰

Röhr, Joh. Friedr., christl. **Amts-Reden**, bei verschied. Anlässen geh. gr. 8. (19¾ B.) Leipzig 838, [Festsche Vrlsbuchh.] 1½ Thlr., hrbgs. Pr.

— christliche Amts-Reden, bei verschied. Anlässen gehalten. gr. 8. Leipzig 838. Wuttig. 1½ ₰

Röhr, Ritter Jh. Fr., christl. Amtsreden bei Eröffnung der Synode der Ephorie Zeitz ec. gr. 8. Neust. a. d. O. 820. Wagner. 3 gr.

— Antrittspredigt u. Predigt bei Eröffnung des Weimarischen Landtags. 8. Weim. 821. Hoffmann. 3 gr.

— Andeutung des sechswöchentl. Katechismus-Unterrichtes, den Irrlehrern dieser Zeit von der Redaction der evangel. Kirchenzeitung ertheilt. (Auf vielfält. Verlangen aus Kr. Prediger-Bibliothek, Bd. XII, Heft 4, 1831 verbessert abgedr.) gr. 8. Neust. a. d. O. 832. Wagner. 2 gr.

— histor.-geograph. Beschreib. d. jüdischen Landes zur Zeit Jesu. Mit 1 Karte. gr. 8. Zeitz 816. 2e A. 819. 3e Aufl. unt. d. T.: Palästina, od. histor.-geograph. Beschreib. d. jüd. Landes ec. gr. 8. Ebd. 820. 4e Aufl. 826. 5e A. 829. 6e A. 831. Wedel. 16 gr.

Röhr, Johann Friedrich, s. Biga commentationum.

– s. Briefe über Rationalismus.

Röhr, Joh. Friedr., gemeinverständliche u. schriftgemäße **Darstellung** der Grund- u. Glaubenssätze der evangel.-protestant. Kirche. Zur Vermittelung eines richtigen Urtheils in den jetzigen kirchl. Wirren. 2., verm. Aufl. 8. (3 B.) Neustadt a. d. O. 845, Wagner.
Vgl.: Grund- u. Glaubenssätze.

—— daß das **Heil** e. Volkes v. Innen heraus am sichersten geschafft werde. Eine Pred. bei Eröffnung d. Landtages gehalt. gr. 8. (1½ B.) Weimar 829, (Landes-Indust.-Compt.)

—— daß viele christl. **Staaten** uns. Zeit an ihrem eigenen Verderben arbeiten. Pred. bei Eröffn. d. Landtages im Großhrzgth. Sachs.-Weimar. gr. 8. (1 B.) Jena 841, Frommann.

Röhr, Jh. Fr., die vollkommene **Einheit** unserer Kirche im Wesentlichen ihres christl. Bekenntnisses. Eine Predigt am Reformationsfeste des Jahres 1844 zu Weimar gehalten. gr. 8. Neustadt a. O. 844, Wagner. n. 4 ngr

—— das **Erhebende** u. Erfreuliche des Glaubens an ein besseres Leben, welchen uns das christl. Osterfest darbietet. Eine Predigt gehalten am Osterfeste 1841 zu Weimar. gr. 8. (1 B.) Weimar 841, Voigt.

—— die erhebende **Erinnerung** an die ruhmwürdigen Eigenthümlichkeiten unseres teutschen Volkes. Eine Predigt am 8. Sonntage nach Trinitatis als am 1000jähr. Gedenktage der Selbstständigkeit des teutschen Volkes gehalten. gr. 8. (1⅛ B.) Weimar 843, Hoffmann.

– s. Evangelienbuch, Christl.

— christl. **Fest- u. Gelegenheitspredigten** vor einer Landgemeine gehalten. Nebst e. Anh. größerer u. kleinerer Casualreden. 3 Bdchen. 8. Zeitz 811–20. 2e A. 826–30. Wedel. 1 ₰ 20 gr. 2e u. 3e Bdchen. A. u. d. T.: Predigten auf Veranlassung trauriger u. erfreul. Ereignisse u. besonderer Vorfälle in d. J. 1813–19. 2 Bdchen. A. u. d. T.: letzte Predigten u. Reden vor fr. ehemal. Landgemeinde gehalten. 820. 2e A. 830. 16 gr.

—— **Gedächtnißpredigt** bei d. öffentl. Todesfeier Carl August's, Großh. zu Sachsen-Weimar-Eisenach ec. Mit erläut. Anmerkn. gr. 8. (2¼ B.) Weimar 828. [Leipzig, Böhme.]

— Gedächtnißpredigt bei der öffentl. Todesfeier Karl Augusts, Großherzogs zu Sachsen-Weimar-Eisenach ec. Mit erläut. Anmerk. gr. 8. Weim. 828. Hoffmann. 6 gr.

—— Gedächtnißpredigt bei d. öffentl. Todesfeier d. Höchstsel. Frau Großh. zu Sachsen-Weimar-Eisenach Louise, geb. Landgräfin v. Hessendarmstadt, am Sonnt. Reminiscere, d. 7. März 1830, in d. Haupt- u. Stadtkirche zu Weimar gehalt. Mit erläut. Anmerkn. (2. Aufl.) gr. 8. (2 B.) Weimar. [Leipzig, Böhme.]

— Gedächtnißpredigt bei der öffentl. Todesfeier der Höchstseligen Frau Großherzogin zu Sachsen-Weimar-Eisenach Louise, geb. Landgräfin v. Hessen-Darmstadt, am 7. März 1830. Mit erläut. Anmerkk. (2e A.) gr. 8. Weim. 830. Hoffmann. 6 gr.

—— kurze **Geschichte** der Reformation f. Schule u. Haus. 2., verb. Aufl. 8. (5⅓ B.) Weimar 833. [Leipzig, Böhme.]

— kurze Geschichte der Reformation für Schule und Haus. 2e verb. Aufl. 8. Weimar 833. Hoffmann. 5 gr.

— der fromme Glaube, daß das Gute noch auf Erden siegen werde. gr. 8. Leipz. 803. Göthe. 5 gr.

— **Grund- u. Glaubens-Sätze** der evangelisch-protestantischen Kirche. gr. 8. 833. 1/8 ₰ — 2e völlig umgearb. und mit Anmerkk. u. Erläuterungen verseh. Ausg. Nebst e. Anhange über die kirchl. Wahlverwandtschaft der römisch-kathol. u. evangel. Stabilitäts-Theologen. gr. 8. Neustadt 834. Wagner. 7/8 ₰

—— Grund- u. Glaubens-Sätze der evangel.-protestant. Kirche. Nebst einem Anhange. 3., verb. u. verm. Aufl. gr. 8. (14½ B.) Neustadt a. d. O. 843, Wagner.

Röhr, Joh. Friedr., Grund- und Glaubens-Sätze der evangelisch-protestantischen Kirche. Nebst einem Anhang. 4., verb. und verm. (Titel-)Aufl. gr. 8. (VI und 226 S.) Plauen (843)60, Schröter.

Röhr, Johann Friedrich. Unser Herr als entschiedener Freund der Vernunft in religiösen Dingen. Eine Predigt gehalten in der Stadtkirche zu Weimar. Neustadt a. O., Wagner 1828. VI 23 S. 8.

—— unser Herr als d. Musterbild aller Weltverbesserer. Dargest. in 2 Predigten am Feste Mariä Reinigung u. am Sonnt. Reminiscere 1833. 1. u. 2. Aufl. (à 2 B.) gr. 8. Weimar. [Leipzig, Böhme.] à

— Unser Herr als d. Musterbild aller Weltverbesserer. Dargestellt in 2 Predigten. 2e Aufl. gr. 8. Weimar 833. Hoffmann. 1/6 [Thlr]

—— dringende Hinweisung auf die den heil. Namen Jesu misbrauchenden Pharisäer d. christl. Kirche. Eine Predigt am Sonnt. Lätare des Jahres 1845 gehalten. 1—4. Aufl. gr. 8. (à 1 B.) Weimar, Hoffmann. à *

— die Hoffnung einer erneuerten Verbindung mit unsern Lieben jenseits des Grabes. Eine Predigt am 1n Ostertage 1826. 8. Weimar, Hoffmann. 4 [gr]

— die Jesuiten als Vermittler e. protestant. Kirchenagende. gr. 8. Neust. a. d. O. 825. Wagner. 3 [gr]

— Dr. M. Luthers Leben u. Wirken, od. kurze Geschichte d. Reformation. gr. 8. Zeitz 818. Webel. 6 [gr]

Röhr, J. F., Dr. Martin Luthers Leben u. Wirken od. kurze Geschichte der Reformation f. Jedermann. [Neuer Abdr. als Jubelschrift.] Mit Luthers Portr. gr. 8. (V, 41 S.) Leipzig 883. Webel. n. — 40

– s. Lehrbuch d. Anthropologie.

Rohr, Joh. Fr. (Hrsg.), s. Magazin für christliche Prediger.

— Nachr. von der, auf Befehl des Großherz. in Weimar zu erbauenden allgem. Bürgerschule, nebst den bei d. feierl. Grundlegung derselben am 17. Nov. d. J. gehalt. Reden. Mit 1 Kpf. 8. Weim. 822. Hoffmann. 6 [gr]

— Nachricht vom Jubelfeste der Stadt Genf am 23. August 1835. Nebst den von den sächs. Deputirten dabei gesprochenen Reden. 8. Neustadt 835. Wagner. 1/12 [Thlr]

— ob es ein Glück sey, alle Tage herrl. u. in Freuden zu leben. Eine Predigt. gr. 8. Zeitz 816. Webel. 3 [gr]

— Palästina, s. oben: Beschreibung etc.

Röhr, J. F., Palästina oder historisch-geographische Beschreibung des jüdischen Landes zur Zeit Jesu. Mit einer Charte. Ausgabe 2. Zeitz 819. 8. 20 gr. Ausgabe 3. verm. Ebend. 820. 8.

— Palästina od. histor.-geograph. Beschreibung des jüdischen Landes zur Zeit Jesu. 4e Aufl. Mit 1 Charte. gr. 8. Zeitz 826, Webel.

—— Palästina, od. histor.-geograph. Beschreib. d. jüd. Landes zur Zeit Jesu. Zur Bförderung e. anschaul. Kenntniß d. evangel. Geschichte f. christl. Religionslehrer u. gebild. Bibelfreunde. 5., verm. u. verb. Aufl. (17 B. u. 1 Tab.) 829., 6., verm. u. verb. A. (17½ B.) 831. à 1 Thlr., 7., verm. u. verb. A. (16¼ B.) Nebst 1 Charte v. Palästina (Fol.). gr. 8. Zeitz 835, Webel.

—— Palästina od. histor.-geograph. Beschreibung des jüdischen Landes zur Zeit Jesu, m. Rücksicht auf seine gegenwärtige Beschaffenheit. Zur Beförderung einer anschaulichen Kenntniß der evangel. Geschichte f. christl. Religionslehrer u. gebildete Bibelleser. 8., vervollständ. Aufl. Nebst 1 verb. Karte von Palästina u. 1 Plane v. Jerusalem. gr. 8. (16 B.) Leipzig 845, Otto Aug. Schulz.

Röhr, Joh. Frdr., († d. 15. Jun. 1848), Palästina od. histor.-geograph. Beschreibung des jüd. Landes zur Zeit Jesu, m. Rücksicht auf seine gegenwärtige Beschaffenheit. Zur Beförderung einer anschaulichen Kenntniß der evangel. Geschichte f. christliche Religionslehrer u. gebildete Bibelleser. 8. durch die neuesten, besonders Robinson's Reiseberichte über Palästina vervollständigte Aufl. Neue, m. 2 Stahlst. verm. (Titel-) Ausg. Nebst einer verbess. Karte von Palästina (in Stahlst. u. hoch 4.) u. einem (lith.) Plane v. Jerusalem. gr. 8. (X u. 244 S.) Leipzig (845) 852, O. A. Schulz. 24 [gr]

—— kritische Prediger-Bibliothek, s. Prediger-Bibliothek.

— kritische Prediger-Bibliothek. 1r u. 2r Bd. jeder in 4 Heften. gr. 8. Neustadt a. d. O., Wagner. 820 u. 821. à 3 Thlr.

Röhr, (Joh. Fr.,) kritische Prediger-Bibliothek. 3r — 8r Bd. od. Jahrgg. 1822 — 27. gr. 8. Neust., Wagner. 3r — 5r Bd. à 3 Rthl. — 6r Band. 3 Rthl. 12 gr. 7r u. 8r Band. à 5 Rthl. 6 gr.

— Prediger-Literatur. s. Prediger-Literatur.

— Predigt bei d. Huldigung des Herzogth. Sachsen, am 3. Aug. 1815. gr. 8. Zeitz 815. Webel. 2 [gr]

— Predigt am Johannis-Feste 1840, als am 4n 100jähr. Jubelfeste der Buchdruckerkunst, in der Haupt- u. Stadtkirche zu Weimar gehalten. Aus Weimar's Album. gr. 8. Weimar 840. (Hoffmann.) baar 1/6 [Thlr]

—— Predigt am Jubelfeste d. Augsburg. Confession, als am 8. Sonnt. n. Trinit. 1830, in d. Haupt- u. Stadtkirche zu Weimar gehalt. gr. 8. (2½ B.) Neustadt a. d. O., Wagner. 1630.

—— Predigt, am Reformations-Feste 1838 geh. 1—12. Aufl. gr. 8. (à 1¼ B.) Weimar 838, 39, Hoffmann. à

— Predigt, am Reformations-Feste 1838 gehalt. 1e—11e Aufl., nach der 10n, von letzter Hand, abgedruckt. Mit e. Nachworte. gr. 8. Weimar 839. Hoffmann. 1/8 [Thlr] — 12e Aufl., nach der 11n, von letzter Hand, abgedruckt. Mit e. Nachwort. gr. 8. Ebd. 839. 1/8 [Thlr]

—— christolog. Predigten, od. geistl. Reden üb. d. Leben, den Wandel, d. Lehre u. d. Verdienste Jesu Christi. gr. 8. (17½ B.) Weimar 831. [Leipzig, Böhme.]

— christologische Predigten, od. geistl. Reden üb. das Leben, den Wandel, die Lehre u. die Verdienste Jesu Christi. gr. 8. Weim. 831. Hoffmann, 1 [Thlr] 12 [gr]

—— Predigten üb. d. neue Weimar. Evangelien-Buch od. üb. freie Texte. 1. Samml. gr. 8. (36½ B.) Weimar 832. [Leipzig, Böhme.]

— Predigten üb. das neue Weimarische Evangelien-Buch, oder über freie Texte. 1e Samml. gr. 8. Weim. 832. Hoffmann. 2 [Thlr] 6 [gr]

—— Predigten üb. das neue weimarische Evangelien-Buch. 2. Samml. — A. u. d. T.: Neue Predigten üb. freie Texte. gr. 8. (32¼ B.) Magdeburg 840, Heinrichshofen.
1. Samml. Weimar 1832. [Leipzig, Geuther.] 2 Thlr. 6 Gr.

—— Predigten üb. das neue weimarische Evangelien-Buch. 3. Sammlung. Auch u. d. Titl.: Neue Predigten üb. freie Texte. gr. 8. (33½ B.) Neustadt a. d. O. 846, Wagner.
1. u. 2. Sammlung. Magdeburg 1832—40, Heinrichshofen. 4 Thlr. 7½ N

— Predigten in d. Hof- u. Stadtkirche zu Weimar, über die gewöhnl. Sonn- u. Festtagsevangelien gehalten. 3 Bde. Mit d. Verf. Bildniß. gr. 8. Neust. 822—26, Wagner. 1r u. 2r à 1 Rthl. 12 gr. 3r 1 Rthl. 18 gr.

—— Predigten, in der Hof- u. Stadt-Kirche zu Weimar üb. d. gewöhnl. Sonn- u. Festtags-Evangelien geh. 2 Bde. 2., verm. u. verb. Aufl. gr. 8. (à 29 B.) Neustadt a. d. O. 836, 39, Wagner. à 1⅓ Thlr.

Röhr, Ritter Jh. Fr., letzte Predigten u. Reden vor s. ehemal. Landgemeinde gehalten, s. oben: Fest- u. Gelegenheitspredigten. 36 Bdchen.

— letzte Predigten und Reden vor seiner ehemaligen Landgemeinde gehalten. 8. Zeitz, Webel. 815.

—— letzte Predigten u. Reden vor e. Landgemeinde gehalt. 2., verb. Aufl. 8. (15 B.) Zeitz 830, Webel.

— Predigten auf Veranlassung d. traurigen u. erfreul. Ereignisse in den J. 1813 u. 14. 8. Ebend. 815.

—— über den Protestantismus unserer Kirche. Eine Predigt am Reformations-Feste 1843 zu Weimar gehalten. 8. (1⅛ B.) Neustadt a. d. O., Wagner. 1843. *

—— Rede, bei d. feierl. Confirmation Sr. Kgl. Hoh. d. Erbgroßh. v. Sachsen-Weimar-Eisenach Carl Alexander August Johann am 14. Nov. 1834 gehalt. 1. u. 2. Aufl. (à 1 B) gr. 8. Weimar. [Leipzig, Böhme.] à

— Rede, bei d. feierl. Confirmation des Erbgroßherz. von Sachsen-Weimar-Eisenach Carl Alexander August Johann am 14. Nov. gehalten. 2e Aufl. gr. 8. Weimar 834. Hoffmann. ⅛ ß

Röhr, Joh. Friedr., die gute Sache des Deutsch-Katholicismus. Ein Zeugniß für dieselbe. 8. (1 B.) Weimar 846, Hoffmann. Thlr. *

—— die gute Sache des Protestantismus. Dargestellt in sechs, an den jährl. Reformationsfesten zu Weimar gehaltenen Kanzelvorträgen. gr. 8. (5½ B.) Leipzig 842, [Geuther.]

– s. Sachse, . . . : Wer ist konsequent?

—— kleine theolog. Schriften dogmat., homilet. u. geschichtl. Inhalts. 1. Samml. gr. 8. (11½ B.) Schleusingen 841, Glaser.

Röhr, Joh. Friedr., zwei Schul-Reden, im J. 1831 u. 1832 auf Anlaß d. Prüfung d. Wilhelm-Ernestin. Gymnasiums zu Weimar gehalt. gr. 8. (2 B.) Weimar 832. [Leipzig, Böhme.] Thlr.

— zwei Schul-Reden, im J. 1831 u. 32 auf Anlaß der Prüfung des Wilhelm-Ernestinischen Gymnasiums zu Weimar gehalten. gr. 8. Weim. 832. Hoffmann. Velinp. 6 ℊ

Röhr, Johann Friedrich, s. Schweitzer, Er. Ldw.: Predigten.

— der geistige Segen des Unheil drohenden Naturzustandes um uns her. Eine Predigt. Auf vielfältiges Verlangen in den Druck gegeben. gr. 8. Weimar 842, Hoffmann'sche Hofbuchh. ⅛ ß

– s. Sendschreiben e. Sächs. Landpredigers über Fr. V. Reinhards Reformationspredigt.

– s. Stange, Er.: Vollständ. Confirmationshandlungen.

—— die Stellung, welche Christus seiner Kirche in d. bürgerl. Gesellschaft anwies. Pred. gr. 8. (1¼ B.) Magdeburg 838, Heinrichshofen.

– s. Stimme, Eine, aus d. kathol. Kirchengemeinde Weimar. I. II.

— Synodalpredigt. 8. Neust. a. d. O., Wagner. 821. —

—— Trauer-Rede nach d. feierl. Beisetzung d. weil. Durchlaucht. Fürsten u. Herrn, Hrn. Carl August Großh. zu Sachsen-Weimar-Eisenach rc. rc. Kgl. Hoh., am 9. Juli 1828 in d. Haupt- u. Stadtkirche zu Weimar. Nebst Bemerkn. üb. d. letzten Lebenstage d. Vollendeten. gr. 8. (2 B.) Weimar. [Leipzig, Böhme.] 6 Gr., Vlnp.

— Trauerrede nach der feierl. Beisetzung des rc. Karl August, Großherz. zu Sachsen-Weimar-Eisenach rc., am 9. Juli 1828 in d. Haupt- u. Stadt-Kirche zu Weimar. Nebst Bemerkk. üb. die letzten Lebenstage des Vollendeten. gr. 8. Weim. 828. Hoffmann. 6 ℊ Velinp. 8 ℊ

—— Trauerworte, bei von Goethe's Bestattung am 26. März 1832 gesprochen. gr. 8. (½ B.) Weimar. [Leipzig, Böhme.]

— Trauerworte, bei v. Göthes Bestattung am 26. März 1832 gesprochen. gr. 8. Weim. 832. Hoffmann. 3 ℊ

– s. Übersicht, Tabellar., der engl. Aussprache.

— die sittl. Unbescholtenheit, in welcher unsere evangel. Kirche in das Daseyn trat. Eine Predigt am Reformationsfeste 1828. gr. 8. Neust. a. d. O. 828. Wagner. 4 ℊ

(——) über Verketzerungsversuche, s. Wie.

—— der Wechsel der Heimath u. des Vaterlandes, welchen das Leben f. viele Menschen mit sich führt. Eine (Feier-) Predigt. 2. Aufl. gr. 8. (1 B.) Weimar 842, Hoffmann.

—— wie Gottes gnädige Hand das Leid der Menschen in Freude verwandelt. Predigt beim feierlichen Kirchgange Ihr. kgl. Hoheit der Frau Erbgroßherzogin Sophie von Sachsen-Weimar-Eisenach über das Evangelium Luk. 7, V. 11—17. gr. 8. (1 B.) Weimar 844, Voigt.

– s. Wie Karl August.

—— wie Viel die Wiederherstellung des reinen Evangeliums Jesu den früheren Bekennern desselben kostete. Predigt am Reformations-Feste 1842 gehalten. 2. Aufl. gr. 8. (1 B.) Weimar 843, Hoffmann. *

— Worte d. Wahrheit gegen die Verunglimpfungen unserer evangel. Kirche von Seiten ihrer Widersacher an d. Reformationsfesten 1824 u. 1825 gesprochen. gr. 8. Neust. a. d. O. 825. Wagner. 6 ℊ

— Worte d. Wahrheit gegen die Verunglimpfungen unserer evangel. Kirche von Seiten ihrer Widersacher, an d. Reformationsfesten 1824 u. 25 gesprochen. gr. 8. Neustadt 826, Wagner.

— warnende Worte gegen die Geringschätzung unsrer menschl. Natur. Eine Predigt. gr. 8. Magdeb. 829. Heinrichshofen. 3 ℊ

— die Zeichen- u. Wundersucht der Menschen; e. Predigt. gr. 8. Weim. 822. (Leipz., Barth). 2 ℊ

Röhr, Johannes, a. Burg (Fehmarn): Die Entwicklung der Landwirtschaft in den Vierlanden bei Hamburg, eine betriebswirtschaftliche Studie über den Einfluss des Absatzes auf die Betriebsorganisation. Johannisburg Ostpr. 1907: O. Borkowski. (71 S.) 8° [F.]
Gießen, Phil. Fak., Ref. Gisevius, Diss. v. 20. März 1907
[Geb. 5. Apr. 80 Burg auf Fehmarn; Wohnort: Gießen; Staatsangeh.: Preußen; Vorbildung: Gymn. Christianeum Altona Reife O. 01; Studium: Zürich 1, Landw. Hochsch. Berlin 1, Univ. Kiel 1, Bonn 4 S.; Rig. 29. Juni 06.]

Röhr, Julius [aus Glogau]: Kritische Untersuchungen über Lotzes Ästhetik.... Halle a. S., Berliner Buchdr. Akt.-Ges., Setzerinnen-Schule d. Lette-Vereins, 1890; 44 S. + 1 Bl. 8°
Halle, Phil. Fak., Inaug.-Diss. v. [7. Mai] 1890

Wildenbruch als Dramatiker. Krit. Untersuchungen von Prof. Dr. J[ulius] **Röhr.** Berlin: C. Duncker (1908). (284 S.) 8° [F.] [08. 1...]

Röhr, Karl

Röhr, K., Geographie von Schlesien. 2e Aufl. 8. Jauer 827. (Bresl., Graß, B. u. C.) 4 gl

Röhr, Carl, Geographie von Schlesien. 4., verb. u. verm. Aufl. 8. (3½ B.) Schweidnitz 845, Heege. *

— deutsche Sprachkunde f. d. Elementarunterricht. 2e verb. A. 8. Jauer 830. (Kuhlmey in Liegn.); (a. Graß, B. u. C. in Bresl.) 4 gl

Röhr, Reinhold [aus Driesen]: Der Vokalismus des Francischen im 13. Jahrhundert .... *Wolfenbüttel, Druck v. Otto Wollermann,* 1888; 2 Bl. + 47 S. 8°
Halle, Phil. Fak., Inaug.-Diss. v. [28. Mai] 1888

Röhr, Reinhold, der Vokalismus des Francischen im 13. Jahrhundert. Diss. Halle 1888, Lippertsche Buchh. 8°. 47 S.

Röhr, Rud., Gott u. Gottes Wort in d. Bibel, s.: Schriften d. sächsischen Volksschriften-Verlags.

Röhr, W., Strafgesetzgebung u. Strafverfahren in Bezug auf die Zuwiderhandlungen gegen die Zoll-, Steuer- u. Kommunikationsabgaben-Gesetze, u. die Prozeß-Buchführung bei den Haupt-Zoll- u. Haupt-Steuer-Aemtern. Nach amtlichen Quellen u. unter Berücksichtigung der neuesten Zoll- u. Steuergesetze, Anweisungen ꝛc. bearb. Breslau 870. Kern's Verlag. gr. 8. (VIII, 225 S.) 1 ₰ 7½ ngr.

Röhr, W., Strafgesetzgebung u. Strafverfahren in Bezug auf die Zuwiderhandlungen gegen die Zoll-, Steuer- u. Communicationsabgaben-Gesetze, u. die Proceß-Buchführung bei den Haupt-Zoll- u. Haupt-Steuer-Aemtern. Nach amtl. Quellen u. unter Berücksicht. der neuesten Zoll- u. Steuergesetze, Anweisgn. ꝛc. bearb. 2. Aufl. gr. 8. (VIII, 275 S.) Breslau 885. Kern's Verl. n. 5. —; geb. n. 5. 60

Röhr's, W., Strafgesetzgebung u. Strafverfahren in Bezug auf die Zuwiderhandlungen gegen die Zoll- u. Steuer-Gesetze u. die Proceß-Buchführung bei den Haupt-Zoll- u. Haupt-Steuer-Aemtern. Nach amtl. Quellen u. unter Berücksicht. der neuesten Zoll- u. Steuergesetze, Anweisungen ꝛc. neu bearb. v. H. Wirth. 3., wesentlich verb. Aufl. gr. 8. (VIII, 382 S.) Breslau 892. J. U. Kern's Verl. n. 6. —; geb. in Leinw. n. 6. 60

Röhr's, W., Strafgesetzgebung u. Strafverfahren in Bezug auf die Zuwiderhandlungen gegen die Zoll- u. Steuer-Gesetze u. Anweisung zur Buchführung in Strafsachen f. die Hauptzoll- u. Hauptsteuerämter sowie die Steuerämter zu Sigmaringen u. Hechingen. Nach amtl. Quellen u. nach dem Stande der neuesten Gesetzgebg. vollständ. neu bearb. v. G. Lehmann. 4., wesentlich verm. u. verb. Aufl. gr. 8. (XI, 404 S.) Breslau 900. J. U. Kern's Verl. Geb. in Leinw. n. 7.50

Röhr's, W., Strafgesetzgebung u. Strafverfahren in Bezug auf die Zuwiderhandlungen gegen die Zoll- u. Steuer-Gesetze u. Anweisung zur Buchführung in Strafsachen f. die Hauptzoll- u. Hauptsteuerämter sowie die Steuerämter zu Sigmaringen u. zu Hechingen. Nach amtl. Quellen u. nach dem Stande der neuesten Gesetzgebg. vollständig neu bearb. v. G. Lehmann. 2., verb. Ausg. der 4. Aufl. (XI, 404 S.) gr. 8. Breslau 903. J. U. Kern. Geb. in Leinw. n. 7. 50

Röhr, Wilh. Bericht über die Feier des 50jährigen Jubiläums der Realschule I. Ordnung zu Cöln am 7. November 1878. S. 31—45. Progr. Rg. *Cöln* 1879.

Rohracher, Fr., Ursula v. Lienz. Ein v. Juden gemartertes Christenkind. Ein spätes Gedenkblümlein. (24 S. m. Abbildgn.) kl. 8. Brixen 905. Preßvereins-Buchh. n. — 40

Rohracher, Jos. A., das Ampezzo-Thal. Handbüchlein für Touristen. Mit 3 Ansichten in Lichtdr. 16. (XII, 56 S.) Innsbruck 878. Wagner in Comm. n. 1. 60

Rohracher, Jos. A., 15 Dolomiten-Strassen von Toblach aus. Toblach—Cortina—Bozen u. 14 and. Dolomiten-Touren, s.: Bruckmann's illustrierte Reiseführer.

Rohracher, Jos. A., die Hochwasser-Verheerungen im Pusterthale im J. 1882. Unter Mitwirkung der Section Bruneck hrsg. von der Section Hochpusterthal des deutschen und österreich. Alpenvereines. 8. (VIII, 55 S. mit 4 Ansichten in Zinkogr.) Innsbruck 883, Wagner'sche Universitäts-Buchh. * 1 —

— das Iselthal u. seine Nebenthäler. Windisch-matrei — Grossvenediger. Touristische Schilderungen. 16. (53 S.) Ebend. 878. n. — 80

Rohracher, Jos. A., Toblach u. das Ampezzothal, s.: Bruckmann's illustr. Reiseführer.

Rohrbach [Sachliches OW]

Rohrbach, die Familie, ein Gemälde guter und ungezogener Kinder, zur Warnung vor Sittenlosigkeit, u. zur Empfehlung geselliger Tugenden. 8. Nürnberg. (Leipzig, Fr. Fleischer in Comm.) 817.

ROHRBACH, Fräulein v., eine wahre Geschichte von einem Augenzeugen beschrieben. Nürnberg, Stein, 1794. 8°. Selten!
Geschichts- u. Roman-Litt. Breslau 1798. (Catalog.)

Rohrbach [Schlagwort]

Rohrbach, s.: Preussen. Messtischblätter.

Rohrbach [Verfasser]

Rohrbach, A., bibl. Geschichten, s.: Busch, J. D. R. K.

Rohrbach, Franz [app. Arzt aus Gut Brese]: Über das Trachom in Schleswig-Holstein. . . . Kiel, Druck v. L. Handorff, 1891; 16 S., 2 Bl., 1 Kart. 8°
Kiel, Med. Fak., Inaug.-Diss. v. [12. Mai] 1891

Rohrbach, Frz., üb. das Trachom in Schleswig-Holstein. Diss. gr. 8. (16 S. m. 1 Karte.) Kiel 891. (Gnevkow & v. Gellhorn.) n. — 80

Rohrbach, Hugo *Eugen* [pr. Arzt aus Schlesien]: Über das primäre Carcinom der Vagina nebst Mitteilg e. Falles aus d. Univ.-Frauen-Klinik Greifswald ... Greifswald, Druck v. J. Abel, 1894; 26 S. 8.
Greifswald, Med. Fak., Inaug.-Diss. v. 10. Mai 1894

Rohrbach, Jul., das Seilergewerbe, s.a.Schauplatz, neuer, der Künste und Handwerke.

Rohrbach, Jul., das Seilergewerbe in seinem ganzen Umfange. 4. Aufl. v. Wölfer-Hartungs „Seilerhandwerk", in vollständ. Neubearbeitg. hrsg. Mit 6 Foliotaf., enth. 98 Abbildgn. 8. (X, 128 S.) Weimar 886. B. F. Voigt. 2. 25

Rohrbach, C[arl], Dir. Dr.: [Der **Abschied** des Direktors Herrn Schulr. Dr. Eduard Zschäck und die Zschäck-Stiftung.] *Gotha 1900: F. A. Perthes.* (S. 19—20.) 4° [F.]
Gotha, st. R, OP 1900 (756)

Rohrbach, Carl: Beiträge zur Frage der Wasserleitungsfähigkeit des Kernholzes. Halle a. S. 1884: Karras. 21 S. 4°
Halle-Wittenberg, Phil. Diss. v. 23. Dez. 1884
Geb. Tilleda (Kr. Sangerhausen) 14. 10. 1857. V.
Ersch. auch u. d. T.: Ueber die Wasserleitungsfähigkeit des Kernholzes. In: Zeitschrift f. Naturwissenschaften. Bd 58. Halle 1885. S. 319—347.

Rohrbach, Carl, Shakespeare's Hamlet erläutert. Berlin 859. F. Schneider. 8. (XXII, 222 S.) n. 1 ₰

Rohrbach, C[arl], Dir. Dr.: Das **Jubiläum** (der Realschule zu Gotha). *Gotha 1902: F. A. Perthes.* (S. 3—6.) 4° [F.]
* (Mit Benutzung d. Festberichts d. Gothaischen Zeitung.)
Gotha, st. R, OP 1902 (785)

Rohrbach, Carl, deutsche Kunst in Bild und Lied, s. Kunst, deutsche.

Rohrbach, C[arl]: Der **Lehrplan.** S. 3—16. 4.
Progr. Städt. Realschule *Gotha* 1903 (806).

Rohrbach, Carl (Cassel)
Die Sonne bewegt sich! Folgerungen aus dieser Lehre in Bezug auf Fixsterne und Planeten.
Berlin 1851. 14 S. u. 1 Tab.
Diss. phil. Giessen 1852, 18. Febr. vorh. 7.

Rohrbach, C., siehe s.Sonne, die, bewegt sich!

V. A. P. **Sternkarten** in gnomonischer Projection zum Einzeichnen v. Meteorbahnen, Nordlichtstrahlen, Cometenschweifen, leuchtenden Wolken, Zodiakallicht u. and. Himmelserscheingn ... entw. u. bearb. v. Carl **Rohrbach,** Dr. ph. Hrsg. v. d. Vereinigg v. Freunden d. Astron. u. kosm. Physik ... Vervielf. durch Licht-Zinkhochätzg v. R. Loës in Leipzig ... *Berlin: F. Dümmler '(Commr.)' 1895.* (2 Bl., 12 Kt.) 1 Bd 4. [96. 1500

Rohrbach, C., Dir. Dr.: Zwei neue Sternkarten. Gotha 1905: F. A. Perthes. (2 Karten m. 2 S. Text.) 4°
Gotha, st. R OP 1905 (846)

Rohrbach, *Carl* **Ein Stück aus Bernhard Varenius' Allgemeiner Geographie. 4 (22 S.). Progr. G. Ernestinum** *Gotha* **1888 (661).**

Rohrbach, C., vierstellige logarithmisch-trigonometrische Tafeln, nebst einigen physikal. u. astronom. Tafeln, f. den Gebrauch an höheren Schulen zusammengestellt. gr. 8. (32 S.) Gotha 893. E. F. Thienemann's Verl. n. — 60

Rohrbach, C., vierstellige logarithmisch-trigonometrische Tafeln nebst einigen physikalischen u. astronomischen Tafeln, f. den Gebrauch an höheren Schulen zusammengestellt. 3. Aufl. (36 S. m. Fig.) schmal Lex.-8. Gotha 902. E F. Thienemann. Kart. n. — 80

Rohrbach, C., vierstellige logarithmisch-trigonometrische Tafeln nebst einigen physikal. u. astronom. Tafeln, f. den Gebrauch an höheren Schulen zusammengestellt. 4. Aufl. (36 S. m. 1 Fig.) Lex.-8. Gotha 904. E. F. Thienemann. Kart. n. — 80

Rohrbach, C., vierstellige logarithmisch-trigonometr. Tafeln nebst einigen physikalischen u. astronomischen Tafeln, f. d. Gebrauch an höheren Schulen zusammengestellt. 5. Aufl. (36 S. m. 1 Fig.) Lex. 8. Gotha 908. E. F. Thienemann. Kart. 1. —

Rohrbach sen., C., zur Tagesfrage der Hochwasser: e. Lebensfrage. Denkschrift aus dieser Zeit der Noth. gr. 8. (16 S.) Gotha 888. Thienemann. — 30

—— und Alb. Kretschmer, die Trachten der Völker, s. Kretschmer, Alb.

Rohrbach, Carl, wofür wir kämpfen. Ein Rundblick von jetzt auf die kommenden Tage. 1. Aug. 1870. Gotha 870. Windaus. 8. (52 S.) n. 5 ngr.

Rohrbach, Carl E. M., über die Eruptivgesteine im Gebiete der schlesisch-mährischen Kreideformation. Mit Berücksicht. der ausserschles. Teschenitvorkommen. Inaugural-Dissertation. 8. (83 S. mit 1 Taf. in Farbendr.) Wien 885. (Leipzig, Fock.) *
Aus: Tschermak's mineralogischer und petrographischer Mittheilung, besonders abgedruckt.

Rohrbach, Carl E. M.: Ueber mittlere Grenzabstände. Vorschläge zur arithmetischen und graphischen Darstellung und Vergleichung geographischer Verhältnisse. ([S.-A.] Petermanns Geographische Mitteilungen. 1890. Heft 3 u. 4.) Gotha 1890. 13 S., 1 Tf. 4°. [B 917

Rohrbach, Paul, im vorderen Asien. Politische u. andere Fahrten. gr. 8. (142 S. m. Abb. u. 1 Karte.) Berlin-Schöneberg 901. Verlag der „Hilfe". Geb. in Leinw. n. 4. —

Rohrbach, Paul: Um Bagdad und Babylon. Vom Schauplatz dt. Arbeit u. Zukunft im Orient. Bln '09. IX, 110 S. (Hermann Paetels Bücherei. 3.)

Rohrbach, Paul, um Bagdad u. Babylon, s.a. Paetel's, Hermann, Bücherei. 3. Bd.

— die Bagdadbahn. gr. 8. (61 S. m. 1 farb. Karte.) Berlin 902. Wiegandt & Grieben. n. 1. —

Die wirtschaftliche Bedeutung Westasiens. Von Dr. Paul **Rohrbach.** Mit e. Karte. *Halle a. S.: Gebauer-Schwetschke 1902.* (84 S.) 8°
— Geographie, Angewandte. Ser. 1, H. 2. [03. 3465

Rohrbach, Paul, Die wirtschaftliche Bedeutung Westasiens. 2. durchgeseh. u. erg. Aufl. M. 1 Karte. Halle a. S. 1908. 8°.
(Angewandte Geographie, hrsg. von Karl *Dove.* Serie 1, H. 2.)

Rohrbach, Paul, Beiträge zur Kenntniss einiger Hydrochariden nebst Bemerkgn. üb. die Bildg. phanerogamer Knospen durch Theilg. d. Vegetationskegels. Mit 3 Kpfrtaf. [Aus: „Abh. d. naturf. Ges. zu Halle."] gr. 4. (64 S.) Halle 871. Schmidt. n. 5. 40

Rohrbach, Paul, Dr.: **Die Berichte über die Auferstehung Jesu.** *o. O. 1898.* (49 S.) 8°
Strassburg, Theol. Diss. v. 1898

Rohrbach, Paul, die Berichte üb. d. Auferstehung Jesu Christi. gr. 8. (VII, 94 S.) Berlin 898. G. Reimer. n. 1. 40

Rohrbach, Paul, Deutschland unter den Weltvölkern. Materialien zur auswärt. Politik. (VII, 200 S.) gr. 8. Berlin-Schöneberg 903. Verlag der „Hilfe". n. 2. 50; geb. in Leinw. n. 3. 50

— Deutschland unter den Weltvölkern. Materialien z. auswärt. Politik. 2. Aufl. (345 S.) gr. 8. Berlin-Schöneberg 908. Buchverlag der „Hilfe". 4. —; geb. in Lw. 5. —

— dasselbe. Nachtrag: Das polit. Krisengebiet Europas 1908—1909. (18 S.) gr. 8. Ebd. (909). 1. —

Deutsch Südwest-Afrika ein Ansiedlungs-Gebiet? Lic. Dr. Paul **Rohrbach**. (Vorr.: Fr[iedrich] Naumann.) (Berlin-Schöneberg: Hilfe [1905].) (35 S.) 8° [F.]

— Deutsch-Südwest-Afrika e. Ansiedlungs-Gebiet? (2. durchgeseh. u. verm. Aufl.) (32 S.) kl. 8. Ebd. 910. — 50

Zur Diamantenfrage. Ein Wort für Südwestafrika u. die Südwestafrikaner. Von Dr. Paul **Rohrbach**. Berlin: Stilke 1910. 27 S. 8°
Erw. u. bearb. aus: Preußische Jahrbücher. Bd 139.

— Der chinesische Fuß, s.: Volksschriften des allgemeinen evang.-protestantischen Missionsvereins. Nr. 9.

Rohrbach, Paul, „Geboren v. d. Jungfrau", s. a.: Geboren ꝛc.

[F.] 'Geboren von der Jungfrau'. D. Zeugniss d. Neuen Testaments gegen d. Lehre v. d. übernatürl. Geburt Jesu Christi. Von Dr. Paul **Rohrbach**.' 4. neubearb. u. verm. Aufl. *Berlin: H. Walther 1898.* (49 S.) 1 Bd 8.

'Geboren von der Jungfrau'. Das Zeugnis d. Neuen Testaments gegen d. Lehre von d. übernatürl. Geburt Jesu Christi. Von Dr. Paul **Rohrbach**. 5. neubearb. u. verm. Aufl. Frankfurt a. M.: Neuer Frankf. Verl. [1905]. (49 S.) 8° [F.]

Kulturpolitische Grundsätze für die Rassen- und Missionsfragen von Lic. Dr. Paul **Rohrbach**. Berlin-Schöneberg: Hilfe 1909. IX, 108 S. 8°
(Rohrbach: Deutsche Kolonialwirtschaft. Ein. Bd.)

[F.] In Turan und Armenien auf den Pfaden russischer Weltpolitik v. Paul **Rohrbach** ... M. 1 Uebersichtskt. d. russ. Gebietes zwischen d. Schwarzen Meere u. d. Pamir. *Berlin: G. Stilke 1898.* (4 Bl., 307 S., 1 Kt.) 1 Bd 8.

— Deutsche Kolonialwirtschaft. Kulturpolit. Grundsätze für die Rassen- u. Missionsfragen. (IX, 108 S. m. 8 Taf.) gr. 8. Berlin-Schöneberg 909. Buchverl. d. „Hilfe". 2.50; geb. 3. —

— Deutsche Kolonialwirtschaft. I. Bd.: Südwest-Afrika. (VIII, 510 S. m. Vollbildern u. 1 farb. Karte.) gr. 8. Ebd. 907. Geb. in Leinw. 10. —

Die Kolonie von Paul **Rohrbach**. Frankfurt am M.: Rütten & Loening (1907). (102 S.) 8°
= Gesellschaft, Die. Bd 19.

Russische Kolonisation in Asien. Vortrag von Lic. Dr. Paul **Rohrbach**. *(Berlin: D. Reimer 1900.)* (S. 69–82.) 8°
= Abteilung Berlin-Charlottenburg d. Deutschen Kolonial-Gesellschaft. Verhandlungen. 1899/1900, H. 3.

Das politische Krisengebiet Europas 1908–1909. (Ein Nachtrag zu 'Deutschland unter d. Weltvölkern'.) Von Dr. Paul **Rohrbach**. Berlin-Schöneberg: Hilfe (1909). 16 S. 8° [Umschlagt.]

Deutsche Kulturaufgaben in China. Beiträge z. Erkenntnis nationaler Verantwortlichkeit. Hrsg. von Paul **Rohrbach**. Berlin-Schöneberg: Hilfe 1910. 125 S. 8°

— im Lande Jahwehs u. Jesu. Wandergn. u. Wandlgn. vom Hermon bis zur Wüste Juda. gr. 8. (VII, 432 S.) Tübingen 901. J. C. B. Mohr. n. 6. —; geb. n.n. 7. —

(8) — Im Lande Jahwehs. 901. (KBZ 32.) Jetzt: Berlin-Schöneberg, Buchverlag d. Hilfe. Erm. Pr. geb. 5. —

— u. Kurt Lampert, Leitfaden der Kolonialkunde. Für die Hand des Lehrers. 1. Heft. gr. 8. Stuttgart 908. Th. Benzinger. — 60
1. Die afrikanischen Kolonien Deutschlands. Zugleich Textbuch zu Benzingers Sammlg. v. Lichtbildern f. den Unterricht in der deutsch. Kolonialkunde. Von Paul Rohrbach. (48 S.)

Rohrbach, Paul (geb. Berlin 9. 6. 1840): Morphologie der Gattung Silene. Leipzig (1868). (52 S.) 8° • Vollst. ersch. u. d. T.: Monographie der Gattung Silene. Leipzig: W. Engelmann 1868.
Berlin, Phil. Diss. v. 15. [vielmehr 18.] Juli 1868

Rohrbach, Paul, Monographie der Gattung Silene. Mit 2 lith. Taff. Leipzig 868. Engelmann. gr. 8. (VIII, 249 S. mit eingedruckten Holzschn.) n. 1 ₰ 15 ngr.

Rohrbach, Paul [aus Livland]: Die alexandrinischen Patriarchen als Großmacht in der kirchenpolitischen Entwicklung des Orients. ... (Ersch. vollst. in d. „Preuß. Jahrb.") Berlin, Buchdr. v. Goedecke & Gallinek, *1891*; 31 S., 1 Bl. 8°
Berlin, Phil. Fak., Inaug.-Diss. v. [14. Aug.] 1891

Persien und die Deutschen Interessen. Vortrag von Dr. Paul **Rohrbach**. (Mit 1 Karte.) *(Berlin: D. Reimer 1901.)* (19 S.) 8°
= Abteilung Berlin-Charlottenburg d. Deutschen Kolonial-Gesellschaft. Verhandlungen. 1901/02, H. 1.

Rohrbach, Paul, der Schluss des Markusevangeliums, der Vier-Evangelien-Kanon u. die kleinasiatischen Presbyter. gr. 8. (66 S.) Berlin 894. F. Rühe. n. 1. 20

Rohrbach, Paul, deutsch-chinesische Studien. (VII, 124 S.) gr. 8. Berlin 909. G. Stilke. 1. 50
Ergänzter u. vervollständ. Sonderabdr. aus: „Preuß. Jahrb."

— Aus Südwest-Afrikas schweren Tagen. Blätter v. Arbeit und Abschied. (VI, 279 S.) 8. Berlin 909. W. Weicher. 4. —; geb. 5. —

— vom Kaukasus zum Mittelmeer. Eine Hochzeits- u. Studienreise durch Armenien. gr. 8. (VIII, 224 S.) Leipzig 903. B. G. Teubner. n. 5. —; geb. in Leinw. n. 6. —

Die russische Weltmacht in Mittel- und Westasien. Von Dr. Paul **Rohrbach**. *Leipzig: G. Wigand 1904.* (XI, 176 S.) 8°
= Monographien z. Weltpolitik. Bd 1.

Wie machen wir unsere Kolonien rentabel? Grundzüge e. Wirtschaftsprogramms f. Deutschlands afrikan. Kolonialbesitz von Dr. Paul **Rohrbach**. Halle: Gebauer-Schwetschke 1907. (279 S.) 8°

— das Finanzsystem Witte. Sonderabdr. aus: „Preuß. Jahrbücher", m. e. Nachwort. gr. 8. (71 S.) Berlin 902. G. Stilke. n. 1. —

— Der chinesische Zopf, s.: Volksschriften des allgemeinen evangel.-protestantischen Missionsvereins. Nr. 10.

Rohrbach, *Richard* [app. Arzt]: Ueber Gehirnerweichung nach isolierter Unterbindung der Vena jugularis interna ... (Aus: Beitr. z. klin. Chir., Bd XVII Heft III.) Tübingen, H. Laupp'sche Buchh., 1896; 2 Bl., 18 S. 8.
Tübingen, Med. Fak., Inaug.-Diss. v. 1896

Rohrbach, Walther, appr. Arzt: ⟨Aus d. Garnisonlazar. Brandenburg⟩. Über subkutane traumatische Milzrupturen und deren Behandlung. Berlin: G. Schade 1909. 41 S. 8°
Berlin, Med. Diss. v. 21. Mai 1909, Ref. Hildebrand
[Geb. 4. Aug. 81 Zaborowo (Kr. Lissa); Wohnort: Brandenburg; Staatsangeh.: Preußen; Vorbildung: Gymn. Lissa Reife O. 01; Studium: Berlin K. W. A. 10 S.; Coll. 19. Mai 09; Approb. 1. April 08.] [U 09. 94

Rohrbasch, Ernst, aus Königsberg i. Pr.: Ueber Telluro-Phenolaether und Dichlortelluroketone. *Rostock 1900: Adler's Erben.* (51 S.) 8°
Rostock, Phil. Diss. v. [5. Febr.] 1900

Rohrbacher, René François

Rohrbacher, die Religion in Betrachtungen zum Gebrauche Aller, die mit aufrichtigem Herzen Gott suchen, besonders für diejenigen, welche sich mit der Kindererziehung beschäftigen, nach (d. Franz.) von Müller. 2 Bde. gr. 12. (268 u. 304 S.) Wien 852, Mechitharisten-Congregations-Buchhandlung. 1 Thlr 4 ngr

Rohrbacher's Universalgeschichte der katholischen Kirche. In deutscher Bearbeitung unter Mitwirkung mehrerer Freunde herausg. von Frz. Hülskamp u. Herm. Rump. (In 29 Bdn.) 1—3. 8. u. 9. Bd. (à ca. 20 Bgn.) Münster 858—61. Theissing. gr. 8. Jeder Bd. n. 1 Thlr 15 ngr.

Rohrbacher's Universalgeschichte der katholischen Kirche. In deutscher Bearbeitung unter Mitwirkung mehrerer Freunde hrsg. von Frz. Hülskamp und Herm. Rump. (In 29 Bdn. nebst allgem. Register.) 1., 2. Bd., 3. Bd. 1. Hälfte, 8. und 9. Bd. gr. 8. Münster 860—62, Theissing'sche Buchh. [1. Bd. (XLVIII und 546 S.) 2. Bd. (VIII und 520 S.) 3. Bd. 1. Hälfte. (S. 1—272.) 8. Bd. (XVI und 546 S.) 9. Bd. (XVI und 564 S.) à Bd. * 1 Thlr. 15 Ngr.] *

Rohrbacher's, Abbé, Universalgeschichte der katholischen Kirche. In deutscher Bearbeitung unter Mitwirkung mehrerer Freunde hrsg. von Frz. Hülskamp u. Herm. Rump. 7. u. 10. Bd. Münster 866. Theissing'sche Buchh. gr. 8. (XVIII, 582 S., XVIII, 500 S.) Jeder Band n. 1 Thlr 15 ngr.

Rohrbacher's Universalgeschichte der katholischen Kirche. 4—6. u. 24. Bd. gr. 8. Münster 873—76. Theissing. n. 18. —
IV. In deutscher Bearbeitg. v. Herm. Timmermann. (1. Hälfte. VI u. S 1—256.) n. 4. 50
V. In deutscher Bearbeitg. v. B. Reteler. (XII, 363 S.) n. 4. 50
VI. In deutscher Bearbeitg. v. Ant. Tappehorn. (512 S.) n. 4. 50
XXIV. 1. In deutscher Bearbeitg. v. Frz. Xav. Schulte. (VII 433 S.) n. 4. 50

Rohrbacher's, Abbé, Universalgeschichte der katholischen Kirche. 4. Bd. 1. Hälfte, 6. Bd. und 24. Bd. 1. Hälfte. gr. 8. Münster, Theissing'sche Buchh. à Bd. * 4 50
Inhalt:
Bd. 4. 1. Hälfte. In deutscher Bearbeitung von Herm. Timmermann. (VI, S. 1—256.) 873.
" 6. In deutscher Bearbeitung von Ant. Tappehorn. (512 S.) 874.
" 24. 1. Hälfte. In deutscher Bearbeitung von Frz. Xav. Schulte. (VII, S. 1—272.) 873.

Rohrbacher's Universalgeschichte der katholischen Kirche. 5., 15., 16. und 20. Bd. gr. 8. Münster, Theissing'sche Buchh. [5. Bd. In deutscher Bearbeitung von B. Reteler. (XII, 363 S.) 876; 15. Bd. In deutscher Bearbeitung von Adph. Franz. (XV, 505 S.) 877; 16. Bd. In deutscher Bearbeitung von B. Reteler. (VIII, 398 S.) 879; 20. Bd. In deutscher Bearbeitung von P. Beckmann. (IX, 450 S.) 877.] à Bd. * M 4,50. * 18 —
1.—4., 6.—10. und 24. Bd. Ebendas. 1860—73. à * M 4,50.

Rohrbacher's, Universalgeschichte der katholischen Kirche. 11. Bd. In deutscher Bearbeitung von Karl Ad. Heinr. Kellner. gr. 8. (XXIV, 566 S.) Münster 880, Theissing'sche Buchh. * 4 50
—— dass. — 12. Bd. In deutscher Bearbeitung von H. Römstedt. gr. 8. (XIII, 453 S.) Ebendas. 881. * 4 50
—— dass. — 13. Bd. In deutscher Bearbeitung von Wilh. Tensi. gr. 8. (XVIII, 590 S.) Ebendas. 882. * 4 50
—— dass. — 23. Bd. In deutscher Bearbeitung von Alois Knöpfler. gr. 8. (XIX, 488 S.) Ebendas. 883. * 4 50

Rohrbacher's Universalgeschichte der katholischen Kirche. 14. Bd. In deutscher Bearbeit. von Wilh. Tensi. gr. 8. (XXV, 670 S.) Münster 886, Theissing'sche Buchh. *

—— dass. — 17. Bd. In deutscher Bearbeitung von B. Reteler. gr. 8. (XI, 858 S.) Ebendas. 885. *

Rohrbacher's Universalgeschichte der katholischen Kirche. 18. Bd. In deutscher Bearbeitg. von Karl Werner. gr. 8. (XXXIII, 576 S.) Münster i. W. 891, Theissing. * 4 50

Rohrbacher's, Universalgeschichte d. katholischen Kirche. 19. Bd. In deutscher Bearbeitg. v. Herm. Jos. Wurm. 1. Hälfte. gr. 8. (XVIII, 387 S.) Münster 898. Theissing. n. 2. 50 (1—19 I. 20. 23 u. 24: n. 97. —)

Rohrbacher u. Martinet, was kann uns helfen, s.: Flugschriften, katholische.

Rohrbeck, E., die Berechnung elektrischer Leitungen insbesondere der Gleichstrom-Verteilungs-Netze. Mit 24 Abbildgn. im Text u. 3 Taf. in 2 Farben. 8. (IV, 76 S.) Leipzig 900. O. Leiner. n. 2. 50

Rohrbeck, E., die Berechnung elektrischer Leitungen insbesond. der Gleichstrom-Verteilungsnetze. 2. Aufl. (IV, 75 S. m. 25 Abb. u. 2 farb. Taf.) 8. Leipzig 909. O. Leiner. 2. 50

Rohrbeck, E., s.: Vademecum f. Elektrotechniker.

Rohrbeck, E., Vademecum f. Elektrotechniker. Praktisches Hilfs- u. Notizbuch f. Ingenieure, Elektrotechniker, Werkmeister, Mechaniker etc. Hrsg. unter Mitwirkg. v. Fr. Grünwald. 4. Jahrg. d. Kalenders f. Elektrotechniker. Mit vielen Holzschn. 12. (X, 220 S.) Halle 886. Knapp. n. 2. 50; m. Kalender u. Notizbuch geb. n. 3. 50

—— dass. — Praktisches Hilfs- und Notizbuch für Ingenieure, Elektrotechniker, Werkmeister, Mechaniker etc. Hrsg. unter Mitwirkung von Fr. Grünwald. 4. Jahrg. des Kalenders für Elektrotechniker. 1887. 12. (X, 220 S. mit vielen Holzschn.) Halle, Knapp. *
geb. mit Kalender und Notizbuch *

—— dass. — 5. und 6. Jahrg. des Kalenders für Elektrotechniker. 1888 und 1889. 12. (à Jahrg. X, 266 S. mit vielen Holzschn.) Ebendas. à Jahrg. *
geb. mit Kalender und Notizbuch à Jahrg. *

Rohrbeck, Friederike, durchs Herz. Gedichte. 8. (VI, 144 S. m. Bildnis.) Zürich 901. C. Schmidt. n. 2. —

Rohrbeck, Gustav [aus Schadewinkel (Kreis Marienwerder)]: Ueber die Gummiknoten im Hoden .... Berlin, Buchdr. v. Gustav Schade (Otto Francke) (1888); 31 + 1 S. 8°
Berlin, Med. Fak., Inaug.-Diss. v. 8. Aug. 1888

Rohrbeck, H: Hansen's Apparate zur Reinzucht der Hefe in Brauereien nebst einem Anhange allgemeiner mykologischer Apparate und Utensilien. (Deutsch, engl., franz.) Berlin (1897?)

Rohrbeck, H: Die für eine zuverlässige Desinfektion mit Wasserdampf nothwendigen Bedingungen und die Vorzüge des Vacuum-Systems mit Kondensation und Druckdifferenzen. München 1893

Rohrbeck, H: Die Desinfektoren und Sterilisatoren. Neuer Patent-Desinfektor. Berlin 1892

Rohrbeck, H: Jllustrirte Kataloge über Apparate und Jnstrumente für Chirurgie und Krankenpflege usw. Berlin 1882—1892.
Nebst Nachtrag über bakteriologische und hygienische Apparate. 1891

Rohrbeck, W. J., Preis-Verzeichniss, s.a. Preis-Verzeichniss.

Rohrbeck, W. J., Firma: J. F. Luhme u. Co. in Berlin, Preiss-Verzeichniss chemischer, pharmaceutischer, physicaler, meteorologischer, mineralogischer, medicinisch-chirurgischer Instrumente, Geräthschaften und Apparate sowie eine Abtheilung, entbltd. Utensilien etc. fur den technischen und häuslichen Gebrauch. Mit 600 in den Text eingedr. Holzschn. Berlin 856. Gaertner in Comm. gr. 8. (XIV, 187 S.) n. 20 *ngr.*

Rohrbeck, W. J: Preis-Verzeichniß chemischer, pharmaceutischer, physikalischer, meteorologischer und medicinisch-chirurgischer Apparate und Geräthschaften. Berlin 1869

Rohrbeck, Walter, a. Berlin: Der Hagelversicherungsvertrag nach dem Reichsgesetze über den Versicherungsvertrag und einem zugehörigen Einführungsgesetze. Naumburg a/S. 1908: Lippert & Co. (XVII, 32 S.) 8° [F.]
Heidelberg, Jur. Fak., Ref. Endemann, Diss. v. 1908
[Geb. 20. Aug. 85 Königsberg (Ostpr.); Wohnort: Berlin; Staatsangeh.: Mecklenburg-Strelitz; Vorbildung: Luisen-Gymn. Berlin Reife O. 04; Studium: Berlin 7 S.; Rig. 7. März 08.]

Der Hagelversicherungsvertrag nach dem Reichsgesetze über den Versicherungsvertrag und einem zugehörigen Einführungsgesetze. Eine systemat. Darstellung von Dr. Walter Rohrbeck. Leipzig: A. Deichert Nachf. 1909. (XVIII, 135 S.) 8° [F.] (c8. 14722

Rohrbeck, Walter, Dr. iur.: Die Organisation der Hagelversicherung vornehmlich in Deutschland. ⟨Einl. u. Kap. 1.⟩ (Langensalza 1909: Beyer.) 39 S. 8° ¶(Die vollständige Arbeit wird erscheinen.)
Berlin, Phil. Diss. v. 20. März 1909, Ref. Wagner
[Geb. 20. Aug. 85 Königsberg i. P.; Wohnort: Berlin; Staatsangeh.: Mecklenburg-Strelitz; Vorbildung: Luisen-Gymn. Berlin Reife O. 04; Studium: Berlin 8 S.; Rig. 18. Febr. 09.] [U 09. 260

-- Die Organisation der Hagelversicherung vornehmlich in Deutschland. Mit 16 graph. Taf. (XII, 276 S.) Lex. 8. Berlin 909. P. Parey. 10.—

Georg. Andreas Rohrbergs Mathematophili deutliche Demonſtration der Quadraturae circuli, benebſt Einer Unterſuchung der Natur und Eigenſchaft des Magnèten. Dresden in Verlag des Autoris zu finden bey Johann Chriſtoph Zimmermann. 4. 22 S. 1713

Rohrberg, Matthäus (Lübben) A. S. 289/4

Dissertatio juridica de deteriore foeminarum conditione in matrimonio contrahendo.
Präs. Romanus Teller. Ed. 2.
Leipzig (Brandenburger) 1701. 12 Bl.

Diss. 16. III. 1682. 29149

Röhrborn, C. Fr., höchſt wichtige Weiſſagungen üb. die großen Begebenheiten auf der Erde, welche ſich in d. J. 1832 bis 1836 ereignen werden, u. vom 1000jähr. Reiche. Aus d. Propheten, Evangeliſten u. der heil. Offenbarung Johannis nachgewieſen. 12. Stuttg. 832. Wachendorf. (Scheible). 5 gl

Röhrborn, C. F., höchſtwichtige Weiſſagungen über die großen Begebenheiten auf der Erde u. vom tauſendjähr. Reiche. 16. Stuttgart 832. (Gaul u. Tonger in Köln.) 1/8 rß

Röhrborn [Karl]: Potential und Anziehung eines verlängerten Rotationsellipsoids für den Fall, daß die Dichtigkeit $= k_0 + k_1\ x\ y + k_2\ x\ z + k_3\ y\ z$ ist, wobei x y z die auf den Mittelpunkt als Anfangspunkt bezogenen Koordinaten bezeichnen. Hirschberg in Schl. 1907: A. G. „Bote aus dem Riesengebirge." (28 S.) 4°
Hirschberg, st. R i. E. P 1907 [282]

Rohrdantz, H. L. Einige Worte über die in Mecklenburg beabsichtigte Reform des Steuer- und Zollwesens. Als Mscr. gedr., Nov. 1846.

Rohrdorf [Schlagwort]

Rohrdorf, s.: Bayern. Karte.

Rohrdorf, Caspar. Reise über die Grindelwald-Viescher-Gletscher auf den Jungfrau-Gletscher und Ersteigung des Gletschers des Jungfrau-Berges. Unternommen und beschrieben im August und September 1828, durch C' R'... Mit einem Kärtchen und der Abbildung des Jungfrau-Berges von der Südostseite, nebst dem Lagerberg [Tafel]. 8. Bern 1828.

RÖHRE, REINER. Beiträge zur Kenntniss des Brucin's. Freiburg im Breisgau, 1880.

Röhrecke, Bruno

Röhrecke, B., Müllabfuhr u. Müllbeseitigung. Ein Beitrag zur Städtehygiene unter Benutzung meist amtl. Quellen. (Vervollständigt durch Th. Weyls Aufsatz „Die Müllfrage in Paris". Im Text 30 Abb., Karten u. Pläne. Der beigegebene Anh. enth.: Abth. I: Verordnungen, Verträge u. Bedinggn. f. die Vergebg. der Abfuhr u. Sammlg. des Hausmülles. Abth. II: Gefässe u. Geräthe zur Sammlg., Wagen u. Schiffe zum Transport des Hausmülles. Mit 36 Abbildgn. gr. 8. (IV, 227 u. V, 102 S.) Berlin 901. (H. R. Mecklenburg.) n. 12.—

Rohregg, Ritter Hans v., u. das Mädchen von Oſtrang. Neue vaterländiſche Erzählung aus dem Beginne des Mittelalters. 8. (62 S.) Urfahr-Linz 878. Krauſzlich. —20

Röhreke, Rich. Über den Gebrauch der Pronomina ὅς und ὅστις bei Sophokles. 18 S. 8. **Progr.** *Geestemünde* 1885.

Röhrensee, Christian [Praes.], s. Engelbach, Georg Jacob: Candidatus regni, diss. polit. descriptus, et exemplo Davidis ill.

Ex doctrina morum autocheirian subtilem annuente divina clementia, rectore magnificentissimo Dr. Friderico Augusto electr. Sax. Haerede In inclyta Saxonum Academia praeside viro celeberrimo Dr. Christiano Röhrensee, phil. pract. prof. pro stabiliendis ac vindicandis summis in philosophia honoribus atque privilegiis e Cathedra Lutheri ventilandam publice proponit auctor M. Johann Erdmann Bieck, Mansfeld. Sax. SS. Theol. cult. anno 1702 d. 16. Decembr. Wittebergae, Typis Joh. Hakii. 24 pp.

Röhrensee, Christian [Praes.], s. Jugler, Johann Martin: De prudente diffidentia.

Röhrensee, Christian [Praes.], s. Nagel, Johann: Diss. acad. Circa Quaestionem occupatam: utrum studiosus theologiae quamdiu in academiis aut alibi vivit neque publico admotus est officio matrimonium utiliter contrahere possit?

Röhrensee, Christian Sigismund (Wittenberg)

Exercitatio iuris publici de iuribus Palatinatus Saxonici duci electori propriis.
Präs. Michael Heinrich Gribner.
Wittenberg (Gerdes) VI. 1715. 42 S. 29032

Roehrensee, Christian Sigismund (Wittenberg)

Meditationes probabiles de incestis cum novercae matre nuptiis. Präs. Michael Heinrich Gribner. Wittenberg (Gerdes) 5. X. 1709. 40 S.

29031

Roehrensee, Christian Sigismund (Wittenberg)

Meditationes probabiles de incestis cum novercae matre nuptiis. Präs. Michael Heinrich Gribner. Wittenberg (Gerdes) 1719. 44 S.

Diss. 5. X. 1709. 29033

Röhrensee, C. S., de mulieribus clericorum συνεισάκτοις. Viteb. 1708. 4.

Roehrensee, Samuel Christ. (Wittenberg)

De feudo ab uxore marito in dotem dato. Präs. Paul Christian Schröter. Wittenberg (Gerdes) VII. 1712. 48 S. 29034

Rohrer, biblische Ansprache, s.: Bericht üb. die 28. allgem. Pastoralkonferenz evangel.-luther. Geistlicher Bayerns.

Zahnpulver und Mundwässer. Rezept-Taschenbuch f. Zahnärzte u. Studierende d. Zahnheilkunde. Von Alfred Rohrer, prakt. Zahnarzt. Berlin: Siemens 1910. 115 S. 8° (10. 1743)

ROHRER, Anton (München): Zur Kenntnis der Skeletveränderungen bei partiellem und totalem Riesenwuchse und bei Rhachitis.- München: Kastner & Lossen 1895. 107 S.
25.7.1895 - Chr 1895/96,8; Jv 1898/99,219 (Prom.-Datum: 1899)
Diss. Ingolst.-Landsh.-Mchn.

Rohrer, B[artholomäus]. Historische und militärische Betrachtungen zur Feier der Schlacht bei St. Jakob an der Birs am 26. August 1444. ⟨Nach den Quellen von Franz Ludwig von Haller von Königsfelden bearbeitet.⟩ 8. Buchs, Kanton St. Gallen, 1872.

Rohrer, Chr. Friedrich, s. Rohrer, Fritz.

Rohrer, E[manuel]. Rentiert die Geflügelhaltung? Die volkswirtschaftliche Bedeutung des Huhnes für unsere schweizerischen Verhältnisse. Hrg. im Auftrag der Geflügelzuchtkommission der «Oekonomischen und gemeinnützigen Gesellschaft des Kantons Bern». [Illustriert.] 66 [+4] S. 8. Bern, K. J. Wyss, 1901. [cart. fr. —. 80]

Rohrer, E[manuel]. Rentiert die Geflügelhaltung? Die volkswirtschaftliche Bedeutung des Huhnes für unsere schweizerischen Verhältnisse. Hrg. von E. R'.... 2. vermehrte Aufl. mit zahlreichen Illustrationen [und 8 Tafeln]. 84 S. 8. Bern, K. J. Wyss, 1905. [cart. fr. 1. 40]

Rohrer, Franz. Die Anfänge Luzerns. ⟨SA.⟩ 8. Einsiedeln 1882.

Rohrer, Franz. Das „christliche Burgrecht" und die „christliche Vereinigung". Ein Beitrag zur schweizerischen Politik in den Jahren 1527 bis 1531. (Progr.) 4. Luzern 1876.

Rohrer, Frz., das „christliche Burgrecht" u. die „christliche Vereinigung". Ein Beitrag zur schweizer. Politik in den J. 1527 bis 1531. gr. 4. (36 S.) Luzern 876. (Räber.) n. — 80

Rohrer, Franz. Das sogenannte Waldmannische Konkordat. ⟨SA.⟩ 8. Zürich 1879.

Rohrer, Franz s. Kopp, J(oseph) E(utych). Geschichte der eidgenössischen Bünde. Band 5, Abtheilung 2. Basel 1882.

Rohrer, Fr., Papst und Bann. Ein Wort zur Verständigung. Luzern 860. Gebr. Räber. gr. 8. (43 S.) 4½ ngr.

Abschied. Lied (von Dr. Fritz Rohrer) für 1 Singstimme mit Klavierbegl. Von C. H. Richter. *Berlin: Freie Musikal. Vereinig. 1896.* (3 S.) 4° (— 60)

Bausteine für freie Maurer. Bauriss von [Fritz] Rohrer. o. O. u. J. 2 Bl. 8° [Kopftit.]
Beigedr.: Rohrer, F.: Planscizzen z. Renovation d. L. Modestia c. L. [in Zürich] o. J.
Üb. Wesen, Grundsätze, Ziele d. Frmrei.
193. 358.

Rohrer, Fr., Feierabend. Kleine Sammlung von Gedichten. 8. (20 S.) Zürich 883, (Meyer und Zeller.) * — 80

Rohrer, Fritz. aus Hadlaubs Heim. Gedichte. 8. (VIII, 128 S.) Dresden 894. E. Pierson. n. 2. 40; geb. in Leinw. m. Goldschn. n. 3. 40

Rohrer, Fr., d. Intoxikationen, speciell d. Arzneiintoxikationen in ihrer Beziehg. zu Nase, Rachen u. Ohr, s.: Vorträge, klin., aus d. Gebiete d. Otologie u. Pharyngo-Rhinologie.

Klänge vom „Lindenhof". Gedichte von Fritz Rohrer & Br.·. F. Zürich 1888: Cotti. 112 S. 1 Bild. 8°
cf. Al. 14 (1888) S. 30—31. 25a.

Rohrer, Br.·. Fritz, & Br.·. F., Klänge vom „Lindenhof". Gedichte. 12. (112 S.) Zürich 888. (Meyer & Zeller.) geb. n. 2. —

Rohrer, Fritz. Lehrbuch der Ohrenheilkunde für Studirende und Ärzte. Mit 125 Holzschn. Zeichnungen v. L. Schröter in Zürich. gr. 8. (XV, 240 S. m. 1 Tab.) Wien 891, Deuticke. * 6 —

Rohrer, F., zur Morphologie der Bakterien d. Ohres u. d. Nasen-Rachenraumes. Monographie. [Mit 5 Taf. in Farbendr.] Lex.-8. (III, 79 S.) Zürich 889. (Meyer & Zeller.) n. 5. —

Rohrer, Chr. Friedrich, aus [Buchs, Kt.] St. Gallen, pract. Arzt in Riesbach-Zürich: Das primäre Nierencarcinom. Zür. Zürcher u. Furrer Dr. 1874. VI, 1 Bl., 163 S., 1 Bl. Thesen. 8°.
Zürich. Med. Diss. [v. 27. Nov. 1874].

Rohrer, C. Fr., das primäre Nierencarcinom. Monographie. gr. 8. (VI, 163 S. m. 1 Steintaf. in qu. gr. 4.) Zürich 874. (Meyer & Zeller.) n. 3. —

Rohrer, F. Über die Pflege des Gehörorgans bei Neugeborenen u. Säuglingen. In-8°. 12 S. Zürich, Meyer & Zeller. 1897. — 25

— über d. Pflege d. Gehörorgans bei Neugebornen u. Säuglingen. gr. 8. (12 S.) Zürich 897. Ed. Rascher. n. — 20

Das Recht auf Frieden und die Abschaffung des Krieges. Von F[ritz] Rohrer. o. O. u. J. 16 S. 8°. [Kopftit.]
aus: Alpina 1891. 21.

Referat über das offizielle Diskussionsthema [der Grossloge „Alpina"] 1909/10 erstattet von Fritz Rohrer. o. O. [1909?]. 16 S. 8°. [Kopftit.]

Das Thema lautete: Es sind die Bedingungen der fortschrittlichen Entwicklung der Menschheit in Vergangenheit, Gegenwart und Zukunft unter dem Gesichtspunkt der Freimaurerei zu studieren und zur Darstellung zu bringen. 21.

Rohrer Fritz, die Stellung der Ohrenheilkunde in der modernen medicinischen Wissenschaft. Probevorlesung, gehalten am 12. Dezbr. 1885. gr. 8. (19 S.) Zürich 886, (Meyer und Zeller.) *

— das Verhältnis der Ohrerkrankungen zu den Augenaffektionen, s.: Vorträge, klin., aus dem Gebiete d. Otologie u. Pharyngo-Rhinologie.

Rohrer, Dr. med. Fritz, Ohrenarzt Riesbach-Zürich: Der Rinne'sche Versuch und sein Verhalten zur Hörweite und zur Perception hoher Töne. Monographie ([Umschlag:] mit einer chromo-lithographischen Darstellung). Zür. Schiller & Co. Dr. 1885. 40 S., 1 Tab. 8°.
Zürich, Med. Fac., Habilitationsschrift.

Rohrer, Fritz, der Rinne'sche Versuch und sein Verhalten zur Hörweite und zur Perception hoher Töne. Habilitations-Schrift. Monographie mit 1 chromolithogr. Darstellung. gr. 8. (40 S.) Zürich 885, (Meyer und Zeller.) *

Rohrer, G., De septima quae fertur Platonis epistula. Diss. 1874. 85 S.
— — II. Pr 1874. 11 S. 4°.

Rohrer, Georg, aus Spokane (Wash., U. S. A.): **Ueber die Wirkung von Coffeon und Theeoel auf die Respiration des Menschen.** *Würzburg 1902: A. Borst.* (27 S.) 8°
Würzburg, Med. Diss. v. 1902

Rohrer, Hermann, appr. Arzt a. Betzenhausen b. Freiburg i. B.: Ein Fall von Narben-Carcinom nach alter complicierter Fractur. Freiburg i. Br. 1904: K. Henn. (21 S.) 8°
Freiburg i. B., Med. Fak., Ref. Kraske, Diss. v. 1904
[Geb. 26. Febr. 76 Betzenhausen; Wohnort: Hintergarten; Staatsangeh.: Baden; Vorbildung: Gymn. Freiburg i. B. Reife O. 97; Studium: Freiburg i. B. 4, Erlangen 1, Freiburg i. B. 6 S.; Coll. 29. Juli 04; Approb. 24. Febr. 03.]

Rohrer, Josef

— Abriß d. westl. Provinzen des österr. Staats, m. K. gr. 8. Wien, Camesina. 804.

Rohrer, Jos., Abriß der westl. Provinzen des östreich. Staats. Mit 2 Kpf. gr. 8. Wien 804. (Heubner). 1 ℛ 12 ℊ

— Bemerkk. auf e. Reise v. der türk. Gränze üb. die Bukowine durch Ost- u. Westgallizien, Schlesien u. Mähren bis nach Wien. Mit 2 Kpf. 8. Wien 804. Pichler. (Liebeskind in Leipz.) 1 ℛ 8 ℊ

Rohrer, Josef, s. Gemälde der k. k. Gallerie.

— neueste Gemälde von Wien. 8. Wien 797. Al. Doll. 16 ℊ

Rohrer, Jos[eph]. Handbuch für Bauersleute und Güterbesitzer, enthaltend ausgerechnete Tabellen für Heumass-, Gewichts-, Preis- und Atzungsrechnungen ins neue Mass übertragen. X + 90 S. 8. Sarnen, B. Spichtig, 1905. [geb. fr. 1. 20]

— Statistik des östreich. Kaiserthums. 1r Bd. gr. 8. Wien 827. (Volke). 2 ℛ

(Rohrer, Joseph.) Uiber die Tiroler. Ein Beytrag zur Oesterreichischen Völkerkunde. Wien. im Verlage der Dollischen Buchhandlung 1796.
139 S. 8°

— über die Tyroler. Ein Beytr. z. österr. Völkerkunde. 8. Wien, Aloys Doll. (Liebeskind in Leipz. in Commiss.) 796.

— s. Tyroler, Über die.

(Rohrer, Joseph): Versuch über die dt. Bewohner der österreichischen Monarchie. Th. 1. 2. — Wien: Verl. des Kunst- und Industrie-Comptoirs 1804. VI, 262 und 223 S.

Rohrer, Jos., Versuch über die deutschen Bewohner der östreichischen Monarchie. 2 Thle. gr. 8. Wien, Camesina. 804.

— Versuch üb. die deutschen Bewohner der östreich. Monarchie. 2 Thle. gr. 8. Wien 804. (Heubner). 1 ℛ 20 ℊ

Rohrer, Jos., Versuch über die jüdischen Bewohner der österreichischen Monarchie. Wien, Camesina, 1804, 8°.

Rohrer, Josef: Versuch über die jüdischen Bewohner in der österreichischen Monarchie. Wien: Heubner 1804.

Rohrer, Josef: Versuch über die slavischen Bewohner der österreichischen Monarchie. Wien: Heubner 1804.

Rohrer, M., die epidem. Brechruhr zu Lemberg, beobacht. u. beschrieben. gr. 8. (3 B. u. 1 Tab. Fol.) Brünn 831, [Trassler u. Sohn.] (Leipzig, Hartknoch.)

Rohrer, Dr. M., die epidem. Brechruhr zu Lemberg, beobachtet u. beschrieben. Mit 1 Tab. in Fol. gr. 8. Brünn 831. Traßler. (Leipz., Volckmar). 3 ℊ

Rohrer, Mart., wider Gott u. Reich. Eine histor. Erzählg., nach dem „Michael Kohlhaas" des Heinrich v. Kleist bearb. Illustriert v. Alfr. Hagel. (211 S. m. 4 farb. Vollbildern.) 8. Wien (907). Akadem. Verlag.
Geb. in Leinw. 3. —

Rohrer, Mor., Beitrag zur Meteorologie und Klimatologie Galiziens. Wien 866. Gerold's Sohn. gr. 8. (48 S. mit 1 Stnt. in Fol.) n. 16 ngr

Rohrer, über Regentropfen und Schneeflocken. Lex.-8. (21 S.) Wien 859, (Gerold's Sohn.) **
Aus: Sitzungsberichte der k. Akad. der Wissenschaften, Jahrg. 1859, besonders abgedruckt.

— Nachtrag zu dem Aufsatze über Regentropfen und Schneeflocken. S. 43. II. 380. vgr.
Separatabdruck

Rohrer, P. A., d. wahre Weisheit oder Grundregeln. 12. Wien, Camesina. 753.

Rohrer, Richard [aus Glittehnen (Ostpr.)]: Die geschichtliche Entwickelung der Fruchtwechselwirtschaft. . . . Jena, Frommannsche Buchdr. (Hermann Pohle), 1889; 2 Bl. + 51 S. 8°
Jena, Phil. Fak., Inaug.-Diss. v. 1889

Rohrer, Rudolf [aus Mergentheim]: Zur Kenntnis der Einwirkung von Ferrisulfat und Ferriacetat auf Jodkalium und Jodwasserstoff ... Tübingen, Druck v. H. Laupp jr, 1894; 59 S. 8.
Tübingen, Naturw. Fak., Inaug.-Diss. v. 1894

Rohrer, Rud., zur Kenntnis d. Einwirkung v. Ferrisulfat u. Ferriacetat auf Jodkalium u. Jodwasserstoff. Diss. gr. 8. (59 S.) Tübingen 895. (F. Fues) n. 1. 60

Rohrer, Rud., u. Aug. Mayer, Vorarbeiten zu e. Flora d. mährischen Gouvernements, od. systemat. Verzeichn. aller in Mähren u. in d. k. k. östr. Antheile Schlesiens wildwachs. bis jetzt entdeckten phanerogamen Pflanzen. gr. 8. (18 B. u. 1 Tab.) Brünn 835. (Wien, Beck'sche Univ.-Bh.) Thlr. *

Rohrer, Rudolf M.

Rohrer, Rud. M., s.: Feuerwohr-Kalendor, Fromme's österr.

Rohrer, Rud. M., s.: Fromme's österreichischer Feuerwehr-Kalendor.

Rohrer's Kalender-Handbuch 1899. Ausgabe für Böhmen. 4. (139 S.) Cart. —.60
— — 1899. Ausgabe für Mähren. 4. (139 S.) Cart. —.60
— — 1899. Ausgabe für Nieder-Oesterreich. 4. (139 S.) Cart. —.60
— — 1899. Ausgabe für Oesterreich-Ungarn. 4. (139 S.) Cart. —.60
Brünn: Rohrer.

Rohrer's Kalenderhandbuch. 1.—4. Jahrg. 1890—93. schmal Fol. (à Jahrg. 75—100 S.) Brünn, Rohrer. à Jahrg. * 1 20

Rohrer's Kalender-Handbuch 1895. schmal Fol. (115 S. in Rokoko-Ausstattg.) Brünn, R. M. Rohrer. Kart. n. 1. 20

Rohrer's Kalender-Handbuch. 1903. schmal Fol. (155 S.) Brünn, R. M. Rohrer. Kart. n. 1. 20
In Ausg. f. Böhmen, Mähren u. Schlesien, Nieder-Oesterreich u. Oesterreich-Ungarn erschienen.

Rohrer's Kalender-Handbuch. 1906. (166 S.) schmal Fol. Brünn, R. M. Rohrer. Kart. n. 1. 20
In Ausg. f. Böhmen, Mähren u. Schlesien, Nieder-Oesterreich u. Oesterreich-Ungarn erschienen.

Rohrer's Kalender-Handbuch 1911. (180 S.) 31,5×19 cm. Brünn, R. M. Rohrer. Geb. in Halbleinw. 1. 20
In Ausg. f. Böhmen, Mähren u. Schlesien, Nieder-Oesterreich u. Oesterreich-Ungarn.

ROHRHIRSCH, August (Bühlerthal): Ein Fall von Struma maligna. Rundzellensarkom.- München: Straub 1895. 28 S.
28.7.1895 - Chr 1895/94,12; Jv 1892/93,211
Diss. Ingolst.-Landsh.-Mchn.

Roehrich, Mme. Ernest, Fleurs et sapins des Vosges. Poésies. (VI, 232 S.) kl. 8. Strassburg 905. Buchh. der ev. Gesellschaft. n. 2. 80; geb. in Leinw. n. 3. 60

Röhrich, Ernst: Biblische Geschichten, s. Gast, W.

Röhrich, Ernst, die kirchliche Pflege des Kindes in der Schule. Vortrag, gehalten in der Conferenz des evangelischen Lehrerbundes Augsburger Confession in Straßburg den 29. Septbr. 1881. gr. 8. (30 S.) Straßburg 881. (Bomhoff.) n. — 40

Roehrich, H. Alcoolisme et Criminalité. Separatabdruck a. d. Verhandlungen des Vereins für Straf- u. Gefängnisswesen 1899. 8°. 26 S. Aarau, H. R. Sauerländer & Co. 1899.

Roehrich, H., l'eternel avec nous. Sermon prêché le 18. juin 1871 à l'occasion de la rentrée des troupes. 8. (24 S.) Hamburg 871. Nolte. n. — 50

Röhrich, Karl, Messung der Schärfe des Farbensinns an den Tafeln von Dr. Ole Bull. Diss. Greifswald 1886, Jul. Bindewald. 8°. 23 S.

Röhrich, Karl J., üb. das Bier, in Beziehung auf den Brauer, den Trinker u. die Polizei. 8. Wien 817. Kupfer. 9 gr. (K. Haas). 6 gr.

Röhrich, Konrad, Justizreferendär in Stuttgart: Die Haftung des Staates aus § 89 BGB. Stuttgart 1905: J. B. Metzler. (40 S.) 8°
Tübingen, Jur. Fak., Ref. v. Wendt, Diss. v. 15. Dez. 1904
[Geb. 12. Okt. 81 Stuttgart; Wohnort: Stuttgart; Staatsangeh.: Württemberg; Vorbildung: Karlsgymn. Stuttgart Reife M. 99; Studium: Lausanne 1, Tübingen 4, Leipzig 1, Berlin 1 S.; Anrechnung der Justizdienstprüfung.]

Roehrich, Laura, Emma Warnod. Biographische Notizen. Aus dem Franz. 8. (XV, 96 S. m. Bildnis.) Gotha 893. G. Schloeßmann. n. 1. 60; geb. in Leinw. n. 2. 40

Roehrich, Maximilianus [Pomeranus]: De Culicis potissimis codicibus recte aestimandis. . . . Berolini, Heinrich & Keinke, 1891; 2 Bl., 48 S., 1 Bl. 8°
Berlin, Phil. Fak., Inaug.-Diss. v. 28. Jul. 1891

Röhrich, (Max): Die Stellung des Aristophanes zu den wichtigsten Fragen seiner Zeit. Stettin 1910: Herrcke & Lebeling. 27 S. 4°
Stettin, König-Wilhelms-G. OP 1910 (212) [S 10. 359

Röhrich, Paul: Berechnung einiger stereometrischer Körper, deren Behandlung zur Lehraufgabe der Untersecunda gehört. *Liegnitz 1900: O. Heinze.* (24 S.) 8° [F.]
Liegnitz, k. Ritter-Ak, OP 1900 (208)

Röhrich, Paul Ueber eine besondere Fläche vierter Ordnung und deren Hesse'sche Fläche. 4 (19 S.). Ritter-Akad. *Liegnitz* 1887 (183).
Progr.

Röhrich, Richard

Röhrich, R., räthselhafte Dinge, s. Kosmos f. die Jugend.

Röhrich, Rich., rätselhafte Dinge od. wie sich die Steine bewegen. Einführung in die Grundgesetze der Natur. Erlebnisse u. Schilderngn. während e. Ferienreise. 2. Aufl. Mit 50 Text-Abbildgn. u. e. bunten Titelbilde. gr. 8. (VIII, 236 S.) Leipzig 885. Spamer. n. 2. 50; geb. n. 3. —

Röhrich, Rich., rätselhafte Dinge od. wie sich d. Steine bewegen. Einführg. in d. Grundgesetze d. Natur. Erlebnisse u. Schilderngn. während e. Ferienreise. 2., verb. Aufl. Wohlfeile [Titel-] Ausg. Mit 50 Text-Abb. u. 1 bunten Titelbilde. gr. 8. (VIII, 236 S.) Leipzig (885) 897. O. Spamer. n. 1. 50; geb. in Leinw. n. 2. —

— wie sich die Steine bewegen. Eine lehrreiche Erzählg. f. die Jugend. 2. verb. Aufl. Mit 50 in den Text gedr. Abbildgn. u. e. bunten Titelbilde. gr. 8. (IX, 236 S.) Ebend. 885. n. 2. 50

Röhrich, Timotheus Wilhelm. Geschichte der Reformation im Elsass und besonders in Strasburg, nach gleichzeitigen Quellen bearbeitet. 3 Theile. 8. Strasburg 1830–1832.
Theil 1. 2 Lieferungen. [Mit 2 Portrat-Tafeln.]
Theil 2 *u.* 3. [*je* Mit 1 Portrat-Tafel.]

Röhrich, Timotheus Wilh., Mittheilungen aus der Geschichte der evangelischen Kirche des Elsasses. 3 Bde. Straßburg 855. Treuttel u. Würtz. 8. Jeder Bd. n. 2 ₰. 7½ ngr.
1. Bd.: Mittheilungen aus der Vorgeschichte der Reformation, und Elsässische Kirchenordnungen. (XXIII, 439 S.)
2. Bd.: Evangelische Zeitbilder, und die Kirche der Väter unter dem Kreuz. (4 Bl., 531 S.)
3. Bd.: Evangelische Lebensbilder, und die Anfänge der neuen Zeit in der straßb. Kirche. (3 Bl., 452 S.)

Röhrich, Victor: Adolf I., Erzbischof von Köln. I. Teil: Adolf als Reichsfürst . . . . Braunsberg, Druck der Ermländischen Zeitungs- und Verlagsdr. (J. A. Wichert), Verl. v. Huye's Buchh. (Emil Bender) (1886); 4 + 107 S. 8°.
Königsberg, Phil. Fak., Inaug.-Diss. v. 10. März 1886.

Röhrich, Victor [Dr.]: Ein Bauernaufruhr im Ermlande '(1440—1442)'. Rössel, Buchdr. v. B. Kruttke, 1894; I—XVI S. 4.
Rössel, k. G, OP 1894 (15)

Röhrich, Vict., s.: Codex diplomaticus Warmiensis.

— s.: Monumenta historiae Warmiensis.

Index lectionum ... per aest. a d. XV. Apr. a. 1895 instituendarum. — Praecedit Prof. Dr. Victoris Roehrich commentatio: Plastwico, scriptori rerum Warmiensium, fidem habendam esse. — ([Enth. ausserdem:] Renuntiatio judiciorum de certamine literario a commilitonibus Lycei Regii Hosiani anno superiore inito et quaestionum in annum currentem propositarum promulgatio.) Brunsbergae ... 1895; 18 S. 4.

Röhrich, Victor: Der Streit um die ermländische Kathedra nach dem Tode des Bischofs Heinrich Wogenap ⟨1334—1339⟩. (S. 3—21.) 8°
Braunsberg, Vorl.-Verz. SS 1908

Röhrich, Wilhelm (Ad.)

Röhrich, Wilh., Abriß der Handelswissenschaft. Zur Benutzung in Handelsschulen wie zum Privatgebrauche für Kaufleute und Nichtkaufleute. Leipzig 861. Brockhaus. gr. 8. (XII, 218 S.) n. 1 ₰

Röhrich, Wilh., Abriß der Handelswissenschaft oder allgemeinen Handelslehre. Zur Benutzung in Handelsschulen wie zum Privatgebrauche für Kaufleute u. Nichtkaufleute. 2. Auflage. Leipzig 867. Brockhaus. (XII, 216 S.) n. 1 ₰

Röhrich, Wilh., Abriß der Handelswissenschaft od. allgemeinen Handelslehre. Zur Benutzg. in Handelsschulen, wie zum Privatgebrauche f. Kaufleute u. Nichtkaufleute. 5., vollständig umgearb. u. wesentlich verm. Aufl. m. Berücksicht. aller neuen Verhältnisse der Gesetzgebg., d. Münz-, Maß- u. Gewichtswesens, der Kurse 2c. gr. 8. (VIII. 224 S.) Stuttgart 876. Maier. n. 3. —

—— Abriß der Handelswissenschaft oder allgemeine Handelslehre. Zur Benutzung in Handelsschulen wie zum Privatgebrauche für Kaufleute und Nichtkaufleute. 6. aufs neue durchgeseh., gänzlich umgearb. und verm. Aufl. mit besond. Bezugnahme auf Handels- und Wechselgesetzgebung, sowie auf andere den Handel betr. gesetzl. Vorschriften. gr. 8. (VIII, 172 S.) [Stuttgart 886, Maier.] Berlin, Verlag für Sprach- und Handelswissenschaft. *

Röhrich, Wilh., Anleitung zur einfachen Buchführung f. kleine Geschäftsleute. gr. 8. (12. S.) Görlitz 893. (A. Rother.) n. — 15

—— Auszug aus Friedr. Noback's systematischem Lehrbuche der Handelswissenschaft, s. a. Noback, Friedr.

Röhrich, Wilh., Auszug aus F. Noback's Systematischem Lehrbuche der Handelswissenschaft im Einverständniß mit dem Verf. bearb. Chemnitz 858. (Ernesti.) Lex.-8. (3 Bl., 202 S.) n. 1 ₰. 10 ngr.

— Beispiele zu den Musterstücken aus dem schriftlichen Handelsverkehre. Zugleich als Schreibvorlagen ausgeführt v. Louis Müller. 4. (48 S.) Ebend. 874. In Mappe. n. 4. —

Röhrich, Wilh., die Beweiskraft ordnungsmässig geführter Handelsbücher und die Anforderungen des allgemeinen deutschen Handelsgesetzbuches an die kaufmännische Buchführung. gr. 8. (32 S.) Stuttgart 878, Bonz und Comp. * — 80

Röhrich, Wilh(A), das Buch v. Staat u. Gesellschaft. Eine allgemeine Darstellg. d. gesamten sozialen Lebens der Gegenwart. 1.—9. Lfg. gr. 8. (S. 1—288.) Leipzig 890. v. Biedermann. à n. — 40
1. Abtlg. (S. 1—144.) n. 1. 80. — 2. Abtlg. (S. 145—284.) n. 1. 80

— das Buch v. Staat u. Gesellschaft. Eine allgemeine Darstellg. des gesamten sozialen Lebens der Gegenwart. 10.—27. (Schluss-)Lfg. gr. 8. (1. Bd. 3. Abthlg. = VII u. S. 289—424, 2. Bd. V, 432 S.) Leipzig 891—894. F. W. v. Biedermann. à Lfg. — 40 (2 Bde. kplt.: à n. 5. 40; geb. à n. 6. 40)

— der Bücherabschluß u. die Ermittelung des Geschäftsgewinnes bei der einfachen u. bei der doppelten Buchführung. gr. 8. (III, 31 S.) Ebend. 877. n. 1. —

Röhrich, Wilh., Buchhaltung für Fabrikgeschäfte, s. a. Buchhaltung, die, in ihrem ganzen Umfange und in ihren mannigfachen Formen.

Röhrich W, Buchhaltung für Fabrikgeschäfte dargestellt am Geschäftsgang einer Möbelfabrik. (Röhrich, Buchhaltung I.) Leipzig 1888

Röhrich, Wilh., Buchhaltung f. Fabrikgeschäfte. Dargestellt an e. zweimonatl. Geschäftsgange e. Möbelfabrik. 2., sorgfältig durchgeseh., u. unter Hinweis auf die neuen gesetzl. Vorschriften erweit. Aufl. gr. 8. (IV, 124 S.) Leipzig 900. G. A. Gloeckner. Geb. in Leinw. n. 2. 50

Röhrich, Wilhelm: Diálogos castellanos, s. Sauer, Karl Marquard

Röhrich, Wilh. [Dir.]: Einiges über Handelsschulen. Görlitz, Druck v. Hoffmann & Reiber, 1893; 31—36 S. 8.
Görlitz, Handels-Lehr-A d. Kaufmänn. Vereins, P 1893**

— die Eisenbahnen als Transportanstalten der Gegenwart, den Interessen des Publikums gegenüber. Mit besonderer Berücksichtigung des Tit. V. des Entwurfs eines allgemeinen deutschen Handelsgesetzbuches u. der Denkschrift einer Kommission des Vereins deutscher Eisenbahnen vom 12. Decbr. 1859. Gotha 860. Gläser. gr. 8. (31 S.) n. 4 ngr.

— Empfiehlt sich die Wiedereinführung von Zinstaxen und Wuchergesetzen und die Beschränkung der allgem. Wechselfähigkeit? Mit besond. Berücksichtigung der betr. Anträge im Deutschen Reichstage und des Berichtes der für die Berathung niedergesetzten Commission vom 13. Juni 1879, welcher im Plenum noch nicht zur Verhandlung gekommen ist. gr. 8°. Stuttgart, Bonz u. Co., 1879. (42 S.)

Röhrich, Wilh. Das Finanz- und Zollprogramm des Fürsten Bismarck vom 15. Decbr. 1878 besprochen. gr. 8°. Stuttgart, Bonz, 1879. (44 S.)

Röhrich, Wilh. (Ad), Österreichs Geldwesen u. dessen gegenwärtige Regelung in gemeinfasslicher Darstellung. gr. 8. (28 S. m. 1 graph. Darstellg.) Stuttgart 893. J. B. Metzler's Verl. n. — 50

— e. einmonatlicher Geschäftsgang, nach einfacher u. doppelter Buchhaltung durchgeführt. 8. (III, 50 S.) Flensburg 887. Huwald. n. 1. 25

Röhrich, Wilh. [Dir.]: Die neue Gesellschaft mit beschränkter Haftung verglichen mit den bisherigen Handels-Gesellschaften nach den wesentlich in Betracht kommenden gesetzlichen Bestimmungen. Görlitz, Druck v. Hoffmann & Reiber, 1892; 3—33 S. 8.
Görlitz, Handels-Lehr-A d. Kaufmänn. Vereins, P 1892**

— spanische Gespräche, s.: Sauer, Carl Marquard.

— Handbuch der kaufmännischen Fachausdrücke in deutscher, englischer u. französischer Sprache, s. a. Handbibliothek der gesamten Handelswissenschaften.

Röhrich W., Handbuch der kaufmännischen Fachausdrücke in deutscher, französischer und englischer Sprache. 2. Auflage. (Handbibl. d. Handelsw. 11) Stuttgart 1890

—— Handbuch der Contorarbeiten. Zum Gebrauche für angehende Geschäftsmänner sowie für den Unterricht theoret. und prakt. dargestellt. 3 Bde. 1. Aufl. 1871, 72, und 2. Aufl. gr. 8. Ebendas. à Br. * M. 3. * 0 —

Inhalt:
Bd. 1. Die Handelscorrespondenz in deutscher, französ. und engl. Sprache 1. Aufl. 1871, und 2. Aufl. (XII, 220 S.) 873.
" 2. Die einfache und doppelte Buchhaltung. 1. und 2. Aufl. 1872, 73, und 3., unter Mitwirkung von Wilh. Röhrich jun. ganz neu bearb. und den neuen Münz- und Coursverhältnissen entsprech. Aufl. (VIII, 188 S.) 875.
" 3. Musterstücke aus dem schriftlichen Handelsverkehre. 1. Aufl. 1872, und 2. Aufl. (XII, 192 S.) 873.

— Handbuch der Contorarbeiten. Zum Gebrauche f. angeh. Geschäftsmänner sowie f. den Unterricht theoretisch u. praktisch dargestellt. 3 Bde. gr. 8. Ebend. 873—76. à n. 3. —
1. Die Handelscorrespondenz in deutscher, französ. u. engl. Sprache. (XII, 220 S.) 2. Aufl.
2. Die einfache u. doppelte Buchhaltung. (VIII, 238 S.) 3. Aufl.
3. Musterstücke aus dem schriftl. Handelsverkehre. (XII, 192 S.) 2. Aufl.

—— Handbuch des kaufmännischen Rechnens. gr. 8. (XII und 275 S.) Leipzig 866, Brockhaus.

— u. Wilh. Röhrich jun., Handbuch des kaufmännischen Rechnens. 2., vollständig umgearb. u. verm. Aufl. mit Berücksichtigung aller neuen Verhältnisse auf den Gebieten des Maß- u. Geldwesens, der Curse für Geldsorten, Wechsel u. Werthpapiere. gr. 8. (VIII, 280 S.) Ebend. 877. n. 4. —

Röhrich, Wilh., der Handel in Wesen, Richtungen u. Formen. Ein Nachschlagebuch f. das Geschäftsleben in Fragen u. Antworten. (VI, 90 S.) kl. 8. Leipzig 905. G. A. Gloeckner. Kart. n. 1. —

— 200 deutsche Handelsbriefe f. junge Kaufleute nebst Angabe der zum Übersetzen ins Englische u. Französische wichtigsten Wörter u. Fachausdrücke in diesen Sprachen. gr. 8. (XIV, 114 S.) Leipzig 888. Gloeckner. geb. n.n. 1. 80

Röhrich, Wilh., 200 deutsche Handelsbriefe f. junge Kaufleute, nebst Angabe d. z. Übersetzen in d. Französ. u. Engl. wichtigsten Wörter u. Fachausdrücke in diesen Sprachen. 2., verb. Aufl. gr. 8. (115 S.) Leipzig 896. G. A. Gloeckner. Geb. in Leinw. n.n. 1. 80

— über 200 deutsche Handelsbriefe f. junge Kaufleute, nebst Angabe der zum Uebersetzen in das Französische u. Englische wichtigsten Wörter u. Fachausdrücke in diesen Sprachen. 3. verb. u. verm. Aufl. (XII, 116 S.) gr. 8. Ebd. 903. Geb. in Leinw. n.n. 1. 80

Röhrich, Wilh., über 200 deutsche Handelsbriefe f. junge Kaufleute nebst Angabe der zum Übersetzen in das Französische u. Englische wichtigsten Wörter u. Fachausdrücke in diesen Sprachen. 4. verb. u. verm. Aufl. (XII, 116 S.) 8. Leipzig 909. G. A. Gloeckner. Geb. in Leinw. nn 1. 80

— das allgemeine deutsche Handelsgesetzbuch m. Ausschluß d. Seerechts in seiner Neugestaltung durch das Gesetz vom 18. Juli 1884 u. das Genossenschaftsgesetz m. besond. Berücksicht. der anderen auf diese Gesetze Bezug hab. Bestimmungn. hrsg. 12. (VIII, 183 S.) Stuttgart 885. Metzler's Verl. cart. n. 1. 80

— französisch-deutsche Handels-Correspondenz, s. Handels-Correspondenz.

— französisch-deutsche Handels-Correspondenz. 4. verbesserte Aufl. m. vielen neuen Originalbriefen vermehrt. Leipzig 870. O. Wigand. 16. (VII, 575 S.) In engl. Einband 1 ℛ 10 ngr.

Röhrich, W., Die Interessen des Handels und der Gewerbe in der Gewerbefreiheit. 8°. Gotha 1860.

— Dr. Martin Luther's „Von Kaufshandlung und Wucher". 8°. Frankfurt a. M. 1869.

Röhrich, Wilh., Die Contor-Arbeiten. Zum Gebrauche für angehende Geschäftsmänner sowie für den Unterricht theoretisch und praktisch dargestellt. 3 Bde. Stuttgart [1871, 72.]

— allgemeines Kontor-Wörterbuch, s.: Handbibliothek der gesamten Handelswissenschaften.

— spanische Konversations-Grammatik, s.: Sauer, Carl Marquard.

— lectures espagnoles, s.: Sauer, C. M.

— Leitfaden für den Unterricht in der Handelswissenschaft. Zum Gebrauche in Handelsschulen. Leipzig 861. Brockhaus. gr. 8. (VII, 79 S.) n. 10 ngr.

—— Leitfaden für den Unterricht in der Handelswissenschaft oder allgemeinen Handelslehre. Zum Gebrauch in Handelsschulen. 2. Aufl. (VIII, 92 S.) 1871. * M. 1., und 3. Aufl. gr. 8. (VIII, 96 S.) Leipzig 874, Brockhaus. [Stuttgart, Bonz.] * 1 20

—— Leitfaden der Handelswissenschaft oder allgemeinen Handelslehre. Ein Lehrbuch für Handelsschulen und zum Gebrauche für junge Kaufleute. 4. vollständig umgearb. und stark verm. Aufl. gr. 8. (VIII, 136 S.) Ebendas. 876. * 1 60

— Leitfaden der Handelswissenschaft oder allgemeinen Handelslehre. Ein Lehrbuch für Handelsschulen u. zum Gebrauche für junge Kaufleute. 4., vollständig umgearb. u. stark verm. Aufl. gr. 8. (VIII, 136 S.) Ebend. 879. n. 1. 60

—— Leitfaden der Handelswissenschaft od. allgemeinen Handelslehre. Ein Lehrbuch f. Handelsschulen u. zum Gebrauche für junge Kaufleute. 5. vollständig umgearb. Aufl. gr. 8. (VIII, 158 S.) Stuttg. 889, Bonz u. Comp. * 1 60

— Leitfaden der Handelswissenschaft od. allgem. Handelslehre. Ein Lehrbuch f. Handelsschulen u. z. Gebrauche f. junge Kaufleute. 6., neu bearb. u. bedeut. verm. Aufl. gr. 8. (VIII, 181 S.) Stuttgart 895. A. Bonz & Co. n. 1. 60

– Neues spanisches Lesebuch, s. Sauer, Karl Marquard

—— die Patent-Gesetzgebung. Mit besond. Berücksichtigung der Vorschläge zur Einführung gleichheitl. Normen hinsichtlich der Patent-Gesetzgebung in den deutschen Bundesstaaten. Bericht für den 6. volkswirthschaftl. Kongress. gr. 8. (23 S.) Frankfurt a. M. 863, (Bechhold.) *

– New Spanish reader, s. Sauer, Karl Marquard

— die laufende Rechnung oder das Kontokorrent. Die Aufstellung, die verschiedenen Wege zur Berechnung der Zinsen, u. der Abschluß. Leipzig 864. Brockhaus. gr. 8. (2 Bl., 29 S.) n. 8 ngr.

— die laufende Rechnung od. das Contocorrent. Die Aufstellg., die verschiedenen Wege zur Berechnung der Zinsen u. der Abschluß. 3. Aufl. gr. 8. (IV, 29 S.) Ebend. 875. n. 1. —

Röhrich W. die laufende Rechnung oder das Kontokorrent. 3. A. Stuttgart 1877

— Sammlung von kaufmännischen Geschäftsbriefen zum Uebersetzen in fremde Sprachen. Ein Lehrmittel für den Unterricht. gr. 8. (VIII, 27 S.) Stuttgart 877. Maier. n. 1. —

Röhrich, Wilh. [Dir.]: Check und Wechsel und der Entwurf eines Checkgesetzes. Görlitz, Druck v. Hoffmann & Reiber, 1893; 3—30 S. 8.
Görlitz, Handels-Lehr-A d. Kaufmänn. Vereins, P 1893**

— offenes Sendschreiben an die deutschen Arbeiter betreffend das „Offene Antwortschreiben" des Herrn Ferd. Lassalle und den „Offenen Brief" des Herrn Rodbertus an das Central-Comité zur Berufung eines allgemeinen deutschen Arbeiter-Congresses zu Leipzig. Coburg 863. Streit. gr. 8. (22 S.) 1½ ngr.

— die Volkswirthschaft in Lehre u. Leben. Ein Leitfaden für den Unterricht. Leipzig 867. Brockhaus. gr. 8. (XIV, 254 S.) n. 1 ₰

— die Volkswirthschaft in Lehre u. Leben. Ein Leitfaden für den Unterricht. 2. Aufl. gr. 8. (VIII, 256 S.) Stuttgart 878. Bonz & Co. n. 3. —

— die Volkswirthschaftslehre in 60 Hauptsätzen zur Einführung in das weitere Studium derselben. gr. 8. (V, 26 S.) Ebend. 877. n. — 80

— sechs Vorträge aus dem Gebiete der Volkswirthschaft. I—V. Ebend. 861—64. Lex.-8.
I.: Die Arbeit. (16 S.) 2½ ngr.
II.: Ueber Gewerbegesetzgebung überhaupt u. insbesondere über den thüringischen Gewerbegesetzentwurf u. das königl. sächsische Gewerbegesetz. (39 S.) 2½ ngr.
III.: Handwerks- u. Fabrikbetrieb, Socialismus u. Communismus, Arbeit u. Kapital. (31 S.) 2½ ngr.
IV.: Die Gütererzeugung u. der Güteraustausch oder Schutzzoll u. Freihandel. (16 S.) 2½ ngr.
V.: Der deutsche Zollverein. (56 S.) 6 ngr.

— sechs Vorträge aus dem Gebiete der Volkswirthschaft. VI. Ueber Staatswirthschaft. Coburg 865. Streit's Verlag. Lex.-8. (35 S.) 3 ngr.

— was die Handelsfrau wissen muß. gr. 8. (V, 140 S.) Stuttgart 887. Bonz & Co. n. 2. 40

Röhrich, Wilh. [Dir.]: Welthandel und Handelsbilanz. E. volkswirthschaftl.-polit. Skizze. Görlitz, Druck v. Hoffmann & Reiber, 1891; 3—24 S. 8.
Görlitz, Handels-Lehr-A d. Kaufmänn. Vereins, OP 1891**

— Vide: Wucher und Intoleranz. Antwort an Marr.

Röhricht. Abrégé de l'histoire de la littérature française. Landeshut, R., 1848. Progr.

Röhricht, *Ioannes* Alexander [Kayensis]: De Clemente Alexandrino Arnobii in irridendo gentilium cultu deorum auctore ... [= Progr. v. Horn bei Hamburg 1893.] Hamburgi, typ. Lütcke & Wulff, 1892; 38 S., 1 Bl. 8.
Kiel, Phil. Fak., Inaug.-Diss. v. 21. Dez. 1892

Röhricht, *Ioannes* Alexander [P.]: De Clemente Alexandrino Arnobii in irridendo gentilium cultu deorum auctore. [= Inaug.-Diss. v. Kiel 1892.] Hamburgi, typ. Lütcke & Wulff, 1893; 38 S. 8.
Horn bei Hamburg, Paulinum (PG u. R), P 1893 (730)

Röhricht, (*Johannes*) *Alexander* [P.]: Einiges aus dem Alumnatsleben im Paulinum. Hamburg, gedr. bei Lütcke & Wulff, 1891; S. 1—4; 4°
Horn bei Hamburg, Paulinum (PG u. HB), P 1891 (729)

Röhricht, *Alexander* Gedanken zum Thema des Römerbriefs (Röm. 1, 16. 17). 4 (15 S.). Paulinum *Horn b. Hamburg* 1890 (721). Progr.

[F.] Gesunde Lehre und gesundes Leben nach den Pastoralbriefen. Vortrag auf d. Wupperthaler Pastoral-Konferenz ... 1897 in Barmen geh. v. Dr. Alexander **Röhricht**, P., Leiter d. ev. theol. Studienhauses in Bonn. *Gütersloh: C. Bertelsmann 1897.* (31 S.) 1 Bd 8.

— üb. theologische Methode. E. Wort zur Verständigg. üb. das Wesen d. Christentums. gr. 8. (26 S.) Hamburg 896. Agentur d. Rauhen Hauses. n. — 50

Röhricht, Alex., das menschliche Personenleben u. der christliche Glaube nach Paulus. Ein Beitrag zum Verständnis des Christentums als Religion u. Sittlichkeit. gr. 8. (VIII, 155 S.) Gütersloh 902. C. Bertelsmann. n. 2.40; geb. n. 3.—

Röhricht, Alex., die Seelenlehre des Arnobius, nach ihren Quellen u. ihrer Entstehg. untersucht. Ein Beitrag zum Verständnis der späteren Apologetik der alten Kirche. gr. 8. (III, 64 S.) Hamburg 893. Agentur des Rauhen Hauses. n. 1.60

Röhricht, Alexander, Kayensis: Theses theologicae ... ad licentiati in theologia evangelica honores impetrandos ... *Bonnae 1900: C. Georgi.* (2 Bl.) 8°
Bonn, Ev.-theol. Thes. v. 7. März 1900

Roehricht, Augustus [Posnaniensis]: Quaestiones scaenicae ex prologis Terentianis petitae .... Argentorati, apud C. J. Truebner, 1885; 2 + 63 S. 8°.
Strassburg, Phil. Fak., Inaug.-Diss. v. 1885.

Roehricht, Aug., Quaestiones scaenicae ex prologis Terentianis petitae, s.a. Dissertationes philologicae Argentoratenses selectae.

Röhricht, Bernh., Lieder für den Kindergottesdienst. 4., verm. und verb. Aufl. 16. (68 S.) Berlin 858, Wiegandt und Grieben. **

Röhricht, Bernh., unsere Lieder für Kinder und Kinderfreunde. 5. verm. u. verb. Aufl. Berlin 862. Wiegandt & Grieben. 16. (68 S.) nn. 1½ ngr.

— — Mit Melodieen, drei- und vierstimmig gesetzt von G. Kiepke. Ebend. 863. qu. 4. (2 Bl., 80 S.) n. 12½ ngr.

Röhricht, Bernh., unsere Lieder für Kinder u. Kinderfreunde. 6., verm. u. verbesserte Aufl. Berlin 865. Wiegandt & Grieben. 16. (64 S.) n. 1¼ ngr.

Röhricht, Bernh., unsere Lieder f. Kinder u. Kinderfreunde gesammelt. 7. Aufl. gr. 16. (64 S.) Berlin 871. Wiegandt & Grieben. n.n. — 13

Unsere Lieder für Kinder und Kinderfreunde, gesammelt von Bernhard Röhricht, Superint. 20. Aufl. (Vorr.: Dr. [Karl] Büchsel, Gen.Super-int.) Berlin: Wiegandt & Grieben [1905]. (IV, 62 S.) 8° [F.] 105. 1990

Röhricht, Bernh., unsere Lieder f. Kinder u. Kinderfreunde. 21. Aufl. (64 S.) kl. 8. Berlin 909. Wiegandt & Grieben. nn — 13

Röhricht, Eberh., s.: Kursus f. Jugendpflege im Rauhen Hause.

Röhricht, Herm., auf z. Kampf wider d. liberale Theologie u. f. Christus u. d. Kirche! E. Weckruf. gr. 8. (66 S.) Gütersloh 895. C. Bertelsmann. n. — 80

Röhricht, Jer., († d. 10. Mai 1798.) Anfangsgr. d. christl. Religion zum Gebr. fr. Katechumenen. 8. Bresl. 786.

Röhricht, Karl Gottlieb

Röhricht, Carl Gtli., Aufgaben nebst Anweis. zum Zifferrechnen, f. Schüler in Stadt- u. Landschulen hrsg. 1. Hft., enthalt. die 4 Grundrechnungsarten u. d. 4 Species in ungleich benannt. Zahlen. 8. (6 B.) Breslau 833, Aderholz.

—— Leitfaden zum Unterr. in d. Rechtschreibung. 8. (5¼ B.) Breslau 832, Pelz.

—— dass., s. Hand- u. Taschenbibliothek, pädagog., II. Abthl. 5. Bdchn.

—— Sammlung v. Aufgaben zu Satz- u. Aufsatzübungen. 1. Lehrgang: mündl. u. schriftl. Satzübungen. Nebst e. Anh., enthalt. e. gedrängt. Leitfaden zum eigentl. Sprachunterr. Beides f. Lehrer u. Schüler in Volksschulen. 1. Aufl. (5 B.) 829. 4 Gr., 2., verb. A. (5¼ B.) 8. Landeshut 831. (Breslau, Pelz.)

—— Vorschule d. Satz- u. Aufsatzlehre, s. Hand- u. Taschen-Bibliothek, pädagog., II. Abthl. 8. Bdchn.

Röhricht, (Gust.) Reinhold

Röhricht, Reinh., Beiträge zur Geschichte der Kreuzzüge. 1. Bd. gr. 8. (X, 346 S.) Berlin 874. Weidmann. n. 8. —

Röhricht, Rhold., Beiträge zur Geschichte der Kreuzzüge. 2. Bd. gr. 8. (VIII, 452 S.) Berlin 878. Weidmann. n. 10. — (1. u. 2.: n. 18. —)

Röhricht, Reinhold: Bemerkungen zur deutschen Kaisersage. [A. aus der Zeitschrift für Kirchen-Geschichte V, 4, S. 632-634.]

Röhricht, R., bibliotheca geographica Palaestinae. Chronologisches Verzeichniss der auf die Geographie d. heil. Landes bezügl. Literatur von 333 — 1878 u. Versuch e. Cartographie. Mit Unterstützg. der Gesellschaft f. Erdkunde zu Berlin. gr. 8. (XX, 744 S.) Berlin 890. Reuther. n. 24. —

Röhricht, Rhold., s. Bibliothek des litterarischen Vereins in Stuttgart CLXVIII.

Röhricht, Reinhold (Hrsg.), s. Brief. – Ein „Brief Christi".

Roehricht, Reinhold, [Lic. theol.]: * De Kantii causa finali. 48 S. 2°
Halle-Wittenberg, Phil. Diss. v. 7. Juli 1868
Geb. [Bunzlau (Schles.) 18. 11. 1842]

Röhricht, Rhold., die Deutschen im hl. Lande. Chronologisches Verzeichniss derjenigen Deutschen, welche als Jerusalempilger u. Kreuzfahrer sicher nachzuweisen od. wahrscheinlich anzusehen sind (ca. 650—1291). gr. 8. (IV, 168 S.) Innsbruck 894. Wagner. n. 3. —

— Die Eroberung Akkås durch die Muslimen (1291). [SA.] o. O. u. J.

Geschichte des Königreichs Jerusalem (1100—1291). Von Reinhold Röhricht. *Innsbruck: Wagner 1898.* (XXVII, 1105 S.) 1 Bd 8. [97. 7351

Röhricht, Rhold., Geschichte des ersten Kreuzzuges. gr. 8. (XII, 268 S.) Innsbruck 901. Wagner. n. 6. —

— Zur Geschichte der Kreuzzüge. [A. aus Neues Archiv etc. XI. S. 571—579.] [1886.]

[F.] Geschichte der Kreuzzüge im Umriss v. Reinhold Röhricht. *Innsbruck: Wagner 1898.* (IV, 272 S.) 1 Bd 8. [98. 9908

Röhricht, Reinhold: Die Jerusalemfahrt des Heinrich von Zedlitz (1493). ([S.-A.] Zeitschrift des Deutschen Palästina-Vereins Bd 17. S. 93—114, 185—200, 270—301.) Leipzig 1894. 58 S. 8°. [G 1654

Röhricht, R. Die Kreuzfahrt Kaiser Friedrich II. Berlin 1872.

— Die Kreuzzüge des Grafen Theobald von Navarra und Richard von Cornwallis nach dem Heiligen Lande. [A. aus „Forschungen zur Deutschen Geschichte" Band XXVI.] [1886.]

— u. Heinr. Meisner, deutsche Pilgerreisen nach dem heiligen Lande. Hrsg. u. erläutert. gr. 8. (VIII, 712 S.) Berlin 880. Weidmann. n. 20. —

— deutsche Pilgerreisen nach dem heiligen Lande. gr. 8. (XI, 352 S.) Gotha 889. F. A. Perthes. n. 6. —

Deutsche Pilgerreisen nach dem heiligen Lande von Reinhold Röhricht. Neue Ausgabe. Innsbruck. 1900. Wagner. Gr.-8°. V, 360 S. K 8.—

— s.: Quellenbeiträge, arabische, zur Geschichte der Kreuzzüge.

— s.: Regesta regni Hierosolymitani.

Röhricht, Reinhold. Aus den Regesten Honorius III. [A. aus Neues Archiv etc. XII. p. 415—418.] o. O. u. J.

Röhricht, Reinhold: Marino Sanudo sen. als Kartograph Palästinas. ([S.-A.] Zeitschrift des Deutschen Palästina-Vereins. Bd. 21. S. 84—126.) Leipzig 1898. 43 S., 10 Tf. 8°. [G 1658

—— Studien zur Geschichte d. 5. Kreuzzuges. gr. 8. (VI, 139 S.) Innsbruck 891, Wagner. * 3 60

Röhricht, Reinhold [Oberl. Prof. Dr.]: Kleine Studien zur Geschichte der Kreuzzüge. Berlin, R. Gaertners Verlagsbuchh., 1890; 28 S. 4°
Berlin, Humboldts-G, OP 1890

Röhricht, Rhold., s. Testimonia minora de quinto bello sacro.

Roehricht, (Gust.) Reinholdus: Theses theologicae. Berlini (1867). (2 Bl.) 4°
Berlin, Theol. Thes. v. 31. Jan. 1867

Röhricht, Reinhold Zusätze und Verbesserungen zu Du Cange. Les familles d'outre mer (ed. E. Rey, Paris 1869). (23 S.) 4.
Progr. Humboldts-G. *Berlin* 1886 (61).

Röhricht, Rhold., Zusätze u. Verbesserungen zu Du Cange, Les familles d'outre mer [ed. E. Rey, Paris 1869]. gr. 4. (23 S.) Berlin 886. Gaertner. n. 1. —

Röhricht, Rudolf, Medizinalpraktikant am Krankenh. d. evang.-luth. Diakonissenanst. Bethanien zu Breslau: Aus der kgl. chirurgischen Universitätsklinik zu Breslau. (Direktor weiland Geh. Medizinalrat Prof. Dr. v. Mikulicz-Radecki.) Klinische Beobachtungen über Glycosurie nach Aethernarkosen. Tübingen 1906: H. Laupp jr. (23 S.) 8° ¶(Aus: Beiträge zur klinischen Chirurgie Bd 48 H. 3.)
Breslau, Med. Fak., Ref. Garrè, Diss. v. 17. Sept. 1906
[Geb. 3. April 81 Militsch; Wohnort: Breslau; Staatsangeh.: Preußen; Vorbildung: Johannes-Gymn. Breslau Reife O. 01; Studium: Breslau 9 S.; Coll. 20. März 06; Approb. 20. Aug. 06.]

Röhrig, A.: Die Haut als Applicationsorgan. Physiolog. Studie.
Aus: Jahrbuch d. Kinderheilkunde. N. F. VII. [1874.]

Röhrig, A., die Physiologie der Haut experimentell u. kritisch bearbeitet. gr. 8. (V, 217 S.) Berlin 876. Hirschwald. n. 5. —

Röhrig, A., Möhra, Dr. Martin Luther's Stammort. gr. 16. (40 S. m. e. Tabelle in qu. 4.) Salzungen 871. Scheermesser. n. — 50

Roehrig, Albert, Referendar in Worbis: Notwehr und Notstand im Bürgerlichen Gesetzbuche. *Borna-Leipzig 1902: R. Noske.* (x, 60 S.) 8°
Leipzig, Jur. Diss. v. 1902

Roehrig, Arminius [Coburgensis]: De P. Nigidio Figulo capita duo .... Coburgi, apud E. Riemann jr., 1887; VIII + 62 S. + 1 Bl. 8°.
Leipzig, Phil. Fak., Inaug. Diss. v. 19. Febr 1887.

Röhrig, Armin [aus Salzungen]: Revision einiger älterer Angaben über schwefligsaure Salze .... Leipzig, Druck v. Metzger & Wittig, 1888; 39 + 1 S. 8°
Leipzig, Phil. Fak., Inaug.-Diss. v. 23. Febr. 1888

Röhrig, Armin, Revision einiger älterer Angaben über schweflichsaure Salze. Diss. Leipzig 1888, Gustav Fock. 8°. 39 S.

Röhrig, Armin, Dr.: Die deutsche Sprache an den höheren Schulen Deutschlands, im besonderen am Gymnasium zu Coburg. Festrede, am 4. Juli 1899 geh. *Coburg (1900): Dietz.* (S. 3—10.) 4° [F.]
Coburg, G Casimirianum, OP 1900 (753)

Röhrig, Aug. Die Pfarrei Langenschade, s. Schriften d. Vereins f. Meiningische Geschichte u. Landeskunde.

Röhrig, C. J., alphabetisches Verzeichniß der sämmtlichen, zum Bezirke d. gemeinschaftlichen Appellations-Gerichts zu Eisenach gehörigen Ortschaften des Großherzogthums Sachsen-Weimar-Eisenach, des Herzogthums Sachsen-Coburg-Gotha rc. an Städten, Stadtflecken, Marktflecken rc. mit Angabe d. Justiz-Amts- u. Kreis-Gerichts-Bezirks. Eisenach 869. (Baerecke—Jacobi.) gr. 8. (54 S.) n. $7\frac{1}{2}$ ngr.

Röhrig, C. J., alphabetisches Verzeichniß der sämmtlichen zum Bezirke des gemeinschaftlichen Thüringischen Oberlandesgerichts zu Jena gehörigen Ortschaften des Großherzogthums Sachsen-Weimar-Eisenach, der Herzogthümer Sachsen-Altenburg, Sachsen-Coburg-Gotha, Sachsen-Meiningen, der Fürstenthümer Schwarzburg-Rudolstadt, Reuß-Plau ä. u. j. Linie, sowie der königlich preußischen Kreise Schmalkalden, Schleusingen u. Ziegenrück an Städten, Stadtflecken, Marktflecken, Flecken, Dörfern u. Höfen, mit Erwähnung derjenigen Vorstädte, Schlösser, Kammergüter, Rittergüter, Vorwerke, Schäfereien, einzelnen Güter, Häuser u. Gasthöfe, Hammer, Mühlen, Bergschlösser, welche einen besonderen Namen führen, mit Angabe des Amts- u. Landgerichts-Bezirks. gr. 8. (79 S.) Eisenach 877. Rasch & Coch in Comm. n. 2. —
Dass.s.a.:Röhrig,J.A.

Röhrig, Carl, s. Röhrig, Karl.

Röhrig, Clemens, s. Röhrig, Klemens.

Röhrig, E., Das Latein in Sexta. 1. Formenlehre. Pr. 1874. 85 S. 4°. 1. –

Röhrig, Eduard

Röhrig, Ed. Abriſs der deutschen Grammatik für die unteren und mittleren Klassen höherer Lehranstalten. Mit einen Vorwort. 1 Teil. Formenlehre. 26 S. **Progr.** Andr. *Hildesheim* 1878.

Röhrig, *Eduard* Beiträge zum deutschen Unterrichte in den unteren und mittleren Klassen höherer Lehranstalten. 4 (16 S.).
Progr. G. Georgianum *Lingen* 1886 (290).

Röhrig, E., Beiträge zum deutschen Unterrichte in den unteren u. mittleren Klassen höherer Lehranstalten. 4. (16 S.) Lingen 886. (van Acken.) n. — 50

Roehrig, Eduardus: De secularibus consiliariis Heinrici IV. (Part. 1.) Halis (1866: Sieling in Naumburg). 54 S. 8°
Halle-Wittenberg, Phil. Diss. v. 24. März 1866
Geb. Weickelsdorf (Kr. Weissenfels) 19.4.1840. V.
Im Buchhandel Halis (Berlin: Calvary) 1867. 56 S 8°

Röhrig, Ernst, u. Joh. **Skalweit,** Bericht üb. die deutsche Brauerei-Ausstellung zu Hannover 1884. gr. 8. (16 S.) Hannover 884. Schmorl & v. Seefeld. n. 1. —

Röhrig, Ernst, Uebernahme u. Lieferung von Eisen-Materialien, besonders für Eisenbahn- u. Militärzwecke, begründet durch die den jetzigen Erfahrungen entsprechenden Fabrikationsmethoden u. eine specielle Charakteristik der Eisensorten [Roheisen, Schmiedeeisen u. Stahl]. Mit Vorwort von Edm. Heusinger v. Waldegg. Mit 42 in den Text gedr. Holzschn. Lex.-8. (VIII, 216 S.) Leipzig 877. Engelmann. n. 7. —

— Wörterbuch in englischer u. deutscher Sprache für Berg- u. Hüttentechnik u. deren Hilfswissenschaften. Mit Benutzung der hinterlassenen Sammlung von Adph. Becker bearb. 1. u. 2. Thl. 8. Leipzig 881. Felix. à n. 7. 20; geb. à n. 8. 20
1. Englisch-Deutsch. (X, 351 S.)
2. Deutsch-Englisch. (X, 374 S.)

Röhrig, Ernst Otto, die Tarif-Ermäßigung und die Deister-Eisenbahn. Hannover 861. C. Rümpler. gr. 8. (31 S.) n. 5 ngr.

Studien über einen Einzelnamen von E[rnst] W[alter] **Röhrig.** (Als Hs. gedr.) Barmen 1907: A. Schmidtmann. (88 S.) 8° [F.] 07. 9335

Röhrig, F., d. Buchhalters Begleiter. Tabelle. 35,5×44 cm. Mit Text auf der Rückseite. Leipzig 892. (L. Wiegand.) 1. —

Röhrig, F., d. Buchhalters Begleiter. D. Grundlehren beim Buchen u. Abschliessen. I. Bildl. Darstellung d. Buchens d. Geschäfts-Vorfälle. Nebst e. Compendium (auf d. Rückseite), welches in präciser u. einfacher, prakt. Weise die Hauptschwierigkeiten d. einf. u. dopp. Buchführg. erklärt. qu. Fol. (2 S.) Leipzig (895). Völklingen (L. Wiegand). 1. —

Röhrig, F., 75 kaufmännische Briefe. Gesammelte moderne Originale aller Arten, insonderheit Bestellungs-, Mahn-, Reklamations-, Annullierungs- etc. Briefe. Mit ganz spezieller Berücksicht. f. Gewerbetreibende. Am Ende e. Erläuterg. üb. „Sie u. Ihnen“ u. „das u. daß“. (16 S.) gr. 4. Burgstädt (904). Selbstverlag. n. 1. 25

— die amerikanische od. Kolonnen-Buchführung. An e. prakt., klaren Geschäftsgange ihre Eigenheiten schnell u. leicht verständlich gemacht. Nur e. Grundbuch nötig. Aus der Praxis herausgeschrieben. 3. Aufl. gr. 8. (14 S. m. 1 Formular u. 1 Tab.) Ebd. (902). 1. 30

Röhrig, F., die einfache gesetzliche Buchführung zum Selbst-Erlernen. 3. verm. Aufl. gr. 8. (15 S. m. 2 Formularen.) Burgstädt (Sachs.) (901). Selbstverl. 1. —

— graphische Darstellung der Quintessenz aller existierenden Buchführungs-Arten. Nebst e. prakt. Anleitg., welche in 2 bis 3 Stunden e. umfass. Verständniss der Hauptschwierigkeiten der einfachen, doppelten u. amerikan. Buchführg. ermöglicht. 6. Aufl. (2 Bl.) 43×52 cm. Nebst Text. (15 S.) gr. 8. Ebd. (904). n. 1. 35

— in 8 Stunden gründlich doppelte Buchführung m. Abschluss. 2. Aufl. Fol. (4 S. m. 3 Formularen.) Limbach 897. R. Griesbach. 1. 50

Röhrig, F., in 5 Stunden gründlich einfache Buchführung m. Abschluss. 2. Aufl. gr. 4. (4 S. m. 3 Formularen.) Limbach 897. R. Griesbach. 1. 50

— der Kern unserer Hauptbuchführungsarten (Buchen u. besonderes Abschliessen), in deutl. Weise dargestellt. 2. Aufl. Tabelle. 44×52 cm. Hierzu e. präcise, prakt. Anleitg., welche in 2 bis 3 Stunden e. leichtes Verständnis der Hauptschwierigkeiten bei einfacher u. doppelter Buchführg. ermöglicht. qu. gr. 8. (14 S.) Chemnitz 894. E. Weller. n. — 75

— d. Kern uns. Hauptbuchführungsarten (Buchen u. bes. Abschliessen). Erläut. Text zu d. d. Grundlehren des Buchens u. Abschliessens graph. darstell. Tableau. (Nebst e. prakt. Anleitg., welche in 2 bis 3 Stunden e. umfass. Verständnis d. Hauptschwierigkeiten d. einf. u. dopp. Buchführg. ermöglicht.) 3. Aufl. gr. 8. (15 S. m. 1 Tab.) Dresden 895. Weller's Verl. — 75

— der Kern der Buchführung (Buchen u. besonders Abschliessen), in leichtfassl. Weise bildlich dargestellt. Nebst e. prakt Anleitg., welche in 2 bis 3 Stunden e. umfass. Verständnis der Hauptschwierigkeiten der einfachen, doppelten u. amerikan. Buchführg. ermöglicht. 5. Aufl. gr. 8. (14 S. m. 2 Formularen.) Burgstädt (Sachsen) (902). Selbstverl. 1. —

Röhrig, F., wie verbessere ich schnell u. leicht meine Handschrift? 5. Taus. (16 S.) gr. 8. Burgstädt i/Sa. (908). Buchhalter Röhrig. 1. —

Röhrig, F. L. O.

— s. Benna, Wb., des arab. Dichters Lobgedicht auf den König v. Preußen. — dess. Lobgedicht auf Sultan Mahmud II. — dess. Lobgedicht, zur Danksagung im Namen der Einwohnerschaft in Constantinopel.

Roehrig, F. L. O., the german student's first book or, a general introduction to all german grammars and elementary works. gr. 8. (32 S.) Baltimore 858. (Philadelphia, Schäfer und Koradi.) *

Roehrig, F. L. O., de Turcarum linguae indole ac natura. gr. 8. (30 S.) Philadelphia 860, (Schäfer und Koradi.) Thlr. *

Roehrig, F. L. O., Specimen des idiotismes de la langue turque, recueillis, classés par ordre de matières et expliqués. gr. in-8. (2½ B.) Breslau 843, Hirt's Verlag. *

Röhrig, Gust., praktisches Handbuch der Handels-Korrespondenz, s.: Rhode, F. L.

RÖHRIG, Hans (Gera): Die Differentialdiagnose der Eierstocktumoren.- München: Wolf 1885. 25 S. 11.6.1885 - Urk (Titel: De differentia ovarii tumorum cognoscendo.); Chr 1884/85,22
Diss. Ingolst.-Landsh.-Mchn.

Röhrig, Hans: I. Über einige neue Oxyazokörper und Triphendioxazine. II. Über einige Derivate der Paraoxybenzoësäure. München: V. Höfling 1897. (41 S.) 8°
Heidelberg, Naturw.-math. Diss. v. [29. Dez.] 1897.

Röhrig, J. Charaden. Villach, Hoffmann. 1864. 12 S.

Röhrig, J. A., alphabetisches Verzeichniß der sämmtlichen zum Bezirke des gemeinschaftlichen Thüringischen Oberlandesgerichts zu Jena gehörigen Ortschaften des Großherzogth. Sachsen-Weimar-Eisenach, der Herzogthümer Sachsen-Altenburg, Sachsen-Coburg-Gotha, Sachsen-Meiningen, der Fürstenthümer Schwarzburg-Rudolstadt, Reuß-Plau, ältere und jüngere Linie, sowie der königl. preuß. Kreise Schmalkalden, Schleusingen und Ziegenrück an Städten, Stadtflecken, Marktflecken, Flecken, Dörfern und Höfen, mit Erwähnung derjenigen Vorstädte, Schlösser, Kammergüter, Rittergüter, Vorwerke, Schäfereien, einzelnen Güter, Häuser und Gasthöfe, Hammer, Mühlen, Bergschlösser, welche einen besonderen Namen führen, mit Angabe des Amts- und Landgerichts-Bezirks. gr. 8. (79 S.) Eisenach 879. (Rasch und Koch.) *
Dass. s. a.: Röhrig, C. J.

Röhrig, Johann Jakob

Röhrig, Joh. Jak., unter der Fahne des ersten Napoleon. Jugendgeschichte des Hunsrücker Dorfschullehrers R., v. ihm selbst erzählt. Hrsg. v. seinem Enkel Karl Röhrig. (IV, 188 S. m. 8 Taf.) 8. Altenburg 906. St. Geibel. n. 2. —; geb. n. 2. 60

Röhrig, Joh. Jak., unter der Fahne des ersten Napoleon. Jugendgeschichte des Hunsrücker Dorfschullehrers R., v. ihm selbst erzählt. Hrsg. v. seinem Enkel Karl Röhrig. 2. verm. u. verb. Aufl. (IV, 192 S. m. 10 Taf.) 11. 8. Altenburg 908. St. Geibel. 2.—; geb. in Leinw. 2. 60

Röhrig, Johann Caspar.
Schicksale und Reisen durch einen Theil von Europa, von Holland und Lissabon ... Schleusing [Coburg] 1800—01. II: *Strasser, Ernst Aug. Chn.* (Ky)

Röhrig's, Jh. Csp., Schicksale u. Reisen durch einen Theil v. Europa, v. Holland u. Lissabon, Gibraltar ꝛc., von ihm selbst geschrieben. Mit Anmerkk. (v. E. A. C. Strasser). 2 Bde. 8. Schleusing. (Coburg) 800, 801. Sinner. 1 ℳ

Studio Bummel. Schwank in 1 Aufzug von **Joseph A. Röhrig**. *Bonn: A. Heidelmann [1899].* (14 S.) 8° [F.]
= **Theaterbibliothek. A. Heidelmann's. H. 6.** [ko. 3937 5

Röhrig, Jos. A., Studio Bummel, s. Heidelmann's, A., Theaterbibliothek.

Die Diebe in der Falle oder Der gestohlene Lotteriegewinn. Schwank von J[osef] A. **Röhrig**. *Bonn: A. Heidelmann [1899].* (18 S.) 8° [F.]
= **Theaterbibliothek. A. Heidelmann's. H. 9.** [ko. 3940 5

Die Herren Diener oder Nette Zustände in der Wohnung der Herren v. Höchst und v. Weissenfeld. Posse mit Gesang in 1 Akt von J. A. **Röhrig.** *Bonn: A. Heidelmann [1901].* (22 S.) 8° [F.]
= **Theaterbibliothek, A. Heidelmann's. II. 35.**

Die Herren Diener oder Nette Zustände in der Wohnung der Herren v. Höchst und v. Weißenfeld. Posse mit Gesang in 1 Akt von J[osef] A. **Röhrig.** [Nebst] Musikbeilage. *Bonn: A. Heidelmann [1901].* 2 Bde 8° [F.]
= **Theaterbibliothek, A. Heidelmann's. II. 35. 36.**

Das Gespenst am Teufelstein oder: Wie Knecht Peter seine Frau erobert. Lustspiel in 3 Aufz. von Jos. A. **Röhrig.** *Bonn: A. Heidelmann [1900].* (48 S.) 8° [F.]
= **Theaterbibliothek, A. Heidelmann's. II. 19.**

— Das Gespenst am Teufelstein od. Wie Knecht Peter seine Frau erobert, s.: Heidelmann's, A., Theaterbibliothek.

Röhrig, Jos. A., s.: Heidelmann's, A., Theaterbibliothek.

Räuber Lee oder Der geprellte Wirt. Posse mit Gesang in 1 Aufzug von J[osef] A. Röhrig. *Bonn: A. Heidelmann [1900].* (28 S.) 8° [F.]
= **Theaterbibliothek, A. Heidelmann's. II. 16.**

Das verhängnissvolle **Pfeifen.** Militär. Schwank in 1 Aufzug von Joseph A. Röhrig. *Bonn: A. Heidelmann [1899].* (10 S.) 8° [F.]
= **Theaterbibliothek, A. Heidelmann's. II. 7.**

— Das verhängnisvolle Pfeifen, s.: Heidelmann's, A., Theaterbibliothek.

Röhrig, Carl, Ansprache im Kindergottesdienst, s.: Predigten, 2, bei der 46. Hauptversammlung des evangel. Vereins der Gustav Adolf-Stiftung geh.

Röhrig, Karl, die Aufgabe der Predigt in unserer Zeit. (56 S.) 8. Berlin 909. M. Warneck. — 80

Das zweite Buch der Chronika der evangelischen Gemeinde Honnef am Rhein. Von Karl **Röhrig,** Pfarrer. *Bonn: C. Georgi 1904.* (64 S.) 8° [F.]
Buch 1 erschien in: Rentrop, Ernst: Ev. Bewegungen im Siebengebirge von 1550 –1670.

Röhrig, Karl, das zweite Buch der Chronika der evangelischen Gemeinde Honnef am Rhein. (64 S. m. 8 Taf.) gr. 8. Bonn 904. (J. Schergens.) n. 1. —

— Die Erlöserkirche in Potsdam. Die ersten zehn Jahre ihrer Geschichte. 1898—1908. (135 S. m. Abb.) gr. 8. Potsdam 908. Stiftungsverlag. 1. 40

— Gustav Adolf in der Dichtung, s.: Festschriften f. Gustav-Adolf-Vereine.

— Gustav Adolf in der Dichtung. Zugleich e. Deklamationsbuch f. Gustav Adolf-Feste. (221 S.) 8. Leipzig 905. A. Strauch. Geb. in Leinw. n. 2. —

Röhrig, Karl, Hosianna. Gedächtnisgabe zum 50. Jubelfest des Kindergottesdienstes der Dreifaltigkeits-Gemeinde in Berlin. 1843. Advent 1893. 12. (48 S. m. 1 Abbildg.) Berlin 893. Deutsche Sonntagsschul-Buchh. (L. Burmeister). n. — 25

— 50 Jahre der Konfirmanden-Anstalt auf dem Schmiedel 1857—1907. Unter Benutzg. der „Hunsrücker Chronik" u. der „Mitteilgn." aus der Anstalt verf. (Umschlag: Eine Herberge in der Wüste.) (223 S. m. Abbildgn. u. Taf.) gr. 8. Simmern 907. Konfirmanden-Anstalt auf dem Schmiedel (bei Simmern). (Nur direkt.) 1. —

Röhrig, Karl, Hunsrücker Liederbuch. Gedichte (114 S.) 8. Simmern (906). F. Böhmer. n. 2. —

Röhrig, Karl, Nur getreu! Nur getrost. 4 Predigten. Abschiedsworte, seiner kleinen Confirmandengemeinde in der Dreifaltigkeitsparochie zugeeignet. gr. 8. (62 S.) Berlin 895. Rehtwisch & Langewort. n. — 75

Reminiscere! 50 Jahre d. Rettungsanstalt auf dem Schmiedel. 1851–1901. Denkschrift, im Auftr. d. Schmiedelvorstandes unter Benütz. d. Hunsrücker Chronik u. d. Schmiedelberichte verf. von Karl **Röhrig,** Pfarrer in Honnef. *(Simmern): Rettungsanst. Schmiedel 1901.* (175 S.) 8° [F.]

— **Reminiscere!** 50 Jahre der Rettungsanstalt auf dem Schmiedel. 1851—1901. Denkschrift, im Auftrag des Schmiedelvorstandes unter Benutzung der Hunsrücker Chronik u. der Schmiedelberichte verf. gr. 8. (175 S. m. Abb.) Simmern 901. (Bonn, A. Falkenroth.) n. 1. —

Röhrig, Karl, am Rhein. Lieder. (VII, 143 S.) 8. Neuwied 909. Heuser's Verl. 1.50; geb. 2. — 75

Röhrig, Karl (Hrsg.), s. Röhrig, Joh. Jakob: Unter d. Fahne d. ersten Napoleon.

— **die römischen Volksmissionen.** Eine histor. Würdigg. (71 S) gr. 8. Ebd. (905). n. 1. —

Röhrig, Carl. Aus der Welt der Berge. Schweizer und Tiroler Lieder von K' R'. Mit Buchschmuck von Priska von Graisowska. 64 S. 8. Gera, Reuss, Englert & Ruckdeschel, [1906]. [M. 1. —]

— kleine Züge aus der Diaspora des Rheinlandes, s.: Festschriften f. Gustav Adolf-Vereine. 32. Hft.

Roehrig, Clemens [app. Arzt aus Birkenfelde '(Prov. Sachsen)']: Aus d. patholog. Institute zu Kiel. Ein Fall von Amoeben-Enteritis ... Kiel, Druck v. H. Fiencke, 1896; 22 S., 1 Bl. 8.
Kiel, Med. Fak., Inaug.-Diss. v. [14. Sept.] 1896

Roehrig, Martin, approb. Arzt aus Langenschade: Über den angeborenen Verschluss des Pharynx und des Ösophagus. *Leipzig 1901: B. Georgi.* (31 S.) 8°
Leipzig, Med. Diss. v. (24. Nov.) 1901

Roehrig, Siegfried, Referendar: Die Schulden der in Fahrnissgemeinschaft lebenden Ehegatten. *Greifswald 1901: J. Abel.* (58 S.) 8° [F.]
Greifswald, Jur. Diss. v. [15. Sept.] 1901

Die Bedeutung der Werke nach der Schrift. Vortrag von W. **Röhrig,** Pastor in Elberfeld. *Elberfeld: Ev. Ges. 1901.* (32 S.) 8° [F.]
= **Weg göttlicher Zeugnisse.** Jg. 2, No 6.

Geschichte der Entstehung und Entwicklung der evangelischen Kapelle in Heidelberg. Ein Festbüchlein z. 25. Jahrestage ihrer Einweihung von W. **Röhrig,** Pastor in Elberfeld. *Heidelberg: C. Winter 1901.* (VIII, 44 S.) 8° [F.]

Röhrig-Serra, Gust., praktisches Handbuch der Handels-Korrespondenz, s.: Rhode, F. L.

Roehring, Johann Christoph (Schmiedeberg)

Dissertatio inauguralis iuridica de eo quod iustum est circa subscriptionem librorum symbolicorum a jure sacrorum inprimis principum Evangelicorum dependentem. Präs. Gottfried Ludwig Mencken. Wittenberg (Eichsfeld) X. 1730. 80 S. 29036

Roehring, Johann Christoph (Schmiedeberg)

De valida intercessione mulieris SCto Vellejano renunciantis. Präs. Gottfried Ludwig Mencken.

Wittenberg (Gaeberdt) 24. IV. 1725. 43 S.

Gew.: Bernhard Ritter von Zech. 29035

Röhrke, Karl, Musik im Allgemeinen. Anh. zu Tonbildg. u. Aussprache. (16 S.) gr. 8. Stettin (901). (Berlin, R. M. Schimmel.) — 50

— Tonbildung u. Aussprache. (24 S.) 8. Ebd. (901). 1. —

Röhrl, Franz Ser.

Katholische Hymnen für die Jesuiten von dem k. Prof. Fr. Ser. Röhrl, L. der Rel. u. Officiator. — 1815. Ebend. — S. III–XIII.
Progr. Straubing.

Röhrl, M. Lapidarschrift-Heft. Zum Gebrauch in der Schreib- u. Zeichenstunde, sowie f. Private. qu. gr. 8. (16 S.) Passau 892, Waldbauer. ** — 25

Roehrl, Paul. Die wechselrechtliche Bedeutung des beschränkten Akzepts. Diss. Jur. Leipzig ... von ... P' R' aus Basel. VIII + 428. 8. Borna-Leipzig, Robert Noske, 1904.

Rohrlack, Hans, s.: Rang- u. Quartierliste der deutschen Berufsfeuerwehr-Offiziere.

Rohrlack, J. C. A., f. Anfangsgründe der Geometrie.

Rohrleger, der. Zeitschrift für die Versorgung der Gebäude mit Licht u. Wärme, Wasser u. Luft. Hrsg.: G. Stumpf. 1. u. 2. Jahrg. 1878 u. 1879. à 24 Nrn. (à 2—2½ B. m. eingedr. Holzschn.) gr. 4. Berlin, Polytechn. Buchh. in Comm. à Jahrg. n. 12. —

— u. Gesundheits-Ingenieur, der. Organ des Verbandes deutscher Ingenieure für Heiz- u. gesundheitstechnische Anlagen. Hrsg.: G. Stumpf. 3. Jahrg. 1880. 24 Nrn. (à 2—2½ B.) gr. 4. Ebend. n. 12. —

Rohrleger, Der. Jg. 1. 1878 ff. Berlin, seit 1886: München und Leipzig Seit 1881: Gesundheits-Ingenieur. Organ d. Vereins f. Gesundheitstechnik.

Rohrleitungen. Hrsg. v. der Gesellschaft f. Hochdruck-Rohrleitungen m. b. H., Berlin O. 27. (135 S. m. Abb. u. 2 farb. Taf.) Lex. 8. Berlin (909). (J. Springer.) Geb. in Halbfrz. nn 8.—; m. Mass-, Gewichts- u. Preistabellen. (135 u. 113 S. m. Abbildgn. u. 2 farb. Taf.) Geb. in Halbfrz. nn 10. —

Rohrman, Viljem, u. Fran Dular. Gospodarski nauki. Celovec, St. Hermagoras-Druck., 1905. Bd. 1.

Rohrman, Viljem. Poljedelstvo. V Celovcu. St. Hermagoras-Druck., 1897—1902. 2 Bde.

Rohrmann, A., die Procuratorien Ludwigs des Baiern. gr. 8. (71 S.) Göttingen 882. Peppmüller. n. 1. 50

Rohrmann, [Adolf]: Bismarckschule. Schulordnung des Reform-Realgymnasiums (Umschlagtitel: und der Oberrealschule) zu Hannover. 12 S. 8. Reform-Realgymn. *Hannover* 1907.
Progr.

Rohrmann [Adolf], Direktor: Schulordnung des Reform-Realgymnasiums zu Hannover. Hannover 1907: G. Bekedorf. (12 S.) 8°
Hannover, Reform-RG 1907

Rohrmann, A., Geographie, s.: Seydlitz, E. v.

Gedichte von E. **Rohrmann.** Magdeburg: R. Zacharias 1906. (VIII, 80 S.) 8° [F.] [08. 9284

Rohrmann, Erich [aus Pogorzela, Prov. Posen]: Ćber [sic] as. p-Toluylhydrazinoessigester und einige Derivate. Berlin 1897. 53 + 1. 8°.
Basel. Phil. Diss. 1897/98.

Rohrmann, Erika, Nora. Erzählungen. (III, 172 S.) 8. Dresden 910. E. Pierson. 2.—; geb. n 3. —

Rohrmann, Heinrich Leopold

Rohrmann, Hnr. Leop., kurze Methode zum zweckmäß. Choralspielen; nebst e. Anleit. zur guten Erhaltung e. Orgel. 4. Hannov. 801. Hahn. 8 gr.

— Samml. zweckmäß. Choralvorspiele. Fol. Halle 803. Hendel. 1 Rthlr 8 gr.

— das Vaterunser, mit Begleitung d. Orgel. gr. Fol. Ilmenau, Voigt. 4 gr.

Rohrmann, H. L., 56 für die Orgel gesetzte, größtentheils recht leichte Vorspiele nebst 6 Nachspielen und einer Privatübung für Generalbaßbeflissene. 4. Sondershausen, Voigt. 820.

Rohrmann, (H. L.) 56 für die Orgel gesetzte, größtentheils leichte Vorspiele, nebst sechs Nachspielen u. e. Privatübung f. Generalbaßbeflissene. 2e Aufl. Ilmenau 822, Voigt.

Rohrmann, Hub., Kulturfirnis. Koloniales Zeitbild. (90 S.) 8. Leipzig 909. Zeitbilder-Verlag. 1. 25

Rohrmann, Karl, approb. Arzt aus Göttingen: **Einige Versuche über die Wirksamkeit des Bromalins bei Epilepsie.** *Göttingen 1898: E. A. Huth.* (32 S.) 8°
Göttingen, Med. Diss. v. [6. Okt.] 1898

Rohrmann, M., Feldbau, s.: Tafeln, landwirthschaftliche.

Rohrmann, P. — Der Billardspieler in seiner größten Ausbildung. Praktischer Führer für Anfänger und Geübtere im edlen Billardspiele. Von — —. Mit 7 Illustrationen. 16. (64 S.) Wien. Druck von U. Klopf sen. und Alex. Eurich. Verlag von Albert A. Wenedikt. 1855.

Rohrmann, Paul, Gerichtsassessor in Harburg: **Die volljährige Ehefrau als Erbin eines offenen Handelsgesellschafters unter Berücksichtigung der Rechte des Ehemanns, wenn in dem Gesellschaftsvertrage die Fortsetzung der Gesellschaft mit dem Erben eines Gesellschafters vereinbart ist. Göttingen 1907: Dieterich. (52 S.) 8°**
Leipzig, Jur. Fak., Diss. v. 30. Juli 1907
[Geb. 14. Okt. 79 Göttingen; Wohnort: Harburg (Elbe); Staatsangeh.: Preußen; Vorbildung: Kgl. Gymn. Göttingen Reife O. 98; Studium: Tübingen 4. Göttingen 2 S.; Rig. 2. Aug. 06.]

Rohrmann, W., oratio quae est contra Macartatum num Demosthenis esse judicanda sit. Dissertatio inauguralis. gr. 8. (59 S.) Göttingen 875. (Vandenhoeck & Ruprecht.) n. 1. 20

ROHRMANN, Carl („Doctor der Rechte, ehemal. Kgl. Criminal-Commissarius u. Kammergerichts-Referendar"), Der sittliche Zustand von Berlin nach Aufhebung der geduldeten Prostitution des weiblichen Geschlechts. Ein Beitrag zur Geschichte der Gegenwart, unterstützt durch die vollständigen u. freimüthigen Biographieen der bekanntesten prostituirten Frauenzimmer in Berlin. Leipzig, 1846. Röhrmann's Verlags-Expedition. Gr. 8°. (In Berlin, Magistratsbibl.; in Dresden, Kgl. Oeffentl.- Bibl.) (6 Mk. A. Bielefeld, c. 1898; 12 Mk. M. Edelmann, 1906.)
Längst vergriffen!
— Dasselbe. 2. Abdruck. Ibid. eod. a. 8°. (In Amsterdam: Bibl. Gerritsen.)
— Dasselbe. 3. Abdruck. Leipzig 1847. Gr. 8°. (3 Mk., Fischhaber, Reutlingen, ca. 1875; 3 Mk., Kühl, Berlin, c. 1885; jetzt theurer.)
S. 63—218: Unverfälschte Biographien der bekanntesten prostituirten Frauenzimmer in Berlin.

Röhrmann, Karl, der sittliche Zustand von Berlin nach Aufhebung der geduldeten Prostitution des weibl. Geschlechts. Ein Beitrag zur Geschichte der Gegenwart unterstützt durch die vollständ. u. freimüthigen Biographieen der bekanntesten prostituirten Frauenzimmer. gr. 8. Leipzig 846. (Berlin, Reichardt u. Comp.) 1 ℛ

Röhrmann, Carl, d. sittliche Zustand v. Berlin nach Aufhebung d. geduldeten Prostitution des weibl. Geschlechts. Ein Beitrag z. Geschichte d. Gegenwart unterstützt durch die vollständ. u. freimüth. Biographien d. bekanntesten prostituirten Frauenzimmer. gr. 8. (15 B.) Leipzig 846, [Rocca.]

Röhrmayer, Michael, marianisches Wallfahrtsbuch, od. Anleitung, auf dem Wallfahrtswege u. in jeder Wallfahrtskirche der seligsten Jungfrau Maria m. Gebet u. frommen Betrachtungen verdienstlich sich zu beschäftigen. 8. (15 B. u. 1 Stahlst.) Regensburg 844, Manz.

Röhrmoos [Schlagwort]

Röhrmoos, s.: Bayern. Karte.

Rohrmoser.: Festlied zum 24. April 1879. Bozen 79.
Progr.

Rohrmoser: Diplomatische Verhandlungen zwischen Ferdinand I. und Joh. Zápolya. 60 S.–Suczawa, Progr. 1862, 1864

Rohrmüller, M., Präparationen auf d. Unterricht in Christoph v. Schmid's Bibl. Geschichte f. kathol. Volksschulen nach Alb. Werfers Neubearbeitung. 2 Tle. 8. München 896. M. Kellerer. n.n. 2. 60
1. Altes Testament. (104 S.) n.n. 1. —
2. Neues Testament. (172 S.) n.n. 1. 60

Rohrmüller, M., Präparationen auf den Unterricht in Christoph v. Schmids Biblische Geschichte f. kathol. Volksschulen nach Alb. Werfers Neubearbeitg. 2 Tle. 2. [Titel-] Aufl. 8. München [896.] 901. M. Kellerer. n.n. 2. 60
1. Altes Testament. (104 S.) n.n. 1. —
2. Neues Testament. (172 S.) n.n. 1. 60

Rohrpostordnung und Rohrpostbetriebsordnung für Berlin. Berlin 1908: Reichsdr. 55 S. 4° (8°)

Röhrs, Bernard [app. Arzt aus Freckenhorst in Westfalen]: Ueber die Exstirpation des Thränensacks. . . . Kiel, Druck v. Carl Böckel, 1890; 18 S. + 1 Bl. 8°
Kiel, Med. Fak., Inaug. Diss. v. 21. März 1890

Röhrs, B., üb. die Exstirpation d. Thränensacks. Inaug.-Diss. gr. 8. (18 S.) Kiel 890. (Lipsius & Tischer.) n. — 80

[F. u. Ant.] **Röhrs**, Friedrich [aus Northeim]: Die Bevölkerungs-Bewegung und die sittlichen Verhältnisse bei industrieller und landwirtschaftlicher Bevölkerung . . . Halle a. S., *Druck v. W. A. Röhrs in Northeim*, 1891; 63 S., 1 Bl., 14 Tab. 8.
Halle, Phil. Fak., Inaug.-Diss. v. [22. Aug.] 1891

Röhrs, H., Leitfaden der Geometrie, s.: Falcke, A.

Röhrs, H. H., s. Freischütz, der, eine Wochenschrift.

Röhrs, Wilhelm

Röhrs, W., Hilfsbuch zu G. Striens Elementarbuch der französischen Sprache. Ausg. A. (V, 100 S.) gr. 8. Bremen 903. Rühle & Schlenker Geb. in Leinw. n. 1. 50

Röhrs, Wilhelm [aus Bremen]: Sprachliche Untersuchung der Dime de Penitance '(1288)' . . . (Erscheint vollst. in: Roman. Forsch. hrsg. v. K. Vollmöller.) Erlangen, k. b. Hof- u. Univ.-Buchdr. v. F. Junge, 1894; 30 S., 1 Bl. 8.
Bonn, Phil. Fak., Inaug.-Diss. v. 4. Aug. 1894

Rohrscheidt, Friedrich Wilhelm von

Rohrscheidt, F. W. v., Preußens Staatsverträge, s. Preußens Staatsverträge.

Rohrscheidt, Frid. Wilh. ab: Viro Carolo Boettichero per 50 annos muneribus publicis bello domique feliciter functo gratulatur. Postampii 1864.

Rohrscheidt, Geo. v., jedem etwas. Bunte Reime m. schwarzen Bildern aus Haus u. Welt. (182 S.) 32,5×24,5 cm. Berlin (909). Schriftenvertriebsanstalt.
Geb. in Leinw. 3. 50

[F.] Schwert und Heimat. Gedichte v. Georg v. **Rohrscheidt**. *Berlin: Schriftenvertriebsanst. 1898.* (91 S.) 1 Bd 8. [98. 6666

Rohrscheidt, G. v., der letzte Thüringskönig. Erzählung aus der deutschen Vergangenheit. 8. (288 S.) Halle 889. Buchhandlg. d. Waisenhauses. 2. 70

Rohrscheidt, Hans von, Referendar: Die Aktiengesellschaft und die Gesellschaft mit beschränkter Haftung — eine vergleichende Studie. Berlin 1906: E. Streisand. (135 S.) 8°
Leipzig, Jur. Fak., Diss. v. 18. Juli 1906
[Geb. 11. Juni 80 Beuthen O.-S.; Wohnort: Garzau, Kr. Ober-Barnim; Staatsangeh.: Preußen; Vorbildung: Gymn. Freienwalde a. O. Reife O. 99; Studium: Berlin 2, Heidelberg 1, Berlin 3 S.; Rig. 12. Dez. 05.]

[F.] Armin und Thusnelda. Heldenlieder v. Kurt v. **Rohrscheidt**. *Halle a. d. S.: O. Hendel (1897).* (53 S., 1 Taf.) 1 Bd 8.
— Bibliothek d. Gesamtlitteratur d. In- u. Auslandes. No 1066. (97. 7961)

Rohrscheidt, Kurt v., Burenlieder zu lebenden Bildern. Gedr. f. die Aufführgn. im Halleschen Stadttheater am 10., 11. u. 12. V. 1902. (11 S.) gr. 8. Halle 902. (Gebauer-Schwetschke.) n. — 40

Satans Erlösung. Dichtung in 6 Gesängen von Kurt v. **Rohrscheidt**. Leipzig: Liebeskind 1894. 103 S. 8° A 22. 10647

Rohrscheidt, Kurt v., das Fleischbeschaugesetz, s. A. Hirschfeld's Taschen-Gesetzsammlung. 13.

Rohrscheidt, Kurt v.: Das Fleischbeschaugesetz vom 3. Juni 1900. Für d. prakt. Gebrauch erl. Leipzig 1900. 96 S.
— 2. sehr verm. Aufl. 1902. VIII, 291 S.

Rohrscheidt, Kurt v., Gedichte. 8. (241 S.) Großenhain 894. Baumert & Ronge. n. 3. —; geb. n. 4. —

Rohrscheidt, Kurt v., Gesetz, betr. die Unterhaltung der öffentlichen Volksschulen. Vom 26. Juli 1906. Nach d. amtl. Begründ., d. Kommissionsberichten u. d. Verhandl. d. Herrenhauses u. d. Abgeordnetenhauses f. d. prakt. Gebrauch erl. Berlin 1906. 8°.
[Dasselbe.] 3. Aufl. *[u. d. Tit.]:*
Gesetz, betr. die Unterhaltung der öffentlichen Volksschulen. Vom 28. Juli 1906. M. sämtl. minist. Ausführungsanweis. u. interpretierenden Erlassen, sowie mehr. Musterstatuten u. e. d. einschläg. Gesetze enthalt. Anh. Nach d. amtl. Materialien, d. Rechtsprech. u. d. Ergebn. d. Ausführungsarb. f. d. prakt. Gebrauch erl. 3. Aufl. Berlin 1908. 8°.

— s.: Gewerbearchiv f. das Deutsche Reich.

— die Gewerbeordnung f. das Deutsche Reich in der Red. vom 26. VII. 1900 m. sämmtlichen Ausführungsbestimmungen f. das Reich u. f. Preußen. Für den Gebrauch in Preußen erläutert. 6 Lfgn. gr. 8. (XV, 1410 S.) Leipzig 901. C. L. Hirschfeld. à n. 3. 80
kplt. erhöht. Pr. n. 23. 50; geb. in Halbfrz. n. 26. 50

— die Gewerbeordnung f. das Deutsche Reich in der Red. vom 26. VII. 1900 m. sämmtlichen Ausführungsbestimmungen f. das Reich u. f. Preußen. Für den Gebrauch in Preußen erläutert. Nachtrag. Umfassend die seit dem Juli 1901 ergangenen Gesetze, Ausführungsbestimmgn., Erlasse u. Entscheidgn. (VIII, 176 S.) gr. 8. Leipzig 904. [C. L. Hirschfeld.] Tübingen, J. C. B. Mohr. n. 4. 40; geb. n. 6. —

B — Gewerbeordnung. 904. (LVB 34.) — Innungs- u. Handwerkergesetz. 898. (LVB 30.) Jetzt: Berlin, F. Vahlen.

— das Innungs- u. Handwerkergesetz. Reichsgesetz, betr. d. Abänderg. d. Gewerbeordng. v. 26. VII. 1897. Für d. prakt. Gebrauch erläut. 2. Aufl. gr. 16. (VI, 182 S.) Leipzig 898. C. L. Hirschfeld. Kart. n. 1. 80

— s.: Kommunalarchiv, preußisches.

— das Lehrerbesoldungsgesetz v. 3. III. 1897, nebst d. minister. Ausführungsbestimmungen. Für den prakt. Gebrauch erläutert. 12. (108 S.) Ebd. 897.
Kart. n. 1. 20

— dasselbe. 3., umgearb. u. verm. Aufl. 5. u. 6. Taus. 12. (144 S.) Ebd. 897. Kart. n. 1. 50

— Preußisches Lehrerbesoldungsgesetz. Gesetz üb. das Diensteinkommen der Lehrer u. Lehrerinnen an den öffentl. Volksschulen. Vom 26. V. 1909. Mit sämtl. ministeriellen Ausführungsbestimmgn. u. Formularen. Nach den amtl. Materialien, der Rechtsprechg. u. den Erlassen der Zentralbehörden f. den prakt. Gebrauch erläutert. 4. u. 5., unveränd. Aufl. (Die ersten drei Auflagen behandeln das Lehrerbesoldungsgesetz vom 3. III. 1897.) (Je VII, 280 S.) 8. Berlin 909. F. Vahlen. Kart. 3. 50

— das Lehrerreliktengesetz v. 4. XII. 1899, s. a. Hirschfeld's Taschen-Gesetzsammlung. Nr. 6.

Rohrscheidt, Kurt v.: Das [preussische] Lehrerreliktengesetz vom 4. Dezember 1899 nebst den Ausführungsbestimmungen. Leipzig: Hirschfeld. (TaschenGesetzS.) 1900.

— am Märchenbrunnen. Neue Märchen u. Skizzen. 12. (VII, 197 S.) Halle a/S. 893. Buchh. d. Waisenhauses. 2. 10; geb. in Kaliko n. n. 2. 70

— s.: Medizinalarchiv f. das Deutsche Reich.

— die Normal-Statuten f. freie u. Zwangs-Innungen, nebst d. preuß. Ausführungsanweisg. v. 1. III. 1898 z. Innungs- u. Handwerker-Gesetz. Ergänzungshft. zu d. Kommentar d. Gesetzes. 12. (110 S.) Ebd. 898.
Leipzig: Hirschfeld 1898. Kart. n. 1. 20

B — Die Normalstatuten. 898. (LVB 30.) Jetzt: Berlin, F. Vahlen.

— s.: Pfarrarchiv, preußisches.

— die preußischen Pfarrbesoldungsgesetze v. 2. VII. 1898. F. d. prakt. Gebrauch erläut. 16. (IV, 147 S.) Ebd. 898. Kart. n. 1. 80

— die preußischen Pfarrbesoldungsgesetze v. 2. VII. 1898 m. sämmtl. Ausführungsbestimmungen der kirchl. Centralbehörden u. Formularen. Für den prakt. Gebrauch erläutert. 2. Aufl. 12. (XII, 322 S.) Leipzig 899. C. L. Hirschfeld. Kart. n. 4. —

— Die preußischen Pfarrbesoldungsgesetze f. die sämtlichen evangelischen Landeskirchen vom 26. V. 1909, m. den Ruhegehaltsordngn., den Fürsorgegesetzen, den Satzgn. der Alterszulage, Ruhegehaltskasse u. des Witwen- u. Waisenfonds, sowie m. dem zugehör. Staatsgesetze, dem Umzugskostengesetze u. dem Besoldungsgesetze f. die kathol. Pfarrer, endlich m. den Ausführungsbestimmgn. des ev. Ober-Kirchenrats. Nach den amtl. Materialien u. dem bisher. Recht f. den prakt. Gebrauch erläutert. 3. Aufl. (VIII, 395 S.) 8. Berlin 909. F. Vahlen.
Kart. 4. 50

— die Polizeitaxen u. ihre Stellung in der Reichs-Gewerbeordnung m. besond. Rücksicht auf Brodtaxen u. Gewichtsbäckerei. gr. 8. (VIII, 127 S.) Berlin 893. C. Heymanns Verl. n. 2. 40

— Reichsgesetz, betr. Kinderarbeit in gewerblichen Betrieben, vom 30. III. 1903. Mit Einleitg., Beschäftigungstabelle u. Sachregister. Zum prakt. Gebrauch f. alle Beteiligte, insbesondere f. Behörden, Gewerbetreibende, Schulaufsichtsbeamte u. Lehrer erläutert. (97 S.) gr. 16. Berlin 903. F. Vahlen. Kart. n. 1. —

— die Reichsgewerbeordnung mit der Novelle vom 6. Aug. 1896 u. den Ausführungsbestimmungen f. das Deutsche Reich u. f. Bayern. F. d. prakt. Gebrauch erläut. 12. (XII, 604 S.) Ebd. 896. Kart. n. 6. —

— dasselbe, m. d. Ausführungsbestimmgn. f. das Deutsche Reich u. f. Preußen. 12. (XIV, 678 S.) Ebd. 896.
Kart. n. 6. —

— dasselbe, m. d. Ausführungsbestimmgn. f. das Deutsche Reich u. f. Sachsen. 12. (XIII, 578 S.) Ebd. 896.
Kart. n. 6. —

— dasselbe, m. d. Ausführungsbestimmgn. f. das Deutsche Reich u. f. Württemberg. 12. (XIV, 644 S.) Ebd. 896. Kart. n. 6. —

Rohrscheidt, K. v., Preussisches Schulunterhaltungsgesetz. Gesetz, betr. die Unterhaltg. der öffentl. Volksschulen. Vom 28. VII. 1906. Textausg. m. kurzen Anmerkgn. u. Sachregister. (88 S.) 16. Berlin, F. Vahlen. Kart. —. 90. 1906,

— dasselbe. Nach der amtl. Begründg., den Kommissionsberichten u. den Verhandlgn. des Herrenhauses u. des Abgeordnetenhauses f. den prakt. Gebrauch erläutert. (182 S.) 8. Ebd. 906. Kart. n. 2. 50

Rohrscheidt, K. v., Preussisches Schulunterhaltungsgesetz. Gesetz, betr. die Unterhaltg. der öffentl. Volksschulen. Vom 28. VII. 1906. Nach der amtl. Begründg., den Kommissionsberichten u. den Verhandlgn. des Herrenhauses u. des Abgeordnetenhauses f. den prakt. Gebrauch erläutert. 2., unveränd. Aufl. (182 S.) 8. Berlin, F. Vahlen. 1907. Kart. 2. 50.

Rohrscheidt, K. v., Preussisches Schulunterhaltungsgesetz. Gesetz, betr. die Unterhaltg. der öffentl. Volksschulen. Vom 28. VII. 1906. Mit sämtl. ministeriellen Ausführungsanweisgn. u. interpretier. Erlassen, sowie mehreren Musterstatuten u. e. die einschläg. Gesetze enth. Anh. Nach den amtl. Materialien, der Rechtsprechg. u. den Ergebnissen der Ausführungsarbeiten f. den prakt. Gebrauch erläutert. 3., umgearb. u. verm. Aufl. (414 S.) 8. Berlin, F. Vahlen. 1908. Kart. 4. 50.

Rohrscheidt, Kurt v., Sinnen und Weben. Märchen und Märchenartiges. 12. (VII, 199 S.) Halle 883, Buchh. des Waisenhauses. cart. mit Goldschn. ℳ 2,70.; geb.

— s.: Verwaltungsvorschriften f. preußische Gemeinde-, Polizei- u. Kreisbehörden.

— d. Viehseuchengesetze f. d. Deutsche Reich u. f. Preußen, s. Taschen-Gesetzsammlung.

— s.: Volksschularchiv, preußisches.

Vom Zunftzwange zur Gewerbefreiheit. E. Studie nach d. Quellen v. Kurt v. **Rohrscheidt**, Regiergsr. *Berlin: C. Heymanns 1898.* (XX, 668 S.) 1 Bd 8. [98. 6927

Röhrscheidt, Carl, a. Mülheim a. d. Ruhr: Studien zur Kaiserchronik. Göttingen 1907: Hubert & Co. (111 S.) 8°

Göttingen, Phil. Fak., Ref. Schröder, Diss. v. 30. Okt. 1907

[Geb. 22. Febr. 85 Mülheim a. R.; Wohnort: Mülheim a. R.; Staatsangeh.: Preußen; Vorbildung: Gymn. Mülheim Reife O. 03; Studium: Göttingen 3, Berlin 1, Göttingen 4 S.; Rig. 15. Mai 07.]

Rohrschneider, Otto: Ueber die unter der Haut gelegenen schmerzhaften Geschwülste, sog. tubercula dolorosa. Halle a. S. 1883: Plötz. 38 S. 8°

Halle-Wittenberg, Med. Diss. v. 19. Jan. 1883

Geb. Marzahne (Brandenburg) 19. 9. 1856. V.

Röhrsheim, Ludwig, a. Koblenz: Die Sprache des Fra Guittone von Arezzo ⟨Lautlehre⟩. Halle a. S. 1907: E. Karras. (35 S.) 8° ¶ (Erscheint vollst. als: Beihefte z. Zeitschrift f. roman. Philologie H. 15, 1907.)

Straßburg, Phil. Fak., Ref. Gröber-Koeppel-Reitzenstein, Diss. v. 15. Juli 1907

[Geb. 23. Nov. 83 Koblenz-Neuendorf; Wohnort: Koblenz; Staatsangeh.: Preußen; Vorbildung: Realgymn. Koblenz Reife O. 03; Studium: Bonn 1, Berlin 1, München 1, Straßburg 6 S.]

Die Sprache des Fra Guittone von Arezzo. ⟨Lautlehre.⟩ Von Ludwig **Röhrsheim**. Halle a. S.: M. Niemeyer 1908. (VIII, 94 S.) 8°
= **Zeitschrift** f. romanische Philologie. Beihefte. 15. [08. 10054 9

Rohrspatz, Der. Herausgeber und Redacteur: Alexander Barges. I. Jahrg. 1893. 12 Nrn. Kl.-4. Mit Illustrationen. * 1.—, pro I. Quart. * —.30

Wien: Administr. d. "Rohrspatz".

Rohs, Alfr., the English scholar, s.: Hausknecht, Emil.

Rohs, Alfred [aus Velbert]: Syntaktische Untersuchungen zu Bacon's essays. . . . Marburg a. d. Lahn, *Druck v. W. Crone jun. in Lüdenscheid*, 1889; 53 + 1 S. 8°

Marburg, Phil. Fak., Inaug.-Diss. v. [8. Jul.] 1889

Rohs, Ernst, aus Cöln: (Finden die Artikel 7—31 des EG zum BGB Anwendung auf dem Gebiete des vorbehaltenen Landesrechtes?) *Köln [1901]: A. Claudi & Co.* (43 S.) 8° [Umschlagt.]

Rostock, Jur. Diss. v. [4. Mai] 1901

Das System des deutschen Zivilprozesses dargest. von Dr. E[rnst] **Rohs**, Ger.-Ass. Breslau: W. G. Korn 1907. (VIII, 204 S.) 8° [08. 3833

Rohs, J., Rechenbuch f. Elementarschulen mit besond. Berücksichtig. der Bedürfnisse in Landschulen. 1. u. 2. Hft. Das Rechnen mit ganzen Zahlen. — Bruchrechnung. 8. (à 3 B.) Elberfeld 843, Büschler'sche Vrlgsh. à *

Rohs, J., Rechenbuch für Elementarschulen mit besonderer Berücksichtigung der Bedürfnisse in Landschulen bearb. 4 Hfte. 8. 1. Hft.: Das Rechnen mit ganzen Zahlen. 2. Abdr. (48 S.) 2. Hft.: Bruchrechnung. 2. Abdr. (48 S.) 3 u. 4. Hft.: Die gewöhnlichen Rechnungsarten des bürgerlichen Lebens, nebst Geometrie. (80 S. m. 2 lith. Taf.) Elberfeld 847. 48, Büschler. (1 u. 2: à 2 ngr 3 u. 4: 4 ngr) 8 ngr

Rohs, J., Rechenbuch für Elementarschulen mit besond. Berücksicht. der Bedürfnisse in Landschulen bearb. 1. Heft: Das Rechnen mit ganzen Zahlen. 2. Abdr. 8. (48 S.) Elberfeld 848. [Gütersloh, Bertelsmann.]

—— dass. — 2. Heft: Bruchrechnung. 2. Abdr. 8. (48 S.) Ebds. 848.

—— dass. — 3. und 4. Heft: Die gewöhnl. Rechnungsarten des bürgerl. Lebens, nebst Geometrie. 8. (80 S. und 2 Stnt.) Ebds. 847.

Röhsler's Coursbuch. XXIX. Serie. Sommer-Fahrpläne. Giltig v. Mai bis Octbr. 1898. (Russisch u. deutsch.) gr. 16. (X, 212 S. m. 1 Karte.) Riga 898. A. Stieda. — 75

— dasselbe. XXX. Serie. Winter-Fahrpläne. Giltig v. Octbr. 1898 bis Mai 1899. (Russisch u. deutsch.) gr. 16. (VIII, 184 S. m. 1 Karte.) Ebd. 898. — 75

Röhsler's Coursbuch. XXXVII. Serie. Sommer-Fahrpläne. Giltig vom April bis Octbr. 1902. (Russisch u. deutsch.) 12. (VIII, 212 S. m. 1 Karte.) Riga (Jonck & Poliewsky). — 60

Röhsler's Coursbuch. XLIII. Serie. Sommer-Fahrpläne. Giltig vom 18. IV. bis zum 15. X. 1905. (Russisch u. deutsch.) (VIII, 206 S. m. 1 Karte.) 16. Riga, (Jonck & Poliewsky). — 60

Röhss, J. G. Karte vom Herzogthum Holstein, den Gebiethen der Reichs-Städte Hamburg und Lübek und des Bisthums Lübek. Schleswig 1801. 1 Bl. c. K.

Rohstofflehre, allgemeine, s. Waarenkunde.

Rohte, Carl, Regierungsrefer.: Das Zweikampfdelikt in den geltenden bürgerlichen Strafgesetzen der Staaten Europas. Borna-Leipzig 1908: Noske. XII, 132 S. 8°

Leipzig, Jur. Diss. v. 14. Sept. 1908

[Geb. 2. Febr. 83 Walsrode; Wohnort: Schleswig; Staatsangeh.: Preußen; Vorbildung: Gymn. Göttingen Reife O. 01; Studium: Lausanne 1, Göttingen 1, München 1, Berlin 4 S.; Rig. 12. Jan. 05.] [U 09. 2648

Rohte, Otto, aus Walsrode: Die Kausalsätze im Französischen. *Göttingen 1901: L. Hofer.* (XVI, 119 S.) 8°

Göttingen, Phil. Diss. v. [2. Nov.] 1901

Rohte, Otto, die Kausalsätze im Französischen. Diss. gr. 8. (XVI, 119 S.) Göttingen 901. (Vandenhoeck & Ruprecht.) n. 3. 20

Rohtlieb, Johs. Glob., Antritts-Predigt, geh. bei seiner Einführg. in das Amt e. Pastors zu St. Jacobi am 25. Septbr. 1885. gr. 8. (23 S.) Hamburg 885. Boysen. n. — 40

Rohwaldt, Karl [aus Potsdam]: Bertoldo. E. Beitr. z. Jugendentwicklg Michelangelos ... Berlin, Druck v. J. S. Preuss, 1896; 87 S., 2 Bl. 8.

Berlin, Phil. Fak., Inaug.-Diss. v. 8. Febr. 1896

Rohwedder, Hermann [approb. Arzt aus Albersdorf]: Aus d. patholog. Institut zu Kiel. Der primäre Leberkrebs und sein Verhältnis zur Leberkirrhose .... Kiel, Druck v. Schmidt & Klaunig, 1888; 24 S. + 2 Bl. 8°

Kiel, Med. Fak., Inaug.-Diss. v. 8. Jun. 1888

Rohwedder, H., der primäre Leberkrebs u. sein Verhältnis zur Leberkirrhose. Inaug.-Diss. gr. 8. (24 S.) Kiel 888. (Lipsius & Tischer.) n. 1. —

Rohwedel, s. Eroberung von Magdeburg.

Rohweder, Joachim

Rohweder, J., Bemerkungen zur schleswig-holsteinischen Ornithologie nach e. Vortrag. gr. 8. (23 S. m. 1 graph. Steintaf.) Kiel 876. (Berlin, Schleiermacher.) n. 1. —

Rohweder, Joachim: Bemerkungen zur Schleswig-Holsteinischen Ornithologie nach einem Vortrag, gehalten in der Generalversammlung des naturw. Vereins am 15. Mai 1875 zu Schleswig. Separatabdruck aus: Schriften des naturw. Vereins für Schleswig-Holstein. Bd. 2, Heft 1. Kiel 1876. 8°

Blütendiagramme nebst Längsschnittbildern von ausgewählten einheimischen Blütenpflanzen zur Einführung in das Verständnis des Blütenbaues und als Muster für das Diagramm-Zeichen. Von Joachim **Rohweder.** (Mit 24 Tafeln.) Gotha. 1892. 4°.

Rohweder, J., Blütendiagramme nebst Längsschnittbildern v. ausgewählten einheimischen Blütenpflanzen als Vertretern d. natürlichen u. d. Linnéschen Pflanzensystems zur Einführung in das Verständnis d. Blütenbaues u. als Muster f. das Diagramm-Zeichnen. gr. 4. (16 S. m. 24 farb. Taf.) Gotha 893. E. F. Thienemann's Verl. In Mappe. n. 6. —

Rohweder, Joachim: Massentod von Nordseevögeln während des letzten Sturmes. Separatabdruck a. d. „Ornith. Monatsschrift des Deutschen Vereins z. Schutze der Vogelwelt". Jg. 19. Nr. 3. Merseburg 1894. 8°

Ornithologischer Nachlaß des Gymnasial-Oberlehrers J(oachim) **Rohweder.** Bearb. u. veröffentl. v. R. Blasius. 1. Ornithologische Tagebuchnotizen von einer Reise nach Süderoog, Pellworm, Norderoog, Amrum, Sylt, Romö und Föhr . . . [Magdeburg. 1907.] 8° Sonderabdruck aus: Ornithologische Monatsschrift. Jg. 32, Nr. 1.

Rohweder, J., unsere Schnepfen. Die drei europ. Sumpfschnepfen od. Bekassinen Gallinago major, gallinago, gallinula u. die Waldschnepfe, Scolopax rusticula in Wort u. Bild. Fol. (63 S. m. 4 farb. Taf. u. 4 Abb.) Gera-Untermhaus (902). F. E. Köhler. Kart. n. 5. — **Sonderabdruck aus: „Naumann's Naturgeschichte der Vögel".**

Das Steppenhuhn ⟨Syrrhaptes paradoxus, Pall.⟩ in Schleswig-Holstein v. J[oachim] **Rohweder.** ⟨Separatabdruck aus der „Monatsschrift des Deutschen Vereins zum Schutze der Vogelwelt" [!]. Jg. 14. 1889, Nr. 1 u. 2.⟩ Halle a. S. (1889.) 8°

Rohweder, J., die Vögel Schleswig-Holstein's u. ihre Verbreitg. in der Provinz, nebst e. graph. Darstellg. ihrer Zug- u. Brutverhältnisse. gr. 4. (24 S.) Husum 875. Thomsen. n. 2. —

— die Vögel Schleswig-Holsteins u. ihre Verbreitung in der Provinz, nebst e. graph. Darstellg. ihrer Zug- u. Brutverhältnisse. gr. 4. (24 S.) Husum 876. Ebend. n. 2. 50

Rohwer sen., J. Das Schroten überhaupt ist dem Mahlzwange nicht unterworfen. gr. 8°. Oldenburg, Fränckel, 1844. (Leipzig, Böhme.)

Roi [Sachliches OW]

Roi, le, et le comédien. Comédie historique. Nebst e. franz.-deutschen Vocabulaire z. Schul- u. Hausgebr. Hrsg. v. Ph. C. Bonafont. gr. in-8. (3 B.) Cologne 843. (Neuwied, Lichtfers.)

Roi et le fermier. Coméd. en 3 Actes p. Sédaine. 8. Dresde, Walther. 766.

Roi, le, de Portugal, Conte. Suivi des deux Achilles conte, avec gravures. gr. 8. Leips. Sommer.

— le, voyageur incognito; ou l'école des voyageurs. Comédie en trois actes et en prose, par Guillaume le Febure. 8. Frcft. Eichenberg. 799.

Roi [Verfasser] (vgl. Leroi)

Roi, Berth., s.: Roy, Berth.

Roi, Franz Xaver

Roi, Frz. X., ethica. 8. Vien. 755.

Roi, Georg August Wilhelm du

***du Roi*, Geo. Aug. Wlh., Diss. inaug.: qui filii sint legitimi ex jure novissimo, ad capita Codicis Napoleonis De la filiation des enfans légitimes. 8. Heidelb. 812.**

— Specimen observationum de jure in re. 8maj. Heidelb. 812. (Mohr). 8 ggr

Roi, Johann F. A. de le

Roi, J. F. A. de le, Michael Solomon Alexander, d. erste evang. Bischof in Jerusalem, s.: Schriften des Institutum judaicum in Berlin.

Roi, J. F. A. de le, die evangelische Christenheit u. die Juden, unter dem Gesichtspunkte der Mission geschichtlich betrachtet, s. Schriften d. Institutum judaicum in Berlin.

Roi, J. F. A. de le, die evangelische Christenheit u. die Juden, unter dem Gesichtspunkte der Mission geschichtlich betrachtet. 1. Bd. In der Zeit der Herrschaft christl. Lebensanschaugn. unter den Völkern. Von der Reformation bis zur Mitte d. 18. Jahrh. gr. 8. (XVI, 440 S.) Karlsruhe 884. Reuther. n. 7. —

Roi, Joh. F. A. de le, Isaak da Costa, der holländ. Christ u. Dichter aus Israel, s.: Schriften des Institutum judaicum in Berlin. Nr. 26.

Roi, J. de le, der Prophet Elias, in Predigten behandelt. 3 Hfte. 8. (274 S.) Elberfeld 885. Buchh. der Evangel. Gesellschaft. n. 1. 75

—— Der Prophet Elias, in Predigten behandelt. Neue [Titel-]Ausg. 8. (III, 274 S.) Elberf. 891, Buchh. der Evangel. Gesellschaft. * 1 20; geb. * 2 —

— Ferdinand Christian Ewald. E. Lebensbild aus der neueren Judenmission. 8. (IV, 160 S.) Gütersloh 896. C. Bertelsmann. n. 2. —; geb. n. 2. 80

(B) Roi, J. F. A. de le, Ferd. Chr. Ewald. 896. (KBL 30.) Jetzt: Leipzig, J. C. Hinrichs' Verl.

— dasselbe, s. a.: Schriften d. Institutum judaicum in Berlin.

— Geschichte der evangel. Juden-Mission seit Entstehg. des neueren Judentums, s.: Schriften des Institutum judaicum in Berlin. Nr. 9.

Roi, Joh. de le, Rudolf Hermann Burland, s.: Schriften des Institutum Judaicum in Berlin. Nr. 35.

—— das Institutum judaicum in seiner Blüthezeit 1728—1760. gr. 8. (111 S.) Ebendas. 884. *
Aus: Die evangelische Christenheit und die Juden, besonders abgedruckt.

Judentaufen im 19. Jahrhundert. Ein statist. Versuch von Lic. Joh. de le Roi, Past. em. in Schweidnitz. *Leipzig: J. C. Hinrichs 1899.* (56 S.) 8° [F.]
Aus: Nathanael 1899.
— Schriften d. Institutum Judaicum zu Berlin. No 27. [04. 2360

[F.] Die Mission der evangelischen Kirche an Israel. Von Lic. J[ohannes] F. A. de le Roi, Pastor in Elberfeld. *Gotha: F. Perthes 1893.* (VII, 147 S.) 1 Bd 8.
= Handbibliothek, Zimmers, d. praktischen Theologie. Bd 10, b. [93 ...

— die Mission der evangelischen Kirche an Israel, s. a. Zimmer's Handbibliothek der praktischen Theologie.

— Nichtsündigen u. Sündigen der Wiedergeborenen nach dem 1. Johannesbrief. Ein Vortrag. 8. (37 S.) Basel 900. Kober. n. — 30

Roi, J. de le, Stephan Schultz. Ein Beitrag zum Verständniß der Juden und ihrer Bedeutung für das Leben der Völker. gr. 8. (VII, 279 S.) Gotha 871, F. A. Perthes. * 4 —

Roi, J. de le, Stephan Schultz. Ein Beitrag zum Verständniß der Juden u. ihrer Bedeutung für das Leben der Völker. 2. (Titel-)Aufl. gr. 8. (VII, 279 S.) Gotha (1871) 878. F. A. Perthes. n. 3. —

— Neujüdische Stimmen üb. Jesum Christum, s.: Schriften des Institutum Judaicum in Berlin. Nr. 39.

— Die Taufe m. dem hl. Geist. Ein Vortrag. (24 S.) 8. Stuttgart (907). Buchh. des deutschen Philadelphia-Vereins. — 20

ROI, Johann Philipp du: Die Harbke'sche wilde Baumzucht theils nordamerikanischer und andrer fremder, theils einheimischer Bäume, Sträucher und strauchartiger Pflanzen, nach den Kennzeichen, der Anzucht, den Eigenschaften und der Benutzung beschrieben. - Braunschweig 1771 u. 1772. 2 Bd. 447 u. 512 S., m. Reg. u. 6 Taf. - Neue Aufl. ebd. 1795-1800. 3 Bd. m. Verm. u. Veränd. hrsg. v. Johann Friedrich Pott. - 1. Bd.: 1795. 48, 659 S., m. Kupf. - 2. Bd.: 1800. 606 S. - 3. Bd.: 1800. 276 S.

du Roi, Jh. Ph., Harbkesche wilde Baumzucht, theils nordamerikan. ꝛc., theils einheim. Bäume, Sträucher u. Pflanzen ꝛc. 2 Bde. Mit Kpf. gr. 8. Braunschw. 771, 72. N. Aufl. Mit Vermehr. u. Veränder. hrsgg. v. Jh. Fr. Pott. 3 Thle. Mit Kpf. gr. 8. Braunschw. 795—99. Schulbuchh. 5 ꝑ

— observationes botanicae. 4. Helmst. 772. Kühnlin. 4 gl

Roi, Jul. Georg Paul du

— systemat. Anleit. zur Kenntniß der Quellen u. Literatur des Braunschweig-Wolfenbüttelschen Staats- u. Privatrechts. 8. Braunschw. 792. Schulbuchh. 20 gl

— systemat. Anleitung z. Kenntniß d. Quellen u. Literat. des Braunschweigisch-Wolfenbüttel. Staats- u. Privatrechts. 8. Braunschw. Lucius. 814.

du Roi, Jul. Geo. Paul, Diss. inaug. de donatione inter conjuges remuneratoria absque insinuatione valida. 4. Helmst. 780. Kühnlin. 3 gl

— meine Gedanken üb. die bisher übl. Lehrmethode des römisch. Rechts. 8. Braunschw. 787. Schulbuchh. 4 gl

— de iactu lapilli. 8. Helmstädt, Kühnlin, (Fleckeisen.) 782.

— Rede v. den Eigenschaften u. Pflichten e. akadem. Rechtslehrers. 4. Helmst. 786.

— Diss. de testamento ob exhereditationem sine elogio factam non ipso jure nullo. 4. Helmst. 780.

Roi, Th. de le, die Verfassung unsrer evangelischen Landeskirche. Ein Versuch. gr. 8. (III, 35 S.) Berlin 887. Deutsche Evangel. Buch- u. Tractat-Gesellschaft. n. — 60

du Roi, W., s. v. Balzac, H., die Lilie im Thale. — Blessington, die Lebenslotterie. — de Kock, P., der Unbekannte. — Soulié, Fr., der Paradies-Feigenbaum. — Thomson, Mrs., Wittwen u. Wittwer. — Tochter des Grobschmidt's.

Rojahn, Wilhelm, aus St. Andreasberg: Über Nitrosopinen. *Hildesheim 1900: A. Lax.* (47 S.) 8°
Göttingen, Phil. Diss. v. [12. Aug.] 1900

Rojahn, Wilh., über Nitrosopinen. Diss. gr. 8. (47 S.) Hildesheim 900. (Göttingen, Vandenhoeck & Ruprecht.) n. 1. 10

Fernando de Rojas. Die Celestine [Celestina]. Eine Tragikomödie in 5 Aufz. nach d. dramat. Novelle d. span. Dichters frei bearb. von Richard Zoozmann. (Dresden: H. Angermann 1905.) (XII, 154 S.) 8°
= Kabinettstücke d. Weltlitteratur. Bd 2. [07. 12803

Rojas, Don Francisco de, außer meinem König — Keiner, s. a. Matkowsky, Adb.

[F.] Ausser meinem König — Keiner! Drama in 3 Akten nach d. Span. des Don Francisco de Rojas, f. d. deutsche Bühnebearb. v. Adalbert Matkowsky. *Berlin: F. Schneider & C. 1896.* (1 Bl., 96 S.) 1 Bd 8. [97. 4*51

Rojas Clemente y Rubio, Simon de: Versuch über die Varietäten des Weinstocks in Andalusien; von Simon Roxas Clemente [Simon de Rojas Clemente y Rubio]. Aus d. Franz. des Herrn de Caumels in das Deutsche übers. durch Anton Albert Freyherrn von Mascon. Abth. 1. 2. Grätz: Ferstl 1821. XII, 388 S., 6 Taf. -- 17*
BJ: Clemente, R. S. -- Bibliotheca oeconomica: Clemente, S. R. -- Bibliotheca oenologica: Clemente, Roxas S. -- Dochnahl: Clemente, Sim. Roxas. -- Gatterer: Clemente, Simon Roxas. -- Heinsius und Kayser: Clemente, D. S. R. -- Simon: Bibliotheca vinaria: Clemente, Simon-Roxas. -- Thienemann: Clemente, Sim. Roxas. -- Weber: Clemnite, S. Roxas.

Roič Georg: Altkroatische Kirchendramen.
1910 PN 2856 Diss. Wien, Univ. 2756

Roider, Johann Peter

Roider, Jh. Pt., († d. 8. April 1820.) s. 1) Katechismus d. christkathol. Religionslehre. 2) Religionslehre, christkatholische. 3) Unterricht üb. d. Sacramente d. Buße.

Roïdis, Emmanuel D.

Roïdis, E. D., die Päpstin Johanna. Eine Geschichte aus dem Mittelalter. Aus dem Neugriech. übers. v. Geo. Buvar. 8. (280 S.) Leipzig 875. Fest. n. 4. —

Roïdis, E. D., die Päpstin Johanna. Eine Geschichte aus dem Mittelalter. Aus dem Neugriechischen übersetzt von Geo. Buvar. 2. (Titel-)Ausg. 8. (280 S.) Leipzig (1875) 879. Fest. n. 4. —

Der Sonne zu. Verstreute Blätter vom Werdegang e. Künstlerin. Roman von Nelli Rojic-Plachki. Berlin: (Schall 1909.) 400 S. 8°
(Verein d. Bücherfreunde. Ser. 19, 5.) (11. 14133

Rojic-Plachki, Nelli, der Sonne zu. Verstreute Blätter vom Werdegang e. Künstlerin. Roman. (400 S.) 8. Berlin (910). A. Schall. 4.—; geb. 5.—

Roik, Alois, der Schmuck der Jungfrau. Mahnworte an die reifere weibl. Jugend. 1. u. 2., durchgeseh. Aufl. (VIII, 115 S.) kl. 8. Graz 909. 10. U. Moser. —90; geb. in Leinw. 1. 25

— Ver sacrum. Heiliger Frühling. Gedichte. 2., verm. u. umgearb. Aufl. (88 S.) kl. 8. Ravensburg (909). F. Alber. 1.—; geb. 1. 60

Roik, Alois, ein Sträußchen Vergißmeinnicht zum Schmucke d. Missionskreuzes. Erinnerungsblätter an d. Tage d. hl. Mission. (32 S.) 16. Graz 909. U. Moser. —20

ROJOUX, Don Manuel, eine spanische Geschichte aus dem jetzigen Jahrhundert. Nach dem französ. Original des Herrn — frei bearb. von C. v. S. 2 Thle. Arnstadt, im Verlag der Hildebrand'schen Buchhandlung. 1822. — *A. E.*: Gotha, gedr. mit Reyherschen Schriften. 8°. Zahm.
1: XX—162 S., 1 leeres Bl. 2: 186 S. (incl. Tit.), 2 Bll. Verlag d. Firma, 1 leeres Bl.

Rojoux, Don Manuel; e. span. Geschichte. Nach d. Französ. v. C. v. S. 2 Thle. 8. Arnst. 822. (Fr. Fleischer in Leipz.)

Roissard, Abt, Seelentrost des Christen, od. Gründe des Vertrauens auf Gott in d. mannichfalt. Umständen des Lebens. 2 Thle. 8. Augsb. 791. 3e A. 823. Doll. (Landsh., Krüll). 1 ₰

ROITH, Otto: Die Füllungsverhältnisse des Dickdarms. Mit 7 Fig. im Texte.- Wiesbaden: Bergmann 1902. 54 S.
10.9.1902 - Chr 1902/03,24; Jv 1902/03,314
Diss.Ingolst.-Landsh.-Mchn.

Roithner Ernst: Zur Kenntnis des Äthylenoxydes. S. 103. IIb. 549 . . . . vgr.
Sonderabdruck

Roiti, Vinc., Teatro Comico. 3 Vol. in 8. gr. (Vienna, Volke.) 817.

Roitzsch, Christian August Gotthelf (Hayn)
A.S. 576/51
Specimen continens caput iuris controversum an testamentum conjugum reciprocum superstiti adimat liberam testandi facultatem. Präs. Christian Heinrich Breuning.
Leipzig (Langenheim) 10. IX. 1766. 16 S. 29152

Roitzsch, Christian Gottlieb

Dissertatio inauguralis iuridica de appellatione non suspensiva in possessorio summariissimo occasione, l. un. c. si de momentanea possessione fuerit appellatum. Präs. Johann Samuel Stryk.
Halle (Henckel) 19. II. 1706. 32 S. 29153

Die crsten zehn Jahro (1894—1903) des freimaurerischen Vereins „Fürsorge" [in Dresden]. Verf. und zsgest. von [Jul. Rich.] Roitzsch unter Mitw. der BBr [Rud.] Heinze für die Haushaltungsschule, [W.] Achilles, [W.] Schröter und Baumgärtel für die Abteilung Jugendschutz, [Bruno] Angermann für den Ausschuss für Sterbefälle und Ranft und Weber für das Rechnungswerk. Dresden, im Febr. 1904. Dresden [1904]: Ulrich. 64 S. 8°
cf. Bbl. 18 (1904) S. 552 (G. Diercks); Brh. 1 (1904) S. 34—35, 38—41, 46—48, 56—57, 81—82; FZ. 58 (1904) S. 176; H. 15 (1904) Nr 29 (R. Pistorius); L. 27 (1904) S. 60—61 (R. Fischer).

Roitzsch, Kurt, Ref. in Chemnitz: Die Gefangenenbefreiung. Eine historisch-dogmatische Studie. Borna-Leipzig 1906: R. Noske. (X, 78 S.) 8°
Leipzig, Jur. Fak., Diss. v. 23. April 1904
[Geb. 24. Okt. 82 Chemnitz; Wohnort: Chemnitz; Staatsangeh.: Sachsen; Vorbildung: Fürstensch. St. Afra Meißen Reife O. 01; Studium: Leipzig 7 S.; Rig. 9. Juli 04.]

Roitzsch, Max [aus Sebnitz]: Das Particip bei Chrestien
Leipzig, Druck v. Sturm u. Koppe, 1885: X + 104 + 1 S. 8°.
Leipzig, Phil. Fak., Inaug.-Diss. v. 11. Sept. 1885.

Roitzsch, Max, das Particip bei Chrestien. gr. 8. (X, 104 S.) Leipzig 886. (Fock.) n. 1. 60

Roitzsch, Rich., die Entwickelungshypothese und die durch sie hervorgerufene moderne Weltanschauung. Ein Vortrag, in einer gebildeten Gesellschaft gehalten. 8. (46 S.) Dresden 883, (Burdach.) *

Roitzsch, Rich., die Entwickelungshypothese u. die durch sie hervorgerufene moderne Weltanschauung. Ein Vortrag. 8. (46 S.) Dresden 883. (Warnatz & Lehmann.) n. 1. —

Rok, kościelny czyli nabożeństwo na święta uroczyste, brackie, lub z odpustami połączone, w ciągu roku kościelnego, tudzież modlitwy przy przyjęciu sakramentów świętych i w czasie szczególnych potrzeb. Ułożone przez ks. L. U. 12. (X und 496 S.) Lissa 854, Günther. Thlr. *
fein Pap. *

Róka, Johann Baptist

— Beschreib. von Alt- u. Neuwagen. 4. Preßb. 773.

RÓKA, JOHANN BAPTIST: Geschäft eines Sterbenden. Pest 1786. Gedr. mit Landerischen Schriften. 4 f. - 12°

Róka, Johann Baptist, s. Janus Arrabonensis

RÓKA, JOHANN BAPT.: Dem hochwürdigen Herrn Paulo Márthonyi . . . als um das ganze Waitzener Kirchengebiete wohlverdienten funfzigjährigen Priester und besondern Gutthäter der allda neuerbauten Domkirche . . . verfasste Jubel-Rede. Ofen o. J.: Gedr. b. Leopold Franz Landerer. 20 S. - kl. 4°

Roka, Jh. Kriegs- und Friedensgeschichte zwischen Ungarn und der ottomanischen Pforte seit 1526. 8. Ofen 1785. 1,13

— Kriegs- u. Friedensgeschichten zwischen Ungarn u. der Ottoman. Pforte seit 1726. 8. Ofen 785. Typ. Soc. 9 gr.

ROKA, JOANN. BAPTIST: Das Leben der Seligen Gisela, ersten ungarischen Königin. Wien 1779. Gedr. bey Joh. Georg Weingand. 66 S. - 8°

—Leben der heil. Gisela. 8. Wien 779. v. Mösle. 6 gl

ROKA, JOHANN: Das Leben Ignatz Kollers von Nagy-Mánya, Bischoffs zu Veszprim. Preßburg u. Kaschau 1778. Gedr. bey Joh. Mich. Landerer. 88 S. - 8°

—Lebensbeschreib. des Wesprimer Bischofs Koler von Nagy-Manya. gr. 8. Preßb. 771.

RÓKA, JOHANN BAPTIST: Prüfung seiner selbst, da man das erstemal zu dem Tische des Herrn gehet; in Gestalt einer Tabelle, eines Gespräches, einer Betrachtung. Ofen 1785. Gedr. mit kön. Univ.-schriften. 14 S. - 8°

Roka, R. D., theologia catechetica. 8. Viennae, Trattner. 780.

Roka, Jh., († 1790.) Protectus adversum Pragianas infestationes piissimae Protoreginae Hungar. Giselae Passaviensis Tumulus. 8. Wien 787. Gerold. 5 gl

ROKA, JOHANN BAPTIST: Das Vater unser ausgelegt von Johann Bapt. Roka. Pest 1787. Gedr. mit Landerischen Schriften. 3 f., 24 S. - 8°

ROKA, JOANNES BAPTISTA: Erläuterter Vorzug und sonderbarer Nutzen der hochlöblichen Haupt-Bruderschaft des allerheiligsten Fronleichnams Jesu Christi vor den übrigen löblichen Bruderschaften. Ofen 1787: Landerer. 26 S. - 4°

Rokahr, G., Comptoirkarte vom Reg.-Bez. Hannover, Lippe-Detmold, Hessen und angrenzenden Gebietstheilen. 1 : 100,000. 6 Bl. Chromolithogr. Imp.-Fol. Hameln 888, Fuendeling. * 6 —

Rokahr, G., Wandkarte vom Reg.-Bez. [Landdrostei] Hannover samt den angrenzenden Gebietsteilen. 1 : 100,000. 6 Bl. Chromolithogr. Imp.-Fol. Hameln 883, Fuendeling. * * 9 — Auf Leinw. * * M 13.; mit Stäben * * 13 50

—— Wandkarte vom Reg.-Bez. [Landdrostei] Hannover, samt den angrenzenden Gebietsteilen. 1 : 100,000. 6 Bl. Chromolithogr. Imp.-Fol. Ebendas. 888. * 6 — Auf Leinw. in Mappe oder mit Rollen * * 10 —

Rokahr, G., welche Anforderungen müssen an e. gute Schulwandkarte gestellt werden? 8. (7 S.) Hameln 885. Fuendeling. ... 10

Rokert, Aug., s. Vesta.

Rokita, Frz. Karl, Fastenpredigten. 1r Jahrg. A. u. d. T.: Ueber das Leiden u. Sterben Jesu. 8. Prag 824. v. Mayregg. (Leipzig, Central-Comptoir.) 5/6 ₰ — 2r Jahrg. A. u. d. T.: Ueber die sieben Worte Christi am Kreuze. 8. Ebd. 835. 1 ₰

Rokitansky. Mit Porträt. Wien 1874. V: *Wurzbach, Ritter v. Tannenberg, Constantin.* (EB)

Rokitansky. Zum Besten eines Reisestipendiums für einen Doctoranden der Medicin. gr. 8. (18 S. mit Portr. in Stahlst.) Wien 874, Braumüller. * 1 —

Rokitansky. Zur Erinnerung an die Feier des siebzigsten Geburtstages Professors Carl Rokitansky's am 19. Febr. 1874. gr. 8. Wien 874, Braumüller. * 1 —

Rokitansky, Ant., allgemeine Waldbestandestafeln. Kubiktabellen für runde, geschnittene und behauene Hölzer, nebst anderen Hülfstafeln für Waldschätzungszwecke. Mit Benützung der allgemeinen Waldbestandestafeln von R. v. Feistmantel für das Hektar berechnet. gr. 8. (IV, 162 S.) Wien 877, Braumüller. *

Rokitansky, A., allgemeine Waldbestandestafeln. gr. 8. Wien 877. Berlin, Parey. * 3 60

Rokitansky, Friedr. Carl, s. Auen, Friedr. v.

Rokitansky, Carl Frhr. v., Abschiedsrede. gr. 8. (14 S.) Wien 875, Braumüller. *

— zur Anatomie des Kropfes, siehe: Denkschriften der k. Akademie der Wissenschaften. Mathemat.-naturwissenschaftl. Classe, I. Bd.

Rokitansky, Carl, über das Auswachsen der Bindegewebs-Substanzen und die Beziehung desselben zur Entzündung. Mit 1 (lith.) Taf. (in 4.). (Aus den Sitzungsberichten der k. Akad. d. W.) Wien 854. (Gerold.) gr. 8. (22 S.) n. 10 ngr

— s. Bennet, J. R., der hitzige Wasserkopf.

Rokitansky, Carl, über Bindegewebs-Wucherung im Nervensysteme. Lex.-8. (22 S.) Wien 857, (Gerold's Sohn.) * Aus: Sitzungsberichte der k. Akademie der Wissenschaften, Jahrg. 1857, besonders abgedruckt.

Rokitansky, Karl, s. Christison, R.: Über die Granular-Entartung der Nieren.

— die Defecte der Scheidewände d. Herzens. Pathologisch-anatom. Abhandlg. Mit 50 (eingedr.) chromoxylogr. Abbildgn. gr. 4. (VII, 156 S.) Ebend. 875. n. 36. —

Rokitansky, K., über die Entwickelung der Krebsgerüste m. Hinblick auf das Wesen u. die Entwickelung anderer Maschenwerke. Mit 2 (lith.) Taf. (in 4.) [Aus d. Sitzungsberichten 1852 d. k. Akad. d. Wiss.] Lex. 8. (18 S.) Wien 852. (Braumüller.) n. 1/3 ₰

— über den Gallertkrebs, mit Hinblick auf die gutartigen Gallertgeschwülste. Mit 3 (lith.) Taf. [Aus d. Sitzungsberichten 1852 d. k. Akad. d. Wissensch. abgedr.] Lex. 8. (89 S.) Ebd. 852. n. 12 ngr

—— über den Gallertkrebs, mit Hinblick auf die gutartigen Gallertgeschwülste. Lex.-8. (39 S. mit 3 lithogr. Taf.) Wien 853, (Gerold's Sohn.) *

Rokitansky jun., C., über Gebärmutterblutungen u. deren Behandlung, s.: Klinik, Wiener, 1875.

Rokitansky, C. v., üb. die Geburt, Anästhesie bei der Geburt, Expression, Extraktion, Wendung, Zange, Kraniotomie u. Embryotomie, s.: Sonderabdrücke der deutschen Medicinal-Zeitung.

Rokitansky, Carl, Handbuch d. pathol. Anatomie. 1. Bd. A. u. d. Tit.: Handbuch d. allgem. patholog. Anatomie. gr. 8. (36 1/4 B.) Wien 846. [Braumüller's Hofbuchh.]

—— dass. 2. Bd. (5 Lfgn.) A. u. d. Tit.: Handbuch d. speciellen patholog. Anatomie. 1. Bd. Enthalt.: Die Abnormitäten des Zellgewebes, der serösen u. Schleimhäute im Allgem., der äusseren Haut, des fibrösen, des Knochen-, Muskel-, Gefäss- u. Nervensystems. gr. 8. (56 1/4 B.) Ebds. 842—44.

Rokitansky, Karl, Handbuch der pathologischen Anatomie. 3r Bd. 1e u. 2e Abthl., specielle patholog. Anatomie. gr. 8. Wien 840, 41. Braumüller u. Seidel. pro 30 Bog. 3 1/3 ₰ (1r u. 2r Bd. erscheinen später.)

—— dass. 3. Bd. A. u. d. Tit.: Handbuch d. speciellen pathologischen Anatomie. 2. Bd. Enthalt.: Die Abnormitäten des Respirations-, des Digestions-, des Harn- u. Geschlechts-Apparates. (4 Lfgn.) gr. 8. (40 1/4 B.) Ebds. 841, 42.

Rokitansky, Carl, die Conformität der Universitäten mit Rücksicht auf gegenwärtige österreich. Zustände. gr. 8. (24 S.) Wien 863, Sallmayer und Comp. *

Rokitansky, K., über einige der wichtigsten Krankheiten der Arterien. Mit 23 (lith. u. lithochrom.) Taf. [Aus d. IV. Bd. der Denkschriften der mathemat.-naturwissenschaftl. Classe der k. Akad. der Wissensch.] Fol. (72 S.) Wien 852. (Braumüller.) n. 6 ℔

-- Über einige der wichtigsten Krankheiten der Arterien (mit 23 Taf.): 1. Auflagerung. 2. Aneurysma. 3. Aneurysma und Offenbleiben des *Ductus arteriosus*. 4. Verengerung. Obliteration der Arterien. 5. Spontane Zerreißung der Aorta (*Dissecting Aneurysma*). 6. *Aneurysma spurium*. *Aneurysma varicosum*. Anhang: Beobachtungen enthaltend. [illegible] . . . . 18.—
Separatabdruck

-- Über die wichtigsten Krankheiten der Arterien. (Auszug.) S 7. [illegible] . . . . . . vgr.
Separatabdruck

Rokitansky, Karl —. Lehrbuch der pathologischen Anatomie, von — —. Dritte umgearbeitete Auflage. I. Band. Enthaltend: Allgemeine pathologische Anatomie und Anomalien des Blutes Mit 130 Holzschnitten. Wien. 1855. Druck von J. Stöckholzer v. Hirschfeld. Wilh. Braumüller. (VI, 392 S. gr. 8.) geh.

Rokitansky, Karl — Lehrbuch der pathologischen Anatomie. Von — —. Dritte umgearbeitete Auflage. Zweiter Band. Spezielle pathologische Anatomie. Erste Lieferung. Mit 10 Holzschnitten. Wien, 1856. Gedr. bei J. Stöckholzer v. Hirschfeld. (192 S. 8.)

Rokitansky, Karl — Lehrbuch der pathologischen Anatomie. Von — —. Dritte umgearbeitete Auflage. Zweiter Band. Spezielle pathologische Anatomie. 2te Lieferung. Mit 36 Holzschnitten. Wien, 1856. Gedr. bei Josef Stöckholzer v. Hirschfeld in Wien. (S. 193 - 512. 8)

—— Lehrbuch der pathologischen Anatomie. 3., umgearb. Aufl. 3. Bd.: Specielle pathologische Anatomie. 1. und 2. Lfg. Lex.-8. Wien, Braumüller's Verlags-Conto. [1. Lfg. (S. 1—242 mit 23 eingedr. Holzschn.) 859. * 2 Thlr., 2. Lfg. (S. 243—558 mit 27 eingedr. Holzschn.) 861. * 3 Thlr. 14 Ngr.] *
Das vollständige Werk kostet * 14 Thlr.

Rokitansky, Carl Frhr. v., Lehrbuch f. Hebammen. gr. 8. (X, 244 S. m. 33 Abb.) Wien 896. A. Hölder. n. 5. 20

— Über die pathologische [illegible] von Brust[illegible] und ihre Beziehung zum Cystosarkom (mit 2 Taf.) S [illegible] . . . . . . vgr.
Separatabdruck

— zur Orientirung über Medicin und deren Praxis. Ein Vortrag gehalten bei der feierlichen Sitzung d. k. Akad. d. W. am 31. Mai 1858. Wien 858. (Gerold.) 8. (34 S.) n. 4 ngr.

Rokitansky Karl Freiherr von, Dr., Resultate neuer anat[omi]scher Untersuchungen über den Kropf. S.2 [illegible] . . . . . . vgr.
Separatabdruck

Rokitansky, Carl, die Solidarität alles Thierlebens. Vortrag gehalten in der feierl. Sitzung der kaiserl. Akademie der Wissenschaften am 31. Mai 1869. Wien 869. (Gerold's Sohn.) 8. (36 S.) n. 5 ngr.

—— der selbstständige Werth des Wissens. Vortrag gehalten in der feierl. Sitzung der k. Akademie der Wissenschaften am 31. Mai 1867. 8. (38 S.) Wien 867, (Gerold's Sohn.) *

Rokitansky, Hofrath Prof. K., Der selbständige Werth des Wissens. Vortrag gehalten in der feierlichen Sitzung der kaiserlichen Akademie der Wissenschaften am XXXI. Mai MDCCCLXVII. 2. von der kaiserlichen Akademie der Wissenschaften genehmigte Auflage. 8. (36 S.) Wien. Gerold. 1869 40 kr.

—— Zeitfragen betr. die Universität mit besond. Beziehung auf Medizin. Lex.-8. (31 S.) Wien 863, Sallmayer und Comp.

—— über den Zottenkrebs. Lex.-8. (25 S. mit 1 Stnt. in qu. Fol.) Wien 852, (Gerold's Sohn.) *
Aus: Sitzungsberichte der k. Akademie der Wissenschaften J. 1852, besonders abgedruckt.

— über die Cyste, siehe: Denkschriften der k. Akademie d. Wissenschaften. Mathemat.-naturwissenschaftl. Classe, 1. Bd.

— Über die Cyste als Neubildung. S 3. 4 . . . . . . vgr.
Separatabdruck

Rokitansky, Marie v., die österreichische Küche. Eine Sammlg. selbsterprobter Kochrecepte f. d. einfachsten u. d. feinsten Haushalt, nebst Anleitgn. zur Erlernung der Kochkunst. 1.—4. Tausd. M. 30 Text-Illustr. u. 6 Taf. gr. 8. (IX, 558 S.) Innsbruck 897. A. Edlinger. Geb. in Leinw. n. 5. —
Erschien auch in 13 Lfgn. à n. — 40.

ROKITANSKY, Marie von

(F) Die österreichische Küche. Eine Sammlung selbsterprobter Kochrecepte für den einfachsten und den feinsten Haushalt nebst Anleitungen zur Erlernung der Kochkunst von Marie von Rokitansky. 2. Auflage. 5.—8. Tausend. Mit 32 Text-Illustrationen und 6 Tafeln. Innsbruck. 1900. Edlinger. Gr.-8°. 590 S. Geb. K 6.—

Rokitansky, M. v., Die österr. Küche. Eine Sammlung selbsterprobter Kochrezepte. 3. Aufl. Gr.-8°. (III, 598 S. mit 6 Tafeln) geb. K 6.—
Innsbruck: Edlinger 1903.

Rokitansky, Marie v., die österreichische Küche. Eine Sammlg. selbsterprobter Kochrezepte f. den einfachsten u. den feinsten Haushalt, nebst Anleitgn. zur Erlerng. der Kochkunst. 4. Aufl. 14.—16. Tausd. Vielfach vermehrt u. verbessert. Mit 32 Text-Illustr. u. 6 Taf. (X, 606 S) gr. 8. Innsbruck 906. Deutsche Buchdruckerei. Geb. in Leinw. n. 5. —

Rokitansky, Marie v., die österreich. Küche. Eine Sammlg. selbsterprobter Kochrezepte f. den einfachsten u. d. feinsten Haushalt, nebst Anleitgn. z. Erlerng. der Kochkunst. 5. Aufl. 17.—20. Tausd. Vielfach vermehrt u. verb. Mit 32 Text-Illustr. u. 6 Taf. (VIII, 613 S.) gr. 8. Innsbruck 908. Wien, A. Edlinger. Geb. in Leinw. 5. —

Rokitansky, Prokop Frhr. v., die neueren Arzneimittel in ihrer Anwendung u. Wirkung dargestellt, s. a. Loebisch, W. F.

Rokitansky, P. Frhr. v., und W. F. Loebisch, die neueren Arzneimittel in ihrer Anwendung und Wirkung, s. o. Klinik, Wiener.

— Beiträge zur Kenntniss der Herzfunction. [Aus dem Institute für experimentelle Pathologie in Wien.] [Mit 1 (lith.) Taf. (in qu. gr. 4.).] [Aus: „Sitzungsber. d. k. Akad. d. Wiss."] Lex.-8. (8 S.) Wien 876. (Gerold's Sohn.) n. — 60

— der heutige Standpunkt der klinischen Medicin u. der ärztliche Beruf. Antrittsrede. gr. 8. (15 S.) Innsbruck 877. Wagner. n. — 60

Rokitansky, Victor, Ueber Sänger und Singen. 8. (XVI, 191 S.) 2.50
Dasselbe. Geb. (Nur fest) 3.30
Wien: Hartleben 1891.

Rokkenstube, s. Rockenstube.

Rokkenstuben, die. 2e Aufl. 8. Nürnberg 836. Raw. 1 gl

Rokoch, Carl: Über die chirurgischen Affektionen des Nagelglieds mit besonderer Berücksichtigung der geschwulstbildenden Prozesse... Bonn, Buchdr. Jos. Bach Wwe., 1889: 41 + 1 S. + 1 Bl. 8°
Bonn, Med. Fak., Inaug.-Diss. v. 29. Jul. 1889

Rokohl, W., Leidens- u. Siegesgang unseres Herrn Jesu Christi. Poetisch dargestellt. Staßfurt 867. Hartte? gr. 8. (34 S.) n. 4 ngr

Rokohl, Wilh. Zur Geschichte und Statistik des Realgymnasiums zu Dortmund. S. 30—48. Progr. Rg. *Dortmund* 1883.

Rokoko-Gruppen. I. u. II. Serie à 4 Blatt (farb.) Malvorlagen. Plauen 895. Ch. Stoll. n. 7.40
I. Fol. n. 5.—. — II. Lex.-8. n. 2.40.

Rokoko-Kalender 1896. gr. 8. (27 S. m. farb. Umrahmgn.) Nürnberg, Th. Stroefer. — 50

Rokoko-Kalender 1905. (64 S.) 32. Wien, C. Fromme. Geb. m. Goldschn. — 60

Rokenstein, Jehudah Leop., *Dr. Rabbiner in Agram,* אמרי יהודה Festpredigten von — —. *Gr. Kanischa* 1857. Gedruckt bei *J. Markbreiter.* 145 S. 1 Bl. 8°. 1 fl.

Rokonstein, Jehudah Leop., אמרי יהודה Festpredigten. gr. 8. (150 S.) Gr. Kanischa 857. (Pest, Geibel.) *

Rokopis, kraljedvorski. Iz staro-českega poslovenil Franc Levstik. 12. (54 S.) Klagenfurt 855 (56,) Leon's Buchh.

Rokos, A., das Liebesmahl. Ein Schauspiel in 4 Akten. Hrsg. v. der Literatur-Anstalt Austria, Wien. (IV, 82 S.) 8. Wien 905. J. J. Plaschka. n. 2.—

Rokos, J., chronologisch-übersichtliche Darstellung der zehn wichtigsten Epochen der Weltgeschichte seit den Kreuzzügen. [Mit e. großen Plane v. Jerusalem zur Zeit d. Lebens Jesu Christi.] 13 Hfte. gr. 8. (VII, VIII, 603 S.) Preßburg 887. Heckenast's Nachf. à n. — 60

Rokos, J., Katechismus der geschichtlichen Jahreszahlen, enth. in alphabet. Ordnung die Angabe der wichtigeren weltgeschichtl. Thatsachen, Personen und Erfindungen mit den betr. Jahreszahlen. Ein Hilfsbuch für Gebildete aller Stände. Zusammengestellt nach Specialwerken. 8. (III, 176 S.) Wien 879, Hartleben's Verlag. cart.

Rokos, W. M., Abbild. d. christkathol. Religion ec. 4 Thle. 8. Prag, Buchler. (Haslinger in Linz.) 807–9.

Rokosowski, Anton, geb. Gostieszyn bei Mogilno 20. 11. 1832: De [illegible] intestini recti. Berolini (1858). 31 S. 8°
Berlin, Med. Diss. v. 13. Dez. 1858

Rokotnitz, Alfred, aus Berlin: **Studien über die electrolytische Bildung von Bleisuperoxyd aus metallischem Blei.** *Berlin (1903): E. Ebering.* (69 S.) 8°
Berlin, Phil. Diss. v. 14. Aug. 1903

Roksandić, D., Grundsätze für die Ausbildung des Augenmasses mit besonderer Rücksicht auf das Distanzschätzen. Auf Grund eingehender Versuche zusammengestellt. gr. 8. (IV, 78 S. mit 1 lithogr. Taf. mit 27 Fig.) Temesvár 876. (Wien, Seidel und Sohn.) *

Roksandić, D: Instruction zum Gebrauche des Monocle-Distanzmessers. Temesvár 1877

ROKSANDIĆ, D.
(F) **Naturlehre** in ihren Anwendungen auf das praktische Leben und die Militär-Technik. Von D. Roksandić zusammengestellt auf Anordnung des k. u. k. Reichs-Kriegs-Ministeriums als Lernbehelf an der Theresianischen Militär-Akademie. Mit 47 Figuren. Wien. 1900. Seidel & Sohn. Gr.-8°. IV, 136 S. K 3.—

Rokus, M. — Onkel Tom. Eine Erzählung für Kinder. Nach der ungarischen Erzählung des — —. Deutsch übersetzt von S. Wiener. Pesth, 1856. Druck und Verlag des Alois Bucsánszky. (VII. 130 S. 8. Mit Holzschnitten.)